매일 함께하는 영양학 3판

Nutrition for Life THIRD EDITION

Janice Thompson
Melinda Manore

이 도서의 국립중앙도서관 출판시 도서목록(CIP)는 e-CIP 홈페이지
(http://www.nl.go.kr/cip.php)에서 이용하실 수 있습니다.
(CIP 제어번호: CIP2015020140)

매일 함께하는 영양학 제3판

초판 인쇄: 2015년 9월 01일
초판 발행: 2015년 9월 10일

저　　자: Janice Thompson, Melinda Manore
역　　자: 김기남 김기랑 김유리 박윤정 심재은 황지윤
발 행 인: 문정구
발 행 처: (주)바이오사이언스출판
주　　소: 137-060 서울특별시 서초구 효령로2길 10, 201호(방배동, 호산빌딩)
전　　화: (02)581-4057~8 팩스: (02)581-4059
이 메 일: inquiry@biosciencepub.com
홈페이지: http://www.biobooks.co.kr
I S B N: 978-89-6824-042-3 93590
등록번호: 제22-3079호
값 28,000원

매일 함께하는 영양학 3판

Nutrition for Life

김기남 김기랑 김유리 박윤정 심재은 황지윤 공역

Janice Thompson Melinda Manore

BIOSCIENCE (주)바이오사이언스출판

역자 소개

김기남 대전대학교 보건의료과학대학 식품영양학과 / kimkinam@dju.kr

김기랑 단국대학교 자연과학대학 식품영양학과 / kirangkim@dankook.ac.kr

김유리 이화여자대학교 건강과학대학 식품영양학과 / yuri.kim@ewha.ac.kr

박윤정 이화여자대학교 건강과학대학 식품영양학과 / park.yoonjung@ewha.ac.kr

심재은 대전대학교 보건의료과학대학 식품영양학과 / jshim@dju.kr

황지윤 상명대학교 교육대학원 영양교육전공 / jiyunhk@smu.ac.kr

(가나다 순)

역자 머리말

의약학 기술의 진보로 인한 평균 수명 연장으로 우리 사회는 지금 '100세 시대'의 도래를 이야기하고 있다. 100세 시대의 화두는 수명 연장, 그 자체보다는 '질병없는 건강수명'의 성취이다. 이는 질병 치료보다도 질병 예방에 의해 효과적으로 달성될 수 있으며, 질병 예방의 핵심은 건강한 생활 방식에 있다. WHO의 건강한 사회를 위한 국제적 전략에 잘 나타나 있는 것처럼, 현대사회에서 일어나고 있는 비전염 질병의 대다수인 만성질환의 일차적 요인은 식사와 운동에 있다. 이에 따라 영양학의 중요성은 그 어느 때보다 사회적으로 강조되고 있으며, 이는 영양학을 전공하는 학생들뿐 아니라 의학, 약학, 간호학, 체육학 등 건강관련 공부를 하는 학생들에서 기초적인 영양학적 이해에 대한 수요가 증가하는 것으로도 알 수 있다.

영양학 전공을 시작하는 학생들이나 다른 전공을 하고 있으나 영양학적 기초 이해가 필요한 사람들이 흥미를 가지고 접근할 수 있는 기초영양학 교재에 대한 필요를 공감하는 현 식품영양학과의 젊은 교수들이 이 책의 번역에 함께 참여하였다. 이번 번역과정에서 관심을 기울인 부분은 학생들이 구체적인 영양생화학 및 분자생물학, 생리학적 기전이나 임상영양학적 근거 등을 배우기 전에 올바르게 먹기에 대한 과학적 근거와 권장사항을 배울 수 있는 기초 교재의 선택이었다. 특히 학생들에게 영양에 대한 올바른 기초 정보의 전달뿐 아니라 실생활에서 본인의 삶과 연결시켜 배움으로써 자연스럽게 몸의 생리, 영양과의 관계, 올바른 식사와 건강 등에 흥미를 가지도록 하는 데에 그 목적을 두었다. 또한 각 장의 담당 역자가 자율성을 가지고 미국의 데이터를 바탕으로 한 내용의 일부를 우리나라의 데이터 및 특수성에 맞도록 첨삭하고 번역자주를 통해 부연설명하였다. 이와 맥을 같이하여, 2010년 개정된 한국인의 영양섭취기준(한국영양학회, 보건복지부, 식품의약안전처 공동발간)의 발췌내용을 부록에 수록하여 본문 내용의 참고자료로 사용하도록 하였다.

각 역자들이 한마음으로 정성을 기울인 대로 이 책을 접하는 대상들에게 흥미롭고 실질적인 도움이 되는 영양학 교재로 사용되기를 바라며, 마지막으로 지난 겨울부터 바쁜 일전에도 불구하고 번역에 최선을 다해 주신 역자 교수님들과 출판을 위해 애써주신 (주) 바이오사이언스 출판에도 감사를 드린다.

2015년 6월
역자 일동

저자에 대하여

Janice Thompson, PhD, FACSM

브리스틀대학교(University of Bristol)
뉴멕시코대학교(University of New Mexico)

저자인 Janice Thompson은 애리조나주립대학교(Arizona State University)에서 영양운동생리학으로 박사학위를 취득하였다. 주로 비만, 심혈관계질환과 제2형 당뇨병 위험군을 대상으로 운동 및 영양 중재를 계획하거나 평가에 관한 연구들을 수행하였고, 영양학과 연구방법론을 맡아 강의하였다.

저자는 미국 스포츠의학 대학의 선임연구원으로 근무하였고, 최근 부학장을 역임하였다. 또 미국영양학회(American Society of Nutrition, ASN)와 영국스포츠운동과학학회(British Association of Sport and Exercise Science, BASES) 및 영국영양학회 회원이며, 유럽스포츠과학대학(European College of Sports Science, ECSS)의 과학위원회 위원으로 활동하고 있다. 또 북캐롤라이나대학교 재직시절에는 교육상을 수상한 바 있다. 저서로는 Melinda Manore와 함께 집필한 *Nutrition: An Applied Approach*가 있고, Melinda Manore와 Linda Vaughan과 함께 *The Science of Nutrition*을 공저하였다. Janice는 여행과 요가, 하이킹, 그리고 요리하는 것을 좋아하며, 맛있는 음식 먹는 것을 즐긴다. 콩 통조림을 제외한 거의 모든 채소를 좋아하고 초콜릿이 하나의 식품군으로 되어야 한다고 주장하기도 한다.

Melinda Manore, PhD, RD, CSSD, FACSM

오리건주립대학교(Oregon State University)

Melinda Manore는 오리건주립대학교(Oregon State University, OSU)에서 인체영양학으로 박사학위를 취득하였고, 운동생리학을 부전공하였다. 저자는 오리건주립대학교 식품영양학과 학과장을 역임하였고, 현재 영양운동과학과 교수로 재직 중이다. 오리건주립대학교 재임 전, 애리조나주립대학교에서 17년 동안 교육활동을 하였다. 영양운동 분야에서도 활발한 연구 활동을 했는데, 특히 건강유지나 질병예방에 있어 식이와 운동의 역할이나 운동시 혹은 체중조절시 영양소 요구도에 관한 연구를 하였고, 그 중에서도 여성의 생애주기별 영양소 요구도에 대한 주목할 만한 연구를 수행하였다.

저자는 미국영양사협회(American Dietetic Association, ADA)의 회원으로 활동하고 있으며, 현재 선임연구원으로 활약하고 있는 미국스포츠의학대학에서 부학장을, ADA 연구 위원회와 영양연구팀 위원장, ADA의 비만운영위원을 역임한 바 있다. 그 밖에도 미국영양학회와 비만학회 회원으로 활약하였고, USDA의 영양과 건강 기획 및 지침 위원회의 의장을 지내기도 했다. Melinda는 또한 영양컬럼을 쓰기도 했고, ACSM의 *Health and Fitness Journal*과 *Medicine and Science in Sports and Exercise*의 편집위원장을 맡았고, 많은 학회지의 편집위원으로 활동하였다. 연구 및 교육 분야에서 우수상을 수상하기도 했다. 또 저자는 Janice Thompson과 함께 *Nutrition: An Applied Approach*을 집필하였고, Janice Thompson, Linda Vaughan과 함께 *The Science of Nutrition*을 공저하였다. Melinda는 걷는 것과 하이킹하는 것이 취미이고, 예전에는 달리기 선수를 하기도 했다. 또 음식을 만들어 먹는 것을 굉장히 좋아한다. 지금은 정원을 가꾸고 새를 관찰하는 일로 보내고 있다.

서문

이 책을 쓴 이유

간식을 사기 위해 편의점에 들렀다. 감자칩 봉지에 *No Trans Fats!*이라는 문구가 요란스럽게 쓰여져 있고, 프리첼 봉지에는 *Now with Whole Grains!*이라는 말이 강조되어 있다. 궁금하지 않은가? 이 문구들이 진짜 무엇을 의미하는지, 또 왜 이런 것까지 모두 생각을 해야 하는지? 감자칩을 사서 모임에 갔다. 다들 미식 축구 중계를 보고 있다. 지금은 하프타임이고 선수들은 새로운 단백질 보충제를 먹고 있다. 한 친구가 다가와서 *Action!*이라고 씌어 있는 캔 하나를 권하며 열심히 설명한다. "이거 새로 나온 에너지음료야." 하지만 그때 룸메이트가 낄낄거리며 "그래, 그 속에 있는 카페인이 네 뼈를 녹여 버릴거야. 그리고 그거 아니? 프랑스에서는 이거 불법이라고!"라고 한다.

말할 것도 없이, 영양은 모두에게 큰 관심거리이다. 하지만 그 넘쳐나는 정보 때문에 머리가 복잡해진 적은 없는가? 많은 사람들은 영양에 관하여 자신이 전문가라고 주장하고 있다. 그러나 그들의 주장은 어디에 근거를 둔 것일까? 믿을 만한 것일까? 어떻게 하면 그 수많은 권고들을 통해 건강한 체중을 유지하면서 질병을 예방하고 건강을 증진시킬 수 있을까?

우리는 이러한 의문들에 답하기 위하여 이 책을 썼다

"매일 함께하는 영양학(*Nutrition for Life*)"은 자신의 건강과 매일의 생활 속에서 영양에 대하여 명확하게 설명해줄 수 있는 흥미로운 교과서가 될 것이라 확신한다. 대부분의 학생들은 자신의 신체나 건강, 체중, 성공적인 시합, 그리고 생활 전반에 대해 관심이 많다. 그리고 우리는 저자로서 혹은 교육자로서, 학생들의 이러한 관심거리들이 영양과 어떻게 관련되어 있는지 설명함으로써 학생들 스스로 자신의 건강관리 혹은 영양목표에 도달할 수 있는 힘을 길러주고자 한다. 우리는 학생들의 관심을 놓치지 않기 위해 여러 가지 전략들을 사용했다. 영양소들이 건강에 얼마나 중요한지를 강조하였고, 인체 내 고유한 기능에 근거한 비타민과 무기질들에 대해서 논하였다. 모든 부분에 걸쳐 학생들의 생활방식과 밀접한 사실들과 연관해서 사실적으로 서술하였다. 또 최근의 토픽과 연구에 대한 정보를 통해 흥미를 유발시키고, 계속되는 토론이나 연구 주제 혹은 관심사로서 영양학이 '살아 있는' 과학이라는 의미를 전달하고자 하였다. 저자들은 이 책에서 영양학적 기본 지식을 읽기 쉽게 설명하고, 실생활에 바로 활용할 수 있는 정보를 제공하고자 하였으며, 내용의 흐름이나 순서, 그림 등 여러 학습 자료들을 통해 강의자와 학생 모두 흥미를 잃지 않고 즐겁게 학습할 수 있도록 집필하고자 했다.

교육자로서, 우리는 영양정보를 소개하면서 교재나 기타 보조적인 도구를 활용한다. 정확하고 시기적절한 정보는 건강과 질병이라는 서로 다른 결과를 만들어 내기도 한다. 따라서 우리는 미디어자료들과 여러 가지 출력물들을 통해 영양문제를 접할 수 있도록 여러 가지 도구들을 이 책 속에 포함시키고자 하였다.

이 책의 특징

'영양'에 대한 개념을 실제 자신의 생활에 적용하기 쉽게 하기 위하여, 각각의 장은 공통적으로 다음과 같이 구성되어 있다. 각각의 장마다 그림 박스와 활동들을 제시하고, 단원 문제를 통해 지식을 테스트할 수 있도록 제시했다. 또 더 많은 정보들이 필요한 경우 이 책과 관련된 웹사이트(www.pearsonhighered.com/thompsonmanore)에 접속하면 더 많은 자료들을 활용할 수 있도록 했다.

- **어디서부터 시작할까?**와 **나는 어디에 있을까?...**를 제시함으로써 그 장에서 제공하는 영양정보를 어떻게 실제 생활에 적용할 수 있는지 도움을 줄 수 있도록 했다. 그 장을 읽기 전 "어디서부터 시작할까?" 부분을 채워보고, 그 장을 읽은 후 "나는 어디에 있을까…" 부분을 완성해 보길 권한다.
- 각 장의 시작 부분에는 **스스로 평가하기**가 제시되어 있는데, 여기에서는 사람들이 흔히 하는 영양에 대한 잘못된 생각들을 바로잡을 수 있도록 하는 것에 그 목적을 두었다. 각 질문에 대한 답은 각 장의 마지막 부분에서 확인할 수 있다.
- **당신은 어떤가요?** 부분은 영양에 관한 중요한 이슈들에 대한 스스로의 입장을 생각해 볼 수 있는 기회를 제공하기 위해 마련된 것이다. 여기에서는 대부분의 장에서 제시된 것처럼 자신의 생활습관과 식생활을 스스로 평가하고 돌아볼 수 있게 하고, 또 새로운 영양문제에 대하여 관심을 가질 수 있도록 하고자 하였다.
- **게임 플랜** 부분은 건강과 관련된 식습관과 생활습관을 더 바람직하게 변화시키는 데 도움을 줄 수 있는 상세한 전략들을 제시하고 있다. 체크리스트 형식으로 나타내 권장되고 있는 가이드라인을 좀 더 쉽게 지킬 수 있도록 도움을 줄 수 있다.
- **영양표시 활동**은 실생활에서 가공식품에 표시되어 있는 영양표시를 읽고 평가하는 방법을 제시함으로써 식품의 선택과 구매 시 올바른 결정을 할 수 있도록 도움을 줄 수 있을 것이다. 개정판에서는 실생활에 적용하기 쉽게 보다 실질적인 내용들로 구성되어 있다.
- **영양, 미신 혹은 진실?** 부분은 영양이나 식이에 관련된 최근 이슈들에 관한 과대광고 뒤 진실에 대해 다루고 있다. 인터넷, 미디어 자료들과 동료들에게서 매일 듣고 중요하다고 여기는 정보들을 평가하는 방법을 제시함으로써 잘못된 개념들을 바로잡을 수 있도록 할 것이다.
- **영양 하이라이트**에서는 당신이 스포츠 음료나 대체 감미료, 다이어트용 식품과 같은 이슈가 되어 있는 것들을 포함해서 인터넷이나 매스미디어, 대중들 속에서 유행하는 영양관련 주제들에 대한 좀 더 깊은 배경지식을 제공한다. 영양 하이라이트 박스는 광범위하게 논의되고 있는 주제들을 둘러싸고 있는 사실이나 이론들에 대해 리뷰하고 이와 관련된 주요 이슈를 잘 골라낼 수 있도록 도움을 줄 수 있을 것이다.
- **[뉴트리-케이스]**는 영양학적 요구도가 다르고 다양한 배경을 가지고 있는 5명의 인물들(한나, 테오, 리즈, 주디, 구스타보)의 주변에서 일어나는 일들을 이야기식으로 제시한다. 각 장별로 하나의 뉴트리-케이스가 소개되는데, 각 인물들이 직면하는 영양학적 선택과 도전이 제시된다. 이들 중 일부는 우리가 주변에서 흔히 볼 수 있는 유형들과 비슷하다. 당신은 주변 인물들이 가장 좋은 선택을 할 수 있도록 도와주려는 시도를 통해 자신의 생활 속에서 배운 지식을 적용해 볼 수도 있을 것이다.
- **건강 감시** 부분은 식단이 당신의 건강에 어떤 결과를 초래할 수 있는지 그림으로 나타냄으로써 특정 주제에 있어 주요 영양소와 식품들이 건강에 미치는 영향에 대해 보여줄 수 있도록 디자인되었다.

- 책 전반에 걸쳐 **요점**을 전략적으로 배치하여 그 장의 소주제 내용들을 요약함으로써 전체 개념을 전반적으로 파악하고 쉽게 이해될 수 있도록 하였다.
- **비타민과 무기질**의 순서는 좀 다른 책들과 다른데, 유일하게 이 책에서만 도입된 것이라고 할 수 있다. 일반적으로 학생들은 각 영양소를 결핍증과 독성 증상과 함께 암기함으로써 비타민과 무기질에 관한 내용을 학습한다. 그런데 이런 방법의 학습으로는 학생들은 배웠던 정보들을 금세 잊어버리게 되고, 실제로 이 영양소들이 왜 중요한지, 어떻게 신체에 영향을 미치는지에 관해서 이해하지 못하고 가는 경우들이 많다는 것이다. "매일 함께하는 영양학"에서는 비타민과 무기질을 체내 기능에 따라 배치하고, 이 영양소들이 왜 중요하며, 또 무슨 일을 하고, 충분히 섭취하지 못했을 때나 과도하게 많이 먹었을 때 각각 어떤 일이 일어날 수 있는지 실제로 잘 이해할 수 있도록 짜여져 있다. 이러한 새로운 시도는 학생들과 강의자들에게 많은 호응을 불러일으켰고, 결과적으로 매우 성공적이었다.
- 이번 판에서 **새로운 그림과 사진, 표**들이 많이 추가가 되었고, 각 영양소들이 체내에서 어떤 과정을 거치게 되는지를 보여주기 위해 디자인된 그림들도 추가되었다. 그림은 당신이 섭취한 주요 영양소의 좋은 급원일 뿐만 아니라 음식이 어떤 변화를 거치는지 단계적으로 보여준다. 사진은 결핍과 독성에 의해 초래될 수 있는 다양한 상태들을 보여주며, 특정 영양소에 대한 좋은 급원으로 생각하지 못하는 식품들이 어떤 것들이 있는지 알려준다.
- 각 장의 마지막에 있는 **단원 문제**는 장별로 다루어진 내용들에 대해 다시 한 번 정리하고 이해할 수 있도록 도와준다. 이 질문들에 대한 답은 책의 마지막 부분에 제시하였다.
- **참고문헌** 목록은 책의 마지막 부분에 제시하여, 각 장에서 사용된 모든 연구들에 대한 참고문헌 정보를 제공하고자 하였다.

3판의 새로운 점

3판에서 우리는 학생들에게 생활에 적용할 수 있는 보다 더 실용적이고 실질적인 정보를 제공하는 데 그 목표를 두었다. 우리는 최신 영양정보들을 평가하고 소개할 수 있도록 보다 많은 자료들을 포함하고자 하였다.

좋은 식단으로 보내는 하루는 다량 영양소와 미량 영양소 장에서 아침/점심/간식/저녁 식사를 시각적으로 계획할 수 있도록 먹음직스럽게 보일 수 있도록 하였다. 이번 판에서 새롭게 추가된 것은 **"당신이 알게 되면 좋아할 식품"**이라는 부분을 추가한 것인데, 이는 새롭게 부각되고 있는 식품들을 독자들에게 제공함으로써 아직까지는 친숙하지 않거나 예전에는 평가 절하되어 간과되었던 새로운 식품에 대한 흥미를 가질 수 있도록 하였다. 각 장 마지막 부분의 **"오늘 내가 해볼 수 있는 것은?"**에서는 학생들로 하여금 삶을 더 건강하게 만드는 새로운 영양지식을 보다 적극적이고 현실적으로 받아들여 자신의 것으로 만들 수 있도록 하기 위한 세 가지 주요 요인들을 제시하고 있다. Nutrition Online 아이콘( )은 각 장에 걸쳐 여러 차례 보이는데, 학생들이 인터넷이나 비디오 자료들이나 팟캐스트, 기타 유용한 온라인이나 매체 자료들을 활용할 수 있도록 한다. **"영양학의 이정표"**는 영양학의 발전과 관련된 역사적 주요 사안들을 보여주는 것으로, 학생들로 하여금 학문으로서의 영양과학이 실생활에 어떻게 적용되는지 깨달을 수 있도록 장마다 추가하였다.

이번 판에서는 새롭게 추가된 부분들 외에도 보다 학생들이 이용할 수 있는 체크리스트나 워크시트들을 보다 실용적인 형태로 수정하거나 개선하였다. 디자인 역시 보다 다양한 색감으로 시각적으로 선명하게 표현하였다.

영양학은 일상생활 속에 있다

실생활에 맞는 개념 만들기

이 책의 독특한 특징은 새로운 식품의 발견, 중요한 영양학의 이정표에 대한 이해, 올바르게 먹기, 영양적 선택에 적극적으로 임하기 등을 통해 학생들의 실생활과 중요한 영양학적 개념들 사이에 연관을 지었다는 점이다.

당신이 알게 되면 좋아할 식품

스타푸르트

과일 은하계의 새로운 스타, 스타푸르트가 있다! 카람볼라라고도 알려져 있는 스타푸르트의 원산지는 필리핀, 인도네시아, 인도, 스리랑카이다. 따뜻하고 습기가 많은 환경에서 번성하므로 스타프루트는 미국 내 플로리다와 하와이에서 재배된다. 볼록하게 나온 부분이 양 끝으로 내려와져 있어 교차점을 잘랐을 때 별처럼 보이는 특이한 형태에서 이름이 지어졌다. 스타푸르트는 타르트와 디저트 형태 모두 있으며 레몬, 파인애플, 자두를 조합한 맛이 난다. 스타푸르트는 수분과 비타민 C의 훌륭한 급원이며 자연적으로 지방과 나트륨이 낮다. 스타푸르트를 즐기기 위해 껍질을 벗기지 않는 것이 필요한데 우선 씻고 상처 난 부위를 제거하며 별 모양을 얻기 위해 교차점을 잘라서 즐긴다!

새로운 점! 당신이 알게 되면 좋아할 식품

이 부분은 아직 우리 식생활에서 일상적으로 사용되고 있지 않으나 유입되기 시작한 혹은 미래에 소개될만한 식품을 소개하는 것이다. 음식의 다양성을 추구하는 소비자들은 이 부분에서 다문화적인 흥미로운 내용을 발견할 것이다. 먹음직스러운 사진과 함께 소개된 식품들은 퀴노아, 케피어, 그리고 스타프루트 등과 영양학적 장점들이 새롭게 밝혀진 우리에게 익숙한 식품들을 포함한다.

새로운 점! 영양학의 이정표

각 장에 소개된 이 새로운 부분은 과거와 현재 우리가 알고 있는 영양학 사이의 연계를 강조함으로써 영양학 역사 중 중요한 발견들을 소개한다.

영양학의 이정표

1782년에 프랑스 화학자 안토니 라부아지에(Antonie Lavoisier)는 동물에서 발생되는 열을 포함하여 화학반응에 의해서 생산되는 열을 측정할 수 있는 장치를 고안했다. 그는 그것을 칼로리미터(*calorimeter*)라고 불렀는데, 이는 라틴어로 열을 의미하는 칼로(*calor*)로부터 유래한 것이다. 라부아지에는 이 칼로리미터를 사용하여 다양한 식품의 연소로 생산된 에너지를 처음 측정하였다. 오늘날 이러한 열은 칼로리(Calories)라는 단위로 측정된다.

새로운 점!
좋은 식단으로 보내는 하루

한눈으로 보기 좋게 계획된 식단은 미량과 다량 영양소 장에서 배운 내용을 강조하기 위해 독특한 그림과 먹음직스러운 사진을 가지고 연계된 아침/점심/ 간식/저녁 식사의 짜임새로 소개된다.

오늘 내가 해 볼 수 있는 것은?

이 장을 읽고, 다음 세 가지를 실천해 보자.

- 오늘 식사시간에 영양가가 높은 식품을 선택하자. 섭취량은 적게 천천히 먹자. 한입 먹을 때마다 음미하면서 먹자.
- 위장관(GI tract)을 좀 더 잘 관리하자. 담배를 피운다면 끊자. 술을 마신다면 적당히 마시자. 하루 동안 지속적으로 수분 섭취를 하자. 활동적으로 지내자.
- 만약 위장관이 아프고 이유 없는 체중 감소가 있거나 장 기능에 문제가 있다면, 의료관리자나 학교보건소에 약속을 잡고 찾아가자. 오늘 바로.

새로운 점! 오늘 내가 해볼 수 있는 것은?

각 장의 맨 끝에 있는 이 부분은 독자들이 실천으로 옮기기 위한 세 가지 중요한 내용을 포함한다.

차례

1장

영양: 당신을 위해 일하다 1

영양이란 무엇이며 왜 중요한가? 2

영양은 웰니스를 유지하게 해주는 요인들 중의 하나이다 2

건강한 식사는 질환을 예방하거나 질환의 위험을 감소시킬 수 있다 2

영양소는 무엇인가? 5

탄수화물, 지방, 단백질은 에너지를 제공하는 다량영양소이다 6

비타민과 무기질은 미량영양소이다 7

물은 모든 신체 기능을 돕는다 8

건강한 식사가 무엇인가? 8

건강한 식사는 충분하게 섭취하는 것이다 8

건강한 식사는 적절하게 섭취하는 것이다 9

건강한 식사는 균형 있게 섭취하는 것이다 9

건강한 식사는 다양하게 섭취하는 것이다 9

우리에게 적합한 식사를 어떻게 계획할 수 있는가? 10

당신에게 필요로 하는 영양소를 파악하기 위해서는 영양 섭취기준을 사용한다 10

한국인을 위한 식생활 지침서를 따른다 11

게임 플랜

일상 생활에서 한국인을 위한 식생활 지침을 활용하는 방법 14

뉴트리-케이스

구스타보 18

식품을 현명하게 선택하기 위해 누구를 믿을 수 있는가? 20

신뢰할 만한 전문가는 교육을 받고, 자격증을 수여받는다 21

영양, 미신 혹은 진실?

지중해식 식단은 단지 유행에 지나지 않는 건가요? 22

정부의 정보 자료는 일반적으로 신뢰할 만하다 23

조사 연구 결과: 누구를 믿을 수 있겠는가? 23

연구에는 과학적인 방법이 적용된다 24

여러 종류의 조사연구는 우리에게 각각 다른 이야기를 알려준다 26

연구에 대한 당신의 지식을 언론 보도를 평가하는 데 사용한다 27

2장

인간의 몸: 우리 몸은 정말 우리가 먹는 것으로 이루어지는 것일까? 33

왜 우리는 우리가 먹고 싶어 하는 것을 먹고자 하는가? 34
- 시상하부는 여러 신호에 반응하여 공복감을 유발한다 34
- 환경적 신호들은 식욕을 촉진한다 36

당신은 어떤가요?

당신은 외부 또는 내부 신호에 반응하여 음식을 먹는가요? 37

우리 몸은 정말 우리가 먹는 것으로 이루어지는 것인가? 38
- 원자들은 결합하여 분자를 형성한다 39
- 분자는 결합하여 세포를 형성한다 39

영양, 미신 혹은 진실?

영양유전체학(nutrigenomics): 맞춤형 영양 또는 그림의 떡? 40

- 세포들은 조직, 기관, 기관계의 형태로 결합한다 41

우리가 먹은 음식에는 무슨 일이 일어나는가? 42
- 소화는 입에서 시작한다 43
- 식도는 음식을 위로 운반한다 44
- 위는 음식을 섞고 소화하고 저장한다 45
- 대부분의 소화와 흡수는 소장에서 발생한다 46
- 대장은 노폐물이 배설되기 전까지 저장한다 50

영양 하이라이트

프로바이오틱스(probiotics): 그들은 무엇이고, 먹어야 하는 것인가? 51

건강 감시

어떤 장애가 소화, 흡수, 배설과 관련이 있는가? 52
- 트림과 속이 부글거리는 것은 일반적이다 52
- 위식도 역류는 위산의 역류 때문이다 52
- 궤양은 위장관 내에 부식된 부위이다 54

영양표시 활용해보기

식품에서 흔한 알레르기 항원을 인지해보자 55
- 일부 사람들은 특정 식품과 관련된 질환을 경험한다 55

뉴트리-케이스

리즈 56
- 설사는 음식이 너무 빨리 방출된 결과이다 58

게임 플랜

여행자 설사를 피할 수 있는 방법 59
- 변비는 노폐물이 너무 천천히 배설된 결과이다 60
- 과민성 장증후군은 식후 극심한 통증을 야기한다 60

3장

탄수화물: 식물에서 유래된 에너지 영양소 63

탄수화물이란? 64

대부분의 탄수화물은 식물성 식품에서 온 것이다 64

단순당을 당류라고 한다 65

영양, 미신 혹은 진실?

꿀이 설탕보다 더 영양가가 있는가? 66

복합 탄수화물을 다당류라고 한다 66

영양 하이라이트

전곡이라는 것은 무엇일까? 68

영양표시 활용해보기

식품영양표시에서 탄수화물 읽기 69

왜 우리는 탄수화물을 먹어야 할까? 70

탄수화물은 에너지를 제공한다 70

섬유소가 풍부한 탄수화물은 건강에 유익함을 제공한다 71

섭취된 탄수화물은 어떻게 될까? 73

대부분의 탄수화물은 소화과정을 거쳐 단당류로 분해된다 73

간은 모든 단당류를 포도당으로 전환시킨다 73

섬유소는 대장을 통해 배출된다 74

인슐린과 글루카곤은 혈당 수준을 조절한다 74

당지수는 식품이 혈당 수준에 미치는 영향을 제시한다 76

우리는 얼마만큼의 탄수화물을 먹어야 하는 걸까? 77

미국인들은 너무 많은 정제된 형태의 탄수화물을 섭취한다 78

영양 하이라이트

대체 감미료에 대하여 79

뉴트리-케이스

한나 80

대부분의 미국인은 섬유소가 풍부한 탄수화물을 거의 먹지 않는다 83

좋은 식단으로 보내는 하루 83

게임 플랜

한 번에 한 단계씩 섬유소 섭취를 늘리는 방법 86

구매자 가이드: 섬유소 사냥 87

건강 감시

당뇨병은 무엇이고, 왜 당뇨병을 공중보건 문제라고 생각할까? 87

제1형 당뇨병의 경우, 신체에서 인슐린이 충분히 만들어지지 못한다 89

제2형 당뇨병의 경우, 세포가 인슐린에 대해 제대로 반응하지 못한다 90

당신은 어떤가요?

제2형 당뇨병의 위험률을 계산해 보자 91

제2형 당뇨병을 조절하거나 예방하기 위한 생활습관 91

4장 지방: 필수 에너지 공급 영양소 95

지방이란? 96
- 중성지방은 포화지방산 혹은 불포화지방산을 포함하게 된다 96
- 포화지방과 트랜스지방은 모두 건강에 해롭다 99
- 필수 지방산은 우리의 건강을 지킨다 100

영양, 미신 혹은 진실?

버터보다 마가린이 더 건강에 좋을까? 101

- 인지질은 인과 지질이 결합된 것이다 103
- 스테롤은 고리구조를 가지고 있다 103

왜 우리는 지방을 먹어야 하는가? 104
- 지방은 에너지를 공급한다 104
- 지방은 필요할 때를 대비해서 에너지를 저장한다 105
- 지방은 지용성 비타민을 운반할 수 있다 105
- 지방은 세포의 기능을 유지하고, 신체를 보호하는 데 도움을 준다 105
- 지방은 식품의 향미와 질감을 향상시킨다 105
- 지방은 포만감을 느끼게 한다 105

우리가 섭취한 지방은 어떤 일을 겪게 되는가? 106
- 구강과 위에서는 지방 소화가 거의 일어나지 않는다 107
- 담낭, 간, 췌장은 지방의 분해를 돕는다 107
- 대부분의 지방은 소장에서 흡수된다 107
- 지방은 나중에 사용하기 위해 저장된다 108

우리는 지방을 얼마만큼 섭취해야 하는가? 108
- 총지방의 영양섭취기준 108
- 필수 지방산의 영양섭취기준 109
- 대부분의 미국인들은 너무 많은 포화지방과 트랜스지방을 섭취하고 있다 110
- 구매자를 위한 지침: 건강한 지방이 함유된 식품을 선택할 것 110

영양 하이라이트

저지방, 저감화 지방, 무지방…. 어떤 차이가 있는가? 111

좋은 식단으로 보내는 하루 112

영양표시 활용해보기

어떤 식품이 더 많은 지방을 가지고 있을까? 114

건강 감시

만성질환에서 지방은 어떤 역할을 하는가? 115

심혈관계 질환은 무엇인가? 115

식이지방은 심혈관계 질환 발생에 있어 중요한 역할을 한다 116

당신은 어떤가요?

대사증후군의 위험도를 계산해 보자 119

자신의 심혈관계 질환 위험도를 계산해 보자 119

심혈관계 질환의 위험을 감소시키자 121

게임 플랜

심장-건강에 좋은 식사에 대한 조언 122

고지방 식이는 암을 유발시킨다? 123

뉴트리-케이스

주디 123

5장

단백질: 모든 신체 조직의 중요한 구성요소 127

단백질이란 무엇인가? 128

단백질은 탄수화물 및 지질과 어떻게 다른가? 128

단백질의 구성 단위인 아미노산 128

어떻게 단백질이 만들어지는가? 129

단백질 모양은 기능을 결정한다 130

단백질 합성은 아미노산의 부재로 제한될 수 있다 130

상호보충 식품의 조합 131

단백질 합성은 단백질 상호보충에 의해 향상될 수 있다 131

우리는 왜 단백질을 먹어야 하는가? 132

단백질은 세포 성장, 복구 및 유지에 기여한다 132

단백질은 효소와 호르몬으로 작용한다 132

단백질은 수분과 전해질 균형의 유지를 돕는다 133

단백질 영양소 및 다른 물질들을 수송한다 134

단백질은 산-염기 균형의 유지를 돕는다 134

단백질은 강한 면역체계의 유지를 돕는다 134

단백질은 에너지원으로 쓰인다 134

우리가 섭취한 단백질은 어떻게 되나? 135

얼마나 많은 단백질 섭취가 필요한가? 136

단백질을 위한 영양권장량 136

영양, 미신 혹은 진실?

운동선수는 운동량이 적은 사람들에 비해 많은 양의 단백질 섭취가 필요한가? 137

당신은 어떤가요?
당신은 적정량의 단백질을 섭취하고 있나요? 138
과도한 단백질 섭취는 해로울 수 있다 139
영양, 미신 혹은 진실?
고단백 식이가 체중 감소의 지름길인가? 140
좋은 식단으로 보내는 하루 141
구매자 가이드: 단백질의 좋은 음식 급원 141
영양 하이라이트
대두는 왜 좋은 식품인가? 142
게임 플랜
당신의 식사에 콩류를 첨가하기 위한 정보들 144
아미노산 보충제: 과대 광고에 진실이 있는가? 145
건강 감시
채식 다이어트는 충분한 단백질을 제공할 수 있을까? 145
채식에는 많은 종류가 있다 145
왜 사람들은 채식주의자가 되는가? 146
채식 식단의 어려운 점은 무엇인가? 147
특별히 만들어진 식품 피라미드는 채식주의자가 충분한 영양소를 섭취하도록 도울 수 있다 148
뉴트리-케이스
테오 149

6장
비타민: 거대한 힘을 가진 미량 영양소 153
비타민이란 무엇인가? 154
지용성 비타민은 체내에 저장된다 154
수용성 비타민을 매일 또는 매주 섭취해야 한다 155
조직 보호: 비타민 A, D, K 157
비타민 A는 시력을 보호한다 157
비타민 D는 우리의 뼈를 지킨다 160
비타민 K는 혈액 손실을 막아준다 162
당신은 어떤가요?
충분한 비타민 D를 얻고 있나요? 163
강력한 항산화제: 비타민 E와 C 164
항산화제란 무엇인가, 항산화제는 몸에서 어떻게 사용하는가? 164

영양 하이라이트

허브 보충제: 신중하게 사용해라 165

비타민 E는 세포를 건강하게 유지한다 166
비타민 C는 세포와 조직을 보호한다 166

영양, 미신 혹은 진실?

비타민 C가 감기를 예방할 수 있는가? 168

좋은 식단으로 보내는 하루 169

뉴트리-케이스

한나 169

에너지 발전기: 비타민 B군 170
우리 몸은 에너지를 생성하기 위해서 비타민 B군을 어떻게 사용하는가? 170
티아민(비타민 B_1)은 포도당대사를 돕는다 171
리보플라빈(비타민 B_2)은 탄수화물과 지방 분해를 돕는다 172
나이아신은 에너지를 생성하고 증가시키며, DNA를 복구하는 것을 돕는다 172
비타민 B_6(피리독신)는 비필수 아미노산의 제조를 돕는다 173
엽산(Folate)은 임신 초기에 중요하다 174
비타민 B_{12}(코발라민)는 신경과 혈액의 건강을 유지한다 175
판토텐산은 지방산의 합성과 분해를 돕는다 176
비오틴은 모든 과량 영양소의 대사를 돕는다 176
콜린은 많은 식품에서 발견되는 비타민 같은 성분이다 177

건강 감시

항산화제가 암을 막아주는가? 177

많은 요소들은 암 유발에 영향을 준다 179
항산화제는 암과 다른 질병들을 예방하는 역할을 한다 179

영양 하이라이트

식이 보충제(Dietary Supplements)와 기능성 식품(Functional Foods)…
정말 이 비타민들이 모두 필요한가? 180

게임 플랜

암 발생 위험을 낮추기 위한 간단한 방법들 182

다른 식이 요소들은 암 발생 위험에 영향을 줄 수 있다 183

당신은 어떤가요?

현명하게 살고 있나요? 184

식물화합물은 암과 다른 질병들의 위험을 낮추는 것으로 나타났다 184

게임 플랜

식물화합물 섭취를 증가시키는 팁 186

7장

무기질: 우리 몸을 구성하고 움직이는 데에 필요한 무기질 191

무기질이란 무엇인가? 192
- 다량 무기질은 하루 100mg 이상을 필요로 한다 192
- 미량 무기질은 하루 100mg 이하를 필요로 한다 193
- 극미량 무기질들은 아직 밝혀지지 않은 단계이다 193

필수 전해질: 나트륨, 칼슘, 염소와 인 195
- 나트륨은 식탁용 소금의 한 부분이다 196
- **좋은 식단으로 보내는 하루** 196
- 칼륨은 혈압을 적절하게 유지시키는 데 도움이 된다 198
- 염소와 인 또한 체액 평형을 돕는다 199

무기질 동력 기능: 크롬, 망간, 황, 요오드, 그리고 셀레늄 199
- **게임 플랜**
- **소금을 남기는 방법** 200
- **영양, 미신 혹은 진실?**
- **크롬 보충제가 몸을 튼튼하게 하는가?** 201
- 크롬과 망간은 신진대사에 중요하다 201
- 황은 다른 영양소들의 구성성분이다 201
- 요오드와 셀레늄은 갑상선 호르몬을 만드는 데 관여한다 202

혈액을 건강하게 해주는: 철, 아연, 구리 203
- 철은 헤모글로빈의 주요 구성성분이다 203
- 아연은 다양한 종류의 효소 작용을 돕는다 207
- **좋은 식단으로 보내는 하루** 207

뼈를 형성하는 것: 칼슘, 인, 마그네슘 그리고 불소 208
- **영양, 미신 혹은 진실?**
- **아연 정제약은 감기를 이겨내는 데 도움을 주는가?** 209
- 뼈는 무기질과 단백질로 이루어져 있다 210
- 어떻게 뼈를 건강하게 유지하는가? 210
- 칼슘은 뼈의 핵심적인 구성요소이다 211
- **영양표시 활동**
- **내가 실제로 섭취하는 칼슘의 양은 어느 정도인가?** 213
- 인은 뼈의 무기복합물의 일부분이다 214
- 마그네슘은 뼈와 연조직에서 찾을 수 있다 215
- 불소는 치아와 뼈를 돕는다 216

건강 감시
골다공증에 걸릴 위험이 있는가? 216
골다공증 위험요소 217

뉴트리-케이스
구스타보 218

당신은 어떤가요?
당신의 골다공증 위험을 예상해 보자 219
골다공증의 치료 219

8장

수분평형, 물, 알코올 223

유동액은 무엇이며 그 기능은 무엇인가? 224
세포와 조직의 액체부분이 체액이다 224
유동액은 여러 가지 중요한 기능을 수행한다 224
우리의 몸은 어떻게 수분평형을 유지할까? 227
갈증 기전이 수분을 섭취하도록 한다 227
우리 몸은 섭취와 대사를 통해 수분을 확보한다 227
우리 몸에서는 소변, 대변, 땀, 증발, 호흡을 통해 수분이 손실된다 228
얼마나 많은 수분이 필요한가? 어떤 종류로? 229
광천수, 탄산수, 수돗물: 물의 건강한 선택 229
음료라고 모두 같지는 않다 230
영양, 미신 혹은 진실?
생수제품이 수돗물보다 안전할까? 231
건강 감시
수분을 너무 적게 섭취하거나 너무 많이 섭취한다고 치명적일까? 234
영양 하이라이트
스포츠음료: 도움이 될까? 과대광고일까? 235
더운 날씨에 운동을 하게 되면 탈수되기 쉽다 235
열사병 236
수분중독 237
알코올을 어느 정도 마시는 것이 안전할까? 237
알코올의 흡수율 238
절제하는 보통수준의 알코올 섭취는 건강상의 이로움과 해로움을 모두 가진다 239
지나친 알코올의 섭취는 심각한 건강문제를 초래한다 240

당신은 어떤가요?
당신이 마시는 알코올 수준은 걱정해야 하는 정도인가? 241
알코올 섭취는 사고사 위험을 급격히 증가시킨다 242
알코올 섭취 제한을 위한 전략 243
뉴트리-케이스
테오 243
게임 플랜
알코올 문제를 가진 사람이 치료 받을 수 있도록 하기 위한 전략 244
건강 감시
태아 알코올 증후군은 어머니의 음주에 기인한다 245

9장
건강한 체중 달성과 유지 249

당신의 체중은 건강한 정도인가? 250
건강한 체중이란 무엇인지 이해한다 250
당신의 체질량지수를 구하라 250
당신의 체구성 성분을 측정하라 252
당신의 지방 분포형태를 평가하라 252
우리로 하여금 몸무게를 늘리고 줄이도록 하는 것은 무엇인가? 254
에너지 섭취와 소비가 불균형인 경우 체중 증가 및 감소가 일어난다 254
당신은 얼마만큼의 칼로리가 필요한가? 258
유전적 요인이 체중에 영향을 미친다 259
체중에 영향을 주는 생리적 요인들 260
영양, 미신 혹은 진실?
바른 식생활을 하려면 돈이 더 많이 드는가? 262
문화 경제적 요인은 식품의 선택과 체중에 영향을 준다 262
심리적, 사회적 요인이 행동 및 체중에 영향을 미친다 263
게임 플랜
외식 시 바르게 먹기 전략 264
어떻게 건강 체중에 도달하고 유지할 수 있는가? 266
당신은 어떤가요?
정말 살을 뺄 준비가 되어 있나요? 267
인기 있는 다이어트 계획을 따르기로 한 경우 세 가지 전략에 근거한 계획을 선택하라 269
영양 하이라이트
유행 다이어트 분석 270
다이어트 계획을 설계하기로 결정했다면, 세 가지 전략을 포함하라 271

게임 플랜
지속적인 체중 감량을 위한 단계 272
건강 감시
어떻게 비만을 피할 수 있는가? 277
왜 비만이 위해한가? 277
왜 사람들은 비만이 되는가? 279
비만은 치료에 반응하는가? 280
당신이 저체중이라면? 283
건강 감시
이상 섭식: 당신은 위험에 처해 있는가? 284
섭식 행동은 연속선상에서 발생한다 284
당신은 어떤가요?
당신은 섭식장애에 걸릴 위험이 있는가? 285
많은 요인이 섭식 장애 행동에 기여한다 286
신경성 거식증은 잠재적으로 죽음에까지 이르게 하는 섭식 장애이다 287
영양 하이라이트
남자의 섭식 장애: 그들은 다른가요? 288
신경성 폭식증은 폭식과 비워내기를 특징으로 한다 289
폭식 장애는 상당한 체중 증가를 일으킬 수 있다 290
야식 증후군은 불면증과 연관되어 있다 291
여성 운동선수 3대 증후군은 세 가지 장애로 이루어진다 291
뉴트리-케이스
리즈 291
섭식 장애를 위한 치료는 다학제적 접근이 필요하다 292

10장
영양과 신체활동: 좋은 건강의 핵심 295

왜 신체활동에 참가해야 하는가? 296
신체활동은 우리의 건강을 증진시킨다 296
신체활동은 만성질환에 대한 위험을 낮춘다 297
대부분의 미국인들은 비활동적이며 한국인의 경우 약 절반 정도가 걷기를 포함한 중등도 이상의 신체활동을 한다 297
건강한 신체단련 프로그램은 무엇인가? 298
건강한 신체단련 프로그램을 당신의 개인적인 목표에 맞춘다 298
건강한 신체활동 프로그램은 다양하고 지속적이며 재미있어야 한다! 299
건강한 체력단련 프로그램은 신체에 적절한 과부화를 준다 300
건강한 신체단련 계획은 준비운동과 정리운동 시간을 포함한다 303

당신은 어떤가요?

당신의 최대 심박수와 운동범위는 무엇일까요? 303

게임 플랜

당신의 신체활동을 증가시킬 수 있는 조언 304

운동의 연료는 무엇인가? 305

탄수화물의 분해는 단기 및 장기간 운동을 위한 에너지를 공급한다 305

지방의 호기적 분해는 저강도와 장기간의 운동을 유지해준다 306

아미노산은 운동 중 주요 연료 공급원이 아니다 307

어떤 종류의 식사가 신체활동에 도움이 되는가? 308

영양, 미신 혹은 진실?

젖산은 근육 피로와 통증을 유발하는가? 308

격렬한 운동은 에너지 필요량을 증가시킨다 309

대다수의 활동적인 사람에서 탄수화물 필요량은 증가된다 311

중등 지방 섭취량은 대부분의 운동을 유지하는 데 충분하다 313

많은 운동선수에서 단백질 필요량이 증가한다 314

규칙적인 운동은 수분의 필요량을 증가시킨다 315

몇 가지 비타민과 무기질의 충분하지 못한 섭취량은 건강과 운동수행도를 감소시킬 수 있다 317

건강 감시

활동적인 사람에게 에르고제닉 보충제는 필수적인가? 318

영양 하이라이트

에르고제닉 보충제를 판매하는 데 사용되는 9가지의 기만적인 관행 319

동화작용 제품은 근육과 체력 강화제로 홍보된다 320

뉴트리-케이스

주디 321

일부 제품은 운동 중 에너지원 사용을 최적화시킨다고 알려져 있다 322

11장

생애주기 영양 325

올바른 시작: 임신기의 건강을 위한 영양 326

임신 전 영양상태는 왜 중요할까? 326

임신 중의 영양상태가 중요한 것은 왜일까? 327

임신 중 얼마만큼의 체중증가가 필요할까? 329

임신한 여성의 영양 필요량 329

뉴트리-케이스

구스타보 333

임신기의 영양문제 334

영양 하이라이트

비식품 탐식의 위험 335

영아기 영양 339

모유수유의 이점은? 339
약물과 다른 물질이 모유에 미치는 영향 341
모유수유 여성의 영양 필요량 342
성공적인 모유수유 342
조제유의 영양 343
영아의 영양 필요량 343
고형식은 언제 시작하는 것이 좋을까? 344
영아에게 제공하면 안 되는 식품 345
영아 영양과 관련된 문제 346

유아기 영양 347

유아기 영양 필요량 347
영양가 있는 식품선택 장려 348
유아의 영양문제 349

영양, 미신 혹은 진실?

유아들에게 완전채식주의 식사는 부적절한 것인가? 349

아동기 영양 350

아동의 영양 필요량 350
아동의 영양적인 식품선택 장려방법 352
학교의 영향 352
아동기 영양문제 353

청소년기 영양 355

청소년의 성장과 활동 패턴 355
청소년의 영양 필요량 355
청소년들에게 영양적인 식품선택 독려 356

영양, 미신 혹은 진실?

아침식사가 하루 중 가장 중요한 끼니인가? 357

청소년기 영양관련 문제 358

노인기 영양 359

노화를 일으키는 생리적 변화 360
노화에 따른 체조성 변화 360
노화에 따른 기관의 기능변화 361
노화를 가속시키는 요인 361
노인기 영양 필요량 362

영양 하이라이트

저에너지 식사가 수명을 연장시킬 수 있을까? 363

노인기 건강한 식사법 365
노인기 영양관련 문제 365
빈곤한 노인을 위한 식품지원프로그램 368

12장

영양학적 이슈: 세계 식품 공급의 안전과 보장 371

왜 식품 매개 질환은 중요한 관심사인가? 372

식품 매개 질환은 매년 수백만의 미국인을 병들게 한다 372

식품 생산은 점점 더 복잡해지고 있다 372

식품 매개 질환의 주요 원인은 무엇인가? 374

여러 종류의 미생물이 식품을 오염시킨다 374

어떤 미생물은 독소를 분비한다 377

어떤 독소는 미생물과는 관련없이 생성된다 377

영양, 미신 혹은 진실?

광우병: 소고기를 먹는 것은 안전한가? 378

인체는 오염물질에 반응하여 급성 질환을 일으킨다 379

어떤 조건은 식품에서 미생물이 증식하는 것을 도와준다 379

어떻게 식품 매개 질환을 예방할 수 있는가? 380

손과 주방의 표면을 자주 닦는다 380

교차오염을 예방하기 위해 식품을 분리한다 381

식품을 냉장고나 냉동고에 보관한다 381

식품을 완전히 조리한다 383

게임 플랜

다음 번 바비큐를 위한 식품안전 팁 384

외식할 때는 까다롭게 고르시오 385

어떻게 식품 오염을 예방할 수 있는가? 386

뉴트리-케이스

테오 386

식품 저장에서 자연적인 방법은 효과적이다 387

기술적인 진보가 식품 위생을 향상시켰다 387

식품첨가물이란 무엇이며 안전한가? 388

식품첨가물은 영양소와 보존료를 포함한다 388

식품첨가물은 착향료, 착색료 및 그 외 물질들을 포함한다 389

식품첨가물은 안전한가? 390

식품 생산에서 사용되는 유전자 변형은 어떠한가? 390

영양 하이라이트

유전자 변형 생물체: 축복 또는 저주? 392

잔류물은 식량 공급에 해를 끼치는가? 393

잔류성 유기오염물질은 질환을 일으킬 수 있다 393

농약은 작물 손실을 막아준다 394

성장 호르몬과 항생제를 동물에 사용한다 395

"푸드 운동"이 늘어나는 이유는 무엇인가? 396
유기 농법은 농약의 사용을 줄인다 396
지속가능한 농업은 자연 자원을 보존한다 398
영양불량은 전 세계적 문제이다 399
영양불량은 식품보장이 결핍된 상태에서 이루어진다 399
당신은 어떤가요?
당신의 행동이 세계의 식품 보장에 기여하는가? 400
다양한 요인들이 기여한다 401
무엇을 할 수 있을까요? 402
건강 감시
영양불량에 의해 일어날 수 있는 일반적인 질병은 무엇인가? 403

부록

2010 한국인 영양섭취기준 407
참고문헌 421
정답 435
용어해설 437
국문찾아보기 447
영문찾아보기 451

1

영양: 당신을 위해 일하다

스스로 평가하기

다음 문장들은 참인가요, 거짓인가요? 답이라고 생각하는 곳에 동그라미를 표시하세요.

1. 참 / 거짓 쿠키, 아이스크림, 기타 군것질 식품은 건강한 식사의 일부분이다.
2. 참 / 거짓 영양소란 우리 몸에 에너지를 제공하는 것을 말한다.
3. 참 / 거짓 칼로리는 탄수화물의 특별한 형태이다.
4. 참 / 거짓 건강한 식사는 비타민 보충제를 포함해야 한다.
5. 참 / 거짓 한국인의 식사 지침서에는 알코올 섭취를 금지하도록 제안되어 있다.

스스로 평가하기의 정답은 이 장 마지막 부분에 있습니다.

미구엘(Miguel)은 대학 생활이 이렇게 피곤할 것이라고 생각하지 못했다. 수업 후에는 기숙사 방으로 가서 자고 싶기만 했다. 또한 그는 집중하는 것이 어려웠고 첫 학기 학점이 고등학교 때보다 많이 떨어질 것 같아 걱정했다. 그의 룸메이트인 스캇은 미구엘이 정크푸드를 먹어서 그렇다고 주장하며 진짜 식품을 사러 유기농 마켓에 가자고 했다. 미구엘은 스캇과 함께 마켓에 갔고 룸메이트가 쇼핑하는 동안 주스 코너에서 쉬고 있었다. 하얀 가운을 입은 한 여자가 그에게 다가와 자기는 마켓 직원인 영양사라고 소개했다. 그녀는 미구엘이 창백해 보인다면서 어디 아프냐고 물었다. 미구엘은 최근에 피곤함을 느낀다고 설명했다. 그녀는 미구엘의 피부색으로 보아 빈혈이 틀림없다고 하면서 철 보충제를 복용해야 한다고 했다. 그녀는 선반에서 약통 하나를 꺼내서 미구엘에게 주었다. 그러고는 그 제품이 흡수하는데 가장 좋으며 이번 주 특가상품이라고 했다. 하루에 2회 복용을 하면 하루 이틀 정도 지나면 기분이 좋아질 거라고 했다.

미구엘은 룸메이트가 해준 식사를 했고, 구입한 보충제를 그 날 밤부터 먹기 시작했다. 그는 다음날에도 두 번을 더 먹었으나 나아진 느낌은 없었다. 이틀 더 보충제를 복용한 후, 대학 보건실에 가서 혈액 검사를 했다. 혈액 검사 결과를 보고 의사는 갑상선이 제대로 기능을 하지 못하고 있다고 하면서 약 처방을 하였고, 문제를 빨리 파악한 게 다행이라고 했다. 만약 조금 더 늦게 왔더라면 더 악화되어 심각한 병으로 발전될 수 있었을 거라고 했다. 미구엘은 철 보충제를 계속 복용해야 할지에 대해서 질문했다. 의사는 어리둥절한 표정을 지으며 어떻게 철 보충제가 필요하다는 생각을 했는지 물었다.

미구엘처럼 당신은 아마도 좋은 뜻으로 친구나 자칭 전문가라고

어디서부터 시작할까?

당신은 일주일에 평균적으로 얼마나 많은 식사와 간식을 섭취하고 있는가?

당신의 식사나 간식은 얼마나 영양적인 식품으로 구성되어 있는가, 아니면 정크푸드로 구성되어 있는가?

당신은 일반적으로 건강한 식사를 섭취하고 있다고 말할 수 있는가?

예 / 아니오

당신은 보충제나 음식, 영양과 관련된 제품이나 서비스 광고를 볼 때, 이들 광고가 합법적인지 아닌지 얼마나 확신을 가지고 자신 있게 말할 수 있는가?

☐ 매우 확신

☐ 약간 확신

☐ 확신하지 않음

하는 사람으로부터 영양과 관련된 충고를 받을 수 있다. 그 충고는 당신에게 도움이 될 수도 있고 또는 미구엘 경우처럼 잘못된 충고일 수도 있다. 당신은 영양에 대한 믿을 만한 충고를 어디에서 얻을 수 있는가? 영양이라는 것은 정확하게 무엇인가? 그리고 식사는 어떻게 건강에 영향을 미치는가? 이 장에서 우리는 이러한 질문들을 탐구할 것이고 당신에게 적합한 식사를 계획할 수 있도록 도울 것이다.

영양이란 무엇이며 왜 중요한가?

당신이 **영양**이라는 단어를 생각할 때 식품과 같은 것으로서의 의미를 생각한다면 그것은 부분적으로 맞는 것이다. 영양이라는 단어는 광범위한 의미를 가진 단어로, 아마 이 수업을 들으면서 점점 명확해질 수 있을 것이다. **영양(nutrition)**은 식품을 연구하는 학문으로 식품이 어떻게 신체에 영양을 공급하여 건강에 영향을 미치는지에 대한 과학적 연구이다. 이 학문은 우리가 영양소를 어떻게 섭취하고, 소화하며, 대사하고 저장하는지를, 그리고 어떻게 이러한 영양소들이 신체에 영향을 미치는지를 포함한다. 영양학은 또한 섭취 패턴에 영향을 미치는 요인을 연구하고, 각 식품 종류별로 섭취해야만 하는 권장량을 만들고 식품 안전과 국제 식품 공급에 관련된 이슈들을 강조한다. 따라서 당신은 영양을 식품에 대한 모든 것을 포괄하는 것으로 생각할 수 있다.

수천 년 전에 어떤 민족들은 적절한 식사는 범죄 행위를 치유하고, 악마를 몰아내며, 신과 나란히 할 수 있게 만든다고 믿었다. 비록 현대 학문이 이러한 주장들을 지지하는 근거들을 찾을 수는 없었으나 우리는 적절한 영양이 건강을 향상시키고, 어떤 질병을 예방하고, 건강한 체중을 유지시키며, 에너지와 활력을 유지시킬 수 있음을 알고 있다. 생각해 보자. 만약 당신이 하루에 세 끼를 먹는다면 내년 이 시간쯤에 당신은 당신의 신체 기능에 영향을 줄 수 있는 천 번 이상의 기회들을 가지게 될 것이다. 어떻게 영양이 건강과 웰니스를 유지하게 하는지 좀 더 자세히 들여다보자.

영양은 웰니스를 유지하게 해주는 요인들 중의 하나이다

웰니스(wellness)는 여러 면으로 정의될 수 있다. 웰니스는 전통적으로는 질환이 없는 상태를 의미하였으나 현재는 신체적, 정서적, 정신적 건강을 포함하는 다양한 차원에서 설명된다(그림 1.1). 웰니스는 우리 생애의 최종 목표가 아니라 매일 우리가 생활하는 활동적인 과정에 중점을 둔다.

이 책에서 우리는 웰니스의 중요한 부분인 육체적 건강에 중점을 두겠다. 육체적 건강은 영양과 육체적 활동에 의해서 영향을 받는다. 이 두 요인은 동전의 양면처럼 서로 밀접하게 관련되어 있다. 전반적인 영양 상태는 우리가 매일 활동하는 데 소비되는 에너지량에 의해서 영향을 받으며 육체적 활동의 수준은 식품 속의 영양소를 얼마나 사용할지에 영향을 준다. 몇몇 연구에서는 건강한 영양 섭취와 규칙적인 육체적 활동은 웰빙을 증가시키고, 걱정과 우울감을 감소시킬 수 있다고 제안하였다. 다시 말하면 건강한 식품과 육체적 활동은 분명히 기분을 좋게 만든다.

영양(학) (nutrition) 식품 및 식품이 어떻게 신체에 영양을 공급하여 건강에 영향을 미치는지에 대한 과학적 연구.

웰니스(wellness) 신체적, 정서적, 정신적 건강을 포함한 다양한 측면의 일생 동안의 과정.

건강한 식사는 질환을 예방하거나 질환의 위험을 감소시킬 수 있다

영양소는 많은 질환 발생에 직접적인 원인 요인이거나 부분적으로 영향을 미친다(그림 1.2). 불량한 영양 상태는 괴혈병이나 펠라그라와 같은 결핍질환의 직접적인 원인이 된다. 괴혈병은 비타민 C

▲그림 1.1 많은 요인이 웰니스에 기여한다. 이 중 주요한 요인으로는 영양가 있는 식사와 규칙적인 신체활동이다.

의 결핍증으로 발생하고, 펠라그라는 비타민 B군의 하나인 나이아신의 결핍증이다. 초기에 영양 관련 연구들은 질환을 일으킬 수 있는 결핍 영양소를 찾고, 이들 질환을 예방할 수 있는 충분한 영양소의 섭취기준에 대한 지침서를 개발하는 데 중점을 두었다. 수 년 동안 영양학자들은 식품에 결핍하기 쉬운 영양소를 강화시키기 위한 노력을 했었다. 이는 풍부하고 지속적인 식품 공급과 함께, 선진국에서의 영양결핍증 질환을 거의 사라지도록 만들었다. 그러나 많은 개발도상국가

▲ 영양은 음식의 모든 면을 연구하는 과학이다.

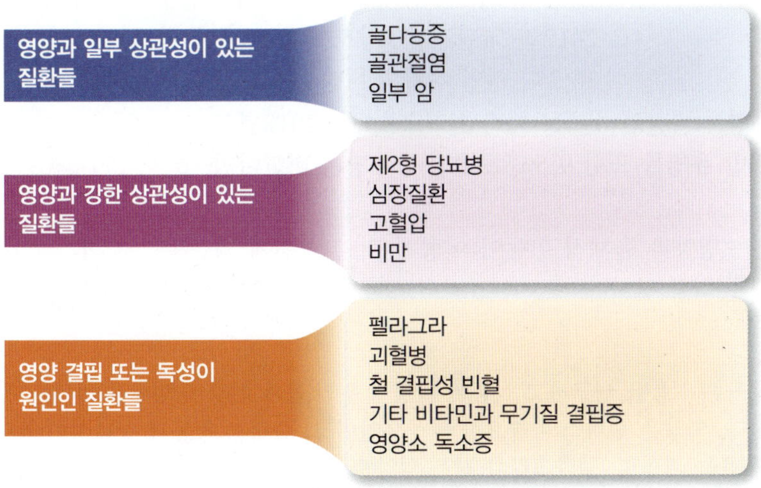

▲그림 1.2 영양과 인간의 질병과의 관계. 윗부분에서 영양인자는 질병과 약간의 상관성을 가지는 반면, 중간부분에서는 밀접한 상관성을 가지며 아랫부분에서는 직접적인 원인으로 작용한다.

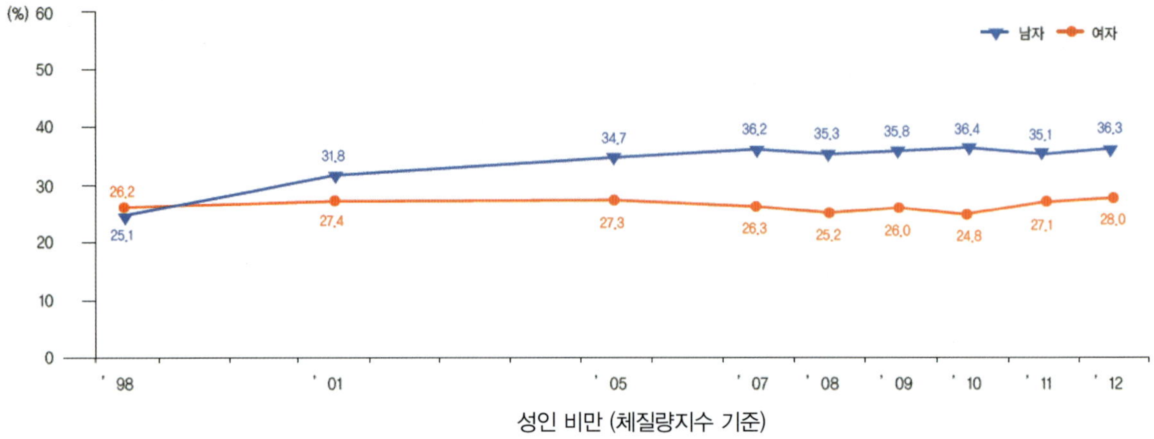

▲ 그림 1.3 성인 비만 유병률: 체질량지수(kg/m²) 25 이상인 분율, 만 19세 이상

연도별: 2005년 추계인구로 연령 표준화(참고자료: 질병관리본부, 2012 건강행태 및 만성질환 통계, 보건복지부, 2014년 12월).

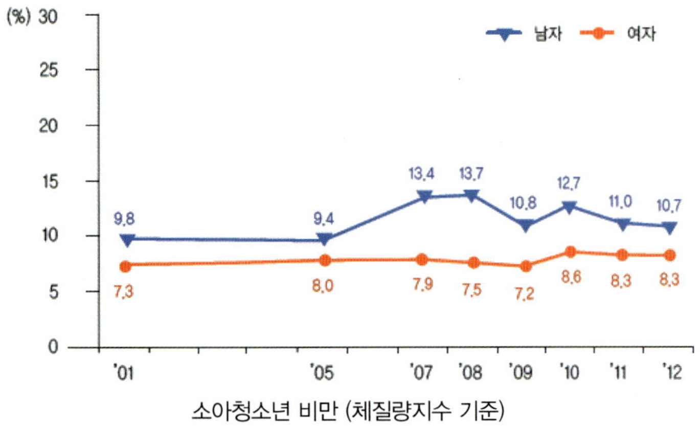

▲ 그림 1.4 소아청소년 비만 유병률: 2007년 소아청소년 성장도표 연령별 체질량지수(kg/m²) 기준 95백분위수 이상 또는 체질량지수 25 이상, 만 2~18세

성별: 2010~2012년 자료통합 산출 결과(참고자료: 질병관리본부, 2012 건강행태 및 만성질환 통계, 보건복지부, 2014년 12월)

에서는 여전히 주요한 문제로 남아 있다.

불량한 영양상태는 직접적으로 질환을 발생시키는 것뿐만 아니라, 부분적으로도 영향을 미치기도 하는데, 예를 들면 골다공증이라고 불리는 뼈가 잘 부스러지는 질환을 발생시킬 수 있고, 암 발생에도 관여한다. 이들 질환과 영양불량과의 상관성은 약한 것으로 고려되고 있으나, 미국뿐만 아니라 우리나라에서도 사망원인의 10대 요인에 속하는 심장질환, 뇌졸중, 당뇨와 같은 만성질환과는 강력한 연관성을 가진다.

불량한 영양상태와 사망률과의 중요한 연결고리가 비만이라는 것은 우리에게 그다지 놀라운 일은 아닐 것이다. 즉 비만은 기본적으로 에너지 소비보다 에너지 섭취가 더 많아서 발생한 결과이다. 동시에 비만은 심장질환, 뇌졸중, 당뇨, 암의 위험요인으로 알려져 있다. 불행하게도 비만 발생률은 지난 20년간 미국에서 급속하게 증가하고 있다. 우리나라의 비만 발생률 역시 증가하고 있는데, 2012년 국민건강영양조사에 의하면 성인 남자의 비만 유병률은 36.3%, 성인 여자의 비만 유병률은 28%로 성인 남자 3명 중 1명, 여자 4명 중 1명은 비만인 것으로 나타났다(그림 1.3). 2012년도 소아청소년 비만 유병률 또한 9.5%로 10명 중 1명은 비만이었다(그림 1.4).

이 책에서는 영양과 육체적 활동이 어떻게 비만 발생에 영향을 미치는지 논의할 것이다.

미국에서 지난 25년 동안 매년 비만 유병률이 얼마나 변화해 왔는지 알고 싶은가? 비만 지도를 살펴보자. www.cdc.gov/obesity/data/trends.html.

요점 영양학은 식품을 연구하고 식품이 어떻게 우리 몸과 건강에 영향을 미치는지 연구하는 학문이다. 영양은 웰니스의 중요한 구성요인이고, 육체적 활동과 상관성이 높다. 건강한 식사의 첫 번째 목표는 괴혈병, 펠라그라와 같은 영양소결핍 질환을 예방하는 것이고, 두 번째 목표는 제2형 당뇨병, 심장질환과 같은 만성질환의 위험을 감소시키는 것이다.

영양소는 무엇인가?

우유 한 잔, 버터 한 스푼은 한 가지의 물질로 구성된 것처럼 보이나 실제로 대부분 식품들은 많은 다른 화학물질로 만들어져 있다. 이들 화학물질 중의 일부는 신체에 이용되지 못하기도 하나 성장이나 신체 기능에 중요한 기능을 하는 물질도 있는데, 이들 화학물질을 **영양소(nutrient)**라고 부른다. 우리가 섭취하는 식품 속에 들어 있는 6가지 영양소는 다음과 같다(그림 1.5).

- 탄수화물
- 지방(지질 형태)
- 단백질
- 비타민
- 무기질
- 물

◀ 그림 1.5 우리가 섭취하는 음식에서 발견되는 필수영양소의 6개 그룹

영양소(nutrient) 식품에 함유되어 인간의 성장과 체내 기능에 중요한 역할을 하는 화합물.

탄수화물, 지방, 단백질은 에너지를 제공하는 다량영양소이다

탄수화물, 지방, 단백질은 에너지를 제공하는 식품 속의 영양소들이다. 이들 영양소는 분해되어 우리 몸에서 육체적 활동과 기본적인 신체 기능을 유지하는 데 사용할 수 있는 연료로 재생산된다.

비록 복합비타민제와 물 한 잔이 다른 방식으로 몸에 이로울 수 있으나 당신이 20분 정도 계단을 오르는 데 필요한 에너지를 제공하지는 못할 것이다. 에너지 영양소들은 또한 **다량영양소(macronutrient)**라고도 불리는데, 여기서 다량의 의미는 많다는 것으로 우리 몸이 정상적인 기능을 유지하는데 이들 영양소는 상대적으로 많은 양을 필요로 한다. 다량영양소는 무게 단위인 g으로 측정된다. 1g은 설탕 1/4 티스푼에 해당한다.

영양학의 이정표

1782년에 프랑스 화학자 안토니 라부아지에(Antonie Lavoisier)는 동물에서 발생되는 열을 포함하여 화학반응에 의해서 생산되는 열을 측정할 수 있는 장치를 고안했다. 그는 그것을 칼로리미터(*calorimeter*)라고 불렀는데, 이는 라틴어로 열을 의미하는 칼로(*calor*)로부터 유래한 것이다. 라부아지에는 이 칼로리미터를 사용하여 다양한 식품의 연소로 생산된 에너지를 처음 측정하였다. 오늘날 이러한 열은 칼로리(Calories)라는 단위로 측정된다.

알코올은 식품에 존재하는 화학물로 에너지를 제공한다. 그럼에도 불구하고 영양소로 고려되지 않는데, 왜냐하면 신체 기능을 유지하거나 조직을 생산 또는 재생하지 않기 때문이다. 사실상, 음료에 들어 있는 알코올은 향신성 약물로 분류하고 있다.

▲ 탄수화물은 우리 몸, 특히 뇌 연료의 주요 공급원이다.

영양학자들은 식품 속의 에너지 함량을 킬로칼로리(*kcal*)의 단위로 표시한다. 1kcal는 1kg의 물 온도를 섭씨 1도까지 올리는 데 필요한 열량을 의미한다. 킬로(*kilo*)는 1,000를 의미하는 수 체계에서 사용되는 어미로 1kcal는 1000Cal이다. 그러나 단순함을 위하여 영양표시는 kcal를 표시하기 위하여 칼로리(*Calories*)라는 용어를 사용한다. 따라서 만약 아이스크림 바에 150Cal라고 표시되어 있다면, 사실상 그것은 150kcal를 의미한다. 이 장에서는 에너지의 단위로서 kcal를 사용할 것이며 Cal는 영양표시에 대해서 논의할 때 사용하는 것으로 하겠다.

탄수화물은 주요한 연료원이다

탄수화물(carboyhydrate)은 우리의 몸, 특히 뇌에서의 주요한 연료원으로 g당 4kcal를 제공한다. 많은 탄수화물들은 **섬유소가 풍부**한데 이는 건강에 다양한 이점을 제공하는 식물의 비소화성 부분이다. 또한 암과 심장질환의 위험을 감소시키는 것으로 알려진 **피토케미칼**(phytochemical)이라는 화학물질이 풍부하다.

탄수화물은 광범위하고 다양한 식품에 함유되어 있다. 곡류, 채소류가 탄수화물을 함유하고 있으며 과일, 콩류, 종실류, 견과류, 우유, 유제품에서도 탄수화물이 함유되어 있다.

지방은 탄수화물보다 좀 더 많은 에너지를 제공한다

지방(fat)은 우리 몸의 중요한 에너지원으로 특히 휴식상태나 저강도 활동을 할 때 사용된다. 지방은 서로 밀접하게 결합되어 있어 g당 9kcal로 탄수화물보다 g당 더 많은 에너지를 생산한다. 식이 지방은 다양한 형태로 이루어지는데 고체 지방은 버터, 라드, 마가린과 같은 식품에 함유되어 있고, 액체 지방은 기름(oil)이라고도 하는데, 옥수수, 카놀라, 올리브유와 같은 식물성 기름에 함유되어 있다. 당신은 아마도 고기, 달걀노른자와 같은 동물성 식품에 있는 **콜레스테롤**(cholestrol)이라고 하는 지방 물질을 들어봤을 것이다. 콜레스테롤은 우리 몸에서 합성되기 때문에 섭취할 필요가 없다. 따라서 콜레스테롤은 필수 영양소가 아니다.

다량영양소(macronutrient) 정상적인 기능과 건강을 유지하기 위해 우리 몸이 비교적 다량으로 필요로 하는 영양소. 탄수화물, 지방과 단백질이 이에 속함.

탄수화물(carboyhydrate) 신체의 주요 연료로 특히 뇌에서와 운동 시 에너지원.

지방(fat) 신체가 쉬거나 저강도 운동을 하는 동안 사용되는 중요한 에너지원.

단백질은 조직의 성장, 재생, 유지 역할을 한다

단백질(protein)은 새로운 세포와 조직을 만들고, 뼈의 구조와 강도를 유지시키며, 손상된 구조를 재생시키고, 많은 신체 기능을 도와주는 데 주요한 역할을 한다. 육류와 유제품은 한국인의 주요한 단백질 급원이나 견과류, 종실류, 콩류, 채소류, 전곡류에서도 충분한 양을 얻을 수 있다.

비타민과 무기질은 미량영양소이다

비타민과 무기질은 **미량영양소(micronutrient)**라고 하는데 그 이유는 정상적인 건강 상태와 신체 기능을 유지하기 위해서 상대적으로 적은 양을 필요로 하기 때문이다.

비타민은 신체 기능을 조절하는 것을 돕는다

비타민(vitamin)은 탄소를 포함하는 화합물로 우리 몸의 대사 과정을 조절하는 것을 돕는다. 예를 들면, 비타민은 건강한 뼈, 혈액, 근육 조직을 만들고 유지하며 면역 기능에도 관여해서 질병을 예방하며 건강한 시력을 유지하게 한다. 비타민은 대중적인 믿음과는 다르게 에너지를 제공하지 않는다. 그러나 비타민은 우리 몸이 탄수화물, 지방, 단백질로부터 에너지를 제공하고 사용하도록 돕는 중요한 역할을 한다.

비타민은 물에 녹는지 혹은 기름에 녹는지에 따라 흡수, 수송, 저장, 배출에 지방이 미치는 영향이 달라진다. 따라서 영양학자들은 비타민을 두 그룹으로 분류한다(표 1.1).

- 수용성
- 지용성

우리 몸은 대부분의 비타민을 합성할 수 없기 때문에 식이에서 섭취해야만 한다. 수용성, 지용성 비타민 모두 우리 건강에 필수요소로 동물성 제품, 견과류, 종실류부터 과일, 채소까지 다양한 식품에서 발견된다. 많은 비타민들은 열과 빛에 장기간 노출로 분해가 되는데, 이는 비타민 보충제가 왜 투명한 병에 담겨서 팔리지 않는 이유다.

무기질은 소화되는 동안 분해되지 않는다

소금에 있는 나트륨, 우유에 있는 칼슘, 붉은 고기에 있는 철분은 건강과 신체 기능에 필수적인 무기질의 예들이다. **무기질(mineral)**은

- 탄소를 포함하지 않고,
- 소화되는 동안 분해되지 않으며
- 열과 빛에 의해 파괴되지 않는 물질이다.

표 1.1 비타민 개요

유형	이름	특징
지용성	A, D, E, K	지방에 녹음 몸에 저장됨 몸에 축적하는 양을 초과해서 섭취하면 독성을 일으킬 수 있음
수용성	C, B군(티아민, 리보플라민, 나이아신, 비타민 B_6, 비타민B_{12}, 판토텐산, 비오틴, 엽산)	물에 녹음 몸에 저장되지 않음 초과량은 요로 배설됨 독성은 일반적으로 비타민 보충제로 인해서 발생함

▲ 지용성 비타민은 유제품을 포함하여 지방이 함유된 다양한 식품에서 발견된다.

단백질 조직을 구성하고 신체의 기능을 조절하는 데 사용되는 다량영양소. 단백질은 에너지를 제공하지만 주요 공급원이 아닐 수 있음.

미량영양소(micronutrient) 정상적인 건강 및 신체 기능을 지원하기 위해 비교적 소량을 필요로 하는 영양소. 비타민과 무기질이 이에 속함.

비타민(vitamin) 탄소를 포함한 미량영양소로 신체기능의 조절을 도우며 수용성과 지용성으로 분류됨.

무기질(mineral) 탄소를 포함하지 않고 소화 흡수 시에 분해되지 않으며 열이나 빛에 의해서도 파괴되지 않는 미량영양소. 무기질은 신체의 많은 대사 과정을 조절하는 데 관여하며 다량 무기질과 미량 무기질로 분류.

표 1.2 무기질 개요

유형	이름	특징
다량 무기질	칼슘, 인, 나트륨, 칼륨, 염소, 마그네슘, 황	식사에서 하루 100mg 이상의 양이 필요함 인체에 존재하는 양은 5g(5,000mg) 이상임
미량 무기질	철, 아연, 구리, 망간, 크롬, 몰리브덴, 셀레늄, 요오드	식사에서 하루 100mg 미만의 양이 필요함 인체에 존재하는 양은 5g(5,000mg) 미만임

따라서 모든 무기질은 그들이 속해 있는 환경에 상관없이 그들의 구조를 유지한다. 이것은 우리 뼈의 칼슘이 우리가 마시는 우유 속의 칼슘과 같고, 우리 세포에 있는 나트륨이 소금에 있는 나트륨과 같음을 의미한다. 무기질의 중요한 기능으로는 체액 조절, 에너지 생산을 돕고 뼈와 혈액의 건강에 필수적이며, 해로운 화학물질을 제거하는 것을 돕는다. 무기질은 우리 몸이 식사로부터 필요로 하는 양과 몸에 존재하는 양에 따라서 두 그룹으로 분류된다.

▲ 땅콩은 뼈 형성과 유지에 중요한 역할을 하는 다량 무기질인 마그네슘과 인의 좋은 급원이다.

- 다량 무기질
- 미량 무기질

다량 무기질(major mineral)은 식사에서 최소 일일 100mg을 섭취해야 하고 우리 몸에 총 함량이 5g 이상인 무기질이다. 다량 무기질과 미량 무기질의 식품 급원은 다양한데, 육류, 유제품, 과일류, 채소류, 견과류에 포함되어 있다.

물은 모든 신체 기능을 돕는다

물은 우리의 생존에 필수적인 영양소이다. 우리는 주스, 수프, 기타 액체류와 같이 물 같은 형태로 또는 과일류와 채소류와 같은 고체 음식으로 물을 섭취한다. 충분한 물 섭취는 세포 내액과 외액의 균형이 적절히 이루어지도록 하고, 신경자극, 근육 수축, 영양소 운반, 노폐물 배출의 조절을 돕는다.

요점 식품에 함유되어 있는 6개의 필수 영양소는 탄수화물, 지방, 단백질, 비타민, 무기질, 물이다. 탄수화물, 지방, 단백질은 다량영양소로 우리 몸의 생존에 필요한 에너지를 제공한다. 비타민과 무기질은 에너지를 제공하지는 않으나 신체 기능들이 적절히 이루어질 수 있게 하는 필수적인 미량영양소이다. 충분한 물 섭취는 세포 외액과 내액의 적절한 균형을 이루게 한다.

건강한 식사가 무엇인가?

건강한 식사(healthful diet)는 에너지와 영양소의 적절한 조합을 제공한다. 이는 충분성, 적절성, 균형성, 다양성의 네 개의 특성을 가진다. 당신이 젊든 나이가 들었든, 과체중이든 저체중이든, 건강하든 질병과 싸우고 있든 간에 이 네 가지의 건강한 식사 특성을 기억한다면, 당신은 매일 영양소와 에너지의 적절한 조합을 제공하는 식품을 의도적으로 선택할 수 있을 것이다.

다량 무기질(major mineral) 하루 적어도 100mg의 양으로 소비해야 하는 무기질. 체내에 존재하는 총량이 적어도 5g(5,000mg) 정도임.

미량 무기질(trace minerals) 하루에 100mg 미만으로 섭취해야 하면서 체내에 총 5 g(5,000 mg) 미만으로 존재하는 무기질.

건강한 식사(healthful diet) 적절한 에너지와 영양소를 제공하고, 충분하면서 적절하고 균형 잡힌 다양한 식사.

충분한 식사(adequate diet) 건강을 유지하기에 충분한 에너지, 영양소, 섬유소를 제공하는 식사.

건강한 식사는 충분하게 섭취하는 것이다

충분한 식사(adequate diet)는 건강을 유지할 수 있는 충분한 에너지, 영양소, 섬유소를 제공한다. 식사는 많은 부분에서 또는 한 부분에서 불충분할 수 있다. 예를 들면 미국의 많은 사람들이 채소를 충분히 먹고 있지 못하고 있는데, 이로 인해 채소류에 함유되어 있는 중요한 많은 영양소, 즉 섬유소가 풍부한 탄수화물, 비타민 C, 베타카로틴, 칼륨 등을 충분히 먹지 못하고 있다. 어떤 사람들은 식물성 식품만을 먹기도 하는데, 만약 이들이 보충제나 강화식품을 먹지 않는다

◀ 한 사람에게 충분한 식사가 다른 사람에게는 충분하지 않을 수 있다. 가벼운 활동을 하는 여성은 강도 높은 활동을 하는 남성보다 일일 칼로리 에너지 요구량이 적을 것이다.

면, 그들의 식사는 비타민 B_{12}가 불충분할 수 있다.

건강한 식사는 적절하게 섭취하는 것이다

적절성(moderation)은 건강한 체중을 유지하고 우리 몸의 기능을 최적화할 수 있게 하는 식품의 적정량을 먹는 것을 의미한다. 어떤 식품을 너무 많이 또는 너무 적게 먹는 사람은 건강에 도달할 수 없을 수 있다. 예를 들면 어떤 사람이 매일 탄산음료를 1700g를 마신다고 했을 때, 이것은 식사로부터의 에너지에서 추가로 765kcal가 더해진다. 이러한 kcal로부터 체중 증가를 피하기 위해서는 대부분 사람들은 식품 섭취를 줄일 것이며 이는 아마도 건강한 식품 선택을 줄이도록 만들 것이다. 적절한 탄산음료 섭취는 영양가 있는 식품으로부터 좀 더 많은 에너지를 제공받을 수 있도록 할 것이다.

건강한 식사는 균형 있게 섭취하는 것이다

균형식(balanced diet)은 영양소를 균형 있게 제공하는 식품의 조합을 포함하는 식사이다. 우리의 몸은 건강을 유지시키기 위하여 여러 가지 식품을 다양한 양으로 필요로 한다. 예를 들면 과일류와 채소류는 섬유소, 비타민 C, 베타카로틴, 칼륨, 마그네슘의 우수한 식품 급원이다. 육류는 이들 영양소의 좋은 급원은 아니나 단백질, 철분, 아연, 구리의 우수한 급원이다. 그러므로 건강한 식품을 균형 있게 섭취하여 우리가 필요로 하는 충분한 영양소들을 섭취하는 것이 필요하다.

건강한 식사는 다양하게 섭취하는 것이다

다양성(variety)은 매일 다른 식품을 먹는 것을 의미한다. 미국의 많은 지역사회에서는 선택 가능한 수천 종류의 건강한 식품들이 있다. 우리는 정기적으로 새로운 식품을 시도함으로써 우리 몸에서 필요로 하는 많은 영양소들을 섭취하는 기회를 가질 수 있다. 게다가 다양한 식사는 식사에 질리는 것을 막아주고 일정한 식품들만 먹게 되는 패턴으로 가는 것을 막아준다.

요점 건강한 식사는 적정량으로 충분한 영양소와 에너지를 제공한다. 건강한 식사는 또한 균형식과 다양한 식품을 포함한다.

적절성(moderation) 건강한 체중을 유지하고 우리 몸의 기능을 최적화하기 위해 적당한 양의 음식을 먹도록 조절함.

균형식(balanced diet) 적절한 비율의 영양소를 섭취할 수 있는 식품들로 구성된 식사.

다양성(variety) 매일 각기 다른 식품군을 섭취하는 것.

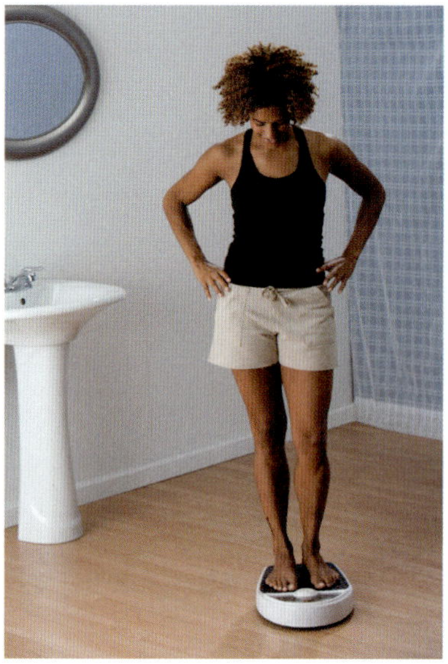

▲ 당신의 일일 에너지 필요 추정량을 아는 것은 건강한 체중을 유지하는 유용한 방법이다.

영양섭취기준(Dietary Reference Intakes, DRIs) 건강한 사람들에게 적용되는 영양소 기준치.

평균필요량(Estimated Average Requirement, EAR) 특별한 생애주기와 성별에서 건강한 사람들의 절반이 요구량을 충족시키는 것으로 추정되는 평균 일일 영양소 섭취 수준. 건강한 사람들의 일일 영양필요량의 중간값.

권장섭취량(Recommended Nutrient Intake, RNI) 각 성별 · 생애주기에 해당하는 건강한 사람들의 97~98%가 영양소 필요량을 충족하는 평균 일일 영양소 섭취 수준. 평균필요량에 표준편차의 2배를 더하여 정한 값.

충분섭취량(Adequate Intake, AI) 건강한 인구집단의 영양소 섭취량 추정을 근거로 권장된 평균 일일 영양소 섭취 수준.

우리에게 적합한 식사를 어떻게 계획할 수 있는가?

이제 우리는 6대 영양소를 알고 있다. 이러한 영양소들이 매일 얼마나 필요로 하는지 궁금할 것이다. 이 질문에 우리 스스로 대답하기 위해서는 현재 권장하고 있는 영양소 섭취 수준을 알아야 한다.

당신에게 필요로 하는 영양소를 파악하기 위해서는 영양섭취기준을 사용한다

미국과 캐나다뿐만 아니라 한국에서 식사 섭취에 대한 기준은 **영양섭취기준(Dietary Reference Intakes, DRIs)**으로 불린다. 이 기준은 결핍증을 예방하기 위해 필요로 하는 영양소 함량을 나타내고 있으나 만성질환의 위험을 감소시키기 위하여 얼마만큼의 영양소를 감소시켜야 할지도 고려하고 있다. 또한 몇 영양소에서는 안전성을 위한 상한치를 정하고 있다.

영양섭취기준(DRIs)은 6개의 값으로 구성된다(그림 1.6).

- **평균필요량(Estimated Average Requirement, EAR)**은 특정 생애주기 또는 성별에서 건강한 인구집단의 50%가 필요량을 충족시킬 수 있는 수준으로 추정되는 평균 일일 영양소 섭취 수준이다.[1] 예를 들면, 19~29세 여성의 철분 평균필요량(EAR)은 이 연령 집단 여성들의 절반이 필요량을 충족시킬 수 있는 철분의 일일 평균 섭취를 의미한다.
- **권장섭취량(Recommended Nutrient Intake, RNI)**은 특정 생애주기 또는 성별에서 건강한 인구집단의 97%에서 98%가 영양소 필요량을 충족시킬 수 있는 평균 일일 영양소 섭취 수준이다.[1] 예를 들면, 19~29세 여성의 철분 권장섭취량(RNI)은 일일 10mg이다. 이 철분 함량은 이 연령집단의 거의 모든 여성의 필요량을 충족시킬 것이다. 과학자들은 권장섭취량(RNI)을 확립하기 위해 평균필요량(EAR)을 사용한다. 사실상 평균필요량(EAR)이 없는 영양소는 권장섭취량(RNI)도 세울 수 없다. 이런 경우에는 충분섭취량(AI)이 사용된다.
- **충분섭취량(Adequate Intake, AI)**은 건강한 인구집단의 영양소 섭취량 추정을 근거로 권장된 평균 일일 영양소 섭취 수준이다.[1] 이 섭취 추정량은 영양소 섭취가 충분하다고 생각되는 양으로 권장섭취량(RNI)을 결정할 근거가 없을 때 사용된다. 칼륨, 비타민 D, 비타민 K, 염소 등 많은 영양소가 충분섭취량(AI)을 가지고 있다.

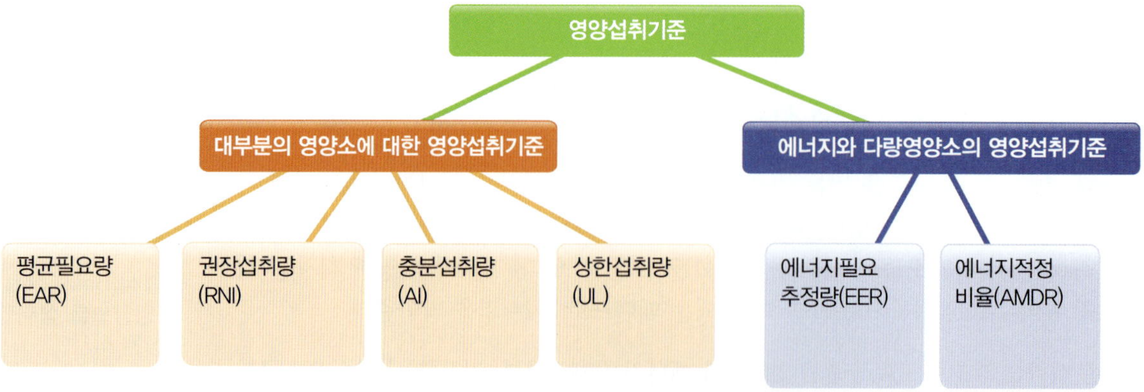

▲ 그림 1.6 모든 영양소에 대한 영양섭취기준(DRIs). 에너지필요추정량(EER)은 에너지에 적용되고 에너지적정비율(AMDR)은 다량영양소에 적용된다.

표 1.3 건강한 식단을 위한 에너지적정비율(AMDR) 기준

영양소		1~2세	3~18세	19세 이상	비고
탄수화물		55~70%	55~70%	55~70%	
단백질		7~20%	7~20%	7~20%	
지질	총지방	20~35%	15~30%	15~25%	
	n-6계 지방산	4~8%	4~8%	4~8%	
	n-3계 지방산	1%내외	1%내외	1%내외	
	포화지방산			4.5~7%	
	트랜스 지방산			1% 미만	
	콜레스테롤			300mg/일 미만	목표섭취량

* 에너지적정비율(AMDR)은 총 에너지의 구성비율로, 총 kcal에 대한 퍼센트로서 표시됨.
자료원: 한국영양학회, 한국인영양섭취기준위원회, 2010.

▲ 매일 최소 30분 동안의 육체적 활동은 만성질환의 위험을 감소시킬 수 있다.

- **상한섭취량(Tolerable Upper Intake Level, UL)**은 건강에 유해한 영향을 미칠 위험이 없는 평균 일일 최대 섭취량이다. 영양소 섭취가 상한섭취량(UL)을 넘어 많이 섭취하면 할수록 독성이나 건강에 유해한 위험의 가능성은 증가한다. 모든 영양소에 대한 상한섭취량(UL)을 정할 만큼 충분한 연구가 이루어지고 있지 못하다.
- **에너지필요추정량(Estimated Energy Requirement, EER)**은 건강한 사람들이 에너지 균형을 유지할 수 있는 평균 에너지(kcal) 섭취 수준이다. 이 권장량은 사람들의 육체적 활동 수준을 고려한다. 연령, 성별 등 모든 다른 요인들이 같다 할지라도 활동적인 사람들의 에너지필요추정량(EER)은 비활동적인 사람들의 에너지필요추정량(EER)보다 더 높다.
- **에너지적정비율(Acceptable Macronutrient Distribution Range, AMDR)**은 만성질환의 위험을 감소시키고 필수 영양소 섭취는 충분히 제공할 수 있는 탄수화물, 지방, 단백질에 대한 섭취 범위이다. 에너지적정비율(AMDR)은 총 에너지의 퍼센트나 총 칼로리의 퍼센트로 표현된다(표 1.3).

(Note: 한국인의 영양섭취기준은 이 책 뒤에 부록으로 수록되어 있으며, 이 표를 이용하여 당신의 영양소 기준치를 알 수 있다. 한국인의 식생활지침서와 같이 식사계획을 하기 위한 도구들과 병행해서 영양섭취기준(DRI)를 사용하면 건강하고 충분한 식사를 할 수 있을 것이다.)

한국인을 위한 식생활 지침서를 따른다

한국인을 위한 식생활지침서는 보건복지부, 농림축산식품부, 교육과학기술부 등에 의해서 영양, 위생 및 환경 수준의 개선, 육체적 활동 등을 통해 한국인들의 건강 증진 및 만성질환 예방을 위해 설정된 원칙이다. 이 지침서는 한국인을 위한 식생활 목표를 달성하기 위해 각 개인의 실천을 유도하기 위한 구체적인 행동실천 내용으로 구성되었으며 가능한 한 영양소가 아닌 식품을 기본으로 내용이 구성되었다. 식생활 지침은 또한 연령층별 특성을 고려하여, 해당 연령층에서의 식생활 지침을 구체적으로도 제시하고 있다.

한국인을 위한 식생활 목표

1. 에너지와 단백질은 권장량에 알맞게 섭취한다.
2. 칼슘, 철, 비타민 A, 리보플라빈의 섭취를 늘린다.
3. 지방의 섭취는 총에너지의 20%를 넘지 않도록 한다.
4. 소금은 1일 10g 이하로 섭취한다.
5. 알코올의 섭취를 줄인다.

상한섭취량(Tolerable Upper Intake Level, UL) 각 성별 · 생애주기에 해당하는 거의 모든 건강한 개인이 신체 건강에 유해한 영향을 가지지 않는 최대한의 평균 일일 영양소 섭취량 수준. 신체 건강에 유해영향이 나타나지 않는 최대 영양소 섭취 수준.

에너지필요추정량(Estimated Energy Requirement, EER) 건강한 성인에서 에너지 균형을 유지시키기 위한 평균 식이 에너지 섭취량.

에너지적정비율(Acceptable Macronutrient Distribution Range, AMDR) 필수영양소의 적절한 섭취를 제공하면서 만성질환에 대한 위험감소와 관련있는 특정 에너지원에 대한 섭취량의 범위.

일일 식사: 영양밀도가 낮은 식사 VS 영양밀도가 높은 식사

▲ 그림 1.7 영양밀도가 낮은 식품과 영양밀도가 높은 식품을 포함하고 있는 일일 식사의 비교

6. 건강 체중(18.5≤BMI < 25)을 유지한다.
7. 바른 식사 습관을 유지한다.
8. 전통 식생활을 발전시킨다.
9. 식품을 위생적으로 관리한다.
10. 음식의 낭비를 줄인다.

한국인을 위한 식생활 지침

1. 곡류, 채소 · 과일류, 어육류, 유제품 등 다양한 식품을 섭취하자.
2. 짠 음식을 피하고, 싱겁게 먹자.
3. 건강 체중을 위해 활동량을 늘리고, 알맞게 섭취하자.
4. 식사는 즐겁게 하고, 아침을 꼭 먹자.
5. 술을 마실 때는 그 양을 제한하자.
6. 음식은 위생적으로, 필요한 만큼 준비하자.
7. 밥을 주식으로 하는 우리 식생활을 즐기자.

이러한 지침을 활용하여 당신은 다음과 같은 노력들을 해 볼 수 있다.

건강한 체중을 유지하기 위한 균형 잡힌 칼로리

에너지 필요량 내에서 건강을 증진시키기 위한 충분한 영양소를 섭취하라. 이것은 건강한 체중을 유지시키는 데 도움을 줄 것이다. 당신은 칼로리 섭취를 조절하면서 건강 체중에 도달할 수 있을 것이다. 만약 당신이 과체중 또는 비만이라면, 식품과 음료로부터의 칼로리를 더 적게 섭취할 필요가 있다. 동시에 육체적 활동 수준을 증가시키고 TV를 보거나 컴퓨터에 앉아 있는 것과 같은 좌식 행동으로 보내는 시간을 줄여라.

칼로리를 균형 있게 조절하는 중요한 전략은 영양밀도가 높은 식품과 음료, 즉 영양소 수준은 가장 높고, 칼로리는 가장 낮은 수준의 식품과 음료를 지속적으로 선택하는 것이다. 그림 1.7은 **영양밀도(nutrient density)**가 낮은 일일 식사와 영양밀도가 높은 일일 식사를 비교한 것이다. 이 그림에서 보여주는 바와 같이, 탈지 우유는 전지 우유보다 영양밀도가 더 높고, 껍질 벗긴 오렌지는 탄산 오렌지 음료보다 영양밀도가 더 높다. 이러한 예는 당신이 식사를 계획할 때, 영양밀도가 가장 높은 식품을 선택할 수 있도록 도와줄 것이다.

당신의 건강에 문제가 될 수 있는 식품과 식품 성분의 섭취를 줄인다

식사 지침서에서는 아래에 제시된 식품과 식품 성분의 섭취를 줄일 것을 제안한다. 이것은 건강한 체중과 만성질환의 위험을 감소시키도록 도울 것이다.

나트륨. 소금의 주요 무기질 성분인 나트륨의 과다 섭취는 어떤 사람들에서는 혈압을 높일 수 있다. 또 많은 양의 소금 섭취는 뼈의 칼슘 손실을 초래하며 이것은 뼈 손실과 뼈 골절의 위험을 증가시킬 수 있다. 비록 소금이 나트륨과 염소를 함유하고 있다 할지라도 식사로부터 섭취되는 많은 양의 나트륨은 가공식품이나 냉동식품 같은 반조리 식품으로부터 얻는다. 나트륨 섭취의 중요한 권장 사항은 일일 섭취량을 2,300mg 미만으로 하는 것이다. 이 양은 1티스푼의 소금량에 해당한다. 만약 당신이 고혈압, 당뇨, 만성 신장 질환을 가지고 있거나 50세 이상이라면, 일일 나트륨 섭취량을 1,500mg 미만으로 섭취하도록 해야만 한다. 다음은 나트륨 섭취를 감소시킬 수 있는 몇 가지 방법이다.

- 신선한 일반 냉동 또는 통조림 채소를 소금 첨가 없이 먹는다.
- 햄, 소시지, 베이컨, 통조림 고기와 같은 가공 육류의 섭취를 제한한다.
- 캔 또는 팩 식품을 구매할 때는 저나트륨이라고 영양표시 되어 있는 식품을 찾는다.

영양밀도(nutrient density) 에너지량당 (또는 열량당) 영양소들의 상대적인 양.

게임 플랜

일상 생활에서 한국인을 위한 식생활 지침을 활용하는 방법

사람들은 한국인을 위한 식생활 지침을 읽을 때, 다양한 반응들을 보여준다. 몇몇은 이미 그것을 따르고 있다는 것에 만족한다. 그러나 많은 사람은 그들의 행동에서 고쳐야 할 부분들을 본다. 그리고 어떤 변화를 하고 싶다면, 우리는 당신에게 작은 것에서부터 시작할 것을 추천한다. 매주 당신의 규칙적인 행동을 다음 행동으로 대체한다면, 이번 학기 수업이 끝날 때 쯤에는 한국인을 위한 식생활 지침을 당신의 건강한 삶의 부분으로 만들 수 있을 것이다.

당신이 평상시 이런 행동을 한다면 :	대신 이와 같이 실천해 보자
밤에 집에서 텔레비전을 본다면	텔레비전 앞에서 30분 정도 스트레칭 또는 손 올리고 있기
가까운 상점을 운전해서 간다면	걸어서 상점을 다녀오기
친구와 점심을 나가서 먹는다면	매주 3일간 점심시간에 당신의 친구와 15~30분 동안 걷기
흰 빵으로 만든 샌드위치를 먹는다면	전곡으로 만들어진 빵으로 바꾸기
식사에 백미 또는 튀긴 쌀을 먹는다면	잡곡밥 먹기
간식으로 과자나 사탕을 고른다면	간식으로 신선한 복숭아, 사고, 배, 오렌지 또는 바나나를 고르기
햄버거와 감자튀김을 주문한다면	저지방 샐러드드레싱과 채소샐러드를 주문하기
매일 아침 흰 빵 토스트에 버터나 마가린을 바른다면	신선한 과일쨈류나 땅콩버터를 전곡 토스트에 바르기
당신이 좋아하는 레스토랑에서 베이컨 더블 치즈버거를 주문한다면	양상추와 토마토가 있는 구운 치킨 샌드위치를 주문하기
갈증을 없애기 위해서 가당탄산음료를 마신다면	냉차, 저칼로리탄산음료, 레몬조각이 들어간 물 마시기
당신이 좋아하는 샌드위치에 감자튀김을 먹는다면	저지방 랜치 드레싱에 붉은 피망 조각이나 베이비 당근 먹기

- 집에서는 음식을 먹을 때 소금을 따로 더 첨가하지 않는다.
- 케첩, 머스터드, 피클, 간장, 올리브와 같이 짠 양념들의 섭취를 제한한다.
- 국, 찌개, 국수의 국물을 적게 먹는다.

지방. 지방은 필수 영양소이므로 건강한 식사에 중요한 요소이다. 그러나 지방은 에너지 밀도가 높기 때문에 총 지방이 높은 식사는 과체중과 비만을 가져올 수 있다. 게다가 육류와 동물성 지방에 풍부한 콜레스테롤과 포화지방산이 높은 식사는 심장질환의 위험을 증가시킬 수 있다. 이러한 이유로 포화지방산은 총 일일 칼로리의 10% 미만을, 콜레스테롤은 일일 300mg 미만을 섭취하도록 해야 한다. 그러므로 당신은 버터와 라드 같은 고체 지방 대신 식물성 기름을 섭취하고 육류를 적게 섭취하며 생선이나 채소는 좀 더 자주 섭취함으로써 권장 목표에 도달할 수 있다.

당. 당이 첨가된 청량음료와 과일 음료, 쿠키, 케이크와 같이 첨가당이 높은 식품과 음료를 제한해라. 이들 식품은 과체중과 비만을 야기하고 충치를 생기게 한다. 뿐만 아니라 도넛, 쿠키, 파이, 패스트리는 전형적으로 불건강한 지방으로 만들어지고, 나트륨 함량이 높다.

알코올. 알코올은 에너지를 제공하지만 영양소는 아니다. 신체에서 신경계를 저하시키고 간과 다른 체세포에 독성을 가진다. 지나친 알코올 음료 섭취는 심각한 건강과 사회 문제를 일으킬 수 있다. 따라서 술을 마실 경우에는 이성적으로, 적당한 양을 마시도록 한다. 여성의 경우에는 하루에 한 잔 이상, 남성의 경우에는 하루 두 잔 이상 마시지 않고, 법적 연령이 허용되는 시기부터 마시도록 한다. 알코올을 마시지 말아야 하는 성인은 음주에 대한 자제력이 없거나 가임기 여성, 임산부와 수유부, 알코올과 상호작용할 수 있는 약물 복용자, 질병을 가진 환자, 주의 집중이나 기술, 협의를 필요로 하는 활동에 종사하는 사람들이다.

▲ 식료품을 살 때 다양한 과일과 채소를 선택해 보자.

건강한 식품과 영양소의 섭취를 증가시킨다

식이 지침서의 또 다른 목표는 사람들이 일일 에너지 필요량 범위 내에서 칼로리 섭취를 유지하면서 영양소가 풍부한 건강한 식품의 섭취를 증가시키도록 하는 것이다. 이러한 목표에 도달하기 위해 중요한 권장 사항은 다음과 같다.

- 과일과 채소의 섭취를 증가시킨다. 매일 일반 콩류와 완두콩과 함께, 다양한 진한 녹색잎 채소류, 붉은색이나 오렌지색 채소류를 먹도록 한다.
- 모든 곡류 식품에서 매일 적어도 반은 전곡류로 섭취하도록 한다.
- 무지방 또는 저지방 우유 및 요거트, 치즈, 강화 두유와 같은 유제품을 선택한다.
- 단백질 식품을 선택할 때는 기름이 제거된 살코기나 껍질이 없는 가금류와 같이 고체 지방과 에너지가 적은 식품을 선택한다. 고기나 가금류보다는 생선이나 패류를 더 많이 먹도록 한다. 또한 달걀, 일반 콩류, 완두콩, 두유제품, 소금이 가미되지 않은 견과류와 종실류를 선택한다.
- 충분한 식이섬유, 한국인 식사에서 부족하기 쉬운 칼슘, 비타민 D 영양소를 제공하는 식품을 선택한다. 이들 영양소는 혈압을 정상적으로 유지시키고, 몇 가지 질병의 위험을 감소시키는 데 도움이 된다. 이들 영양소의 좋은 급원 식품으로는 과일, 채소, 일반 콩류와 완두콩, 전곡류, 저지방 우유와 유제품이다.

▲ 통밀빵이나 현미 같이 전곡류가 많은 식사를 하는 것은 당신의 전반적인 건강을 향상시킬 수 있다.

건강한 식사 패턴을 따른다

모든 사람들이 따라야만 하는 한 가지의 건강한 식사 패턴은 없다. 대신에 식이 지침서에서 제안하는 권장 사항은 다양한 문화와 전통, 개인적 기호도를 고려하고, 개인의 식료품 지출 예산 내에서 맞출 수 있도록 고안되었다.

건강한 식사 패턴은 또한 미생물이나 이들 독소에 의해서 발생되는 식품 매개 질병의 위험을 감소시키기 위한 식품 안전 권장사항을 포함한다. 식품 안전과 관련된 식이 지침서는 다음과 같은 식품 안전 원칙을 강조한다.

- 손을 깨끗이 하고, 식품 접촉면, 과일, 채소를 씻는다.
- 날것, 익힌 것, 즉석 섭취식품은 구매, 저장, 조리할 때 분리시킨다.
- 안전한 온도 내에서 식품을 조리한다.
- 상하기 쉬운 음식은 즉시 냉장하도록 한다.

또 다른 중요한 내용은 비살균 처리된 주스와 유제품, 생이나 설익은 고기류, 어패류, 가금류, 달갈류, 새싹류는 피하도록 한다.

게임 플랜(14쪽)은 당신이 식이 지침서 권장 사항을 만족하기 위하여 현재 식사와 육체적 활동을 어떻게 변화시킬지에 대한 보기를 제공한다.

요점 한국인의 식생활지침서의 목표는 영양, 위생 및 환경 수준의 개선, 육체적 활동 등을 통해 건강을 증진시키고, 만성질환의 위험을 감소시키는 것이다. 이것은 전곡류, 과일, 채소를 매일 먹고, 건강에 좋지 못한 지방, 콜레스테롤, 소금, 첨가당이 많은 식품의 섭취를 감소시키고, 칼륨, 식이섬유, 칼슘, 비타민 D가 풍부한 식품을 많이 먹고, 안전하게 식품을 섭취하고, 알코올은 적절하게 섭취하는 것이다.

한국인의 식사 구성안을 이용한다

건강 증진 및 질병 예방을 위해서는 영양섭취기준(DRI)을 충족시키기 위한 식사 계획이 필요하다. 식사 구성안은 식사 계획을 쉽고 적절하게 할 수 있도록 영양가 계산을 하지 않고서도 영양섭취기준을 충족할 수 있도록 고안된 식단 작성법이다. 각 개인에게 적합한 식단 작성을 위해 식품구성자전거와 권장식사패턴을 활용한다.

▲ 식사 구성안은 다양한 과일을 섭취하도록 해준다.

식품구성자전거는 자전거 바퀴 모양을 이용하여 우리가 주로 먹는 식품을 종류와 영양소 함량 및 기능에 따라 비슷한 것끼리 6가지 식품군으로 구분하여 만든 식품모형이다. 운동을 권장하기 위해 자전거 이미지를 사용하고, 하나의 바퀴에 물잔 이미지를 두어 수분 섭취를 강조하면서, 6개의 식품군에 근거한 균형 잡힌 식사를 통해 적절한 영양과 건강을 유지하도록 고안되었다. 각 식품군 및 섭취 권장 수준은 곡류는 매일 2~4회, 고기 · 생선 · 달걀 · 콩류는 매일 3~4회, 채소류는 매 끼니 2가지 이상, 과일은 매일 1~2개, 우유 · 유제품은 매일 1~2잔을

표 1.4 어린이 및 청소년형 권장식사패턴 (A형 식단) (섭취횟수)

에너지 (kcal)	곡류	고기.생선 달걀.콩류	채소류	과일류	우유 유제품류	유지 당류
A1000	1	2	3	1	2	2
A1100	1.5	1.5	3	1	2	2
A1200	1.5	2	4	1	2	2
A1300	1.5	2.5	5	1	2	3
A1400	2	3	5	1	2	2
A1500	2	3	5	1	2	3
A1600	2.5	3	5	1	2	3
A1700	2.5	3	5	1	2	4
A1800	3	3	5	1	2	3
A1900	3	4	6	1	2	3
A2000	3	4	6	2	2	4
A2100	3	5	6	2	2	4
A2200	3.5	5	6	2	2	3
A2300	3.5	5	7	2	2	4
A2400	3.5	6	7	2	2	4
A2500	4	6	7	2	2	3
A2600	4	6	7	2	2	5
A2700	4.5	6	7	2	2	4
A2800	4.5	6	7	3	2	5

* 어린이 및 청소년은 성장기 특징을 반영하여 하루에 우유를 2컵 섭취하는 식사형태를 제시함.
(자료: 한국영양학회)

표 1.5 성인용 권장식사패턴 (B형 식단) (섭취횟수)

에너지 (kcal)	곡류	고기.생선 달걀.콩류	채소류	과일류	우유 유제품류	유지 당류
B1000	1.5	1.5	5	1	1	2
B1100	1.5	2	5	1	1	3
B1200	2	2	5	1	1	2
B1300	2	2.5	5	1	1	3
B1400	2.5	2.5	5	1	1	2
B1500	2.5	2.5	5	1	1	3
B1600	3	2.5	5	1	1	3
B1700	3	3	6	1	1	3
B1800	3	3.5	7	1	1	4
B1900	3	4	7	2	1	4
B2000	3.5	4	7	2	1	4
B2100	3.5	4.5	7	2	1	4
B2200	3.5	5	7	2	1	5
B2300	4	5	7	2	1	4
B2400	4	5	7	2	1	5
B2500	4	6	7	2	1	5
B2600	4	6.5	8	2	1	6
B2700	4.5	6.5	8	2	1	5

* 성인은 하루에 우유를 1컵 섭취하는 식사형태를 제시함.

▲ 그림 1.8 식품구성자전거 모형

섭취하고, 유지 · 당류는 조리 시 소량 사용할 수 있다(그림 1.8).

권장식사패턴은 각 열량별로 식품군별 섭취 횟수가 제시되어 있어, 자신에게 적합한 열량을 선택하여 하루에 섭취해야 되는 식품의 횟수를 알고, 이를 활용하여 식단을 작성할 수 있다. 권장식사패턴은 어린이 및 청소년(A형 식단, 표 1.4)과 성인(B형 식단, 표 1.5)으로 구분되어 제안된다.

영양표시를 읽는다

식품 선택을 조절하고 싶다면, **영양표시(Nutrition Facts)**를 읽는 것이 필요하다. 왜냐하면 영양표시는 광고 뒤에 숨겨진 실제 정보들을 우리에게 제공하기 때문이다. 식품의약품안전처에서는 모든 식품 제조 회사는 제조 식품에 영양 표시 정보를 제공하도록 의무화하였다. 영양표시의 의무가 제외된 제품으로는 포장이 되어 있지 않거나 최소한의 포장이 되어 있는 신선식품과 고기류 이외에 영양소 함량이 미량으로 포함되어 있는 커피, 향신료 같은 식품들이 있다.

영양표시에 포함되어야 하는 구성 성분

영양성분 표시를 할 경우 열량, 탄수화물, 단백질, 지방, 나트륨 함량과 강조 표시된 영양소의 함량은 반드시 표시하여야 한다. 그 외 비타민, 무기질, 식이섬유소, 당류, 지방산류 또는 콜레스테롤은 임의로 표시할 수 있다.

영양성분을 표시하는 식품군으로는 빵류 및 만두류, 과자류 중 과자 및 캔디류, 초콜릿류, 잼류, 식용 유지류, 면류, 음료수, 장기보존식품(레토르트식품 해당), 특수 용도 식품이다.

영양표시를 읽고 사용하는 방법

영양표시에는 식품의 1회 제공량당 들어 있는 영양소의 함량과 % **영양소기준치(percent daily values, %DV)**가 제시되어 있다. % 영양소기준치란 하루에 섭취해야 할 영양소 기준치를 100%라고 할 때 해당 식품의 섭취를 통해 얻는 영양소의 비율이다. 즉 1회 제공량만큼 섭취했을 때 하루 필요한 영양성분의 몇 %를 섭취하게 되는지 알 수 있다.

영양표시(Nutrition Facts) 식품의약품안전처에서 요구하는 영양성분에 대해 가공식품의 포장에 표시한 것.

% 영양소기준치(percent daily values, %DV) 식품 속 영양소 함량이 전체 영양소 섭취에 얼마큼 기여하는지를 알려줌. 하루 2000Cal의 에너지 섭취량을 근거로 제공됨.

▲ 그림 1.9 영양표시에 필요한 5가지 주요 구성 성분

Data from Food Label © Con Agra Foods.

뉴트리-케이스 구스타보

"지난밤까지, 나는 10년 동안, 아니 더 오랜 기간, 식료품점 안에 들어가 본 적이 없었다. 그런데 아내가 넘어져서 엉덩이뼈가 부서져 병원에 가야만 했다. 아내를 만나고 집에 오는 길에, 집에 먹을 게 별로 없다는 게 기억났고, 먹을 것을 좀 사야겠다고 생각했다. 그런데 충격적이었다. 아내가 어떻게 그렇게 긴 영양표시를 읽고, 다양한 여러 브랜드들 사이에서 제품을 고르면서 쇼핑을 했을까 싶었다. 아내는 학교를 6학년까지만 다녔고 영어를 그렇게 잘 하지도 못하는데 말이다. 나는 저녁으로 냉동치킨파이를 샀는데 맛이 별로였다. 그래서 나는 쓰레기통에서 포장지를 꺼내 식품의 영양표시를 모두 읽었다. 그리고 파이 안에 치킨이 전혀 들어 있지 않다는 것을 깨달았다! 이것은 두부로 만들어져 있었다! 이날 오후, 나는 내 딸을 데리고 식료품점으로 쇼핑하러 갔다."

미국식품의약국의 식품 영양표시에 대해 당신이 배웠다면, 당신은 구스타보가 식품을 선택할 때 식품 포장의 어떤 부분을 읽으라고 조언해줄 수 있을까? 당신은 그가 식료품 쇼핑을 더 쉽게 할 수 있도록 그에게 어떤 조언을 해줄 수 있을까? 당신이 구스타보의 아내처럼 계산과 읽기를 잘 못한다고 상상해 보자. 이 경우에 영양가 있는 음식을 고를 때 당신은 어떤 전략을 사용할 수 있나요?

▲ 그림 1.10 영양표시는 더 건강한 식품 선택에 도움이 되는 다양한 정보를 포함한다.
자료: 식품의약품안전처

가공식품의 영양표시를 확인하는 방법은 다음과 같다.

1단계: 1회 제공량은 얼마만큼인지 확인한다.
2단계: 총 내용량이 몇 회 제공량인지 확인한다.
3단계: 나는 얼마만큼(몇 회 제공량)을 먹었는지 확인한다.

영양표시는 다양한 강조 표시 문구를 포함할 수 있다

영양표시에 "이 식품은 저나트륨 식품입니다", "이 식품은 심장에 건강한 식품입니다"와 같은 문구를 본 적이 있는가? 이러한 문구는 정보에 확신하지 않더라도 식품을 구매할 때 영향을 미칠 수 있다.

식품의약품안전처에서는 식품회사가 영양표시에 제시하는 영양관련 강조 표시 문구와 건강 관련 문구를 규제한다. 질병의 치료에 관한 표현은 식품에 허용되지 않고 있으며 다만 건강보조식품, 특수영양식품, 인삼가공제품에 유용성 표시를 허용하고 있다. 유용성 표시에 관하여는 식품 위생법을 근거로 규정된다.

▲ 원치 않는 체중 증가를 피하기 위해서는 식사량을 조절하는 방법을 이해하는 것이 중요하다.

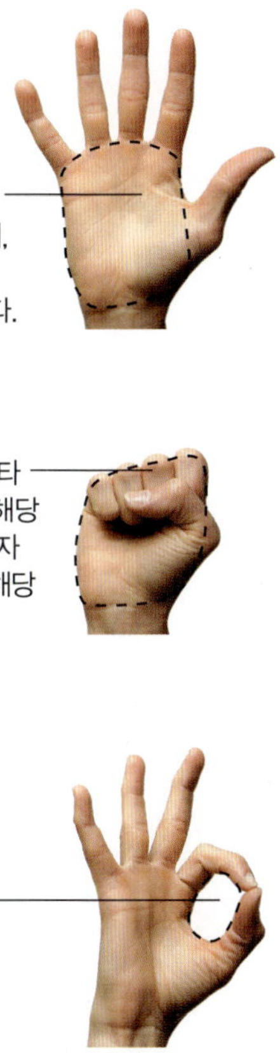

여자 손바닥은 구운 고기, 닭고기, 생선 약 85g에 해당되는 크기이다.

(a)

여자 주먹은 파스타 또는 채소 1컵에 해당되는 크기이다(남자 주먹은 약 2컵에 해당되는 크기)

(b)

식물성오일 약 1테이블스푼

(c)

▲ **그림 1.11** 당신의 손을 사용하여 일반적인 식품의 제공량을 추정할 수 있다.

과대광고(quackery) 일반적으로 면허가 없거나 정식 교육을 받지 않은 사람들에 의해 보충제 또는 기타 제품이나 검증되지 않은 치료법의 홍보 및 광고.

표 1.6 영양성분 함량 강조표시 세부 기준

영양성분	강조표시	표시조건
열량	저	식품 100g당 40kcal 미만 또는 식품 100ml당 20kcal 미만일 때
	무	식품 100ml당 4kcal 미만일 때
지방	저	식품 100g당 3g 미만 또는 식품 100ml당 1.5g 미만일 때
	무	식품 100g당 또는 식품 100ml당 0.5g 미만일 때
포화지방	저	식품 100g당 1.5g 미만 또는 식품 100ml당 0.75g 미만이고, 열량의 10% 미만일 때
	무	식품 100g당 0.1g 미만 또는 식품 100ml당 0.1g 미만일 때
콜레스테롤	저	식품 100g당 10mg 미만 또는 식품 100ml당 10mg 미만이고, 포화지방이 식품 100g당 1.5g 미만 또는 식품 100ml당 0.75g 미만이며, 포화지방이 열량의 10% 미만일 때
	무	식품 100g당 5mg 미만 또는 식품 100ml당 5mg 미만이고, 포화지방이 식품 100g당 1.5g 또는 식품 100ml당 0.75g 미만이며 포화지방이 열량의 10% 미만일 때
당류	무	식품 100g당 또는 식품 100ml당 0.5g 미만일 때
나트륨	저	식품 100g당 120mg 미만일 때
	무	식품 100g당 5mg 미만일 때
식이섬유	함유 또는 급원	식품 100g당 3g 이상 또는 식품 100kcal당 1.5g 이상일 때
	고 또는 풍부	식품 100g당 6g 이상 또는 식품 100kcal당 3g 이상일 때
단백질	함유 또는 급원	식품 100g당 1일 영양소 기준치의 10% 이상, 식품 100ml당 1일 영양소 기준치의 5% 이상일 때 또는 식품 100kcal당 1일 영양소기준치의 5% 이상일 때
	고 또는 풍부	식품 100g당 1일 영양소 기준치의 15% 이상, 식품 100ml당 1일 영양소 기준치의 10% 이상일 때 또는 식품 100kcal당 1일 영양소기준치의 10% 이상일 때
비타민 또는 무기질	함유 또는 급원	식품 100g당 1일 영양소 기준치의 15% 이상, 식품 100ml당 1일 영양소 기준치의 7.5% 이상일 때 또는 식품 100kcal당 1일 영양소기준치의 5% 이상일 때
	고 또는 풍부	식품 100g당 1일 영양소기준치의 30% 이상, 식품 100ml당 1일 영양소 기준치의 15% 이상일 때 또는 식품 100kcal당 1일 영양소기준치의 10% 이상일 때

자료: 식품의약품안전처

식품을 현명하게 선택하기 위해 누구를 믿을 수 있는가?

지난 몇 세기 동안, 일반인들은 영양이 건강에 어떤 영향을 미치는지에 대해서 많은 관심을 가지기 시작했다. 이러한 관심의 결과로 어마어마한 양의 영양 정보를 담은 출판물과 TV 광고, 웹사이트, 뉴스, 잡지, 논문들이 쏟아져 나왔고, 제품 포장에는 영양에 대한 강조 표시를 하게 되었다. 하지만 대부분은 이러한 정보들을 해석하거나, 또 이러한 정보들이 믿을 만한 것인지 평가하는 교육을 받을 기회가 부족해 잘못된 정보에 취약하다.

이 글을 통해서 우리는 당신이 영양에 관해서 보다 더 현명한 소비자가 될 수 있도록 정보와 활동들을 제공한다. **과대광고(quackery)**는 금전적인 이익을 위한 상품, 프로그램 또는 서비스에 대한 잘못된 설명을 포함한다. 예를 들어 질병을 치료한다는 명목으로 값 비싼 보충제를 판매하기도 하는데, 사실 대부분 이보다 더 저렴한 가격의 일반적으로 사용되는 제품과 비교시 효과는 그다지 차이가 없는 경우가 많다. 이런 제품들은 "특허 받은 제품"으로 묘사한다. 그러나 이것은 단지 수수료를 내고 특허사무소에 등록했다는 것을 의미한다. 특허가 상품의 효과나 안전성을 보장하지 않는다. 그런데 여기서 영양 정보에 대한 소비자의 의문점은 이것이 합법적인 상품 또는 서비스인지 아니면 과대광고인지이다. 이 책에서 제공하는 정보들과

이 책에서의 지식 평가의 기회들을 통해 당신은 영양에 관련된 강조표시들을 더 잘 이해하고, 제대로 평가할 수 있을 것이다. 우선, 영양정보에 대한 신뢰할 만한 정보들은 어디서 찾을 수 있는지를 확인하는 것에서부터 시작해 보자.

신뢰할 만한 전문가는 교육을 받고, 자격증을 수여받는다

다음의 항목들은 신뢰할 만하고 정확한 영양 정보를 제공하는 건강 전문가의 가장 일반적인 그룹 목록이다.

- 임상영양사(Registered dietitian, RD): 임상영양사는 인증된 전문기관에서 석사학위 소유자로 영양과 식이에 관한 경험과 정규 교과 수업을 마친 사람으로 국가 고시를 통과하여 임상영양사 자격증을 가진다.
- 영양사(Licensed dietitian): 영양사는 적어도 학사 학위 소유자로 영양과 식이에 관한 경험과 정규 교과 수업을 마친 사람으로 국가고시를 통과하여 영양사 면허증을 가진다.
- 영양학자(Nutritionist): 이 용어는 보통 정의가 없거나 법으로 규제되지 않았다. 어떤 경우에, 영양학자는 임상영양사이면서 영양에 학문적 수료증을 받은 전문가로 언급된다. 어떤

▲ **그림 1.12** 과거 20년간 식품의 1회 분량의 변화 사례. **(a)** 베이글 한 개가 7.6cm에서 15cm로 직경이 증가하였다. **(b)** 커피 한 컵은 237ml에서 473ml로 증가하였고, 일반적으로 고칼로리의 시럽뿐만 아니라 스팀된 전유가 포함되어 있다.

영양, 미신 혹은 진실?

지중해식 식단은 단지 유행에 지나지 않는 건가요?

최근 지중해식 식단은 상당한 관심을 받아왔다. 많은 지중해 국가에서 심혈관 질환의 발생 비율이 미국의 발생 비율보다 상당히 낮기 때문이다. 이 나라들은 포르투갈, 스페인, 이탈리아, 프랑스, 그리스, 터키, 이스라엘을 포함한다. 각 나라는 각각의 식이 패턴을 가지고 있다; 그러나 그들은 다음의 특징들을 공유한다.

- 고기는 한 달에 한 번 먹는다. 달걀, 가금류, 생선, 당류는 일주일에 한 번 먹는다. 정제된 설탕과 포화지방이 낮은 식단을 구성한다.
- 요리와 향을 위해서 대개 사용되는 지방은 단일 불포화 지방산이 많은 올리브유이다.
- 매일 먹는 식품은 빵, 파스타, 쿠스쿠스, 불가 같은 곡물류, 과일, 콩류, 땅콩류, 채소류, 치즈나 요거트를 포함한다. 이러한 선택은 식이섬유가 많고 비타민과 무기질이 풍부한 식단으로 구성해준다.

그림 1.13은 지중해 식단 피라미드를 보여준다. 미국 농무부의 식이 패턴과의 유사점은 매일 육체적인 활동을 하는 것과 매일 전곡빵, 시리얼, 기타 곡류, 과일, 채소의 섭취를 제안한다는 것이다. 차이점은 매일 콩류와 땅콩류를 섭취하고, 고기, 생선, 가금류, 달걀의 섭취 빈도가 적다. 지중해식 식단의 독특한 특징은 와인과 올리브유를 매일 섭취하는 것이다.

재미있는 점은, 지중해식 식단이 지방이 낮지 않다는 것이다. 사실, 이 식사는 미국에서 권장하는 지방 섭취기준보다 훨씬 높은 전체 에너지의 40%가 지방에서 유래된다. 하지만 지중해식 식단에서 주된 지방은 미국 식단에서의 동물성 지방보다는 좀 더 건강한 급원인 식물성 기름이라서 심혈관 질환에 대해 좀 더 예방적이다. 그러므로 지중해식 식단은 유행하는 식단이 아닌, 당신이 따라 할 수 있는 건강한 식사 유형의 훌륭한 예이다.

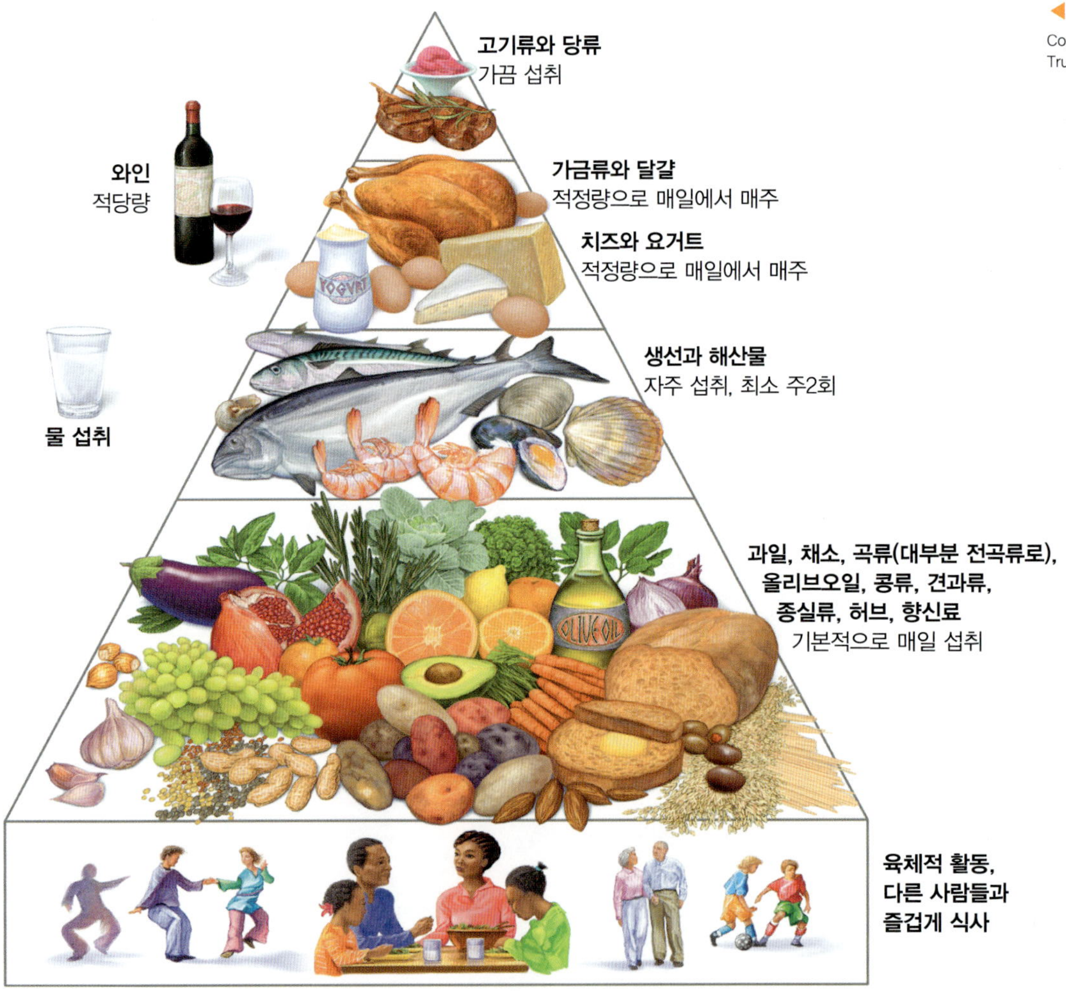

그림 1.13 지중해 식사 피라미드.

상황에서, 이 전문가들은 등록된 영양사로도 불린다. 다른 경우에는 영양학자라는 용어는 영양에 아는 것이 많은 사람으로 생각되는 사람을 의미한다. 첫 장 시나리오에서처럼 미구엘에게 권고해 준 "영양학자"는 그럴 자격이 있는지 어떻게 알 수 있을까?

- 영양 분야에서 전문 학위나 박사 학위를 가진 전문가: 많은 사람들은 영양분야에서 전문 학위를 얻는다. 그리고 영양과 관련된 분야에서 다년간 경력을 갖는다. 예를 들어 그들은 전문대학이나 대학교에서 가르칠 수 있거나 피트니스나 보건관리기관에서 일할 수 있다. 이들이 등록된 영양사가 아니라면 질병이 있는 개인에게 임상 영양 상담 또는 관리를 제공할 자격은 없다. 하지만 그들은 영양과 건강에 대해 신뢰할 만한 정보의 소스이기도 하다.
- 의사(Physician): 의학을 실습하면서 교육받고, 훈련받고, 자격을 얻는다. 그러나 의과대학 학생은 영양학 수업을 받는 것이 제한적이기 때문에 전형적으로 영양 분야의 경험과 훈련이 적다. 반면, 만약 당신이 질병을 치료하기 위해 식이 계획이 필요하다면, 대부분의 의사는 임상영양사나 등록된 영양사한테 문의할 것이다. 결과적으로, 그들이 영양의 광범위한 지식을 가졌을 것으로 추측하기보다는 의사의 전문수준을 파악하는 데에 주의를 기울여야 한다.

▲ 의사들은 영양 분야에 교육과 경험이 제한적일 수 있으나 그들은 당신의 필요량을 충족시킬 수 있도록 도움을 줄 수 있는 임상영양사나 영양사들에게 의뢰할 수 있다.

정부의 정보 자료는 일반적으로 신뢰할 만하다

국내 정부의 많은 보건기관은 영양과 관련된 질병의 문제를 강조한다. 이 기관들은 공공 기금으로 운영되고 영양과 건강 분야에서의 연구들은 재정적인 지원을 받는다. 정부 기관 중 많이 알려져 있고, 믿을만한 기관들은 질병관리본부, 식품의약품안전처, 국립암센터 등이 있다.

전문기관은 믿을 만한 영양 정보를 제공한다

자격이 있는 영양 전문가, 과학자, 교육자들이 있는 전문적인 조직은 많이 있다. 이 기관들은 대부분 대학 도서관에서 볼 수 있는 학술지에 최신 영양연구와 교육 자료를 보고한다. 관련 기관들로는 대한영양사협회, 한국영양학회, 대한지역사회영양학회, 한국식품영양과학회, 식품과학회, 한국임상영양학회, 대한예방의학회 등이 있다.

만약 당신의 정보가 믿을 만한 자료인지 확신할 수 없거나 특정 연구의 결과를 당신이 적용할 수 있을지 말할 수 없다면 당신은 어떻게 알아볼 수 있는가? 만약 두 연구가 적절하게 보이나 그 결과가 서로 상반적이라면? 다음 장에서는 영양과 관련된 연구에서 당신이 어떻게 더 정보를 얻고 비판하는 소비자가 되는지 설명할 것이다.

요점 정확하고 신뢰할 수 있는 영양 정보를 제공하는 건강 전문가로는 영양사, 임상영양사, 자격증 있는 영양학자, 영양분야에서 전문 학위를 가진 전문가 그리고 의사를 포함한다. 정부 기관 중 많이 알려져 있고, 믿을 만한 영양정보를 가지고 있는 기관으로는 질병관리본부, 식품의약품안전처, 국립암센터 등이 있다.

조사 연구 결과: 누구를 믿을 수 있겠는가?

"지방 섭취를 줄여라! 탄수화물은 최소한 60% 섭취해라!" "지방과 단백질을 더 많이 먹어라! 탄수화물은 비만을 야기한다!"

당신은 영양과 관련된 보도들에서 많은 양으로 인해서 또는 종종 일치하지 않는 권고 사항으로 당황한 적이 있는가? 만약 그렇다면, 당신만 그런 것이 아니다. "고탄수화물식, 저탄수화물식"의 논란뿐만 아니라 뼈의 손실 예방을 위한 칼슘 보충, 변비 예방을 위한 많은 수분섭취, 대장암 예방을 위한 고식이섬유 섭취의 효과 등 많은 정보들이 존재한다. 지난 십 년간 커피와 차가 건강에 좋지 않다고 경고했었지만, 이제는 커피와 차에 몸에 좋은 화학물질들이 들어 있다고 발표되었다. 영양학자조차도 모두가 동의하지 않는 영양문제에 대해서는 누구를 믿어야 하는가?

영양학은 비교적 젊은 학문이다: 미국의회는 1894년에 처음으로 임상 영양 연구를 지원하기 시작했다. 그 당시, 비타민은 알려지지 않았었고, 인체에서의 무기질의 역할은 불확실하였다. 게다가 영양학에서의 발견들은 일부 생화학과 유전학 같은 비교적 최신 과학들에 의해서 발견되었다. 영양이 우리의 건강에 어떻게 영향을 미치는지 밝히기 위해 새로운 실험들이 매일 설계되고 있고, 새로운 발견들이 이루어지고 있다. 지식의 발전에 있어서 서로 모순되고 상반된 증거를 살펴보는 것은 필수적이다. 사실상 논란은 연구자에게 알려지지 않은 분야를 탐색하고 영양과 건강의 수수께끼를 풀기 위한 시도를 하기 위한 자극제 같은 것이다.

뿐만 아니라 대중매체는 주어진 주제에 관한 연구 결과를 철저히 검토하지 않고 보도한다. 그것들은 단지 최근 연구에만 초점을 맞춘다. 따라서 저녁뉴스에서의 보도는 어떤 주제이든 간에 절대적인 사실로 받아들여서는 안 된다. 더 현명한 소비자나 대중매체의 영양보도에 대해 전문적인 비평가가 되기 위해서는 실제 연구과정이 어떻게 이루어지고 있는지, 또 다양한 종류의 연구 결과들은 어떻게 해석되는지를 이해해야 한다. 그럼 좀 더 자세히 살펴보자.

연구에는 과학적인 방법이 적용된다

과학적 방법(scientific method)은 관찰, 실험, 이론의 발전을 포함하는 다단계 과정이다(그림 1.14). 표준화된 절차는 자연현상의 이해에서 생기는 개인적 편견의 영향을 최소화한다. 이와 같은 과학

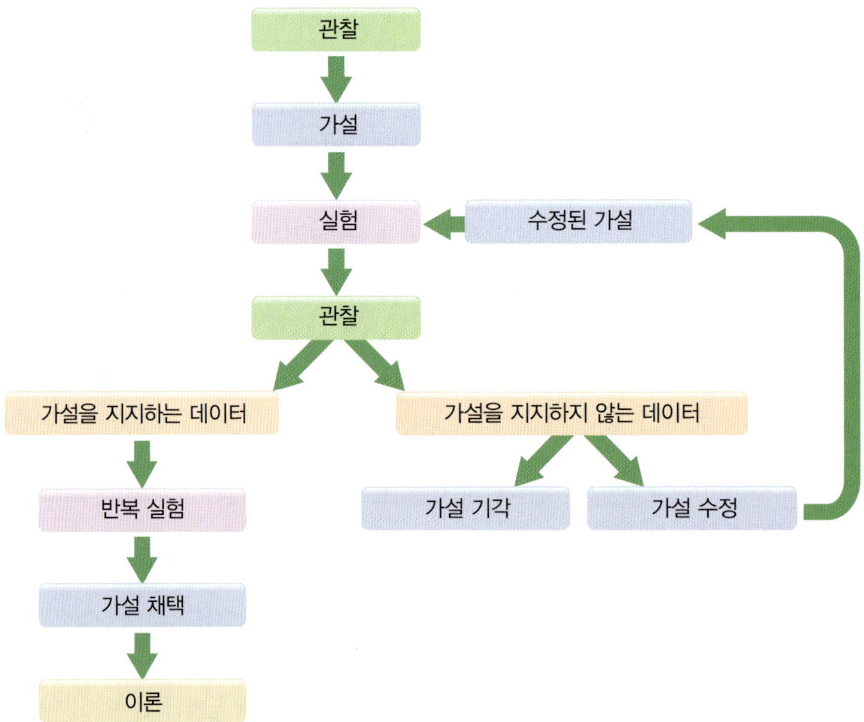

▲ **그림 1.14** 과학적 연구를 위한 프레임을 제공하는 과학적인 방법. 연구자는 현상에 대한 관찰로 시작한다. 현상 관찰은 질문을 유도한다. 가설은 관찰을 설명하기 위해 만들어진다. 연구자는 그 가설을 검증하기 위한 실험을 수행한다. 관찰은 실험기간 동안 진행되며 데이터가 생성되고 문서화된다. 가설은 데이터를 지지하거나 반박할 수도 있다. 만약 데이터가 가설을 지지하는 경우, 더 많은 실험이 수행되고 가설에 대한 지지를 확실하게 한다. 반복 실험 후 지지되는 가설은 이론이라고 한다. 그러나 데이터가 가설을 지지하지 않는 경우, 가설은 기각 또는 수정되고 다시 실험이 이루어진다.

적 연구방법은 영양학을 포함한 다른 많은 학문들에서도 우수한 연구 방법으로 사용되고 있다.

연구과정의 첫 단계는 현상의 관찰이다

과학적 연구방법의 첫 단계는 현상을 관찰하고 서술하는 것이다. 하나의 예로 당신이 노인 고객을 관리하는 건강관리센터에서 일하고 있다고 가정해 보자. 당신이 만나는 많은 노인들은 고혈압을 가지고 있지만 몇몇 노인은 정상 혈압을 가지고 있는 경우도 있다는 것을 관찰할 수 있을 것이다. 많은 노인 고객들과 대화를 나눈 후, 당신은 육체적 활동을 더 많이 하는 고객들이 혈압수치가 더 낮다는 것을 알 수 있을 것이다. 이런 관찰을 통해 신체활동과 혈압 사이의 관계가 존재할지도 모른다는 의문을 이끌어 낼 수 있다. 다음 단계는 가설(hypothesis)을 세우는 것 또는 관찰에 대한 가능한 설명을 찾는 것이다.

가설은 관찰에 대한 가능한 설명이다

가설은 당신이 원하는 실험을 가정하는 것이다. 또 가설은 연구문제로 언급되기도 한다. 예를 들어 당신의 가설이 "노인들에게 규칙적인 신체활동은 혈압을 더 낮추어 준다."가 될 수 있다. 당신은 어떤 요소들이 당신의 관찰을 설명할 수 있을지 알아보기 위한 실험을 수행하기 전에 반드시 가설을 만들어 내야 한다.

실험은 연구가설을 검증하기 위해 수행된다

실험(experiment)은 연구에 대한 질문이나 가설을 검증하는 과학적인 과정이다. 당신의 가설의 경우, 노인들에서 혈압에 대한 규칙적인 신체활동의 영향을 알아보기 위한 연구를 여러 가지로 설계할 수 있다. 이 장의 뒷부분에서는 당신의 질문에 대한 답을 찾기 위해 도움이 될 여러 종류의 연구를 살펴볼 것이다.

잘 설계된 실험은 결과에 영향을 미칠 요인에 대한 통제를 시도한 것이다. 이 실험의 경우, 고혈압인 사람들에게 체중감량은 혈압을 낮출 수 있다고 잘 알려져 있다. 이와 같이 혈압에서 운동의 영향에 대한 실험을 수행하면서 당신은 체중감량을 통제하려고 할 것이다. 당신은 그들의 체중유지를 확인하기 위해 정기적으로 체중을 측정하면서 연구기간 동안 살이 빠지지 않도록 충분한 음식을 확실하게 섭취하도록 할 수 있다.

조사 연구는 가설을 입증했다거나 입증하지 못했다는 것을 강조하는 것이 중요하다. 이상적으로는 많은 실험들은 가설을 철저하게 조사하기 위해 수년에 걸쳐서 수행된다. 과학은 우리가 현존하는 가설에 이의를 지속적으로 제기하고, 현재 알고 있는 것을 확장시키도록 해준다.

이론은 광범위한 연구 끝에 발전될 수 있다

만약 많은 실험들이 가설을 지지하지 않는다면, 그 가설은 받아들여지지 않거나 수정된다. 반면, 많은 실험의 결과가 일관적으로 가설을 지지한다면 하나의 이론으로 발전이 가능하다. 이론(theory)은 반복된 과학적 실험을 통해 확인되어온 하나의 가설 또는 집단가설을 대표한다. 이론들은 강력하게 채택된 원리들이지만 이의를 받기도 하고 과학적인 방법을 적용한 결과로부터 바뀔 수 있다. 수세기 전에는 지구가 평평하다는 이론이 있었음을 기억해 보자. 사람들은 이 이론을 너무나 확신했기 때문에 가장자리 끝에서는 떨어질 것이라고 믿어서 알고 있는 경계 저 편 너머로는 항해하지 않았다. 여러 많은 탐험이 시도된 후에서야 지구가 둥글다는 이론이 발견되었다. 우리는 오늘날 가설을 검토하고 이론에 이의를 갖기 위해 계속해서 과학적 방법을 적용하고 있다.

여러 종류의 조사연구는 우리에게 각각 다른 이야기를 알려준다

당신은 방금 가설을 검증하기 위해 어떻게 과학적 방법이 적용되는지 배웠다. 영양 관련 지침서를 세우고 건강에서의 영양의 역할을 이해하는 과정에는 끊임없는 실험이 포함된다. 어떻게 조사연구가 설계되었는지에 따라 우리는 다른 여러 이야기들을 알려주는 정보들을 모을 수 있다. 수행된 연구의 여러 종류와 그들이 우리에게 무엇을 이야기하는지 살펴보자.

동물 대 인간의 연구

많은 경우에서 동물을 포함한 연구는 과학자들이 인간 연구를 설계하는 데 도움을 줄 수 있는 사전정보를 제공한다. 또한 동물 연구는 인간에게 할 수 없는 연구를 수행할 때 사용된다. 예를 들어 연구자들은 동물로 영양결핍의 원인을 밝힐 수 있고 건강에 해로운 영향을 동물의 전 생애에 걸쳐 연구할 수 있지만, 이러한 종류의 실험은 인간에게는 허용되지 않는다. 동물 연구의 단점들은 윤리적인 문제가 포함될 수 있고 결과들이 인간에게 직접적으로 적용이 안 될 수 있다는 사실이다.

지난 십 년에 걸쳐 동물 연구는 미량영양소에서 비만에 이르기까지 여러 영양학적 측면의 이해를 돕기 위해 진보해왔다. 여전히 몇 가지 가설들은 오직 인간을 대상으로 조사되기도 한다. 인간에게 수행되는 세 종류의 주요한 연구는 관찰 연구, 환자대조군 연구, 임상 시험을 포함한다.

관찰 연구

관찰연구(observational study)는 식습관, 질병 추세 또는 대규모 인구집단에서의 건강 현상을 평가하고, 이 현상들에 영향을 미칠 수 있는 결정 요인들을 밝히는 것에 사용된다. 그러나 이러한 연구들은 오직 요인들간의 **상관성**(relationship)만 나타낼 수 있다. 이는 원인과 결과로 연결되어 있음을 의미하지 않는다. 예를 들어 흡연과 낮은 채소 섭취는 몇몇 연구에서 관련되어 나타나지만, 흡연이 사람들에게 채소를 적게 먹도록 만든다는 의미는 아니다. 또는 채소를 적게 섭취하는 것이 사람들이 흡연하도록 만드는 것도 아니다.

환자대조군 연구

환자대조군 연구(case-control study)는 연구자들이 질병에 영향을 미칠지도 모르는 것들에 대해 더 나은 이해를 얻을 수 있는 추가적인 설계 형태로서 좀 더 복잡한 종류의 관찰연구이다. 이 연구는 특정 조건(예를 들어 고혈압을 가진 100명의 노인)을 가진 집단과 이러한 조건이 없는(예를 들어, 정상 혈압을 가진 100명의 노인) 집단을 비교하는 것이다. 이러한 비교는 연구자들이 두 집단 사이에 조건이 다르다는 것을 확인하기보다는 요인이 다름을 확인하도록 해준다. 예를 들어 연구자들은 정상 혈압집단에서는 75%가 신체적 활동을 하지만 고혈압 집단에서는 20%만이 신체적 활동을 한다는 것을 발견할 수 있다. 그러나 이것이 신체적 활동이 고혈압을 예방한다는 것을 입증할 수는 없을 것이다. 이 비교는 단지 두 요인 사이의 상관성이 의미가 있다는 것만을 제안할 뿐이다.

임상 시험

임상 시험(clinical trials)은 특정한 질병이나 건강상태에서 개입(중재)의 영향을 파악하기 위해 개입(중재)이 이루어지는 엄격히 통제된 실험이다. 개입은 약물, 영양 보충제, 제한된 식사, 운동 프로그램 등을 포함할 수 있다. 임상 시험에서 실험 집단의 사람들은 개입을 받고, 대조 집단의 사람들은 개입을 받지 않는다. 그러고 나서 두 집단의 반응이 비교된다. 혈압 실험의 경우, 연구자들은 고혈압인 첫 번째 노인집단에게 운동 프로그램을 배정하고 고혈압인 두 번째 노인집단에게는 운동을 하지 않는 프로그램을 배정할 수 있다. 몇 주, 몇 달, 심지어 몇 년에 걸쳐 연구자들은 각 집단의 혈압을 측정할 수 있다. 만약 운동을 했던 집단의 혈압이 감소했고 운동을 하지 않은 집단의 혈압이 증가하거나 같은 상태로 남아 있다면, 운동이 혈압을 낮추는데 영향을 미칠 것이라는 사실은 지지받을 것이다.

피험자가 무작위로 선정되었는지 그리고 연구자들과 피험자들이 어떤 집단이 개입된 집단인지 모르도록 연구가 진행되었는지의 두 사항은 임상 연구의 질을 평가할 때 고려해야 할 중요한 부분이다:

- **무작위 시험 연구**(Randomized trials). 이상적으로, 연구 참가자들은 중재 집단(처리를 받은 피험자)과 대조 집단(처리를 받지 않은 피험자)을 무작위(randomly)로 할당해야 한다. 참가자들을 두 집단에 무작위로 배분시키는 일은 동전 던지기나 모자에서 이름을 뽑는 것과 같다. 이는 특정한 참가자들 쪽으로 편중될 가능성을 줄여주고 당신이 연구에서 측정하고 있는 특징이나 요인에 대해 유사한 집단임을 확실하게 해준다. 이러한 종류의 연구를 무작위 임상 시험[randomized clinical (controlled) trials]이라고 부른다.
- **단순 맹검 실험과 이중 맹검 실험**(Single-and double-blind experiments). 가능하다면 연구자들과 연구 참여자(대상자)들 둘 다 주어진 처치를 모르게 하는 것(blind)은 중요하다. **단순 맹검 실험**(single-blind experiment)은 참가자(대상자)들이 받는 처치가 무엇인지 모르도록 하는 방법이지만 연구자들은 어느 집단이 처리를 받고 받지 않는지 안다. **이중 맹검 실험**(double-blind experiment)은 어떤 집단이 실제로 처리를 받고 있는지 연구자들과 참가자(대상자)들 둘 다 모른다. 이중 맹검법은 실제로 이러한 결과가 발생되지 않을지라도 연구자들이 오직 보고 싶어하는 결과만 보지 못하도록 예방하는 데 도움을 준다. 약물이나 영양 보충제에 대한 실험의 경우, 맹검 과정은 대조 집단에게 위약을 줌으로써 도움이 될 수 있다. **위약**(placebo)은 참가자들에게 아무런 영향이 없는 가짜 처치이다. 예를 들어, 설탕으로 만들어진 약은 비타민 보충제 대신 줄 수 있다. 이와 같은 연구는 **이중 맹검 무작위 임상 시험**(double-blind randomized clinical trials)으로 언급된다.

연구에 대한 당신의 지식을 언론 보도를 평가하는 데 사용한다

이러한 연구의 모든 정보가 어떻게 당신이 더 나은 소비자나 언론 보도에 대한 비평가가 되도록 도와주는가? 당신은 연구 과정과 수행된 여러 종류의 연구들을 잘 이해함으로써, 언론 보도 속의 진실과 허구를 잘 구별할 수 있다. 언론 보도를 검토 할 때 고려해야 할 가장 중요한 사항 중 하나는 이해상충의 문제이다.

이해상충

당신이 만약 가장 좋아하는 브랜드의 아이스크림을 사라는 광고 문구인 "가자, 아이스크림 먹으러."를 읽었을 때, 별로 이상하게 생각하지 않을 것이다. 이것은 단지 광고이기만 한 것인가? 그러나 만약 당신이 좋아하는 브랜드의 아이스크림을 먹은 사람들이 그들의 뼈 밀도가 증가되었다는 연구 조사를 읽게 된다면? 당신은 연구 결과를 광고보다 더 믿을 수 있겠는가?

위의 질문에 대답하기 위해서, 당신이 더 조사해야 할 몇 가지는 다음과 같다.

- 누가 연구를 실시하고, 누가 그것에 대해 연구비를 지원했는가?
- 연구가 어떤 결과로 인해 이익을 가지는 회사에 의해 투자되었는가?

▲ 좀 더 현명한 소비자, 매체를 통한 영양 보도를 잘 아는 비평가가 되기 위해서는 연구과정과 연구결과가 어떻게 설명되었는지를 이해하는 것이 필요하다.

- 연구자는 상품, 개인적 여행 자금, 연구의 후원자로부터의 특전을 받고 있는가? 또는 그들의 연구에 관련된 기업이나 제품에 투자를 하고 있는가?

이러한 질문 중 하나라도 대답이 "예"이면, 연구비 지원기관과 연구자들 간의 **이해상충**(conflict of interest)이 존재할 것이다. 이해상충이 있을 때마다 연구자는 정확하고 책임질 수 있는 방법을 통해 공정하게 연구를 수행하고, 결과를 보고해야 할 것이다. 연구진은 연구논문에 발표하기 위해 그들의 결과를 제출할 때, 결과에 영향을 미칠 수 있는 이해상충을 밝힐 필요가 있다. 이와 같이, 연구를 검토하고 마지막으로 읽고 해석하는 사람들은 결과에 영향을 미칠 수 있는 잠재적인 연구원의 편견이 있는지를 검토해야 할 것이다. 여기서의 편견은 연구되고 있는 제품에 대한 투자, 제조업체로부터의 선물과 같이 어떤 결과에 영향을 미칠 수 있는 요인을 의미한다.

최근 언론 조사는 치료에 대한 약물 효과를 시험하는 제약 회사에 의해 투자된 연구에서 광범위한 오류를 보고하고 있다. 또한 미국과 유럽에서 발표되는 학술지에서는 부정적인 결과(즉 치료가 효과적이지 않을 것을 시사하고 있는 연구 결과)는 적게 발표되는 경향을 보였다. 우리는 또한 제약 회사에 의해 투자된 임상 시험은 독립적으로 연구된 시험보다 긍정적인 결과를 더 많이 보고하는 것으로 나타났다.[8,9] 이것은 심각한 영향을 미칠 수 있다: 만약 효과가 없거나 부작용이 있는 결과가 완전히 보고되지 않은 경우에는 의료인들은 효과가 없거나 해로운 약을 처방할 수 있게 되는 것이다.

이러한 문제의 심각성으로, 전 세계 연구자들은 모든 임상 시험이 등록되고, 모든 연구 결과를 일반인이 볼 수 있도록 하는 글로벌 시스템이 필요함을 느꼈다. 이러한 시스템의 개발은 연구 데이터를 독립적으로 검토할 수 있도록 하고, 충분한 정보를 통해 의료 결정이 이루어졌다는 것을 보장할 수 있게 한다. 첫 번째 단계로, 2009년에 미국식품의약국은 이들의 활동과 대중들의 의사결정에 관련된 유용하고 이해 가능한 정보를 만드는 것을 목표로 한 사업(Transparency Initiative)을 시작했다.

미국식품의약국 사업에 대한 자세한 내용을 보려면 다음 사이트를 방문해 보자.
한국 식품의약품안전처 사업에 대한 자세한 내용을 보려면 다음 사이트를 방문해 보자.
http://www.mfds.go.kr/index.do?mid=719

연구를 평가함에 있어 고려해야 하는 기타 사항

위의 고려 사항 이외에 반드시 다음 사항을 조사해야 한다.

- 누가 정보를 보고(report)하고 있는가? 그것은 잡지나 신문 또는 인터넷의 기사인가? 대중잡지나 신문을 쓰는 사람들은 과학에 대한 교육이 부족하고, 연구결과를 잘못 해석할 수 있다. 그러나 비록 교육받은 과학자와 의사조차도 금전적인 이익을 위해 연구 성과를 오보할 수도 있다. 예를 들어 보고서가 연구된 제품이나 서비스를 판매하고 있는 건강관리 서비스 공급자의 웹사이트에서 공개되고 있는 경우, 당신은 보고된 결과를 의심해야 한다.
- 이 보고서는 신뢰할 수 있는 조사 연구를 기반으로 했는가? 연구는 과학적인 방법에 따라 수행했고, 그 결과는 신뢰할 수 있는 과학 학술지에 보고되었는가? 원칙적으로, 학술지는 동료 전문가가 검토하는 과정을 거친다; 즉 학술지 논문들은 같은 과학 분야에 종사하는 다른 전문가에 의해 평가된다. 신뢰할 수 있는 보고서는 참고문헌 또는 정보의 소스를 포함해야 하고, 이름으로 연구자를 확인할 수 있어야 한다. 이것은 독자가 조사 연구들을 찾을 수 있도록 하고, 그것의 이점을 결정할 수 있도록 한다. 신뢰할 수 있는 학술지의 예는 한국영양학회지, 대한지역사회영양학회지, 한국식품영양과학회지, 대한영양사협회지, 식품과학회지, 한국임상영양학회지, 대한의학협회지 등이 있다.
- 이 보고서는 개인의 경험에 대한 진술을 기반으로 되었는가? 전체적인 결론이 하나의 연구만으로부터 이루어졌는가? 그들의 편견이 내포되어 있는 개인적인 진술을 주의해야 한다. 또한 한 연구가 우리의 모든 질문에 대답하거나 가설을 증명할 수 없고, 개별 연구들의 결

과들이 적절한 관점에서 구성되어야 한다.

- 보고서의 주장이 사실이라고 보기에 너무 좋은가? 질병이나 복합 증상들을 치료한다고 주장하고 있는가? 만약 무언가가 너무나도 사실로 보인다면, 그것은 의심해봐야 할 것이다. 하나의 제품으로 질병이나 복합 증상들을 치료한다고 주장하는 보고서는 보고서의 타당성에 의문을 제기할 수 있는 신호이다.

이 글을 통해서 우리는 당신에게 조사 연구와 영양 관련 제품 및 서비스에 대한 마케팅 문구를 평가하는 데 도움이 되는 정보를 제공하였다. 당신은 무엇을 사야 할지, 누구를 신뢰해야 할지를 결정해야 할 때, 좀 더 자신감을 느낄 수 있을 것이다.

나는 어디에 있을까...

당신은 한국인의 식생활 지침과 식사 구성안, 영양표시를 배웠다. 당신의 식품 선택에 변화가 있겠는가?

예 / 아니오

예라면, 어떤 방법으로 변화시킬 것인가?

이제 당신은 보충제나 음식, 영양과 관련된 제품이나 서비스 광고를 볼 때, 이들 광고가 합법적인지 확신을 가지고 자신 있게 말할 수 있는가?

☐ 매우 확신

☐ 약간 확신

☐ 확신하지 않음

복습

오늘 내가 해 볼 수 있는 것은?

이 장을 읽고, 다음 세 가지를 실천해 보자.

- 당신이 좋아하는 간식의 영양표시를 읽고, 나트륨, 지방, 포화지방이 낮은 간식제품으로 선택해 보자.
- 식사 구성안을 활용하여 식사를 계획해 보자.
- 하루 동안 지중해식 식사를 해보고 평가해 보자.

스스로 평가하기 정답

1. 참. 영양 관련 지침서에서 이들 식품들은 아주 가끔 섭취할 것을 권장했을지라도, 우리는 건강한 식사의 일부분으로 적절하게 포함시킬 수 있다.

2. 거짓. 모든 영양소가 에너지를 제공하진 않는다. 우리 몸의 일차적인 에너지원은 탄수화물과 지방이다.

3. 거짓. 열량(Cal)은 식품에서의 에너지 측정값이다. 좀 더 정확히 말하면, 1kcal는 1kg의 물 온도를 섭씨 1도까지 올리는데 필요한 열량을 의미한다.

4. 거짓. 충분하면서 적절하고 균형 잡힌 다양한 식단은 보충제가 필요하지 않을 수 있다. 그러나 어떤 개인은 특정한 건강 문제에 따라 보충제를 필요로 할 수도 있다.

5. 거짓. 한국인의 식사 지침서에는 술을 마실 때에는 양을 줄이도록 권장하고 있다. 성인에서 적당한 알코올 섭취(여자는 일일 1잔, 남자는 일일 2잔)는 건강한 식사의 일부가 될 수 있다.

영양도구

www.pearsonhighered.com/thompsonmanore 웹사이트나 My nutriritonLab.com을 가서 다음과 같은 내용을 살펴보자.

- 식품영양표시: 요구 사항
- 식사 구성
- 샐러드 구성

단원 문제

맞는 것에 동그라미 표시하세요.

1. 여섯 가지의 모든 영양소 그룹을 포함하는 식품은 다음 중 무엇입니까?
  a. 딸기 아이스크림
  b. 달걀-샐러드 샌드위치
  c. 토마토 크림 스프
  d. 모두 해당

2. 충분한 식사(adequate diet)는
  a. 하루 요구량의 최소한을 충족하기에 충분한 에너지를 제공한다.
  b. 인간의 건강을 유지하기 위해 필요한 에너지, 영양소, 식이섬유를 충분하게 제공한다.
  c. 건강한 체중을 유지하고 신체 기능을 최적화하기 위해 충분히 다양한 영양소를 제공한다.
  d. 건강한 영양소 비율을 제공하기 위한 음식의 조합을 포함한다.

3. 한국인을 위한 식이지침은 다음 중 무엇을 추천하고 있습니까?
  a. 소금을 제외한 모든 음식을 준비하고 고르는 것
  b. 하루에 2회 알코올 음료를 마시는 것
  c. 매일 아침식사를 하는 것
  d. 지방이 없는 식단을 섭취하는 것

4. 참 / 거짓 지용성 비타민은 에너지를 제공한다.

5. 참 / 거짓 권장섭취량은 특정 생애주기 또는 성별에 따라 건강한 대부분의 사람들의 필요량을 충족시키는 평균 일일섭취수준을 제시한다.

6. 참 / 거짓 알코올은 건강한 식단의 일부일 수 있다.

7. 참 / 거짓 다양한 음식의 섭취는 당신의 식단이 건강하다는 것을 보장한다.

8. 참 / 거짓 영양표시에는 식품의 1회 제공량당 들어 있는 영양소의 함량과 % 영양소 기준치가 제시되어 있다.

단원 문제에 대한 정답은 이 책 뒤쪽에 있습니다.

2 인간의 몸: 우리 몸은 정말 우리가 먹는 것으로 이루어지는 것일까?

스스로 평가하기

다음 문장들은 참인가요, 거짓인가요? 답이라고 생각하는 곳에 동그라미를 표시하세요.

1. 참 / 거짓 배고플 때 주로 반응하는 기관은 위이다.
2. 참 / 거짓 식사를 소화하고 흡수하는 전 과정은 약 24시간이 걸린다.
3. 참 / 거짓 어떤 박테리아들은 우리 소화기계를 건강하게 만드는 데 도움을 준다.
4. 참 / 거짓 대부분의 궤양은 감염으로 인해 생긴다.
5. 참 / 거짓 과민성 장 증후군은 주로 노인들에게 생기는 흔치 않는 질환이다.

스스로 평가하기의 정답은 이 장 마지막 부분에 있습니다.

두 달 전 안드리아(Andrea)는 일생의 꿈인 변호사가 되는 것이 현실로 한걸음 다가왔다. 그녀는 보스턴의 로스쿨에 입학하기 위해 미국 중서부에 위치한 부모님의 집으로부터 독립했다. 불행하게도 새 도시, 새 친구와 적응하는 일과 집중적인 수업활동은 그녀가 상상했던 것보다 더 스트레스가 많았고 불면증과 피로를 경험하였다. 게다가 그녀의 "신경성 소화 장애(sensitive stomach)"는 갈수록 악화되었다. 식사 후에는 항상 경련이 너무 심해서 거의 서 있을 수 없었고, 갑작스러운 고통과 설사 때문에 두 번이나 수업을 놓쳤다. 안드리아는 이러한 문제가 스트레스와 연관되어 있는지 염려하며 이런 일들이 일생 내내 일어나지 않을까 걱정한다. 심지어 그녀는 상태가 좋아질 수 있다면 학교를 중퇴할지도 생각 중이다.

거의 모든 사람들은 때때로 복통, 설사 또는 위장통증을 잠시 경험한다. 보통 식중독, 인플루엔자 같은 감염으로부터 야기된다. 그러나 이러한 증상들이 매일, 매주, 심지어 매년 주기적으로 일어나는 사람을 알고 있는가? 만약 그렇다면 왜 그런지 궁금한가? 음식의 정상적인 소화 및 흡수는 어떤 단계로 일어나며, 어떤 부분에서 이러한 과정이 제대로 작동하지 않는 것일까?

이 장에서는 우리가 먹고 싶도록 느끼게 만드는 몇 가지 요소들을 살펴볼 것이다. 그러고 나서 소화계통에 있는 기능들에 초점을 맞추면서 사람 몸의 세포, 조직, 장기를 둘러볼 것이다. 마지막으로 우리는 이 시스템에 영향을 미치는 몇몇 질병에 대해 논의할 것이다.

어디서부터 시작할까?

당신은 속쓰림, 배탈, 고통스런 장 경련, 설사, 변비와 같은 소화계의 문제들을 경험해본 적이 있는가?

예 아니오

만약 경험을 했다면, 그 문제에 대해서 의사를 만나본 적이 있는가?

예 / 아니오

만약, 의사를 만나지 않았다면, 그 이유가 무엇인가?

- ☐ 큰 문제가 아니라서 내가 알아서 해결할 수 있다
- ☐ 너무 창피하다
- ☐ 그 문제에 대해서 이미 알고 있다. 너무 과식을 하거나 스트레스 등을 받을 때 일어나는 문제이다.
- ☐ 기타

왜 우리는 우리가 먹고 싶어 하는 것을 먹고자 하는가?

당신은 지금 막 당신이 좋아하는 태국음식점에서 식사를 끝마쳤다. 당신의 차가 주차되어 있는 거리로 걸어가면서 지난번보다 더 유혹적으로 보이는 여러 가지 케이크, 파이가 진열되어 있는 베이커리를 지나간다. 그리고 커피, 계피, 초콜릿향이 섞여서 문틈으로 새어나온다. 그리고 당신은 멈춘다. 물론 당신은 배고프지 않다는 것을 안다. 하지만 어쨌든 가게 안으로 들어가 초콜릿 토르테(케이크의 일종) 한 조각과 에스프레소 한 잔을 주문한다. 그 날 밤 에스프레소와 초콜릿으로부터 섭취한 카페인으로 인해 계속 깨어 있는 당신은 왜 유혹을 뿌리치지 못했는지 궁금할 것이다.

우리가 음식을 찾는 데에는 두 개의 과정으로부터 야기된다. **공복감(hunger)**과 **식욕(appetite)**이다. 공복감은 음식이 필요하다고 몸에서 인지할 때 발생하는 생리적 욕구이다. 이 욕구는 비특이성(nonspecific)을 갖는다. 당신이 배고플 때 여러 가지 음식들이 당신을 만족시킨다. 만약 당신이 영양적인 식사를 방금 했다면, 공복감은 아마 당신이 초콜릿 토르테로 향하도록 강요하지 않았을 것이다. 대신 특정한 음식을 먹고 싶어 하는 심리적 욕구인 식욕이 그렇게 만들 수 있다. 식욕은 초콜릿 케이크를 보는 것, 커피 향을 맡는 것과 같이 환경적 요인들이 당신의 즐거운 감정, 기억들을 유발하는 감각들을 자극할 때 발생된다.

사람들은 보통 식욕을 공복감이 없을 때 경험한다. 그것이 바로 당신이 배부르게 식사를 했음에도 불구하고 케이크와 커피를 갈망하는 이유다. 반면 아직 식욕이 없음에도 음식을 향한 생리적 욕구를 가질 수는 있다. **거식증(anorexia)**이라 불리는 이러한 상태는 전염병부터 감정 장애까지 여러 다양한 질병을 동반한다(거식증은 9장에서 자세히 다루어진다). 이것은 또한 암환자를 치료할 때 사용되는 화학요법에서 어떤 약물의 부작용으로서도 일어날 수 있다. 비록 다음 내용에서는 공복감과 식욕을 구분하여 독립적으로 설명하겠지만 실질적으로 이 두 상태는 공존한다. 즉, 우리는 영양소의 생리적 욕구를 만족시키는 특정하고 매력적인 음식을 찾는다.

시상하부는 여러 신호에 반응하여 공복감을 유발한다

공복감은 우리가 음식을 찾아 먹도록 만드는 생리적 자극이기 때문에 우리는 종종 좋지 않은 불쾌한 기분을 느낀다. 이러한 기분을 초래하는 1차기관은 뇌이다. 배고플 때 우리에게 그것을 말해주는 기관은 위가 아니라 뇌이다. 우리가 음식을 찾도록 하는 뇌 부위는 **시상하부(hypothalamus)**라 불린다(그림 2.1). 이것은 뇌하수체 전엽에 위치하며 이 부위는 여러 형태의 무의식적 활동을 조절한다. 시상하부는 공복감과 만족감(포만감) 둘 중의 하나의 감정을 세 가지 정보들로부터 오는 통합신호를 통해서 유발시킨다: 신경세포, 호르몬이라 불리는 화학물질, 우리가 먹는 음식의 양과 형태이다. 이 세 가지 신호에 대해 살펴보자.

신경세포의 역할

위와 소장 벽을 덮고 있는 신경세포는 장기가 비어 있거나 음식물에 의해 팽창되었을 경우, 이에 따른 압력의 변화를 감지하여 이러한 데이터(정보)를 시상하부에 전달한다. 예를 들어 당신이 몇 시간 동안 먹지 않거나 당신의 위와 소장에 음식물이 없다면 이 정보들은 시상하부로 보내져 당신이 공복감을 느끼도록 한다.

공복감(hunger) 음식을 먹게 만드는 생리적인 감각.

식욕(appetite) 특정 음식을 먹고 싶어 하는 심리적 욕구.

거식증(anorexia) 식욕이 없는 상태.

시상하부(hypothalamus) 공복과 갈증 같은 감각을 조절하는 뇌 부위.

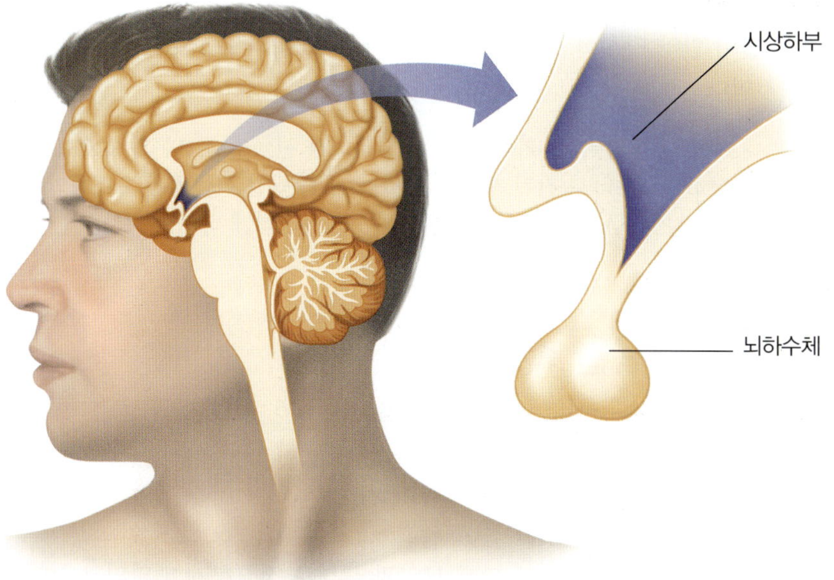

▲ 그림 2.1 시상하부는 호르몬으로부터 운반된 메시지뿐만 아니라 몸 전체의 신경세포로부터 오는 통합신호로 공복감을 촉진시킨다.

호르몬의 역할

호르몬(hormone)은 몸의 여러 분비샘(gland)의 한 부분으로부터 혈류 안으로 분비되는 화학적 전달체이다. 혈액에는 여러 호르몬들이 존재하여 몸의 기능 조절을 도와준다. 인슐린과 글루카곤은 혈액의 혈당수치를 유지시켜주는 일을 한다. 포도당은 우리 몸의 대부분이 쉽게 이용할 수 있는 연료공급체이다. 그렇기 때문에 혈액농도는 공복감에 영향을 미치는 중요한 신호라고 할 수 있다. 우리가 한동안 먹지 않았을 때 혈당수치는 떨어지게 되고, 이는 인슐린과 글루카곤의 수준을 변화시킨다. 이 화학적 신호는 시상하부로 전달된다. 그리고 우리 몸에 포도당을 공급하기 위해 먹도록 만든다.

식사 후 시상하부는 위의 팽창, 소화관으로부터의 신호, 혈당수치의 증가를 감지한다. 이 신호들이 통합되었을 때 우리는 배부름 또는 **포만감**을 경험한다. 그러나 비록 우리의 뇌가 공복감에 대한 정확한 신호들을 보냈다 할지라도 우리 대부분은 그 신호들을 무시하는데 익숙해지고 실제 배고프지 않을 때도 먹게 된다.

인슐린과 글루카곤뿐만 아니라 다른 다양한 호르몬들과 호르몬 유사 물질들도 우리에게 공복감과 포만감을 느끼게 하기 위해 시상하부에 신호를 준다. 따라서 많은 영양전문가들이 체중 조절에서의 호르몬의 역할을 연구하고 있다.

▲ 우리 몸은 장시간 먹지 못했거나 혈당이 낮을 때 공복을 느낀다.

음식의 양과 형태의 역할

비록 음식의 양과 형태의 역할들에 대해 완전히 이해되지는 않았지만 전문가들은 단백질이 포함된 음식이 최고의 만복감을 갖는다는 것을 오랫동안 인정해 왔다. 이것은 정확히 같은 칼로리이지만 햄과 달걀로 먹는 아침이 팬케이크와 메이플 시럽보다 포만감을 느끼는 시간이 더 오래 지속된다는 것을 의미한다.

공복감에 영향을 주는 또 다른 요소는 음식의 부피(bukly) 정도이다. 이는 음식물에 얼마나 많은 섬유소와 물이 들어 있느냐에 따라 달라진다. 부피가 많은 식품들은 위와 소장을 팽창시키고, 이는 시상하부에 우리가 배부르다는 신호를 되돌려 보내어 먹는 것을 멈추게 한다. 음료

호르몬(hormone) 몸의 여러 샘(gland) 들 중 하나에서 혈액으로 분비되는 화학적 전달자.

▲ 음식은 우리의 감각을 자극한다.

는 반고체식품들보다 포만감이 적은 경향이 있다. 그리고 반고체식품들은 고체 식품보다 포만감이 더 낮다. 예를 들어 만약 당신이 포도송이를 먹는다면 한 컵의 포도주스를 마신 것보다 더 큰 포만감을 느낄 것이다.

요점 식욕과 대조적으로 공복감은 위와 장의 팽창에 대한 신호와 호르몬과 호르몬 유사 물질로 인해 시상하부로부터 촉진된 생리적 감각이다. 단백질 식품들은 오랫동안 포만감을 느끼게 만들어주며 부피가 많은 식품들은 빠르게 배를 채워주고 팽창하게 하여 우리가 먹는 행동을 멈추도록 신호를 보낸다.

환경적 신호들은 식욕을 촉진한다

공복감은 체내의 신호로 촉진되는 반면, 식욕은 환경적인 부분으로부터 촉진된다. 우리의 식욕에 가장 큰 영향을 주는 요소들은 감각정보, 사회와 문화적 요인, 학습이다(그림 2.2).

감각정보의 역할

음식은 우리의 오감을 자극한다. 여러 가지 다른 모양과 색들로 정교하게 배열되고 꾸며진 음식들은 우리의 시각을 자극한다. 새로 내린 커피, 구워진 음식 등으로부터의 향은 강력한 자극제이다. 실제로 음식을 맛보는 능력의 대부분은 후각으로부터 온다. 우리가 감기에 걸려 코가 막혔을 때 음식이 끌리지 않는 이유이다. 단맛처럼 어떤 특정한 맛은 일반적으로 대부분의 사람들이 끌리는 반면 시금치와 케일같이 떫은맛은 개인적 차이를 가진다. 또한 식감 또는 입안에서 느끼는 촉각(mouth feel)은 우리의 입속 및 혓바닥의 접촉으로 민감한 신경말단을 자극하기 때문에 음식선택에 있어서 중요하다. 심지어 우리의 청각은 콜라 따는 소리에서부터 프레즐을 씹는 소리까지 다양한 식품으로부터의 소리에 의해서 자극될 수 있다.

사회와 문화적 요인의 역할

감각신호에 덧붙여 생일파티, 명절 모임 같은 특정한 사교행사는 뇌와 연관되어 식욕을 자극할 수 있다. 이러한 사교모임을 가질 때에 우리의 문화는 보통 때보다 많이 먹을 수 있거나 먹지 않

▲ **그림 2.2** 식욕은 영화관에서 팝콘을 먹는 것과 같이 특정 음식을 섭취하도록 만든다. 사회와 문화적 요인과 감각으로부터의 정보에 의해 발생되며 학습에 의해서도 영향을 받는다.

당신은 어떤가요?

당신은 외부 또는 내부 신호에 반응하여 음식을 먹는가요?

당신이 몸무게를 줄이거나 늘리거나 유지하려고 노력 중이라면 당신은 무엇을, 언제, 어디서, 왜 먹는지에 대한 당신의 결정에 숨겨진 이유들을 살펴보는 것은 흥미로울 것이다. 당신은 당신 몸이 음식을 원하고 있다는 것을 말해주는 내부의 감각신호, 감정, 상황(환경) 또는 처방된 식단 중 어떤 요인에 의해서 음식을 섭취하는가? 아래의 단서들을 일주일간 기록해 보면, 당신의 가장 정확한 식습관을 알 수 있을 것이다. 그러나 육류와 간식섭취는 이틀간의 기록으로도 당신의 식습관을 알 수 있을 것이다. 매일 매시간에 당신이 먹는 식사, 간식, 물 이외 음료에 대해서 간단히 기록해 보자.

- *언제 먹는가*: 많은 사람들은 배가 고프던 고프지 않던 특정한 시간(예를 들어 오후6시)에 식사를 한다.
- *무엇을 그리고 얼마나 먹는가*: 당신은 요거트 한 컵과 오렌지주스 한 컵(170g), 그리고 캔디바와 콜라(567g) 중 어떤 것을 선택하는가?
- *어디서 먹는가*: 집, TV를 보면서; 지하철 안에서; 등등
- *누구와 먹는가*: 혼자 먹는가 아니면 다른 사람과 같이 먹는가? 다른 사람들과 함께 있다면 그들 역시 먹고 있는가? 그들이 당신에게 식사를 주었는가?
- *당신의 감정*: 몇몇 사람들은 그들이 행복할 때 과식을 하고 어떤 사람들은 걱정하거나 우울하거나 지루할 때 또는 좌절했을 때 과식을 한다. 어떤 사람들은 문제를 파악해서 해결하고 싶어 하지 않는 어떤 감정을 외면하기 위한 수단으로서 먹기도 한다. 어떤 경우에는 음식은 기분을 충족시키기 위한 대체 수단이 되기도 한다.
- *당신의 감각들* – 무엇을 보는지, 듣는지, 맡는지: 당신은 그저 피자 TV 광고를 봤기 때문에 먹는가 아니면 직접 구운 쿠키냄새 때문에 또는 그 밖의 것들 때문인가?
- *어떤 음식의 제한*: 당신은 현재 다이어트 계획 때문에 허락된 특정한 음식만을 선택하고 있는가? 아니면 허용된 정해진 칼로리를 유지하기 위해 다이어트 탄산음료를 마시면서 음식을 갈망하는가? 당신 스스로 너무 많이 먹은 것에 대한 죄책감을 느껴 제한하고 있는가?
- *당신의 생리적인 공복감*: 마지막으로 공복감의 정도는 아래 1부터 5까지 범위이다.

  1 = 당신은 포만감에 거북하고 불편함을 느낀다.
  2 = 당신은 배부름을 느끼지만 포만감에 불편한 건 아니다.
  3 = 중간; 당신은 만족감이나 공복감을 느끼지 않는다.
  4 = 당신은 공복감을 느끼고 먹고 싶어 한다.
  5 = 당신은 배고프고 먹을 것이 필요하다는 강한 심리적 감각을 느낀다.

이틀 이상 기록한 이후 당신은 바꾸고 싶은 패턴을 알아차리게 될 것이다. 예를 들어, 아마도 당신은 숙제나 인간관계에 대한 걱정으로 실제로 배고프지 않음에도 불구하고 자주 먹는 것을 알게 될 것이다. 또는 스낵바를 들어가지 않고는 지나가지 못하는 것을 알아차릴 것이다. 이러한 자각들은 아마 당신의 패턴을 바꾸도록 해 줄 것이다. 예를 들어 걱정을 음식으로 억누르는 대신에 당신은 걱정들을 해결할 수 있는 절차들을 생각하며 정확히 무엇이 고민인지, 써내려갈 수 있을 것이다. 그리고 다음에 스낵바에 가까워졌을 때 당신은 정말 배가 고픈지를 확인할 것이다. 만약 그렇다면 과일이나 견과류 같은 건강에 좋은 간식을 구입해라. 만약 정말 배고픈 게 아니라면 이러한 시각적 신호의 영향을 알 수 있도록 잠시 시간을 가져라. 그리고 나서 옆으로 지나가라.

았던 음식들도 먹을 수 있도록 해준다. 심지어 우리가 배부르다고 느낄 때에도 이러한 신호들이 두 그릇을 기꺼이 먹을 수 있도록 만들어 준다.

몇몇 사람들은 야구경기장이나 영화관 같은 특정한 장소에서도 식욕이 촉진될 수 있다. 또 다른 사람들은 아마도 TV를 시청하거나 공부를 하는 것처럼 특정한 활동을 할 때에도 촉진될 것이다. 많은 사람들은 누구와 있느냐에 따라 식욕의 증가 및 감소를 느낀다. 예를 들어, 가족과 집에서 식사를 하면 더 먹을 것이고 밖에서 데이트를 한다면 덜 먹을 것이다.

어떤 사람들은 식욕이 외적인 일로부터 발생된 감정을 덮어버린다. 예를 들어 어느 한 사람은 낙제점을 받았거나 친한 친구와 싸운 후, 감정적 위로를 바라기보다는 식품섭취에

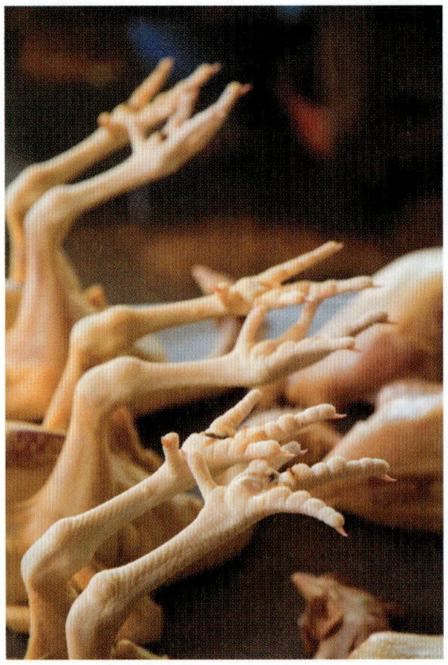
▲ 어떤 음식에 대한 선호도와 불쾌감은 우리 문화에서 배운 것이다.

대한 욕구를 경험할 수 있다. 많은 사람들은 좌절했거나 걱정하거나 지루할 때 또는 불편하거나 어색하게 느끼는 장소에 모여 있을 때 먹는 것을 갈망한다. 어떤 사람들은 잠재적으로 보상(reward)의 개념으로 음식을 찾는다. 예를 들어 기말보고서를 마친 후 햄버거나 감자튀김을 찾는 자신을 발견한 적이 있지 않은가?

학습의 역할

개미, 원숭이 뇌, 뱀을 먹을 수 있겠는가? 이 음식들은 다양한 문화에서는 별미로 꼽힌다. 메뚜기를 먹을 수 있는가? 만약 당신이 아프리카 특정 지역이나 중앙아메리카에서 자랐다면 가능할 것이다. 당신의 특정한 음식의 기호도는 주로 학습된 반응이다. 당신이 길러진 곳의 문화에서는 어떤 식물과 동물들을 먹는 것을 적응하도록 가르친다. 만약 당신의 부모님이 유아기 동안 뱀을 당신에게 먹였었다면 당신은 아마 여전히 뱀을 먹을 것이다.

그렇긴 하지만 음식에 대한 어린 시기의 노출이 필수적이라는 것은 아니다. 우리는 일생 중 어느 때라도 새로운 음식을 먹는 것을 배울 수 있다. 예를 들어 많은 이민자들은 새 고향의 대표적인 음식을 받아들인다. 특히 이것은 그들의 전통음식을 쉽게 구하거나 재료를 이용할 수 없을 때에 일어난다. 이러한 상황은 여행 중에도 일시적으로 발생한다. 여행 중에는 아마도 당신이 일상적으로 먹는 음식이 아닌 다른 음식들을 맛보았을 것이다.

음식 기호도는 사람들이 가장 건강에 좋은 음식이 무엇인지 배웠을 때에도 바뀐다. 당신의 첫 영양학 수업 이후 식단을 바꾼 적이 있는가? 탄수화물, 단백질, 지방의 특정한 형태들의 건강상의 이점을 배우는 기회를 더 가질 때, 당신의 식단에 더 많은 이로운 음식을 포함시키기 시작할 것이다.

우리는 또한 한때 즐겼던 음식을 혐오하도록 "학습(learn)"할 수도 있다. 예를 들어 만약 덜 익은 스크램블 에그를 먹은 후 식중독에 걸리게 되는 사건을 경험했다면 우리는 모든 종류의 달걀에 대한 강한 혐오감이 커질 것이다. 채식주의자가 된 많은 성인들은 도축장에서 가축을 다루는 것을 학습한 후 된 것이다: 그들은 아마 어렸을 때에는 매일 고기를 섭취했겠지만 이제는 더 이상 육류에 대한 어떤 식욕도 없을 것이다.

이제 우리는 식품선택에 있어서 학습의 영향뿐만 아니라 식욕과 공복감 사이의 차이점을 이해했기 때문에 당신은 아마도 당신이 무엇을 언제 먹는지에 대한 정확한 이유가 궁금할 것이다. 만약 그렇다면, 37쪽에 있는 자가 평가 내용인 **"당신은 어떤가요?"**를 확인해 보자.

요점 공복감과 대조적으로 식욕은 특정한 음식 섭취를 갈망하는 심리적 욕구이다. 이것은 외부의 자극이 우리의 감각을 불러일으켰을 때 발생되며 종종 사회와 문화의 신호들이 결합되었을 때 발생한다. 특정한 음식에 대한 기호도는 대체로 우리가 길러진 문화로부터 학습한다. 그러나 우리의 음식선택은 새로운 음식의 노출이나 새로운 학습의 경험으로부터 바뀔 수 있다.

우리 몸은 정말 우리가 먹는 것으로 이루어지는 것인가?

당신은 아마도 "당신이 먹은 음식이 곧 당신이다(you are what you eat)"라는 말을 들어봤을 것이다. 그러나 이 말이 정말 과학적으로 사실일까? 질문의 답을 위해서 그리고 우리가 어떻게 소화하고 음식물이 어떤 과정을 거치는지 더 잘 이해하기 위해서 우리의 몸이 어떻게 구성되어 있는지 살펴볼 필요가 있을 것이다(그림 2.3).

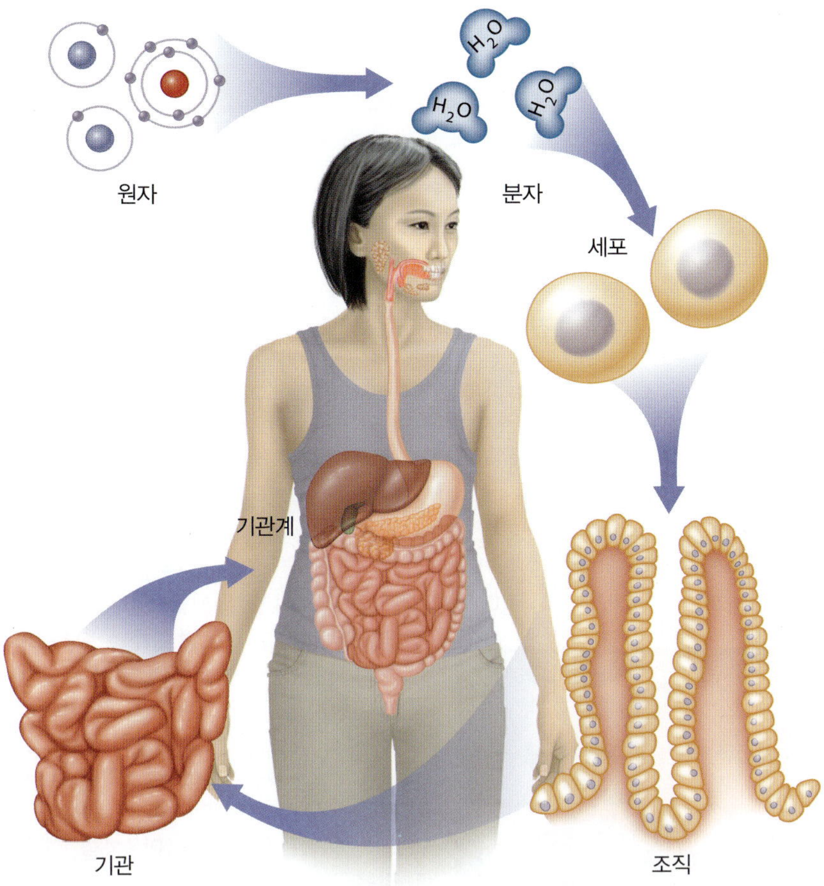

◀ 그림 2.3 신체 구성. 원자는 결합하여 분자를 형성한다. 우리 몸 세포는 우리가 먹는 음식으로부터 만들어지는 분자를 이용하여 구성된다. 세포는 모여서 조직을 이루며, 하나 이상의 조직들이 모여 기관을 구성한다. 위장관계처럼 신체계통은 여러 기관으로 이루어지며 각 기관은 별개의 기능을 수행한다. 인간 유기체는 11개의 기관계를 가지고 있다.

원자들은 결합하여 분자를 형성한다

지구상에 모든 물질들처럼 우리 몸은 원자(atom)들로 구성된다. 원자는 가장 작은 구성 단위물질이고 자연적으로는 분해될 수 없다. 원자는 대부분 자연 상태에서 각각 끊임없이 연결하여 분자(molecule)라고 불리는 그룹을 형성한다. 예를 들어 물 분자는 두 개의 수소원자와 한 개의 산소원자로 구성되고 H_2O로 표시된다.

우리가 먹는 모든 음식은 분자로 구성된다. 소화작용은 음식을 혈류 안으로 쉽게 이동할 수 있도록 충분하게 작은 분자로 분해한다. 쪼개진 음식 분자들은 우리 몸의 구조를 만들기 위해서, 또한 생명유지에 꼭 필요한 에너지를 제공하기 위해 우리의 세포 안으로 들어온다.

분자는 결합하여 세포를 형성한다

원자는 물질의 가장 작은 구성단위로 생물과 무생물의 모든 구성물질인 반면, **세포(cell)**는 생물의 가장 작은 구성단위이다. 즉, 세포는 자랄 수 있고 스스로 재생할 수 있으며 영양소를 흡수할 수 있고 노폐물을 배설할 수 있다. 인간의 몸은 수십억의 세포들이 끊임없이 재생되면서 구성된다. 새로운 세포의 구성을 돕기 위해 우리는 구성요소를 제공할 수 있는 영양소 분자의 지속적인 공급이 필요하다. 피부, 뼈, 뇌 등 모든 세포는 우리가 먹은 음식과 동일한 기본 영양소 분자로 만들어진다. 영양소 분자들은 또한 세포들이 신체 기능을 수행하기 위한 필요한 연료를 제공해 준다.

세포(cell) 성장 및 재생산과 같이 유기체의 특성을 띠는 물질의 가장 작은 단위로 영양소 흡수.

영양, 미신 혹은 진실?

영양유전체학(nutrigenomics): 맞춤형 영양 또는 그림의 떡?

아구티 생쥐(agouti mice)는 보통 노랗고 몸집이 비대하며, 암과 당뇨병에 걸리기 쉽다. 아구티 생쥐가 새끼를 낳을 때, 이들의 형질은 새끼에게 전달된다. 아래의 아구티 생쥐의 사진을 보자; 당신은 차이점을 찾을 수 있는가? 오른쪽에 있는 쥐는 분명히 갈색이고 정상 체중이지만, 당신이 알 수 없는 것은 이 쥐는 부모가 지닌 질병에 대한 감수성을 물려받지 않았다는 것이다. 무엇이 이러한 극적인 차이를 가져오는 것일까?

2000년에 연구자들은 어미의 식습관을 임신 바로 직전에 바꿨을 때, 그들은 아구티 유전자를 받지 않을 수 있고, 그 어미에게서 태어난 새끼는 정상일 수 있음을 발견했다.[3] 세포 내 DNA의 한 부분인 유전자는 단백질의 합성을 지시하면서 부모의 형질을 자식에게 전달한다. 연구자들이 어미에게 먹인 식이는 아구티(agouti) 유전자에 붙는 화학물질이 많았고, 이는 유전자를 손상시켰다. 이 연구는 식이의 변화가 유전적 변형으로 이어진 첫 번째 결과였고, 그것은 영양유전체학이라는 학문의 도래를 이끌었다.

영양유전체학은 유전자, 환경, 영양 사이에 상호작용을 연구하는 과학적인 학문이다.[4,5] 이는 음식이 몸의 세포에서 몇몇 유전자는 켜고 나머지는 끄는 스위치로서 행동할 수 있다고 제시한다. 유전자가 활성화되었을 때에는 세포에 노란 털이나 지방을 축적시키려는 성향 같은 특징이나 능력을 나타내는 단백질을 만들라고 지시한다. 유전자가 꺼졌을 때에는, 세포는 단백질을 만들지 않을 것이고 생물의 형태나 기능은 차이가 날 것이다. 게다가 식이는 노출된 수컷 및 암컷에서 뿐만 아니라 이들의 새끼에서도 유전자 기능에 영향을 미칠 수 있다는 연구들이 제안되고 있다.[3~5]

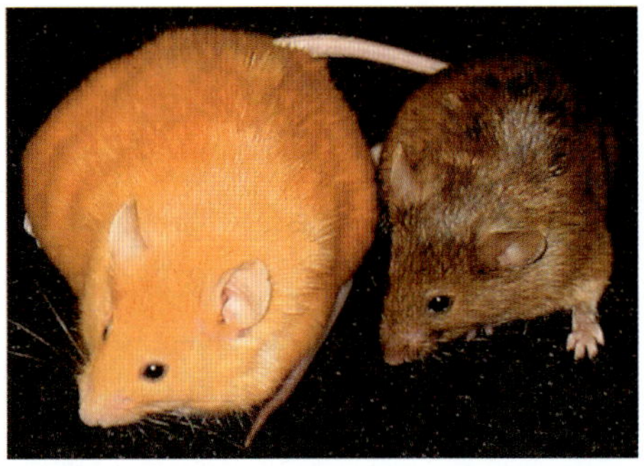
▲ 단지 식단의 변화만으로, 근친교배한 아구티 쥐들은(왼쪽) 그들의 생김새뿐만 아니라 질병에 대한 민감성이 다른 어린 쥐(오른쪽)를 출산한다.

이것은 아주 흥미로운 이론인데 일반적인 관찰들로 그것을 설명할 수 있다. 예를 들어, 영양연구자들은 어떤 사람들은 특정 식이와 운동 프로그램에서 살을 빼는 반면, 같은 프로그램을 따라하는 다른 사람들은 그렇지 않다는 것을 오랫동안 주시해왔다.[5,6] 이러한 다양한 결과들은 그 식이에 있는 식품이 얼마나 연구 참여자의 유전자에 영향을 끼치는지에 대한 정도에 따르는 것으로 생각하고 있다. 인구집단 결과로부터의 근거 역시 영양유전체학을 지지한다. 예를 들어, 서로 다른 민족이 서구 식습관에 노출되었을 때, 제2형 당뇨병의 비율이 다른 집단보다 현저히 높은 집단이 있다.[4] 연구자들은 또한 한 세대가 생식 발달의 중요한 시기 동안 식량이 과다하게 풍족했다면, 그들의 자손은 더 많은 당뇨병이 발생되는 경향을 발견했다.[3]

영양유전체학이 제시하는 바 중에 하나는 식이만으로도 그들의 건강을 증진시키는 데 도움을 줄 수 있다는 것이다.[4] 예를 들어 몇몇 과학자들은 어떻게 녹색 잎채소가 암의 종양을 억제하는 중요한 유전자의 스위치를 켤 수 있는지를 연구하고 있다.[7] 또 다른 측면에서 영양유전체학이 제시하는 가능성은 맞춤형 영양이다. 영양유전체학의 세계에서 당신은 유전 분석을 위해 조직 표본을 제공할지도 모른다. 그때, 당신의 건강관리 제공자는 당신의 유전에 맞는 맞춤형 식이를 제공할 수 있다. 이 "맞춤화된 식이(personalized diet)"는 이익이 되는 유전자는 켜고 해로울지도 모르는 유전자는 끄기 위해 당신이 먹어야 할 음식과 피해야 할 음식을 찾아줄 것이다.

영양유전체학 치료법을 현실화하기 위한 한 가지 난관은 어떤 식품이 특정 사람들에서 특정 유전자를 켜고 끄는지를 결정하는 것이다. 유전적 경로는 매우 복잡하고, 켜지는 유전자는 어떤 신체 기능에는 이익을 주는 효과를 가질지 모르지만 또 다른 기능에는 해로운 영향을 줄지도 모른다. 나이, 성별, 생활습관과 같은 각각의 요소는 다양한 식품들이 다양한 유전자와 상호작용하는 것에 영향을 끼칠지 모른다. 감정적이고 사회적인 요인도 한몫을 할지 모른다.[8] 게다가, 만성적인 질환을 치료하거나 예방을 위한 식이 중재는 다수의 유전자가 포함되어 있기 때문에 어려울 수도 있다: 예를 들어 과학자들은 수백 개의 유전자가 제2형 당뇨병과 연관되어 있다고 밝혔다.

우리는 한 번의 식사로도 수백 개의 화합물을 섭취하기 때문에, 식품 자체만으로도 그들의 상호작용은 매우 복잡하다. 이러한 각각의 요인들은 직접적 또는 간접적으로 매우 다양한 방식을 통해 다양한 유전자의 발현에 영향을 끼칠 수 있다.[8] 섭취된 성분 중에 어떤 것이 어떤 유전자에 어떻게 영향을 끼치는가? 연구자들이 이와 같은 복잡한 상호작용을 알아내는 데에는 수년이 걸릴 것이다.

세포들은 막에 둘러싸여 있다

세포의 구성물들은 **세포막(cell membrane)**에 둘러싸여 있다(그림 2.4). 이는 얇은 외부 층으로 세포의 경계를 구분한다. 세포막은 반투과성이다: 어떤 분자들은 통과를 못하는 반면 몇몇 분자들은 쉽게 세포막을 통과할 수 있다. 세포막의 이러한 성질은 세포의 안과 밖의 이동물질들을 조절하는 문지기 역할을 가능하게 한다.

세포막(cell membrane) 세포질, 핵, 다른 기관들을 외부환경과 분리시키는 동물 세포의 경계.

세포질(cytoplasm) 세포막으로 둘러싸여 있는 동물 세포 내의 유액.

세포들은 생명 유지를 돕는 유액과 미세 구조물들을 포함한다

세포막이 둘러싸고 있는 액체는 **세포질(cytoplasm)**이라고 불린다. 세포질에 떠다니는 많은 작은 구조물들은 의외로 복잡한 기능을 수행한다. 예를 들어 근육세포같이 고에너지를 필요로 하

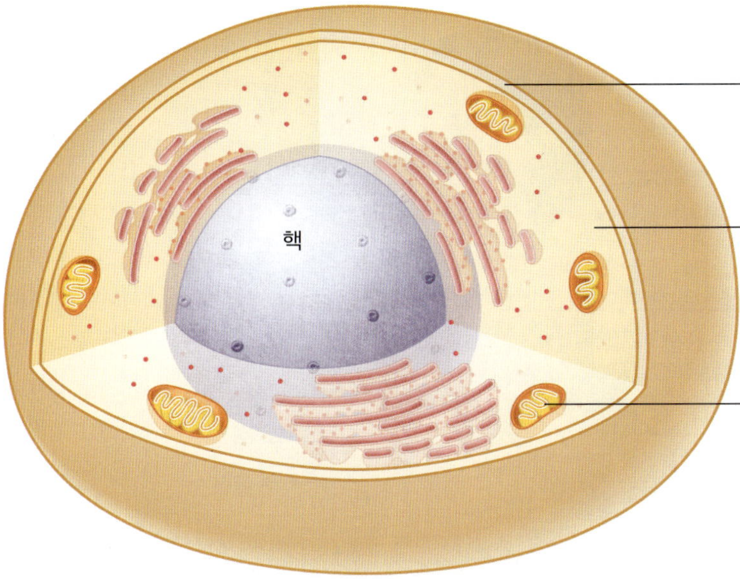

◀ **그림 2.4** 세포막, 세포질, 핵 그리고 여러 미토콘드리아를 보여주고 있는 소장의 대표적인 세포

는 세포들은 많은 **미토콘드리아**(mitochodria)를 포함한다. 미토콘드리아를 세포의 발전소처럼 생각할 수 있다. 왜냐하면 미토콘드리아는 음식 분자들로부터 에너지를 제공하기 때문이다. 거의 모든 몸의 세포들은 유전정보가 있는 DNA(deoxyribonucleic acid)를 **핵**(nucleus)에 가지고 있다. DNA는 세포들이 단백질을 합성하기 위해 사용하는 명령들을 포함한다. 유전자라고 불리는 DNA의 조각은 몸의 조직들을 구성하는 구성단백질의 합성과 면역에서부터 소화까지의 모든 과정을 포함하는 기능단백질의 합성을 위한 코드이다. 인간의 건강에서 유전학이 점점 중요해짐에 따라 유전자, 환경, 식습관 사이의 연관성을 밝히고자 **영양유전체학**(nutrigenomics)이라는 새로운 연구 분야가 개발되었다. 몇몇 연구자들은 심지어 식습관은 우리의 특별한 DNA로 개별화된다고 주장하고 있다. 그러나 이러한 개인에 맞는 맞춤형 영양은 그저 희망사항일까? 40쪽의 **영양, 미신 혹은 진실?**에서 알아보도록 하자.

세포들은 조직, 기관, 기관계의 형태로 결합한다

근육세포같이 단일형태의 세포들은 함께 결합하여 **조직(tissue)**을 이룬다(그림 2.3). 여러 종류의 조직들은 결합하여 **기관(organ)**의 형태를 이루며 이 기관들은 복잡하고 정교한 구조를 갖고 몸의 특정한 기능을 수행한다. 예를 들어 위는 소장과 같은 기관이다.

더 나아가 기관들은 각 **기관계(system)**로 그룹화되어 통합된 기능을 수행한다. 예를 들어 위장계는 음식물을 소화시키고 영양소를 흡수하며 노폐물을 배설하는 역할을 한다. 위는 위장계의 한 기관으로 음식물을 저장하거나 부분적으로 소화시킨다. 그러나 단독으로 위장계의 모든 기능을 수행할 수는 없다. 이러한 기능들은 함께 작용하는 여러 기관들이 필요하다. 결과적으로, 여러 기관계가 모여 인간 **유기체(organism)**를 구성한다. 이는 다른 생물체와는 다른 별도의 기능을 할 수 있는 완벽한 생물체이다.

요점 원자는 가장 작은 구성단위이며 모여서 분자를 이룬다. 소화는 음식물을 세포로 쉽게 이동하고 흡수될 수 있도록 충분하게 작은 분자형태로 분해한다. 생물의 가장 작은 구성단위인 세포는 문지기 역할을 하는 세포막 안에 감싸져 있다. 같은 종류의 세포는 결합해서 조직을 만든다. 여러 조직들은 다른 종류의 기관의 형태로 결합한다. 위장계 같은 기관계는 각 기능들을 수행하는 많은 여러 기관들로부터 영향을 받는다. 많은 신체계통들은 유기체에 존재한다.

조직(tissue) 근육 조직처럼 유사한 기능을 수행하는 유사한 세포들의 집합체.

기관(organ) 2개 이상의 조직으로 구성되어 특정 기능을 수행하는 신체의 구조. 예를 들면, 식도.

계(system) 고유 기능을 수행하기 위해 함께 작용하는 기관들. 예를 들면, 소화계.

유기체(organism) 필요한 모든 것이 갖추어진 독립적인 생물체.

▶ **그림 2.5** 위장관의 개요. 위장관은 입에서 시작하여 항문으로 끝나며 수많은 기관으로 구성되어 있다.

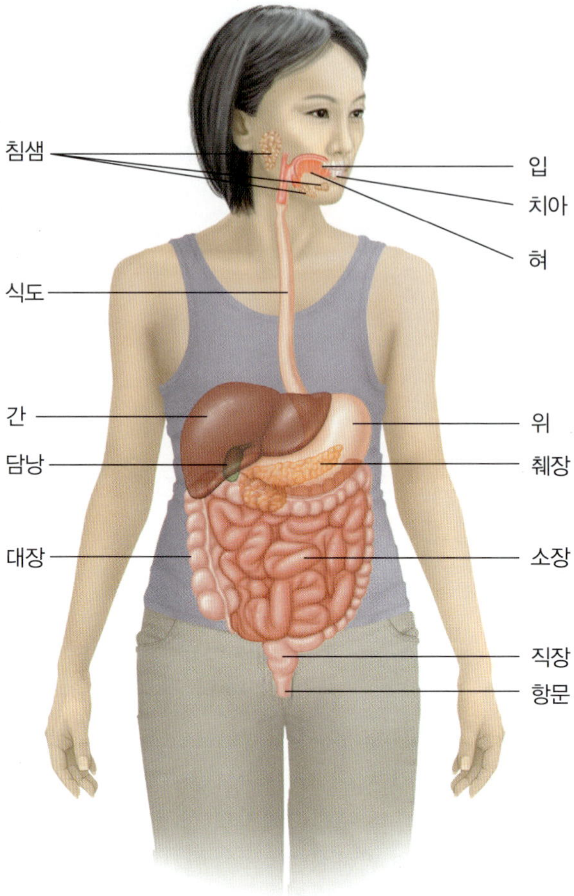

▲ 샌드위치의 소화는 한입 물기 전부터 시작한다.

우리가 먹은 음식에는 무슨 일이 일어나는가?

우리가 식사를 했을 때 음식물은 소화되고 영양소들은 흡수되고 마지막으로 노폐물은 배설된다. 이 세 가지 단계에 대한 정의는 다음과 같다.

- **소화(digestion)**는 음식물을 기계적 또는 화학적 둘 중 하나의 작용으로 분자성분으로 분해하는 과정이다.
- **흡수(absorption)**는 장벽을 통해 소화물을 받아들이는 과정이다.
- **배설(elimination)**은 소화되지 않은 음식의 일부와 노폐물을 몸으로부터 제거하는 과정이다.

소화, 흡수, 배설의 과정은 입에서 시작하여 항문으로 끝나는 긴 관으로 되어 있는 **위장관 [gastrointestinal(GI) tract]**에서 발생한다: 만약 이 관을 일직선으로 펴본다면 성인의 위장관(GI) 기관은 아마도 30피트(약 9m)에 달할 것이다(그림 2.5). 위장관은 입, 식도, 위, 소장, 대장의 기관들로 구성된다. 이 기관들은 음식물 대사과정이 같이 이루어지나 근육의 **괄약근(sphincter)**에 의해 어느 정도 분리된 상태에서 유지된다. 이 괄약근은 근육의 단단한 고리들로서 신경신호가 음식물이 다음 구간으로 지나갈 준비가 되었음을 인지할 때 열린다. 위장관 기관에 제공하는 신경들은 **장 신경(enteric nerve)**으로 알려져 있다.

장 신경은 종종 독립적으로 작용한다; 다시 말해서 그들은 위장관에서 생산된 신호의 이해나 도움을 위해 뇌에 신호를 전달할 필요가 없다. 그들의 가장 중요한 기능 중 하나는 위장관에 위치한 분비샘으로부터 소화액, 점액, 물 분비를 조절하는 것이다. 이러한 물질은 위장의 기능

소화(digestion) 식품이 구성된 분자로 물리적과 기계적으로 분해되는 과정.

흡수(absorption) 분자수준으로 분해된 식품이 소화기관을 통해 체내로 이동되는 생리적 과정.

배설(elimination) 식품의 소화되지 않은 부분과 노폐물이 신체로부터 제거되는 과정.

위장관(gastrointestinal(GI) tract) 입, 식도, 위, 소장, 대장 등 여러 기관들을 포함하는 근육으로 되어 있는 긴 관.

괄약근(sphincter) 위장관의 기관을 분리하는 단단한 원형근육으로 식품이 다음 기관으로 이동할 준비가 되었다는 신경신호에 반응하여 열림.

장 신경(enteric nerve) 위장관의 신경.

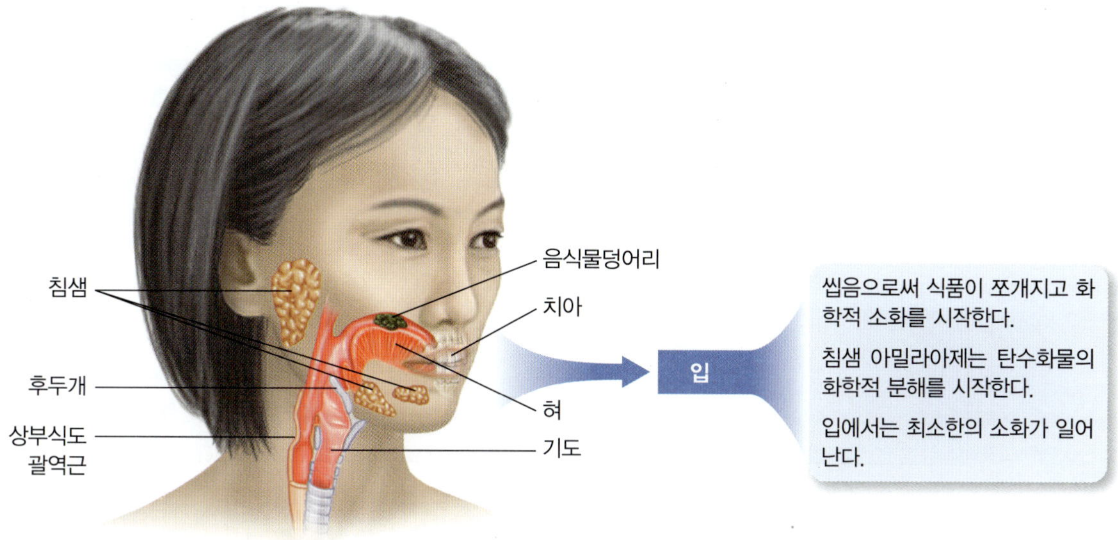

▲ 그림 2.6 당신의 음식물이 지금 있는 곳: 입. 씹어서 음식물을 촉촉하게 만들고 음식물을 삼킬 수 있을 만큼 작은 조각으로 분해시킨다. 타액의 아밀라아제는 화학적으로 탄수화물을 소화시키기 시작한다.

을 촉진시킨다.

오늘 점심으로 칠면조 샌드위치를 먹는다고 상상해 보자. 그것은 마요네즈를 바른 빵 두 조각, 약간의 칠면조, 두 장의 상추, 그리고 한 장의 토마토를 포함한다. 샌드위치를 따라서 여행해 보자. 그리고 그것이 당신의 위장관 내에서 어떤 변화를 겪는지 보자.

소화는 입에서 시작한다

믿기 힘들겠지만, 당신의 몸은 당신이 첫 술을 뜨기 전에 음식을 소화할 준비를 시작한다. 음식에 대한 생각 또는 후각, 시각에 반응하여 신경계는 위장관이 음식을 분해할 수 있도록 소화액의 방출을 자극시킨다. 때때로 우리는 위장관의 몇몇 무의식적 운동을 경험하기도 하는데, 이를 흔히 "극심한 공복(hunger pangs)"이라고 부른다.

이제 한입 물고 씹을 시간이다. 씹는 것은 음식을 축이고 기계적으로 그것을 삼키기 충분한 작은 조각으로 분해하기 때문에 매우 중요하다(그림 2.6). 거친 양상추의 섬유소와 토마토 씨 또한 분해되기 시작한다. 이와 같이 씹는 것은 음식의 기계적인 소화를 시작하는 것이다.

우리의 이가 샌드위치를 구성하는 다양한 식품을 잘게 부스면서, 부서진 식품의 표면적이 많이 생기고, 이는 입안의 소화액에 노출된다. 여기에서 가장 중요한 것은 **침샘(salivary gland)**으로부터 분비되는 **침(saliva)**이다. 침은 음식을 축일 뿐만 아니라 화학적 소화의 과정을 시작한다. 침에는 탄수화물 분자를 분해하기 시작하는 화학물질인 아밀라아제(amylase)가 있다. 침에는 또한 입을 통해 들어오는 세균으로부터 몸을 보호하고 구강을 감염이 없는 상태로 유지시키는 항생제 같은 물질도 있다.

침의 아밀라아제는 음식의 소화와 흡수를 도와주는 많은 효소 중에 첫 번째이다. 우리는 위장관을 통해 많은 효소를 만날텐데 여기서는 그들에 대해 간단하게 살펴보겠다. 단백질인 **효소(enzyme)**는 몸의 대사 과정을 빠르게 하기 위해 여러 물질들의 화학적 변화를 유도하는 화학물질이다. 그들을 조력자로 생각해라: 수 시간이 걸릴 수 있는 각 화학반응은 한 개 또는 그 이상의 효소의 도움으로 수초에 일어날 수 있다. 체내에서 일어나는 많은 생화학적 과정뿐만 아니라 소화 과정도 효소 없이는 일어날 수 없다. 효소는 전형적으로 끝을 *–ase*로 명명하기 때문에(amylase 아밀라아제처럼) 효소를 쉽게 인지할 수 있다. 위장관에서 활동하는 여러 소화효소

침샘(salivary gland) 혀 아래와 뒷부분과 턱 밑 부분에 존재하는 분비샘들로 생각하거나, 시각, 후각, 또는 식품의 존재에 반응하여 침을 계속적으로 분비함.

침, 타액(saliva) 물, 점액, 효소, 기타 화학물질의 복합체로 구강과 식품에 수분 공급, 식품입자와의 결합, 탄수화물의 소화를 시작함.

효소(enzyme) 체내 대사 과정을 빠르게 하도록 어떤 화학물질들에 작용하는 화학물질로 주로 단백질.

표 2.1 몇 가지 소화효소 및 역할

생성 부위	효소	활동 부위	주요 역할
입	침샘 아밀라아제	입	탄수화물 소화
위	펩신	위	단백질 소화
	위 리파아제		지질 소화
췌장	프로테아제	소장	단백질 소화
	췌장 리파아제		지질 소화
	췌장 아밀라아제		탄수화물 소화
소장	다양한 펩티다아제	소장	단백질 소화
	리파아제		지질 소화
	수크라아제		자당 소화
	말타아제		맥아당 소화
	락타아제		젖당 소화

중 일부는 **표 2.1**에서 확인할 수 있다.

사실, 입에서 소화는 거의 일어나지 않는다. 우리는 입에 음식을 오래 갖고 있지 않고, 음식을 분해하는 데 필요한 효소의 극히 일부만이 침에 존재한다. 침의 아밀라아제는 탄수화물의 소화를 시작하지만, 음식이 위에 도착할 때는 끝난다. 그 이유는 위의 산성 환경이 이 효소를 파괴하기 때문이다.

식도는 음식을 위로 운반한다

지금 우리의 샌드위치는 부드럽고 촉촉하다. 이제 이것을 삼킬 시간이다(**그림 2.7**). 대부분 우리는 삼키는 것을 당연시한다. 그러나 이것은 매우 복잡한 과정이다. 한입 문 샌드위치가 입의 가장 뒷부분으로 이동하면, 뇌는 연구개를 올리기 위한 신호를 받는다. 연구개는 음식이나 액체가 부비강(sinus)으로 흡입되는 것을 막으면서 일시적으로 비강의 입구를 닫는다. 뇌는 또한 기도의 입구를 감싸는 작은 문같이 생긴 아주 작은 덮개인 **후두개**(epiglottis)를 덮기 위한 신호를 받

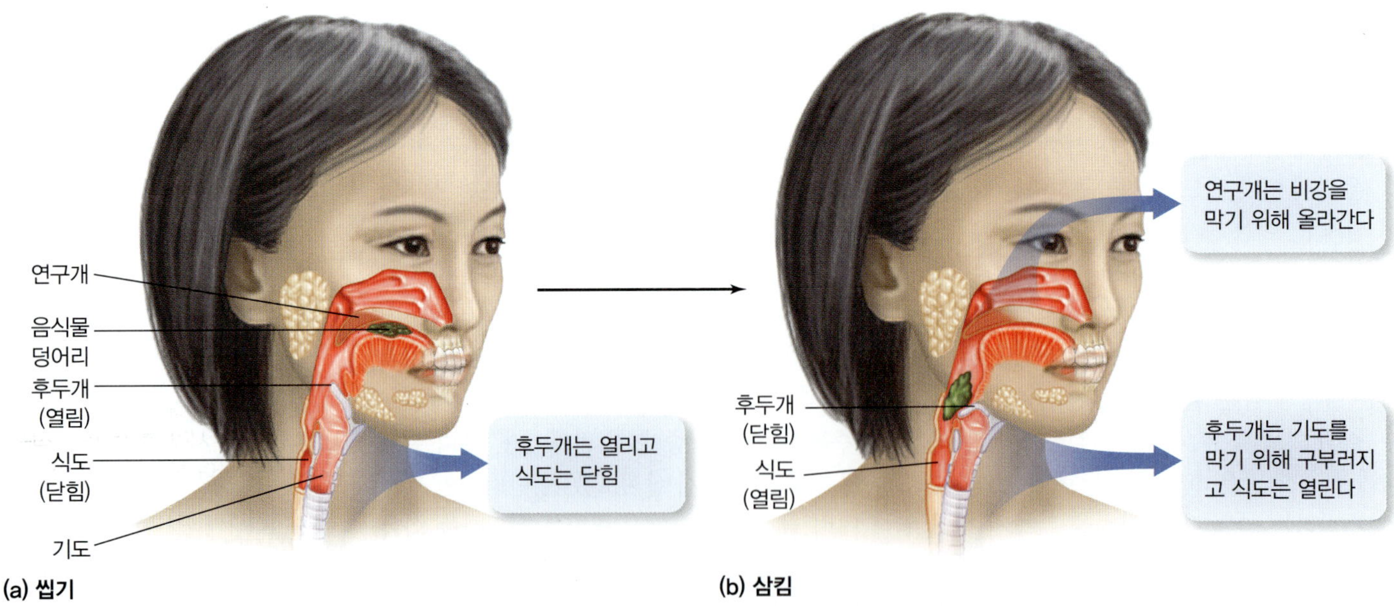

▲ **그림 2.7** 씹고 삼키는 것은 복잡한 과정이다. **(a)** 음식을 씹는 과정 중에 후두개는 열리고 식도는 닫혀서 우리가 씹으면서 호흡을 계속할 수 있도록 한다. **(b)** 삼키는 과정 중에는 후두개가 닫히면서 음식물이 기도로 들어가지 않고 호흡을 방해하지 않도록 한다. 또한 비강으로 음식물이나 액체의 흡입을 막기 위해 연구개가 비강을 봉쇄하기 위해 올라간다.

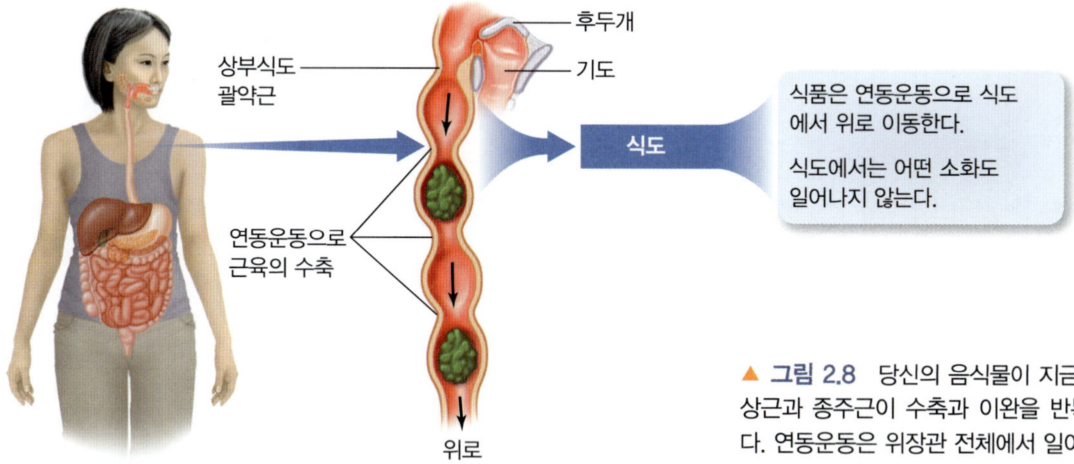

▲ 그림 2.8 당신의 음식물이 지금 있는 곳: 식도. 연동운동, 식도 안의 환상근과 종주근이 수축과 이완을 반복적으로 하면서 음식물을 위로 내보낸다. 연동운동은 위장관 전체에서 일어난다.

는다. 후두개는 자유롭게 숨쉴 수 있도록 보통 열려 있다. 삼키는 동안 후두개가 닫힐 때, 음식과 액체는 기도로 들어갈 수 없다. 때때로 이 보호기전은 문제가 생기기도 한다.—예를 들어, 우리가 먹기와 말하기를 동시에 하려고 하면 음식 또는 액체는 "잘못된 길로 간다." 이 현상이 일어나면, 우리는 숨이 막히는 경험을 하게 된다. 그리고 불쾌감을 주는 음식이나 액체가 나갈 때까지 기침을 한다.

음식물을 삼키는 복잡한 과정에 대한 단계별 그림을 보려면 다음의 사이트를 방문해 보자. www.linkstudio.info/images/portfolio/medani/Swallow.swf.

기도가 닫히면 상부식도괄약근(upper esophageal sphincter)이 열린다. 이것은 음식을 목구멍 뒤로 넘겨 **식도(esophagus)**로 보낸다. 식도는 음식이 위로 내려가도록 하는 근육관이다(그림 2.8). 음식 운반은 수축성이 있는 근육의 두 세트에 의해 일어난다: 환상근의 내부면은 음식을 짜내고 반면에, 종주근의 외부면은 음식을 움직이도록 한다. 이 짜내는 것과 밀어내는 것의 규칙적인 파동을 **연동운동(peristalsis)**이라고 불린다. 우리는 연동운동이 위장관에서 발생하는 것을 간단히 살펴볼 것이다.

중력 또한 음식이 식도로 내려가는 것을 돕는데, 연동운동과 중력은 음식을 입에서부터 위의 입구까지 5~8초 안에 운반할 수 있다. 식도의 끝에서는 또 다른 괄약근인 위식도괄약근[gastroesophageal sphincter, 하부식도괄약근(lawer esophageal sphincter)이라고도 불린다]이 있는데, 일반적으로는 단단하게 닫혀 있다. 음식이 위식도괄약근의 끝부분에 도달하면 이 괄약근은 음식이 위로 이동하도록 이완한다. 어떤 사람들에서는, 이 괄약근은 계속해서 이완되어 있기도 한다. 이후에 이러한 장애에 대해서, 그리고 왜 이것이 속쓰림의 불쾌한 느낌의 원인이 되는지 살펴볼 것이다.

위는 음식을 섞고 소화하고 저장한다

J 모양의 **위(stomach)**는 상당한 음식의 양을 수용할 수 있도록 팽창될 수 있는 주머니 모양의 기관이다(그림 2.9). 어떤 음식이 위에 도달하기 전에, 뇌는 도착할 음식에 대해 준비하라는 신호들을 보낸다. 위는 당신의 샌드위치에 위산(hydrochlonic acid)과 펩신(pepsin) 효소가 함유된 몇몇 중요한 화합물을 포함하는 **위액(gastric juice)**을 분비함으로써 대비한다. 이것들은 단백질을 분해하기 시작한다. 그리고 위 리파아제(gastric lipase) 효소는 지방을 분해하기 시작한다. 위는 또한 위산과 펩신으로부터 위의 내벽이 소화되는 것을 막기 위해서 점액을 분비한다.

화학적 소화와 더불어 위는 음식을 **미즙(chyme)**이라고 불리는 액체가 될 때까지 섞고 휘젓는 기계적 소화를 수행한다. 효소는 고체 음식보다 액체 미즙에 더 쉽게 작용한다.

식도(esophagus) 구강에서 위를 연결시키는 위장관(GI tract)의 근육 관.

연동운동(peristalsis) 위장관을 통해 한 방향으로 섭취한 음식이 이동할 수 있도록 짜내고 밀어내는 형태의 반복적인 수축운동.

위(stomach) 식품이 부분적으로 소화되고 섞이고 소장으로 방출될 때까지 저장되는 J형 기관.

위액(gastric juice) 염산(hydrochloric acid), 펩신, 화학물질들을 포함하는 위에서 분비되는 산성 액체.

미즙(chyme) 부분적으로 소화된 식품, 물, 위산으로 구성된 반유동체 덩어리.

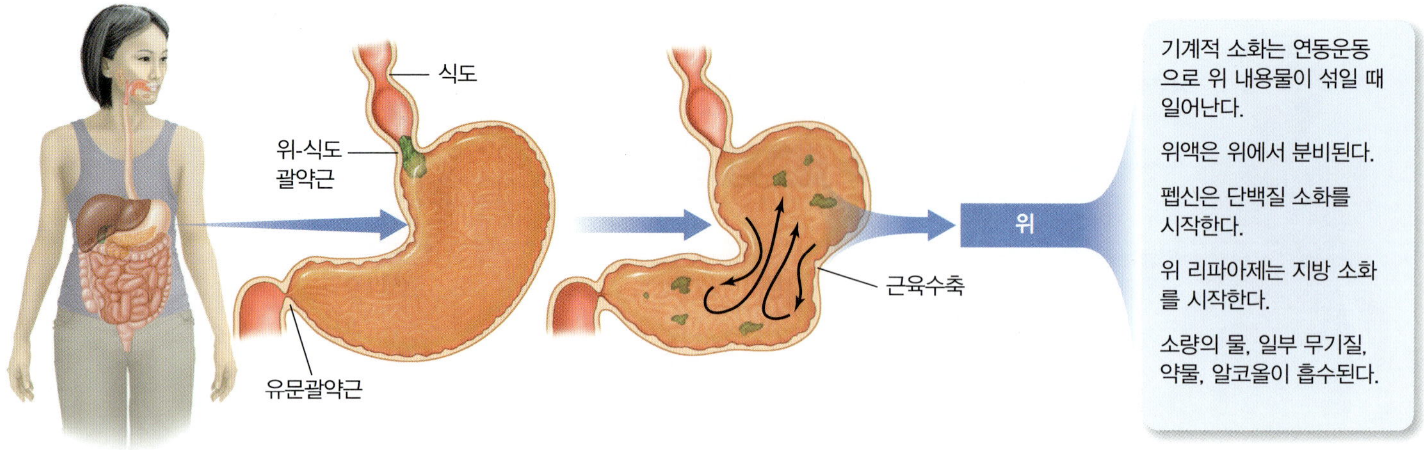

▲ 그림 2.9 당신의 음식물이 지금 있는 곳: 위. 위에서는 샌드위치에 있던 단백질과 지방이 소화되기 시작한다. 음식물은 미즙(chyme)으로 소장으로 보내지기 전까지 저장된다.

대부분의 흡수가 소장에서 발생함에도 불구하고, 위 내벽에서 몇몇 성분들이 흡수되기 시작한다. 흡수되는 성분들로는 물, 일부 무기질, 지방 일부, 아스피린과 알코올을 포함하는 몇몇 약물을 포함한다.

위의 또 다른 작용은 다음 소화관 부분인 소장이 준비될 때까지 당신이 먹은 샌드위치를 가지고 있는 것이다. 위는 약간의 음식을 보관할 수 있다는 것을 기억해라. 섭취한 양이 한번에 이동된다면 소장은 과부하가 걸릴 것이다. 대신에 음식을 소장으로 한 번에 조금씩 내보내면서 위에 약 2시간 정도 머문다. 이 흐름의 조절자는 유문괄약근(pyloric sphincter)이다.

요점 씹는 것은 기계적 소화와 화학적 소화를 시작하게 한다. 삼키는 동안 비강은 닫히고 후두개는 기도를 덮는다. 식도는 연동운동이라고 불리는 규칙적 파동을 통해 입에서 위로 음식을 운송하는 근육의 관이다. 위는 단백질과 지방의 분해를 시작하는 위액을 분비한다. 또한 점액은 위의 내부를 보호한다. 위는 음식을 미즙 형태로 섞어 유문괄약근을 통해 소장으로 보낸다.

대부분의 소화와 흡수는 소장에서 발생한다

소장(small intestine)은 대략 소화관의 2/3 정도를 차지하는 가장 긴 부분이다. 그러나 지름은 단지 1인치로 비교적 좁다. 소장은 세 부분으로 구성되어 있다(그림 2.10).

- 첫 번째 부분은 십이지장(duodenum)이다. 이것은 유문괄약근을 통해 위와 연결되어 있다.
- 공장(jejunum)은 소장의 중간 부분이다.
- 회장(ileum)은 마지막 부분이다. 이것은 회결장판(ileocecal value, 회맹판이라고도 불린다)이라고 불리는 괄약근을 통해 대장과 연결되어 있다.

대부분의 소화와 흡수는 소장에서 일어난다. 이곳에서 음식은 신체에서 내부환경으로 흡수할 수 있는 가장 작은 단위인 분자로 분해된다. 앞으로 우리는 다양한 부속기관(accessory organ, 위장관은 아니지만 소화를 돕는 기관), 효소, 그리고 영양소 대부분을 최대한 흡수하도록 해주는 소장의 특별한 해부학적 특성을 살펴볼 것이다.

소장(small intestine) 대부분의 소화와 흡수가 일어나는 위장관의 가장 큰 부분.

담낭, 쓸개(gallbladder) 간 아래에 위치하며, 담즙을 저장하고, 소장으로 분비하는 역할을 하는 조직.

담즙(bile) 간에서 합성되고 담낭(쓸개)에 저장되는 액체로 소장에서 지방을 유화시킴.

담낭과 췌장은 소화를 돕는다

칠면조와 마요네즈의 지방이 소장으로 들어가면 부속기관인 **담낭(gallbladder)**이 수축한다. 담낭은 간 아래에 위치해 있고, 간에서 생성되는 녹색의 액체인 **담즙(bile)**을 저장한다(그림 2.5

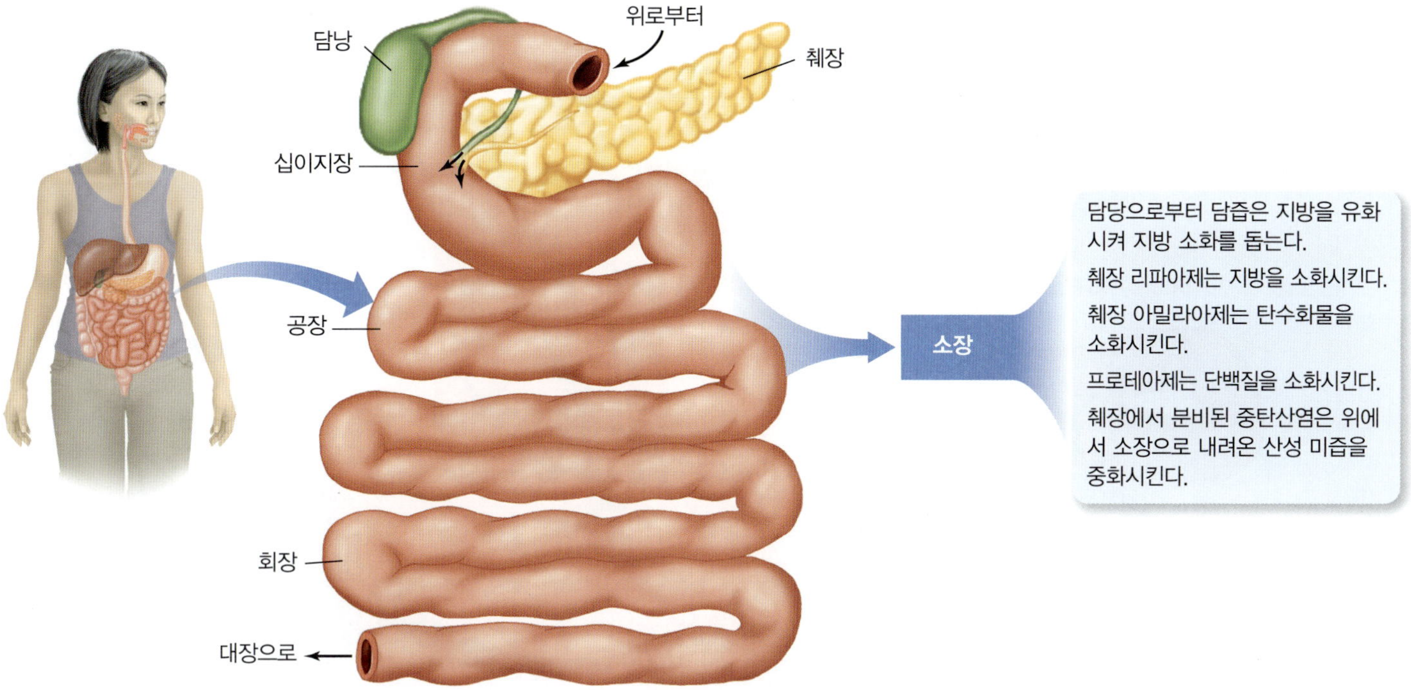

▲ 그림 2.10 당신의 음식물이 지금 있는 곳: 소장. 당신의 샌드위치에 들어 있는 영양소들 대부분이 소화되고 흡수된다.

와 2.10). 담낭의 수축은 담즙을 십이지장으로 보낸다. 그러면 담즙은 지방을 유화시킨다. 즉 담즙은 소화효소가 작용하기 쉽도록 지방을 더 작은 입자로 쪼갠다. 만약 한 방울의 주방용 액체세제가 기름진 접시 위에 떠다니는 기름의 얇은 막을 분해한다는 것을 안다면, 당신은 담즙의 기능을 이해할 것이다.

위의 뒤에 위치한 부속기관인 **췌장(pancreas)**은 소화효소를 생산하고 저장하며 분비한다(그림 2.5, 2.10 참조). 탄수화물을 분해하는 췌장 아밀라아제, 지방을 분해하는 리파아제, 단백질을 분해하는 프로테아제와 같은 효소들이다(표 2.1 참조). 췌장은 또한 음식을 에너지로 전환하는 중요한 호르몬을 생산한다. 마지막으로, 췌장은 염기인 중탄산염을 십이지장으로 분비시키고, 위로부터 들어온 미즙의 산성을 중화시킨다.

이제 샌드위치의 다량영양소는 흡수될 만큼 충분히 작은 분자형태의 액체로 통과된다. 이 분자 "수프"는 소장을 따라 장 내벽의 흡수세포와 접하면서 연동운동을 통하여 소장을 따라 이동한다.

영양학의 이정표

담즙은 정말 비누와 같은 역할을 가지는가? 오래전, 1767년에 카뎃(Cadet)이라는 프랑스 약사가 프랑스 한림원에서 담즙을 "동물성 비누"로 설명하면서 담즙의 화학적 분석을 보여주었다. 같은 세기가 끝나기 전에, 프랑스 화학자 드 포르크루아(de Fourcroy)는 카뎃의 실험을 반복한 결과, 담즙은 지질 물질을 비누와 같은 방식으로 물과 결합할 수 있도록 만든다는 카뎃의 결과를 확인했다. 오늘날, 황소와 다른 동물로부터의 담즙은 다른 성분들과 혼합되어 세탁이나 심지어 피부 관리를 위하여 판매하는 다양한 형태의 담즙 비누 생성에 사용된다.

특수한 내벽은 소장이 음식을 흡수하는 것을 가능하게 한다

소장의 내벽은 특히 흡수에 적합하다. 만약 당신이 소장을 현미경으로 봤다면, 소장이 심하게 접혀 있다는 것을 알아차릴 것이다(그림 2.11). 이 주름은 작고, 손가락과 유사한 형상인 융모이다. 융모의 끊임없는 움직임은 영양소 분자를 포획하도록 돕는다. 융모는 미세융모(microvilli)라고

췌장, 이자(pancreas) 위장 뒤쪽에 위치한 소화효소를 분비하는 샘.

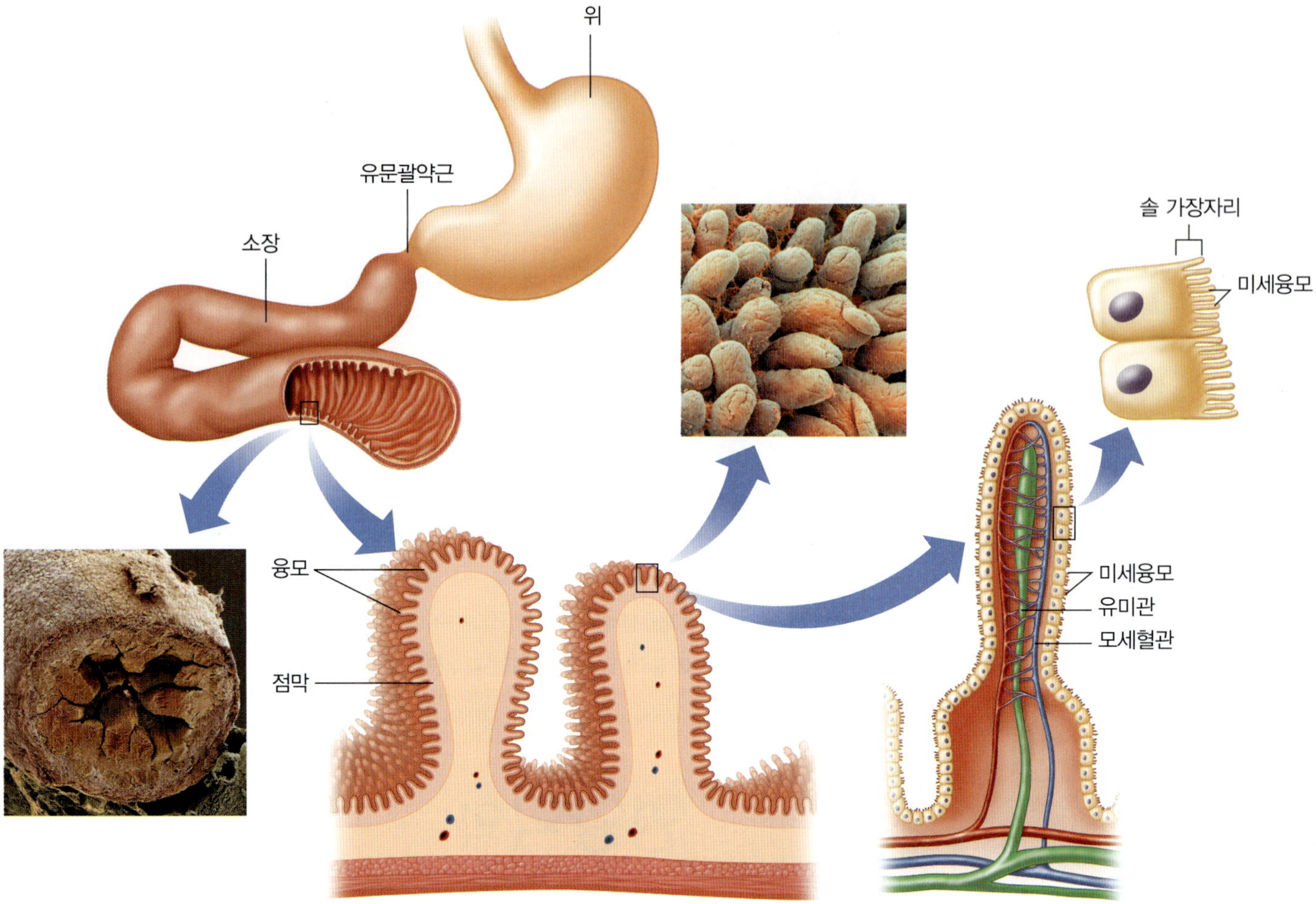

▲ 그림 2.11 영양소의 흡수는 소장의 특수한 내벽을 통해 발생한다. 소장의 내벽은 심하게 접혀 있고 융모라 하는 수천 개의 손가락 모양의 돌기를 갖고 있다. 머리카락 모양의 돌기 말단에 융모를 싸고 있는 세포는 미세융모로 불리는데, 이것은 모여서 솔 가장자리(brush border)의 형태를 이룬다. 이러한 특징들은 소장의 흡수능력을 유의하게 증가시킨다.

불리는 가늘고 머리카락 같은 구조물로 덮여 있다. 미세융모는 머리 빗 위의 짧고 뻣뻣한 털 같은 표면을 형성한다. 그리고 미세융모는 솔 가장자리라고도 불린다. 이 흡수 기능은 소장 표면적을 500배 이상으로 증가시켜 더 많은 영양소를 흡수하도록 한다.

영양소는 **솔 가장자리(brush border)**의 세포를 통해 통과함으로써 몸에 들어간다. 일단 융모 안으로 들어가면 영양소는 모세혈관(capillary, 아주 작은 혈관)과 작은 림프관인 유미관(lacteal)을 만난다. 이 혈관들은 마지막 소화 산물을 흡수하고 수송을 시작한다.

장내 세포는 손쉽게 비타민, 무기질, 물을 흡수한다

당신이 먹었던 칠면조 샌드위치는 단백질, 탄수화물, 지방과 더불어 여러 가지 비타민과 무기질을 포함한다. 이 비타민과 무기질은 다량영양소와 같은 방법으로는 소화되지 않는다. 비타민은 솔 가장자리를 통과하기에 이미 충분히 작기 때문에 분해될 필요가 없고, 무기질은 이미 가능한 가장 작을 수 있는 물질성분으로 되어 있다.

마지막으로, 음식의 많은 부분은 물이다. 물론 당신은 하루 동안 많은 양의 물을 마신다. 물은 세포벽을 쉽게 통과할 수 있는 작은 분자이기 때문에 소화관의 전체에서 흡수된다. 그러나 물의 상당한 양은 대장에서 흡수된다.

솔 가장자리(brush border) 흡수 용량을 극도로 증가시키는 소장 내벽의 미세융모를 묘사하는 용어.

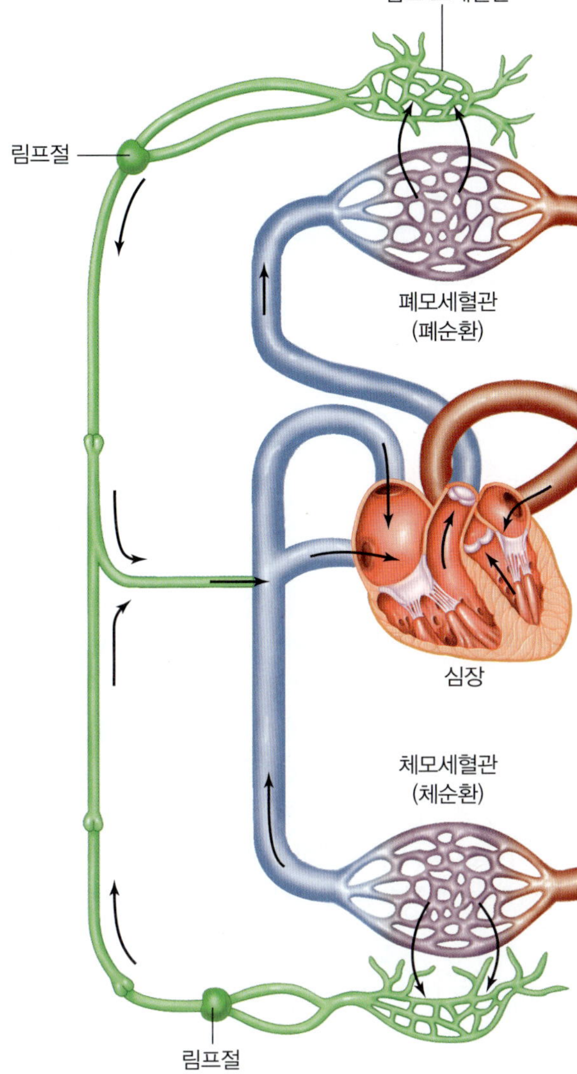

◀ 그림 2.12 혈액은 영양소와 물을 운반하고 노폐물을 받기 위해 심혈관계 전체를 순환한다. 림프는 림프계를 순환하고 대부분의 지방과 지용성 비타민을 운반한다.

혈액과 림프는 영양소를 운반한다

우리 몸은 물을 포함하여 영양소를 수송하고 신체 밖으로 노폐물을 내보내는 두 가지 주된 유액을 가진다. 이 유액들은 혈액과 림프이다. 혈액은 심혈관계를 통해 수송되고 림프는 림프계를 통해 수송된다(그림 2.12).

혈액이 위장관을 통과할 때, 혈액은 소장의 융모를 통해 흡수된 영양소를 간으로 운반한다. 온몸을 순환하는 동안 혈액으로 들어온 노폐물은 신장에서 여과되고 배설된다.

림프관은 대부분의 지방과 지용성의 비타민을 흡수하고 림프로 보낸다. 이 영양소는 결국 림프와 혈관이 만나는 심장 근처에 있는 혈류로 들어간다.

간은 혈액 내 영양소를 조절한다

소장으로부터 흡수된 대부분의 영양소는 영양소를 **간(liver)**으로 운반하는 간문맥(portal vein)으로 들어간다. 또 다른 부수적인 소화 기관인 간은 대부분이 신체 오른쪽 부분 흉곽하부의 보호를 받고 있는 삼각형의 쐐기 모양으로 되어 있다(그림 2.5). 간은 가장 큰 소화기관이다. 간은 또한 500개 이상의 기능들을 수행하는 신체에서 가장 중요한 기관 중 하나이다. 이 기능들 중 하나는 소화산물을 받는 것이다. 그리고 신체에서 요구되는 영양소를 혈류를 통해 내보낸다. 간은 또한 열량 영양소를 처리하고 저장하며 혈당 수준을 조절하는 주요한 역할을 한다.

간(liver) 위장관 중 가장 큰 장기로 신체의 가장 중요한 기관 중 하나. 담즙생성과 소장으로부터 영양이 풍부한 혈액의 처리 과정 등을 담당.

▲ 물은 위장관 전체, 특히 대장에서 쉽게 흡수된다.

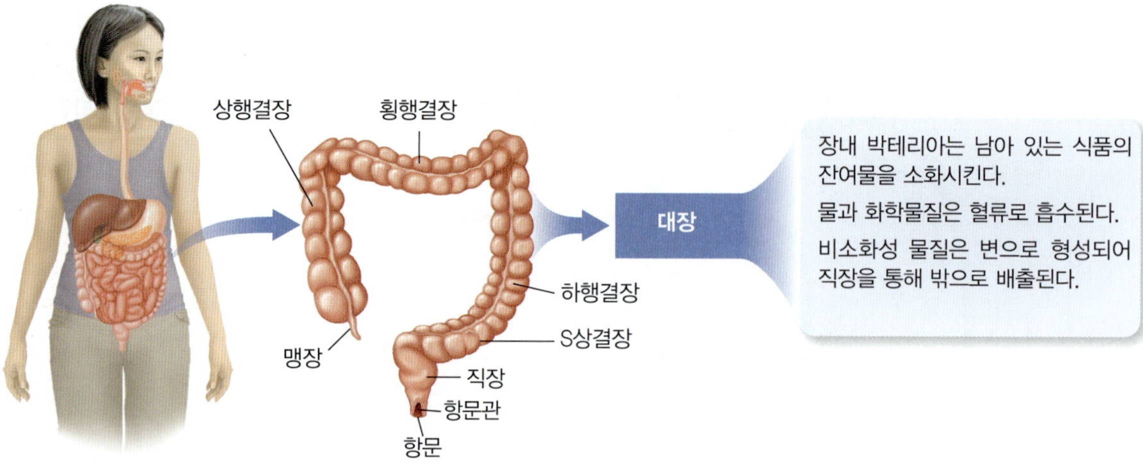

▲ **그림 2.13** 당신의 음식물이 지금 있는 곳: 대장. 대부분의 물의 흡수는 여기에서 일어난다. 또한 음식의 노폐물이 반고체 덩어리인 대변으로 형성되는 곳이다. 연동운동으로 변은 신체 외부로 나가게 된다.

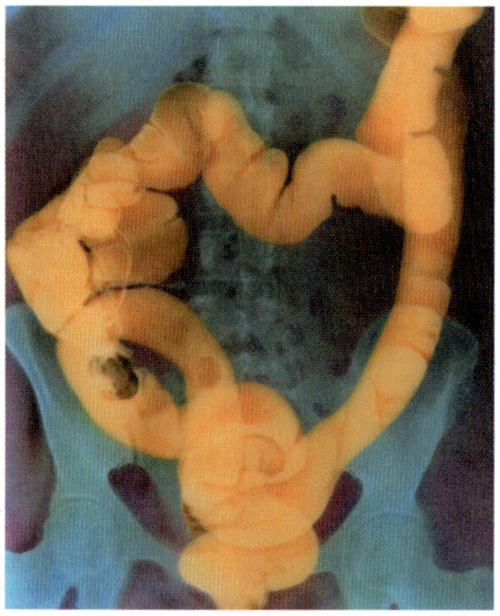

▲ 대장은 두껍고 튜브 모양의 형태이며 소장을 떠난 소화되지 않은 물질을 저장하고, 남은 영양소와 물을 흡수한다.

왜 알코올을 남용하는 사람들이 간 손상 위험에 있는지 생각해 본 적이 있는가? 왜냐하면 간의 기능 중 하나가 알코올이나 약물과 같은 잠재적 독소를 제거함으로써, 혈액을 여과하기 때문이다. 간은 1시간에 대략 1잔 정도의 혈액 내 알코올을 처리할 수 있다. 누군가 이 비율을 초과하면 간은 과도한 알코올에 의해 과부하되고, 이는 세포에 손상을 준다. 만성적인 알코올 남용은 조직을 손상시킨다. 손상된 조직은 간을 통한 혈액의 자유로운 흐름을 방해하여 이후에 발생된 독이 혈액에 축적된다. 이것은 의식혼란, 혼수상태, 심지어 사망까지 이르게 할 수 있다.

간의 다른 중요한 일 중 하나는 소화를 수행하면서 신체가 사용하는 많은 화학물질을 합성한다. 예를 들어, 지방을 유화하는 데 필요할 때까지 담낭에 저장되는 담즙은 간에서 합성된다.

대장은 노폐물이 배설되기 전까지 저장한다

대장(large intestine)은 세 면 반으로 소장을 둘러싸고 있는 두꺼운 튜브형 구조이다(그림 2.13). 대장은 맹장(cecum)이라고 불리는 조직의 주머니로 시작하고, 맹장과 소장의 회장을 연결시키는 회결장판이라고 하는 괄약근이 있다. 맹장으로부터, 복부 오른쪽으로 연결되는 부위를 상행결장(ascendng colon)이라고 하고, 소장의 윗부분을 가로지르는 부위를 횡행결장(transverse colon)이라고 하며, 복부의 왼쪽으로 내려가는 부위를 하행결장(descending colon)이라고 한다. S상결장(sigmoid colon)은 마지막 부분으로 왼쪽 구석의 바닥에서부터 직장(rectum)까지를 말한다. 직장은 1인치 길이의 항문관(anal canal)에서 끝난다.

당신이 먹은 칠면조 샌드위치에 어떤 일이 일어났을까? 미즙 상태에서 소화되지 않고 흡수되지 않은 식품 성분과 물이 마침내 대장에 다다르면, 대장 박테리아와 섞인다. 박테리아는 샌드위치로부터 남아 있는 부분의 소화를 끝내기 때문에, 이들의 존재는 정상적인 것이며 도움이 된다. 사실, 대장에 사는 박테리아는 55쪽의 **영양 하이라이트**에서 언급하겠지만, 매우 도움이 되기 때문에 많은 사람들이 박테리아를 의도적으로 섭취하기도 한다.

대장에서 그 밖의 다른 소화는 일어나지 않는다. 대신에 대장의 주된 기능은 미즙을 12~24시간 동안 저장하고, 그 동안 분해산물과 물을 흡수하면서 변이라고 불리는 반고체 덩어리를 남긴다. 변을 제거하기 위하여 직장으로 내보낼 힘을 위한 한두 번의 강한 파동을 제외하고는 변은 대장을 통해 약한 연동 파동을 통해 이동된다.

대장(large intestine) 맹장, 결장, 직장, 항문으로 구성된 위장관의 마지막 장기로 여기서 대부분의 물이 흡수되고 대변이 형성됨.

소화과정의 그림을 보려면 다음 사이트를 방문해 보자.
http://www.health.howstuffworks.com/human-body/systems/digestive/adam-200142.htm.

영양 하이라이트

프로바이오틱스(probiotics): 그들은 무엇이고, 먹어야 하는 것인가?

크림이 들어 있는 과일 요거트 한 컵을 먹었을 때, 당신은 *박테리아*도 같이 먹고 있었다는 사실을 생각했는가? 걱정하지 않아도 된다. 이 미생물은 당신에게 해롭지 않다. 미생물은 당신의 신체가 제 기능을 하는 것을 도울 것이다. 그들은 *프로바이오틱스*라고 불리는 하나의 물질이다. 살아 있는 미생물은 대장 내 박테리아 환경을 최적화하는 발효식품에서 발견되거나 첨가된다.

프로바이오틱스에 대한 관심은 노벨과학상을 받은 엘리 메치니코프(Elie Metchnikoff)의 연구로 1900년대 초반에 시작되었다. 메치니코프 박사는 불가리아 소작농이 오랫동안 건강하게 사는 것과 요거트와 같은 발효 유제품의 섭취가 상관성이 있음을 밝혔다. 이후의 연구에서 건강을 증진하는 요인으로 발효유제품에 있는 박테리아를 확인했다. 이 박테리아는 “pro-life”(삶의 유지)라는 뜻으로 *프로바이오틱스(probiotics)*라는 이름이 붙여졌다.

미국에서 프로바이오틱스를 포함하는 음식으로는 강화우유, 요거트 그리고 *케피어(kefir)*라고 불리는 크림이 많은 음료가 있다. 이것들은 발효된 우유로부터 만들어진다. 프로바이오틱스는 또한 보충제로도 팔린다. 식품과 보충제에서 빈번하게 사용되는 박테리아의 종들은 락토바실러스(*Lactobacillus*)와 비피도바테리움(*Bifidobaterium*)이 있다.

▲ 프로바이오틱스는 발효된 유제품과 요거트에 있다.

프로바이오틱스가 함유된 식품을 사람이 섭취할 때, 박테리아는 며칠간 장벽에 붙어 몸에 유익한 활동을 한다. 활성을 나타내는 시간이 짧기 때문에, 이들의 유익한 효과를 높이기 위해서는 매일 섭취해야 한다. 프로바이오틱스가 인간의 건강에 이로운 점들이 최근 연구되고 있다. 그 중 제안된 한 가지는 감염원의 제거를 도울 수 있는 면역세포의 수와 활성도를 증가시키는 것이다. 그러나 면역 기능을 향상시킴에도 불구하고, 여전히 이것이 어떻게 일어나는지에 대한 연구는 적다.[9,10]

다음 내용은 프로바이오틱스에 의해 성공적으로 치료될 수 있는 건강 문제들이다.[11~13]

- 어떤 감염성의 미생물에 의한 설사 또는 항생제의 사용과 관계가 있는 설사
- 어린이집에 맡겨진 아이들의 감염
- 여행자의 설사
- 과민성 장증후군과 염증성 장 질환
- 소화성 궤양, 위염, 위암과 같은 질환과 관계가 있는 박테리아인 헬리코박터 파일로리의 감염
- 유당 불내증(유당 소화력이 없음)
- 유아의 알레르기 위험
- 아동의 습진
- 여성의 비뇨관과 생식관의 감염

프로바이오틱스가 이러한 질환들을 성공적으로 치료할 수 있다는 가능성을 보여주는 연구들이 지지를 받고 있음에도 불구하고, 프로바이오틱스가 최소한 어떤 조건에서 인간의 건강을 향상시키는지에 대한 부분을 알기 위해 많은 연구들이 요구된다.

효과적이기 위해서는 박테리아의 수가 어느 정도 식품에 존재해야 한다는 것을 기억하는 것은 중요하다. 박테리아의 정확한 수는 모를지라도, 효과가 나타나기 위해서 적어도 10억에서 100억 정도의 박테리아가 매일 필요하다고 예상된다.[14] 이러한 관점에서 볼 때, 국가 요거트 협회의 기준치를 충족시키고 있는 상업 요거트는 그램당 1억 개 균의 살아 있는 활동 배양균이 함유되어 있다. 따라서 요거트 1컵(8oz 또는 227g)은 220억 이상의 박테리아를 포함하므로 효과를 나타내기 위해 필요할 것으로 추정하는 양보다 더 많다.

박테리아는 단지 짧은 기간 동안 산다. 이것은 프로바이오틱스를 포함하는 식품과 보충제가 제한된 유통기한을 갖는다는 것을 의미한다. 또한 상대적으로 짧은 기간 동안 최대의 효과를 내기 위해서는 적절하게 저장되고 섭취되어야만 하다. 일반적으로 프로바이오틱스를 포함하는 냉장식품은 3~6주의 유통기한을 가진다. 반면에 프로바이오틱스를 포함하는 보충제의 유통기한은 대략 12개월이다. 그러나 보충제에 들어 있는 프로바이오틱스보다 냉장식품에 들어 있는 프로바이오틱스가 훨씬 더 안정적이기 때문에, 더 잘 상하는 형태가 아마 더 건강에 좋을 수 있다.

이제 당신은 프로바이오틱스에 대해 조금 더 알게 되었을 것이다. 당신은 매일 식사에 이것들을 추가할 것인가?

요점 대부분의 소화와 흡수는 지방을 유화시키는 담즙과 단백질, 지방, 탄수화물을 분해하는 췌장효소의 도움을 받으며 소장에서 발생한다. 소장의 내벽에는 영양성분을 잡아두고 흡수하는 융모와 미세융모가 있다. 간은 소장에서 흡수된 모든 영양소를 처리한다. 대장에 있는 박테리아는 남아 있는 소화하기 쉬운 식품의 소화를 돕는다. 대장은 미즙을 보유하면서 미즙으로부터 물과 남아 있는 영양분을 흡수하고, 나머지는 변이라고 불리는 반고체 덩어리 형태로 체내에서 배설된다.

건강 감시

어떤 장애가 소화, 흡수, 배설과 관련이 있는가?

소화, 흡수, 그리고 배설의 복잡성을 생각해보면, 가끔 문제가 생기는 것은 당연할 수 있다. 이제 위장관의 장애와 이 문제가 생겼을 때 당신이 무엇을 할 수 있는지 살펴보자.

트림과 속이 부글거리는 것은 일반적이다

많은 사람들은 트림 또는 속이 부글거리는(장내 가스의 통과) 문제를 불평한다. 트림의 근본적인 원인은 삼켜진 공기이다. 너무 빨리 먹은 경우, 잘 맞지 않는 틀니를 끼었을 때, 껌 씹기, 딱딱한 사탕 빨아먹는 것, 빨대로 마시는 것, 음식을 꿀꺽 삼키거나 음료를 벌컥벌컥 마시는 것은 공기를 삼킬 가능성을 증가시킬 수 있다. 트림을 예방하거나 줄이기 위해서 이와 같은 행동들을 삼가야 한다.

많은 사람들은 **장내 가스**를 불편하고 당황스러운 것이라고 생각하지만 위장관 내 가스의 존재나 배설은 지극히 정상이다. 장내 가스는 질소, 수소, 산소, 메탄, 이산화탄소를 포함하는 기체의 혼합이다. 흥미롭게도 이 모든 것은 냄새가 없다. 오직 가스가 황을 포함하면 좋지 못한 냄새의 원인이 된다.

가스를 발생시킨다고 보고된 가장 흔한 식품으로는 섬유소, 전분, 콩, 유제품, 몇 가지 채소들에 포함된 당류들이 있다. 이 음식들로부터 부분적으로 소화된 탄수화물은 대장을 통과하면서 박테리아에 의해 가스를 생성하게 된다. 가스, 장 경련, 설사를 유발할 수 있는 또 다른 식품으로는 지방대체물질인 올레스트라, 당알코올, 퀀(quorn, 버섯류로부터 만든 고기 대체품)을 포함한다.

가스를 유발하는 많은 식품들이 건강에 유익한 식품이기 때문에, 피하지 않는 것이 중요하다. 적은 양을 먹음으로써 가스의 생성과 통과되는 양을 줄일 수 있다. 게다가, 비노(Beano)와 같은 제품은 이와 같은 증상을 감소시켜줄 수 있다. 비노는 가스 생성 식품 속의 복합당을 소화시키는 알파갈락토시다아제 효소를 함유하고 있는 보충제로 처방전 없이 살 수 있다. 비록 가스가 일반적으로 정상이라 할지라도, 일부 사람들은 아플 정도의 팽창을 유발하고 의학적 치료를 필요로 하는 흡수불량 장애를 가진다. 이러한 장애 중 몇몇은 이 절의 뒷부분에서 설명하겠다.

위식도 역류는 위산의 역류 때문이다

음식을 먹으면, 위는 소화과정을 시작하는 위산을 분비한다. 몇몇 사람들은 위식도 괄약근이 자극을 받거나 과도하게 이완되어 있다. 어느 경우에나, 결과적으로는 위산이 식도로 올라온다(그림 2.14). 점액의 두꺼운 막이 위산으로부터 위를 보호해주지만, 식도는 이 막이 없다. 따라서 위산은 식도를 타게 한다. 이 현상이 발생하면 사람은 가슴 중심부에서 고통스러운 느낌을 경험하

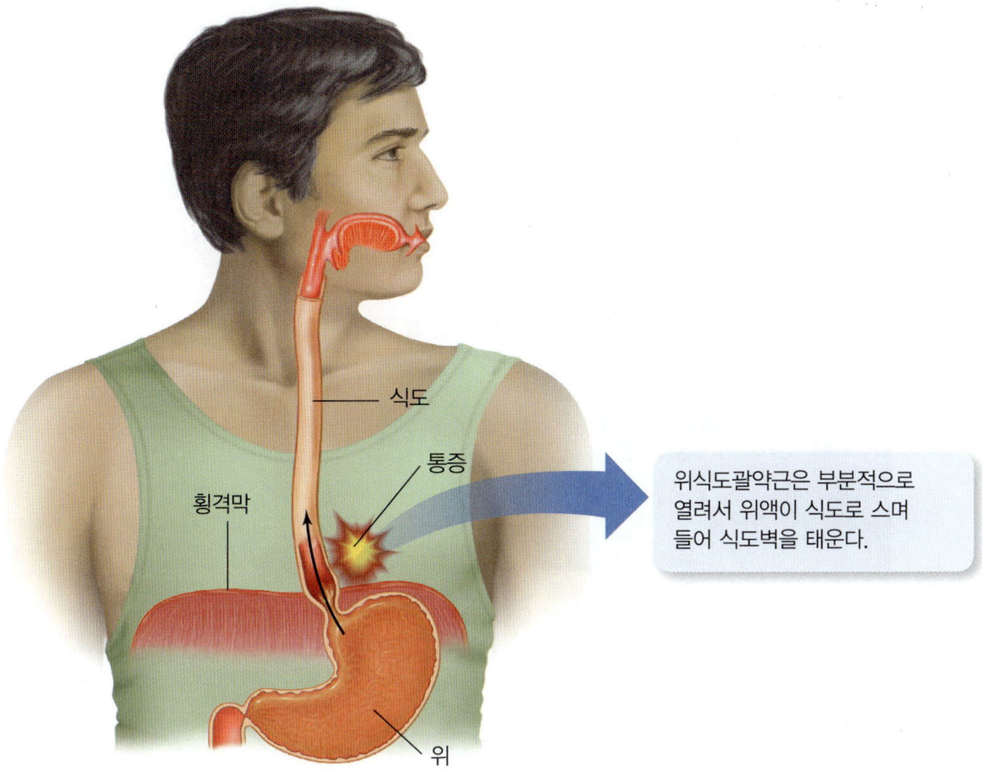

◀ 그림 2.14 위-식도 역류에서는 식도 아랫부분의 괄약근이 열리거나 이완하여 산성인 위산이 식도로 올라가면서 식도 벽을 부식시킨다. 가슴 중심부와 심장에 고통을 느낀다.

게 된다. 이 상태의 의학적인 이름은 위-식도 역류(gastroesophageal reflux, GER)라고 하는데 보통 속쓰림이라고 부른다. 사람들은 종종 위산을 중화시키기 위해서 처방전 없이 살 수 있는 '제산제'를 복용하는데, 이는 통증을 덜어준다. 약물을 사용하지 않는 방법으로는 반복적으로 삼키는 것이다; 이 행동은 식도에 있는 산을 위로 내려가게 하고, 결과적으로 증상을 완화시키기 위함이다.

위-식도 역류 질환(gastroesophageal reflux disease, GERD)은 일주일에 두 번 이상 발생하는 위-식도 역류의 좀 더 악화된 증상이다. 위-식도 역류 질환은 1,900만 미국인에게 나타나고 있으며, 위-식도 역류와 같이 식도로 위산이 들어갈 때 발생한다. 구조적 이상을 가지지 않음에도 불구하고, 위-식도 역류 질환을 가진 사람은 과도하게 이완된 식도 괄약근을 가졌거나 식도 자체에 손상을 가진 경우이다. 위-식도 역류 질환의 증상은 끊임없는 산의 역류와 심장 중심부가 타는 통증을 포함한다. 몇몇 사람은 속쓰림이 없는 위-식도 역류 질환을 가진다. 대신에 삼키는게 어렵거나 입 안이 타는 것, 목구멍에 음식이 막히는 느낌, 아침에 목이 쉬는 것을 경험한다.[15]

위-식도 역류 질환의 정확한 원인은 잘 알려지지 않았다. 그러나 흡연, 알코올 섭취, 과체중, 임신, 식사 후 눕는 것, 그리고 위의 윗부분이 횡격막근 위로 올라가는 **식도 열공 탈장**(hiatal hernia) 같은 많은 요인들이 기여할 수 있다. 어떤 음식이 원인일 수도 있는데, 명확한 원인은 사람마다 다르며 카페인에서부터 초콜릿, 기름진 음식, 양파까지 다양하다. 이러한 영향 인자를 조절하는 것, 예를 들어, 식사 후 3시간 동안 눕는 것을 피하는 것은 증상을 예방하거나 줄일 수 있다. 보건의료인들은 식사 전 제산제를 복용하거나 위-식도 역류 질환의 치료가 가능한 비처방전 일반의약품이나 처방전 약 복용을 추천한다.

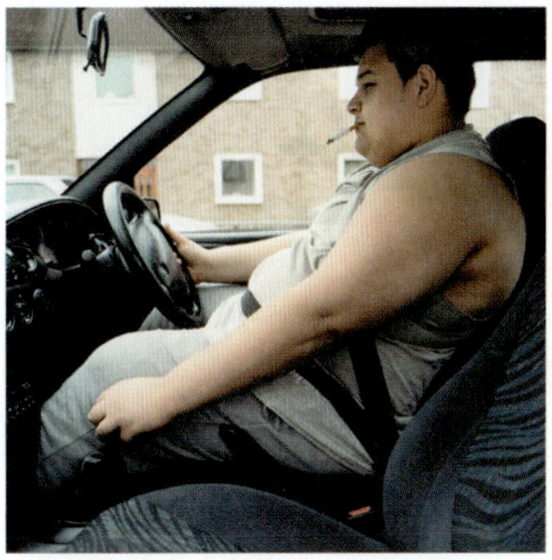

▲ 위-식도 역류 질환의 정확한 원인이 불분명함에도 불구하고 흡연과 과체중은 위험인자의 가능성이 있다.

위-식도 역류 질환(gastroesophageal reflux disease, GERD) 일주일에 두 번 이상 발생하는 통증이 심한 위-식도 역류의 한 종류.

▶ 그림 2.15 궤양형성. (a) 헬리코박터 파이로리균은 대부분의 소화성 궤양 발생에 핵심적인 역할을 한다. (b) 소화성 궤양

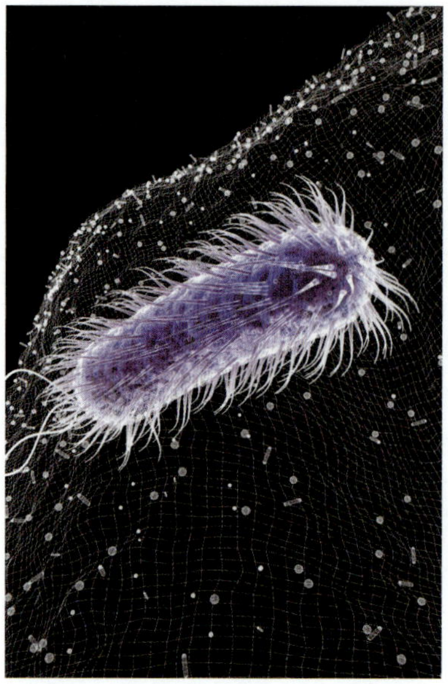

(a) 헬리코박터 파이로리균은 대부분의 소화성 궤양 발생에 핵심적인 역할을 함

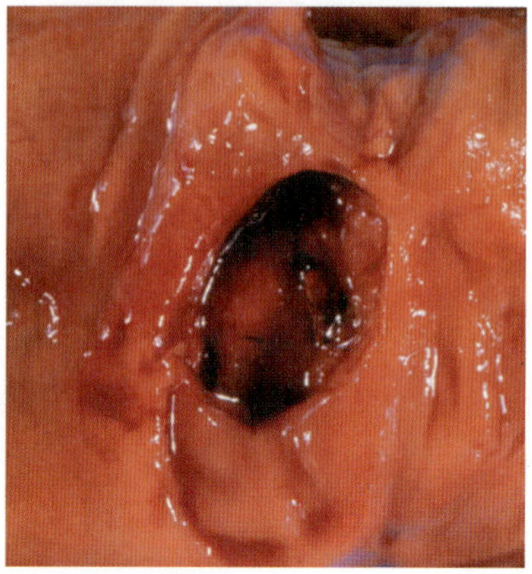

(b) 소화성 궤양

궤양은 위장관 내에 부식된 부위이다

소화성 궤양(peptic ulcer)은 펩신효소와 위산으로 인해 위장관 부위가 침식되는 것이다(그림 2.15). 거의 모든 경우에, 소화성 궤양은 위(위궤양)나 위에 가장 가까운 십이지장 부분(십이지장 궤양)에 위치한다. 소화성 궤양은 일반적으로 식사 후 1~3시간 지나서 복부에 타는 듯한 통증을 일으킨다. 심각한 경우에는 위장관이 혈관에 침식되어 빈혈뿐만 아니라 피를 토하거나 혈변을 나타낸다. 궤양이 전체적으로 장벽에 구멍을 뚫으면, 위 내용물은 복강으로 새어나가 복막염(peritonitis)이라고 불리는 생명을 위협하는 감염을 일으킨다.

수십 년 동안, 의사들은 높은 강도의 스트레스, 음주, 매운 음식의 섭취가 궤양을 일으키는 주요 요인이라고 믿었다. 그러나 1982년, 호주의 위장질환전문의 로빈 워렌(Robin Warren)과 베리 마셜(Barry Marshall)은 대다수 궤양 환자의 위에서 같은 종의 박테리아를 발견했다. 헬리코박터 파이로리(*Helicobacter pylori*)라는 박테리아 제거에 효과적인 항생제 치료로 궤양을 치료했다. 헬리코박터 파이로리(*H. pylori*)가 대부분의 위 궤양 발생에 결정적인 역할을 한다는 것은 이제 잘 알려져 있다. 위액에서 위산은 대부분의 박테리아를 죽인다. 그러나 헬리코박터 파이로리는 특이하게도 산성 환경에서 더 잘 번식했다. 약 40%의 사람들은 위에 이 균을 가지고 있으나 대부분 사람은 궤양으로 발전하지 않는다. 이에 대한 이유는 잘 알려지지 않았다.[17]

다른 감염성 미생물과 헬리코박터 파이로리의 감염을 예방하는 것은 규칙적인 손씻기와 안전하게 음식을 취급하는 것이다. 궤양 발생에 있어서 헬리코박터 파이로리 때문에, 치료는 대개 항생제와 산을 억제하는 약을 포함한다. 이 경우에는 특별한 식사와 스트레스 감소 방법은 더 이상 추천되지 않는다. 왜냐하면 이러한 방법들이 산의 분비를 줄이지 않기 때문이다. 그러나 궤양을 앓는 사람들은 그들이 불편하다고 느끼는 특정 음식을 피해야 한다.

대부분 소화성 궤양은 헬리코박터 파이로리 감염에 의해 발생함에도 불구하고, 어떤 경우는 비스테로이드성 항염증제(NSAIDs)의 지속적인 사용이 원인이 된다. 약물 중에는 아스피린, 이부프로펜, 그리고 나프록센 나트륨 같은 진통제가 있다. 이 약물들은 산성의 위액으로부터 위를 보호하는 중탄산염과 점액의 분비를 억제시킴으로써 궤양의 원인이 되는 것으로 보인다. 비스테로이드성 항염증제에 의한 궤양은 보통 약물 복용을 중단하면 회복된다.

소화성 궤양(peptic ulcer) 위산에 의해 위장관이 헐게 되는 부위. 소화성 궤양이 발생하는 대표적인 원인은 헬리코박터 파이로리 감염과 비스테로이드성 항염증약(NSAID)의 사용임.

영양표시 활용해보기

식품에서 흔한 알레르기 항원을 인지해보자

미국식품의약국은 8개의 주요 알레르기 식품에 있는 단백질을 포함하고 있는 모든 성분을 명확히 확인하기 위해 영양표시를 의무화하도록 하고 있다. 식품 제조업체는 아래 식품에 있는 단백질이 포함된 성분의 존재여부를 "일반인이 알기 쉬운 단어"로 밝혀야만 한다.

- 우유
- 달걀
- 물고기
- 갑각류 조개(게, 가재, 새우 등)
- 견과류(아몬드, 피칸, 호두 등)
- 땅콩
- 밀
- 콩류

민감한 사람에게서 160개 이상의 식품이 식품 알레르기의 원인으로 밝혀졌지만, 미국식품의약국은 8개 식품만을 영양표시에 표기하도록 의무화하고 있다. 왜냐하면 이들 식품이 미국에서 식품 알레르기로 보고된 문서의 90% 이상을 차지하고 있고, 심각한 반응이나 생명을 위협하는 반응을 일으킬 가능성이 가장 높은 것으로 나타났기 때문이다.

이 8개의 알레르기 식품은 성분 목록에 표시해야 한다. 다른 방법으로는 성분 목록 근처 식품 이름 뒤에 "함유"라고 표시해야만 한다. 예를 들어, 우유 단백질 카제인을 함유하고 있는 제품의 라벨은 우유 용어에 카제인이라는 용어를 덧붙여서 사용해야만 한다. 그래야 우유 알레르기를 가진 사람들이 그들이 피해야 하는 항원의 존재를 명백하게 알 수 있다. 신고되지 않은 항원을 포함하는 모든 식품은 미국식품의약국에 의해 회수될 수 있다.

아래 제시된 에너지 바의 성분 목록을 보고, 다음과 같은 질문을 해보자.

- 이 에너지 바는 미국식품의약국의 8개 알레르기 식품 중 어떤 것을 확실히 포함하고 있는가?
- 당신이 땅콩에 알레르기가 있다면, 이 바를 먹는 것은 당신에게 어떤 위험을 초래할 것인가?

  예 / 아니오

- 당신이 아몬드에 알레르기가 있다면, 이 바를 먹는 것은 당신에게 어떤 위험을 초래할 것인가?

  예 / 아니오

((Answers can be found on the Companion Website at www.pearsonhighered.com/thompsonmanore.)

〈에너지 바의 성분 목록〉

* **성분:** 분리대두단백, 쌀가루, 귀리, 분쇄된 아마씨, 현미 시럽, 증발 사탕수수 주스, 해바라기유, 대두 레시틴, 코코아, 무지방 우유 고형물, 소금.

* **콩, 유제품을 포함한다. 미량의 땅콩과 기타 견과류가 함유되어 있다.**

요점 위-식도 역류(GER)는 식도로 위액이 새면서 생긴다. 위-식도 역류 질환(DERD)은 일주일에 두 번 이상 발생하는 위-식도 역류의 좀 더 악화된 증상이다. 소화성 궤양은 위액에 의해서 위 내벽이 침식된 것이다.

일부 사람들은 특정 식품과 관련된 질환을 경험한다

에너지 바의 영양성분표를 확인해 보면, "이 제품은 땅콩을 가공하는 제조 시설에서 제조되었습니다."라는 문구를 볼 수 있다. 전자레인지용 저녁식사 제품에는 "밀, 우유, 콩이 포함되어 있습니다."라는 경고문이 있다. 왜 이런 식품들에 대해 경고를 하는 것일까? 그 이유는 몇몇 사람들은 이런 식품들을 섭취하면 위험하며, 심지어 생명에 위협적이기 때문이다. 문제를 일으킬 수 있는 식품에 대한 제품표시의 자세한 내용은 위의 **영양표시 활용해보기**를 보면 알 수 있다.

특정 식품과 관련된 질환은 주로 세 개의 그룹으로 나눌 수 있다. 식품 불내증, 식품 알레르기, 소아지방변증이라는 유전 질환이다. 우리는 이 질환에 대해 각각 살펴볼 것이다.

식품 불내증

식품 불내증(food intolerance)은 특정식품을 섭취하였을 때 발생되는 위장관 증상(빈번한 가스, 통증, 설사)이 일어나는 것이다. 식품 불내증이 일어났을 때는 면역체계는 아무 반응

식품 불내증(food intolerance) 면역체계 반응과 상관없이 특정 식품의 섭취로 인하여 발생되는 위장관 증상들.

▲ 몇몇 사람들은 땅콩소스와 구운 새우를 먹으면 심각한 알레르기 반응이 나타난다.

을 보이지 않는다. 비록 불쾌감은 생기지만 몸으로부터 원인식품을 제거하면 해결되는 일시적인 현상이다. 그 예로는 유당 불내증이 있다. 이것은 유당을 분해하는 락타아제 효소를 체내에서 충분히 생성하지 못하는 사람들에서 발생한다. 사람들은 또한 유당 불내증뿐만 아니라 밀, 콩 같은 식품에 불내증을 가질 수 있지만 일단 문제를 일으키는 식품을 체내에서 제거하면 증상은 사라진다.

식품 알레르기

식품 알레르기(food allergy)는 식품의 특정 성분(일반적으로 단백질)에 대한 면역체계의 과민반응이다. 이 반응은 면역세포가 국소적 또는 전신 염증의 원인이 되는 화학 물질을 방출하도록 만든다. 식품 알레르기는 식품 불내증보다는 발생은 낮지만 더 심각할 수 있다. 식품의 알레르기 반응에 의해 약 30,000명의 소비자가 응급실에서 치료를 받고, 매년 150명의 미국인이 사망했다.[19]

땅콩과 같은 흔한 식품에 알레르기가 일어날 수 있다는 이야기를 들은 적이 있을 것이다. 리즈(Liz)의 경우를 예로 들어보면(본문 끝에 뉴트리-케이스 참조), 그녀는 부모님과 밖에서 저녁식사를 하며 그녀의 생일 파티를 하고 있었는데, 그때 가족들 쪽으로 디저트 카트가 왔다. 캐러멜 커스터드가 안전한 선택일 것이라고 생각하고 선택하였지만 땅콩이 안 들어간 것인지 확실히 알기 위해 그녀는 종업원에게 물어봤다. 종업원은 주방장에게 물어보고 리즈에게 커스터드 안에 땅콩이 들어 있지 않다고 말해주었다. 그러나 리즈가 커스터드를 먹은 지 몇 분 되지 않아 그녀는 얼굴에 붉은 반점이 생기고, 숨 쉬는 것을 힘들어 했다. 부모는 119에 전화를 했고, 그녀는 의식불명 상태가 되었다. 다행히도 구급차가 몇 분 이내에 도착하였고, 그녀는 살 수 있었다. 나중에 원인을 알고 보니 주방장이 구운 커스터드를 그릇으로 옮길 때 사용했던 큰 숟가락이 땅콩이 들어간 다른 디저트 요리를 자를 때 사용하였던 숟가락이었다. 단지 적은 양의 땅콩만으로도 리즈에게는 심각한 알레르기 반응을 일으킬 수 있었던 것이다.

식품 알레르기(food allergy) 식품 속의 단백질 성분에 대한 과민한 면역반응으로 인한 염증반응.

대부분의 사람들이 정기적으로 섭취하는 땅콩, 조개, 달걀이나 우유 등과 같은 음식이 어떻게 또 다른 사람의 면역체계에 그처럼 심각한 부작용을 일으킬 수 있는가? 리즈의 경우, 미량의 땅콩이 그녀 몸 전체의 면역세포들을 자극하여 염증을 유발하는 화학물질을 분비하게 한다. 어

뉴트리-케이스 리즈

나는 땅콩 알레르기에 대해 대수롭게 여기지 않았었다. 그러나 작년 식당에서 알레르기를 겪은 이후 그것에 대해 심각한 강박관념을 가지게 되었다. 그 후 몇 달 동안은 나 자신을 위해 준비되지 않은 어떤 음식도 거부했다. 현재 외식을 하지만 항상 깨끗한 그릇에 요리사가 개별적으로 나의 음식을 준비하도록 요청했다. 모든 영양표시를 확인해야 하기 때문에 쇼핑 역시 너무 힘들었다. 더 최악인 것은 친구 집에서 밥을 먹을 때다. 나는 친구 집이 땅콩이나 땅콩버터를 쓰는지 여부를 물어야만 했다. 그들 중에는 이런 나를 불쌍히 생각하는 이도 있지만 어떤 사람은 마치 나를 건강염려증 환자로 보기도 했다. 이것은 내가 조절할 수 없는 것이라는 것을 그들이 알아주었으면 한다.

그녀의 알레르기 원인과 심각성을 이해하지 못하는 친구들의 반응에 리즈는 무슨 말을 할 수 있을까? 그녀가 의사와 두려움을 공유하고 가능한 해결방법을 의논하는 것이 그녀에게 도움이 될 수 있다고 생각하는가? 만약 그렇다면, 왜일까? 쇼핑과 외식, 친구 집에서 식사를 하는 것 외에, 그녀의 음식 선택에 있어서 주의가 요구되는 또 다른 상황은 무엇일까?

떤 사람들에게 있어서는 염증이 한정된 부위에만 발생하여 손상도 제한적이다. 예를 들어, 어떤 사람들은 멜론류를 먹을 때 입과 식도가 가려워진다. 이에 비해 다른 사람들은 달걀을 먹을 때면 언제나 붉은 반점이 발생한다. 리즈의 경험이 그렇게 심각했던 것은 염증이 온몸에 퍼져 그녀의 모든 신체 조직에 영향을 미치면서 과민성 쇼크라 불리는 상태가 된 것이다. 방치된 과민성 쇼크는 거의 치명적이다. 그래서 식품 알레르기를 알고 있는 많은 사람들은 에피네프린이라 불리는 강력한 자극제를 주사할 수 있는 약상자를 가지고 다닌다. 이 약은 응급의료조치를 받기까지 피해를 최소화할 수 있도록 증상을 충분히 줄여줄 수 있다.

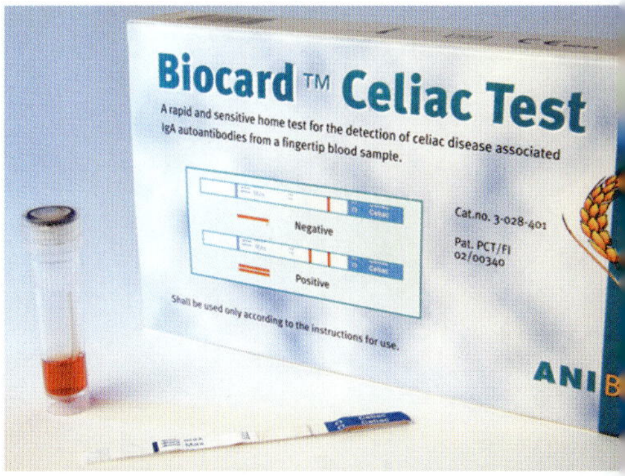

▲ 간단한 혈액 시험으로 소아지방변증을 확인할 수 있다.

내과 의사들은 식품 알레르기를 진단하기 위한 다양한 테스트들을 사용한다. 일반적으로 스크레치 테스트라 불리는 피부 테스트를 지시한다. 의사가 피험자의 피부 위에 의심스러운 알레르기 항원을 포함하는 소량의 액체를 문지르고, 가볍게 그 부위를 긁거나 찌르면, 그 액체가 피험자의 피부 아래로 스며든다. 15~20분 후에 의사가 그 부위를 체크해서 붉은 반점이나 부풀어 오르는 증후가 있게 되면 피험자는 그 물질에 알레르기가 있는 것이다. 그러나 그 물질이 없어질 때까지 아무런 문제도 나타나지 않으면 그 사람은 양성적인 피부반응을 가진 것이다.[20] 어떤 의사들은 혈액검사를 한다. 피험자의 혈액샘플에 알레르기를 가진 사람에서 면역체계로 생성되는 독특한 단백질인 항체의 존재 여부를 검사하는 것이다. 그러나 항체의 존재가 그 사람이 그 식품에 대한 거부반응이 있을 것이라는 절대적인 의미는 아니다. 어떤 식품 알레르기의 존재를 명확하게 확립시켜 줄 수 있는 유일한 검사는 경구식품유발검사(oral challenge)이다. 피험자가 의심되는 식품을 먹고, 보건의료인이 반응을 모니터한다. 검사가 시행되면 의심되는 식품의 대략 1/3 정도만이 알레르기를 야기하는 것으로 나타난다.[20]

식품 알레르기를 방대한 건강 문제의 분야에 연결시키고 있는 대중잡지의 광고, 인터넷 웹사이트, 스팸 메일들을 주의하라. 전형적으로 이런 광고들은 터무니없는 비용으로 알레르기 검사 서비스를 제공하며 심지어 영양 상담을 하거나 때로는 알레르기를 해결하는 데 도움이 될 수 있다면서 보충제와 관련 제품들을 팔면서 더 많은 돈을 벌고 있다. 만약 당신이 식품 알레르기로 의심이 될 만한 증상이 있다면, 의사와 상의해라.

▲ 소아지방변증을 가진 사람에게 옥수수는 글루텐이 없는 탄수화물 급원이다.

소아지방변증

실리악 스프루(celiac sprue) 또는 글루텐 과민성 장질환(gluten-induced enteropathy)으로 알려진 **소아지방변증(celiac disease)**은 소장 내부를 심각하게 손상시키고, 영양소의 흡수를 방해하는 소화계 질병이다.[21] 식품 알레르기에서처럼 신체 면역체계가 질환을 일으킨다. 그러나 강력한 유전적 성향으로 인해 특정한 유전인자와 관련된 위험 때문에, 유전적 질병으로 분류된다.[21] 한때는 희귀한 난치병으로 여겨졌으나 오늘날에는 미국인 약 1/133로 발생하는 것으로 알려졌다.

소아지방변증의 경우, 질병을 유발시키는 성분은 밀, 호밀, 보리에 들어 있는 글루텐이라 불리는 단백질이다. 그렇다고 이 질병이 글루텐 알레르기와 동일한 것은 아니다. 많은 사람들이 밀 성분의 음식을 먹었을 때 콧물, 피부발진 등과 같은 증상들을 경험하기 때문에 글루텐(gluten)에 대한 알레르기가 있을 것으로 생각할 수 있으나 이들은 소아지방변증의 특성인 장 손상을 가지고 있지는 않다. 즉 소아지방변증을 가지고 있는 사람들이 글루텐을 먹게 되면 면역체계가 소장 내의 융모를 부식시키는 염증성 반응을 일으킨다. 만약 그 사람이 질환으로 인식 못하고 글루텐을 계속해서 먹게 되면, 면역반응이 반복되어 소장 융모가 크게 감소된다. 그 결과, 필요한 영양성분을 적절하게 흡수하지 못하는 흡수불량 상태가 된다. 시간이 지나면서 흡수불량은 영양불량 상태가 될 수 있다.

소아지방변증의 증상은 다른 장질환의 증상들과 흡사해서 잘못 진단되는 경우가 흔하다. 나타나는 증상으로는 지방변(불량한 지방흡수 때문에), 묽거나 딱딱한 변이 빈번하게 발생, 손발

소아지방변증(celiac disease) 글루텐 단백질을 흡수하지 못하는 유전적 질환. 소장벽을 손상시키는 염증성 면역반응을 야기.

당신이 알게 되면 좋아할 식품

율무

소아지방변증을 가진 사람들의 금지목록에 있는 하나의 곡류 식품은 수프와 스튜에 들어 있는 대중적 성분인 보리이다. 다행스럽게도 율무(job's tears)라 불리는 무 글루텐 보리 대용품이 아시아 보리로 표시되어 많은 아시아 시장과 자연식품점에서 팔리고 있다. 율무는 아시아 풀의 씨앗으로 진주보리의 색깔이지만 크지는 않고, 씨앗 한쪽 면에는 쪼개진 갈색 홈이 있다. 조리된 율무는 옥수수처럼 다소 달콤한 맛을 가진다. 보리에 관련된 어떤 조리법으로도 사용이 가능하고, 수프나 스튜를 포함해서 쌀 대신 부요리로 사용할 수 있다. 율무를 이용한 무 글루텐 죽을 조리하여 아침식사로 사용할 수 있다.

경련, 빈혈, 무기력, 체중 손실 등이 있다. 위장관과 관련 없어 보이는 애매한 증상들도 있다. 이러한 증상들로는 **포진성피부염**(dermatitis herpetiformis)이라고 불리는 심하게 가려운 발진, 골 밀도가 낮은 골다공증, 무생식, 발작, 불안증세, 우울증, 심신피로 등이 있다.[21]

소아지방변증의 진단 검사는 항체라 불리는 면역단백질의 존재 여부나 질병의 유전인자를 선별할 수 있는 다양한 혈액 검사법을 포함한다. 진단을 위한 기준치는 소장 융모의 손상 정도를 보여주는 소장 생검법이다. 소아지방변증의 미진단으로 인한 장기적인 합병증으로 간 질환이나 소장암 등을 포함하기 때문에 초기 진단은 생명을 구할 수 있다. 불행하게도 소아지방변증은 미국 내에서 광범위하게 진단이 되고 있지 않거나 잘못 진단되고 있는 것으로 여겨지고 있다.[21]

현재까지 소아지방변증에 대한 치료법은 없다. 방법이라면 모든 밀, 호밀, 보리 형태의 글루텐을 피하는 특별 식이요법이다. 이러한 식이요법이 어려울 수는 있으나 옥수수, 쌀, 간장, 심지어 콩가루로 만들어진 빵, 파스타, 기타 식품들과 같은 많은 비 글루텐 식품들이 현재 가능하므로 이용할 수 있다.

요점 식품 불내증은 어떤 식품을 섭취했을 때 위장관의 불편함을 경험하는 증상이나 면역체계에 의한 반응은 일어나지 않는다. 반대로 식품 알레르기나 소아지방변증은 면역반응에 의해서 일어난다. 식품 알레르기는 염증을 일으켜서 피부 발진과 같은 국소적 문제나 생명에 위협을 미치는 과민성 쇼크와 같은 체내 시스템 문제를 야기한다. 소아지방변증은 밀, 호밀, 보리에 함유되어 있는 단백질인 글루텐을 섭취했을 때, 소장 내 융모 손상을 가져오는 유전적 질환이다.

설사는 음식이 너무 빨리 방출된 결과이다

설사(diarrhea)는 하루 3회나 그 이상의 묽은 변을 보는 것이다. 또 다른 증상으로는 경련, 복통, 위 확장, 구역질, 발열 그리고 혈변 등이 있다. 설사는 일반적으로 위장관 감염, 만성 질환, 스트레스, 식품 불내증, 약물반응 또는 장질환에 의해 발생된다.

급성 설사는 3주 이하로 지속되고, 보통 박테리아, 바이러스, 기생충으로부터의 감염으로 일어난다. 만성 설사는 일반적으로 우유에 대한 알레르기, 소아지방변증, 과민성 장증후군 또는 기타 질환에 의해 일어난다. 원인이 무엇이든 설사는 많은 양의 수분과 나트륨과 같은

설사(diarrhea) 자주 묽은 변을 보이는 증상.

게임 플랜

여행자 설사를 피할 수 있는 방법

설사는 대장을 통해 배설물이 급격히 이동하는 것으로 흔히 다량의 수분을 동반한다. 이질로도 불리는 *여행자 설사(traveler's diarrhea)*는 깨끗한 마실 물이 없는 지역을 여행하는 사람들이 겪는, 통상 바이러스나 박테아리아성 기생충에 의해서 발생된다. 설사는 침입물을 제거하기 위한 신체의 방어를 의미한다. 대장과 소장 일부에서 세균과 이에 대항하는 신체방어 기제에 의해 자극받게 된다. 이 자극은 분비액의 증가와 대장 연동운동을 증가시켜 물변과 평상시보다 더 많은 빈도의 장운동을 일으킨다.

▲ 개발도상국을 여행할 때, 거리 노점상에서 음식을 사 먹지 않는 것이 현명하다.

일반적으로 사람들은 배설물에 의해 오염된 물과 음식을 먹음으로써 여행자 설사에 걸리게 된다. 개발도상국가를 여행하는 경우 이러한 위험은 더 증가한다. 그러나 오지를 여행하는 도보자나 여행자도 호수나 강이나 시내로부터 위생 처리되지 않은 물을 마신다면 위험은 존재한다.

여행자 설사는 일반적으로 위험요인에 노출된 며칠 이후에 나타나기 시작한다. 증상으로는 피로감, 식욕감퇴, 복부경련과 설사를 포함한다. 어떤 경우에는 구역질과 구토, 미열을 경험하기도 한다. 통상 설사는 4~6일 이내에 지나간다. 그리고는 완전히 회복된다. 여행자 설사를 예방하기 위해서는 무엇을 해야 할까? 다음 방법들이 도움을 줄 것이다.

□ 물, 포도주, 맥주, 소다 등을 마실 때에는 브랜드 이름이 있는 병 음료로 마셔라. 이를 닦는 물도 물론 병에 들어 있는 물로 사용해라. 모든 현지 물은 병에 든 것이라도 안전하지 않다고 생각하는 것이 현명하다.

□ 음료를 마시기 전에 병이나 캔은 깨끗이 닦아라.

□ 현지 물로 세척되거나 노출된 음식물이나 음료를 피하라. 뿐만 아니라 얼음을 포함하는 음료도 피하라(얼리는 것도 모든 박테리아를 죽이지는 못한다).

□ 현지 물을 안전하게 만들어라. 그것을 수 분간 끓여라. 끓인 물로 만든 차나 커피와 같은 음료는 안전하다.

□ 저온살균하지 않은 우유를 마시는 것과 설익거나 날것의 육류, 조류, 생선과 조개를 먹는 것도 피하라. 샐러드를 포함해서 생채소도 피하라. 끓이거나 병에 든 물로 씻지 않은 과일은 생으로 먹지 말고, 껍질을 벗기고 먹어라. 딸기류와 같이 껍질이 없는 과일은 먹지 마라.

□ 뜨겁지 않은 온도에서 조리된 음식뿐만 아니라 거리 노점상으로부터 구입한 음식을 먹는 것을 피하라.

□ 고위험 지역을 여행하기 전에 예방과 치료를 위한 최신 정보를 얻기 위해 당신의 내과 의사와 상의하라.

□ 만약 당신이 여행자 설사로 고통받고 있다면 필수영양소를 보충할 수 있도록 특별히 조제된 경구수분 보충용액을 마셔라. 이 용액은 대부분의 국가에서 지역 약국이나 상점에서 구할 수 있다. 항생제도 박테리아를 죽이기 위해 필요할 것이다. 일단 치료가 시작되면 설사는 2~3일 내에 멈춘다. 만약 치료를 시작한 이후로도 10일 이상 설사가 계속되거나 혈변이 있게 되면 원인이 무엇인지 알고 이로 인한 심각한 의학적 결과를 피하기 위해서 즉시 내과 의사를 만나야만 한다.

무기질의 손실로 몸에 해로울 수 있으며 심각한 탈수 증세를 가지고 온다. 설사는 특히 유아나 어린이에 위험하다. 실제로 매년 전 세계적으로 수백만 명의 어린이가 설사에 의한 탈수로 죽는다. 특별하게 조제된 액으로 경구 수분을 보충하여 탈수 증세를 호전시킬 수 있고, 요거트, 쌀, 바나나, 기타 가벼운 식품 섭취가 가능하다. 여행자 설사(traveler's diarrhea)로 불리는 증상은 국제 여행의 증가로 인해 흔한 건강 문제가 되었다. 앞에 나오는 **게임 플랜**(59쪽)에서 여행자 설사를 피하는 방법을 제안하고 있다.

나는 어디에 있을까...

이 장을 시작하면서, 우리는 당신이 소화계에 문제가 있었는지, 있었다면, 이 문제에 대해 병원에 갔었는지 물었었다. 이제 당신은 위-식도 역류 질환, 소화성 궤양, 식품 불내증, 소아지방변증을 진단하고 치료하지 못했을 때, 나타나는 심각한 결과에 대해서 읽었다. 당신은 부끄러움과 변명으로 문제의 원인을 제거하지 못하는 일이 없기를 바란다. 당신 상태를 가장 잘 설명하고 있는 경우를 아래 문장에서 선택해 보자.

- ☐ 나는 소화계에 어떤 문제도 가지고 있지 않다. 그러나 만약 이러한 문제가 생기면, 병원에 갈 것이다.
- ☐ 나는 소화계에 문제를 가지고 있고, 이 문제에 대해 의사와 상의했다.
- ☐ 나는 소화계에 문제를 가지고 있고, 오늘 이 문제에 대해 의사를 만나기 위해 병원에 예약을 하였다.

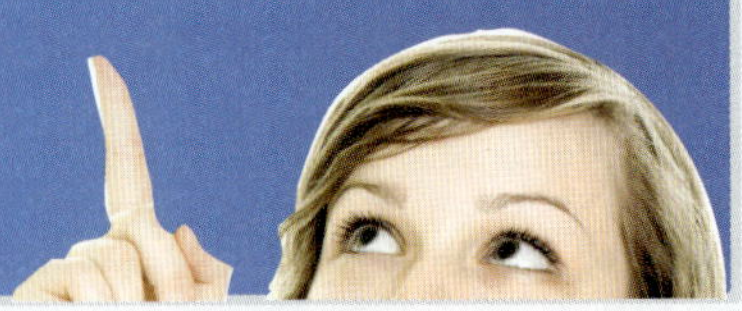

변비는 노폐물이 너무 천천히 배설된 결과이다

변비(constipation)는 전형적으로 이틀이나 그 이상 변을 보지 못한 상태로 정의된다. 그러나 많은 사람들이 2~3일마다 정상적으로 장운동을 하고 있다. 따라서 변비는 사람에 따라 여러 가지로 정의된다. 변비는 변을 자주 보지 못할 뿐만 아니라 배설이 힘들고 딱딱하고 소량인 경우에도 해당된다.

많은 사람들은 살면서 가끔씩 다양한 원인에 의해 일시적인 변비를 경험한다. 종종 사람들은 여행할 때, 계획이 틀어질 때, 식사를 변경하거나 어떤 약을 먹는 경우에 변비로 고생한다. 과민성 장증후군 설명에서 이야기하겠지만, 어떤 사람들에게는 신경계 요인이 영향을 미치는 것으로 여겨지고 있다. 짧은 기간 동안 변비약이나 장 자극제를 사용하는 방법은 가끔 효과적이다. 많은 보건의료 전문가들은 과일, 채소, 오트밀 같은 전곡류, 물의 섭취를 증가시키고, 신체 활동량을 증가시키라고 제안한다.

과민성 장증후군은 식후 극심한 통증을 야기한다

과민성 장증후군(irritable bowel syndrome, IBS)은 대장의 정상적인 기능을 방해하는 대장 문제이다. 비정상적인 경련, 복부 팽만감, 변비나 설사와 같은 증상이 나타난다. 미국인에서는 약 여섯 명 중 한 명꼴로 과민성 장증후군 증상을 가지고 있으며, 주로 남성보다 여성에서의 발생비율이 높다. 과민성 장증후군을 가진 사람들의 50% 정도가 35세 이전에 처음 증상이 나타났다.

비록 과민성 장증후군의 원인은 명확하게 밝혀지지 않았지만 최근 연구에 의하면, 뇌가 대장으로부터의 정보를 해석하는 과정에 문제가 생겼거나 장 신경계와 같은 신경계에서 정보를 전달하는 세로토닌(serotonin) 물질의 비정상적인 기능 때문에 발생할 수도 있는 것으로 나타났다. 뇌에서 세로토닌은 기분에 영향을 미치는 것으로 알려져 있지만 체내 세로토닌의 95%가 함유되어 있는 대장에서 세로토닌은 장 이동, 운동, 통각과 같은 감각과 상관성을 가진다. 연구자들은 또한 과민성 장증후군은 위장관 감염에 의해 시작될 수도 있다고 제안하고 있다. 어떤 경우에는 진단되지 않은 소아지방변증이 초기 원인인자가 되기도 한다.

원인이 무엇이든 간에, 정상적인 연동운동에 문제가 있는 것으로 나타난다. 과민성 장증후군을 가진 어떤 사람에서는 음식이 대장을 너무 빨리 통과하고 액체는 충분히 빠르게 흡수할 수 없어 설사를 유발시킨다. 어떤 경우에는, 장 이동이 매우 느리고, 너무 많은 수분이 흡수되어 변비로 이어진다. 감정적, 생리적 스트레스는 현재 과민성 장증후군의 증상에 기여하는 것으로 여겨진다. 생리적 스트레스에 관련된 음식은 카페인이 함유된 음료, 술, 유제품, 밀, 많은 양의 식사, 그리고 특정 약물이 있다. 치료 방법은 진정제와 항우울제, 설사나 변비를 치료하는 약물이 있다. 생활 습관의 변화는 중요한데, 여기에는 스트레스 관리, 규칙적인 신체 활동, 섬유소와 수분(특별히 물) 섭취 증가와 함께 소량의 식사와 같은 식이 방법이 있다.

이 시점에서 당신은 이 장의 초반에 나왔던 안드리아가 과민성 장질환을 가지고 있는 것인지 궁금해 할 것이다. 건강 검진

변비(constipation) 정상보다 더 긴 시간 동안 장 움직임이 없는 상태로 장 움직임이 발생할 때는 변이 일반적으로 작고 딱딱하고 통과하기가 어려움.

과민성 장증후군(irritable bowel syndrome, IBS) 대장의 정상적인 기능을 방해하는 장질환. 과민성 장증후군은 복부 경련, 팽만감, 변비나 설사를 일으킬 수 있음.

과민성 장증후군을 막기 위한 10가지 팁을 제공하는 비디오를 보려면 다음 사이트를 방문해보자. www.youtube.com/watch?v =67bus9nD1AU.

없이는 이 부분에 대해서 판정할 수는 없다. 왜냐하면 과민성 장질환과 소아지방변증은 매우 비슷한 증상을 가지고 있기 때문이다. 사실상, 일부 연구자들은 현재 과민성 장증후군을 암시하는 증상이 있는 모든 환자는 소아지방변증에 대한 검사를 할 것을 권장하고 있다.

요점 설사는 묽은 변이 빈번하게 나오는 것인 반면, 변비는 2일 이상 또는 개인적으로 정상으로 인식되는 기간 내에 장 이동에 문제가 있는 경우에 해당한다. 과민성 장증후군(IBS)은 복통, 복부 팽만감, 변비 또는 설사가 발생한다. 과민성 장증후군의 원인은 알려져 있지 않지만, 생리 및 감정적 요인이 영향을 미칠 수 있다.

복습

오늘 내가 해 볼 수 있는 것은?

이 장을 읽고, 다음 세 가지를 실천해 보자.

- 오늘 식사시간에 영양가가 높은 식품을 선택하자. 섭취량은 적게 천천히 먹자. 한입 먹을 때마다 음미하면서 먹자.
- 위장관(GI tract)을 좀 더 잘 관리하자. 담배를 피운다면 끊자. 술을 마신다면 적당히 마시자. 하루 동안 지속적으로 수분 섭취를 하자. 활동적으로 지내자.
- 만약 위장관이 아프고 이유 없는 체중 감소가 있거나 장 기능에 문제가 있다면, 의료관리자나 학교보건소에 약속을 잡고 찾아가자. 오늘 바로.

스스로 평가하기 정답

1. 거짓. 당신이 배고플 때 당신에게 이를 알려주는 주요 기관은 위가 아니라 뇌이다.

2. 참. 비록 식품에 반응하는 데에 개인적인 차이가 있지만 한 끼 식사에서 소화되고 흡수되는 전체적인 과정은 24시간이 소요된다.

3. 참. 특정 박테리아가 대장 내에 있는 것은 정상이며 대장 내의 소화를 도와준다. 박테리아는 또한 장벽 조직을 보호하며 면역기능을 향상시킨다. 이런 박테리아를 함유하는 식품과 보충제들은 프로바이오스틱스라고 불린다.

4. 참. 대부분의 소화성 궤양은 헬리코박터 파일로리 박테리아에 감염되어 발생한다. 일반적인 생각과는 달리 소화성 궤양은 스트레스, 음주, 매운 음식으로 발생되는 것이 아니다.

5. 거짓. 과민성 장증후군은 주로 35세 전에 나타나는 비교적 흔한 질환이다.

영양도구

www.pearsonhighered.com/thompsonmanore 웹사이트나 My nutriritonLab.com을 가서 다음과 같은 내용을 살펴보자.

- 소화와 흡수
- 대사

단원 문제

맞는 것에 동그라미 표시하세요.

1. 효소는
a. 분비선에서 방출되는 화학적 전달 분자이다.
b. 신체 대사 과정의 속도를 높여주는 화학물질이다.
c. 단백질을 구성하는 세포에 명령을 하는 세포핵에서 발견되는 산이다.
d. 입안에서 단백질의 분해를 시작하게 하는 산이다.

2. 담즙은 녹색을 띤 유액이다. 그것은
a. 췌장에 저장되어 있다.
b. 담낭에 의해 생산된다.
c. 단백질을 분해시킨다.
d. 지방을 유화시킨다.

3. 우리가 즉각적으로 음식을 갈구하게 만드는 뇌 조직의 부위는
a. 뇌하수체
b. 췌장
c. 시상하부
d. 시상

4. 속쓰림의 원인은
a. 식도 안으로 위산이 침투하기 때문이다.
b. 심근 안으로 위산이 침투하기 때문이다.
c. 흉강 안으로 담즙이 침투하기 때문이다.
d. 위 안으로 타액의 아밀라아제가 침투하기 때문이다.

5. 탄수화물, 지방, 단백질의 대부분이 소화되는 곳은
a. 입 b. 위
c. 소장 d. 대장

6. 참 / 거짓 원자는 생명체의 가장 작은 단위이다.

7. 참 / 거짓 가장자리 솔의 세포에서 흡수된 영양소는 간으로 운반된다.

8. 참 / 거짓 위장관의 신경은 장 신경로 알려져 있다.

9. 참 / 거짓 비타민과 무기질은 소장에서 소화된다.

10. 참 / 거짓 진단되지 않은 과민성 장증후군은 소장암의 위험도를 증가시킨다.

단원 문제에 대한 정답은 이 책 뒤쪽에 있습니다.

3

탄수화물: 식물에서 유래된 에너지 영양소

스스로 평가하기

다음 문장들은 참인가요, 거짓인가요? 답이라고 생각하는 곳에 동그라미를 표시하세요.

1. 참 / 거짓 탄수화물과 당분은 같은 것을 의미한다.
2. 참 / 거짓 당분이 많은 식사는 아동들에게서 과잉행동증후군을 야기시킨다.
3. 참 / 거짓 탄수화물은 뇌와 신체 조직의 1차적인 에너지원이다.
4. 참 / 거짓 탄수화물은 살을 찌게 한다.
5. 참 / 거짓 아스파탐 같은 대체감미료는 섭취해도 안전하다.

스스로 평가하기의 정답은 이 장 마지막 부분에 있습니다.

자스민은 오늘도 아침 식사를 걸렀다. 왜 식사를 하지 않냐는 엄마의 물음에 두통 때문이라고 답했다. 이 말은 어느 정도는 사실이긴 하다. 하지만 실제로 자스민의 "두통"은 학교에서 왜 갑자기 늘 하던 군것질을 하지 않는지를 친구들에게 설명하기 위한 핑곗거리였다. 자스민과 친구들은 자신들이 과체중임을 인정하지만, 그들은 늘 함께 있어 즐거웠고 체중은 이런 그들에게 그다지 문제되지 않았다. 사실 지금 자스민은 식단을 바꾸고 규칙적으로 운동해서 체중을 줄이고 있지만, 친구들이 자기가 달라졌다고 눈치채는 것을 원하지 않았다. 또 자스민은 자기 할머니처럼 제2형 당뇨병을 진단받았다는 것을 인정하고 싶지도 않았다.

음료수와 단음식을 먹는 것이 당뇨나 비만과 같은 질병을 일으킬까? 존 다이어트(Zone diet), 저당식생활혁명(Sugar Busters), 애킨스 박사(Dr. Atkins)의 새로운 다이어트 혁명 등의 몇 가지 유명한 다이어트 방법들을 보면 정제된 탄수화물은 건강을 헤친다고 한다.[1~3] 사실일까? 만약 하루 3~4잔의 음료수를 마시고 사탕이나 다른 당류들을 간식으로 먹는다면 식습관을 바꾸어야 할까? 그렇다면 탄수화물은 건강을 위협하는 것일까?

이 장에서 우리는 단순당과 복합당의 차이를 살펴보고, 탄수화물이 어떻게 분해되어 연료로 사용되는지도 배울 것이다. 또 매일 탄수화물을 얼마나 먹어야 하는지에 대해서도 학습할 것이다. 이 장의 마지막 부분에서는 당뇨와 우리가 섭취한 탄수화물을 처리하지 못할 때 나타나는 건강 문제를 다룰 것이다. 그 한 가지 형태인 제2형 당뇨병은 과거 노인성 질환으로 여겨졌지만, 지금은 과체중과 비만인 청소년과 젊은 성인에서 그 발병률이 점차 증가하고 있는 실정이다.

어디서부터 시작할까?

탄산음료나 기타 다른 음료수에서 하루 얼마만큼의 열량을 섭취하고 있는지 말할 수 있는가?

감자튀김 외 채소를 얼마나 먹고 있는지 알고 있는가?

매일 충분한 식이섬유소를 섭취하고 있다고 생각하는가?

예 / 아니오

왜 그렇게 대답했는가?

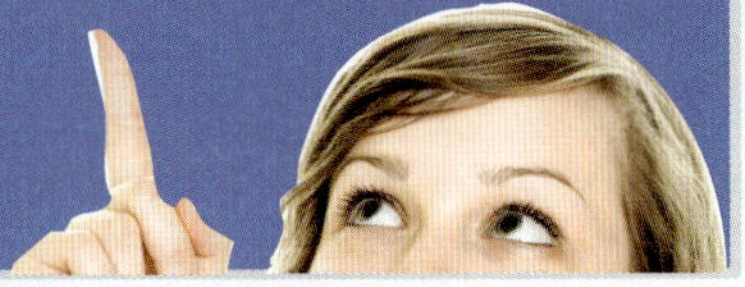

탄수화물이란?

1장에서 언급된 것처럼 **탄수화물(carbohydrate)**은 세 가지 다량영양소 중의 하나이다. 탄수화물은 체내 중요한 에너지원이고 특히 뇌를 포함한 신경계에서 가장 우선적으로 사용되는 에너지원이라고 할 수 있다.

탄수화물이라는 용어는 말 그대로 "수화된 탄소"라는 뜻이다. 아시다시피 물은 수소와 산소로 이루어져 있고, 물을 포함하고 있다는 것을 우리는 "수화되었다"고 표현한다. 탄수화물의 화학적 약어는 CHO라고 쓰는데, 이 세 가지 문자는 탄수화물 한 분자에 들어 있는 세 가지 구성물질인 탄소, 수소, 산소를 나타낸다.

대부분의 탄수화물은 식물성 식품에서 온 것이다

우리는 주로 과일, 채소, 곡물과 같은 식물성 식품으로부터 탄수화물을 얻게 된다. 식물은 **광합성(photosynthesis)**을 통해서 탄수화물 중 가장 풍부한 포도당을 만든다. 광합성 과정 중 클로로필이라고 불리는 식물의 녹색 색소는 햇빛을 흡수해 포도당을 만드는 데 필요한 에너지를 제공한다. 그림 3.1과 같이 식물의 뿌리에 의해 땅에서부터 흡수된 물은 잎에 존재하는 이산화탄소와 결합하여 포도당을 만들어 낸다. 식물은 포도당을 꾸준히 저장해 두었다가 자신의 성장을 위해 사용한다. 그리고 이렇게 저장된 포도당은 우리가 식물성 식품을 먹을 때 소화되어 우리 몸으로 흡수된다.

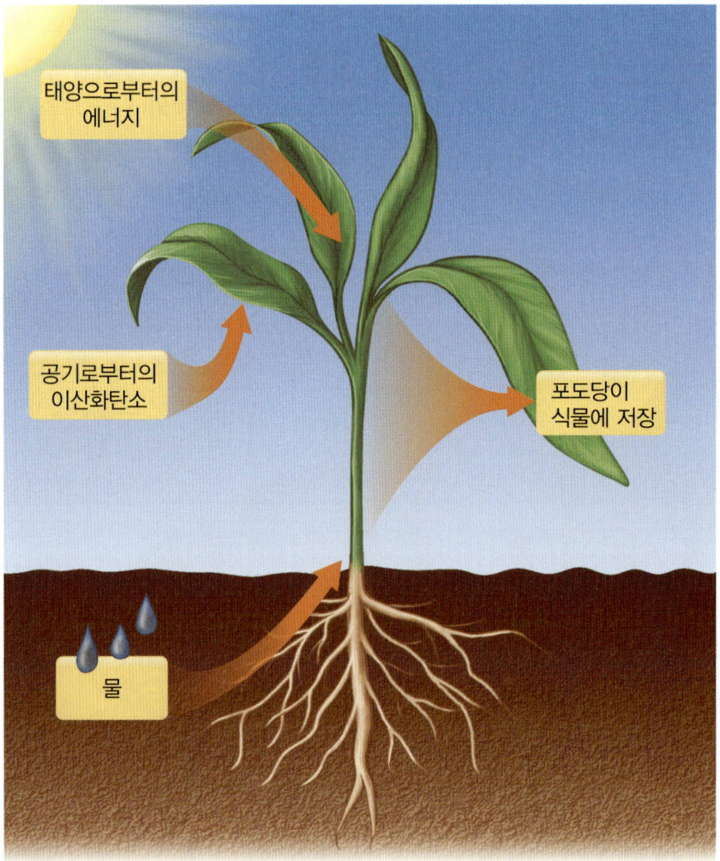

▲ 그림 3.1 식물은 광합성을 통해 탄수화물을 만들어 낸다. 물, 이산화탄소, 태양으로부터의 에너지가 포도당으로 합성된다.

탄수화물(carbohydrate) 3대 다량영양소 중의 하나로 탄소, 수소, 산소로 구성된 화합물. 식물로부터 얻어지고, 에너지 제공.

광합성(photosynthesis) 식물이 탄소와 수분을 이용하여 포도당을 합성하는데 태양광을 이용하는 과정. 합성된 포도당은 세포에 저장됨.

탄수화물의 유일한 비식물성 급원은 우유 및 유제품이다. 모유, 우유, 치즈, 아이스크림은 모두 유당이라고 불리는 탄수화물을 함유하고 있다.

▲ 뇌는 체내 다른 기관들보다 포도당을 에너지원으로 더 선호한다.

단순당을 당류라고 한다

탄수화물은 단순당과 복합당으로 나뉜다. 이 용어는 당에 존재하는 분자의 수에 따라 분류하는 데 사용된다. 단순당은 하나 혹은 두 개의 분자로 되어 있는 반면, 복합탄수화물은 수백, 수천 개의 분자로 구성되어 있다.

단순당(simple carbohydrate)은 주로 당류라고 불린다. 여섯 가지 당류가 우리 식품 중에는 가장 흔한데, 이 중 세 가지는 하나의 분자로 되어 있기 때문에 **단당류(monosaccharide)**라고 한다. 또 다른 세 가지 당류는 **이당류(disaccharide)**인데, 두 개의 당 분자가 연결된 것이다.

세 가지 단당류는 포도당, 과당, 갈락토오스이다

포도당, 과당, 갈락토오스는 식사를 통해 섭취하게 되는 세 가지 단당류이다(그림 3-2a). 식물은 **포도당(glucose)**을 만들기 때문에 당연히 포도당이 식이 중에나 체내에서나 가장 풍부한 당류라고 할 수 있다. 식품 속의 포도당은 일반적으로 그 자체로 들어 있다기보다는 다른 거대 분자 탄수화물의 형태로 결합되어 있는 경우가 더 많다. 체내에서 포도당은 뇌에서 가장 우선적으로 사용되는 에너지원이고, 모든 세포들의 에너지원으로 가장 중요하다.

과당(fructose)은 자연계에 존재하는 당류 중 가장 단맛이 강하고, 과일과 채소에 많이 들어 있다. 또 과당은 과일당(fruit suger)이라고도 불린다. 많은 가공식품에 액상과당(high-fructose corn syrup)의 형태로 들어 있는데, 액상과당은 탄산음료, 디저트류, 사탕과 젤리류를 포함한 많은 식품에 감미료로 사용된다.

갈락토오스(galactose)는 식품에 단독으로 들어 있지 않고 포도당과 결합되어 세 가지 이당류 중 하나인 유당의 형태로 들어 있다.

세 가지 이당류는 유당, 맥아당, 서당이다

식품 속에 존재하는 세 가지 가장 흔한 이당류는 유당, 맥아당, 서당이다(그림 3.2b). **유당(lactose**, 젖당이라고도 부른다)은 포도당과 갈락토오스로 되어 있다. 흥미로운 것은 우유

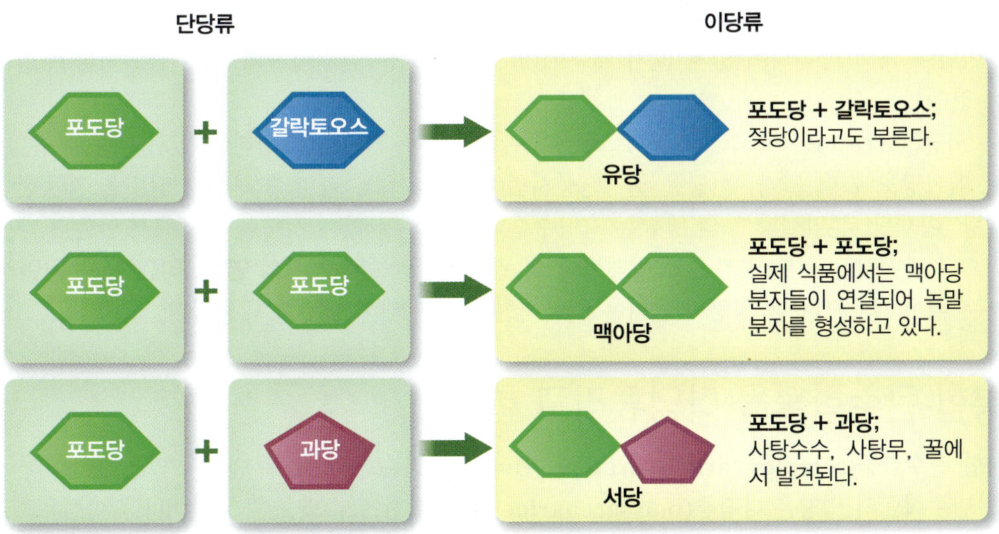

▲ 그림 3.2 갈락토오스, 포도당, 과당이 두 개씩 조합되어 이당류인 유당, 맥아당, 서당을 만든다.

단순당(simple carbohydrate) 포도당과 같은 단당류나 이당류를 말하며 흔히 설탕이라고 부름.

단당류(monosaccharide) 탄수화물의 가장 간단한 형태; 한 분자의 당으로 구성됨. 가장 일반적인 형태로 포도당이 있음.

이당류(disaccharide) 두 개의 당 분자가 결합하여 구성된 탄수화물.

포도당(glucose) 가장 많이 존재하는 당 분자; 보통 다른 당과 함께 결합하여 존재하는 단당류. 뇌와 모든 세포에 있어서 중요한 에너지원으로 쓰임.

과당(fructose) 자연계에서 가장 단맛이 나는 당; 과일과 채소에 함유되어 있는 단당류; 과일 당이라고도 불림.

갈락토오스(galactose) 글루코오스와 결합하여 가장 흔한 3가지 이당류 중 하나인 유당이 되는 단당류.

유당(lactose) 포도당 한 분자와 갈락토오스 한 분자로 이루어진 이당류의 하나. 젖당으로도 불림. 인간의 모유를 포함한 젖에서 발견.

영양, 미신 혹은 진실?

꿀이 설탕보다 더 영양가가 있는가?

리즈의 친구 티파니는 건강에 좋은 식품을 먹는 것에 신경을 많이 쓰는 편이다. 티파니는 리즈에게 백설탕을 피하고 꿀이나 당밀, 원당을 먹는 것이 더 낫다고 충고한다. 많은 사람들처럼 티파니도 이런 천연 감미료들이 정제된 설탕보다 더 영양적으로 우수하다고 믿는다.

한 가지 기억해야 할 것은 설탕은 포도당 한 분자와 과당 한 분자가 서로 결합해서 만들어졌다는 것이다. 꿀은 포도당과 과당이 동량으로 들어 있는 것이기 때문에, 화학적 특성으로 보면 꿀은 설탕과는 명확히 구별된다. 또 꿀벌은 자신이 가지고 있는 효소로 포도당과 과당을 따로 분리시켜 설탕과는 형태나 맛이 조금 다르다. 당신도 잘 알다시피, 꿀벌은 날개짓으로 수분 함량을 줄인 상태로 꿀을 저장한다. 이 과정에서 꿀은 외형이나 질감이 많이 달라진다.

꿀은 설탕보다 더 많은 영양소를 함유하고 있지는 않고, 따라서 설탕보다 더 건강에 좋은 것은 아니다. 사실, 꿀은 설탕보다 같은 1Ts 당 칼로리(에너지)가 더 높다. 그 이유는 설탕은 한 스푼을 떴을 때, 액체 상태의 꿀보다 더 많은 공간을 차지하는 결정상태이다. 하지만 어떤 사람들은 꿀이 더 달기 때문에 상대적으로 더 적게 사용할 수 있다고 하기도 한다.

꿀은 대개 유아들에게서 치명적인 독성을 일으킬 수 있는 박테리아를 함유하고 있다는 점을 상기해야 한다. 좀 더 소화기관이 발달한 어린이들이나 성인들은 이 박테리아에 대해 면역성이 있지만, 12개월 미만의 아기들은 절대 꿀을 주어서는 안 된다.

원당이나 당밀이 설탕보다 더 건강할까? 실제 우리가 시중에서 사용할 수 있는 "원당"은 정말 원당은 아니다. 원당은 설탕이 가공될 때 생기는 결정형으로 만들어져 있다. 이 형태의 설탕은 무척 지저분하고, 때론 곤충의 일부나 허가되지 않은 여러 가지 불순물들이 들어 있기도 한다. 판매되고 있는 원당 제품은 설탕을 만드는 데 사용되는 가공 과정과 그 가공 과정이 반 이상 똑같다고 보면 된다.

당밀은 사탕수수로부터 설탕이 만들어질 때 남게 되는 시럽이다. 당밀은 더 어두운 색을 띠고 설탕보다 단맛이 적다. 여기에는 약간의 철분이 들어 있긴 하지만, 이 철분은 천연적으로 들어 있는 것이 아니라, 사탕수수를 가공하는 과정에서 기계로부터 오염된 것이다!

사실, 어떤 설탕도 건강을 위해 중요한 영양소가 들어 있는 것은 아니라는 것이다. 이것이 바로 당분이 높은 제품들을 "빈 칼로리(empty calorie)"라고 하는 이유이다.

보다 모유에 유당 함량이 더 많아 모유가 더 달다는 것이다.

맥아당(maltose)은 두 개의 포도당 분자로 이루어져 있다. 맥아당 역시 식품 중에 단독으로 따로 존재하는 것이 아니라 다른 분자와 결합된 형태로 존재하는데, 이런 거대 분자들이 체내에서 분해되는 과정 중에 맥아당이 생성되기도 한다. 또 맥아당은 맥주 같은 주류를 만드는 과정에서 당이 발효되어 생기기도 한다. 하지만 생각과는 달리 이미 발효된 알코올 음료에는 맥아당이 거의 함유되어 있지 않기 때문에 알코올 음료는 탄수화물의 좋은 급원이라고 할 수는 없다.

서당(sucrose)은 포도당과 과당으로 이루어져 있다. 과당을 포함하고 있기 때문에 유당이나 맥아당보다 더 달다. 서당은 꿀, 단풍시럽(메이플시럽), 과일과 채소의 단맛을 제공한다. 설탕, 황설탕, 분말설탕 등의 당류는 사탕수수나 사탕무에 있는 서당을 정제해서 만든다. 자연적으로 존재하는 서당이 가공된 형태보다 더 건강에 유익할까? 위의 **영양, 미신 혹은 진실?**에서는 꿀이 설탕보다 더 영양가 높다는 일반적인 믿음에 대해 탐구한 내용이다.

맥아당(maltose) 포도당 두 분자로 이루어진 이당류의 하나. 일반적으로 식품에 독립적으로 존재하기보다는 소화 부산물로 만들어짐. 말토오스라고도 불림.

서당(sucrose) 포도당 한 분자와 과당 한 분자로 이루어진 이당류. 유당이나 맥아당보다 달다.

복합 탄수화물(complex carbohydrate) 전분, 글리코겐, 섬유소와 같이 긴 사슬의 포도당 분자로 구성된 영양소.

다당류(polysaccharide) 포도당의 중합체로 구성된 복합 탄수화물.

복합 탄수화물을 다당류라고 한다

복합 탄수화물(comples carbohydrate)은 여러 가지 탄수화물 중 두 번째로 많은 형태이다. 복합 탄수화물의 명칭은 **다당류(polysaccharide)**이다. 복합 탄수화물은 녹말이나 식이섬유의 형태로 식품 중에 존재한다. 또 다른 복합 탄수화물로 글리코겐을 들 수 있는데, 이것은 식이로부

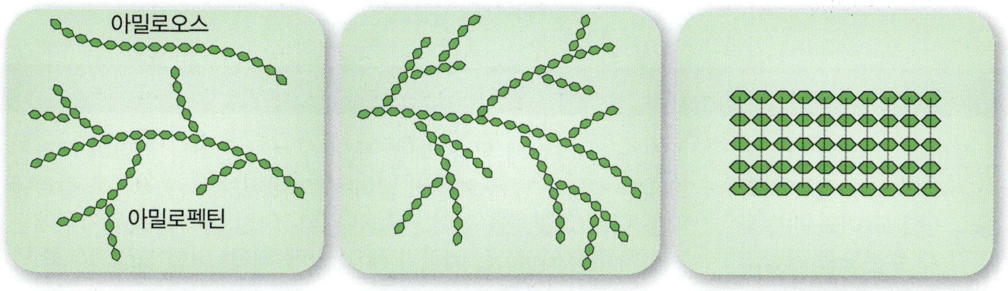

녹말	글리코겐	섬유소
식물에서 포도당이 저장된 형태; 곡물, 콩류, 구근류에 많이 들어 있다.	동물에서 포도당이 저장된 형태; 간과 근육에 저장되어 있다.	잎, 줄기, 식물을 지탱하는 구조물을 형성한다.

▲ 그림 3.3 다당류는 녹말, 글리코겐, 섬유소를 포함한다.

터 얻어지는 것은 아니다(그림 3.3). 이 세 가지 형태의 탄수화물에 대해서 각각 살펴보자.

녹말은 식물의 저장 다당류이다

식물은 포도당을 하나의 분자로 저장하는 것이 아니라 다당류인 **녹말(starch)**의 형태로 저장한다. 가장 좋은 급원식품은 곡류(밀, 쌀, 옥수수, 귀리, 보리)와 콩류(완두콩, 콩, 렌즈콩), 그리고 뿌리채소(감자, 고구마)이다. 우리 세포는 녹말 분자를 사용할 수 없다. 대신, 우리는 녹말을 단당류인 포도당으로 분해하여 에너지 생성에 필요한 연료로 사용한다.

섬유소는 식물의 구조를 유지해 주는 다당류이다

섬유소(fiber)는 식물의 잎, 줄기, 씨를 형성하는 난소화성 부분이다. 녹말처럼 섬유소도 긴 사슬의 다당류로 구성된다. 우리 신체는 녹말은 쉽게 분해시킬 수 있는 반면, 섬유소의 분자 결합은 쉽게 분해시킬 수 없다. 이 때문에 대부분의 섬유소들은 분해되거나 흡수되지 않은 채 소화기관을 통과하게 되고, 따라서 섬유소는 우리에게는 에너지원으로는 거의 사용되지 못한다. 하지만 섬유소는 여러 가지 건강상 이점을 제공한다.

영양학 전문가나 식품제조업자들이 사용하는 여러 다른 형태의 섬유소를 구분하는 몇 가지 용어를 살펴보겠다. 그리고 이 용어들은 섬유소가 우리 건강에 미치는 영향을 이해하는 데 있어 매우 중요하다.

식이 섬유소 대 기능성 섬유소 천연식품 속에 들어 있는 섬유소를 **식이 섬유소(dietary fiber)**라고 한다. 식이섬유소는 식물의 "골격"이라고 할 수 있다. 식이 섬유소의 좋은 식품 급원은 과일과 채소, 종자류, 두류 및 전곡류이다. 전곡을 먹어야 한다는 지침을 흔히 들을 수 있는데, 이런 전곡류를 가루로 빻고 빵으로 구워도 여전히 그대로일까? 그럴지도, 그렇지 않을지도 모른다. 그럼 '전곡'이라는 용어는 무엇을 의미하는 것일까? 그 해답은 다음 쪽의 **영양 하이라이트**에서 찾아볼 수 있다.

또 다른 형태의 섬유소는 '**기능성 섬유소(functional fiber)**'인데, 합성된 형태의 기능성 섬유소는 주로 식품에 첨가되거나 섬유소 보충제에 사용되는 형태이다. 기능성 섬유소 급원의 예로는 간혹 식품 표시에서 볼 수 있는 이름들인 셀룰로오스, 구아검, 펙틴, 실리움을 들 수 있다.

총 섬유소(total fiber)는 특정 식품 속에 들어 있는 식이 섬유소와 기능성 섬유소의 합이라고 할 수 있다. 영양표시에서 '식이 섬유소'라고 표시된 것이 실제로는 식품 중에 원래 들어 있었던 식이 섬유소와 그 식품에 첨가된 기능성 섬유소를 모두 포함하는 총 섬유소를 나타내기도 한다.

▲ 고구마 같은 구근류들은 녹말의 아주 좋은 급원 식품이다.

녹말(starch) 식물에 저장된 다당류로 식물에서의 포도당 저장 형태.

섬유소(fiber) 식물에서 잎, 줄기, 씨의 구조를 지지하는 난소화성 탄수화물 부분.

식이섬유소(dietary fiber) 식품에 자연적으로 함유되어 있는 섬유소.

기능성 섬유소(functional fiber) 천연식물에서 추출되거나 인공적으로 제조되며 건강에 유익한 것으로 알려져 있는 비소화성 탄수화물.

총 섬유소(total fiber) 식이 섬유소와 (식품에 첨가되는) 기능성 섬유소의 합.

영양 하이라이트

전곡이라는 것은 무엇일까?

곡물은 먹을 수 있는 낟알을 생산해 내는 풀이다. 곡물의 낟알은 풀의 씨앗이다. 만약 당신이 보리 낟알을 심는다면 곧 풀잎이 자라나는 것을 볼 수 있을 것이다. 또 다른 곡물의 낟알도 이와 비슷하게 되어 있는데, 그림 3.4에서 보이는 것처럼 세 부분으로 구성되어 있다.

- '*겨(bran)*'라고 부르는 가장 바깥쪽을 둘러싸고 있는 부분은 섬유소 함량이 높고, 곡물의 비타민과 무기질 대부분을 함유하고 있다.
- '*배유(endosperm)*'는 곡물의 중간부분으로, 곡물의 탄수화물과 단백질 대부분을 함유하고 있는 부분이다.
- '*배아(germ)*'는 낟알 가장 깊숙한 곳에 들어 있고, 배유로 둘러싸여 있으며, 이 부분에는 건강에 좋은 지방과 약간의 비타민들이 풍부하다.

*전곡(whole grain)*은 이 세 부분 모두를 가지고 있는 낟알이다. 어떤 곡물의 낟알은 먹을 수 없는 얇고 마른 '*겉껍질(husk)*'을 가지고 있기도 하다. 이 겉껍질을 제거하는 것이 바로 사람들이 먹을 수 있도록 도정(제분)하는 첫 번째 단계이다.

전 세계적으로 사람들은 무거운 돌을 사용해서 수 세기 동안 곡물을 도정해 왔다. 도정 과정을 약간만 거치게 되면 아주 적은 양의 겨층이 제거되어 시리얼 요리에 적합한 바삭한 곡물이 남게 된다. 예를 들어 부셔진 밀이나 껍질이 제거된 보리는 상당히 많은 겨층이 남아 있다. 통밀가루는 전곡을 갈아낸 다음 다시 그것들을 섞어 만들게 된다. 이런 형태의 통밀가루에는 겨층의 일부와 배유, 배아가 들어 있게 되고, 이런 통밀가루로 만든 빵 같은 식품에는 섬유소가 풍부하고 다양한 비타민과 무기질이 함유되어 있다.

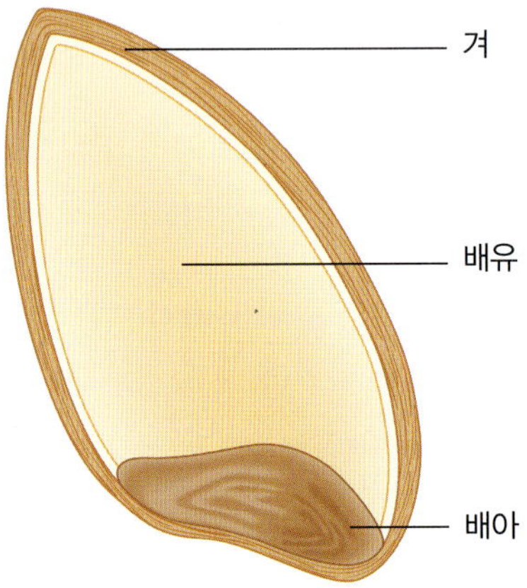

▲ 그림 3.4 전곡류는 겨, 배유, 배아를 포함한다.

최근 현대적 기술의 도래로, 곡류를 도정하는 과정이 매우 섬세해져서 씨앗을 반복해서 갈아 매우 고운 가루를 얻기도 하고, 겨가 거의 포함되어 있지 않아 섬유소와 비타민, 무기질이 거의 없는 가루를 얻기도 한다. 예를 들어 흰 밀가루는 거의 전체가 배유부분만 함유되어 탄수화물의 함량이 높고, 원래의 밀에 함유된 섬유소와 비타민, 무기질의 약 25%만이 남아 있다. 미국에서는 흰 밀가루로 된 빵이나 다른 제빵류를 만드는 제조업체들은 가공과정에서 손실된 이런 비타민과 무기질들을 보완하도록 법적인 규제를 받고 있다. 하지만 영양소 강화 과정에서 비타민과 무기질은 보충되었지만, 여전히 섬유소가 적은 빵이 될 수밖에 없다.

빵, 크래커 혹은 다른 제빵류를 선택할 때, 통밀, 통오트밀 혹은 다른 전곡류들이 사용되었는지 재료명에서 확인해야 한다. 이런 제품들이라야 천연적으로 씨앗에 들어 있는 섬유소와 미량 영양소들을 함유한 식품을 선택할 수 있을 것이다.

수용성 섬유소 대 불용성 섬유소 섬유소는 화학적, 물리적 성질에 따라 수용성인 것과 불용성인 것으로 나눌 수 있다. **수용성 섬유소(soluble fiber)**는 물에 녹아 점성을 띠는 젤을 형성한다. 소화관은 수용성 섬유소를 소화시킬 수 없음에도 불구하고, 결장에 존재하는 박테리아에 의해 쉽게 소화된다. 수용성 섬유소는 감귤류, 베리류, 귀리, 콩류에 많이 들어 있다. 여러 연구에서 일상적 섭취 수준의 수용성 섬유소는 혈중 콜레스테롤과 혈당을 낮춤으로써 심혈관 질환과 제2형 당뇨병의 위험을 감소시킨다.

불용성 섬유소(insoluble fiber)는 원래 물에 녹지 않는다. 이 섬유소들은 대개 점성이 없고 대장의 미생물에 의해서도 쉽게 분해되지 않는다. 불용성 섬유소들은 많은 채소류와 밀, 보리, 흑미 같은 전곡류에 많이 들어 있다. 이 섬유소들은 콜레스테롤을 낮추는 작용을 하지는 않지만, 장 운동을 촉진시키는 작용을 통해 변비를 예방하고 게실(이 장의 마지막 부분에서 다루어 진다)의 위험을 줄이는 것으로 알려져 있다.

수용성 섬유소(soluble fibers) 물에 녹는 섬유소.

불용성 섬유소(insoluble fibers) 물에 녹지 않는 섬유소.

섬유소가 풍부한 탄수화물(fiber-rich carbohydrate) 식이 섬유소에 풍부한 단순 또는 복합 당질을 포함하고 있는 식품군. 이들 식품은 대부분 과일 채소, 전곡류를 포함하며 전형적으로 생이거나 약간만 가공된 상태임.

섬유소가 풍부한 탄수화물 일반 대중을 위해 제작된 책자들은 식품 내 탄수화물을 가리켜 복합탄수화물이니 단순당이니 하는 이런 용어들을 사용하지는 않는다. 대신, 한국인을 위한 식사지침에서는 과일, 채소, 전곡류 같은 **섬유소가 풍부한 탄수화물(fiber-rich carbohydrate)**을 먹어야 한다고 강조하고 있다.[4] 이는 섬유소가 풍부한 탄수화물이 건강에 좋은 것으로 알려져 있기 때문에 중요한 것이지, 모든 복합탄수화물 식품에 섬유소가 풍부한 것은 아니다. 예를 들어

영양표시 활용해보기

식품영양표시에서 탄수화물 읽기

그림 3.5는 두 가지 아침식사용 시리얼의 영양표시를 비교하고 있다. 왼쪽 시리얼(a)은 가공 및 가미된 것인 반면, 오른쪽 시리얼(b)은 당분을 첨가하지 않은 전곡 제품이다. 어떤 것이 아침식사로 더 좋을까? 아래 식품영양표시를 보고 빈칸을 완성해보자.

- **총 탄수화물의 양이 표시된 곳에 동그라미 해보자.**
  1. 가당 시리얼에서, 1회 섭취 분량당 총 탄수화물 양은 _____ g이다.
  2. 전곡 시리얼에서, 1회 섭취 분량당 총 탄수화물 양은 _____ g이다.
- **총 탄수화물 아래 하위그룹에 적혀 있는 정보를 보자. 가당 시리얼의 영양표시에는 시리얼에 들어 있는 모든 종류의 탄수화물, 즉 식이 섬유소, 설탕, 기타 탄수화물(전분)이 표시되어 있다. 이 시리얼은 13g의 설탕을 함유하고 있어, 총 탄수화물의 반이 당분으로 되어 있는 것을 알 수 있다.**
  3. 가당 시리얼에는 식이 섬유소가 몇 g이나 들어 있나? _____
- **전곡 시리얼의 영양표시에는 1g의 설탕만이 들어 있는데, 이는 총 탄수화물의 4% 미만이다.**
  4. 전곡 시리얼에는 식이 섬유소가 얼마나 들어 있나? _____

정답은 www.pearsonhighered.com/thompsonmanore 웹사이트에서 확인할 수 있다.

어느 시리얼이 섬유소 섭취를 증가시켜줄 수 있을까? 가당 시리얼의 재료를 확인해 보자. 기억해야 할 것은 재료의 종류는 그 양이 가장 많은 것에서부터 가장 적은 것의 순서로 나열되어 있다는 것이다. 두 번째, 세 번째 재료는 설탕과 흑설탕이고, 옥수수와 귀리 가루는 전곡가루가 아니다. 다른 시리얼의 재료를 보면, 전곡 귀리가 들어 있다. 가당 제품에는 더 많은 비타민 B군, 철분, 아연이 들어 있다. 전곡 시리얼은 1회 섭취 분량당 4g의 섬유소가 들어 있고, 당분은 전혀 들어 있지 않다. 여러 면에서 전곡 시리얼을 선택하는 것이 더 건강한 선택이다.

Nutrition Facts

Serving Size: 3/4 cup (30g)
Servings Per Package: About 14

Amount Per Serving	Cereal	Cereal With 1/2 Cup Skim Milk
Calories	120	160
Calories from Fat	15	15
	% Daily Value**	
Total Fat 1.5g*	2%	2%
Saturated Fat 0g	0%	0%
Trans Fat 0g		
Polyunsaturated Fat 0g		
Monounsaturated Fat 0.5g		
Cholesterol 0mg	0%	1%
Sodium 220mg	9%	12%
Potassium 40mg	1%	7%
Total Carbohydrate 26g	9%	11%
Dietary Fiber 1g	3%	3%
Sugars 13g		
Other Carbohydrate 12g		
Protein 1g		

INGREDIENTS: Corn Flour, Sugar, Brown Sugar, Partially Hydrogenated Vegetable Oil (Soybean and Cottonseed), Oat Flour, Salt, Sodium Citrate (a flavoring agent), Flavor added [Natural & Artificial Flavor, Strawberry Juice Concentrate, Malic Acid (a flavoring agent)], Niacinamide (Niacin), Zinc Oxide, Reduced Iron, Red 40, Yellow 5, Red 3, Yellow 6, Pyridoxine Hydrochloride (Vitamin B6), Riboflavin (Vitamin B2), Thiamin Mononitrate (Vitamin B1), Folic Acid (Folate) and Blue 1.

(a)

Nutrition Facts

Serving Size: 1/2 cup dry (40g)
Servings Per Container: 13

Amount Per Serving	
Calories	150
Calories from Fat	25
	% Daily Value*
Total Fat 3g	5%
Saturated Fat 0.5g	2%
Trans Fat 0g	
Polyunsaturated Fat 1g	
Monounsaturated Fat 1g	
Cholesterol 0mg	0%
Sodium 0mg	0%
Total Carbohydrate 27g	9%
Dietary Fiber 4g	15%
Soluble Fiber 2g	
Insoluble Fiber 2g	
Sugars 1g	
Protein 5g	

INGREDIENTS: 100% Natural Whole Grain Rolled Oats.

(b)

▲ 그림 3.5 두 가지 아침용 시리얼의 식품영양표시: (a) 가공 및 가미된 가당 시리얼. (b) 첨가당이 없는 전곡 시리얼

▲ 물에 잘 녹는 완하제(배변제)는 수용성 섬유소의 일종이다.

냉동 해쉬브라운으로 가공된 감자에는 섬유소가 거의 없다. 반면, 과일처럼 단순당 함량이 높은 식품은 섬유소가 많이 들어 있기도 하다. 영양표시를 읽을 때 1회 섭취 분량당 식이 섬유소가 얼마나 들어 있는지를 확인하는 것이 좋다. 천연식품은 영양표시가 없지만, 대개는 섬유소가 많은 식품이라고 볼 수 있다.

영양표시 활용해보기(69쪽)에서 식품영양표시에 나오는 탄수화물들을 읽는 방법을 배워보고, 섬유소가 많은 식품을 선택할 수 있도록 하자.

글리코겐은 동물성 저장 다당류이다

글리코겐(glycogen)은 사람을 포함한 동물들이 포도당을 저장하는 형태이다. 우리는 근육과 간에 글리코겐을 저장하고 에너지가 필요할 때 포도당으로 재빨리 분해하여 사용할 수 있다. 글리코겐은 식품 중에는 거의 존재하지 않기 때문에 탄수화물의 식이급원이라고 하지는 않는다.

요점 탄수화물은 탄소, 수소, 산소를 포함하는 에너지를 제공하는 다량 영양소이다. 식물은 광합성을 통해 탄수화물의 일종인 포도당을 만든다. 단순당은 단당류인 포도당, 과당, 갈락토오스와 이당류인 유당, 맥아당, 서당을 포함한다. 모든 복합탄수화물은 다당류이다. 다당류에는 녹말, 글리코겐과 섬유소가 포함된다. 녹말은 식물에서 포도당이 저장되는 형태이고, 반면 글리코겐은 동물에서 포도당이 저장되는 형태이다. 섬유소는 식물의 구조를 형성하고, 섬유소가 풍부한 탄수화물은 건강에 중요한 역할을 한다.

왜 우리는 탄수화물을 먹어야 할까?

앞서 탄수화물이 우리 체내에서 중요한 에너지원이라는 것을 학습했다. 그럼 이번에는 탄수화물의 또 다른 몇 가지 기능들에 대해서 더 배워 보도록 하자.

▲ 적혈구, 뇌, 신경세포는 1차적으로 포도당에 의존적이다. 이것이 바로 장시간 무언가를 먹지 않았을 때 피곤해지고 신경질적이고 또 예민해지는 이유다.

탄수화물은 에너지를 제공한다

탄수화물은 모든 세포에 있어 가장 좋은 에너지원으로, 1g당 4kcal를 제공한다. 어떤 세포들은 필요에 따라 지방과 심지어 단백질을 사용할 수도 있다. 하지만 뇌세포와 신경세포뿐만 아니라 적혈구는 포도당만 사용한다. 바로 이 때문에 일정시간 탄수화물을 먹지 않으면 피곤하고 예민해지는 것이다.

그림 3.6에서처럼 우리 인체는 활동에 필요한 연료로 탄수화물과 지방을 사용한다. 지방은 앉기, 서기, 걷기와 같은 낮은 강도의 활동을 하는 동안 대부분의 세포에서 1차적인 에너지 급원이다. 하지만 심지어 쉬고 있을 때조차 우리의 뇌와 적혈구는 여전히 포도당을 사용한다.

달리기, 빨리 걷기, 자전거 타기나 기타 여러 가지 땀을 흘리거나 숨이 가빠지는 활동을 수행할 때 우리는 지방보다 포도당을 더 많이 사용하기 시작한다. 우리가 최대 강도로 운동할 때 체내 필요한 에너지의 100%를 탄수화물로 공급받는다.

만약 충분한 탄수화물이 공급되지 못한다면 우리 인체는 단백질로부터 포도당을 만들어 내게 된다. 혈액과 조직에 있는 단백질을 분해한 뒤 그 구성요소의 일부를 바꾸어 포도당으로 변환시킨다. 이런 과정을 **포도당신생합성(gluconeogenesis)**이라고 한다.

에너지를 내기 위해 단백질을 사용하는 것은 새로운 세포를 만들거나, 조직을 재생하고, 기타 다른 기능을 수행하는 데 이용될 수 있는 단백질이 줄어든다는 것이다. 또 오랜 기간에 걸쳐 근육, 심장, 간, 신장과 같은 조직을 분해하여 단백질을 소모해 버리는 것은 조직의 심각한 손상을 초래할 수 있다.

글리코겐(glycogen) 동물들에 저장되어 있는 다당류; 동물에서 포도당이 저장되는 형태.

포도당신생합성(gluconeogenesis) 단백질들의 분해로 생긴 포도당의 생성.

▲ 그림 3.6 가벼운 운동, 중간정도 운동, 고강도 운동시 사용되는 탄수화물과 지방의 양.

▲ 운동을 하거나 숨쉬기가 힘들고 땀이 나는 활동을 수행할 때 지방보다는 더 많은 포도당을 사용하기 시작한다.

섬유소가 풍부한 탄수화물은 건강에 유익함을 제공한다

섬유소가 풍부한 식사는 대장암을 비롯한 위장관 질환의 위험을 줄일 수 있고, 변을 부드럽게 해주어 치질과 변비를 예방하는 데 도움을 줄 수 있다. 섬유소는 장근육이 변을 잘 밀어내어 제거하기 쉽게 해준다. 같은 이유로 작고 딱딱한 변을 제거하려는 과정에서 발생할 수 있는 **게실증**(diverticulosis)의 위험도 줄일 수 있다. 대장에서 딱딱한 변을 내보내기 위해서는 많은 압력이 가해지게 되는데, 이때 장벽의 약한 부분이 바깥쪽으로 툭 튀어나와 주머니 같은 것이 만들어지고 (그림 3.7), 이 부분에 변과 섬유성 물질들이 껴서 감염과 염증이 생기게 되면 통증을 느끼게 되어 항생제 치료나 수술을 받아야 할 경우도 생긴다.

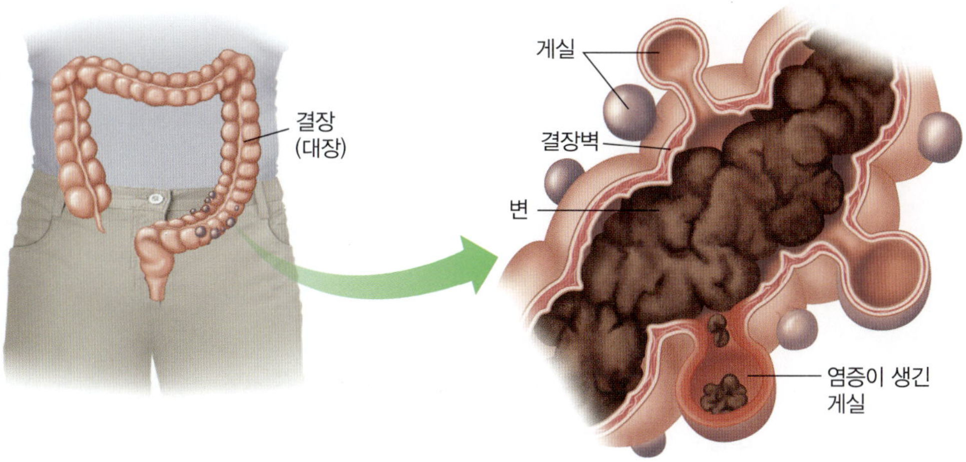

◀ 그림 3.7 게실증은 대장(결장)벽에서 툭 튀어나온 주머니가 만들어진 상태이다.

섬유소가 풍부한 탄수화물 섭취의 또 다른 건강상의 이점은 다음과 같다.

- 비만의 위험을 줄일 수 있다. 섬유소가 많은 식사를 하는 것은 포만감을 느끼게 해주어, 더 적게 먹고 건강체중을 유지하는 데 도움을 준다.
- 심장병의 위험을 줄일 수 있다. 섬유소는 식품 내 콜레스테롤이 혈관 내로의 흡수되는 것을 지연하거나 막을 수 있다.
- 제2형 당뇨병의 위험을 감소시킬 수 있다. 섬유소는 대장에서 물을 흡수하여 부피가 증가되고 소화기 상부를 통해 내려오는 음식의 움직임을 느리게 해준다. 섬유소는 또한 소화를 천천히 시킴으로써 포도당의 혈액 내 유입을 줄여주어 결과적으로 제2형 당뇨병에 걸릴 위험도를 낮추어 줄 수 있다.

요점 탄수화물은 휴식 때나 운동할 때 모두 에너지 급원으로 가장 적합하며, 그램(g)당 4kcal를 제공한다. 탄수화물은 체단백질을 절약하기 위하여 식이에 포함되어야 한다. 복합 탄수화물은 비만, 심장질환, 당뇨병, 대장암과 기타 여러 가지 건강 문제에 대한 위험을 줄여줄 수 있는 섬유소와 생리활성물질을 포함한다.

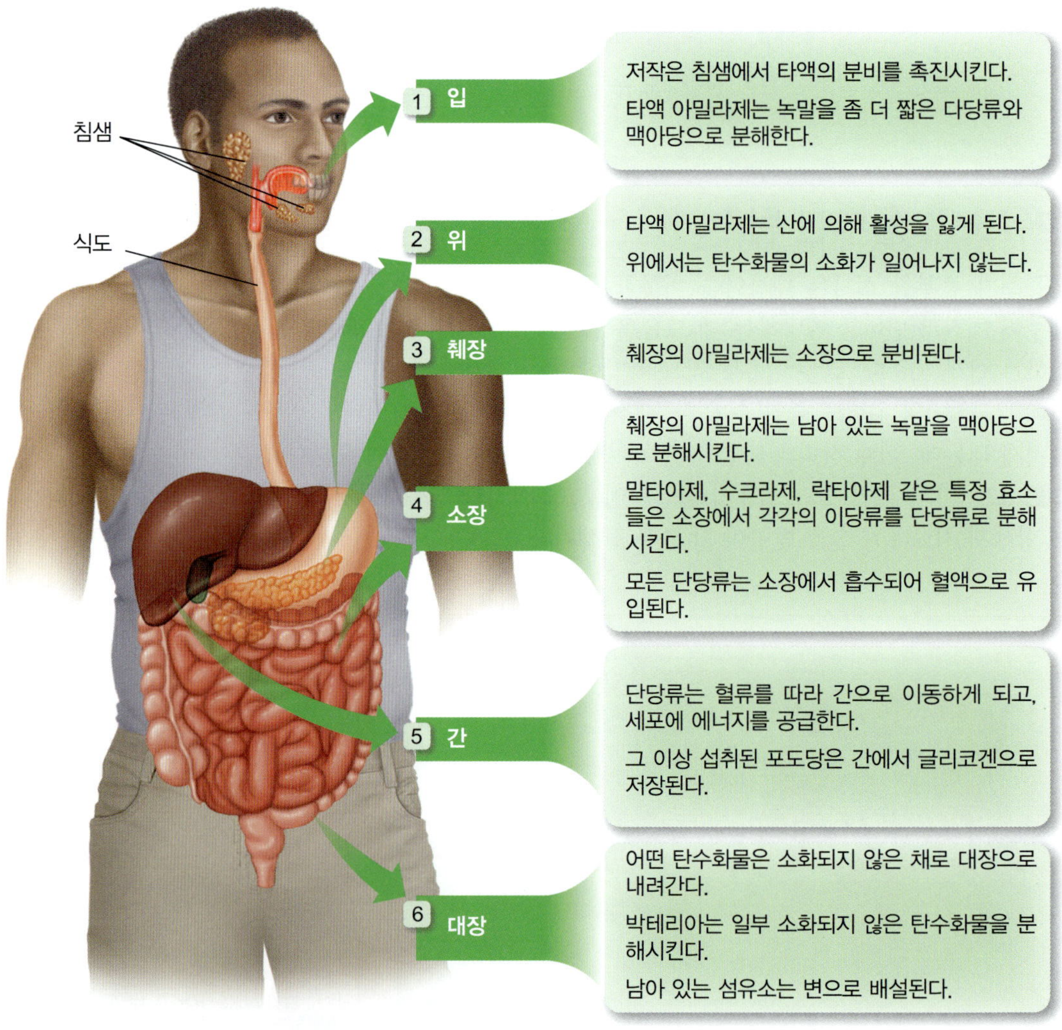

▲ 그림 3.8 탄수화물의 소화와 흡수 개요

섭취된 탄수화물은 어떻게 될까?

포도당은 우리 몸에 에너지를 공급해주는 일종의 당류이기 때문에, 탄수화물 소화에 있어 가장 중요한 것은 다당류와 이당류를 단당류로 분해시키는 것이고, 분해된 단당류는 포도당으로 전환된다. 2장에서는 소화에 대한 개략적인 내용을 다루었다. 여기서 우리는 탄수화물의 소화와 흡수에 대해 좀 더 자세히 살펴보도록 하겠다. 그림 3.8은 탄수화물의 소화과정을 보여준다.

대부분의 탄수화물은 소화과정을 거쳐 단당류로 분해된다

탄수화물 소화는 입에서부터 시작된다(그림 3.8의 1단계). 식품 속에 있는 녹말은 씹는 동안 타액과 섞이게 된다. 타액은 **타액 아밀라아제(salivary amylase)**라고 부르는 효소를 포함하고 있는데, 이 효소는 녹말을 더 작은 입자와 이당류인 맥아당으로 분해시킨다.

우리 입에 들어온 음식은 씹고 타액과 섞이는 과정에서 덩어리 상태의 볼루스(*bolus*)가 되어 입을 떠나 위장으로 들어가게 되는데, 여기서 탄수화물의 소화는 완전히 멈추게 된다. 그 이유는 타액의 아밀라아제는 위산에 의해 대부분 불활성화되기 때문이다(그림 3.8의 2단계).

탄수화물 소화의 대부분은 소장에서 일어난다. 위장의 내용물이 소장으로 들어가게 되면 **췌장 아밀라아제(pancreatic amylase)**라고 불리는 효소가 췌장에서 분비되어 소장으로 유입된다(그림 3.8의 3단계). 이 효소는 아직까지 남아 있는 녹말을 모두 맥아당으로 소화시킨다. 또 말타아제, 수크라아제, 락타아제가 소장의 점막세포에서 분비되어 이당류를 단당류로 분해시킨다(그림 3.8의 4단계). 모든 단당류는 소장 점막 세포로 흡수되어 혈액으로 들어간다.

어떤 사람들은 소장은 유제품에 있는 이당류인 락토오스(유당)를 분해시키는 데 필요한 락타아제를 충분히 만들어 내지 못한다. **유당 불내증(lactose intolerance)**이라고 하는 이런 문제를 가진 사람들은 유제품을 잘 소화시킬 수가 없다. 유당 불내증은 우유 알레르기와 혼동되지 않아야 한다. 우유 알레르기는 우유에 있는 단백질에 대한 면역반응을 겪었던 적이 있는 사람들이 우유를 마셨을 때 나타나는 알레르기 반응이다. 이와는 달리, 유당 불내증은 면역반응이 아니라 효소 결핍에 의해 나타나는 반응이라고 할 수 있다.

▲ 유당 불내증이 있는 사람들은 아이스크림과 같은 유제품을 소화시키기 어렵다.

유당 불내증의 증상으로는 유제품을 먹은 후 장에 가스가 생기면서 복부팽만감, 장경련, 오심, 설사, 소화불량이 있다. 모든 사람이 똑같은 증상을 겪는 것은 아니다. 어떤 사람들은 적은 양의 유제품을 소화시킬 수 있는 반면, 또 어떤 사람들은 아주 조금만 먹어도 문제가 생긴다. 대부분의 사람들은 유당 함량이 적은 분유는 소화시킬 수 있지만, 또 어떤 사람들은 유제품을 먹을 때 유당분해효소를 함유한 알약이나 드롭스를 복용해야 하는 경우도 있다. 또 유당 불내증이 있는 일부 사람들은 요구르트나 숙성된 치즈는 먹을 수 있는데, 박테리아(푸른곰팡이)가 우유를 발효시키는 과정에서 유당을 분해하기 때문이다.

간은 모든 단당류를 포도당으로 전환시킨다

혈액으로 흡수된 후 단당류는 간으로 가게 되는데, 간에서 포도당 외 다른 단당류들은 포도당으로 전환된다(그림 3.8의 5단계). 만약 지금 당장 에너지가 필요한 상황이라면 간은 포도당을 혈액으로 방출함으로써, 체내 여러 세포에서 에너지를 생성하는 데 이용이 될 수 있도록 포도당을 공급하게 된다. 만약 당장 에너지가 필요한 상황이 아니라면 포도당은 간과 근육에서 글리코겐으로 저장된다. 간은 약 70g(280kcal)의 글리코겐을 저장할 수 있다. 식사 사이 공복시에는 저장되어 있던 120g(480kcal)의 글리코겐을 끄집어 내어 혈당을 유지하고, 뇌, 척수, 적혈구를 포함한 세포들의 포도당 요구도를 충족시킨다(그림 3.9).

근육에 저장되어 있던 글리코겐은 강도 높은 운동을 하는 동안 근육에 에너지를 공급한다.

타액 아밀라아제(salivary amylase) 타액 내 효소로 전분을 작은 입자로 잘라 궁극적으로 이당류 맥아당으로 분해함.

췌장 아밀라아제(pancreatic amylase) 췌장에서 소장으로 분비되는 소화효소로 전분을 맥아당으로 분해함.

유당 불내증(lactose intolerance) 체내에서 충분한 유당분해효소를 생산하지 않아 우유 등 유당을 포함하는 음식을 소화할 수 없는 장애.

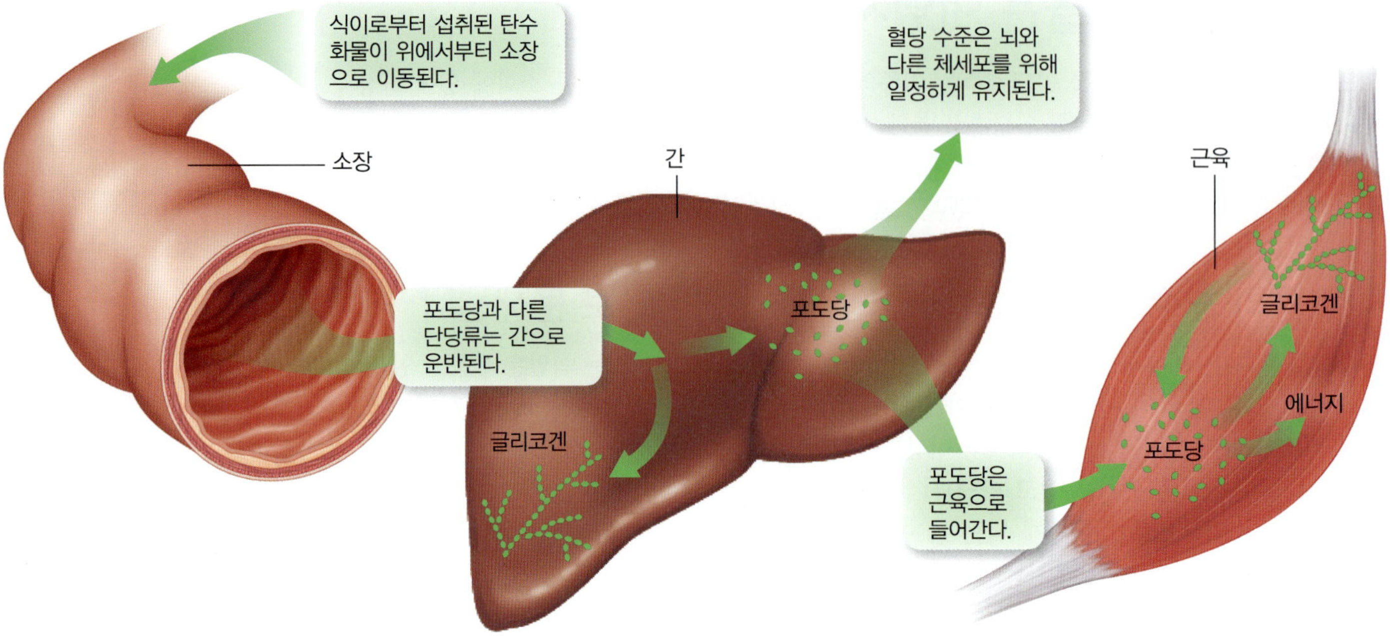

▲ 그림 3.9 포도당은 간과 근육에서 글리코겐의 형태로 저장된다. 간에 저장되어 있는 글리코겐은 식사와 식사 사이 혈당을 유지하는 데 이용이 되고, 근육의 글리코겐은 운동시 근육에 에너지를 즉각적으로 공급하게 된다.

마라톤선수들은 일반인의 2~4배까지 근육 글리코겐 양을 증가시킬 수 있는데, 이를 '글리코겐 축적(glycogen loading) 혹은 탄수화물 축적(carbotydrate loading)'이라고 한다(10장 참조).

섬유소는 대장을 통해 배출된다

우리는 섬유소를 분해시킬 수 있는 효소를 가지고 있지 않다. 섬유소는 소화되지 않은 채로 소장을 통과해서 대장 혹은 결장으로 들어간다. 대장에서 박테리아는 수용성 섬유소를 포함한 소화되지 않은 탄수화물을 분해시켜 가스와 지방산을 생성한다. 대장세포는 이 지방산을 에너지원으로 사용한다. 결장에 남아 있는 섬유소는 변의 부피를 증가시켜 배설될 수 있도록 한다(그림 3.8 6단계). 이런 방법으로 섬유소는 규칙적 배변을 돕는다.

요점 탄수화물의 소화는 입에서부터 시작되어 소장까지 계속된다. 포도당과 다른 단당류들은 혈액으로 흡수되어 간으로 들어가게 되고, 포도당 이외의 단당류들은 포도당으로 전환된다. 포도당은 세포에서 에너지원으로 사용되거나 간과 근육에 글리코겐으로 저장되어 있다가 필요할 때 사용된다. 유당 불내증은 락타아제가 부족해 유당을 분해시키지 못하는 상태이다.

인슐린과 글루카곤은 혈당 수준을 조절한다

우리 몸은 체내 요구량을 충족시키면서 끊임없이 혈당을 좁은 범위 안에서 조절한다. 인슐린과 글루카곤, 이 두 가지 호르몬은 혈당을 유지하는 데 도움을 준다. 췌장의 특정 세포들은 이 두 가지 호르몬을 합성, 저장, 분비한다.

음식을 먹으면 혈중 포도당 수준이 높아진다. 그러나 혈중 포도당은 신경, 근육 등 세포 속으로 유입되어야만, 세포 내에서 그 기능을 수행할 수 있다. 그런데 포도당 분자는 너무 커서 혼자서는 세포막을 통과할 수 없다. 포도당을 세포 안으로 들여보내기 위해서, 포도당은 췌장의 베타세포에서 분비되는 호르몬인 **인슐린(insulin)**의 도움을 필요로 한다(그림 3.10a). 인슐린은 포도당 운반체(glucose transporter)라고 불리는 단백질을 세포 안에서 세포막으로 이동하게

인슐린(insulin) 높은 혈당에 반응해서 췌장의 베타세포에서 분비되는 호르몬으로 우리 몸 세포에서 포도당을 흡수하도록 촉진함.

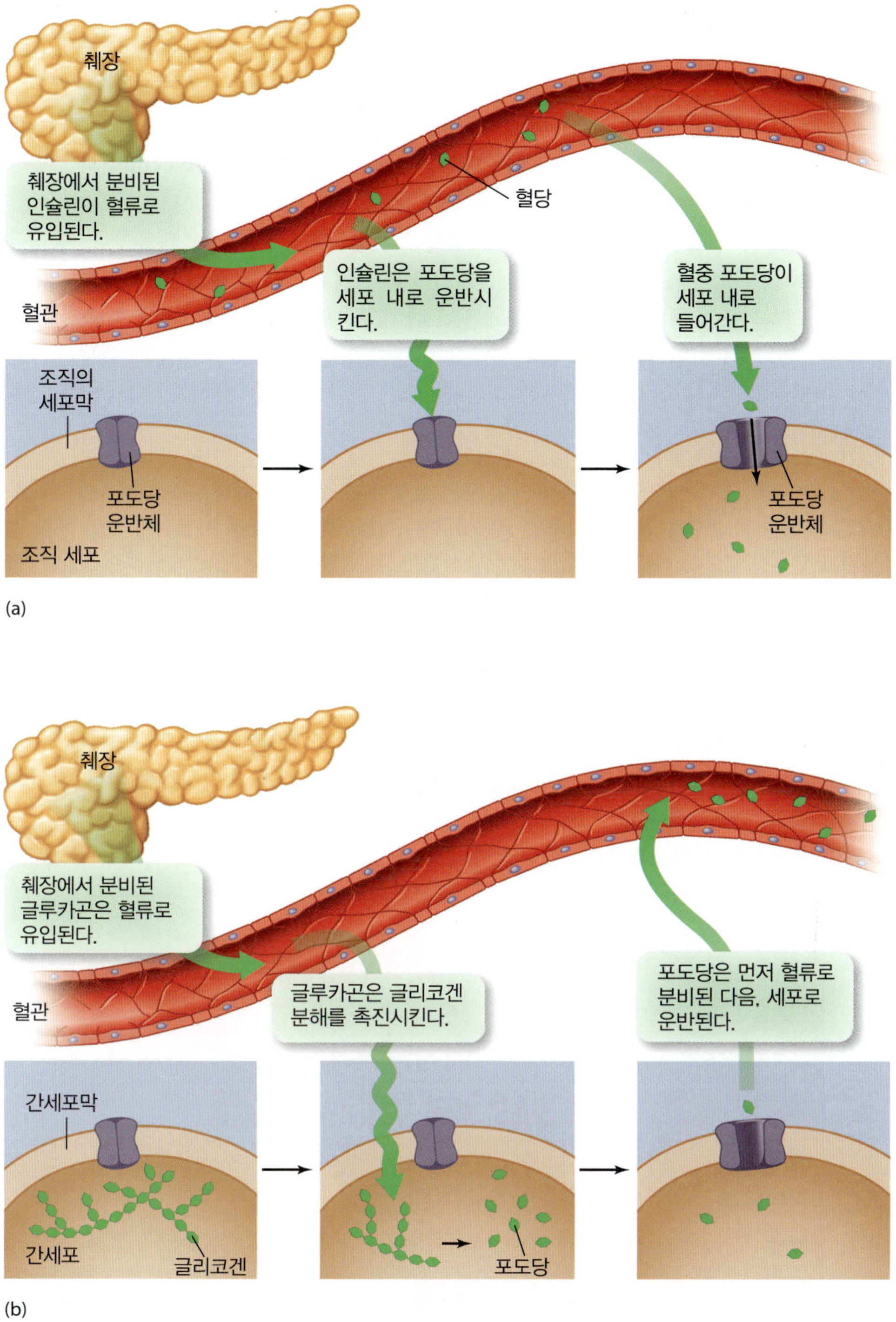

▲ 그림 3.10 호르몬인 인슐린과 글루카곤에 의한 혈당의 조절. **(a)** 식후에 혈당 수준이 증가되면, 췌장은 인슐린을 분비한다. 인슐린은 세포 안에서 세포막으로 포도당 운반체의 이동을 증가시켜 포도당이 세포 안으로 들어갈 수 있도록 한다. **(b)** 혈당이 낮을 때 췌장은 글루카곤을 분비한다. 글루카곤은 간세포로 들어가 저장되어 있던 글리코겐을 포도당으로 분해시키고, 이렇게 생성된 포도당은 혈액으로 방출된다.

하고 이 운반체는 포도당을 세포 안으로 들어올 수 있게 한다. 인슐린은 간과 근육을 자극하여 포도당 유입을 증가시키고 글리코겐으로 저장할 수 있도록 해 준다.

한동안 무엇을 먹지 않았을 때 혈중 포도당 수준은 감소한다. 혈중 포도당 농도의 감소는 췌장의 알파세포를 자극하여 또 다른 호르몬인 **글루카곤(glucagon)**의 분비를 촉진시킨다(그림 3.10b). 글루카곤은 인슐린과 반대 작용을 한다. 즉 글루카곤은 간에 저장되어 있던 글리코겐을 포도당으로 전환시켜 혈액으로 방출하게 함으로써 세포에 에너지를 제공할 수 있도록 한다. 글루카곤은 체단백질을 분해하는 작용을 도와 간의 포도당신생합성을 촉진할 수 있다.

인슐린과 글루카곤은 건강을 유지하는 범위 내로 혈당을 유지하기 위해 서로간의 균형을 유지하게 된다. 만약 이 균형에 문제가 생긴다면, 당뇨나 **저혈당(hypoglycemia)**과 같은 건강상의 문제가 야기될 수 있다. 저혈당은 혈중 포도당 농도가 정상 범위보다 더 떨어진 상태이다. 혈당을 낮추는 인슐린의 과도한 생성도 저혈당의 한 가지 원인으로 작용한다. 증상은 대개 식후 1~3시간 정도 지나서 나타나는데, 예민하고 신경질적이고 화가 나며, 땀을 흘리거나 불안하기도 하다. 또 두통이 오기도 하며 기운이 빠지고 심박동이 빨라지거나 불규칙해지기도 한다. 많은 사람들이 이런 증상들을 경험했다고 믿겠지만, 실은 진짜 저혈당은 드물다. 당뇨병을 가진 사람들에서 인슐린을 너무 많이 주입했을 때, 혹은 운동을 하면서 충분한 탄수화물을 먹지 못했을 때 저혈당이 발생한다.

요점 두 개의 호르몬인 인슐린과 글루카곤은 혈당을 조절한다. 인슐린은 세포 내로 포도당의 유입을 촉진시켜 혈당을 낮추는 작용을 한다. 글루카곤은 간에 저장되어 있던 글리코겐을 분해시키고 당신생합성을 촉진시켜 혈당을 상승시킨다. 저혈당은 정상 혈당 수준보다 더 낮아질 때 생기는 증상이다.

당지수는 식품이 혈당 수준에 미치는 영향을 제시한다

당지수(glycemic index)는 식품의 혈당 상승 정도에 대한 수치이다. 높은 당지수를 가진 식품은 혈당을 급작스럽게 증가시킨다. 혈당의 급상승은 인슐린 분비를 촉발시키게 되고, 이로 인해 혈당은 극적으로 떨어지게 된다.

식품의 당지수는 생각보다 그렇게 단순하지 않다. 그림 3.11은 당지수에 따라 식품의 순위를

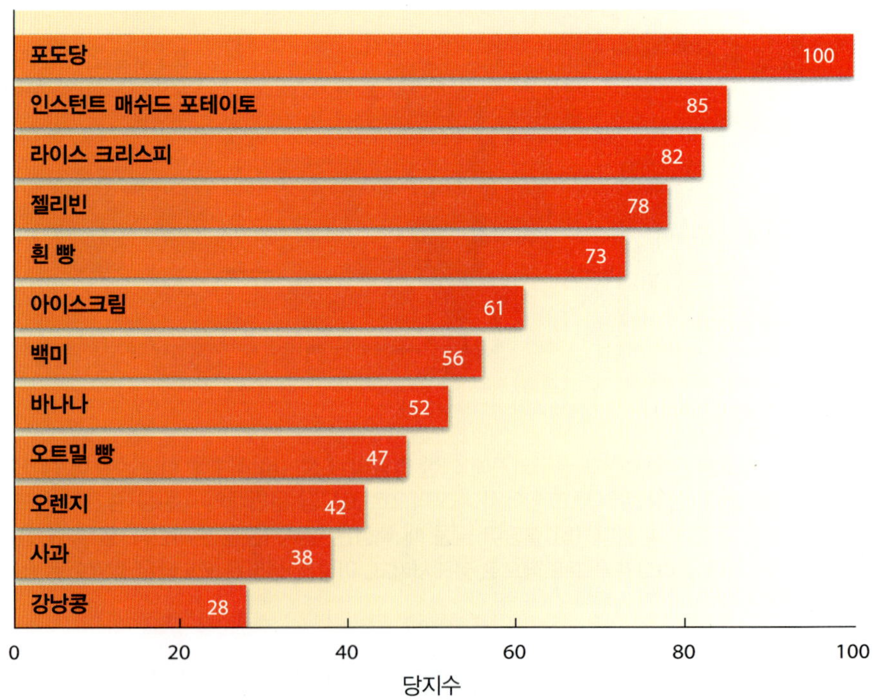

▲ **그림 3.11** 순수한 포도당과 비교한 여러 가지 식품의 당지수

Data from Foster-Powell, K., S. H. A. Holt, and J. C. Brand-Miller. 2002. International table of glycemic index and glycemic load values. *Am. J. Clin. Nutr.* 76: 5-56.

글루카곤(glucagon) 낮은 혈당에 반응해 췌장의 알파세포가 분비하는 호르몬으로 간에 저장되어 있는 글리코겐을 포도당으로 분해시킴.

저혈당증(hypoglycemia) 정상 상태의 공복혈당 아래로 혈당이 떨어지는 상태.

당지수(glycemic index) 일정 음식 섭취 시 혈당과 인슐린 양을 높이는 잠재적 비율의 값.

매겨 놓은 것이다. 대부분의 사람들은 단순당이 많이 함유된 식품이 녹말보다 당지수가 높을 것이라고 생각하지만, 모두 그런 것은 아니다. 예를 들어 사과와 인스턴트 감자의 당지수를 비교해 보자. 인스턴트 감자는 전분(다당류) 식품임에도 불구하고 당지수가 83인 반면, 사과의 당지수는 36이다. 당지수가 낮은 식품에는 콩류, 렌즈콩류, 신선한 야채와 통밀빵이 있다.

▲ 사과 하나는 백미 1회 섭취 분량보다 당지수(36)가 낮다.

식품의 **당부하지수(glycemic load)**는 당지수와 한번에 섭취하게 되는 탄수화물의 양을 곱해서 계산된 수치이다. 영양 전문가들은 당부하는 실제 식품 속 탄수화물의 양과 당지수 둘 다가 반영된 수치이므로, 실제 그 식품의 섭취가 혈당에 얼마만큼의 영향을 미치는가 하는 것을 보기에는 당지수보다는 당부하지수가 더 적합하다고 한다. 예를 들어 생당근은 당지수가 높지만, 탄수화물은 거의 들어 있지 않으므로 실제 당부하지수는 낮다. 따라서 생당근 1회 섭취 분량 정도의 섭취는 혈당과 인슐린의 유의적인 상승을 야기시키지는 않는다.

당부하지수에 왜 이렇게 신경을 써야 할까? 당부하지수가 낮은 식사는 혈당의 급상승을 막을 수 있어, 당뇨병을 가진 사람들에게 유용하다. 낮은 당부하 식품은 일반적으로 섬유소 함량이 높고 혈액내 지방 농도를 낮출 수 있기 때문에, 심지어 건강한 사람들에게도 낮은 당부하 식사는 건강한 혈당 수준을 유지하고, 심질환과 대장암의 위험을 줄일 수 있다.

100가지 이상의 식품에 대한 당지수와 당부하지수를 찾으려면 다음의 사이트를 활용해도 좋다. www.health.harvard.edu/newsweek/Glycemic_index_and_glycemic_load_for_100_foods.htm.

요점 당지수는 식품이 혈당과 인슐린 수준을 상승시킬 수 있는 정도를 나타낸 수치이다. 식품의 당부하지수는 그 식품의 탄수화물 함량과 당지수를 곱해서 나타낸다.

우리는 얼마만큼의 탄수화물을 먹어야 하는 걸까?

탄수화물은 균형 잡힌 건강한 식사에 있어 중요하다. 탄수화물에 대한 권장수준은 뇌에서 사용하는 포도당 양에 근거하여 산출된다.[5] 19세 이상 성인의 권장수준은 하루 130g이다. 이 권장수준에 하루 활동에 필요한 양까지 포함된 것은 아니며, 뇌에 적절한 포도당을 공급하는데 필요한 탄수화물의 양에만 적용된 것이다.

앞에서 논의된 대로(1장), 탄수화물과 다른 다량영양소들은 에너지적정비율(Acceptable Macronutrient Distribution Range, AMDR)에도 포함된다. 이는 만성질환의 위험을 줄일 수 있도록 설계된 적절한 섭취 범위이다. 한국인 영양섭취기준에 따르면 탄수화물의 에너지적정비율은 총 에너지 섭취량의 55~70%이다. **표 3.1**은 탄수화물을 함유한 식품에 대한 한국인과 미국인을 위한 식사지침과 의학연구소의 탄수화물 권장량을 비교한 것이다. 미의학학술원(IOM)은 구체적인 권장수준을 제시하는 반면, 미국인을 위한 식사지침은 전곡류와 섬유소를 많이 섭취하고 정제된 곡류와 첨가당 섭취를 줄이라는 일반적인 제안을 담고 있다.[4,5] 조금씩 차이들이 있긴 하지만, 매일 섭취하는 탄수화물의 대부분은 섬유소가 풍부하고 가공되지 않은 것이어야 한다는 점에서는 대부분의 보건전문가들이 동의한다. 전곡류와 과일, 채소의 권장섭취량을 먹으면 체내 요구량을 충족시키기에 충분한 섬유소와 다른 복합탄수화물을 섭취할 수 있다.

▲ 전곡, 채소, 과일을 매일 권장수준까지 섭취하면 식사로부터 섬유소와 복합 탄수화물을 충분히 섭취할 수 있다.

당부하지수(glycemic load) 일정음식에 들어 있는 탄수화물의 양과 (혈)당지수를 곱해서 구함.

표 3.1 한국과 미국의 식사지침과 영양섭취기준 비교

한국인의 영양섭취기준(2010)	미의학학술원 섭취기준	미국인을 위한 식사지침
탄수화물에 대한 에너지적정비율은 총섭취 열량의 55~70%	19세 이상 성인의 권장섭취기준은 130g	채소와 과일 섭취를 늘려라.
총당류 1일 섭취기준은 총 섭취 열량의 10~20% 이하	탄수화물에 대한 에너지적정섭취비율은 총섭취 열량의 45~65%	녹색채소와 빨강, 주황 채소 및 콩류 등 다양한 채소를 섭취하라.
	첨가당은 총에너지 섭취량의 25% 이하	전곡류로 반 이상을 섭취하라. 전곡류로 정제된 곡류를 대체해서 전곡류의 섭취를 늘려라.
		동물성 지방, 설탕 및 염분을 포함한 정제된 곡류로 된 식품을 제한하라.
		설탕이 첨가된 음료수 섭취를 줄여라.
		과체중 혹은 비만인 사람들, 어린이와 청소년들은 100% 과일주스를 먹도록 한다.

*Data from Dietary Reference Intakes for Energy, Carbohydrates, Fiber, Fat, Fatty Acids, Cholesterol, Protein, and Amino Acids (Macronutrients). © 2005, National Academy of Sciences, courtesy of the National Academies Press, Washington, DC.
†U.S. Department of Agriculture and U.S. Department of Health and Human Services. 2010. *Dietary Guidelines for Americans, 2010*. 7th ed. Washington, DC: U.S. Government Printing Office.

▲ 사탕 같은 첨가당을 함유한 식품은 식품 자체에 당분을 함유한 식품에 비해 비타민, 무기질, 섬유소 함량이 낮다.

요점 탄수화물의 권장섭취기준은 하루 130g이며, 이 양은 뇌에 적절한 포도당을 공급하는데 충분한 양으로 설정되었다. 탄수화물에 대한 에너지적정섭취비율은 55~70%이다.

미국인들은 너무 많은 정제된 형태의 탄수화물을 섭취한다

2012년 국민건강영양조사 결과, 평균 탄수화물 섭취 비율은 64.9%로 나타났고, 2001~2007년도 국민건강영양조사 자료를 이용한 한국인의 총 당류섭취량은 대략적으로 40~60g으로 2007년도 총 당류 에너지섭취비율의 평균값은 연령별 차이는 있었지만 9.4~19.5%로 나타났다(2010 한국인영양섭취기준). 이에 비해, 미국의 평균 탄수화물 섭취는 약 50% 정도로, 미국인들은 그들이 먹는 식품의 약 반 정도가 탄수화물이라는 것을 의미한다. 그런데 어떤 사람들은 그들이 먹는 탄수화물의 상당량을 단순당으로 섭취하기도 한다. 사람들은 무엇에서부터 이런 당류를 먹고 있을까? 일부 당류는 과일과 우유 같은 건강한 식품 급원으로부터 섭취한 것이다. 또 일부는 흰빵, 크래커, 패스트리 같은 정제된 곡류로 만든 식품으로부터 섭취된 것이고, 나머지는 첨가당에서부터 온 것이다. **첨가당(added sugar)**이란 조리나 가공 과정 중 첨가되는 당류와 시럽류를 의미한다.[5] 예를 들어 많은 가공식품은 액상과당을 첨가당으로 함유하고 있다.

첨가당(added sugar) 식품의 가공 및 조리 과정 중에 첨가되는 당류와 시럽.

영양 감미료(nutritive sweeteners) 설탕, 과당, 꿀, 황설탕과 같이 에너지 함량이 있는 감미료.

비영양 감미료, 대체 감미료(non-nutritive sweeteners) 에너지가 거의 없거나 전혀 없는 제조된 감미료. 대체 감미료로도 불림.

1일 허용 섭취량(acceptable daily intake, ADI) 비영양 감미료 등을 일생 동안 매일 섭취하더라도 부작용이 나타나지 않는 양으로 미국식품의약국에 의해 재정되는 일종의 추정치.

미국 식사에서 첨가당의 가장 일반적인 식품 급원은 음료수이다. 당류의 섭취량이 높은 미국인의 경우 매년 1인당 약 3.8리터 정도를 섭취한다. 350mL짜리 콜라 한 캔에는 설탕 약 10티스푼에 해당되는 양인 3.8g의 설탕이 들어 있는데, 미국인의 평균 섭취량을 곱해 계산해 보면 매년 설탕 16,420g 이상의 설탕(약 267컵)을 먹고 있는 것이다. 첨가당은 쿠키, 케이크, 파이, 과실음료와 사탕에도 많이 포함되어 있으며, 그 밖에도 땅콩버터, 요구르트, 샐러드 드레싱에도 많이 들어 있다.

가공식품의 당분 함량을 알고 싶다면 식품영양표시에서 "당류"라고 표시되어 있는 항목을 보면 된다. 식품영양표시를 보면 1회 섭취분량에 몇 g이 들어 있는지를 알 수 있다. 대개 총 g수를 4로 나눈 것을 티스푼 단위라고 생각하면 된다. 예를 들어 요구르트 반 컵에 21g의 당분이 들어 있다고 하면 여기에는 설탕 5티스푼 이상 들어 있다고 보면 된다. 무언가를 사 먹을

영양 하이라이트

대체 감미료에 대하여

사람들은 누구나 단맛을 좋아한다. 하지만 과잉의 열량과 충치 때문에 피하게 된다. 그것 때문에 대체 감미료가 들어간 식품들에 사람들의 관심이 쏠리고 있다. 그렇다면 대체 감미료는 무엇이고, 또 안전할까?

모든 탄수화물은 1g당 4kcal를 함유한다는 것을 기억하자. 설탕, 과당, 꿀, 흑설탕 모두 열량을 낸다. 이런 당분들을 **영양 감미료(nutritive sweetener)**라고 부른다. 또 다른 영양 감미료로 마니톨, 솔비톨, 이소말트, 자일리톨 같은 *당알코올*을 포함한다. 이런 감미료들은 충치를 야기시키는 박테리아가 이용할 수 없기 때문에 무설탕 껌이나 민트에 흔히 들어가 있다. 하지만, 1g당 2~4kcal 정도로, 열량이 아예 없지 않다.

▲ 대체 감미료가 심각한 건강문제를 야기할 수 있다는 보도와는 달리, 주요 보건 당국은 적절하게 섭취한다면 안전하다는 결론을 내렸다.

대체 감미료는 비영양물질이다

많은 다른 물질들은 충치나 체중증가를 유발하지 않으면서 식품의 단맛을 주는 것들이다. 이런 감미료들은 에너지가 거의 없거나 혹은 전혀 없기 때문에, **비영양 감미료(non-nutritive)** 혹은 **대체 감미료(alternative sweetener)**라고 부른다.

대체 감미료의 제한된 사용은 해롭지 않다

관련 연구들은 대체 감미료가 성인들, 어린이, 그리고 당뇨병이 있는 사람들에게 안전하다고 한다. 임신부의 경우는 대체 감미료의 사용에 대해 주치의와 상의해 보는 것이 좋다. 일반적으로 대체 감미료를 FDA 지침대로 허용 범위 내에서만 사용한다면 임신부에게도 안전한 것으로 보인다.[6] 이것을 **1일 섭취 허용량(acceptable daily intake, ADI)**이라고 하는데, 이 값은 누구든 일생 동안 매일 섭취해도 부작용이 없이 섭취할 수 있는 양을 추정한 값이다. 동물실험을 통한 연구에 근거하여 값을 추정한 뒤, 100배의 안전율을 감안하여 설정하게 된다. 대개는 실제 섭취량이 ADI 이하로 잘 유지가 되는 편이다.

우리가 먹는 많은 식품에는 여러 가지의 대체 감미료가 들어 있다

오늘날 시판 중인 식품에서 이용되는 대체 감미료로는 사카린, 아세설팜-K, 아스파탐, 수크랄로스, 네오탐, 스테비아 등을 들 수 있다.

1800년대 후반에 발견된 *사카린(saccharin)*은 설탕보다 300배 더 달다. 1970년대에 사카린이 흰쥐에서 방광암을 유발시킨다고 알려졌지만, 지금까지 20년 이상 진행된 과학적 연구들에서 사카린은 사람의 방광암과는 관련이 없다고 한다. 이런 증거들에 근거하여 2000년 5월, 미국 정부의 국가 독성 물질 관리 프로그램은 암을 유발시키는 물질들 리스트로부터 사카린을 제거했다. 사카린은 식품과 음료, 식탁용 감미료로 사용된다. 우리나라에서는 '뉴슈거(사카린 5%)' 혹은 '신화당(사카린 30%)'이라는 이름으로, 미국에서는 스위트앤로우(Sweet'N Low)의 이름으로 시판되고 있다.

아세설팜-K(아세설팜-칼륨)는 썬넷과 스위트원이라는 이름으로 시판되고 있다. 이것은 칼로리가 없는 감미료로 설탕보다 175배 더 달다. 이 감미료는 가당 껌과 사탕, 음료수, 인스턴트 티, 커피, 젤라틴과 푸딩에 사용된다. 아세설팜-K의 맛은 가열해도 변하지 않기 때문에 조리하는 식품에서도 사용될 수 있다.

*아스파탐(aspartame)*은 뉴트라스위트로 불리는데, 오늘날 가장 흔한 대체 감미료 중 하나이다. 아스파탐은 1g당 4kcal를 함유하긴 하지만, 설탕보다 200배 달기 때문에 아주 조금만 사용해도 되기 때문에 거의 열량이 없다고 보아도 무방하다. 아스파탐은 두통이나 어지럼증을 야기하고 암과 신경질환의 위험을 증가시킬 수 있다는 문제점이 지적되고 있지만, 이런 문제에 대해서는 아직 근거가 부족한 상태이다.[7,8] 상당수 연구들에서 아스파탐의 안전성에 대한 테스트가 완료되었다. **표 3.2**는 아스파탐으로 가미된 식품을 섭취할 때 어느 정도를 먹어야 ADI를 넘지 않게 섭취할 수 있는지를 보여주고 있다. 하지만 탄산음료와 아스파탐으로 가미된 식품을 많이 섭취하는 아동들은 이 양을 넘을 수도 있다. *페닐케톤뇨증(phenylketonuria, PKU)*을 가진 성인들은 아스파탐을 절대 섭취하지 않아야 한다. PKU는 아스파탐의 구성 물질인 페닐알라닌을 분해시킬 수 없는 유전 질병이다. PKU를 가진 사람들에서 페닐알라닌은 신체 조직에 쌓여 뇌손상을 유발시키기 때문에 PKU를 가진 사람들은 페닐알라닌 제한식을 따라야 한다.

*수크랄로스(sucralose)*는 스플렌다라는 이름으로 시판되고 있다. 설탕보다 600배 달고 열에도 안정해 조리시에도 사용할 수 있다. 이 감미료는 껌, 샐러드 드레싱, 음료수, 젤라틴과 푸딩, 과일통조림, 냉동 유제품과 제빵류를 포함한 많은 식품에 사용을 승인받아 사용되고 있다.

*네오팜(neotame)*은 설탕보다 7,000~13,000배 단 대체 감미료이다. 제조업체들은 음료수, 유제품, 냉동 디저트류, 제빵류와 껌과 같은 다양한 제품에 단맛을 주기 위해 사용된다.

스테비아는 2008년 미국 FDA에 의해 승인된 대체 감미료이다. 이것은 스테비아라는 남아메리카 토종식물에서부터 만들어지는데, 설탕보다 200~300배 더달아 음료수에 흔히 사용된다. 스테비아는 레비아나, 렙-아, 트러비아, 퓨레비아 등의 이름으로 불린다.

인공감미료를 사용하는 것이 체중 증가를 막아주는 것은 아니다

이 책의 전반에 걸쳐, 우리는 체중 증가를 예방하기 위해서는 섭취하는 열량과 소비하는 열량 사이의 균형을 유지해야 한다는 것을 강조한다. 만약 당신이 하루 평균 2,000kcal를 소비하고, 하루 2,000kcal를 섭취한다면 당신의 체중은 찌지도, 빠지지도 않을 것이다. 하지만 만약 평소 섭취하는 식사보다 추가로 더 많은 양 섭취한다면 '그것'이 무설탕이든 뭐든 간에 마음껏 먹어버린 '그것' 때문에 살이 찔 수밖에 없다. 인공감미료 역시 칼로리 계산에 고려해야만 한다.

무설탕 캔디 한 개	22kcal
인공 감미료를 넣어 만든 무지방 초콜릿 요거트 아이스크림 1컵	199kcal
무설탕 초코릿칩 쿠키 한 조각	100kcal
무설탕 핫초코 한 잔	55kcal

이런 식품들이 이렇게 칼로리가 높다는 것에 놀랐는가? 기억하자, 무설탕식품이 무칼로리를 의미하는 것이 아니라는것을 실제우리가 먹는 식품이 얼마나 높은 칼로리를 가지는지 영양표시를 확인하는 습관을 가지자!

표 3.2 25kg의 아동과 70kg의 성인이 섭취하고 있는 식품의 양으로 추정된 적정섭취수준 대비 아스파탐의 1일 섭취량

식품	25kg의 아동	70kg의 성인
350mL 탄산음료	7	20
250mL 분말음료	11	34
120mL 젤라틴 디저트	14	42
대체 감미료	32	97

Data from International Food Information Council. 2003. Food safety and nutrition information. Sweeteners. Everything you need to know about aspartame. www.foodinsight.org/Resources/Detail.aspx?topic=Everything_You_Need_to_Know_About_Aspartame.

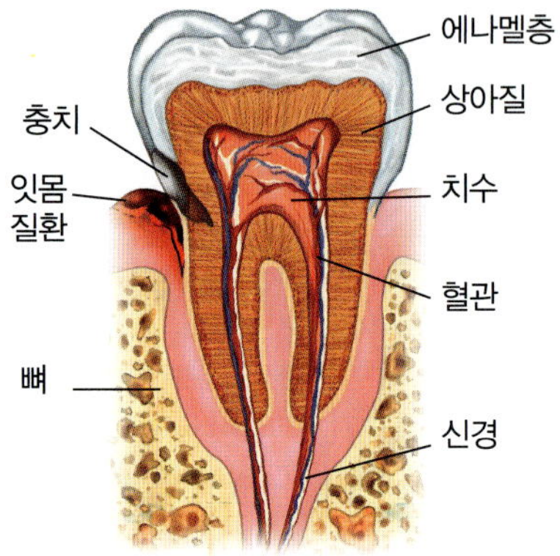

▲ 그림 3.12 구강 내 박테리아는 치아와 잇몸에 남아 있는 단순당을 먹고 산을 만들어 내 치아를 부식시키기 때문에, 단순당의 섭취는 충치와 잇몸질환을 야기시킬 수 있다.

때 이런 간단한 계산만으로도 같은 식품 종류라도 다른 두 가지 제품 중 좀 더 건강에 이로운 것을 선택할 수 있을 것이다.

첨가당은 천연식품에 들어 있는 당과 화학적으로는 다르지 않다. 하지만 과일이나 원래부터 당이 함유되어 있는 음식들에 비해 첨가물이 들어 있는 식품과 음료에는 비타민, 무기질, 섬유소가 더 적게 들어 있다. 이것이 바로 국가 차원에서 첨가당 섭취를 제한하도록 권장하는 가장 큰 이유라고 할 수 있다.

체중 증가를 막고 충치를 예방하기 위해 많은 사람들은 탄산음료, 잼, 요구르트, 디저트나 껌 등의 식품을 무가당 제품으로 선택한다. 대개 이런 제품들은 대체 감미료로 만들어진다. 시중에서 가장 많이 사용되는 대체 감미료와 그 안전성에 대해 79쪽의 **영양 하이라이트**에서 소개하고 있다.

애킨스(Atkins) 다이어트, 저당식생활혁명 다이어트(Sugar Busters Diet) 등 여러 다이어트 방법들은 충치에서부터 과잉행동, 비만에 이르기까지 우리 건강 문제의 상당부분이 당류 때문이라고 지적하고 있다. 설탕이 이런 악평을 들어 마땅한 것일까? 그 이면의 몇 가지 사실들에 대해서 살펴보자.

설탕은 충치를 유발한다

세균들은 당분을 이용해서 번식하면서 충치를 일으키기 때문에, 단순당은 그것이 천연식품에 들어 있는 것이든, 가공식품이든 간에 치과 문제를 일으키게 된다. 이런 세균들은 산을 만들어 내 치아의 에나멜층을 부식시켜 구멍이 나게 하고 잇몸질환을 야기시킨다(그림 3.12).

뉴트리-케이스 한나

지난밤, 엄마가 늦게 퇴근할 거라고 하셔서 내가 저녁 식사를 준비하게 되었다. 나는 밀가루로 된 또띠아, 통조림 그린 칠리, 치즈, 사워크림, 꼬마당근으로 채소 퀘사딜라를 만들었다. 그리고 지난밤에 공부하면서 배가 너무 고파 무설탕 쿠키 한 통을 뜯었다. 무설탕 쿠키는 솔비톨로 단맛을 내기 때문에 진짜 쿠키 같은 맛이 나는 것이다. 한 서너 개쯤 먹었을까 그렇지만 무설탕 제품이었기 때문에 그렇게 신경을 쓰지는 않았다. 그런데 오늘 아침 포장지에 있는 영양표시를 보고 쿠키 하나당 90칼로리라는 걸 알았다! 난 너무 기가 막히고 어이가 없었다. 적어도 무설탕 쿠키를 선택했을 때까지도 정말 건강에 좋은 선택을 해왔다고 자부했었다.

한나의 저녁식사에 정확한 성분을 알지는 못하지만, 아마 한나가 건강한 식사를 선택하고 있다는 것에는 동의할 것이다. 하지만 앞서 쿠키 건에 대해서는 "정말 건강한 선택을 해 온 것일까? 왜 그럴까? 아니면 왜 그렇지 않을까?" 만약 섬유소 함량을 더 높이려면 퀘사딜라의 내용물을 어떻게 바꿀 수 있을까? 또 만약 쿠키가 무설탕이라면 쿠키 하나에 90칼로리나 한다는 것을 어떻게 설명할 수 있을까?

캐러멜, 크래커, 프리첼, 빵, 설탕이 들어 있는 시리얼, 머쉬멜로, 감초 같은 치아에 달라붙는 끈적거리는 식품이나 음료수처럼 오랜시간 홀짝거리며 먹게 되는 식품은 충치 발생 위험을 더 증가시킨다. 따라서 탄산음료나 주스를 홀짝거리며 천천히 마시지 말아야 한다. 또 아기들은 물 이외에 다른 음료가 들어 있는 젖병을 물고 잠이 들지 않아야 한다. 심지어 모유에 함유되어 있는 당 역시 아기의 잇몸으로 천천히 한 방울, 한 방울 스며들게 된다. 따라서 수유 중 잠드는 습관을 들여서는 안되겠다.

충치의 위험을 줄이기 위해서는 식후에, 특히 당분이 들어 있는 음료수를 마신 후, 사탕을 먹은 후, 혹은 다른 끈적거리는 것을 먹은 후에 양치질을 해야 한다. 불소가 첨가된 물을 마시거나 불소가 첨가된 치약을 쓰는 것도 치아를 보호할 수 있다.

설탕과 아동의 과잉행동증후군 간에 관계가 있을까?

많은 사람들이 당분 섭취가 과잉행동증후군을 비롯한 아동들의 행동 문제를 야기시킨다고 믿고 있기는 하지만, 사실 과학적 증거는 거의 없다. 어떤 아이들은 고당식사를 한 후에 활동성이 좀 더 떨어지기도 했다. 그러나 설탕과 어린이의 행동에 관한 대부분의 연구들은 소화시키고 몇 시간 후에 설탕의 영향을 관찰했다는 것이 중요하다. 아동의 행동에 대한 설탕 섭취의 장기 효과에 대한 것은 거의 없다. 행동과 학습 문제는 복잡한 문제이고, 대부분은 다중적 요인에 의해 결정된다. 이런 복잡성 때문에 미국의학학술원(IOM)에서는 과도한 당분의 섭취가 아동의 과잉행동이나 또 다른 행동 문제를 야기한다는 충분한 증거가 없다고 발표한 바 있다.[5] 이러한 이유로 당분에 대한 상한섭취량은 설정되지 않았다.

고당 섭취는 혈중 지질 이상을 야기할 수 있다

'저탄수화물 식사'는 대부분 단순당의 과도한 섭취가 심장질환 발생에 일부 책임이 있다는 것을 전제로 권장된다. 이러한 주장은 타당한 것일까? 실제로 이것을 주제로 한 연구들에서 단순당이 많이 함유된 식이를 하는 것이 혈중 지질 수준에 바람직하지 않은 변화를 야기할 수 있다는 증거들을 제시하고 있다. 콜레스테롤과 지단백을 포함한 혈중 지질에 대해서는 4장에서 다룰 예정이긴 하지만, 우선 간단히 말하자면 단순당은 심장질환을 야기하는 혈중 지질은 증가시키고, 심장 질환에 대한 보호 작용을 하는 것으로 알려져 있는 혈중 지질은 감소시킨다고 할 수 있다.[5,9] 단순당이 많이 함유된 식이가 확실하게 심장질환을 야기한다고 주장할 만큼 충분한 증거가 있는 것은 아니지만, 단순당이 낮은 식이를 하는 것이 심장질환의 위험을 줄일 수 있다고 할 수는 있다.

당분의 과다섭취가 당뇨를 야기시키지는 않지만 비만의 원인이 될 수는 있다

당분을 많이 섭취하는 것이 당뇨병을 야기시킨다는 과학적 증거는 없다. 사실, 당분 섭취와 제2형 당뇨병 간의 관계에 대한 연구들은 단순당 섭취와 당뇨 사이에 어떤 관계도 없다고 보고하거나 혹은 당분 섭취가 증가할수록 당뇨병의 위험을 감소시킨다고 보고하기도 한다.[10] 이런 결과는 일단 당뇨로 진단받고 나면 사람들은 당분 섭취를 줄이고 혈당을 자주 측정해 보기 때문이라고 볼 수도 있다.

그보다는 당분 섭취가 비만과 관계 있다는 증거가 좀 더 많이 있다. 예를 들어 한 연구는 과체중인 어린이가 정상체중인 어린이에 비해 당분이 첨가된 탄산음료를 더 많이 섭취한다고 보고하였고,[11] 또 다른 연구에서는 매일 탄산음료를 추가로 섭취하는 경우 비만 위험을 60%까지 높인다고 보고하였다.[12] 잘 알다시피, 만약 실제 소모하는 에너지보다 더 많은 에너지를 섭취한다면 체중이 늘게 된다. 지방이나 단백질로부터의 에너지를 추가로 섭취할 때 체중이 느는 것과 마찬가지로, 고당식품으로부터 에너지를 추가로 섭취하는 사람 역시 비만의 위험에 놓여 있는 것은 당연하다. 게다가 고당식품은 대개 영양소가 풍부한 식품 대신 먹게 되는 경우가 많아 영양밀도가 낮은 식사를 하게 된다는 것이다.

설탕이 함유된 탄산음료와 비만 간의 관계에 대해서는 아직 논란의 여지가 많다. 지난 30년 동안 비만율은 성인과 어린이 모두에서 급격히 증가되었고, 이런 비만율 증가로 가장 비난을 받아온 생활양식 요인 중 하나가 바로 액상과당(high-fractose corn syrup, HFCS)이다. 액상과당은 옥수수 속 녹말을 포도당으로 분해시킨 다음, 포도당의 일부가 단맛이 더 강한 과당으로 전환되는 것이다. 불행하게도 과당은 포도당과 다르게 대사되는데, 과당의 흡수는 췌장의 자극을 통한 인슐린의 분비를 촉진시키지 않는다. 인슐린은 식품 섭취를 억제하기 때문에, 인슐린이 분비되지 않으면 계속 먹게 된다. 또 포도당은 뇌세포로 들어가 '배가 부르다'라는 신호를 주게 되는 반면, 과당은 그렇지 않다. 만약 포만감을 느끼지 못한다면 아마 우리는 계속해서 먹고, 마시게 될 것이다.

몇몇 연구자들은 이러한 차이가 에너지 섭취 증가와 관련 있고, 이것이 과체중과 비만을 일으키는 것이라고 제안하였다. 그들은 액상과당이 단지 탄산음료에 유일한 열량을 내는 감미료이며, 미국에서는 식품과 음료에 첨가된 열량을 내는 감미료의 40% 이상을 차지한다는 것을 지적했다.

모든 연구자들이 액상과당이 비만의 주요 요인이라는 점에 동의하는 것은 아니다. 과체중 및 비만율은 전 세계적으로 증가하고 있고, 많은 국가들에서 액상과당을 감미료로 사용하지 않기도 한다. 몇몇 전문가들은 비만율의 증가가 액상과당 때문이 아니라, 큰 사이즈의 음료, 군것질거리와 다양한 당분으로 단맛을 낸 디저트로부터 섭취하게 되는 총 에너지 섭취량의 증가와 동시에 좌식 생활습관의 증가 때문일 것이라고 한다.

다음 사이트에서 액상과당의 양면성에 대한 CBS 뉴스를 볼 수 있다. www.cbsnews.com/video/watch/?id=6213315n.

▲ 전곡 식품은 강화된 밀가루로 만든 식품보다 더 많은 영양소와 섬유소를 제공한다.

요점 첨가당은 식품의 조리와 가공과정 중에 식품에 첨가되는 설탕, 액상과당 및 기타 여러 당류와 시럽을 포함한다. 당류는 충치를 야기시키지만 아동의 과잉행동을 야기하지는 않는 것으로 보인다. 단순당의 섭취가 높을수록 심장질환과 관련된 혈중 지질수준이 증가하게 된다. 당분이 많은 식사는 혈당에 바람직하지 않은 영향을 미치지만, 당뇨병을 일으키지는 않는다. 첨가당과 비만과의 관계에는 아직 논란의 여지가 있다.

표 3.3 빵과 시리얼의 영양표시에 사용되는 용어

용어	정의
브라운브레드(갈색 빵)	전곡가루를 사용해서 만든 것일 수도 있고, 단순히 갈색 색소(캐러멜)를 첨가한 흰색 밀가루로 만든 것도 많다
강화밀가루 혹은 강화곡물	강화된 곡물은 정제된 식품보다 영양소가 더 추가가 된 것으로, 미국에서 '강화식품'이라는 용어를 쓰려면 최소한 일정량의 철분, 엽산, 나이아신, 티아민 및 리보플라빈이 첨가되어야만 하며, 추가로 다른 영양소들이 더 첨가될 수도 있다.
정제된 밀가루 혹은 곡물	정제라고 하는 것은 가공식품의 거친 부분을 제거하는 것을 의미하기도 하며, 정제된 밀가루는 낟알의 속알맹이 외 모든 부분을 제거한 밀가루를 의미한다. 정제된 설탕은 사탕무나 사탕수수의 겉부분을 제거하고 만든 것이다.
맷돌 제분	맷돌로 곡물을 가는 것을 의미한다. 맷돌 제분이라고 모두 전곡으로 만든 빵은 아니다. 정제된 밀가루라도 맷돌로 제분된 것일 수 있다.
무표백 밀가루	정제과정을 거쳤지만 표백과정을 거치지 않은 것을 의미하는 것으로 정제된 흰 밀가루와 질감이나 영양성분 면에서 매우 유사하다.
밀가루	흰 밀가루, 무표백 밀가루, 전곡 밀가루 등의 밀로 만든 밀가루
흰 밀가루	표백하고 정제된 밀가루. 다목적용 밀가루, 박력분과 강화된 강력분 모두를 흰 밀가루라고 한다.
통밀가루	정제되지 않은 곡물로 겉껍질만 제거한 상태에서 제분한 것
전곡밀	정제되지 않은 전곡으로 만든 전곡밀

대부분의 미국인은 섬유소가 풍부한 탄수화물을 거의 먹지 않는다

당신은 섬유소가 풍부한 탄수화물을 매일 충분히 섭취하고 있나요? 2007 국민건강영양조사를 재분석한 결과, 한국인의 평균 식이섬유소 섭취량은 약 9.77g으로, 성인 남자의 경우 7.9~12.5g을, 성인 여자의 경우 7.9~11.0g을 섭취하는 것으로 조사되었다. 당신이 만약 대부분의 한국인과 비슷하게 먹는다면, 이 정도의 양은 2010 한국인영양섭취기준에서 권장한 수준에 미치지 못한다고 할 수 있다.

당신은 전곡류와 콩류를 매일 섭취하고 있는가? 사람들은 많은 양의 밥, 빵, 국수, 시리얼을 먹기는 하지만, 대부분은 전곡류로 만든 제품을 선택하지 않는다. 앞에서 설명했듯이, 전곡류로 된 식품은 단순당보다 혈당지수가 더 낮기 때문에 인슐린 분비를 서서히 일어나게 하고, 그 결과 인슐린과 포도당 농도의 기복이 그렇게 심하지 않다. 또 전곡류로 된 식품은 강화된 밀가루로 만든 식품보다 더 많은 영양소와 섬유소를 제공한다.

표 3.3은 빵과 시리얼에 대한 영양표시에서 사용되는 용어를 정의한 것이다. 이제부터 빵을 먹을 때는 영양표시를 읽도록 하자. **통밀가루**(whole-wheat flour)인가? 아니면 일반 **밀가루**(wheat flour)인가? 빵과 시리얼에 대한 대부분의 식품표시를 보면 첫 번째 재료명으로 '밀가루'가 표기되어 있다. 대개는 밀가루를 가공해서 만든 강화된 흰 밀가루이다. 바보가 되지 말자. 똑똑한 소비자라면 가공식품 대신 전곡을 선택할 수 있을 것이다.

우리는 최소 하루 25g의 섬유소를 먹어야 한다

우리는 하루 얼마만큼의 섬유소를 먹어야 할까? 섬유소의 충분섭취량은 여성의 경우 하루 20g, 남성의 경우 하루 25g, 혹은 하루 섭취 열량 1000kcal당 섬유소 12g이다.[5] 대부분의 우리나라 사람들은 하루 필요한 섬유소량의 약 반 정도인 10g 정도 섭취하는 것으로 보고되었다. 섬유소 보충제가 이용이 될 수도 있긴 하지만, 비타민과 무기질 같은 여러 가지 영양소들이 함께 들어 있는 식품으로부터 섭취를 하는 것이 가장 바람직하다.

미농무성의 식품 계획(USDA Food Plan)은 전곡, 채소, 과일, 견과류, 콩류를 많이 먹어야 적절한 섬유소를 섭취할 수 있을 것이라고 권장하고 있다. 그림 3.13에서는 몇 가지 일상적인 식품의 섬유소 함량을 제시하고 있다. 어떻게 하면 자신의 식사에서 고섬유소 식품을 포함시켜 계획할 수 있는지 생각해 보자.

섬유소 섭취를 증가시킬 때는 물을 더 많이 마시는 것도 중요한데, 그래야 섬유소가 물과 결합하여 변을 부드럽게 만들어 줄 수 있기 때문이다. 고섬유소식을 하면서 수분을 충분히 섭취해 주지 않으면 딱딱하고 마른 변이 만들어지기 때문에 대장을 통과하기 어려워져 변비를 야기시킬 수 있다.

▲ 현미는 식이 섬유소의 좋은 식품 급원이다.

▲ **그림 3.13** 상용식품의 섬유소 함량 Note: 섬유소의 적정 섭취 수준은 여자 하루 25g, 남자 하루 38g이다.

Data from U.S. Department of Agriculture, Agricultural Research Service. 2010. USDA National Nutrient Database for Standard Reference, Release 23. Nutrient Data Laboratory Home Page, www.ars.usda.gov/ba/bhnrc/ndl.

지나치게 많은 섬유소를 먹게 될 수도 있을까요? 과도한 섬유소 섭취는 다음과 같은 문제를 야기시킬 수 있다.

- 소장의 더부룩함과 가스참.
- 탈수: 섬유소는 물과 결합하기 때문에 체내에서 더 많은 물이 제거될 수 있다. 따라서 초고섬유소식은 탈수를 야기시킬 수 있다.
- 특정 영양소의 흡수 감소: 섬유소는 많은 비타민과 무기질과 결합하기 때문에 고섬유소식은 철분, 아연, 칼슘과 같은 중요한 영양소의 흡수를 감소시킨다.
- 어린이나 일부 노인, 만성질환자나 기타 여러 가지 위험성을 가지고 있는 사람들에서의 영양불량: 이런 사람들의 경우 적절한 에너지나 영양소 섭취를 하기 전에 과도한 섬유소 섭취로 인해 포만감을 느끼게 되기 때문에 영양불량을 초래할 수 있다.

▲ 과일은 시럽이 아닌, 자체 과즙으로 충진된 것인지를 확인해야 한다.

당신은 하루에 섭취하는 섬유소의 양을 증가시키기를 원하나요? 만약 그렇다면 천천히 늘려나가는 것이 중요한데, 새로운 식이로 인한 부피 증가에 적응할 수 있는 시간을 주어야 하기 때문이다. 그렇게 하지 않으면, 과도한 섬유소 섭취로 인한 몇 가지 증상들을 경험하게 된다. 이런 신체적 스트레스를 줄이고 한 번에 한 단계씩 섬유소 섭취량을 늘리고 싶다면 86쪽의 **게임 플랜**을 확인하라.

하루의 식사 : 두 가지 고탄수화물 식단

정제된 탄수화물이 많은 식단

아침

후르츠루프 시리얼 1½컵
무지방 우유 1컵
저지방 마가린 1ts 바른 흰빵 토스트 2장
신선한 오렌지주스 240mL

점심

맥도날드 쿼터파운드
프렌치프라이 라지 1봉
콜라 500mL
젤리빈 30개

간식

시나몬 건포도 베이글 1개 (지름 10cm)
크림치즈 2ts
저지방 스트로베리 요거트 240mL

저녁

구운 닭가슴살 1조각
혼합 채소샐러드 2컵
랜치 샐러드드레싱 2ts
치즈 마카로니 1인분
콜라 500mL
치즈케이크 1/9조각

간식

체리향 젤라틴 디저트 2컵
라스베리 저지방 오트밀 쿠키 3개

영양소 함량 분석
4,012kcal
탄수화물 60%
지방 25%
단백질 15%
식이섬유 18.5g

섬유소가 풍부한 탄수화물 식단

아침

통곡물 시리얼 1½컵
무지방 우유 1컵
저지방 마가린 1ts 바른 통밀빵 토스트 2장
바나나 중 1개
신선한 오렌지주스 240mL

점심

참치 샌드위치
통밀빵 2조각
침수처리된 참치통조림 1.4컵
머스터드 소스 1ts
저열량 마요네즈 2ts
생당근(껍질째) 2개
콜리플라워 생것 1컵
통후추 랜치 샐러드드레싱 1ts
저지방 블루베리 요거트 240mL

간식

무지방 팝콘 3컵

저녁

닭가슴살 구운 것 1/2조각
현미밥 1컵
익힌 브로컬리 시금치
샐러드 1컵
(시금치 1컵, 달걀흰자 1개, 터키베이컨 2조각, 방울토마토 3개, 크리미베이컨 샐러드드레싱 2ts)
익힌 사과 2개 (설탕 무첨가)

간식

간식 없음

영양소 함량 분석
2,150kcal
탄수화물 60%
지방 22%
단백질 18%
식이섬유 38g

▲ 그림 3.14 두 가지 탄수화물 식사의 비교. Note: Food Processor Version 7.21(ESHA Research, Salem, OR)을 사용하여 분석됨.

게임 플랜

한 번에 한 단계씩 섬유소 섭취를 늘리는 방법

부피가 증가된 식이에 우리의 소화기관을 적응하기 위해서는 섬유소 섭취를 조금씩 늘리는 것이 좋다. 특히 수년간 저섬유소식(하루 10g 미만)을 했었다면 이것은 매우 중요하다. 섬유소 섭취를 한 단계씩 증가시키는 방법을 소개하겠다.

1단계. 1주일 동안 매일 아래의 전략들 중 한 가지를 실천하라.

2단계. 반드시 수분을 많이 섭취하라. 수분을 충분히 섭취했는지 알 수 있는 가장 좋은 방법은 배설량을 체크하는 것이다. 만약 소변이 맑거나 연한 노란색이라면 수분을 충분히 섭취한 것이다.

3단계. 하루 총 섬유소 섭취량과 그때의 기분을 기록하라.

4단계. 증가된 섬유소에 잘 적응했다면 다음 1주일 동안은 2개의 전략을 실천한다.

5단계. 적절한 하루 섬유소 섭취수준에 도달할 때까지 계속하라.

여기, 선택할 수 있는 몇 가지 전략들이 있다.

□ 섬유소 함량이 낮은 아침식사용 시리얼 대신 4g 이상의 섬유소가 들어 있는 것으로 바꾸어라.

□ 아침용 토스트나 점심식사용 샌드위치를 통곡빵으로 바꾼다. 통곡빵 두 조각은 4~6g의 섬유소를 제공한다.

□ 오전 간식으로 브랜이나 껍질째 간 아미씨 1~2Ts(4g 섬유소)을 넣은 저지방 요구르트 1컵을 먹는다. 이런 제품들은 건강식품점과 대형마트에서 구입 가능하다.

□ 쿠키 대신 샌드위치와 당근스틱이나 셀러리스틱을 곁들여 먹는다(1회 섭취분량당 2g의 섬유소 함유).

□ 오후 간식으로 사과나 배를 껍질째 먹어라(섬유소 약 5g).

□ 대두 등 콩류 1회 섭취 분량을 저녁으로 먹어라(섬유소 약 6g).

□ 채소를 잊지마라! 삶은 오크라(고추처럼 생긴 아욱과 채소) 혹은 근대 1컵은 섬유소 4g을 제공한다. 으깬 도토리에는 섬유소가 무려 9g이나 있다! 생야채는 섬유소가 풍부하고, 여러 가지 샐러드는 섬유소의 좋은 급원이다.

□ 후식으로 쿠키, 케이크, 혹은 아이스크림 대신 생과일, 냉동과일 혹은 말린 과일을 이용하라. 생 것 혹은 냉동 블랙베리나 라스베리는 섬유소 4~5g을 제공하고, 마른 혼합과일 30g(말린 자두나 복숭아 등)은 2g의 섬유소를 제공한다.

□ 저녁 간식으로 팝콘, 땅콩, 건포도를 먹어라: 땅콩 1/4컵과 건포도 1/4컵을 넣은 팝콘 1컵(섬유소 1g)은 6g의 섬유소를 제공한다.

만약 위의 전략들 중 한 가지를 실천했는데, 설사, 변비, 혹은 가스 때문에 속이 불편하다면 당신의 몸이 섬유소에 잘 적응하지 못했다는 얘기다. 그러면 먹는 양을 줄이거나 이틀에 한 번씩만 한 가지 전략을 실천해보자. 그리고 많은 양을 물을 마셔라! 2주일 동안 실천해보고 다시 서서히 그 양을 늘리도록 하라.

구매자 가이드: 섬유소 사냥

그림 3.14는 두 가지 식사의 구성 식품과 섬유소 함량을 비교하고 있다: 하나는 섬유소가 풍부한 탄수화물 식사이고, 또 다른 하나는 정제된 탄수화물이 많은 식사이다. 건강한 탄수화물 급원을 선택하기 위한 몇 가지 힌트가 있다:

- 빵과 시리얼을 고를 때는 밀, 귀리, 보리, 호밀과 같은 전곡류로 만들어진 것을 선택해야 한다. 1회 섭취 분량당 최소 2~3g이 함유된 식품을 고르도록 하자.
- 신선한 과일과 채소는 가능할 때마다 사는 것이 좋겠다. 감자, 사과, 배는 껍질째 먹는 것이 좋다.
- 냉동 채소와 과일은 신선한 채소와 과일을 이용할 수 없을 때 좋은 대안이 된다. 냉동 제품을 고를 때에는 설탕이나 소금이 첨가되지 않았는지 확인해야 한다.
- 통조림 과일과 채소를 사는 것은 주의해야 한다. 여기에는 대개 소금이나 첨가당이 많이 들어 있다. 식품은 시럽 속에 포장된 것보다는, 그 자체의 즙 속에 포장된 것이 더 낫다.
- 콩류를 자주 먹어야 한다. 가능하다면 매일 먹는 것이 좋다. 통조림에 든 것이나 신선한 상태의 콩류, 완두콩류, 렌즈콩류는 복합탄수화물, 섬유소, 비타민, 무기질의 좋은 급원이다. 밥에 두어 먹거나, 삶아서 먹을 수도 있고, 콩자반 혹은 수프, 캐서롤 등 여러 요리에 사용하면 쉽게 그 섭취량을 늘일 수 있다. 만약 소금을 적게 섭취하고 싶다면 통조림 콩을 먹을 때는 여분의 소금을 제거할 수 있도록 씻어서 먹거나, 상대적으로 염분이 적게 들어 있는 것을 선택하는 것이 좋다.

매일 매 끼니마다 다양한 고섬유소가 함유된 식사를 하기 위해서, 또 식품 중 섬유소가 얼마나 들어 있는지 알고 싶다면 다음의 Fiber-o-Meter 사이트(www.webmd.com/diet/health-tool-fiber-meter)를 이용할 수 있다.

요점 섬유소의 적절한 섭취량은 여성의 경우 하루 25g이고, 남성의 경우 하루 38g이다. 대부분의 한국인들은 하루 필요한 섬유소의 약 반 정도 섭취하고 있다. 섬유소가 많은 식품은 전곡류와 시리얼, 과일과 채소이다. 가공과정을 거친 식품일수록 섬유소가 적게 들어 있다고 할 수 있다.

건강 감시

당뇨병은 무엇이고, 왜 당뇨병을 공중보건 문제라고 생각할까?

당뇨병(diabetes)은 포도당 대사가 정상적인 범위 내에서 더 이상 조절되지 않고, 혈당이 위험할 정도로 높게 올라가거나 혹은 위험할 정도로 낮게 떨어지는 심각한 만성질환 중 하나이다. 이런 혈당의 기복은 신체 전체에 걸쳐 조직의 손상을 야기한다. 만약 당뇨병이 잘 조절되지 않으면 실명, 발작, 신부전, 신경병증, 절단, 뇌졸중, 심장질환이 야기될 수도 있다. 심각한 경우 사망에 이르기도 한다.

미국의 경우, 전 인구의 6%인 약 1,600만 명의 미국인이 당뇨병으로 진단받았고, 약 500만 명 정도는 당뇨병을 가지고 있지만, 자신이 당뇨병인지 인식하지 못하고 있는 사람일 거라 추측하고 있다. 그림 3.15에서는 미국의 인종별 당뇨병 환자의 비율이 제시되었다. 이 그림에서 보면 당뇨병은 흑인, 라틴계 미국인, 인디언, 알래스카 원주민에서 가장 흔하다고 할 수 있고 젊은층이나 어린이보다는 노년층에서 더 흔하게 나타난다.

당뇨병(diabetes) 신체가 포도당을 조절할 수 없는 심각하고 만성적인 질환.

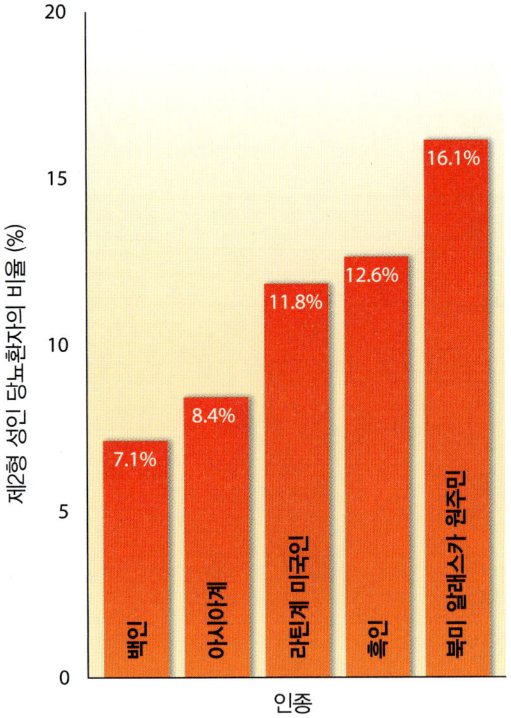

그림 3.15 다양한 민족과 인종들에서 제2형 당뇨병 유병률 비교

Data from The National Diabetes Information Clearinghouse [NDIC]. 2011. National diabetes statistics. National Institutes of Health [NIH] Publication No. 11-3892. http://diabetes.niddk.nih.gov/dm/pubs/statistics/index.htm.

2012년 국민건강영양조사에 따르면 30세 이상 우리나라 성인의 당뇨병 유병률은 전체 9.9%, 남자 10.7%, 여자 9.1%로 남자가 더 높게 나타났고, 남녀 모두 연령이 증가할수록 증가하여 70대 이후에는 5명 중 1명(22.0%)이 당뇨병 유병자였다(**그림 3.16**, 2012 국민건강통계, 질병관리본부, 2013). 또 대한당뇨병학회에서 발표한 자료(대한당뇨병학회 2012 한국인 당뇨병 연구보고서)에 따르면, 2010년 우리나라 당뇨병 환자의 수는 320만 명으로 당뇨병 전 단계인 **공복혈당장애(impaired fasting glucose)**까지 합치면 우리나라 30세 이상 성인의 10명 중 3명이 당뇨병 위험에 놓여 있으며, 특히 30~44세 젊은 환자의 절반은 자신이 당뇨병인 줄 모르는 경우도 많다고 했다.

영양학의 이정표

19세기 말, 과학자들은 췌장과 당뇨병 간에 관련성이 있다는 것을 알았다. 동물실험을 통해 췌장이 없는 경우 즉시 질병이 발생한다는 것을 알게 되었다. 하지만 저탄수화물식사에서부터 굶는 다양한 식이치료 외에 그때까지도 당뇨병의 어떠한 치료방법도 밝혀지지 않았다. 그러다 **1921**년 캐나다 외과의사인 프레데릭 밴팅(Frederick Banting)이 한 아이디어를 냈다. 그와 그의 동료들은 실험용 개에서 췌장을 제거하고 당뇨병을 유발시켰다. 그러고 나서 그 당뇨병에 걸린 개에게 랑게르한스섬이라고 불리는 췌장의 세포더미에서 추출한 분비물을 주사하였다. 그들은 이 추출물을 일레틴(isletin)이라고 불렀다. 하루에 몇 차례 일레틴을 투여하자 그 개는 당뇨병이 치료되었고, 그들은 오늘날 인슐린이라고 불리는 이 물질을 정제하여 반복 실험을 거친 후 당뇨병으로 죽어가는 14세의 소년에게 투여하였다. 이것을 투여하고 나자 당뇨병의 모든 증상들이 사라졌다. 밴팅은 1922년에 이 연구를 발표했고, 다음 해에 노벨상을 받았다.

당뇨병은 크게 **제1형 당뇨병(type 1 diabetes)**과 **제2형 당뇨병(type 2 diabetes)**으로 나눌 수 있다. 또 일부 여성들의 경우 '임신성 당뇨병(gestational diabetes)'이라고 하는 또 다른 형태의 당뇨병이 나타나기도 하는데, 이는 임신 중에 나타나는 것으로 11장에서 더 자세히 다루어질 것이다.

공복혈당장애(impaired fasting glucose) 공복혈당이 정상보다는 높으나 제2형 당뇨병으로 진단되기에는 낮은 상태. 당뇨병전증(pre-diabetes)이라고도 불림.

제1형 당뇨병(type 1 diabetes) 인체가 인슐린을 충분히 생산할 수 없기 때문에 발생되는 당뇨병.

제2형 당뇨병(type 2 diabetes) 체세포의 인슐린에 대한 민감도가 점진적으로 감소했거나 인체가 충분한 양의 인슐린을 생산하지 않아서 발생되는 당뇨병.

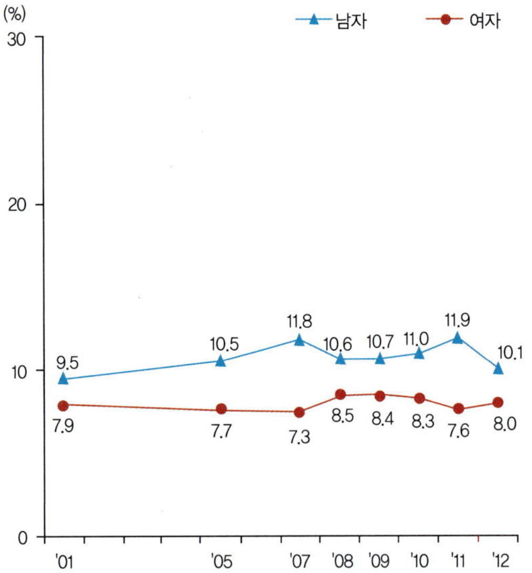

※ 2005년 추계인구로 연령표준화

※ 당뇨병 유병률: 공복할당이 126mg/dL 이상이거나 의사진단을 받았거나 혈당강하제복용 또는 인슐린 주사를 투여받고 있는 분율, 만 30세 이상

출처: 국민건강영양조사

그림 3.16 당뇨병 유병률 추이

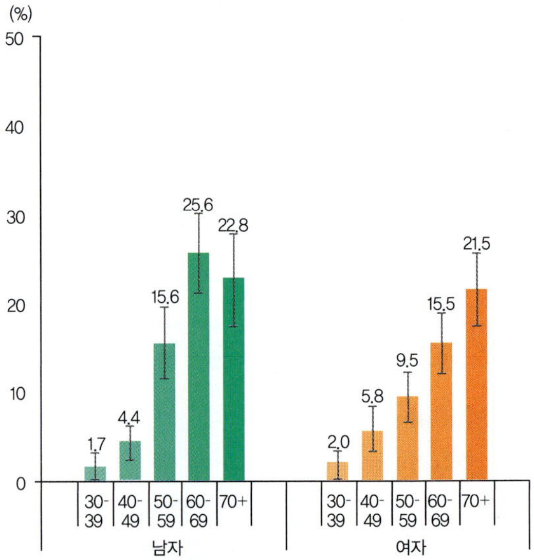

※ 당뇨병 유병률: 공복할당이 126mg/dL 이상이거나 의사진단을 받았거나 혈당강하제복용 또는 인슐린 주사를 투여받고 있는 분율, 만 30세 이상

출처: 국민건강영양조사

그림 3.17 연령별 당뇨병 유병률

표 3.4 제1형과 제2형 당뇨병의 증상

제1형 당뇨병	제2형 당뇨병*
빈뇨	제1형 당뇨의 증상 중 일부
다갈	시각이 흐려짐
다식	상처나 멍이 들면 회복이 잘 안됨
체중감소	손이나 발이 따끔거리거나 저림
극도의 피로감	피부, 잇몸 감염 혹은 방광염의 잦은 재발
흥분	

*제2형 당뇨병을 가진 사람 중 일부는 증상을 경험해 보지 않은 경우도 있다.

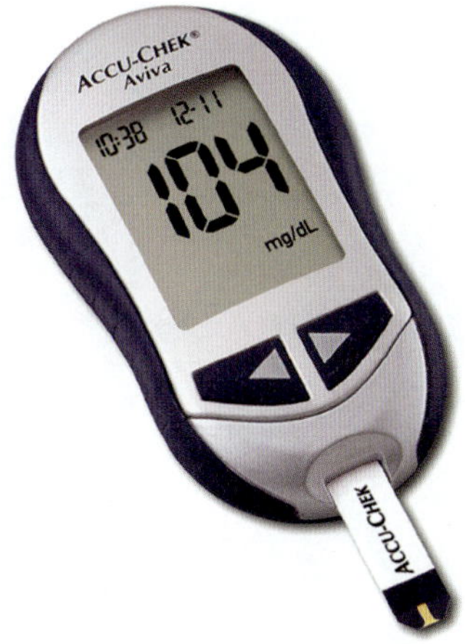

▲ 그림 3.16 혈당측정기를 통해 손가락을 찔러 나온 한 방울의 피를 통해 혈당을 관찰할 수 있다.

제1형 당뇨병의 경우, 신체에서 인슐린이 충분히 만들어지지 못한다

당뇨병을 가진 사람 중 약 10%가 인슐린을 충분히 만들어 내지 못하는 제1형 당뇨병을 가지고 있다. 식사를 하고 혈당이 상승할 때 이에 대한 반응으로 췌장에서는 인슐린을 분비해야 하는데, 제1형 당뇨병을 가진 사람들은 그렇게 할 수가 없다. 포도당 수준이 과도하게 높아지게 되면 신체는 소변으로 이 과도한 포도당을 제거하려는 노력을 하게 된다. 사실 당뇨병은 의학용어로 *diabetes mellitus*라고 하는데, 이것은 *diabainein*이라는 "통과한다"라는 뜻을 지닌 그리스어와 "꿀같이 단 것"이라는 의미의 *mellitus*라는 라틴어에서 유래되었다. 잦은 소변(빈뇨)은 당뇨병에 대한 경고의 징후 중 하나이다(표 3.4에 당뇨병의 또 다른 증상들이 제시되어 있다). 만약 혈당이 잘 조절되지 않는다면, 제1형 당뇨병을 가진 사람은 혼란스럽거나 기운이 없고 숨쉬기가 힘들어진다. 이것은 뇌가 적절한 기능을 수행하기에 충분한 포도당을 얻지 못했기 때문에 나타나는 증상이다.

조절되지 않는 당뇨병은 케톤증을 유발하는데, **케톤증**(ketoacidosis)이란 포도당을 잘 이용하지 못함으로써 신체가 에너지원으로 저장되어 있던 지방을 분해시켜서 사용하게 되는 상태이다. 지방 분해로 만들어진 연료인 케톤체는 산성을 띤다. 따라서 이런 케톤체가 많이 만들어지게 되면 혈중 산성도가 증가하게 된다[이런 상태를 '**산증**(acidosis)'이라고 한다]. 케톤증을 포함한 모든 산증의 경우 신체의 기본적인 기능이 방해되고, 많은 조직의 손상이 야기된다. 만약 치료되지 않고 이 상태가 방치된다면 결국 혼수상태에 빠지거나 사망에 이르게 된다.

제1형 당뇨병의 원인은 알려져 있지 않고, 다만 **자가면역질환**(autoimmune disease)일 가능성이 있다는 정도이다. 자가면역질환이란 신체의 면역체계가 자신의 조직, 즉 당뇨병의 경우 췌장의 베타세포를 공격해서 파괴하는 것을 의미한다.

제1형 당뇨병의 대부분의 경우 10~14세 청소년에서 진단받게 되지만, 더 어린 아동이나 성인에서 나타나는 경우도 있다. 또 가족력이 있는 경우, 즉 제1형 당뇨병을 가진 사람의 자녀에서 그 위험이 더 증가한다.

제1형 당뇨병의 치료는 매일 인슐린을 주사하는 방법밖에는 없다. 인슐린은 단백질로 이루어진 호르몬이므로 약으로 복용하는 경우 소장에서 모두 분해되어 버리기 때문이다. 제1형 당뇨병을 가진 사람들은 혈당측정기라고 하는 기계를 사용하여 매일 혈당을 측정하면서 하루 수차례 인슐린을 직접 주사하면서 혈당을 정상 범위 내에 유지하게 된다(그림 3.16).

▲ 여배우인 할리 베리(Halle Berry)는 제2형 당뇨병을 가지고 있다.

제2형 당뇨병의 경우, 세포가 인슐린에 대해 제대로 반응하지 못한다

제2형 당뇨병에서 신체의 세포는 인슐린에 대해 저항적이거나 제대로 반응하지 못한다. 이런 형태의 당뇨병은 오랜 기간에 걸쳐 계속 진행되어온 생체의 변화로 인해 나타난다.

대부분의 경우 비만이 이런 일련의 변화들을 가속화시켜 결국 당뇨병이 발생하게 된다. 특히 많은 비만 환자들의 세포는 **'인슐린 저항성(insulin insensitivity, insulin resistance)'**이라고 불리는 상태를 보인다. 이러한 저항성을 보상하기 위해 췌장은 더 많은 인슐린을 분비하게 된다. 시간이 지나면서, 인슐린 저항성을 가진 사람은 포도당을 에너지원으로 사용하기 위해 혈액 내 인슐린 농도를 매우 높게 유지하게 된다. 하지만 이처럼 인슐린의 과도한 생성조차 공복혈당을 정상으로 유지하기에는 불충분하다. 그 결과 당뇨병으로 진단할 만큼 혈당이 높지는 않지만, 정상보다는 높은 상태인 '공복혈당장애'라고 불리는 상태가 야기된다. 어떤 전문가들은 이런 상태를 '당뇨병 전단계'라고 하기도 하는데, 대개의 공복혈당장애를 가진 사람들은 제2형 당뇨병으로 발전하는 경우가 많기 때문이다. 결국 췌장은 더 이상 그처럼 과도한 양의 인슐린을 분비할 수 없게 될 것이고, 베타세포에서 호르몬 생성이 중단되게 된다.

앞에서 언급된 바와 같이, 비만은 제2형 당뇨병의 가장 일반적인 계기, 즉 '방아쇠'라고 할 수 있다. 하지만 많은 다른 요인들도 함께 작용한다. 예를 들어 제2형 당뇨병을 가진 사람의 친척들도 위험성이 높지만, 좌식생활을 하는 사람들도 그 위험성이 높다.

대사증후군(metabolic syndrome)이라고 하는 다발성 위험 요인들 역시 제2형 당뇨병의 위험을 증가시키는 것으로 알려져 있다. 현재 우리나라에서 사용되고 있는 대사증후군의 기준은 다음과 같고, 이 중 세 가지 이상을 가진 경우를 대사증후군이라고 정의하고 있다.

- 복부비만; 허리둘레 남자 90cm, 여자 85cm 이상
- 고중성지방혈증; 중성지방 150mg/dL 이상
- 낮은 HDL 콜레스테롤혈증; 남자 40mg/dL, 여자 50mg/dL 이하

다음 사이트에서 가계도를 다운해 그것을 채워본다면 당뇨병의 가족력을 확인할 수 있다. www.americanheart.org/presenter.jhtml? identifier=3044888.

당신이 알게 되면 좋아할 식품

달(Dhal)

달이라고 들어 보셨나요? 만약 인도나 파키스탄, 네팔, 스리랑카나 방글라데시 음식을 좋아하는 사람이라면 한 번쯤 맛보았을지도 모르겠다. 만약 한번도 접해 보지 않았다면, 건강한 음식을 접할 기회를 가져 보는 것도 좋겠다! 달(*dhal*, *dal*, *dahl* 혹은 *daal*)은 완두콩, 콩류 혹은 렌즈콩을 가지고 만든 매운 전통음식이다. 가공된 콩류 자체를 dhal이라고 하기도 한다. 이 음식은 선사시대 때부터 먹어왔고 당지수가 낮으면서 단백질과 섬유소가 높다.

건조한 콩처럼 매우 다양한 달은 30~60분 동안 물속에서 천천히 요리된다. 토마토, 양파, 혹은 그 외 채소들뿐만 아니라 다양한 향신료도 들어가기 때문에 매우 향이 강하고 걸쭉한 수프처럼 보인다. 이것은 밥이나 난이라고 불리는 빵과 함께 제공된다.

90%

당신은 어떤가요?

제2형 당뇨병의 위험률을 계산해 보자

제2형 당뇨병의 위험도를 계산하기 위해 다음의 질문에 대한 답에 O표 하세요.

나는 과체중이다.	그렇다/그렇지 않다.
나는 주로 앉아서 생활한다. (나는 주 3회 미만으로 운동한다.)	그렇다/그렇지 않다.
나의 가까운 가족 중 제2형 당뇨병을 가진 사람이 있다.	그렇다/그렇지 않다.
나는 임신성 당뇨병을 경험한 적이 있거나, 출생체중이 4kg 이상되는 아기를 출산한 경험이 있다.	그렇다/그렇지 않다.
내 혈압은 140/90이상이거나 고혈압이라고 들었던 적이 있다.	그렇다/그렇지 않다.
내 콜레스테롤 수준은 정상이 아니다. (콜레스테롤에 대해서는 4장에서 더 자세히 논의될 것이다.)	그렇다/그렇지 않다.

만약 '그렇다'라는 응답이 더 많으면 당뇨병 위험이 더 높은 것이다. 여러분은 가족을 바꿀 수는 없지만 건강체중을 유지하거나 활동량을 증가시킬 수는 있다. 이에 대한 실천 방법은 9장과 10장에 제시되어 있다.

Data from The National Diabetes Information Clearinghouse (NDIC). http://diabetes.niddk.nih.gov.

- 높은 혈압; 130/85mmHg 이상
- 혈당 장애; 공복혈당 100mg/dL 이상 또는 당뇨병 과거력, 또는 약물복용

연령이 증가할수록 제2형 당뇨병 위험이 증가한다고 할 수 있는데, 대부분의 경우 45세 이후에 발생하게 된다. 또 2012년 국민건강영양조사 결과, 우리나라 65세 이상의 21.4%가 당뇨병을 가지고 있다고 보고했다**(그림 3.17)**. 일반적으로 알려져 있는 성인형 당뇨병인 제2형 당뇨병은 최근까지만 해도 아이들에서는 거의 나타나지 않았다. 그러나 불행히도 최근 어린아이들과 청소년들 사이에서 제2형 당뇨병 발생이 급속히 늘고 있다.[13] 2004년 미국인을 대상으로 한 연구에서, 6% 이상의 미국 대학생들이 당뇨전단계에 해당되는 것으로 조사되었고, 매 3년마다 3,700명의 20세 미만인 미국인들이 제2형 당뇨병으로 새롭게 진단되고 있다.[13]

제2형 당뇨병을 조절하거나 예방하기 위한 생활습관

제2형 당뇨병은 다양한 방법으로 치료될 수 있다. 체중을 줄이는 것, 건강한 식사 패턴을 유지하는 것, 규칙적으로 운동하는 것 등은 많은 경우 증상 조절에 도움을 줄 수 있다. 더 많이 먹게 되면 경구 복용약을 먹어야 될 수도 있는데, 이런 약물들은 한두 가지 방법으로 작용한다. 즉, 인슐린에 대한 체세포의 민감성을 향상시키거나 간에서 생성되는 포도당의 양을 감소시키게 된다. 그러나 제2형 당뇨병을 가진 사람이 더 이상 충분히 인슐린을 분비할 수 없는 경우에는 반드시 제1형 당뇨병인 사람처럼 인슐린 주사를 매일 맞아야 한다.

당뇨병을 가진 사람들은 당뇨병이 없는 사람들 건강을 위한 식사지침과 대부분 똑같은 지침을 따르게 된다. 하나의 차이가 있다면 당뇨병을 가진 사람의 경우 탄수화물을 더 적게 먹어야 하고, 단백질이나 지방은 약간 더 많이 먹는 것이 혈당 조절에 도움이 된다. 임

상영양사들은 대개 각 개인의 식품에 대한 반응에 따라 개별적 식사 계획을 짜주기도 한다.

당뇨병을 가진 사람들은 알코올 음료를 피해야 한다. 알코올은 저혈당을 유발한다. 알코올이 해독될 때 나타나는 증상과 저혈당 증상은 매우 유사하다. 그러다 보니, 당뇨병을 가진 사람들이나, 함께 있는 사람들 또 건강 전문가들조차도 두 상태가 잘 구분하지 못하는 경우가 많기 때문에 생명을 위협하는 상황이 발생할 수도 있다.

제2형 당뇨병은 완치되지는 않지만, 많은 경우 발병시기를 늦추거나 예방할 수는 있다. 당뇨병의 가족력을 바꿀 수는 없지만, 다음과 같은 전략을 사용하여 그 위험성을 줄일 수는 있다:

- 전곡류, 과일, 콩류, 채소류를 충분히 섭취하고 균형된 식사를 한다.
- 규칙적 운동: 매일 중등도 강도의 운동을 통해 식사조절만 하는 경우보다 더 효과적으로 제2형 당뇨병의 발생을 예방할 수 있다.
- 적절한 체중의 유지: 단지 5~15kg 정도의 감량만으로도 제2형 당뇨병의 증상을 없애거나 줄일 수 있다.

당뇨병 발생에 있어 위험요인은 무엇인가? 91쪽의 **당신은 어떤가요?**를 체크해보고 자신의 당뇨병 발생 위험도를 예측해 보자.

요점 당뇨병은 혈당 수준이 올라가는 심각한 질병이다. 제1형 당뇨병의 경우 췌장이 충분한 인슐린을 분비하지 못해서 인슐린 주사를 맞아야 한다. 제2형 당뇨병의 경우 오랜 기간에 걸쳐 서서히 발생하게 되며, 비만 때문에 더 촉발되기도 한다: 체세포는 인슐린의 효과에 대해 더 이상 민감하지 않거나 췌장은 신체가 필요로 하는 만큼 충분한 인슐린을 더 이상 분비하지 못한다. 인슐린 요법은 대개 주사형으로 되어 있다. 당뇨병은 조직손상을 유발함으로써 심장질환, 실명, 신질환과 절단 위험을 증가시킨다. 대부분의 제2형 당뇨병은 균형된 식사, 규칙적 운동, 건강 체중 유지를 통해 당뇨병 발생을 늦추거나 예방할 수 있다.

나는 어디에 있을까?

탄산음료나 기타 다른 음료수에서 하루 얼마만큼의 열량을 섭취하고 있는지 말할 수 있는가?

감자튀김을 제외하고 얼마만큼의 채소를 먹고 있는지 알고 있는가?

매일 충분한 식이섬유소를 섭취하고 있다고 생각하는가?

예 / 아니오

왜 그렇게 대답했는가?

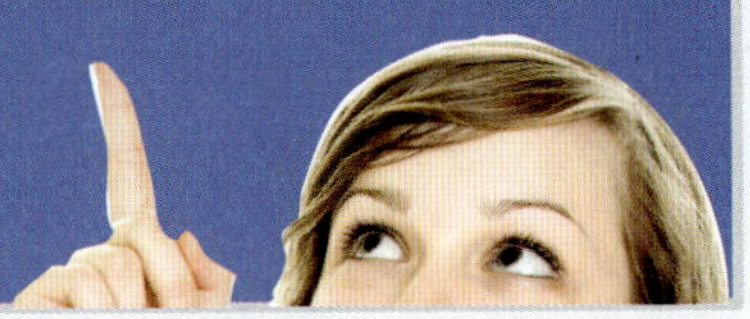

복습

오늘 내가 해 볼 수 있는 것은?

이 장을 읽고, 다음 세 가지를 실천해 보자.

- 과일, 채소, 콩류, 전곡류로 된 시리얼과 빵 같은 섬유소가 많은 식품을 충분히 섭취하자.
- 가당 음료는 가급적 먹지 않는 것이 좋다. 열량 섭취량을 줄이기 위해 물을 더 많이 마시도록 하자. 많은 섬유소를 소화시키는 데 더 도움을 줄 수 있을 것이다.
- 자주 양치질을 하자. 특히 단 음식이나 끈적이는 음식, 탄수화물 음식을 먹은 후에는 더 신경을 쓴다면 충치에 대한 위험을 줄일 수 있을 것이다.

스스로 평가하기 정답

1. 거짓. 탄수화물이란 용어는 단순당과 복합당 모두를 일컫는 말이다. 당분이란 용어는 단당류와 이당류 같은 단순당을 말한다.

2. 거짓. 당분을 많이 섭취한다고 해서 아동들에서 과잉행동을 야기한다는 증거가 없다.

3. 참. 우리의 뇌는 오직 포도당만을 에너지원으로 하고, 우리 신체 조직은 쉬고 있을 때나 운동할 때 모두 에너지원으로 포도당을 사용한다.

4. 참. 탄수화물은 1g당 4kcal로 같은 무게 지방의 반 정도밖에는 되지 않는다. 고탄수화물식사는 만약 하루 총 섭취 열량이 소모하는 것보다 더 많지 않다면 체지방 축적을 야기하지는 않는다. 사실, 복합탄수화물을 많이 섭취하는 경우, 특히 섬유소가 풍부한 탄수화물의 경우에는 오히려 비만의 위험을 낮출 수 있다.

5. 참. 최근 대체 감미료 섭취가 심각한 건강 문제를 야기할 수 있다는 주장과는 달리, 주요 보건당국에서는 대부분의 사람들에서 적당량 섭취하는 것은 안전하다는 결론을 내렸다.

영양도구

www.pearsonhighered.com/thompsonmanore 웹사이트나 My nutriritonLab.com을 가서 다음과 같은 내용을 살펴보자.

- 소화와 흡수: 탄수화물
- 식품표시: 탄수화물 찾기
- 탄수화물 급원 알기

단원 문제

맞는 것에 동그라미 표시하세요.

1. 당지수는
a. 대체 감미료의 하루 허용량
b. 식품의 혈당과 인슐린 수준을 증가시키는 정도
c. 주어진 식품의 당뇨병 유발 위험도
d. 복합 탄수화물 중 불용성 식이섬유에 대한 수용성 식이섬유의 비율

2. 탄수화물의 구성요소는
a. 탄소, 질소, 물
b. 탄산, 당알코올
c. 수화된 당분
d. 탄수, 수소, 산소

3. 가공식품에서 첨가당이 가장 많이 사용되는 것은?
a. 설탕
b. 밀가루
c. 알코올
d. 단맛이 나는 탄산음료

4. 포도당, 과당, 갈락토오스는?
a. 단당류
b. 이당류
c. 다당류
d. 복합 탄수화물

5. 비만은 어떤 건강 문제와 관련이 있을까?
a. 고혈당
b. 제1형 당뇨병
c. 제2형 당뇨병
d. 유당불내증

6. 참 / 거짓 어린이와 청소년들이 당뇨병이 있는 경우, 대개 제1형 당뇨병을 가지고 있다.

7. 참 / 거짓 액상과당은 단순당과 정제당 모두에 해당된다.

8. 참 / 거짓 유당불내증을 가지고 있는 사람은 우유에 대한 알레르기 반응을 일으킨다.

9. 참 / 거짓 식물은 글리코겐 형태로 포도당을 저장한다.

10. 참 / 거짓 타액의 아밀라제는 녹말을 갈락토오스로 분해시킨다.

단원 문제에 대한 정답은 이 책 뒤쪽에 있습니다.

4

지방: 필수 에너지 공급 영양소

스스로 평가하기

다음 문장들은 참인가요, 거짓인가요? 답이라고 생각하는 곳에 동그라미를 표시하세요.

1. 참 / 거짓 우리 몸은 필요한 만큼의 콜레스테롤을 모두 만들 수 있기 때문에 식품으로부터 콜레스테롤을 따로 섭취할 필요가 없다.
2. 참 / 거짓 지방은 쉬거나 운동하는 동안에 이용되는 중요한 에너지 급원이다.
3. 참 / 거짓 만약 음식을 튀길 때 식물성 쇼트닝을 사용했다면, 튀긴 음식에는 건강하지 않은 지방이 많이 들어 있다고 볼 수 있다.
4. 참 / 거짓 어떤 지방은 심장질환을 예방하는데 도움을 줄 수도 있다.
5. 참 / 거짓 고지방 식이는 암의 주요 원인이다.

스스로 평가하기의 정답은 이 장 마지막 부분에 있습니다.

쉬바니는 6살 때 부모님과 함께 인도에서 미국으로 이사를 왔다. 쉬바니는 미국인 친구들에 비해 말랐지만, 건강하고 힘이 넘친다. 또 그녀는 인근 교외 주변에서 자전거를 타는 것도 즐긴다. 하지만 고등학교에 입학할 때 즈음 쉬바니의 체중은 미국인 친구들을 따라 잡았다. 대학 2학년인 지금, 그녀는 비만이다.

쉬바니는 이렇게 말한다. "인도에 있을 때는 대개 밥, 콩, 채소들로 먹었어요. 다른 사람들도 대부분 채식을 하거나 생선이나 닭고기만 약간 먹는 정도였구요. 아침은 달걀이나 소시지 같은 게 아니라 대개 과일이랑 요구르트였어요. 또 디저트는 특별한 날에만 먹는 거였는데, 미국으로 이사 와서는 다른 아이들처럼 햄버거, 프렌치프라이, 아이스크림, 과자 같은 것들이 먹고 싶어졌어요. 그러다 보니 체중이 정말 많이 늘었고, 지금은 의사가 제가 체중도 너무 많이 나가는 데다가 혈압도 높기 때문에 콜레스테롤 검사를 해서 심장질환의 위험도를 확인해 보아야 한다고 했어요. 언젠가 그것 때문에 심장마비가 올 수도 있다고 생각하니 정말 끔찍해요! 저도 다른 친척들처럼 다시 인도에서 먹는 것처럼 먹을 수 있으면 좋을 텐데, 카페테리아에선 밥이나 콩이 나오진 않아요."

무엇이 심장질환을 야기하고, 심장질환의 위험성을 어떻게 측정할 수 있을까? 왜 고지방 식사는 항상 비난을 받을까? 저지방 식사가 심장질환을 예방할 수 있을까? 쉬바니가 만약 당신의 친구라면 그녀의 일상적인 고지방 식사에 대해 뭐라고 얘기해 줄 수 있을까?

어떤 사람들은 식이지방을 피해야 하는 것으로 생각하지만, 실제 약간의 지방은 우리 건강을 위해서 절대적으로 중요하다. 이 장에서 우리는 지방의 인체 내 기능에 대해서 논의할 것이고, 또 식이지방의 형태에 따라 이로운 형태의 지방과 해로운 형태의 지방의 차이에 대해서 배우게 될 것이다.

지방이란?

지방(fat)은 **지질(lipid)**의 일종인데, 지질이란 물에 녹지 않는 '**불용성**(insoluble)'인 특징을 가진 것으로, 지방보다 훨씬 더 넓고 다양한 의미를 가지고 있다. 식초와 올리브유로 만든 샐러드드레싱을 생각해 보자. 이것이 바로 일종의 지질이라고 할 수 있다. 식초가 담긴 병에 올리브유를 넣고 흔들어 보면, 일시적으로는 섞이게 되지만, 이것은 녹는 것이 아니다. 그렇기 때문에 그냥 두면 금세 원래대로 분리되어 버린다. 지질은 식물, 동물, 사람들을 포함한 온갖 종류의 생물에 들어 있다. 그래서 물로만 세수를 하면 얼굴에 있는 기름기가 씻겨나가지 않고, 비누로 그 불용성의 지질을 분해시키고 나서야 깨끗하게 씻어지는 것이다.

우리가 먹는 지질은 두 가지 형태이다. 실온에서 고체상태인 버터와 같은 지방과 실온에서 액체인 올리브유와 같은 기름으로 나눌 수 있다. 이 장에서 우리는 식품에서 발견되는 다음과 같은 세 가지 형태의 지질에 초점을 맞추게 될 것이다.

- 중성지방
- 인지질
- 스테롤

우리가 먹는 대부분의 지방(95%)은 중성지방의 형태이고, 또 우리 몸에 저장되어 있는 지방의 대부분 역시 중성지방의 형태이다. 게다가 우리가 어떤 중성지방을 선택하느냐에 따라서 건강에 유익할 수도 있고 혹은 해가 될 수도 있다. 이러한 이유로, 이 장에서는 인지질과 스테롤에 대해서도 간략히 다루기는 하지만 주로 중성지방에 초점을 두고 있다. 또한 대부분의 사람들은 지방이라는 용어에 더 익숙하기 때문에, 이 책에서 중성지방에 대해 논의할 때마다 그것이 고체인 지방이건 액체인 기름이건 간에 일반적인 용어로 '지방'이라는 단어가 사용되었다.

어디서부터 시작할까?

당신은 1주일에 튀긴 음식(달걀 프라이, 버거, 프렌치프라이 등등)을 몇 번이나 먹는가?

튀긴 음식이 뭐가 잘못된 것일까요? 추측해서 적어보자.

필수 지방산이라는 용어를 들어 본 적이 있는가?

예 / 아니오

만약 들어보았다면, 매일 이 영양소를 충분히 먹고 있다고 생각하는가?

예 / 아니오

만약 '예'라고 대답했다면 왜 그렇게 생각하는가?

중성지방은 포화지방산 혹은 불포화지방산을 포함하게 된다

중성지방이라는 ***tri*****glyceride**라는 용어를 보면, *tri*라는 접두사가 의미하는 것처럼 탄소 세 개짜리 글리세롤 골격에 세 개의 지방산이 붙어 있는 분자이다. 지방산은 수소 등이 붙어 있는 탄소 원자의 긴 사슬이다. **지방산(fatty acid)**은 분자 끝에 하나의 '산성기'를 함유하고 있기 때문에 산성물질로 분류된다. **글리세롤(glycerol)**은 중성지방의 골격이고, 세 개의 탄소 원자마다 한 개씩의 알코올기로 구성된다. 세 개의 각 탄소에 각각 한 개의 지방산사슬이 결합하여 중성지방이 만들어진다(**그림 4.1**).

아마 포화지방산과 트랜스 지방산 섭취를 줄이고, 불포화지방산과 필수 지방산의 섭취를 늘려야 한다는 권고를 들어 본 적 있을 것이다. 이 모두가 중성지방의 구성물질인데, 왜 어떤 것이 다른 것보다 더 낫다고 할까? 그 차이는 탄소 원자가 수소에 결합되어 있는 방식의 차이로 설명할 수 있다. 이처럼 간단한 요인이 완전히 다른 지방산의 모양과 체내에서의 역할을 결정하게 된다.

포화지방은 최대한 많은 양의 수소를 함유하고 있다

탄소 원자는 네 개의 '결합자리'를 가지고 있는데, 여기에 다른 원자 네 개가 붙어 네 개의 결합자리 모두가 다 채워질 때까지는 불안정한 상태라고 할 수 있다. 지방산에서는 네 개 중 두 개의 자리가 인접한 탄소와 결합되어 있는데 이러한 결합으로 탄소사슬이 형성된다.

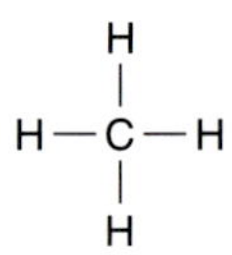

지질(lipids) 물에 불용성인 유기물질의 다양한 군; 중성지방, 인지질 및 스테롤이 포함됨.

중성지방(triglyceride) 세 개의 지방산이 세 개의 탄소를 가진 글리세롤에 붙어 있는 분자.

지방산(fatty acids) 긴 사슬의 탄소 원자에 각각 수소 원자와 결합되어 있는 물질.

글리세롤(glycerol) 세 개의 탄소 원자로 이루어진 알코올; 이는 중성지방(triglyceride) 분자의 중추적 구조.

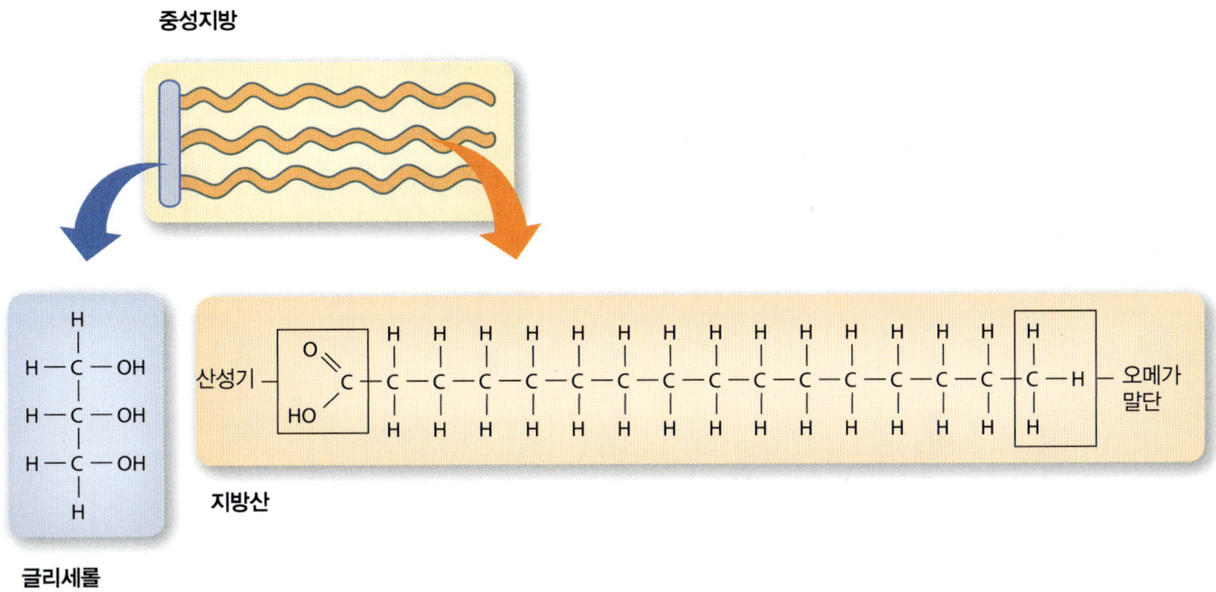

▲ **그림 4.1** 중성지방은 세 개의 지방산이 붙어 있는 세 개의 탄소로 된 글리세롤 골격으로 구성되어 있다.

포화지방산의 경우 나머지 두 개의 결합자리가 수소 원자에 의해 채워진다.

이와 같이, 포화지방산 사슬은 다른 탄소 원자(두 개의 결합자리)와 수소 원자(두 개 이상의 결합자리)가 결합된 단순한 긴 사슬의 탄소 원자들이다. **그림 4.2a**의 위 그림이 긴 사슬의 포화지방산을 나타내고 있는데, 그 구조가 매우 규칙적인 것을 볼 수 있다.

이와는 대조적으로, 그림 4.2a의 가운데 부분에 있는 사슬을 보면 인접한 탄소들 사이에 이중결합을 가지고 있다. (화학자들은 이중결합을 등호 같이 생긴 두 개의 평행선으로 표시한다[C = C]). 이 이중결합이 두 개의 결합자리를 채우고, 나머지 하나는 수소로 채워진다. 따라서 각 탄소마다 두 개가 아닌, 단 하나의 수소만이 붙어 있다는 점에 주목하자. 이처럼 하나 이상의 이중탄소결합을 가지고 있는 지방산에서 총수소의 양이 더 적다.

그림 4.2a의 가장 위 그림처럼 이중결합이 없는 지방산을 **포화지방산(saturated fatty acid, SFA)**이라고 부른다. 수소로 포화되어 있기 때문이다: 포화지방산이 많이 함유된 식품은 버터, 라드, 크림, 우유, 치즈, 쇠고기, 코코넛유, 팜유이다.

이중탄소결합은 이중결합이 있는 자리에서 지방산을 "꺾이게 한다". 포화지방 분자는 이런 결합이 없기 때문에 곧고 뻣뻣한 사슬을 형성하게 된다. 이 때문에 버터와 라드 같은 지방이 빽빽하게 밀집되어 있다. 이쑤시개 통을 상상해 보면 아마 이해하기 쉬울 것 같다. 이쑤시개 한 통에는 얼마나 많은 이쑤시개가 들어 있을까? 백 개? 혹은 그 이상일까? 그런데 만약 이쑤시개를 V 모양으로 꺾어서 다시 같은 통에다 넣는다면 몇 개나 들어갈까? 구부러진 이쑤시개들은 서로 뒤죽박죽 엉겨 더 많은 공간을 차지하게 된다. 곧은 이쑤시개처럼 포화지방산 사슬은 서로 빽빽하게 뭉쳐져 있다(그림 4.2b). 이것이 바로 육류나 버터에 들어 있는 지방처럼 포화지방이 실온에서 고체로 존재할 수 있는 이유이다.

우리가 먹는 곧고 견고한 모양의 포화지방은 체내에서 어떤 효과를 가지게 될까? 과거 20년 동안 수많은 연구들이 포화지방이 많은 식사는 심장질환의 위험을 증가시킨다는 것을 보여주었다. 포화지방과 심장질환 간의 관계에 대해서는 이 장의 마지막 부분에 더 자세히 다룰 예정이다.

▲ 올리브유 같은 일부 지방은 실온에서 액체이다.

포화지방산(saturated fatty acid, SFA) 탄소간에 이중결합이 없는 지방산으로 이러한 종류의 지방산은 일반적으로 실온에서 고체임.

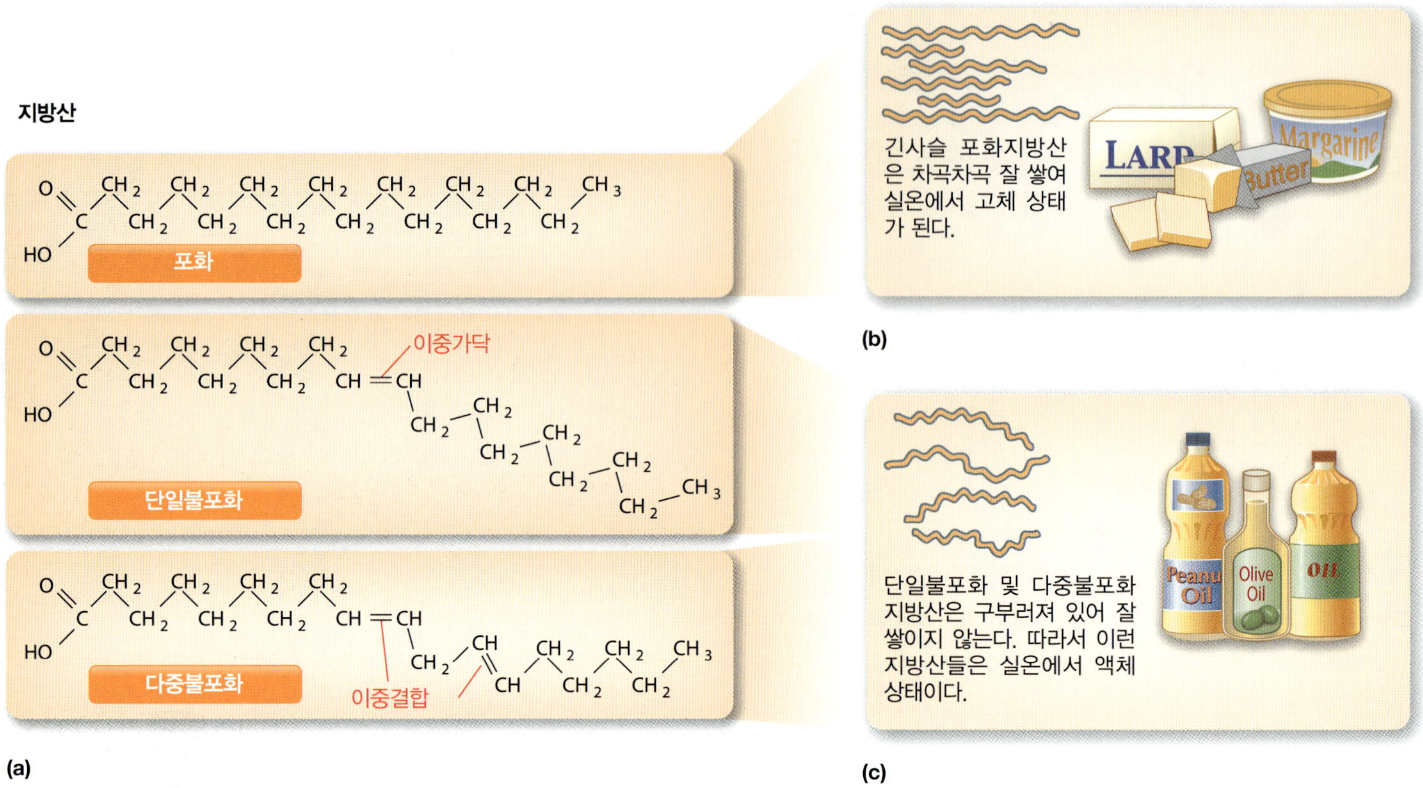

▲ **그림 4.2** 포화도가 다른 지방산들의 예. 지방산의 포화도에 따라 지방산 모양이 달라진다. **(a)** 포화지방산은 수소에 의해 포화되어 이중결합으로 서로 연결된 탄소가 하나도 없다는 것을 의미한다. 단일불포화지방산은 두 개의 탄소가 하나의 이중결합으로 연결되어 있는 것이다. 다가불포화지방산은 탄소 원자를 연결하는 이중결합을 하나 이상 가지고 있는 것이다. **(b)** 포화지방은 곧은 지방산들이 빽빽하게 뭉쳐져 있는 구조로 되어 있어 실온에서 고체로 존재한다. **(c)** 불포화지방은 이중결합이 있는 곳마다 꺾여 있다. 이렇게 꺾임으로 인해서 서로 빽빽하게 뭉쳐지는 것을 방지하고 실온에서 액체로 존재할 수 있다.

포화지방에는 수소가 더 적게 들어 있다

만약 두 개의 탄소가 이중결합으로 서로 연결되면 그 지점에서 수소가 빠져나간다. 이처럼 분자의 한 부분에서 수소가 부족한 것을 **단일불포화지방산(monounsaturated fatty acid, MUFA**; *mono*라는 것은 "하나"를 의미한다)이라고 한다. 그림 4.2a의 가운데 있는 예를 보면 된다. 만약 지방산 사슬이 하나 이상의 이중결합을 가진다면 그 지방산은 그만큼 더 적은 수소를 함유하게 될 것이고, 이를 **다가불포화지방산(polyunsaturated fatty acid, PUFA**; *poly*-는 "많은"을 의미한다)이라고 부른다. 그림 4.2의 가장 아래쪽에 있는 것이 다가불포화지방산의 한 예이다.

단일불포화지방산과 다중불포화지방산은 이중결합이 사슬을 구부러지게 하기 때문에 둘 다 실온에서 액체이다. 부러진 이쑤시개처럼, 빼곡히 들어 있을 수가 없다(그림 4.2c). 단일불포화지방산이 많이 함유된 식품은 올리브유, 카놀라유, 캐슈넛이고, 다가불포화지방산이 많이 함유된 식품으로는 카놀라유, 옥수수유, 홍화씨유가 있다. 나중에 논의되겠지만, 두 가지 형태 모두 건강에 유익하고, 매일 적정량 섭취해야 하는 것이다.

그림 4.3에서 제시된 바와 같이 식품은 다양한 지방산을 함유한다. 예를 들어 동물성 지방은 포화지방으로부터 에너지의 40~60%를 공급하고, 대부분의 식물성 지방은 단일 혹은 다가불포화 지방으로부터 80~90%의 에너지를 제공한다. 이런 이유로, 식물성 식품(과일과 채소)은 동물성 식품이 많은 식사보다 포화지방을 더 적게 섭취할 수 있다.

단일불포화지방산(monounsaturated fatty acid, MUFA) 탄소사슬 중 두 개의 탄소 사이를 잇는 하나의 이중결합이 존재하는 지방산; 이러한 지방산은 보통 상온에서 액체임.

다(가)불포화지방산(polyunsaturated fatty acid, PUFA) 2개 이상의 이중결합을 포함하는 지방산으로 상온에서 보통 액체상태로 존재함.

필수 지방산

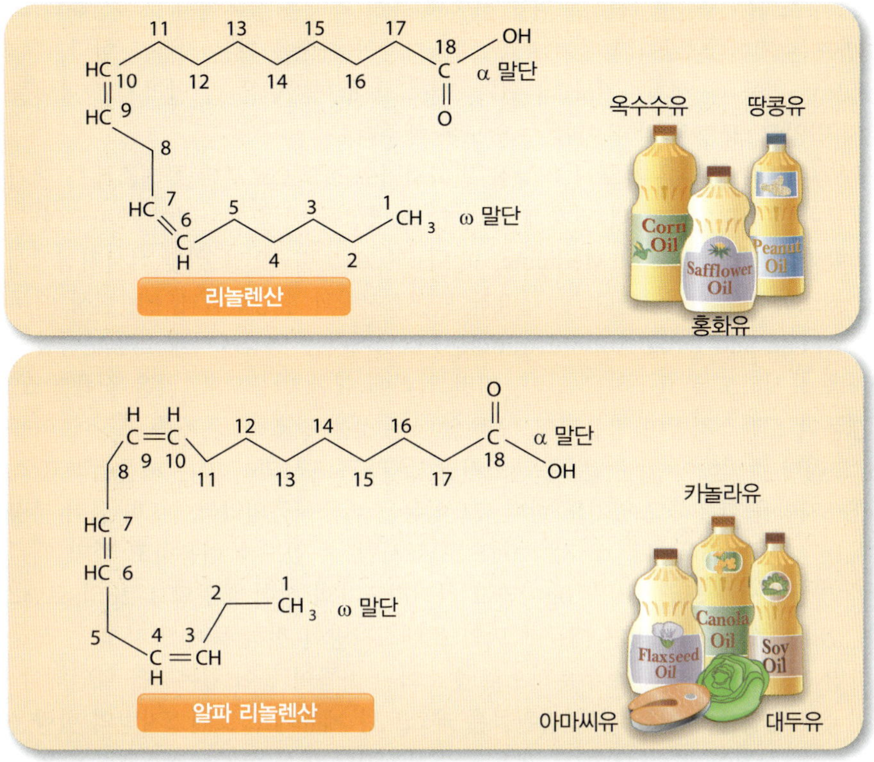

▲ **그림 4.3** 두 개의 필수 지방산: 리놀레산(오메가-6 지방산)과 알파 리놀렌산(오메가-3 지방산)

요점 중성지방, 인지질, 스테롤이 식품에서 발견되는 세 가지 형태의 지질이다. 이 중에서도 중성지방, 즉 지방이 가장 흔하다. 중성지방은 글리세롤 골격에 세 개의 지방산이 붙어 있는 것이다. 포화지방은 실온에서 고체이고 버터, 라드, 우유, 쇠고기에 풍부하다. 포화지방이 높은 식사는 심장질환의 위험을 증가시킨다. 단일불포화지방산과 다가불포화지방산은 실온에서 액체이고 식물성 유지, 견과류와 생선에 풍부하다. 이런 형태의 지방을 매일 적정량 섭취하는 것은 건강에 유익하다.

포화지방과 트랜스지방은 모두 건강에 해롭다

몇 년간 맥도날드에서부터 던킨도너츠까지 식품회사들은 자신들의 제품에서 트랜스지방을 제거하기 위해 레시피를 전면 수정했다. 무엇 때문에 이런 혼란이 야기되었을까? 트랜스지방이 무엇이고 또 트랜스지방은 왜 해로운가?

앞에서 언급된 바와 같이, 자연계에서 가장 흔한 불포화지방산의 형태는 꺾어진 구조이다. 반면 트랜스지방은 곧고, 마치 포화지방 같은 구조이다. 트랜스지방은 자연계에는 거의 존재하지 않는다. 유제품, 쇠고기와 양고기에서 극미량 발견되는 정도이다. 반면 마가린, 상업적 튀김기름, 쇼트닝과 가공식품 혹은 이런 제품으로 만든 패스트푸드에 매우 풍부하다. 고트랜스지방식사는 심장질환이나 조기사망과 관련이 있다는 연구들이 발표되면서 트랜스지방과 건강에 대한 관심도가 높아지기 시작했다.

문제 제기는 1800년대 후반에 시작되었다. 식품 제조업체에서 필요로 하는 지방은 싸고 흔한 식물성기름으로부터 만들어진 지방으로, 쉽게 상태가 변하지 않는 (산패되지 않는) 고체의 형태로 구입될 수 있는 것이다. (잘 알다시피, 대부분의 지방과 기름은 산패되지 않고 오랫동안 보관될 수는 없다.) 이런 지방은 수소화라고 불리는 과정을 통해 만들어질 수 있다. **수소**

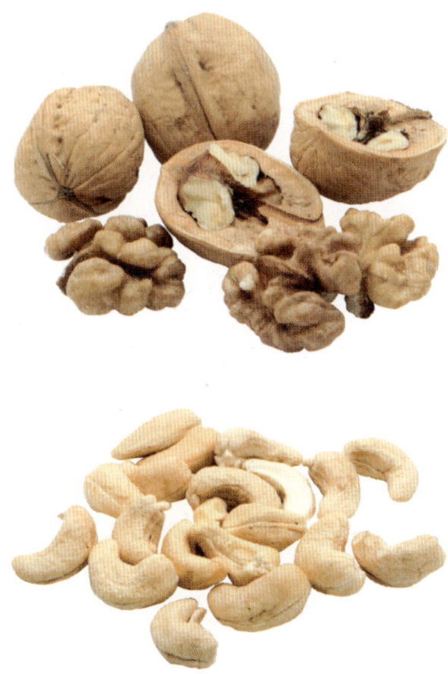

▲ 호두와 캐슈넛은 단일 불포화지방산이 많이 들어 있다.

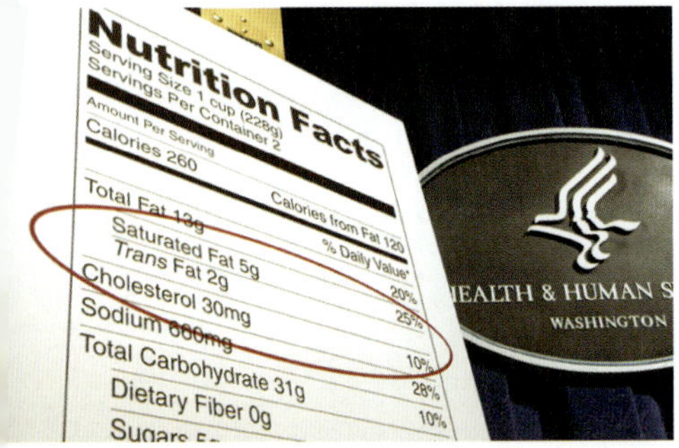

▲ 미국식품의약국(FDA)은 트랜스지방산에 대한 규제를 실시하고 있으며, 트랜스지방은 대부분의 식품과 식이보충제의 영양성분 표시에 따로 한 줄로 표시하도록 되어 있다. 연구자들은 트랜스지방산이 심혈관계 질환의 위험을 증가시킬 수 있다는 결과를 제시하였다.

화(hydrogenation)는 압력을 가해 수소를 식물성 기름 속의 탄소의 이중결합 부분에 삽입시키는 것이다. 수소화는 사슬을 똑바로 펴게 하여 식물성 지방을 실온에서 포화상태의 더 단단한 고체로 만드는 것이다. 게다가 추가된 수소는 지방의 산패를 막는 작용도 한다. 수소화된 지방은 제품으로 만들 때 성형하기도 더 쉽다. 예를 들어 마가린은 잘 발라지고 파이를 만들 때 잘 부서지지 않고, 모양을 잘 유지할 수 있도록 해준다.

연구를 통해 트랜스지방은 세포막 기능을 변화시키고 혈액으로부터 콜레스테롤 제거를 감소시키기 때문에 포화지방보다 더 건강에 좋지 않은 영향을 미친다는 것이 제시되었다. 이런 이유로 미의학학술원(Institute of Medicine, IOM)과 2010 미국인을 위한 식사지침에서는 트랜스지방을 최소화하라고 권고한다.[1,2] 게다가 트랜스지방과 심장질환과의 관련성 때문에 미국식품의약국(Food and Drug Administration, FDA)에서는 영양표시에 1회 분량당 트랜스지방의 함량을 표시하도록 요구하고 있다. 이런 압력에 대한 반응으로, 많은 식품제조업체는 자신들의 제품이 트랜스지방이 함유되어 있지 않다는 것을 강조하고, 제품 포장에 이를 명시하고 있다. 그러나 주의해야 할 것은, 트랜스지방 '무'라고 표시되어 있는 제품이라고 해도 실제로는 트랜스지방을 함유하고 있기도 한다. 그 이유는 미국식품의약국이 1회 섭취 분량당 트랜스지방이 1g 미만인 경우 트랜스 지방 0g으로 표시할 수 있도록 허용하고 있기 때문이다. 따라서 만약 영양표시가 트랜스지방 0g이라고 하더라도 1회 섭취 분량당 1/2g의 트랜스지방을 가질 수 있다는 것이다. 그렇기 때문에 만약 트랜스지방이 전혀 들어 있지 않은 식품을 먹겠다고 한다면 재료명을 확인해서 부분적으로 수소화된 기름이 들어 있는지를 확인해야 한다.

최근, 미국의 입법자와 식품 정책 기관들은 레스토랑 메뉴에도 트랜스지방의 함량을 표시할 수 있도록, 또 심지어 외식업체에서 제공되는 식품에서 인공적인 트랜스지방을 완전히 제거할 수 있도록 추진하고 있다. 이러한 노력들의 일부는 이미 성공했다고 할 수 있다. 뉴욕시 보건국이 외식업체 음식에서 트랜스지방을 제거하자는 캠페인을 시작한 후 2년 뒤인 2008년에, 한 연구는 뉴욕 외식업체의 98%가 더 이상 이것을 사용하지 않는다고 발표했다.[3] 많은 공중보건당국은 공중보건을 위해 외식업체가 이러한 트랜스지방을 포화지방으로 대체할 것이 아니라, 불포화지방이나 식물성 기름으로 대체해야 심장질환의 위험을 줄일 수 있다고 주장한다. 우리나라에서도 2006년 아시아 국가 최초로 정부차원의 관리 정책을 마련하여 트랜스지방 저감화를 추진해 왔고, 국내 식품산업체 역시 정부의 트랜스지방 저감화 정책에 맞추어 다양한 노력을 통해 2009년 시중 유통 중인 과자류 134건 중 트랜스지방 제로화 비율이 94%로 나타나 2005년 36%에 비해 크게 개선된 것으로 조사되었다(자료: 식품의약품안전처, 트랜스지방, 2010).

수소화 과정에도 불구하고, 트랜스지방은 포화지방보다는 덜 포화된 형태이다. 이런 의미에서 마가린은 버터보다는 더 나을까? 다음 쪽의 **영양, 미신 혹은 진실?** 박스에서 이 질문을 다루었다.

필수 지방산은 우리의 건강을 지킨다

많은 사람들이 지방은 피해야 한다고 생각하지만, 실제로는 생명을 유지하고, 적절한 기능을 수행하기 위해서 우리는 일정량의 지방을 먹어야만 한다. **필수 지방산(essential fatty acid, EFA)**은 체내에 많은 인지질로 들어가서 아이코사노이드라고 하는 생물학적으로 중요한 여러 가지 화합물을 만든다. 아이코사노이드는 위장관의 운동성, 혈액응고, 혈관의 수축과 이완을 통한 혈압 조절, 체액과 고분자 물질들의 혈관 투과성, 염증 조절 등의 체내 주요 기능을 조절하게 된다. 생물학적 작용을 조절하는 데 중요한 역할을 하기 때문에 다양한 아이코사노이드의 균형을 위해 필수 지방산의 균형이 필요하다. 예를 들면 혈액응고는 적시에 적절한 정도로 일어나야 하는데, 너무 과하면, 지나치게 과도한 혈액응고가 일어나게 되고, 또 너무 적을 경우 과도한 출혈이 일어

수소화(hydrogenation) 불포화 지방산에 수소를 첨가하여 포화가 더 되게 만들고 상온에서 좀 더 단단하게 만드는 과정.

필수 지방산(essential fatty acid, EFA) 식품으로부터 얻어져야만 하고 체내에서 생산되지 못하는 지방산.

영양, 미신 혹은 진실?

버터보다 마가린이 더 건강에 좋을까?

토스트가 막 구워졌다! 당신은 어떤 토핑을 사용할 것인가: 버터 아니면 마가린? 버터는 65%가 포화지방이고, 버터 1Ts에는 30g의 콜레스테롤이 들어 있다. 이와는 대조적으로, 옥수수유로 만든 마가린에는 포화지방은 단지 2%만 함유되어 있고 콜레스테롤도 없다. 하지만 마가린에 들어 있는 트랜스지방량은 얼마나 될까? 포화지방이 더 많은 버터와 좀 더 가공되었지만, 포화도가 낮은 마가린 중 어느 것이 더 나을까?

당신이 이 질문을 한 유일한 사람은 아니다. 최근까지 식물성 기름을 수소화시켜 마가린을 만들었다. 이런 제품들은 심장질환의 위험을 증가시킬 뿐 아니라, 세포막 손상과 면역기능을 약화시키고, 체내 항염증 호르몬을 억제하는 트랜스지방으로 가득 차 있다. 어떤 마가린은 니켈과 알루미늄 같은 해로운 금속이 수소화 과정 중 부산물로 함유되어 있기도 했다. 이것이 바로 연구자들이 몇 년 전 마가린 사용에 대해 소비자들에게 경고하기 시작했던 이유이다.

그러면 포화지방과 콜레스테롤이 풍부한 버터가 더 나은 선택일까? 10년 전 그것은 사실이었다. 하지만 10년이 지난 지금 식품회사들은 트랜스지방이 없는 마가린을 내놓았다. 미국 심장학회는 소비자들이 버터보다는 트랜스지방이 없는 마가린을 선택하도록 권하고 있다. 또 다른 그룹은 가공 제품은 여전히 "비식품"이며, 가공되지 않은 땅콩버터(땅콩, 호두, 캐슈, 아몬드 버터)를 대신 선택할 것을 권고한다. 이 대체품들은 필수 지방산과 심장 건강에 좋은 불포화지방이 풍부하다.

마가린이 트랜스지방 혹은 트랜스지방산이 '0'라고 표시되어 있는 것이 실제 그 제품에 전혀 들어 있지 않다고 보장할 수 없다는 것을 기억하자. 당신은 "부분적으로 수소화된" 기름이 없는 마가린을 찾아야 한다. 이것이 전적으로 트랜스지방산이 없다는 것을 알 수 있는 유일한 방법이다.

날 수 있다.

두 가지 필수 지방산은 리놀레산과 알파리놀렌산이다(그림 4.3). 이 둘은 모두 체내에서 만들어지지 않아 식이에서 반드시 섭취해야 하기 때문에 필수적이다.

리놀레산

리놀레산(linoleic acid)은 해바라기씨유, 홍화씨유, 옥수수유, 대두유와 땅콩기름 같은 식물성 기름이나 견과류 기름에서 발견된다. 만약 식물성 기름을 사용하거나 채소를 많이 먹는다면 충분한 양의 필수 지방산을 섭취할 수 있다. 체내에서 리놀레산은 아라키돈산으로 바뀌게 되는데, 이 아라키돈산이 바로 혈액응고와 혈압 같은 신체 기능을 조절하는 물질로 만들어진다.

리놀레산은 오메가-6 지방산(omega-6 fatty acid)으로 불린다. 화학자들은 지방산 사슬의 마지막 탄소를 오메가 탄소(omega carbon)라고 부른다(오메가[Ω]는 그리스 알파벳의 마지막 글자이다). 그림 4.1의 지방산에서, 오메가 끝부분을 보여주고 있다. 오메가-6는 지방산 사슬에서 오메가 탄소에서부터 거꾸로 세었을 때 6번째 탄소에 이중결합이 있는 것이다(그림 4.3). 신체는 오메가 끝부분 가까이에 이중탄소결합을 가진 지방산을 만들 수가 없기 때문에 리놀레산이 필수 지방산인 것이다.

알파 리놀렌산

두 번째 필수 지방산은 오메가-3 지방산(omega-3 fatty acid)인 **알파 리놀렌산(alpha-linolenic acid)**인데, 2005년에 필수영양소임을 공식적으로 인정받아 권장수준이 설정되었다. 하지만 알파 리놀렌산이 필수영양소라고 제안한 연구들은 1980년대 초에 시작되었다.[5] 가장 바깥쪽 오메가-3 탄소에서부터 이중탄소결합이 사슬을 따라 나타난다. 알파 리놀렌산은 많은 이중탄소결합을 가지고 있기 때문에 구조적으로 많이 꺾이게 되고 더 유동적이다. 또한 알파 리놀렌산은 주로 녹색 잎채소, 아마씨와 아마씨유, 대두유와 대두로 만든 식품, 카놀라유, 지방이 많은 생선이나 생선유에서 주로 발견된다.

여러 가지 생선에 함유된 오메가-3 지방산이 건강에 유익하다는 뉴스를 본 적이 있을 것

리놀레산(linoleic acid) 채소 및 견과류의 기름에 많은 필수 지방산; 또한 오메가-6 지방산으로 알려짐.

알파 리놀렌산(alpha-linolenic acid) 푸른잎 채소나 아마씨유, 대두유, 생선유, 수산물에 많이 함유된 오메가-3 지방산 형태의 필수 지방산.

▲ 연어에는 오메가-3 지방산이 많이 들어 있다.

이다. 두 개의 지방산인 **아이코사펜타엔산(eicosapentaenoic acid, EPA)**과 **도코사헥사엔산(docosahexaenoic acid, DHA)**은 특히 연어, 참치 같은 냉수성어류(cold-water fish)에 풍부한데, 불포화도가 높아 극도로 차가운 온도에서도 어류의 세포막에 유동성을 유지할 수 있게 한다.[6] 이 지방산은 혈관 기능을 향상시키는 역할을 하며, 심장질환의 위험과 관련된 염증, 혈액응고, 혈압, 혈중 중성지방 수준을 낮추고 불규칙한 심박동을 개선시키는 효과가 있는 것으로 알려져 있다.[7] 그림 4.4 는 여러 가지 식이지방의 주요 급원을 나타낸 것이다.

이러한 필수 지방산을 충분히 섭취하는 것은 건강에 중요하다. 오메가-6와 오메가-3 지방산은 같은 효소에 의해 대사되는데, 그 비율이 바로 관심의 대상이다. 하지만 많은 연구자들은 두 타입 간 균형을 맞추어 섭취하려는 것보다는 식이에서 이 두 가지 형태의 지방산들을 각각 적절한 양으로 섭취하는 것이 중요하다고 한다.[8] 이런 필수 지방산의 적절한 섭취를 통해 포화지방산과 트랜스지방산의 건강 유해성을 경감시킬 수 있다. 필수 지방산의 식이 권장수준은 이 장의 마지막 부분에서 논의될 것이다.

영양학의 이정표

1935년 캐나다 북극권 이누이트 부족 내 내과의사인 J.A Urquhart는 7년 동안 진료를 하면서 이 집단 내에서 심장질환, 당뇨병, 암 환자를 한 건도 본 적이 없었다고 보고하였다. 그 후 50년에 걸쳐 캐나다와 그린랜드에 거주하는 이누이트족을 대상으로 한 다른 연구들 역시 유사한 결과를 발표하면서 모두를 놀라게 했다. 이들의 식이는 거의 75%가 지방으로 구성되어 있었는데 어떻게 심장질환 발생률이 그처럼 낮을 수 있었을까? 곧 연구자들은 이누이트족이 섭취한 지방의 종류에 그 답이 있었음을 밝혀내었다. 이누이트들의 주요 식량인 냉수성어류와 물범, 물개, 고래 같은 바다포유류에는 포화지방이 적고, 단일불포화지방과 특히 다가불포화지방산이 많고, 그 중에서도 EPA와 DHA 같은 오메가-3 지방산 함량이 매우 높다.

아이코사펜타엔산(eicosapentaenoic acid, EPA) 알파 리놀렌산으로부터 체내에서 합성되는 오메가-3 지방산의 종류로 해양 식물과 동물의 식이에서 발견.

도코사헥사엔산(docosahexaenoic acid, DHA) 알파 리놀렌산으로부터 체내에서 합성되는 오메가-3 지방산의 종류로 해양 식물과 동물의 식이에서 발견. EPA와 함께 심장 마비의 위험을 감소시키는 것을 나타남.

요점 포화지방산과 트랜스지방산의 과량 섭취는 심장질환 위험의 증가와 관련성이 있다. 반면, 필수 지방산은 건강에 중요하다. 우리 인체는 필수 지방산을 합성할 수 없기 때문에 반드시 식사로 섭취해야 한다. 연구자들은 두 가지 오메가-3 필수 지방산인 EPA와 DHA가 심장질환을 예방하는 효과를 가진다고 한다.

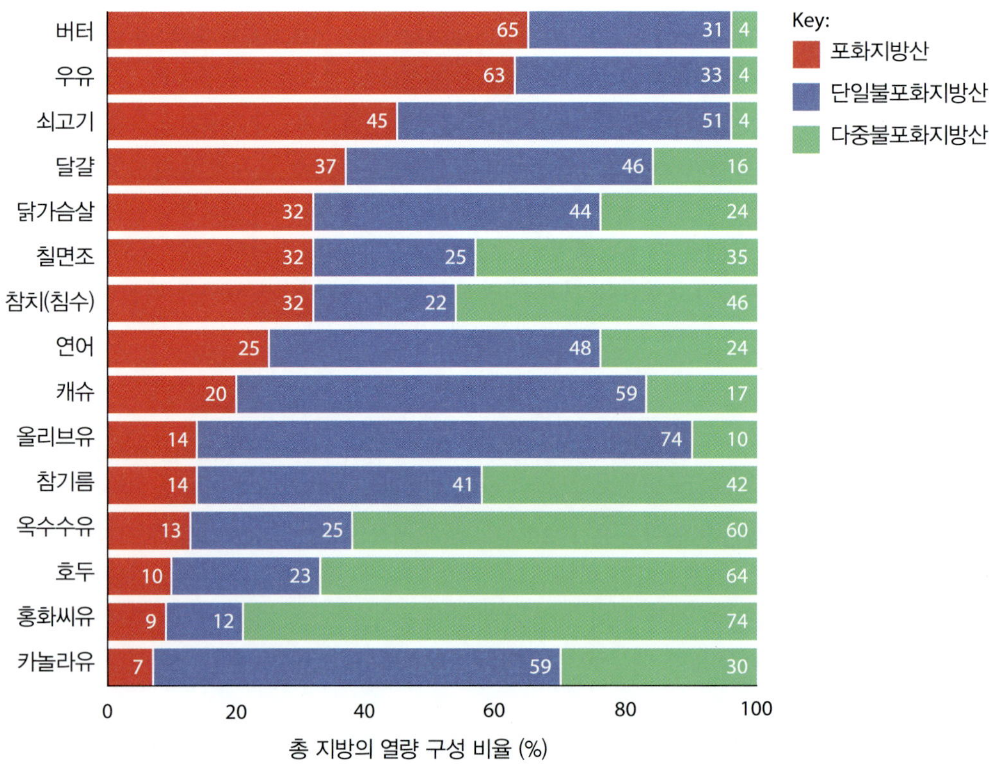

▲ **그림 4.4** 식이지방의 주요 급원

인지질은 인과 지질이 결합된 것이다

앞서 살펴본 바와 같이, 중성지방에 이어, 우리가 먹는 식품에 존재하는 두 가지의 또 다른 지방의 형태는 인지질과 스테롤이다. **인지질(phospholipid)**은 글리세롤 골격에 두 개의 지방산이 붙어 구성된다. 인지질은 중성지방의 세 번째 지방산 대신 물에 잘 녹는 물질인 인산기가 포함되어 있는 화합물이다(그림 4.5). 인산 화합물이 대체되면서 인지질은 물에 잘 녹을 수 있게 되고, 이러한 인지질의 특성은 혈액 내에서 지방을 운반하는 데 도움을 줄 수 있다(혈액의 약 50%는 물로 되어 있다). 그림 4.5에서 제시된 것처럼 인지질은 인체의 모든 세포의 세포막을 구성하는 주요 물질로, 세포 내외로 물질 운반의 조절을 돕는다.

인지질은 땅콩, 달걀노른자, 샐러드드레싱 같은 분산된 지방을 함유한 가공식품에 들어 있다. 하지만 우리 몸은 인지질을 쉽게 만들 수 있기 때문에 식이로부터 반드시 섭취해야 하는 필수 영양소는 아니다.

스테롤은 고리구조를 가지고 있다

스테롤(sterol)은 식품과 인체 모두에서 발견되는 지질의 한 형태이다. 그러나 고리 구조는 중성지방이나 인지질과는 다르다(그림 4.6a). 스테롤은 식물성, 동물성 식품 모두에 포함되어 있고, 신체 내에서도 합성된다.

콜레스테롤은 식품으로 섭취하는 스테롤 중 가장 흔한 것이라고 할 수 있다(그림 4.6b). 콜레스테롤은 버터, 달걀노른자, 우유, 육류 및 가금류 같은 동물성 지방에서만 볼 수 있다. 달걀 흰자나 탈지유, 살코기에는 콜레스테롤이 거의 들어 있지 않다. 식이 콜레스테롤, 즉 식품으로부터 섭취하는 콜레스테롤은 주로 포화지방산 함량이 높은 식품에 많이 들어 있기 때문에 혈중 콜레스테롤을 상승시키는 나쁜 물질로 여겨진다. 이 장의 마지막 부분에서 다루어지겠지만, 혈중 콜레스테롤 수준이 높아지면 심혈관계 질환의 위험을 증가시키게 된다.

인체는 체내(주로 간과 소장)에서 콜레스테롤을 합성할 수 있기 때문에 음식에서 콜레스테롤을 섭취할 필요는 없다. 콜레스테롤은 체내 모든 세포막의 일부이기 때문에, 콜레스테롤의 생성, 즉 생합성은 생명유지에 있어 필수적이다. 콜레스테롤은

우리가 섭취한 육류에 포화지방과 콜레스테롤이 걱정되는가? 얇은 쇠고기 한 점을 먹고자 할 때 사용하기 좋은 지침에 대해 다음 사이트를 참고하자. www.mayoclinic.com/health/cuts-of-beef/MY01387.

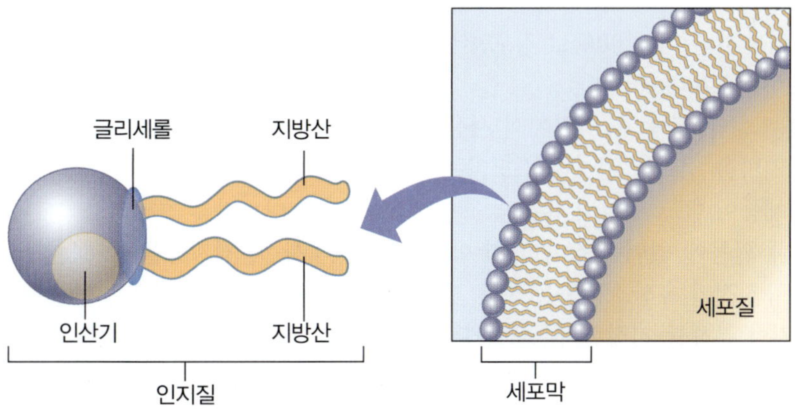

▲ 그림 4.5 인지질의 구조. 인지질은 두 개의 지방산과 한 분자의 인산기 함유 분자가 붙어 있는 글리세롤 골격으로 구성된다. 인지질은 세포막의 주요 구성성분이고 땅콩, 달걀노른자, 유화된 지방을 함유한 가공식품 등의 특정 식품에 많이 들어 있다.

인지질(phospholipid) 지질의 일종으로 인산을 포함하는 화합물과 결합된 지방산임. 다른 종류의 지질과 달리 수용성을 띰.

스테롤(sterol) 식품에서 발견되는 지질의 한 종류이며 고리 구조를 가짐. 콜레스테롤은 식이에 존재하는 가장 흔한 스테롤임.

▶ 그림 4.6 스테롤 구조. (a) 콜레스테롤과 그 밖의 스테롤은 여러 개의 링 구조를 가지고 있는 지질이다. (b) 콜레스테롤은 식이에 가장 흔히 발견되는 스테롤로, 육류, 생선류, 달걀노른자와 유제품에 많이 들어 있다.

(a) (b)

지방산과 함께 세포막의 기능을 유지하는 데에 매우 중요하다. 인체는 콜레스테롤을 성호르몬(에스트로겐, 안드로겐, 프로게스테론), 부신호르몬, 담즙과 비타민 D를 포함한 여러 가지 중요한 스테롤 화합물을 합성하는 데 사용한다. 이처럼, 콜레스테롤은 악명이 높음에도 불구하고 실제로는 인체의 건강에 절대적으로 필수적인 물질이라고 할 수 있다.

▲ 식이지방은 에너지를 제공한다.

요점 인지질은 하나의 글리세롤 골격과 두 개의 지방산에 인산기를 함유한 화합물이 결합되어 물에 녹을 수 있는 물질이다. 인지질은 혈액 내에서 지방을 운반하는 데 도움을 주고 세포막을 구성한다. 스테롤은 여러 개의 고리구조 화합물로, 콜레스테롤은 주로 식품 내 가장 흔히 볼 수 있는 스테롤이다.

왜 우리는 지방을 먹어야 하는가?

식이지방은 에너지를 공급하고 체내 필수적인 기능을 수행할 수 있도록 도움을 준다.

지방은 에너지를 공급한다

식이지방은 에너지의 가장 중요한 급원이다. 탄수화물과 단백질은 1g당 4kcal를 제공하는 반면, 지방은 1g당 9kcal를 제공한다. 이 점은 지방이 훨씬 에너지 밀도가 높다는 것을 의미한다. 예를 들어, 버터나 기름 1ts는 약 100kcal 정도인데, 밥 1/3공기와 전곡으로 만든 빵 한 조각, 삶은 브로콜리 2.5컵이 바로 100kcal이다.

▲ 운동을 많이 할수록 더 많은 지방을 에너지로 사용할 수 있다. 예를 들어 장거리 자전거 선수들은 에너지로 저장된 지방을 사용한다.

우리가 쉬는 동안, 근육과 기관에서 사용된 에너지의 약 30~70%는 지방에서 온 것이다. 쉬고 있을 때 지방을 정확히 얼마나 소모하는지는 식이로부터 얼마만큼의 지방을 섭취하는지, 신체 활동량, 체중이 줄고 있는지 혹은 늘고 있는지에 따라 다르다.

지방은 신체 활동에 있어 가장 중요한 에너지원이다. 사실, 체지방을 줄이는 가장 좋은 방법 중 하나는 규칙적인 유산소운동을 하는 것이다. 운동을 하는 동안 인체는 근육에 연료를 공급하기 위해 지방 분해를 시작한다. 소모되는 지방의 양과 급원은 운동의 종류, 강도, 시간 및 운동하기 전 무엇을 얼마나 먹었는지에 따라 다르다. 인체는 저장된 탄수화물, 즉 글리코겐을 사용하는 데는 한계가 있기 때문에, 운동을 오래할수록 에너지원으로 더 많은 지방을 소모하게 된다.

지방은 필요할 때를 대비해서 에너지를 저장한다

우리 인체는 **지방조직**(adipose tissue)에 지방으로 여분의 에너지를 저장해 두었다가 쉬는 동안, 운동하는 동안, 또 에너지 섭취량이 부족할 때 에너지로 사용될 수 있다. 지방조직은 운동을 할 때도, 잠을 잘 때도, 심지어 우리가 먹을 수가 없을 때에도 에너지원을 제공하게 된다. 인체는 상대적으로 탄수화물 저장량은 극히 적어서 하루 내지 이틀 버틸 정도밖에는 되지 않으며, 여분의 단백질을 저장할 수 있는 장소도 없다. 근육과 기관을 여분의 단백질이 저장되어 있는 장소로 생각할 수는 없다. 이런 이유 때문에 우리는 실제 많은 양의 지방조직이 저장되기를 바라지 않음에도 불구하고, 일부는 인체의 기능을 유지하는 데 필수적이라고 할 수 있다.

▲ 체지방 조직은 넘어져 타박상을 입을 때 장기를 보호하는 패드 역할을 한다.

지방은 지용성 비타민을 운반할 수 있다

식이지방은 지용성 비타민을 운반한다. 지용성 비타민은 비타민 A, D, E, K이다. 비타민 A는 시력에 중요하고, 비타민 D는 뼈 건강을 유지하는 데 도움을 줄 수 있다. 또 비타민 E는 세포의 손상을 예방하고 복원하며, 비타민 K는 혈액응고와 뼈의 건강에 중요하다. 식이지방을 적절히 섭취하지 않으면 이처럼 중요한 비타민들이 결핍될 수 있다.

지방은 세포의 기능을 유지하고, 신체를 보호하는 데 도움을 준다

지방은 인체 모든 세포막의 중요한 일부이며, 세포 안으로, 혹은 바깥으로 물질을 이동시키고, 물질이 세포로 들어오는 정도를 조절한다. 이 때문에 지방은 세포의 기능에 큰 영향을 미친다. 게다가 지방은 세포의 유동성을 비롯한 다른 여러 가지 세포막의 물리적 성질을 유지하는 데 도움을 준다. 예를 들어, 지방은 적혈구 세포막을 매우 유연하게 만들 수 있기 때문에 쉽게 구부러지고 체내 가장 좁은 모세혈관을 통해 이동이 가능하게 함으로써 체내 모든 세포로 산소를 운반할 수 있다.

저장된 체지방은 우리 신체의 보호대 역할을 함으로써 넘어지거나 무언가에 부딪혔을 때 신장이나 간과 같은 장기를 보호한다. 피부 아래에 위치한 지방은 체온을 유지하는 데 도움을 줄 수도 있다. 우리는 종종 체지방을 '나쁜 것'으로 생각하곤 하지만 사실 지방은 우리 건강과 적절한 기능을 유지하는 데에 매우 중요한 역할을 한다.

▲ 지방은 식품에 질감이나 향미를 부여한다.

지방은 식품의 향미와 질감을 향상시킨다

식이지방은 음식에 향미와 질감을 더해 준다. 지방은 샐러드드레싱을 부드럽게 해주고, 아이스크림의 "크림처럼 부드러운 느낌"을 주기도 하며, 케이크이나 쿠키를 촉촉하게 해주고 더 부드럽게 해 준다. 도넛이나 프렌치프라이 같은 기름에 튀긴 음식은 바삭하고 튀김 특유의 향미를 덧입혀 줄 수 있다. 반면 지방을 함유한 쿠키, 크래커, 칩, 빵 같은 음식을 제대로 보관하지 않으면 금세 산패될 수 있다. 제조업체에서는 지방이 많이 들어 있는 식품의 유통기한을 증가시키기 위해 보존제를 첨가하기도 한다.

지방은 포만감을 느끼게 한다

지방은 식사 후 포만감을 느끼게 한다. 두 가지 요인이 이런 효과를 줄 수 있는데, 첫째는 앞서 언급한 바와 같이 지방은 에너지 밀도가 탄수화물이나 단백질에 비해서 높기 때문이다. 중간 크

▲ 지방이나 기름은 물에 쉽게 녹지 않는다.

기의 사과 하나와 같은 무게의 버터는 840kcal를 나타낸다. 둘째, 지방은 소화과정에서 더 많은 단계를 거쳐야 하기 때문에, 단백질이나 탄수화물 보다 소화되는데 더 오랜 시간이 걸린다. 이처럼 더 천천히 우리 체내로 흡수되어 에너지를 내기 때문에 더 오랜 시간 포만감을 느끼게 되는 것이다.

요점 식이지방은 1g당 9kcal로 단백질과 탄수화물의 약 2배에 가까운 열량을 가지고 있고, 우리가 쉬고 있는 동안 필요한 대부분의 에너지를 제공한다. 지방은 운동하는 동안에도 주요한 연료로 사용된다. 식이지방은 지용성 비타민이 체내로 운반될 수 있도록 도움을 주고, 세포의 기능을 조절하며 세포막을 정상적으로 유지한다. 저장된 형태의 체지방은 우리 몸의 장기들을 보호하고 신체의 보호대 역할을 하게 된다. 지방은 식품의 향미와 질감을 향상시키며 식후 포만감을 느끼게 하는데 도움을 준다.

우리가 섭취한 지방은 어떤 일을 겪게 되는가?

지방은 물에 녹지 않기 때문에, 소화관에서 쉽게 혈액으로 들어갈 수가 없다. 따라서 지방은 물에 녹는 탄수화물이나 단백질과는 다른 방법으로 소화되어 흡수되고 체내로 운반되어야 한다. 그 과정을 살펴보자(그림 4.7).

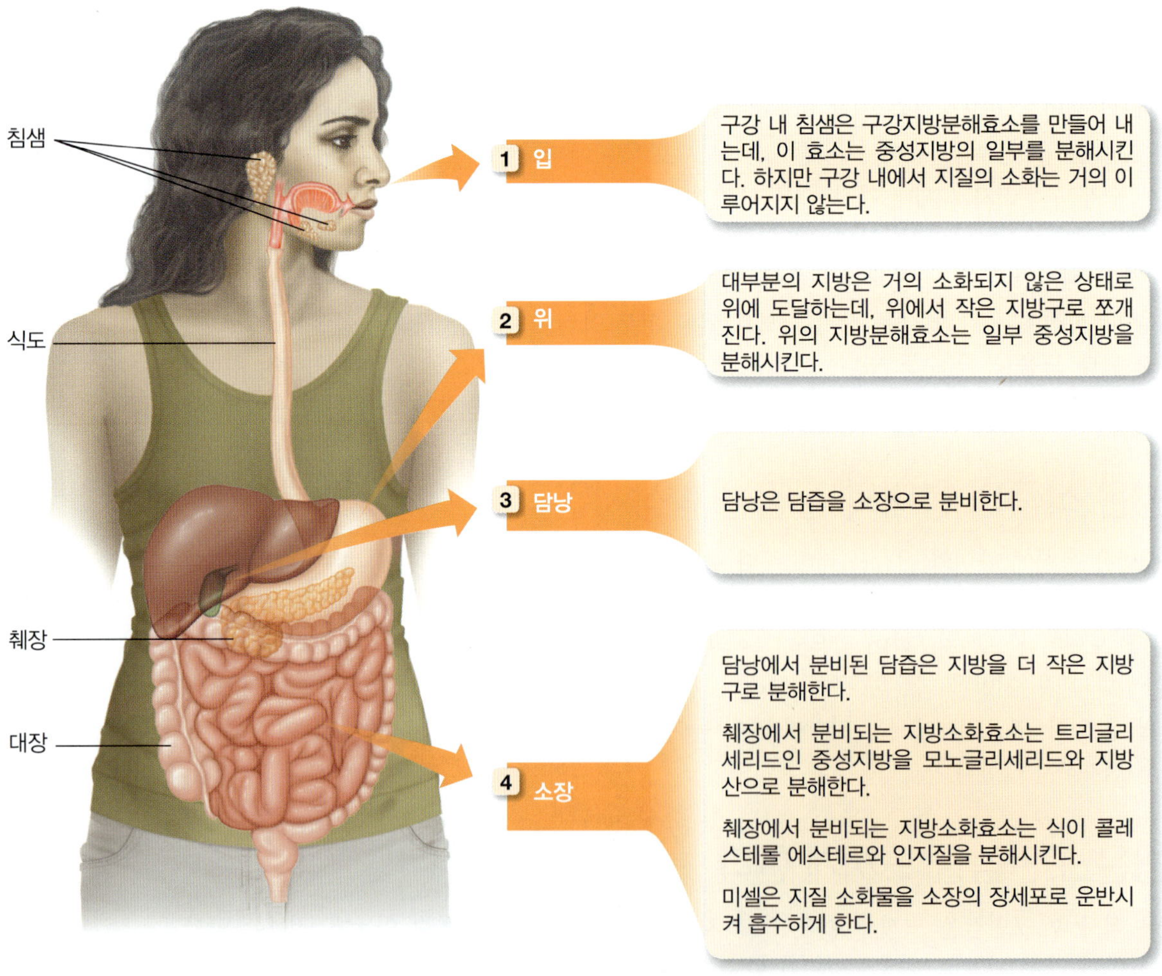

▲ 그림 4.7 지방의 소화 과정.

구강과 위에서는 지방 소화가 거의 일어나지 않는다

식이지방은 대개 다른 식품들과 함께 씹고 삼키는 과정을 거치게 된다. 입에서 지방은 수분, 점액, 구강지방분해효소(lingual lipase)인 타액효소와 섞이게 되는데, 이 효소는 지방이 위에 도달할 때까지 지방 분해에 있어 제한적 역할을 수행하게 된다(그림 4.7의 1단계). 일단 위로 들어오게 되면 구강지방분해효소와 위에서 분비되는 위장의 지방분해효소(gastric lipase)가 지방의 10% 정도를 소화시킬 수 있다. 하지만 지방 소화에 있어 위장의 중요한 역할은 지방 덩어리를 작은 지방구(기름방울)들로 분해시킨다는 것이다(그림 4.7의 2단계). 그렇지 않으면 지방은 물에 녹지 않기 때문에 소장으로 내려갈 때까지 위에서 수분이 많은 소화액 위로 뜨면서 기름층이 된다.

담낭, 간, 췌장은 지방의 분해를 돕는다

지방은 물에 잘 녹지 않기 때문에, 지방의 소화에서는 담낭으로부터 분비되는 화합물과 췌장으로부터 분비되는 소화효소의 도움이 필요하다. 담낭은 간 아래쪽에 붙어 있는 일종의 주머니이고, 췌장은 위 아래쪽에 있는 길쭉한 모양의 장기이다. 두 장기 모두 소장과 연결된 관을 가지고 있다.

지방이 위에서 나와 소장으로 들어가게 되면 담낭이 수축하여 담즙(bile)이라는 물질을 분비한다(그림 4.7의 3단계). 담즙은 간에서 콜레스테롤로부터 만들어지고 필요할 때까지 담낭에 저장된다. 담즙은 염분을 가지고 있고 비누처럼 계면활성제 같은 역할을 함으로써 지방을 점점 더 작은 기름 방울로 분해시킨다. 동시에 지방을 소화시키는 췌장의 효소들은 췌관에서 소장으로 이동하게 된다. 이 췌장 효소는 글리세롤 골격에서부터 지방산을 제거해 중성지방을 분해한다. 각 중성지방 분자는 두 개의 지방산과 하나의 모노글리세리드(monoglyceride), 즉 글리세롤 골격에 지방산이 한 개 붙어 있는 분자로 분해된다.

대부분의 지방은 소장에서 흡수된다

지방산과 모노글리세리드는 소장 세포 내로 들어온 후 체내로 흡수된다(그림 4.7의 4단계). 유리 지방산과 모노글리세리드가 소장세포로 들어가기 위해서는 담즙과 인지질로 이루어진 미셀(micelle)의 도움이 필요하다. 아주 짧은 사슬의 지방산은 소장의 세포막을 바로 통과한다. 긴 사슬의 지방산은 먼저 특정 운반단백질과 결합한 뒤 세포 내로 흡수된다.

소장세포로 흡수된 후 짧은 사슬의 지방산은 아무런 도움도 받지 않고 혈액으로 들어온 다음 간으로 이동하게 된다. 반대로 긴 사슬의 지방산과 모노글리세리드는 중성지방으로 다시 형성된다. 중성지방 분자는 물과 섞이지 않기 때문에 독립적으로 혈액으로 들어갈 수가 없다. 중성지방이 혈액으로 들어가기 위해서는 특별한 포장을 해야 하는데, 이때 만들어지는 것이 바로 지단백이다. **지단백질(lipoprotein)**은 원형 모양의 화합물로 중심부 깊은 곳은 중성지방으로, 겉부분은 물에 잘 녹는 인지질과 지단백질로 구성되어 있다(그림 4.8). 일종의 지단백질인 **킬로미크론(chylomicron)**은 음식에서 섭취된 지방에서부터 만들어지는데, 일단 킬로미크론이 만들어지고 나면, 소장세포에서 나와 림프계를 통해 혈액 안으로 들어가게 된다.

이제, 지방이 어떻게 체내로 흡수되는지를 배웠다. 그런데 만약 이 과정을 차단한다면 열량 섭취 없이 프렌치프라이나 아이스크림을 마음껏 즐길 수 있지 않을까? "지방 차단제" 같은 체중조절용 보충제를 제조하는 회사에서는 이 점을 강조하고, 또 최근 연구는 이를 뒷받침할 증거들을 제시하고 있다. 지방 차단제의 주요 성분 중 하나는 해양 갑각류에 들어 있는 난소화성물질인 키토산으로 지방과 결합하게 된다.[10] 한 연구는 키토산의 섭취가 체중감량에 매우 효과적이어서 8~9주 동안 평균 0.8~8.2kg 감량 효과를 보았다고 보고하였다.[11,12,13]

시판 중인 또 다른 지방차단제로 알리(Alli®)가 있는데, 이 약은 지방과 결합하는 대신 지

▲ 새우 같은 해양 갑각류에서 얻을 수 있는 키토산은 주요한 구성 성분으로 지방의 흡수를 막는 기능기를 가지고 있다.

지단백질(lipoprotein) 중심부에 지질이 모여 있고 인지질과 단백질이 외부를 형성하는 구형의 화합물.

킬로미크론(chylomicron) 장 내 점막세포에서 생산되는 인지질로 식이 지방을 장관 밖으로 수송.

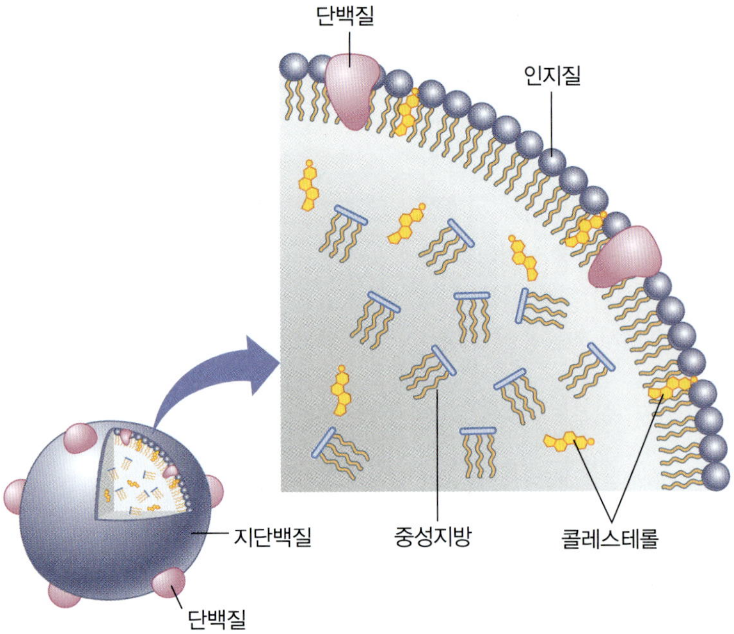

▲ 그림 4.8 지단백질의 구조. 분자 중앙에는 지방이 뭉쳐져 있고, 수용성인 인지질과 단백질은 구의 바깥쪽 표면을 형성하고 있다. 이는 지단백질이 혈류에서 지방을 운반할 수 있도록 한다.

방을 분해하는 효소의 작용을 차단한다. 관련 연구는 저지방 식사와 병행했을 때만 나타나긴 하지만 알리(Alli®)도 키토산처럼 체중 감량에 효과가 있다고 보고하였다. 지방 차단제의 흔한 부작용은 위장관의 부담감이다. 만약 체중조절을 하고자 한다면 건강전문가에게 어떤 것이 자신에게 맞는 것인지 조언을 구할 수 있을 것이다.

지방은 나중에 사용하기 위해 저장된다

식이지방으로 채워져 있는 탈수된 킬로미크론은 간으로 운반되어 혈액으로 들어가게 된다. 혈액에서 지방산은 세포 내로 들어가게 된다. 다음은 식이지방에 대한 세 가지 주요한 대사 경로이다.

- 식이로부터 섭취한 지방은 에너지를 만들기 위해 지방을 필요로 하는 세포로 재빨리 운반되어 연료로 사용된다.
- 간은 호르몬과 담즙 같은 지질을 함유한 화합물을 만드는 데 식이지방을 사용한다.
- 혹은 지방은 근육이나 지방조직으로 들어가 중성지방으로 다시 만들어져 나중에 사용하기 위해 저장된다.

만약 당신이 매우 활동적이라면, 당신의 몸은 근육조직에서 여분의 지방을 쉽게 저장하게 되고, 달리거나 운동할 때 그 지방은 에너지를 내기 위해 사용될 수 있다. 이것이 바로 규칙적으로 운동을 하는 사람들은 여분의 지방을 지방조직보다는 근육조직에 더 많이 저장하는 이유이다. 당연히 지방조직에 저장된 지방은 운동을 하는 동안 에너지원으로 사용될 수 있지만, 그러기 위해서는 일단 먼저 분해되어 근육 세포로 이동되어야 한다.

요점 지방의 소화는 담즙에 의해 지방이 작은 기름 방울로 분해되는 것으로 시작된다. 그 다음, 췌장의 소화효소가 작용하여 중성지방을 두 개의 유리 지방산과 하나의 모노글리세리드로 소화시키게 된다. 이렇게 만들어진 유리지방산과 모노글리세리드는 미셀의 도움으로 소장의 세포로 운반된 다음, 세포 내에서 중성지방으로 재형성되어 킬로미크론이라고 불리는 지단백으로 만들어진다. 식이지방은 킬로미크론에 의해 에너지가 필요한 세포 내로 운반된다. 근육조직에 저장되어 있던 지방은 운동시 에너지원으로 사용된다. 과도한 지방은 지방조직에 저장되어 에너지가 필요할 때마다 이용될 수 있다.

우리는 지방을 얼마만큼 섭취해야 하는가?

모두들 식이지방은 당연히 나쁜 것이라고 생각한다. 하지만 지방은 우리의 건강을 유지하는 데 중요한 역할을 하기 때문에 식이에서 지방으로부터의 적당한 에너지 섭취는 필요하다. 그러면 정확히 어느 정도가 적당한 양일까? 또 건강에 좋은 지방이 들어 있는 식품은 어떤 것들이 있을까? 함께 알아보자.

총지방의 영양섭취기준

2010년 한국인을 위한 영양섭취기준에서 총지방에너지적정비율(The Acceptable Macronutrient Distribution Range, AMDR)은 15~25%이며(2010 한국인영양섭취기준), 미국의 경우

20~35%로 설정되어 있다.[2] 총지방에너지적정비율 15~25%는 하루 2000kcal를 섭취한다고 가정할 때 300~500kcal로 지방으로는 33~56g이다. 참고로, 버터 1Ts의 지방은 11g이고 약 100kcal 정도이다. 이 범위 내에서 포화지방산과 트랜스지방산의 섭취를 줄일 것을 권장하는데, 이러한 변화를 통해 심장질환에 대한 위험을 낮출 수 있다.

운동선수나 활동량이 많은 사람들은 앉아서 생활하는 사람들보다 지방 섭취의 비율을 줄이는 것이 좋은데, 그 이유는 운동선수의 경우 탄수화물과 단백질 요구도가 그만큼 더 높기 때문이다. 성인의 총지방 에너지적정비율을 20%라고 한다면, 운동선수의 경우 총열량 섭취량의 25%를 지방으로부터 섭취할 것을 권장한다.[15,16] 즉, 일반인이 하루 2000kcal를 섭취할 때 약 45g 정도의 지방을 섭취한다면, 운동선수의 경우 하루 3500kcal를 섭취한다고 가정할 때, 지방은 88g 정도 섭취하는 것이 적절하다.

체중조절을 시도하는 많은 사람들이 지방 섭취를 엄격하게 제한한다. 만약 하루 1500kcal 보다 더 적게 먹는다면 좋은 점보다는 나쁜 점이 더 많다. 관련 연구에 따르면, 저지방식이(지방으로부터 섭취하는 에너지가 15% 미만)는 적정 지방 식사에 비해 건강이나 수행능력에 더 이득이 되지는 못할 뿐만 아니라 실천하는 것도 몹시 힘들다.[17] 오히려 지방 섭취를 총에너지 섭취량의 15~25% 정도로 유지할 때 대부분의 사람들은 자신의 몸이 더 좋아졌고 체중을 유지하는데 더 성공적이며, 또 음식에 마음을 덜 빼앗긴다는 것을 느낄 것이다.

게다가 식이지방을 줄이려는 사람들은 육류, 우유 및 유제품, 달걀이나 견과류 같은 식품들을 먹지 않는다. 그렇지만 이렇게 할 경우 오히려 건강 유지에 필요한 단백질과 많은 필수 비타민, 무기질의 중요한 급원을 모두 먹지 않게 된다. 지방이 매우 적은 식사는 필수 지방산 역시 결핍될 수 있다.

하루에 정확히 얼마만큼의 지방을 먹어야 할까? 지방을 얼마나 섭취하는지 알아보려면 다음의 사이트를 이용할 수 있다. www.healthcalculators.org/calculators/fat.asp.

필수 지방산의 영양섭취기준

아직까지는 한국인을 위한 오메가-6계 및 오메가-3계 지방산의 충분섭취량을 설정하기에는 그 근거가 부족하여 현재 에너지적정비율이 설정되어 있다. 2010 한국인영양섭취기준에 따르면, 오메가-6계 지방산은 에너지의 4~8%를, 오메가-3계 지방산은 1% 내외로 하고, 오메가-6계 : 오메가-3계의 섭취비율을 4~10%로 제시하고 있다(2010 한국인영양섭취기준). 미국의 경우 2005년에 두 가지 필수 지방산에 대한 영양섭취 기준을 설정하였고, 그 적정섭취량은 다음과 같다.

- 리놀레산: 19세 이상 성인 남성의 경우 하루 14~17g, 성인 여성의 경우 하루 11~12g으로, 보통의 식사를 한다고 가정하고 이것을 에너지적정섭취비율로 바꾸면 총에너지 섭취의 5~10% 정도에 해당된다.
- 알파 리놀렌산: 성인 남성의 경우 하루 1.6g, 성인 여성의 경우 하루 1.1g으로, 에너지적정섭취비율로 바꾸면 0.6~1.2% 정도에 해당된다.

예를 들어 하루 2000kcal를 섭취하는 사람이라면, 리놀레산을 하루 11~22g 섭취하고 알파 리놀렌산을 하루 1.3~2.6g 정도 섭취하는 것이다.

우리 몸은 알파 리놀렌산을 DHA와 EPA로 전환시킬 수 있긴 하지만, 이는 상당히 제한적이다. 따라서 세계보건기구(World Health Organization, WHO)와 같은 공중보건 전문가들은 DHA와 EPA의 공식적인 권장수준을 제정했는데, EPA 혹은 DHA은 하루 0.3~0.5g을, 알파 리놀렌산을 하루 0.8~1.1g을 섭취할 것을 권고하고 있다.

▲ 미국인들의 경우 많은 포화지방과 트랜스지방을 섭취하고 있다.

대부분의 미국인들은 너무 많은 포화지방과 트랜스지방을 섭취하고 있다

우리가 섭취하는 식이지방 중에서, 포화지방과 트랜스지방은 심장질환 위험을 증가시킬 수 있다고 여겨진다. 이로 인해 미국의 경우 총에너지 섭취량의 7~10% 미만으로 포화지방을 섭취할 것을 권고하고 있음에도 불구하고, 미국인의 평균 포화지방 섭취량은 에너지 섭취량의 11~12%로 조사되었다.[18] 우리나라에서는 2010 한국인 영양섭취기준에서 19세 이상 성인의 경우, 4.5~7% 에너지적정비율을 설정하고 있다.

트랜스지방산의 섭취는 가능한 한 적게 섭취하는 것이 좋다.[1] 아직까지 식품의 트랜스지방산 함량에 대한 정확한 데이터베이스가 부족하여 실제 우리나라 사람들의 정확한 트랜스지방산 섭취량을 조사하는 것은 쉽지 않다. 이런 사정은 다른 나라들도 마찬가지여서, 미국 국가차원의 조사에서도 대략 총지방 섭취량의 2~3% 정도의 수준으로 추정하고 있을 뿐이다.[19,20]

요점 총지방의 에너지적정섭취비율(Acceptable Macronutrient Distribution Range, AMDR)은 총에너지 섭취량의 15~25%이다. 우리나라의 경우 리놀레산과 알파 리놀렌산과 같은 필수 지방산의 충분섭취량 설정 근거 부족으로 오메가-6계 지방산은 에너지의 4~8%를, 오메가-3계 지방산은 에너지의 1% 내외를 기준으로 하여 총 오메가-6계:오메가-3계의 비율을 4~10으로 설정하고 있다. 포화지방산과 트랜스지방산은 심장질환의 위험을 증가시킬 수 있으므로, 포화지방산의 경우 총 에너지 섭취량의 4.5~7% 미만으로, 트랜스지방산의 경우 가능한 한 적게 줄일 것을 권고하고 있다.

구매자를 위한 지침: 건강한 지방이 함유된 식품을 선택할 것

예전에 혹시 냉동식품을 전자레인지로 조리하려다가 포장에 있는 영양표시를 읽고 먹지 않았던 적이 있는가? 만약 그런 경험이 있다면 우리 식사에 얼마나 많은 포화지방이 들어 있는지를 알게 되면 정말 충격일 것이다. 여기서 논의되었던 것처럼, 많은 가공식품에는 지방, 특히 포화지방과 트랜스지방의 급원 식품들이 숨겨져 있다. 반대로, 기름, 생선, 견과류 같은 식품은 우리 몸에서 필요로 하는 건강한 불포화지방이 풍부한 급원식품이 될 수 있다.

보이는 지방과 보이지 않는 지방

오늘 아침, 커피에 크림을 넣었는가? 빵을 먹을 때 버터를 발라 먹었는가? 이런 기름, 버터, 마가린, 크림, 쇼트닝, 마요네즈 혹은 샐러드드레싱 같은 첨가된 지방은 먹을 때 우리가 쉽게 볼 수 있기 때문에 **가시 지방, 즉 보이는 지방(visible fat)**이다.

먹을 때 우리가 직접 음식에다 첨가하는 경우에는 어떤 종류의 지방을 얼마만큼 더 넣는 건지를 안다. 또 지방은 외식을 할 때 먹는 음식이나, 냉동식품과 패스트푸드인 버거류와 프렌치프라이 같은데도 들어가지만, 실제로 우리는 거기에 어떤 종류의 지방이 얼마만큼 들어가는지를 알기가 쉽지 않다. 사실 영양표시를 주의 깊게 읽어보지 않는다면 그 식품에 어떤 지방이 들어 있는지 전혀 알 수가 없다. 이런 지방은 매우 효과적으로 식품 중에 숨어 있기 때문에, 조리할 때 혹은 식품을 가공할 때 들어가는 지방을 **비가시 지방, 즉 보이지 않는 지방(invisible fat)**이라고 한다. 이런 지방들은 눈에 보이지 않기 때문에, 때로는 마치 건강한 식품인 것처럼 포장해서 소비자들이 사게끔 속임수를 쓰기도 한다. 예를 들어 총에너지의 1% 정도인 엔젤푸드케이크(스폰지케이크) 한 조각에 비해, 버터케이크 한 조각은 지방 함량이 총에너지의 40%

가시 지방, 보이는 지방(visible fats) 식품에 들어 있거나 식품에 첨가한 눈에 보이는 지방으로 버터, 마가린, 크림, 쇼트닝, 샐러드 드레싱, 닭껍질, 고기에 붙은 손질되지 않은 지방 등이 있음.

비가시 지방, 보이지 않는 지방(invisible fats) 제빵식품, 유제품, 고기의 마블링 부분, 그리고 튀긴 음식들에 있는 보이지 않는 지방들.

영양 하이라이트

저지방, 저감화 지방, 무지방…. 어떤 차이가 있는가?

우리들 대부분 고지방 식품을 좋아하긴 하지만, 지방을 많이 섭취하는 것이 건강이나 허리사이즈에 좋지 않다는 것 또한 알고 있기 때문에, 식품회사들에서는 지방조절 식품들을 생산하고, 소비자들은 이런 제품들을 더 선호하며 실제로 이런 제품을 선택한다. 시중에는 약 5,000가지 이상의 지방 조절식품들이 판매되고 있다. 즉, 유사한 식품이라도 지방 함량이 다른 여러 가지 식품들이 있다. 예를 들어 우유를 사려고 보면, 일반우유, 저지방 우유, 무지방 우유가 있다.

표 4.1은 일반식품과 저지방 대체식품을 비교해 놓은 것이다. 만약 이런 식품들을 식사에서 잘 활용한다면 아마 지방 섭취량을 상당히 줄일 수 있을 것이다. 하지만 그렇다고 해서 열량을 적게 섭취하는 것은 아닐지도 모른다는 점을 주의하자.

예를 들어, 일반우유(1회 제공량 당 150kcal, 지방 8.2g) 대신 무지방 우유(1회 제공량 당 86kcal, 지방 0.5g)를 마신다면 지방과 열량 섭취 모두를 줄일 수 있다. 하지만 피그뉴턴 쿠키(3조각에 210kcal, 지방 4.5g) 대신 무지방인 피그뉴턴 쿠키(3조각에 204kcal, 지방 0g)를 먹는 것은 지방 섭취는 줄일 수 있어도 열량 섭취량을 그다지 줄이지는 못한다.

식품의약품안전처에서는 지방을 줄인 제품에 대한 표시로 허용되는 세부 기준을 마련하고, 이를 규제하고 있다. 즉, **무지방**: 식품 100g당 또는 100mL당 0.5g 미만; **저지방**: 식품 100g당 3g 미만 또는 식품 100mL당 1.5g 미만으로 정의하고 있다.

(출처: 식품등의 표시기준(식약처고시 제2013-132호), 영양소 함량 강조표시 세부기준표)

표 4.1 전지방, 저지방, 저감화지방 식품의 비교

제품과 1회 섭취 분량	Version	에너지 (kcal)	단백질 (g)	탄수화물 (g)	지방 (g)
우유, 200mL	전유, 3.3% fat	122	5.6	10.0	6.6
	저지방, 0.6% fat	72	5.8	9.2	1.2
	무지방	66	6.8	9.4	0.1
마요네즈, 1 tbsp	레귤러	100	0.0	0.0	11.0
	라이트	50	0.0	1.0	5.0
마가린, 1 tbsp.	레귤러	100	0.0	0.0	11.0
	저지방	60	0.0	0.0	7.0
땅콩버터, 1 tbsp.	레귤러	95	4.1	3.1	8.2
	저지방	81	4.4	5.2	5.4
밀가루 크래커, 18개	레귤러	158	2.3	21.4	6.8
	저지방	120	2.0	21.0	4.0
오레오쿠키 3개	레귤러	160	2.0	23.0	7.0
	저지방	130	2.0	25.0	3.5
쿠키(피그뉴턴) 3개	레귤러	210	3.0	30.0	4.5
	무지방	204	2.4	26.8	0.0

Data from Food Processor–SQL, Version 9.9, ESHA Research, Salem, OR.

를 차지할 정도로 매우 높다. 하지만 많은 사람들은 이 두 가지 모두 케이크니까, 이들에 함유된 지방량이 거의 비슷할 것이라고 생각한다. 대개 우리가 섭취하는 지방의 상당량이 눈에 보이지 않는 지방에서 온 것이다. 보이지 않는 지방이 많은 식품은 제과제빵류, 유제품, 가공육류나 삼겹살이나 갈비 같은 기름기를 제거하지 않은 육류와 햄버거, 핫도그, 과자칩, 아이스크림, 기타 튀김류 같은 대부분의 간편식이나 패스트푸드들이다.

고지방식사는 비만과 심장질환과 관련이 있기 때문에, 모두들 총지방 섭취량을 줄이려고 노력하고 있고, 식품제조업체에서는 소비자들이 선호하는 식품에 대해 저지방 대체품을 만들고 싶어 한다. 하지만 저지방 식품은 열량이 낮을 필요는 없다. 위의 **영양 하이라이트**를 읽고, 저지방 식품의 선택에 있어 더 현명한 구매자가 되어보자.

▲ 제과제빵류들은 종종 눈에 보이지 않는 지방을 많이 함유하고 있다.

좋은 식단으로 보내는 하루

아침

베이컨이나 달걀 대신 호두를 곁들인 무지방 요구르트

점심

햄과 치즈가 들어 있는 샌드위치 대신 야채피

저녁

육류 스테이크 대신 그릴에 구운 연어구이

간식

감자칩 대신 땅콩버터를 바른 통곡크래커

유익한 지방의 식품 급원

총지방의 섭취가 에너지 섭취의 25%를 넘지 않는 범위에서 건강에 좋은 지방을 선택하는 것이 중요하다. 포화지방이나 트랜스지방 대신 불포화지방으로 섭취하는 것은 어렵지 않다. 옆의 **좋은 식단으로 보내는 하루**에서는 메뉴선택에 대해 강조하고 있고, 표 4.2는 여러 가지 식품 중의 오메가-3 지방 함량을 나타내고 있다. 다음은 건강한 지방을 섭취하기 위한 일반적인 지침에 관한 것이다.

생선을 많이 먹자. 우리나라 사람들은 대개 식용유나 종실류, 샐러드드레싱, 마가린, 마요네즈 등으로부터 오메가-6 지방산을 충분히 섭취하는 것으로 보인다. 반면 오메가-3 지방산, 특히 EPA/DHA의 경우 생선을 먹지 않는 사람에 있어 그 섭취량이 매우 낮다. 해산물은 이런 지방산들의 가장 좋은 식품 급원이기 때문이다(표 4.1). 따라서 EPA/DHA 섭취를 증가시키기 위해서는 생선, 조개류를 최소한 주 2회 정도는 섭취하는 것이 좋다. 샌드위치를 먹을 때라면 로스트비프 샌드위치보다는 참치 샌드위치를 선택하는 것이 좋다. 외식을 하게 되면, 멕시칸 음식 중에는 생선이 들어간 타코를, 아시안 음식 중에는 볶은 새우를 주문할 수 있다. 버거류를 먹을 때에도 고기 패티가 들어간 것보다는 피쉬버거처럼 대구나 연어 같은 생선으로 만든 것으로 바꾸는 것이 좋다.

생선을 일상적으로 많이 섭취하는 경우 한 가지 주의해야 할 것은 낚시로 잡는 생선이나 먹이사슬에서 포식자인 생선들, 즉 상어, 황새치, 킹매크럴(왕고등어) 같은 생선들에는 환경오염 물질인 수은과 PCB(polychlorinated bisphenyl)가 많이 들어 있다는 점이다. 임신부나 수유부, 가임여성이나 어린 아이들은 이런 오염물의 독성 위험이 크기 때문에 특히 조심해야 한다. 다행인 것은 EPA/DHA가 풍부한 상당수의 생선들은 섭취하기에 안전하다고 할 수 있다. 그런 생선들은 연어, 양식송어, 가자미, 넙치, 마히마히(하와이에서 잡히는 식용 돌고래)와 익힌 조개 등을 들 수 있다.

식물성 식품의 선택 필수 지방산뿐만 아니라 일반적으로 다가불포화지방과 단일불포화지방도 당연히 건강한 지방에 해당된다. 동물성 식품을 식물성 식품으로 대체하면 총지방 섭취량을 증가시키지 않고도 쉽게 건강한 지방으로 식사를 바꿀 수 있다. 예를 들어 우유 대신 두유나 콩우유, 아몬드우유를 마시는 것도 한 가지 방법이고, 쇠고기 대신 두부를 먹는 것도 좋은 방법이다. 식물성 기름은 불포화지방의 가장 좋은 급원이다. 올리브유, 카놀라유, 대두유, 호두기름을 버터 대신 사용할 수 있다. 치즈 대신 샌드위치에 얇게 저민 아보카도를 사용할 수 있고 나초치즈 대신 토틸라 칩을 먹을 때 아보카도로 만든 과카몰리와 함께 먹으면 된다.

견과류와 종실류는 건강한 지방을 증가시키는 또 다른 급원이다. 여기에는 불포화지방산 외에도 단백질, 무기질, 비타민과 식이섬유도 많이 들어 있다. 하지만 견과류는 열량이 높아

표 4.2 식품의 오메가-3 지방산 함량

음식 종류	총오메가-3	DHA*	EPA†
	g/1인분		
아마씨유, 1 tbsp.	7.25	0.00	0.00
연어유(생선유), 1 tbsp.	4.39	2.48	1.77
정어리유, 1 tbsp.	3.01	1.45	1.38
아마씨, 1 tbsp.	2.50	0.00	0.00
청어, 대서양, 구이, 85g	1.83	0.94	0.77
연어, 은연어, 찜, 85g	1.34	0.71	0.46
카놀라유, 1 tbsp.	1.28	0.00	0.00
정어리, 대서양, 뼈와 기름 포함, 85g	1.26	0.43	0.40
무지개 송어, 살, 구이, 85g	1.05	0.70	0.28
호두, 영국, 1 tbsp.	0.66	0.00	0.00
넙치, 살, 구이, 85g	0.53	0.31	0.21
새우, 캔, 85g	0.47	0.21	0.25
참치, 흰살, 유침, 85g	0.38	0.19	0.04
게, 알래스카 킹, 찜, 85g	0.36	0.10	0.25
가리비, 구이, 85g	0.31	0.14	0.17
아보카도, 캘리포니아, 생것, 전체	0.22	0.00	0.00
시금치, ckd, 1 cup	0.17	0.00	0.00
달걀, 대란, 오메가-3 함유	0.12	0.06	0.03

*DHA = docosahexaenoic acid.
†EPA = eicosapentaenoic acid.
Data from Food Processor SQL, Version 10.3, ESHA Research, Salem, OR and manufacturer labels.

약 4Ts이 160~180kcal를 나타낸다. 그렇기 때문에 적당량 섭취하는 것이 좋은데, 샐러드에 약간 뿌려서 먹는다거나, 토스트를 먹을 때 땅콩버터를 조금 발라서 먹는 정도로도 충분하다.

저지방 식품의 선택 동물성 식품을 섭취할 때, 살코기, 가금류, 생선 같은 지방이 적은 것을 선택하는 것이 좋다. 집에서 이런 식품을 조리하거나 식당에서 주문할 때 튀기는 것보다는 굽거나 삶는 것이 더 낫다. 저지방 혹은 무지방 우유나 요구르트를 선택하고 전지우유로 만든 치즈와 크림치즈의 섭취를 줄이는 것이 좋다. 장을 볼 때는 가공식품 중 지방이 적은 것이 있는지 찾아보자. 다음 쪽의 **'영양표시 활용해보기:** 어떤 식품이 더 많은 지방을 가지고 있을까?'를 읽어보면 포장 식품의 지방함량을 어떻게 비교하는지에 대해서 배울 수 있다.

지방 대체제

식품회사에서 칩, 머핀, 케이크나 쿠키 같은 식품에서 지방함량을 낮추는 한 가지 방법은 지방 대체제를 사용하는 것이다. 지방 대체제는 1990년대부터 시중에 소개되기 시작한 이후 지방을 제거하고 지방 대체제로 대체해도 맛이 크게 변하지 않는 스낵류에서 많이 이용되었다.

올레스트라(브랜드명: 올렌) 같은 어떤 지방 대체제는 다량 섭취했을 때나 민감한 사람들에게는 위장관 문제를 일으킬 수도 있다. 그 때문에 초기에는 올레스트라를 포함한 식품은 소화기계 부작용이 있을 수 있다는 경고문구를 넣도록 되어 있었다. 2003년 미국식품의약국(FDA)은 이런 경고문구가 더 이상 필요 없다고 했고 연구자들은 올레스트라가 경미하고 간혹가다 불편감을 일으키는 정도라고 지적했다.

지방 대체제는 지방섭취를 전반적으로 줄이는 데 도움을 줄 수는 있지만, 열량 섭취를 줄이거나 전반적인 비만을 개선하는 데 도움을 주지는 않는다. 하지만 이런 제품들은 균형 잡힌 에너지 제한 식사와 병행된다면 체중 감량의 유용한 방법으로 사용될 수 있다.

▲ Olean 같은 지방 대체제는 간식류에 주요하게 적용되었다. 이런 유형의 식품에서는 큰 맛의 변화 없이 지방을 제거하기 더 어렵기 때문에 지방 대체제가 많이 사용된다.

영양표시 활용해보기

어떤 식품이 더 많은 지방을 가지고 있을까?

당신이 구입하는 식품이 고지방 식품이라는 것을 어떻게 알 수 있는가? 식품에서 지방량을 확인하는 가장 간단한 방법은 영양표시의 영양정보란을 읽는 것이다. 식품표시를 잘 읽음으로써 당신은 더 건강한 식품을 선택할 수 있다.

두 개의 크래커 라벨이 그림 4.9에 제시되어 있다. 크래커 한 가지는 "지방 감소" 표시가 있고, 다른 크래커에는 없다. 이 두 가지 크래커의 1회 제공량은 같기 때문에, 각 1회 섭취량에 들어 있는 지방으로부터 총열량 섭취량을 비교함으로써 어느 것이 더 지방 함량이 많은지 알 수 있다.

'1회 제공량' 아래 첫 두 줄을 보고 다음 빈칸을 채워 넣으세요.

1. 일반 밀가루 크래커에서, 1회 제공량 당 총열량은 ________

2. 지방으로부터의 열량은 ________

3. 일반 밀가루 크래커에서 지방으로부터 온 열량은 총열량의 얼마만큼을 차지하는지 다음의 답들 중 하나에 O 표시하세요: 1/4; 1/3; 1/2

4. 지방 함량을 낮춘 밀가루 크래커에서 1회 섭취량 당 총열량은 ________

5. 지방으로부터 온 열량은 ________

6. 지방함량을 낮춘 밀가루 크래커에서, 지방으로부터 온 열량은 총 열량의 얼마만큼을 차지하는지 다음의 답들 중 하나에 O 표시하세요: 1/4; 1/3; 1/2

답은 다음 사이트에서 확인할 수 있다.
www.pearsonhighered.com/thompsonmanore

1회 제공량 당 총열량은 두 개의 크래커 간에 차이가 없지만 지방함량은 무척 다르다는 것을 알 수 있다.

때때로 1회 제공량당 지방으로부터 열량은 영양표시에 나타나 있지 않다. 이 경우에도 당신은 1회 제공량당 지방이 몇 g인지를 가지고 제품들을 비교할 수 있었다. 일반 밀가루 크래커는 1회 제공량당 6g을, 지방함량을 낮춘 크래커는 1회 제공량당 4g을 가지고 있다.

(a) (b)

▲ 그림 4.9 두 가지 형태의 밀가루 크래커의 식품표시. (a) 일반 밀가루 크래커. (b) 지방 함량을 낮춘 밀가루 크래커

당신이 알게 되면 좋아할 식품

아마씨

아마는 수세기 동안 전 세계 많은 지역에서 자라는 꽃과 식물이다. 아마의 섬유질은 직물(천), 종이 등 여러 제품에 사용되고 아마씨는 부셔서 기름을 짜게 된다. 아마씨유는 오메가-6와 오메가-3 지방산을 모두 제공해 준다. 아마씨유는 비교적 쉽게 구입할 수 있는데, 요거트나 푸딩 혹은 사과소스에 한 스푼씩 넣어서 섭취할 수도 있고, 캡슐의 형태로 복용할 수도 있다. 아마씨 자체는 소화가 잘 되지 않지만, 이것을 갈아서 사용하게 되면 필수 지방산뿐만 아니라 섬유소와 리그난(lignan)이라고 하는 피토케미컬도 제공된다.

갈아진 아마씨를 아마씨유처럼 요거트나 크림이 들어간 식품에 넣어 먹을 수도 있다. 또 아침식사용 시리얼에 뿌리거나 팬케이크나 빵 같은 제과제빵류의 반죽에 섞어 사용하면 영양학적으로 우수한 제품을 얻을 수 있다.

요점 육류에 있는 지방처럼 눈에 보이는 지방은 쉽게 인식될 수 있다. 보이지 않는 지방은 제조과정이나 조리과정 중에 식품에 첨가되는 지방이다. 오메가-6 지방산의 가장 흔한 식품 급원은 식물성 유지류, 견과류와 종실유, 샐러드드레싱, 마가린, 마요네즈를 포함한다. 오메가-3 지방산의 식품 급원은 생선, 호두, 두유, 대두, 카놀라 혹은 아마씨유를 포함한다. 그러나 생선과 조개는 특히 EPA/DHA의 가장 좋은 급원이다. 지방 대체제들은 식품 중 지방을 대체해서 지방의 양을 줄이는 데 이용된다.

건강 감시

만성질환에서 지방은 어떤 역할을 하는가?

우리는 포화지방산과 트랜스지방산이 많은 식이가 심혈관계 질환과 암 등의 만성질환 발생에 영향을 미친다는 것을 알고 있다. 그런데 그 영향은 어느 정도이며, 그 외 또 어떤 요인들이 영향을 미칠까?

심혈관계 질환은 무엇인가?

심혈관계 질환(cardiovascular disease)은 심장과 혈관의 기능이상을 포함하는 비정상적인 상태를 나타내는 데 일반적으로 사용되는 용어이다. 이런 질환에는 여러 가지 형태가 있지만 세 가지 가장 흔한 형태는 다음과 같다.

- **관상동맥질환(coronary heart disease)**은 심장으로 혈액을 공급하는 혈관이 막히거나 수축되어 발생하는데, 이 경우 혈류량이 줄어들어 심장으로 산소와 영양소가 제대로 운반되지 않는다. 이 때문에 가슴통증이 야기되고 심장마비가 일어나기도 한다.
- **뇌졸중(stroke)**은 뇌로 혈액을 공급하는 혈관, 즉 뇌혈관 중 하나가 막히거나 손상이 되어

심혈관계 질환(cardiovascular disease) 심장과 혈관의 비정상적 상태를 의미하는 일반적인 용어; 심혈관계 질환은 심장마비 또는 뇌졸중 초래 가능.

한국남성의 10대 사망원인		순위	한국여성의 10대 사망원인	
184.5	암	1위	암	108.5
51.8	심장질환	2위	심장질환	53.2
49.2	뇌혈관질환	3위	뇌혈관질환	53.1
38.2	자살	4위	당뇨병	22.7
23.2	당뇨병	5위	폐렴	20.3
21.3	간질환	6위	자살	18.0
20.7	폐렴	7위	고혈압성 질환	14.4
19.2	만성하기도 질환	8위	만성하기도 질환	11.9
19.0	운수사고	9위	알츠하이머병	9.5
6.4	고혈압성 질환	10위	운수사고	6.8

통계청(2012년 사망원인 통계 – 단위: 인구 10만명당) / 2013. 9. 25

그림 4.10 심장질환을 포함한 심혈관계 질환은 우리나라 사람들의 사망 원인 중 높은 순위를 차지한다.
자료 : 2013년 보건복지통계연보.

발생한다. 이 경우 손상된 동맥에 의존하는 뇌 조직에 산소와 영양소가 공급되지 않아 뇌 조직이 더 이상 기능할 수 없게 된다. 그 결과 운동, 말하기 혹은 손상 받은 뇌 부분에서 관장하던 신체의 기능이 급작스럽게 중단되게 된다.

- **고혈압(hypertension)**은 일시적으로 즉각적인 증상을 일으키는 것은 아니지만 심장마비나 뇌졸중의 위험을 증가시킨다. 혈압이 높다는 것은 동맥을 통해 흘러가는 혈액의 힘이 정상보다 크다는 것을 의미한다.

미국질병관리본부에 따르면, 여러 가지 다양한 형태의 심혈관계 질환은 전 민족과 인종에 걸쳐 미국인의 사망원인 중 1위이며, 영구적 거동불능의 가장 중요한 원인이라고 보고하였고, 우리나라 역시 심혈관계 질환으로 인한 사망률이 암을 제외하고는 가장 높다고 할 수 있다(그림 4.10).

> **심장 마비에 대한 10년 위험률을 다음 사이트에서 측정해 보자. : http://hp2010.nhlbihin.net/atpiii/calculator.asp?usertype5pub.**

식이지방은 심혈관계 질환 발생에 있어 중요한 역할을 한다

지질은 혈액 내에서 중심부의 지질과 표면 쪽의 단백질로 만들어진 지단백질에 의해 이동된다. 지단백질이 혈액에 녹을 수 있기 때문에 일반적으로 이런 지단백질을 혈중 지질이라고 부른다. 이 장의 앞부분에서 언급된 킬로미크론과 더불어, 다음의 세 가지 지단백질이 심혈관 건강과 질병에 있어 중요하다.

- 초저밀도지단백질(very-low-density lipoprotein, VLDL)
- 저밀도지단백질(low-density lipoprotein, LDL)

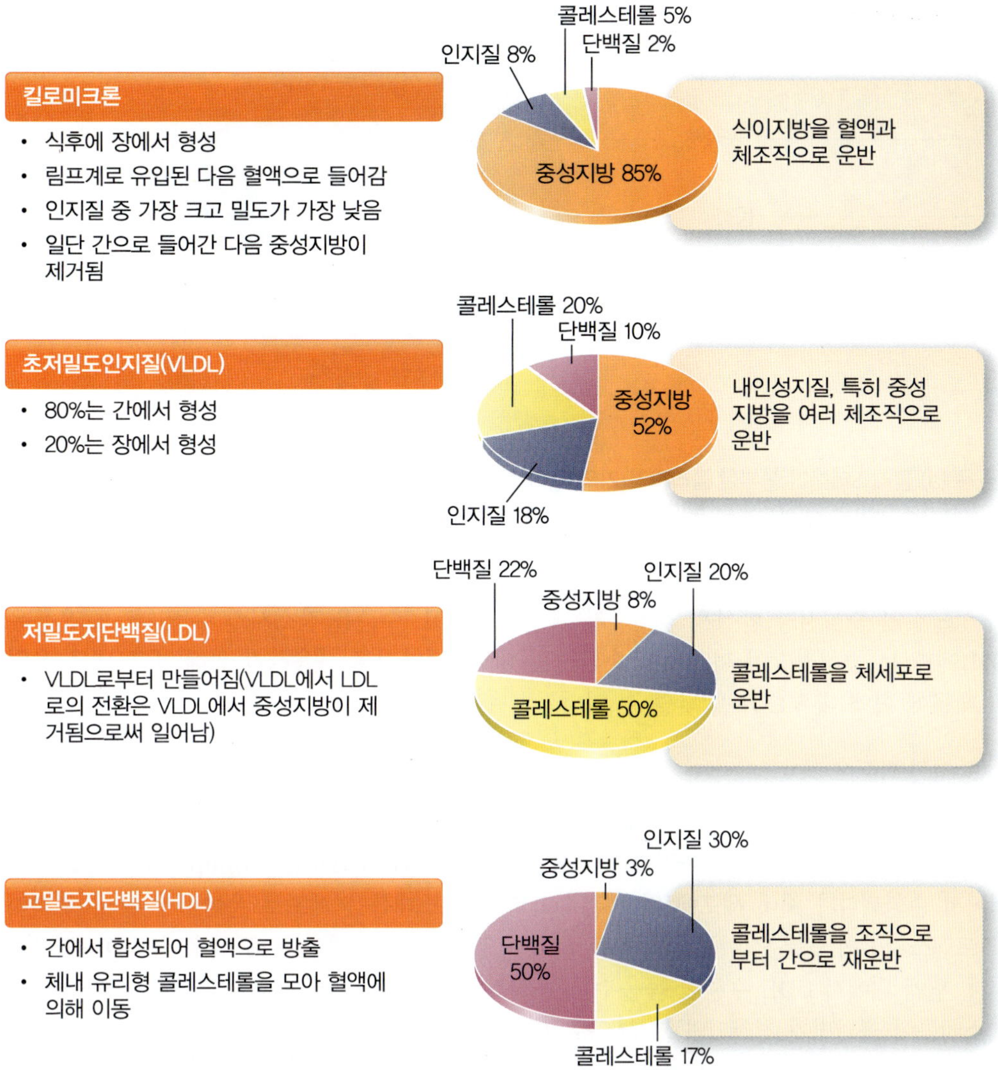

▲ 그림 4.11 다양한 지단백질의 화학적 조성. 킬로미크론은 중성지방 함량이 가장 높고, 밀도가 가장 낮은 반면, HDL은 단백질 비중이 높아 밀도가 가장 높다.

- 고밀도지단백질(high-density lipoprotein, HDL)

지단백질의 밀도는 지질(밀도가 낮음)과 단백질(밀도가 높음)의 비율에 따라 결정된다. 다양한 지단백질의 화학적 조성은 **그림 4.11**에서 비교되고 있다. 혈중 지질 조성은 식이나 운동 정도, 식후 상태인지 공복상태인지에 따라 달라진다. 각각의 혈중 지질 지표들이 심질환 위험과 어떻게 연관되어 있는지 더 자세히 알아보자.

초저밀도지단백질

초저밀도지단백질(very-low-density lipoprotein, VLDL)은 주로 중성지방으로 구성되어 있다. 간은 VLDL의 1차적 합성장소이지만, 소장에서 만들어지기도 한다. VLDL은 주로 간이나 소장에서 만들어진 중성지방을 운반하는 운반체 역할을 하게 된다. 그리고 만약 중성지방이 더 이상 연료로 사용될 필요가 없을 때는 지방세포로 저장된다.

포화지방, 단순당, 그리고 과잉의 에너지 섭취는 간에서 중성지방의 생성을 증가시키기 때문에 혈액 내 VLDL의 수준이 높아진다. 오메가-3 지방산이 높은 식사는 VLDL의 가장 많

초저밀도지단백질(very-low-density lipoprotein, VLDL) 대부분 중성지방으로 이루어진 커다란 지단백으로 주로 중성지방을 저장세포인 지방세포를 포함한 체세포로 이동시키는 기능을 함.

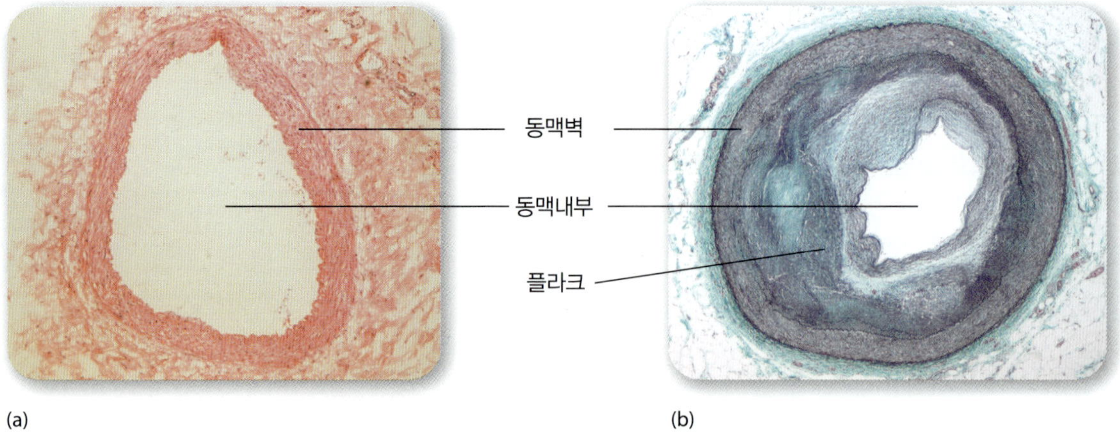

▲ 그림 4.12 이 현미경 사진들은 (a) 콜레스테롤이 풍부한 플라크가 거의 없어 심장을 통한 혈류가 가장 좋은 정상 동맥, (b) 콜레스테롤이 많은 플라크로 부분적으로 막혀 심장마비의 위험이 있는 동맥의 단면을 보여준다.

은 구성물질인 중성지방 합성을 억제하기 때문에 VLDL 수준을 감소시킬 수 있다. 또 운동은 VLDL에 있는 중성지방이 혈액에서 순환하는 대신, 에너지로 사용하기 위해 세포 내로 유입되기 때문에 혈액 내 VLDL을 낮출 수 있다.

저밀도지단백질

VLDL에서 중성지방이 빠져나와 콜레스테롤, 인지질과 단백질이 상대적으로 더 많아지게 되면 지단백질의 밀도가 다소 더 높아진다. 이 **저밀도지단백질(low-density lipoprotein, LDL)**은 혈액에서 순환되다가 체내 세포에 의해 흡수되고, 콜레스테롤을 세포로 운반하게 된다. 포화지방과 트랜스지방이 높은 식이는 체세포로 LDL이 잘 제거되지 않도록 해 혈액 내 LDL을 증가시킨다. 혈액 내에서 LDL 수준이 높을수록 콜레스테롤이 혈관벽에 침착될 위험이 더 증가한다. 콜레스테롤이 혈관벽에 침착되면 그 부위로 식균작용을 하는 백혈구세포가 몰려와 콜레스테롤과 결합하게 된다. 점점 더 많은 콜레스테롤이 세포와 결합하게 되면서 **플라크**(plaque)라고 알려진 지방 패치를 형성하고 이것이 점점 딱딱해지면서 혈관을 막게 된다(그림 4.12). 혈액 내 LDL-콜레스테롤 수준이 높으면 심장질환의 위험을 증가시키기 때문에 LDL-콜레스테롤은 흔히 "나쁜 콜레스테롤"이라고 불린다.

고밀도지단백질

고밀도지단백질(high-density lipoprotein, HDL)은 작고 밀도가 높은 지단백질로 콜레스테롤 함량이 낮고 단백질 함량이 높다. 이 지단백질은 간에서 만들어져 혈액으로 방출되고 죽어가는 세포와 동맥의 플라크로부터 콜레스테롤을 모아 다른 지단백질로 전달해 준다. HDL이 새롭게 얻어진 콜레스테롤을 간으로 운반해 주기 때문에 HDL은 심혈관계로부터 콜레스테롤을 제거한다. 이것이 바로 혈중 HDL농도가 높으면 심혈관계 질환의 위험이 낮은 이유이고, HDL-콜레스테롤을 "좋은 콜레스테롤"이라고 부르는 이유이다. 오메가-3 지방산은 HDL-콜레스테롤을 증가시킴으로써 심장질환의 위험을 감소시킬 수 있다.[6] 규칙적인 신체운동이 HDL-콜레스테롤 수준을 증가시킨다는 몇 가지 증거들이 있다.

저밀도지단백질(low-density lipoprotein, LDL) 초저밀도지단백(VLDL)에서 중성 지방을 감하였을 때 얻어지는 분자. 높은 콜레스테롤과 단백질 함량이 저밀도지단백질(LDL)이 초저밀도지단백질(VLDL) 보다 높은 밀도를 만듦.

고밀도지단백질(high-density lipoprotein, HDL) 콜레스테롤 함량이 매우 낮고 단백질 함량은 매우 높은 작고, 비중이 큰 지단백질.

혈청 총콜레스테롤

몇몇의 사람들에게는 식이 콜레스테롤 섭취 수준이 혈중 콜레스테롤 수준에 영향을 미칠 수 있다. 사실 우리 몸은 콜레스테롤 섭취가 증가할수록 체내에서 콜레스테롤 합성량을 감소시킴으로

90%

당신은 어떤가요?

대사증후군의 위험도를 계산해 보자

젊은 시절에는 언젠가 만성 질환이 생길 수 있다는 것을 상상하기 어렵다. 하지만 많은 과체중과 비만 아동들, 십대들, 그리고 젊은 사람들은 대사증후군의 위험에 놓여 있다. 30세 이상 한국인 성인 중 28.8%가 대사증후군의 유병률을 보였다. 당신은 위험군에 들어 가지 않을 수 있을까?

대사증후군은 심장마비나 뇌졸중을 경험할 위험을 포함한 심혈관계 질환과 제2형 당뇨병의 위험을 증가시키는 과체중이나 비만과 관련된 위험 요인들을 동시에 가지고 있다. 보건복지부와 대한의학회, 대한가정의학회는 대사증후군에 대한 진단기준을 아래에 제시했다. 이 다섯 가지 위험요인 중 세 개가 해당될 경우 대사증후군으로 진단한다. 하지만 복부비만(허리와 복부 둘레에 저장된 과도한 체지방)과 같은 요인은 그 위험을 더 증가시킨다. 그러므로 직접 허리둘레를 측정해 보고, 만약 허리둘레가 위험 수준인지를 확인해 보자. 만약 위험수준이라면 병원이나 보건소에 내원하여 다른 위험요인들을 검사해서 대사증후군인지를 확인해 보도록 하자.

1. 복부 비만: 엉덩이 뼈 위를 측정한 허리둘레가 남자는 90cm 이상, 여자는 85cm 이상인 경우
2. 고중성지방혈증: 중성지방 150mg/dL 이상
3. 낮은 HDL-콜레스테롤: 혈중 HDL-콜레스테롤 40mg/dL, 여자 50mg/dL 이하
4. 높은 혈압: 혈압 130/85mmHg 이상
5. 혈당 장애: 공복 혈당 100mg/dL 이상 또는 당뇨병 과거력 또는 약물 복용

써 체내 콜레스테롤 수준이 일정하게 유지될 수 있도록 한다. 하지만 불행히도 이러한 되먹임(피드백)기전은 모든 사람에게 적용되는 것은 아니다. 어떤 사람들의 경우 식이 콜레스테롤이 체내 콜레스테롤 합성량을 감소시키지 않으므로 결과적으로 체내 총콜레스테롤 수준이 증가하게 되고 이로 인해 혈중 콜레스테롤 수준도 증가된다. 이런 사람들의 경우 동물성 식품의 섭취를 줄이고, 저지방 동물성 식품을 선택함으로써 식이로부터 섭취하는 콜레스테롤을 줄이는 것이 도움이 된다. 관련 연구들은 포화지방산과 트랜스지방산이 혈청 총콜레스테롤을 증가시킬 수 있다는 것을 보여주었다.

트랜스지방산의 역할

연구는 트랜스지방산이 포화지방만큼이나 혈중 LDL-콜레스테롤을 증가시킬 수 있다고 한다.[2,24] 그러므로 심장질환의 위험을 줄이기 위해서 우리는 고지방 동물성식품과 식물성 쇼트닝이나 부분적으로 수소화된 기름(이것이 바로 트랜스지방이기 때문에)을 함유한 식품의 섭취를 줄여야 한다. 프렌치프라이와 도넛처럼 수소화된 기름에서 튀긴 식품들에는 트랜스지방산이 많고 이런 식품들은 피하는 것이 좋다. 마가린과 쇼트닝보다는 트랜스지방산을 함유하지 않는 올리브유, 땅콩버터나 혹은 다른 건강에 좋은 지방 대체품을 선택하도록 하는 것이 좋다.

자신의 심혈관계 질환 위험도를 계산해 보자

혈액을 이용한 간단한 실험을 통해 혈액 내 지질 수준, 즉 LDL-콜레스테롤, HDL-콜레스테롤, 총혈청 콜레스테롤 수준을 알 수 있다. 만약 자신의 혈중 지질 수준을 모른다면 간단한 방법으

당신의 나이는 몇 살입니까?

여자:

나이	점수
20~34	−7
35~39	−3
40~44	0
45~49	3
50~54	6
55~59	8
60~64	10
65~69	12
70~74	14
75~79	16

남자:

나이	점수
20~34	−9
35~39	−4
40~44	0
45~49	3
50~54	6
55~59	8
60~64	10
65~69	11
70~74	12
75~79	13

당신의 점수:

당신의 총콜레스테롤 수준은 얼마나 됩니까?

여자:

나이	총콜레스테롤				
	<160	160~199	200~239	240~279	≥280
20~39	0	4	8	11	13
40~49	0	3	6	8	10
50~59	0	2	4	5	7
60~69	0	1	2	3	4
70~79	0	1	1	2	2

점수

남자:

나이	총콜레스테롤				
	<160	160~199	200~239	240~279	≥280
20~39	0	4	7	9	11
40~49	0	3	5	6	8
50~59	0	2	3	4	5
60~69	0	1	1	2	3
70~79	0	0	0	1	1

점수

당신의 점수:

흡연하십니까?

비흡연자, 여자

나이	점수
20~39	0
40~49	0
50~59	0
60~69	0
70~79	0

비흡연자, 남자

나이	점수
20~39	0
40~49	0
50~59	0
60~69	0
70~79	0

흡연자, 여자

나이	점수
20~39	9
40~49	7
50~59	4
60~69	2
70~79	1

흡연자, 남자

나이	점수
20~39	8
40~49	5
50~59	3
60~69	1
70~79	1

당신의 점수:

당신의 고밀도지단백질(HDL) 수준은 얼마나 됩니까?

여자:

HDL (mg/dL)	점수
≥60	−1
50~59	0
40~49	1
<40	2

남자:

HDL (mg/dL)	점수
≥60	−1
50~59	0
40~49	1
<40	2

당신의 점수:

당신의 수축기혈압은 얼마입니까? (제일 높은 수치)

여자:

수축기혈압(mm Hg)	치료하지 않음	약물복용
<120	0	0
120~129	1	3
130~139	2	4
140~159	3	5
≥160	4	6

남자:

수축기혈압(mm Hg)	치료하지 않음	약물복용
<120	0	0
120~129	0	1
130~139	1	2
140~159	1	2
≥160	2	3

당신의 점수:

당신의 총점수는 얼마입니까? (10년 위험도)

여자:

총점수	10년 위험도
<9	<1
9	1
10	1
11	1
12	1
13	2
14	2
15	3
16	4
17	5
18	6
19	8
20	11
21	14
22	17
23	22
24	27
≥25	≥30

남자:

총점수	10년 위험도
<0	<1
0	1
1	1
2	1
3	1
4	1
5	2
6	2
7	3
8	4
9	5
10	6
11	8
12	10
13	12
14	16
15	20
16	25
≥17	≥30

당신의 10년 위험률:

그림 4.13 남녀의 심혈관계 질환에 대한 10년 위험도를 예측할 수 있는 계산식

Data from National Institutes of Health. 2001. *Third Report of the National Cholesterol Education Program: Detection, Evaluation and Treatment of High Blood Cholesterol in Adults.* Bethesda, MD: National Cholesterol Education Program, National Heart, Lung, and Blood Institute. www.nhlbi.nih.gov/guidelines/cholesterol/atp3xsum.pdf.

로 구할 수 있다. 대부분 대학의 보건소에서 적은 비용 혹은 무료로 학생들에게 혈중 지질 농도를 검사해 준다. 혹은 병원에 갈 일이 있으면 혈중 지질 농도를 측정하고 싶다고 요청할 수 있다. 혈압도 규칙적으로 측정해야 한다. 혈압은 보건소나 약국 등 여러 곳에서 측정해 볼 수 있다. 심장질환의 가족력을 가지고 있다면 이런 일들은 중요하다. 일단 혈압과 혈중 지질 수준을 알게 되면 심혈관계 질환을 발생 위험을 측정할 수 있다(그림 4.13). 이런 간단한 방법으로 자신뿐만 아니라 가족이나 친구들의 심혈관계 질환에 대한 위험도도 예측해 줄 수 있다.

혈중 지질 수준은 대사증후군의 위험을 측정하는 데도 사용될 수 있다. 대사증후군은 제2형 당뇨와 심혈관계 질환을 가진 사람에서 많은 위험 요인들이 한꺼번에 나타나는 것이다. 대사증후군의 위험에 관해 더 알고 싶으면 **당신은 어떤가요?**(119쪽) 부분을 참고하자.

다음의 사이트에서 심혈관계 질환의 위험도를 계산할 수 있다. http://hp2010.nhlbihin.net/atpiii/calculator.asp.

▲ 프렌치프라이 같은 수소화된 식물성 기름에서 튀긴 식품은 트랜스지방산이 많으므로 피해야 한다.

심혈관계 질환의 위험을 감소시키자

질병관리본부의 ATP III(the Expert Panel on Detection, Evaluation, and Treatment of High Blood Cholesterol in Adults)와 미국심장협회는 심혈관계 질환의 위험을 줄이고 혈중 지질 수준을 개선할 수 있는 식이, 운동 및 생활 요인에 대한 지침을 마련하였다. LDL-콜레스테롤, HDL-콜레스테롤, 중성지방을 정상적으로 유지하기 위해서는 식이를 바꾸고 생활 속에서 운동을 실천해야 한다.

- 총지방 섭취를 에너지의 15~25% 이내로 유지하고 포화지방과 트랜스지방산의 섭취를 줄이는 것이 좋다. 대두유와 카놀라유 같은 다가불포화지방은 총에너지 섭취량의 10%까지 구성하고, 올리브유 같은 단일불포화지방은 총에너지의 20%까지 구성할 수 있다. 많은 사람들에서 지방섭취를 줄임으로써 건강 체중 유지에 도움을 줄 수 있다.
- 포화지방은 총에너지의 4.5~7%로 줄이고, 콜레스테롤은 하루 300mg 이하로 섭취할 수 있도록 하며, 트랜스지방은 가급적 섭취하지 않는 것이 좋다. 이런 지방들의 섭취를 줄이게 되면 LDL-콜레스테롤 수준을 낮출 수 있다. 버터, 마가린, 식물성 쇼트닝이나 라드 같은 포화지방을 올리브유나 카놀라유 같은 식용유로 대체하자.
- 하루 총식이 섬유소의 섭취가 20~30g이 될 수 있도록 전곡류, 과일, 채소류의 섭취를 증가시키자. 섬유소가 많은 식품은 혈중 LDL-콜레스테롤 수준을 감소시킬 수 있다.
- 정규적으로 건강검진을 하는 것은 지질 수준을 모니터하고, 그 수준을 정상 범위 내로 유지하는 데 도움을 줄 수 있다.
- 건강한 식사를 하자. 식이와 심혈관계 질환 간의 관계는 복잡하고 유전적 요인에 의해서도 영향을 받을 수 있다. 건강한 식사는 적절한 체중을 유지하고 혈중 지질, 혈당 및 혈압을 건강한 범위 내로 유지하는 데 도움을 줄 수 있다. 예를 들어 자기 전에 많은 열량을 섭취하는 대신 하루 종일 나누어 섭취하는 것이 좋다. 전곡으로 만든 빵, 시리얼, 과일과 채소, 콩류 같은 식품을 섭취하자. 가공 식품에 많이 함유되어 있는 염분 섭취를 줄여야 한다. 고당식품, 예를 들어 탄산음료, 쿠키와 캔디 같은 식품의 섭취를 제한하자. 식사의 이런 변화는 혈당과 인슐린 농도를 정상 범위 내로 유지시켜 준다. 고혈당은 고중성지방 농도와 관련이 있다.
- 활동적으로 생활하자. 주당 수회에 걸쳐 30~60분 동안 가능할 때마다 운동을 하고, 규칙적인 운동을 우선시하자. 운동은 "좋은" HDL-콜레스테롤을 증가시키는 반면 혈중 중성지방

게임 플랜

심장-건강에 좋은 식사에 대한 조언

장을 봐서 집에서 음식을 준비할 때뿐만 아니라, 외식을 할 때에도 심장 건강에 좋은 지방으로 식단을 구성하기 위해 몇 가지 간단한 전략을 시도해 보자.

집에서

□ 아마씨를 갈아서 1Ts씩 아침용 시리얼에 첨가해서 영양가를 올려주자.

□ 전곡으로 만든 빵을 선택하고, 땅콩, 아몬드, 캐슈넛, 혹은 호두 버터를 토스트에 발라먹자.

□ 만약 아침식사 때 달걀 두 개를 먹는다면 콜레스테롤 섭취량을 줄이기 위해 한 개의 달걀은 노른자를 제거하고 먹자. 달걀 두 개가 들어가는 다른 레시피에서도 똑같이 적용할 수 있다.

□ 저지방 혹은 무지방 우유, 커피 크림, 요구르트, 크림치즈, 코티지 치즈, 사우어크림, 마요네즈와 샐러드드레싱을 선택하자.

□ 체다치즈 같은 고지방 치즈 대신 파마산 치즈 같은 저지방 치즈를 이용하자.

□ 마가린을 사용한다면 트랜스지방이 없는, 카놀라유 같은 오메가-3 지방산이 많은 원료로부터 만든 것을 선택하자.

□ 올리브유와 식초 드레싱으로 조리한 샐러드와 무지방 수프로 식사를 시작하자.

□ 살코기를 선택하자. 또 채소와 함께 마치 고기를 "양념"처럼 곁들여 먹자.

□ 튀긴 고기 대신, 생선과 채소를 굽거나 삶아서 먹자.

□ 요리하기 전 육류와 가금류로부터 보이는 지방을 제거하자. 가금류는 껍질 없이 먹자.

□ 빵에 버터를 바르는 대신, 발사믹 식초와 올리브유를 섞어 찍어 먹자.

□ 쿠키와 크래커를 피하자. 만약 꼭 먹어야 하겠다면 포화지방이 낮고 트랜스지방이 없는 것을 구입해서 먹도록 하자.

□ 아이스밀크, 셔벗, 혹은 저지방이나 무지방 요구르트, 과일을 고지방 아이스크림 대신 디저트로 선택하도록 하자.

□ 간식을 먹을 때는 공기로 뻥튀긴 팝콘, 생채소, 생과일이나 말린과일, 땅콩, 종실류, 프레즐을 이용해 보자

□ 가당음료 대신, 물, 탈지우유, 두유, 아몬드우유, 혹은 무가당 음료를 이용하자.

□ 포장식품의 영양표시를 확인해서 가능한 한 저지방 식품을 선택하도록 하자.

□ 특히 고지방 식품을 먹을 때에는 한 번에 먹는 양을 조절하자.

외식할 때

□ 외식할 때 오메가-3 지방산을 함유한 생선을 선택하거나, 두부나 템페[i]로 만든 채식주의 음식을 선택하자.

□ 메인 메뉴는 친구와 나누어 먹고, 나머지 부족한 부분을 샐러드로 채우는 것도 좋은 방법이다.

□ 샐러드를 먹을 때에는 크림이 들어간 드레싱보다는 올리브유와 식초를 선택하고, 빵을 먹을 때에도 버터 대신 올리브유와 식초를 이용하자.

□ 프렌치프라이나 치즈 토핑이 있는 감자보다는 대신 구운 감자 혹은 밥을 주문하도록 하자.

□ 디저트는 생략하거나 저지방 셔벗으로 선택하자.

□ 패스트푸드를 주문할 때 프렌치프라이는 빼고 주문하고 1회 섭취량을 조절하기 위해 키즈밀(어린이 메뉴)을 주문하자.

□ 페퍼로니나 소시지 대신 채소 토핑이 들어간 피자를 주문하자.

□ 커피를 주문할 때는 크림이나 전유 대신 저지방 우유를 주문하고, 브라우니 대신 비스코티와 함께 먹도록 하자.

---

[i] 콩을 거미줄곰팡이속의 균에서 발효시켜 만든 인도네시아 음식—번역자주

농도는 감소시킨다. 또 운동은 건강 체중을 유지하고 혈압을 낮추며, 당뇨병의 위험을 감소시키는데 도움을 준다.

- **건강체중을 유지하자.** 비만이거나 과체중인 사람들이 체중을 감량하고 규칙적인 운동을 하면 혈중 지질과 혈당이 향상될 수 있다.
- **담배를 피우거나 흡연에 노출되는 것을 피하자.** 연구는 비흡연자에 비해 흡연자의 경우 심혈관 질환의 위험이 70% 이상 높다고 한다. 금연은 심혈관계 질환에 대한 위험을 낮추는 가장 좋은 방법이다. 흡연 경험이 있었던 사람은 계속 흡연하는 사람보다 더 오래 살고, 금연한 지 15년이 되면 비흡연자 수준으로 심혈관계 질환의 위험 요인을 감소시킨다. 간접흡연 역시 피해야 한다.

심혈관계 질환의 위험을 줄이기 위한 **게임 플랜**(심장-건강에 좋은 식사에 대한 조언)을 살펴보자.

▲ 생과일과 생채소의 섭취는 암에 대한 위험도를 감소시킬 수 있다.

고지방 식이는 암을 유발시킨다?

암은 유전적 요인과 환경적 요인 간의 상호작용에 의해 결정되는데, 아직까지도 완전히 이해되지 못하고 있다. 게다가, 대부분의 암은 발생하는데 수 년이 걸리기 때문에 식이가 암 발생에 미치는 영향에 대해 평가하는 것은 시간도 오래 걸리고 아주 어려운 과정이 될 수 있다. 그러나 식이와 생활습관은 암 발생에 있어 규명된 가장 중요한 두 가지 환경적 요인이다.[27,28] 최근 연구는 비만과 운동하지 않는 것은 결장암과 폐경 후 유방암을 포함한 몇 가지 주요 암 발생의 25~30% 정도의 책임이 있다고 한다.[29] 고지방식이는 당연히 비만을 야기할 수 있다.

식이지방 섭취와 세 가지 형태의 암(유방암, 대장암, 전립선암)에 대해 광범위하게 연구가 진행되었다.

뉴트리-케이스 주디

"지난번 병원에 다녀온 이후로, 나는 '파수꾼'이 나를 감시하고 있는 것 같은 기분이다. 가끔 내가 맥도날드 주차장으로 들어갈 때 내가 내 어깨 너머로 보고 있는 것 같은 느낌이 들기도 한다. 병원에 갔을 때 의사는 내게 체중을 줄이고 혈압과 혈당을 낮추어야 한다고 했었다. 그래서 나는 건강한 지방으로 바꾸려고 하고 있다. 처음 그 의미를 물었을 때, 의사는 "삶은 생선을 먹고 프렌치프라이 대신 샐러드를 먹으세요! 그리고 디저트로는 저지방 요구르트를 곁들인 과일을 먹으세요!" 라고 했다. 나는 의사가 말하는 중간에 끼어들어 난 그런걸 좋아하지도 않고, 그거 먹고는 배가 부르지도 않으며, 또 그런걸 사서 먹을 돈도 없고 게다가 그런걸 만들어 먹을 시간도 없다고 했다. 그런 종류의 식사는 영화배우들이나 먹는 것이지 내가 아는 모든 사람들은 그런 식으로 먹지 않는다고 말했다.

여기서 식품선택에 영향을 미치는 여러 가지 요인들에 대해 배웠던 것을 돌이켜 보자. 적어도 주디의 선택에 영향을 줄 수 있는 두 가지 요인을 찾아낼 수 있다. 당신은 주디의 담당의사가 권했던 식품들이 정말 주디처럼 '실제 사람들'이 먹는 음식이 아니라는데 동의하나요? 왜 동의하나요? 만약 그렇지 않다면 왜 동의하지 않나요?

- 유방암: 최근 어떤 임상연구도 지방 섭취량이나 섭취 형태와 유방암의 위험 간에 관계가 있다는 것을 밝히지 못했다.[30,31,32,33]
- 대장암: 최근 연구는 육류, 지방, 정제된 곡물과 디저트를 많이 먹는 전형적인 미국식사가 과일, 채소, 가금류와 생선 섭취가 높은 식이에 비해 대장암의 재발률을 더 높일지도 모른다고 보고하였다.[34] 신체 활동이 대장암의 위험을 감소시킬 수 있기 때문에 식이와 대장암에 관한 선행연구에서 이런 요인들이 보정되지 않고 진행된 경우는 그 결과에 있어 의문의 여지가 많다.
- 전립선암: 다른 암과 마찬가지로, 식이지방 섭취와 전립선암 사이의 관계에 대해서는 아직까지 명확하지 않다.[29,35] 연구는 전립선암의 위험과 지방의 형태가 아닌 동물성 지방의 섭취 간에 일관성 있는 결과를 보이고 있다. 동물성 지방이 전립선암을 일으키는 정확한 기전에 관해서는 아직 밝혀지지 않고 있다. 동물성 지방을 많이 섭취하는 남성들은 전형적으로 과일과 채소의 섭취가 낮다.

식이와 암 간의 관계에 대해 더 많은 지식이 축적될 때까지 미국 암연구소는 다음과 같은 식이와 생활습관의 변화가 암의 위험률을 낮출 수 있다고 권고하였다.[28]

- 건강 체중을 유지할 것
- 하루 최소 30분간의 운동을 할 것
- 설탕이 들어간 음료수를 피하고 열량밀도가 높은 식품(당과 지방 함량이 높은 음식)의 섭취는 제한할 것
- 과일, 채소, 전곡류와 콩류를 다양하게 섭취할 것
- 붉은 육류(쇠고기, 돼지고기, 양고기)의 섭취를 제한하고 가공육류의 섭취를 피할 것
- 음주를 하고 있다면 남자의 경우 하루 2잔, 여자의 경우 하루 1잔으로 그 양을 제한할 것
- 짠 음식과 소금으로 가공한 식품의 섭취를 제한할 것
- 암을 예방하기 위한 방법으로 보충제를 남용하지 말 것

요점 우리가 먹는 지방의 종류는 질병의 위험에 영향을 줄 수 있다. 포화지방산과 트랜스지방산은 심장질환의 위험을 증가시키는 반면, EPA와 DHA 같은 오메가-3 지방산은 그 위험을 감소시킬 수 있다. LDL-콜레스테롤 수준이 높고 HDL-콜레스테롤 수준이 낮은 것은 심장질환의 위험을 증가시킨다. 심장질환의 또 다른 위험 요인으로 과체중과 활동량 부족, 흡연, 고혈압 및 당뇨가 포함된다. 건강한 식이를 하는 것과 권고된 생활습관을 유지하는 것은 또한 암 위험을 감소시킬 수 있다.

나는 어디에 있을까?

이 장의 첫 부분에서 당신은 튀긴 음식이 무엇이 '잘못된 것'인지에 대해 평가를 했었다. 답이 바뀌었는가? 만약 그렇다면 어떻게 바뀌었는가?

현재 튀긴 음식을 줄이겠다는 계획을 가지고 있는가?

예 / 아니오

처음부터 많이 먹지 않았다.

이제 오메가-6와 오메가-3 필수 지방산의 건강상 이점과 그 급원 식품에 대해 배웠다. 당신은 매일 이 영양소들을 충분히 섭취하고 있는가?

예 / 아니오

만약 그렇지 않다면, 당신의 식사에서 어떤 식품들을 추가하거나 늘릴 계획인가?

복습

오늘 내가 해 볼 수 있는 것은?

이 장을 읽고, 다음 세 가지를 실천해 보자.

- 오늘 점심과 저녁에 육류 대신 생선이나 조개류를 선택하거나 콩, 전곡 혹은 저지방 치즈를 포함한 식물성 식사를 하자.
- 만약 일반우유를 마신다면, 저지방 우유나 무지방 우유로 바꾸어 보자.
- 매일 최소 30분간 신체활동을 하자. 만약 흡연을 한다면 담배를 끊도록 하자.

스스로 평가하기 정답

1. 참. 신체는 필요할 때 영양소들로부터 콜레스테롤을 만들어 낼 수 있다. 그렇기 때문에 식이에서 콜레스테롤을 먹을 필요가 없다. 포화지방이 낮은 식사를 하면 자연히 식이 콜레스테롤 역시 권고 범위 내로 섭취할 수 있다.

2. 참. 지방은 휴식 시나 낮은 강도의 운동을 할 때 1차적 에너지 급원이다. 지방은 또한 운동을 지속하는 동안 중요한 연료로 사용된다.

3. 참. 식물성 쇼트닝으로 튀긴 식품은 트랜스지방 함유량이 높아 건강에 해로울 수 있다. 게다가 튀긴 음식은 지방과 에너지가 많아 과체중이나 비만을 야기할 수도 있다.

4. 참. EPA와 DHA를 포함한 필수 지방산은 염증과 혈액응고, 심장질환과 연관된 다른 위험요인을 낮추어 줄 수 있다.

5. 거짓. 암은 아직까지 완전히 밝혀지지 않았지만, 환경적 요인과 유전적 요인의 상호작용의 결과로 유발된다. 연구자들은 고식이지방 식이와 특정 암 사이 관계를 연구하고 있지만, 아직까지는 이 주제에 관한 결론을 내리지 못하고 있다.

영양도구

www.pearsonhighered.com/thompsonmanore에서 기타 필요한 정보를 얻을 수 있을 것이다. 혹은 MyNutritionLab.com에서 대화형 애니메이션을 통해 다음과 같은 내용을 확인할 수 있다.

- 소화와 흡수: 지질
- Know Your Fat Sources (지방 급원)

단원 문제

맞는 것에 동그라미 표시하세요.

1. 콜레스테롤은
a. 트랜스지방산의 일종이다.
b. 포화지방산의 일종이다.
c. 간과 소장에서 만들어진다.
d. 엽채류, 아마씨, 콩에 많이 들어 있다.

2. 체지방을 줄일 수 있는 가장 현명한 방법 중 하나는
a. 지방 섭취를 총에너지 섭취의 15% 미만으로 제한한다.
b. 규칙적으로 운동한다.
c. 트랜스지방산의 모든 섭취를 피한다.
d. 총칼로리를 하루 1,200칼로리 미만으로 섭취한다.

3. 미셀은
a. 식이지방이 소장 세포로 이동하는 것을 돕는다.
b. 소장에서 식이지방을 유화시키는 것을 돕는다.
c. 간에서 콜레스테롤을 합성하는 것을 돕는다.
d. 지방조직에서 과도한 지방이 축적되는 것을 돕는다.

4. 심장질환의 위험은 다음의 어떤 수준이 높을 때 낮아지는가?
a. 중성지방
b. 초저밀도지단백질(VLDL)
c. 저밀도지단백질(LDL)
d. 고밀도지단백질(HDL)

5. 분자 구조 중 한 개의 이중결합을 가지고 있는 중성지방을 무엇이라고 하는가?
a. 단일불포화지방
b. 수소화지방
c. 포화지방
d. 스테롤

6. 참 / 거짓 지방의 에너지적정비율은 총에너지의 15~25%이다.

7. 참 / 거짓 운동하는 동안 에너지원으로 체지방 조직의부터 지방을 사용할 수 없다.

8. 참 / 거짓 중성지방은 지방산과 똑같은 말이다.

9. 참 / 거짓 트랜스지방산은 식품제조업체에서 만든 것으로, 천연에 존재하지 않는다.

10. 참 / 거짓 지방 함량을 낮춘 제품이라고 표시된 제품은 같은 식품의 원래 지방함량보다 적어도 25%가 적고, 열량도 25% 적은 것이다.

단원 문제에 대한 정답은 이 책 뒤쪽에 있습니다.

5 단백질: 모든 신체 조직의 중요한 구성요소

스스로 평가하기

다음 문장들은 참인가요, 거짓인가요? 답이라고 생각하는 곳에 동그라미를 표시하세요.

1. 참 / 거짓 단백질은 우리 몸을 위한 에너지의 주요 원천이다.
2. 참 / 거짓 아미노산 보충제는 근육 질량을 늘리는 데 도움이 된다.
3. 참 / 거짓 과도하게 먹은 단백질은 소변으로 배설된다.
4. 참 / 거짓 채식은 단백질이 부족하다.
5. 참 / 거짓 대부분의 미국사람들은 그들이 필요로 단백질보다 많은 양을 섭취한다.

스스로 평가하기의 정답은 이 장 마지막 부분에 있습니다.

우주의 사나이라 불리는 빌 펄, 아이언 맨 철인삼종경기 선수 데이브 스콧, 메이저 리그 야구선수 프린스 필더, 전설의 테니스 라이벌 크리스 에버트와 마르티나 나브라틸로바와 그 외 많은 다른 운동선수의 공통점은 무엇인가? 그들은 모두 채식주의자이다! 채식 선수에 대한 정확한 통계는 나와 있지 않으나, 미국의 인구의 약 3.4%인 10만 명 정도가 채식주의자로 추정되고 있다.[i]

채식주의란 무엇인가? 당신은 채식주의자인가? 당신이 채식주의자이고 운동선수라고 가정한다면, 충분한 단백질을 섭취하기 위해 어떤 식사를 계획할 것인가? 육류를 먹는 것이 정말 유리한가, 혹은 식물성 단백질도 마찬가지로 좋은가?

모든 사람들이 단백질에 대해 얼마나 섭취하고 어떤 단백질원을 섭취하는지에 대한 나름의 의견을 가지고 있다. 이 장에서는 식사에서 단백질의 중요성을 명확히 이해하고, 중요한 영양소인 단백질에 대한 일반적인 통념을 불식시키기 위해 위에 언급된 요소들을 언급하고자 한다.

[i] 한국의 채식 인구에 대한 공식적 통계는 나와 있지 않다.—번역자주

어디서부터 시작할까?

당신은 하루에 얼마나 많은 양의 단백질을 먹어야 한다고 생각하는가?

당신은 거의 매일 이 양의 단백질을 먹고 있다고 생각하는가?

예 / 아니오

당신은 하루종일 고기를 먹지 않고 지낸 날이 얼마나 자주 있는가? (다음 중 하나를 선택하시오.)

□ 매일 — 나는 채식주의자이다.

□ 적어도 일주일에 한두 번

□ 한 달에 한두 번

□ 거의 없다 — 나는 매일 고기를 먹지 않으면 이상하다.

단백질이란 무엇인가?

단백질(protein)은 모든 생물의 세포에서 발견되는 크고 복잡한 분자이다. 단백질은 우리 근육을 이루고 있다고 가장 많이 알려져 있지만, 사실은 우리의 뼈와 혈액 등 인체의 모든 조직에 핵심적인 요소이다. 또한 우리 몸은 에너지를 내기 위해 탄수화물과 지질을 주로 이용하나 경우에 따라서는 단백질로부터 에너지를 제공받기도 한다. 이 장에서는 이를 포함한 단백질의 여러 가지 기능에 대해서 논의하고자 한다.

단백질은 탄수화물 및 지질과 어떻게 다른가?

단백질은 3대 다량영양소의 하나이며, 다양한 식품에 포함되어 있다. 우리 몸은 모든 다량영양소를 합성할 수 있다. 그러나 우리 세포 내의 유전정보인 **디엔에이(DNA)**는 탄수화물과 지질이 아닌, 오로지 단백질의 구조를 결정한다. 우리 몸이 어떻게 단백질을 합성하고, 이 과정에서 디엔에이가 어떤 역할을 하는지 알아보자.

단백질과 다른 다량영양소 간의 또 다른 중요한 차이점은 화학적 구조에 있다. 단백질은 탄수화물 및 지질에서도 발견되는 탄소, 수소, 산소 외에도 우리 몸에서 쉽게 사용할 수 있는 특별한 형태의 질소를 포함한다. 우리가 단백질을 함유하고 있는 식물성과 동물성 음식을 먹어 소화하면, 다양한 인체 과정에 필수적인 질소가 제공된다. 탄수화물과 지질은 이 특별한 형태의 질소를 제공할 수 없다.

단백질의 구성 단위인 아미노산

단백질은 **아미노산(amino acid)**이라 불리는 독특한 분자로 구성된 긴 사슬 모양 화합물이다. 단백질이 구슬목걸이와 같다고 상상한다면, 각 구슬이 아미노산이다(그림 5.1). '구슬'인 아미노산을 연결하는 고리는 **펩티드 결합(peptide bond)**이라는 독특한 화학결합이다.

우리 몸에 있는 단백질의 대부분은 표 5.1에서 나타낸 불과 20개 아미노산의 다양한 조합으로 형성되어 있다. 우리 세포는 이 20개의 아미노산으로 수십 수백 개의 '연쇄적 결합'을 만들고 복제하여 다른 서열을 만듦으로써, 대략 10,000~50,000개의 특유의 단백질을 만든다.

그러면 이 '구슬', 아미노산의 구조를 살펴보자. 모든 아미노산 분자의 중심은 탄소 원자이다. 앞 장에서 배운 것처럼, 탄소 원자는 4개의 결합 부위를 가지고 있다. 아미노산의 중심 탄소의 그 4개의 결합 부위는 아래의 항목들로 충족되어 있다(그림 5.2a).

단백질(protein) 아미노산으로 구성된 크고 복잡한 분자로 살아 있는 모든 세포의 필수 구성요소.

디옥시리보 핵산, 디엔에이(DNA) 아미노산으로부터 체 단백질을 구성하도록 정보를 제공하는 모든 체세포의 핵에 존재하는 물질.

아미노산(amino acid) 단백질을 구성하고 있는 질소 함유 분자.

펩티드 결합(peptide bond) 두 아미노산의 아미노기와 산성기가 축합되어 결합을 형성하여 더 큰 분자량의 물질을 형성함.

표 5.1 인체에 있는 아미노산

필수 아미노산	불필수 아미노산
식품으로부터 꼭 섭취해야만 하는 아미노산	*몸에서 만들어질 수 있는 아미노산*
히스티딘	알라닌
이소루신	아르기닌
루신	아스파라긴
라이신	아스파르트산
메티오닌	시스테인
페닐알라닌	글루탐산
트레오닌	글루타민
트립토판	글라이신
발린	프롤린
	세린
	타이로신

1. 수소 원자
2. 산기: 아미노산의 모든 산기는 동일하다.
3. 아민기: '아민'이란 단어는 '질소 함유'를 의미하고, 질소는 실제로 아미노산 중 아민 부분의 필수 성분이다; 산기와 같이 아미노산의 모든 아민기는 동일하다.
4. 측쇄: 이것은 각 아미노산을 독특하게 만드는 부분이다. 그림 5.2b의 예에서 보이는 것처럼, 다양한 측쇄 구조가 각 아미노산에 명확한 특성을 부여한다.

우리 몸의 20개 아미노산 중 9개는 필수 아미노산으로 분류된다(표 5.1). 이러한 분류는 그들이 11개의 비필수 아미노산보다 중요하다는 것을 의미하는 것은 아니다. 그 대신 **필수 아미노산(essential amino acid)**이란 우리 몸이 생리적 욕구를 충족할 만한 충분한 양을 만들어 낼 수 없는 아미노산을 의미한다. 따라서 우리는 음식으로부터 이 필수 아미노산을 섭취해야만 한다. 우리가 필수 아미노산을 충분히 섭취하지 않으면, 우리는 우리 몸에서 필요한 단백질 및 기타 질소함유 구성성분들을 만들어 낼 능력을 잃는다.

비필수 아미노산(nonessential amino acid)은 필수 아미노산만큼이나 우리 몸에 중요함에도 불구하고 우리 몸에서 충분한 양이 만들어지므로 식품으로부터 섭취할 필요는 없다. 우리는 다른 아미노산의 일부와 탄수화물 및 지질 분해생성물의 일부를 결합하여 비필수 아미노산을 만든다.

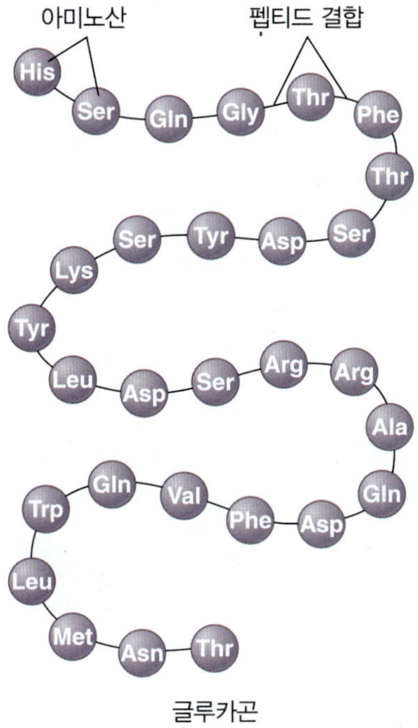

▲ 그림 5.1 단백질의 구조. 단백질은 아미노산이 펩티드 결합이라 불리는 특별한 결함으로 서로 연결되어 있는 연쇄 상태이다. 위의 연쇄결합은 혈당 조절에 중요한 단백질인 글루카곤이라는 분자를 나타낸다. 글루카곤은 16개 종류의 아미노산으로 구성된다. 이 중 몇 아미노산은 두 번 이상 쓰여, 이 단백질 안에 총 29개의 아미노산으로 이루어져 있다.

요점 단백질은 인체 모든 조직의 중요한 구성요소이다. 탄수화물이나 지질처럼 단백질도 탄소, 수소 및 산소를 포함한다. 그러나 다른 다량영양소와 달리, 단백질은 질소를 함유하고, 그 구조는 DNA에 의해 결정된다. 단백질의 구성 단위는 아미노산이다. 아미노산의 아민기는 질소를 포함한다. 아미노산의 부분 중 각 아미노산에 명확한 정체성을 부여하는 것은 측쇄이다. 우리 몸은 필수 아미노산을 만들 수 없기 때문에, 이를 식품으로부터 얻어야 한다. 우리의 몸은 다른 아미노산과 탄수화물 및 지방의 일부로부터 비필수 아미노산을 생성할 수 있다.

어떻게 단백질이 만들어지는가?

당신은 당신 부모님 유전자의 특유한 조합을 물려받은 독특한 존재이다. **유전자(gene)**란 아미노산을 이용하여 몸의 독특한 단백질들을 조합해 내도록 하는 지시사항을 지닌 DNA의 조각이다. 아미노산 서열의 약간의 차이가 단백질 서열의 미묘한 차이를 만들어낸다. 단백질에서의 이러한 차이는 당신이 가지고 있는 고유의 물리적 특성 및 생리적 특성으로 이어진다.

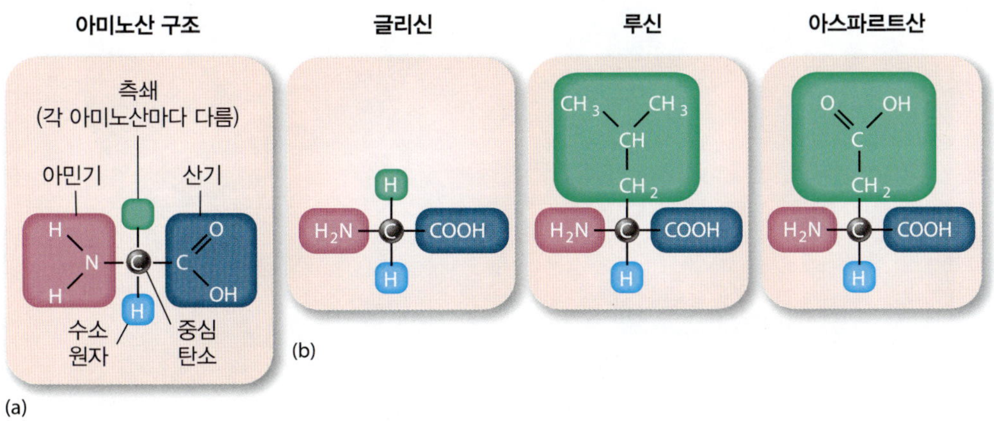

▲ 그림 5.2 아미노산의 구조. **(a)** 모든 아미노산은 5개의 부분을 가진다; 중심 탄소 원자, 탄소 원자에 붙어 있는 질소를 포함한 아미노기, 산기, 그리고 측쇄. **(b)** 20개의 아미노산 사이에 각각의 독특한 성질을 부여하는 측쇄만이 다르다.

필수 아미노산(essential amino acids) 체내에서 생산되지 못하고 식품으로부터 섭취가 필요한 아미노산.

비필수 아미노산(nonessential amino acids) 아미노산 중 충분한 양이 몸에서 생성될 수 있으므로 식이에 의해 정기적으로 소비할 필요가 없는 아미노산.

유전자(gene) 이용 가능한 아미노산들로 특정 단백질을 만드는 정보를 포함하고 있는 DNA 절편.

▲ 단백질은 근육을 포함한 우리 몸의 중요한 구성 부분이다.

단백질 모양은 기능을 결정한다

두 아미노산은 함께 연결되어 디펩티드(dipeptide)를 형성하고, 3개의 아미노산이 합쳐지면 트리펩티드(tripeptide)를 만든다. 올리고 펩티드라는 말은 4개에서 9개의 아미노산이 연쇄적으로 연결된 것을 일컫는다. 단백질은 10개 이상의 아미노산이 펩티드 결합에 의해 연결된 사슬인 폴리펩티드로 구성된다. 폴리펩티드 사슬은 길어짐에 따라 다양한 복합적 구조로 접히게 되어 있고, 이러한 접힘은 단백질에 정교한 구조를 부여한다.

단백질의 삼차원적 구조는 체내의 단백질 기능을 결정하게 되므로 매우 중요하다. 예를 들어, 힘줄을 형성하는 단백질은 그 너비보다 길이가 길도록 형성된다. 힘줄은 근육과 뼈를 붙여주는 결합조직이며, 그것의 긴 막대 모양 구조가 강한 섬유질 연결을 제공한다. 대조적으로, 적혈구를 형성하는 단백질은 동그란 모양으로 작은 도넛과 같이 가운데가 눌린 평평하고 둥근 모양으로 만들어진 적혈구를 만들어 낸다(그림 5.3). 적혈구에 있는 단백질의 이런 구조와 유연성은 적혈구가 모양을 변경하여 미세한 혈관을 쉽게 흘러가 산소를 공급하고 다시 원래 모양으로 돌아오도록 돕는다.

단백질은 열, 산, 염기, 중금속, 알코올 및 다른 손상 물질에 노출되었을 때 그 형상을 잃을 수 있다. 단백질의 형상이 변화하는 것을 '변성'이라 한다. 단백질이 변성된 경우 그 기능을 잃는다. 단백질 변성의 익숙한 예로, 달걀흰자를 저어 흰 거품을 낸 것, 우유에 레몬주스나 다른 산을 첨가하여 연치즈로 굳히는 것, 달걀을 익혀 응고시키는 것 등이 있다. 또한 변성은 인체의 열이나 위산에 의해 단백질을 소화하는 동안에도 일어난다.

단백질 합성은 아미노산의 부재로 제한될 수 있다

인체는 언제든지 사용 가능한 모든 아미노산 풀(amino acid pool)에서 필요한 아미노산을 골라 단백질을 합성한다. 단백질 합성이 일어나기 위해서는, 모든 필수 아미노산이 세포에서 이용가능해야 한다. 그렇지 않은 경우, 아예 부족하거나 혹은 가장 적게 공급된 아미노산을 '**제한 아미노산(limiting amino acid)**'이라 부른다. 필수 아미노산이 적정한 양으로 혹은 적절한 조합으로 존재하지 않으면, 단백질 합성이 늦어지거나 불가능해진다. 예를 들어 단백질 중 헤모글로빈은

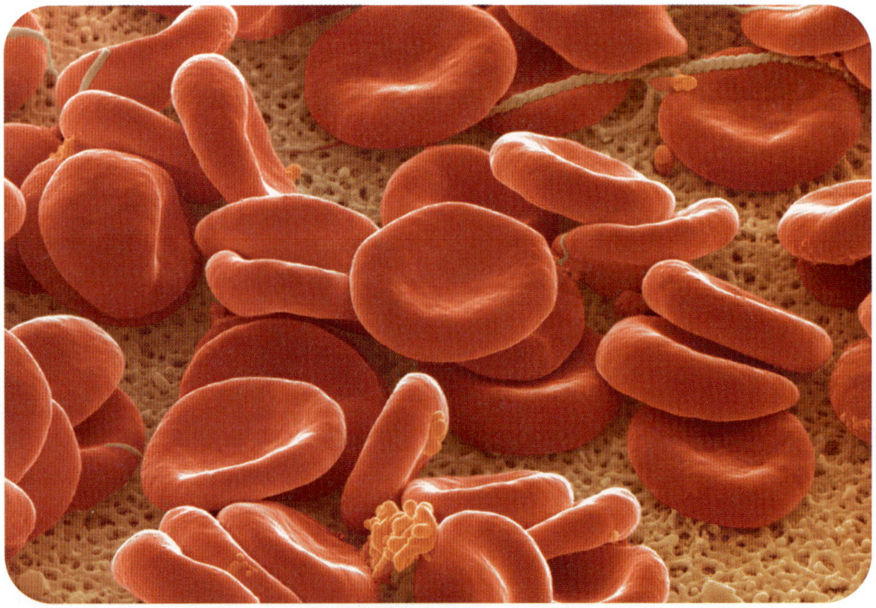

▲ **그림 5.3** 단백질의 형태가 기능을 결정한다. 적혈구에 있는 단백질의 동그란 형태는 그 세포가 유동적인 둥근 판형태를 이루도록 돕는다. 이는 이 세포들이 작은 혈관을 통과할 수 있도록 한다.

제한 아미노산(limiting amino acid) 필수 아미노산 중 공급이 전혀 안 되거나 아미노산 풀에 가장 적은 양을 공급하는 아미노산으로, 단백질 합성을 지연시키거나 중단시키는 요인이 됨.

필수 아미노산인 히스티딘을 포함한다. 충분한 히스티딘을 섭취하지 않으면 우리 몸은 헤모글로빈을 만들 수 없고 세포에 산소를 수송하는 능력을 잃게 된다. 산소가 없으면 세포가 기능을 할 수 없으며 결국 죽는다.

단백질은 불완전단백질 혹은 완전단백질로 설명될 수 있다.

- **불완전단백질(incomplete protein)**은 인체의 성장과 건강에 충분한 양의 모든 필수 아미노산이 포함되어 있지 않은 단백질로, 낮은 품질의 단백질이라고도 불린다. 예를 들어 렌즈콩(lentil)은 불완전단백질이다.[ii]
- **완전단백질(complete protein)**은 필수 아미노산 9개를 모두 가지고 있어, 양질의 단백질이라고 불린다. 달걀흰자, 쇠고기, 닭고기, 생선, 우유와 치즈 등의 유제품 등 동물성 식품에서 유래하는 단백질을 포함한다. 대두는 모든 필수 아미노산이 포함되어 있는, 식물성 단백질 중 유일한 완전단백질이다.

▲ 형태가 잡힐 때까지 달걀흰자를 저어주는 것은 그 일부의 단백질을 변성시킨다.

단백질 합성은 단백질 상호보충에 의해 향상될 수 있다

많은 사람들은 완전단백질을 얻기 위해서는 육류와 유제품을 섭취해야 한다고 생각하지만, 이는 사실이 아니다! 검은 콩과 쌀이 든 밥을 생각해보자. 검은 콩은 아미노산 중 메티오닌과 시스테인이 부족하지만, 충분한 양의 이소류신과 리신을 가지고 있다. 쌀은 이소류신 및 리신은 낮지만 충분한 메티오닌과 시스테인이 포함되어 있다. 즉, 검은 콩과 쌀을 혼합하여, 우리는 완전단백질

불완전단백질(incomplete proteins) 성장과 건강을 위한 충분한 양의 모든 필수 아미노산들을 포함하지 않는 음식.

완전단백질(complete proteins) 9개의 필수 아미노산 모두를 포함하는 식품.

ii) 대부분의 식물성 단백질은 불완전단백질이다.—번역자주

상호보충 식품의 조합

제한 아미노산		상호보충 식품		완전단백질 조합	
콩류 메티오닌과 시스테인 제한	+	**곡류** 견과류 및 종자류	=	콩과 쌀 병아리콩과 쿠스쿠스 허머스	
곡류 리신 제한	+	**콩류**	=	빵과 땅콩잼 보리와 렌즈콩 수프 옥수수 토띠야와 콩	
채소류 리신, 메티오닌과 시스테인 제한	+	**콩류**(리신) **곡류**(메티오닌과 시스테인) **견과류 및 종자류**(메티오닌과 시스테인)	=	두부와 브로컬리 및 아몬드 잣과 시금치	
견과류 및 종자류: 리신과 이소리신 제한	+	**콩류**	=	아몬드 넣은 렌즈콩 수프 깨와 다양한 콩을 넣은 샐러드	

▲ **그림 5.4** 상호보충 식품의 조합

의 재료를 만들 수 있다.

상호보충(mutual supplement)은 두 개 이상의 불완전단백질의 조합을 통해 완전단백질을 만들어 내는 과정이다. 이 식품들은 조합을 통해 모든 아홉가지 필수 아미노산을 제공하는 **보완단백질(complementary protein)**을 제공한다(그림 5.4). 따라서 상호보충은 동물성 식품을 먹지 않는 사람들에게 중요하다.

보완단백질은 꼭 같은 식사에 섭취해야 하는 것은 아니다. 우리는 혈액 내에 유리 아미노산 '풀(pool)'을 유지하고 있다; 이러한 아미노산은 식품이나 세포들에서[iii] 얻어진다. 우리가 불완전한 단백질을 섭취하면, 그 아미노산들은 유리 아미노산 풀에 들어가고, 이 유리 아미노산들이 조합되어 완전단백질을 합성한다. 그러나 단백질 합성을 극대화하기 위해서는 되도록 같은 날에 보완단백질 식품을 섭취해 주는 것이 현명하다.

요점 아미노산이 결합하여 단백질을 형성한다. 유전자는 아미노산 배열을 조절함으로써 모든 단백질의 구조를 결정한다. 단백질의 모양은 그 단백질의 기능을 결정한다. 단백질이 열이나 산 등 손상에 의해 변성되면 그 모양과 기능을 잃는다. 단백질 합성을 위해서는 모든 9개의 필수 아미노산이 세포에서 사용가능해야 한다. 완전단백질은 모든 9개의 필수 아미노산을 제공한다. 상호보충은 완전단백질을 만들기 위해 두 개 이상의 보완단백질을 조합한 것이다.

우리는 왜 단백질을 먹어야 하는가?

체내의 단백질 기능은 매우 방대하므로 여기서는 몇 가지의 기능만 자세히 설명하고자 한다. 중요한 점은 우리가 탄수화물과 지질로부터 충분한 에너지의 양을 섭취할 때, 단백질은 그 기능을 가장 효과적으로 발휘한다는 것이다. 사용가능한 충분한 에너지원이 없는 경우, 인체는 단백질의 다른 기능을 제한하고 에너지원으로 사용하게 된다.

단백질은 세포 성장, 복구 및 유지에 기여한다

우리 몸의 단백질은 역동적이어서, 항상 분해되고, 복구되며, 교체된다. 단백질이 분해될 때 나오는 많은 아미노산은 새로운 단백질에 재사용된다. 배아세포가 자라 9개월 된 태아로 성장할 때 필요한 모든 새로운 단백질을 생각해 보라. 이 경우에는 몸 전체가 새롭게 만들어지게 된다! 실제로 신생아는 10조 이상의 체세포를 가지고 있다.

심지어 다 자란 성인의 경우에도, 우리의 세포는 낡은 세포가 분해되고 그 일부는 새로운 세포를 만드는 데 사용되어, 항상 죽고 다시 재생되기(turning-over)를 반복하고 있다. 적혈구 세포는 불과 3~4개월을 살고, 창자내피 세포는 3일에서 6일마다 새 세포로 교환된다. 또한 손상된 세포는 우리의 건강 유지를 위해 꼭 복구되어야 한다. 따라서 식사로부터의 일정한 단백질 섭취는 세포의 성장, 복구 및 유지에 필수적이다.

단백질은 효소와 호르몬으로 작용한다

당신은 효소(enzyme)라 불리는 작은 물질을 들어봤을지 모른다. 효소는 보통 단백질로 이루어져 있으며, 작용 중 자신은 크게 변화하지 않으나 다른 물질에 작용하여 인체 생리과정이 빠르게 진행되도록 돕는다. 효소는 다른 물질들을 결합시키거나 분해시키며, 혹은 하나의 물질을 다른 물질로 전환할 수 있다(그림 5.5). 각 세포는 특정 세포반응을 촉진시키는 수천 개의 효소를 가지고 있다. 예를 들어, 인산과당인산화효소[포스포프룩토키나아제(phosphofructokinase, PFK)]는

상호보충(mutual supplementation) 완전단백질을 만들기 위해 두 개 이상의 불완전단백질을 조합하는 방법.

보완단백질(complementary proteins) 완전단백질에 필수적인 9개의 필수 아미노산 모두를 포함시켜주는 두세 가지의 식품들. 상호보충 단백질을 반드시 한 끼니서 먹을 필요는 없음.

[iii] 자연적으로 분해된 단백질로부터 아미노산을 가지고 있는 세포—번역자주

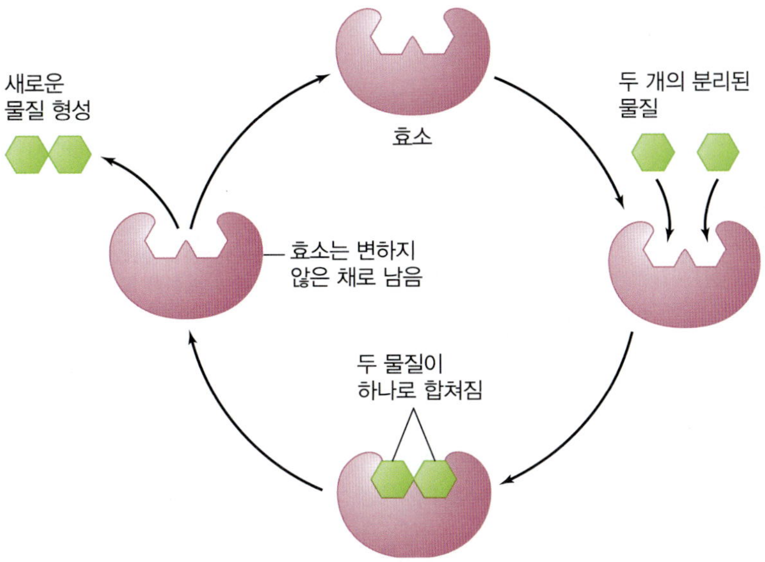

▲ 그림 5.5 단백질은 효소로 작용한다. 효소는 두 성분을 함께 잇거나 하는 화학작용을 촉진한다.

운동 중 탄수화물을 에너지로 전환하는 속도를 빠르게 한다. PFK이 없으면 우리 몸은 신체 운동에 필요한 에너지를 빠르게 공급할 수 없을 것이다.

또한 당신은 체내에서 화학적 전달자로 작용하는 호르몬(hormone)이라는 물질을 알고 있을지 모른다. 호르몬은 여러 분비샘에 저장되어 있다가 인체 환경변화에 대응하여 방출된다. 그리고 인체를 정상적인 상태로 복원하기 위하여 기관이나 조직에 신호를 보낸다. 많은 호르몬들이 지질에서 만들어지는 반면, 일부 호르몬은 아미노산으로부터 만들어진다. 아미노산으로부터 만들어진 호르몬에는 혈당조절에 중요한 인슐린과 글루카곤이나 혈당을 연료로 소모하는 속도를 조절하는 갑상선 호르몬이 포함된다.

단백질은 수분과 전해질 균형의 유지를 돕는다

부종(edema) 수분이 체내 조직 공간에 쌓이는 질환으로 수분 불균형과 외적으로 부푼 모습을 초래함.

우리 몸이 제대로 기능하기 위해서는 수분과 전해질(전하를 운반할 수 있는 나트륨, 칼륨 등의 무기질)이 세포 내외와 혈관 내에서 건강한 수준으로 유지되어야 한다. 단백질은 수분과 전해질 균형을 다음과 같은 두 가지 방법으로 돕는다.

- 단백질은 수분을 끌어들인다. 혈류, 세포내, 세포간의 단백질은 이 공간들을 가로질러 이동해 다니는 수분과 전해질을 보유하도록 돕는다.
- 단백질은 인체가 체액 균형과 혈압 모두를 유지하기 위해 적절한 양의 수분을 이동시키거나 보유한다.

단백질 섭취가 부족할 경우, 혈류내 단백질 농도가 부족하여 수분이 조직으로부터 혈관벽을 가로질러 혈류로 빠져나오지 못한다; 그러므로 수분이 조직 내에 쌓여 **부종(edema)**을 일으킨다(그림 5.6). 부종은 단지 불편함을 넘어, 심각한 의학적 문제로 이어질 수 있다.

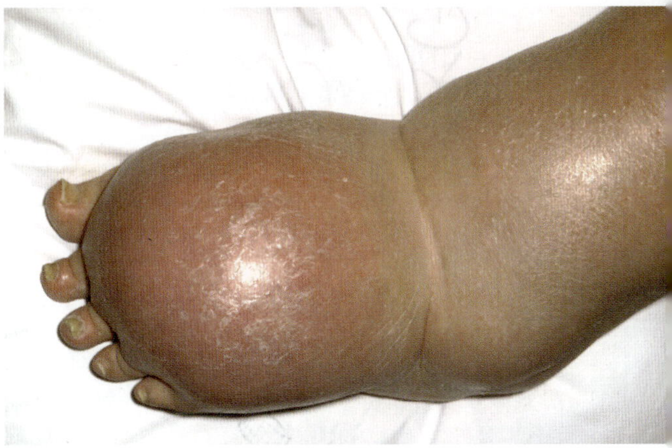

▲ 그림 5.6 부종은 단백질 섭취의 부족에서 기인한다. 이 부종이 있는 발은 체액의 부조화 때문에 일어난다.

신경 신호 전달과 근육의 수축 또한 전해질의 적절한 균형에 의존한다. 단백질 섭취가 부족한 경우, 이러한 기능을 유지하지 못하여 심장 리듬에 잠재적으로 치명적인 이상을 가져올 수 있다. 이외에도 만성적인 단백질 근력 저하 및 경련, 신부전을 가져오고 심한 경우 사망할 수도 있다.

단백질 영양소 및 다른 물질들을 수송한다

단백질은 몸의 영양소 및 기타 중요한 물질 수송에 중요한 역할을 한다. 이러한 **수송 단백질(transport protein)**의 몇 가지 예는 다음과 같다.

- 세포막에 있는 수송 단백질은 수분 및 전해질 균형의 유지를 돕는다. 이 단백질들은 나트륨 및 칼륨이 세포 내외로 이동하도록 펌프처럼 작용한다.
- 수송 단백질은 또한 혈류를 통해 필요로 하는 기관이나 세포에 비타민과 무기질을 나른다. 예를 들어, 레티놀 결합 단백질은 레티놀이라 불리는 혈액 내 지용성 비타민 A를 수송한다.
- 수송 단백질은 또한 포도당을 에너지로 사용할 수 있도록 혈류로부터 세포 안으로 이동시킨다.

영양학의 이정표

1934년, 노르웨이 의사이며 생화학자인 아스뷔른 폴링(Asbjørn Følling) 박사는, 정신지체를 가지고 있는 아이들을 검사하였는데, 그 아이들의 소변에서 매우 강한 냄새가 났다. 그는 그 소변이 아미노산의 하나인 페닐알라닌의 분해 부산물로 생산되는 페닐파이루빈산이라는 물질을 포함한다는 것을 발견하였다. 이 부산물이 소변에 소량 포함되는 것은 정상이나, 많은 양이 포함되어 있다면 이는 페닐알라닌의 완전분해에 문제가 있음을 나타낸다. 처음에 폴링 질환이라 불렸던 이 질환은 현재 페닐케톤뇨증 또는 PKU로 알려져 있다. 이는 페닐알라닌 분해 효소의 부족으로 일어나는 유전적 질환이다. PKU를 가진 사람들에게 페닐알라닌은 체내에 축적되어 뇌 손상, 발작 및 정신장애를 일으킬 수 있다. 폴링의 발견으로, 현재는 의료인들이 모든 신생아의 혈액을 스크린하여 PKU를 선별하고 있다. PKU를 가지고 있는 신생아는 페닐알라닌이 적은 식사를 처방받으며, 이를 따르면 건강한 어린이와 어른으로 성장할 수 있다.

단백질은 산-염기 균형의 유지를 돕는다

인체의 세포 과정은 산과 염기를 지속적으로 생성해 낸다. 염기가 수소함량이 낮은 반면, 산은 상당한 양의 수소를 함유하는 물질이다. 일정량의 수소는 생존에 필수적이지만, 너무 많은 경우 세포에 해로울 수 있다. 이렇게 몸은 매우 까다롭게 혈액 내 수소농도, 즉 **pH**를 제어한다. 단백질이 수소를 끌어들여 중화함으로써 적정 산-염기 평형을 유지하는 데 기여하므로, 뛰어난 **완충제(buffer)**라 할 수 있다. 또한 혈액이 너무 염기를 띠면 단백질은 수소를 방출할 수 있다. 산과 염기의 완충으로 단백질은 산-염기 평형 유지를 돕는다.

단백질은 강한 면역체계의 유지를 돕는다

항체(antibody)는 우리 몸이 이물질로부터 자신을 보호하도록 돕는 특수한 단백질이다. 박테리아, 바이러스, 독소 및 기타 유해한 약이 체내에 들어가면 면역체계가 그 침입자들에 붙어 중화하는 항체를 생산한다.

적절한 단백질 섭취는 감기, 독감, 또는 다른 감염에 대한 대응으로 생기는 항체의 생산 증가시키기 위해 필요하다. 충분한 단백질을 섭취하지 않으면 몸의 저항력이 약해진다. 그러나 단백질을 필요 이상으로 섭취한다고 해서 면역기능을 더 향상시키는 것은 아니다.

단백질은 에너지원으로 쓰인다

신체의 주요 에너지원은 탄수화물과 지질이다. 그러므로 탄수화물은 글리코겐, 지질은 중성지방과 같이 에너지원으로 쓰일 수 있는 특별한 저장형태를 가지고 있다는 사실은 놀라운 일이 아니다. 그러나 단백질은 에너지를 위한 특별한 저장형태를 가지고 있지 않다. 다시 말해서 에너지를 내기 위해 단백질을 이용해야 하는 경우에는 혈액이나 간, 골격근 등의 신체 조직으로부터 단백질을 획득해야 한다는 것을 의미한다.

탄수화물과 지방을 적절하게 섭취한다면 단백질이 에너지로 이용되지 않는다. 하지만 탄수

수송 단백질(transport protein) 인체 모든 곳과 세포막을 통과하여 물질이 이동할 수 있도록 도와주는 단백질 분자.

pH(수소이온 농도) percentage of hydrogen의 약자. 용액의 산도를 나타냄.

완충제(buffer) 체내에서 수소이온의 농도 변화가 있을 때, 수소이온과 결합하거나 수소이온을 내 놓음으로써 적절한 산-염기 균형을 유지하도록 하는 단백질.

항체(antibody) 면역체계의 방어 단백질로, 박테리아나 바이러스, 독성물질이나 알레르기 유발 물질에 대한 즉각적인 반응으로 생성됨.

화물과 지방의 섭취가 낮을 경우에는 단백질을 분해하여 개개 아미노산을 만들어냄으로써, 뇌에 필수적인 에너지인 포도당을 생산하기 위한 구성단위를 만들어낸다. 이 과정을 **당신생합성**(gluconeogenesis)이라 한다. 영양상태가 양호한 사람의 경우에는 섭취한 단백질의 매우 적은 부분만이 에너지원으로 사용된다. 인체는 아미노산을 재활용하는 데 효율적이므로, 단백질 섭취요구는 탄수화물 및 지방과 비교하여 상대적으로 낮은 편이다.

요점 단백질은 다양한 중요한 기능을 수행한다. (1) 인체 조직의 성장, 복구, 유지를 가능하게 하고, (2) 효소와 호르몬으로 작용하며, (3) 체액 및 전해질 균형을 유지하고, (4) 영양소 및 기타 물질을 수송하며, (5) 산-염기 평형을 유지하고, (6) 면역체계의 구성요소인 항체를 생산하며, (7) 탄수화물과 지방 섭취가 불충분할 경우 에너지를 제공한다. 따라서 탄수화물과 지방의 섭취가 충분할 때 단백질은 그 고유 기능을 최대한 발휘할 수 있다.

우리가 섭취한 단백질은 어떻게 되나?

우리 몸은 우리가 식품에서 섭취한 단백질로부터 우리 몸이 필요로 하는 단백질을 직접 만들지 않는다. 식이 단백질은 일단 소화되고, 소장내 세포를 통과하기 위해 아미노산, 디펩티드, 트리펩티드 등과 같은 작은 입자로 분해된다. 이 절에서는 우리는 단백질이 어떻게 소화되고 흡수되는지 알아보고자 한다. 이 과정의 각 단계는 **그림 5.7**과 같다.

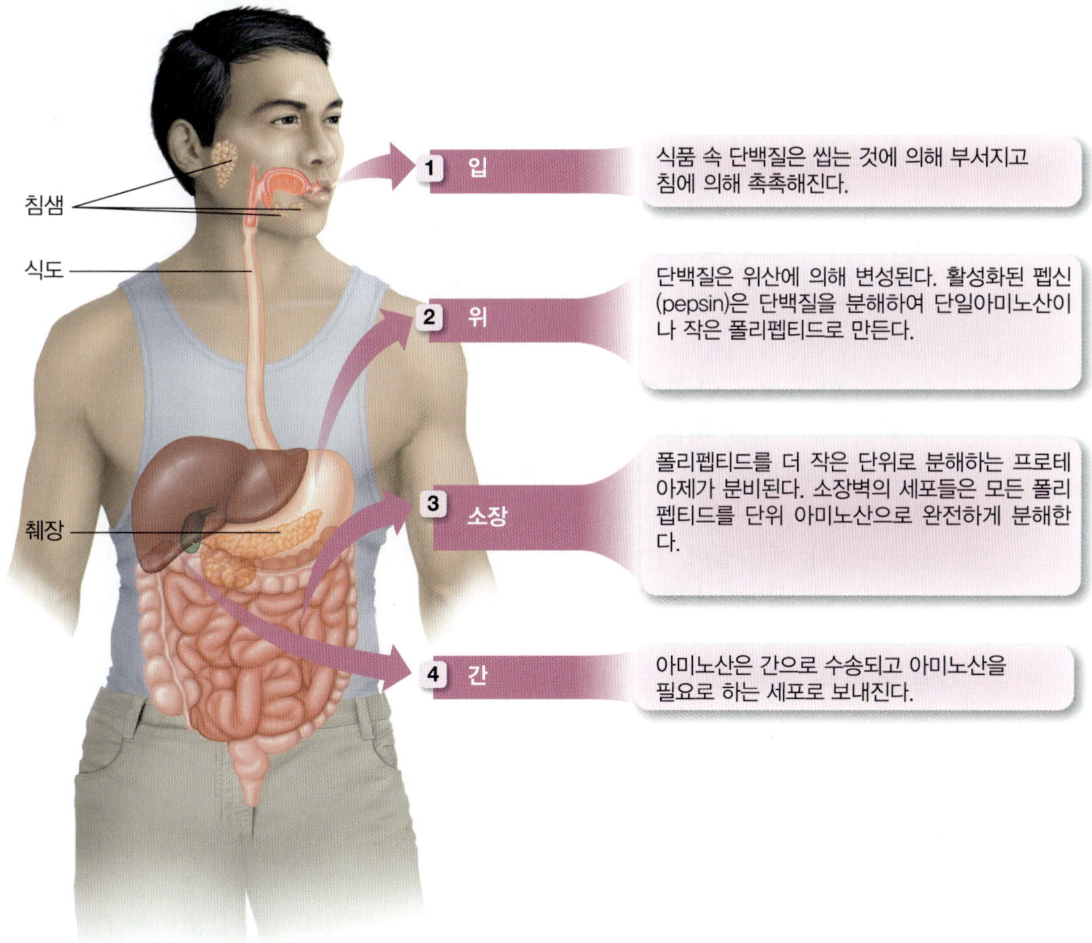

▲ **그림 5.7** 단백질 소화의 과정

▲ 육류는 매우 소화 효율이 높은 단백질이다.

- 1단계. 식품 속 단백질의 기계적 소화는 저작, 파쇄 및 타액과의 혼합을 통해 이루어진다. 이러한 과정은 삼키는 것을 용이하게 하고, 이후에 위장의 소화관에서 보다 효율적으로 소화가 이뤄지도록 표면적을 증가시킨다. 입안에서는 단백질에 대한 화학적 소화작용은 이뤄지지 않는다.
- 2단계. 단백질이 위에 도달하면 **염산**(hydrochloric acid)에 의해 단백질 사슬에 변성이 일어나 분해되기 시작한다. 염산은 또한 불활성 형태의 효소인 펩시노겐을 활성 형태인 **펩신(pepsin)**으로 전환한다. 펩신은 그 자체가 단백질임에도 불구하고 산성환경에서 최적으로 작용하도록 진화되어 왔기 때문에 위산에 의해 변성되지 않는다. 펩신은 섭취된 단백질을 작은 폴리펩티드나 단일 아미노산으로 분해하기 시작하고 분해된 것들은 소장으로 이동하게 된다.
- 3단계. 소장에서 폴리펩티드는 **프로테아제(proteases)**라는 효소로 인해 단일 아미노산이나 디펩티드 및 트리펩티드로 소화된다. 소장벽의 세포는 이 작은 분자들을 흡수한다. 소장벽 세포에 있는 효소는 디펩티드 및 트리펩티드를 단일 아미노산으로 완전 분해하게 된다.
- 4단계. 아미노산은 간으로 이동한 뒤, 그 필요에 따라 우리 몸에 있는 세포들로 수송된다.

위에 언급한 바와 같이, 단백질 중 필수 아미노산의 수는 단백질의 질에 영향을 미치는 인자이다: 양질의 단백질 식품은 단백질을 만드는 데 필요한 필수 아미노산 이상을 포함한다. 단백질 품질을 결정할 때 고려해야 할 또 다른 요인은 얼마나 우리 몸에서 쉽게 소화되고 흡수되는가 하는 '소화율'의 문제이다. 동물성 식품과 콩 제품은 높은 소화율을 보여 거의 모든 단백질이 흡수되나, 곡물이나 많은 식물성 단백질은 소화율이 이보다 낮다.

요점 위장에서 염산은 단백질을 변성시키고, 펩신에 의해 이 단백질들이 짧은 폴리펩티드나 단일 아미노산으로 분해된다. 소장에서 프로테아제는 폴리펩티드를 분해하여 작은 펩티드나 단일 아미노산으로 만들고, 소장 벽의 세포 내 효소는 나머지 작은 펩티드를 단일 아미노산으로 분해한다. 흡수된 단일 아미노산은 이후 온몸의 세포로 수송되기 위해 간으로 간다.

얼마나 많은 단백질 섭취가 필요한가?

충분한 단백질을 섭취하는 것은 많은 사람들에게 위한 주요 관심사이다. 사실, 스포츠 선수들에게 가장 일반적인 고민 중 하나는 그들의 식단에 단백질이 부족한가 하는 것이다(이를 위한 논의는 다음 쪽의 "**영양, 미신 혹은 진실?**"을 보라). 선진국에서는 충분한 양과 다양한 음식을 먹고 있어 쉽게 우리 몸이 필요로 하는 단백질 요구량을 섭취하고 있으므로, 더 이상 단백질 섭취가 충분한가를 우려하지는 않는다. 그러나 개발 도상국의 많은 사람들은 단백질 결핍의 위험에 노출되어 있다. 예를 들어, 유아가 단백질이 낮고 희석된 전분이 주로 들어 있는 이유식을 먹게 되는 경우, 아이들에게서 콰시오커(Kwashiorkor)라 불리는 심각한 단백질 부족이 나타난다. 또한 마라스무스(marasmus)는 기근 기간 동안 에너지원이 되는 모든 영양소의 심각한 섭취부족으로 일어나는 질병이다(이 두 가지와 다른 기아와 관련된 질병들은 12장에서 보다 자세히 논의될 것이다).

단백질을 위한 영양권장량

우리는 얼마나 많은 단백질을 먹어야 하는가? 표 5.2는 일반 성인 및 운동선수를 위한 단백질 섭취에 대한 일일 권장량을 보여준다. 또한 몸무게 kg당 필요 단백질량(g)을 기준으로 하루에 필요한 단백질 총량으로 계산해 볼 수 있다. 예를 들어 당신이 만약 약 63.5 kg이며 운동량이 적은

펩신(pepsin) 위에서 분비되는 단백질 분해효소.

프로테아제(protease) 소장에서 폴리펩티드를 분해하는 효소.

영양, 미신 혹은 진실?

운동선수는 운동량이 적은 사람들에 비해 많은 양의 단백질 섭취가 필요한가?

예전에는 체중 1kg당 0.8g의 단백질 권장량이 비활동적인 사람과 운동선수 모두에게 충분하다고 믿는 때가 있었다. 하지만 최근 연구들은 운동선수의 단백질 필요량이 더 높다고 주장한다.

운동선수은 아래와 같은 이유들로 더 많은 단백질이 필요하다.

- 정기적인 운동은 조직으로의 산소 수송을 증가시키며, 이는 혈액의 산소운반능의 변화를 통해 가능하다. 더 많은 양의 산소를 운반하기 위해서는 혈액내 산소를 운반하는 헤모글로빈이라는 단백질의 더 많은 생산이 필요하다.
- 강도가 높은 운동을 하는 동안, 매우 적은 양의 단백질이 직접 에너지를 내는 데 사용된다.
- 단백질은 또한 운동 중 혈당강하를 막기 위해 포도당을 만드는 데 사용된다.
- 정기적 운동은 조직이 성장하도록 자극하고 조직손상의 원인이 되는데 이 조직손상은 부가적인 단백질을 이용하여 복구해야만 한다.

▲ 끊임없이 식사 조절을 하는 일부 운동선수들은 단백질 부족의 위험이 있다.

이러한 단백질 수요의 증가로, 역기선수와 같이 근력이 필요한 운동선수들은 단백질 권장량의 1.8~2배에 달하는 양이 필요하고, 장거리 달리기 선수들과 같이 지구력이 필요한 선수들은1.5~1.75배에 달하는 양이 필요하다.

그렇다면, 이 말은 당신이 운동선수라면 당신의 식단에 더 많은 단백질을 추가해야 한다는 것을 의미하는가? 꼭 그렇지는 않다. 통념과는 반대로, 운동선수를 포함하여 대부분의 미국인은 이미 단백질 권장량의 두 배 이상을 섭취한다. 따라서 그들은 이미 자신의 단백질 요구량을 충분 이상으로 채우고 있다. 사실, 이보다 많은 단백질을 먹거나 아미노산 보충제를 복용하는 것으로 근육이 더 크거나 더 강해지는 것은 아니다. 오직 정기적인 근력운동으로만 이런 목표를 달성할 수 있다. 연구 증거들은 건강한 사람의 경우 단백질을 권장량 두 배 이상으로 먹는 것이 근력을 증가하거나 근육을 늘리거나 운동 기록을 향상시킨다는 것을 보여주지 않는다. 균형잡힌 식단을 먹고 다양한 음식을 섭취하는 것으로 운동선수는 쉽게 자신의 단백질 요구량을 충족시킬 수 있다.

표 5.2 단백질 섭취 권장

구분	권장 단백질 섭취 (체중 1kg당 하루 단백질 g)*
대부분의 성인†	0.8
비채식주의 지구력운동 선수‡	1.2~1.4
비채식주의 근력운동 선수‡	1.2~1.7
채식주의 지구력운동 선수‡	1.3~1.5
채식주의 근력운동 선수‡	1.3~1.8

†Data from Food and Nutrition Board, Institute of Medicine. 2002. *Dietary Reference Intakes for Energy, Carbohydrate, Fiber, Fat, Fatty Acids, Cholesterol, Protein, and Amino Acids (Macronutrients)*, pp. 465–608. Washington, DC: National Academies Press.

‡American College of Sports Medicine, American Dietetic Association, and Dietitians of Canada. 2009. Joint Position Statement. Nutrition and athletic performance. *Med. Sci. Sports Exerc*. 41(3):709–731.

상태라면, 50g의 단백질 섭취가 권장된다. 하지만 만약 당신이 운동선수라면 75~108g의 단백질이 필요하다. 단백질은 성장과 발달에 필요로 하기 때문에 아동, 청소년 및 임신/수유 중인 여성의 경우 단백질 요구가 높다.

작은 접시의 쇠고기나 참치(85g)가 22~24g의 단백질을 제공할 수 있고 저지방 우유 한 잔이 8g의 단백질을 제공하는 것을 고려한다면, 단백질 권장량을 채우는 일은 그리 어렵지 않아 보인다. 사실, 대부분의 미국인은 특별한 노력없이 이미 단백질 권장량의 1.5~2배를 섭취하고 있다.[iv] 한국인의 경우에도, 2012년 국민영양조사에 따르면 19세 이상의 성인의 경우 단백질 평균 섭취량은 남자 87.5g이고, 여자 60.4g으로, 단백질 권장섭취량 남자 50~55g과 여자 45~50g을 상회한다.

[iv] 우리나라의 단백질 영양섭취기준은 '0.83g/kg/일'이다.—번역자주

당신은 어떤가요?

당신은 적정량의 단백질을 섭취하고 있나요?

당신이 적정량의 단백질을 섭취하고 있는지 알아보기 전에, 당신의 단백질 필요량을 알아보아야 한다. 139쪽의 표 5.2를 살펴보자. 당신이 지구력이나 근력 운동선수가 아니라면, 매일 운동을 한다고 해도 당신의 단백질 필요량은 체중 kg당 0.8g이다.

예를 들어, 당신이 68kg이라면 당신의 권장섭취량을 곱하여, '68kg × 0.8g/체중kg = 하루 단백질 54g'으로, 즉 당신의 하루 필요섭취단백질량은 54g이다. 만약 당신이 일주일에 5~6일을 하루 한 시간 동안 높은 강도로 운동을 한다면, 당신의 단백질 권장섭취량을 체중 kg당 1g으로 계산한다.

그리하여 당신이 하루 몇 g의 단백질이 필요한지 안다면, 평균적으로 하루에 얼마나 단백질을 섭취하는지 그리고 그 양이 권장섭취량에 비해 충분하지 혹은 과한지를 알아보기 위해 http://www.foodnara.go.kr/kisna/index.do에 접속하여 데이터베이스를 이용할 수 있다.[v)]

표 5.3 한국인의 연령별 단백질 권장섭취량 및 평균필요량

연령	평균필요량		권장섭취량		충분섭취량		상한섭취량	
	남	여	남	여	남	여	남	여
영아 0~5(개월)					9.5		해당사항 없음	
6~11	9.8		13.5					
유아 1~2(세)	12		15					
3~5	15		20					
6~8	20	20	25	25				
9~11	30	30	35	35				
12~14	40	40	50	45				
15~18	45	40	55	50				
19~29	45	40	55	45				
30~49	45	35	50	45				
50~64	40	35	50	45				
65~74	40	35	50	45				
75 이상	40	35	50	45				
임신부 1분기			+0	+0				
2 분기			+12	+15				
3 분기			+25	+30				
수유부			+20	+25				

자료 : 사)한국영양학회, 한국인 영양섭취기준 1차 개정판, 2010

에너지 적정비율은 총 하루 에너지 섭취량의 12~20%이다. 한국인의 에너지적정비율 중 단백질은 7~20%에 해당한다. 고단백-저탄수화물 식단은 종종 권장량보다 더 많은 양이 단백질을 권장하고 있으나 다음 절에서 논의하는 것처럼 과도한 단백질 섭취 또한 건강 문제를 가져올 수 있다.

v) 미국의 경우, www.mypyramidtracker.gov를 접속하여 이용할 수 있다.—번역자주

당신이 단백질을 적정량을 섭취하고 있는지 혹은 과도한 양을 섭취하고 있는지는 **당신은 어떤가요?**(138쪽)의 계산을 통해 확인할 수 있다.

요점 육체적 노동강도가 낮고 임신/수유부가 아니면서 채식주의자가 아닌 대부분의 일반 성인은 체중 kg당 일일 약 0.8g의 단백질 섭취가 권장된다. 어린이, 임신/수유부, 채식주의자와 운동선수의 경우에는 이보다 약간 더 많은 섭취량이 요구된다. 충분한 열량과 탄수화물을 섭취하는 대부분의 사람들은 이 적정 단백질 권장량을 섭취하는 데 큰 어려움이 없다.

과도한 단백질 섭취는 해로울 수 있다

지난 수십 년간 체중을 줄이고 싶어 하는 많은 사람들이 고단백 식단을 따라왔다. 이런 고단백 식이가 지름길일까? **영양, 미신 혹은 진실?**(140쪽)은 이 질문에 대해 논의하고 있다. 고단백 식이와 관련된 걱정 하나는 건강 문제를 악화시킬 수도 있다는 점이다. 특히 우려되는 세 가지 질환은 심장질환, 골감소, 신장질환이다. 아래에서 이 세 가지 질환에 대한 현재 연구 내용들을 소개한다.

- 심장질환. 주로 동물성 식품으로 고단백 식이를 섭취하는 경우 높은 혈중 콜레스테롤 수준과 상관성이 있다. 이것은 아마도 동물성 식품에 포화지방산 함량이 높고, 높은 포화지방산 섭취는 혈중 콜레스테롤 증가 및 심장질환 위험도와 연관있다 알려져 있기 때문일 것이다. 채식주의자들은 심장질환의 위험도가 낮은 것으로 알려져 있다.[2,3]

▲ 일부 콩류의 단백질 질은 거의 육류에 가깝다.

표 5.4 상용되는 식품의 단백질 함량

식품	1회 분량	단백질 (g)
쇠고기:		
지방이 적은 분쇄육 (15% 지방)	88g	22.0
구운 갈비 (3mm. 대략 지방제거)	88g	18.0
구운 등심 (3mm. 대략 지방제거)	88g	23.0
가금류:		
껍질없는, 삶은 닭가슴살 (뼈제거)	½ 가슴살	29.0
구운 칠면조 가슴살	88g	15.0
닭살로 만든 햄	88g	15.0
해물:		
익힌 대구	88g	19.0
구운 연어	88g	22.0
찐 새우	88g	18.0
물을 뺀 참치	88g	22.0
돼지고기:		
구운, 돼지 등심 살코기	88g	25.0
기름 적은 구운 햄	88g	20.0
유제품:		
우유 (3.3% 지방)	240ml	7.9
1% 우유	240ml	8.5
탈지우유	240ml	8.8
저지방 요구르트 (무향 첨가)	240ml	13.0
가공 치즈	30g	6.0
저지방 코티지 치즈 (2%)	1 cup	27.0
콩 제품:		
두부	100g	7.0
익힌 템페	100g	18.0
두유음료	1 cup	7.0

식품	1회 분량	단백질 (g)
콩:		
볶은	½ cup	7.0
강낭콩	½ cup	7.7
검은콩	½ cup	7.0
견과류:	30g	6.7
말려 구운 땅콩	2 tbsp.	8.0
땅콩버터		
아몬드 (살짝 데쳐 껍질깐)	30g	6.0
시리얼, 곡물, 빵:		
즉석 오트밀	1 cup	5.4
치리어스	1 cup	3.0
옥수수	1 cup	2.0
건포도	1 cup	5.0
레이진 브란	½장	6.0
익힌 현미	1 cup	5.0
통밀빵	1장	2.7
베이글, 9cm. 반지름	1개	7.0
채소:		
당근 (18 × 3cm)	1개	0.7
브로콜리	1 cup	2.6
콜라드, (냉동식품으로 조리)	1 cup	5.0
시금치	1 cup	0.9

Data from U.S. Department of Agriculture (USDA). 2010. National Nutrient Database for Standard Reference, Release 23. www.ars.usda.gov/ba/bhnrc/ndl.

영양, 미신 혹은 진실?

고단백 식이가 체중 감소의 지름길인가?

홍보사진에 접시 위의 먹음직스러운 달걀프라이와 소시지, 혹은 그릴 위에 육즙 가득한 스테이크가 있다. 당신이 고기를 좋아하는 사람이고 체중감소를 원한다면, 적어도 당신은 고단백 식단을 따르는 것이 좋겠다고 생각해본 적은 있을 것이다. 이 식단이 정말 체중을 감소하고 이를 유지하는가? 그리고 우리의 건강을 증진시키는가 혹은 우리에게 해로운가?

고단백 식이를 지지하는 사람들은 도정된 흰밀로 만든[vi] 식빵, 파스타나 특히 정제당이나 액상과당 등의 고단순 탄수화물 식사가 지난 몇십 년간 급격한 비만의 증가를 불러왔다고 주장한다. 그들은 애킨스 식사법(The Atkins Diet)과 같은 고단백질 식사가 체중감소에 효과적이라고 주장한다. 또한 동물성 단백질이 가지고 있는 높은 포화지방 함량에도 불구하고, 육류를 기본으로 한 고단백질 식사가 혈중 콜레스테롤에 해로운 변화를 가져오지 않는다고 주장한다.

이런 주장을 뒷받침할 만한 근거가 있을까? 최근 고단백질 식사에 관한 몇 편의 무작위 비교연구가 발표되었다. 이 연구들에서 그런 식사들이 비만인 사람들에게 있어 체중감소 및 혈중 지질에 효과가 있다는 내용을 일부 제시하기 시작했다. 한 연구는 대상자들이 애킨스 식사법이나 미심장협회에서 권고한 저지방식사법 중 하나를 실시하였고,[8] 첫 6개월간은 애킨스 식사법을 따른 대상자들이 저지방식사법을 따른 사람들보다 더 많은 체중감소를 보였으나, 1년이 지난 후에는 두 군 사이에 체중감소의 차이가 없었다.[9] 더 중요하게, 애킨스 식사법을 따르는 사람들은 저지방식이를 하는 사람들에 비해 낮은 중성지방을 보였고, HDL 콜레스테롤('좋은' 콜레스테롤)의 감소가 적었다. 또 다른 연구에서도 이와 비슷한 식사법을 적용하여 1년간 살펴보았을 때 결과가 거의 비슷하였다.[10] 고단백 식사에 관해 최근 발표된 고단백-저탄수화물 식사에 관한 두 종설은 지지하거나 반박할 만한 근거가 충분치 않다고 결론내리고 있다.[11,12] 이 종설들은 고단백-저탄수화물 식사를 먹었을 때 동반되는 체중감소가 실은 감소된 에너지 섭취 및 장기간의 식사요법과 더 관련이 있는 것으로 보이며, 단지 이 식사법의 저탄수화물 성분에 의한 것이라 할 수는 없다고 설명한다.

고단백-체중감량 식사법에 동의하지 않는 사람들은 미국인들의 매우 높은 과체중률은 고탄수화물이나 그들의 고지방 식이 때문이 아니라 그들이 단지 너무 많은 칼로리를 섭취하기 때문이라고 주장한다. 영양전문가들 또한 체중감량을 위해서는 본인이 소비하는 것보다 적은 에너지를 소비하는 것이 가장 중요하다는 의견에 오랫동안 동의해왔다. 당신이 소비하는 양보다 더 많은 에너지를 섭취하면 체중이 늘 것이다. 이와 같이, 그 사람이 소비하는 것보다 적은 양의 에너지를 섭취하는 어떤 식단이든 체중감량 효과를 줄 것이다.

또한 저탄수화물-고지방 식사를 하는 것과 관련된 잠재적인 건강위험요인들이 있다. 이 위험요인들은 다음과 같은 내용을 포함한다:

▲많은 사람들이 체중감소를 위해 식단조절을 하지만, 장기적 관점에서도 의미가 있는가?

- 낮은 에너지 수준, 인지능력의 감소, 케톤수준의 증가를 가져오는 낮은 혈당 수준을 가져온다. 이런 걱정에도 불구하고, 최근 연구들은 이 위험요인들이 탄수화물과 지방은 적당히 제한하고 고단백식사를 하는 사람들에게는 일어나지 않는다고 보고한다. 그러나 누구든 체중감량 식사를 하는 사람들은 낮은 혈당과 낮은 에너지 수준을 경험할 수 있으며 이는 사람들이 운동을 규칙적으로 하는 것을 방해한다.
- 동물성 단백질에 의존하는 고단백식사는 전형적으로 포화지방산이 높게 함유되어 있기 때문에 심장질환에 대한 위험을 증가시킨다. 포화지방산이 많은 식사는 혈중 LDL 콜레스테롤을 높이고 이는 심장질환 위험을 높힌다는 것은 잘 알려진 사실이다. 그럼에도 불구하고, 살코기 위주의 고기를 선택하고 저지방 유제품을 이용하는 고단백식사(애킨스 식사법의 가장 최근 형태로 권고되는)는 혈중 지방성분을 건강하지 않은 쪽으로 변화시키지 않는다는 연구가 발표되었다. 실제로, 이러한 식사는 고탄수화물 단백질에 비해 오히려 혈중 지방성분을 건강한 쪽으로 변화시킬 수 있다.[13]
- 높은 지방과 낮은 식이섬유를 포함하는 식사로 일부 암의 위험을 증가시킨다. 일부 고단백식사는 식이섬유나 항산화제를 포함한 식품들은 거의 권하지 않으므로, 많은 영양전문가들이 수년에 걸쳐 이러한 식사를 고수하는 것은 일부의 암, 특히 대장암과 같은 암의 위험도를 증가시킬 것이라고 우려한다. 최근 한 연구에서, 17명의 비만 남성이 4주간 고단백-저탄수화물-저식이섬유 식사를 하였고, 이 연구의 종료될 때 그 남성들의 대변에서 항암성분들은 줄고, 암촉진 성분들은 늘어났다는 것을 발견했다.[14] 이 결과들은 이러한 식사를 장기적으로 소비하였을 때 암이나 다른 대장관련 질환의 위험을 높일 수 있다는 것을 시사한다. 그러나 수정된 애킨스식사법이나 다른 고단백질 식사법들은 높은 식이섬유 및 항산화제와 낮은 포화지방산을 포함한 많은 식품의 섭취를 권장하고 있다. 이러한 수정된 식사법의 암 위험에 관한 효과는 차후 연구가 필요하다.

고단백식사를 적용해야 할까? 대답하기 쉬운 질문은 아니다. 우리 스스로의 필요, 선호, 건강상 위험도, 생활습관에 따라 우리 각자가 결정해야 한다. 현재는 고단백식사가 항상 고탄수화물식사보다 좋다고 확신할 수 있는 증거가 충분하지 않고, 여전히 다년간 이 식사를 했을 때 안전성에 대해서도 여전히 모르는 것이 많다. 지금까지 아는 것을 기반으로 가장 건전한 체중감량 식사계획은 에너지 섭취를 적절히 줄이고 많은 과일, 채소, 그리고 통곡류가 포함된, 적당한 탄수화물과 살코기 단백질 식품, 적당한 양의 지방과 상대적으로 낮은 포화지방산이 이 포함된 식사이다. 또한 당신이 평생 따를 수 있는

[vi] 통곡물을 쓰지 않는—번역자주

식사계획을 결정하는 것도 중요하다. 다양한 식사계획의 좋은 점과 나쁜 점들에 대해 알게 됨으로써, 당신은 건강한 체중과 근육량을 유지하고 당신의 생활패턴과 오랫동안 건강을 유지하는 데 충분한 에너지 및 영양소를 공급하는 가장 좋은 식사계획을 결정할 수 있다.

- **골감소.** 동물성 식품은 황 함유 아미노산(메티오닌과 시스테인)을 많이 포함하고 있다. 이 아미노산의 대사는 혈액을 더 산성으로 만들고, 이 산성화된 혈액을 완충하고자 뼈의 주된 무기질이며 염기성인 칼슘이 뼈로부터 용출이 된다. 단백질을 더 섭취할수록 칼슘 용출을 증가시킬 수는 있으나, 실제로 높은 식이 단백질 섭취가 골감소로 이어지는지는 알려지지 않았다. 오히려 너무 낮은 단백질 섭취는 골감소를 일으킬 수 있고, 적정한 단백질 섭취가 뼈를 보호한다는 것은 알려진 바 있다.[4,5] 최근 건강한 여성 노인에게 고단백 식이를 제공하면 뼈에 칼슘 보유를 향상시킴으로써, 식이에서 섭취한 칼슘의 배설이 일부 증가하는 것을 거의 보정한다고 보고되었다.[6] 이와 같이, 현재는 고단백 식이가 골감소에 영향을 준다는 직접적인 증거는 없다.
- **신장질환.** 우리 단백질을 더 많이 먹을수록 몸에서 단백질 대사는 더 많이 일어난다. 단백질 소화의 부산물은 요소(urea)라 불리는 화학물질이다: 아미노산이 대사되는 과정에서 질소를 포함하고 있는 아민기가 제거되면서 신장에서 요소를 형성한다. 따라서 신장이 제 기능을 못하고 있는 경우에 고단백 식이섭취는 신장에 무리를 줄 수 있으므로, 신장질환자에게 저단백 식이가 권장된다. 반면, 건강한 사람들의 경우에는 하루동안 체중 kg당 2g까지 단백질을 안전하게 섭취할 수 있다고 전문가들이 말하고 있다. 실제로, 한 연구는 운동선수들이 하루에 체중 1kg당 단백질 2.8g까지 섭취하였을 때 신장 기능의 감소를 나타내지 않았다고 보고했다.[7] 그럼에도 불구하고, 고단백 식이를 하는 사람들은 과다한 요소를 신장으로부터 제거하기 위해 충분한 수분섭취가 필요하다.

구매자 가이드: 단백질의 좋은 음식 급원

표 5.4에서 다양한 식품의 단백질 함량을 비교해 보여준다. 일반적으로 단백질의 좋은 급원은 육류(쇠고기, 돼지고기, 가금류, 해산물의 살코기부분), 유제품(저지방 우유를 이용한 유제품과 달걀흰자), 콩 제품과 기타 콩류, 견과류 및 일부의 통곡물이다. 다양한 종류의 건강한 단백질 급원은 "**좋은 식단으로 보내는 하루**"를 가능하게 한다.

대부분의 사람들이 고기가 단백질의 좋

영양 하이라이트

대두는 왜 좋은 식품인가?

20년 전 당신이 만약 미국이나 캐나다의 식품점에서 대두로 된 식품을 발견하였다면 그것은 아마도 두유였을 것이다. 지금은 양념된 두부, 된장국에 넣는 템페타[vii]부터 콩치즈, 시리얼, 핫도그, 버거, 냉동식품과 두부아이스크림에 이르기까지 콩을 원료로 한 식품이 거의 모든 식품코너에서 발견된다. 왜 갑자기 많아졌을까? 대두는 왜 좋은 식품인가? 그리고 왜 먹어 볼만한 가치가 있는가?

대두란 무엇인가?

대두를 원료로 한 식품과 관련된 많은 건강에 대한 주장들을 살펴보기 전에, 먼저 그 정의에 대해 알아보자. 첫째, 모든 대두 원료 식품은 많은 아시아의 나라들에서 주식인 대두로부터 시작한다. 대두는 모든 필수아미노산을 제공하며 다른 콩류에 비해 거의 두 배에 가까운 양의 단백질(한 컵의 두유에 7~10g의 단백질)을 제공한다. 다른 콩류에 비해 3~10배의 지방을 제공함에도 불구하고 거의 모든 지방이 불포화지방산이며 콜레스테롤은 거의 없다. 대두는 또한 파이토케미컬[viii]의 한 종류인 이소플라본이 풍부하다. 이 식물 화학물질들은 인체에서 호르몬의 하나인 에스트로겐처럼 행동한다. 당신이 동네 식품점에서 볼 수 있는 대두원료 식품들의 일반적인 예는 다음과 같다:

- *두유(soy milk)*는 대두를 물에 넣어 갈았을때 나오는 음료의 한 종류이다. 마시기 좋도록 향미가 첨가되며, 많은 회사의 두유에 칼슘이 강화되어 있다.
- *두부(tofu)*는 두유로부터 단백질의 응고형태로 만들어진 것이다. 응고물을 만드는 데 칼슘황산을 이용하면 만들어진 두부는 높은 칼슘함량을 보유하게 된다. 두부는 치즈처럼 사각형 덩어리로 만들어 팔고, 육류의 좋은 대안이 될 수 있다. 어떤 사람들은 두부의 심심한 맛이나 무른 질감을 싫어하기도 하지만, 두부는 다양한 종류의 양념에 잘 어울리고, 요리하기 전에 물을 빼거나 냉동을 시킴으로써, 고기같이 씹는 질감을 만들 수도 있다. 두부는 또한 채식주의자를 위한 핫도그나 버거 같은 많은 가공식품의 원료로 사용된다.
- *템페(tempeh)*는 대두를 곡물과 함께 발효시켜 만든, 향미가 풍부하고 단단한 질감의 육류 대용품이다. 보통 볶음 요리에 쓰인다.
- *된장(miso)*은 발효된 대두로부터 만들어진 반죽형태이다. 소금의 농도가 매우 높아 일반적으로 국이나 소스의 기본으로 쓰인다.
- *에다마메(edamame)*[ix]는 간식으로 먹거나 샐러드 및 다른 요리에 쓰이는 전조리된 냉동콩이다.

대두는 만성질환의 위험을 낮춘다

건강에 관련된 내용에 집중해보자. 지지자들은 대두단백질을 많이 함유한 식사는 심장질환, 암 종류의 일부, 그리고 골다공증(골밀도의 감소)에 대한 위험을 줄일 수 있다고 말한다. 이러한 주장에 근거가 되는 연구들을 살펴보자.

심장질환

1999년 10월, 미국식품의약국은 식품제조사들에게 대두단백질 함량이 높은 가공품의 식품에, 하루 25g의 대두단백질을 포함하고 포화지방산과 콜레스테롤이 낮은 식사는 심장질환의 위험을 낮출 수 있다고 표시할 수 있도록 허가하였다.[15] 미국식품의약국은 하루에 1인 분량[x]을 4회 포함하는 식사를 하면 혈중 LDL 콜레스테롤을 적절히 낮추는 역할을 할 수 있다는 결론을 내리기 위해 27개의 관련된 임상연구를 검토하였다. 이러한 대두의 콜레스테롤을 낮추는 이점은 보충제가 아닌 대두원료식품에 국한되어 있다. 그러므로 미심장학회는 두유 및 두부 등을 심장건강을 위한 식품으로 권장하고 있다.[16]

암 위험

많은 연구들이 대두는 남성암 중 가장 흔한 전립선 암을 예방하는 효과가 있다고 보고한다.[17] 대두식품 중 이소플라본이 이 예방효과를 내는 주 성분이라고 여겨짐에도 불구하고 연구자들은 보충제가 아닌 대두원료식품을 섭취할 것을 권한다.

대두의 전립선 암에서의 항암효과는 명확한 듯 보이나, 유방암에서의 효과는 논란이 많다. 일부 연구에서는 대두의 이소플라본이 유방암의 위험요인을 줄이는 효과가 있다고 주장하나, 다른 연구들은 오히려 위험을 증가시킬 수 있다고 반대의 결과를 보였다. 미암학회에서는 대두에 있는 식물성 호르몬이, 어떤 나이에 먹었나, 식품으로 먹었는가 아니면 보충제로 먹었는가 등의 다른 요인들에 따라 암예방 효과나 암촉진 효과 두 가지를 다 나타낼 수 있다고 설명한다. 유방암의 위험에 미치는 대두의 영향에 대한 현안들이 현재 국가지원에 의해 수행되고 있으나, 현재로서는 미암학회에서 자연적으로 만들어진 대두식품을 조화로운 식품기반 식사의 부분으로 섭취하기를 권하고 있다.[18]

골 감소

골밀도에 대한 대두의 효과에 대한 연구는, 특히 여성노인에 있어 결론을 내릴 수 없다. 어떤 연구들은 대두가 뼈가 더 튼튼해지도록

---

vii) 콩을 발효해 만든 고체상의 식품으로, 케이크처럼 생겨 고기 대신 다양한 요리에 사용함—번역자주

viii) 식물유래화학물질로 필수영양소는 아니나 건강에 이로운 기능성 물질로 알려짐—번역자주

ix) 냉동자숙풋콩—번역자주

x) 한국인의 콩 1인 1회 섭취분량은 20g이며 두부의 1회 섭취분량은 80g으로 미국에 비해 높은 편이다.—번역자주

돕는다고 보고하는 반면, 다른 연구들은 거의 이점이 없다고 제안한다. 10개의 무작위비교연구 결과를 종합한 최근의 한 종설은 대두 섭취가 폐경기 여성의 척추에서 골 감소를 예방하는데 도움이 된다는 사실을 발견했다.[19] 대두와 뼈건강에 대한 몇몇 새로운 연구들은 현재 진행 중이다.

은 급원이라는 것을 알고 있으나, 일부 콩류는 이에 필적할 만한 좋은 급원이라는 것은 모르고 있다. 위에 언급한 바와 같이, 대두는 모든 필수 아미노산을 제공하는 완전단백질이다. 대두의 놀라운 영양적 가치와 건강에 이로운 점들, 그리고 어떻게 즐길 수 있는지를 알기 위해 142~143쪽의 **영양 하이라이트**를 확인해보자.

기타 콩류에는 강낭콩, 초점콩, 검은콩, 병아리콩, 렌즈콩, 완두콩, 블랙 아이드 피스, 리마콩 등이 포함되어 있다. 이 콩류는 단백질의 우수한 공급원일 뿐만 아니라 식이섬유, 철분, 칼슘 및 비타민 B군의 많은 비타민(비타민 B_{12}가 포함되어 있지 않음에도 불구하고)을 가지고 있다. 또한 포화지방이 낮고 콜레스테롤을 전혀 가지고 있지 않다. 그러나 대두 이외의 콩류는 필수 아미노산의 하나인 메티오닌이 부족하기 때문에, 되도록 메티오닌을 공급할 수 있는 곡물과 함께 제공한다.

대두로 만든 식품을 포함하여 콩과 식물을 자주 먹으면 혈중 콜레스테롤 수준을 저하시킴으로써 심장질환의 위험을 줄일 수 있다. 콩류 및 콩 제품의 높은 섭취는 일부 암에 있어 더 낮은 발병률과 상관성을 보인다. 만약 대두나 렌즈콩을 먹는 것이 익숙하지 않다면, 144쪽의 "**게임 플랜**" 상자를 통해 이 영양가 있는 식품들을 당신의 식단에 함께 넣을 수 있는 간단한 정보를 받을 수 있다.

견과류는 또 하나의 건강 고단백 식품이다. 미국 농무부의 식품구성(Food Patterns)에 따르면 견과류 3분의 1컵이나 2작은술의 땅콩버터가 약 28g, 즉 고기 1인분량의 3분의 1 정도에 해당하는 단백질을 제공한다.[xi] 4장에서 배운대로 일주일에 약 60~140g을 섭취하는 사람들은 심혈관계 질환이 유의적으로 낮았다고 보고된 바 있다.[20] 이에 대한 정확한 기전은 알 수 없으나 견과류는 건강에 좋은 식이섬유, 불포화지방산, 칼륨, 엽산 그리고 콜레스테롤 흡수를 방해하는 식물성 스테롤 등 많은 영양소를 가지고 있다.

시판되고 있는 비육류 단백질의 새로운 공급원은 발효균으로부터 나온 단백질 제품, 쿠온(quorn)이다. 쿠온은 또한 다른 다양한 식품과 혼합하여 여러 가지의 육류대용의 식품을 만드는 데 사용된다. 또 다른 '새로운' 고단백 식품은 아주 오래전부터 자라온 곡물들이다. 예를 들어, 고대 잉카문명이 신성시한 중요한 식품 중 하나인 킨와(quinoa)로, 이를 이용하여 만든 파스타 등의 제품을 들어봤을지 모른다. 밥처럼 조리된 킨와는 거의 1컵 분량당 단백질 8g을 제공하고, 소화율이 매우 높으며, 다른 곡류와는 달리 9가지의 필수 아미노산을 제공한다(**당신이 알게 되면 좋아할 식품** 참조). 이와 비슷한 곡물인 아마란스(amaranth) 또한 완전단백질을 제공한다. 테프, 기장, 수수는 단백질 급원으로 오랜동안 아프리카에서 재배되어 온 곡물이다. 지금은 북아메리카에서도 이용 가능하다. 이 세 가지 곡물은 아미노산 중 리신이 부족함에도 불구하고 콩류와 함께 먹으면 완전단백질을 제공할 수 있다.

다른 대부분의 곡물이나 과일과 야채는 고단백질을 가지고 있지는 않으나, 식이섬유와 많은 비타민과 무기질을 제공하는 좋은 탄수화물 급원이다. 따라서 과일, 야채, 곡물 섭취는 단백질이 에너지원으로서 보다는 우리 몸을 만들고 유지하는 데 사용할 수 있도록 돕는다.

[xi] 견과류가 좋은 단백질 급원임을 감안하여, 2010년 개정된 한국인의 식품구성자전거의 경우 기존에 유지류로 분류되던 견과류를 단백질군에 포함시켰다.—번역자주

게임 플랜

당신의 식사에 콩류를 첨가하기 위한 정보들

콩류는 높은 단백질과 식이섬유, 낮은 지방을 포함하며, 육류 단백질 원료보다 적은 에너지를 제공한다. 더욱이 맛도 좋다! 이것이 영양전문가들이 콩류를 거의 완벽한 식품이라 여기는 이유이다. 끼니가 되는 식사부터 간식에 이르기까지, 여러 가지 방법으로 당신의 식사에 포함시킬 수 있는 방법이 있다. 완두콩, 강남콩 등 콩류를 사용한 밥짓기, 다양한 콩을 넣은 떡, 콩을 넣은 샐러드, 두부 및 두부를 이용한 다양한 요리, 콩자반 같은 흑두를 이용한 조림류 반찬, 두유를 이용한 콩국수, 우유 대신 두유 마시기, 고기 등의 요리에 조리한 렌즈콩 사용 등 다양하고 간단한 방법들이 있다. 어떤 사람들은 콩류를 먹고 나면 배가 더부룩하고 불편함을 경험한다. 이는 대장내 세균이 전분을 분해함으로써 일어난다. 당신이 그런 사람 중의 한 명이라면 콩류를 조리할 때 조리 전 미리 물에 충분히 담가두고, 물을 한두 번 바꿔주는 것을 잊지말라. 당신은 또한 비노(Beano) 같은 효소보충제의 도움을 받을 수 있다. 식사 전 복용하면 장내 가스를 줄일 수 있다.

당신이 알게 되면 좋아할 식품

킨와

킨와는 식용씨앗을 위해 키우는 곡물 같은 작물이다. 킨와는 남아메리카에서 유래된, 풀도 아니고 벼나 밀 같은 실제 곡물도 아닌 유사곡물류로 생각된다. 이는 다른 곡물에 비해 단백질이 높을 뿐만 아니라, 완전단백질을 제공하고 식이섬유와 인, 마그네슘, 철 등의 무기질이 풍부한 좋은 식품이다. 또한 글루텐이 함유되지 않은 식품으로 글루텐 알레르기나 셀리악 질환을 가진 사람들에게 안전한 급원이다.

킨와는 자연상태에서는 쓴맛을 내는 얇은 막이 있어, 조리하기 전에 물에 담갔다가 헹궈 조리해야 한다. 그러나 상점에서 미리 씻어 놓은 킨와를 판매하기도 하므로 구매시 포장의 설명서를 참조하는 것이 좋다. 조리 후에는 고소한 맛과 함께 가볍고 푹신한 감촉이 생겨, 쌀이나 쿠스쿠스 대신 요리에 사용할 수 있다. 킨와 파스타는 다양한 종류로 시판되고 있다. 킨와는 큰 상점이나 특히 건강을 지향하는 상점들, 혹은 온라인상에서 구매할 수 있다.

아미노산 보충제: 과대 광고에 진실이 있는가?

"아미노산 보충제 – 보충제 없이는 얻을 수 없습니다!" 이것은 근육운동 관련 잡지나 인터넷 사이트에서 힘, 근력, 완벽한 수행 능력 등을 얻기 위한 열쇠로 아미노산 보충제를 선전하는 수많은 제목 중 하나이다. 이를 읽은 많은 운동 선수들은 아미노산 보충제를 복용하면 운동 중에 에너지를 증가시키고 에너지에 사용된 단백질을 대체하며, 근육 성장과 강도를 높여 격렬한 운동이나 부상에서 회복을 앞당긴다고 믿는다. 이 과대 광고를 믿어야 하는가?

두 가지 사실을 생각해 보자. 첫째, 운동 중 매우 적은 양의 단백질만을 에너지원으로 사용한다. 둘째, 많은 사람들은 이미 섭취 권장량의 두 배를 섭취하고 있다. 그러므로 우리 대부분은 이미 운동 연습이나 경기를 위한 힘과 지구력을 지원하는 데 충분한 단백질보다 더 많은 단백질을 섭취한다. 그렇다면 근육 조직을 만든다는 주장은 어떠한가? 일부 연구에서 실험을 통해 여러 가지 아미노산의 정맥 주입이 근육을 늘리는 특정 호르몬을 자극할 수 있다는 것을 보여주었지만, 개별 아미노산 및 단백질 보충제의 경구 복용하면 근육량을 늘리거나 강화한다는 근거는 거의 없다.[21] 그러므로 광고에서 무엇이라고 하든지, 아미노산 보충제에 대한 주장은 근거가 없다.

단점은 무엇인가? 아미노산 보충제는 식품에 비해 상대적으로 비싸므로, 당신의 지갑을 얇게 할 것이다. 더 중요한 사실은, 일반적으로 아미노산 보충제를 복용하는 것이 무해하다고 가정하지만, 이것은 사실이 아니라는 것이다. 많은 양의 시스테인을 복용하는 것은 구역질, 현기증, 피로 및 불면증을 일으킨다고 보고된 바 있다.[22] 메티오닌이 가장 독성이 있는 아미노산 중 하나이며 구토, 심한 구역질, 간의 이상기능을 일으킬 수 있다.[22] 아미노산 보충제의 과다복용의 영향에 대해서는 거의 알려져 있지 않으므로, 미국의학한림원은 더 많은 연구를 권장한다.[23]

요점 너무 많은 양의 단백질 섭취는 심장병의 위험을 증가시킬 수 있다. 좋은 단백질 급원은 육류, 달걀, 유제품, 콩제품, 콩류, 견과류, 퀴논 및 일부의 곡류이다. 아미노산이나 단백질 보충제 섭취가 근육량을 늘리거나 강화하는 것은 아니며, 몇 가지 아미노산의 과다복용은 부작용을 일으킨다.

건강 감시

채식 다이어트는 충분한 단백질을 제공할 수 있을까?

채식주의(vegetarianism)란 과일, 곡물, 견과류 등의 식물 유래 식품으로 식사를 제한하는 방법이다. 채식이 충분한 단백질을 제공할 수 있을까 하는 질문에 답하기 위해 다양한 유형의 채식을 살펴보자.

채식에는 많은 종류가 있다

채식에는 채식주의자 수만큼이나 다양한 많은 종류가 있다. 스스로 채식주의자라고 생각하는 많은 사람들 중 일부는 일상적으로 생선을 먹는다. 다른 이들은 육류 살코기는 피하지만 달걀, 우유, 치즈는 자유롭게 섭취한다. 어떤 이들은 우유나 달걀, 혹은 젤라틴으로 만든 젤리 푸딩과 같은 부산물까지 포함한 모든 동물성 제품을 엄격하게 제한한다. 최근 주요 언론의 주목을 받은

채식주의(vegetarianism) 식사를 채소류, 과일류, 곡류, 종실류 등을 포함한 식물성 급원 식품으로 제한하는 관습.

채식의 종류 중 하나는 플렉시태리언(flexitarians, 유동적 채식주의)이다. 플렉시태리언은 주로 식물성 식품, 달걀, 유제품을 주로 먹으며 가끔씩은 육류, 가금류, 혹은 생선 등을 먹는 중간적 채식주의자(semivegetarians)로 간주된다. 따라서 그들은 때때로 식사에 동물성 단백질을 섞어 먹는데 융통성이 있다. 채식이란 또한 '식물기반의 식단'이라고 불리며, 주로 동물성 육류를 먹으며 채소를 거의 먹지 않는 식단에 비해 많은 건강에 이로운 식단이라고 인식된다.

표 5.5는 가장 넓은 의미의 채식주의부터 가장 엄격한 형태의 채식주의까지 다양한 식단의 형태를 보여준다. 엄격할수록 충분한 식이단백질의 섭취를 하기에 어려움이 있다는 것을 명심하자.

왜 사람들은 채식주의자가 되는가?

채식을 논의할 때, 가장 많이 묻는 질문 중 하나는 왜 사람들이 이러한 채식주의 식단을 선택을 하는 이유가 무엇인가이다. 가장 일반적인 대답들은 아래와 같다.

종교, 윤리 및 식품 안전의 이유

어떤 이들은 종교적 또는 영적인 이유를 위해 선택한다. 일부 종교는 육류 살코기 섭취를 금지하거나 제한하지만, 일반화하는 것은 오해를 초래할 수 있다. 예를 들어, 힌두교의 특정 종파들은 동물을 포함한 대상에 대해 살생을 금하지만, 인도 요리점들의 메뉴를 둘러보면 많은 힌두교도들도 일상적으로 적은 양의 육류, 가금류 및 생선을 소비한다는 것을 볼 수 있다. 많은 불교도는 채식주의자이며 제칠일 안식일 예수재림교 등 일부 기독교인도 채식주의자이다.

많은 채식주의자들은 자신의 개인적인 철학에 의해 채식을 선택한다. 이 사람들은 현대 동물 산업의 방식이 비인도적인 것을 고려할 때, 육류나 (유제품, 달걀과 같은) 동물성 제품의 소비가 도덕적, 윤리적으로 옳지 못하다고 느낀다. 그들은 우유와 달걀을 소비할 수 있으나, 오직 동물을 인도적으로 취급하다고 믿는 가족농장에서만 구입한다.

표 5.5 채식주의 식사와 관련된 용어 및 정의

식사 종류	소비되는 식품	비고
중간적 채식주의자[또한 유동적 채식주의자(flexitarian)나 식물위주의 식사(plant-based diet)라고도 불림]	채소, 곡물, 견과류, 과일, 콩류, 달걀, 유제품, 때에 따라 해물이나 가금류	전형적으로 붉은 육류나 다른 육류를 제하고 먹음
페스코베지테리안(Pescovegetarian, 생선채식주의자)	가금류를 먹지 않는 것만 제외하고는 중간적 채식주의자와 비슷함	페스코는 물고기를 뜻하며, 생선이 유일한 동물성 단백질 급원임
락토오보베지테리안(Lacto-ovo-vegetarian, 유란채식주의자)	채소, 곡물, 견과류, 과일, 콩류, 달걀(*ovo*), 유제품(*lacto*)	동물성 살코기나 해산물을 제외함
락토베지테리안(Lacto-vegetarian, 유채식주의자)	락토오보베지테리안과 유사하나 달걀은 제외	동물성 단백질 급원으로 우유나 치즈에 의존함
오보베지테리안(Ovovegetarian, 난채식주의자)	채소, 곡물, 견과류, 과일, 콩류, 달걀(ovo)	동물성 살코기나 해산물, 유제품을 제외함
비간(Vegan, 엄격한 채식주의자)	오직 식물성 식품을 기본으로 함(채소, 곡물, 견과류, 씨앗류, 과일, 콩류)	적정량의 비타민 B_{12}, 아연, 철분, 칼슘이 공급되지 않을 수 있음
매크로바이오틱식사(Macrobiotic diet, 번역자주: 장수식이라고도 함)	비간 중 한 종류: 점진적으로 거의 모든 식품이 제외되도록 엄격해짐, 극단적으로는 오직 현미와 적은 양의 물, 혹은 허브차 정도만을 섭취함	극단적으로 취할 경우, 영양실조나 죽음에 이를 수 있음
과일주의자(Fruitarian)	오직 생과일이나 건과일, 씨앗류, 견과류, 꿀, 식물성 기름	극단적으로 제한적인 경우; 단백질, 칼슘, 아연, 철분, 비타민 B_{12}, 리보플라빈, 그리고 다른 영양소들이 부족함

또한 식중독이 자주 발생하고 심각한 결과를 초래할 수도 있으므로 육류를 취급하는 방식은 중요한 문제이다. 예를 들어 최근 몇 년간 일어난 심각한 출혈성 설사의 발생을 추적한 결과, 집이나 음식점에서 요리된 햄버거나 스테이크, 혹은 볼로냐나 냉동 페퍼로니 피자에서 발견된 대장균 때문이었다. 많은 사람들이 입원하였고, 어떤 사람들은 치명사인 신부전을 보였다. 쇠고기를 둘러싼 또 다른 우려는 그것이 일반적으로 **광우병**(cow disease)이라 불리는 치명적인 신경장애를 일으키는 미생물에 의해 오염되어 있을 가능성이 있다는 것이다. 또한 간 칠면조 고기부터 냉동 닭고기 파이와 저녁메뉴들과 같은 오염된 가금류 제품은 살모넬라라는 세균 질병의 발생을 일으켰다.

(a)

(b)

▲ 그림 5.8 가축 사육과 공격적 삼림 채벌에 의해 온실가스가 높아진다.

생태적 이유

많은 사람들은 육류 산업이 지구 환경에 미치는 영향에 대한 우려로 채식을 선택한다. 그들은 소가 다량의 곡물 및 물을 소비하고 이는 식물성 식품의 생산에 사용될 수 있는 방목 구역을 요구하고, 취약한 생태계(열대 우림 포함)를 파괴하며, 폐기물의 주변의 물로 흘러가게 하고, 지구 온난화와 관련 있다고 알려진 많은 양의 메탄가스를 뿜어낸다고 주장한다(그림 5.8). 육류업계 단체들은 이러한 영향은 경미하고, 크게 과장되어 있다고 주장한다. 최근 주장 중 하나는 우리가 고기를 먹는지의 여부가 아니라 우리가 고기를 얼마나 소비하느냐에 초점을 맞추고 있다. 가축 사육으로 인한 환경 파괴는 많은 부분 대량생산에 기인한다. 구성원의 육류소비가 감소될 때 육류 생산도 따라서 감소된다. 유엔 기후 변화 정부 간 패널(United Nations Intergovernmental Panel on Climate Change, IPCC)은 우리가 서서히 육류의 소비를 줄이는 것을 권고한다.

건강상 혜택

또 다른 사람은 건강에 이로운 효과 때문에 채식을 실천하고 있다. 몇 년간 연구들이 지속적으로, 다양하고 균형 잡힌 채식 식단이 많은 만성질환의 위험을 낮출 수 있다는 결과를 발표했다. 건강에 이로운 점은 다음과 같다.[24]

- 비만, 제2형 당뇨병, 고혈압, 심장병 위험도의 감소. 채식의 낮은 포화지방산 함량에 기인했을 가능성이 큼.
- 장 관련 문제의 감소. 높은 섬유소 함량에 기인했을 가능성이 큼.
- 일부 암, 특히 대장암의 위험도 섭취.[25] 고섬유소 및 저지방 구성, 육류가 조리될 때 나오는 **발암물질(carcinogen)**의 적은 섭취, 항암효과가 있을 수 있는 대두단백질의 높은 섭취 등을 포함하여 채식주의 식단의 많은 구성요소는 암의 위험도를 줄이는 데 기여할 수 있음.[26]
- 신장질환, 신장 결석과 담석의 위험 감소. 채식주의 식단의 낮은 단백질 구성에 콩류와 채소류의 높은 섭취가 부과되면 이러한 질병을 예방할 수 있음.

채식을 시도하고 싶지만 어디서부터 시작해야 할지 모르나요? www.pcrm.org/health/veginfo/vsk/index.html에서 책임있는 의료를 위한 의사회(Physicians Committee for Responsible Medicine, PCRM)에서 제공한 채식시작도구를 참조하실 수 있습니다.

채식 식단의 어려운 점은 무엇인가?

채식주의 식사는 건강에 좋으나, 동시에 몇 가지 어려운 점이 있다. 육류 및 유제품의 섭취 감소로, 특정 영양소들의 섭취가 불충분할 가능성이 있다. 표 5.6은 엄격한 채식주의 식단에서 부족할 수 있는 영양소와 이 영양소들의 좋은 비동물성 급원들의 목록이다. 만약 식단에 충분한 양이 포함되지 않는다면 그런 사람들에게는 보충제가 필요할 수 있다.

채식 식단은 충분한 단백질을 제공할 수 있는가? 선진국에서는 고품질의 단백질원을 획득

발암물질(carcinogen) 살충제, 산업 화학물질, 오염물질과 같은 암 유발물질.

표 5.6 채식 식단에 대한 영양적 문제

영양소	기능	비육류/비유제품 급원
비타민 B_{12}	DNA 합성 보조, 신경섬유세포의 보호 및 성장	비타민 B_{12} 강화 시리얼, 효모, 콩제품, 그리고 다른 육류 대체식품 ; 비타민 B_{12} 보충제
비타민 D	뼈 성장 촉진	비타민 D 강화 시리얼, 마가린, 콩제품; 적정 햇빛 노출; 햇빛 노출이 부족한 사람은 보충제가 필요할 수 있음
리보플라빈 (비타민 B_2)	에너지 방출 촉진; 정상시력과 피부건강 지원	통곡물 혹은 강화 곡물, 엽채류, 버섯, 콩류, 견과류, 씨앗류
철분	산소수송 보조; 아미노산 및 호르몬 합성 관여	통곡물 제품, 자두주스, 견과일, 콩류, 견과류, 씨앗류, 엽채류(시금치 등)
칼슘	뼈건강 유지; 근육수축, 혈압 및 신경전달 보조	강화 두유 및 두부, 아몬드, 말린 콩류, 엽채류, 칼슘 강화 주스 및 시리얼
아연	DNA와 RNA 합성 보조, 면역기능, 성장	통곡물 제품, 밀배아, 콩류, 견과류, 씨앗류

▲ 잘 조화된 채식주의 식사는 적절한 양의 단백질과 다른 영양소들을 제공할 수 있다.

하는 것이 매우 쉬운 일이므로, 잘 균형잡힌 채식주의 식단은 충분량의 단백질을 제공할 수 있다. 사실, 미영양사회와 캐나다영양사회는 잘 계획된 채식주의식단이 건강에 좋고 영양적으로 충분하며, 다양한 질병을 완화하고 예방하는 데 이롭다고 지지하고 있다.[24]

강조점은 '균형잡힌' '충분한' 채식 식단이다; 이와 같이, 채식주의자에게 있어 콩류의 섭취, 보완 단백질의 섭취, 단백질이 에너지원으로 소모되지 않도록 다른 다량영양소로부터의 충분한 에너지 섭취가 중요하다. 채식주의 식단의 소화율이 동물성 식단에 비해 낮을 가능성이 있으나, 보완적인 식물성 단백질의 섭취를 하는 채식주의자에게 별도의 단백질 권장량은 존재하지 않는다.[27]

특별히 만들어진 식품 피라미드는 채식주의자가 충분한 영양소를 섭취하도록 도울 수 있다

채식주의자는 필요한 모든 영양소의 적절한 수준을 포함하는 식단을 짜기 위하여 그림 5.9에 나타낸 식품 피라미드를 사용할 수 있다. 그림 5.9는 매 식사에 통곡물, 과일, 야채, 콩류 섭취의 중요성을 강조한다. 일상식에는 견과류 및 씨앗류, 달걀흰자, 두유 및 유제품, 식물성 기름이 포함된다. 매주 달걀이나 단과자를 선택해야 한다. 이 피라미드는 채식주의자를 위해 권장되는 식품의 형태를 응용한 그림으로 보여주고 있으나, 1일에 필요한 1회분량의 횟수에 대한 제안은 주고 있지 않다.

미국 영양사협회는 채식주의자가 칼슘이 풍부한 식품을 하루당 1회분량 기준, 8회나 그 이상을 섭취하도록 권한다.[28] 락토베지테리안(우유는 먹는 채식주의자) 및 락토오보베지테리안(우유와 난류는 먹는 채식주의자)은 저지방 혹은 무지방 유제품을 먹을 수 있는 반면, 비건(엄격한 채식주의로 유제품과 달걀도 먹지 않음)이나 오보베지테리언(난류는 먹는 채식주의자)은 칼슘 강화 콩, 쌀, 또는 아몬드 우유나 칼슘 강화 오렌지주스 등을 먹을 수 있다.

채식주의자는 또한 매일 콩류, 견과류 및 다른 단백질이 풍부한 식품을 1회분량 기준, 5회 섭취해야만 한다. 비타민 B_{12}는 자연적으로 달걀, 우유, 치즈 등 동물성 식품에서만

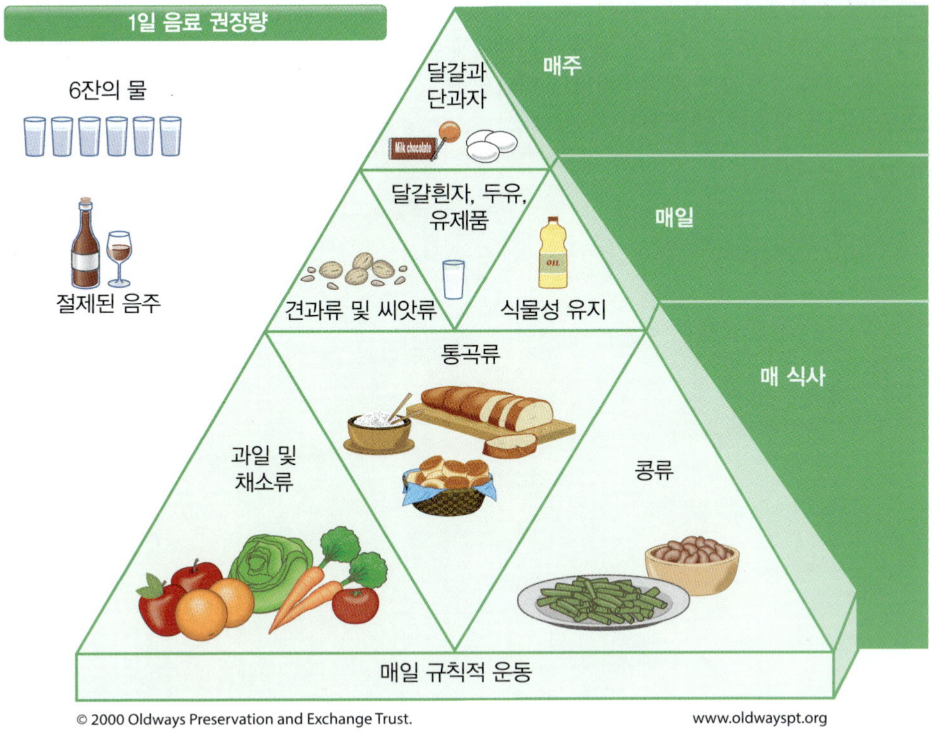

▲ **그림 5.9** 채식주의자의 영양가이드 피라미드. 이 그림은 끼니, 일, 주마다의 일반적인 채식주의 식품 선택에 도움을 주는 안내이다.

▲ 채식주의자들은 하루에 적어도 5회분량의 콩류, 견과류, 씨앗류, 달걀, 혹은 육류 대체품을 먹어야 한다.

발견되었기 때문에 엄격한 채식은 비타민 B_{12} 요구량을 충족하기 위해 강화된 식물성 식품이나 보충제를 섭취할 필요가 있다. 일반적으로 채식주의자들은 적어도 세 가지의 좋은 비타민 B_{12} 급원 식품을 섭취하는 것이 좋다. 예를 들어 락토오보베지테리안(우유와 난류는 먹는 채식주의자)에게는 달걀 큰 것 하나, 우유 $^1/_2$컵, 그리고 $^3/_4$컵의 요구르트가 적당한 반면, 비건(엄격한 채식주의자)은 강화된 두유 한 컵, 약 14g의 강화된 시리얼, 그리고 약 33g의 강화된 고기 대용품을 먹어야 필요량을 충족할 수 있다.

뉴트리-케이스 테오

"설마 내가 평생 채식주의자가 되겠어! 근육을 늘리려면 유일한 방법은 육류를 먹는 거야. 내가 지난 주 보디빌딩 잡지에서 우유와 달걀을 포함한 어떤 동물성 식품도 먹지 않는 어떤 남자에 대해 읽었는데, 그 사람은 꽤 근육질로 보였어. 하지만 나는 그것을 믿지 않아. 요새는 사진에 뭐라도 할 수 있어. 게다가, 농구 시즌 동안 나는 고기가 먹고 싶어. 만약 못 먹으면 거의 건전지가 나간 것처럼 느껴지지. 경기에 나가는 운동선수가 고기를 먹지 않는 것은 현실성이 없는 것 같아."

테오가 그의 식사에서 육류의 역할이라 주장하는 두 가지가 무엇인가? 당신은 그 주장이 옳다고 생각하는가? 왜 그런가, 혹은 그렇지 않다면 왜 그렇지 않은가? 식물성과 동물성 단백질의 특성을 고려할 때 중요한 요인은 무엇인가?

요점 균형 잡힌 채식 식단은 비만, 제2형 당뇨병, 심장병, 소화 문제, 일부 암, 신장질환, 신석 및 담석의 위험을 줄일 수 있다. 다양한 채식 식단이 충분한 단백질을 제공할 수 있지만, 동물성 식품을 전혀 먹지 않는 채식주의자는 비타민 B_{12}, 비타민 D, 리보플라빈, 철, 칼슘, 아연의 좋은 급원으로 식단을 보충하여야 한다.

나는 어디에 있을까?

이 장의 시작 부분에서 당신은 당신이 매일 필요로 하는 단백질의 양을 추정하였다. 이제 실제로 당신이 얼마나 먹을 필요가 있는지 알게 된 것을 적어보자.

당신은 실제로 매일 얼만큼의 단백질을 먹는가?

당신은 일일 단백질 필요량을 충족시키는 데에서 어떠한가? (다음 중 하나를 선택하시오.)

- □ 내가 필요 이상의 단백질을 먹는다.
- □ 내가 필요로 하는 것보다 적은 단백질을 먹는다.
- □ 나는 거의 필요량 수준으로 먹는다.

단백질의 식물성 급원에 대해 배운 것을 기반으로, 당신은 육류 중심의 식단과 채식주의 식단 중 선택함에 있어 어떤 변화를 계획하고 있는가? (다음 중 하나를 선택하시오.)

- □ 아니오 – 나는 이미 채식주의자이다.
- □ 아니오 – 나는 여전히 고기를 포함한 식사를 하는 것이 더 편하다.
- □ 예 - 나는 더 자주 육류 없는 식사를 하려는 생각이 편해졌다.

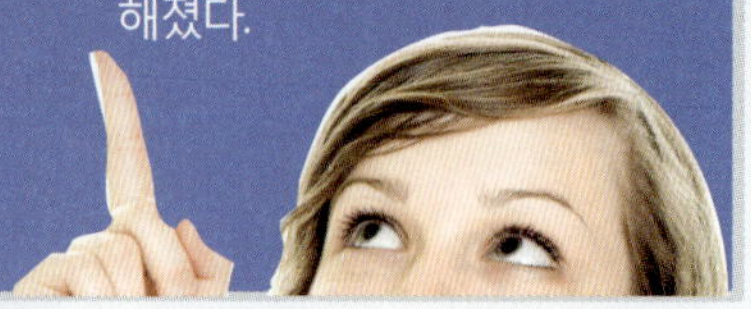

복습

오늘 내가 해 볼 수 있는 것은?

이 장을 읽고, 다음 세 가지를 실천해 보자.

- 당신의 아침 식사용 시리얼에 두유를 추가하여 보자.
- 생선, 껍질 없는 가금류, 살코기, 달걀흰자, 콩류, 견과류, 견과류버터, 두부 등 적은 포화지방과 콜레스테롤을 가지는 급원으로부터 충분한 단백질을 제공하는 식사를 섭취하도록 목표를 세우자.
- 당신이 일상적으로 육류를 먹는다면, 7일간 매일 육류를 먹는 대신 육류 대체품인 쿠온, 채식버거나 채식소시지, 또는 두부 등으로 교체해 보자.

스스로 평가하기 정답

1. 거짓. 단백질이 어떤 상황에서는 에너지원으로 사용될 수 있지만, 지방과 탄수화물이 우리 몸의 일차적인 에너지원이다.

2. 거짓. 아미노산 보충제를 섭취하는 것이 근육 조직을 만든다는 증거는 없다. 충분한 열량의 섭취와 웨이트 트레이닝과 같은 근육운동이 근육 조직을 만든다.

3. 거짓. 과도한 단백질은 분해되고 그 구성요소들 중 일부는 지방으로 저장되거나 열량 혹은 조직의 구성 및 복구를 위해 사용된다. 오직 단백질의 질소 성분만이 소변으로 배설된다.

4. 거짓. 열량공급원인 다량영양소가 충분하고, 다양한 급원으로부터 단백질을 섭취하며, 보완적인 단백질 급원이 섭취되고 있다고 가정하면, 채식주의 식단이 개인의 단백질 요구량을 충족하거나 심지어는 넘치게도 제공할 수 있다.

5. 참. 미국에서 대부분의 사람들은 그들이 필요로 하는 것보다 1.5에서 2배 이상의 단백질을 섭취하고 있다.

영양도구

아래 내용들을 포함한 상호작용적 애니메이션에 접속하기 위해 www.pearsonhighered.com/thompsonmanore나 MyNutritionLab.com 웹사이트를 확인해 봅시다.

- 당신의 단백질 급원
- 소화 흡수: 단백질

단원 문제

맞는 것에 동그라미 표시하세요.

1. 완전단백질을 만들기 위해 땅콩 버터, 통밀빵을 합성하는 과정은 ________(이)라 부른다.
   a. 탈아미노화
   b. 채식주의
   c. 아미노기전이
   d. 상호보충

2. 다음 식사 중에 비건(엄격한 채식주의) 식사의 전형인 것은?
   a. 미국 초점콩, 도토리 호박, 콩 버터, 아몬드 우유
   b. 채식소시지, 빵, 바나나를 혼합한 요구르트
   c. 쇠고기 살코기 육회와 녹차
   d. 통밀 토스트에 올린 달걀샐러드, 브로콜리, 당근, 그리고 두유 달걀샐러드

3. 단백질은 _______에 의해 정해진 서열에 따라 합성된다.
   a. 효소
   b. DNA
   c. 호르몬
   d. 케톤

4. 질소를 함유하는 아미노산의 일부를 ______라 부른다
   a. 측쇄
   b. 아민기
   c. 산기
   d. 질산염 무리

5. 단백질은 _______를 포함한다.
a. 탄소, 산소, 질소
b. 산소와 수소
c. 탄소, 산소, 수소 및 질소
d. 탄소, 산소 및 수소

6. 참 / 거짓 소장을 지나, 아미노산은 몸 전체로 분산되기 위해 간으로 수송된다.

7. 참 / 거짓 단백질이 변성된 경우, 그 형태는 없어지나 기능은 유지된다.

8. 참 / 거짓 모든 호르몬은 단백질이다.

9. 참 / 거짓 완충제는 몸의 산-염기 평형 유지를 돕는다.

10. 참 / 거짓 운동선수는 일반적으로 비활동적인 사람들과 비교하여 약 3배의 단백질을 필요로 한다.

단원 문제에 대한 정답은 이 책 뒤쪽에 있습니다.

6 비타민: 거대한 힘을 가진 미량 영양소

스스로 평가하기

다음 문장들은 참인가요, 거짓인가요? 답이라고 생각하는 곳에 동그라미를 표시하세요.

1. 참 / 거짓 우리 몸은 태양으로부터 얻은 에너지를 이용해 몸에서 만들 수 있기 때문에, 비타민 D를 "햇빛 비타민"이라고도 부른다.
2. 참 / 거짓 비타민 C 보충제의 섭취는 감기를 예방한다.
3. 참 / 거짓 비타민 B군은 우리 몸에 필요한 중요한 에너지 공급원이다.
4. 참 / 거짓 파이토케미컬(phytochemicals)은 암을 발생시킨다고 알려진 식물 화합물의 작은 그룹이다.
5. 참 / 거짓 종합비타민제를 매일 먹는 것은 돈 낭비이다.

스스로 평가하기의 정답은 이 장 마지막 부분에 있습니다.

쟁쟁한 위장병 학자이며 뉴욕 소재 알버트 아인슈타인(Albert Einstein) 의대 교수인 레슬리 번스타인(Leslie Bernstein) 박사는 어느 날 그의 사무실에서 80세의 한 환자를 보고 놀라움을 금치 못했다. 번스타인 박사는 엄격한 채식주의자 및 운동선수이며, 몇 년 동안, 불과 몇 주 전까지도 5킬로미터의 달리기를 지속해왔던 그의 가장 건강한 환자 중 하나였던 팝 카츠(Pop Katz)가 지금은 겨우 일어설 수 있게 될 정도로 건강이 악화된 것에 놀라워했다. 그는 혼란스러워했고, 쉽게 울고, 자기 집을 찾지 못하기도 했으며, 소변을 조절하지 못하였다. 검사 결과, 그는 뇌졸중, 암, 감염, 알츠하이머 질환(Alzheimer's disease)이 없었고, 농약, 살충제, 다른 독성물질에 노출도 없었다. 신경과 전문의는 치매라고 진단했지만, 번스타인은 어떻게 80년 동안 건강했던 사람이 갑자기 치매에 걸릴 수 있는지 납득할 수 없었다. 그때, 어떤 생각이 떠올랐다.

"카츠 노인은 38년 동안 채식주의자였어. 그는 고기, 생선, 계란, 우유를 절대 먹지 않았어. 수십 년 동안 어떤 동물성 단백질을 먹지 않았지. 그는 틀림없이 비타민 B_{12}가 결핍된 상태야!"[1]

번스타인은 즉시 카츠의 혈액검사를 했다. 그러고 나서 비타민 B_{12}를 주입했다. 번스타인의 예감대로 카츠의 혈액의 비타민 B_{12} 수준은 혈액검사로 감지하기에 너무 낮았다. 비타민 B_{12}를 주입한 아침에 카츠는 도움 없이 일어설 수 있었다. 치료를 계속하면서 일주일 내에 그는 읽을 수 있었으며, 카드게임을 하고, 멀쩡하게 대화도 할 수 있었다. 하지만 불행하게도 성격이 변했으며, 집중력 장애 등을 포함한 약간의 신경상의 손상은 남아 있었다. 번스타인은 동물성 단백질이 없는 식단은 건강하고 안전하지만, 때때로 비타민 B_{12}를 먹거나 주사로 보

어디서부터 시작할까?

우리는 1장에서 건강에 유익한 식사의 특징에 대해 알아보았다. 당신은 건강에 좋은 식사를 하나요?

예 / 아니오

건강한 식사와 상관없이 당신은 종합비타민제를 매일 먹나요?

예 / 아니오

만약 그렇다면, 이유는 무엇인가요?

그렇지 않다면, 이유는 무엇인가요?

충해주어야 한다고 기록했다.

1906년에 영국 생화학자인 홉킨스(F. G. Hopkins)는 부가적 요소(accessory factor)라고 불렀던 것을 발견하였고, 이때부터 과학자들은 인간의 건강을 유지하는 미량 영양소의 많은 중요한 역할을 인식하기 시작했다. 예를 들자면, 비타민 B_{12}는 1948년까지도 분리되지 않았다. 이 장에서 우리는 비타민의 조직 보호, 항산화, 에너지 생성 등에서의 역할을 살펴볼 것이다. 그 전에 비타민이란 무엇인지를 정확하게 정의해 보자.

비타민이란 무엇인가?

비타민(vitamin)은 탄소를 포함하는 화합물이며, 우리 몸에서 일어나는 과정을 조절하는 데 필수적이다(그림 6.1). 우리 몸은 대부분의 비타민을 합성할 수 없기 때문에 식사를 통해 섭취해야 한다. 다행스럽게도 대부분의 비타민은 다양한 식품에서 찾을 수 있다. 비타민은 지용성이나 수용성으로 분류할 수 있다. 우리는 여기에서 이 두 가지 비타민군의 일반적인 특징을 알아보자.

지용성 비타민은 체내에 저장된다

비타민 A, D, E, K는 **지용성 비타민(fat-soluble vitamin)**이다. 이들 비타민은 우리의 장에서 식이 지방과 함께 흡수된 후, 간이나 다른 조직으로 운반되어 즉시 사용되거나, 나중에 사용하기 위하여 지방 조직에 저장된다. 지용성 비타민은 우리 몸에서 저장될 수 있기 때문에, 매일매

▲ 그림 6.1 지용성 비타민, 수용성 비타민, 베타-카로틴과 비오틴과 같은 관련 화합물의 기능. 좋은 식품 급원이 제시되어 있다.

일 권장되는 지용성 비타민의 양을 먹지 않아도 된다. 일정기간 우리의 식사가 권장되는 평균적인 비타민의 양을 제공된다면, 결핍증은 생기지 않는다.

지용성 비타민을 저장할 수 있다는 것은 단점도 있는데, 우리가 우리 몸에서 사용할 수 있는 양보다 더 많은 양의 지용성 비타민을 섭취하면 지용성 비타민은 지방조직에 유독한 수준으로 저장될 수 있다. 독성에 따른 증상은 머리카락, 피부, 뼈, 눈 그리고 신경계의 손상이 있다. 지용성 비타민인 비타민 A, 비타민 D를 권장량보다 10배 이상 섭취하는 **과량섭취(megadosing)** 경우, 죽음에 이를 수 있다.

지용성 비타민을 저장할 수 있다고 하더라도, 정상적인 지방흡수를 방해하는 질병을 가지거나, 지방을 아주 적게 섭취하는 경우 결핍증이 발생할 수 있다. 무기질 오일(mineral oil)을 완하제(laxative)로 사용하는 경우 변을 통한 상당한 양의 지용성 비타민의 손실을 초래하게 된다. 지용성 비타민의 결핍증은 야맹증, 골연화증을 일으킬 수 있으며, 심각한 경우 죽음에까지 이르게 할 수 있다.

보충제에서 비타민을 섭취하는 경우 독성을 일으킬 수 있는 가능성이 있기 때문에 되도록 비타민을 음식을 통해서 섭취하는 것이 좋다. 지용성 비타민은 지방을 함유하는 다양한 식품에서 찾을 수 있는데 고기, 유제품, 식물성 기름, 아보카도, 견과류 그리고 씨앗은 모두 좋은 급원이다. 표 6.1에서는 지용성 비타민의 주요한 기능과 권장섭취량에 대해 알아본다

비타민(vitamin) 탄소를 포함한 미량 영양소로 인체 작용의 조절을 도우며 수용성과 지용성으로 분류됨.

지용성 비타민(fat-soluble vitamin) 물에서는 녹지 않고, 지방에 녹는 비타민으로 A, D, E, K가 있음.

과다섭취(megadosing) 권장되는 양보다 10배 이상의 양을 복용.

수용성 비타민(water-soluble vitamin) 물에 녹는 비타민으로 비타민 C와 비타민 B군을 포함함.

수용성 비타민을 매일 또는 매주 섭취해야 한다

비타민 C와 비타민 B군(티아민, 리보플라빈, 나이아신, 비타민 B_6, 비타민 B_{12}, 판토텐산, 비오틴, 엽산)은 수용성 비타민이다. **수용성 비타민(water-soluble vitamin)**은 물에 녹기 때문에 장벽(intestinal wall)에서 흡수된 다음 바로 혈류를 통해 필요한 세포로 이동한다.

신장에서는 불필요한 수용성 비타민을 혈류로부터 걸러내기 때문에, 우리 몸에 많은 양의

표 6.1 지용성 비타민

비타민 명	주요 기능	권장 섭취량	식품 급원	독성/결핍 증상
A (레티놀, 레티날, 레티노산)	– 눈이 빛의 변화에 적응할 수 있도록 한다. – 색각(color vision)을 보호한다. – 세포분화를 돕는다. – 남자의 정자 생산(sperm production)과 여성의 수정(fertilization)을 도와준다. – 골격건강과 면역건강을 돕는다.	남자 19~49세 = 750μg RE/일 50세 이상 = 700μg RE/일 여자 = 19~49세 650μg RE/일, 50세 이상 = 600μg RE/일, UL = 3000μg RE/일	미리 형성된 레티놀: 소고기, 닭 간, 달걀 노른자, 우유 카로티노이드 전구체: 시금치, 당근, 망고, 살구, 칸탈루프, 호박, 얌(참마)	*독성*: 피곤; 골관절 통증, 자연유산, 임신 상태에서 태아에게 일어나는 선천적 결손증; 메스꺼움, 설사; 간 손상, 신경계 손상, 흐릿하게 보이는 것, 머리카락 빠짐, 피부 손상 *결핍증*: 야맹증, 안구건조증, 성장과 면역 장애, 재생기능 장애
D (콜레칼시페롤)	– 혈중 칼슘 농도를 조절한다. – 뼈 건강을 유지한다. – 세포분화를 돕는다.	19~49세 성인 = 5μg/일 50세 이상 = 10μg/일 UL = 60μg/일	연어, 캔고등어, 우유, 강화 시리얼	*독성*: 고칼슘혈증 *결핍증*: 어린아이들의 구루병, 어른들의 골연화증 혹은 골다공증
E (토코페롤)	– 강력한 항산화제로, 세포막, 다가 불포화지방산, 비타민 A의 산화를 막는다. – 백혈구를 보호한다. – 면역 기능을 향상시킨다. – 비타민 A의 흡수를 돕는다.	남자 = 12mg α-TE/일 여자 = 10mg α-TE/일 UL = 540mg α-TE/일	해바라기씨유, 아몬드, 식물성 기름, 강화 시리얼	*독성*: 거의 없다. *결핍증*: 용혈성 빈혈, 신경 및 근육 장애, 면역기능 장애
K (필로퀴논, 메나퀴논, 메나디온)	혈액 응고, 골 대사를 돕는 단백질이 생산될 때, 조효소로 작용한다.	남자 = 75μg/일 여자 = 65μg/일	케일, 시금치, 순무	*독성*: 알려져 있지 않다. *결핍증*: 혈액응고 장애, 뼈 건강에 영향을 미칠 수 있다.

*약어: RDA, Recommended Dietary Allowance; UL, upper limit; AI, Adequate Intake.

표 6.2 수용성 비타민

비타민 명	주요 기능	권장 섭취량	식품 급원	독성/결핍 증상
티아민 (비타민 B_1)	탄수화물, 아미노산 물질대사의 효소 보조인자로써 요구된다.	남자 = 1.2mg/일 여자 = 1.1mg/일	돼지고기, 강화 시리얼, 강화된 쌀과 파스타, 완두콩, 참치, 콩류	*독성*: 알려져 있지 않다. *결핍증*: 각기병, 피곤, 무감각, 기억력 감소, 혼란, 흥분, 근무력증
리보플라빈 (비타민 B_2)	탄수화물, 지방 물질대사의 효소 보조인자로써 요구된다.	남자 = 1.5mg/일 여자 = 1.2mg/일	쇠간, 새우, 유유 및 유제품, 강화 시리얼, 강화된 빵과 곡류	*독성*: 알려져 있지 않다. *결핍증*: 목과 입이 부어오름, 지루성 피부염, 빈혈
나이아신, 니코틴아마이드, 니코틴산	– 탄수화물, 지방 물질대사의 효소 보조인자로써 요구된다. – DNA복제, 보수, 세포 분화에서 역할을 한다.	남자 = 16mg/일 여자 = 14mg/일 UL = 1000mg/일	쇠간, 대부분의 육류, 생선류와 가금류, 강화된 빵과 곡류, 캔에 든 토마토 제품	*독성*: 홍조, 간손상, 당불내증, 시각분산 (blurred vision differentiation) *결핍증*: 펠라그라, 구토, 변비나 설사, 무감각
피리독신, 피리독살, 피리독사민 (비타민 B_6)	– 탄수화물, 아미노산 물질대사의 효소 보조인자로써 요구된다. – 혈구 합성을 돕는다.	남자 = 1.5mg/일 여자 = 1.4mg/일 UL = 100mg/일	병아리콩, 대부분의 육류, 생선류와 가금류, 강화 시리얼, 감자	*독성*: 신경손상, 피부병변 *결핍증*: 빈혈, 지루성 피부염, 우울, 혼란, 경련
엽산	– 아미노산 물질대사의 효소 보조인자로써 요구된다. – 호모 시스테인 대사와 관련된 DNA 합성에 요구된다.	남자 = 400μg DFE/일 여자 = 400μg DFE/일 UL = 1000μg DFE/일	강화 시리얼, 강화된 빵과 곡류, 시금치, 콩류(렌틸콩, 병아리콩, 강낭콩), 푸른채소(시금치, 로마인 상추), 간	*독성*: 비타민 B_{12} 결핍 증상을 가린다. 특히 신경 손상 *결핍증*: 거대적아구성 빈혈, 태아의 신경관손상, 호모 시스테인 농도상승
코발아민 (비타민 B_{12})	– 혈액 형성을 돕는다. – 신경계 건강유지에 요구된다. – 호모 시스테인 대사에서 효소 보조인자로 연관된다.	남자 = 2.4μg/일 여자 = 2.4μg/일	조개류, 모든 육류, 생선류, 가금류, 우유 및 유제품, 강화 시리얼	*독성*: 알려져 있지 않다. *결핍증*: 악성빈혈, 신체 끝부분에 무감각, 신경손상, 기억력 손상, 방향감각 상실, 치매
판토텐산	– 지방 물질대사를 돕는다.	남자 = 5mg/일 여자 = 5mg/일	육류, 생선류, 가금류, 표고버섯, 강화 시리얼, 달걀노른자	*독성*: 알려져 있지 않다. *결핍증*: 거의 없다.
비오틴	– 탄수화물, 지방, 단백질 물질대사에서 효소 보조인자로 작용한다.	남자 = 30μg/일 여자 = 30μg/일	견과류, 달걀노른자	*독성*: 알려져 있지 않다. *결핍증*: 거의 없다.
아스코르브산 (비타민 C)	– 세포외액과 폐에서 항산화제 역할 – 산화된 비타민 E를 재생한다. – 콜라겐 합성을 돕는다. – 면역 기능을 향상시킨다. – 호르몬 합성, 신경전달물질, DNA의 합성을 돕는다. – 철의 흡수를 돕는다.	남자 = 100mg/일 여자 = 100mg/일 UL = 2,000mg/일	파프리카, 감귤류 과일, 주스, 브로콜리, 딸기, 키위	*독성*: 메스꺼움, 설사, 코피, 산화적 손상 증가, 신장병 환자의 신장결석 형성 증가 *결핍증*: 괴혈병, 뼈 통증, 골절, 우울, 빈혈

*약어: RDA(권장섭취량), Recommended Dietary Allowance; UL(상한섭취량), Upper Limit; AI(충분섭취량), Adequate Intake.

수용성 비타민을 저장하지 않고, 소변으로 배출한다. 조직에 많은 양의 수용성 비타민을 저장할 수 없기 때문에 식사를 통해 수용성 비타민을 섭취할 때, 독성은 거의 발생하지 않는다. 하지만 우리 몸에서 제거할 수 있는 양보다 많은 양의 수용성 비타민을 보충제를 통해 섭취한다면 독성이 생길 수 있다.

우리 몸에서 많은 양의 수용성 비타민을 저장할 수 없기 때문에 매일 또는 매주 수용성 비타민을 섭취해야 한다는 단점이 있다. 섭취가 충분하지 않으면, 결핍증이나 심지어 질병까지도 상당히 빨리 발생할 수 있다. 그렇지만 수용성 비타민은 전곡류, 과일류, 야채류, 육류와 유제품 등 다양한 식품에 풍부하므로 보충제를 섭취할 필요는 없다. 표 6.2에서는 수용성 비타민의 주요한 기능과 권장섭취량에 대해 알아본다.

> **비타민의 개요를 알아보는 데 도움이 되는 FDA 비디오, 비타민에 대한 지식을 키우자.** www.fda.gov/ForConsumers/ConsumerUpdates/ucm118079.htm.

요점 비타민은 탄소를 포함하는 화합물로 신체에서 일어나는 많은 과정을 조절하는 데 필수적이다. 비타민 A, D, E, K는 지용성 비타민이며, 지방 식품에 존재하며, 우리 몸의 지방조직에 저장된다. 수용성 비타민에는 비타민 C 그리고 비타민 B군(티아민, 리보플라빈, 나이아신, 비타민 B_6, 비타민 B_{12}, 판토텐산, 비오틴, 엽산)이 있다. 수용성 비타민은 물에 녹기 때문에 우리 몸에서는 많은 양을 저장할 수 없고 많은 양이 소변으로 배출된다.

▲ 많은 양의 수용성 비타민을 저장할 수 없기 때문에, 수용성 비타민을 함유하는 과일류나, 채소류를 매일 섭취해야 할 필요가 있다.

조직 보호: 비타민 A, D, K

지용성 비타민인 비타민 A, D 그리고 K는 특정 신체조직의 건강에 중요하다. 비타민 A는 눈의 망막을 보호하고, 비타민 D는 뼈 건강에 필요하며, 비타민 K는 혈액 손실로부터 지켜준다. 이 세 가지 지용성 비타민에 대해서 더 자세히 알아보자.

비타민 A는 시력을 보호한다

비타민 A는 알려진 기능이 다양하며, 여전히 많은 기능이 있을 것이라고 생각되고 있다. 대부분은 그러한 점에 동의하지만, 비타민 A의 주된 역할은 건강한 시력유지이다. 또한 비타민 A는 우리가 서로 다른 색을 구별할 수 있게 해준다. 이러한 과정에 대해 더욱 살펴보자.

빛은 각막을 통해 눈으로 들어온 뒤, 수정체를 통과한다. 그 후 안구 뒤쪽의 얇은 막을 형성하는 망막에 도달한다(그림 6.2, 160쪽). 비타민 A가 우리 몸에서 가지는 중요한 형태는 레티날(retinal)인데 이는 **망막(retina)**의 안쪽에 있는 것이 발견되었기 때문이다. 빛이 망막에 도달하면, 망막 안에 있는 레티날과 반응한다. 이 반응은 흑백 상(image)으로 해석되는 신호를 뇌에 전달한다. 망막에 도달하는 빛이 충분히 밝으면, 레티날은 망막이 다른 파장의 빛을 다른 색으로 구별할 수 있도록 해준다. 이러한 과정은 계속되는데, 바람에 흩날리는 초록색 잎과 노란색 잎 같이 우리의 시야에 보이는 시시각각의 변화를 감지할 수 있도록 해준다.

또한 어두운 빛에 적응하고 빛의 밝은 반짝임으로부터 회복하는 능력 또한 적당한 레티날 수준에 달려 있다. 이는 위에서 간략하게 설명한 바와 같이 비타민 A의 결핍이 야맹증을 포함한 시각 장애를 일으키는 이유이다.

어떻게 비타민 A를 다르게 사용할 수 있는가?

비타민 A는 **세포 분화(cell differentiation)**에도 기여한다. 세포 분화는 미성숙한 세포가 특정 기능을 수행하는 고도로 특화된 세포로 발달하는 과정이다. 이 과정은 피부나 호흡기, 소화기관을 형성하는 상피세포(epithelial tissue)를 건강하게 발달시키는 데 중요할 뿐만 아니라 감염을 막는 것을 도와주도록 특화된 세포인 T림프구라는 면역세포 발달에도 중요하다.

비타민 A는 또한

- 오래된 뼈조직을 분해하여 새로운 뼈조직이 발달할 수 있도록 한다
- 남자의 정자 생산과 여자의 수정과 관련되어 있다.
- 혈중 비타민 A의 양이 충분할 때, 몇 가지 형태의 암과 심장병의 위험도를 낮추는 것과 관련되어 있다.

피부에 바르는 레틴-A(retin-A) 또는 트레티노인(tretinoin)과 구강으로 섭취하는 아큐탄(accutane) 또는 이소트레티노인(isotretionin)이라는 일반적인 두 가지 여드름 치료약에 비타민 A의 파생물질이 들어 있다. 이 방법들은 의사의 지시 아래에서 조심스럽게 사용되어야 한다. 두 가지 방법은 사람의 햇빛에 대한 민감성을 증가시키므로 이들의 사용 중에는 햇빛에 노

망막(retina) 안구 안쪽에 위치한 막으로 섬세하고 빛에 민감하며 시신경과 연결되어 있고 레티날(retinal)을 포함함.

세포 분화(cell differentiation) 미성숙하고 분화되지 않은 세포가 각각의 기관과 조직의 고도로 특화된 기능을 가진 세포가 되는 과정이다.

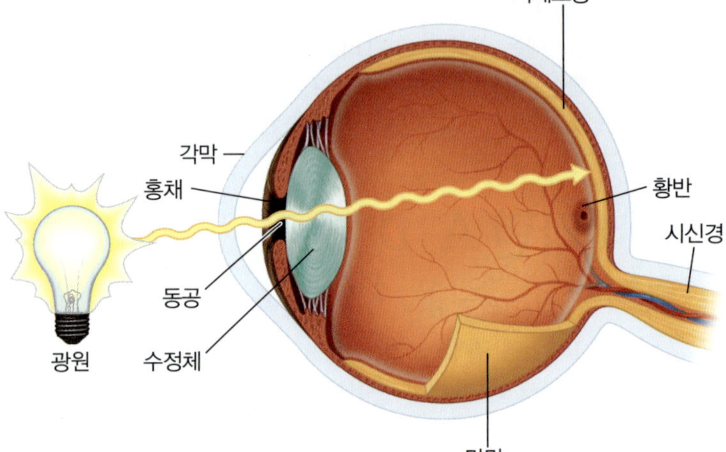

그림 6.2 비타민 A는 건강한 시력유지에 필수적이다. 빛이 각막을 통해 들어 오면 수정체를 지나고 눈의 뒤쪽에 위치하는 망막에 도달한다. 빛을 망막에 존재하는 레티날과 반응하여 우리가 볼 수 있게 해준다.

▲ 간, 당근, 칸탈루프는 비타민 A의 좋은 급원이다.

출되는 것을 제한하는 것이 좋다. 또한 이 치료들은 임산부가 사용하게 되면 아기에게 선천적 결함을 유발할 수 있다. 임신을 하기 전 적어도 2년 전에는 이러한 치료를 중단해야 하며, 이 방법들 중 하나라도 사용하는 가임기의 여성은 피임약을 이용하여 임신하는 것을 피해야 한다. 이 두 가지 치료는 일부 환자들에게서 다른 독성을 보였다. 흥미롭게도, 비타민 A 그 자체로는 여드름에 효과가 없으므로 비타민 A 보충제는 여드름 치료 시에 추천되지 않는다.

베타카로틴의 역할은 무엇인가?

베타카로틴은 지용성 프로비타민으로 많은 과일류와 야채류에서 발견할 수 있다. **프로비타민(provitamin)**은 비타민의 비활성형으로, 활성형으로 전환될 때까지 신체가 사용할 수 없다. 우리 몸은 베타카로틴을 비타민 A의 활성형인 레티놀(retinol)로 전환시킨다. 그래서 베타카로틴을 레티놀의 전구체(precursor)라고 부른다.

베타카로틴은 600가지 이상의 식물색소를 가진 **카로티노이드(carotinoid)**군 중 하나이며, 많은 과일이나 채소에서 빨간색, 오렌지색(당근), 진한 노란색을 띠게 해준다(심지어 진한 녹색 잎을 가진 채소들도 많은 카로티노이드를 가지고 있으나, 녹색 색소인 클로로필이 카로티노이드 색을 가린다).

우리는 이제 우리 몸에서 카로티노이드가 어떤 기능을 가지고 있으며 우리의 건강에 기능과 어떻게 영향을 미치는지에 대해 배우려고 한다. 카로티노이드는

- 세포막의 손상을 막는다.
- 면역체계를 강화시킨다.
- 태양의 자외선으로부터 발생하는 피부 손상을 막아준다.
- 노화관련 시각손상을 예방 또는 지연시켜준다.

흥미롭게도, 베타카로틴 보충제를 섭취하는 것은 폐암, 전립선암, 위암의 위험을 증가시킨다고 알려져 있다. 하지만 카로티노이드를 식사를 통해 섭취하는 것은 심혈관계 질환과 일부 암에 대한 위험을 감소키는 것과 연관되어 있다. 비록 유해하지 않고 원래대로 되돌릴 수 있다고 하더라도 베타카로틴이 많은 식품을 많이 섭취하면 황색소증(carotenosis), 피부색이 누렇게 혹은 주황빛으로 변하는 황피증(carotenoderma)과 같은 상태가 될 수 있다. 카로티노이드와 다른 유익한 식물화합물(파이토케미컬)의 세부사항을 간략하게 알아보자.

프로비타민(provitamin) 체내에서 활성형으로 전환될 수 있는 비타민의 비활성형이다. 베타카로틴이 그 예이다.

카로티노이드(carotenoid) 신체에서 간이나 지방조직에 저장하는 지용성 식물색소이다. 체내에서 일부 카로티노이드를 비타민 A로 전환할 수 있다.

비타민 A를 얼마나 섭취해야 하는가?

표 6.1에서는 비타민 A의 일일권장량(RDA)을 보여준다. 영양학자들은 베타카로틴이나 다른 카로티노이드를 미량영양소로 분류하지 않는다. 이들이 몸에서 필수적인 역할을 한다거나 결핍증을 가지지 않기 때문이다. 따라서 베타카로틴의 공식적인 DRI는 정해지지 않았다.

체내에서 비타민 A와 베타카로틴을 레티놀로 전환시키기 때문에, 식품표시(food label)와 식이 보충제에서 RAE(Retinol Activity Equivalents) 또는 RE(Retinol Equivalents)라는 표기를 볼 수 있다. 가끔 식품과 보충제에 있는 비타민 A의 함유량은 국제단위(International Unit, IU)로도 표기된다.

우리는 쇠간, 닭간, 달걀 또는 유제품과 같은 동물성 식품으로부터 비타민 A를 섭취한다. 또한 체내에서 비타민 A로 전환되는 베타카로틴과 다른 카로티노이드에서도 비타민 A를 이용할 수 있는데, 이들은 시금치, 당근, 망고, 칸탈루프 같은 진한 녹색, 오렌지색 그리고 진한 노란색의 과일과 야채에 포함되어 있다. 비타민 A와 베타카로틴의 일반적인 급원식품은 그림 6.3에 나타나 있다.

비타민 A는 독성이 높아서, 비타민 A를 일일권장량(RDA)의 3배에서 4배 이상으로 섭취해도 독성 증상이 나타난다. 독성은 식품으로 섭취했을 때는 거의 발생하지 않지만 비타민 A 보충제는 심각한 질환을 일으키며 심지어 죽음까지 일으킬 수 있다고 알려져 있다. 그렇기 때문에 의료진의 처방 없이는 단일영양소 비타민 A 보충제 섭취를 삼가한다. 임신 중 과잉 비타민 A 섭취는 태아에 선천적 결함을 일으키거나 자연유산을 일으킬 수도 있다. 다른 독성 증상에는 피곤, 식욕 저하, 시야의 흐려짐, 머리카락 빠짐, 피부질환, 골관절 통증, 복통, 메스꺼움, 설사 그리고 간손상, 신경계의 손상이 있다. 너무 늦지 않은 적당한 시기에 비타민 A 보충을 멈추면 이러한 증상들을 회복시킬 수 있지만 간, 눈, 다른 장기들에 대한 영구적인 손상은 일어날 수 있다. 간(liver)에는 비타민 A의 함량이 높으므로 아이들과 임산부는 간을 매일 혹은 매주마다 먹지 않도록 한다.

비타민 A를 충분하게 섭취하지 않으면 어떻게 될까? 비타민 A의 주요한 결핍증인 **야맹증(night blindness)**은 어두운 빛에서 볼 수 없는 증상으로 개발도상국에서 우려되고 있다. 색맹과 다른 시각손상 또한 발생할 수 있다. 야맹증이 더 진행되면, 눈의 앞쪽을 덮고 있는 투명

▲ 살구에는 카로티노이드가 풍부하다.

야맹증(night blindness) 비타민 A 결핍증으로, 어두운 빛에서 보는 능력을 잃는 증상이다.

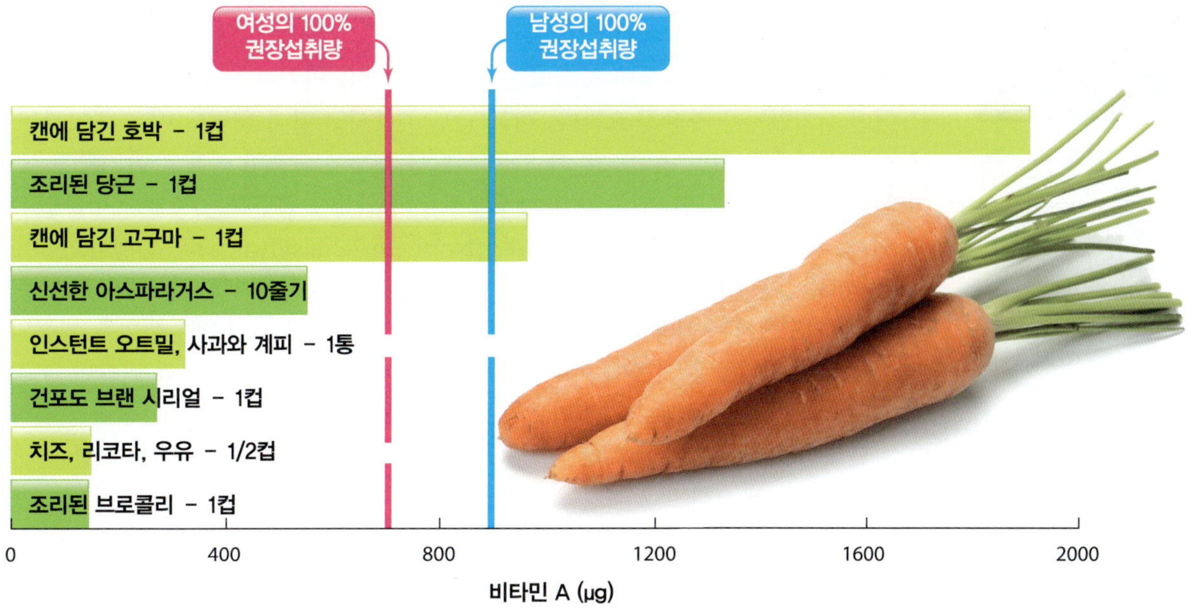

▲ 그림 6.3 비타민 A와 베타카로틴의 일반적인 급원식품이다. 남자의 하루 권장섭취량은 750μg RE/일이고, 여자의 권장섭취량은 650μg RE/일이다.

Data from U.S. Department of Agriculture, Agricultural Research Service. 2010. USDA Nutrient Database for Standard Reference, Release 23. Nutrient Data Laboratory Home Page. www.ars.usda.gov/ba/bhnrc/ndl.

한 막인 각막(cornea)의 경화(hardening)를 일으켜 시각이 완전히 손상될 수 있으며, 이는 되돌릴 수 없다. 그렇기 때문에 야맹증을 일찍 발견하고, 비타민 A 또는 베타카로틴이 들어 있는 과일과 야채를 규칙적으로 섭취하거나 비타민 A 보충제를 이용하여 치료하는 것이 중요하다.

비타민 A의 다른 결핍증에는 면역기능 손상, 질병에 걸릴 위험 증가, 감염, 생식계 장애, 뼈 성장 저해가 있다. 세계보건기구(World Health Organization, WHO)에 따르면, 25만 명에서 50만 명의 비타민 A가 결핍된 어린이들이 해마다 시각장애인이 되고 있다고 한다. 또한 그들 중 절반이 시각장애인이 되고 나서 1년 내에 죽어가고 있다.

비타민 D는 우리의 뼈를 지킨다

비타민 D는 우리 몸에서 햇빛으로부터 받은 에너지를 가지고 비타민 D를 합성할 수 있기 때문에 다른 영양소처럼 항상 식사를 통해서 얻을 필요는 없다. 태양의 자외선이 피부에 닿을 때, 자외선은 피부 세포에 있는 콜레스테롤 화합물과 반응한다. 이 반응은 화합물을 비타민 D의 전구체(precursor)로 전환시킨다. 비타민 D 전구체는 간으로 이동한 뒤, 신장으로 이동하여 우리 몸이 쓸 수 있는 형태의 비타민 D로 전환된다.

비타민 D의 기능

▲ 높은 위도에서 사는 사람들에게는 겨울 기간(winter months) 동안 햇빛으로부터 비타민 D가 합성되는 것이 불가능하다. 따라서 많은 사람들은 특히 겨울에 비타민 D를 식사를 통해 많이 섭취해야 한다.

비타민 D는 신체의 한 부분(one part of the body)에서 만들어지기 때문에, 영양소뿐만 아니라 호르몬으로도 여겨진다. 하지만 비타민 D는 신체의 다른 부분에서도 다양한 작용을 조절한다. 비타민 D의 가장 중요한 기능은 다른 호르몬들과 혈중 칼슘 농도를 조절한다는 것이다. 칼슘이 우리 뼈에 있어서 중요한 무기질이라는 것은 이미 잘 알려져 있으며, 비타민 D는 신체의 변화에 따라 필요한 칼슘을 더 많이 혹은 더 적게 소장으로부터 흡수하거나, 신장에서 소변으로의 칼슘 배출을 더 많거나 적게 조절한다. 또한 비타민 D는 칼슘이 뼈 조직으로 결정화될 수 있도록 도울 뿐만 아니라 세포 분화도 돕는다.

비타민 D를 얼마나 섭취해야 하는가?

표 6.1에서는 햇빛에 대해 충분히 노출되지 않는다는 가정하에 RDA를 나타내고 있다. 만약 햇빛에 대한 노출이 충분하다면, 비타민 D를 식사로부터 섭취해야 할 필요는 없다. 그러나 충분한 햇빛을 받고 있는지 알기는 쉽지 않다.

비타민 D를 햇빛으로부터 합성하는 능력에 영향을 미치는 요소들 중에서도, 위도와 한 해 중 어떤 시기인지가 가장 중요하다. 미국 남부나 멕시코 같이 햇빛이 매우 내리쬐는 적도 근처에 사는 사람들은 매일 적어도 팔과 얼굴 정도를 햇빛에 노출한 상태로 야외활동을 몇 분 동안이라도 한다고 가정하면, 연중 내내 햇빛으로부터 신체가 요구하는 충분한 비타민 D를 합성할 수 있다. 하지만 캐나다와 북펜실베니아(Northern Pennsylvania)와 북캘리포니아(Northern California) 같은 미국 북부의 겨울에는 비타민 D를 합성하기 위한 충분한 햇빛을 얻을 수 없다. 높은 위도에서는 태양이 충분히 높게 뜨지 않기 때문에 직접적인 햇빛을 제공되지 않으므로 이 지역의 사람들은 겨울에 비타민 D를 섭취할 필요가 있다. 한국의 비타민 D 결핍은 국내에서 일반적인 건강 문제로 지적되고 있으며, 특히 연령이 낮을수록, 실내에서 일하는 직업군일수록, 도시지역에 거주할수록, 계절적으로는 겨울철에 부족할 수 있다. 또한 국내에서는 20대의 부족 정도가 크다고 알려져 있다.

게다가, 나이든 사람과 피부가 검은 사람은 비타민 D의 합성이 줄어든다. 이러한 사람들에게서는 비타민 D 결핍의 위험이 증가한다.[5] 최근까지 비타민 D의 권장에 관한 많은 논쟁이 있어왔다. 점점 더 많은 영양 전문가들은 훨씬 더 높은 일일권장량을 설정할 것을 요청하고 있다. 전 세계에는 모든 연령대의 많은 사람들이 상대적으로 적은 비타민 D 수준과 비타민 D를 합성

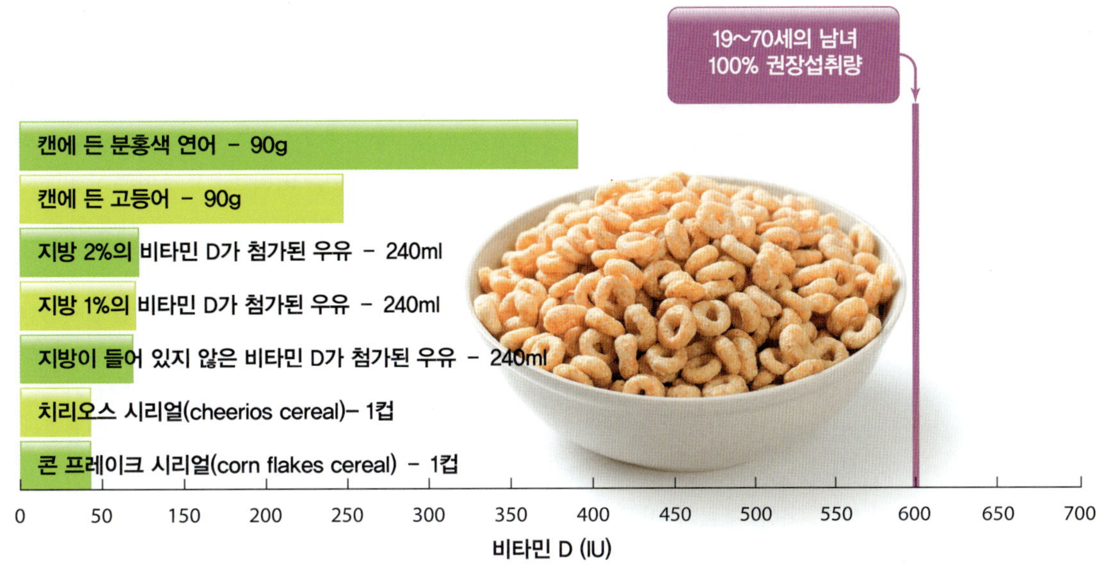

▲ 그림 6.4 비타민 D의 일반적인 급원 식품. 19세에서 49세 까지는 남녀 모두 권장섭취량이 하루 5ug이고, 50세 이상의 어른은 10ug으로 증가한다.

Data from U.S. Department of Agriculture, Agricultural Research Service. 2010. USDA Nutrient Database for Standard Reference, Release 23. Nutrient Data Laboratory Home Page. www.ars.usda.gov/ba/bhnrc/ndl.

할 수 있는 조건이 부족한 피부색을 가지고 있기 때문이다.[4,6] 미국 의학연구소(The Institute of Medicine)에서는 최근에 비타민 D에 관한 연구를 다시 정리하여, 비타민 D가 뼈 건강에 있어 중요한 역할을 한다는 명확한 증거가 있다고 결론을 내렸다.[9] 하지만 미국 의학 연구소에서는 미국인들은 전체적으로 충분한 비타민 D를 섭취하고 있다고 주장했으며, 너무 많이 비타민 D를 섭취하는 것은 해로울 수 있다고 했다.

대부분의 식품은 원래 아주 적은 양의 비타민 D를 함유하고 있다. 따라서 식사에서 비타민 D의 주요한 급원은 그림 6.4에 나타나 있는 바와 같이 우유처럼 강화된 식품이다. 다른 식품 급원에는 지방이 많은 연어, 고등어, 정어리와 같은 생선이 있고, 강화된 시리얼이 있다. 식물에는 비타민 D가 아주 적게 들어 있기 때문에 유제품을 먹지 않는 채식주의자들은 충분한 햇빛으로부터 비타민 D를 얻거나, 칼슘 강화 대두, 시리얼 제품 또는 보충제를 통해서 얻을 필요가 있다.

우리의 피부는 비타민 D를 합성할 수 있는 능력이 제한적이기 때문에, 너무 많은 비타민 D를 햇빛으로부터 얻을 수는 없다. 아주 많은 비타민 D를 얻을 수 있는 방법은 오로지 보충제밖에 없으며, 비타민 D의 독성은 칼슘을 뼈에서 혈류로 내보내는 것이다. 혈액 중의 높은 칼슘 농도는 허약, 식욕저하, 설사, 정신적인 혼란, 구토 그리고 신장, 간, 심장 같은 연조직으로의 칼슘축적이 있다.

비타민 D의 역할에 대해 더 알고 싶다면, 다음 사이트를 방문하라. www.youtube.com/watch? v5JwPVibQ6_3Y.

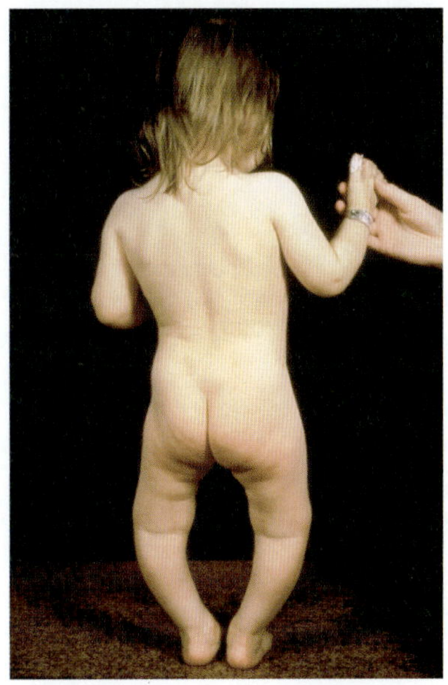

▲ 그림 6.5 비타민 D의 결핍은 어린 아이들에게 구루병(rickets)이라는 뼈 기형(bone-deforming)질환을 일으킨다.

비타민 D를 충분히 섭취하지 않으면 어떻게 될 것인가?

비타민 D를 충분히 섭취하지 않았을 때, 일어나는 주요한 결핍증은 골질량 손실(loss of bone mass)이다. 칼슘은 뼈의 중요한 요소이다. 하지만 비타민 D의 농도가 충분하지 않으면, 장은 우리가 섭취하는 칼슘의 10~15% 정도밖에 흡수할 수 없다. 비타민 D 결핍증으로 어린이들에게서 나타나는 **구루병(rickets)**은 구부러진 안짱다리 같은 뼈 기형을 유발한다(그림 6.5). 20세기 초반에 미국의 북쪽 도시와 유럽에서는 구루병이 만연했다. 1921년에 구루병은 거의 뉴욕에 있는 유아들의 75%에게 영향을 미치며 가장 일반적인 영양질환이었다.[10] 구루병의 민간요법 중에는 대구 간유(cod liver oil)는 효과가 있다고 널리 알려졌었다. 1930년대에 비타민 D가 발견되고 나

구루병(rickets) 아동의 비타민 D 결핍 질환. 휜 다리나 안짱다리 같은 골격의 변형 증상을 포함함.

서야 대구 간유의 항구루병(anti-rickets)성이 널리 인식되었다.[11] 구루병은 미국 그리고 전세계에서 여전히 발생한다. 특히 지방이 많은 생선, 비타민 D 강화 식품, 보충제를 섭취하지 않고, 북위(northern latitudes)에 사는 어두운 피부색을 가진 아기들에게 발생한다. 비타민 D 결핍증은 흰 피부색을 가진 미국인들에게도 흔히 나타난다. 최근 연구는 겨울 동안에 메인(Maine) 주에 사는 9~11살의 흰 피부색을 가진 소녀들에게도 비타민 D 결핍증이 나타난다는 것을 발견했다. 또한 여름 끝 무렵에 태양을 쬐지 않거나, 자외선 차단제를 사용하는 소녀들에게서는 비타민 D 결핍이 17%나 나타난다는 것을 발견했다.[12]

어른들에게서 나타나는 비타민 D의 결핍증은 "약한 뼈"라는 뜻의 **골연화증(osteomalacia)**이며, 뼈가 약해지고, 골절되기 쉽고 대부분 뼈 곳곳에서 통증을 느낀다. 요즈음에는 장에서 지방의 흡수불량으로 인해 지용성 비타민이 잘 흡수되지 않는 사람들에게서 가장 자주 일어난다.

비타민 D 결핍증은 또한 뼈에 많은 구멍이 생기고, 골절되기 쉬운 상태의 **골다공증**(osteoporosis)을 일으킬 수 있다. 골연화증과 골다공증의 증상은 비슷하지만, 골연화증은 비타민 D를 통한 치료가 이루어지면 되돌릴 수 있으나 골다공증의 발달 및 치료에는 많은 요소가 관련되어 있다. 최근의 연구보고에서는 비타민 D의 결핍이 몇 가지 암, 제1형 당뇨병, 다양한 형태의 관절염, 다발성 경화증(multiple sclerosis) 그리고 폐결핵 같은 감염성 질환에도 관련이 있다고 밝혀왔지만, 현재 비타민 D의 충분섭취량을 증가시킬 만큼은 충분하지 않다.[9]

지금까지 "햇빛 비타민(sunshine vitamin)"에 대해 읽음으로 해서 당신은 비타민 D의 보충제를 섭취해야 할지 말지 궁금할 것이다. 특히 북쪽 기후의 영향을 받는 사람이라면 더욱 그러할 것이다. 만약 궁금하다면, 이어서 나오는 상자의 **"당신은 어떤가요?"**를 점검해 보기를 권한다(163쪽).

비타민 D의 새로운 권장량을 알고 싶다면, 다음의 뉴스 비디오를 살펴보자.
www.youtube.com/watch?v=PHwss_Hch6w.

▲ 방울양배추(brussels sprouts), 순무잎(turnip greens) 같은 푸른잎 채소는 비타민 K의 좋은 급원이다.

비타민 K는 혈액 손실을 막아준다

비타민 K는 지용성비타민으로 혈액응고에 필요하다. 비타민 K는 활성효소를 만들기 위하여 불활성효소와 결합하는 화합물인 **조효소(coenzyme)**로서의 역할을 한다. **그림 6.6**에서는 조효소가 어떻게 작용하는지 나타나 있다. 비타민 K는 조효소로서, 혈액응고와 관련된 단백질의 합성

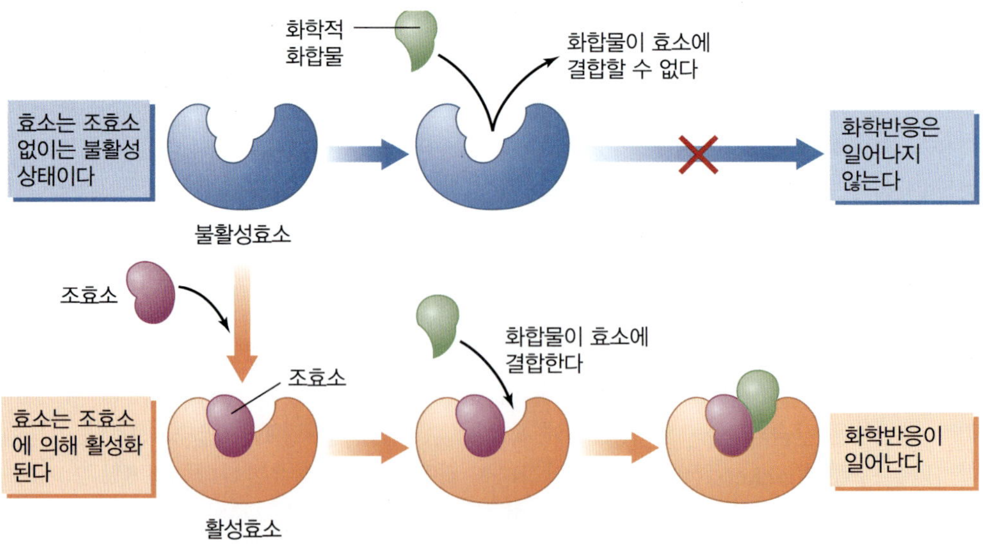

▲ **그림 6.6** 조효소는 효소를 활성화시키기 위해 효소와 결합하여 효소가 의한 화학반응이 확실히 일어날 수 있도록 한다.

골연화증(osteomalacia) 성인에서 나타나는 비타민 D의 결핍증으로 골격이 약해져서 쉽게 부러짐.

조효소(coenzyme) 불활성효소를 활성효소로 전환되도록 불활성효소와 결합하는 물질.

당신은 어떤가요?

충분한 비타민 D를 얻고 있나요?

이 장을 읽고 나서, 당신은 조직을 건강하고 튼튼하게 지킬 수 있을 만큼 비타민 D를 충분히 얻고 있는지 궁금할 것이다. 뒤에 이어져 나오는 간단한 문제를 풀고, 충분히 비타민 D를 가지고 있는지 알아보세요. '예/아니오'에 동그라미를 표시하세요.

- 나는 북위 40도(그림 6.7 참조)에서 살며, 자외선 차단제를 바르지 않고 맨 팔과 맨 얼굴을 적어도 일주일에 2~3일은 몇 분간 햇빛에 노출시킨다. **(예 / 아니오)**
- 나는 하루에 적어도 600IU의 비타민 D를 함유한 종합비타민제나 비타민 D 보충제로 섭취한다. **(예 / 아니오)**
- 나는 하루에 적어도 600IU의 비타민 D를 지방이 많은 생선, 강화우유, 시리얼을 통해 섭취한다. **(예 / 아니오)**

세 가지 질문에 모두 '아니오'로 대답했다면, 비타민 D 결핍증의 위험성이 높다. 위 질문에 한가지 항목이라도 '예'라고 대답했다면 비타민 D를 충분히 섭취한다. 하지만 햇빛 노출에 의해 얻는 비타민 D에 의존하고 있다면, 맨 살을 충분한 시간 동안 햇빛에 노출시키고 있는지 확인해야 한다. 또한 개개인마다 상황은 다른데, 피부색이 어두울수록 더 많은 시간을 햇빛에 노출시켜야 한다. 햇빛으로 노출하는 일반적인 지침은 피부가 햇빛에 의해 피부화상을 입을 정도 시간의 1/3 정도이다. 일반적으로 피부가 햇볕에 의해 1시간 이내에 피부화상을 입는다면, 일주일에 두세 번 햇빛에 20분 노출시켜야 한다. 그리고 태양이 높이 떠 있을 때(일반적으로 오전 9시에서 오후 3시) 피부를 햇빛에 노출시켜야 한다. 자외선 차단제는 피부가 하루 분량의 햇볕을 받은 후에 바르는 것이 좋다.

미국북부나 캐나다에 살고 있다면 대략 10월에서 2월까지는 맨살을 태양에 노출하더라도 비타민 D를 합성할만한 충분한 햇빛 노출을 할 수 없다. 규칙적으로 비타민 D가 강화된 식품, 지방이 많은 생선, 대구 간유 등을 먹지 않는다면, 이 기간 동안 비타민 D 보충제를 섭취해야 한다.

▲ 그림 6.7 위의 지도는 미국에서 위도 40의 지리학적 위치를 나타내준다. LA(Los Angeles), 오스틴(Austin), 마이애미(Miami) 같은 위도 40도 아래의 남쪽 도시에서는 일 년 내내 비타민 D를 합성할 만큼 태양이 강하다. 시애틀(Seattle), 시카고(Chicago)와 보스턴(Boston) 같은 위도 40도 위쪽의 도시에서는 10월 중순에서 3월 중순까지 비타민 D 합성을 하기에는 햇빛이 너무 약하다.

을 돕는다. 비타민 K가 충분하지 않으면, 혈액은 적절한 시기에 빨리 응고될 수 없다. 혈액응고가 지연되면 체내출혈과 같은 작은 상처에서도 많은 피를 흘리게 된다. 또한 비타민 K는 뼈의 순환(turnover)과 관련된 단백질인 오스테오칼신(osteocalcin)의 생성을 촉진하는 조효소로도 작용한다.

표 6.1에 나타난 것처럼, 우리 몸에서 필요한 비타민 K의 양은 상대적으로 적으며, 비타민 K가 들어 있는 식품 또한 별로 없다. 건강에 유익한 대장에 서식하는 박테리아가 비타민 K를 생산하며, 이는 중요한 비타민 K의 비식품 급원이다.

콜라드(collard green), 시금치, 브로콜리, 방울양배추(brussel sprouts) 그리고 양배추 같

▲ 그림 6.8 비타민 K의 일반적인 급원 식품. 충분섭취량은 각각 남자 120μg/일, 여자 90μg/일이다.
Data from U.S. Department of Agriculture, Agricultural Research Service. 2010. USDA Nutrient Database for Standard Reference, Release 23. Nutrient Data Laboratory Home Page. www.ars.usda.gov/ba/bhnrc/ndl.

은 푸른잎 채소는 비타민 K의 좋은 급원이다(그림 6.8). 대두유와 카놀라유 또한 좋은 급원이다.

비타민 K를 식품이나 보충제로 많은 양을 섭취함으로써 알려진 부작용은 없다. 지방 흡수가 불량한 사람들은 부차적으로 비타민 K 결핍증을 겪는다. 미국에서는 신생아들이 비타민 K를 생산할 수 있는 장내 박테리아가 부족하기 때문에, 의사들이 갓 난 아이들에게 비타민 K를 주사한다.

요점 비타민 A와 비타민 A의 전구체인 베타카로틴은 시력(vision), 세포 분화(cell differentiation), 뼈 성장(bone growth), 면역계와 생식계의 건강유지에 중요하다. 단일 비타민 A 보충제를 섭취하면 생명을 잃을 수도 있는 독성이 생길 수 있다. 비타민 D는 혈중 칼슘농도를 조절하고 뼈 건강을 유지한다. 적당한 햇빛에 노출되지 않는다면, 비타민 D를 식품 또는 보충제를 통해 섭취할 필요가 있다. 비타민 K는 혈액 응고에 필수적이다.

▲ 많은 신선한 채소에 들어 있는 항산화 비타민은 활성산소(free radicals)을 안정화시킨다.

강력한 항산화제: 비타민 E와 C

건강과 신체단련에 관한 잡지, 보충제를 만드는 회사, 심지어 식품 제조업자까지도 항산화제에 대한 장점을 내세운다. 그러면 이것은 항산화제라는 단어의 의미는 무엇이고, 왜 항산화의 기능을 하는 미량영양소가 건강에 중요한가?

항산화제란 무엇인가, 항산화제는 몸에서 어떻게 사용하는가?

항산화제(antioxidant) 산소에 의해 야기된 손상을 방지하거나 복원시키는 능력을 가진 물질.

2장에서 알아보았듯이 우리 몸에서는 음식을 쪼개고, 쪼개진 작은 물질을 필요한 물질로 다시 모으기 위해 화학반응이 연속적으로 일어난다. 이러한 많은 반응들은 산소의 교환과 연관되어 있는데, 이러한 반응들을 산화라고 한다. '항(*anti*)'은 '반대하는(against)'을 의미한다. 따라서 **항산화제(antioxidant)**는 세포가 산화되는 것을 막는 비타민과 무기질이다.

우리 몸의 세포는 항산화제에 의한 보호가 필요하다. 비록 산화(oxidation)가 우리 몸의 기

영양 하이라이트

허브 보충제: 신중하게 사용해라

인도에는 “생강이 없는 집은 병든 집이다”라는 속담이 있다. 정말로 생강, 마늘, 그리고 다른 많은 허브는 세계 곳곳에서 몇 세기 동안 건강을 증진시키고, 질병을 막기 위해 사용되어 왔다. 미국 국립 보완대체의학 센터(The National Center for Complementary and Alternative Medicine, NCCAM)는 허브(*botanical*이라고도 불림)를 향기, 맛 혹은 치료상의 가치를 위해 사용되는 식물 혹은 식물의 부분으로 규정한다.[13] 당신이 생각하는 바와 같이 허브라는 이름을 가진 제품은 시장에 수백 가지이다. 2008년, 미국에서는 소비자들이 허브 혹은 식물성(botanical) 보충제에 4조 8천억 원이라는 돈을 썼다.[14]

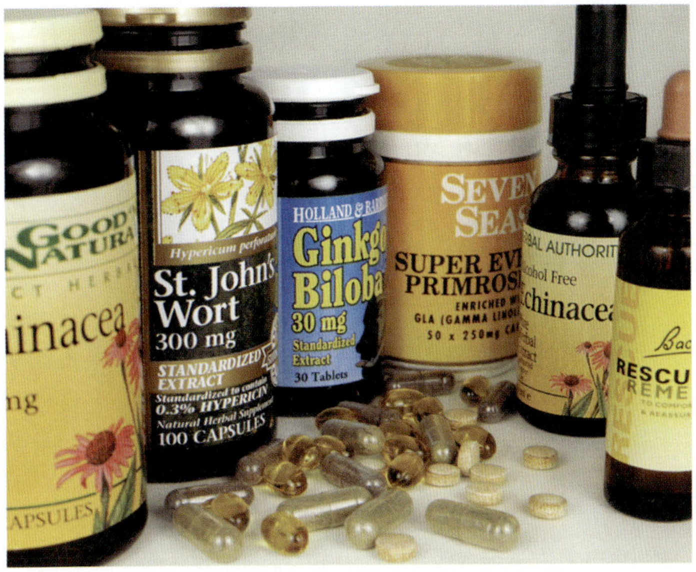

몇 가지 허브 제품은 효과가 있는 치료제라고 확실히 알려져 있다. 어떠한 질병에, 어떠한 형태로 사용해야 하며 투여량은 어느 정도가 적당한가? 시중의 몇 가지 허브 치료제는 효과가 없는가, 혹은 위험한가? 지금 생각하고 있는 위 질문들에 대한 답을 하기 위해서 NCCAM은 수십 가지의 일반적으로 사용되는 허브 제품을 “한눈에 허브보기(Herb at a Glance)”라는 웹 사이트 상의 표에서 평가한다. 이 장의 끝 부분에 있는 Web Link를 참고하라.

허브 보충제를 섭취하기 전에 고려해야 할 많은 주의사항이 있다. 이 주의사항 중 가장 중요한 것은 허브 보충제를 사용하기 전에 의료진(healthcare provider)과 상담을 하는 것이다. 허브는 약과 같은 역할을 한다. 그러므로 허브 보충제를 올바르게 사용하지 않거나, 많은 양을 섭취할 경우에 의료상의 문제가 생길 수 있다. 몇 가지 사례를 보면, 사람들이 보충제의 제품표시에 있는 지침을 따랐음에도 불구하고 부작용을 경험했다. 처방된 약을 복용하고 있다면, 의료진과 상의를 하는 것이 더욱 중요하다. 몇 가지 허브 제품은 약과 상호작용을 하면서 건강상의 문제를 일으킨다고 알려져 있다.

임신 상태이거나 수유를 할 때에는 의사의 승인 없이는 허브 제품을 사용하지 말아야 한다. 몇몇의 허브 제품들은 유산을 유발시키거나 선천적인 결함(birth defects)을 유발시킬 수 있으며, 모유를 통해 아기에게 전달될 수도 있다. 이 경고는 어린이들에게 허브 제품을 사용할 때에도 적용된다.

마지막으로, 허브와 허브 보충제 안의 유효 성분(active ingredients)은 알려지지 않았다는 것을 명심하여야 한다. 허브 보충제에는 알려지지 않은 화합물이 수십에서 수백까지 있을 수도 있다. 허브 보충제의 제품표시에 표기된 성분과 실제 안에 들어 있는 성분이 다르다는 것이 밝혀지기도 하였다. 이 말은 보충제의 제품표시에 표기된 것보다 더 많거나 적은 양을 섭취하거나 제품표시에 표시되지 않은 물질을 섭취하고 있을지도 모른다는 뜻이다. 어떤 허브 제품들에서는 금속, 제품표시에 표시되지 않은 처방이 필요한 약품, 미생물 그리고 다른 물질에 대한 오염이 발견되었다. 미국 회계감사원(Government Accountability Office, GAO)은 2010년에 거의 모든 허브 보충제가 납이나 다른 물질에 오염되어 있다고 보고했다.[15] *표준화된(standardized)*, *인증된(certified)* 또는 *입증된(verified)* 단어는 제품의 질을 보증하지 않는다. 미국에서는 이러한 단어들이 보충제의 법적 정의는 아니다.

능을 위해서 필요할지라도, 산화는 **유리기(free radical)**라고 불리는 해로운 부산물을 만들어내기 때문이다. 유리기의 생성을 왜 걱정하는가? 간단히 말해서, 유리기의 불안정시키는 힘 때문이다. 유리기는 분자의 안정한 부분을 취하여, 안정된 물질을 새로운 유리기로 만들며, 위험한 연쇄반응을 일으켜 더욱 더 많은 세포를 손상시킨다.

유리기가 가장 심각하게 손상을 미치는 부분 중 하나는 세포막의 지질 부분 안쪽이다. 지질 분자가 유리기에 의해서 손상될 때, 지질 분자는 더 이상 물을 막지 못하고 세포막은 손상되어 더 이상 액체와 영양소의 세포 내외로의 움직임을 조절할 수 없다. 유리기는 또한 LDL(low-density lipoprotein) 콜레스테롤, 세포 단백질(cell protein) 그리고 DNA를 손상시킨다. 산화는 우리 몸을 노화시키는 요소들 중 하나로 여겨진다. 게다가, 암, 심장병, 뇌졸중 그리고 당뇨병 등 많은 병들은 유리기의 생성과 관련되어 있다.

유리기(free radical) 가장 바깥쪽 껍질에 짝짓지 않은 전자를 가진 매우 불안정한 상태의 원자.

▲ 식물성 기름, 견과류, 종실류는 비타민 E의 좋은 급원이다.

항산화 비타민인 비타민 E와 C는 유리기를 안정화시켜 세포막 손상의 연쇄반응을 중단시킨다. 이 비타민들의 섭취가 충분하지 않으면, 유리기에 의한 손상이 심각할 수 있다. 앞에서 다루었던 카로티노이드와 마찬가지로 무기질인 셀레늄 또한 항산화 기능을 한다. 게다가 허브(herb)는 오랫동안 노화와 더불어 고혈압, 당뇨, 암과 같은 산화와 관련된 질병을 막아 유익한 기능을 한다고 알려져 있었다. 허브관련 제품들이 건강을 증진시키고 수명을 늘리는가? 안전한가? 정확하게 어떤 제품을 허브 보충제라고 부를 수 있는가? 이러한 질문들은 함께 나오는 **영양 하이라이트**(165쪽)에서 살펴볼 수 있다.

유럽 연합에서 일어나는 허브 약과 보충제(herbal medicines and supplements)의 규제에 관한 최근의 변화를 알고 싶으면 www.bbc.co.uk/news/health-13215010에 들어가 보자.

비타민 E는 세포를 건강하게 유지한다

90%의 비타민 E는 우리 몸의 지방조직에 저장되고 그 나머지는 세포막에 존재한다. 이 장소에서 비타민 E는 세포의 지방 성분의 산화를 막는다. 또한 비타민 E는 LDL 콜레스테롤, 적혈구, 우리가 마시는 공기로부터 들어오는 산소에 노출되어 있는 폐 세포를 보호한다.

비타민 E를 어떻게 이용하는가?

비타민 E는 항산화제로서의 역할뿐만 아니라 인체 건강에 필수적인 역할을 한다. 또한 태아와 유아기의 신경과 근육의 성장과 일생 동안 신경근의 기능에 중요한 영향을 미친다. 비타민 E는 백혈구와 다른 면역계의 구성성분을 보호함으로써 우리 몸이 감염이나 질병을 막는다. 비타민 E는 또한 비타민 A의 식사로부터 섭취되는 양이 부족할 때, 비타민 A의 흡수를 증가시킨다.

비타민 E를 얼마나 섭취해야 하는가?

비타민 E의 중요성에 대해 고려해 볼 때, 많은 양의 비타민 E를 매일 섭취해야 한다고 생각할 수 있다. 하지만 표 6.1에서 볼 수 있듯이 남자와 여자의 충분섭취량(AI)은 별로 많지 않다.

비타민 E는 많은 식품에 들어 있으며(그림 6.9), 우리가 섭취하는 비타민 E의 대부분은 식물성 기름이나 식물성 기름으로 만들어진 식품에서 섭취 가능하다. 홍화씨 오일(Safflower oil), 해바라기씨 오일, 카놀라유, 대두유, 견과류, 종실류(seeds), 일부 채소류, 맥아(wheat germ), 대두는 비타민 E의 좋은 급원이다. 시리얼(cereals)은 종종 비타민 E가 강화된 형태로 공급되고, 다른 곡류 제품들은 어느 정도의 비타민 E를 제공한다. 하지만 동물성 식품과 유제품은 비타민 E를 충분하게 공급하지 못한다.

비타민 E는 산소, 금속, 자외선, 열에 노출되면 파괴된다. 식물성 기름이 비타민 E를 함유하고 있다고 하더라도, 식물성 기름을 가열하면 비타민 E는 파괴된다. 하지만 대부분의 패스트푸드와 즉석식품과 같은 튀긴 식품과 가공 식품은 비타민 E를 거의 함유하지 않는다.

비타민 E의 독성과 결핍증은 흔치 않다. 알려진 비타민 E의 결핍증 중 하나는 혈구 파괴로 인한 **빈혈**(anemia)이 있다. 빈혈은 적혈구가 충분한 산소를 우리 몸의 조직으로 운반하지 못하는 상태를 말한다. 빈혈은 피곤, 허약, 육체적인 활동과 정신적인 활동의 수행능력 저하를 차례로 일으킨다. 비타민 E의 다른 결핍증에는 조직적인 근육 운동(muscle coordination)과 반사작용 능력의 저하, 시각 및 말하기 능력 손상, 면역기능 감소 등이 있다.

▲ 비타민 C는 공기로부터 발생하는 오염물질로부터 폐조직을 보호를 돕는다.

비타민 C는 세포와 조직을 보호한다

비타민 C는 **아스코르브산**(ascorbic acid)이라고도 알려져 있다. 비타민 C는 비타민 E처럼 강력한 항산화제이다. 하지만 비타민 C는 수용성이기 때문에, 주로 세포외액(fluid outside of cells)에

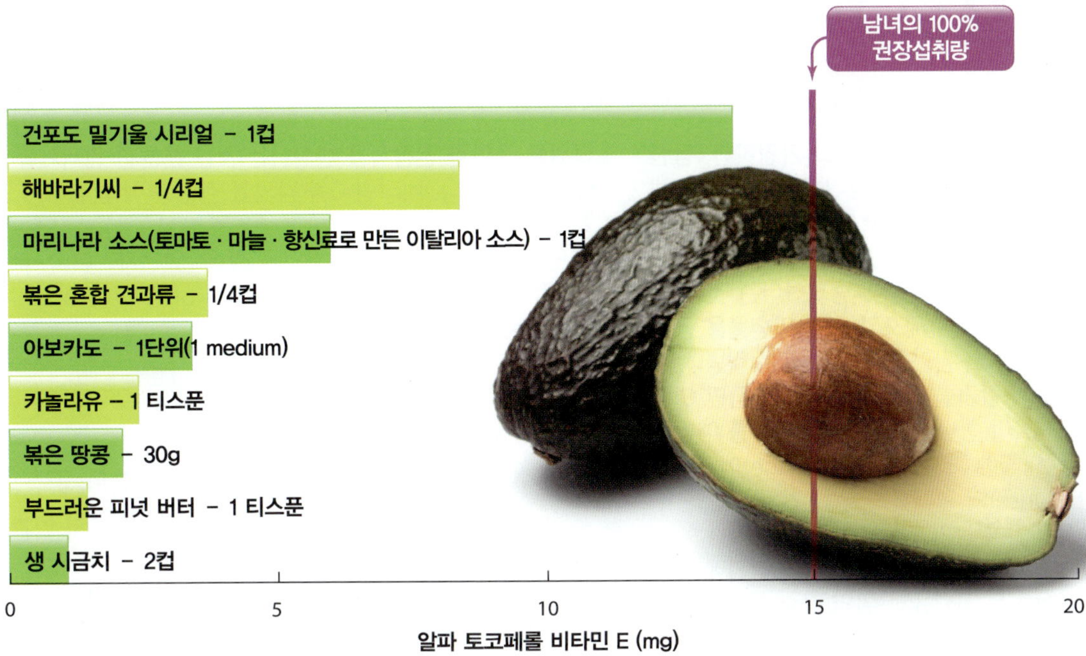

그림 6.9 비타민 E가 들어 있는 급원식품. 남자의 하루 충분섭취량은 12mg α-TE/일이고, 여자의 비타민 E 하루 충분섭취량은 10mg α-TE/일이다.
Data from U.S. Department of Agriculture, Agricultural Research Service. 2010. USDA Nutrient Database for Standard Reference, Release 23. Nutrient Data Laboratory Home Page. www.ars.usda.gov/ba/bhnrc/ndl.

서 작용한다. 비타민 C는 세포외액에서 유리기와 결합하여, 자유 라디칼이 세포막을 손상시키는 것을 막는다. 또한 비타민 C는 오존, 담배 연기 그리고 다른 공기 오염물질에서 발생되는 폐조직 손상을 막아준다. 흡연은 폐의 산화적 손상을 방지하는 비타민 C의 필요량을 증가시킨다. 비타민 C는 위에서 염지육(cured meat)과 가공육(processed meat)에서 발견되는 발암 물질인 니트로사민(nitrosamine)의 형성을 줄인다. 비타민 C는 또한 비타민 E가 다시 작용을 할 수 있도록 산화된 비타민 E를 재생시킨다.

비타민 C를 어떻게 이용하는가?

비타민 C의 다른 중요한 기능으로는 뼈, 치아, 피부, 힘줄(tendons)과 혈관의 구성성분인 **콜라겐(collagen)**을 합성하는 것이다. 비타민 C를 충분하게 섭취하지 않으면, 충분한 콜라겐을 만들 수 없으므로 뼈는 잘 부러지고, 혈관에서 피가 잘 나고, 다쳤을 때 상처를 회복하기가 어려우며 치아가 잘 빠진다. 이러한 증상들은 괴혈병의 특징이다. 괴혈병은 수 세기 전에 바다에서 항해 시 발생하는 죽음의 원인 중 절반 이상을 차지했다(그림 6.10). 긴 항해를 하는 동안 승무원들은 여행 초반에 모든 과일과 채소를 다 먹었는데, 이들 과일과 채소는 비타민 C 함량이 높은 식품들이다. 따라서 여행 후반에는 곡물과 동물성 식품만 남아 있었고, 이 식품들은 비타민 C 함량이 높지 않았다. 1740년 영국에서는 제임스 린드(James Lind) 박사가 감귤류의 섭취가 괴혈병을 예방해준다는 것을 발견했다. 따라서 영국 항해사들은 라임주스를 배급받았다. 그리고 라임주스는 "라이미(limeys)"라는 별명이 붙여졌다.

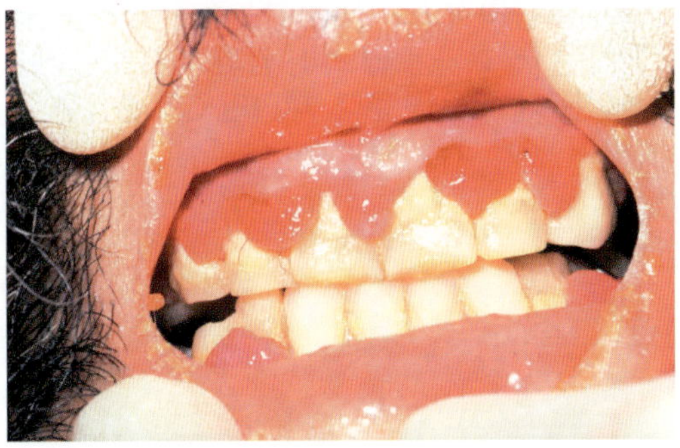

▲ **그림 6.10** 잇몸 출혈은 비타민 C의 가장 흔한 결핍증인 괴혈병의 증상 중 하나이다.

비타민 C는 DNA, 신경전달물질(신경계에서 신호를 전달하는 화학물질), 호르몬을 포함한 중요한 구성성분의 합성을 돕는다. 또한 비타민 C는 면역반응을 강화시키고, 질병과 감염을 막는다. 비타민 C 보충제가 감기를 예방해준다는 것을 들어본 적이 있을 것이다. 168쪽에 있는 **영양, 미신 혹은 진실?** 이라는 내용을 보고 이것이 사실인지 알아보자.

마지막으로 비타민 C는 철의 흡수를 증가시킨다. 철의 보유량이 적은 사람들에게는 철의

콜라겐(collagen) 신체 내 모든 결합 조직에서 발견되는 단백질.

영양, 미신 혹은 진실?

비타민 C가 감기를 예방할 수 있는가?

당신의 주변에 모든 사람들이 감기를 앓고 있다고 가정하면, 당신은 어떻게 할 것인가? 많은 사람처럼 당신은 감기를 예방하기 위해 오렌지주스를 많이 마시거나 비타민 C 보충제를 섭취할 것이다. 하지만 이러한 방법이 감기를 예방하는 데 도움이 되는가?

비타민 C가 건강한 면역계를 유지하는 데 중요하다는 것은 잘 알려져 있다. 비타민 C의 결핍은 면역 세포가 침입 미생물을 감지하고 파괴하는 능력을 약하게 하고, 감기를 포함한 많은 질병에 걸리기 쉽게 한다. 많은 사람들이 감기를 예방하기 위해 비타민 C 보충제를 섭취하는 것은 놀랄 일이 아니다. 사람들이 감기를 예방하려고 할 때, 집 근처에 있는 약국에 가서 정제약(lozenge)에서부터 물에 섞어 먹는 파우더(powder)의 형태까지 수십 가지 형태를 구입하는데 그런 제품들이 효과가 있는가?

불행하게도, 효과가 없다고 한다. 최근 비타민 C와 감기에 대한 연구에서는 비타민 C를 복용하는 사람들과 위약(placebo)을 복용한 사람들 간에 감기에 걸린 횟수의 차이가 없다고 보고했다. 하지만 감기의 지속기간은 어른에게서 8%, 어린아이들에게서 13.6%씩 다소 감소했다. 하지만 시기선택이 중요한데, 비타민 C를 감기 증상이 나타난 후 섭취하면 감기의 지속기간이나 감기의 정도는 줄어들지 않는다. 흥미롭게도, 마라톤 선수, 스키선수, 군인 같은 극한 환경에서 운동을 하는 사람들이 비타민 C를 규칙적으로 섭취했을 때 감기 횟수가 감소했다.

이 연구들에서 사용된 비타민 C의 양은 하루에 200mg이고, 여러 번 복용결과 4,000mg(일일권장량의 40배 이상)에 도달하는 정도였으나 해로운 영향은 보고되지 않았다.

요약하자면, 많은 사람들에게 비타민 C 보충제를 규칙적으로 섭취하는 것은 감기를 예방하는 데 효과는 없으나, 감기의 지속기간을 줄이는 데 도움을 준다. 비타민 C의 훌륭한 공급원을 포함한 건강식을 섭취하는 것은 튼튼한 면역계를 유지하는 데 도움이 된다. 비타민 C를 감기가 걸린 후에 섭취하는 것은 효과가 없는 것으로 보인다.

감기를 예방하기 위해 무엇을 할 수 있는가? 미국 국립 알레르기, 감염협회(The National Institute of Allergy and Infectious Diseases)에서는 다음과 같이 제시했다.

- 많은 감기 세균들이 눈이나 코를 통해 몸으로 들어오므로, 코와 눈을 만지거나 비비지 않는다.
- 감기에 걸린 사람을 가능한 가까이 하지 않는다.
- 감기가 만연하는 계절에는 손을 자주 씻고, 특히 퇴근 후, 하교 후, 쇼핑 후 집에 돌아와서 등, 사람들과 접촉을 많이 하고 집에 왔을 때, 따뜻한 물과 비누로 자주 손을 씻는다. 손을 씻는 것은 감기에 걸리지 않거나 다른 사람에게 감기를 옮기지 않는 가장 효과적인 방법 중 하나이다. 물이 없다면, 알코올이 함유된 손 세척제를 사용한다.
- 감기 바이러스는 피부, 전화기나 책상 같은 물체에 3시간 동안 살 수 있다. 바이러스를 없애는 살균제를 사용하여 주변 환경의 표면을 깨끗이 닦는다.

주의: 비타민 C 보충제를 섭취하려고 생각하고 있다면, 비타민 C가 철의 흡수를 증가시킨다는 것을 기억하여야 한다. 철의 보유량이 낮은 사람에게는 철의 흡수를 증가시키기 위하여 비타민 C의 함량이 높은 식품을 철과 함께 섭취하도록 요구된다. 하지만 철의 보유량이 많은 사람에게는 비타민 C가 풍부한 식품과 철을 먹는 것이 위험하며 독성을 야기할 수 있다. 따라서 보충제를 섭취하기 전에 의료진과 상의할 것을 권한다.

흡수를 증가시키기 위하여 비타민 C가 풍부한 식품을 철과 함께 먹는 것이 권장된다. 하지만 철의 보유량이 많은 사람에게는 비타민 C가 풍부한 식품과 철을 먹는 것이 독성을 야기할 수 있다.

비타민 C를 얼마나 섭취해야 하는가?

비타민 C의 한국인 영양섭취기준은 표 6.2에 나타나 있다. 감귤류(오렌지, 레몬, 라임), 감자, 딸기, 토마토, 키위, 브로콜리, 시금치와 잎이 많은 채소, 양배추, 푸른고추, 붉은고추, 콜리플라워는 훌륭한 급원이다(그림 6.11). 열과 산소는 비타민 C를 파괴하기 때문에, 이 급원식품들이 신선한 상태일 때 가장 많은 양의 비타민 C를 함유한다. 식품을 조리할 때, 특히 삶을 때, 식품의 비타민 C가 용출되는데 삶은 물을 버리게 되면, 비타민 C를 더 잃게 된다. 가장 비타민 C가 손실되지 않는 조리 형태에는 찜, 전자레인지 요리와 볶음이 있다.

비타민 C가 수용성이기 때문에, 많은 양이 쉽게 몸에서 배출되어 독성을 일으키지는 않는다. 심지어 비타민 C의 과다복용을 하는 것도 치명적으로 해롭지 않다. 하지만 하루에 2,000mg이 넘는 비타민 C를 섭취하면, 메스꺼움, 설사, 경련성 복통, 코피 등의 부작용이 일어난다. 또한 일부 사람들에게는 신장결석을 일으킬 수 있다.

뉴트리-케이스 한나

"9월에 대학을 다니면서부터 감기에 계속 시달렸다. 내가 추측하기에, 여러 다른 사람들이 매일 감기에 걸리고 스트레스가 많기 때문이라 생각했다. 몇 주 전, 내가 감기에 시달리고 있을 때 나는 오렌지 맛이 나는 파우더 형태의 비타민 C를 학교에 있는 건강 식품 할인점에서 발견했다. 그리고 비타민 C 파우더를 오렌지주스에 섞어서 매일 아침 마셨다. 비타민 C 파우더와 오렌지주스를 섞어 먹으면서부터 감기에 걸리지 않았기 때문에, 그렇게 마시는 것이 효과가 있다 생각했다. 하지만 오늘 아침에 일어났을 때, 위경련과 설사 증상이 나타났다. 이제 위장염(stomach flu)에 대해 걱정해야 한다. 비타민 C 때문이 아닌가요?

비타민 C를 보충제의 형태로 섭취했을 때의 효과에 대해 지금까지 배운 것을 고려해 볼 때, 헤나의 비타민 C 섭취 습관이 그녀에게 이로운가요 아니면 오히려 더 해로운가요? 왜 그런가요 혹은 왜 그렇지 않은가요? 대답에 대한 설명을 해보자.

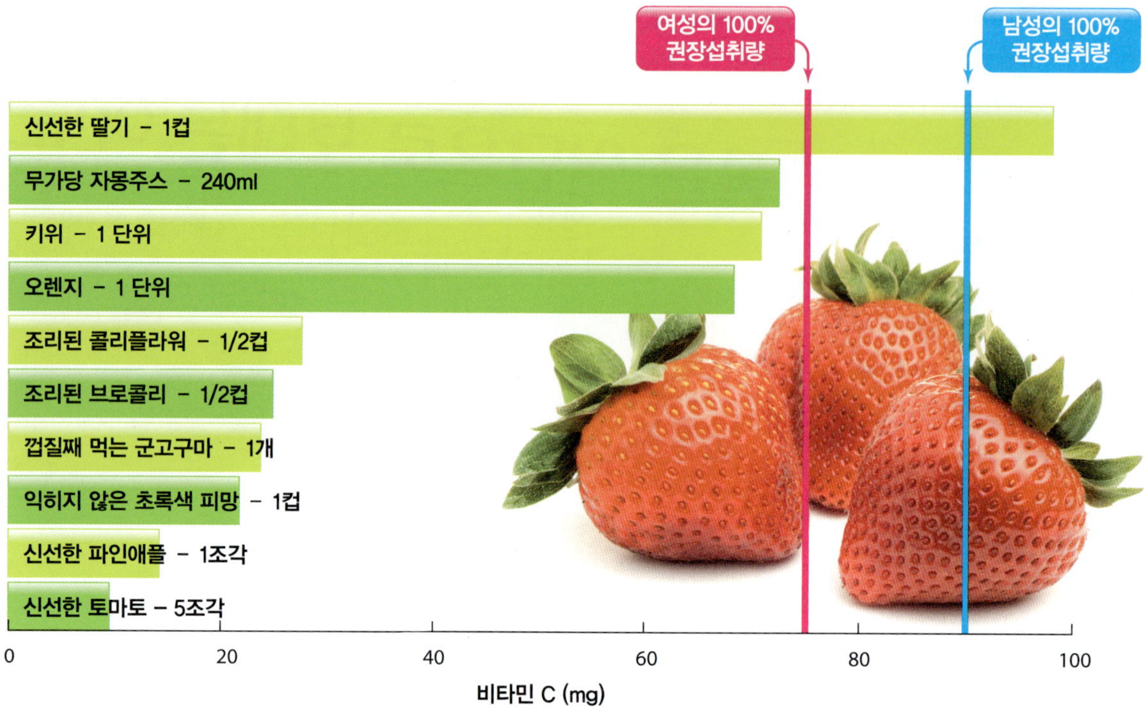

▲ 그림 6.11 비타민 C의 급원 식품. 비타민 C의 권장섭취량은 남녀 모두 100mg이다.

Data from U.S. Department of Agriculture, Agricultural Research Service. 2010. USDA Nutrient Database for Standard Reference, Release 23. Nutrient Data Laboratory Home Page. www.ars.usda.gov/ba/bhnrc/ndl.

▲ 노란색 토마토 같은 많은 과일에는 비타민 C가 풍부하다.

요점 비타민 E는 세포막의 지방산화를 막아주고, 면역 기능을 높여주며, 비타민 A의 섭취량이 부족할 때, 비타민 A의 흡수가 잘되도록 한다. 비타민 C는 유리기를 제거하고, 산화된 비타민 E를 다시 생성한다. 비타민 C는 콜라겐 생성에 필요하며, 몇몇의 호르몬, 신경전달물질, 그리고 DNA의 합성을 돕는다. 비타민 C는 철의 흡수를 증가시킨다.

에너지 발전기: 비타민 B군

일반적인 생각과는 달리, 비타민과 무기질은 에너지(Calories)를 내지 못한다. 오직 다량영양소(탄수화물, 지방, 단백질)만이 에너지를 낸다. 하지만 비타민과 무기질은 몸이 에너지를 발생시킬 때 보조 작용을 한다. **물질대사(metabolism)**는 체내에서 분자를 분해시키고, 합성하는 화학적, 물리적인 과정의 총칭이다. 비타민 B군이 탄수화물, 지방, 단백질로부터 에너지가 방출되는 화학반응을 돕기 때문에 비타민 B군은 에너지 대사에 있어서 중요한 역할을 한다. 이 군에 속해 있는 수용성 비타민에는 티아민(thiamin), 리보플라빈(riboflavin), 비타민 B_6, 나이아신(niacin), 엽산(folate), 비타민 B_{12}, 판토텐산(pantothenic acid)과 비오틴(biotin)이 있다.

물질대사(metabolism) 신체가 분자를 분해하거나 합성하는 모든 화학적 및 물리적 반응의 전 과정.

우리 몸은 에너지를 생성하기 위해서 비타민 B군을 어떻게 사용하는가?

비타민 B군은 조효소(coenzyme)로서 우리가 섭취하는 식품에 있는 에너지를 사용할 수 있도록 작용한다. 조효소는 효소와 결합하여 효소를 활성화시키고, 효소가 제 기능을 할 수 있도록 하는 분자이다(그림 6.6). 비타민 B가 조효소로 기능을 하지 못하면, 우리는 생존하는 데 필요한 에너지를 생산할 수 없다.

예를 들면, 티아민은 다른 효소와 결합하여 포도당(glucose)이 분해되는 것을 돕는다. 리보플라빈은 포도당과 지방산(fatty acids)을 분해하는 두 가지 조효소 중 하나이다. 비타민 B군의 구체적인 기능은 다음에 자세히 다루어진다. 비타민 B군의 영양섭취기준은 표 6.2에 나타나 있다(158쪽).

비타민 B군, 콜린 같은 비타민 유사물질뿐만 아니라, 무기질인 요오드, 크롬, 망간, 구리 그리고 황 또한 에너지 대사와 관련이 있다. (무기질은 7장에서 다루어진다.)

티아민(비타민 B_1)은 포도당대사를 돕는다

티아민은 비타민 B군 중 가장 먼저 발견되었기 때문에 비타민 B_1으로 지정되었다. 티아민은 에너지를 내기 위해 포도당을 분해하는 작용에 있어 중요한 역할을 하는 조효소 중 하나이다. 티아민은 또한 몇 가지 아미노산 대사에서 조효소로서 작용한다. 티아민은 DNA를 만들 때, 신경전달물질을 합성할 때에도 중요한 역할을 한다.

티아민의 좋은 급원 식품에는 강화 시리얼, 곡류나 전곡류 제품, 즉석 시리얼 제품 그리고 햄, 돼지고기 제품 등이 있다(그림 6.12). 티아민을 과다 섭취했을 때 나타날 수 있는 부작용은 알려져 있지 않다.

티아민의 결핍증은 **각기병(beriberi)**이다. 각기병에 걸리면 몸에서 에너지를 생산할 수가 없게 되어 근육 손실과 신경손상이 일어나고, 나중에는 환자가 전혀 몸을 움직이지 못할 수 있다. 심장근육 또한 영향을 받을 수 있으며, 질환이 계속되면 심부전(heart failure)으로 죽을 수 있다. 각기병은 티아민이 강화된 식품을 먹지 않고, 가공 처리된 곡류를 주로 먹을 때 발생한다. 1세기 전에 아시아에서 처음으로 가공 처리되고, 도정된 쌀이 사용되었을 때, 각기병이 널리 퍼졌었다. 쌀과 다른 주식들은 이제 티아민이 강화되었기 때문에 현재는 각기병이 거의 발생되지는 않으나, 전쟁 난민들, 자연재해로 인해 적절하지 않은 식품 원조를 받을 수 없는 사람들에게는 여전히 발생할 수 있다. 이러한 사람들에게서의 증상은 2~3개월 이내에 발달하기 시작한다. 각기병은 또한 알코올을 많이 섭취하고 제한된 식사를 하는 사람들에게서 발견된다.

각기병(beriberi) 티아민 결핍으로 생긴 질병.

▲ 그림 6.12 티아민의 주요 급원 식품. 티아민의 일일 권장섭취량은 남성의 경우 1.2mg/day, 여성의 경우(19세 이상)는 1.1mg이다.
Data from U.S. Department of Agriculture, Agricultural Research Service. 2010. USDA Nutrient Database for Standard Reference, Release 23. Nutrient Data Laboratory Home Page, www.ars.usda.gov/ba/bhnrc/ndl.

▲ **그림 6.13** 리보플라빈의 일반적인 식품 공급원. 19세 성인의 리보플라빈 권장섭취량은 남성의 경우 1.3mg/일이고, 여성의 경우 1.2mg/일이다.
Data from U.S. Department of Agriculture, Agricultural Research Service. 2010. USDA Nutrient Database for Standard Reference, Release 23. Nutrient Data Laboratory Home Page. www.ars.usda.gov/ba/bhnrc/ndl.

리보플라빈(비타민 B_2)은 탄수화물과 지방 분해를 돕는다

리보플라빈은 탄수화물과 지방을 분해하는 조효소의 중요한 구성요소이다. 리보플라빈은 또한 세포가 산화적 손상이 되지 않도록 도와주는 항산화효소의 한 부분이다.

플라빈(flavin)은 노란색의 색소로, 실제로 리보플라빈은 달걀 노른자에서 발견되었다. 우유는 리보플라빈의 또 다른 좋은 공급원이다. 리보플라빈은 빛에 노출되면 쉽게 파괴되기 때문에, 우유는 불투명한 용기 안에 보관한다. 리보플라빈의 다른 좋은 공급원으로는 요구르트, 강화된 빵, 곡물 제품, 인스턴트 시리얼, 그리고 내장육이 있다 (그림 6.13).

리보플라빈을 과량 섭취함으로써 발생하는 부작용은 알려지지 않았으며, 리보플라빈 부족은 **비타민 B_2 결핍증(ariboflavinosis)**을 일으킨다. 이 비타민 B_2 결핍증은 인후염, 입과 목 점막의 부풀어 오름, 건조하고 벗겨진 입술, 보라색의 혀, 그리고 염증이 생기거나 따끔거리는 피부의 부분 등의 증상을 포함한다. 심각한 리보플라빈 부족은 비타민 B_2의 대사에 문제를 일으킬 수 있다.

영양학의 이정표

펠라그라는 나이아신 부족으로 인해 발생한다. 이는 20세기 초, 미국 남부와 유럽 일부에서 많이 발생하였으며, 처음에는 감염으로 인해 발생한다고 생각했다. **1914**년 조셉 골드버거(Joseph Goldberger)라는 의사가 이 질병에 대해 연구하기 시작했으며, 그는 이 질병이 오직 옥수수를 기본으로 한 제한적인 식사를 하는 가난한 사람들에게만 발생한다는 것을 알았다. 그는 펠라그라는 영양부족으로 인해 발생하며, 치료하는 방법으로써 맥주효모를 생각해내었고, 그의 이론에 대해 실험을 설계했다. 골드버거 박사는 1937년까지 살았지만, 왜 맥주효모가 이 질병을 치료하는지에 대한 이유를 알지 못한 채 죽었다. 골드버거가 죽은 지 얼마 되지 않아 과학자들은 나이아신이라는 영양소를 발견하였고, 이것이 인간의 건강에 중요한 역할을 한다는 것을 밝혔다. 그들은 옥수수에는 나이아신과 나이아신의 전구체 아미노산인 트립토판이 부족하다는 것을 밝혀냈다. 반대로 골드버거 박사의 맥주효모 치료법에는 나이아신이 풍부하다.

나이아신은 에너지를 생성하고 증가시키며, DNA를 복구하는 것을 돕는다

나이아신(niacin)은 조효소로서 우리 몸에 필요한 에너지를 얻는 데 필수적인 탄수화물과 지방산의 대사를 돕는다. 또한 나이아신은 DNA 복제와 복구, 세포 분화의 과정에서 중요한 역할을

비타민 B_2 결핍증(ariboflavinosis) 리보플라빈 부족으로 인해 유발되는 증상이다.

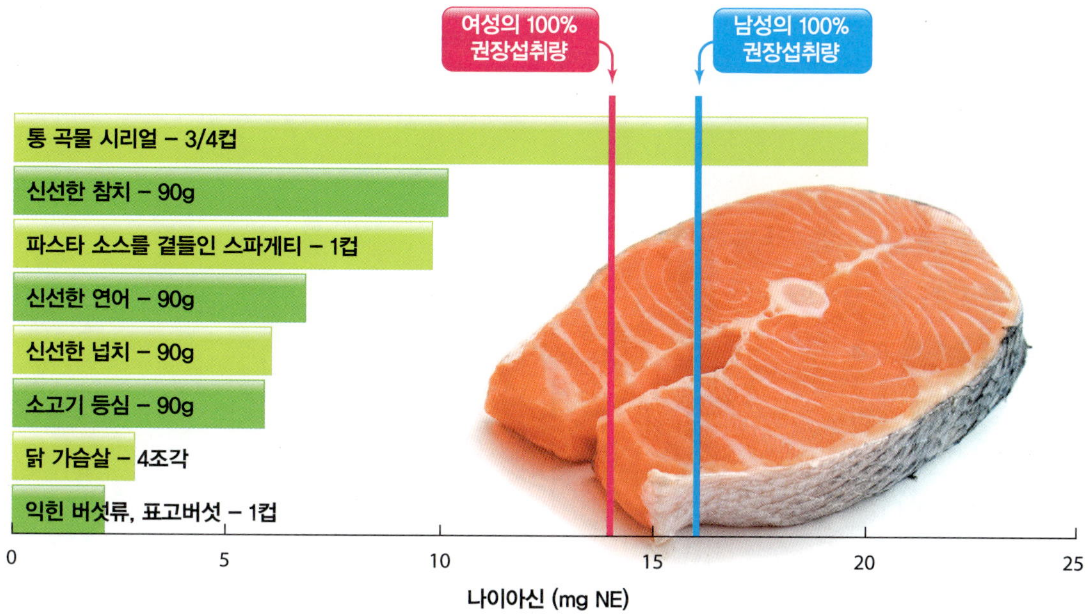

▲ 그림 6.14 나이아신의 주요 식품 공급원. 19세 성인의 나이아신 권장섭취량은 남성의 경우 16mg/일이고, 여성의 경우 14mg/일이다.
Data from U.S. Department of Agriculture, Agricultural Research Service. 2010. USDA Nutrient Database for Standard Reference, Release 23. Nutrient Data Laboratory Home Page. www.ars.usda.gov/ba/bhnrc/ndl.

한다. 좋은 공급원으로는 고기, 생선, 가금류, 강화된 곡물제품, 그리고 토마토 소스 등이 있다(그림 6.14).

나이아신의 대량투여는 LDL-콜레스테롤을 낮추고 HDL-콜레스테롤을 증가시키는 것으로 나타났다. 때문에 몇 의사들은 혈중 지질수준이 건강하지 못한 환자들에게 나이아신을 약물로 처방한다. 또한 나이아신은 일차적으로 얼굴, 팔, 그리고 가슴이 붉어지고, 얼얼하고, 따끔거리며 가려운 느낌을 동반하는 홍조의 부작용을 지속적으로 예방하는 준비로 처방된다. 하지만 나이아신의 몇 가지 처방들은 간 손상을 유발할 수 있으며, 나이아신 독성은 당 불내성, 흐릿한 시야, 그리고 안구의 부종을 일으킬 수 있다.

펠라그라(pellagra)는 심각한 나이아신 부족으로 인해 나타난다. 이는 피부의 발진, 설사, 정신장애를 유발하며, 심각한 경우에는 죽음에 이를 수 있다(그림 6.15). 펠라그라는 만성 알코올중독의 경우를 제외하면, 발전된 산업화된 국가에서는 거의 볼 수 없다. 세계적으로, 펠라그라의 발병은 간혹 유발되며, 특히 개발도상국의 난민이나, 위급상황인 경우 발생한다.

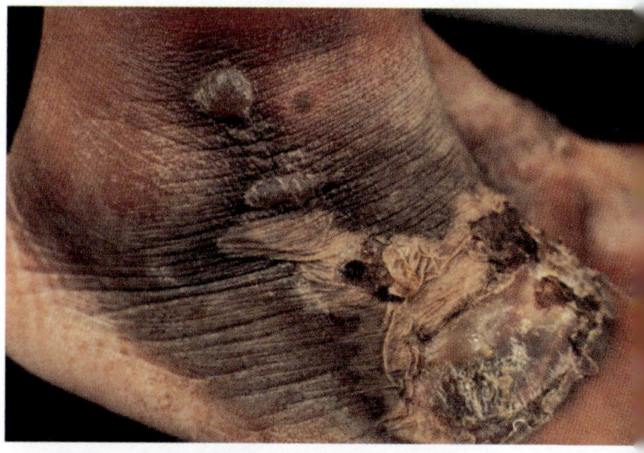

▲ 그림 6.15 펠라그라는 흔히 비늘과 같은 껍질이 벗겨지는 피부 발진이 특징이다.

비타민 B_6(피리독신)는 비필수 아미노산의 제조를 돕는다

당신은 비타민 B_6(pyridoxine)를 "단백질 비타민"으로 생각할 수 있는데, 이는 단백질 대사에 필요한 100가지 이상의 효소에 관여하기 때문이다.[20] 충분한 비타민 없이, 우리의 몸은 충분한 양의 아미노산을 만들지 못하기 때문에 모든 아미노산은 필수 아미노산이 되어야 하며 식사로부터 섭취되어야 한다. 비타민 B_6는 헤모글로빈의 합성을 돕는다. 헤모글로빈은 산소를 운반하는 적혈구의 성분으로, 혈당을 정상 범위로 유지하는 것을 돕는다. 또한 비타민 B_6는 신경세포들이 서로 의사 소통할 수 있도록 하는 신경전달물질의 합성을 돕는다.

비타민 B_6의 좋은 공급원은 강화된 즉석 시리얼, 소의 간, 생선, 가금류, 병아리 콩, 그리고 강화된 콩으로 만든 고기 대체식품 등이 있다(그림 6.16).

펠라그라(pellagra) 심각한 나이아신 부족으로 인해 발생하는 질병이다.

▲ **그림 6.16** 비타민 B_6의 주요 급원 식품. 19~50세 남성의 비타민 권장섭취량은 1.5mg/일이며, 여성의 권장섭취량은 1.4mg/일이다.
Data from U.S. Department of Agriculture, Agricultural Research Service. 2010. USDA Nutrient Database for Standard Reference, Release 23. Nutrient Data Laboratory Home Page. www.ars.usda.gov/ba/bhnrc/ndl.

▲ 임신 초기 몇 주 동안의 중요한 역할 때문에 엽산은 시리얼 제품에 추가된다.

비타민 B_6 보충제는 월경 전 증후군(premenstrual syndrome, PMS)과 손목 골 증후군(carpal tunnel syndrome)을 치료하기 위해 사용되어왔다. 안타깝게도, 이 증상들을 치료하기 위한 비타민 B_6 보충제의 특정 효과를 위한 임상 실험은 실패했다.[20]

게다가 비타민 B_6와 함께 보충할 경우 팔과 다리에 신경 손상을 일으킬 수 있다. 한 연구에서는 58명 중 23명의 여성이 PMS를 위해 매일 비타민 B_6 보충제를 섭취한 결과 신경 손상이 일어났다.[20]

비타민 결핍은 만성적으로 알코올을 남용하는 사람과 천식 약인 테오필린(theophylline)을 섭취하는 아이들은 제외하면 미국에서는 거의 나타나지 않는다. 결핍 증상은 빈혈, 경련, 우울증, 혼란 그리고 염증, 피부의 따끔거림 등이 있다. 또한 비타민의 결핍은 아미노산인 **호모시스테인(homocystein)**의 혈중 수준을 증가시킬 수 있다. 높은 호모시스테인 농도는 관상동맥에 손상을 입히거나, 동맥의 응고를 형성할 수 있으며, 이는 심근경색, 또는 뇌졸중의 위험을 높일 수 있다.[20]

엽산(Folate)은 임신 초기에 중요하다

가임기의 모든 여성은 충분한 양의 엽산 섭취가 필요하다. 이는 엽산이 DNA 합성과 세포 분화를 촉진하고 임시 초기의 몇 주 동안 매우 중요한 영양소이기 때문이다. 이는 특히 여성이 임신 사실을 알기 전부터 중요한데, 이는 정자와 난자가 결합하여 인체의 초기 조직을 형성하기 위해 급격히 증식하기 때문이다. 임신 초기 동안 엽산의 섭취가 불충분하면, 태아는 **신경관 손상**(neural tube defect)이 나타날 수 있다. 이러한 척추의 기형은 신경적 문제나 운동 장애 등을 일으킬 수 있다.

호모시스테인(homocysteine) 아미노산은 대사를 위해서는 충분한 양의 엽산, 비타민 B_6 그리고 비타민 B_{12}가 필요하다. 호모시스테인의 혈중 수준이 높으면 심혈관계 질환과 같은 혈관 질환의 위험이 증가할 수 있다.

모든 사람에게 엽산은 건강한 혈액을 위해 필수로 섭취해야 한다. 엽산이 충분하지 못하면, 적혈구는 모든 체세포에 충분한 양의 산소를 운반할 수 없으며, 신체가 허약해지고, 탈진될 수 있다. 이 증상을 **대구성 빈혈**(macrocytic anemia)이라고 한다. 또한 엽산은 아미노산 대사에 중요

▲ 그림 6.17 엽산의 주요 급원 식품. 남성과 여성의 엽산 권장섭취량은 400μg DFE/일이다.
Data from U.S. Department of Agriculture, Agricultural Research Service. 2010. USDA Nutrient Database for Standard Reference, Release 23. Nutrient Data Laboratory Home Page. www.ars.usda.gov/ba/bhnrc/ndl.

한데, 비타민 B_6 결핍과 같이, 엽산 결핍은 심근경색과 뇌졸중의 위험요인인 아미노산 호모시스테인 혈중 수준을 높일 수 있다.

엽산은 임신 초기 몇 주 동안 중요한 역할을 하나 가임기의 많은 여성이 충분한 양의 엽산을 섭취하지 않기 때문에 미국에서는 엽산이 시리얼 제품과 빵 제품에 추가된다. 이처럼 이 두 식품은 미국의 엽산 섭취의 첫 번째 공급원이다. 다른 좋은 공급원으로는 간, 시금치, 렌틸콩, 오트밀, 아스파라거스, 그리고 양상추 등이 있다(그림 6.17).

독성은 엽산 보충제를 섭취했을 때 발생할 수 있다. 특히 엽산 독성은 비타민 B_{12} 결핍을 가릴 수 있어 큰 문제가 될 수 있다. 이 장을 소개했던 경우에서 본 것과 같이, B_{12} 결핍의 진단이 지연될 경우에는 신경계에 영구적인 손상을 줄 수 있다. 엽산 독성은 비타민 B_{12} 결핍과 상호작용하여 명백한 증상이 독립적으로 나타나지 않는다.

비타민 B_{12}(코발라민)는 신경과 혈액의 건강을 유지한다

이 장을 여는 내용에서, 당신은 비타민 B_{12}(cobalamin) 부족이 카즈 씨의 신경계에 미치는 효과를 보았을 것이다. 충분한 수준의 비타민 B_{12}는 신경섬유를 감싸는 수초를 유지하는 데 필수적이기 때문에 그의 신경 기능은 악화되었다. 이 수초가 손상되거나 없어지면 신경은 부적절하게 작용하고, 이는 다양한 육체적, 인지적인 문제를 일으킬 수 있다. 또한 비타민 B_{12}는 조효소의 일부로 혈액의 생성을 돕는다.

칠면조 고기는 비타민 B_{12}를 함유한다.

게다가, 충분한 수준의 비타민 B_{12}는 엽산과 비타민 B_6와 함께 아미노산인 호모시스테인을 분해하는 데 필수적이다. 비타민 B_{12} 섭취가 불충분할 경우, 호모시스테인 레벨이 증가하여 심 질환, 뇌졸중의 위험이 증가한다.

비타민 B_{12}는 오직 유제품, 고기, 그리고 가금류에서만 발견된다. 그러므로 채식주의자들은 비타민 B_{12}가 강화된 음식을 먹거나 비타민 B_{12} 보충제 섭취 또는 주사를 맞아야 한다(그림 6.18). 우리의 나이가 들어감에 따라 비타민 B_{12}의 공급원은 달라져야 하는데 51세보다 어린 사람들은 음식을 섭취함으로써 보통 비타민 B_{12}의 권장섭취량을 충족할 수 있다. 하지만 50세 이상의 10%에서 30%의 성인의 경우 위산 분비가 낮아지는 **위축성 위염(atrophic gastritis)**

위축성 위염(atrophic gastritis) 낮은 위산 분비로 인해 일어나는 조건으로, 50세 이상의 성인 10~30%에서 발생하는 것으로 알려졌다.

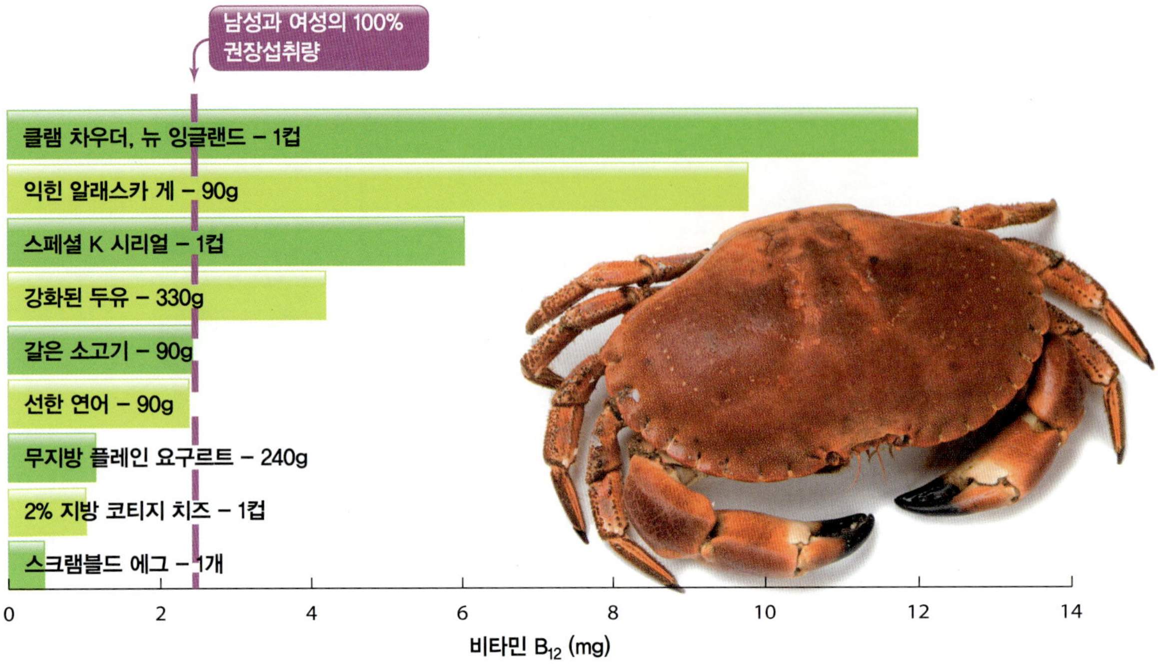

▲ **그림 6.18** 비타민 B_{12}의 주요 급원 식품. 남성과 여성의 비타민 권장섭취량은 2.4μg/일이다.

Data from U.S. Department of Agriculture, Agricultural Research Service. 2010. USDA Nutrient Database for Standard Reference, Release 23. Nutrient Data Laboratory Home Page. www.ars.usda.gov/ba/bhnrc/ndl.

이 발생한다. 위산은 식이 단백질로부터 식품에 결합되어 있는 비타민 B_{12}를 분리하기 때문에, 만약 위산의 양이 충분하지 않으면, 우리 몸에서 음식 공급원으로부터의 비타민 B_{12}를 충분히 얻어낼 수가 없다. 위축성 위염이 거의 1/3의 노인 인구에 영향을 주는 것으로 나타났기 때문에, 50세 이상의 사람들은 비타민 B_{12}가 강화된 음식을 섭취하고, 비타민 B_{12}를 함유하는 보충제를 섭취하거나 주기적인 주사를 맞는 것이 권장된다.

비타민 B_{12} 결핍은 에너지와 운동 지속력을 감소시키고, 피로, 숨가쁨, 그리고 이 장의 처음에 소개되었던 이야기의 내용으로 묘사되었던 신경적 증상 등을 야기한다. 비타민 B_{12} 결핍의 주된 증상 중 하나는 악성 빈혈(pernicious anemia)이다. 악성 빈혈을 가진 사람들은 위에서 혈류로 비타민 B_{12}의 흡수를 돕는 단백질을 충분히 분비할 수 없다. 비타민 B_{12}를 과다하게 섭취함으로써 오는 부작용은 알려지지 않았다.

▲ 표고버섯은 판토텐산을 함유하고 있다.

판토텐산은 지방산의 합성과 분해를 돕는다

판토텐산(pantothenic acid)은 지방산 대사를 돕는 조효소의 요소이다. 또한 이는 새로운 지방산의 합성에 중요하다.

접두사인 *pan*-은 '넓리 퍼진'을 의미하며, 판토텐산은 소고기, 닭, 내장육 그리고 달걀노른자에서 감자, 토마토 제품, 전곡류까지 정말 다양한 범위에서 발견된다. 판토텐산을 과량 섭취함으로써 오는 부작용은 알려지지 않았으며, 판토텐산의 결핍은 매우 적다.

비오틴은 모든 과량 영양소의 대사를 돕는다

비오틴(biotin)은 신체의 모든 과량 영양소의 분해를 돕는 조효소의 요소이다. 또한 이는 당신생합성에 중요한 역할을 한다.

비오틴은 매우 적은 식품에서 존재한다고 알려졌으며, 식품 조성표 또는 식단 분석 프로그램에서는 이 값이 없다. 비오틴은 식품에서 매우 다양하게 나타난다. 과량 섭취함으로써 오는 부작용은 알려지지 않았으며, 결핍 또한 거의 없다.

콜린은 많은 식품에서 발견되는 비타민 같은 성분이다

탄소-함유 성분인 콜린(choline)은 비타민으로 분류되지는 않으나, 호모시스테인 대사를 돕는 역할을 하기 때문에 일반적으로 비타민 B군으로 함께 분류된다. 또한 콜린은 운동과 다른 기능에 관여하는 신경전달물질인 아세틸콜린(acetylcholine)의 합성과 방출을 촉진한다. 또한 이는 건강한 세포막에 필수적이고, 지방과 콜레스테롤의 이동과 대사에 중요한 역할을 한다.

미국의 경우 콜린의 충분섭취량(AI)은 19세 이상의 남성의 경우 550mg/일이며, 여성의 경우 425mg/일이다. 식품의 콜린량은 일반적으로 영양 데이터베이스에 없다. 하지만 우리는 콜린이 특히 우유, 간, 달걀, 그리고 땅콩 등 식품에 널리 존재함을 알고 있다. 콜린의 불충분한 섭취는 간 손상을 일으킬 수 있다. 콜린 보충제의 과도한 섭취는 이취, 구토, 발한, 설사, 그리고 낮은 혈압 등 다양한 독성 증상을 일으킬 수 있다. 미국의 경우, 콜린의 19세 이상 성인의 UL(상한섭취량)은 3.5g/일이다. 아직 한국의 영양권장량은 정해져 있지 않다.

▲ 콜린은 많은 식품에 함유되어 있으며 계란이나 우유에 있다.

요점 수용성 비타민 B군에는 티아민, 리보플라빈, 나이아신, 피리독신(비타민 B_6), 엽산, 코발라민(비타민 B_{12}), 판토텐산, 그리고 비오틴이 포함된다. 조효소로써 작용하는 비타민 B군은 식품을 분해하여 에너지를 발생한다. 이는 강화된 빵과 시리얼, 고기, 유제품, 그리고 몇몇 과일과 채소들에서 일반적으로 발견된다. 비타민 B군 독성은 보충제를 과량으로 섭취하는 사람을 제외하고는 거의 나타나지 않는다. 비타민 B군 결핍은 알코올 남용과 같이 다른 건강 문제를 갖고 있는 사람을 제외하고는 쉽게 나타나지 않는다. 예외로는 임신 초기 동안의 엽산 결핍이 있는데, 태아의 발달 동안 신경관 손상을 일으킬 수 있다. 또한 비타민 결핍은 빈혈과 신경계 손상을 일으킬 수 있으며, 이는 때때로 노인이 위축성 위염을 앓거나, 채식을 하는 사람들에게 관찰된다. 콜린은 호모시스테인 대사를 돕는 탄소 함유 복합체이다.

건강 감시

항산화제가 암을 막아주는가?

베타카로틴과 항산화제 비타민 E와 C는 유리기로 인한 손상으로부터 우리의 세포막, 단백질, 지단백, 그리고 DNA를 보호한다. 그래서 이것이 암을 막아준다고 말할 수 있는가? 이 문제에 대해 답하기 전에, 암이 무엇이고, 이것이 어떻게 퍼지는지에 대해 자세히 알아보자. 정확히 **암(cancer)**은 "통제할 수 없이(out of control)" 성장하는 세포들로 모두 특징지어지는 질병의 그룹이다. 이 말은 암세포가 지속적이고 독립적으로 재생산되며, 그들은 자라는 조직이나 기관에 머무르지 않고 다른 조직이나 기관에 침입하며, 때때로 처음 생겼던 곳으로부터 멀리 떨어져 자라기도 한다.

대부분 암 형성은 하나 또는 더 많은 **종양(tumor)**을 유발하는데, 종양이란 유용한 기능이 없는 미성숙한 세포의 덩어리를 말한다. 비록 종양이라는 단어가 무섭게 들리지만, 모든 종양들이 악성(malignant)이 아니고, 많은 암들은 양성(benigh, 해롭지 않은)이며, 넓게 퍼져 자라지 않는 세포들로 이루어져 있다.

그림 6.19는 정상세포가 암으로 변화될 수 있도록 촉진시키는 일련의 과정들을 보여준다. 암의 발달에는 기본적인 개시(initiation), 촉진(promotion), 진행(progression)의 세 단계가 있다:

암(cancer) 자발적이면서 독립적으로 재생산시키고 다른 조직과 기관에 침입하는 세포에 의해 특성화되는 질환들.

종양(tumor) 새로 형성된 미분화세포 덩어리의 총칭.

▶ **그림 6.19** **(a)** DNA와 정상세포의 유전적 돌연변이로 인해 암세포가 발생한다. **(b)** 돌연변이된 세포는 통제되지 않고 복제되며, 결국 종양이 발생한다. **(c)** 만약 파괴되거나 제거되지 않으면, 악성 종양은 신체의 다른 부분으로 전이된다.

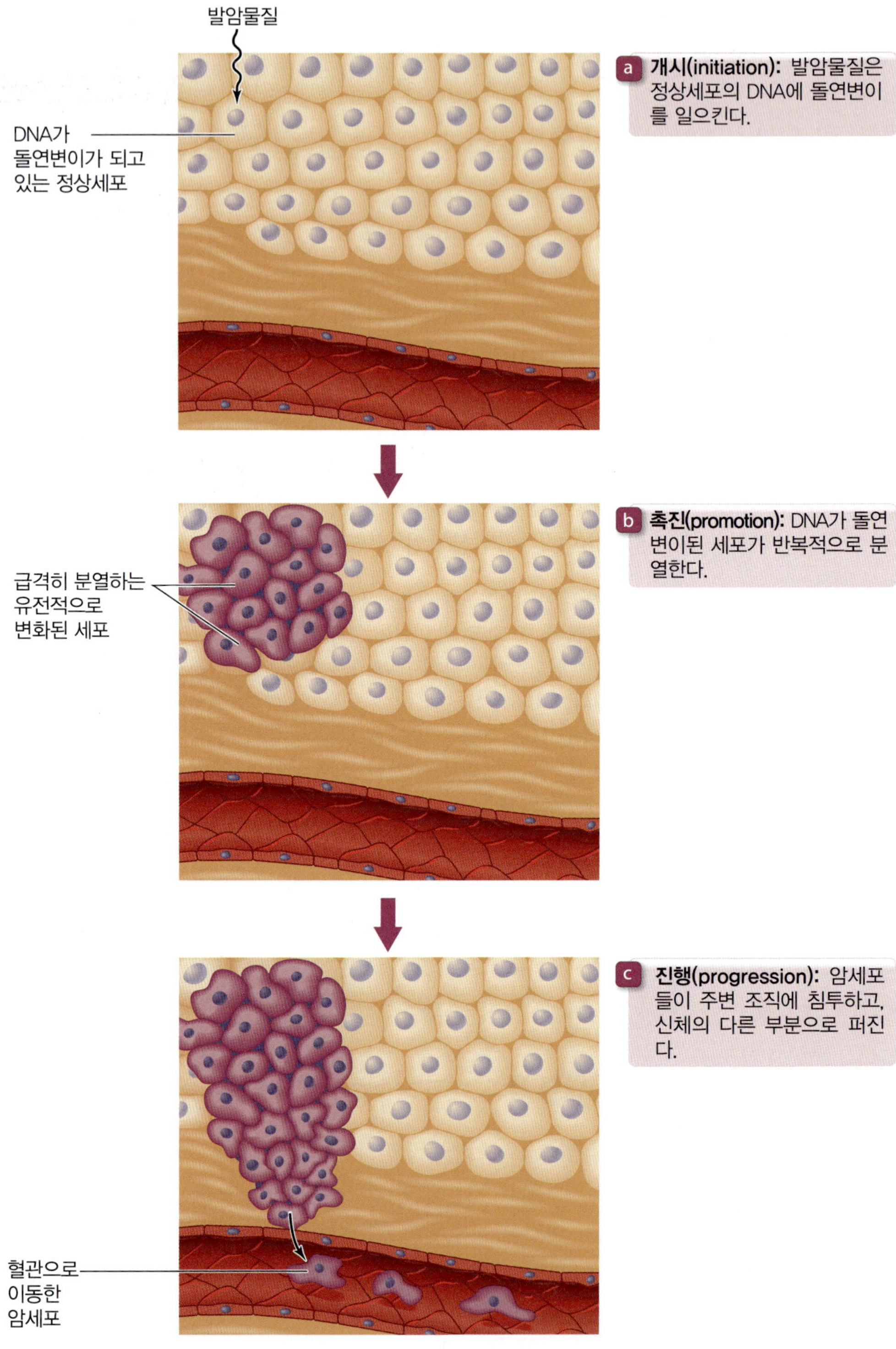

1. 개시(Initiation): 세포의 DNA가 돌연변이가 일어났을 때 암의 개시가 시작된다. 이 돌연변이는 바이러스 노출, 독성 화학물, 또는 다른 물질 등 다양한 요인에 의해 일어날 수 있으며, 세포에 영구적인 변화를 일으킬 수 있다. 세포에 돌연변이를 촉진하는 독성 화학물과 같은 물질들은 발암물질(carcinogens)이라고 한다.
2. 촉진(promotion): 이 시기 동안, 돌연변이된 세포는 반복적으로 분열한다. 돌연변이된 DNA

는 각 새로운 세포의 유전적인 정보를 따르며, 이 세포들은 계속적으로 분열한다.

3. 진행(progression): 이 시기 동안, 악성 세포는 통제되지 않고 성장하며, 주변 조직에 침입한다. 그 이후 이 세포들은 몸의 다른 부분으로 전이(metastasize, spread)된다. 진행의 초기 단계에, 면역계는 때때로 이 악성 세포들을 발견하고 파괴한다. 하지만 만약 세포들이 계속적으로 자라면, 이것들은 악성 종양으로 발달하며 암이 발생한다.

엠디 앤더슨(M.D. Anderson) 암 센터에서 제공하는 암에 대한 전반적으로 살펴보는 비디오를 감상해보자. www.youtube.com/watch?v5j_wRpa2b5Xl&feature5related.

많은 요소들은 암 유발에 영향을 준다

미국에서 암은 모든 연령군에 걸쳐 사망을 일으키는 2번째 요인이며, 연구원들은 모든 남성의 절반과 모든 여성의 1/3에서 일생 동안 암이 발생할 것이라고 밝혔다. 하지만 무엇이 암을 일으키는가? 당신과 당신이 사랑하는 사람들이 암에 걸릴 위험에 노출되어 있는가? 그 답은 암과 관련된 당신의 가족력, 환경적인 물질에 대한 노출, 그리고 다양한 생활방식 등 다양한 요인에 따라 다르다. 상자로 표시된 **게임 플랜**(182쪽)은 당신의 암 발생 위험을 낮출 수 있는 몇 가지 실용적인 단계들을 설명하고 있다.

항산화제는 암과 다른 질병들을 예방하는 역할을 한다

항산화제가 암, 심장질환, 그리고 뇌졸중과 같은 특정 질병들을 예방하는 데 중요한 역할을 한다는 증거가 많으며, 점점 증가하고 있다. 그들은 어떻게 이러한 일을 하는가? 몇 가지 제안된 기전은 다음과 같다.

- 암으로 발전할 세포들을 파괴하고 제거함으로써 면역계를 강화한다.
- 암세포와 종양의 성장을 저해한다.
- 유리기를 찾아 안정화함으로써 세포의 DNA 산화적 손상을 막는다.
- 혈관벽의 염증을 감소하고 심근경색, 뇌졸중을 유발할 수 있는 혈전의 형성과 혈액응고를 막는다.

▲ 항산화 영양소가 많이 함유된 채소와 과일의 섭취는 암 위험을 줄인다.

비타민 E나 C, 그리고 베타카로틴 같은 항산화 영양소가 많은 음식, 특히 과일이나 채소를 먹는 것은 암 발생 위험을 낮추는 것과 관련이 있다고 한다.[23] 또한 추가적인 연구에서는 항산화 영양소가 낮은 식이를 먹는 사람들이 암 발생 위험이 높은 것으로 나타났다. 다른 연구에서는 과일이나 채소를 더 많이 먹는 사람들의 경우 심근경색과 뇌졸중의 위험이 상당히 낮은 것으로 나타났다.[24,25] 이 연구들은 식이와 질병 위험의 강한 연관성(association)을 보여주지만 그 원인과 효과는 밝히지 못하고 있다. 영양전문가들은 식이섬유나 식물화합물 같은 다른 성분들과 항산화 영양소 사이에 중요한 상호작용을 함으로써 많은 질병들의 위험 요인을 낮추는 것에 동의한다.

보충제 형태의 항산화제 섭취의 효과는 아직 분명하지 않다. 몇 연구들은 항산화제 보충제가 암 또는 심장질환의 위험을 낮출 수 있다고 제안하지만, 아직 결론에 이르지 못하고 있거나 위험을 증가시키기도 한다고 보고하고 있다. 예를 들면, 미국의 보건의료 품질연구소(Agency for Healthcare Research and Quality)의 미국예방진료 특별심의회(Preventive Service Task Force)에서는 암 또는 심혈관계 질환 예방을 위해 비타민 A, C, E, 또는 항산화제 복합체의 복용을 권장하는 것에 대한 근거가 충분하지 않음을 밝혔다.[26] 또한 셀렉트(SELECT) 전립선암 예방 연구에서는 비타민 E와 셀레늄 보충제를 함께 또는 따로 섭취하는 것이 효과가 없었

영양 하이라이트

식이 보충제(Dietary Supplements)와 기능성 식품(Functional Foods)… 정말 이 비타민들이 모두 필요한가?

*식이 보충제*란, "식이 성분"을 함유하고, 식이를 보충하기 위해 구강으로 섭취하는 제품을 의미한다. 알약, 캡슐, 액체, 그리고 가루 형태의 복합비타민/복합무기질 보충제는 가장 많이 팔리는 식이 보충제 형태이다: 거의 40%의 미국인들이 이것을 사용한다고 보고했다. 보충제를 사용하는 것과 더불어 많은 미국인들은 *기능성 식품*으로부터 더 많은 비타민을 섭취한다. 정말 이 비타민들이 모두 필요한가? 이 질문에 답하기 전에, 기능성 식품의 치솟는 인기에 대해 살펴보자.

많은 기능성 식품들은 추가적인 비타민을 제공한다

주디는 퇴근하는 길에 식품점에 들러 저녁으로 먹을 냉동식품과 탄산음료 6묶음을 샀다. 음료 코너에서 그녀는 좋아하는 탄산음료가 진열된 것을 보았고, 그곳에는 "필수 비타민이 강화되었어요"라는 문구가 있었다. 영양표시에는 탄산음료 한 캔이 일일 15%의 나이아신과 비타민 B_6, B_{12}를 제공한다고 쓰여 있었다. 주디는 망설여졌다. 탄산음료의 값은 그녀가 전부터 항상 먹어오던 것에 비해 조금 비쌌고, 이 비타민들이 무엇을 하는지도 확실히 알지 못했다. 하지만 주디는 고민했다. 아마도 이것은 가치가 있을지도 모른다. 그리고 그녀는 추가적인 비타민이 필요한지도 모른다.

비록 주디는 몰랐지만, 그녀의 혼란은 현재 진행되고 있는 무엇을 *기능성 식품*이라 부를지에 대한 식품 제조업자와 소비자 옹호자 사이의 논쟁을 반영한다. 미국영양사협회는 기능성 식품을 "질병의 위험을 감소시키거나 적절한 건강을 촉진하기 위해 필요 이상으로 추가적인 건강의 효과를 제공하는 것"이라 정의한다. 또한 *뉴트라수티컬(nutraceutical)*이라 부르는 기능성 식품은 영양소 제공을 통한 기본적인 효과를 넘어선 건강 효과를 제공한다. 기능성 식품에는 견과류, 브로콜리, 블루베리와 같은 자연식품과 강화한 음식을 포함하는 가공식품이 있다.

칼슘이 강화된 오렌지주스, 엽산이 강화된 빵, 생선 기름이나 식물화합물 같은 생리활성 물질로 만들어진 식품 등은 변형된 식품의 예이다. 때때로, 건강을 촉진하는 성분들은 식품의 생산되는 방식을 바꿈으로써 건강기능 식품이 된다. 예를 들면, 오메가-3 지방산이 높은 달걀은 암탉에게 특별한 식이를 줌으로써 만들어진다. 요구르트는 건강에 좋은 특정 박테리아의 재생산을 촉진함으로써 얻는다. 그리고 과일과 채소들은 높은 수준의 영양소를 함유하도록 유전적으로 조작될 수 있다.

기능성 식품 관련 효과는 항상 비타민으로부터 오는 것이 아님에 주의하자. 하지만 비타민 강화 제품은 기능성 식품 시장의 상당한 부분을 차지한다. 당신의 지역 식품점을 돌아다니다 보면, 여러 선반에 단일 비타민, 복합 비타민 식이 보충제 외에도 비타민이 강화된 물, 주스, 탄산음료, 에너지 바, 아침 시리얼, 그리고 빵 등을 볼 수 있을 것이다.

식이 보충제와 기능성 식품은 제대로 규제되지 않는다

식이 보충제와 기능성 식품은 모두 미국식품의약국(FDA)에 의해 약물이 아닌 일반 식품 그룹으로 분류된다. 이는 한국 식품의약품안전처도 마찬가지이다. 이는 모든 성분들이 섭취하기에 안전하다고 인정되기만 한다면 제품이 판매될 수 있음을 의미한다. 때문에 이러한 제품의 규제는 약물에 비해 별로 엄격하지 않다. 소비자로서, 당신은 다음 사항들에 대해 알아 두어야 한다.

- 보충제나 기능성 식품은 시장에 나오기 전 미국식품의약국(FDA)으로부터의 승인이 필요하지 않다.
- 제조업자는 제품이 안전한지를 확인해야 할 의무가 있다; 미국식품의약국(FDA)은 제품이 판매되기 전 안전에 대한 시험을 하지 않는다.
- 특히, 1994년 이전의 미국에서 판매되지 않았던 새로운 식품 성분을 판매하는 회사가 아니라면, 보충제 회사는 미국식품의약국(FDA)에 보충제가 안전하다는 어느 근거도 제공할 필요가 없다.
- 보충제의 순도, 품질, 안전, 그리고 구성을 보증하는 실험에 관한 미국 연방정부의 지침은 현재 존재하지 않는다.
- 보충제나 기능성 식품의 제공량, 영양소의 양을 제한하는 규칙은 존재하지 않는다.
- 보충제 또는 기능성 식품이 판매되면, 제품이 시장에서 사라지기 전에 이 제품이 안전하지 않음을 증명하는 것이 미국식품의약국(FDA)의 역할이다.

수 년간, 많은 소비자 지지 단체는 식이 보충제와 기능성 식품을 규제하기 위한 방법을 제고하도록 미국식품의약국(FDA)에 청원서를 제출해왔다. 그들은 많은 회사들이 제품을 위해 불충분한 건강 정보를 만들어내며, 이러한 제품의 사용은 취약한 소비자들의 건강에 악영향을 미칠 수 있다고 주장했다. 이에 대해 미국식품의약국(FDA)은 건강 정보를 지닌 제품들은 미국식품의약국(FDA)의 감독을 대상으로 하는 새로운 규제 시스템을 고려하는 중이다. 새로운 시스템이 사용될 때까지 소비자들은 여전히 식이 보충제와 기능성 식품에의 안정성과 효과에 대해 의심을 하고 있다.

추가적인 비타민은 좋을 수도, 해로울 수도 있다

누가 멀티비타민 보충제를 먹고 비타민 강화 식품을 섭취해야 하는 것을 결정하는 것이 항상 쉬운 것은 아니다. 우리의 영양에 대한 필요성은 일생에 따라 변하며, 우리 중 누군가는 특정 시기에 다양한 상황에서 보충제를 섭취할 필요가 있을 수 있다. 예를 들면, 골다공증의 위험이 있는 사람은 햇빛 노출이 불충분한 경우 비타민 D 보충제를 섭취함으로써 효과를 볼 수 있을 것이다.

확실히, 엄격한 채식주의자들은 식이와 함께 비타민보충제를 보충해야 할 필요가 있다. 매우 다양한 비타민 보충제들과 비타민 강화식품들이 팔리고 있으며, 여기에서 이 제품들이 어떤 상황에서 유용한지를 일일이 설명하는 것은 불가능하다. 그러므로 간단히 결론을 짓기 위해 사람들에게 비타민 보충제가 효과적인지, 아닌지가 가장 분명한 상황에 대한 설명을 살펴보자.

누가 미량영양소 보충제를 섭취함으로써 효과를 얻을 수 있겠는가?

식품은 우리 몸에 중요한 다양한 성분의 조합을 함유하고 있으며, 알약으로 만들어낼 수 없다. 그러므로 보충제는 자연식품을 대체할 수 없다. 하지만 특정 군의 사람들은 보충제를 섭취함으로써 이득을 얻는다. 비타민과 무기질 보충제가 두루 권장되는 예는 다음과 같다.

- 신생아 출생 시에는 비타민 K를 한번 주사한다.
- 모유를 먹는 유아의 경우 6개월까지는 비타민 D 보충제가 권장되고, 6개월 이상은 철이 강화된 시리얼을 먹는 것이 권장된다.
- 불소가 첨가된 물을 먹지 않는 어린이들은 불소 보충제를 권장한다.
- 장기적으로 에너지-제한 식이를 하는 사람, HIV/AIDS 또는 다른 소모성 질환이 있는 사람의 경우 복합비타민/멀티무기질 보충제를 권장한다.
- 골 질량이 낮을 수 있는 사람들은 칼슘과 비타민 D 보충제를 권장한다.
- 노인과 채식주의를 하는 사람들은 비타민 B_{12} 보충제를 권장한다.

만약 당신이 위의 항목 중 하나 또는 그 이상이 일치한다면, 당신은 실제로 보충제가 필요한지 아닌지를 확인하기 위해 식이를 분석해보아야 한다. 더불어 보충제를 섭취하기 전에는 의료인 또는 임상영양사와 확인하는 것이 좋다.

비타민과 무기질을 섭취하는 것이 언제 해로울 수 있는가?

강화된 식품은 일반적으로 그들의 함유하고 있는 모든 미량 영양소를 10%에서 50%의 DRI(영양섭취기준)만큼 함유한다. 비록 당신이 특정 미량 영양소를 일일 100% 제공하는 아침 시리얼을 섭취해도, 이후 똑같은 미량 영양소를 일일 50%를 제공하는 에너지 바를 섭취할 수 있다. 여기서 당신이 또 보충제를 섭취하지 않는다면, 독성을 나타내는 수준에 도달하지는 않을 것이다. 불필요하거나 해로울 가능성이 있는 비타민과 무기질 보충제를 섭취하는 예는 다음과 같다.

- 이미 염소화된 물을 섭취하는 어린이에게 불소 보충제를 사용하는 경우이다.
- 건강한 성인의 경우, 비타민과 무기질 보충제가 암, 당뇨 또는 심장질환 같은 질병이 치료될 것이라는 믿음으로 보충제를 먹는 경우이다.
- 당신이 복용하고 있는 약과 상호작용을 의료인과 확인하지 않고 보충제를 먹는 경우이다.
- 흡연자가 베타카로틴 보충제를 먹는 경우. 흡연자가 베타카로틴 보충제를 섭취할 경우 암의 발생 위험을 높일 수 있다는 근거가 있다.[28]
- 신체적 외모, 운동선수의 경기력, 또는 에너지 수준을 향상하려는 시도에서 비타민과 무기질을 섭취하는 경우. 다양한 식이로부터 충분한 에너지를 섭취하는 건강한 성인의 경우, 다양한 비타민, 무기질 보충제가 외모, 운동선수의 경기력, 에너지 레벨을 증가시킨다는 근거는 없다.
- 치료를 위해 의료인이 처방한 경우가 아닐 때 보충제의 섭취가 수용 가능한 상한섭취량을 초과하는 경우. 지용성 비타민 A를 상한섭취량보다 초과하여 섭취하는 경우 쉽게 독성이 나타날 수 있다. 더불어 몇몇 비타민 B군 보충제의 초과는 간 손상 또는 신경 손상을 초래할 수 있고, 비타민 C의 대량투여는 심각한 설사와 다른 증상들을 유발할 수 있다.

미국영양사협회에서 충고하였듯, 이상적인 영양 전략은 다양한 식품을 포함한 건강한 식이를 하는 것이다. 만약 아직도 당신이 보충제, 그리고/또는 미량 영양소가 강화된 식품을 섭취해야 한다고 생각된다면, 이러한 제품들이 포함된 영양소들의 권장 수준 100% 이상 섭취하지 않도록 해야 한다. 당신의 의사의 권유가 없다면, 단일 영양소 보충제는 섭취하지 않는 것이 좋다.

90%

게임 플랜

암 발생 위험을 낮추기 위한 간단한 방법들

암은 종종 건강한 사람들에게 갑자기 발생한다. 유전적 요소와 특정한 환경적 요소는 개인이 조절할 수 있는 한도를 넘어서기 때문에, 아마도 당신은 위험 요인을 낮추기 위해 할 수 있는 것들이 무엇인지 궁금할 것이다. 여기에 몇 가지 답이 있다.

영양학적 요소

□ 매일 다양한 색의 과일과 채소를 섭취한다. 이것들은 항산화 영양소와 식물화합물이 풍부하기 때문이다.

□ 정제된 곡물보다 전곡류를 선택한다.

□ 포화지방산과 트랜스지방의 섭취를 제한한다. 어떤 연구에서는 포화지방이 암의 발생 위험을 높일 수 있다고 제안한다.

□ 붉은 고기, 특히 가공된 고기나 지방 함량이 높은 고기의 섭취는 제한한다.

□ 질산염과 아질산염의 섭취를 제한한다. 이 화학물질들은 소시지, 햄, 베이컨, 그리고 훈제 고기에서 발견되는데, 이들은 발암물질로 알려져 있다.

□ 당신이 고기를 먹는다면, 끓이거나, 튀기기, 그리고 바비큐와 같이 높은 온도를 요구하는 음식법을 피한다. 높은 온도의 요리법은 헤테로사이클릭 아민(heterocyclic amines)이라는 발암물질 발생을 촉진하는데, 이는 굽거나, 베이킹과 같이 낮은 온도에서 천천히 구울 때는 형성되지 않는다.

□ 건강한 체중을 유지한다. 비만은 특정 암의 발생 위험을 높이는 것으로 나타났다. 비만과 암 발생 증가와의 관련성은 명확하지 않으나, 너무 많은 지방을 섭취함으로써 발생하는 호르몬적인 변화 때문으로 생각된다.

일상생활 요소

□ 만약 당신이 담배 또는 시가 또는 무연담배를 피운다면 중단한다. 이러한 행동은 다양한 형태의 암 발생 위험을 상당히 높이는 것으로 나타났다. 담배와 담배 연기 속 40가지 이상의 성분들은 발암물질로 알려져 있다.

□ 만약 당신이 알코올성 음료를 마신다면, 섭취를 제한한다. 알코올 사용은 많은 형태의 암 발생 위험 증가와 관련이 있다. 알코올은 DNA의 손상을 복구하는 세포의 능력을 손상시켜, 암 개시의 가능성을 증가시킬 수 있다.

□ 햇빛 노출과 햇빛으로 인한 화상을 제한하라. 피부암은 미국에서 가장 흔한 형태의 암이다. 피부암은 대부분 피부세포의 DNA에 손상을 줄 수 있는 햇빛 자외선(UV)의 과다 노출과 관련이 있다. 9시부터 3시까지의 낮 시간 동안 몇 분 동안의 햇빛 노출을 함으로써 비타민 D 저장을 촉진하고 그 외에는 자외선 차단제를 바른다.

□ 환경적인 직업상의 발암물질에 대한 노출을 제한한다. 이는 간접적인 담배, 시가의 연기와 공기 중 식품, 식수 내, 근로환경에서의 오염물질을 포함한다.

□ 신체적으로 활동적인 생활을 한다. 지난 10년에 걸친 연구에서 신체적 활동 수준이 더 높을 때 암 발생 위험이 낮은 것과 관련 있을 가능성이 있는 것으로 보인다. 특히 미국 암학회에서는 최소 일주일에 5번 이상, 30분 이상 보통 수준의 운동할 것을 권장한다.

Some data from American Cancer Society. Cancer Prevention. www.cancer.org.

다고 밝혔다. 세계 암연구기금과 미국 암연구소는 일반인들에게 식이 보충제가 암 예방을 위해 권장될 순 없으며, 영양적 필요량은 식이로 섭취되어야 한다고 말했다.[28]

어떻게 보충제의 효과성에 대한 근거가 이처럼 모순될 수 있는가? 인간의 몸은 매우 복잡하며, 마찬가지로 만성 질병의 발달과 진행 또한 복잡하다. 질병에 대한 취약도와 그들의 방어 요소에 대한 반응은 사람마다 매우 다르다. 어느 어떤 연구에서든 질병 발생에 영향을 미치는 모든 요소를 통제하는 것은 불가능하며, 알려지지 않은 수많은 요소들이 연구 결과에 영향을 줄 수 있다. 아직도 제조업자들은 보충적으로 비타민을 제공하는 알약에서부터 강화된 물까지, 계속적으로 제품을 생산하고 있다. 이러한 제품들은 정말 살 가치가 있는가? 비타민 보충제에 대한 더 나은 이해를 위해 **영양 아이라이트**(180~181쪽)를 참고하라.

비타민 보충제에 대해 정보에 근거한 의사결정을 평가하고, 정하는 데 도움이 필요하다면, 미국식품의약국(FDA) 웹사이트를 방문하라. 한국의 식품의약품안전처의 건강기능식품 웹사이트는 다음과 같다. http://www.foodnara.go.kr/hfoodi/

다른 식이 요소들은 암 발생 위험에 영향을 줄 수 있다

비록 현재로서 가능한 대부분의 연구들이 암 발생 위험을 낮추기 위한 과일과 채소 섭취의 중요성을 보여주고 있지만, 다른 식이 요소들도 암 예방에 중요한 역할을 할 수 있다. 예를 들면, 엽산 함량이 높은 음식을 섭취하는 것이 췌장암 발생 위험을 낮추는 데 도움을 줄 수 있다는 연구가 발표되고 있다. 결장암과 직장암 발생 위험은 마늘, 식이섬유가 풍부한 식품, 그리고 우유 또는 칼슘을 섭취함으로써 줄일 수 있다.

신체적으로 활동적이고, 건강한 체중을 유지하는 것 또한 암의 전반적인 위험을 낮출 수 있다고 인식되고 있다. 당신은 암과 그 외의 만성 질환의 위험을 낮출 수 있는 식이와 운동을

당신이 알게 되면 좋아할 식품

블루베리

최근 "슈퍼푸드"로 광고되고 있는 블루베리는 건강에 탁월한 효과가 있다고 많은 주목을 받고 있다. 블루베리의 원산지는 대부분 북미이며, 메인 주(state of Maine)가 세계에서 가장 큰 야생 블루베리 생산지이다. 블루베리는 실제로 개화기 블루베리 나무의 과일인데, 익으면 진한 보라색이 된다.

블루베리는 항산화제와 식물화합물이 풍부하고, 심질환, 고혈압, 요로감염 발생 위험을 낮추고, 노화와 함께 발생할 수 있는 인지능력저하를 감소시키는 것으로 나타났다. 얼린 블루베리는 신선한 것과 마찬가지로 건강에 좋으며, 블루베리 파이, 과일 샐러드로 먹거나 아침 시리얼과 함께, 또는 과일 스무디로 갈거나 통곡물 팬케이크의 토핑으로 얹어 먹을 수 있다. 말린 블루베리는 재료와 혼합해서 넣거나, 조리법에서 건포도를 대체해서 사용될 수 있다. 약간의 시큼함과 달콤한 맛이 나는 블루베리는 건강한 식이에 맛을 더해줄 수 있다.

당신은 어떤가요?

현명하게 살고 있나요?

암은 명백히 건강한 사람들에게 갑자기 나타난다. 유전적 요소와 특정 환경적 요소들은 통제할 수 없기 때문에, 당신은 당신의 식이와 신체적 활동 수준이 어떻게 암 발생 위험에 미칠 수 있는지 궁금할 것이다. 그렇다면, 다음의 퀴즈를 당신 자신을 위해 시도해보자. 예/아니오로 각 문제에 대답하고 어떻게 현명한 삶을 살 수 있는지 알기 위해 계속 읽어보자.

1. 나는 매일 최소 다섯 번 이상의 채소와 과일을 먹는다.	예/아니오
2. 나는 매일 최소 세 번 이상의 통곡물 빵, 밥, 파스타, 시리얼을 먹는다.	예/아니오
3. 나는 저지방 또는 무지방 우유와 요거트를 먹으며, 고지방 치즈를 거의 먹지 않는다.	예/아니오
4. 나는 베이컨, 핫도그, 소시지, 스테이크, 같은 소고기, 돼지고기, 양고기와 같은 가공되거나 붉은 고기는 거의 먹지 않는다.	예/아니오
5. 나는 파이, 케이크, 쿠키, 스위트 롤, 그리고 도넛과 같은 고칼로리 빵 제품은 잘 먹지 않는다.	예/아니오
6. 나는 거의 요리할 때 또는 식탁에서 버터, 마가린, 오일, 사워크림 또는 마요네즈를 음식에 첨가하지 않는다.	예/아니오
7. 나는 튀긴 음식을 거의 먹지 않는다(1주에 2번 이하).	예/아니오
8. 나는 건강한 체중을 유지하기 위해 노력한다.	예/아니오
9. 나는 최소 일주일에 5번 이상, 적정한 강도에서 격렬한 정도의 신체적 활동을 30분 이상 한다.	예/아니오
10. 나는 보통 엘리베이터를 기다리기보다 계단으로 걸어다닌다.	예/아니오
11. 나는 대부분의 시간을 TV를 보거나 컴퓨터 앞에 앉아 있기보다 활동적으로 보내려 노력한다.	예/아니오
12. 나는 알코올을 전혀 마시지 않거나, 아주 가끔 마신다.	예/아니오

당신의 결과는 어떤가요?

예가 0~4개 나왔을 경우: 식사 경고!

당신의 식이는 너무 많은 지방과 채소, 과일, 곡물과 같은 식물성 식품을 너무 적게 섭취하고 있는 것 같다. 당신의 식이 습관을 살펴보고, 몇 가지 변화를 만드는 방법을 찾아야 할 것이다.

예가 5~8개 나왔을 경우: 나쁘지 않다! 당신은 중간에 있다.

당신은 아직 좀 더 변화되어야 한다. 당신의 식이가 향상되어야 하는지, 신체적 활동 수준을 증가시켜야 하는지 알기 위해 당신이 "아니오"라고 대답한 문제를 살펴보라.

예가 9~12개 나왔을 경우: 좋다! 당신은 건강하게 살고 있다.

좋은 습관을 유지하고 향상시킬 방법을 계속 찾아본다.

From www.cancer.org. Copyright © by the American Cancer Society. Atlanta: American Cancer Society, Inc.

선택하고 있는가? 위의 **"당신은 어떤가요?"** 상자에 나와 있는 퀴즈를 풀어보자.

식물화합물은 암과 다른 질병들의 위험을 낮추는 것으로 나타났다

식물화합물(phytochemicals) 색소나 다른 성분들과 같이 식물에서 발견되는 화학물질로, 암이나 심질환 같은 질병의 발생 위험을 낮출 수 있다.

식물화합물(phytochemicals)은 과일과 채소에 색을 내는 식물 색소와 같은 것으로, 식물(*phyto*는 "식물"을 의미한다)에서 자연적으로 발생하는 화학물질이다. 많은 연구들에서는 식물성 식품들에서 다른 영양소, 섬유소와 함께 작용하는 식물화합물이 노화 과정을 늦추고, 암, 심

식물화합물	건강 정보	식품 공급원	
카로티노이드: 알파-카로틴, 베타-카로틴, 루테인, 라이코펜, 제아잔틴 등	이러한 식물화합물이 풍부한 식이를 할 경우 심혈관계 질환, 특정 암(예, 전립선), 그리고 노화 관련 눈질환(백내장, 황반변성) 등의 발생 위험을 낮출 수 있다.	당근, 캔털루프, 고구마, 살구, 케일, 시금치, 호박, 토마토 같은 붉은색, 오렌지색, 진한 녹색의 채소와 과일	
플라보노이드:[1] 플라본, 플라보놀(예, 쿼세틴), 카테킨(예, 에피갈로카테킨갈레트 또는 EGCG), 안토시아니딘, 아이소플라보노이드 등	이러한 식물화합물이 풍부한 식이를 할 경우 심혈관계 질환과 암의 발생 위험이 낮아지는 것과 관계가 있다. 이는 염증, 혈전, 혈압을 감소시키고, 발암물질 해독을 증가시키며, 악성 세포의 복제를 감소시킬 수 있기 때문이다.	베리류, 홍차, 녹차, 초콜릿, 적포도와 주스, 감귤류, 올리브, 대두와 두유 제품(두유, 두부, 콩가루, 콩 단백질로 만든 고기 대체품), 아마씨, 통밀	
페놀산:[1] 엘라그산, 페룰산, 카페익산, 커큐민 등	플라보노이드와 비슷한 효과가 있다.	커피콩, 과일(사과, 배, 베리류, 포도, 오렌지, 자두, 딸기), 감자, 겨자, 귀리, 콩	
식물성 에스트로겐:[2] 제니스틴, 다이드제인, 리그난 등	이러한 식물화합물이 풍부한 식이는 뼈에 효과가 있으며, 심혈관계 질환, 생식 조직(예, 유방, 전립선)의 암의 발생 위험을 낮출 수 있다.	대두와 콩 제품(두유, 두부, 콩가루, 콩 단백질로 만든 고기 대체품), 아마씨, 통곡물	
유기유황 복합체: 알릴릭 황 복합체, 인돌, 아이소시아네이트 등	이러한 식물화합물이 풍부한 식이는 다양한 암으로부터 보호해줄 수 있다.	마늘, 리크, 양파, 쪽파, 십자화과 채소(브로콜리, 양배추, 꽃양배추), 서양 고추냉이, 겨자 잎	

[1] 플라보노이드, 페놀산, 스틸벤은 페놀이라는 식물화합물의 세 그룹이다. 레스베라톨은 스틸벤에 속한다. 플라보노이드와 페놀산은 우리 식이에서 가장 풍부한 페놀이다.

[2] 식물성 에스트로겐은 우리 몸에서 약한 또는 항에스트로겐 작용을 하는 식물화합물을 포함한다. 생물학적 기능의 유사함을 기본으로 하여 한 그룹으로 묶이나, 아이소플라보노이드와 같이 다른 식물화합물 그룹으로 분류될 수도 있다.

▲ **그림 6.20** 식물화합물의 건강 정보와 식품 공급원

질환, 뇌졸중, 시각 장애, 그리고 다른 질병의 발생 위험을 낮춘다고 제안했다. 식물화합물은 과일, 채소, 통곡물, 콩류, 씨앗, 콩 제품, 마늘, 양파, 그리고 녹차, 홍차 등에서 풍부히 존재한다. **그림 6.20**에서 많은 식물화합물들은 암 예방과 관계가 있음을 알 수 있으며, 그들의 식품 공급원에 대해 정리해보았다.

게임 플랜

식물화합물 섭취를 증가시키는 팁

앞서 설명했듯, 식물화합물(fight-o-chemicals로 발음되는)은 당신의 몸이 만성 질병과 싸우는 것을 돕는다. 따라서 당신의 일상 식사와 함께 다양한 식물화합물을 적절히 섭취하는 것이 좋다. 하지만 무엇이 당신에게 적절한가? 당신의 바쁜 일상에서 어떻게 선택하고, 이용해야 하는가?

식물화합물의 가장 큰 군들을 알아본 그림 6.20을 보면, 이들 대부분은 식물의 색소이며, 많은 과일과 채소들에 다양한 형태로 존재하기 때문에, 밝은 색상의 과일과 채소를 5~12단위씩 매일 먹는다면 당신은 다양한 종류의 식물화합물을 섭취할 수 있다.

다음으로 미국 질병통제예방센터와 더 나은 건강재단 생산(Produce for Better Health Foundation)에서 만든 과일과 채소(Fruits & Veggies- More Matters) 건강계획은 과일과 채소를 많이 먹는 것은 바쁜 일정에 당신의 건강을 건강하게 유지할 수 있다고 밝혔다. 이 계획은 요리법에 대한 조언과 영양적 정보, 구매와 저장의 팁을 제공하며, www.fruitsandveggiesmorematters.org.에서 더 많은 정보를 확인할 수 있다.

▲ Data form © 2006 Produce for Better Health Foundation. Fruits&Veggies–More Matters and the Fruits&Veggies–More Matters Logo are registered trademarks and servicemarks of Produce for Better Health Foundation. All rights reserved.

매일 최소 5단위의 다채로운 과일과 채소를 섭취하는 것은 암과 심 질환, 그리고 노화의 효과를 억제하는 데 도움을 줄 수 있다. 여기에 각 그룹의 다양한 식품들에 대한 몇 가지 예시가 있다.

- □ 가지, 붉은 양파, 적 양배추, 체리, 블랙베리, 블루베리, 라즈베리, 포도, 자두를 포함하는 파랑-보라색 식품
- □ 아보카도, 브로콜리, 싹양배추, 쪽파, 양배추, 코랄드 그린, 녹색 피망, 케일, 근대, 상추, 시금치 그리고 키위를 포함하는 녹색 식품
- □ 꽃양배추, 청경채, 흰색 순무, 버섯, 마늘, 양파, 리크, 봄양파, 그리고 바나나를 포함하는 흰색 식품
- □ 당근, 옥수수, 황색 피망, 호박, 버터너트, 겨울호박, 고구마, 캔털루프, 살구, 오렌지, 파파야 그리고 망고를 포함하는 노랑-오렌지색 식품
- □ 토마토, 붉은 피망, 사과, 딸기, 핑크 자몽 그리고 수박을 포함하는 붉은색 식품

쇼핑할 때

- □ 당신의 쇼핑카트를 무지개와 같이 다양한 색으로 채운다. 그러면 매일 식사와 간식에 다채로운 색을 선택할 수 있을 것이다.
- □ 과일과 채소는 상하기 쉽기 때문에 며칠 안에 섭취할 수 있는 정도의 신선한 제품을 구매하는 것이 좋다. 저장하는 기간이 길어질수록 영양소 손실은 증가한다.
- □ 말린 과일이나 100% 과일과 채소 주스, 수프, 통조림(무설탕인지, 소금 첨가가 없는 것인지 확인함), 얼린 채소와 같이 과일과 채소가 덜 상하는 형태로 구매한다.

주방에서

□ 베리류를 제외하고, 신선한 과일과 채소는 꼼꼼히 씻어야 한다. 베리류는 부패를 막기 위해 먹기 직전에 씻어야 한다.

□ 토마토, 마늘, 바나나는 상온에서 보관한다.

□ 덜 익은 아보카도, 배, 그리고 다른 과일들은 숙성될 때까지 살짝 닫힌 종이 가방에 보관한다. 숙성 시간을 줄이기 위해 바나나를 가방 안에 넣는다. 숙성되면, 섭취하거나 냉장 보관한다.

□ 감자와 양파는 저장실이나 차가운 선반과 같이 차갑고, 어두운 곳에 보관한다.

□ 영양소는 공기 중에 노출되면 파괴되므로, 과일과 채소는 먹기 직전에 자르거나 껍질을 벗겨야 한다. 많은 과일과 채소의 껍질은 섭취할 수 있으며, 주요한 영양소과 섬유질을 함유하고 있기 때문에 가능하면 씻어서 통째로 먹는 것이 좋다.

□ 조리하는 물로 영양소가 빠져나가는 것을 막기 위해 생으로 먹거나, 대략 1작은술 물과 함께 잘게 다진 채소를 2~4분 동안 전자레인지에 돌린다. 아니면 약간의 기름을 넣고 볶거나 끓는 물 위에 바구니를 올려 증기로 찐다. 채소를 맛있게 만들기 위해선 가능한 짧은 시간 동안 조리하는 것이 좋다.

□ 남은 것은 냉장고의 밀폐된 용기에 보관한다. 며칠 안에 이것들을 먹을 계획이 없다면 얼린다.

□ 아침 시리얼 위에 바나나 조각, 베리, 적포도 또는 다른 말린 과일을 함께 먹는다.

□ 밀감 한 캔, 파일애플 덩어리 한 캔, 바나나 조각, 잘게 썬 사과, 그리고 몇 가지 베리류, 포도 또는 건포도와 함께 즉석 과일 샐러드를 만든다. 요구르트와 함께 먹는다.

□ 샐러드, 수프, 집에서 만든 피자와 파스타에 신선한 채소를 함께 먹는다.

□ 진한 녹색 상추, 토마토, 그리고 양파를 샌드위치에 첨가하거나 고기 대신 아보카도 슬라이스를 샌드위치에 넣어 먹는다.

□ 다음에 바비큐를 할 때는 과일 또는 채소를 꼬치에 끼워 굽는다.

□ 집에서 살사소스를 만들 때는 잘게 썬 토마토, 아보카도, 붉은 양파, 고수 잎, 그리고 라임주스를 혼합한다.

□ 식사를 함께 먹을 때는 채소-브리토 뷔페를 시도한다: 따뜻한 옥수수 또는 통밀 토르티야를 따뜻한 검정콩, 또는 강낭콩 한 접시, 잘게 썬 토마토, 아보카도, 검은 올리브, 저민 양파 또는 봄 양파와 플레인 요구르트 또는 무지방 샤워크림과 함께 차린다. 친구를 초대해 같이 먹도록 한다.

□ 가스파초(스페인의 야채와 빵을 넣어 차갑게 만들어 마시는 음식)를 만든다! 블렌더 안에 1~3컵의 토마토주스, 초록 피망 덩어리, 붉은 양파, 씨앗이 제거된 오이(껍질을 제거할 필요는 없다), 라임주스, 마늘 한 조각을 넣고 적포도 와인 식초, 올리브 오일을 끼얹는다. 그리고 맛을 내기 위해 바질, 커민(인도의 향신료), 소금, 후추를 1/2 작은술 넣는다. 씨앗과 2~3조각의 신선한 토마토와 같은 재료들을 넣고 몇 시간 동안 얼린다. 매우 차가울 때 먹는다.

외출 시

□ 당근 조각, 체리 토마토, 그리고 셀러리 조각과 같이 바로 먹을 수 있는 채소를 구매하거나 붉은 피망 또는 브로콜리를 잠깐 씻어 잘라 밀폐할 수 있는(zip-lock) 비닐에 넣어 학교나 직장으로 가지고 간다.

□ 오후 간식을 위해 달지 않은 사과소스, 밀감 조각, 파인애플 덩어리 또는 다른 과일을 한 그릇 크기의 용기에 넣어 가지고 다닌다. 스푼을 잊지 말자.

□ 신선한, 또는 말린 과일(포도, 건포도, 살구, 체리, 자두, 무화과, 대추야자, 바나나칩 등)을 견과와 함께 가져가기 위해 작은 봉지에 담는다.

□ 당신이 통째로 먹을 수 있는 바나나, 사과, 자두, 오렌지 또는 다른 과일을 준비한다.

□ 냉동실에 주스 상자를 넣어놓으면 외출 시 녹으면서 몇 시간 동안 차갑게 유지될 것이다.

Data from Some suggestions from Centers for Disease Control and Prevention (CDC) and Produce for Better Health Foundation. at www.fruitsandveggiesmatter.gov and www.fruitsandveggiesmorematters.org; and Phytochemical Information Center. www.pbhfoundation.org.

실험에서는 식물화합물은 명백한 암 예방 효과를 보인다. 하지만 우리는 대부분의 식품들이 어떤 식물화합물로 구성되어 있는지 알지 못하며, 사람의 바람직한 이상적인 식물화합물 섭취에 대해 아직 분명하지 않다. 하지만 다음의 몇 가지 식품화합물은 암발생 위험을 낮추는 역할을 한다는 연구결과가 증가하고 있다.

- 라이코펜(토마토 제품, 빨간 피망, 핑크 자몽, 그리고 수박에서 발견된다)
- 유기유황 복합체(마늘, 양파, 그리고 십자화과의 채소에서 발견된다)
- 플라보노이드(많은 과일, 채소, 마늘, 녹차, 홍차, 그리고 레드 와인에서 발견된다)
- 식물성 에스트로겐(전곡, 채소, 그리고 두유 제품에서 발견된다)

식물화합물은 유리기로부터 입은 손상을 조절함으로써 노화를 늦추고, 다양한 질병의 발생 위험을 낮추는 것으로 생각된다. 또한 우리의 혈관 벽의 혈전의 생선을 막거나 염증을 낮추는 것으로 보인다. 몇 가지는 우리의 조직에 박테리아가 붙는 것을 감소시키며, 암세포를 파괴하거나, 성장을 늦추거나 중단시키는 능력을 강화하는 것으로 보인다.[31] 정확하게는, 식물화합물을 보충제의 형태로 먹는 것 또한 효과가 있는지 또한 식물화합물이 다른 영양소와 결합하여 어떻게 이러한 기능을 수행하는지에 대해 현재 연구들이 진행되고 있다.

다양한 식물화합물의 장점을 생각한다면 우리가 하루에 필요한 양을 얼마나 섭취하는지 궁금할 것이다. 하루에 필요한 양, 식이섭취 가이드라인, 식물화합물이 포함된 식이와 간식에 대한 정보는 게임플랜을 참고하자.

요점 암은 유전적으로 변형된 세포가 통제할 수 없도록 성장하는 질병군이다. 흡연, 햇빛 노출, 영양적 요소, 방사선, 화학물질 노출과 낮은 신체활동 수준은 몇 가지 암의 발생 위험이 높은 것과 관련이 있다. 항산화물질이 높은 식품을 먹는 것은 암의 발생 위험을 낮추는 것과 관련이 있다. 식물화합물은 식물에 있는 성분으로, 다른 영양소, 섬유질과 함께 암과 심질환의 발생 위험을 낮추는 것으로 보인다.

나는 어디에 있을까?

당신이 이 장을 읽었으므로, 당신의 식이는 충분히 다양한 비타민과 식물화합물을 포함하고 있다고 말할 수 있는가?

예 / 아니오

그렇지 않다면, 무엇이 부족한가?

다음 문장에서 비타민 보충제에 대한 당신의 결정은 무엇인가?

□ 나는 건강한 식사를 하며, 현재 복합비타민 보충제를 먹을 계획이 없다.

□ 그렇다. 나는 내가 매우 건강한 식사를 하지 않음을 인정하지만 아직 비타민 보충제를 먹을 계획이 없다.

□ 나는 "단지 보험으로써" 복합비타민 보충제를 먹는 아이디어가 좋다.

□ 단일 영양소 보충제를 먹는 것은 건강에 중요하다.

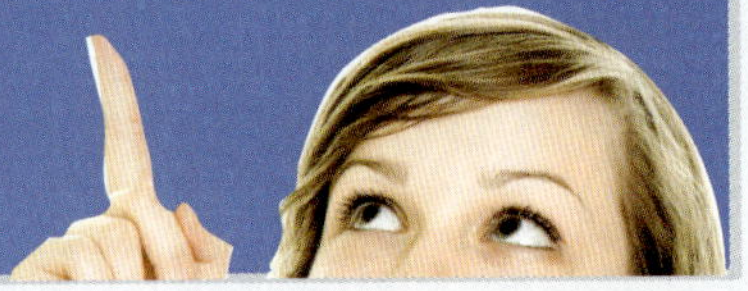

복습

오늘 내가 해 볼 수 있는 것은?

이 장을 읽고, 다음 세 가지를 실천해 보자.

- 1주일 동안 매일 최소 과일 2단위 또는 채소 3단위를 먹어보자. 만약 당신은 이미 이 정도의 양을 규칙적으로 먹고 있다면, 각각 1단위를 더 먹어보자.
- 당신의 샐러드에 아몬드 또는 해바라기씨 1단위를 추가하자.
- 아침식사로, 비타민 B군이 강화된 고식이섬유 시리얼 1접시에 비타민 D와 강화된 우유 또는 두유 한 컵을 추가하여 섭취하자.

스스로 평가하기 정답

1. 참. 우리의 몸은 피부에 있는 콜레스테롤을 비타민 D로 변환하는데 햇빛으로부터 받은 에너지를 사용할 수 있다.

2. 거짓. 비타민 C와 감기에 대한 여러 연구에서 비타민 C 보충제를 섭취하는 것이 감기에 걸릴 수 있는 위험을 낮춘다는 것을 증명하지 못한다.

3. 거짓. 비타민 B군은 직접적으로 우리의 몸에 에너지를 제공하지 않는다. 하지만 이것들은 탄수화물, 지방, 단백질로부터 우리 몸이 에너지를 만들 수 있도록 한다.

4. 거짓. 식물화합물은 식물에서 자연적으로 발생하는 화학물질로, 심장질환과 몇 가지 형태의 암, 그리고 다른 질병들의 발생 위험을 낮추는 것으로 보인다.

5. 참/거짓. 다양한 식이를 섭취하는 사람들은 충분한 에너지와 영양소를 섭취한다. 이는 사실이기는 하지만 많은 사람들은 다양한 식이를 섭취할 수 없기에 충분한 수준의 미량영양소를 섭취할 수 없고, 어떤 사람들은 식품으로부터의 그들의 요구를 증가시키거나 미량 영양소를 흡수하는 능력에 영향을 주는 건강 문제를 갖고 있다. 이들에게 매일 섭취하는 복합 비타민은 돈 낭비가 아니다–이것은 그들의 건강을 위한 현명한 투자이다.

영양도구

아래 내용들을 포함한 애니메이션을 보려면 www.pearsonhighered.com/thompsonmanore나 MyNutritionLab.com 웹사이트를 확인해 보자.

- 비타민의 기능성
- 점심 먹으러 가자! 지용성 비타민
- 점심 먹으러 가자! 수용성 비타민
- 영양소: 비타민 또는 무기질?

단원 문제

맞는 것에 동그라미 표시하세요.

1. 비타민 B군에 포함되는 것은 무엇인가?
a. 나이아신, 엽산, 셀레늄
b. 티아민, 판토텐산, 비오틴
c. 베타카로틴, 리보플라빈, 피리독신
d. 코발라민, 콜린, 크로뮴

2. 비타민 E의 특징으로 알맞은 것은 무엇인가?
a. 철의 흡수를 강화한다.
b. 베타카로틴으로부터 만들어진다.
c. 탄수화물과 지방의 대사에 참여하는 조효소이다.
d. 고열에 노출되면 파괴된다.

3. 발암물질로 알려진 것은 무엇인가?
a. 식물화합물
b. 항산화제
c. 카로티노이드
d. 질산염

4. 다음 중 매일 과량 복용할 시 죽음에 이를 수 있는 영양소는 무엇인가?
a. 비타민 A
b. 비타민 C
c. 비타민 E
d. 리보플라빈

5. 혈전과 가장 관련 있는 비타민은 무엇인가?
   a. 비타민 A
   b. 비타민 K
   c. 나이아신
   d. 비타민 B_{12}

6. 참 / 거짓 여성이 신경관 손상 아기를 가질 위험을 낮추기 위한 가장 좋은 방법은 그녀가 임신을 한 것을 알게 된 때부터 엽산 보충제를 먹기 시작하는 것이다.

7. 참 / 거짓 신체는 햇빛으로부터 비타민 D를 흡수한다.

8. 참 / 거짓 유리기는 정상적인 세포 대사로 인해 형성될 수 있다.

9. 참 / 거짓 임신한 여성은 소의 간을 충분히 섭취하는 것이 좋다.

10. 참 / 거짓 아미노산 호모시스테인의 혈중 수준이 높은 것은 심질환 발생 위험의 증가와 관련이 있다.

단원 문제에 대한 정답은 이 책 뒤쪽에 있습니다.

7

무기질: 우리 몸을 구성하고 움직이는 데에 필요한 무기질

스스로 평가하기

다음 문장들은 참인가요, 거짓인가요? 답이라고 생각하는 곳에 동그라미를 표시하세요.

1. 참 / 거짓 우리가 식이로부터 섭취하는 나트륨의 대부분은 우리가 음식에 뿌리는 소금이다.
2. 참 / 거짓 미국에서 판매하는 모든 소금에는 요오드가 첨가되어 있다.
3. 참 / 거짓 철 결핍은 전 세계적으로 가장 흔한 영양 결핍이다.
4. 참 / 거짓 골다공증, 혹은 "구멍 나고 성긴 뼈들"은 오로지 나이 든 여자에게만 영향을 미치는 질병이다.
5. 참 / 거짓 흡연은 골다공증에 걸릴 위험을 증가시킨다.

스스로 평가하기의 정답은 이 장 마지막 부분에 있습니다.

젊은 여성인 에리카 굿맨은 세계에서 유명한 댄스회사 중 하나인 조프리 발레단에서 주연 역할을 할 정도로 성공했다. 하지만 59세가 되던 해에, 그녀는 자기의 맨해튼 아파트에서 뛰어내려 사망했다. 그녀는 "구멍나고 성긴 뼈들"이라는 뜻의 **골다공증**(osteoporosis)이라는 병을 앓고 있었다. 이름을 보고 짐작할 수 있는 것처럼, 골다공증은 뼈의 밀도가 감소하여 골절이 일어나기 쉬운 병이다. 심지어 골다공증은 시장을 본 물건을 드는 정도의 무게에 의해서도 뼈가 쉽게 부러진다. 더 심각한 케이스로, 몸을 바로 서려고만 해도 엉덩이와 척추의 뼈들이 계속적으로 골절이 되는 경우도 있다.

이 장에서 우리는 무기질이 우리의 뼈들을 어떻게 형성하고 무기질 결핍이 어떻게 골질환을 일으키는지 알아볼 것이다. 또 **전해질**(electrolyte)이라고 불리는 무기질이 우리 몸이 춤추고, 일하며, 생각하고, 의식적 행동이나 무의식적 행동을 하게 하는 데에 필요한 전하를 어떻게 제공하는지 설명할 것이다. 어떤 무기질들은 비타민 B와 함께 음식을 에너지로 대사시키는 데에 중요한 역할을 하고, 우리의 혈액 내에 산소를 운반하는 데에 도움을 주기도 한다. 당신이 필요한 무기질을 얻기 위해 보충제를 굳이 먹을 필요는 없다. 단지 영양소가 풍부한 음식, 특히 과일, 채소, 통곡물, 콩과식물, 저지방 유제품들을 먹으면 된다. 무기질에 대해 하나씩 보기 전, 무기질이 정확히 무엇인지 알아보자.

어디서부터 시작할까?

육류, 가금류 그리고/또는 어류를 섭취하나요?

예 / 아니오

만약 아니라면, 당신이 먹었던 음식 중 철이 풍부하게 함유되어 있는 식품의 이름을 말해보자:

우유를 마시나요?

예 / 아니오

만약 아니라면, 당신이 마시거나 먹은 칼슘이 풍부하게 들어 있는 식품의 이름을 말해보자.

무기질이란 무엇인가?

무기질(mineral)은 단단한 결정체 물질로 탄소를 포함하고 있지 않으며 소화가 일어나는 중에도 분해되지 않는다. 가열, 냉각, 빛, 화학물질, 기계적 충격에 생성되지도, 파괴되지도 않는다. 무기질들은 음식뿐만 아니라 환경에도 존재한다. 고기에 들어 있는 아연(zinc)은 지구의 지각에 존재하는 아연과 같다.

무기질의 중요한 성질들 중 하나는, 전하를 띨 수 있다는 것이다. 자석처럼, 반대 전하를 띠는 무기질들은 서로 결합하여 뼈처럼 단단한 화합물을 형성한다. 우리 세포에 있는 무기질들의 전하는 물을 끌어들여서, 세포기능을 유지하기 위해 필요한 물의 양을 유지시키는 데에 도움을 준다. 또한 우리 세포들과 조직들 모두에서, 다양한 무기질들의 전하는 우리의 신경을 자극시키고, 근육들을 수축시키게 한다.

무기질들은 우리가 먹는 음식에 필요로 하는 양에 따라 분류되고, 또 우리의 몸에 얼마나 있는지 그 양에 따라 분류된다. 우리의 먹는 음식과 우리의 몸에 있는 두 가지 분류의 무기질은 다량 무기질과 미량 무기질이다.

다량 무기질은 하루 100mg 이상을 필요로 한다

다량 무기질(major mineral)은 우리 식사에서 최소 하루 100mg 이상을 필요로 하기 때문에 얻어진 이름이다. 또한 우리 몸에 존재하는 각각의 주요 무기질의 총량은 최소 5g(5000mg)이

▲ 그림 7.1 다량 무기질과 미량 무기질의 기능들과 각각의 기능을 제공하는 양질의 급원 식품을 나타낸다.

다. 예를 들어, 다량 무기질인 칼슘은 우리 뼈를 구성하는 주성분이다. 칼슘뿐만 아니라, 다량 무기질은 나트륨, 칼륨, 인, 염소, 마그네슘, 황을 포함한다. 표 7.1에서는 주요 기능들, 권장 섭취량, 다량 무기질들의 급원 식품들을 나타내고 있다.

무기질(mineral) 탄소를 포함하지 않으며 소화 등의 자연적인 생물과정에 의해 변형되지 않는 고체의 결정성 물질.

다량 무기질(major mineral) 하루 적어도 100mg의 양으로 소비해야 하는 무기질. 체내에 존재하는 총량이 적어도 5g(5,000mg) 정도임.

미량 무기질(trace mineral) 하루에 100mg 미만으로 섭취해야 하면서 체내에 총 5g(5,000mg) 미만으로 존재하는 무기질.

극미량 무기질(ultra-trace mineral) 몸무게의 하루에 1mg 미만으로 섭취하는 무기질.

미량 무기질은 하루 100mg 이하를 필요로 한다

우리는 하루 100mg 이하의 **미량 무기질(trace mineral)**을 필요로 한다. 우리 몸의 미량 무기질의 총량은 5g(5000mg) 이하이다. 미량 무기질은 셀레늄, 불소, 요오드, 크롬, 망간, 아연, 철, 구리를 포함한다. 표 7.2에서는 각 미량 무기질의 주요 기능, 권장 섭취량, 각각의 무기질들이 들어 있는 음식들을 나타내고 있다.

극미량 무기질들은 아직 밝혀지지 않은 단계이다

붕소, 몰리브덴, 니켈, 실리콘 등을 포함하는 많은 **극미량 무기질(ultra-trace mineral)**은 우리 몸에 있는데, 이들은 체중 1kg당 하루 1mg/일 이하의 양을 섭취하기를 요구하기 때문에 극미량

표 7.1 다량 무기질

무기질	주요 기능	권장섭취량*	각 무기질 급원 식품	독성/결핍 증상
나트륨	체액 평형 산-염기 평형 신경 자극 전달 근육 수축	AI: 성인 = 1.5g/일 (1500mg/일)	소금, 피클, 대부분의 통조림 수프, 스낵, 절인 고기, 통조림용 토마토 음식	*독성:* 수분 정체, 고혈압, 칼슘 손실 *결핍증:* 근육 경련, 어지러움, 피로, 메스꺼움, 구토, 정신 혼미
칼륨	체액 평형 신경 자극 전달 근육 수축	AI: 성인 = 3.5g/일 (3,500mg/일)	대부분의 신선한 과일과 채소: 감자, 바나나, 토마토주스, 오렌지주스, 멜론	*독성:* 근육약화, 구토, 불규칙적 심장박동 *결핍증:* 근육약화, 마비, 정신 혼미, 불규칙적 심장박동
인	체액 평형 뼈 형성 몸에 에너지를 제공하는 ATP의 구성성분	RNI: 성인 = 700mg/일	우유/치즈/요거트, 두유와 두부, 콩과식물(편두, 검은콩), 견과류(아몬드, 땅콩, 땅콩버터), 가금류	*독성:* 근육 경련, 경기, 혈중 칼슘 감소 *결핍증:* 근육이 약해진다, 근육 손상, 뼈 통증, 어지러움
염소	체액 평형 신경 자극 전달 위산의 구성성분 항균	AI: 성인 = 2.3g/일 (2,300mg/일)	소금	*독성:* 알려진 바 없다 *결핍증:* 위험한 혈중 산-염기 불균형, 불규칙한 심장박동
칼슘	뼈의 주요 구성성분 산-염기 평형 신경 자극 전달 근육 수축	RNI: 성인 남성 19~49세 = 750mg/일 남성 50세 이상 = 700g/일 성인 여성 19~49세 = 650mg/일 여성 50세 이상 700mg/일 상한치 = 2,500mg/일	우유/요구르트/치즈(칼슘형태로 가장 잘 흡수됨), 정어리, 콜라드그린, 시금치, 칼슘 강화 주스	*독성:* 무기질 불균형, 쇼크, 신부전, 피로, 정신 혼미 *결핍증:* 골다공증, 경기, 심부전
마그네슘	뼈의 구성성분 근육 수축 300개 이상의 효소시스템 보조	RNI: 남성 19~29세 = 340mg/일; > 30세 = 350mg/일 여성 > 19세 = 280mg/일 상한치 = 350mg/일	녹색 식물(시금치, 케일, 콜라드그린), 전곡, 씨, 견과류, 콩과 식물	*독성:* 알려진 바 없다 *결핍증:* 혈중 칼슘 감소, 근육 경련 혹은 발작, 만성 질병(심장병, 고혈압, 골다공증, 제2형 당뇨병) 위험 증가
황	특정 비타민 B와 아미노산의 구성성분 산-염기 평형 간의 해독작용	영양권장량 없다	단백질이 풍부한 음식	*독성:* 알려진 바 없다 *결핍증:* 알려진 바 없다

*약어: RDA, Recommended Dietary Allowance; UL, upper limit; AI, Adequate Intake; DRI, Dietary Reference Intake.

표 7.2 미량 무기질

무기질	주요 기능	권장섭취량*	각 무기질 권장식품	독성/결핍 증상
셀레늄	탄수화물과 지방의 대사에 필요하다	RNI: 성인 = 55μg/일 UL = 400μg/일	견과류, 조개류, 육류/어류/가금류, 전곡	*독성*: 머리카락이 잘 끊어지고 손톱이 잘 부러진다, 피부 발진, 메스꺼움, 구토, 체력저하, 간질환 *결핍증*: 특정 형태의 심장질환과 관절염, 면역 기능의 손상, 근육 통증과 소모성 질환, 우울증, 적대감
불소	건강한 치아와 뼈의 유지	AI: 남성 = 19~29세 3.5mg/일 > 30세 = 3mg/일 여성 = 19~29세 3mg/일, > 30세 = 2.5mg/일 UL: 3~5세 어린이 = 1.7mg/일 6~8세 어린이 = 2.5mg/일 > 9세 = 10mg/일	어류, 해산물, 콩과식물, 전곡, 물 섭취(변수)	*독성*: 치아와 뼈의 불소증 *결핍증*: 충치, 낮은 골밀도
요오드	– 갑상선 호르몬 합성 – 체온 조절 – 재생산과 성장	RNI: 성인 = 150μg/일 상한치 = 2400μg/일	요오드 함유 소금, 해산물	*독성*: 갑상선종 *결핍증*: 갑상선종, 갑상선 기능 저하증, 요오드가 결핍된 산모에게서 태어난 아이의 크레틴병
크롬	– 포도당 운반 – DNA와 RNA의 대사 – 면역 기능과 성장	영양권장량 없다	전곡, 맥주 효모	*독성*: 알려진 바 없다 *결핍증*: 혈당과 혈중 지질의 증가, 뇌와 신경계의 손상
망간	– 여러 가지 효소 시스템 보조 – 뼈와 연골에 있는 단백질 합성	AI: 남성 = 4.0mg/일 여성 = 3.5mg/일 UL: 성인 = 11mg/일	전곡, 견과류, 잎 채소, 차	*독성*: 신경근 시스템의 손상 *결핍증*: 성장과 재생산 기능의 손상, 골밀도의 감소, 당과 지방 대사의 손상, 피부 발진
철	– 혈구의 헤모글로빈의 구성성분 – 근육에 있는 미오글로빈의 구성성분 – 여러 가지 효소 시스템 보조	RNI: 성인 남성 19~49세 = 10 mg/일 > 50세 = 9mg/일 여성 19~49세 = 14mg/일; 여성 > 50세 = 8mg/일 UL: 45 mg/일	육류/어류/가금류(철이 가장 잘 흡수되는 형태), 철 강화 곡물, 콩과식물, 시금치	*독성*: 메스꺼움, 구토, 설사; 어지러움, 혼란; 빠른 심장박동, 장기 손상, 죽음 *결핍증*: 철 결핍성 소적혈구성 빈혈(작은 적혈구), 혈색소 감소성 빈혈
아연	– 100가지 이상의 효소 시스템 보조 – 면역 기능 – 성장과 성적 성숙 – 유전자 조절	RNI: 남성 19~29세 = 10mg/일 > 30세 = 9mg/일 여성 19~64세 = 8mg/일, > 65세 = 7mg/일	육류/어류/가금류(아연이 가장 잘 흡수되는 형태), 아연 강화 곡물, 콩과식물	*독성*: 메스꺼움, 구토, 설사, 두통, 면역기능의 침체, 구리 흡수의 감소 *결핍증*: 성장 지연, 성적 성숙 지연, 눈과 피부 병변, 탈모, 감염과 질병의 발생 증가
구리	– 여러 가지 효소 시스템 보조 – 철의 운반	RNI: 성인 = 800μg/일 UL = 10mg/일	조개류, 내장육, 견과류, 콩과식물	*독성*: 메스꺼움, 구토, 설사, 간 손상 *결핍증*: 빈혈, 백혈구 감소, 어린이와 유아의 골다공증

*약어: RNI, 권장섭취량; UL, 상한섭취량; AI, 충분섭취량, 2010년 한국인 영양섭취기준.

무기질로 분류된다.[1] 이 중 인간 건강에 있어서 필수적이라고 여겨지는 것은 몰리브덴이다.[1] 몰리브덴은 우리 몸에서 가장 중요한 효소이며, 하루 45μg가 19~70세 성인에게 일일 권장량이다. 콩류, 견과류는 몰리브덴이 풍부한 식품이다. 아직 우리 몸에서 정확한 역할과 일일 필요량은 알려지지 않았지만, 이외의 극미량 무기질 또한 건강에 있어서 매우 중요하다.

요점 무기질은 결정형 고체인 물질로 탄소를 포함하고 있지 않으며, 자연적으로 변하지 않는다. 우리는 나트륨, 칼륨, 인, 염소, 칼슘, 마그네슘, 황 같은 다량 무기질을 적어도 하루 100mg을 섭취해야 하며, 셀레늄, 불소, 요오드, 크롬, 망간, 아연, 철, 구리를 포함하는 미량 무기질을 하루 100mg 이하로 섭취해야 한다. 극미량 무기질은 체중 1kg당 하루 1mg/일 이하의 양을 섭취해야 한다.

필수 전해질: 나트륨, 칼슘, 염소와 인

우리 몸의 모든 세포는 액체로 채워져 있고, 많은 세포들은 체액 속에서 몸의 조직을 구성한다. 조직액이나 세포 안에 채워져 있거나 조직액에 녹아 있는 네 가지 주요 무기질은 나트륨, 칼륨, 염소, 인이다. 이들 무기질은 **이온(ion)**이라는 불리는 전기를 띠는 입자이기 때문에 **전해질(electrolyte)**이라고도 하며, 전해질은 전기를 운반한다. 이 전기적 흐름은 신경으로 하여금 자극을 전달하는 역할을 하기 때문에, 전해질은 신경계가 적절한 역할을 하도록 하는 데에 필수적이다. 심각한 전해질 불균형은 발작, 무의식, 심장마비를 일으킨다.

전해질은 체액의 균형을 유지하는 데에 중요한 역할을 한다. 즉, 전해질은 우리 세포 내 액체가 너무 많아져 부풀거나, 액체가 너무 적어 탈수 증상이 생기는 것을 방지하는 역할을 한다. 전해질의 두 가지 성질이 체액의 균형을 이루도록 하는데, 첫 번째 특징은 물을 강하게 끌어들이는 성질이며, 두 번째 특징은 전해질이 세포막을 자유롭게 투과하지 못하는 성질이다. 칼륨과 인은 우리 세포 안에, 나트륨과 염소는 세포 밖에 존재한다. 어떠한 전해질도 세포막을 자유롭게 통과할 수는 없지만, 물은 세포막을 자유롭게 통과한다. 그러므로 세포막의 안과 밖에 있는 전해질의 물을 끌어들이려는 정도가 비슷하여 우리 몸의 체액 평형을 이루게 한다(그림 7.2).

우리 몸에 있는 전해질이 균형을 잃으면, 체액도 곧 균형을 잃게 된다. 예를 들어, 배가 부서져 구조선에 매달려 있는 선원을 생각해보라. 마실 물이 없기 때문에 나트륨이 많은 바닷물을 마실 것이다. 그의 세포 밖 공간인 조직 공간에 존재하게 된 많은 양의 나트륨은 세포 안의 물을 끌어들일 것이다. 세포 안에 있는 전해질의 양은 변하지 않기 때문에, 전해질이 세포 안보다 세포 밖 공간에 더 많아지게 된다. 세포 밖 공간에 많아진 전해질은 세포 내에 있는 물을 조직 공간으로 끌어들인다(그림 7.2c). 이로 인해 세포는 탈수된다. 그 선원의 몸에 있는 염분 높은 조직액은 결국 소변으로 빠져나가고, 몸의 총수분의 양은 감소하게 된다. 선장이 만약 계속 바닷물을 마시게 되면, 그는 탈수증상이 심해져 결국 죽게 될 것이다.

비슷하게, 상한 음식, 섭식 장애, 구토와 설사를 반복하는 병들은 우리 세포들의 안팎 체액 균형을 무너뜨리게 된다. 설사와 구토를 하게 되면, 장관과 세포 밖의 조직공간 쪽의 많은 액체 손실이 일어난다. 이 많은 액체 손실은 세포 밖의 전해질 농도를 높여서, 세포 안 공간의 많은 액체가 세포 밖으로 빠져나오게 된다. 이러한 액체와 전해질의 불균형은 심장을 뛰게 하는 전기적 흐름을 바꾸어 적절한 치료를 안 하게 될 경우 심장 박동이 불규칙적으로 뛰게 되어 결

▲ 많은 다양한 식품들이 무기질을 제공한다.

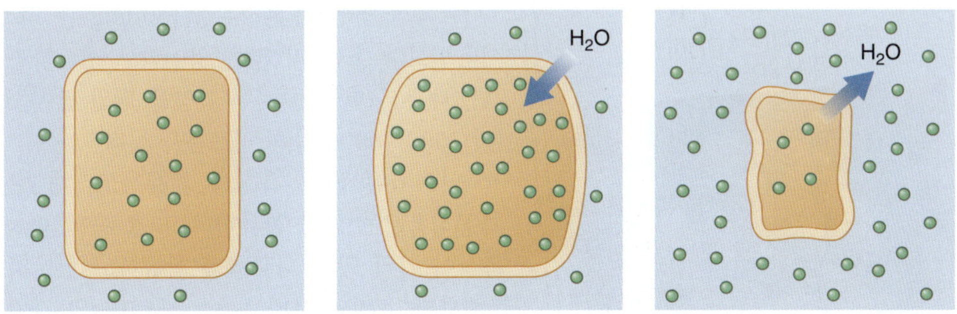

(a) (b) (c)

▲ 그림 7.2 체세포의 건강은 세포막의 안쪽과 바깥쪽의 체액과 전해질의 적절한 균형에 따라 달라진다. (a) 세포막 안쪽과 바깥쪽의 전해질의 농도가 같다. (b) 세포 안쪽의 전해질의 농도가 훨씬 커서 물이 세포 안으로 들어오기 때문에 세포를 부풀게 한다. (c) 세포 바깥쪽의 전해질의 농도가 훨씬 커서 세포 밖으로 물이 빠져나가기 때문에 세포가 줄어든다.

이온(ion) 전기적으로 전하를 띠는 입자.

전해질(electrolyte) 용액에 녹아 양전하와 음전하를 띠는 무기 물질로 전류를 수송할 수 있다.

▲ 인기 있는 많은 간식들은 나트륨 함량이 높다.

국 죽음에 이르게 한다.

전해질과 다른 다량 무기질들의 권장 섭취량은 표 7.1에 나와 있다.

요점 다량 무기질들인 나트륨, 칼륨, 염소, 인은 물에 녹으면 이온이라고 하는 전기적 흐름을 운반하는 전하를 띤 입자를 형성하기 때문에 전해질이라고 불린다. 전해질은 신경의 전기적 신호 전달과 체액균형을 조절한다. 반복되는 설사와 구토는 체액불균형을 초래할 수 있다.

나트륨은 식탁용 소금의 한 부분이다

많은 사람들이 나트륨을 식탁용 소금과 동일시하지만, 식탁용 소금은 나트륨과 염소로 이루어져 있다. 지난 20년 동안, 연구자들은 높은 나트륨 섭취가 고혈압의 위험을 증가시킨다고 보고하여 왔기 때문에 많은 사람들은 나트륨이 우리 몸에 유해하다고 믿는다. 하지만 이것은 사실이 아니다. 나트륨은 우리 몸이 살아가는 데에 필요한 필수 영양소이다. 나트륨과 고혈압의 연관성에 대해 살펴보자.

우리는 왜 나트륨이 필요한가?

나트륨은 많은 역할을 하는 주요 무기질이다. 위에서도 다루었듯이, 이것은 세포들이 적절한 체액 평형을 유지하도록 돕는다. 또한 이것은 혈압, 산 염기의 균형, 신경 신호 전달, 장관 분비에 있어서 중요한 역할을 한다. 마지막으로 나트륨은 당과 같은 특정 영양소의 흡수를 돕는다.

우리 몸에서의 이러한 역할뿐 아니라, 식탁용 소금에 들어 있는 나트륨은 음식의 풍미를 더해준다. 또한 미생물이 살지 못하도록 하는 강력한 항균제 역할을 한다. 수천 년 동안, 고기와 다른 음식들을 보존하는 데에 쓰이고 있다.

우리는 얼만큼의 나트륨을 먹어야 하는가?

사실 우리가 음식으로 섭취하는 모든 소금은 우리 몸에서 흡수된다. 우리가 하루에 필요한 나트륨의 양인 충분섭취량(1500mg)은 티스푼의 반보다 조금 더 많은 양이라고 생각하면 된다. 대부분 한국인들은 이 양을 훨씬 많이 초과한 3000~6000mg의 나트륨을 섭취한다.

나트륨은 많은 음식에 존재하고, 대부분의 가공식품은 소금을 함유한다. 다음 음식 중 어떤 음식이 가장 많은 나트륨을 함유하고 있는지 생각해보자: 1컵의 토마토주스, 약 30g의 감자칩, 짭짤한 크래커 4조각. 표 7.3을 보면서 그 답을 찾아보자. 이 세 개의 음식 중에 토마토주스에 가장 많은 나트륨이 들어 있다는 것에 놀랐을 것이다. 여러 가지의 가공식품들, 예를 들어 런천미트, 통조림 수프와 콩, 채소주스, 그리고 사전 포장된 쌀밥

표 7.3 나트륨 함량이 높은 음식과 나트륨이 적게 들어 있는 대체 식품

나트륨 함량이 높은 식품	나트륨 함량 (mg)	나트륨이 적게 들어 있는 식품	나트륨 함량 (mg)
딜로 양념한 오이피클(큰 것 1개, 4인치)	1,181	나트륨 함량이 적은 딜로 양념한 오이피클(큰 것 1개, 4인치)	12
소금에 절인, 구운 햄(90g)	1,128	돼지 허릿살 고기(90g)	48
콘 비프(90g)	1,110	조리된 쇠고기 목살(90g)	40
일반 토마토주스(1컵)	680	나트륨 함량이 적은 토마토주스(1컵)	141
통조림 토마토소스(1/2컵)	642	생 토마토(중간크기 1개)	6
통조림 크림 옥수수(1컵)	730	조리된 옥수수, 생 옥수수(1개의 큰 옥수수 이삭), 삶은 옥수수	0
통조림 토마토 스프(1컵)	675	나트륨 함량이 적은 통조림 토마토 수프(1컵)	60
소금 간이 된 감자칩(30g)	149	소금 간이 되지 않은 구운 감자(중간크기 1개)	17
염분이 있는 크래커(4개씩)	256	소금 간이 되지 않은 짭짤한 크래커(4개씩)	92

Data from U.S. Department of Agriculture, Agricultural Research Service. 2010. USDA Nutrient Database for Standard Reference, Release 23. Nutrient Data Laboratory Home Page. www.ars.usda.gov/services/docs.htm?docid=20958.

과 파스타 등에는 나트륨이 매우 많이 함유되어 있으며 대학 식당에서 제공되는 여러 음식과 여러 가지 과자와 패스트 푸드는 말할 것도 없다.

나트륨이 고혈압에 영향을 미치는가?

다량의 나트륨을 섭취하는 것은 수분의 보유량을 늘리게 되는데(팽창), 물이 세포 안에서 밖으로 빠져나와 조직액에 있는 나트륨을 희석시키기 때문이다. 혈류(혈장)의 조직액에 있는 높은 농도의 나트륨은 수분을 끌어들이고 혈관을 순환하는 혈액의 총량이 증가하게 된다. 이것은 결과적으로 혈압을 높인다. 통상적으로 높은 혈압이라고 부르는 이러한 컨디션은 임상적으로 **고혈압(hypertension)**이라고 알려져 있다. 미국에서 주요 만성질환 중에 하나로 꼽힘에도 불구하고 고혈압은 증상이 거의 없다. 대신, 일반적으로 일상적인 혈압이 평균을 넘어섰을 때 고혈압이라고 진단한다. 고혈압은 심장마비와 뇌졸중의 위험이 높아진다는 경고이기 때문에 조기 발견과 치료가 중요하다.

고혈압을 혈압이 평균범위 이상인 것이라고 정의한다면 그것이 정확하게 어떤 의미일까? 혈압은 수축기 혈압과 확장기 혈압의 두 가지가 있으며 mmHg의 단위로 기록된다:

- **수축기 혈압(systolic blood pressure)**은 심장이 수축하는 순간 동맥에 가해지는 압력을 말하며, 혈액을 혈관으로 보낸다. 적절한 수축기 혈압은 120mmHg보다 낮아야 한다.
- **확장기 혈압(diastolic blood pressure)**은 심장이 이완할 때, 심장의 수축 단계 사이에 동맥에 가해지는 압력을 말한다. 적절한 확장기 혈압은 80mmHg보다 낮아야 한다.

예를 들어, 건강한 사람의 혈압은 수축기 혈압이 110mmHg, 확장기 혈압이 70mmHg 정도이다 — "110에서 70mmHg"라고 의사가 알려줄 것이다. **고혈압 전 단계(prehyperteasion)**는 수축기 혈압이 120~139mmHg, 혹은 확장기 혈압이 80~89mmHg인 것을 말한다. 따라서 "120에서 85mmHg"는 고혈압 전 단계이다. 수축기 혈압이 140mmHg 이상이거나 확장기 혈압이 90mmHg 이상이면 고혈압이다.

고혈압은 일반적으로 나트륨이 많이 들어 있는 음식을 섭취하는 사람들에게서 더 잘 발생하지만 나트륨 함량이 높은 음식이 실제로 고혈압의 원인이 되는지는 논란이 되고 있다. 나트륨을 다량 섭취하는 사람들의 대부분은, 몸이 적응을 해서 신장이 다량의 나트륨을 소변으로 배출한다. 그러나 일부는 다량의 나트륨 섭취를 보상하지 못해 혈압이 높아진다.

▲ 상당히 많은 나트륨이 식탁용 소금으로 섭취된다.

미국국립보건원의 지원을 받아 수행된 고혈압에 관한 연구로부터 고혈압을 낮출 수 있

▲ 토마토주스는 매우 좋은 칼륨의 급원 식품이다. 저나트륨 식품의 다양성을 추구하라!

는 DASH 식이가 개발되었다. DASH란 "Dietary Approaches to Stop Hypertension, 즉 고혈압을 막기 위한 식이요법적인 접근방법"이며 나트륨의 섭취를 제한하고 8~10회의 과일과 채소를 매일 섭취할 것을 권장하고 있다; 예를 들어, 나트륨을 가장 적게 섭취하도록 하는 DASH 식단은 하루에 1,500mg의 나트륨 섭취를 권장하고 있다. 나트륨을 적게 섭취하도록 하는 DASH 식단을 실천하는 사람들에게서 유의적으로 혈압이 낮아지는 것이 관찰되었다.[3]

나트륨은 매우 많은 음식에 들어 있기 때문에 쉽게 허용량을 초과하게 된다. 196쪽의 **좋은 식단으로 보내는 하루**에 나온 식사는 DASH 식단에 적합하므로 그 부분을 참고하라.

당신의 나트륨 섭취를 줄이고 싶다면 가장 좋은 방법은 무엇일까? 200쪽의 **게임 플랜**을 참고하라.

식사 계획 예시와 그 이상의 DASH 식이 정보를 얻기 위해서는 www.nhlbi.nih.gov/health/public/heart/hbp/dash/dash_brief.pdf. 사이트를 방문해 보자.

칼륨은 혈압을 적절하게 유지시키는 데 도움이 된다

주요 무기질인 칼륨은 모든 살아 있는 동식물 세포의 구성성분이다. 식이로 섭취하는 칼륨의 85%가 흡수되고, 나트륨과 마찬가지로 신장이 칼륨의 혈중 농도를 조절한다. 칼륨은 주로 소변을 통해 배출되고 일부는 대변을 통해 배출된다.

세포 밖에 존재하는 나트륨과의 체액 평형을 이루기 위해 칼륨은 세포 내에 존재하는 주요한 전해질이다. 또한 칼륨은 신경 자극을 전달하는 것을 조절하며 혈압을 유지하는 기능도 한다. 나트륨을 다량 섭취하는 것과 반대로 칼륨을 식이를 통해 다량 섭취하게 되면 혈압을 낮게 유지하는 데 도움이 된다.

칼륨의 가장 좋은 급원 식품은 신선한 음식이며 특히 신선한 과일과 채소이다(그림 7.3). 가공식품은 일반적으로 나트륨의 함량이 많고 칼륨의 함량이 적다. 신선한 과일과 채소, 전곡의 섭취를 늘림으로써 칼륨의 섭취를 증가시킬 수 있으며 가공식품을 먹지 않음으로써 나트륨의 섭취를 줄일 수 있다. 대부분의 소금 대용물은 염화칼륨으로 만들어지며, 이것들은 상대적으로 많은 양의 칼륨을 포함하고 있다. 신장이 건강하다면 칼륨을 효과적으로 잘 배출할 수 있기 때문에 건강한 사람들에게서는 독성이 거의 나타나지 않는다. 칼륨 결핍도 잘 발생하지 않는데 그 이유는 칼륨이 꽤 여러 가지 음식에 들어 있기 때문이다.

그러나 신장질환과 같이 심각한 질병에 걸린 사람들에게서는 칼륨 결핍이 흔하게 발생한다. 극심한 탈수증세, 구토 그리고 설사 또한 칼륨 결핍을 유발시킬 수 있으며 알코올과 완화제, 특정한 이뇨제(액체의 배출을 증가시키는 약물)의 남용도 결핍을 유발할 수 있다.

칼륨의 결핍증으로는 정신 혼란, 식욕 감퇴, 근육의 약화 등이 있다. 심각한 결핍은 심박수의 치명적인 변화를 일으킨다; 칼륨 부족으로 인해 심장이 불규칙하게 뛰면 극심한 탈수 혹은 식이장애가 발생하고 이로 인해 많은 사람들이 목숨을 잃기도 한다.

영양학의 이정표

나트륨은 자연상태에서 그 자체로 존재하지 않고, 대신 식탁용 소금, 베이킹 소다, 가성소다 등의 화합물의 형태로 존재한다. 그렇다면 언제 어떻게 나트륨이 독립적인 무기질로 인식되기 시작했을까? **1800**년대 초 현대의 배터리의 선구자인 영국 화학자, 험프리 데이비는 전류를 발생하는 새로운 도구로 실험을 하고 있었다. 그는 다양한 화합물들에 전류를 흘려 보내는 실험을 하였고, 다른 방법으로는 할 수 없었던 화합물들의 화학반응을 이끌어냈다. 그는 전류가 화합물이 그것을 구성하고 있는 무기질로 분해되도록 한다는 것을 발견하였다.

1807년, 데이비는 탄산칼륨으로 불리는 가루 같은 소금의 구성성분들을 분리하기 위해 그 방법을 사용하였다. 그렇게 함으로써 그는 칼륨을 분리할 수 있었다. 얼마 후, 그는 가성소다와 분리된 나트륨에 같은 테크닉을 시행하였는데 그때까지만 해도 칼륨과 다를 것이라고 생각하지 못했었다. 다음 해, 그는 칼슘과 마그네슘을 분리하는 것을 성공하였다. 이러한 이유들로, 데이비는 전기화학의 선구자라고 불리고 있다.

▲ 그림 7.3 칼륨의 일반적인 급원 식품들. 칼륨의 충분섭취량은 하루에 4.7g(4,700mg)이다.

Data from U.S. Department of Agriculture, Agricultural Research Service. 2007. USDA Nutrient Database for Standard Reference, Release 22. Nutrient Data Laboratory Home Page. www.ars.usda.gov/ba/bhnrc/ndl.

▲ 저지방 우유와 다른 유기농 식품들은 인의 좋은 급원 식품이다.

염소와 인 또한 체액 평형을 돕는다

염소는 주요 무기질로, 염화나트륨 혹은 소금을 먹을 때에만 주로 섭취할 수 있다. 염화물을, 물에 있는 균 혹은 박테리아를 죽이는 독성이 있는 기체인 염소(chorine)와 혼동해서는 안 된다.

세포 밖에서 염소는 나트륨과 같이 신경 자극을 전달하고 체액의 평형을 유지하는 기능을 한다. 또한 음식의 소화를 돕는 위에서 분비되는 염산의 일부분이기도 하며, 백혈구가 박테리아를 죽이기 위해 면역 반응을 일으키는 것을 돕기도 한다.

일부 과일과 채소에도 염소가 들어 있기는 하지만 우리는 대부분 소금과 가공식품에 들어 있는 소금에서 염소를 섭취한다. 독성 증상에 대해서는 알려진 바가 없으며 심각한 탈수나 빈번히 구토를 하는 상태가 아니라면 결핍이 거의 발생하지 않는다.

인은 칼륨과 같이 세포 내에 존재하며 액체 평형을 도와준다. 이 장의 뒷부분에서 설명하겠지만, 인은 뼈의 형성에 중요한 역할을 한다.

요점 나트륨은 주요 무기질이며 세포 외부 액체에 존재한다. 나트륨은 액체평형, 혈압, 신경 기능을 조절한다. 과량의 나트륨 섭취는 고혈압과 연관이 있다. 칼륨은 세포 내에 존재하는 주요 무기질이며, 체액의 나트륨을 조절한다. 염소와 인 또한 주요 무기질로, 체액의 평형을 유지하는 데 중요한 역할을 한다.

▲ 우리의 몸은 매우 소량의 크롬을 가지고 있다. 아스파라거스는 크롬의 좋은 급원 식품이다.

무기질 동력 기능: 크롬, 망간, 황, 요오드, 그리고 셀레늄

많은 무기질이, 영양소가 세포로 이동하는 것을 도와주거나, 식품이 에너지가 되도록 분해하는 효소의 작용을 도와준다. 다른 무기질들은 대사과정을 조절하는 호르몬의 생성을 돕는다. 그들의 권장섭취량은 표 7.1과 7.2에 제시되어 있다.

게임 플랜

소금을 남기는 방법

만약 당신이 나트륨의 섭취를 줄이고자 결심했으면, 당신은 아마도 소금이 들어 있는 용기를 치우는 것을 가장 먼저 생각했을 것이다. 당신이 옳다 — 당신이 식품에 첨가하는 소금을 제한하는 것이 중요하다! 당신은 몇 주에서 몇 개월 동안 점차적으로 소금의 양을 줄이며 당신의 혀를 저염에 적응시킬 수 있다. 만약 당신이 이런 시도를 계속한다면 당신이 즐겨 먹었던 과자, 수프, 그리고 다른 식품들이 얼마나 짠지 놀라게 될 것이다.

우리가 식이로 섭취하는 나트륨의 대부분은 가공식품에서 온다 - 다시 말해, 나트륨이 들어 있다고 생각지도 못한 식품에서도 나트륨을 섭취하게 된다는 것이다. 따라서 나트륨의 소비를 줄이는 다음 방법은 신선하고 조리되지 않은 식품을 사서 저염으로 조리하는 것입니다. 다음으로 당신이 실천할 수 있는 방법은 다음과 같다.

쇼핑할 때

다음 번 가공식품을 사러 갈 때, 다음 방법들을 기억하라:

□ 라벨의 "저염" 표시를 보고, 영양성분표에서 나트륨의 일회 제공량이 200mg을 넘지 않는 것으로 고르도록 한다.

□ 가능하다면, 고염 식품보다 저염인 대체식품을 고르도록 한다.

- 통조림 콩, 수프, 그레이비, 파스타 소스, 콩 소스, 다른 소스들, 채소, 그리고 채소주스
- 포장된 파스타, 쌀밥, 그리고 감자 요리
- 냉동 전채요리, 냉동 식품, 냉동 피자
- 훈제 육류와 어류
- 치즈
- 피클, 올리브, 콩 샐러드, 샐러드 드레싱
- 과자, 쿠키, 감자칩, 프레첼, 팝콘, 소금 간이 된 견과류 등의 스낵

요리할 때

당신이 집에서 요리를 하게 된다면, 나트륨의 섭취를 제한하기 위해 다음 방법들을 따라 해보라:

□ 신선한 재료를 사용한다. 예를 들어, 파스타를 만들 때 조리된 파스타 소스 대신에 신선한 토마토를 사용한다.

□ 통조림 콩을 사용할 때에는 가열하기 전에 찬물로 헹군다.

□ 소금 대용품을 사용한다.

□ 소금 대신 허브와 향신료를 이용해 본다. 다음은 저염 요리방법에 특별하게 사용되는 것들이다:

- *바질, 오레가노, 타임*: 어류, 양, 수프, 소스
- *검은 후추, 카옌 페퍼*, 혹은 *고춧가루*: 수프, 캐서롤, 치즈 소스, 구운 계란, 바비큐한 가금류, 살코기
- *커민 또는 카레*: 육류, 닭고기, 어류, 국, 편두, 콩
- *마늘*: 살코기, 어류, 가금류, 스프, 샐러드, 채소, 파스타
- *레몬 또는 라임즙*: 어류, 가금류, 샐러드, 채소, 소스

□ 볶음 요리에 생강 혹은 칠리소스를 첨가한다.

□ 육류, 가금류, 어류에 와인을 사용한다.

□ 어떠한 양념에도 마늘가루를 넣은 소금과 같은 "소금" 종류의 사용은 피한다.

식사할 때

□ 손이 닿지 않는 곳에 소금 용기를 둔다.

□ 케첩, 머스타드, 피클 등의 조미료의 사용을 피한다.

□ 외식할 때는, 소금을 첨가하지 않고 조리해 달라고 요청한다.

□ 많은 종류의 수프에 나트륨이 과다 첨가되어 있으므로 레스토랑에서 수프는 시키지 않는 것이 좋다.

□ 샐러드를 주문할 경우, 조리된 드레싱 대신 레몬즙과 올리브오일을 첨가한다.

영양, 미신 혹은 진실?

크롬 보충제가 몸을 튼튼하게 하는가?

일반적으로 피콜린산 크롬의 형태를 띠고 있는 크롬 보충제는 보디빌더와 역도선수들에게 유명하다. 보충제 제조업체에서 크롬이 근육량과 근력을 키우고 체지방을 감소시킨다고 주장하고 있기 때문이다. 이 주장의 진실은 무엇인가?

20년 전에, 풋볼 선수와 운동을 하지 않는 남자들을 대상으로 크롬 보충제에 관한 연구를 시행했는데 두 집단에서 체지방이 감소하고 근육량이 증가한 결과를 알아냈다. 이 연구결과는 크롬 보충제에 대한 인기를 치솟게 했다. 그 다음 연구는 크롬 보충제가 근육량과 체지방, 근력에 아무런 효과가 없다는 것을 발견했다.[5]

이렇게 모순되는 연구결과는 여러 과학자들로 하여금 두 연구를 상세하게 조사하고 더욱 정교하게 연구를 설계해서 크롬이 체성분에 어떠한 효과를 미치는지 연구하도록 하였고 이전에 시행된 연구 방법에서 수많은 결함이 있었던 것이 나타났다. 가장 큰 것은 참가자들이 연구에 참여하기 전 그들의 크롬 상태가 어땠는지 측정되지 않았고 조절되지 않았다는 점이다. 참가자들이 연구를 시작할 때 크롬이 결핍된 상태였다면 크롬이 정상적인 상태였던 사람들보다 더 반응을 많이 하였을 것이다.

두 번째 문제점은, 신체 조성이 피하지방측정 방법으로 측정되었는데, 신체의 여러 부분의 피부와 지방을 캘리퍼를 이용하여 측정하였다는 것이다. 이 방법이 젊고 날씬하고 건강한 사람들에게서는 정확하게 측정할 수 있는 방법이 되지만 근육량의 미세한 변화는 잘 감지하지 못한다.

이어지는 연구결과들에서, 크롬 보충제가 운동하지 않는 대학생들, 비만인 여성들, 대학생 레슬러들, 노인들 등 다양한 집단의 근육량, 체지방, 근력에 아무런 효과가 없다는 것이 계속적으로 나타나고 있다.[6~13] 그러나 많은 증거에도 불구하고, 보충제를 만드는 회사들은 여전히 크롬 보충제가 근육량과 근력을 키우고 체지방을 감소시킨다고 주장하고 있다. 이러한 주장이 매년 수십억의 판매를 일으키고 있다. 크롬 보충제는 값비싼 영양학적인 미신에 지나지 않는다.

크롬과 망간은 신진대사에 중요하다

크롬은 탄수화물을 분해하는 데 중요한 역할을 담당하는 미량 무기질이다. 인슐린의 기능을 강화시켜서 당을 혈액으로부터 세포로 가게 하는 기능을 수행한다. 크롬은 RNA와 DNA의 대사, 면역 기능, 그리고 성장에도 관여한다. 당신은 우리 몸에 있는 크롬이 차를 도색하는 데 사용되는 크롬과 같은 금속이라는 것을 안다면 몹시 놀라울 것이다!

크롬 보충제가 체지방을 감소시키고 근육량을 키운다는 주장으로 선전이 되고 있다. 이러한 마케팅은 신체 조성을 강화시키는 데 관심이 있는 보디빌더와 다른 운동선수들을 대상으로 하고 있다. 위의 **영양, 미신 혹은 진실?** 부분을 참고하여 크롬이 신체 구성을 좋게 하는데 효과가 있는지 찾아보라. 크롬 보충제를 섭취했을 때의 독성은 없을 것이고, 크롬 결핍도 흔하지 않다.

미량 무기질인 망간은 에너지 대사에 관여하고 소변의 주 성분인 요소를 만드는 데 관여한다. 또한 뼈 조직과 우리의 관절을 지탱하는 연골의 합성에도 관여한다. 망간은 산화로부터 우리 몸을 보호하기도 한다.

▲ 산딸기는 망간을 포함하고 있는 식품들 중 하나이다.

황은 다른 영양소들의 구성성분이다

황은 다량 무기질이며 비타민 B인 티아민과 비오틴의 구성성분이다. 또한 아미노산인 메티오닌과 시스틴의 한 부분으로, 황은 단백질이 삼차구조를 유지하도록 돕는다. 간에서 알코올과 여러 가지 약들을 해독하는 데 황이 필요하며, 황은 산-염기 평형을 이루는 데 도움이 된다.

우리 몸은 단백질이 들어 있는 음식을 섭취함으로써 아미노산을 이용해 필요한 황을 모두 만들 수 있다; 결과적으로, 우리는 식이로 황을 섭취하지 않아도 되며 따라서 영양권장량이 정해져 있지 않다. 황의 독성 혹은 결핍증은 알려져 있지 않다.

▲ 그림 7.4 갑상선종, 혹은 갑상선의 비대는 요오드의 독성과 결핍에 의해 발생한다.

요오드와 셀레늄은 갑상선 호르몬을 만드는 데 관여한다

요오드와 셀레늄은 갑상선 호르몬을 만드는 데 필수적인 미량 무기질이다. 신체는 성장, 재생산, 체온 조절, 그리고 안정시 대사율을 유지하기 위해 갑상선 호르몬을 필요로 한다.

거의 모든 식품은 자연적으로 요오드를 함유하고 있지는 않다. 바다에서 사는 어류에 요오드가 많이 들어 있는데, 해양 동물들이 바닷물로부터 요오드를 얻기 때문이다. 식품에서는, 요오드가 대부분 요오드화물의 형태로 들어 있다. 요오드가 첨가된 소금과 그러한 소금으로 만든 빵, 우유와 다른 유제품들이 좋은 급원 식품이다. 미국에서는, 토양에 요오드가 부족하기 때문에 발생하는 요오드 결핍을 막고자 20세기 초부터 소금에 요오드를 첨가해왔다. 대략적으로 1/2티스푼의 요오드가 첨가된 소금을 먹으면 성인의 요오드 영양권장량을 충족시킬 수 있다.

만약 너무 많이 혹은 너무 적게 요오드를 섭취하면, 몸에서 갑상선 호르몬을 만드는 것이 중단되고 갑상선 기능 저하증(hypothyroidism)을 유발하거나 갑상선 호르몬이 적은 상태가 된다. 이러한 상황은 갑상선이 커지는 **갑상선종(goiter)**을 유발시키는데 이는 갑상선이 갑상선 호르몬을 더 많이 생성하고자 할 때 발생한다(그림 7.4). 갑상선 기능 저하증의 다른 증상으로는 체온이 떨어지거나, 추위를 많이 타고, 체중 증가, 피로, 나른함 등이 있다. 만약 여성이 임신기간 중에 요오드 결핍이 생긴다면, 그 산모의 아기는 **크레틴병(cretinism)**이라고 알려진 정신 지체 장애를 가지고 태어날 위험이 커진다. 정신 지체 이외에도 크레틴병에 걸린 사람들은 성장 지연, 귀먹음, 벙어리로 고생하게 된다.

우리 몸의 셀레늄은 아미노산에 들어 있다. 셀레늄은 갑상선 호르몬을 만드는 역할 이외에도 여분의 비타민 E의 부족을 막아 항산화 역할을 하고, 세포막의 산화를 방지한다. 특정 종류의 암과 심장병을 방지하는 셀레늄의 기능에 대해서는 연구가 진행 중이다.

갑상선종(goiter) 요오드 중독이나 부족에 의해 생기는 갑상선 비대증.

크레틴증(cretinism) 임신기간 동안 요오드 결핍을 가진 어머니에서 태어나 정신발달 지연을 보이는 질환.

셀레늄은 토양과 식품에 다양한 양이 포함되어 있다. 내장육과 견과류는 좋은 급원 식품이지만 과일과 채소의 셀레늄 함유량은 그 과일과 채소가 자란 토양의 셀레늄 함유량에 따라 달라진다. 셀레늄의 독성은 흔하지 않다. 결핍 증상은 아주 간혹 심장병과 관절염의 형태와 연관

▲ 그림 7.5 셀레늄 급원 식품. 권장섭취량은 하루에 55μg이다.

Data from U.S. Department of Agriculture, Agricultural Research Service. 2009. USDA Nutrient Database for Standard Reference, Release 22. Nutrient Data Laboratory Home Page. www.ars.usda.gov/ba/bhnrc/ndl.

이 있고, 그림 7.5에 셀레늄의 급원 식품들이 소개되어 있다.

요점 크롬은 인슐린의 기능을 강화시켜서 당을 혈액에서 세포로 운반한다. 망간은 에너지 대사와 소변의 주성분인 요소의 형성에 관여한다. 황은 다량 무기질이며 비타민 B군인 티아민과 비오틴의 구성성분이다. 요오드와 셀레늄은 갑상선 호르몬의 합성을 도와주고 셀레늄은 항산화 기능을 갖는다.

▲ 밀에는 셀레늄이 많이 들어 있다.

혈액을 건강하게 해주는: 철, 아연, 구리

영양소와 산소를 세포로 운반하고 더러운 물질을 세포로부터 제거해주는 건강한 혈액 없이는 우리는 생존할 수 없다. 혈액의 질이 떨어지고 양이 감소하면 우리의 건강이 타격을 입고 일상 생활을 수행하는 기능이 손상될 것이다.

혈액은 네 개의 구성성분으로 이루어져 있다(그림 7.6):

- 적혈구(erythrocyte)는 산소를 운반하는 세포이다.
- 백혈구(leukocyte)는 감염과 질병으로부터 우리를 보호한다.
- 혈소판은 혈전을 형성해 지혈하는 데 도움을 주는 세포이다.
- 혈장은 혈액의 액체 부분이며 혈액이 혈관을 따라 부드럽게 이동할 수 있도록 해준다.

비타민 K 외에도, 철, 아연, 구리 등이 혈액을 건강하게 유지하는 데 중요한 역할을 하는 미량 영양소이다. 이 세 가지 무기질에 관한 권장섭취량은 표 7.2에 나와 있다.

철은 헤모글로빈의 주요 구성성분이다

철은 식이로 소량만 섭취하면 되는 미량 무기질이다; 그럼에도 불구하고, 한 방울의 피 속에 있는 수백만 개의 적혈구에 존재한다.

우리는 왜 철이 필요한가?

철은 우리의 적혈구에서 산소를 운반하는 단백질인 **헤모글로빈(hemoglobin)**의 주요 성분이므로 건강한 혈액에 있어 매우 중요하다. 그림 7.7(204쪽)에서 볼 수 있듯이, 헤모글로빈 분자는 네

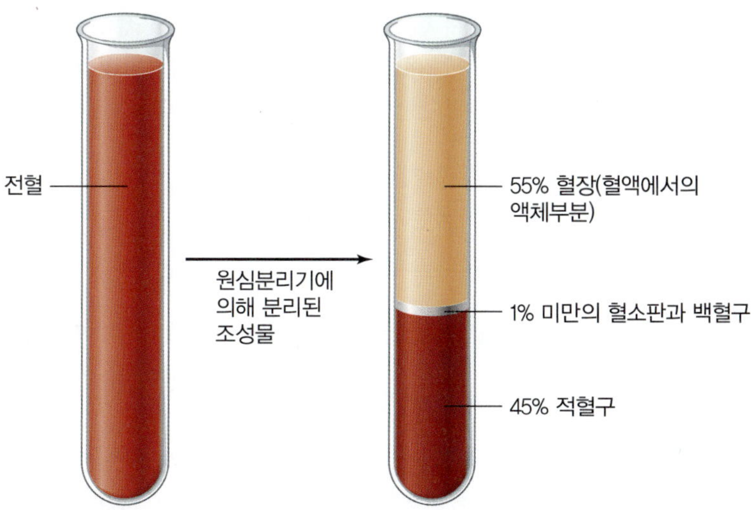

▲ 그림 7.6 혈액은 네 가지의 성분으로 구성되어 있는데, 시험관에 혈액을 담아서 원심분리기에 돌리면 성분들을 볼 수 있다. 맨 밑층은 적혈구이다. 적혈구 위의 유백색의 층에는 백혈구와 혈소판이 들어 있다. 맨 위의 노란색의 액체는 혈장이다.

헤모글로빈(hemoglobin) 우리의 적혈구에서 발견되는 산소-운반 단백질: 우리 몸에서 전체 철의 거의 2/3 정도가 헤모글로빈에서 발견됨.

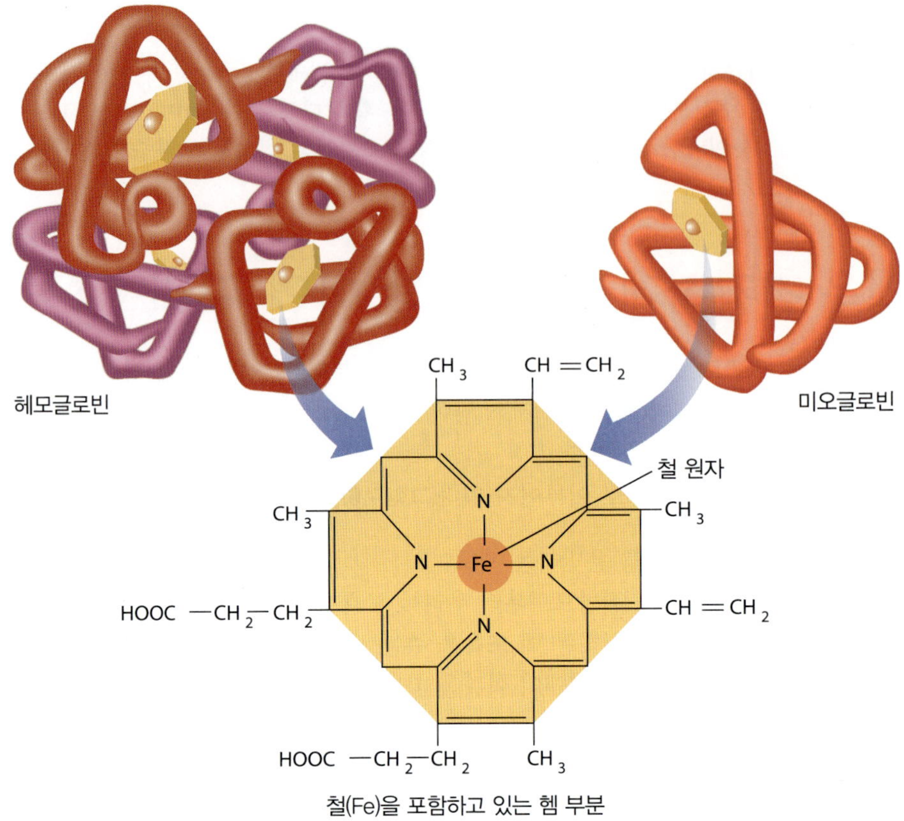

▲ 그림 7.7 철은 헤모글로빈과 미오글로빈의 헴부분에 존재한다.

가지의 단백질 가닥이 철을 보유하고 있는 네 개의 **헴(heme)** 그룹과 붙어 있다. 헤모글로빈은 산소를 운반하기 위해 헴 그룹의 철에 의존한다. 혈류에서 철은 우리가 숨 쉴 때 산소를 잡아서 혈류 내에서 이동할 때 산소를 가지고 있다가 조직에 산소를 전해준다.

철은 헤모글로빈뿐 아니라 **미오글로빈(myoglobin)**의 구성성분이다. 미오글로빈은 헤모글로빈과 비슷하게 산소와 결합하고 있는 단백질이지만 근육세포에 존재한다. 철은 미오글로빈의 한 부분으로, 근육세포의 기능을 위한 산소를 근육세포로 운반하는 데 관여한다.

또한 철은 체내의 특정 효소들에서 발견할 수 있다. 효소의 구성성분으로, 철은 탄수화물, 지방, 단백질로부터 에너지를 생산하는 것을 돕는다. 또한 철은 활성산소에 대항하는 항산화 효소 체계의 한 부분이지만, 몸속의 과다한 철은 유리기의 생성을 촉진시킨다.

헴(heme) 철을 포함하는 분자로 헤모글로빈에서 관찰됨.

미오글로빈(myoglobin) 헤모글로빈과 유사한 철함유 단백질로 근육 세포에 존재함.

헴철(heme iron) 헤모글로빈(hemoglobin)과 미오글로빈(myoglobin)에 포함된 철분, 고기, 생선, 가금류 등 동물성 식품에 함유.

비햄철(non-heme iron) 헤모글로빈과 미오글로빈의 일부가 아닌 철분; 동물성 및 식물성 식품 모두에 존재함.

어떤 요소들이 철의 흡수에 영향을 미치는가?

당신이 먹는 음식에 들어 있는 철의 종류가 당신의 철 흡수에 가장 주요한 요소이며 얼만큼의 양을 섭취하는지도 중요하다. 식품에는 두 가지의 철 종류가 있다.

- **헴철(heme iron)**은 헤모글로빈과 미오글로빈의 구성물질로 육류, 어류, 가금류 등의 동물성 식품에만 들어 있다. 헴철은 몸에서 흡수가 잘 된다. 따라서 동물성 식품은 철의 좋은 급원 식품이다.
- **비헴철(non-heme iron)**은 헤모글로빈과 미오글로빈의 구성물질이 아니다. 몸에서 흡수가 잘 되지도 않는다. 동물성 식품이 헴철과 비헴철을 모두 함유하고 있는 반면에, 식물성 식품은 비헴철만 가지고 있다. 따라서 철의 흡수에 있어서는 동물성 식품이 식물성 식품에 비해 더 좋은 철의 급원 식품이다.

특정 물질의 섭취가 동일 식품이나 식사에서 철의 흡수를 높일 수 있다:

- 육류, 가금류, 그리고 어류는, 이 식품들과 같이 먹는 음식의 비헴철의 흡수를 강화시키는 특별한 요소를 포함하고 있다.
- 비타민 C(ascorbic acid)의 섭취는 비헴철의 흡수를 매우 증가시킨다. 따라서 부리또에 썬 토마토가 들어 있다면 부리또의 콩에 들어 있는 비헴철이 온전하게 흡수가 잘 될 것이다. 이와 비슷하게, 아침식사로 시리얼을 먹을 때 오렌지주스와 같이 먹으면 시리얼에 들어 있는 비헴철의 흡수를 높일 것이다.

▲ 주철로 만들어진 프라이팬에서 음식을 요리하면 음식의 철 함유량을 상당히 높일 수 있다.

주철로 만들어진 프라이팬에 요리한 음식의 철 함량이 높아지는데, 조리 중에 팬의 철이 음식으로 흡수되기 때문이다.

콩과식물, 쌀, 그리고 전곡에 들어 있는 피틴산(phytate)과 홍차, 커피, 적포도주에 들어 있는 폴리페놀 같은 화학물질은 철의 흡수를 방해하기도 한다. 콩에 들어 있는 단백질과 칼슘 또한 철의 흡수를 방해한다; 그러므로 철이 풍부하게 함유된 음식을 먹을 때에는 두유 혹은 우유, 또는 칼슘 보충제를 섭취하지 않는 것이 바람직하다.

이러한 식이요소들 때문에, 서양식을 먹는 사람들이 평균적으로 18%의 철을 흡수하는 것에 비해, 채식주의자는 식이에서 10%의 철만을 흡수할 수 있다. 이러한 이유로, 채식주의자들은 골고루 음식을 섭취하는 사람에 비해 철의 필요량이 1.8배 더 높다. 이것은 육류, 가금류, 어류를 잘 먹지 않는 사람들이 동물성 식품을 잘 먹는 사람들보다 빈혈에 걸릴 위험이 높다는 것을 의미하는데 특히 월경 중인 여성에게 더욱 해당된다; 따라서 보충제를 섭취하거나 영양사와의 상담을 통한 식단을 계획하는 것이 필요하다.

철의 필요량과 급원 식품은 무엇인가?

젊은 여성이 젊은 남성에 비해 철의 필요량이 더 많은데 그 이유는 매달 생리로 혈액이 손실되기 때문이다. 미국에서 철 결핍성 빈혈에 걸릴 위험이 가장 높은 사람들은 유아, 생리 중인 소녀와 여성들이며 이들 중 대략 2~5%가 철 결핍성 빈혈이다.[16] 임신 또한 철의 필요량이 매우 높은 시기로 임신부의 철 권장섭취량은 하루에 27mg이며, 다른 다양한 환경요인들도 철의 필요량에 영향을 미친다(표 7.4).

헴철의 좋은 급원 식품으로는 육류, 가금류, 어류, 특히 조개와 굴이 있다. 철 강화 시리얼

표 7.4 철의 상태에 영향을 미치는 특수한 상황들

철의 상태를 개선시키는 환경 요인들	철의 상태를 약화시키는 환경 요인들
경구 피임약 사용 – 경구 피임약의 사용은 여성의 생리로 손실되는 혈액량을 줄여준다. **모유수유** – 모유수유는 산모의 생리 시작을 늦춰주며 따라서 생리로 손실되는 혈액량을 줄여준다. 따라서 이것은 개발도상국에서 중요한 건강 측정 방법이 된다. **철이 함유된 식품과 보충제의 섭취한다.**	**호르몬 대체 요법의 사용** – 폐경 여성이 호르몬 대체 요법을 사용하면 자궁에서 출혈이 있을 수 있으며, 철의 필요량이 증가할 수 있다. **채식주의 식단** – 채식주의 식단, 특히 엄격한 채식주의 식단에는 헴철의 급원 식품이 없다. 비헴철의 낮은 흡수율로 인해 채식주의자들은 채식주의가 아닌 사람들에 비해 철의 필요량이 1.8배 더 높다. **장내 기생충의 감염** – 대략 10억 명의 사람들이 장내 기생충의 감염으로 인해 고통받고 있다. 많은 기생충들이 장내 출혈을 일으키며 철의 섭취가 불충분한 국가들에서 발생한다. 장내 기생충이 감염된 사람들에게서는 철 결핍성 빈혈이 일반적이다. **헌혈** – 헌혈을 한 사람들은 그렇지 않은 사람들에 비해 철의 보유량이 적다; 헌혈을 자주하는 사람들, 특히 폐경 전의 여성은, 헌혈로 인한 철의 손실을 막기 위해 철 보충제를 섭취해야 할 것이다. **강도 높은 지구력 운동** – 강도 높은 지구력 운동을 하는 사람들은 여러 요인으로 인해 철의 상태가 좋지 않을 위험이 있는데, 그러한 요인들에는 부적절한 철의 섭취와 땀으로 인한 철의 손실 증가, 배변으로 인한 손실 등이 있다.

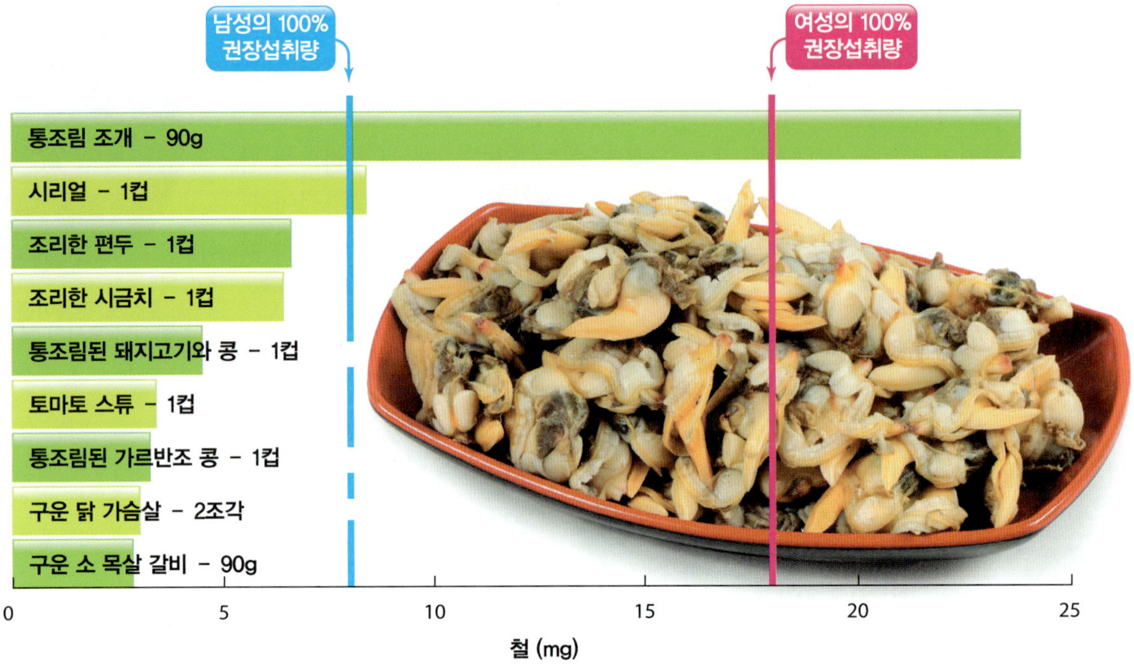

▲ 그림 7.8 일반적인 철의 급원 식품. 철의 권장섭취량은 남성의 경우 하루에 8mg이며, 19세에서 50세까지의 여성의 경우 하루에 18mg이다.
Data from U.S. Department of Agriculture, Agricultural Research Service. 2009. USDA Nutrient Database for Standard Reference, Release 22. Nutrient Data Laboratory Home Page. www.ars.usda.gov/ba/bhnc/ndl.

과 빵, 채소와 콩과식물 등은 비헴철의 좋은 급원 식품이다. 이러한 식품들과 소량의 육류, 어류 혹은 가금류 또는 비타민 C가 풍부한 음식 혹은 음료를 같이 먹음으로써 비헴철의 흡수를 높일 수 있다. 그림 7.8은 주요 철 급원 식품을 보여주고 있다. 철이 풍부한 메뉴로 하루 동안 맛있게 먹고 싶다면 **좋은 식단으로 보내는 하루**(207쪽)를 참고하라.

만약 우리가 과다하게 혹은 너무 적게 철을 섭취하면 어떻게 되는가?

몇몇의 철 보충제는 색색의 사탕과 비슷하게 생겼기 때문에 미국에서 6세 미만 어린이들의 가장 일반적인 사인 중의 하나가 우연적인 철의 과다복용이다. 부모들이 다른 약들과 함께 섭취하는 식이 보충제에 대한 것처럼 철 보충제에 대해서도 미리 주의를 주는 것이 중요하며 어린아이들의 손이 닿지 않는 곳에 두거나 잠겨 있는 캐비닛에 보관하는 것이 좋다. 철의 독성으로는 메스꺼움, 구토, 설사, 어지러움, 정신 혼미, 빠른 심장 박동 등이 있다. 철의 독성을 빨리 치료하지 않는다면 심장, 중추신경계, 간, 그리고 신장에 심각한 손상을 주며 죽음으로까지 이어질 수 있다. 철 보충제를 처방받아서 섭취하는 성인들은 일반적으로 변비를 경험하게 된다. 비타민 C와 철 보충제를 같이 섭취하면 흡수를 강화시킬 뿐만 아니라 변비의 해소에도 도움이 된다.

철 결핍은 세계적으로 가장 흔한 영양 결핍이다. 이는 적혈구가 몸의 세포와 조직에 그들이 필요로 하는 충분한 양의 헤모글로빈을 포함하지 못하여 산소운반을 할 수 없는 **철 결핍성 빈혈(iron-deficiency anemia)**을 일으킨다. 증상으로는 탈진, 감염의 위험 증가, 사고하는 기능의 손상 등이 있다. 심한 경우 만성적인 철 결핍은 조산을 일으킬 수도 있다. 유아들, 어린아이들, 생리하는 소녀들과 여성들 그리고 임신부에게 더 위험하다. 현명한 간식과 식사의 선택은 하루에 필요로 하는 철을 모두 섭취할 수 있도록 해주며 결핍을 막아줄 수 있다.

철 결핍성 빈혈(iron-deficiency anemia) 정상적이고 건강한 적혈구의 생산이 감소하여, 헤모글로빈의 양이 몸의 세포들과 조직들에 산소를 공급하기에 충분하지 않은 장애이다.

요점 철은 미량 무기질로 우리 혈액 내에서 산소를 운반하는 헤모글로빈 단백질의 부분이다. 육류, 어류, 그리고 가금류 등은 헴철의 좋은 급원 식품이며 비헴철보다 잘 흡수된다. 철 결핍은 세계적으로 가장 흔한 영양 결핍이다.

아연은 다양한 종류의 효소 작용을 돕는다

아연은 신진대사, 헤로글로빈의 생산 그리고 눈의 망막 속 비타민 A의 활성화와 같은 다양한 일에 필요한 약 백여 가지의 효소 작용을 돕는 미량 무기질이다. 아연은 또한 정상적인 성장에 매우 중요하다. 사실 아연결핍은 1960년대 초 일부 중동 사람들의 심각한 성장 지연의 원인을 밝히면서 발견되었다.

아연은 또한 면역체계의 올바른 발달과 기능을 돕는다. 아연 정제약이 효과적인지 아닌지 확인하려면 **영양, 미신 혹은 진실?** 상자(209쪽)를 보라.

철분과 마찬가지로 아연은 필요한 양은 적지만 흡수율은 다양하다. 비헴철의 과다 섭취는 아연의 흡수를 저해할 수 있다. 이는 철 보조제(비헴철로 이루어진)를 섭취하는 사람 모두에게 염려스러운 일이지만, 태아의 정상적 성장을 위해 아연이 필수적인 임산부에게 특히 더 민감한 사안이다. 따라서 영양사와 상담이 바람직하다. 전형적으로 비헴철이 풍부한 식사를 하는 채식주의자에게도 아연섭취는 중요하다. 채식주의자는 많은 양의 정제되지 않는 곡물과 콩을 소비한다: 이러한 음식은 피틴산와 섬유소를 포함하는데 이들은 아연 섭취를 방해한다. 효모를 이용하여 전곡으로 빵을 만들 때, 효모는 피틴산을 분해하는 효소를 생성한다. 따라서 전곡으로 만들어진 빵 속에 있는 아연은 시리얼에 든 아연보다 흡수가 잘 된다. 반면에 헴철을 다량 섭취하는 것은 아연 흡수에 어떠한 영향도 끼치지 않으며, 식이 단백질, 특히 동물성 단백질은 아연흡수를 향상시킨다.

아연섭취에 좋은 식품에는 붉은 고기, 일부 해산물, 전곡으로 만들어진 빵, 그리고 강화식품 등이 있다. 그림 7.9(208쪽)에서 볼 수 있듯이, 동물성 식품에서 굉장히 많은 양의 아연을 흡수할 수 있다; 따라서 채식주의자는 아연결핍을 주의해야 한다.

보조제와 강화식품을 통해 아연을 다량으로 섭취하지 않는 이상 아연 중독은 일어날 가능성이 없다. 중독 증상에는 내장 경련과 진통, 메스꺼움, 구토, 식욕 감퇴, 설사 그리고 두통 등이 있다. 아연을 과다하게 보충하는 것은 면역 기능을 약화시킨다. 아연의 다량 섭취는 구리의 흡수율을 감소시킨다.

아연 결핍의 증상으로는 성장 지연뿐만이 아니라 설사, 성적 성숙의 지연과 발기부전, 눈과 피부 병변, 탈모 그리고 식욕감퇴가 있다. 아연은 건강한 면역체계에 중요한 요소이기 때문에 아연 결핍은 감염과 질병을 증가시킨다.

좋은 식단으로 보내는 하루

아침

커피 대신 전곡으로 만들어진 철이 강화된 토스트와 오렌지주스

점심

마카로니 치즈 대신 조개와 토마토 파스타

저녁

버거와 튀김 대신 야채와 쇠고기스튜

간식

초콜릿바 대신 저칼로리 영양바

▲ 아연은 돼지고기와 콩에 풍부하다.

▲ 그림 7.9 주요 아연 급원 식품. 아연의 하루 권장섭취량(RDA)은 남성의 경우 하루 11mg이고 여성의 경우 8mg이다.
Data from U.S. Department of Agriculture, Agricultural Research Service. 2009. USDA Nutrient Database for Standard Reference, Release 22. Nutrient Data Laboratory Home Page. www.ars.usda.gov/ba/bhncr/ndl.

▲ 바다가재는 구리의 공급원이다.

구리는 철의 이동과 조직의 형성을 돕는다

구리는 철의 이동에 중요한 단백질인 **셀룰로프라즈민**(ceruloplasmin)의 구성성분이다. 만약 셀룰로플라즈민의 양이 적당하지 않으면 철이 체내에 축적되고 철 중독까지 일으킬 수 있다. 구리는 또한 혈액 조직, 콜라겐, 그리고 신경섬유를 둘러싼 조직을 형성한다. 몇몇 효소 체제의 일부분을 이루고 신경 신호를 전달하는 데 중요한 역할을 하는 화학물질인 **신경전달물질**(neurotransmitter)을 형성한다.

구리는 미량 무기질이며 필요량 또한 매우 적다. 그렇지만 아연이나 철분의 다량 섭취는 구리 흡수율을 감소시켜 체내 구리도 줄어들게 만든다. 구리가 풍부한 식품으로는 내장육, 해산물, 견과류, 씨앗 그리고 정제되지 않은 곡류제품들이 있다. 구리 결핍은 드물며 사람에게 나타난 구리중독의 장기적 영향에 대한 연구는 적다.

요점 아연은 거의 모든 신체 활동에 영향을 주는 100여 가지 효소의 일부분인 미량 무기질이다. 아연은 헤모글라빈 합성, 신체 성장, 성적 성숙, 그리고 면역기능에 중요한 역할을 하고 활성산소로 인한 산화 손상을 막는 데 도움을 준다. 구리는 철분의 이동에 중요한 미량 무기질이며, 조직을 형성하고 일부 효소체제를 이룬다.

뼈를 형성하는 것: 칼슘, 인, 마그네슘 그리고 불소

대다수의 사람들의 생각과 달리, 우리의 골격은 단순히 몸을 지탱하는 비활동적인 뼈들의 집합이 아니다. 뼈는 중요 영양소를 공급하는 혈관과 함께 뼈 조직, 신경, 연골 그리고 결합조직을 포함한 다수의 조직을 지닌 생체 기관이다.

뼈는 근육의 움직임과 물리적 지지, 연약한 조직의 보호 등의 다양한 기능을 가진다. 두개골이 연약한 뇌 조직을 감싸며 만드는 단단한 껍질이나 심장을 보호하는 갈비뼈 흉곽을 생각해 보라. 뼈는 또한 칼슘, 인, 마그네슘, 그리고 불소를 보관하는 "무기질 저장소"의 역할을 한다.

영양, 미신 혹은 진실?

아연 정제약은 감기를 이겨내는 데 도움을 주는가?

감기는 태곳적부터 사람들을 괴롭혀 왔다. 아이들의 경우는 매해 6~10번 정도 감기를 앓고 성인의 경우는 2~3번 정도다. 비록 감기가 일반적으로 심하지는 않지만, 많은 학생과 직장인들이 이로 인해 결석이나 결근을 하게 되고 많은 불편과 스트레스를 겪는다. 200여 종을 넘는 병균이 감기의 원인이 되는 것으로 추정되며 백신이나 치료법을 개발하는 일은 매우 어렵지만 감기의 치료법을 찾기 위해 계속해서 노력하고 있다.

면역체계 건강에 있어서 아연의 역할은 잘 알려져 있다. 아연이 감기를 일으키는 병균의 번식을 막는다는 것이 밝혀지자, 아연 정제약을 섭취하는 것이 감기의 지속 기간과 강도를 줄일 수 있을 것이라고 추측하기 시작했다.[18] 그 결과 감기증상을 완화하기 위한 잠재적인 방법으로 아연 정제약이 만들어졌다. 이러한 정제약은 대부분의 약국에서 찾아볼 수 있다.

아연을 정제약 형태로 섭취하는 것이 실제로 감기의 지속 기간과 강도를 줄여줄 수 있을까? 지난 25년 동안 이 질문에 답하기 위해서 수많은 연구 조사가 진행되었다. 안타깝게도 연구결과는 서로 엇갈린다.[19] 최근 한 연구는 966명의 참가자와 13개의 무작위 대조군 비교 실험을 진행하였다.[20] 연구결과 아연 정제약이나 시럽(30~160mg/일)을 감기 시작 후 24~48시간 이내 복용할 경우 지속기간과 강도가 감소하는 것으로 나타났고, 감기의 지속 기간이 전반적으로 약 하루 정도 줄어들었다. 감기 증상의 강도에 대해 평가하는 것은 객관적인 측정 방법이 없기 때문에 더 어렵다. 그러나 동일한 연구에서 보충제를 섭취했을 경우 감기의 강도 또한 매우 미미하게나마 감소한다는 결과가 나왔다. 그러나 연구 참가자들은 쓴맛이나 메스꺼움 같은 아연 보충제의 부작용 또한 보고하였다.

유감스럽게도 다음과 같은 이유로 인해 아연 정제약이 감기에 정확히 어떤 영향을 끼치는지 알게 되는 일은 아마 불가능할 것이다:

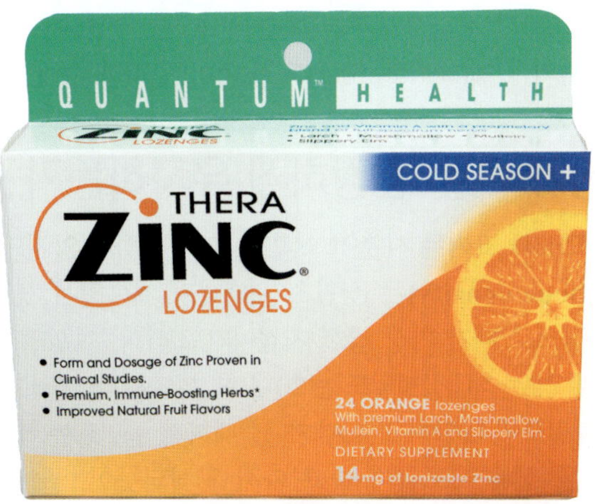

▲ 아연 정제약은 다양한 형태의 화합물과 복용량으로 나온다.

- *참가자들을 치료방식에 대해 완전히 모르게 하기 어렵다.* 아연 정제약은 독특한 맛을 지니기 때문에 연구 참가자들을 자신이 섭취하는 것이 아연 정제약인지 혹은 위약인지에 대해 완전히 모르게 하기는 어렵다. 자신이 섭취하는 것이 정제약이라는 것을 알게 되면 편견을 지닌 결과를 보일 수 있다.
- *자기 보고식 증상은 부정확하다.* 많은 연구들에서 참가자들은 증상의 변화에 대해 스스로 판단하고 보고했는데, 이는 부정확하고 분위기나 감정적인 요인에 영향을 받을 수 있다.
- *다양한 종류의 병균이 감기의 원인이 된다.* 200여 종 이상의 병균이 감기를 일으키기 때문에 아연이 모든 경우를 방지하는 것은 불가능하다. 아연 정제약으로 효과를 보지 못한 사람들은 아연에 반응하지 않는 감기 바이러스(virus)의 영향을 받고 있는 것일 수 있다.
- *아연 배합과 복용량이 각각 다르다.* 실험에 따라 참가자들이 섭취하는 아연 배합의 종류와 복용량이 다른데 이것은 아연이온이 입으로부터 조직들로 운반되는 속도를 결정짓는다. 이러한 차이는 연구에 따라 다양한 반응을 가능하게 한다. 아연으로 효과를 보기 위해서는 매일 최소한 80mg의 아연을 섭취해야 하고 감기 증상이 나타난 후 24~48시간 이내에 아연 정제약을 사용해야 한다. 또한 많은 아연 정제약에 사용되는 시트르산(citric acid), 소르비톨(sorbitol), 그리고 만니톨(mannitol) 같은 감미료와 향료들은 아연과 결합하여, 아연이 몸에 흡수되는 것을 막고 효과를 제한할 수 있다.

아연 정제약을 먹어본 적이 있고, 효과가 있었다고 생각하는가? 만약 아연 정제약을 섭취함으로써 감기 지속 기간을 하루 줄일 수 있다는 것이 분명하다면, 다음 번 감기에 걸릴 것 같다고 생각이 들 때 아연 정제약을 섭취하겠는가?

당부의 한 마디: 아연 정제약을 사용하기로 결정했을 때, 더 많이 사용하는 것이 더 좋은 효과를 가져오는 것은 아니다. 필요 이상 과다하게 혹은 오래 아연 보충제를 사용하는 것은 면역기능을 약화시키고 다른 무기질 불균형을 일으킬 수 있다. 사용하는 제품의 올바른 사용법을 확인하고 권장 복용량과 기간을 초과하지 않도록 주의하라.

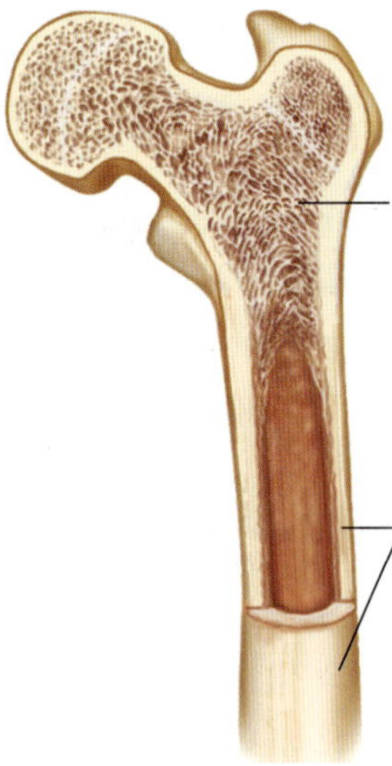

▲ 그림 7.10 뼈의 구조. 해면질골과 피질골의 밀도차이에 주목하라.

신체 작용을 위해서 이러한 무기질들이 필요할 때, 뼈가 분해되어 혈류로 방출된다. 또한 대부분의 혈액세포가 뼈 안 깊숙이 형성된다는 것을 알고 있는가?

뼈의 중요성을 생각해 볼 때, 뼈를 강하게 유지하는 것은 대단히 중요하다. 비타민 D뿐만 아니라 네 가지 무기질인 칼슘, 인, 마그네슘, 그리고 불소는 뼈를 강하게 유지하는 데 도움을 준다.

뼈는 무기질과 단백질로 이루어져 있다

우리는 뼈가 완전히 단단하다고 생각하곤 한다. 그러나 만약 그렇다면, 우리가 어떻게 농구경기를 하고 심지어 책을 양팔 가득 안고 계단을 올라갈 수 있겠는가? 뼈는 일상 생활에서 발생하는 뻗고 당기고 구부러지는 등의 활동을 견디기 위해서 강하고 유연해야 한다. 다행히도 뼈는 복잡한 일에 걸맞게 이상적으로 구성되어 있다. 약 65%의 뼈 조직은 단단함을 제공하는 여러 가지의 무기질(대부분 칼슘 혹은 인)로 이루어져 있다. 이러한 무기질들은 힘, 내구성, 그리고 유연성을 제공하는 단백질 섬유인 **콜라겐 섬유**(collagen fiber) 주변에 작은 결정들을 형성한다. 콜라겐 섬유는 아주 강해서 같은 크기의 강섬유(steel fiber)보다 강하며, 움직이는 동안 무게를 견딜 수 있도록 한다.

뼈를 아주 자세히 들여다보면 두 가지 다른 종류의 조직을 발견할 수 있다(그림 7.10): **피질골(cortical bone)**과 **해면질골(trabecular bone)**. 피질골(또는 겉질골)은 매우 밀도가 높으며, 골격의 약 80%를 이룬다. 모든 뼈의 바깥 표면은 피질골이고, 손목, 손, 발과 같은 작은 뼈 중 많은 수가 온전히 피질 골로 이루어져 있다.

반면에 해면질골은 골격의 단지 20%만을 차지한다. 긴뼈(팔과 다리뼈 같은)의 끝부분과 척추뼈, 두개골, 골반 그리고 다른 뼈들의 내부에서 찾아볼 수 있다. 해면질골은 맨눈으로 보면 해면처럼 보이기 때문에 **해면골**(spongy bone)이라 불리기도 한다. 실제로 해면질골을 현미경으로 보면 강한 자극으로부터 뼈를 보호하는 기둥이 정밀한 망 모양으로 나열되어 있다. 해면질골을 뼈의 비계(scaffolding)로 빗대어 생각할 수 있다.

어떻게 뼈를 건강하게 유지하는가?

뼈의 모양과 크기는 사춘기 이후로 크게 변하지 않지만, 뼈의 빽빽함과 강한 정도를 나타내는 **골밀도(bone density)**는 성인초기 때까지 계속해서 성장한다. 최대골형밀도는 골밀도가 가장 높은 지점으로 뼈가 가장 강한 지점이기도 하다. 여성의 골밀도의 약 90%는 17세 이전에 형성된다. 남성의 경우 최대골형밀도는 20대 때 나타난다. 그러나 여성이든 남성이든 30세가 되기 전에 최대골형밀도에 다달하고 40대가 될 때까지 골밀도는 되돌릴 수 없는 감소를 시작한다.

다른 신체 세포들이 죽고 다시 교체되듯이, 골 질량 또한 주기적으로 재순환한다. 이러한 과정을 **재형성(remodeling)**이라 부르고 기존 뼈의 분해와 새로운 뼈의 형성(그림 7.11)의 두 가지 단계가 존재한다. 뼈는 **파골세포(osteoclast)**에 의해 분해되는데, 이 세포는 골기질에 홈을 파는 효소와 산을 분비함으로써 뼈의 표면을 부식시킨다(그림 7.11a). 새로운 뼈는 **골모세포(osteoblast)** 혹은 "뼈 구축"이라고 불리는 세포를 통해 형성된다(그림 7.11b). 이 세포는 부식된 부분에 새로운 골기질을 합성한다.

젊고 건강한 성인의 경우 뼈의 형성과 분해가 같은 비율로 일어나기 때문에 골 질량이 유지된다. 40대가 되면 뼈 분해가 뼈 형성보다 더 자주 일어나게 되고 이러한 불균형이 골밀도에 점진적인 손실을 가져온다.

최대골형밀도를 이루어내기 위해서는 이번 절에서 언급된 네 가지 무기질의 충분한 섭취가 필요하며, 권장섭취량은 표 7.1과 7.2에 나타나 있다. 충분한 단백질과 비타민 D와 K 또한 필

피질골(cortical bone) 체내 대부분의 작은 뼈뿐만 아니라 모든 뼈의 바깥 표면을 구성하는 단단한 체 조직.

해면질골(trabecular bone) 장골(long bone) 말단, 척추 안 편평골(flat bone, 가슴뼈, 갈비뼈, 두개골의 대부분의 뼈), 골반뼈에 있는 다공성 골조직으로 해면골(spongy bone)이라고도 함.

골밀도(bone density) 뼈 조직의 조밀한 정도로, 뼈의 강도를 의미함. 최대골밀도는 뼈가 가장 강한 시점을 나타냄.

재형성(remodeling) 골세포가 재순환되는 두 단계 과정으로, 기존에 사용하는 뼈의 분해와 새 뼈의 생성을 포함함.

파골세포(osteoclast) 효소와 산을 분비하여 골격의 표면을 분해하는 세포로 골격 말단의 굴곡진 부분을 분해하고 골격의 기질로 흡수하여 골격이 길이 성장할 수 있도록 함.

골모세포(osteoblast) 골 형성을 촉진하는 세포로 콜라겐으로 골격의 기질을 형성한 후 석회화됨.

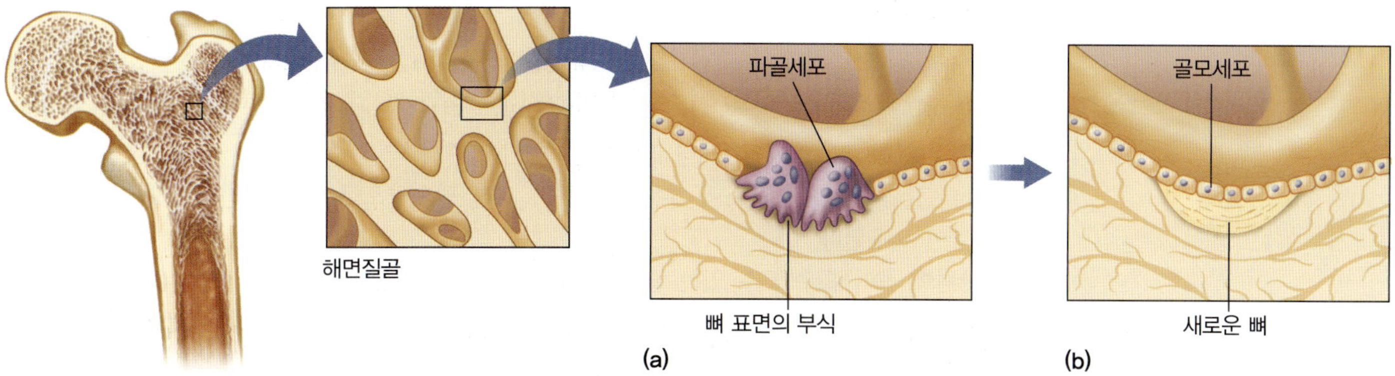

▲ 그림 7.11 뼈의 재형성은 분해와 형성을 포함한다. (a) 파골세포는 뼈를 분해하면서 무기질을 방출시킨다. 이 무기질은 혈류로 이송된다. (b) 골모세포는 부식 작용으로 인해 파인 곳을 메우어 새로운 뼈를 형성한다.

수적이다. 건강한 골밀도를 유지하기 위해서는 영양 공급뿐만 아니라 역도, 근력운동, 줄넘기, 테니스, 조깅과 걷기, 그리고 심지어 팔 벌려 높이뛰기 같은 규칙적인 체중부하운동도 필요하다. 이러한 운동들은 뼈에 자극을 주어 성장을 촉진시킨다.

요점 뼈는 콜라겐 섬유를 둘러싸는 무기질 결정으로 이루어져 있다. 뼈 조직은 파골세포가 오래된 뼈를 분해하고 조골세포가 새로운 뼈를 쌓아놓는 재형성 과정을 통해 순환한다.

칼슘은 뼈의 핵심적인 구성요소이다

칼슘은 체중의 2%를 차지하는 체내 가장 풍부한 주요 무기질이며, 전반적인 기능과 건강을 유지하는 데 많은 중요한 역할을 한다.

우리는 왜 칼슘이 필요한가?

칼슘은 체내 네 가지 중요한 역할을 한다. 첫째, 뼈와 치아의 구조를 제공한다. 체내 약 99%의 칼슘은 뼈에 저장되어 있고, 콜라겐을 바탕으로 그 위에 결정을 이루어 쌓여 있다. 남은 1%는 혈액과 부드러운 조직에서 발견된다.

칼슘은 알카리성, 혹은 염기성이며, 이러한 특성 때문에 산-염기 균형을 보조하는 데 중요한 역할을 한다. 혈액이 산성화되면 파골세포가 뼈를 분해하기 시작한다. 이를 통해 칼슘이 혈액으로 공급되고 좀 더 알카리성을 띠게 된다. 뼈에서 추출되는 칼슘의 균형을 맞추기 위해 충분한 양의 칼슘을 섭취하는 것이 중요하다.

칼슘은 또한 신경자극의 정상적인 전달에 중요한 역할을 한다. 칼슘이 신경세포로 흘러 들어가면 신경세포를 각각 구분하는 공간(synapse)을 이어서 신경자극을 전달하는 화학물질인 신경전달물질의 분비를 촉진시킨다. 충분한 칼슘 없이는 신경이 메시지를 전달할 수 없고, 따라서 혈액의 칼슘농도가 위험할 정도로 낮아지면 발작이 일어날 수 있다.

칼슘의 네 번째 역할은 근육수축을 돕는 것이다. 칼슘이 근육세포로 흘러들어 갈 때 근육이 수축되고, 칼슘이 근육세포 밖으로 빠져나갈 때 근육이 이완된다.

칼슘의 또 다른 역할에는 건강한 혈압을 유지해주며, 혈액응고를 시작하게 해주고, 다양한 호르몬과 효소를 조절한다. 칼슘은 다재 다능한 미량 영양소이다.

▲ 시금치가 많은 양의 칼슘을 함유하고 있지만 식물 속 결합인자가 대부분의 흡수를 막는다.

얼마나 많은 양의 칼슘이 흡수되는가?

생체 이용률(bioavailability)이라는 용어는 주어진 영양소를 체내에서 흡수하고 이용하는 정도를 나타내는 말이다. 건강한 남성과 임신하지 않은 여성은 대부분의 연령에서 그들이 섭취하는 칼슘의 30%를 흡수한다; 그러나 흡수율은 나이에 따라 약간 줄어들 수 있다.[21] 나이가 들어감에 따른 칼슘흡수율의 감소와 뼈를 유지하기 위한 필요량으로 인해 노인들에게 더 많은 칼슘 권장량이 요구된다.

한번에 몸이 흡수할 수 있는 칼슘량이 제한되어 있고, 한 끼 식사나 보조제의 칼슘량이 높아질수록 흡수되는 양은 줄어든다. 따라서 고용량의 보충제를 한 번 섭취하는 것보다 칼슘이 풍부한 식품을 하루 종일 섭취하는 것이 중요하다.

식이 요인 또한 칼슘의 흡수에 영향을 끼칠 수 있다. 피틴산(phytate)이나 수산염과 같은 결합인자는 칼슘이 풍부한 씨앗, 견과류, 곡류, 그리고 시금치와 근대 같은 채소에 자연적으로 존재하며, 이러한 인자들은 칼슘 흡수를 방해한다. 또한 칼슘을 철분, 아연, 마그네슘, 혹은 인과 동시에 섭취하는 것은 이러한 모든 무기질의 흡수와 사용에 방해가 될 가능성이 있다. 마지막으로 비타민 D가 칼슘 흡수에 필수적이기 때문에 비타민 D의 부족은 칼슘 생체이용률을 심각하게 제한할 수 있다. 식품에 따라 칼슘 흡수율이 어떻게 달라지는지 알기 위해서는 **영양표시 활동**(213쪽)을 보라.

유제품은 가장 흔하고 잘 흡수되는 칼슘 급원 식품이다. 탈지우유, 저지방치즈, 그리고 무지방 요구르트는 칼슘의 훌륭한 공급원이며, 지방과 칼로리가 낮다. 코티지(cottage) 치즈의 경우 제조과정에서 대부분의 칼슘이 손실되어 비교적 좋지 않은 칼슘 공급원이다. 또 다른 칼슘 흡수율이 좋은 식품으로는 뼈를 같이 먹을 수 있는 뼈째 통조림 된 생선과 케일, 순무잎, 콜라드잎, 브로콜리 그리고 청경채와 같은 녹색 채소가 있다. 이러한 채소들은 수산염이 적다. 칼슘이 강화된 음료들이 많은데, 예를 들면 칼슘이 강화된 오렌지주스, 과일 펀치, 두유, 아몬

생체 이용률(bioavailability) 섭취된 영양소가 흡수되어 사용되는 정도.

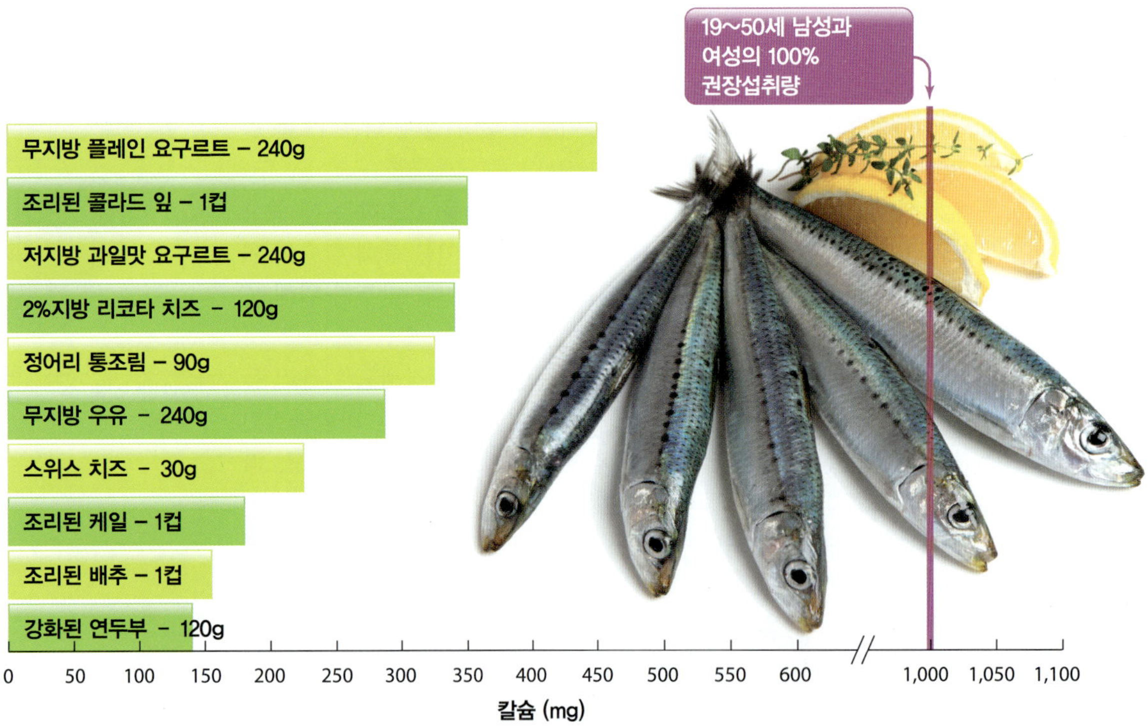

▲ 그림 7.12 주요 칼슘 공급 식품. 칼슘의 권장섭취량은 19~50세 남성, 여성 모두 하루에 1000mg이다.
Data from U.S. Department of Agriculture, Agricultural Research Service. 2009. USDA Nutrient Database for Standard Reference, Release 22. Nutrient Data Laboratory Home Page. www.ars.usda.gov/ba/bhnrc/ndl.

영양표시 활동

내가 실제로 섭취하는 칼슘의 양은 어느 정도인가?

이번 장에서 배운 것처럼 우리는 식품에 함유된 칼슘의 100%를 흡수하지 못한다. 특히 정제되지 않는 곡물이나 특정 채소처럼 섬유소, 수산염, 그리고 피틴산이 높은 식품을 많이 먹는 사람들의 경우 특히 더 그렇다. 충분한 칼슘을 포함한 식사를 하기를 원한다면, 포함하는 식품에 따라 칼슘의 흡수율이 어떻게 달라지는지 이해하는 것이 중요하다.

칼슘의 흡수율은 모든 식품에 대해 알려져 있지는 않지만, 칼슘의 좋은 공급원으로 생각되는 일반적인 식품에 대해 추정치가 나와 있다. 밑의 표에는 이러한 식품의 일부와 1인분당 칼슘량, 칼슘의 흡수율, 그리고 흡수되는 칼슘의 예상치가 나와 있다.

표를 보면 알 수 있듯이, 많은 유제품은 30%를 약간 넘는 비슷한 칼슘 흡수율을 보인다. 흥미롭게도 많은 푸른잎 채소들은 약 60%의 더 높은 흡수율을 보인다; 그러나 이러한 음식의 일반적인 제공량은 유제품들의 1인분보다 적은 양의 칼슘을 포함하고 있으므로, 같은 양의 칼슘을 얻기 위해서는 더 많은 양의 채소를 먹어야 한다. 시금치가 비교적 높은 양의 칼슘을 함유하고 있지만 흡수율이 낮다. 시금치에 수산염이 많아 칼슘과 결합하여 생체이용률을 감소시키기 때문이다.

▲ 저지방 그리고 무지방 요구르트는 칼슘의 훌륭한 공급원이다.

칼슘 권장량은 이러한 흡수율의 차이를 고려한 것임을 기억하라. 따라서 우유 한 잔의 300mg의 칼슘은 하루 칼슘 목표치 중 300mg을 차지한다. 일반적으로 코티지 치즈를 제외한 우유나 요구르트 같은 유제품은 대부분의 녹색 잎 채소가 그렇듯이 흡수율이 높고 좋은 칼슘 공급원이다. 또 다른 칼슘 흡수율이 좋은 식품으로는 칼슘이 강화된 오렌지주스, 두유, 아몬드 우유, 쌀 우유; 칼슘 처리된 두부; 그리고 강화된 아침 시리얼 등이 있다.[22] 이러한 지식을 통해서 칼슘 섭취를 최대한 활용하고 뼈의 건강을 돕는 식품을 더 잘 선택할 수 있을 것이다.

음식	제공량	1회 제공량당 칼슘 (mg)*	흡수율(%)†	흡수된 칼슘의 예상치 (mg)
플레인, 탈지우유 요구르트	240g	452	32	145
탈지우유	1 cup	306	32	98
2% 우유	1 cup	285	32	91
조리된 냉동케일	1 cup	179	59	106
삶은 순무잎	1 cup	197	52	103
잘게 썰어 조리된 냉동브로콜리	1 cup	61	61	37
삶은 콜리플라워	1 cup	20	69	14
조리된 냉동시금치	1 cup	291	5	14

*Data from U.S. Department of Agriculture, Agricultural Research Service. 2009. USDA National Nutrient Database for Standard Reference, Release 22. www.ars.usda.gov/ba/bhnrc/ndl.
†Weaver, C. M., W. R. Proulx, and R. Heaney. 1999. Choices for achieving adequate dietary calcium with a vegetarian diet. *Am. J. Clin. Nutr.* 70(suppl.):543S–548S; Weaver, C. M., and K. L. Plawecki. 1994. Dietary calcium: adequacy of a vegetarian diet. *Am. J. Clin. Nutr.* 59(suppl.):1238S–1241S.

드 우유 그리고 쌀 우유 등이 있다. 몇몇 유제품 회사들의 경우 우유에 칼슘의 양을 강화하여 출시하기도 한다. 다른 칼슘 공급 식품을 보려면 그림 7.12를 보자.

하루 칼슘 섭취량을 어떻게 추정할 수 있을 것인가?

미국의 많은 사람들은 매우 적은 양의 유제품이나 칼슘이 풍부한 채소를 섭취하기 때문에 칼슘의 권장량을 충족시키지 못한다. 월경 중인 여성은 특히 위험하다. 간편하고 빠르게 하루에 얼만큼의 칼슘을 섭취하는지 알 수 있는 방법이 있다.

식단에 충분한 칼슘이 들어 있는지 확인하기 위해서 칼슘 퀴즈를 풀어 보자: www.dairycouncilofca.org/Tools/CalciumQuiz/.

▲ 케일은 칼슘의 좋은 공급원이다.

너무 많은 양이나 적은 양의 칼슘을 섭취하면 어떻게 되는가?

일반적으로 과잉의 칼슘은 상당량 소변과 대변으로 배설되기 때문에, 건강한 사람의 경우 식품을 통해 섭취한 필요 이상의 칼슘이 심각한 중독 증상으로 이어지지는 않는다. 그러나 보조제를 통한 칼슘의 과다섭취는 다양한 무기질 불균형을 초래할 수 있다. 칼슘이 철분, 아연, 그리고 마그네슘과 같은 다른 무기질의 흡수를 방해하기 때문이다. 또한 변비를 일으킬 수도 있는데, 초과된 칼슘을 대변을 통해서 몸 밖으로 제거하려고 하기 때문이다. 심각한 혈액에 칼슘이 과다한 고칼슘혈증은 죽음으로 이어질 수 있다.

너무 적은 칼슘을 섭취할 때 단기적으로는 특별한 증상을 보이지 않는다. 식이 칼슘이 낮을 때, 신체는 칼슘을 뼈에서 끌어옴으로써 혈액 내의 칼슘 농도를 유지시킨다. 장기적으로 봤을 때 불완전한 칼슘의 섭취는 골다공증의 원인이 된다. 이 질병은 곧 자세히 다루어질 것이다. 뼈를 최대한 단단하게 유지하기 위해서 매 끼니마다 칼슘이 풍부하고 또한 지방과 칼로리가 낮은 메뉴를 선택하는 것이 중요하다.

▲ 인산형태의 인은 청량음료의 주요 구성요소이다.

요점 칼슘은 체내에 가장 풍부한 무기질이고 뼈의 매우 중요한 구성요소이다. 뼈 속 칼슘은 식이 섭취가 불안전할 경우 혈액 내 일정한 칼슘 농도를 유지하기 위해 사용된다. 칼슘은 또한 정상적인 신경과 근육의 기능에 필수적이다. 유제품, 칼슘이 강화된 주스와 두유, 그리고 몇몇 녹색 잎 채소들은 훌륭한 칼슘 공급원이다.

인은 뼈의 무기복합물의 일부분이다

우리가 앞서서 언급했듯이, 주요 무기질 인은 세포 속 칼륨과 함께 바른 체액 평형을 유지하는 것을 돕는다. 인은 뼈를 딱딱하게 하는 무기질 결정의 일부분이기 때문에 뼈 형성에서도 중요한 역할을 한다. 체내 인의 약 85%가 뼈에 저장되어 있고, 나머지는 근육과 내장과 같은 부드러운 조직에 저장되어 있다.

덧붙여, 인은 에너지 분자인 아데노신 3인산(ATP)의 주된 구성요소이다. 또한 효소를 활성화시키거나 비활성화시키고 DNA와 RNA 등의 유전물질의 구성성분이며, 세포막, 그리고 지단백질(lipoprotein)의 구성요소이다.

인은 다양한 음식에 골고루 들어 있으며, 단백질이 들어 있는 음식에 많이 함유되어 있다 (그림 7.13). 우유, 고기, 그리고 계란이 좋은 공급원이다. 인은 많은 가공식품에 첨가되어 부드

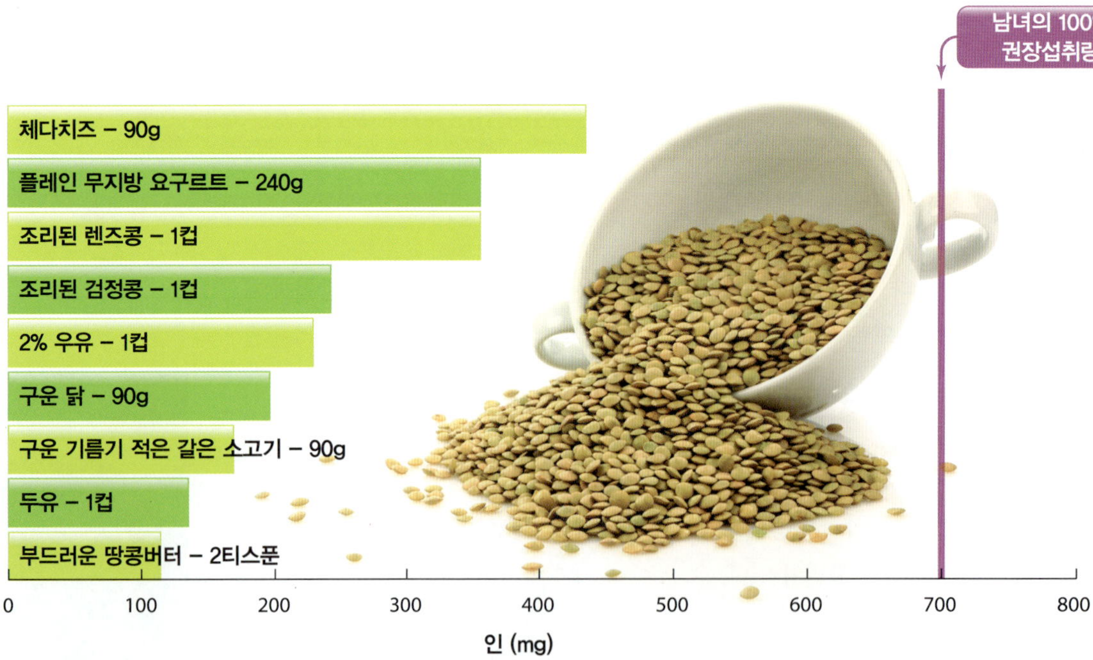

▲ 그림 7.13 인의 주요 급원 식품. 인의 하루 권장섭취량은 700mg이다.
Data from U.S. Department of Agriculture, Agricultural Research Service. 2009. USDA Nutrient Database for Standard Reference, Release 22. Nutrient Data Laboratory Home Page. www.ars.usda.gov/ba/bhnrc/ndl.

러움, 결합력, 촉촉함 등을 향상시켜준다. 인산염의 형태로 많은 청량음료의 주 구성성분이기도 하다. 청량음료의 섭취가 낮은 골밀도와 연관이 있다는 연구가 많이 발표되고 있다. 이러한 연관성을 가장 잘 설명해 주는 것이 **우유 대체 효과**(milk-displacement effect)이다; 그것은 청량음료가 우리의 식단에서 우유를 대체하게 되어 칼슘과 비타민 D를 부족하게 만든다는 것이다.

혈액 내 높은 인산 수치는 근육 경련과 발작을 일으킬 수 있다. 인 결핍은 드물지만 알코올 중독, 미숙아, 그리고 빈약한 식사를 하는 노인들에게 나타날 수 있다.

마그네슘은 뼈와 연조직에서 찾을 수 있다

마그네슘은 주요 무기질이다. 약 50~60%의 체내 마그네슘이 뼈 내에 있고 나머지는 연조직 내에 존재한다. 마그네슘은 칼슘 균형을 조절하고 비타민 D와 부갑상선 호르몬과의 상호작용을 통하여 뼈를 결정화하는 데 영향을 미친다.

마그네슘은 300여 가지가 넘는 효소 체계를 보조하여 DNA와 단백질 합성과 복구뿐만 아니라 ATP를 생산하는 역할에 관여하기도 한다. 또한 근육 수축과 혈액 응고를 돕기도 한다.

마그네슘은 시금치 같은 푸른 잎 줄기채소, 전곡류, 씨앗, 그리고 견과류 등에 함유되어 있다. 또 다른 좋은 공급원으로는 해산물, 콩류 그리고 일부 유제품이 있다(그림 7.14). 식수의 마그네슘 함유량은 상당히 다양하다: 물이 더 "경수일수록", 더 많은 마그네슘이 포함되어 있다.

뼈를 형성할 때 마그네슘의 역할을 고려하면, 장기적 마그네슘 결핍이 골다공증과 연결된다는 것이 놀라운 일은 아니다. 마그네슘 결핍은 또한 근육 경련, 발작, 메스꺼움, 쇠약, 과민, 그리고 혼란 등을 일으킨다. 신장질병, 만성 설사, 혹은 만성 알코올 중독으로 인해 마그네슘 결핍이 발생할 수 있으나 규칙적으로 너무 많은 양의 섬유질을 섭취하지 않는 한 건강한 성인에게는 드물다. 식이섬유는 건강에 중요하지만 섬유질은 마그네슘과 결

▲ 초콜릿칩, 견과류, 씨앗 등이 든 트레일 믹스는 일반적인 마그네슘 공급 식품이다.

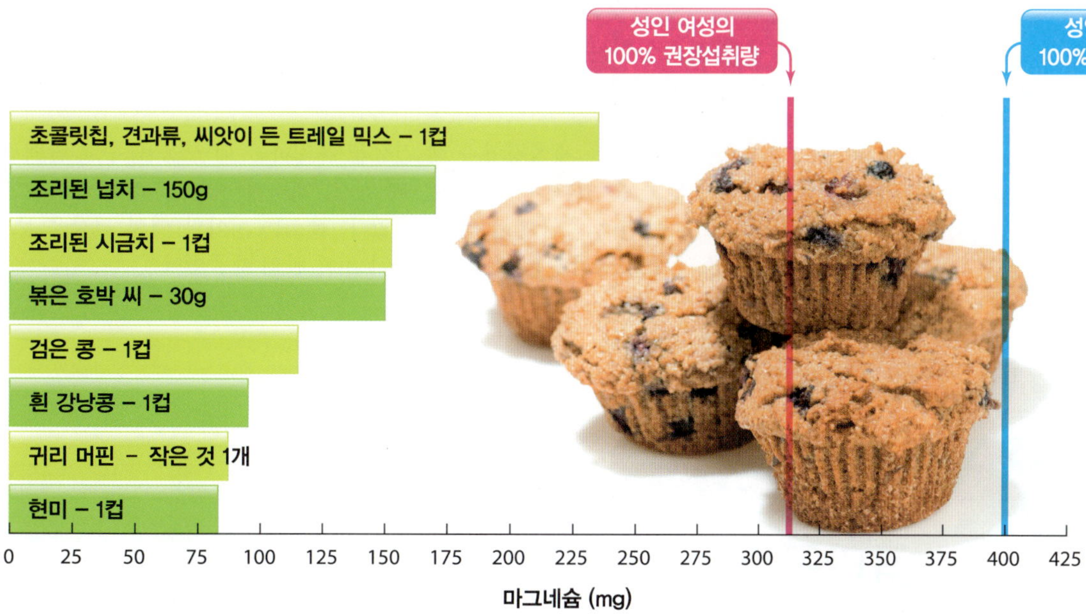

▲ **그림 7.14** 주요 마그네슘 급원 식품. 19~30세 성인 남성의 마그네슘 하루 권장량은 400mg; 31세 이상의 남성의 하루 권장량은 420mg으로 증가한다. 19~30세 성인 여성의 마그네슘 하루 권장량은 310mg; 31세 이상의 여성의 경우 320mg으로 증가한다.

Data from U.S. Department of Agriculture, Agricultural Research Service. 2009. USDA Nutrient Database for Standard Reference, Release 22. Nutrient Data Laboratory Home Page. www.ars.usda.gov/ba/bhnrc/ndl.

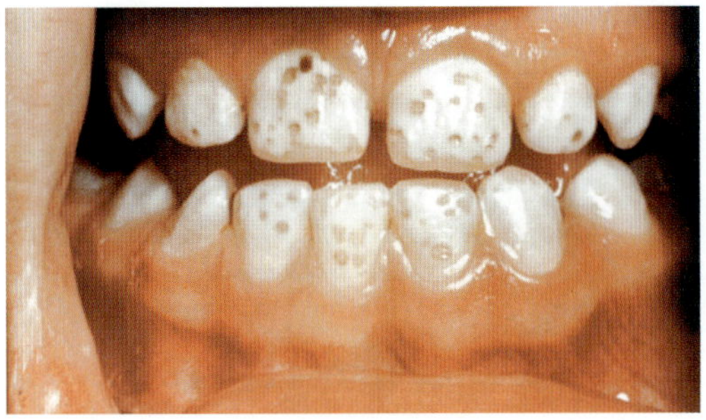

▲ 그림 7.15 불소를 과다 섭취하는 것은 불소침착증을 일으키며, 치아가 얼룩덜룩하고 패이게 만든다.

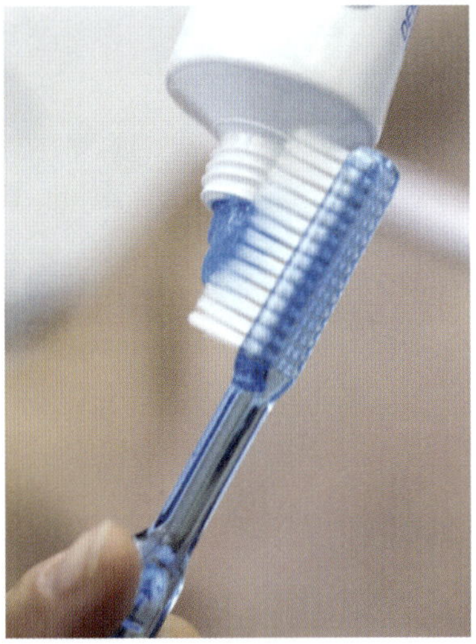

▲ 불소는 불소처리된 물과 치아 관리 상품을 통해 이용 가능하다.

불소침착증(fluorosis) 치아가 착색되고 부식되는 현상으로 불소의 비정상적인 과다 섭취에 기인.

골다공증(osteoporosis) 골질량이 감소하고 골 조직이 퇴화되어 골격이 부서지거나 부러지기 쉬워짐.

합하여 소장에서의 흡수를 막는다. 따라서 마그네슘 결핍은 과다한 섬유질을 섭취하는 사람들에게 발생할 수 있다. 마그네슘 결핍을 방지하기 위해서 성별과 나이에 따라 매일 하루에 19~38g의 섬유소 권장량을 섭취하라.

마그네슘 중독은 고효능 보조제를 섭취하는 사람들을 제외하고는 드물게 발생한다. 마그네슘 중독 증상으로는 설사, 메스꺼움 그리고 복부경련이 있다. 극단적인 경우, 중독은 산-염기 균형을 깨뜨리고 심한 탈수 증세와 심장마비를 가져오며, 심지어 죽음에까지 이르게 할 수 있다.

불소는 치아와 뼈를 돕는다

불소는 미량 무기질이다. 약 99%의 불소는 치아와 뼈에 저장되어 있다. 유아치와 영구치가 성장할 때, 불소는 칼슘 및 인과 결합하여 치아가 산과 박테리아의 공격에 더 잘 견딜 수 있도록 만든다. 따라서 충치를 방지하기 위해서는 불소를 이용하여 치아를 관리하는 것이 좋다. 불소는 또한 새로운 뼈의 성장을 촉진하고, 최근에는 골다공증의 치료제로써의 가능성도 연구되고 있다.

미국 내 사람들에게 불소의 두 가지 주요 공급원은 불소화된 식수와 치약과 구강청결제 같은 치아 관리 제품이다. 불소 제품들은 처방전이 있어야 사용 가능하며 일반적으로 불소화된 물을 사용할 수 없는 어린아이들에게만 주어진다. 차는 불소화된 물로 만들었는지 여부와 상관없이 상당한 양의 불소를 함유한다. 습관적으로 차를 마시는 사람들(6년 이상) 이 그렇지 않은 사람들에 비해서 상당히 높은 골밀도를 갖는다는 보고가 있다.[24]

불소를 너무 많이 섭취하는 것은 치아 에나멜의 단백질을 증가시켜 **불소침착증(fluorosis)**이라는 증상을 일으킨다. 늘어난 단백질은 에나멜을 다공성으로 만들어 치아는 얼룩지고 울퉁불퉁해진다(그림 7.15). 치아는 일생의 첫 8년 동안 불소침착증에 걸릴 위험이 가장 크다. 약한 불소침착증은 치아에 흰색 자국을 만들며 불소침착증은 치아기능을 악화시킨다.[21]

불소결핍의 가장 큰 문제는 충치 위험성을 증가시킨다는 것이다.[21] 치아 손상의 위험성을 줄이기 위해서 알맞은 양의 불소섭취는 어릴 때도 또한 성인이 되어서도 필수적이다. 올바르지 못한 불소섭취는 낮은 골밀도와 관련이 있다. 골다공증 예방에 불소가 만연하게 사용되고 있으나 과연 불소가 효과적인지를 증명하는 연구결과는 충분하지 않다.

요점 주요 무기질 인은 체액평형과 뼈 건강을 유지하는 데 도움을 주고 단백질이 많은 식품에서 얻을 수 있다. 마그네슘은 뼈 건강, 에너지 생성, 그리고 근육 기능에 중요한 주요 무기질이고, 다양한 식품군에서 얻을 수 있다. 불소는 치아와 뼈의 건강을 보조하는 미량 무기질이다. 불소의 주요 공급원은 불소화된 물과 치아 관리 제품이다.

건강 감시

골다공증에 걸릴 위험이 있는가?

뼈 건강과 관련된 많은 문제 중 가장 만연해 있는 것은 **골다공증(osteoporosis)**이다. 골다공증에 걸린 사람의 뼈 조직은 건강한 사람보다 훨씬 더 구멍이 많고 얇다. 이러한 구조 변화는 뼈를 약화시켜 무게를 지탱하는 능력을 상당부분 감소시키고 골절의 위험을 증가시킨다(그림 7.16).

골다공증은 노년층에서 경험하는 엉덩이와 척추 골절의 가장 큰 원인이다. 이러한 골절은 매우 고통스럽고 심신을 쇠약하게 하며, 가정과 노인요양원에서 간호를 필요로 하게 된다. 또한 우리가 앞서 살펴본 댄서 에리카 굿맨의 이야기처럼, 감염과 다른 질병에 걸릴 위험을 증가시켜 조기 사망에까지 이르게 만들기도 한다. 사실 엉덩이 골절을 경험한 노인의 24%가 골절이 일어난 후 일 년 이내에 사망한다.[25] 척추에 발생한 골다공증은 키를 작아지게 만들며 신체를 일그러뜨릴 수 있다: 등 위쪽 척추에 점진적으로 압박골절이 생기면서 척추가 짧아지고 휘는 것을 **척추 후만증**(kyphosis)이라 부른다. 일반적으로 **과부의 혹**(dowager's hump)이라 지칭하기도 한다(그림 7.17).

안타깝게도, 골다공증은 흔한 질병이다: 전세계적으로 50세 이상 여성 세 명 중 한 명이, 남성 다섯 명 중 한 명이 영향을 받고 있으며, 미국에서는 천만 명 이상의 사람들이 골다공증 진단을 받았다.[26,27]

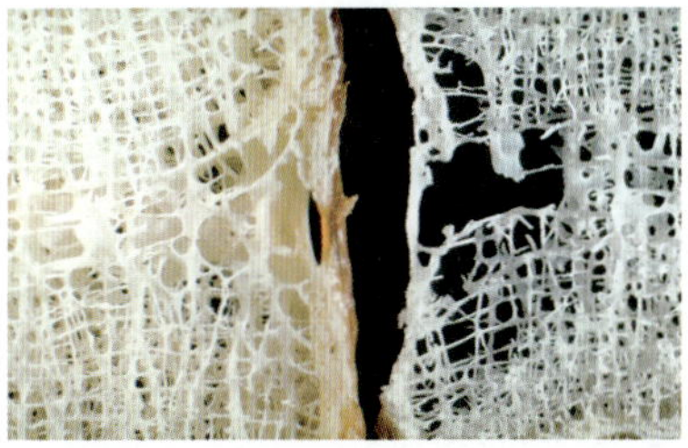
▲ 그림 7.16 건강한 사람의 등골뼈(왼쪽)는 더 촘촘하고 일정한 반면, 골다공증에 걸린 사람의 등골뼈(오른쪽)는 얇고 부서져 있다.

골다공증 위험요소

다음의 요소들은 골다공증 위험에 영향을 준다.

- **나이.** 골밀도는 나이가 들면서 감소하기 때문에, 낮은 골질량과 골다공증은 남녀 가리지 않고 노년층에게는 주요한 건강 문제이다. 남성과 여성의 생식 호르몬은 새로운 뼈가 축적되는 것을 돕고 파골세포의 활동을 제한하는 데 중요한 역할을 한다. 나이가 들면서, 생식 호르몬의 생산이 감소한다. 이는 뼈를 파골세포에 더 민감하게 만들어 뼈 질량이 점진적으로 손실된다. 남녀가 모두 영향을 받지만, 여성의 경우 변화는 더 극적으로 일어나 폐경 이후 5~7년간 뼈 질량의 20%를 잃어버린다.[25] 또한 노년층은 신체활동이 줄고 비타민 D의 대사능력도 감소하여 호르몬 관련 뼈 손실을 악화시킨다.
- **성별.** 골다공증을 앓고 있는 미국인의 약 80%는 여성이다. 이렇게 큰 발병률은 단순히 여성이 나이가 들며 생식 호르몬이 극적으로 줄어들기 때문만은 아니다. 여성은 남성보다 처음에 더 낮은 골밀도를 지니고 태어나며 남성보다 더 오래 산다는 사실도 이러한 현상을 설명한다. 여성들에게 가해지는 날씬한 몸에 대한 사회적 압박 또한 여성들을 극도로 다이어트 하게 만들며 뼈를 약하게 하는 두 번째 요인이 될 수 있다. 영양 실조와 무월경을 경험할 수 있고 이는 생식 호르몬이 뼈에 주는 도움을 감소시킨다. 다이어트를 심하게 하는 것은 뼈가 형성되는 과정에서 충분한 영양소의 섭취가 필수적인 청소년에게 특히 해롭다. 반대로 남성은 주로 근력운동을 통해 "몸을 키워야" 한다는 압력을 받는다. 이것은 뼈에 건강한 자극을 주고 밀도를 증가시킨다.
- **유전.** 골다공증의 집안내력은 질병의 위험성을 증가시킨다. 특히 골다공증을 앓는 가까운 가족(엄마나 자매)이 있는 저체중의 백인 여성이 가장 위험하다. 아시아 여성들도 위험도가 높다.
- **흡연.** 담배를 피우는 것은 뼈의 재형성에 관여하는 호르몬에 영향을 주어 골밀도를 감소시킨다; 따라서 흡연은 골다공증의 위험을 높인다.
- **영양.** 골다공증발병 위험에 영향을 주는 영양 요인으로는 전체 에너지 섭취량, 단백질, 칼슘, 비타민 D, 그리고 과일과 채소가 있다.[28] 과다하게 먹는 식습관이나 불충분한 에너지 섭취 또한 뼈에 좋지 않다. 건강한 뼈를 유지하기 위해 충분한 양의 식이칼슘과 단백질이 함께 필요하다는 점에서 둘 사이에 상호작용이 있는 것으로 보인다. 또한 과일과 채소가 많은 식단은 뼈의 건강을 향상시키는데[29,30] 이는 과일과 채소가 마그네슘, 비타민 C와 비타민 K 등을 함유하여 뼈와 콜라겐 건강에 중요하기 때문이다. 마지막으로 만성적인 알코

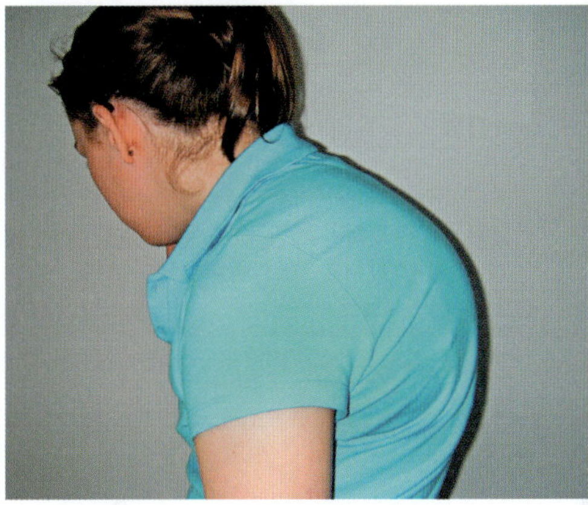
▲ 그림 7.17 등 위쪽 척추에 가해지는 점진적인 압박은 척추후만증이라 불리며 등뼈를 짧고 휘게 만든다.

▲ 흡연은 골다공증의 위험을 증가시키고 골절을 일으킨다.

▲ 규칙적인 체중 부하 운동, 조깅은 뼈 질량이 유지될 뿐만 아니라 증가시킬 수 있다.

당신이 알게 되면 좋아할 식품

케피어(Kefir)

약간 시큼한 발효유인 케피어(우유를 발효시킨 음료)는 마실 수 있는 요구르트 같은 것이며, 요구르트보다 더 나은 것이라고 주장한다. 이유는 여러 가지로 만들어 낼 수 있기 때문이다. 그것은 질병을 일으키는 균을 싸워 이길 수 있는 유익한 효모뿐만 아니라 그냥 요구르트에서 발견되는 것보다 더 많고 유익한 박테리아와 균주(strain)를 포함할 수 있다.

요구르트에 비해 응유(curd, 치즈의 원료)가 작고, 그래서 소화가 더 쉽게 될 수 있다. 게다가, 케피어의 일부 브랜드는 같은 양에 우유나 요구르트보다 더 많은 칼슘을 제공하며 뼈 건강을 유지해주는 마그네슘, 인, 여러 가지 비타민이 풍부하다고 한다. 케피어는 플레인(plain)이나 과일 맛으로 대부분 대형 슈퍼마켓에서 판매된다. 그것은 보통 되직하나 바나나, 딸기, 또는 다른 감미로운 과일의 덩어리와 함께 혼합하여 쉽고 맛있는 스무디를 만들 수 있다.

울 중독은 뼈 건강에 해로우며 골절의 확률을 높인다.[28]

- 신체 활동. 규칙적인 운동은 골다공증과 뼈 골밀도 손실을 크게 예방한다. 운동선수는 운동을 하지 않는 사람보다 좀 더 일관되고 밀집화된 뼈 구조를 가지고 체중 부하운동, 걷기, 조깅, 테니스 및 근력운동 등을 규칙적으로 하게 되면, 뼈 질량이 유지될 뿐만 아니라 증가될 수 있다. 운동을 하게 되면 뼈를 잡아당기게 되어 근육과 접촉하게 된다; 이러한 자극은

뉴트리-케이스 구스타보

"나는 아내 안토니아(Antonia)의 엉덩이 뼈가 부러져 충격을 받았다. 같은 상황이 장모님에게도 일어났으나, 장모님은 이미 늙은 나이였다. 안토니아는 68세이며, 적어도 나에게는 여전히 어리고 예뻤다. 주치의는 아내의 병이 낫자마자, 뼈 구조가 어떤지 골밀도 검사를 하자고 했다. 하지만 나는 누구나 이야기하는 그 병을 아내가 가지고 있다고 생각하지 않았다. 왜냐하면 아내는 늘 체중 관리를 하고 있었으며, 우리 아이들이나 손녀손자들과도 함께 활동적으로 생활했기 때문이다.

아내는 사실 커피와 콜라를 즐겨 마시고, 우유를 마시지 않는다. 하지만 그것이 뼈를 부러뜨린다고 할 수는 없지 않는가?"

어떠한 생활요소가 안토니아의 골다공증을 증가시키고 위협하는가? 어떠한 요소가 위협적인 요소인가? 구스타보에 영양섭취와 생활습관에 대해 말했는데, 그는 골밀도 검사에 결과를 받도록 그녀에게 말해야 한다고 생각하는가? 왜 그런가 아니면 왜 그러지 않은가?

당신은 어떤가요?

당신의 골다공증 위험을 예상해 보자

여성 두 명 중 한 명과 남성 네 명 중 한 명이 일생에서 골다공증을 경험한다.[25] 하지만 당신이 위험할 수 있다고 이미 알고, 체중 부하 운동이나 칼슘과 비타민 D를 충분히 섭취하고, 최대 뼈 질량을 유지한다면, 이 같은 위험을 막을 수 있다.

미국골다공증재단의 설문지로 골다공증 발달의 위험을 알아낼 수 있다. 각 질문의 적절한 대답에 동그라미를 표시해 보자. 예가 많을 경우, 일반인보다 더 위험 그룹에 속해 있을 수 있다.

- 당신은 적거나 약한 뼈 구조를 가지고 있거나/ 백인이거나 아시아인인가요?
  예 / 아니오
- 당신은 표준 체중 이하인가요?
  예 / 아니오
- 가족, 친척 중 뼈가 부러진 적이 있나요?
  예 / 아니오
- 당신이 여성인 경우, 12개월 넘게 월경이 멈춘 적이 있나요? (임신 때문이 아닌)?
  예 / 아니오
- 당신은 갑상선 치료, 글루코코르티코이드(예를 들면 부신 피질 호르몬제) 같은 약을 3개월 이상 복용하고 있나요?
  예 / 아니오
- 과민성 대장 증후군 또는 셀리악병과 같은 만성 질병에 의한 설사를 빈번히 하나요?
  예 / 아니오
- 당신의 식습관에서 칼슘, 유제품 섭취를 적게 하나요?
  예 / 아니오
- 하루의 대부분의 시간을 적은 신체활동과 앉아서 생활을 자주 하나요?
  예 / 아니오
- 당신은 담배를 피우나요?
  예 / 아니오
- 여성의 경우 하루에 1잔 알코올 섭취 또는 남성의 경우 하루에 2잔 알코올 섭취를 하나요?
  예 / 아니오

설문에 예(yes)를 한다고 해도, 당신은 골다공증이라는 뜻은 아니다.[25] 그러나 퀴즈의 결과에 따라 뼈 골밀도 검사를 받아야 하는지 의사와 상의하고 조언을 받을 필요가 있다는 것을 말해준다.

뼈 밀도를 증가시키는 데 도움을 준다. 건강한 체중을 유지하기 위한 충분한 식사를 하지 않는 경우, 격렬한 운동은 신체에 해로울 수 있다.

당신은 골다공증 위험을 평균보다 더 높게 가지고 있나요? 더 나이든 친척의 경우는 어떤가요? 바로 위의 **당신은 어떤가요?**를 참고하라.

골다공증의 치료

골다공증에 대한 치료법은 없지만, 다양한 치료는 뼈의 손실을 느리게 하며 줄인다. 첫 번째, 골다공증을 가진 사람은 적절한 칼슘, 비타민 D, 비타민 K 그리고 다른 뼈를 구성하는 영양소가 함유된 음식을 충분히 섭취하고, 규칙적으로 운동하는 것이 좋다. 연구 결과 가장 효과적인 운

나는 어디에 있을까?

만약 당신이 보통 육류, 가금류와 또는 생선류를 먹지 않는다면, 매일 적절한 철분 섭취를 하는지 어떻게 할지 써보라.

당신은 이 장을 읽으며, 충분한 칼슘 섭취를 하고 있다고 생각하는가?

예 / 아니오

만약 아니라면, 어떻게 칼슘 섭취를 높일 수 있는가? (당신에게 해당되는 것에 체크하세요):

- □ 자주 저지방 우유, 칼슘 강화 음료를 마신다.
- □ 차나 커피에 추가로 저지방 우유를 넣는다.
- □ 저지방 요구르트 치즈를 많이 먹는다.
- □ 녹황색, 잎 채소를 많이 섭취한다.
- □ 칼슘 강화 시리얼과 에너지바를 선택하여 섭취한다.
- □ 칼슘 보충제를 섭취한다.

동은 체중 부하 운동과 조깅, 계단 오르기, 저항력운동 등이 있다.[31]

골다공증이 단지 나이든 여성의 병인가? 10대들과의 이러한 인터뷰는 당신의 생각을 바꿀 것이다. www.webmd.com/video/teen-osteoporosis-screening. 비디오를 체크해 보자.

게다가, 뼈골절을 천천히, 그리고 멈추게 하지만 뼈 형성에 영향을 끼치지 않는 여러 가지 약물이 있는데, 약물치료 결과, 전반적인 뼈 감소, 뼈 질량 손실은 멈출 수 있다. 호르몬 대체요법(hormone replacement therapy, HRT)은 여성에서 골다공증의 예방을 위해 사용되어 왔지만 현재 논란이 많이 되고 있다. 호르몬 대체요법은 뼈손실을 감소시키고, 뼈 밀도를 증가시키며, 엉덩이와 척추 골절의 위험을 감소시킨다. 하지만 유방 위축(압통), 기분상태 변화, 질 출혈(vaginal bleeding)과 담낭질환을 증가시키는 부작용을 가진다. 게다가, 최근 연구에 따르면 특정 호르몬 대체요법은 여성에게서 심장질환, 뇌졸중, 유방암이 증가된다는 결과가 조사되고 있다. 이와 같이, 호르몬 대체요법에 의한 골절위험 감소라는 장점과 다른 질병의 위험도 증가라는 단점을 고려하여 결정을 하여야 한다.

요점 골다공증은 골절의 위험도를 증가시키며 차후의 질병으로부터 조기 사망을 야기한다. 골다공증의 위험을 증가시키는 요인으로는 유전, 여성, 백인 혹은 아시아인, 흡연, 음주, 좌식 생활(sedentary lifestyle), 낮은 칼슘과 비타민 D 섭취 등이 있다. 골다공증을 치료하고 예방하는 약물들도 있다.

복습

오늘 내가 해 볼 수 있는 것은?

이 장을 읽고, 다음 세 가지를 실천해 보자.

- 고혈압 치료식(DASH diet)에서 권장하듯 채소와 과일을 8 또는 10접시를 먹어 보자.
- 하루에 세 번, 칼슘이 들어 있는 음료와 칼슘 강화된 오렌지주스, 우유, 요구르트 스무디, 커피라테, 칼슘이 강화된 콩, 아몬드, 쌀우유를 마시자.
- 하루에 적어도 30분씩 운동을 하자.

스스로 평가하기 정답

1. 거짓. 미국식 식사에서는, 나트륨은 대부분 가공식품이나 외식에 첨가되는 소금(염화나트륨)으로 섭취된다.

2. 거짓. 미국에서는 요오드가 전부는 아니지만 대부분의 소금에 첨가되어 있다. 식품내용 표시라벨에서 이온화라는 표시를 살펴보자.

3. 참. 세계적으로, 철 결핍은 대부분은 유아, 어린이, 가임기 여성들에게서 많이 발생한다.

4. 거짓. 골다공증은 보통 노년의 여성들에게 많이 나타나지만, 노년의 남자들에게도 위험요인이 증가하고 있으며, 여성에 경우 중년여성에서도 나타난다. 청소년기 여성에게서 여자 운동선수 3인조(female athlete triad)라고 불리는 식사 섭취, 월경 주기가 불규칙이 골다공증을 발생시킬 수 있다.

5. 참. 흡연은 뼈를 생성하는 호르몬에 영향을 주어 뼈질량에 해로운 영향을 줄 수 있다. 흡연자에 경우 골다공증과 골절에 위험이 증가할 수 있다.

영양도구

아래 내용들을 포함한 상호작용적 애니메이션에 접속하기 위해 www.pearsonhighered.com/thompsonmanore나 MyNutritionLab.com 웹사이트를 확인해 보자.

- 당신의 칼슘 급원
- 당신의 철 급원
- 무기질의 기능성 등을 확인할 수 있다.
- 점심 먹으러 가자!: 무기질
- 영양소: 비타민 또는 무기질?

단원 문제

맞는 것에 동그라미 표시하세요.

1. 세포막에 관한 설명 중 맞는 것은?

a. 물과 모든 전해질이 자유롭게 통과한다.
b. 모든 전해질은 자유롭게 통과하지만 물은 통과하지 못한다.
c. 물은 자유롭게 통과하지만 모든 전해질은 통과하지 못한다.
d. 통과하지 못한다.

2. 철에 관한 설명 중 옳은 것은?

a. 철은 심근과 골격근에 저장된다.
b. 철은 특정 효소들과 헤모글로빈, 미오글로빈(myoglobin)의 구성성분이다.
c. 철은 적혈구, 백혈구, 혈소판과 혈장의 구성성분이다.
d. 철분은 어린 여자아이보다 중년의 여성에게 더 필수적이다.

3. 미국의 많은 시판 소금은 세 가지 중요한 영양소를 가진다
   a. 나트륨, 염화물과 요오드.
   b. 나트륨, 칼륨과 요오드.
   c. 나트륨, 칼륨과 염화물.
   d. 나트륨, 칼슘과 마그네슘.

4. 해면질골(trabecular bone)에 대한 설명 중 옳은 것은?
   a. 뼈대의 80%를 차지한다.
   b. 모든 뼈의 중심부다.
   c. 치밀골(compact bone)이라고도 부른다.
   d. 골피질(cortical bone)의 발판을 제공한다.

5. 칼슘은 몇몇 체내 기능에 필수적이다. 아래에서 맞는 것은?
   a. 헤모글로빈 생성, 신경전달 및 면역 반응
   b. 연골 형성, 신경전달 및 근육 수축
   c. 뼈와 혈액 생성, 면역 반응 및 근육 수축
   d. 뼈 생성, 신경전달 및 근육 수축

6. 참 / 거짓 뼈를 형성하는 작용을 하는 세포를 뼈를 생성하는 조골세포와 뼈를 파괴하는 파골세포라고 하며 재형성이라고 한다.

7. 참 / 거짓 적혈구는 철을 함유한다.

8. 참 / 거짓 황은 영양섭취기준이 없다.

9. 참 / 거짓 아연 결핍과 과잉은 둘 다 면역 기능을 약화시킨다.

10. 참 / 거짓 골다공증은 골절 통증과 쇠약으로 이어질 수 있으며, 조산과는 관련이 없다.

단원 문제에 대한 정답은 이 책 뒤쪽에 있습니다.

8

수분평형, 물, 알코올

스스로 평가하기

다음 문장들은 참인가요, 거짓인가요? 답이라고 생각하는 곳에 동그라미를 표시하세요.

1. 참 / 거짓 체중의 50~70% 가량은 물이 차지하고 있다.
2. 참 / 거짓 더 이상 갈증을 느끼지 않을 때까지 수분을 섭취하면 필요한 만큼 공급된다.
3. 참 / 거짓 지속적인 구토증상이 불편하긴 하지만 장기적으로 건강에 부정적인 효과를 나타내지는 않는다.
4. 참 / 거짓 알코올 섭취는 21세 미만의 사망원인 중 선두를 차지한다.
5. 참 / 거짓 탄산이 포함된 알코올 음료는 탄산이 포함되지 않은 것에 비해 더 빨리 흡수된다.

스스로 평가하기의 정답은 이 장 마지막 부분에 있습니다.

피트니스 강사인 22세 데이빗 로저는 2007년 4월 런던 마라톤에 참가하였다. 마라톤에 처음 출전하는 기쁨에 겨워 달리면서 부모에게 손을 흔들고 기뻐하며 도약하였다. 그러나 3시간 50분 만에 종료지점을 통과한 즉시 데이빗은 쓰러지고 말았다. 병원으로 급히 옮겨 혼수상태에 있다가 다음날 사망하였다. 경기가 있던 날 23°C에 불과했으나 공식적인 사망원인은 탈수가 아니라, 혈중의 나트륨 농도가 낮은 저나트륨혈증이었다. 간단히 말하며 데이빗은 물을 너무 마셔서 사망한 것이다.

저나트륨혈증은 대개 **수분중독**(water intoxication)이라 불리는 문제로 인해 발생한다. 이러한 문제는 과잉의 수분을 섭취하도록 강요 당하는 신입생환영회에 참석한 대학생, 많은 양의 수분을 섭취하고 소금섭취는 제한하는 다이어트 시도자와 사이클 선수, 트라이애슬릿 선수, 도보여행자와 같이 지구력을 요하는 활동에 참여하는 사람들에게서도 나타난다. 2002년 보스톤 마라톤 경기에서 28세의 참가자도 저나트륨혈증으로 사망하였는데, 참가자들을 분석해 보면 경기 종료 시까지 13%가 저나트륨혈증을 나타내었다.[1]

저나트륨혈증을 일으키는 요인은 무엇이고 탈수와 어떻게 다를까? 당신은 어느 쪽이든 위험요인을 가지고 있는가? 스포츠음료는 수분 불균형에 대한 보호기능이 있는가? 덥고 습한 오후 경기 시작 시 동료 선수가 전날 밤 과음을 하고 아침에 두 번이나 구토한 사실을 털어놓는다면 그 동료에게 코치에게 이 사실을 이야기하도록 다그치겠는가? 만일 그렇다면 이유는?

당신은 전해질이 신체 수분의 세포내외 균형을 유지하는 무기질임을 배웠다. 물과 음용수는 신체의 수분을 적정하게 유지한다. 이 장에서 우리는 그 과정에 대해 이야기하고 신체 수분이 균형을 이루지 못할 때 발생하는 문제를 살펴보고자 한다. 또한 적절한 음주의 이점과 남용 등, 알코올 효과에 대해서도 이야기하겠다.

어디서부터 시작할까?

수분을 하루에 평균적으로 얼마나 섭취하는가? (한 컵은 200ml, 음료 한 캔은 보통 360ml)

어떤 종류의 음료를 섭취하는가? (물, 비알코올성 음료, 에너지드링크 등) 모두 나열해 보세요.

신체의 수분상태를 적절히 유지할 수 있는 수준으로 수분을 섭취하는가?

예 / 아니오

알코올을 섭취하는가?

예 / 아니오

알코올을 섭취한다면, 음주가 건강, 사회생활, 학업에 미치는 위험에 대해 잘 알고 있다고 확신하는가?

□ 매우 그렇다.

□ 조금 그렇다.

□ 그렇지 않다.

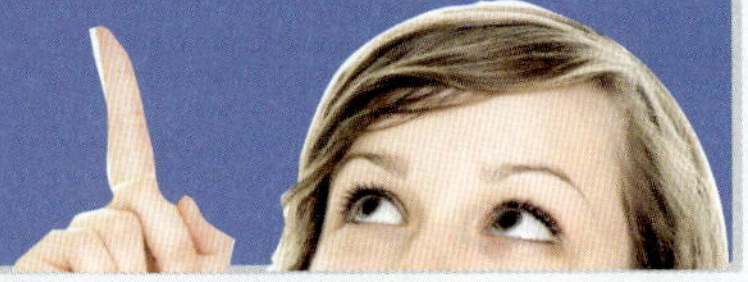

▲ 나이가 들면서 체수분 함량은 감소한다. 영아기 체중의 75% 수준이던 체수분 함량이 노인기에는 50% 이하에 지나지 않는다.

유동액은 무엇이며 그 기능은 무엇인가?

물, 오렌지주스, 혈액, 소변은 모두 유동액이다. 무엇이 유동액의 특성을 만들까? **유동액(fluid)**의 특성은 자유롭게 이동하며 형태에 가변성이 있어서 그것이 담겨진 용기의 모양에 따라 형태가 달라진다. 이런 특성이 중요하게 보이지 않을 수 있다. 그러나 이 장을 공부하면서 우리 몸의 세포와 조직의 유동액이 신체 기능에 매우 중요하다는 것을 배우게 될 것이다.

물은 모든 종류의 체액을 구성하는 주요 성분이다. 무색, 무취, 무미의 액체인 순수한 물은 정확한 비율의 수소와 산소로 구성된다. 순수한 물은 우유, 주스, 광천수, 그 밖의 수천 가지 음료수의 주요한 구성성분이며 모든 식품에 다양한 함량으로 포함되어 있다. 물은 6대 영양소의 하나이며 생명유지에 필수적이다.

세포와 조직의 액체부분이 체액이다

건강한 성인은 몸무게의 50~70%를 물이 차지하고 있다. 만일 몸무게가 70kg이라면 이중 35~49kg은 고형물질이 아니라 유동액이라는 것이다! 손가락을 베면 피가 흘러나오는 것을 볼 수 있으나 혈액이 최대 49kg나 되는 체액의 전부가 될 수 없다. 그렇다면 이 많은 체액이 어디에 숨어 있을까?

체액의 2/3는 **세포내액**(intracellular fluid)으로 세포 안에 한정되어 있다(그림 8.1a). 신체의 모든 세포는 유동액을 가지고 있다. 세포액이 손실되면 세포는 수축되고 사멸한다. 반대로 세포액이 너무 많으면 세포는 팽창하여 터져버린다. 따라서 체액이 적절한 수준에서 평형을 이루는 것이 생명의 유지에 매우 중요하다.

나머지 1/3의 체액은 **세포외액**(extracellular fluid)으로 세포의 밖에서 흐른다. 세포외액은 두 종류다. 조직액인 세포간액은 세포 사이를 흐르며 특정 조직과 기관을 구성한다(그림 8.1b). 나머지 세포외액은 혈관이나 림프관 내에서 흐른다. 혈액의 유동액 부분을 **혈장**(plasma)이라 부른다. 혈장은 신체의 동맥, 정맥, 모세혈관 내 혈액 세포를 운반한다(그림 8.1c). 림프관을 흐르는 체액은 림프액이라고 부른다.

모든 조직이 동일한 분량의 체액을 함유하고 있지는 않다. 근육과 같은 제지방 조직은 중량의 70% 이상이 체액으로 구성되어 있다. 반면 지방조직은 체액이 10~20% 정도이다. 체액의 함량은 성별에 따라서도 다르다. 남성은 여성보다 제지방조직이 더 많아서 체중의 더 많은 부분이 체액으로 구성되어 있다. 체액의 비율은 나이가 들면서 감소한다. 영아기 75%에 이르는 체액의 비율은 노인기 50% 미만으로 감소한다. 이러한 감소는 연령의 증가와 함께 나타나는 제지방 조직의 감소와 관련이 있다.

유동액은 여러 가지 중요한 기능을 수행한다

유동액은 갈증만을 해소하는 것이 아니다. 그에 포함된 수분은 생명에 중요한 여러 기능을 수행한다.

유동액은 물질을 용해시키고 운반한다

앞서 제시한 바와 같이 물은 필수 영양소이다. 뛰어난 **용매(solvent)**로 다양한 물질을 용해시킬 수 있다. 수용성 물질인 포도당, 아미노산, 무기질, 수용성 비타민 등은 혈액을 통해 쉽게 운반된다. 반면 지질은 물에 녹지 않는다. 화학적으로 이런 문제를 극복하기 위해 지방, 콜레스테롤, 지용성 비타민은 수용성 단백질과 부착하거나 그에 둘러싸여 혈류를 통해 운반된다.

신체는 물을 이용하여 운반하고 대사적인 노폐물, 과잉의 미량영양소, 불필요한 물질을 배

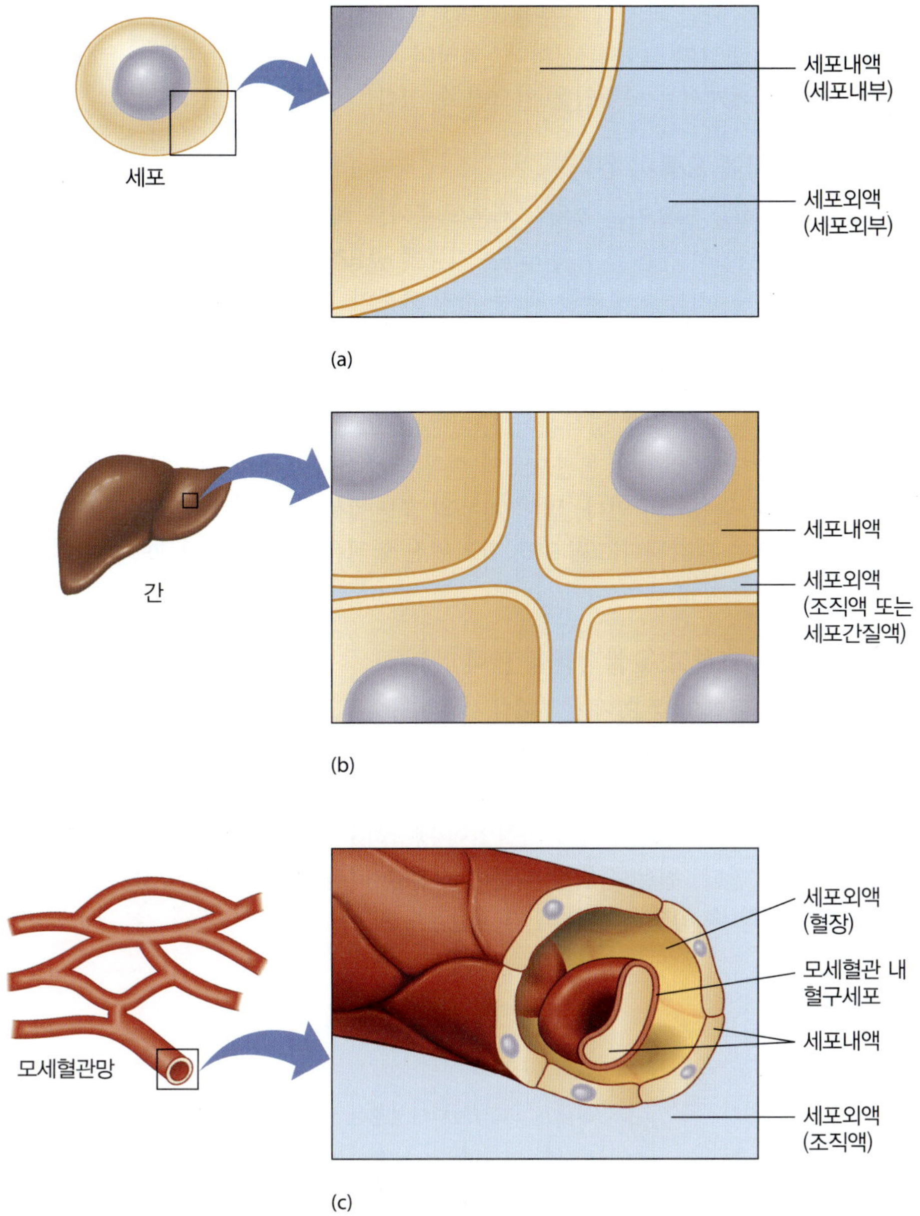

▲ **그림 8.1** 체액의 구성분. **(a)** 세포내액은 신체조직을 구성하는 세포 내에 포함되어 있다. 세포외액은 세포 외부에 존재한다. **(b)** 간질액은 조직세포 외부에 존재한다. **(c)** 혈장은 혈액세포 외부에 존재한다.

설한다. 신장은 이러한 물질을 혈액으로부터 거르고 물에 희석하여 소변을 만든다. 소변은 방광에 저장되었다가 몸 밖으로 배출된다.

유동액은 혈액량을 형성한다

혈액량(blood volume)은 혈액을 구성하는 유동액의 양이다. 그래서 적정량의 유동액은 건강한 수준의 혈액량을 유지하는 데 필수적인다. 혈액량이 적절하지 못하고 적으면 혈압도 낮다. 혈압이 낮아지면 피로감, 혼미함, 현기증을 느낄 수 있다.

반면, 혈액의 부피가 부적절하게 커지면, 혈관에 더 큰 압력을 주게 된다. 고혈압은 심장병과 뇌졸중의 중요한 위험요인이다. 수분을 너무 많이 먹는다고 고혈압을 유발하지는 않는다.

유동액(fluid) 자유롭게 이동하고 모양을 바꿀 수 있는 물질.

용매(solvent) 다양한 화합물을 분해하거나 섞을 수 있는 물질. 물은 가장 좋은 용매임.

혈액량(blood volume) 혈액의 양.

신장이 정상적으로 기능을 하면 과잉의 수분을 소변으로 배설한다. 그러나 신장의 처리능력이상의 수분을 보유한다면 혈압이 높아질 것이다. 과잉의 나트륨 섭취는 수분을 보유하도록 하고 염분에 민감한 사람들에게서는 고혈압을 일으킬 수 있다.

유동액은 체온유지 유지에 도움이 된다

자동차 엔진의 과열이 문제를 일으키는 것처럼 체온의 증가도 체내 기능을 중지시킬 수 있다. 유동액은 신체가 안전한 범위에서 체온을 유지시키는 기능에 중요하다.

유동액이 체온을 낮추는 기능을 수행할 때 두 가지 요소가 작용을 한다. 첫째, 수온의 증가에는 많은 양의 외부 에너지가 필요하다. 신체는 많은 양의 수분을 가지고 있기 때문에 체온의 증가에는 많은 양의 열이 소요된다.

둘째로, 체액은 우리 몸에서 주요 냉각제이다. 체온이 오르고 열의 방출이 필요할 때, 따뜻한 몸의 중심부에서 피부밑에 위치한 혈관으로의 혈류가 증가한다. 동시에 피부의 땀샘은 땀을 분비하는데 주로 물로 구성되어 있다. 땀이 피부의 표면에서 증발하면서 열이 외부로 방출되고 피부와 그밑의 혈액은 냉각된다(그림 8.2). 차가워진 혈액은 신체의 중심부로 돌아가고 내부의 체온은 낮아진다.

▲ 하이킹을 할 때는 덥고 건조한 환경에서 열사병에 걸리지 않도록 충분한 수분을 섭취할 필요가 있다.

유동액은 신체조직을 보호하고 윤활작용을 한다

물은 조직을 보호하는 유동액의 주요 구성분이다. 뇌와 척수를 둘러싸고 있는 뇌척수액은 충격을 흡수하여 손상으로부터 보호하고 양수는 자궁안의 태아를 보호한다.

체액은 또한 윤활액으로도 작용한다. 관절 내의 유동액은 관절의 움직임을 부드럽게 한다. 폐를 덮고 있는 유동액은 흉곽 내에서 폐가 마찰없이 팽창하고 수축할 수 있도록 한다. 눈물은 눈의 세척과 윤활작용을 한다. 침은 섭취한 식품에 수분을 더하고 소화관을 덮고 있는 점액은 영양소가 부드럽게 이동할 수 있도록 한다.

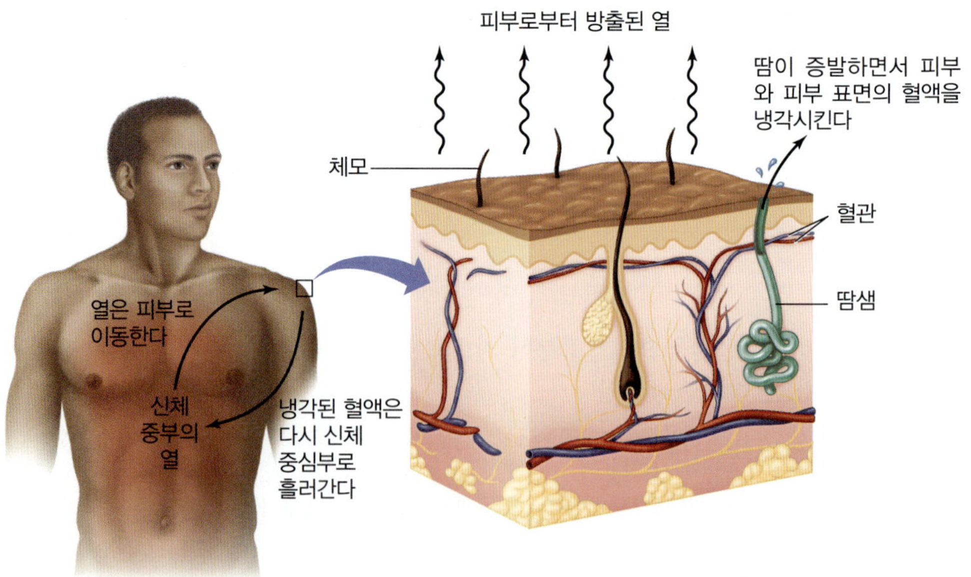

▲ 그림 8.2 신체 중심으로부터 피부표면으로 혈류를 따라 열기가 이동하면서 증발로 인한 냉각이 일어난다. 땀을 흘릴 때 수분이 공기 중으로 증발하면서 열을 발산한다. 이로 인해 피부와 그 하부의 혈액이 냉각되고 신체중심부로 다시 순환하면서 체온을 감소시킨다.

요점 물은 필수 영양소의 하나이다. 건강한 성인은 체중의 50~70%를 물이 차지한다. 체액의 2/3는 세포 내에 한정되어 있고(세포내액), 나머지는 세포 밖에 있다(세포외액). 체액은 여러 중요한 기능을 수행하는데, 물질을 용해시키고 운반하며, 혈액량을 형성하고, 체온을 조절하며, 신체 조직을 보호하고, 윤활작용을 한다.

우리의 몸은 어떻게 수분평형을 유지할까?

우리 몸은 여러 기전을 통해 수분의 평형을 건강하게 유지한다. 탈수되었을 때는 음료를 마시고 체액을 보유하도록 하고, 필요량보다 많은 양을 섭취했을 때는 소변으로 배설하도록 한다.

갈증 기전이 수분을 섭취하도록 한다

점심시간에 햄 샌드위치와 짭짤한 감자칩을 먹었다고 상상해 보자. 이제 오후 수업시간이 거의 끝나고 갑자기 너무 갈증이 난다. 마지막 5분간의 수업시간은 거의 고문과 같다. 선생님이 수업을 끝내자 가까운 음수대로 달려간다. 무엇이 이렇게 갈증을 느끼도록 했을까?

신체의 수분섭취 중추는 시상하부(hypothalamus)라 불리는, 뇌에서 식품 섭취를 조절하는 부위와 동일한 부분이며 신경세포들로 형성되어 있다. 시상하부의 신경세포군은 **갈증 기전(thirst mechanism)**을 통해 수분의 섭취를 의식적으로 원하게 한다. 갈증 기전은 다음 두 가지 상황에서 갈증을 느끼도록 한다.

- 혈중 나트륨과 용질들의 농도 증가. 햄 샌드위치와 감자칩을 기억하는가? 두 가지 음식 모두 짠 음식으로 이들을 섭취함으로써 혈중 나트륨 농도가 일시적으로 증가한다.
- 혈액량과 혈압의 감소. 각기 다른 상황에서 혈액량이나 혈압의 감소가 나타날 수 있다. 땀을 흘려서 수분을 손실할 때나 외상으로 혈액손실이 많을 때, 또는 그저 수분의 섭취가 너무 적을 때 혈액량이나 혈압이 감소할 수 있다.

일단 시상하부가 이러한 변화를 감지하면 신장은 소변량을 감소시켜 더 많은 수분을 혈류로 되돌려 보낸다. 수분은 혈액 중 물질의 농도를 더욱 희석시키기 위해 구강내 침샘으로부터 동원된다. 이 때문에 침을 만들 수분이 부족해지고 입과 목은 건조해지게 된다. 이 두 가지가 함께 작용하여 체내의 수분을 보유하고, 손실을 방지하며, 탈수가 일어나지 않도록 한다.

수분 섭취가 필요할 때 정확히 신호를 보내 갈증 기전을 통해 갈증을 해소할 수 있다고 생각할 수 있겠지만, 갈증이 수분 불균형 상태를 반영하지 않는 경우들이 있다. 대부분의 사람들은 더 이상 갈증을 느끼지 않을 때까지만 마시지만 섭취한 수분의 양이 수분평형에 충분한 양이 아닐 수도 있다. 더운 날 운동할 때처럼 체액을 빠르게 손실할 때 그럴 수 있다. 또한 노인들은 젊은 사람들만큼 갈증 기전이 정확하지 않다. 갈증 기전은 이러한 제한점을 가지기 때문에 갈증을 느끼지 않더라고 하루에 일정한 시간마다 규칙적으로 수분을 섭취하는 것이 중요하다.

우리 몸은 섭취와 대사를 통해 수분을 확보한다

매일 필요한 수분은 섭취하는 음료와 식품으로부터 얻을 수 있고, 체내 대사를 통해서도 생성된다. 물론 음료가 거의 대부분 물로 구성되어 있음을 알고 있지만 식품의 수분 함량을 쉽게 알기는 어렵다. 예로, 상추의 96%가 물이며 아몬드조차도 소량의 물이 들어 있다(그림 8.3).

대사수(metabolic water)는 신체에서 지방, 탄수화물, 단백질의 분해과정 중에 부산물로 형성된 물이다. 대사과정 중 형성된 물은 매일 신체 내에서 필요한 물의 10~14% 정도를 제공한다.

갈증 기전(thirst mechanism) 시상하부(hypothalamus)에 있는 신경세포 집합체에서 혈액 속 염분 농도 증가, 혈압, 혈액량의 감소에 반응하여 수분을 마시려는 의식적 욕구를 자극함.

대사수(metabolic water) 우리 몸에서 신진 대사 반응의 부산물로 형성된 수분.

▲ 그림 8.3 식품의 수분함량. 하루에 섭취하는 수분의 대부분은 섭취하는 식품에서 얻게 된다.
Data from U.S. Department of Agriculture, Agricultural Research Service. 2009. USDA National Nutrient Database for Standard Reference, Release 22. Nutrient Data Laboratory Home Page. www.ars.usda.gov/ba/bhnrc/ndl.

▲ 과일과 채소는 수분을 맛있게 섭취할 수 있는 급원이다.

우리 몸에서는 소변, 대변, 땀, 증발, 호흡을 통해 수분이 손실된다

신장은 체내에서 더 이상 필요하지 않은 물을 혈류로부터 흡수한다. 그러고 나서 희석된 소변의 형태로 만들어 방광으로 보내 배설되기 전까지 저장한다. 소량의 수분은 매일 대변을 통해 손실된다. 그러나 심한 설사를 하는 경우 대변을 통한 수분의 손실은 하루에 몇백 ml에 이를 수 있다.

수분은 땀으로도 손실된다. 노동이나 운동 중 또는 더운 환경에서 훨씬 많은 양이 땀으로 손실된다. 체격이 크고 과격한 움직임을 요하는 운동선수들은 하루에 2L 이상이 땀으로 손실된다. 물은 또한 피부에서 지속적으로 증발한다. 땀을 흘리지 않고 있는 경우에도 그렇다. 또한 물은 호흡하는 중에 폐에서도 지속적으로 배출된다.

그림 8.4는 2,500kcal의 에너지를 소비하는 여성이 섭취하고 손실하는 물의 종류와 추정량을 보여주고 있다. 그림에서 보는 바와 같이 하루에 3L의 수분을 손실하고 있고 이는 섭취량과 거의 일치한다.

- 음료로 2.2L
- 식품 중의 수분으로 500ml
- 대사수로 300ml

따라서 수분필요량을 충족시키기 위해서는 하루에 11컵의 물을 마셔야 한다.

소변으로 수분의 배설을 증가시키는 **이뇨제(diuretic)**의 섭취는 과량의 수분을 배설하여 위험할 수 있다. 일부 처방약 중에는 이뇨효과를 가지는 것이 있고, 처방없이 구입할 수 있는 체중조절 용도의 약품도 실제로는 그저 이뇨제이다. 알코올은 강력한 이뇨효과가 있다. 카페인이 포함된 커피, 차, 콜라 등의 음료가 이뇨작용이 있다고 알려졌으나 최근의 연구에서는 카페인 음료가 성인의 수분 상태에 미치는 영향은 크지 않다고 제시하고 있다.[3] 이 점에 대해서는 좀 더 연구가 필요하겠지만, 카페인이 포함된 음료의 섭취를 하루 중 필요한 수분 섭취량에 포함하여도 안전할 것으로 보인다. 이 장의 뒷부분에서는 체내 수분이 적정한 수준인지 평가하는 방법을 제시할 것이다.

이뇨제(diuretic) 요를 통해 수분 손실을 증가시키는 물질. 일반적인 이뇨제로는 알코올이나 고혈압과 어떤 질환들의 처방약을 포함.

▲ 그림 8.4 하루 2,500kcal를 소비하는 여성의 수분 급원과 손실[i]

요점 갈증 기전은 나트륨이나 그 밖의 용해된 물질의 농도 증가가 감지되었을 때 목이 마름을 느끼게 한다. 혈액량이나 혈압이 감소하였을 때도 이 기전이 작동한다. 섭취와 배설의 균형을 통해 체액이 건강한 수준으로 유지된다. 체액이 공급되는 일차적인 급원은 음료, 음식, 체내에서 생성된 대사수이다. 체액은 소변, 대변, 땀, 피부증발, 호흡을 통해 손실된다.

얼마나 많은 수분이 필요한가? 어떤 종류로?

매일 수분을 충분히 섭취하여 땀, 호흡, 소변, 대변으로 손실되는 수분을 보충하기 위해 세포의 수분을 사용하지 않도록 해야 한다. 그러면 어느 정도가 충분한 섭취일까? 미국의 영양섭취기준에서는 남성의 경우 식품을 통해 섭취하게 되는 700ml의 수분에 더해 하루 3L의 수분을 물과 음료로 섭취할 것을 권장한다. 여성은 식품을 통한 500ml와 물과 음료로 2,200ml을 섭취하도록 한다. 그렇다 하더라도 수분 필요량은 개인의 상황에 따라 달리진다. 예를 들어, 남자 운동선수가 더운 날씨에 훈련을 받고 있다면 하루 10L의 수분을 음료로 섭취해야 할 수도 있다. 반면 작은 체구의 좌식생활을 하는 여성이 적정온도로 조절되는 사무실에서 일을 하고 있다면 하루에 2L만 마셔도 충분하다. 한국인영양섭취기준에서는 청소년과 20대의 경우 수분의 충분섭취량으로 남자는 2.6L, 여자는 2.1L를 설정하고 있다.[ii]

광천수, 탄산수, 수돗물: 물의 건강한 선택

모든 음료는 물을 공급한다. 그러나 주스, 탄산음료 등의 음료보다 순수한 물이 신체에 더 효율적으로 이용되며 체중증가도 유발하지 않는다. 시중에는 다양한 종류의 물을 판매하고 있는데, 이 중에 어떤 것을 선택해야 할까? 다음의 간략한 목록을 참고하도록 한다.

- 탄산수(carbonated water)는 이산화탄소를 포함하는 물로 두 종류가 있다. 이산화탄소가 자연적으로 녹아 있는 물과 인위적으로 첨가한 물이다. 탄산수는 보통 여러 가지 향을 가지고 있고, 당은 포함할 수도, 하지 않을 수도 있다.

[i] 미국과 우리나라는 한 컵의 용량이 다르므로 환산하였음. 한국 200ml, 미국 240ml
[ii] 2010년 한국인의 수분 영양섭취기준

▲ 다양한 종류의 음용수가 판매되고 있다.

- **광천수**(mineral water)에는 미네랄이 다양한 수준으로 포함되어 있다. 광천수의 독특한 맛을 좋아하는 사람들이 많이 있기는 하나 제품들 중에는 나트륨함량이 높은 것들이 다수 존재하므로 나트륨 섭취를 줄이려고 하는 경우는 섭취를 삼가한다.
- **증류수**(distilled water)는 용해된 무기질을 모두 제거하는 과정을 거친다. 이런 종류의 물은 나트륨은 포함되어 있지는 않지만 밋밋한 맛을 불평하는 사람들도 있다.
- **수돗물**(tap water)은 지자체의 물공급 체계를 통해 가정, 사무실, 공공 장소로 공급된다. 수돗물에는 미생물 살균을 위한 염소가 포함되어 있으며 불소화 처리를 거치기도 한다.
- **우물물**(well water)은 지역사회의 물공급 체계에 접근이 어려운 농촌지역에서 많이 이용한다. 우물물은 수질에 차이가 크다. 수돗물에 비해 순수하고 맛이 더 좋을 수도 있지만 납, 비소, 기타 불순물이 위험할 정도로 많이 포함되어 있을 수 있다.

생수제품은 음료 산업에서 가장 수지가 맞는 품목이었다. 미국인은 1인당 1년에 133L의 생수제품을 소비한다. 한국의 경우 페트병 생수 소비는 지난 2006년 이미 국민 한 명당 연간 약 44L로, 500ml 용량으로 환산하면 88병, 즉 4일에 한 병씩 소비하고 있는 것으로 나타났다.[iii] 앞으로도 그 수요와 소비는 더 증가할 것으로 보인다. 생수제품의 생산과 소비가 급속하게 증가한 데는 아마도 사용의 편리함, 건강을 위해 물을 더 많이 섭취하라는 권고, 수돗물의 안전성에 대한 불안에 있을 것이다. 그러나 최근 생수제품용 플라스틱 병의 생산과 처리가 환경에 미치는 영향에 대한 우려가 판매를 위축시키기도 하였다.

생수제품이 정말 더 안전하고 건강에 좋을까? 생수제품의 소비 확대로 환경에 미치는 영향에 대한 우려가 건강효과를 넘어서는 것일까? 답은 **"영양, 미신 혹은 진실?"** 박스(231쪽)에 제시되어 있다.

음료라고 모두 같지는 않다

다수의 음료는 물뿐만 아니라 중요한 영양소를 함유하고 있으나 물과 정제당에 영양성분은 미미한 수준으로 함유되어 있는 것들도 있다. 시중에서 많이 판매되는 몇 가지 음료들의 건강효과와 잠재적인 우려에 대해 살펴보자.

우유 및 우유 대용품

저지방이나 무지방 우유를 선택하는 것이 건강에 좋다. 우유는 단백질, 칼슘, 인, 비타민 D, 비타민 A와 같은 영양소를 함유하고 있기 때문이다. 많은 우유 제품들이 특화되어 있으며, 칼슘 등 영양소들을 강화한 제품들이 시판되고 있다. 칼슘이 강화된 두유나 오렌지주스 등도 단백질과 칼슘의 좋은 급원이다. 가공우유를 살 때는 영양성분표시 중 당류의 함량을 확인한다. 초콜릿우유 중에는 한 컵에 20g 이상의 설탕이 들어 있는 것도 있다!

카페인 음료

적당히만 마신다면 크림이나 비유제품 크림을 넣지 않은 커피는 건강에 유익할 수 있다. 앞서 언급한 바와 같이 최근의 연구는 카페인 함유가 체내의 수분상태에 의미있는 감소를 가져오지 않는 것으로 보고하고 있으며, 우유를 첨가하여 섭취하는 경우 칼슘의 섭취에 의미있는 영향을 미칠 수 있다. 커피는 여러 종류의 **피토케미칼**(phytochemical)을 가지고 있으며 제2형 당뇨병이나 심장질환과 같은 특정 만성질환에 대해 그 위험을 낮추는 효과를 나타낼 수도 있다. 커피를 음용

▲ 생수제품이 대중적으로 이용되고 있으나 수돗물과 어떤 차이가 있을까?

iii) http://ecoseoul.or.kr/archives/1230 (환경부자료, 2006)

영양, 미신 혹은 진실?

생수제품이 수돗물보다 안전할까?

지난 20년간 생수제품의 대중적 이용이 증가하여 왔다. 미국인들은 매년 90억 갤런의 생수제품을 소비하는 것으로 추정된다.[4, 5] 수돗물보다는 생수제품의 맛을 선호하는 사람이 많고, 더 안전하다고도 생각한다. 이것이 맞을까?

미국에서 음용수로 사용하는 물은 두 가지 종류로 지표수(surface water)와 지하수(ground water)가 있다.

- 지표수는 호수, 강, 저수지의 물을 뜻한다. 지표수에는 고속도로부터 씻겨 온 물, 살충제, 동물 폐기물, 산업폐기물에서 유래한 오염물질이 유입된다. 미국 내 여러 도시들은 지표수로부터 필요한 물을 공급한다.
- 지하수는 암반이라는 불리는 지하의 바위 사이에 위치한다. 농촌지역 거주자는 지하수를 끌어올린 우물을 통해 필요한 물을 공급받는 경우가 많다. 폐기물 처리장으로부터 유출된 위해 물질이 지하수를 오염시킬 수 있다.

염소는 음용수로 이용하기 위한 처리과정에 일반적으로 이용되는 화학물질이다. 염소는 유해한 미생물들을 효과적으로 살균한다. 정수장에서는 공급되는 물의 위해화학물질, 무기질, 기타 오염물질 수준을 일상적으로 확인한다. 이러한 노력을 통해 미국은 세계에서 가장 안전한 급수 시스템 중 하나를 보유하고 있다.

미국 환경보호기구(EPA)는 급수시스템의 표준을 설정하고 모니터한다. 미국 환경보호기구는 사유 우물에 대해서는 모니터하지 않으나 우물의 소유주가 안전한 급수를 유지할 것을 권고하고 있다. 지역의 급수 규제기관은 가정에 매년 수돗물의 오염물질에 대한 보고서를 제공해야 한다.

반면, 미국식품의약국(FDA)은 생수제품을 규제한다. 생수제품의 품질기준은 공공 급수보다 높지 않다. 사람들의 생각과 달리 지표수나 지하수 어느 것으로부터 유래한 것이든 생수제품은 수돗물과 동일하다. 그러나 생수제품은 맛과 외양을 바꾸기 위해 수돗물과 다르게 처리되고 여과되는 경우가 흔히 있다.

생수제품이 수돗물보다 맛이 좋긴 하지만, 음용수로 더 안전하다는 근거는 없다. 선호하는 생수제품의 제품표시를 면밀히 살펴보라. 제품표시에 공공급수원을 사용했다고 기재되어 있다면, 수돗물을 이용한 것이다. 일부 생수제품은 수돗물보다 무기질함량이 높을 수 있다. 그러나 생수제품이 그 밖의 영양적 이점을 가지진 않는다. 미세여과(micron filtration)나 역삼투압(reverse osmosis)방식은 수인성 질환을 일으키는 미생물에 대한 효과적인 처리방식이다. 시판생수의 정제를 위해 여과, 탄소여과, 입자여과, 자외선이나 오존처리와 같은 방식을 이용하는 것은 상대적으로 효과가 낮다. 흔히 질병을 일으키는 미생물에 대한 효과가 입증되어 있지 않다.

생수제품을 구입하는데 지출해야 할까? 그 답은 개인적인 선호도와 이용 가능한 급수원에 따라 다르다. 만일 당신이 안전한 음용수 급수원을 확보할 방법이 없는 지역에 거주한다면, 생수제품이 유일한 선택이 될 것이다. 생수제품을 선택할 때는 국제 생수 연합회(IBWA)의 트레이드 마크가 있는지 살펴본다. 이 협회는 미국식품의약국의 규제를 준수한다.

개인물병을 가지고 다니며 필요한 물을 담을 수 있도록 정수기가 설치된 곳을 확인해 둔다. 정수기가 깨끗하지 않을 수도 있고 주기적으로 필터를 교체하지 않을 수도 있기 때문에 사용 전 이러한 사항을 확인한다. 냉각수를 이용할 때도 냉각기가 제조자의 지침에 따라 매월 주기적으로 세척되는지 확인한다.

집에서 정수기를 사용할 때도 정수기를 통해 제거되는 오염물질에 대해 알아두고 제조사가 권고하는 시기에 맞추어 필터를 교체하도록 한다. 수돗물의 이물질에 대해 문제를 제기하는 회사들에 대해 주의한다. 사기업들이 당신 가정의 음용수를 시험하고 오염되어 있다고 보고한다면, 지역 급수 사무소를 통해 결과를 확인한다. 불필요하고 비효과적인 가정 정수기에 많은 비용을 지불하는 일을 방지할 수 있다.

음용수의 안정성에 대해 더 많은 정보가 필요하다면 미국 환경보호기구 웹사이트(www.epa.gov)를 이용한다. 생수제품에 대한 정보는 미국식품의약국 웹사이트(www.fda.gov)에서 검색할 수 있다.

하는 사람들은 뇌졸중의 위험이 낮다는 연구결과들이 축적되고 있지만 모든 연구결과가 일치하는 것은 아니다. 어떤 사람들은 커피에 함유된 카페인에 민감하기도 하지만 절제하여 섭취한다면 안전하고 잠재적으로 건강에 도움이 되는 수분의 급원이다.

차는 물 다음으로 일상적으로 섭취하는 음료이다. 허브차를 제외한 모든 차는 *Camellia sinesis*로 불리는 식물로 만든다. 차에는 다음과 같은 종류가 있다.

- 홍차(black tea)는 아시아, 인도, 터키, 일부 아프리카 지역에서 제조된다. 차 중에 가공정도가 가장 높은 차로 차 잎을 완전히 발효시키며 카페인 함량이 가장 높아서 동일한 부피의 커피 침출액에 함유된 카페인 함량의 반 정도를 함유한다.
- 우롱차(oolong)는 중국차로서 일광에서 숨을 죽여 부분 발효시킨다. 그래서 우롱차는 홍차에 비해 카페인 함량이 낮다.
- 녹차(green tea)는 건조시킨 후 쪄내는 것으로 발효시키지는 않는다. 카페인 함량은 우롱차보다 낮다.

- 백차(white tea)는 차나무의 꽃봉오리나 첫 번째 잎으로만 만든다. 녹차와 마찬가지로 건조시킬 뿐 발효시키지는 않는다. 백차는 허브차 외의 차 중에서는 가장 카페인 함량이 낮다.

설탕을 첨가하여 섭취하지 않는다면 기대치 않은 장기적인 건강효과를 나타낼 수 있는 뛰어난 수분의 급원이다. 예를 들면, 앞서 제시한 차들은 모두 피토케미칼을 함유하고 있다. 녹차와 백차는 홍차와 우롱차에 비해 훨씬 높은 수준을 함유하고 있는데, 항산화성분이 풍부한 폴리페놀류가 해당된다. 항산화성분들은 차의 건강증진 효과를 나타내는데 기여한다. 차는 심장병, 당뇨병, 특정 암의 위험을 낮추고, 혈중 LDL 콜레스테롤 수준을 낮추고, HDL 콜레스테롤 수준을 높인다. 녹차와 백차가 항세균 및 항바이러스 효과를 나타내었다는 연구 보고도 있다.

초콜릿이나 코코아 함유 음료 역시 소량의 카페인을 함유하고 있으나 커피, 차 콜라에 비하면 매우 낮은 수준이긴 하다. 다크 초콜릿은 플라보놀이라고 하는 항산화성분이 풍부하며 이는 심장마비와 뇌졸중의 위험을 감소시킬 수 있다. 핫초코를 다크코코아 분말과 저지방 혹은 무지방 우유로 만들어 섭취하면 영양적이고도 맛있는 음료가 될 것이다.

가당음료

과즙음료, 가당 차, 향 첨가 물, 탄산음료에는 당분이 첨가된다. 많은 제품들은 액상과당으로 단맛을 내는데, 과당이 건강에 미치는 잠재적인 영향에 대해 논쟁이 있다. 어떤 음료회사들은 소위 농축과즙으로 단맛을 내는 곳도 있는데, 과즙이라고 하니까 건강에 좋은 것처럼 들리지만 이 농축액도 과일이 건강에 좋은 식품일 수 있도록 하는 식이섬유나 영양소가 전혀 없기 때문에 순수한 당분보다 그리 나을 것도 없다. 꿀도 당분의 첨가를 위해 많이 이용하는 재료이나 이도 역시 영양소 함량은 매우 낮다.

포장단위가 클수록 가당음료의 에너지 함량은 생각보다 많을 수 있다. 주스는 건강한 식품으로 생각하지만, 240ml 주스 한 병에 25g의 당분이 포함되어 있다는 사실을 알고 있는가? 1L 한 병이면 300kcal 이상이다! 예전에는 음료를 마시면 얼마나 에너지를 섭취하는지 알고 마시는 사람은 거의 없었다. 공중보건 전문가들은 이러한 무지가 비만문제를 키웠다고 보고 있다. 최근 미국 대부분의 대규모 비알코올성 음료 제조사들은 음료의 에너지 함량을 명확히 표시하자는 캠페인에 참여하여 제품의 전면에 에너지 함량을 표시해 왔다. 앞으로 600ml 이하의 용기에 담겨 포장된 음료들은 1회 섭취량뿐 아니라 포장단위별 총에너지 함량을 표시하게 된다. 이제 소비자들이 600ml 용기에 담긴 당분이 첨가된 차 음료를 살 때 한 병을 다 마시면 에너지를 얼마나 섭취하는지, 이를테면 250kcal를 섭취하게 된다는 것을 알게 될 것이다. 식품의약품안전처(식약처) 당류 섭취량 분석결과 발표에 따르면 한국인의 경우 6세 이상의 모든 연령층에서 가공식품 중에서는 음료류를 통해 당류를 가장 많이 섭취하고 있는 것으로 나타났으며, 음료류 중 당류 주요 급원은 6~29세는 탄산음료류, 30세 이상은 커피인 것으로 나타났다. 당류의 과잉 섭취는 당뇨병, 심혈관계 질환 등을 증가시킬 우려가 있으므로 식품의약품안전처에서는 사전예방차원에서 당류 저감화 정책을 추진하고 있다.

미국 음료협회의 'Clear on Calories' 광고 비디오는 다음 링크에서 볼 수 있다. www.ameribev.org/nutrition—science/clear-on-calories/ads—multimedia/.

▲ 절제하여 섭취한다면 성인들에게는 커피음료도 건강에 이로울 수 있다. 우유가 첨가된 카페인 함유음료는 칼슘함량이 상당하다. 크림 또는 크리머의 사용을 피하고 저지방우유나 무지방우유를 이용하도록 한다.

성분조정수

향이 첨가된 물이 널리 판매되고 있는데 당분은 첨가하기도 하고 하지 않기도 한다. 이른바 성분조정수(designer water) 또는 성분증진수(enhanced water)이다. 이런 음료들은 영양소나 허브를 첨가하고 구조-기능 강조 표시를 하는데, 예를 들면 기억 증진, 노화 지연, 에너지 증강, 면

당신이 알게 되면 좋아할 식품

루이보스 차

루이보스 차(rooibos tea)는 자연적으로 단맛과 견과류 향을 지니는 붉으스름한 색을 띠는 차이다. 루이보스는 *Aspalathus linearis*란 식물로부터 만드는데, 이 식물은 남아프리카의 작은 지역에서만 자라던 것이었으나 지난 10년간 유용성이 증가하여 미국 전역에 유통되게 되었다. 무게로 달아서 판매하기도 하고 홍차를 마시는 비슷한 방식으로 티백에 담긴 형태로 판매되기도 하는데, 많은 사람들은 레몬과 함께 마신다. 루이보스 차가 대중적인 인기를 끄는 것은 그 건강효과 때문이다. 루이보스는 카페인을 함유하지 않으며 항산화성을 지닌 피토케미칼이 풍부하다. 남아프리카에서는 전통적으로 루이보스 차를 알레르기, 천식, 피부염을 치료하는 데 사용해왔다.

역 강화 등의 표시이다. 그러나 제품표시의 그러한 효능이 미국식품의약국이나 국내 식품의약품안전처와 같은 관계당국의 승인을 받은 것은 아니며 질병의 진단, 치료, 예방을 목적으로 제조된 것은 아니라는 문구가 함께 표시되어 있다는 것을 주지해야 한다. 미국식품의약국은 제조사들의 이러한 구조-기능 강조 표시에 위와 같은 문구를 함께 표시할 것을 요구한다. 바꾸어 말하면, 제조사들은 성분 강화한 물의 제품표시에 기술된 내용이 신뢰할 만한 자료와 연구에 근거한 것은 아니라는 것을 고지해야 한다는 것이다.

사실 함유된 영양소의 수준도 식품으로 섭취하는 수준에 비해 매우 낮은 것이 일반적이어서 이러한 음료들은 건강과 웰빙에 거의 효과를 미치지 못한다. 더구나 액상과당, 꿀, 기타 감미료가 첨가된 물의 섭취는 300kcal 이상의 에너지를 추가 섭취하는 것이다.

에너지 드링크

에너지 드링크도 대중적으로 많이 이용되는 음료로 미국에서는 2011년 90억 달러의 매출을 올렸다. 이러한 제품들은 그 효능이 폭발적이라고 광고한다. 미국에서는 청소년과 젊은 성인의 반이 에너지 드링크를 소비한다.[6] 그러나 영양전문가들과 소비자 단체에서는 이에 대해 염려가 크다. 에너지 드링크는 콜라 1회 섭취량과 비교할 때 3배 이상의 카페인을 함유하고 있으며 몇몇 제품들은 10배 이상을 함유하고 있는 것도 있다. 에너지 드링크는 과라나 씨 추출액도 함유하고 있는데 과라나 씨는 커피콩보다 카페인 함량이 많다. 따라서 추출액은 단순히 추가적인 카페인의 효험이 있는 급원일 뿐이다. 일부 제품 중에는 타우린을 포함하는 것도 있는데 타우린은 근육수축과 관련이 있는 아미노산이다. 한국에서는 비슷한 예로 롯데칠성의 에너지 드링크인 핫식스가 2012년 600억 원의 매출을 올렸다. 과라나 추출물을 함유해 타 제품과의 차별성을 부각시키고 있다. 하지만 고카페인 음료의 위험성이 제기되면서 소비가 감소하고 있는 추세이다.[iv]

▲ 에너지 드링크는 음료시장에서 인기가 높으나 다수의 제품이 그 밖의 유해한 효과를 지닌 물질을 함유하고 있다.

이러한 첨가재료들에 대해서는 단독으로든 다른 성분과 조합으로 이루어진 것이든 그 효과가 충분히 연구되지 않았다. 알려진 사실은 이러한 성분들의 복

[iv] www.hot6ix.com ,www.yonhapnews.co.kr (롯데칠성몰, 인터넷 연합뉴스)

> 에너지 드링크의 위험에 관한 비디오는 다음 링크에서 볼 수 있다 www.cbsnews.com/video/watch/?id=1596076n.

합적인 효과는 혈압과 심장박동을 상당히 증가시킨다는 것이다. 기분의 기복, 행동장애, 불면증, 현기증, 떨림, 발작, 카페인 의존성, 탈수 및 기타 문제들이 이러한 음료의 섭취를 통해 발생할 수 있다. 미국에서는 2007년 카페인 과잉섭취에 대해 5,000건 이상이 보고되었고 이 중 반 정도가 19세 미만의 청소년들이다.[6] 미국식품의약국이 청량음료의 카페인 함량을 제한하고는 있으나 에너지 드링크는 식품이 아닌 보충제로 분류되어 있기 때문에 카페인을 포함하여 그 첨가재료를 규제하기 위한 법적근거가 없다. 국내 식품의약품안전처는 2014년 1월에 어린이 기호식품 등의 영양성분 표시기준 및 방법에 관한 규정을 개정하여 성장기 어린이에게 해로운 고카페인 음료에 대하여 어린이들이 알아보기 쉽게 눈에 띄는 적색의 모양으로 표시해 경각심을 주고 올바른 선택을 할 수 있도록 하여 카페인으로부터 어린이를 보호하기 위한 규정을 마련하였다.[v)]

스포츠 음료

마지막으로 스포츠 음료가 있다. 스포츠 음료는 물, 전해질, 탄수화물의 급원으로 구성되어 있으며 일부 제품 중에는 당분함량을 낮추거나 포함하지 않은 것도 있긴 하다. 강도 높은 운동 중에 수분과 전해질 불균형의 가능성이 있기 때문에 많은 운동선수들이 운동 중이나 운동 전후에 물 대신 스포츠 음료를 마신다. 최근에는 활동적인 여가생활을 하는 사람들이나 비운동선수들에게도 스포츠 음료가 대중적으로 이용되고 있다. 스포츠 음료는 정말 필요하거나 도움이 되는 것일까? 내게 맞는 선택일지 스포츠 음료에 대해 **영양 아이라이트** 박스(235쪽)에 제시한 내용을 참조하여 알아보자.

당신도 알다시피 선택할 수 있는 다양한 음료들이 제공되고 있다. 선택을 잘못하면 총 에너지 섭취만 증가시키고 일일 영양소 섭취수준은 낮추게 될 수 잇다. 미국에서는 지난 40년간 음료가 총에너지 섭취에 기여하는 비율이 거의 두 배로 증가하였다. 1965년에는 음료로 섭취하는 에너지가 총에너지의 12%보다 낮았으나 2002년에는 21%로 증가하였다.[8] 순수한 물은 에너지와 첨가물이 없고, 갈증을 해소하고 수분함유 상태를 유지하는 데 매우 효과적이고 건강에 미치는 위험이 없다. 대부분의 사람들에게서 물이 선택할 수 있는 가장 완벽한 음료이다.

요점 음료를 통한 수분의 요구량은 사람마다 다르지만 남성은 대략 일일 3L, 여성은 2.2L를 필요로 한다. 모든 음료는 물을 포함하고 있으며 미네랄 워터, 우유, 칼슘강화 음료와 같은 것들은 그 밖의 중요한 영양소도 제공한다. 음료 중에는 불필요하고 유해성을 가질 수 있는 성분을 포함하는 것이 있으며 섭취를 제한하여야 한다. 대부분의 사람들에게 가장 좋은 음료는 순수한 물이다.

건강 감시

수분을 너무 적게 섭취하거나 너무 많이 섭취한다고 치명적일까?

수분 불균형은 심각한 문제로 치명적인 결과를 가져올 수 있다. 탈수, 열사병, 저나트륨혈증은 건강에 부정적인 영향을 미치는 수분 불균형 상태이다. 다음에서 각각에 대해 설명한다.

[v)] http://www.mfds.go.kr/index.do?mid=1013&seq=7676&cmd=v (식품의약품안전처)

영양 하이라이트

스포츠음료: 도움이 될까? 과대광고일까?

대표급 운동선수들이 제한적으로 사용하는 특별한 제품도 있지만, 활동적이건 비활동적이건 모든 사람들에게서 스포츠음료는 대중적인 선택을 받고 있다. 스포츠음료 시장이 매우 팽창하고 있어서 많은 음료회사들이 스포츠음료를 생산하고 있다. 대중적 선호가 급증하는 점은 다음의 세 가지 중요한 의문을 제기하게 한다.

- 스포츠음료는 활동성이 높은 운동선수에게 이로운가?
- 스포츠음료는 활동성이 높은 여가 생활을 하는 사람에게 이로운가?
- 활동성이 적은 사람도 스포츠음료를 섭취하는 것이 이로운가?

첫 번째 질문에 대한 응답은 쉬운 편이다. 스포츠음료는 원래 경기에 참여하는 운동선수들의 필요에 맞는 수분, 전해질, 탄수화물을 함유하도록 개발되었다. 활동수준이 높은 사람들은 탈수와 저나트륨혈증을 피하기 위해 수분과 전해질을 보충할 필요가 있다. 스포츠음료에 함유된 탄수화물은 강도 높은 운동이 한 시간 이상 지속되는 동안 에너지를 제공한다. 그래서 운동 중 스포츠음료를 섭취하면 경기선수들이 더 오래 운동하고 높은 강도를 유지하며 운동 수행시간을 향상시키도록 한다.

또한 스포츠음료는 운동선수들이 고형식과 물만 마실 때보다 더 많은 에너지를 섭취할 수 있도록 한다. 경기선수들 중엔 하루 6~8시간 규칙적으로 훈련을 받거나 경기를 치루는 경우가 있다. 이러한 강도의 훈련을 견디기에 충분한 고형식을 섭취하는 것은 불가능하다.

여가를 활동적으로 보내는 사람이나 신체활동이 많은 직업에 종사하는 사람에게 스포츠음료가 이로운가? 답은 활동의 지속시간과 강도, 온도 및 습도와 같은 환경, 개인의 체력 수준에 따라 다르다. 다음은 스포츠음료 섭취가 적절한 상황이다.

- 탈수가 발생할 것이 염려된다면, 특히 운동이나 육체노동 전에 탈수상태를 이미 느끼고 있다면
- 운동이나 육체노동을 하는 동안에 최근에 설사나 구토 경험이 있었다면
- 열기가 많고 습한 환경에서 운동이나 육체노동을 하는 동안에
- 고도가 높고 추운 환경에서 운동이나 육체노동을 하는 동안에 (이러한 환경조건에서는 수분과 전해질의 손실이 증가한다.)
- 어떤 기후조건에서든 60분 이상 강도 높은 운동이나 노동이 지속되는 동안에
- 토너먼트 방식으로 여러 번 경기를 치러야 하는 상황과 같이 음식을 먹기 어려운 운동 사이사이에

최근에는 스포츠음료가 규칙적인 운동이나 신체노동을 하지 않는 사람들 사이에도 대중적으로 이용되고 있다. 그러나 운동을 하지 않는 경우에 스포츠음료의 섭취가 어떤 혜택을 주는지에 대해서는 아무런 근거가 없다. 기후가 더운 곳에 사는 경우라도 땀으로 손실된 수분과 전해질은 물이나 다른 음료를 마시거나 일상적인 식사섭취로 보충될 수 있다.

비활동적인 생활을 하는 사람이 스포츠음료를 마실 때 일상적으로 나타나는 결과는 체중이 증가하는 것이다. 게토레이 360ml를 마시면 90kcal를 추가 섭취하는 셈이다. 많은 사람들이 비활동적인 생활을 하면서도 이러한 음료를 하루에 2~3회 섭취하여 아무런 건강상의 혜택이 없이 과체중과 비만의 위험을 증가시키고 있다.

더운 날씨에 운동을 하게 되면 탈수되기 쉽다

탈수(dehydration)는 수분 손실이 섭취를 넘게 되어 생기는 심각한 건강문제이다. 심한 운동이나 높은 온도에 노출되어 땀과 호흡으로 체내 수분 손실이 증가할 때 가장 흔하게 발생한다.

노인과 어린아이들은 탈수의 위험이 높다. 노화에 따라 갈증 기전의 민감성이 떨어져서, 노인들은 충분한 수분을 섭취하지 못할 수 있다. 나이가 많을수록 체내수분의 양이 적어서 수분 불균형이 곧 나타날 수 있다. 반면 영아의 체중에서 수분이 차지하는 비율이 크기 때문에 신체크기에 비해 상대적으로 많은 양의 물을 마셔야 한다. 영아는 또한 소변으로 배설되는 비율이 높고, 목이 마르다는 것을 말할 수 없으며 신체 중심부에 대한 체표면적의 비율이 커서 열기와 추위에 급격히 반응하게 되고, 좀 더 나이가 많은 아동이나 성인에 비해 체액을 더 많이 손실한다. 이 때문에 영아기에는 설사나 구토로 인한 수분손실이 있는지 면밀히 감시해야 한다.

탈수(dehydration) 수분 배출이 섭취를 초과할 때 발생되는 체내 수분이 부족한 심각한 상태.

▲ 격렬한 운동은 수분과 전해질 손실이 크기 때문에 최적의 운동 수행과 건강을 위해 보충이 필요하다.

모든 사람들에게서 체중의 1~2% 정도로 체수분이 변화하는 상대적으로 작은 손실이 갈증, 불편감, 식욕손실과 같은 증상으로 나타난다. 좀 더 심각한 수분의 손실은 구토, 피부 홍조, 정신집중에 문제를 일으킬 수 있다. 체중의 8%를 넘는 체수분의 손실은 정신착란, 혼수상태, 사망을 초래할 수 있다.

앞서 운동 중 수분 보충의 중요성에 대해 이야기하였다. 운동 중이나 그 전후에 충분한 수분을 섭취하고 있는지 어떻게 알 수 있을까? 첫째, 운동 전후에 동일한 저울을 이용해서 탈의하거나 간단한 속옷만을 입은 채 체중을 잰다. 운동 중 100g이든 1kg이든 체중이 감소하였다면 운동 전 체중을 다시 회복하기 위해 물이나 다른 음료를 충분히 섭취할 필요가 있다.

체액의 수준을 탐지하기 위한 또 다른 방법은 소변의 색을 관찰하는 것이다(그림 8.5). 만일 체내 수분이 적당하다면 소변의 색은 묽은 레모네이드처럼 맑은 연노란색을 띨 것이다. 사과주스와 같이 중간 정도나 어두운 노란색을 띤다면 수분이 불충분하다는 것을 나타낸다. 콜라의 색처럼 매우 어두운 색이나 갈색의 소변은 심각한 탈수 상태의 징조이며 근육분해와 신장 손장의 가능성을 나타낸다. 소변의 색이 맑고 엷은 노란색을 유지하도록 수분을 섭취해야 한다.

운동 중에 손실된 수분은 어떻게 보충할까? 운동을 시작하기 4시간 전부터 물이나 스포츠 음료를 천천히 마셔서 몸에 수분이 충분한 상태에서 운동을 시작한다. 운동 중에는 필요할 때마다 물이나 스포츠 음료를 마셔서 탈수를 방지한다. 마라톤 선수는 경기 중 시간당 400~800ml의 스포츠 음료를 마실 필요가 있을 수 있다. 그러나 일상적인 운동경기에서는 훨씬 적은 양을 필요로 한다. 대부분의 사람들은 운동 후 보통의 식사, 간식, 음료로 수분과 전해질 평형을 회복할 수 있다. 그러나 체중이나 소변색이 상당한 수준의 탈수를 나타낸다면 감소된 체중 1kg당 1.5L를 마시도록 권장한다.

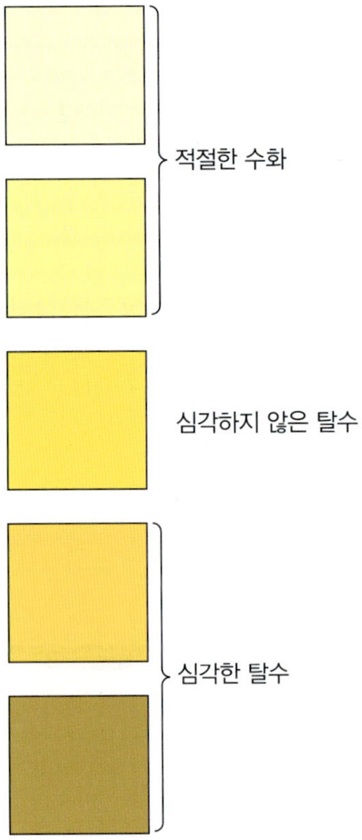

▲ 그림 8.5 소변의 색. 색의 변화는 신체 수분의 수준을 나타낸다.

열사병

농장 노동자, 고속도로나 건설 현장의 노동자, 군인들과 같이 더위에 야외에서 일을 하는 사람들은 위험할 정도로 수분이 손실되기 쉽다. 더운 날씨에 훈련을 하거나 경기를 수행하는 운동선수들도 그렇다. 미국에서는 2005~2008년 사이에 18명의 운동선수들이 **열사병(heatstroke)**으로 사망했는데, 이 중에는 중고등 학생이 다수 포함되어 있다.[9]

열사병은 안전한 범위 내의 체온을 유지하기 위해 땀을 통해 충분히 열을 방출하지 못할 때 발생한다. 땀을 통해 체온을 낮추는 능력은 땀이 증발되어야 가능하고 이는 주변의 공기가 어느 정도 건조한 상태여야 한다는 의미이다. 그래서 증발을 통한 냉각은 습도가 높은 환경에서는 효과적이지 않다. 군복이나 미식축구 유니폼과 같이 두툼한 복장은 열을 방산하는 신체의 기능을 상당히 감소시킨다. 신체조성도 관련이 있는데, 근육량이 많은 체격이 큰 사람들은 더 많은 체열을 생성한다. 또한 체지방이 많은 사람들은 체지방의 단열 효과로 휴식시간이나 운동 중 체열의 방산을 어렵게 한다.

열사병의 증상은 빠른 맥박, 가쁜 호흡, 뜨겁고 건조한 피부, 높은 체온, 의식상실 등이다. 열사병은 의학적으로 위급한 상황이다. 사망을 방지하기 위해서는 즉각적인 치료가 필수적이다. 더위에 일이나 훈련, 경기를 치르다가 누군가 쓰러진다면 119에 도움을 청하라. 쓰러진 사람이 의식이 있어서 계속 살필 수 있으면 가능한 냉탕에 몸을 담그도록 한다. 상황이 그렇지 못하면 아이스팩을 겨드랑이와 살 부위에 대고, 도움을 받을 때까지 스펀지나 스프레이로 몸에 찬물을 계속해서 뿌리면서 기다린다.

운동이나 노동 중 혹은 전후에 수분평형을 건강한 상태로 유지함으로써 열사병의 위험을 감소시킬 수 있다. 더운 환경에서 훈련을 받거나 경기를 치르거나 일을 할 때 현기증이 나며, 어지럽고, 분별력이 떨어지며, 구역질이 나면 즉각 중단한다. 쉴 수 있는 시원한 곳을 찾아 시원한 음료를 마시고 누군가에게 트레이너, 코치, 상사에게 도움을 청해 줄 것을 부탁한다.

열사병(heatstroke) 몸의 온도 조절 메커니즘의 실패로 고온에 반응하는 치명적인 반응; 흔히 일사병(sunstroke)이라고 함.

수분중독

물을 너무 많이 마신다는 것이 가능할까? **과다수분보충**(overhydration)이라고도 할 수 있는 **수분중독(water intoxication)**이 드물기는 하지만 발생할 수 있다. 운동선수가 아닌 경우에는 일반적으로 신장이 지나친 수분을 보유하도록 하는 건강문제가 있는 경우나 신참자를 괴롭히는 관례나 불법약물을 사용하는 등의 위험한 행동을 하는 경우에나 일어난다. 장거리 달리기나 트라이애슬릿과 같은 지구력 운동을 하는 운동선수에게서는 흔히 일어난다. 강도 높은 운동 중에는 신장기능이 감소되기 때문이다. 운동선수가 너무 많은 물을 마시고 장시간의 운동시간 동안 적정량의 나트륨을 보충하지 못하면 신체는 과잉의 수분을 보유하여 혈중 나트륨 농도가 희석되는 **저나트륨혈증**(hyponatremia)의 위험한 상황을 초래한다.

이 장을 시작하면서 지적했던 것처럼 저나트륨혈증은 치명적이다. 저나트륨혈증의 경고 징조는 수분을 섭취하는데도 지속적인 갈증이 나타나거나 구역질, 두통, 집중 불능, 혼동의 증상이 나타나는 것이다. 이런 증상이 나타나면 즉시 의학적인 도움을 청한다.

▲ 더운 날씨에 훈련을 받거나 경기를 치르는 운동선수는 위험한 수준의 수분 손실에 취약하다.

요점 탈수, 열사병, 수분중독은 물과 전해질을 손실한 후 보충을 통해 균형을 유지하지 못하였을 때 발생한다. 이러한 상태는 더운 날씨에 노동을 하거나 운동선수들이 훈련이나 경기를 치를 때 발생할 수 있고, 치명적인 상태에 이를 수 있다.

알코올을 어느 정도 마시는 것이 안전할까?

알코올(alcohol)은 과일, 채소, 곡류를 발효시켜 만든 음료를 일상적으로 지칭한다. 알코올 음료에는 맥주, 와인, 위스키 등의 증류주가 포함된다. 알코올은 1g당 7kcal를 내는 에너지 함량이 높은 화합물이지만, 영양소로 간주하지는 않는다. 알코올은 신체기능에 필수적이라기보다는 신체기능을 심각하게 손상시키기 때문이다.

알코올 섭취량의 단위는 "잔/일"로 나타낸다. **술 한 잔(drink)**은 보통 15ml의 알코올을 제공하는 음료의 양으로 정의한다. 이는 증류주(80도의 보드카, 진, 위스키, 럼, 스카치) 45ml, 와인 150ml, 맥주나 와인쿨러 360ml에 상당하는 양이다.[10] 이 양은 그림 8.6(238쪽)을 참고하기 바란다.

맥주, 와인, 증류주는 알코올 함량이 다르다. 맥주의 알코올 함량은 적게는 3~4%에서 보통은 5~6%까지이며 흑맥주나 맥아주는 7%의 알코올을 함유한다. 대부분의 와인은 9~15%의 알코올을 함유한다. 증류주의 알코올 함량은 도수와 직접 연관된다. **도수(proof)**: 100도인 알코올 음료의 알코올 함량은 50%, 80도는 40%를 나타낸다. 과일향 알코올 드링크는 12%의 알코올을 함유하며 대부분 690ml 용량의 캔으로 판매된다. 그래서 한 캔을 다 마시면 1잔이 아니라 4잔을 마시는 셈이다. 보건당국에서 이러한 섭취를 "한 캔으로 폭음"한다고 하는 것도 당연하다.

2010 미국인을 위한 식생활 지침에서는 "알코올을 섭취할 때는 절제해야 한다. 여성은 하루 1잔, 남성은 하루 2잔으로 제한하며 법적으로 허용된 성인에 한한다"고 권고한다.[11] 식품의약품안전처에서도 술을 마실 때는 그 양을 제한해 남자는 하루 2잔, 여자는 1잔 이상 마시지 않고, 바람직한 음주습관 10계명을 정해 올바른 음주습관을 갖도록 권고하고 있다.[vi)]

그런데 이것이 일일 지침이라는 것을 이해하는 것이 중요하다. 1주일에 6일 동안 알코올 음료를 섭취하지 않다가 하루에 몰아서 7잔을 섭취하는 것은 절제가 아니다. 2010 미국인을 위한 식생활지침은 알코올을 조금도 섭취하면 안 되는 특수한 사람들에 대해 다음과 같이 규정하고 있다.[11]

수분중독(water intoxication) 수분 섭취량이나 보유량이 과다하여 체액이 희석되는 현상으로 저나트륨혈증(hyponatremia)을 유발시킬 수 있으며 수분과잉(overhydration)이라고도 함.

알코올(alcohol) 과일, 채소 및 곡물을 발효시켜 만든 음료.

술 한 잔(drink) 약 15ml의 순수한 에탄올을 제공하는 알코올성 음료량.

도수(proof) 액체의 알코올 함량 측정기준. 예를 들어 도수가 100도인 액체는 부피비로 50%의 알코올을 함유하며, 80도인 액체는 40%의 알코올을 함유함.

vi) http://foodnara.go.kr/alcohol_safety/main/ (식품의약품안전처-주류 안전 정보)

▲ 그림 8.6 종류별 주류 1잔의 양. 미국 국립 알코올 남용 및 중독 연구소(NIAAA)는 1잔에 해당하는 양으로 와인은 150ml, 맥주나 와인쿨러는 360ml, 증류주는 45ml로 정하고 있다.

- 임신 중이거나 임신 예정인 여성
- 법적으로 음주가 허용되는 연령 미만의 사람
- 알코올 섭취를 스스로 조절하지 못하거나 절제의 범위 내에 유지하지 못하는 사람
- 알코올과 상호작용을 일으킬 수 있는 약을 복용하는 사람
- 운전, 기계조작, 기타 집중과 조정을 요하는 업무에 종사하는 사람

미국에서는 성인인구의 반 미만이 규칙적으로 알코올을 섭취한다. 음주하는 성인 중 30%는 지난 한 달 동안 여러 번 폭음을 했다고 보고하고 있다. 미국인의 40%는 일생 동안 또는 현재(지난 1년간) 금주하고 있으며, 여성의 경우는 일생 동안 금주하는 비율이 남성의 두 배이다.[12] 한국의 경우 음주경험자를 대상으로 한 조사에서 소주를 기준으로 할 때 최근 1주일 이내 남자는 64%가 5 ~8잔 이상, 여자는 69%가 2.5~5잔 이상 마시는 것으로 나타났으며, 폭탄주 선호도는 20대가 가장 높았다.[vii]

알코올의 흡수율

알코올은 소화과정이 필요하지 않으며 위와 소장에서 모두 흡수된다. 흡수 후 간으로 이동되어 그곳에서 대사되거나 과잉섭취된 것은 혈류로 방출되어 온몸에 빠르게 퍼진다.

알코올을 흡수하는 속도는 다양하다. 식품없이 섭취한 경우 알코올은 위에서 바로 흡수된다. 지방, 단백질, 식이섬유가 포함된 식사나 간식을 음주 전에 섭취하면 위배출이 늦어지고 장에서의 알코올 흡수가 지연될 것이다. 탄산이 포함된 알코올 음료는 탄산이 포함되지 않은 것에 비해 빨리 흡수되어 악명높은 샴페인의 중독 효과가 나타난다. 일정량의 알코올을 섭취하였을 때 여성은 동일 신체크기의 남성에 비해 30~35%의 알코올을 더 흡수하는데, 이는 여성이 알코올의 효과에 더 민감한 이유에 대한 설명이 될 수 있다.

> 다음 링크에서 신체에 흡수된 알코올의 흐름을 따라 체내 기관과 체계에 어떻게 영향을 미치는지 살펴보자. www.collegedrinkingprevention.gov/CollegeStudents/interactiveBody.aspx.

건강한 성인은 간이 일정한 속도로 알코올을 분해한다. 한 시간에 한 잔 정도의 속도이다. 만일 이보다 많은 양을 섭취한다면, 예를 들어 1시간에 3잔을 마신다면, 과잉의 알코올은 혈류로 방출되어 모든 신체조직과 체액으로 퍼진다.

---

vii) http://foodnara.go.kr/alcohol_safety/main/ (식품의약품안전처-주류 안전 정보)

표 8.1 두뇌 활동에 영향을 미치는 혈중 알코올 농도

혈중 알코올 농도 (%)	반응
0.02~0.05	긴장완화, 도취감, 안도감
0.06~0.10	판단, 소근육 조절, 신체의 조정 장애; 정상적인 감정조절 손실; 범위의 상한 수준은 미국 여러 주에서 음주 단속하는 수준
0.11~0.15	반사작용과 대근육 통제 장애; 비틀거리는 걸음걸이; 미국의 모든 주에서 음주 단속하는 수준; 더듬거리는 말투
0.16~0.20	시력장애, 예측 불가능한 행위, 근육 조절력 상실 심화
0.21~0.35	신체조정 완전 손실, 인사불성
0.40 이상	의식불명, 혼수, 호흡곤란, 사망

대중적인 바람에도 불구하고 알코올의 분해속도를 높이는 효과적인 방법은 없다. 산책을 하거나 커피나 에너지 드링크를 마시거나 허브 또는 영양보충제 제품을 이용하는 것 등은 알코올 분해에 도움이 되지 않는다. 중독을 피하는 핵심적인 방법은 알코올을 서서히 섭취하고 한 시간에 한 잔 이상 섭취하지 않으며 식사나 간식 중 혹은 후에 알코올 음료를 마시는 것이다.

시간이 지남에 따라 알코올 섭취가 증가하면 간은 알코올을 보다 효율적으로 분해하여 혈중 알코올 수준은 서서히 증가한다. 이러한 알코올에 대한 대사적 내성으로 인해 만성적으로 알코올을 남용하는 사람들은 점점 더 많은 양을 마셔야만 취하게 된다. 시간이 지남에 따라, 처음 알코올을 마셨을 때에 비해 두 배는 섭취해야 동일 수준으로 취하게 될 수도 있다.

섭취하는 알코올 중 소량, 즉 10% 미만은 소변, 호흡, 땀으로 배출된다. 혈중 알코올 농도가 증가함에 따라 호흡 중 알코올의 수준도 증가하여 음주검사의 기본이 된다. 적은 수준의 알코올 섭취에도 운전능력이 손상된다는 것을 알면 놀랄 것이다. 예를 들어 법적으로 규제하지 않는 0.02%의 낮은 혈중 알코올 농도에서도 운전에 필요한 어떤 기능들은 감퇴된다. 표 8.1은 혈중 알코올 농도 수준별 나타나는 전형적인 반응을 보여주고 있다.

▲ 일반적인 생각과 달리 커피가 알코올의 분해 속도를 높이지 않는다.

요점 알코올은 1g이 7kcal의 에너지를 내지만 신체기능에 필수적이지 않기 때문에 영양소라 하지 않는다. 알코올 섭취량은 "잔/일"로 나타낸다. 한 잔은 15ml의 알코올을 포함하는 음료의 양을 나타낸다. 미국인 중 알코올을 정기적으로 섭취하는 사람은 반이 되지 않는다. 알코올은 식사나 다량의 간식섭취로 흡수가 지연될 수 있다. 간에서는 흡수된 알코올이 한 시간에 한 잔 정도 분해되는 속도로 서서히 분해되고, 분해과정을 신속하게 할 수 있는 효과적인 방법은 없다.

절제하는 보통수준의 알코올 섭취는 건강상의 이로움과 해로움을 모두 가진다

보통수준의 음주가 주는 심리적 이득에 대해서는 잘 알려져 있다. 음주는 긴장과 근심을 완화하고 이완감과 자신감을 증가시킨다. 절제하는 알코올 섭취는 건강에도 이롭다.[14,15] 지나치지 않은 알코올 섭취는 심혈관질환과 일부 뇌졸중의 위험 감소와 연관있는 것으로 알려져 왔다. 적당한 알코올 섭취는 HDL 콜레스테롤을 증가시키며 동맥에서 혈전 생성의 위험을 감소시킨다.[16] 많은 사람들이 이러한 이로운 효과는 적포도주에서만 얻을 수 있는 것으로 생각하나 최근 연구는 백포도주, 증류주, 심지어는 맥주도 비슷한 효과를 나타낸다고 보고하고 있다.[16]

노인에게서 적당량의 알코올 섭취는 식욕을 자극하고 식사의 섭취를 향상시킨다. 일부 연구에서 적당한 양의 알코올 섭취로 인지의 손상과 일종의 치매에 대한 위험을 낮출 수 있다고 보고하였는데 특히 비흡연 여성에게서 그러하였다.[17] 이에 관한 연구가 지속되면서 보건의료인들은 절제하는 수준의 알코올 섭취에 이득을 얻을 수 있는 집단을 분명히 알 수 있게 되었다.

▲ 알코올 음료를 마시면 알코올의 이뇨작용으로 인해 수분손실이 증가한다.

이러한 이득에도 불구하고 보통수준의 음주도 위험할 수 있다. 사람의 유전적 특성, 건강상태, 약물복용 여부, 연령이 모두 알코올 섭취에 대한 단기- 및 장기- 반응에 영향을 미친다. 적당량의 수준일지라도, 예를 들면 어떤 연구에서는 적정량 이하로 적은 양의 알코올을 섭취하는 여성에서 유방암의 위험이 증가하였다고 보고하였고,[18] 다른 연구들은 하루 두 잔의 적은 양을 섭취하는 남성들에서 고혈압의 위험이 증가하였다고 보고하였다.[19] 또한 알코올 섭취는 티아민, 엽산, 비타민 B_6의 흡수와 이용을 방해하여 영양소 결핍의 위험을 증가시킨다.

▲ 알코올은 약물의 작용을 간섭하여 약물 사용에 따른 위험을 증가시킨다.

음주자 중에는 적당량의 음주로도 에너지 섭취수준과 과체중이나 비만의 위험이 증가할 수 있다. 알코올 음료의 섭취는 정상적인 포만감 반응을 일으키지 않아서 대부분의 사람들은 알코올로 섭취하는 에너지에 해당하는 만큼 식품을 적게 섭취하지는 못하기 때문이다. 또한 적정량의 알코올 섭취는 단기적으로는 식욕을 자극하여 총에너지 섭취수준을 증가시킨다.[20]

약물복용 중에 음주를 하면 문제를 일으킬 수 있다.[21, 22] 예를 들면 알레르기 치료를 위해 항히스타민을 복용한다면 알코올은 진정 효과를 증가시켜 극도로 졸린 상태가 되도록 한다. 약국에서 판매하는 진통제인 타이레놀의 아세트아미노펜 성분을 과량 복용하고 있다면 단지 적당량의 음주를 하고 있더라고 심각한 간 손상을 일으킬 수 있다.

요점 절제하는 보통수준의 알코올 섭취는 건강의 이익과 잠재적인 위험을 모두 가지고 있다. 일정수준의 알코올 노출에 대해 사람마다 고유의 대사적 행위적 반응양식을 가질 것이므로 알코올 소비에 대한 찬반양론을 주의 깊게 저울질해 보아야 한다.

지나친 알코올의 섭취는 심각한 건강문제를 초래한다

알코올은 약물이다. 뇌의 거의 모든 부분에 마취효과를 나타내어 진정제, 안정제로 작용한다. 알코올은 뇌의 추론하고 판단하는 부위를 억제하여 시야가 흐려지고 말이 명료하지 못하며 소근육과 대근육의 운동기능을 손상시킨다(표 8.1). 정상적인 수면패턴을 방해하고 성기능을 감소시킨다.

▲ 음주를 지나치게 많이, 자주, 부적절하게 하는 것은 알코올 남용의 표시이다.

과잉의 알코올 섭취는 음주자의 생리뿐 아니라 기분과 행동에도 부정적인 영향을 미친다. 과다한 음주를 하는 사람 중 많은 사람들이 기분의 기복, 과민함, 강한 분노를 경험하며, 슬픔과 무기력을 경험하는 경우도 있다. 대학생의 25%가 음주로 인해 결석, 학점 등 학업에 영향을 받았다는 보고를 알고 있는가?[23] 또한 알코올은 판단력을 흐리게 하여 공공기물을 파괴하거나 폭행이나 다른 범죄를 범하게 하거나 그러한 대상이 될 가능성을 높인다. 술에 취하면 무방비 상태에서 성관계를 가지게 될 수 있고 이는 성을 매개로 하는 감염성 질환이나 계획 없는 임신의 위험에 처하게 한다. 그리고 다른 약물과 마찬가지로 중독성이 높다.

중독상태가 아니라면 알코올의 과잉섭취는 알코올 남용 또는 문제음주라 칭한다. 이는 음주를 너무 많이, 너무 자주, 부적절하게 하는 것으로 특징지어진다. 부적절한 음주란, 임신 중, 운전 전, 수업시간 사이에, 나쁜 기분을 달래기 위해 술을 마시는 것과 같은 행동이다. 법적으로 허용된 음주연령은 만 20세임에도, 청소년들 중에는 이러한 문제음주를 하는 경우가 있다. 미국의 경우 20%의 청소년과 31%의 대학생은 알코올을 남용하고 있다고 보고하고 있다.

당신은 어떠한가? 알코올을 얼마나 섭취하며 그에 대해 걱정을 해야 하는 수준인가? **"당신은 어떤가요?"** 박스(241쪽)를 이용하여 판정해 볼 수 있다.

폭음

폭음(binge drinking)은 한번에 5잔 이상의 알코올을 마시는 것으로 정의한다. 알코올 남용의 흔한 형태이고 특히 대학 캠퍼스에서 많이 볼 수 있다. 미국의 경우 폭음의 비율은 18~20세에 가장 높은 수준으로 51%에 이른다.[24] 여성보다는 남성이 더 많이 폭음한다고 보고하고 있다.

폭음(binge drinking) 한번에 5잔 이상의 알코올을 마시는 것.

90%

당신은 어떤가요?

당신이 마시는 알코올 수준은 걱정해야 하는 정도인가?

이 장에서 논의한 바와 같이 알코올은 질환, 활동제한, 사망과 같은 개인적인 문제 뿐만 아니라 폭력과 같은 사회문제도 일으킨다.

당신이 음주문제를 가지는지 알아보려면 미국 국립 알코올 남용 및 중독 연구소(National Institute on Alcohol Abuse and Alcoholism, NIAAA)에서 제공하는 다음의 질문에 답해보자.

- 음주를 줄여야겠다고 느낀 적이 있는가? **예 / 아니오**
- 당신의 음주에 대해 다른 사람들이 비판하는 것에 기분이 상한 적이 있는가? **예 / 아니오**
- 당신의 음주에 대해 기분이 안좋거나 죄책감을 느낀 적이 있는가? **예 / 아니오**
- 화가 나거나 슬플 때 혼자 술을 마시는가? **예 / 아니오**
- 음주 때문에 학교나 직장에 지각한 적이 있는가? **예 / 아니오**
- 전날 마신 술을 해장하기 위해 아침에 일어나자마자 술을 마신 적이 있는가? **예 / 아니오**
- 술을 그만 마시겠다고 결심한 후에 술을 마신 적이 있는가? **예 / 아니오**

한 가지 질문에라도 “예”라고 대답했다면 알코올 문제 가능성이 있다. 두 가지 이상의 “예”는 문제 가능성이 높음을 나타낸다.

만일 알코올 문제가 있다고 생각한다면, 바로 의사나 다른 의료진을 만나는 것이 좋다. 그들은 당신이 알코올 문제가 있는지 파악해서 취해야 할 행동들을 계획하도록 도와줄 수 있다. 의사가 음주를 줄이거나 절주해야 한다고 하면 미국 국립 알코올 남용 및 중독 연구소(NIAAA)의 다음 지침을 따른다.

1. 알코올 섭취를 줄이거나 끊어야 하는 이유를 적어본다. 예를 들면 음주허용 연령이나 교내의 금주 정책을 따르기 위해, 건강과 성적을 향상시키기 위해, 교우관계를 위해 등
2. 또한 목표를 정해 적어본다. 예를 들면, 오늘부터 금주할 것이다.
3. 목표를 이루기 위해 술을 마실 때마다 양, 종류, 마시게 된 상황(주변에서 권해서, 외로워서)을 기록한다.
4. 집, 기숙사 방, 차 안, 사물함 등 어느 곳에도 알코올을 두지 않도록 한다. 대신, 즐겨 마시는 비알코올성 음료를 가는 곳마다 비치해 둔다.
5. 거절하는 방법을 배운다. 다른 사람이 마실 때 같이 마실 필요는 없다. 공손히 거절하는 방법을 연습한다. 예를 들면 술을 많이 마시면 힘들다거나, 체중조절 중이라고 말할 수 있다. 술을 마시지 않는다고 괴롭히는 사람이 있다면 멀리한다.
6. 주변의 도움을 받아라. 가족과 신뢰하는 친구에게 절주 혹은 금주 계획에 대해 말하고 계획한 목표를 이룰 수 있도록 지원해 줄 것을 요청하라. 아니면 지역 내 익명으로 알코올중독 치료를 받을 수 있는 곳을 알아보고 도움을 받는다.

21세 미만이 섭취한 알코올의 90%는 폭음의 형태이다. 바꾸어 말하면 법적으로 음주가 허용되지 않는 연령에서는 폭음을 하거나 마시지 않거나 둘 중 하나라는 것이다. 학생생활과 관련된 의식들(환영회, 운동경기, 성인기념 생일) 중에는 폭음을 수반하는 것이 많다. 한국의 경우 「2011년도 청소년건강행태온라인조사」에 의하면 최근 30일 동안 1잔 이상 술을 마신 적이 있는 남학생은 23.7%로 여학생 17.1%보다 높았으며, 고등학생이 중학생보다 높았다. 최근 7년간 연도별 추이는 특성화계 고등학교 남학생을 제외하고 모두 감소하는 경향을 보였다.[viii]

폭음의 부정적인 효과는 작게는 몸을 쇠약하게 하는 것에서부터 크게는 생명에 위협을 미

[viii] http://www.hp.go.kr (한국건강증진재단)

치는 것까지의 범위에 걸쳐 있다. 이 중에는 운동 통제 손상, 방향감각 상실, 판단력 손상, 기억력 손실, 탈수, 구역질, 구토, 배변 통제 손상, 사고 상해 등이 포함된다. 알코올을 너무 많이 섭취해서 간의 알코올 제거 능력을 넘게 되면 폭음으로 인한 치명적 결과인 알코올 독성이 발생할 수 있다. 알코올 독성은 호흡과 심장기능을 조절하는 뇌 부위가 억제되어 호흡 및 심장 부전을 초래하여 사망에 이를 수 있다.

폭음을 하면 알코올 독성이 치명적 수준에 이르기 전에 대부분 의식을 잃게 되나 이때 신속한 의학적 치료가 필수적이다. 이는 위장에 알코올이 남아 있으면서 계속 혈류로 흡수되기 때문에 혈중 알코올 수준을 더욱 상승시킬 수 있기 때문이다. 독성 수준의 알코올이 체내를 순환하기 때문에 뇌 손상과 사망을 초래할 수 있다. 또한 극도로 취한 경우에는 의식을 잃은 상태에서도 구토할 수 있다. 토사물이 기도를 막게 되면 숨이 막혀 사망할 수 있고 폐로 흡입되면 치명적인 폐렴을 유발할 수도 있다. 이 때문에 폭음 후 혼자 잠들게 두면 절대 안되며 고개를 옆으로 돌려 주고 구토를 하는지, 피부가 차고 푸르스름한 빛깔을 띠지 않는지, 느리고 불규칙적인 호흡을 하지는 않는지 주의 깊게 살펴보아야 한다. 이 중 어떤 증상이라도 보이면 즉시 응급 처치를 받아야 한다.

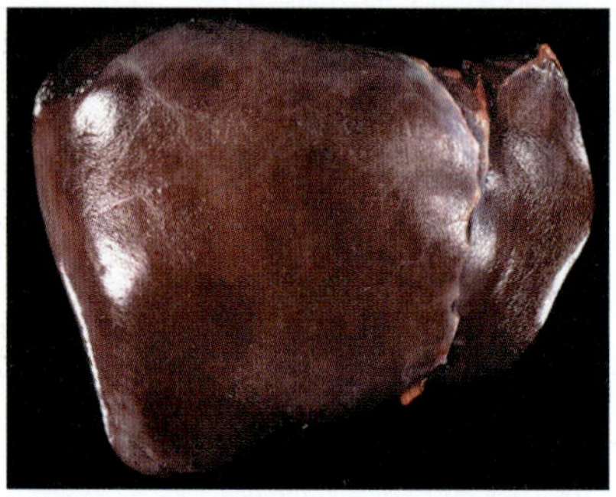

(a)

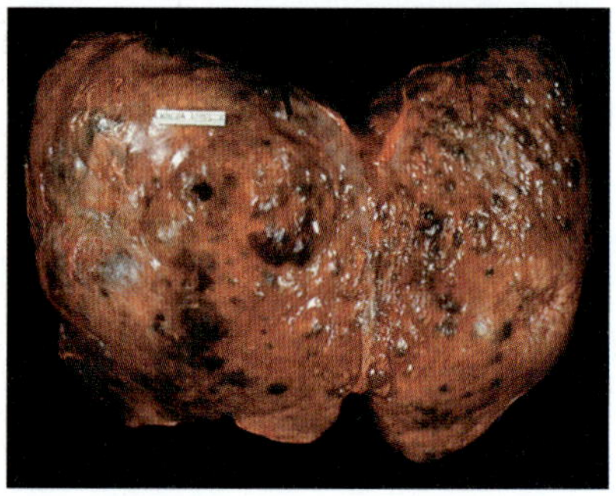

(b)

▲ 그림 8.7 만성 알코올 남용에 따른 간경화. (a) 건강한 간. (b) 간경화로 손상된 간.

만성적인 알코올 남용

만성적인 알코올 남용은 몇 달에서 몇 년간에 걸쳐 알코올을 과잉 섭취하는 것으로 정의하며 여러 가지로 뇌기능을 손상시킨다. 청소년기와 젊은 성인기에 뇌는 계속 발달하고 이 시기의 뇌손상은 뇌구조와 기능을 변화시킨다.[25] 이러한 손상은 지력과 추상적인 추론능력의 발달을 손상시키고, 기억을 감퇴시키며, 행위적 정서적 조절을 방해한다. 절주 후에도 만성적인 알코올 남용을 했던 사람은 기억과 학습의 문제가 지속적으로 진행되는 경우가 많다.

만성적인 알코올 남용은 **알코올 중독**(alcoholism, alcohol dependence)을 유발한다. 알코올 의존성으로도 불리는 이 질환에 대해 미국의 국립 알코올 남용 및 중독 연구소는 다음의 4가지 증후로 특징짓고 있다.

- **갈망**: 알코올 음료를 마시려는 강한 필요와 충동
- **통제력 상실**: 일단 마시기 시작하면 중지하지 못함
- **신체적 의존성**: 알코올 섭취를 중단하면 구역질, 발한, 불안정, 불안과 같은 금단 증상이 발생
- **내성**: 알코올 섭취 후 즐거운 기분을 느끼기 위해서는 점점 더 많은 양을 마셔야 할 필요가 있음

또한 만성 알코올 남용은 간을 심하게 손상시킨다. 알코올 대사가 주로 일어나는 곳이기 때문에 간은 알코올의 독성에 가장 취약하다. 간 세포는 과잉 혹은 폭음 시 손상된다. 알코올 남용이 지속된다면 간기능은 저하된다. **지방간**(fatty liver)은 초기의 가역적인 간손상의 증상이다. 음주가 지속되면 알코올성 **간염(hepatitis)**이 발생할 수 있으며, 이로 인해 식욕저하, 구역질과 구토, 복통, 황달, 때에 따라서는 정신혼란 증상이 나타난다. **간경화(cirrhosis)**는 알코올 남용이 몇 년간 지속되어 나타나는 만성증상으로 간 조직의 흉터, 간으로의 혈류 손상, 생명에 위협이 되는 간기능 손상 등의 특징을 나타낸다(그림 8.7). 더구나 만성적인 알코올 남용은 구강, 식도, 위장관 등을 포함하여 몇 가지 암의 발생 위험을 증가시킨다.

간염(hepatitis) 바이러스나 알코올 같은 독성물질에 의해 생기는 간의 염증.

간경화(cirrhosis) 간 기관과 기능이 비정상적인 말기 간 질환으로 간부전을 초래.

알코올 섭취는 사고사 위험을 급격히 증가시킨다

미국의 경우 지난 10년간 알코올 관련 교통사고로 인한 사망이 25% 정도 감소하였으나, 여전히 높은 수준이다. 2009년에는 만

미국 내 50개 주의 DWI/DUI 법을 보려면 고속도로 안전을 위한 보험 연구소의 웹 페이지를 방문해 보시오. www.iihs.org/laws/dui.aspx.

명 이상의 사람들이 음주운전으로 인한 자동차 충돌로 사망하였는데, 전체 자동차 사고로 인한 사망의 1/3에 해당한다.[26] 매년 21세 미만 미국인 중 6,000명이 알코올 관련 사고, 살인, 자살로 사망한다. 자살시도의 40%, 폭력적인 범죄의 54%, 응급실 입원의 60%, 가정 분쟁의 80%가 알코올과 연관되어 있다. 한국의 경우 통계청 자료에 따르면 2011년 9~11월 사이 3개월 동안 발생한 교통사고 857건 중 258건이 음주운전으로 인한 교통사고로 평균 전체 운수사고 중 30%가량이 음주운전에 의한 사고이다.[ix)]

▲ 지나친 알코올 섭취는 자동차 사고와 그 밖의 외상성 상해의 위험을 크게 증가시킨다.

알코올 섭취에 따른 이런 문제들에 대해 읽다 보면 알코올을 남용하거나 중독되어 있는 아는 사람을 떠올리게 될 수도 있다. 그렇다면 **게임 플랜** 기사(246쪽)가 알코올로 인한 문제를 가진 사람이 치료받을 수 있도록 도와주는 데에 대한 지침을 제시해줄 것이다.

알코올 섭취 제한을 위한 전략

지나친 음주는 여러 이유로 위험하다. 그러므로 취할 정도로 음주하는 경우가 잦다면 왜 그러는지 자신에게 묻는 것이 합당하다. 폭음을 자신을 위한 목표, 학구적인 면에서의 경력, 자신의 장래와 어떻게 조화롭게 병행할 것인가? 의식적인 선택인가, 그렇게 선택하도록 압박을 느끼기 때문인가? 스트레스 해소를 위해 폭음을 한다면 스트레스 해소를 위해 덜 위험한 방법들이 있다. 동양무술 강좌나 격렬한 파워 요가 같은 것? 친목도모를 위해 술을 마시기로 했다면, 취하지 않도록 한다. 통제력을 유지하기 위한 몇 가지 방법을 소개한다.

- 자신의 제한 범위를 지키기 위해 몇 발 앞서 나간다. 예를 들면,
  - 바에 갈 예정이라면 맥주 두 캔과 탄산수 두 캔을 살 정도의 돈만을 지참한다.
  - 집을 나서기 전에 단백질을 함유한 식사나 간식을 먹는다: 위 속에 식품이 있으면 배출이 지연된다. 이를 통해 알코올을 분해할 시간을 벌어준다.
  - 정중히 사양할 준비를 한다. 이미 자신의 제한 범위가 되었는데, 저녁식사 중 누군가가 한 잔 권할 때가 있다. 정중하지만 단호하게 미리 연습한다. "고맙습니다만, 이 정도가 좋습니다."와 같이 간단한 것으로도 도움이 된다.

---

ix) http://kostat.go.kr (통계청의 통계자료)

뉴트리-케이스 테오

"어젯밤 경기 후 파티에 갔다가 운전을 하고 집으로 돌아가는 길에 경찰의 검문을 받았어. 경찰관은 내가 똑바로 운전하지 못하는 것처럼 보인다며 술을 얼마나 마셨는지 물어보았지. 나는 맥주 세 잔만 마셨고 경기를 치르고 나서 매우 피곤하다고 말했어. 그러고 나서, 내가 괜찮다는 것을 보여주기 위해 백부터 거꾸로 세어 보겠다고 제의했지. 하지만 술에 취하지 않은 것처럼 들렸던 게 틀림없어. 내게 해 보라고 하지 않았거든. 그 경관이 내가 취한 상태로 운전을 했다고 생각하진 않은 것 같아. 그래도 어쩌면 경기 후에 맥주 세 잔은 많을 수도 있어."

단지 맥주 3잔을 마셨을 뿐인데 테오가 운전하는데 장애가 있었을 수도 있다는 것이 육체적으로 가능하다고 생각하는가? 답을 하기 전에, 테오의 몸무게가 연습기간에는 77kg 정도이고 장시간의 농구 경기를 끝낸 직후라는 사실을 생각해 보자. 그 밖의 어떤 정보가 답을 찾는 데 중요할까?

90%

게임 플랜

알코올 문제를 가진 사람이 치료 받을 수 있도록 하기 위한 전략

너무 많이, 너무 자주, 부적절하게 음주를 하거나 알코올 중독의 증상을 보이는 사람을 알고 있다면 당신은 어떻게 해야 할까? 미국 국립 알코올 남용 및 중독 연구소(NIAAA)는 그 사람이 치료받을 수 있도록 하기 위해 다음 단계를 따르라 제안한다.

□ *더 이상 감싸지 말라.* 가족이나 친구들은 종종 술을 마시는 것을 감춰주기 위해 다른 사람들에게 변명을 하기도 한다. 만일 당신도 그러한 행동을 하고 있다면, 중단하라. 음주로 인해 발생하는 모든 결과를 경험하게 하는 것은 매우 중요하다.

□ *중재시기.* 음주자에게 이야기할 적기는 음주로 인한 분쟁이나 사고가 발생한 직후이다. 당사자가 취하지 않고, 모두 평정을 유지한 상황에서 개인적으로 이야기할 기회를 찾는다.

□ *구체적으로 말한다.* 당사자에게 당신이 음주로 인한 문제를 걱정하고 있음을 이야기한다. 최근의 사건을 포함해서 음주로 인해 발생했던 구체적인 사례를 들어 이야기한다.

□ *결과를 말한다.* 만일 치료받지 않는다면 당신이 어떻게 할 것인지 설명하라. 음주당사자를 벌하기 위함이 아니라 당신이 자신을 보호하기 위함임을 말한다. 당신이 취할 행동은 알코올이 제공되는 어떤 모임에도 함께 가지 않겠다는 것부터 별거하겠다는 것까지 이를 수 있다. 당신이 할 준비가 되지 않은 것으로 위협하지는 말아라.

□ *도움을 구한다.* 가까운 곳에서 구할 수 있는 치료방법의 종류를 미리 알아본다. 만일 당사자가 치료에 응할 의지가 있을 때, 바로 예약을 하고 처음 치료는 동행하겠다고 제안한다.

□ *친구에게 요청한다.* 만일 당사자가 여전히 치료를 거부하면 다른 친구에게 앞서 소개한 단계들을 시도해 줄 것을 부탁한다. 알코올 중독에서 회복되고 있는 친구가 있다면 그 친구의 말은 매우 설득력이 있지만 누구든 당사자를 걱정하고 비난하지 않는 사람이 있다면 도움이 된다. 여러 명이 여러 번 중재를 시도하는 것이 당사자를 설득하는 데 필요하다.

□ *여러 사람이 이야기한다.* 개인적인 중재로 당사자의 설득이 어렵다면 여럿이 함께 당사자가 문제를 직면하도록 시도해 본다. 이러한 방법은 집단 중재경험이 많은 전문의료진의 지시 하에 시도해야 한다.

□ *지지를 구한다.* 혼자가 아님을 잊지 말라. 학교나 지역사회에 도움을 구할 수 있는 모임들이 있다. 알코올 중독자 갱생회(Alcoholics Anonymous, Al-Anon)는 음주문제가 있는 사람들의 친구나 배우자들을 위한 정기 모임을 제공하고, 알코올 중독인 부모를 가진 틴에이저를 지원하는 단체(Alateen)는 알코올 중독자의 자녀를 위한 모임이다. 이러한 모임들은 가족이나 친구들이 음주자의 알코올 중독이 그들의 책임이 아니라는 사실과 음주문제를 가진 당사자가 치료를 받는지의 여부와 상관없이 그들 자신도 돌보아야 함을 이해시킨다.

- 바, 클럽, 파티에 갈 때 첫 음료는 큰 컵에 탄산수, 아이스티, 다이어트 콜라, 주스, 비알코올성 맥주를 채운다. 일단 갈증이 해소되면, 자연적으로 덜 마신다. 그 후엔 알코올 음료와 비알코올 음료를 돌아가며 마신다.
- 여러 종의 술을 섞어서 마신다면 알코올 음료는 적게 하고 다이어트 음료와 물, 주스의 비율을 높게 하여 희석한다. 바에 있다면 혼합주를 주문하여 약하게 만들어 달라고 주문한다.
- 마시는 것이 희석된 것이든 아니든 간에 천천히 마셔서 간이 알코올 섭취를 따라잡을 시간을 허용한다.

- 댄스, 음식 시식, 게임 구경, 친구와 이야기를 나누며 시간을 보낸다.

다른 현명한 전략은 운전자로 자원하는 것이다. 그 밤은 알코올을 조금도 섭취하지 않아도 되는 "프리패스"를 받은 셈이다.

요점 알코올 남용(문제 음주)은 술을 너무 많이, 너무 자주, 부적절하게 마시는 것을 말한다. 폭음은 한번에 5잔 이상 섭취하는 경우이다. 이러한 음주는 치명적인 알코올 독성을 유발할 수 있다. 만성적인 알코올 남용은 치명적인 인지, 정서, 행동 결함을 가져오고 알코올 중독에 이를 수 있다. 또한 심각한 간손상을 일으키고 암발생 위험을 증가시킨다. 알코올 섭취는, 특히 젊은 층의 경우에서 외상으로 인한 사망과 연관성이 크다.

건강 감시

태아 알코올 증후군은 어머니의 음주에 기인한다

알코올은 기형 발생원(출생 시 결함을 유발하는 물질)으로 알려져 있다. 임신 중인 여성이 알코올을 섭취하면, 알코올은 빠른 속도로 태반을 통과하여 태아의 혈류로 유입된다. 미성숙한 태아의 간은 알코올을 효과적으로 대사하지 못하기 때문에 태아의 혈액과 조직에 축적되어 여러 가지 출생 시 손상의 위험을 증가시킨다. 임신여성의 알코올 섭취에 따른 영향은 음주량에 비례한다. 많이 마실수록 태아에 미치는 위해 가능성은 증가한다.

태아 알코올 스펙트럼 장애(fetal alcohol spectrum disorders, FASD)는 임신여성의 음주로 인해 발생할 수 있는 다양한 종류의 합병증을 포괄하는 용어이다. FASD에는 **태아 알코올 증후군(fetal alcohol syndrome, FAS)**, **알코올 관련 신경발달 장애(alcohol-realted neurodevelopmental disorder, ARND)**, **알코올 관련 선천적 결함(alcohol-related birth defects, ARBD)**을 포함한다. 미국에서는 매년 40,000명 이상의 아기가 FASD를 지니고 태어나는 것으로 추산되며, 이로 인한 의료비용은 연간 60억 달러에 이른다.[28]

FAS는 FASD 중 가장 중증 상태이며, 얼굴, 사지, 심장, 신경계의 기형을 나타내는 특징을 가진다(그림 8.8). 신생아와 영아 사망률이 높고 생존한 경우 정서, 행동, 사회생활, 학습, 발달에 있어 전 생애에 걸쳐 문제를 나타낸다. FAS는 미국에서 정신지체의 주요 원인 중 하나이며, 완벽히 예방할 수 있는 유일한 원인이기도 하다.

FAS는 얼굴에서 나타나는 특징으로 인해 대개 출생 당시부터 인식된다. 반면 ARND와 ARBD는 임신여성의 음주로 인해 나타나는 결과 중 FAS에 비해 가벼운 결과이다. ARND는 과잉행동, 주의력결핍, 학습장애와 같이 발달과 행동에 있어 다양한 문제를 일으킨다. ARBD는 임신여성의 음주로 인해 심장, 신장, 골격근, 청력, 시력이 비정상적인 상태로 출생한 경우이다. ARND나 ARBD를 지닌 영아와 어린이는 FAS에서와 같은 특징적인 얼굴모양이 나타나지는 않는다.[27]

임신한 여성이 소량의 알코올을 안전하게 섭취할 수 있을까? 일부 임신여성이 아무런 외

영양학의 이정표

수세기 동안의 역사적 기록으로부터 의사들은 알코올 중독인 어머니로부터 태어난 아이들이 다양한 종류의 신체적, 인지적 결함을 지닌다는 사실을 인지하고 있었다. 그러나 연구자들이 이 아이에 대한 연구를 시작한 **1960**년대 후반 이전에는 그렇지 못했다. 시애틀의 소아과 레지던트였던 크리스티 울란드 박사가 최초의 연구자 중 하나인데, 알코올 중독인 어머니에게 태어나 성장부진을 진단받은 영아들을 연구하던 중이었다. 두 명의 의사와 한 명의 심리학자가 울란드 박사의 연구에 참여하여 특징적인 신체결함과 학습 및 행동상의 문제점을 인지하게 되었다. 그들의 연구는 1973년 영국의 한 의학잡지에 게재되어 태아 알코올 증후군은 세계의 주목을 받게 되었다.

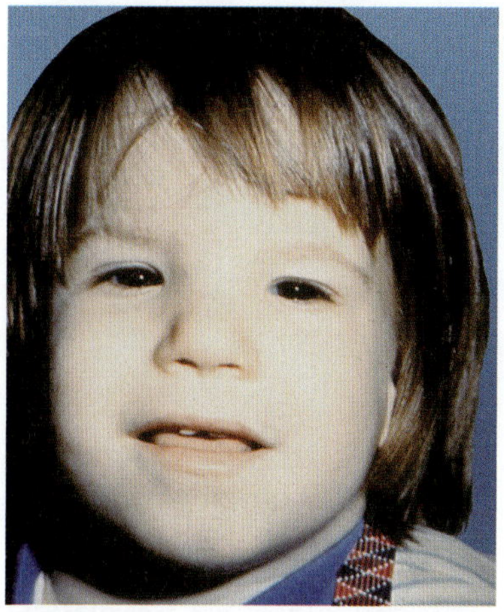

▲ 그림 8.8 태아 알코올 증후군(fetal alcohol syndrome , FAS) 어린이의 얼굴 모양은 낮고 짧은 코, 넓은 콧마루, 주름지고 처진 눈, 평평하고 얇은 윗입술을 가지는 특징이 있다. 태아 알코올 증후군으로 인한 결과는 비가역적이다.

태아 알코올 스펙트럼 장애(fetal alcohol spectrum disorders, FASD) 임신기 동안 음주한 여성의 아이에서 나타날 수 있는 일련의 영향들을 기술하는 포괄적 용어. 태아성 알코올 증후군, 알코올성 뇌발달 장애, 알코올성 선천성 기형이 여기에 해당.

태아 알코올 증후군(fetal alcohol syndrome, FAS) 임신기 동안 알코올 섭취한 여성의 태아에서 나타나는 선천성 기형으로 얼굴기형, 성장장애, 인지적, 감정적, 육체적 문제를 보임.

관상의 나쁜효과 없이 가끔 술을 마실지라도 안전하다 할 수 있는 양은 없다. 식생활지침에서는 임신 중이거나 임신 가능성이 있는 여성은 알코올을 섭취해서는 안된다고 밝히고 있다. 임신중 "안전한 수준의 알코올 섭취는 없다는 것을 확실히 하고 있다."[11]

모유수유 여성도 알코올 섭취를 주의해야 한다. 알코올은 빠른 속도로 모유로 이동되어 수유여성의 혈중농도 수준으로 증가한다. 수유여성의 수유를 저해하고, 모유에 유입되어 아기를 잠들게 하고, 중추신경계를 억제하고, 반복적으로 발생 시 아이의 운동 능력 발달을 늦춘다. 모유수유 초기, 모유수유 빈도가 높을 때, 알코올 섭취는 완전히 중단해야 한다. 수유 빈도가 줄어든 3개월 무렵 이후에는 가끔 와인이나 맥주 한 잔 정도 마시는 것 정도는 안전한 것으로 생각하고 있으나 음주 후 수유 전까지 4시간 정도의 충분한 시간을 두어야 한다. 이렇게 시간을 두어야 수유여성이 섭취한 알코올이 대사되어 수유여성의 혈중 알코올 수준이 감소하고 모유로 유입되는 양이 제한된다.[11] 또 다른 방법은 알코올 섭취 전 모유를 짜서 다음 수유를 위해 보관해두는 것이다.

요점 알코올은 기형유발 물질로 알려져 있다. 태아 알코올 증후군은 임신 중 알코올을 남용한 산모에게서 출생한 태아에게 얼굴, 사지, 심장, 신경계에 발생한 기형으로 특징지어진다. 알코올 관련 신경발달장애와 알코올 관련 선천적 장애(기형) 또한 임신 중 음주한 경우에도 나타날 수 있다. 임신 중에는 조금의 섭취도 안전하지 않다.

나는 어디에 있을까?

이 장을 모두 읽고 난 후, 당신은 대체로 필요한 수분을 충분히 섭취하고 있다고 말할 수 있는가?

예 / 아니오

당신이 하루 중 섭취하는 음료의 종류나 양을 변화시킬 계획이 있는가?

만일 알코올을 섭취한다면, 이 장의 학습내용이 당신의 음주를 다시 생각해보게 하였는가?

예 / 아니오

만일 그렇다면, 어떻게 생각하게 되었는가?

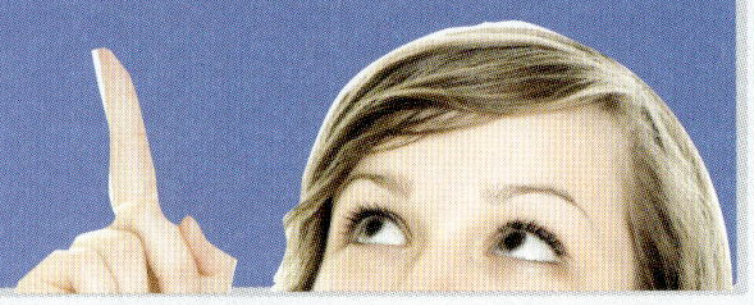

알코올 관련 신경발달 장애(alcohol-related neurodevelopmental disorder, ARND) 임신 중 모체의 알코올 섭취로 인해 학습과 행동에 문제를 가지고 있으며, 나아가 학업 수행에 어려움을 겪거나 집중력과 판단력 부족 및 충동적 행동을 보이는 아동의 상태.

알코올 관련 선천적 결함(alcohol-related birth defects, ARBD) 임신 중 모체의 알코올 섭취로 인해 심장, 신장, 뼈 등에 나타나는 여러 가지 결함.

복습

오늘 내가 해 볼 수 있는 것은?

이 장을 읽고, 다음 세 가지를 실천해 보자.

- 수분섭취 수준을 살펴보자. 체내 수분수준을 적절히 유지하는 데 필요한 수분을 충분히 섭취하고 있는가?
- 건강한 음료를 선택하자. 하루를 정해서 당이 첨가된 음료는 모두 피하고 순수한 물, 커피, 차, 100% 과일주스, 무지방우유, 칼슘강화두유, 오렌지주스와 같은 음료만 섭취하도록 하자. 그러고 나서 평소에 섭취하던 가당음료의 양을 줄이는 습관을 가질 수 있는지 살펴보자.
- 만일 알코올을 섭취한다면 적절한 양을 마시자. 섭취량이 하루에 여성은 한 잔, 남성은 두 잔을 넘지 않도록 한다.

스스로 평가하기 정답

1. 참. 체중의 50~70% 정도는 수분이다.

2. 거짓. 갈증 기전은 필요한 수분을 보충하라는 신호를 보내지만 필요한 수분이 완전히 충족되었는지 확인하기에는 충분하지 않다.

3. 거짓. 계속 구토를 하게 되면 장기적으로 건강에 해로운 결과가 발생하고, 사망에까지 이를 수 있다.

4. 참. 미국 국립보건원 산하의 국립 알코올 남용 및 중독 연구소에 따르면 알코올 섭취는 자동차 사고, 익사, 살인 등의 위험을 높여서 매년 청년층의 사망을 증가시키는 요인이 된다.

5. 참. 샴페인 등 탄산이 함유된 알코올 음료는 탄산이 포함되지 않은 알코올 음료보다 빨리 흡수된다.

단원 문제

맞는 것에 동그라미 표시하세요.

1. 다음 중 어떤 사람이 체내 수분량의 비율이 가장 높은가?
  a. 다소과체중 상태인 성인 여성
  b. 비만 상태인 성인 남성
  c. 평균 체중인 노인 남성
  d. 평균 체중인 건강한 영아

2. 혈장은
  a. 세포 밖의 수분이다.
  b. 세포 안의 수분이다.
  c. 전해질이다.
  d. 대사수이다.

3. 옅은 소변색이 나타내는 상태는
  a. 수분중독
  b. 신부전
  c. 충분한 수분상태
  d. 탈수

4. 알코올 1g의 에너지함량은
  a. 9kcal.
  b. 8kcal.
  c. 7kcal.
  d. 맥주, 와인 등 종류에 따라 다르다.

5. 지나친 알코올 섭취는
  a. 자살과 폭행과 같은 범죄의 위험을 증가시킨다.
  b. 미국에서 교통사고 원인의 1/3을 차지한다.
  c. 비타민 B군 중 흡수를 방해하게 되는 것이 있다.
  d. 위의 답이 모두 맞다.

6. 참 / 거짓 혈액 중 수분량이 감소할 때 혈액량이 감소한다.

7. 참 / 거짓 혈중 전해질 농도의 감소는 갈증 기전을 일으킨다.

8. 참 / 거짓 식생활 지침에서 적절한 음주수준은 하루에 3잔을 넘지 않는 것으로 정의한다.

9. 참 / 거짓 적절한 수준의 음주를 말할 때 와인은 250ml 잔을 한 잔으로 한다.

10. 참 / 거짓 만성적으로 알코올을 남용하는 사람은 술에 취하기 위해 점점 더 많은 양을 마셔야 한다.

단원 문제에 대한 정답은 이 책 뒤쪽에 있습니다.

9

건강한 체중 달성과 유지

스스로 평가하기

다음 문장들은 참인가요, 거짓인가요? 답이라고 생각하는 곳에 동그라미를 표시하세요.

1. **참 / 거짓** 신체 활동이 많아도 과체중인 사람들은 건강하다고 할 수 없다.
2. **참 / 거짓** 미국인의 대부분은 과체중이지만, 약 10%만이 비만이다.
3. **참 / 거짓** 저체중은 비만만큼이나 건강에 유해할 수 있다.
4. **참 / 거짓** 휘트니스 클럽에서 측정된 당신의 체구성성분은 체지방 수준을 정확히 판정한 것이다.
5. **참 / 거짓** 여자만 섭식 장애에 걸린다.

스스로 평가하기의 정답은 이 장 마지막 부분에 있습니다.

그녀는 10대 때, 여성 체육과 조정종목에 크게 공헌했다는 명예를 안겨 주었던 시라큐스 대학교로부터 전액 체육 장학금을 받고 입학했다. 졸업 후 그녀는 애리조나 플랙스태프에 있는 미국 NBC 텔레비전 기자와 앵커가 되었다. 그 후 그녀는 모델이 되었고, 곧 그녀의 얼굴은 패션 잡지, 화장품 광고, 심지어는 타임 스퀘어의 간판에서도 미소를 지었다. 현재 "슈퍼 모델"이라 불리는 그녀는 텔레비전 프로그램에 자주 출연하고, 자신의 웹사이트 및 의류 라인을 가지고 있으며, 몇 권의 책을 집필한 바 있다. 피플지는 "50인의 가장 아름다운 사람들"에 그녀를 두 번 선정한 바 있고 글래모어지는 "올해의 여성"으로 뽑았다. 그녀는 누구일까? 그녀의 이름은 엠마 아론손... 180cm의 키에 그녀의 평균 체중은 약 85kg이다.

엠마는 자신 스스로 "매우 균형 잡힌" 몸이라 묘사한다(251쪽 사진 참조). 그녀는 정해진 체중을 유지하는 것보다는 건강하고 튼튼해지는 것에 초점을 맞추고 있다. 암을 극복한 사람으로서, 그녀는 영양가 있는 식단을 따르고, 규칙적으로 운동한다. 엠마는 "우리가 비현실적인 아름다움을 성취하는 것에 몰두하는 사회에 살고 있다"는 것을 목격하며, 자존감이 몸의 크기에 좌우되지 않아야 한다는 메시지를 전달하기 위해 열심히 활동한다. 뉴스 프로그램과 토크쇼, 고등학교와 대학 캠퍼스에서 그녀는 몸무게에 따른 차별에 반대하고 몸의 다양성 받아들이도록 홍보하고 있다.

당신은 당신의 체중, 체형, 체구성, 그리고 신체 적성에 만족하는가? 그렇지 않다면—당신의 식단, 당신이 하는 신체 활동의 양과 종류, 혹은 단지 당신의 태도 등—무엇을 바꾸길 원하는가? 우리 몸의 크기와 형태는 어느 범위까지 유전적인 요인에 의한 것인가? 음식에 관한 광고를 포함하여 사회는 어떤 영향을 미치는가? 그리고 만약 당신이 체중을 감소시킬 필요가 있다고 결정하면 최선의 방법은 무엇인가? 이 장에서는 이러한 질문에 대해 알아보고 답변을 제공하고자 한다.

당신의 체중은 건강한 정도인가?

당신이 건강한 체중을 달성하고 유지하겠다고 마음먹는 순간, 실제로 건강한 체중이 무엇인지를 이해하고, 당신의 현재 체중이 건강한 것인지 아닌지를 알아내기 위해 이용할 수 있는 다양한 방법들을 아는 것이 중요하다.

건강한 체중이란 무엇인지 이해한다

우리는 건강한 체중을 다음과 같이 정의한다.[2]

- 당신의 연령과 신체 발달에 적합한 체중
- 당신의 유전적 배경과 가족력을 바탕으로 한 체형과 체중
- 당신이 심한 식이섭취 감소 및 지속적인 다이어트 없이 달성하고 유지할 수 있는 체중
- 정상적인 혈압, 지질수준, 당내성에 적합한 체중
- 좋은 식사습관을 갖도록 돕고 규칙적인 운동을 할 수 있게 돕는 체중
- 당신이 수용가능한 체중

보시다시피, 건강한 체중이란 어떤 사람이 극도로 마르거나 지나친 근육질을 가진 상태가 아니다. 또한 건강한 체형이라고 정의된 특정한 체형이 있는 것도 아니다. 따라서 건강한 몸을 만든다는 것은, 최신 유행이나 현재 사회적으로 수용가능한가 하는 기대치로 정해져서는 안 된다.

당신이 건강한 체중을 최근 유지해 왔는지 여부를 결정하기 위해 사용 가능한 다양한 방법이 있다.

당신의 체질량지수를 구하라

체질량지수(body mass index, BMI)는 일반적으로 이용되는 사람의 체중을 신장에 비교하는 것이다. 다음 식을 이용하여 당신의 BMI를 계산할 수 있다.

$$\text{체질량지수}(kg/m^2) = \text{체중}(kg)/\text{신장}(m)^2$$

조금 덜 정확하지만 실용적인 방법은 **그림 9.1**에 나타나 있는 그래프를 이용하는 것이다. 이것은 당신의 키와 체중을 이용한 대략적 BMI와 이 BMI가 건강한 범위 내에 있는지를 나타낸다.

당신은 또한 www.nhlbisupport.com/bmi/에 있는 BMI 계산기를 사용하여 보다 정확하게 계산할 수 있다.

당신은 www.nhlbisupport.com/bmi/의 BMI 계산기를 이용하여 당신의 BMI를 보다 정확히 계산할 수 있다.

당신의 체질량지수는 전반적인 건강에 중요한 단서를 제공한다. 의사, 영양사 및 과학자는 BMI를 아래와 같이 구분한다.

- **저체중(underweight)**은 건강을 유지하기에 너무 적은 양의 체지방으로 주어진 신장에 대한 허용된 기준치보다 적은 체중을 갖게 되는 것으로 정의된다. BMI가 $18.5kg/m^2$ 미만인 사람을 저체중으로 분류한다.
- **정상체중(normal weight)**은 건강을 위해 적당하나, 과도하지 않은 체지방을 가진 것으로

어디서부터 시작할까?

당신은 체중감소를 원하는가?

예 / 아니오

예나 아니오라고 대답한 이유는? (해당하는 모든 것에 표시하세요) :

- □ 나는 저체중이고, 체중을 늘리고 싶다.
- □ 나는 이미 내 체격에 맞는 건강한 체중을 가지고 있다.
- □ 나의 체중은 정상이지만, 나는 거울에 비친 내 모습이 마음에 들지 않는다. 나는 아주 날씬해지고 싶다.
- □ 나는 과체중이고 만성 질환에 대한 위험을 줄이고 싶다.
- □ 나는 과체중이고 기분이 좋아지고 싶다.
- □ 나는 과체중이고, 나의 외모를 개선하고 싶다.
- □ 나는 사람들이 과체중이라 놀리는 것에 지쳤다.
- □ 내가 과체중이기 때문에 나를 판단하는 사람들에 지쳤다.

혹시 체중조절을 한 적이 있는가?

예 / 아니오

있다면, 당신의 전략은 무엇인가?

체중조절에 성공했는가? 당신은 체중을 줄이고 이를 유지했는가?

예 / 아니오

체질량지수(body mass index, BMI) 자신의 키에 대한 체중의 비율을 나타내는 측정치.

저체중(underweight) 건강을 유지할 수 없을 만큼 체지방이 너무 작아서 해당하는 신장대비 체중이 정의된 기준치의 허용 범위 아래인 사람.

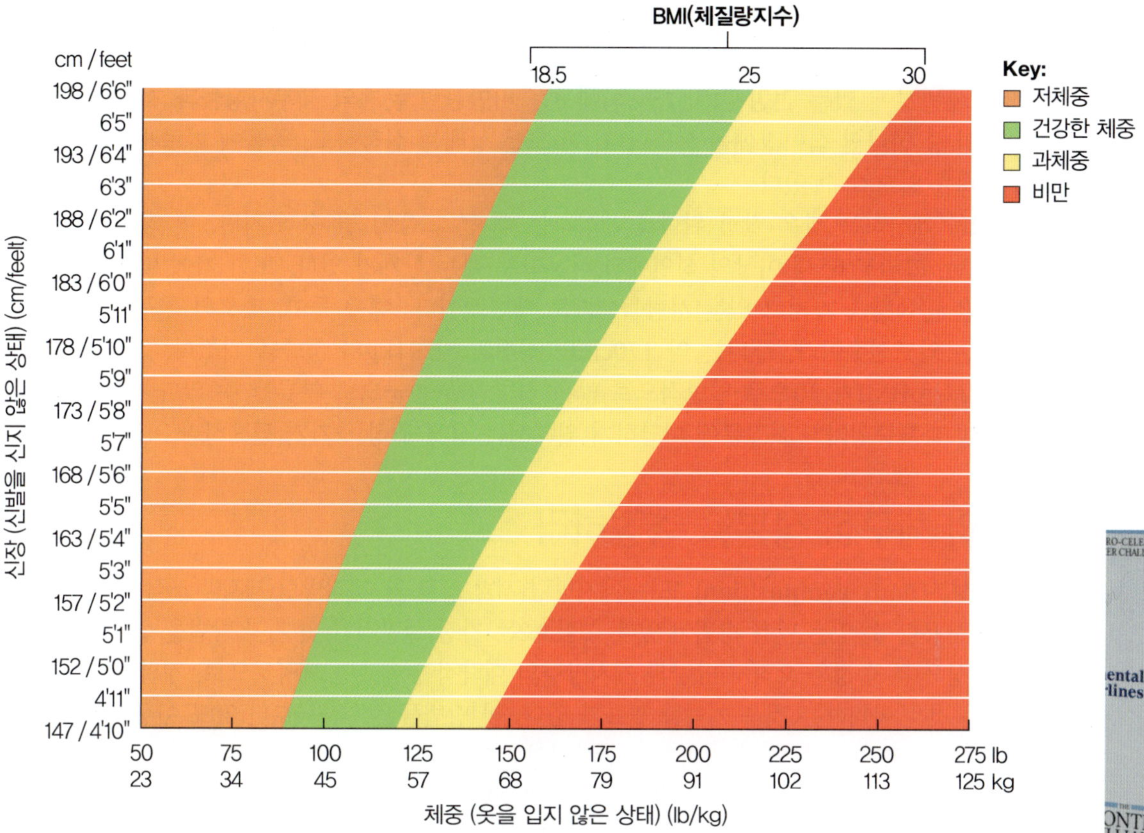

▲ 그림 9.1 이 그래프를 이용하여 체질량지수(BMI)를 계산해보자. y축에서 키에 해당하는 값을, x축에서 체중에 해당하는 값을 찾아보자. 두 지점으로부터 선을 그었을 때 그 선들이 만나는 지점의 값이 체질량 지수이다.

▲ 패션 모델 엠마의 체중은 그녀의 건강에 좋다.

정의된다. 이는 18.5kg/m^2에서 24.9kg/m^2의 범위에 속한다.

- **과체중(overweight)**은 약간의 초과된 체지방을 가짐으로써, 주어진 신장에 대해 허용된 기준치보다는 많은 체중을 가지고 있으나 비만은 아닌 상태를 말한다. BMI 25.1kg/m^2와 29.9kg/m^2 사이인 사람은 과체중이다.
- **비만(obesity)**은 건강에 유해한 정도의 초과된 체지방을 가지므로써, 주어진 신장에 대한 허용된 기준치보다 매우 높은 체중을 가지고 있는 상태를 말한다. 30kg/m^2와 39.9kg/m^2 사이의 BMI는 비만을 나타낸다.
- **병적 비만(morbid obesity)**은 BMI 40kg/m^2 이상을 말한다. 이 경우, 그 사람의 체중은 정상치의 100% 이상을 초과한 상태로 심각한 건강 이상 결과를 가지고 올 수 있는 위험도가 매우 높다.

한국인의 기준

- 저체중 BMI 18.5kg/m^2 미만
- 정상체중 18.5kg/m^2와 22.9kg/m^2 사이
- 과체중 23kg/m^2와 24.9kg/m^2 사이
- 비만 1단계 25kg/m^2와 29.9kg/m^2 사이
- 비만 2단계 30kg/m^2와 39.9kg/m^2 사이
- 비만 3단계 40kg/m^2 이상

연구결과들에 따르면 BMI가 30 이상인 경우(한국인의 경우 BMI 25 이상인 경우) 제2

정상체중(normal weight) 건강을 위해 초과되지 않은 적당한 정도의 체지방을 함유한 체중.

과체중(overweight) 체지방이 정상보다 많이 축적된 상태로 키에 알맞은 수준보다는 체중이 많이 나가나 비만하지는 않은 상태.

비만(obesity) 지나친 체지방을 가지고 있어 건강에 부정적인 영향을 미치며, 신장에 비해 체중이 표준상태보다 매우 많이 나가는 상태.

병적 비만(morbid obesity) 사람의 체중이 건강한 상태의 2배를 초과하여 심각한 건강문제를 초래하는 매우 높은 위험 상태.

▲ 건강 체중은 나이, 신체 발달, 유전, 기타 요인에 따라 다르다.

형 당뇨병, 고혈압, 심장질환과 다른 많은 질환들이 유의적으로 증가한다. 반대로, 저체중이고 18.5 이하의 매우 낮은 BMI를 가지는 사람들 역시 건강문제의 위험도 증가와 관련이 있다. 이 장의 후반부에 있는 **건강 감시**(284쪽)에서는 비만관련 문제의 세부사항들과 저체중의 일반적 요인 중 하나인 식이장애를 논의한다. 이 모든 상태는 심각하고, 죽음에 이르게까지 하는 병적 상태를 일으킬 수 있다.

BMI를 계산하는 것은 질병 위험을 예상하는 데 큰 도움이 될 수 있지만, 이 방법은 어린이, 청소년, 그리고 65세 이상의 성인에서 사용하는 데는 한계가 있다. 또한 키에 비해 불균형적인 높은 근육량을 가지고 있는 사람들에게도 제한적이다. 예를 들어, 테오의 친구 중 한 명인 랜디는 역도선수이다. 랜디는 약 170cm의 신장과 약 91kg의 체중을 가졌다. 그림 9.1에 따르면, 그는 BMI가 30으로 일반적으로 많은 질병의 위험군으로 분류될 수 있다. 그러나 랜디는 정말 과체중인가? 그 질문에 대답하기 위해서는 신체 조성 평가가 필요하다.

당신의 체구성 성분을 측정하라

체구성 성분(body composition) 또는 체지방량(지방 조직)과 제지방량(제지방 조직)을 평가하기 위해 사용할 수 있는 많은 방법이 있다. 그림 9.2는 가장 일반적인 몇 가지 방법을 설명하고 있다. 체구성 성분 측정은 오직 지방량과 제지방량의 대략적인 예측만 제공하므로, 정확한 수준을 측정하는 것은 아니라는 것을 기억할 필요가 있다. 이 방법들은 약 3%부터 20% 이상까지의 오류를 포함하므로, 체구성 성분 결과를 건강상태의 유일한 지표로 쓰는 것은 지양해야 한다.

BMI가 30 이상이었던 랜디의 경우로 돌아가보자. 그는 비만인가? 랜디는 한 주에 4일은 근력 단련을 하고, 주당 3회 매회당 30분씩 연습용 자전거를 타며, 마약, 흡연, 음주는 하지 않는다. 동네 체육관에서 랜디는 체구성 성분을 평가할 수 있는 사람을 만났다. 그의 피하지방 두께 분석결과에 따르면 그의 체지방은 9%이었다. 그 값은 건강한 남자의 범주에 드는 것이었다. 랜디는 BMI가 높아 보이나 실제로는 비만이 아닌 사람의 예이다.

당신의 지방 분포형태를 평가하라

현재 당신의 체중에 대한 평가를 완료하려면, 당신 몸에 지방이 어떻게 분포되어 있는지 고려하는 것이 중요하다. 당신의 지방 분포형태는 다양한 질병의 위험에 영향을 주는 것으로 알려져 있기 때문이다. 그림 9.3은 지방 분포형태의 두 가지 유형을 보여준다.

- **상체비만인 사과 모양 지방형(apple-shaped fat patterning)**에서 지방은 주로 허리에 저장된다. 사과형은 제2형 당뇨병, 심장병, 고혈압 등은 많은 만성질병의 위험도를 증가시키는 것으로 알려져 있다. 또한 이 지방형은 건강에 해로운 혈중 콜레스테롤, 인슐린, 포도당 및 혈압의 변화를 가져올 만한 지방 및 탄수화물의 대사문제를 일으킨다. 남자들이 사과형으로 지방을 저장하는 경향이 있다.
- **하체비만인 배 모양 지방형(pear-shaped fat patterning)**은 지방이 주로 엉덩이와 허벅지 주위에 저장된다. 이 지방형은 만성질환의 위험을 유의적으로 증가시키는 것 같지는 않다. 폐경 전 여성은 배 모양 지방형으로 지방을 저장하는 경향이으나, 폐경 후 여성은 사과 모양 지방형으로 지방을 저장하는 경향이 있다.

당신의 지방형을 결정하기 위해 다음 3단계 방법을 사용할 수 있다.

1. 친구에게 당신의 자연스러운 허리둘레(앞에서 봤을 때 몸통에서 가장 가는 곳)를 재달라고 한다(그림 9.4a).

체구성 성분(body composition) 제지방 무게에 대한 체지방 비율.

방법		제한점
수중체중법 가장 정확한 방법이라 여겨짐. 2~3% 이내의 오류를 가지고 체지방을 추정함(만약 당신의 체지방이 20%라고 이 방법으로 측정되면 실제 값은 17~23% 사이일 것이라는 의미임). 주로 연구 목적으로 쓰임.		• 물이 편안해야 함. • 훈련된 기사와 특별한 기기가 필요함. • 비만인 사람들은 잘 측정이 안됨. • 측정전 적어도 8시간의 금식과 12시간의 운동제한이 필요함.
피부두겹측정법 신체의 다양한 부위에서 피부 두께(피하지방)를 잡아 특별히 고안된 캘리퍼(직경을 재는 도구)를 이용하여 측정함. 훈련된 기사에 의해 측정된 경우 3~4%이내의 오류를 가지고 체지방량을 측정할 수 있음(만약 당신의 체지방이 20%라고 이 방법으로 측정되면 실제 값은 16~24% 사이일 것이라는 의미임).	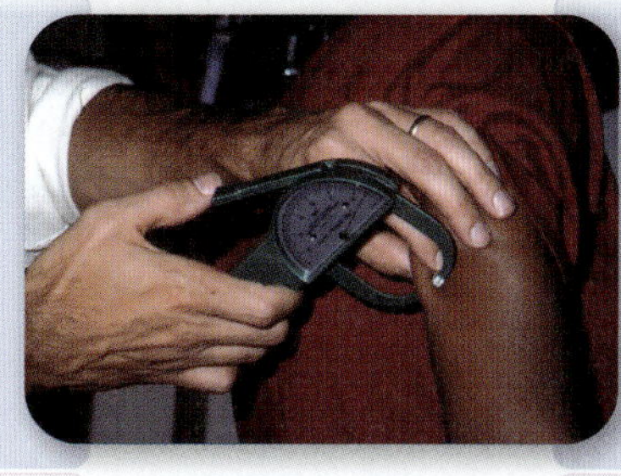	• 측정기사가 잘 훈련되어 있지 않으면 정확도가 떨어짐. • 정확도를 향상시키기 위해 적절한 예측 방정식이 이용되어야 함. • 대상자가 피부를 보이거나 닿는 것을 원하지 않을 수 있음. • 비만인 사람들의 경우 그들의 두 겹 두께가 측정하기 너무 두꺼워 적절하지 않음.
생체전기저항법 인체에 매우 낮은 전류를 통과하여 재는 방법임. 물은 좋은 전도체이며 제지방 조직은 대부분 물로 이루어져 있기 때문에 전기전도율은 제지방 및 지방 조직의 나타냄. 이 방법은 발과 손, 그리고 생체전기저항법 기기에 전극을 붙이고 누워서 측정할 수 있음. 손에 쥐고 서서 재는 모델도 시판되고 있음. 최적의 조건에서 3~4%의 오류를 포함함 .	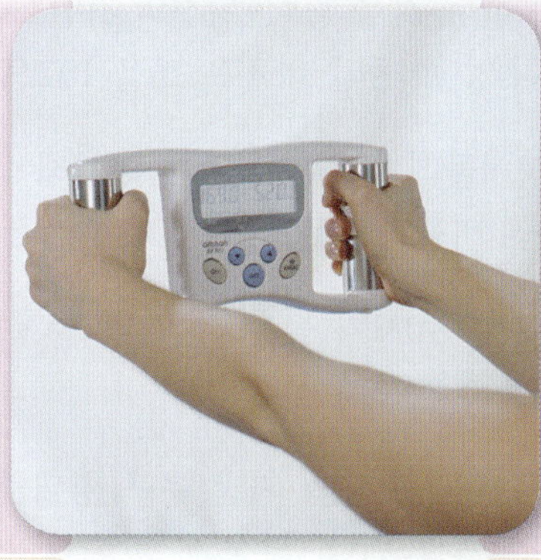	• 덜 정확함. • 체액수준이 정상이어야 측정가능함. • 정확도를 향상시키기 위해 적절한 예측 방정식이 이용되어야 함. • 측정전 적어도 8시간의 금식과 12시간의 운동제한이 필요함. • 측정전 48시간 동안 금주해야 함. • 여성의 경우 월경주기 때문에 수분을 함유하고 있는 경우 측정이 불가함.
이중에너지 X선 흡수측정법 체내의 골조직, 연조직(제지방조직), 지방조직을 구분하기 위해 초저수준의 X선을 이용하는 방법임. 옷을 입되 모든 금속성분을 제거하고 30분간 특별한 침대에 누워 측정하며, 체지방을 추정하는데 2~4% 범위의 오류를 포함함.	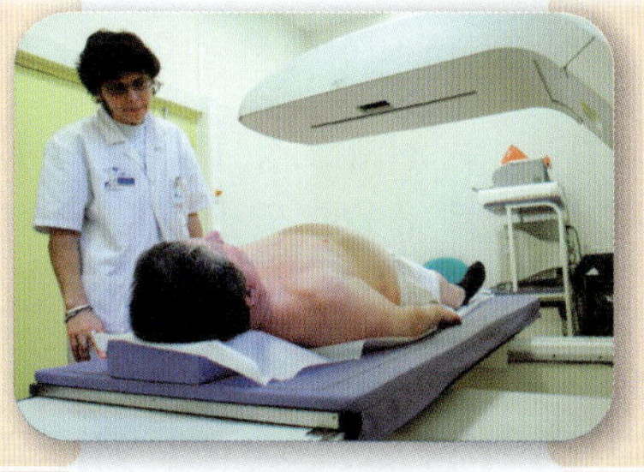	• 비용이 높음; 훈련된 기사와 특별한 기기가 필요함. • 극단적으로 키가 작거나 큰 사람, 비만인 사람은 스캐닝 구역에 맞지 않아 측정이 불가함.
BOD POD법 체구성을 평가하기 위해 공기 이동법을 이용하는 기계임. 유리섬유로 만들어진 큰 계란형 공간임. 수영복을 입고 안에 앉아 있는 상태에서 측정함. 문을 닫고 얼마나 많은 공기가 이동해 들어가는가를 측정하여 체구성을 계산하는 데 사용함. 많은 인구에서 수중체중법의 대신으로 쉽고 정확하게 사용될 수 있어 유망하나 흑인종 미국인들의 경우 과측정될 수 있는 한계가 있음.	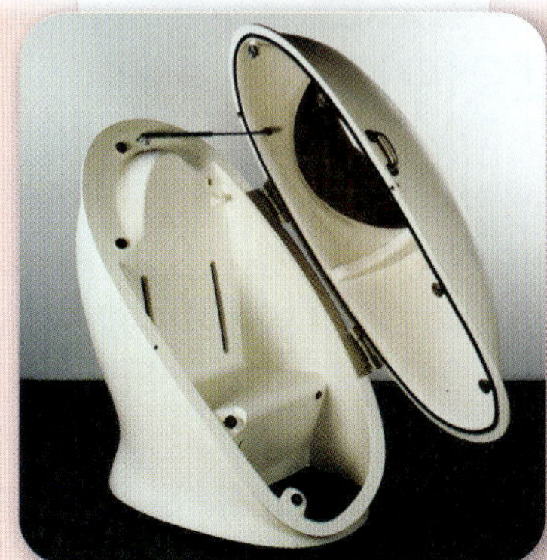	• 비용이 높음. • 일부 인구에서는 정확하지 않음.

▲ 그림 9.2 다양한 체구성 성분 평가 방법의 개요

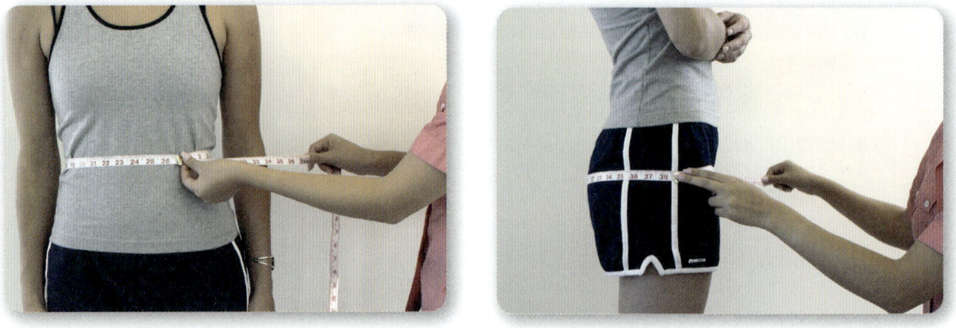

(a) (b)

▲ 그림 9.4 체지방 분포 유형을 찾아보자. (a) 자연스러운 상태에서 허리둘레를 측정해보자. (b) 측면에서 봤을 때 가장 높은 지점에서 엉덩이둘레를 측정해보자. 허리둘레를 엉덩이둘레로 나눠서 허리-엉덩이둘레 비율을 구해보자.

2. 그 친구가 옆에서 봐서 엉덩이 중 최대폭을 가진 곳에서 엉덩이둘레를 측정한다(그림 9.4b).
3. 그런 다음 허리둘레 값을 엉덩이둘레 값으로 나눈다. 이를 허리-엉덩이둘레 비율(waist-to-hip ratio)이라 한다. 예를 들어, 당신의 자연스러운 허리둘레가 76cm이고 엉덩이둘레가 102cm인 경우, 허리-엉덩이둘레 비율은 76을 102으로 나눈 0.75이다.

허리-엉덩이둘레 비율은 어떻게 해석해야 하나? 만성질환의 위험도 증가는 아래 서술된 허리-엉덩이둘레 비율과 관련 있다.

- 남자에서는 0.90보다 높은 경우
- 여자에서는 0.80보다 높은 경우

이 비율은 사과 모양의 지방 분포 형태를 제안한다. 또한 허리둘레는 그 자체로 만성질환에 대한 위험을 나타낸다. 남성의 경우 허리둘레가 102cm 이상이면 만성질환 위험이 증가한다. 여자의 경우 88cm 이상에서 위험도를 상승시킨다.

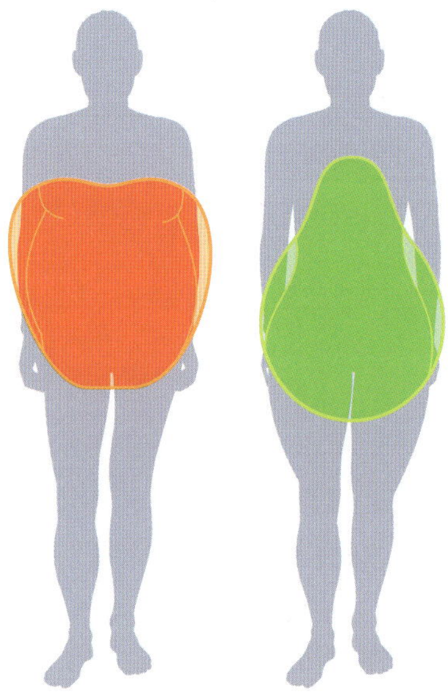

(a) 사과모양 지방형 (b) 배모양 지방형

▲ 그림 9.3 지방 분포 패턴. (a) 사과모양의 지방 분포 패턴은 다양한 만성 질환에 걸릴 위험을 증가시킨다. (b) 배모양의 지방 분포 패턴은 만성 질환에 걸릴 위험의 증가와 연관성이 낮다.

요점 체질량지수, 신체 조성, 허리-엉덩이 비율, 허리둘레는 현재 체중이 건강에 미치는 영향을 평가하는 데 유용한 도구이다. 이 방법들 중 어느 것도 완벽히 정확하지는 않지만, 대부분은 일반적인 건강의 지표로서 적절하게 사용할 수 있다.

우리로 하여금 몸무게를 늘리고 줄이도록 하는 것은 무엇인가?

심지어 같은 음식을 먹고도 왜 어떤 사람들은 마르고, 다른 사람들은 과체중인지 궁금한 적이 있었는가? 만약 이것이 궁금했다면, 당신만 그런 것은 아니다. 수백 년 동안 연구자들은 우리 몸무게를 늘리고 줄이도록 하는 것이 무엇인지 골똘히 생각해왔다. 이 절에서는 우리는 이 의문에 실마리를 제공할 수 있는 정보와 현 이론들을 살펴보고자 한다.

에너지 섭취와 소비가 불균형인 경우 체중 증가 및 감소가 일어난다

체중의 변화는 우리가 먹은 식품 즉 **에너지 섭취량(energy intake)**과 우리가 쉬거나 먹거나 활동하는데 소모한 열량 즉 **에너지 소비량(energy expenditure)**의 변화로 일어난다. 우리가 무엇

에너지 섭취량(energy intake) 사람이 섭취하는 식품의 양; 다른 말로는 섭취한 칼로리의 양.

에너지 소비량(energy expenditure) 신체의 기본적인 기능을 유지하고 모든 수준의 움직임과 활동에 소비되는 에너지.

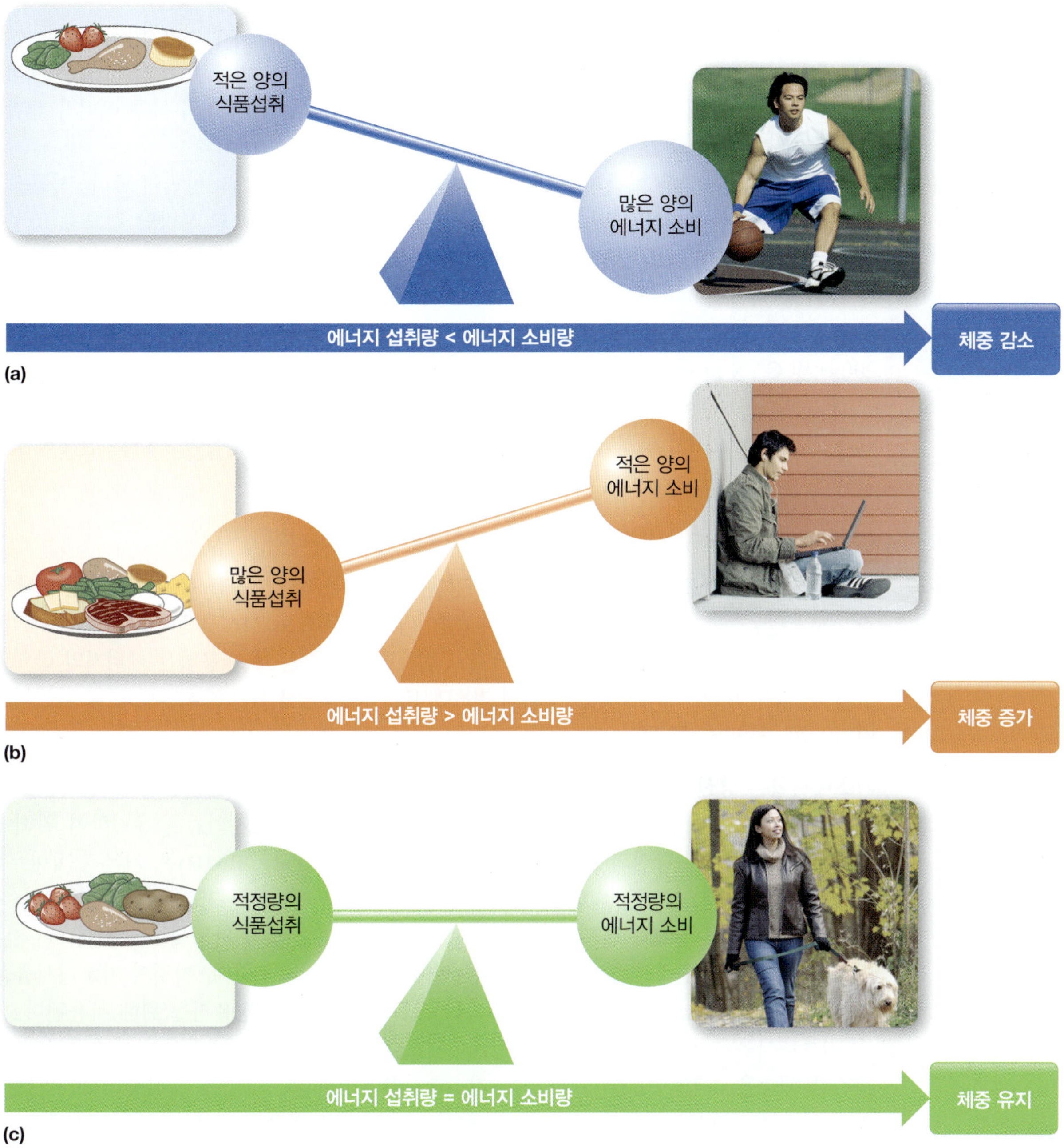

▲ **그림 9.5** 에너지 균형은 우리가 매일 먹는 음식과 소비하는 에너지 사이의 관계이다. (a) 식품으로 섭취되는 에너지가 에너지 소비보다 적으면 체중이 감소한다. (b) 식품으로 섭취되는 에너지가 에너지 소비보다 많으면 체중이 증가한다. (c) 식품으로 섭취되는 에너지와 에너지 소비가 동일하면 체중이 유지된다.

을 먹는가와 무엇을 하는가 사이의 관계를 에너지 균형식으로 정의한다.

에너지 섭취 = 에너지 소비일 때 에너지 균형이 생긴다.

이것은 우리가 매일 소모하는 만큼의 에너지를 섭취할 때 에너지가 균형을 이룬다는 것을 의미한다. **그림 9.5**는, 우리가 이 방정식의 어느 쪽 한 쪽을 변경했을 때 체중이 어떻게 변화하는지를 보여준다. 이 그림에 따르면, 체중을 줄이기 위해서는 우리가 섭취하는 것보다 더 많은 에너지를 소모해야 한다. 반대로 체중을 늘이기 위해서는, 우리는 소비하는 것보다 더 많은 에너지를 섭취해야 한다. 에너지 섭취와 소비 사이의 적절한 균형을 찾아내는 것은 우리의 건강한 체중 유지를 가능하게 한다.

▲ 오트밀 한 그릇이 주는 에너지는 단백질, 탄수화물, 지방 함유량에서 비롯된다.

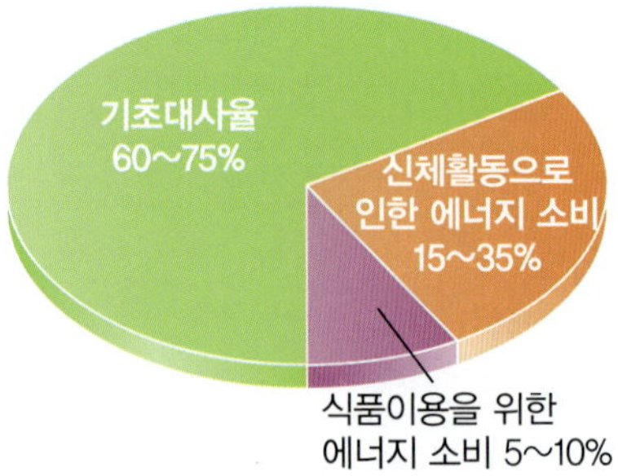

에너지 소비량의 구성성분들

▲ 그림 9.6 에너지 소비량은 기초대사율(BMR), 식품이용을 위한 열효과(TEF), 신체활동으로 인한 에너지 소비로 구성된다. 기초 대사율은 총에너지 소비의 60~70%를 차지하고, 식후 열생성 효과와 신체활동은 25~40%를 차지한다.

식품과 음료를 통해 에너지 섭취가 이루어진다

에너지 섭취량은 우리가 매일 섭취하는 식품과 음료에 있는 에너지총합이다. 이 값은 각 식품 및 음료에 들어 있는 탄수화물, 지방, 단백질 및 알코올을 포함한다; 비타민, 무기질, 물은 에너지를 가지고 있지 않기 때문에, 우리의 에너지 섭취에 기여하지 않는다. 우리의 하루 에너지 섭취량은 하루당 킬로칼로리(kcal/일)로 표현한다.

당신이 얼마나 많은 에너지를 소비하는지 알아내기 위한 몇 가지 방법이 있다. 가공식품의 포장에 쓰여 있는 영양표시의 "열량" 행을 읽고, 당신이 섭취한 1회 분량당 값으로 조정하도록 한다. 예를 들어, 1회 분량이 반 컵으로 되어 있으나 당신이 보통 한 컵을 먹는다면 당신은 그 값을 두 배로 늘려야 한다. 과일, 채소, 고기 및 다른 많은 식품을 포함한 수많은 신선한 식품을 위한 구체적인 영양소의 값을 검색하기 위해서는, 식품영양소함량자료집(한국영양학회, 2009) 및 CAN program(한국영양학회 Web)을 참조하시오.

우리의 하루 총에너지 섭취량이 우리가 소비한 에너지량을 초과할 때 우리의 체중은 늘어난다. 약 3,500kcal의 과잉 섭취는 약 450g의 증가를 가져온다. 운동이나 다른 신체적 활동이 없다면, 그 체중의 증가는 거의 체지방량의 증가이다.

에너지 소비는 단지 신체 활동으로 이루어지는 것은 아니다

에너지 발산량이라고도 불리는 에너지 소비량은 몸이 기본적인 기능을 유지하고 모든 단계의 움직임이나 활동을 하기 위해 소비하는 에너지량이다. 통상적으로 24시간 동안 소모하는 에너지의 양은 몸이 쉬고 있을 때, 식품섭취 시, 그리고 신체활동을 하는 데 이용하는 에너지의 합으로 계산할 수 있다. 이 세 가지 요인은 우리의 **기초대사율**, **식품이용을 위한 열효과** 및 **신체 활동의 에너지 소비**로 불린다(그림 9.6).

기초대사율은 당신이 아무것도 하지 않을 때에도 소모되는 에너지 발산량이다 당신은 기대하지 않을 수 있으나, 당신의 몸은 당신이 자고 있는 동안에도 그냥 기능을 유지하기 위해 많은 에너지를 소비한다. 당신의 **기초대사율(basic metabolic rate, BMR)**은 기본적인(아무것도 하지 않고 있을 때) 기능을 위해 소모되는 에너지량이며, 기본적인 기능이란 호흡, 순환, 신체 온도 유지, 새로운 세포와 조직의 합성, 호르몬의 분비 및 신경계 활동을 포함한다. 이 기본적인 기능은 하루의 에너지 소비량 중 대부분(약 60~75%)을 요구하며, 이것이 기초대사율을 이룬다.[3] 이는 에너지 소비량의 60~75%는 모든 신체활동 외에 생명유지를 위해 사용된다.

기초대사율은 사람들마다 크게 다르다. 기초대사율의 주요인은 제지방 체중량이다: 높은 제지방 체중을 가진 사람들이 더 높은 기초대사율을 가지고, 그것은 제지방조직을 지원하기 위해 더 많은 에너지가 들기 때문이다. 나이는 또 다른 요인으로 기초대사율은 30세 이후 10

표 9.1 기초대사율에 영향을 주는 요인(BMR)

기초대사율을 증가시키는 요인	기초대사율을 감소시키는 요인
높은 제지방 체중	낮은 제지방 체중
큰 키 (넓은 표면적)	작은 키
어린 나이	많은 나이
높은 갑상선 호르몬 수치	낮은 갑상선 호르몬 수치
스트레스	기아 혹은 단식
남성	여성
임신과 수유	
특정 약물 (자극제, 카페인, 담배 등)	

기초대사율(basal metabolic rate, BMR) 기본적인 신체 기능을 유지하기 위해 소비되는 에너지.

년마다 3~5% 정도가 감소한다. 이 변화의 대부분은 활동의 감소로 인한 제지방 체중의 감소에 의한 것이다. 그래서 이 감소의 대부분은 규칙적인 신체활동을 통해 방지할 수 있다. 사람의 기초대사율에 영향을 미치는 요인들은 표 9.1에 제시되어 있다.

당신의 기초대사율을 어떻게 추정할 수 있나? 당신이 남성이면, 당신의 체중이 대략 시간당 소비되는 열량(kcal)과 일치한다. 즉, 79.5kg일 경우, 시간당 79.5kcal이며, 따라서 하루 24시간의 기초대사율은

시간당 79.5kcal × 24시간 = 남성의 경우 1,908 기초대사율

여성은 남성에 비해 평균적으로 더 적은 제지방 체중을 가지므로, 여성의 기초대사율은 같은 체중일 경우 남성의 90%로 추정된다. 그러므로 당신이 여성이면서 79.5kg일 경우, 남성 기준의 1,908 기초대사율에 0.9를 곱하여 값을 구해야 한다. 여기 여성을 위한 전체 계산식이 있다.

시간당 79.5kcal × 24시간 = 남성의 경우 1,908 기초대사율

1,908 × 0.9 = 여성의 경우 1,717 기초대사율

식품이용을 위한 열효과는 섭취한 음식을 처리하는 데 소모되는 에너지이다 식품이용을 위한 **열효과(thermic effect of food, TEF)**는 식품을 소화, 흡수, 수송, 대사하고 영양소를 저장하는 데 소모되는 에너지이다. 이것은 식사를 구성하고 있는 열량의 약 5~10%와 같다. 따라서 식사가 500kcal를 포함한다면, 약 25~50kcal는 식품이용을 위한 열효과이다. 흥미롭게도, 우리의 몸은 지방을 소화, 흡수, 수송, 대사, 저장할 때는 적은 에너지가 들고, 상대적으로 단백질과 탄수화물을 위해서는 더 많은 양이 소모된다.

신체 활동의 에너지 비용은 매우 다양하다 신체 활동의 에너지 **비용(energy cost of physical activity)**은 하루 총에너지 소비량의 약 15~35%이다. 이것은 우리가 기본적인 수준[i]을 벗어난 어떤 움직임이나 활동을 위해 소모되는 모든 에너지를 말한다. 이는 앉기, 서기, 걷기와 같은 저강도 활동과 달리기, 스키, 자전거 타기 등의 고강도 활동을 포함한다. 우리는 신체 활동의 결과로 발산되는 에너지를 증가시키는 가장 확실한 방법 중 하나는 더 긴 시간 동안 더 많은 활동을 하는 것이다.

표 9.2는 특정 활동들의 에너지 비용을 제시하고 있다. 보시다시피 우리의 대근육(또는 신체의 더 많은 부분)을 움직이는 활동에 더 많은 에너지가 필요하다. 우리가 활동 중 소모하는 에너지량은 우리 몸의 크기에 영향을 받는다. 표 9.2의 세 번째 열에 에너지 kcal가 체중당으로 표시된 이유이다.

동일한 에너지 섭취와 에너지 소비가 사람들에게 체중 감소 또는 증가에 있어 다른 결과를 가져올 수 있다는 것이 연구에서 밝혀지는 중이므로, 에너지 균형식은 단지 시작일 뿐이다. 왜일까? 체중 변화의 이러한 다양성에 기여할 수 있는 몇 가지 유전적 및 생리적 요인들을 살펴보자.

한 끼 식사 혹은 하루에 섭취하는 에너지량을 결정하기 위해 www.choosemyplate.gov에 로그온하여 "나의 식단 분석"을 클릭하고 MyPyramid 트래커에 본인이 먹은 식품과 음료를 입력한다(홈페이지의 오른쪽 상자 참조). 우리나라의 경우 한국식품의약품안전처 식품영양성분데이터베이스 http://www.foodnara.go.kr/kisna/index.do 에 접속하여 식품영양성분DB와 식단작성과 영양평가 프로그램, 영양성분표 산출 프로그램을 편리하게 이용할 수 있다.

식품이용을 위한 열효과(thermic effect of food) 섭취한 식품의 처리 결과로 사용된 열량.

신체 활동의 에너지 비용(energy cost of physical activity) 기초 수준보다 더 많이 신체적 이동과 근육 움직임으로 소비되는 에너지.

[i] 아무것도 하지 않고 있는 상태—번역자주

▲ 빠르게 걷기는 에너지를 소비하는 최고의 방법이다.

표 9.2 다양한 신체 활동의 에너지 소모량

활동	강도	Kcal/kg/hour
가만히 앉아서 텔레비전 보기	가벼움	1.06
앉아서 책 읽기	가벼움	1.37
앉아서 공부하기 (읽기와 쓰기 포함)	가벼움	1.90
서거나 앉아서 요리하기 혹은 음식 준비하기	가벼움	2.09
걸으면서 쇼핑하기	가벼움	2.40
천천히 걷기 (시속 3 km)	가벼움	2.65
청소하기 (먼지 털기, 정돈하기, 청소기 밀기, 침대 시트 갈기, 쓰레기 버리기)	보통	2.65
스트레칭 (예를 들어, 요가)	보통	2.65
역도	가벼움 또는 보통	3.13
자전거타기 (시속 16 km 이하)	여가 (일 혹은 오락)	4.19
빠르게 걷기 (시속 6.5 km)	보통	5.29
에어로빅	몸에 부담이 적음	5.29
역도	격렬함	6.31
자전거타기 (시속 19~22 km)	보통	8.42
달리기 (시속 8 km)	보통	8.42
달리기 (시속 9.5 km)	보통	10.52
달리기 (시속 14 km)	격렬함	14.73

From Ainsworth B. E., W. L. Haskell, M. C. Whitt, M. L. Irwin, A. M. Swartz, S. J. Strath, W. L. O'Brien, D. R. Bassett, Jr., K. H. Schmitz, P. O. Emplaincourt, D. R. Jacobs, Jr., and A. S. Leon. 2000. Compendium of physical activities: an update of activity codes and MET intensities. From *Med. & Sci. in Sports & Exer.*, January 2000. Copyright © 2000 by Wolters Kluwer Health. Reprinted with permission.

당신은 얼마만큼의 칼로리가 필요한가?

지금까지 설명한 모든 것을 감안할 때, 당신은 아마 '나는 얼마만큼을 먹어야 하는 것일까'하고 스스로에게 이미 물었을지 모른다. 우리의 에너지 수요는 우리의 활동 수준, 환경 조건 및 우리가 먹은 음식의 양과 카페인 섭취량 등의 다른 요인에 따라 매일 변동하기 때문에 이 질문에 답하는 것은 그리 쉽지 않다. 그러면 어떻게 당신의 몸이 하루에 필요한 열량을 추산할 수 있을까?

당신의 일일 총열량의 요구를 예측하는 간단한 방법은 당신이 기초대사량에 활동량에 따라 다양한 인자를 곱하는 것이다. 다음 수식은 1919년의 기초대사에 대한 한 연구 중에 측정된 활동 인자를 단순화된 버전이며, 이 방법은 오늘날에도 사용되고 있다.[4] 이는 기초대사량 측정을 위한 방법으로, 이 활동 인자들은 아주 나이가 많거나 아주 근육량이 많거나 혹은 비만인 사람 등 체구성이 매우 다른 다양한 범위의 사람들에게 적용되기는 어렵다. 근육량이 매우 높은 사람은 계산한 양보다 많은 에너지가 요구되며, 매우 나이가 많거나 비만인 사람은 계산한 양보다 더 적은 에너지가 요구된다. 수식은 다음과 같다.

- 당신이 거의 또는 전혀 운동이나 육체 노동을 하지 않는다면 당신의 기초대사량에 1.2를 곱한다.
- 당신이 적당한 운동이나 노동을 일주일에 3~5회 한다면 당신의 기초대사량에 1.5를 곱한다.
- 당신이 격렬한 운동이나 노동을 일주일에 6~7회 한다면 일주일에 당신의 기초대사량에 1.75를 곱한다.

예를 들어 '동건'이라고 하는 남학생의 몸무게가 72kg이라면, 기초대사량을 구하기 위해 24시간을 곱하여

$$72.0\text{kg} \times 24\text{시간} = 1{,}724$$

동건의 기초대사량은 1724이다. 동건이 규칙적인 운동도 하지 않고, 깨어 있는 대부분의 시간은 교실에 앉아 공부하고, TV를 보고, 컴퓨터 앞에 앉아 하는 아르바이트 활동을 하며, 학교 통학도 차를 운전하여 이동한다면 그의 현재 체중과 활동 수준을 유지하기 위해 하루에 얼마나 많은 에너지가 필요한지 살펴보자:

$$1724 \times 1.2 = 2068.8\text{kcal/day}$$

만약 동건이 체중 감소를 원한다면 그는 신체활동 수준을 올리거나, 하루 2068.8칼로리 미만의 에너지를 섭취해야 한다. 그가 체중을 빼려하지 않아도, 그의 건강을 향상시키기 위해서는 일주일의 대부분을 적어도 하루 30분의 신체활동 프로그램을 시작해야 한다.

본인의 에너지 요구량을 보다 정확하게 추정하려면, 어떤 날을 기준으로 그 날의 신체 활동을 고려하여 얼마나 많은 kcal의 에너지를 실제 소모하였는지 계산하기 위해 표 9.2를 사용할 수 있다. 하지만 우리가 실제로 아주 오랜 시간 동안 움직임이 전혀 없이 앉아 있거나, 거의 같은 속도로 정확한 동작을 반복하는 것은 거의 불가능하므로, 실제 삶에서는 에너지 소비를 정확하게 계산하는 것은 불가능하다. 예를 들어, 당신이 만약 한 시간 동안 공부를 한다면, 꼼지락거리거나 또는 일어나서 스트레칭을 하거나, 현관에 누가 와서 문을 열어주러 간다거나 하지 않았을까? 이러한 제한점에도 불구하고, 다양한 신체활동 동안 당신이 이용하는 에너지를 추정하는 것은 일반적인 하루라는 시간 동안 얼마나 많은 에너지를 소비하는지에 대한 대략적인 감과, 더 나아가 당신의 신체활동을 늘려야겠다고 하는 생각을 제공할 수 있다.

요점 에너지 균형식은 음식의 섭취와 에너지 소비에 관한 것이다. 당신이 소비하는 양보다 많은 양의 에너지를 섭취하면 체중이 증가하고, 소비량보다 적은 양을 섭취하면 체중감소를 가져온다. 이 공식의 세 가지 구성요소가 기초대사율, 식품 이용을 위한 열효과 및 신체 활동을 통한 에너지 소모이다. 하루 에너지 수요를 추정하기 위한 간단한 방법은 당신의 기초대사량(BMR)을 계산하고 하루 활동 수준을 반영하는 인자를 곱하는 것이다.

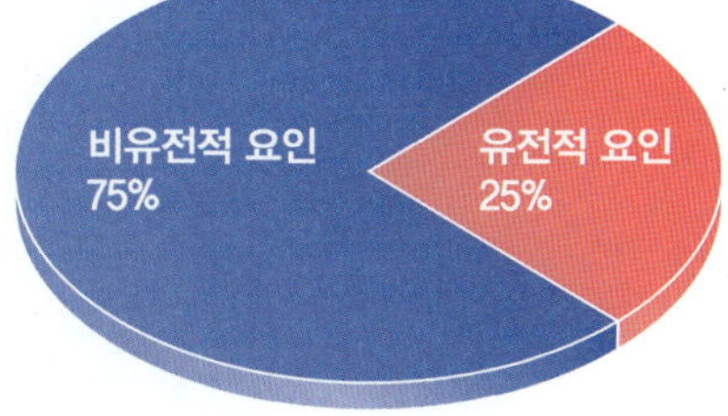

▲ 그림 9.7 연구에 따르면 신체 지방의 약 25%는 유전에 의한 것이다. 그러나 식이나 운동 같은 비유전적 요인이 더 큰 역할을 한다.

유전적 요인이 체중에 영향을 미친다

우리의 유전적 배경은 우리의 키, 체중, 체형, 기초대사량, 그 외의 생리학적 측면(어떻게 몸이 기능하는지)에 영향을 미친다. 고전적인 연구들은 어릴 때 입양된 성인의 체중은 양부모보다는 생물학적 부모의 체중에 유사하게 이루어진다고 제시한다.[5] 그림 9.7은 우리 체지방의 약 25%는 유전에 의해 설명된다는 것을 보여준다. 체중과 유전학의 관련성을 보이는 가설들은 절약 유전자 이론과 고정점 이론이다.

절약 유전자 이론

절약 유전자 이론(thrifty gene theory)은 사람들 중 몇몇은 에너지 면에서 절약하도록 하는 유전자(또는 유전자들)를 가지고 있다고 제안한다. 활동없이 휴식 중이나 활동을 할 때에나, 이 사람들은 이 유전자들을 가지고 있지 않은 사람에 비해 더 적은 양의 에너지를 소모한다는 뜻이다. 이 유전자의 목적은 극단적으로 먹을 것이 제한적일 때 사람들이 배고파서 죽는 것으로부터 보호하고자 하는 것이라고 여겨졌다. 이 이론은 배부름과 기아에 몇 세기 동안 노출되었던 몇몇 인디언 부족들에 적용되었다. 이 절약하는 대사를 가지고 있는 사람들은 거의 먹을 것이 없는 상태에서도 살아남았고 이러한 특성이 다음 세대로 전달되었다. 실제로 어떤 유전자가 절약 유전자 인지는 알려지지 않았으나, 연구자들은 이 현상이 비만의 잠재적인 이유인지를 지속적으로 연구하고 있다.

절약 유전자 이론(thrifty gene theory) 일부 사람들은 휴식기나 신체활동 동안 적은 열량을 사용하도록 열량을 절약하는 유전자를 가지고 있다고 제안하는 이론.

만약 이 가설이 참이라면 이 절약 유전자를 가지고 있는 사람들이 오늘날의 환경에 어떻게 반응할지 생각해보자. 적은 활동량, 고지방 고열량의 값싼 음식, 그리고 매우 큰 1회 제공량은 우리 사회에서 일반적이다. 절약하는 대사를 가지고 있는 사람들은 그 유전자를 가지고 있지 않은 사람들보다 더 큰 체중 증가를 경험하고, 체중 감소에 저항성을 가지게 될 것이다. 이론적으로 이러한 절약 유전형을 가졌다는 것은 한정된 식품원이 있을 때는 장점으로 작용하나 만약 식품이 풍부한 상태에서는 결과적으로 높은 비만율을 나타낼 것이다.

고정점 이론

고정점 이론(set-point theory)은 우리의 몸이 '고정점(세트 포인트)'이라고 하는 좁은 범위 내에서 우리의 체중을 유지하도록 설계되었다고 설명한다. 많은 경우, 우리 몸은 우리의 현재 몸무게를 유지하는 방향으로 반응을 보인다. 우리가 극단적으로 에너지 섭취를 줄이면 (예를 들어 단식이나 극단적인 다이어트 등으로) 기초대사량을 저하시키도록 하는 생리적 변화들로 반응한다. 이 반응은 우리의 에너지 소비량을 유의적으로 저하시킨다. 더욱이 말 그대로 우리가 쓸 에너지가 없기 때문에 단식이나 극단적인 다이어트 동안 왕성하게 활동하는 것은 매우 어렵다. 에너지를 보존하기 위한 이 두 가지 기전이 아마도 다이어트를 해본 많은 사람들이 다이어트 후 체중증가를 경험(요요 현상)하는 이유일 수 있다.

고정점 이론(set-point theory) 인체가 식품섭취량과 신체활동량의 증가와 감소에 반응하여 에너지 소비량을 증가하거나 감소한다고 제시하는 이론으로 이러한 작용으로 개인의 체중이 작은 범위 내에서 유지됨.

반대로, 사람들이 과식을 하면 기초대사량의 증가를 일으킬 수 있고, 이는 식품 이용을 위한 열효과 증가뿐 아니라 자연스러운 움직임들이나 꼼지락거림이 증가하는 것과 관련되어 있다. 이는 결과적으로 에너지 사용을 증가시키며 체중 증가를 방지한다. 이러한 변화들은 어떤 이들은 왜 과식을 하여도 체중이 늘지 않는지를 설명할 수 있다. 우리는 매일 같은 양의 음식을 먹지 않는다; 어떤 날은 더 먹고, 어떤 날은 덜 먹는다. 우리의 에너지 섭취가 매일 얼마나 변동을 거듭하는지(우리의 평균적인 월평균 섭취량의 20% 이상 혹은 이하로 왔다갔다 하는) 고려해 보았을 때, 우리가 긴 시간 동안 체중을 유지할 수 있는 능력을 가지고 있다는 사실이 고정점 이론을 뒷받침한다.

우리의 고정점 이론을 바꿀 수 있을까? 오랜 기간 동안 식사 및 활동 수준을 변화하고 유지한다면 체중에 변화가 생긴다. 비만인 사람들을 보면 확실히 알 수 있다. 중년에 비만이 되는 많은 사람들은, 결국 어릴 때 비만이 아니었던 체중을 유지하지 못한 사람들이다. 또한 성공적으로 체중을 감소하고 유지한 사람들의 경우도 마찬가지이다. 따라서 고정점 이론은 우리 몸이 왜 체중감소에 저항력이 있는지를 완벽하게 설명할 수는 없다.

영양학의 이정표

1994년 전에는 체중 조절의 생리학에 관해 알려진 바가 거의 없었다. 그러나 1994년에 록펠러 대학의 분자유전학자인 제프리 프리드먼 박사가 이에 관한 이해를 극적으로 진전시킨 결과를 발표하였다. 프리드먼과 그의 연구팀은 비만 생쥐에서 이후에 렙틴이라고 불린 호르몬의 정보를 코딩하고 있는 비만 유전자를 발견하였다. 렙틴은 렙토스(*leptos*)라는 '마른(thin)'의 뜻을 가진 그리스어로부터 이름이 붙여졌다. 그들은 렙틴이 식품섭취와 에너지 소모를 조절하고 생식능력이나 면역 능력에 중요한 역할을 수행한다고 밝혔다. 렙틴을 만들어내지 못하는 생쥐는 고도비만을 보이며, 형제 중 정상인 생쥐보다 거의 세 배에 달하는 체중을 갖는다. 프리드먼 박사는 이 생쥐들에게 렙틴을 주사하면 신체활동이 늘어나고, 급격한 체중감소 가져온다는 것을 보였으며, 또한 이후에 대부분의 비만인 사람들은 혈중 렙틴 농도가 매우 높고, 렙틴 효과에 저항성을 나타냈다는 것을 보였다. 더우기 식단에 의한 체중 감소는 렙틴 수준을 감소시키며, 이는 왜 이 감소된 체중을 유지하는 것이 어려운가를 설명하는 이유가 될 수 있다. 이 연구팀은 비만인 사람들이 식사요법을 실시하는 동안 렙틴을 주사하거나 주사하지 않는 것이 이러한 저항성을 피하는 데 도움이 되는지에 대해 연구를 수행하고 있다.

요점 체중 증가와 감소에 영향을 주는 요인은 다양하다. 유전적 배경은 우리의 키, 체중, 체형 및 신진 대사 속도에 영향을 미친다. 절약 유전자 이론은 몇몇 사람들이 이 유전자나 유전자들을 가지고 있고, 이를 가지고 있지 않은 사람들보다 적은 에너지를 소비한다고 제안한다. 고정점 이론은 우리의 몸이 되도록 좁은 범위 내에서 체중을 유지하도록 설계되어 있다고 제안한다.

체중에 영향을 주는 생리적 요인들

많은 생리적 요인들이 체중에 영향을 주고 체중 조절을 복잡하게 만든다.

기아와 포만감

굶주림(hunger)은 저혈당 등의 생리적 변화에 의해 발생되는 음식을 갈구하는 선천적이고 생리적인 욕구이다. 시상하부라 불리는 뇌의 부분은 배고픔 조절에서 중요한 역할을 한다. 섭식 세포(feeding cell)라고 불리는 시상하부의 독특한 세포들은 저혈당 상황에 반응하여 배고픔을 유발하고 사람들로 하여금 음식을 먹게 한다. 음식이 소화되고 나면 혈당이 증가한다. 만약 시상하부의 다른 중추가 자극되면 먹고 싶은 욕구가 감소한다. 식욕이 사라져 더 이상 먹고 싶지 않을 때를 우리는 포만감이라고 한다. 어떤 사람들은 식사 후 충족감을 느끼게 하는 포만감의 기전을 충분히 가지고 있지 않아 과식을 하게 된다.

단백질

렙틴(leptin)은 지방 세포에서 만들어지며 호르몬으로 작용하는 단백질이다. 렙틴은 맨 처음 생쥐에서 발견되었고, 음식 섭취를 감소시켜 체중 및 체지방 감소를 일으킨다. *ob* 유전자(비만 유전자)가 렙틴을 만드는 정보를 가지고 있다. 비만 생쥐는 *ob* 유전자에 돌연변이를 가지고 있다는 것이 발견되었다. 이 돌연변이는 충분한 양의 렙틴을 합성하는 지방 세포의 능력을 저하시켜, 음식 섭취량이 급격히 증가하고 에너지 소모는 저하되어 체중 증가가 일어난다.

이 결과가 처음 발표되었을 때, 렙틴이 인간의 비만을 어떻게 줄일 수 있는지 많은 연구들이 이루어졌다. 불행히도, 비만 생쥐는 렙틴을 주사하면 긍정적으로 반응을 보이나 비만인 사람들은 반응을 보이지 않았다. 실제로 비만인 사람들은 체내에서 매우 많은 양의 렙틴을 가지고 있고 렙틴의 효과에 둔감하다. 사실 우리는 이제 막 렙틴과 그 기능에 대해 배우기 시작했다. 최근 렙틴이 배고픔과 과식에 미치는 영향에 관하여 연구가 진행되고 있으며, 비만이나 비만 관련 질병들의 합병증으로 일어나는 심혈관계 및 신장 질환에도 중요한 역할을 한다고 알려지고 있다.

렙틴 이외에 다수의 단백질들이 식욕과 체지방 저장에 영향을 미친다. 이 중, 주요 단백질 중 하나는 위에서 합성되는 그렐린(ghrelin)이다. 그렐린은 호르몬으로 작용하고 시상 하부에서 식욕 조절에 중요한 역할을 한다. 식욕을 자극하고 음식 섭취를 증가시킨다. 펩티드 YY 또는 PYY는 위장관에서 생산되는 단백질로 식사의 에너지 구성량에 비례하는 양으로, 식사 후 분비가 높아진다. 그렐린과는 대조적으로, PYY는 식욕을 감소시켜 동물 및 인간의 음식섭취를 억제한다.

짝풀림단백질(uncoupling protein)은 최근 체중 연구의 초점이 되고 있다. 이는 우리의 근육세포 및 지방세포에서 발견되는, 세포의 에너지를 생성을 담당하는 기관인 미토콘드리아에서 발견되는 단백질이다. 일부 연구는 짝풀림단백질이 에너지 생산의 특정 단계에서 짝풀림을 수행한다고 주장한다. 짝풀림이 일어나면 이 과정은 에너지를 생성하는 대신 열을 생성한다. 열발생은 에너지 소모를 증가시키고 결국 남는 에너지의 저장을 줄인다. 그러므로 짝풀림단백질이 많거나 이 단백질의 활동이 활발한 사람은 상대적으로 체중증가나 비만이 잘 일어나지 않을 것이다.

▲ 어릴 때 배운 행동은 성인이 되어서의 체중과 신체활동 패턴에 영향을 미친다.

짝풀림단백질의 한 형태는 지방조직 중 백색 지방에 비해 미토콘드리아를 더 많이 가지고 있는 **갈색 지방조직(brown adipose tissue)**의 형태에서만 발견된다. 이 형태는 동물이나 신생아에 상당량이 존재한다. 오랫동안 성인은 갈색 지방조직이 거의 없다고 알려져 왔다. 그러나 최근 신생아뿐 아니라 성인들도 이전에 생각했던 것보다 갈색 지방조직을 상당히 많이 가지고 있으며,[6] 높은 BMI를 가진 사람들이 적은 양의 갈색 지방조직을 갖는다는 증거들이 발표되고 있다.[7] 이 발견들은 비만에서 갈색 지방조직이 가질 수 있는 역할에 대해 시사한다. 높은 BMI 값을 갖는 사람들은 갈색 지방보다 적은 금액을 가지고 있다는 것을 시사하고 있다. 인간 비만에 있어서, 갈색 지방조직 및 짝풀림단백질의 역할은 현재 연구가 진행되고 있다.

렙틴(leptin) 지방세포에 의해 만들어지는 호르몬으로 음식섭취 감소를 유도하여 체중 및 체지방 감소를 일으킴.

갈색 지방조직(brown adipose tissue) 백색 지방조직에 비해 미토콘드리아 함량이 많은 일종의 지방조직으로, 에너지 생성 과정에서 짝풀림의 특정 단계가 존재함으로써 에너지 소비를 증가시킬 수 있는 일종의 지방조직으로 신생아나 동물에 많은 양이 존재함.

다른 생리적 요인

다양한 다른 생리적 요인이 포만감을 증가(또는 음식 섭취량을 감소)시키는 것으로 알려져 있다. 세로토닌과 콜레시스토키닌(CCK) 등의 호르몬이 이에 속한다. 우리가 식사를 한 후에 일어나는 혈당 상승, 위 확대, 소장에서 영양흡수 등의 변화들 또한 포만감을 증가시킨다.

영양, 미신 혹은 진실?

바른 식생활을 하려면 돈이 더 많이 드는가?

슈퍼마켓의 선반은 건강에 좋은 식품의 선택권으로 가득 차 있다. 유기농 고기와 농산물, 열대지방의 생선, 따뜻한 기후에서 공수해 와서 제철이 아님에도 신선한 과일과 채소, 통밀빵과 전곡 시리얼, 그리고 저지방과 저염 전통음식. 이런 선택권들이 있어서 누구나 일년 내내 건강에 좋은 식품을 섭취하기 쉬워 보인다. 그러나 가격을 자세히 살펴보면 이 식품들이 저렴하지 않다는 것을 알 수 있다. 이는 "바른 식생활을 하려면 돈이 많이 드는가?" 라는 질문을 제기한다.

유기농 식품이 비유기농 식품보다 더 비싼 것은 사실이다. 그러나 유기농 식품이 실제로 건강에 더 좋다는 증거는 많지 않다. 게다가 상점에서 구입할 수 있는 가장 저렴한 식품들 중 일부는 영양가가 풍부하다. 예를 들어, 콩이나 편두와 같은 콩과식물, 제철 과일, 감자 같은 뿌리채소, 단일불포화 지방산이나 다가불포화 지방산이 풍부한 요리용 기름, 신선한 채소나 과일만큼 영양가가 풍부한 통조림 혹은 냉동 과일과 채소들이 있다. 따라서 사람들은 적은 돈으로도 건강하게 먹을 수 있다.

다음은 건강에 좋은 식품을 살 때 돈을 절약하기 위한 정보이다.

- 대용량 현미, 전곡 시리얼과 파스타를 구입하자. 이런 음식들은 오래 보관할 수 있고 식사와 간식을 위해 좋은 기본 재료가 된다.
- 할인하는 냉동 채소를 사서 비축해두자. 냉동 채소는 신선한 채소만큼 건강에 좋을 뿐만 아니라 재료 준비 시간이 덜 들며 저렴하기까지 하다.
- 저염 통조림 야채가 너무 비싸다면 덜 비싼 일반 통조림 채소를 사고 대신 요리하기 전에 물기를 빼자.
- 지방이 적은 고기를 사고 조금씩 먹자. 적게 먹으면, 돈을 절약할 뿐만 아니라 건강에 좋은 영양소를 먹으면서도 동시에 에너지와 지방의 총섭취량을 줄일 수 있다.
- 신선한 생선 대신 냉동 생선, 연어나 참치 통조림을 고르자.
- 냉동 혹은 건조된 식사는 피하자. 그런 식사는 대개 비싸고, 나트륨, 포화지방, 열량이 높아서 다른 식이섬유소나 중요한 영양소가 적게 들어 있다.
- 일반 명칭으로 판매되는 식품이나 가게 브랜드의 식품을 구입하자. 단, 고가의 식품과 영양가가 비슷한지 라벨을 확인하자.
- 지역 신문이나 잡지에서 쿠폰을 챙기고 세일 전단지를 보자. 오래 보관할 수 있는 건강에 좋은 식품을 대용량으로 사둘 수 있다.
- 집에서 요리해 먹자. 당신의 식사에 무엇이 얼마나 들어가는지 조절할 수 있고 한번에 많은 양을 만들어서 나중에 먹도록 얼려 둘 수 있다.

이처럼, 건강하게 먹는 것은 많은 돈을 필요로 하지 않는다. 그러나 식품영양표시를 읽고 가격을 비교하고 집에서 요리하기 위해 필요한 기술과 자신감을 얻어서 현명한 소비자가 되어야 가능하다. 적은 돈으로도 건강하게 먹기 위해 이 책에 나와 있는 정보들이 당신이 그런 기술을 얻도록 도와줄 것이다.

포만감을 감소(또는 음식섭취량을 증가)시킬 수 있는 요인에는 β-엔돌핀과 같은 호르몬, 시상하부에서 생산되는 아미노산을 포함한 화합물인 뉴로펩티드 Y, 그리고 밤새 단식한 후에 발생하는 혈당 감소 등이 있다.

문화 경제적 요인은 식품의 선택과 체중에 영향을 준다

문화적, 경제적 요인 모두 비만에 기여할 수 있다. 문화적 요인(신앙이나 학습된 음식에 대한 선호도 등)은 우리의 음식 선택과 식사패턴에 영향을 준다. 더욱이 많은 문화적 관습에서 종교적 축제나 명절을 즐기는데 음식을 그 중심에 두며 암묵적으로 과식을 부축인다. 또한 많은 가정에 맞벌이 부모가 있으므로, 더 많은 사람들이 음식점이나 식료품점으로부터 거의 가공이 되어 높은 칼로리를 가진 식품만을 선택하거나 선호하는 패스트푸드 문화를 가지게 된다.

이와 같은 문화적 영향은 비활동성을 촉진하는 문화적 요인들과 동시에 일어난다. 육체 노동에서 주로 앉아서 하는 움직임이 적은 노동으로의 변화와 우리 삶의 곳곳에서 노동력을 절감하는 장치를 이용할 수 있는 기회가 늘고 있다. 심지어 작은 변화처럼 보이는 기숙사에서 복도를 걸어가 이야기를 나누는 대신 메시지를 보내거나, 문을 열고 지나가는 대신 자동문을 이용하는 등의 행위가 쌓여 하루에 소비하는 에너지량을 감소시킨다. 미국에서 주로 앉아 일을 하는 소수민족을 대상으로 한 연구에서 개인적 동기가 부족하며 따라하고픈 활동적인 이상형이 없고 큰 체구를 받아들이거나 문화적으로 운동하는 것을 받아들이지 않고 도시나 변두리에서 개인적 안전의 문제에 대해 두려움이 있는 등의 이유로 신체 활동을 늘리는 것을 방해한다고 보고했다.[8,9] 다시 말해서, 문화적인 요인들은 식품의 소비뿐 아니라 신체활동에도 영향을 줌으로써, 체중 증가에 영향을 준다.

경제적 지위는, 특히 선진국에서는 건강 상태와 연관되어 있다: 경제적으로 낮은 지위의 사람들이 수입이 많은 사람들에 비해 비만 및 비만과 관련된 질병의 비율이 높다.[10] 수입에 따라 건강 관련 서비스에 접근할 수 있는 가능성이 다를 뿐 아니라, 경제적 요인들은 식품의 선택이나 식사행동에 중요한 영향을 미친다. 건강한 음식은 비싸고 오직 부자인 사람들만이 살 수 있다는 것이 일반적인 생각이다. 유기농 식품, 수입된 과일이나 채소, 생선, 살코기 육류 등 건강식품이라고 여겨지는 일부의 식품은 비싼 것이 사실이지만, 건강한 식단이라는 것이 항상 매우 비싼 것일까? 건강식단이 저렴할 수 있을지 **영양, 미신 혹은 진실?** 박스(262쪽)에서 살펴보자.

▲ 패스트푸드는 값이 저렴하고 양이 많을지 모르나, 대개 포화지방, 나트륨, 단순당 함량이 높다.

심리적, 사회적 요인이 행동 및 체중에 영향을 미친다

식욕(appetite)은 먹고자 하는 심리학적 욕구로, 사회적으로 학습된 식품에 대한 좋고 싫음이라든가, 먹는 행위를 촉진하는 특별한 상황들에 의해 조절되고 자극된다. 따라서 식욕은 배고픔 없이도 가능한 것이다. 많은 사람들이 식사의 시간이나 규모와 관련된 사회적 신호들을 따르기도 한다. 기분 또한 식욕에 영향을 주어, 우울하거나 행복할 때 사람들은 더 먹거나 덜 먹기도 한다. 당신이 상상하는대로, 식욕은 많은 사람들로 하여금 과식을 하게 만든다.

일부 사회 요인들은 과식을 불러일으킨다

사회적 요인은 우리가 과식이나 고칼로리 식사를 하도록 부추길 수 있다. 예를 들어, 다른 식구들로부터 그들이 식사하는 방식으로 식사를 하도록 압력을 받을 수 있다. 같은 음식 종류나 같은 조리법을 선택한다든가, 어릴 적 밥을 먹을 때 접시를 깨끗이 비우라고 배웠던 것들이 체중감소에 중요한 장애물로 영향을 줄 수 있다. 가족 모임이나, 회사 회식, 친구들과의 모임, 그리고 다른 사회적 상황들에 있어 또한 과식을 부축이는 핑계를 댈 수 있다. 다 같이 월드컵과 같은 경기를 볼 때, 다른 음식을 선택할 수 있는가?[ii] 닭튀김, 피자 등 맛은 좋아도 에너지나 지방함량이 높다는 이유로, 함께 먹는 음식을 피하기란 어렵다. 이러한 상황에서 과식에 대한 압력은 높다.

또한 일상적인 식사에서 지방이나 에너지가 높은 음식을 쉽게 접할 수 있는 기회가 많다. 예를 들어, 우리 대학 앞에 얼마나 많은 패스트푸드점이 있는가? 또 얼마나 많은 자동판매기가 있는가? 더욱이 식품회사들은 전례없이 큰 1회 섭취분량의 제품을 만들어 내고 있다. 예를 들어, 2005년에 한 사탕 회사인 미국의 마스(Mars)사는 표준크기의 M&M 초콜릿에 비해 각 조각이 약 55%가 큰, 특대 크기를 도입했다. 미국 내에 판매되고 있는 피자헛의 특대 크기의 피자나, 세븐일레븐의 특대 슬러시처럼 다른 패스트푸드점 및 상점도 특대 크기의 제품을 제공하고 있다.[11] 많은 사람들이 이와 같은 1회 섭취분량의 증가로 부정적 영향을 받고 있다[iii](그림 9.8).

땅콩버터, 요구르트, 우유 등 우리가 건강에 좋다고 생각했던 식품들조차도 종종 첨가된 당과 다른 열량이 높은 구성물들로 채워져 있다. 예를 들어, 약 120g의 요구르트에 5작은술에 해당하는 20g의

▲ **그림 9.8** 커피 한 잔은 지난 20년간 180ml에서 240ml로 증가했으며, 커피에는 이제 스팀 밀크뿐만 아니라 향미를 내기 위한 고칼로리의 시럽까지 넣게 됐다.

ii) 우리나라에 맞는 예가 아니라서 월드컵으로 변경—번역자주
iii) 이를 Portion Distortion이라고 한다.—번역자주

90%

게임 플랜

외식 시 바르게 먹기 전략

지난 20년간 외식업계, 특히 패스트푸드 시장은 놀라울 정도로 성장했다. 이 기간 동안, 비만율은 급격하게 증가했다. 그림 9.9에 있는 점심은 인기 많은 패스트푸드 식당들인 맥도날드와 서브웨이에서 제공하는 점심이다. 빅맥 햄버거에 프렌치 프라이 큰 사이즈와 사과 파이를 추가 주문한 왼쪽의 점심은 열량이 1,429kcal이고 총열량의 47%가 지방으로 구성되어 있다. 반면, 15cm 길이의 콜드컷 트리오 샌드위치 한 개, 초콜릿칩 그래놀라바, 그리고 중간 크기의 사과로 구성된 서브웨이의 점심은 열량이 610kcal이고 총열량의 31%가 지방으로 구성되어 있다.

맥도날드의 점심이 제공하는 열량은 체구가 작고 주로 앉아서 활동하는 여성에게 하루에 필요한 에너지를 모든 제공하기에 충분하다! 다른 패스트푸드 식당들의 비슷한 종류의 식사들도 열량, 총지방, 그리고 나트륨을 많이 함유하고 있다. 이 예시는 한 사람이 정기적으로 이러한 식사를 함으로써 과체중이나 비만이 되는 방법을 쉽게 보여준다. 여기서 무엇을 배울 수 있는가? 점심으로 어떤 종류의 패스트푸드를 고르느냐와 같은 작은 선택들이 당신의 허리둘레를 크게 바꿀 수 있다는 것이다.

이것은 외식, 특히 패스트푸드는 건강한 식생활의 한 부분이 될 수 없다는 뜻일까? 당신이 바른 선택을 하지 않는다면 그렇다.

다음에 외식할 때 이 전략들을 시도해보세요.

□ 되도록 모든 것을 먹을 수 있는 뷔페식 식당을 피하세요.

□ 당신이 좋아하는 식사의 저지방형을 선택하세요.

□ 패스트푸드 식당마저도 보통 '건강식' 혹은 '저지방메뉴'를 제공합니다.

□ 어린이 1인 1회 분량이 가능하다면 그것을 주문하세요.

□ 당신의 식사를 친구와 나눠 드세요. 대부분의 식당 식사는 두 사람에게 충분히 많습니다.

□ 고기는 구운 것을 주문하세요. 튀긴 음식은 피하세요.

□ 햄버거 대신 치킨 버거, 피시 버거나 야채 버거를 선택하세요.

□ 고기가 없고 야채와 전곡류로만 구성된 요리를 주문하세요. 크림 소스가 들어 있거나 치즈가 많이 든 요리는 피하세요.

□ 크림 베이스 스프 대신 묽은 스프를 주문하세요.

□ 프렌치프라이 대신 샐러드를 주문하고 저지방 혹은 무지방 드레싱을 고르세요.

□ 물, 차, 다이어트 음료 같은 열량이 거의 없는 음료를 주문하거나 탈지 우유를 주문하세요. 또 라떼, 카푸치노, 기타 커피 음료를 주문할 때 탈지 우유로 만들어 달라고 하세요. 밀크쉐이크에 주의하세요! 맥도날드의 초콜릿 밀크쉐이크의 열량은 무려 442kcal입니다!

□ 요새 여러 패스트푸트 식당이 제공하고 있는 "요거드 파르페"를 조심하세요. 대부분 포화지방, 단순당, 열량으로 가득 차 있습니다.

□ 디저트는 생략하거나 한 개를 주문해서 여러 명이 나눠 드세요! 다른 건강에 좋은 대안은 디저트로 신선한 과일을 먹는 것입니다.

□ 나온 음식을 모두 먹어야 한다는 생각을 버리세요. 배부를 때 그만 드세요!

▲ 그림 9.9 두 종류의 패스트푸드 식사의 에너지 밀도. 왼쪽 식사는 총칼로리와 총지방이 더 높아서 오른쪽 식사가 살을 빼려는 사람이 더 선호하는 식사이다.

당이 들어 있는 경우도 있다.

우리는 자주 외식을 한다. 외식의 경우, 우리는 식사의 열량이나 영양소를 조절할 수 있는 능력이 덜하며, 이는 종종 과식으로 이르게 한다. 미국 외식협회가 발간한 보고서에 의하면 현 미국인들은 평균 일주일에 6회 이상 외식을 하고, 연간 1인당 백만 원 이상의 비용을 외식에 사용한다.[12] 대학생들은 일주일에 한번도 집에서 음식을 해먹지 않고 살기도 한다. 보통은 비싸지 않지만, 학생들이 좋아하는 식당이나 패스트푸드점, 카페테리아에서 제공되는 많은 식사들은 열량과, 포화지방산, 트랜스지방산과 단당류가 높고 식이섬유가 풍부한 탄수화물과 오메가 지방산이 낮다. 그 결과, 2011년에 미국식품의약국이 20개 이상의 지점이 있는 음식점이나, 식품 자동판매기에 있는 모든 품목에 열량을 표기하는 규정을 제안하였다.[13] 우리나라에서는 식품의약품안전처에서 2008년 이후 영화관, 고속도로 휴게소를 시작으로 점진적으로 대형마트, 백화점의 푸드코트 및 많은 지점으로 이루어진 외식업체 등에서 자율적으로 영양표시를 하도록 자율영양표시제를 권고하고 있다. 당신이 머리를 쓴다면 당신이 식당에서 먹는 품목의 열량을 정확히 알든 모르든, 여전히 건강한 외식을 즐길 수 있다!

일부 사회 요인들은 비활동성을 부추긴다

사회적 요인은 사람들이 신체활동을 더 적게 만드는 요인이 되기도 한다. 예를 들어, 매일 조리된 식품을 먹거나 몇 분간 전자레인지에 데워 먹음으로써 음식을 만드는데 시간과 에너지를 거의 쓸 필요가 없다. 또한 안전하지 못한 지역에 살거나 텔레비전을 많이 보거나, 날씨가 좋지 않은 지역에 살거나 혹은 신체적 활동과 연관되지 않은 임무를 가족, 지역사회, 직업으로부터 부여받았거나 하는 사회적 요인 또한 신체활동을 적게 만드는 요인이 된다. 과체중인 많은 사람들은 그러한 요인들을 건강한 체중을 유지하는데 방해가 된다고 이야기하며, 이는 연구에서 확인된다.

물론, 사회적 요인들은 어린이들 사이에서도 활동성을 낮추는 요인으로 작용한다. 이전에는 어린이들이 매일 학교에서 교실 밖에서 규칙적으로 신체활동 교육을 받는 시간이 있었다. 그러나 지금은 많은 어린이들이 안전에 대한 걱정이나, 공공 운동장 시설의 부족으로 정기적인 교실 밖 체육시간을 제공하는 학교가 적다.

어린이와 성인 모두에서 비활동성을 부추기는 또 다른 사회적 요인은 휴식시간의 활동을 결정하는 데 있어서 테크놀러지에 의존성이 높아지는 것이다. 지역공동체에서 운동이나 율동하기를 선택하기보다는 영화를 보러 가거나 집에서 텔레비전을 보고, 인터넷을 기웃거리고 비디오 게임이나 집에 있는 다른 도구를 이용한 게임을 이용하는데 시간을 보낸다. 이러한 활동들은 에너지 소비를 줄임으로써 체중 증가에 기여한다. 예를 들어, 11살부터 13살 아동을 대상으로 한 연구에서 하루 2시간 이상 텔레비전을 보는 아이들이 2시간 이하로 보는 아이들보다 과체중 혹은 비만일 확률이 높다고 보고했다. 또한 어른들의 경우에도 9년을 넘는 시간 동안 일주일에 20시간 이상(하루 평균 3시간) 텔레비전을 보는 사람들이 허리둘레가 유의적으로 증가하였고 이는 체중증가를 나타낸다.[14]

사회적인 압박은 저체중을 부추길 수 있다

한편, 제지방 체중을 유지하라는 사회적인 압박은 일부 사람들이 음식을 덜 먹고, 특히 그들이 "나쁘다"고 알려진 지방을 피하기에 충분하다. 우리 사회는 직장을 구하는 것을 비롯한 삶의 많은 부분에서 차별을 당하는 과체중인 사람들을 비웃고, 종종 외면한다. 최근 한 연구는 비만 어린이들이 정상체중 어린이들보다 학교에서 놀림감이 될 확률이 60%나 높다고 보고했다.[15] 심지어, 대중매체에서 보여주는 갸냘퍼 보이는 패션모델이나 딱 붙는 청바지를 입은 근육질 가슴과 배를 가진 남성의 형상은 많은 사람들로 하여금 (특히 청소년이나 젊은이들) 끼니를 건너뛰거나 극단적 다이어트를 하고 운동에 집착하도록 만든다. 심지어 어떤 사람들은 본인의 정상체중을 비현실적인 도달하기 어려운 체중으로 만들기 위해 그들 스스로 목표를 세우고 자신의 건강과 삶을 위협할 정도로 밀어부치기도 한다. (이 상식이 행동의 결과를 뒤의 284쪽에 나오는 **건강 감시**에서 확인할 수 있다). 어떤 사람의 체중이 어떻게 늘고, 줄고, 유지되는가 하는 것은 복잡한 문제이다. 과체중인 사람들의 대부분은 이미 몇 번이나 체중감량 프로그램을 시도했으나 장기간으로 그 감량된 체중을 유지하는 데 실패하였다. 이들 중 상당수가 결국 체중감량을 포기하고 만다. 어떤 사람들은 체중과 관련하여 심각한 우울증에 시달리기도 한다. 과연 이들을 실패자라고 비난하거나, 계속적으로 체중을 줄이라고 압박을 가해야 하는 것일까? 과체중이나 그것을 제외하고는 건강한 사람들(예를 들어 혈압과 콜레스테롤, 중성지방 그리고 혈당수치가 정상)도 체중을 줄이라고 권유를 받아야 하는 것일까? 우리 사회는 건강한 체중을 갖게 하거나 유지하게 하는 방법을 꾸준히 찾음으로써 과체중이나 비만인 사람들이 당면하고 있는 사회적 압박을 줄여줘야 한다.

요점 배고픔, 렙틴, 그렐린, 펩티드 YY, 짝풀림단백질 및 각종 호르몬 같은 생리적 요인들은 포만감, 식욕, 그리고 에너지 소비에 영향을 줌으로써 체중에 영향을 미친다. 문화적 그리고 경제적인 요인들은 우리가 먹는 식사의 양이나 종류에 중요한 영향을 준다. 몸무게에 영향을 주는 심리적, 사회적 요인에는 에너지가 높은 식품의 1회 섭취분량의 증가나 신체활동 부족이 속한다. 과체중인 사람들을 향한 사회적 압박은 그들로 하여금 현실적이지 않은 몸무게에 도달하기 위해 위험한 방법을 쓰도록 부추긴다.

어떻게 건강 체중에 도달하고 유지할 수 있는가?

이제 당신은 건강한 체중에 기여하는 요인들에 대해 알고 있다. 당신의 체중에 대해 어떻게 생각하는가? 당신은 체중을 줄이고 싶을지도 모르지만, 그 변화를 만들기 위해 정말 전념하고 있는가? 이를 확인하기 위하여 **당신은 어떤가요?**(267~269쪽)를 보자. 만약 결과가 당신이 어떤 상태인지를 제시해주면, 자신감을 가져라. 체중을 줄이고 유지하는 것은 아래 세 가지 중요한 전략으로 당신이 잘 달성할 수 있다:

- 에너지 섭취의 점진적 감소
- 정기적이고 적당한 신체 활동의 도입
- 행동변화 기술의 응용

이 장에서, 먼저 이러한 전략들을 포함하거나 혹은 포함하지 않는 유명한 다이어트 전략을 논의할 것이다. 그런 다음, 어떻게 이 세 가지 전략 모두를 포함하는 각자에게 맞는 맞춤형 체중감소 프로그램을 만들 수 있을지 설명한다.

당신은 어떤가요?

정말 살을 뺄 준비가 되어 있나요?

체중 감량 프로그램에 대한 당신의 태도는 어느 정도인가요? 각 질문마다 당신의 태도를 가장 잘 나타내는 답에 동그라미를 표시하세요. 2~5번을 모두 마치면, 점수를 합산하고 점수 가이드에 따라 분석해 보세요.

1. 식사력

A. 지난해에 다이어트를 한 횟수는 몇 번인가요?
1. 0회 **2.** 1~3회 **3.** 4~10회
4. 11~20회 **5.** 20회 초과

B. 다이어트를 할 때 가장 많이 빠진 무게는 얼마인가요?
1. 0kg **2.** 0.5~2kg **3.** 2~4.5kg
4. 4.5~9kg **5.** 9kg 초과

C. 빠진 체중을 얼마 동안 유지했나요?
1. 1달 이하 **2.** 2~3달 **3.** 4~6달
4. 6~12달 **5.** 1년 이상

D. 요요 현상이 오고 있나요?

E. 시도해본 다이어트 방법마다 체크표시를 하세요.
_______ 아침 거르기
_______ 점심이나 저녁 거르기
_______ 처방전 필요 없는 식욕 억제제 섭취하기
_______ 칼로리 계산하기
_______ 지방 섭취 줄이기
_______ 탄수화물 섭취 줄이기
_______ 규칙적으로 운동량 늘리기
_______ 체중 감소 보충제 섭취하기
_______ 간식 먹지 않기
_______ 식사 대체식품 섭취하기
_______ 식욕 억제제 처방받기
_______ 완하제 섭취하기
_______ 토하기 시도하기
_______ 기타 _______

2. 체중 감량 프로그램을 시작하기 위한 준비

체중 감량 프로그램을 시작할 생각이 있다면, A~F 문항에 답하세요.

A. 얼마나 동기부여가 되어 있나요?
1. 없음 **2.** 조금 **3.** 보통
4. 많이 **5.** 매우 많이

B. 목표를 달성할 때까지 당신이 체중 감량 프로그램을 지속할 것이라고 확신하나요?
1. 없음 **2.** 조금 **3.** 보통
4. 많이 **5.** 매우 많이

C. 기타 일상의 스트레스(학교, 직장, 대인관계)까지 고려했을 때, 다이어트 계획을 지키기 위해 필요한 노력에 따른 스트레스를 어느 정도까지 견딜 수 있나요?
1. 견딜 수 없음 **2.** 조금 견딜 수 있음
3. 견딜 수 없음 **4.** 조금 견딜 수 있음
5. 불확실

D. 일주일에 0.5~1kg까지 뺄 수 있다고 가정했을 때, 체중 감량을 위해서 현실성 있는 시간을 할당해 왔나요?
1. 매우 비현실적 **2.** 약간 비현실적
3. 적당히 비현실적 **4.** 약간 현실적
5. 매우 현실적

E. 다이어트 중일 때, 좋아하는 음식을 먹는 상상을 합니까?
1. 항상 **2.** 자주 **3.** 가끔
4. 거의 **5.** 그렇지 않음

F. 다이어트 중일 때, 화나거나 우울한가요?
1. 항상 **2.** 자주 **3.** 가끔
4. 거의 **5.** 그렇지 않음

A~F 문항의 점수를 합산하고 점수가 속해 있는 카테고리에 동그라미를 표시하세요.

6~16점: 다이어트를 시작하기에 좋은 때가 아닐 수 있습니다. 동기부여가 충분하지 않고 목표가 비현실적이면 다이어트가 제대로 되지 않습니다. 준비 부족의 원인이 무엇인지 생각해 보세요. 당신의 의미 있는 변화를 막는 원인은 무엇인가요? 다이어트를 시작하기 전에 먼저 이 요인들을 바꿔보세요.

17~23점: 당신은 프로그램을 시작하기에 상당히 준비가 되어 있을지 모르나, 그 준비를 더 북돋기 위해 필요한 방법을 생각해 보아야 합니다.

24~30점: 길은 명확합니다. 당신은 안전하고 효율적인 방법으로 살을 뺄 방법을 알고 있습니다.

3. 배고픔, 식욕, 그리고 먹기

배고픔과 식욕이나 먹는 행동을 자극하는 요인을 떠올려 보고, A~C 문항에 답하세요.

(계속)

A. 대화나 읽고 있는 것에 음식이 등장하면, 배가 고프지 않더라도 먹고 싶습니까?
1. 그렇지 않음 2. 거의 그렇지 않음
3. 가끔 4. 자주 5. 항상

B. 신체적으로 배가 고프지 않은데도 먹을 때가 있습니까?
1. 그렇지 않음 2. 거의 그렇지 않음
3. 가끔 4. 자주 5. 항상

C. 집에 좋아하는 음식이 있으면, 식사 시간까지 참지 못하고 먹습니까?
1. 그렇지 않음 2. 거의 그렇지 않음
3. 가끔 4. 자주 5. 항상

A~C 문항의 점수를 합산하고 점수가 속해 있는 카테고리에 동그라미를 표시하세요.

3~6점: 당신은 때때로 필요한 것보다 많이 먹는데, 이는 유혹이나 다른 환경적 요인보다는 당신의 태도에 기인하고 있습니다. 배고픔과 먹기에 대한 당신의 태도를 통제해 보세요.

7~9점: 당신은 그저 먹을 수 있기 때문에 먹는 경향이 있습니다. 외부의 요인에 저항하고 신체적으로 허기를 느낄 때에만 먹는다면 살을 뺄 수 있습니다.

10~15점: 당신은 주로 음식을 생각하거나 먹는 유혹에 빠지기 때문에 먹습니다. 유혹에 빠지는 것을 최소화할 방법을 찾고, 신체적인 허기를 느낄 때만 먹으세요.

4. 과식 삼가기

다이어트 중일 때 과식을 잘 참나요? A~C 문항에 답하세요.

A. 친구가 점심에 도시락 대신 외식을 하자고 제안합니다. 이때, 당신은
1. 매우 적게 먹는다. 2. 약간 덜 먹는다.
3. 평소만큼 먹는다. 4. 약간 더 먹는다.
5. 매우 많이 먹는다.

B. 당신은 다이어트 중에 다이어트에 금지된 살찌는 음식을 먹었습니다. 이때, 그날 당신은
1. 매우 적게 먹는다. 2. 약간 덜 먹는다.
3. 평소만큼 먹는다. 4. 약간 더 먹는다.
5. 매우 많이 먹는다.

C. 당신은 다이어트를 충실히 하고 있고, 하루는 당신이 특별하게 생각하는 음식을 한입 먹어서 자체 테스트를 하기로 합니다. 이때, 그날 당신은
1. 매우 적게 먹는다. 2. 약간 덜 먹는다.
3. 평소만큼 먹는다. 4. 약간 더 먹는다.
5. 매우 많이 먹는다.

A~C 문항의 점수를 합산하고 점수가 속해 있는 카테고리에 동그라미를 표시하세요.

3~7점: 당신은 실수를 빠르게 만회합니다. 그러나 과식과 엄격한 다이어트를 자주 번갈아 하면 심각한 섭취 장애가 올 수 있고 전문가의 도움을 받아야 할지도 모릅니다.

8~11점: 당신은 프로그램에 방해가 되는 계획되지 않은 식사를 하지 않는 것으로 보입니다. 이는 융통적이고 균형 잡힌 다이어트입니다.

12~15점: 당신은 통제를 벗어나거나 잠깐 다이어트에 방해가 되는 행동을 했을 때 과식하는 경향이 있습니다. 문제가 생기면 과식하는 행동을 지양해야 합니다.

5. 정서적 섭식

당신의 기분이 당신의 먹기 행동에 미치는 영향을 생각해 보고, A~C 문항에 답하세요.

A. 당신은 불안, 우울, 분노, 외로움 같은 부정적인 기분을 느낄 때, 먹고 싶은 양보다 많이 먹나요?
1. 그렇지 않음 2. 거의 그렇지 않음
3. 가끔 4. 자주 5. 항상

B. 당신은 긍정적인 기분을 느낄 때, 먹는 행동을 조절 못하나요? (예를 들어, 기분이 좋은 것을 먹는 것으로 자축하고 싶을 때)
1. 그렇지 않음 2. 거의 그렇지 않음
3. 가끔 4. 자주 5. 항상

C. 일상에서 다른 사람과 불쾌한 일이 있거나 직장에서 힘든 날이었을 때, 먹고 싶은 양보다 많이 먹나요?
1. 그렇지 않음 2. 거의 그렇지 않음
3. 가끔 4. 자주 5. 항상

A~C 문항의 점수를 합산하고 점수가 속해 있는 카테고리에 동그라미를 표시하세요.

3~8점: 당신은 기분이 먹는 행동에 영향을 못미치게 하고 있습니다.

9~11점: 당신은 때때로 감정의 기복 때문에 먹습니다. 언제 그리고 왜 그러는지 이런 행동을 관찰하고, 먹는 것 대신 다른 대안을 찾아보세요.

12~15점: 감정의 기복은 당신이 무언가를 먹거나 더 많이 먹게 합니다. 기분을 조절하려 노력해보고 먹는 것 대신 다른 대안을 찾아보세요.

6. 운동 패턴과 태도

운동은 체중 감량의 핵심입니다. 운동에 대한 당신의 태도에 대해서 생각해보고, A~D 문항에 답하세요.

A. 얼마나 자주 운동하나요?
1. 안함 2. 거의 안함 3. 가끔
4. 약간 자주 5. 자주

B. 정기적으로 운동할 자신이 있나요?
1. 없음 2. 조금 3. 많이
4. 많이 5. 매우 많이

(계속)

C. 운동을 떠올리면, 긍정적인 생각이 드나요, 부정적인 생각이 드나요?
1. 부정적인 2. 약간 부정적인
3. 중립의 4. 약간 긍정적인
5. 긍정적인

D. 규칙적인 운동을 일상 스케줄에 넣을 자신이 있나요?
1. 없음 2. 조금 3. 보통
4. 많이 5. 매우 많이

A~D 문항의 점수를 합산하고 점수가 속해 있는 카테고리에 동그라미를 표시하세요.

4~10점: 당신은 해야 하는 만큼 정기적으로 운동하고 있지 않습니다. 운동에 대한 당신의 태도 때문인지 현실적으로 불가능해서인지 생각해 보세요. 원인을 없애고 운동화를 신으세요!

11~16점: 더 자주 운동할 수 있도록, 당신은 운동에 대해 더 긍정적으로 느껴야 합니다. 더 활동적일 수 있도록 재미있고 당신의 라이프스타일에 어울리는 방법을 모색해 보세요.

17~20점: 길은 분명합니다. 동기부여할 방법만 찾아보면 됩니다.

인기 있는 다이어트 계획을 따르기로 한 경우 세 가지 전략에 근거한 계획을 선택하라

당신이 체중을 줄이고 싶다면, 앞서 말한 정보들이 당신에게 맞는 개인적인 다이어트 프로그램을 만드는 데 도움이 될 것이다. 당신이 만약 이미 나와 있는 계획을 따르는 것이 더 편안하다면, 많은 프로그램들이 이용 가능하다. 어떤 프로그램이 건강한 식사계획의 원칙에 기반한 방법인지 아닌지, 그리고 장기간을 볼 때 정말 당신에게 맞는 방법인지 어떻게 알 수 있는가? 위에서 언급한 세 가지 전략에 집중하자: 그 다이어트 계획이 에너지를 서서히 줄이도록 하는가? 신체활동 증가를 지지하는가? 당신의 식사 및 신체활동 관련 행동 변화를 포함하는가? 평판이 좋은 다이어트 계획들은 이 세 가지 전략을 모두 포함한다. 불행히도 다이어트를 하려는 많은 사람들은 이러한 전략과 부합하지 않는 유행하는 다이어트(fad diet)에 끌린다.

유행 다이어트는 피하라

유행 다이어트 방법에 주의하라! 이 방법들은 단순히 그 이름에서 제시하듯, 장기적으로 건강한 체중변화를 가져오는 것이 아니라 그저 유행하는 방법을 의미한다. 정확히 말하자면, 유행 다이어트는 짧은 시간에 유행하는 대중의 욕망이나 두려움에 호소하는 상술에 기반하여 팔리는 프로그램이다. 오늘날 시장에 존재하는 수백 가지의 프로그램들 중 대부분은 "새롭고 향상된" 프로그램으로 다시 만들어지기 위해 1년 안에 사장될 것이다. 이러한 유행 다이어트를 만들고 파는 사람들의 목적은 돈을 버는 것이다.

당신이 관심 있는 다이어트 방법이 유행 다이어트인지는 어떻게 알 수 있는가? 확실한 단서를 위해 유행 다이어트에 대한 **영양 하이라이트** 박스(270쪽)를 확인하라.

다량 영양소의 조성에 집중한 식사법이 당신에게 맞을 수도, 맞지 않을 수도 있다

에너지 섭취보다 소비가 많은 음의 에너지 균형(소비에너지가 섭취에너지보다 많은 경우)을 만드는 것이 체중 감소에 주요한 요인임은 잘 알려져 있다. 식사의 다량 영양소 조성의 영향은 현재 상당한 논쟁거리다. 가장 심각하고 포괄적으로 연구된 체중 감량 식사법의 세 가지 주요 형태는 어떤 다량 영양소 성분 구성을 증가시키고 다른 것을 제한하기를 제안하고 있다. 여기서 이 세 가지 형태와 그들이 체중감소와 다른 건강 지표들에 미치는 영향에 대해 간단히 설명하고자 한다.[17]

영양 하이라이트

유행 다이어트 분석

유행 다이어트는 단기간 동안에 인기를 끄는 체중 감량 프로그램으로, 대중의 욕구와 공포에 호소하는 마케팅 술책이다. 게다가, 다이어트를 기획하고 마케팅하는 사람이나 회사의 목표는 국민 건강 증진이 아니라 돈을 버는 것이다. 관심 있는 프로그램이 유행 다이어트인지 어떻게 알 수 있을까? 알 수 있는 단서는 다음과 같다.

- 다이어트의 기획자는 이 다이어트가 새롭거나, 개선되었거나 혹은 새로운 발견에 근거한 것이라고 주장한다. 그러나 이 주장을 지지하는 과학적인 근거는 없다.
- 유행 다이어트는 대개 단기 체중 감량이나 체지방 감소(보통 일주일에 1kg 이상)로 유명하고, 체중 감량이 운동을 거의 하지 않거나 아예 하지 않아도 가능합니다.
- 유행 다이어트는 대개 특정 음식이나 보충제를 필요로 하고, 이것들은 비싸거나, 찾기 어려워서 다이어트 기획자에게서만 살 수 있다. 이 다이어트는 보통 특정 음식을 피하게 하거나, 어떤 음식의 특별한 조합만 먹게 하거나, 지방을 태우거나 신진대사를 활발하게 하는 마법의 음식을 가지고 있다.
- 유행 다이어트는 매일 먹어야 하는 엄격한 메뉴를 가지고 있거나 하루에 몇 가지만 지정된 음식을 가지고 있다. 대신, 유행 다이어트는 한 종류의 다량 영양소(예를 들면 단백질)에 집중하거나 다른 다량 영양소(예를 들면 탄수화물과 지방)는 엄격히 제한한다. 다양하고 균형 잡힌 식사는 하지 못하게 하고, 특정 음식(예를 들면 모든 유제품이나 정제된 밀가루로 만든 모든 식품)은 완전히 금지한다.
- 유행 다이어트는 특정 음식이나 보충제를 다이어트 성공에 필수적이라고 명시하며, 대개 이 물질들이 다양한 가벼운 질환을 치료하거나 예방하고 혹은 이 다이어트가 노화를 막을 수 있다고 주장한다.

최근 한 해 유행 다이어트에 들어가는 돈이 330억 달러(약 34조원)가 넘는 것으로 추정되고 있다. 유행 다이어트의 성공은 대개 다이어트 기획자의 라이프스타일을 변화시키지 않고도 빠르게 살을 뺄 수 있다고 사람들을 현혹시키는 능력에 달려 있다. 유행 다이어트는 또한 많은 사람들로 하여금 더 매력적이거나 강해지기, 주름이나 늘어진 피부와 같은 노화의 효과를 감소시키기, 그리고 나아진 건강 즐기기를 목표로 삼으라고 유혹하는 경향이 있다. 세상의 많은 사람들은 특정 신체적 기준에 도달해야 한다고 느끼고 있고, 유행 다이어트들이 범람하고 있다. 불행하게도, 이로부터 이득을 얻는 사람은 오직 유행 다이어트의 마케터뿐이다.

탄수화물이 높고, 지방과 단백질은 절제하는 식사법 균형 잡힌 고탄수화물과 지방 및 단백질의 절제 식사법은 보통 총에너지 섭취의 55~60%을 탄수화물로, 20~30%를 지방으로, 15~20%를 단백질로 구성한다. 이 식사법은 DASH 식사법[iv]과 미국 농무성 식품안내서의 일반적인 지침을 따르는 방법들과 "체중감시자(Weight Watchers)"나 "제니 크래그 다이어트 방법"[v]이 이에 해당한다. 이 모든 식사법은 에너지 섭취가 에너지 소비보다 낮을 때 체중감소가 일어난다는 것을 강조한다. 목표는 점진적인 체중 감소로, 일주일에 0.5~1kg의 체중 감소이다. 보통 하루에 500~100kcal의 에너지 차이(에너지 소비가 에너지 섭취의 차이)를 만드는 것이다. 여성의 경우 적어도 1,000~1,200kcal를 섭취하고 남성의 경우 적어도 1,200~1,400kcal를 섭취하도록 권장한다. 정기적인 운동도 권장한다.

저열량 식사법의 이러한 형태는 지금까지 다른 식사법에 비해 많은 연구가 이루어져 왔다. 무작위 비교연구들로부터 얻은 질 좋은 과학적 증거들이 많다는 것은 이 방법들이 체중 감량에 효과가 있다는 것을 의미한다. 또한 이 방법을 통해 체중감량을 한 사람들은 LDL 콜레스테롤과 중성지방을 낮추고, 혈압도 감소했다. 만약 개인의 식품선택이 미국 농무성의 안내를 따랐다면, 이 식사법은 영양소도 충분히 제공한다. 만약 개개인이 택한 식품선택이 다양하지 않고 균형에 맞지 않았다면 식이섬유, 아연, 칼슘, 철분, 비타민 B_{12} 등이 부족할 수 있다. 이런 경우에는 보충제가 필요하다.

탄수화물이 낮고 지방과 단백질이 높은 식사법 저탄수화물, 고지방, 고단백질 다이어트는 거의 정기적으로 인기를 얻었다가 잃었다가를 반복한다. 의미상 이 식사법은 일반적으로 하루에

▲ 저탄수화물 식이는 체중 감량에 도움이 될 수 있으나, 영양적으로 적절하지 않으며 부작용을 가지고 있다.

[iv] 미국 보건국 산하 기관에서 고혈압 방지를 위해 추진한 식사형태—번역자주

[v] 미국에서 유명인들의 선전으로 인해 유명해진 다이어트 방법들로, 어떻게 음식이나 간식을 사고 조리해야 하는지를 배우고 일대일 상담을 받거나 혹은 이미 조리된 식품을 매주 단위로 구매하여 먹으면서 일대일 상담을 받는 프로그램들—번역자주

100g 이하의 탄수화물과 총에너지의 55~65%에 해당하는 지방, 그리고 나머지를 단백질로 채운다. 이 식사법에는 예를 들어 [아킨스 식사법(Dr. Atkins' Diet Revolution)], [탄수화물중독자 식사법(Carbohydrate Addict's Diet)], [빵없는 삶(Life Without Bread)], [당을 막는 사람(Sugar busters)], [단백질 파워(Protein power)] 등의 식사가 여기에 속한다. 이 식사법들은 체중감량에 있어 에너지 섭취 제한의 효과를 최소화한다. 이 방법들은 대신 탄수화물의 섭취를 제한하도록 권한다. 그들은 탄수화물이 중독성이 있고, 과식을 부르고 인슐린의 급격한 증가로 과도한 지방의 저장을 일으키며, 전체적으로 비만을 가져오는 대사적 불균형을 낳을 수 있다고 제안한다. 목표는 케토산증을 일으킬 정도로 탄수화물의 섭취를 제한하고, 이로써 혈당량과 인슐린 양을 낮추고 식욕을 감소시키는 것이다.

이 식사법을 이용한 사람들이 일상이나 실험의 환경에서 체중을 감량했다고 최근 몇몇 증거들에 의해 추천되고 있다. 체중을 감량한 사람들이 또한 혈중지질의 감소나 혈압의 감소, 혈당 및 인슐린의 감소 등 긍정적인 대사적 변화를 경험한 것으로 나타났다. 그러나 이 식사법에 의존한 체중감량 정도와 대사적 건강지표들의 향상은 고탄수화물 식사법의 결과에 비교하였을 때 더 크지 않다. 또한 장기간 적용이나 잠재적인 건강문제, 그리고 부작용 등에 관해 연구가 제한되어 있어, 이 식사법을 논쟁거리로 만든다. (5장의 142쪽, 고단백질 식사에 대한 영양 하이라이트를 보라.)

저지방 및 초저지방 식사법 저지방 식사법은 총에너지 섭취량의 11~19%를 지방으로 얻는 반면, 초저지방 식사법은 10% 미만을 지방으로 얻는다. 이 두 유형은 모두 탄수화물이 높고, 단백질을 적절히 포함한다. 예를 들어, [심장을 살리는 딘 오니쉬 박사 프로그램]이나 [새로운 프리티킨 프로그램] 등이 이에 속한다. 이 식사법들은 총에너지 섭취에 집중하지 않는 반면, 복합탄수화물과 식이섬유 섭취의 증가에 집중한다. 설탕과 밀가루 섭취를 매우 한정시킨다. 오니쉬 식사법은 채식주의 식사이나, 프리티킨 식사법은 하루 100g의 살코기를 허용한다. 규칙적 운동은 이 식사법의 중요한 구성요소이다.

▲ 저탄수화물과 초저지방 식이는 복합 탄수화물과 식이섬유소가 많이 든 식품을 먹는 것을 중요시한다.

이 프로그램은 원래 체중감소를 위해 설계된 것이 아니라 심장질환을 줄이고 다시 정상으로 돌리기 위해 개발되었다. 또한 이 식사법들은 너무 제한이 많거나 따라하기 힘들다고 생각하는 소비자에게는 매력적이지 않다. 이 식사법의 효과에 대해 오직 적은 수의 자료만이 존재한다. 그러나 양질의 증거들이 이 식사법에 의해 체중 감소를 보였음을 제안하였으며 일부 테이터는 사람들이 낮은 혈압, 낮은 혈중 LDL 콜레스테롤, 중성지방, 혈당, 인슐린을 동반할 수 있음을 제안하였다. 부작용에 관한 것은 거의 보고된 바가 없다; 대표적인 것이 배에 가스가 차는 것인데, 이는 시간이 지남에 따라 줄어든다. 저지방 식사법은 비타민 B_{12}가 낮고, 초저지방 식사법은 필수지방산과 비타민 B_{12}, 비타민 E 그리고 아연이 낮다. 그러므로 보충제가 필요하다. 이 식사법은 인슐린에 의존하는 당뇨병 환자들(제1형, 2형 모두)이나 탄수화물 대사 이상이 있는 사람들에게는 안전하지 않다고 사료된다.

다이어트 계획을 설계하기로 결정했다면, 세 가지 전략을 포함하라

앞서 언급한 바와 같이, 건강하고 효과적인 체중 감량 계획은 에너지 섭취의 신중한 감소와 매일 하는 운동, 그리고 에너지 섭취는 줄이고 소비는 늘릴 수 있는 행동의 변화로 이루어져야 한다. 한 단계 더 나아가, **게임 플랜** 박스(272~273쪽)에 있는 건강한 체중감량 계획을 위한 안내를 보라. 다음은 세 가지 전략을 포함한 본인만의 다이어트 계획을 수립하기 위한 일부 안내이다.

게임 플랜

지속적인 체중 감량을 위한 단계

이제 당신은 유행 다이어트를 구별해 내는 방법을 알고 있으므로, 무엇이 체중 감량 계획을 만드는지 궁금할 것이다. 다시 말하자면, 건강을 유지하면서 살을 빼기 위해서 무엇을 해야 하고 하지 않아야 할까요? 미국 국립보건원의 전문가 패널은 지속적인 체중 감량을 위해 다음과 같은 단계를 권장한다.[18]

영양 권장량

□ 일주일에 0.25~1kg의 체중 감량을 목표로 하세요. 0.5kg의 지방은 3,500kcal와 동일하다는 것을 기억하세요.

□ 이 체중 감량을 위해서 현재 하루 에너지 섭취량보다 약 250~1,000kcal를 덜 섭취하세요. 절대 하루에 1,200kcal 이하로 에너지를 섭취하지 마세요.

□ 총에너지 섭취의 10~25%가 총지방 섭취가 되도록 하고, 포화지방이나 트랜스지방 대신 불포화지방을 섭취하세요.

□ 단순당 섭취는 제한하세요.

□ 식이섬유를 하루에 25~35g 섭취하세요.

□ 칼슘을 하루에 1,000~1,500mg 섭취하세요.

□ 가금류와 같은 흰 고기나 소의 순 살코기처럼 기름이 적은 고기를 고르세요. 저지방이나 탈지 유제품을 고르세요.

□ 튀김 대신 굽기와 같은 지방에 덜 들어가는 음식 조리법을 선택하세요.

□ 고지방, 고열량의 간식은 특별한 날을 위해 아껴두세요.

신체 활동을 증가시키기 위한 단계

□ 거의 매일 중등강도의 신체 활동을 최소 30분하세요. 중등강도의 신체 활동으로는 걷기, 조깅, 자전거 타기, 롤러브레이드 타기 등이 있습니다.

□ 일주일에 적어도 5일 중등도 신체 활동을 45분 혹은 그 이상하는 것이 이상적입니다.

□ 편한 장소에서 하는 신체활동에 필요한 옷과 장비를 갖추세요.

□ 하루 종일 최대한 움직이세요. 계단 오르기, 걸어 다니면서 통화하기, 텔레비전 보면서 앉았다 일어나기 등을 할 수 있습니다.

□ 운동 수업을 등록하거나, 쇼핑몰에서 오래 쇼핑하는 사람들의 모임, 달리기 모임, 요가 모임 등 활동적인 신체 활동을 하는 사람들의 그룹에 들어가세요.

□ 친구나 친척과 함께 운동하고 동기부여가 필요할 때 그 사람을 만나는 윈윈 전략을 세워보세요.

□ 일과표에서 운동을 높은 우선순위로 적어두세요.

음식 관련 행동을 고치기 위한 단계

□ 한 장소에서 정해진 시간에만 먹으세요. 공부, 일, 운전, 텔레비전 시청 등 다른 행동을 동시에 하면서 먹지 마세요.

□ 무엇을, 언제, 왜 먹었는지 기록하세요. 먹는 행동을 하게 만드는 요인을 적고, 이 요인들을 피하기 위한 방법을 생각해보세요.

□ 배고플 때 쇼핑하지 마세요.

□ 적당한 양에서 먹기를 멈출 수 없는 음식을 구입하지 마세요.

□ 고지방, 고당분 음식을 구입하지 마세요.

□ 패스트푸드 식당에서, 지방과 단순당이 적게 들어 있고 분량이 작은 음식을 고르세요.

□ 한국영양학회에서 제공하는 식품구성 자전거가 제안하는 대로 식단을 짜보세요. '자전거'는 운동을 권장한다는 의미를 가지기도 합니다.

□ 작은 접시에 음식을 담아서 양이 더 많아 보이게 하세요.

□ 온종일 조금씩 규칙적으로 먹어서 불만족스럽다는 기분이 들지 않게 하세요.

□ 집에서 먹거나 외식할 때, 다른 사람과 음식을 나눠 먹으세요.

□ 건강에 좋은 간식을 준비하여 가지고 다니면서 자판기나 패스트푸드 식당 등의 유혹에 빠지지 않도록 하세요.

▲ 운동 강좌에 함께하면 당신의 신체활동을 증가시키는 것을 도울 수 있다.

□ 식사를 마치는데 최소 20분이 걸리도록 음식을 천천히 씹어먹고, 포만감이 들면 먹기를 중단하세요.

□ 긍정적인 행동을 하면 스스로에게 마사지 받기, 새 옷 사기, 영화 보기나 콘서트 가기와 같은 보상을 주세요.

□ 실천 가능한 목표를 세우고, 계획에 실패했다고 스스로를 자책하지 마세요.

Data from National Heart, Lung, and Blood Institute Expert Panel, National Institutes of Health. 1998. *Clinical Guidelines on the Identification, Evaluation, and Treatment of Overweight and Obesity in Adults*. Washington, DC: Government Printing Office.

현실적인 목표 설정

안전하고 효과적인 체중 감량의 첫 번째 중요점은 얼마나 체중을 감량할 것이고 얼마나 빨리 (혹은 천천히) 감량할 것인가와 관련한 현실적인 목표를 설정하는 일이다. 체중을 천천히 변화시키는 것은 대부분의 사람들에게 실망스러운 일임에도 불구하고, 이 느린 변화는 체중감량을 장기간 유지하는 데 훨씬 더 효과적이다. "여분의 체중이 늘어나는데 얼마의 기간이 걸렸는가?" 본인에게 물어보자. 당신이 다른 대부분의 사람들과 비슷하다면 당시의 대답은 단지 몇 달이 아니라 1년이나 1년의 이상의 시간일 것이다. 체중을 감량하는 데 걸리는 적절한 시간은 체중이 늘어난 시간과 거의 비슷하게 점진적이다: 전문가들은 한 주에 0.25~1kg의 감량 정도를 권한다. 체중 감량 계획은, 의사의 관리를 받고 있지 않은 이상, 총 1,200kcal 이하의 에너지를 제공해서는 안 된다. 당신의 체중감량 목표는 또한 당신이 가지고 있는 건강관련 사항들을 포함하여야 한다. 의사와 확인한 후에 목표는 당신의 현재 체중을 유지하거나 더 체중이 늘지 않도록 하는 것으로 결정할 수 있다. 몇 주간 당신의 몸무게가 안정적으로 유지된다면, 체중감량을 위한 현실적인 목표를 적는다.

현실적이고 성취할 수 있는 목표는 다음 특징들을 공유한다:

- **구체적이다.** '이번 주에 덜 먹을 것이다'라고 본인에게 말하는 것은 목표가 구체적이지 않기 때문에 도움되지 않는다. 구체적인 목표의 예는 "나는 오늘 음식점의 주 메뉴를 반만 먹고 나머지 반은 집에 싸가지고 가서 내일 점심으로 먹을 것이다" 같은 것이다.
- **합리적이다.** 당신이 현재 운동을 하고 있지 않다면, 매일 30분의 운동을 하겠다고 목표를 세우는 것은 합리적이지 않다. 더 합리적인 목표는 하루에 15분씩 일주일에 세 번 운동하는 것이다. 당신이 이 목표에 도달한 뒤 운동의 빈도나 강도, 그리고 운동하는 시간을 당신의 향상 정도에 따라 늘릴 수 있다.
- **측정가능하다.** 효과적인 목표는 당신이 측정할 수 있는 것이다. 예를 들어 "나는 5월 1일까지 적어도 250g을 줄이겠다"거나 "나는 이번주에 항상 점심식사에 함께 마시는 소다를 물로 바꾸어 먹겠다." 등이다. 당신의 구체적이고 측정가능한 목표를 기록하는 것은 당신이 이 목표들을 성취했는가를 결정하는 데 도움이 된다.

당신의 향상 정도를 정기적으로 확인함으로써 당신이 목표에 도달했는지 또는 성과나 발생

당신이 알게 되면 좋아할 식품

공기로 튀긴 팝콘

팝콘은 미국에서 가장 인기 있는 간식 중 하나이다. 영화를 보는 날이면 빠질 수 없다. 불행히도, 영화관에서 판매되는 형태는 일반적으로 놀라울 만큼 높은 지방, 소금, 열량을 포함하고 있다. 쉽게 인터넷으로 검색하더라도 국내 큰 영화관들에서 파는 작은 크기의 팝콘에는 400~700kcal가 들어 있다. 심지어 전자레인지로 만들어 먹는 팝콘은 더 많은 지방이나 염분을 포함할 수 있고, 또한 많은 저지방 브랜드의 팝콘에 트랜스 지방이 포함되어 있다. 하지만 지금까지 자연상태의 팝콘을 먹어본 적이 있는가? 모든 첨가제가 없다면, 팝콘은 당연히 지방이 적고 섬유질이 높고, 소금이나 설탕이 포함되어 있지 않다.

당신은 환상적인 기계의 도움 없이도 공기로 튀겨낸 건강한 팝콘을 만들 수 있다! 다만 1/8컵(2큰술)의 팝콘 곡물을 갈색 종이봉투에 넣는다. 봉투의 위쪽을 2.5cm 정도로 두세 번 접고 전자레인지 안에 봉투를 똑바로 세워 넣는다. 약 2분간 튀기되 주시하고 있어야 한다: 튀는 소리가 잦아들면 바로 전자레인지를 멈춘다. 그렇지 않으면, 팝콘은 타버리고, 주방도 연기로 가득찰 위험이 있다! 요즘은 지방과 염분이 없이 공기로 튀길 수 있는 미리 포장된 제품들이 많이 나와 있다. 튀긴 팝콘을 열 때 뜨거운 증기가 나올 수 있으니, 옆으로 비껴 열도록 항상 주의한다. 원한다면, 착향미를 내기 위해 녹인 버터(큰술당 100kcal) 소량과 소금 약간을 추가한다. 더 흥미롭게 만들기 위해서는, 대신 파마산 치즈나 마늘 혹은 고춧가루 등을 첨가한다. 어떤 사람들은 아무것도 넣지 않은 것을 좋아한다. 공기로 튀긴 팝콘은 맛있고 저열량이며 건강한 간식이다!

한 문제점에 기반하여 목표를 수정할 필요가 있는지를 결정할 수 있다.

저지방 식품으로 적은 양 먹기

체중 감소의 가장 큰 도전 과제 두 가지는, 건강한 1회 제공 분량을 이해하고 우리가 섭취하는 식품 및 음료의 분량을 줄이는 일이다. 최근 연구는 큰 분량의 음식이나 음료를 제공받으면 어린이나 어른들이 전체적으로 더 많은 에너지를 섭취하고 배부른 느낌에 반응하지 않는다고 보고했다.[19,20] 따라서 효과적인 체중 감량 전략은 1회 제공 분량과 에너지 밀도를 낮추는 것과 에너지 밀도가 높은 음료를 저칼로리나 무칼로리 음료로 바꾸는 것을 포함한다.[20] 당신이 시작하는 것을 돕도록, 여기 체중조절정보 네트워크(Weight-Control Information Network)로부터의 몇 가지 제안이 있다.[21]

- 미국 농무부 식품 패턴(1장 20~22쪽)에서 권장된 1인 1회 분량의 크기에 따른다. 우리나라의 식품군별 대표식품 1일 1회 분량은 부록(419쪽)의 표에 따른다. 이 실천은 1인 1회 분량 구성에 대해 이해하는지, 그리고 권장된 1인 1회 분량에 비해 부족한지 넘치는지를 결정하는 식품의 계량과 관련된다.
- 포장되어 나오는 식품의 제공 분량에 대한 당신의 이해를 넓히기 위해, 식품 표시에 나와 있는 1인 1회 분량에 해당하는 식품의 양을 측정하고 포장에서 그대로 꺼내 먹기보다는 접

하루 약 3,300킬로칼로리

아침
1 ½컵 과일맛 가당 시리얼
1컵 2% 저지방 우유
1컵 오렌지주스
2장 흰식빵 토스트
1작은술 버터(토스트 빵용)

점심
1개 맥도날드 빅맥 햄버거
1개 (대) 감자튀김
3작은술 케첩
사과파이

저녁
128g 익힌 다진쇠고기(80% 제지방)
2장 타코(단단한 타코, 중간 크기)
57g 체다치즈
2작은술 사우어크림
2작은술 살사소스
1컵 채썬 상추
½컵 삶아서 튀긴 콩
6개 오레오 쿠키

하루 약 1,700킬로칼로리

아침
1 ½컵 시리얼
1컵 무지방우유
½개 자몽

점심
1개 서브웨이 콜드컷 트리오 샌드위치(15cm)
1개 초코칩 들어간 그래놀라바(24g)
1개 사과

저녁
140g 익힌 다진 칠면조
2장 토띠아(부드러운 옥수수 토띠아)
57g 체다치즈
4작은술 살사소스
1컵 채썬 상추
1컵 익힌 채소
3개 오레오 쿠키

▲ **그림 9.10** 하루 식사의 두 가지 유형의 에너지 밀도. 왼쪽 식사는 총칼로리와 총지방이 더 높아서 오른쪽 식사가 살을 빼려는 사람이 더 선호하는 식사이다.

시나 그릇에 덜어 먹는다.

- 되도록 작은 접시, 그릇, 컵 등을 이용한다. 작은 그릇을 이용함으로써 당신이 먹는 양이 많아 보일 것이고, 이로써 당신은 덜 먹고 덜 마시게 될 것이다.
- 집에서 음식을 만들 때, 당신의 접시에 음식의 1회 제공량을 담는다; 그러고 나서 남은 식품을 1회 제공량씩 용기에 담아 냉동한다. 이로써, 음식이 상하기 전에 전체 양을 먹어치우는 일은 없을 것이며, 다음 식사에 이미 준비된 1회 분량의 음식을 먹게 될 것이다.
- 배부르게 먹기 위해 생채소를 한 번 더 가져다 먹는다. 이로써, 후식이 별로 먹고 싶지 않아질 것이다.
- 간식을 살 때 1회 섭취 분량을 포장해 둔 식품을 고른다. 만약 당신이 더 큰 포장의 품목을 사면, 1회 분량을 나누어 둔다.
- 아이스크림 등의 단 음식을 먹게 될 때 반 컵을 측정하고 서서히 먹으며 즐기라!

지금 당신이 1회 제공량을 잘 조절하고 있다면, 당신이 먹고 있는 그 제공량에 속한 포화지방산과 열량의 양을 줄이기 위해 무엇을 할 수 있을까? 사람들은 체중감량을 위해 총에너지 섭취량의 15~25%를 지방으로, 10%나 그 이하를 포화지방산으로 섭취하고자 목표로 삼는다. 이 목표는 버터나 치즈소스, 마요네즈 같은 추가적인 지방을 줄이거나 아이스크림, 도넛, 케이크와 같은 간식을 줄이는 것으로 달성될 수 있다. 이런 음식을 특별한 때 먹는 것으로 모아두라. 지방이 낮은 식품들을 선택하라. 살코기(닭가슴살이나 지방이 거의 없는 소고기 등)와 저지방 유제품 및 탈지우유, 지방이 적은 조리법(예를 들면 볶음보다는 구이)을 사용하는 것을 의미한다. 또한 식간에 마시는 음료를 당이 많은 것에서 저칼로리 또는 무칼로리 음료로 전환하는 것을 의미한다.

또한 에너지 밀도가 상대적으로 낮은 식품을 선택하고 매일 그 횟수를 늘려 보라. 에너지 밀도가 낮은 음식은 샐러드(열량이 낮거나 아예 없는 드레싱 포함), 과일, 채소, 육수(살코기로부터)를 포함한다. 이러한 음식은 에너지가 낮고, 섬유소와 물, 영양소가 높다. 에너지 밀도가 높은 음식보다 상대적으로 많은 물과 섬유소가 포함되어 있기 때문에, 많은 양의 에너지 섭취 없이 포만감을 느끼게 해준다.

그림 9.10은 에너지밀도가 높고 낮은 두 식사를 보여준다. 여기서 저지방 유제품이나 적은 제공량, 에너지 밀도가 낮은 식품 선택과 같은 간단한 식품 교환을 하므로써 맛이나 먹는 기쁨 그리고 영양적 가치를 떨어뜨리지 않으면서도 에너지 섭취를 줄일 수 있다는 것을 볼 수 있다!

▲ 규칙적이고 적절한 신체 활동에 참여하는 것은 체중 변화 계획에서 중요하다.

규칙적인 운동 참가

식생활 지침은 건강한 체중을 유지하는 데 운동의 중요성을 강조하고 있다. 체중감량과 건강 체중의 유지에 왜 신체 활동이 그렇게 중요한가? 물론, 우리는 신체 활동 중 에너지를 소비한다. 그러나 에너지 섭취의 감소 없이 운동 자체가 급격한 체중감량을 가져오지는 않는다. 그보다는 규칙적인 운동이 중요한 이유 중 하나는 우리의 제지방 무게와 기초대사량 유지 및 증가에 관여하기 때문이다. 반대로 에너지 섭취 제한 자체는 제지방 무게의 감소를 가져올 수 있다. 위에서 배운 것처럼 제지방 무게가 많을수록 장기간으로 볼 때 에너지 소비가 늘어나게 된다.

미국 체중조절연구(National Weight Control Registry)는 적어도 13.6kg의 체중감량을 하였고 적어도 1년 이상 그 체중을 유지한 사람들을 대상으로 이들의 습관을 조사한 현재 미국에서 진행 중인 연구이다. 현재까지 784명의 대상자에 대한 연구가 이루어졌으며, 평균 체중감량은 30kg이고 적어도 13.6kg 이상의 감량을 최소 5년간 유지하였다.[22] 거의 모든 사람(89%)이 체중감량 및 유지를 위해 운동과 식사섭취 두 가지를 변화시켰다고 대답했다. 특정한 한 종류의 운동이 가장 효과적인 것은 아니나, 일주일의 대부분 날에 적어도 45분 이상의 유산소운동(자전거 타기, 걷기, 달리기, 에어로빅 댄스, 스텝에어로빅스, 하이킹 등)과 근력운동을 하고 있다고 대답했다. 실제로 평균 운동을 통해 일주일에 2800kcal 이상을 소비한다! 장기간의 체중감량 유지에 관한 연구가 거의없음에도 불구하고, 몇 연구는 오직 운동을 하는 사람들만이 체중감량을 유지할 수 있다는 것을 발견했다.

에너지를 소비하고 제지방 체중과 기초대사량을 유지하는 것 외에도 규칙적인 운동은 우리의 기분을 향상시키고 잠을 잘자게 하며 자존감을 높이고 성취감을 준다. 이러한 모든 변화는 장기적으로 건강한 생활습관을 갖는 데 도움이 된다.

일상생활에 적절한 행동변화 포함

성공적으로 체중을 감량하고 건강한 체중을 장기간 유지하기 위해서는 행동변화가 필요하다. 식품과 운동에 관련된 행동변화는 이미 위에서 언급한 바 있다. 여기서는 당신이 체중감량이나 이를 유지하는 것을 도울 수 있는 몇 가지 실질적인 변화를 소개하고자 한다.

- 배가 고프지 않을 때만 식품을 사러간다.
- 당신이 절제된 양을 먹기 힘들 수 있는 음식은 사지 않는다.
- 자동 판매기와 편의점에서 파는 지방과 설탕이 많이 함유된 음식을 구매하지 않는다.
- 하루 종일 정기적인 소식으로 공복감이 느껴지지 않도록 한다.
- 정해진 장소에서 정해진 시간에 식사한다. 공부 중이거나 일하는 중, 운전 중, 텔레비전을 보는 중 등 다른 일을 하면서 먹지 않는다.
- 천천히 먹는다.
- 당신이 무엇을 언제 왜 먹었는지 기록한다. 성적이 안 좋다든가 외로움을 느낀다든가 하는, 과식하게 되는 사회적, 감정적 요인을 식별하도록 노력한다.

그리고 마음이 통하는 친구와 통화를 한다든지 하는 음식과 관련되지 않은 다른 해소방법을 찾도록 전략을 세운다.

- 아이스크림, 도넛, 그리고 케이크 등과 같은 고지방, 고열량 간식을 간간히 특별한 경우를 위해 아껴둔다.
- 집에서 먹든 외식을 하든 다른 사람과 음식을 공유한다.
- 건강한 간식을 미리 준비하여 가지고 감으로써, 자동 판매기나 패스트푸드점 등에서 파는 음식에 현혹되지 않게 한다.
- 적어도 한 끼에 20분 이상 걸리고, 배부름이 느껴지는 순간 멈출 수 있게 천천히 씹어 먹는다.
- 항상 적절한 숟가락, 젓가락 등을 사용한다.
- 음식을 다 먹지 말고 남겨 다음 식사로 이용할 수 있게 보관한다.
- 당신의 계획대로 지키지 않았다고 (모두가 그렇듯이, 당신도 아마도 그럴 것이다) 본인에게 혹독하게 굴지 않는다. 당신이 한 실수에 대해 반응을 피해 달라 다른 사람들에게 요청한다.

요점 체중감량을 달성하고 유지하는 것은 적은 분량을 먹든 지방량을 줄이든 열량 섭취를 점진적으로 감소시키고 규칙적 운동을 하고 적절한 행동 변화 기술을 적용하는 것과 관련 있다. 유행 다이어트는 이러한 전략을 따르지 않고, 장기간 효과와 건강한 체중변화를 가져올 수 없다. 다량영양소의 구성을 기본으로 한 식사법들은 장기간에 걸친 체중감량을 촉진하나, 일부의 방법은 부작용을 동반한다.

건강 감시

어떻게 비만을 피할 수 있는가?

이 장의 앞부분에서 우리는 비만을 몸에 건강에 좋지 않은 효과를 줄 정도로 지방이 과도하게 축적된 상태로 정의하였다. 과도한 지방 축적시 키에 비해 일반적으로 기준이 되는 체중보다 훨씬 높은 체중을 가지고 있다. BMI가 30~39.9인 사람들이 비만으로 분류된다.[vi] 병적 비만은 정상에 비해 체중이 100%를 초과하였을 때 일어나며, BMI는 40 이상이다.

과체중과 비만 모두 현재 미국, 한국 및 전세계에서 많이 발생하고 있다. 비만 발생률을 보면 미국에서 지난 20년 동안 50% 이상이 증가하였고, 20세 이상의 성인에서 34.2%가 과체중, 33.8%가 비만으로 보고되고 있다.[23]

왜 비만이 위해한가?

비만이 다른 만성질환 및 합병증과 관련되어 있어, 비만의 급격한 증가는 중요한 건강 문제 중 하나이다.

- 고혈압
- 총콜레스테롤, 중성 지방 및 LDL 콜레스테롤을 포함한 이상지질혈증, 그리고 HDL 콜레스테롤을 감소

[vi] 한국인을 비롯한 아시아 국가들은 25 이상을 비만으로 간주함—번역자주

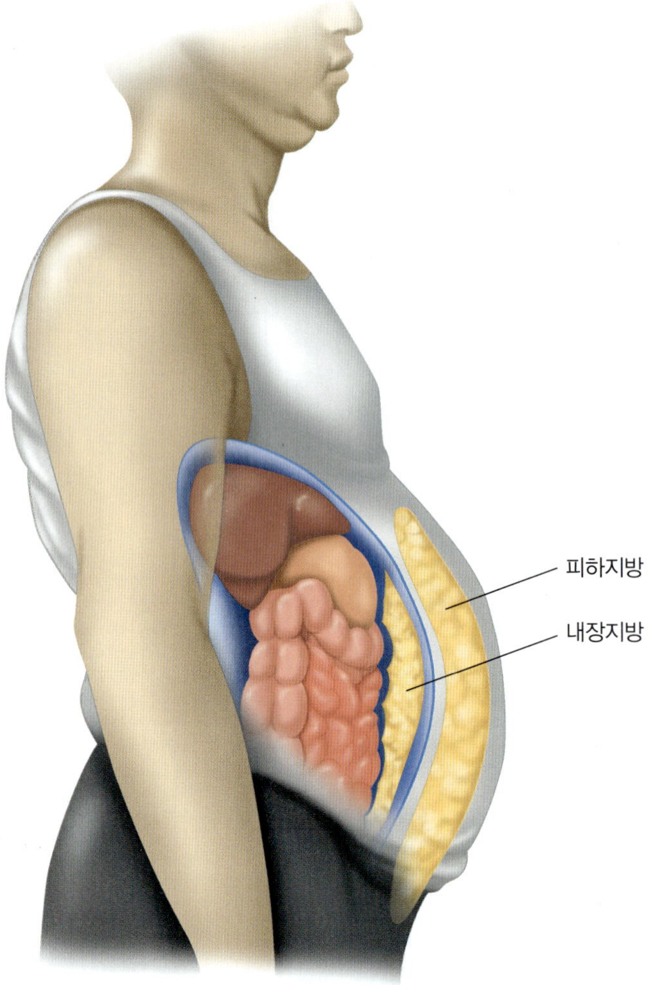

▲ 그림 9.11 복부비만, 특히 복부 깊숙한 곳에 있는 내장 비만은 대사 증후군의 위험인자 중의 하나이다.

- 제2형 당뇨병
- 심장병
- 뇌졸중
- 담낭질환
- 관절염
- 수면 무호흡증
- 특정한 암, 예를 들어 결장, 유방, 자궁 내막 및 담낭 등
- 불규칙적 월경과 불임
- 임신성 당뇨병, 미성숙 태아 사망, 신경관 결손 및 진통/분만시 합병증
- 우울증
- 알츠하이머, 치매 및 인지 기능 저하

복부 비만, 특히 복부 깊은 곳에 쌓인 많은 양의 내장 지방은 대사증후군(metabolic syndrome)이라 불리는 다섯 가지 위험 요인 중 하나이다(그림 9.11). 3, 4장에서 논의한 것처럼, 어떤 사람이 다섯 요인 중 세 가지 이상을 보이면 **대사증후군**(metabilic syndrome)이라 진단되고, 이는 심장질환, 제2형 당뇨병, 뇌졸중의 위험을 증가시킨다. 다섯 가지 요인은 다음과 같다.

- 복부 비만(허리둘레 남자 102cm 이상, 여자 88cm 이상) [한국인의 복부비만 기준은 허리둘레 남자는 90cm 이상, 여자 85cm 이상(한국비만학회)]
- 정상보다 높은 중성지방 수준(150mg/dL 이상)
- 정상보다 낮은 HDL 콜레스테롤(남성에서 40mg/dL 이하, 여성에서 50mg/dL 이하)
- 높은 혈압(130/85mm Hg 이상)
- 공복 혈당이 100mg/dL보다 크거나 당뇨병 병력이 있거나 당뇨 약물 복용자[24]

남성		순위	여성	(단위: 명)
184.5	암	1위	암	108.5
51.8	심장질환	2위	심장질환	53.2
49.2	뇌혈관질환	3위	뇌혈관질환	53.1
38.2	자살	4위	당뇨병	22.7
23.2	당뇨병	5위	폐렴	20.3
21.3	간질환	6위	자살	18.0
20.7	폐렴	7위	고혈압성 질환	14.4
19.2	만성하기도 질환	8위	만성하기도 질환	11.9
19.0	운수사고	9위	알츠하이머병	9.5
6.4	고혈압성 질환	10위	운수사고	6.8

자료: 통계청

▲ 그림 9.12 2012년도 한국인 성별 사망원인 및 순위(남성 사망률이 여성보다 1.23배 높으며, 남녀 간 차이는 전년보다 감소)

대사증후군을 가진 사람은 대사증후군이 없는 사람보다 심장질환이 걸릴 확률이 두 배 높고, 제2형 당뇨병 발병 확률은 다섯 배 가량 높다. 미국 성인의 약 25%가 대사증후군을 가지고 있으며, 비만율의 증가 또한 대사증후군 증가에 기여한다.[25]

비만은 또한 조기 사망의 위험 증가와 관련이 있다: BMI 30kg/m^2 이상 사람들의 사망률은 BMI 20~25kg/m^2 사이인 사람들에 비해 50~100%를 초과한다. 조기 사망의 가능성 증가는 통계자료에서도 나타난다: 미국의 10대 사망 원인 중 심장질환, 뇌졸중, 당뇨병 등 세 가지가 비만과 깊은 관련이 있다. 한국의 경우 유사한 경향을 나타내며, 특히 여기에 고혈압성 질환까지 포함되어 10대 사망원인 중 네 가지 질환이 비만과 깊은 관련이 있다(그림 9.12). 또한 비만은 감염부터 외상에 이르기까지 다른 건강문제들이 심각해질 수 있는 위험을 증가시킨다.

미국 하워드 휴즈 의료 센터에서 비만의 건강 위험을 설명하는 영상을 보려면 다음 사이트를 방문하자. www.hhmi.org/biointeractive/media/health_problems-sm.mov.

왜 사람들은 비만이 되는가?

비만은 여러 복합적 원인에 의해 발병하는 **다인자 질환(multifactorial disease)**이라 알려져 있다. 이러한 복합적 원인은 비만의 치료를 매우 어렵게 만든다. 과체중처럼 비만은 소비하는 것보다 더 많은 에너지를 먹어서 발생하는 것은 확실하지만, 어떤 사람들은 다른 사람보다 비만이 될 가능성이 높고, 일부는 체중 감량 및 유지하기가 더 어렵다는 것도 사실이다. 비만의 원인과 최선의 치료에 대한 연구가 아직 진행 중이지만, 몇 가지 이론을 탐구해보자.

유전학적, 생리적 요인은 비만 위험에 영향을 준다

우리의 유전적 배경은 신장, 체중, 체형 및 대사율에 영향을 주기 때문에, 이는 또한 비만의 위험도에도 영향을 준다. 일부 비만 전문가들은 만약 증명이 된다면, 위에서 언급한 절약 유전자 또는 유전자들의 존재로 비만인 사람들이 휴식 및 신체 활동 중 더 적은 에너지를 소비할 수 있는 유전적 경향이 있음을 나타낸다고 지적하고 있다. 다른 연구자들은 고정점 이론이 많은 비만한 사람이 체중 감량에 매우 강한 저항성이 있는지를 부분적으로나마 설명가능한지 여부를 판단하기 위해 노력하고 있다. 유전학에 대해 더 배울수록 우리의 유전적 배경이 비만의 발달과 치료에 미치는 역할에 대한 이해가 높아질 수 있다.

또한 몇 가지 생리적 요인이 사람들이 배고픔과 포만감을 경험하는 데 영향을 준다. 이러한 생리적 요인으로는 렙틴, 그렐린, PYY 및 짝풀림단백질이 포함된다. 또한 β-엔돌핀, 신경펩티드 Y, 혈당 감소와 같은 다른 생리적 요인은 포만감을 줄이거나 배고픔을 증가시켜 이론적으로는 과식과 체중 증가를 촉진할 수 있다.

▲ 그림 9.13 1963년부터 2006년 사이의 미국의 어린이와 청소년기 과체중 증가

Data from Centers for Disease Control and Prevention, National Center for Health Statistics, 2007. Prevalence of Overweight Among Children and Adolescents: United States, 2003–2004. www.cdc.gov/nchs/products/pubs/pubd/hestats/overweight/overwght_child_03.htm.

다인자 질환(multifactorial disease) 하나 이상의 원인에 기인하는 질환.

▲ 적당한 신체 활동은 어린이 비만 예방에 중요하다.

소아 과체중과 비만은 성인 비만으로 연결된다

미국과 한국에서 어린이 및 청소년의 비만 유병률은 놀라운 속도(그림 9.13)로 증가하고 있다. 많은 "아기 지방"이 어린이를 위해 좋다고 생각했던 때가 있었다. 어린 시절 과체중과 비만은 일시적인 것이며 어린이들이 그때 성장한다고 가정했다. 지금은 어린이들이 건강을 유지하고 적절한 성장을 하기에 어떤 최소 수준의 체지방을 가져야 함에도 불구하고, 연구자들은 비만이 어린이들의 건강을 해치고 성인 비만의 위험을 증가시킨다고 우려하고 있다.

건강 데이터들은 비만 어린이들이 이미 어린 나이 때부터 만성질환의 징후들이 나타나고 있다고 제시한다. 그 징후들은 혈압 증가, 높은 콜레스테롤과 이전에는 성인으로 병으로 알려진 제2형 당뇨병의 위험을 높히는 인슐린과 포도당 대사의 변화를 포함한다. 다섯 살 정도까지의 유아들이 제2형 당뇨병으로 진단받은 예가 있다. 불행히도, 이 아이들 대부분은 성인기에도 이러한 질환의 위험 인자를 유지할 가능성이 높다.

어린이의 비만은 이들이 성인에도 비만을 유지하는 것이 당연한 것이가? 그 확률은 좋지 않다. 일부의 어린이들은 어릴 때 비만이나 성인이 되면서 정상체중을 회복하게 됨에도 불구하고 약 70%에 해당하는 대부분의 어린이들은 성인이 된 후에도 과체중을 유지한다.[26] 명백하게도 어린이 비만은 평생의 건강과 관련된 중요한 결과를 낳는다.

한쪽 혹은 양쪽 부모가 과체중이면, 아이가 비만일 확률이 2~4배 높다.[27] 이는 일부는 유전적 요인으로, 그리고 다른 일부는 가족 사이에 공유하는 건강하지 않는 식습관이나 운동부족으로 설명된다. 우리는 이미 아이들이 과도한 지방이나 당이 없는 건강한 음식을 먹거나 운동을 많이 하면 비만이 될 가능성이 낮다는 것을 안다. 반대로, 아이들이 과도한 지방이나 당을 함유한 음식을 많이 먹거나, 컴퓨터나 텔레비전 앞에서 대부분의 시간을 보내면 비만이 될 가능성이 크다. 이러한 생활습관이 사춘기와 성인기에 이어진다면, 비만은 지속될 가능성이 크다.

사회적 요인은 비만의 위험에 영향을 주는 것으로 보인다

빈곤은 비만과 연관된다. 그 이유 중 하나는 높은 열량의 가공식품들이 생과일이나 채소처럼 건강한 식품보다 싸고 찾기 쉽고 조리하기 쉽기 때문이다. 다른 이유는, 체육관이나 체중감량 프로그램 등의 회원권이 비쌀 뿐 아니라 걷거나 하이킹하거나 기타 다른 운동을 하기에 적합한 안전한 장소에 접근할 기회가 적기 때문이다. 빈곤은 또한 일반적으로 건강 교육과 다른 유형의 예방치료를 포함한 양질의 보건복지시설에 대한 기회를 감소시킨다.

우리의 사회적 유대 관계 또한 비만의 위험에 미묘한 영향을 미칠 수 있다. 결과가 아직 논쟁 중임에도 불구하고 미국 하버드 의과대학의 연구팀이 12,000명 이상의 사람들의 사회적 유대 관계를 연구한 결과, 배우자나, 형제자매, 혹은 친구 중 비만이 된 사람을 가지고 있을 때 본인의 비만에 대한 위험도가 37~57%까지 통계적으로 증가했다고 보고했다.[28]

신체적 요인은 비만에 기여할 수 있다

갑상선 호르몬이 비정상적으로 낮거나 코르티졸이라는 호르몬이 상승하면 체중 증가와 비만으로 이어질 수 있다. 의사들은 이러한 호르몬의 혈중 수준을 확인할 수 있다. 천식이나 다른 질병을 위해 사용되는 스테로이드나 항경련제, 항우울제 등을 포함한 일부의 처방된 약은 기초대사율을 느리게 하거나 식욕을 자극하여 체중 증가로 이어질 수 있다.[29]

비만은 치료에 반응하는가?

모순되게도 언제 묻더라도 여성의 40%에 이르는 사람과 남성의 25%에 이르는 사람들이 식사조절을 하고 있다. 식사조절하는 사람들이 이렇게 많음에도 불구하고 왜 많은 사람들이 비만일까?

상대적으로 매우 적은 연구들만이 체중의 유지에 대해 연구해 왔지만, 그 중 한 연구는 비만인 사람들 중 오직 20%만이 장기간 감소된 체중을 성공적으로 유지한다고 보고했다.[30] 이 연구에서 성공적이란 적어도 최초 체중의 10% 이상을 감량하고 적어도 1년을 유지한 경우이다. 이 결과는 비만인 사람들 중 거의 80%가 체중조절이나 감소된 체중의 유지에 실패하였다는 것을 말한다. 통계적으로 비만이 저항성을 갖는 것처럼 제시하고 있음에도 불구하고 이것은 사실이 아니다. 20%의 사람들이 장기간의 체중 감량에 성공한 것을 생각해 볼 때, 이는 "어떻게 하느냐?"의 문제이다.

생활습관의 변화가 도울 수 있다

비만을 치료하기 위한 첫 번째 방어선은 낮은 에너지의 이용과 규칙적인 운동으로 구성된다. 과체중이나 비만인 사람들이 하루 500~1,000kcal 더 낮은 식사요법을 설계하고 유지하기 위해 영양사나 건강관리 전문가들과 함께 계획해야 한다.[18]

운동량을 서서히 증가시켜 하루에 적어도 30분, 일주일에 5번 정도 운동을 할 수 있는 프로그램을 만들어야 한다. 미국 의학연구소[31]는 하루에 30분, 일주일에 5번의 운동이 최소 요구량이며, 만약 체중감량 및 장기간 동안 건강체중을 유지하려면 하루에 60분까지도 운동하는 것이 필요하다고 동의한다.

상담자 및 지지자들은 사람들이 이 식사 및 운동 변화를 유지하도록 도울 수 있다. 행동변화 치료법은 특별히 까다로운 대상자들에 대해 체중감량에 대한 그들의 노력을 약화시키는 기저에 깔린 사고방식이나 상황, 스트레스 요인들을 조사하기에 매우 효과적일 수 있다.

비만의 복합적 원인에 대해 자세히 알기를 원한다면, 아래 사이트를 확인해보자.
http://issuu.com/shiftn/docs/obesity_atlas.

처방된 약물로 체중 감량을 향상시킬 수 있다

건강한 체중 감량은 시간과 노력 및 꾸준함이 요구된다. 많은 사람들이 빠르고 쉽게 체중을 줄이기 위해 "마법의 탄환"을 찾는다. 다른 사람들은 생활요법에 관한 권장 사항을 따르려고 수 년간을 성공하지 못한 채 시도해왔다. 이러한 문제에 대응하여 처방하는 체중 감량 약물이 개발되고 있다. 이 약들은 의사의 적절한 감독 하에서만 사용되어야 한다. 의사의 감독이 중요한 이유 중 하나는 체중감량을 위해 개발된 많은 약물이 불편한 수준에서 치명적인 수준에 이르는 부작용을 가지고 있기 때문이다.

현재 미국에서는 시부트라민(sibutramine)과 오를리스탯(orlistat)이라는 두 가지 체중 감량 약물이 처방가능하다. 그러나 두 약물의 장기적인 안전성과 유효성은 논쟁거리이다. 시부트라민[상품명 메리디아(Meridia)]은 식욕억제제로 일부 사람들에게는 심장박동 및 혈압 상승을 야기한다. 오를리스탯[상품명 제니칼(Xenical)]은 소장에서 식이 지방의 흡수를 막는 약물로 일부 사람들에서 체중 감량을 유도한다. 오를리스탯은 설사와 변실금[vii]부터 간부전에 이르는 부작용을 가지고 있다. 우리나라에서는 시부트라민은 심혈관계 위험성 때문에 2010년 처방이 금지되었고, 오를리스탯은 처방가능하다.

강조하건대, 이 약물들은 진행과정 및 건강 위험을 주의 깊게 감시할 수 있도록 의사의 적절한 감독하에서만 사용되어야 한다. 또한 이 약물들은 열량제한을 지원하는 프로그램과 규칙적인 운동, 그리고 매일 조금씩 증가하는 신체활동과 조화를 이룰 때 가장 효과적이다.

---

vii) 굳은변, 묽은변, 가스 등을 자신 의지대로 조절할 수 없는 상태—번역자주

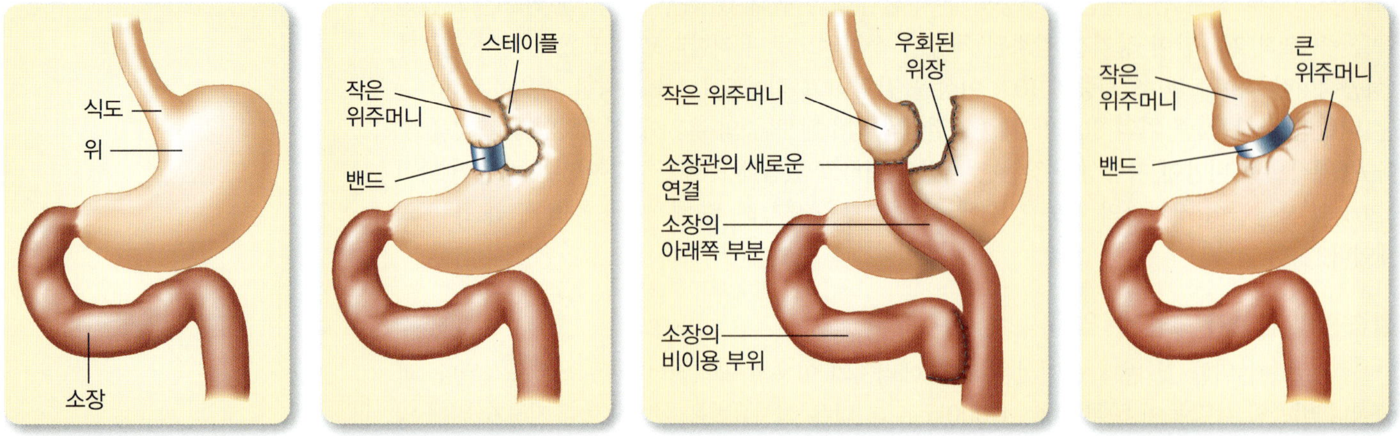

(a) 정상적인 구조 **(b) 수직밴드 위성형술** **(c) 위우회술** **(d) 위밴드술**

▲ **그림 9.14** 다양한 유형의 수술은 체중 감소를 증진시키기 위해 **(a)** 정상적인 위장관 구조를 바꾼다. **(b)** 수직밴드 위성형술, **(c)** 위우회술, **(d)** 위밴드술은 병적 비만을 감소시키기 위해 쓰이는 수술이다.

수술은 병적 비만의 치료에 사용될 수 있다

병적으로 비만인 사람들을 위해 수술이 권장되는 경우가 있다. 일반적으로, 40 이상의 BMI를 가진 사람들과 당뇨병, 고혈압, 또는 높은 콜레스테롤 수치 등 다른 생명을 위협하는 질환과 함께 BMI가 35 이상인 사람들에게 수술을 권한다. 어떤 외과적 수술이든 비만인 사람들에게 더 위험하기 때문에 체중 감량 수술은 다른 방법으로 체중감량이 불가능한 비만자들을 위해 사용되는 최후의 수단으로 여겨진다. 체중 감량 수술의 세 가지 일반적인 유형은 수직밴드 위성형술, 위우회술, 위밴드술이다(그림 9.14).

- 수직밴드 위성형술(vertical banded gastroplasty)은 총식품 섭취량을 줄이기 위해 수술용 스테이플이나 밴드를 이용해 위의 작은 부분을 분할한다.
- 위우회술(gastric bypass surgery)은 소장의 아래쪽 부분을 매우 감소된 위장에 접붙혀서, 섭취된 음식의 대부분이 위장을 거치지 않고 지나며, 모든 음식은 십이지장을 거치지 않고 우회한다. 그 결과 음식의 매우 적은 일부만 흡수된다.
- 위밴드술(gastric banding)은 비교적 새로운 방법으로 조절가능한 수축 밴드를 이용하여 위의 크기를 감소시켜 식품섭취를 제한한다.

수술적 치료는 비만 감소에 성공적인가? 비만 수술을 받은 사람의 1/3에서 1/2은 상당한 양의 체중감량을 하고 적어도 5년간 유지한다. 1/2에서 2/3의 사람들이 장기적인 성공을 경험하지 못하는 이유는 어떤 사람들은 시간이 지나면서 작은 위장으로도 일정하게 덜 먹는 것을 유지하지 못하기 때문이고 다른 사람들은 수술용 스테이플이나 밴드가 느슨해지고, 위주머니가 늘어나기 때문이다. 그리고 어떤 경우에는 수술 후 생존하지 못하는 사람도 있다.

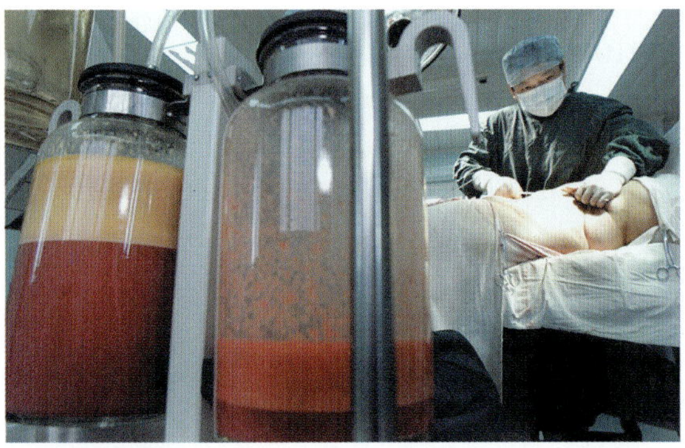

▲ 지방 흡입술은 신체의 특정 부위에 있는 지방 세포를 제거하는 것이다.

지방 흡입은 신체의 국소적인 영역에서 지방 세포를 제거하는 미용목적의 외과적 치료이다. 이것은 비만이나 병적 비만을 치료하기 위해 일반적으로 권장되거나 이용되지는 않는다. 이 수술도 위험 요소가 있으며 혈전, 피부나 신경손상, 약물 부작용, 통증, 천공 등이 지방흡입의 결과로 발생할 수 있다. 또한 지방이 제거된 부분에 변형이 오거나, 최근 연구에서는 허벅지와 엉덩이로부터 지방흡입 후 1년 뒤 거의 모든 지방이 되돌아 왔으며, 거의 복부에 재분비되었다고 보고된 바 있다.[32] 또한 지방흡입 후, 과식을 할 경우 수백만의 지방세포가 오히려 커진다. 지방 흡입은 국소적인 부분의 지방 함량을 감소시킬 수 있지만, 그것은 과체중 또는 비만한 사람들 사이에서 더 많이 일어나는 질병의 위험을 줄이지는 않는다. 따라서 이 수술은 장기적인 체중 감량에 대한 해결책이 아니다. 오로지 열량 제한이나 운동이 체지방과 만성질환의 위험을 줄일 수 있다.

요점 비만은 유전학, 소아 비만력, 과도한 열량소비(너무 많은 칼로리를 소비하는), 그리고 충분한 신체 활동의 부족 등 많은 요인에 의해 발생한다. 비만과 병적 비만의 치료 방법은 규칙적인 신체활동과 함께 저열량, 저지방 식사를 하는 것, 체중감량을 위해 처방된 약물, 체중감량 수술이다.

당신이 저체중이라면?

미국에서 강조되고 있는 비만과 체중 감량을 고려하면, 어떤 사람들은 살찌기 위해 노력하고 있다는 사실이 놀라울 수도 있다. 이들은 임상적으로 저체중인 사람들을 포함하며 BMI 18.5 미만의 사람들이다. 저체중은 감염이나 골다공증과 다른 질병에 대한 위험을 높이고 치명적일 수도 있기 때문에, 비만만큼이나 건강에 해롭다. 또한 많은 운동선수들은 경기를 위해 근력과 힘을 증가하려 체중 증가를 원한다.

▲ 영양소와 열량이 풍부한 간식을 자주 먹는 것은 체중을 늘릴 수 있다.

체중을 늘리기 위해 사람들은 소비하는 것보다 많은 열량을 섭취한다. 포화지방산을 많이 포함한 음식(베이컨, 소시지, 치즈 등)을 많이 섭취하는 것은 체중 증가를 가져오나, 운동없이 이렇게 한다면 대부분의 체중 증가는 지방에서 오고 지방은 심혈관계 및 기타 질병의 위험을 증가시키므로, 건강하다 여겨지지 않는다. 고지방식이를 먹을 의학적 이유가 있지 않은 이상, 체중증가를 하려는 사람들은 식이지방은 상대적으로 낮고(총열량의 35% 이하) 복합탄수화물은 상대적으로 높은(총열량의 55% 이상) 식단을 먹도록 권한다. 다음은 체중 증가를 위한 권고사항이다.

- 현재의 체중을 유지하기 위해 필요한 양보다 하루 약 500~1,000kcal를 더 포함한 식단을 따른다. 당신이 0.5kg의 체중을 늘리기 위해 정확하게 얼마나 많은 잉여 에너지를 섭취해야 하는지 모르지만 보통 일반적으로 3500kcal라고 추정된다. 그러므로 하루에 잉여로 약 500~1,000kcal를 더 섭취하면 매주마다 약 0.5~1kg을 증가하는 결과를 낳을 것이다.
- 전체 에너지 중 탄수화물 약 55%, 지방 25~35%, 단백질 10~20%를 포함한 식단을 따른다.
- 한국인의 경우 2010년 한국인 영양섭취기준에 의하면 건강한 성인을 대상으로 전체 에너지 섭취의 55~70%는 탄수화물, 7~20%는 단백질, 20~35%는 지방으로 섭취하기를 권장하고 있으며, 저체중인 사람들에게 권고되는 에너지 적정비율은 따로 제시되고 있지 않다.
- 하루 종일 식사와 다양한 간식 등을 자주 먹는다. 많은 저체중 사람들은 먹는데 충분한 시간을 쓰지 않는다.
- 담배를 피지 않는다. 담배는 식욕을 누르고 신진 대사 속도를 증가시켜 체중 증가를 방해한다. 게다가, 폐, 입, 식도 및 기타 암의 발병 위험을 높인다.
- 규칙적으로 운동하고 일상적인 운동에 역기나 근력운동을 포함한다. 이러한 형태의 운동은 근육량을 증가시키는 데 가장 효과적이다. 주 3일 적어도 30분간 지속하는 걷기, 달리기, 자전거 타기, 수영과 같은 유산소운동은 건강한 심장혈관계에 도움된다.

체중 증가의 비결은 하루 종일 자주 식사를 먹고, 에너지 밀도가 높은 식품을 선택하는 것이다. 지방이 높은 식품을 선택할 때는 반드시 다가불포화 및 단일불포화 지방(예를 들어, 땅콩 버터, 올리브유, 카놀라유, 아보카도)이 높은 음식을 선택한다. 저지방 우유나 요구르트로 만든 스무디나 밀크쉐이크는 많은 에너지를 섭취하기 위해 좋은 또 다른 방법이다. 과일이나 땅콩 버터, 허머스[viii], 구아카몰리(아보카도 소스) 또는 크림 치즈나 샐러드 드레싱을 넣은 생채소를 먹는 것은 음식의 에너지 밀도를 향상시키는 또 다른 방법이다. 체중 증가에 가장 큰 과제는 음식을 먹도록 시간을 내는 것이다. 하루 종일 당신이 많은 음식을 싸가지고 다니면, 더 많이 먹기 위한 기회를 증가시킬 수 있다.

요점 체중 증가는 체중을 유지하는 데 필요한 열량보다 하루 약 500~1,000칼로리를 먹는 것과 근력운동 및 유산소운동을 실시하는 것으로 달성할 수 있다. 하루 종일 수시로 건강한 식사와 간식을 먹고 담배 이용을 피하는 것이 중요한 전략이다.

건강 감시

이상 섭식: 당신은 위험에 처해 있는가?

이상 섭식(disordered eating)란 체중감량 및 감량된 체중의 유지를 위해 사용하는 다양한 이례적 섭식 행동을 일컫는 총칭이다. 이러한 행동은, 다양한 다이어트를 했다 안했다를 반복하는 단순한 것부터, 지방섭취를 거부하는 심각한 것까지 포함한다. 이러한 행동은 보통 사람이 중병에 걸릴 때까지 오래 지속되지 않고 사람의 정상적인 일상생활을 심각하게 방해할 정도에 이르지 않는다.

이와는 대조적으로, 어떤 사람들은 위험한 수준의 저체중에 이를 때까지 과도하게 오랫동안 먹기를 제한한다. 이 사람들은 신체에 대한 극단적 불만과 신체 기능에 부정적 영향을 미치는 장기적인 식사 형태 등으로 알려진 정신질환인 **섭식 장애(eating disorder)**를 가지고 있다. 두 가지 잘 알려진 섭식 장애는 거식증과 폭식증이다. **신경성 거식증(anorexia nervosa)**은 자기 스스로를 배고픔에 빠지게 하여 결국 심각한 영양 부족으로 이어지게 되는, 잠재적으로 생명을 위협하는 섭식 장애이다. 이와는 대조적으로, **신경성 폭식증(bulimia nervosa)**은 자기 스스로 억지로 하는 구토와 변비약의 남용, 공복 또는 과도한 운동 등 체중 증가를 막기 위해 극단적인 과식과 보상 행위를 반복하는 것이 특징이다. 우리나라의 경우 건강보험심사평가원 자료에 따르면 섭식 장애로 인한 진료인원이 2008년 10,940명에서 2012년 13,002명으로 18.8%가 증가하였고, 연평균 4.5%씩 증가하였다. 10~30대의 점유율이 49.2%로 2명 중 1명은 10~30대의 젊은층이며, 남성의 경우 18.9~23%인 데 반해, 여성은 77~81.1%로 거의 4배에 달하고, 특히 20대에서는 여성이 남성의 9배에 이르는 것으로 나타났다. 따라서 섭식 장애의 예방 및 올바른 치료를 위해 원인과 증상을 바르게 이해하는 것이 중요하다. 거식증과 폭식증, 두 장애에 대해서 아래 상세하게 설명할 것이다.

섭식 행동은 연속선상에서 발생한다

정상적인 식사에서 섭식 장애로 넘어가는 기준선은 언제인가? 섭식 행동은 딱 잘라 나눌 수 없는 범위인 연속선(continuum)상에서 일어난다. 예를 들어 무지개를 생각해보자. 어디가 붉은 빛의 끝이고 오렌지 빛의 시작인가? 연속선상에 있는 섭식 행동을 생각해 보면 어떻게 한 사람이 상대적으로 정상적인 식사에서 섭식 장애로 진행되어 가는지 이해하기 쉽게 만든다. 예를 들어 당신이 몇 년째 아침식사를 거르는 대신 오전 중 간식으로 대신해 왔고, 지금은 이른 오후시간까지도

이상 섭식(disordered eating) 저체중을 유지하기 위해 이루어지는 비정상적이고 특이적인 다양한 식행동을 설명하는 일반적인 용어.

섭식 장애(eating disorder) 신체 이미지와 식행동의 심각한 왜곡으로 특징되는 만성적으로 진단된 정신적 질환.

신경성 거식증(anorexianervosa) 정상적인 신체 기능에 필요한 에너지와 필수 영양소 결핍으로 인해 생명을 위협할 만큼 심각한 식이장애로 스스로 식사를 거부하는 것이 특징임.

신경성 폭식증(bulimia nervosa) 폭식과 체중증가를 방지하기 위해 반복되는 부적절한 보상행동, 예를 들면 구토를 하거나 굶거나 과도한 운동을 하거나 하제나 이뇨제, 관장제 등을 오남용하는 등의 심각한 섭식 장애.

신체 이미지(body image) 자신의 외모와 기능에 대한 자기 스스로의 인식.

---

viii) 으깬 병아리콩과 오일, 마늘을 섞어 만든 중동지방 음식—번역자주

당신은 어떤가요?

당신은 섭식장애에 걸릴 위험이 있는가?

섭식 문제와 신체 이미지 연속체(그림 9.15)를 살펴보자. 다음 5개의 분류 중 어떤 것이 식사 및 신체에 대해 당신이 느끼는 상태를 가장 잘 묘사한 것인가? 만약 연속 개념 중 당신이 왼쪽의 문장들에 더 해당한다면 당신은 아마도 섭식이나 신체 이미지에 대해 문제가 거의 없는 사람이다. 당신은 당신의 신체에 대해 수용적이고 음식을 볼 때도 건강을 유지하는 정상적 부분의 하나이며 일상의 신체 활동에 필요한 연료로 바라볼 가능성이 크다. 당신의 결정이오른쪽으로 점점 치우칠수록 식사제한이 점점 더 일상적이 되며 음식과 신체 이미지에 대한 문제가 더 커진다. 만약 당신이 맨 오른쪽에 있는 문장들에서 당신 스스로의 모습을 발견한다면 당신은 아마도 먹는 것에 대한 두려움이 있고 당신의 몸을 좋아하지 않는 상태이다. 만약 그렇다면 당신은 최대한 빨리 건강 전문가를 만나 상담받아야 한다.당신이 최대한 빨리 치료법을 찾을수록 당신 스스로의 몸에 대한 소유권을 찾고 음식에 대한 건강한 접근법을 찾을 수 있다.

• 나는 다른 사람들이 내가 무엇을 얼마나 먹는지에 대해 어떻게 생각하는지 관심이 없다. • 나는 화가 나거나 우울할 때 죄의식이나 수치심 없이 무엇이든 먹고 싶은대로 먹는다. • 나는 얼마나 먹는지, 무엇을 먹는지에 대해 죄의식이나 수치심을 느끼지 않는다. • 음식은 나의 삶에 중요한 부분이나 오로지 내 삶의 적은 시간만을 차지한다. • 나는 내 몸이 무엇을 얼마나 먹고자 요구하는지에 대한 믿음이 있다.	• 나는 건강한 신체를 유지하기 위해 내가 무엇을 먹는지에 주의를 기울인다. • 나는 내가 원하는 것보다 체중이 더 나갈 수 있으나 먹는 것을 좋아하고, 먹는 기쁨과 건강한 몸을 유지하도록 관심을 기울이는 것에 조화를 이룬다. • 나는 절제하고, 잘 먹기 위해 목표를 세우는 데에도 유동적이다. • 나는 건강한 식사를 위한 영양섭취기분을 따르려 노력한다.	• 나는 음식에 대해 많이 생각한다. • 나는 대부분 시간에 잘 먹고 있다고 생각하지 않는다. • 내가 다른 사람보다 더 많이 먹거나 내가 먹어야 하는 양보다 더 먹는다고 느낄 때 부끄럽다. • 나는 살찌는 것이 두렵다. • 나는 얼마나 먹고 싶은지 무엇이 먹고 싶은지를 바꿀 수 있기를 원한다.	• 나는 다이어트 약이나 설사제, 구토제를 먹거나 체중을 줄이거나 유지하기 위해 추가적인 운동을 한 적이 있다. • 나는 체중을 줄이거나 유지하기 위해 긴 시간 동안 금식을 하거나 음식 섭취를 피한 적이 있다. • 나는 내가 먹는 양을 제한할 수 있다고 강하게 느낀다. • 내가 먹기를 원하는 양보다 더 많이 먹는 경우 나는 제어할 수 없다고 느낀다.	• 나는 종종 스스로 배부르게 먹고나서 음식이나 열량을 제거하기 위해 운동이나 구토를 하거나 다이어트약이나 설사제를 복용한다. • 내 친구와 가족들이 나를 보고 너무 말랐다고 말한다. • 나는 지방을 먹는 것에 공포감을 느낀다. • 내가 먹고 싶은대로 먹도록 놔두면 내가 먹는 양을 조절하는 데 어려움을 느낀다. • 나는 다른 사람들 앞에서 음식을 먹는 것이 두렵다.
음식은 문제가 아니다	**음식에 관심이 있다**	**음식에 사로잡혀 있다**	**파괴적 섭식 패턴을 가진다**	**섭식 장애를 가진다**
신체 소유권	**신체 수용**	**신체중독**	**왜곡된 신체이미지**	**신체혐오/해리**
• 신체 이미지는 나에게 문제가 아니다. • 내 몸은 내게 있어 아름다워 보인다. • 내 신체에 대해 내가 느끼는 것은 이상적인 신체형이라는 사회의 개념과는 관련이 없다. • 나는 내 삶에서 중요한 사람들이 항상 나를 좋아할 것이라는 것을 안다. • 나는 내 몸이 적당한 몸무게를 지니고 내가 내 몸을 움직이고 자신감 있게 느끼도록 할 것이라고 믿는다.	• 내 몸에 대한 이미지는 사회적 표준과 내 자신이 가지고 있는 개념에 동등하게 근거를 둔다. • 나는 중요하기 때문에 내 몸과 외모에 주의를 기울이지만, 하루 중 적은 시간만을 할애한다. • 신체적 목표를 성취할 수 있는 체력과 에너지를 갖도록 내 몸을 기른다. • 나는 자기 주장을 하고 자존감을 잃지 않고 건강한 몸을 유지할 수 있다.	• 나는 거울에 내 몸을 비춰 보는데 상당한 시간을 쓴다. • 나는 내 몸과 다른 사람들의 몸을 비교하는데 상당한 시간을 쓴다. • 나는 뚱뚱하다고 느끼는 날들이 있다. • 나는 내 몸에 사로잡혀 있다. • 나는 사회적으로 이상적이라 하는 체형과 체격을 가장 좋은 체형과 체격으로 받아들인다. • 내가 더 마르거나 더 근육이 많다면 더 매력적일 것이라고 믿는다.	• 나는 내 몸을 바꾸기 위해 운동하거나 다이어트하는데 상당한 시간을 쓴다. • 내 체형과 체격은 내가 원하는 대로 나를 대해주는 사람과 만나거나 사귀는 것을 방해한다. • 내 자신을 인정할 수 있도록 나는 수술을 통해 내 체형과 체격을 바꾸길 고려해왔거나 바꾸었다. • 나는 거울에 비치는 내 모습을 바꿀 수 있기를 희망한다.	• 나는 종종 내 몸이 다른 사람에게 속한 것처럼, 분리되거나 멀리 있다고 느낀다. • 나는 종종 내 몸이 싫고 다른 사람들로부터 나 스스로를 격리시킨다. • 나는 내 체형과 체격에 대해 어떤 것도 긍정적이거나 중립적으로 보지 않는다. • 나는 다른 사람들이 나에게 보기 좋다고 해도 믿지 않는다. • 나는 거울에 보이는 내 모습이 싫다.

▲ **그림 9.15** 섭식 문제와 신체 이미지 연속체. 정상적 식사에서(왼쪽) 섭식장애(오른쪽)로의 진행은 연속으로 일어난다.

카페테리아에 가는 것을 꺼린다면 이것이 정상인가? 이 질문에 답하기 위해, 당신은 식품에 대한 당신의 생각이나 당신이 당신의 몸을 생각하는 **신체 이미지(body image)**를 고려할 필요가 있다.

당신은 어떤가요?(285쪽)에 있는 자가 평가를 실시해보라. 이것은 당신이 당신의 신체나 음식에 대해 어떻게 느끼며, 섭식 장애의 위험이 있는지 없는지를 평가하는 데 도움을 줄 것이다.

많은 요인이 섭식 장애 행동에 기여한다

섭식 장애가 발생하도록 하는 요인은 매우 복잡하지만, 연구결과에 따르면 심리적, 대인적, 사회적, 생물학적 요인들이 개인의 섭식 장애 발생에 기여할 수 있다.

▲ 그림 9.16 유명인사와 모델의 사진은 대개 신체적인 모습을 더 멋져 보이게 하기 위해 수정된다. 불행하게도, 대부분의 사람들은 이 사진들이 실물과 같다고 생각하고 비현실적인 신체적 아름다움의 기준을 충족시키기 위해 노력한다.

가족의 영향

연구결과들은 가족의 상태, 구조 및 상호 작용 패턴이 섭식 장애 발달에 영향을 줄 수 있다고 제안한다. 관찰 연구들에 의하면, 신경성 거식증을 가진 구성원이 있는 가족은 그렇지 않은 가족에 비해 가족의 구조에 있어 더 경직되어 있고, 구성원 간의 경계가 명확하지 않으며, 이견이 있는 주제에 대해 열린 토론을 피하는 경향이 있다. 반대로, 신경성 폭식증으로 진단된 구성원이 있는 가족의 경우 덜 안정적인 가족의 구성과 아이들을 기르는 데 있어 돌봄이 적고 화를 내거나 더 파괴적인 경향이 있다.[33] 게다가 어린이의 신체적이나 성적 학대는 섭식 장애의 위험을 증가시킬 수 있다.[34]

대중매체의 영향

지난 세기가 지내면서 대중매체가 폭발적으로 늘어남에 따라 여성들 중 섭식 장애도 증가되었다.[35] 우리는 매일, 컴퓨터로 다듬어진 이미지의 마르고 아름다운 여성들이 맥주에서 자동차에 이르기까지 모든 것을 팔고 있는 광고들을 접하고 있다(그림 9.16). 대부분의 성인 남성과 여성은 이 이미지들이 비현실적이라는 것을 인지하고 있으나, 청소년은 그들의 정체성과 신체 이미지에 대한 감각을 여전히 발달시키고 있는 단계로 그들 스스로를 그들이 보는 것으로부터 떼어 놓고 생각할 수 있는 능력이 부족하다.[36] 신체 이미지는 섭식 행동에 영향을 미치기 때문에, 대중매체에서 끊임없이 보이는 모델들의 이미지가 섭식 장애 증가에 영향을 미치는 것 같다. 그러나 대중매체가 이러한 증가를 가져오는지에 대한 과학적 증거들을 모으는 데는 어려움이 있다.

▲ 그림 9.17 런웨이 모델은 극도로 마를 것을 요구받으며, 때로는 스스로 굶거나 약물을 남용해서라도 마른 몸을 만든다.

사회 • 문화 가치의 영향

섭식 장애는 전세계 다른 여성보다 서양 사회에서 백인 여성에서 더 일반적이다. 이것은 부분적으로는 백인 서양문화에서 날씬함이 건강, 재산, 그리고 최신 유행 스타일과 관련되었기 때문일 수 있다(그림 9.17). 대조적으로 현재까지 개발도상국에서 가장 우세한 이미지는 과한 체지방으로 건강과 물질적 풍요를 상징함으로써 바람직하다고 여겨지고 있다.

우리가 수시로 상호관계를 맺는 가족, 친구, 급우, 그리고 동료와 같은 사회 구성원들 또한 우리가 자신을 어떻게 생각하느냐에 영향을 미친다. 그들이 우리의 체중 및 체형에 대해 하는 말들은 특히 상처가 될 수 있고 이로 인해 어떤 사람들은 섭식 장애로 들어서는 계기가 될 수 있다. 예를 들어, 폭식증을 가진 사람들은 그들이 일반적인 동료보다는 몸이 마른 동료들에게서 더 많은 압박감을 느낀다고 보고했다. 그리고 연구들은 체중에 대해 동료들이 놀리는 것은 신체에 대한 불만족과 섭식문제를 증가시킨다고 보고한다.[37] 이와 같이 다른 사람의 체중에 대해 언급하는 것은 영향을 미친다.

성격의 영향

많은 연구들이 신경성 거식증(보통 거식증이라 불리는)을 가진 사람들은 강박 행동과 완벽주의를 가지고 있을 확률이 높다. 그들은 또한 사회적으로 억제되어 있고, 순응적이며, 감정적으로 억눌려 있다.[38] 불행히도, 많은 연구들은 이런 행동을 성격까지 영향을 줄 수 있는 매우 아프고 기아 상태에 있는 사람들에게서만 관찰한다. 따라서 성격이 이러한 장애의 원인인지 결과인지는 결정하기 힘들다.

거식증을 가진 사람과는 대조적으로, 폭식증을 가진 사람들은 더 충동적인 경향이 있고, 낮은 자존감을 가지며 관심과 칭찬을 추구하는 외향적이고 변덕스러운 성격을 보인다. 이 사람들에서는 부정적인 기분은 식품 제한보다는 과식을 부를 가능성이 더 높다.[38]

유전적 요인의 영향

전체적으로 신경성 거식증이나 신경성 폭식증의 진단은 일반적인 집단에서 보다 형제자매 간이나 친척 간에 몇 배 더 흔히 일어난다.[39] 이 결과는 섭식 장애 유전자의 존재를 의미하나, 가족에서 유전적 인자와 환경적 인자를 구분하는 것은 어려운 일이다.

요점 섭식 행동은 연속선상에 있다. 이상 섭식(disordered eating)은 체중을 감소하거나 감소된 체중 유지를 위해 사람들이 이용하는 다양한 비정상적인 섭식 행동을 일컫는 일반적인 용어이다. 섭식 장애(eating disorder)는 신체에 대한 극단적 불만과 신체 기능에 부정적 영향을 미치는 장기적인 식사 형태를 가진다고 알려진 정신적 상태라 인식된다. 이상 섭식 행동의 발달과 섭식 장애는 가족환경, 대중매체, 사회, 문화, 성격과 유전에 의해 영향을 받는다.

신경성 거식증은 잠재적으로 죽음에까지 이르게 하는 섭식 장애이다

미국 정신과 협회에 따르면, 신경성 거식증을 가진 사람의 95~90%가 어린 소녀들이나 여성들이다.[39] 약 0.5~1% 정도의 미국인이 거식증에 걸리고 이들 중 5~20%의 사람들이 처음 진단받은 때부터 10년 안에 이 섭식 장애와 합병증으로 사망한다.[34] 이러한 통계자료는 거식증이 여성들에서 진단되는 정신과 질환 중 가장 흔하고 치명적이며, 15~24세의 여성의 주요 사망원인임을 보여준다.[34] 거식증은 또한 남성에서도 나타나지만, 여성에 비해 발생률이 낮다.[40]

▲ 그림 9.18 거식증 환자는 마름에 대한 극단적인 욕망으로 인해 사망을 초래할 수 있을 정도의 체중 감량을 겪는다.

신경성 거식증의 증후 및 증상

신경성 거식증의 전형적인 증상은 스스로를 배고픔에 빠뜨리는 극단적으로 제한된 식사를 하는 경향이다(그림 9.18). 이 사람들은 완전히 끼니를 거르고, 단지 몇 kcal에 해당하는 제한된 에너지 섭취를 하거나, 그들의 식사에서 한두 개의 식품만을 제하고는 모두 먹지 않는다. 또한 체중 증가에 대해 극단적으로 두려움을 느끼고 심지어 적은 양(예를 들어 0.5~1kg)의 체중 증가만으로도 큰 스트레스와 불안을 유발한다.

여성에 있어, 적어도 3개월 동안 월경을 하지 않는 **무월경(amenorrhea)**의 상태가 거식증의 일반적인 특징이다. 젊은 여성이 정상적인 신체 기능을 유지하기 위해 불충분한 에너지를 소비할 때 발생한다. 거식증과 같은 섭식 장애의 신호는 남성에서 조금 다를 수 있다. 자세한 내용은 남자의 섭식 장애에 대한 **영양 하이라이트**(288쪽)를 참고하라.

무월경(amenorrhea) 월경이 없는 상태로, 월경이 있던 여성에서 3개월 이상 월경이 없는 상태.

영양 하이라이트

남자의 섭식 장애: 그들은 다른가요?

대부분의 사람들처럼 당신도 섭식 장애를 가질 수 있다는 사실을 믿기 힘들어 하거나 남자가 섭식 장애를 가지고 있으면 그들의 장애는 매우 특이하다고 생각하나요? 이 질문에 답하기 위해, 섭식 장애를 가진 남자와 여자의 유사점과 차이점에 대한 연구 결과를 살펴보자.

섭식 장애를 가진 남자와 여자의 비교

10년 전만 해도, 남성의 섭식 장애를 다루는 연구는 거의 없었다. 그러나 최근 섭식 장애 전문가들은 섭식 장애를 가진 남녀의 성차에 대해 자세히 논하기 시작했고 남성의 섭식 장애가 여성의 섭식 장애와 크게 유사하다는 사실을 밝혔다. 그러나 몇 가지 차이점은 분명 존재한다.

섭식 장애를 가진 여자는 장애를 갖기 전 정상체중일 때나 저체중일 때에도 자신이 뚱뚱하다고 느낀다. 대조적으로 섭식 장애를 가진 남자는 실제로 과체중이거나 비만이었던 경향을 보였다.[40,41] 따라서 다시 살이 찌는 것에 대한 남성들의 두려움은 현실을 반영하고 있다. 게다가 섭식 장애를 가진 남자는 실제 신체 체중(체중계 무게)에 대해 여성보다 덜 걱정하는 반면, 체구성(지방량과 근육량의 퍼센트 비율)에 대해 더 걱정하는 경향을 보였다.

스스로 하는 다이어트가 남녀에게 공통적으로 섭식 장애를 촉진한다. 그런데 연구결과에 의하면 다이어트를 시작하게 하는 요인은 다르다.[42] 남성이 다이어트 하는 4가지 이유는 운동 능력을 향상시키거나, 비만이 되는 것을 예방하거나, 남성의 가족 구성원에게 있는 비만 관련 질병을 피하거나, 동성애적 관계를 원활하게 하기 위해서다.[43] 여자는 이와 비슷한 요인들을 가지고 있지 않다고 알려져 있다.

남녀가 체중을 감량하기 위해 쓰는 방법도 다르다. 남성은 체중을 조절하기 위한 수단으로 과도하게 운동하는 경향이 많은 반면, 여성은 에너지 섭취를 엄격하게 제한하거나, 토하거나, 완하제를 복용하는 등, 보다 소극적인 방법을 쓴다. 이러한 방법의 차이는 다이어트와 남성의 행동을 둘러싼 사회적 편견에서 비롯된 것으로 보인다. 말하자면 다이어트는 여자에게 보다 어울린다고 여겨지고 진짜 남자는 다이어트를 하지 않는다는 사회문화적 신념이 강력하다.[41]

▲ 남자는 여자보다 체중 조절을 위한 운동을 과도하게 하는 경향이 있다.

근육추형: 남자에게만 나타나는 장애

앞서 말했듯이 식이 행동과 신체 이미지는 밀접하게 연관되어 있다. 최근 심리학자들이 섭식 장애나 신체 이미지 장애로 다양하게 분류되는 근육추형(MD)이라는 장애를 밝혀냈다. 근육추형을 가진 남자는 충분히 마르거나 근육질이지 않다는 생각으로 괴로워하고, 역도에 많은 시간을 투자하며, 극도로 전문적인 다이어트를 한다. 이 장애는 역거식증이라고 불려왔으며 근육추형을 가진 남자는 실제로 꽤 크고 근육질이어도 스스로를 작고 연약하다고 생각한다. 때때로 근육추형을 가진 남자는 단백 동화 스테로이드를 남용하기도 하지만 얼마나 근육이 강화되고 몸매가 조각 같아지든 간에 그들의 실제 몸은 머리 속으로 생각하는 이상에 도달하지 못한다.[43] 게다가 거식증을 가진 사람이 무엇이든 간에 조금 먹는 반면, 근육추형을 가진 남자는 과도한 양의 고단백 음식과 단백질 파우더 같은 식이 보충제를 섭취하는 경향이 있다.

근육추형을 가진 남자는 거식증을 가진 남녀와 공통점이 있다. 예를 들어 그들도 뚱뚱해졌다는 기분을 느끼거나 거울에 비친 모습에 강박적인 행동을 한다. 또한 라커룸에서 옷을 벗는 등 다른 사람들에게 신체를 보여야 하는 경우를 생각할 때 상당히 불안해하고, 정신적인 질병을 가지고 있는 경우가 많았다.[44]

다음은 근육추형을 가진 사람들이 보이는 특징이다:

- 엄격하고 과도한 웨이트 트레이닝 스케줄
- 고단백, 근육 강화 식이에 대한 집착
- 단백 동화 스테로이드, 단백질 파우더, 기타 근육 강화 약물이나 보충제의 사용
- 엄격한 웨이트 트레이닝 스케줄로 인해 낮은 직장, 수업 스포츠 활동 참석률
- 본인의 엄격한 식이가 불가능한 사회적 관계 회피
- 본인의 신체를 다른 사람에게 보여야 하는 상황의 회피
- 빈번하고 비판적인 체구성에 대한 스스로의 평가

비록 근육추형은 일반적으로 생명을 위협하진 않지만, 고생스럽고 괴로울 수 있다. 모두 남성으로만 구성된 치료그룹에 참여하는 등의 참여가 도움이 될 수 있다.

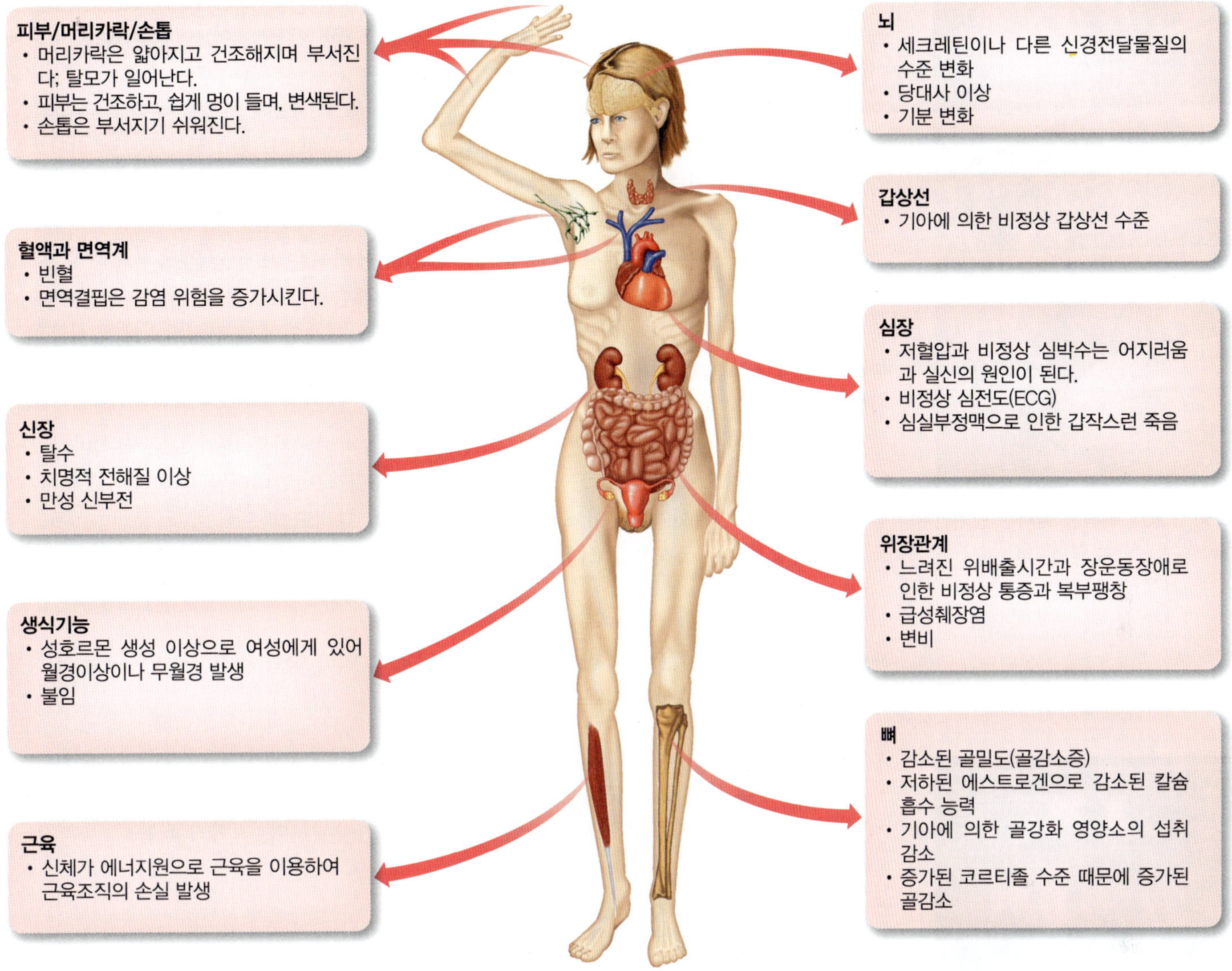

▲ 그림 9.19 거식증이 여성 신체에 미치는 영향

신경성 거식증의 건강 위험

치료를 받지 않으면, 거식증은 결국 신체가 제대로 작동하기 위해 필요한 에너지 및 기타 영양소의 부족으로 귀결된다. 신체는 이어 뇌 조직 및 주요 신체 기능을 유지하기 위한 에너지원으로 저장된 지방과 제지방 조직(예를 들어, 장기 및 근육 조직)을 사용한다. 신체는 또한 모든 기능을 정지하거나 에너지를 절약하기 위해 살아남는데 직접 영향을 주지 않는 신체 기능들을 저하한다. 전해질 불균형은 심장마비나 사망을 초래할 수 있다. 그림 9.19는 거식증을 가진 사람에서 발생하는 많은 건강문제를 강조한다.

신경성 거식증의 부정적인 효과가 어떤 것인지 궁금해 한 적이 있는가? 생존자의 인터뷰를 아래 CBS 뉴스에서 확인하자. www.cbsnews.com/video/watch/?id=5284619n

신경성 폭식증은 폭식과 비워내기를 특징으로 한다

신경성 폭식증(일반적으로 단순히 폭식증라고 부름)은 반복된 **폭식(binge eating)**과 **비워내기(purging)**를 반복하는 섭식 장애이다. 폭식 동안 사람은 한번 시작되면 폭식을 끝내지 못하는 무기력함을 포함하여, 자가제어 능력을 잃어버렸다고 느낀다.[45] 동시에 마약으로 도취된 것과 다

폭식(binge eating) 짧은 시간 동안 엄청나게 많은 양의 음식을 먹는 것으로 대개 자제력 상실감이 수반됨.

비워내기(purging) 토하거나 과도한 운동, 단식, 하제(laxative) 남용과 같은 다른 보충 수단으로 몸에서 원하지 않은 음식물을 제거하려는 시도.

▲ 그림 9.20 폭식증 환자는 단기간에 많은 양의 음식을 섭취한다.

르지 않은 희열을 느낀다. 폭식(binge)은 보통 그 사람이 먹을 수 있는 양과 시간 내 먹을 수 있는 양보다 과도한 양의 식품을 먹는 것을 말한다(그림 9.20). 예를 들어, 어떤 사람은 30분에 아이스크림 2리터와 12개의 브라우니를 먹는다.

폭식증의 발병은 거식증보다 높다; 폭식증은 여성 중 1~4%에 영향을 준다고 추정된다. 거식증과 마찬가지로, 폭식증은 주로 여성에서 발견된다: 남성 한 명이 폭식증으로 진단받을 때 여자 6~10명이 폭식증으로 진단받는다. 폭식증에 의한 사망률은 거식증보다는 적어, 진단받은 후 10년 안에 환자의 1%가 죽어간다.[34]

폭식증의 유병률은 여성에서 훨씬 높지만 남성의 유병률은 오직 낮은 몸무게가 요구되거나 유지하는 것이 좋다고 알려진 '마른 몸'의 운동(승마, 레슬링, 요트 및 카약, 체조 등)에 참여하는 사람들에서 두드러진다. 이러한 운동을 하는 사람들 개개인에서 전형적으로 폭식증의 모든 특징이 나타나지는 않으나, 운동을 그만두면 그들이 운동할 때 보이던 비워내기 행동은 없어진다.

폭식증에 걸린 사람 대부분은 폭식 후 일반적으로 비워내기를 하나 모든 폭식마다 하지는 않으므로, 결과적으로 폭식으로 인한 체중 증가가 유의적으로 나타날 수 있다. 비워내기하는 방법은 구토, 배변완화제 및 이뇨제 남용, 관장, 금식 그리고 과도한 운동 등이다. 예를 들어 폭식 후 육상선수는 폭식으로 섭취한 계산된 에너지만큼 하루에 뛰는 거리를 늘리기도 한다.

신경성 폭식증의 증후 및 증상

재발 및 빈도가 높은 폭식 및 비워내기의 경우 외에도, 미국 국립 정신건강 연구소는 신경성 폭식증에 대한 징후와 증상을 다음과 같이 정의한다:

- 만성 염증이나 인후염
- 목과 턱 아래 부어 있는 분비선
- 위산에 노출된 결과로 치아의 에나멜이 마모되고 민감해지며, 치아가 썩음
- 위 식도 역류 질환
- 배변완하제의 남용에서 비롯된 장의 통증과 자극
- 체액의 비워내기로 인한 심한 탈수

▲ 야식 증후군을 가진 사람은 저녁 8시에서 새벽 6시 사이에 하루 에너지의 대부분을 섭취한다.

신경성 폭식증의 건강 위험

폭식증의 파괴적인 행동은 질병이나 사망을 초래할 수 있다. 다음은 폭식증에 관련된 가장 일반적인 건강에 미치는 영향이다:

- 일반적으로 탈수와 잦은 구토로 인한 신체의 칼륨과 나트륨의 손실에 의해 전해질 불균형이 일어난다. 이것은 부정맥, 심지어 심장 마비 또는 사망을 초래할 수 있다.
- 위장문제: 염증, 궤양 및 빈번한 폭식과 구토에 의해 식도와 위의 잠정적 파열. 만성적으로 배변완화제를 남용하는 폭식증 환자들은 만성적 불규칙 배변과 변비를 가질 수 있다.
- 치아문제: 잦은 구토 중에 방출되는 위산에 의해 충치나 치아변색

폭식 장애는 상당한 체중 증가를 일으킬 수 있다

당신의 친구나 친척이 당신에게 '폭식을 하고 있음'에 대해 마지막으로 이야기한 적이 언제인가? 대부분의 경우, 그들은 그 행동이 직장에서의 문제나 연인과의 이별, 혹은 시험에서의 나쁜 성적 등 스트레스가 많은 상황에 따라 일어났다고 설명했을 것이다. 많은 사람들이 매년 한두 번은 스트레스에 반응한 폭식 경험을 가지고 있다. 그러나 **폭식 장애(binge-eating disorder)**를 가진 사람들은 폭식 행동이 평균적으로 한 주에 두 번이나 그 이상 일어나지만, 비워내기는 보통

폭식 장애(binge-eating disorder) 폭식에 대한 보상으로 게워내거나 하지 않고, 1주일에 평균 2회 이상 폭식이 나타나는 장애.

야식 증후군(night-eating syndrome) 오후 8시와 다음날 오전 6시 사이에 하루 에너지의 대부분을 섭취하는 장애. 보통 이 장애를 기분장애 및 수면장애를 동반함.

일어나지 않는다. 이러한 폭식 후의 비워내기 행위 부족이 신경성 폭식증과 폭식 장애를 구별하고 왜 사람들이 많은 체중 증가를 보이는 경향이 있는지를 설명한다.

폭식 장애의 유병률은 성인 인구의 2~3%, 비만 인구의 8%로 추정된다. 거식증과 폭식증과는 대조적으로, 폭식 장애는 남성에게도 일반적이다. 현재 우리가 가지고 있는 식품환경은 맛있고 값싼 음식을 하루 중 어느 때나 풍부하게 제공함으로써 폭식 장애를 가지고 있는 사람들이 폭식의 계기를 피하기 어렵게 만든다.

▲ 그림 9.21 여성 운동선수 3대 증후군은 섭식 장애를 동반하거나 동반하지 않는 낮은 에너지 유용성, 무월경과 같은 월경 기능 장애, 낮은 골밀도라는 세 가지 장애가 함께 나타나는 증후군이다. 에너지 유용성은 식사 에너지 섭취(음식을 통해 얼마만큼의 에너지를 섭취했는지)에서 운동 에너지 소비량(운동을 통해 얼마만큼의 에너지를 소비했는지)을 뺀 개념이다.

야식 증후군은 불면증과 연관되어 있다

야식 증후군(night-eating syndrome)은 일단 아침에 배가 고프지 않지만 저녁과 밤에는 먹는 것에 시간을 보내는 사람들을 일컬으며, 불면증을 가지고 있다고 알려져 있다. 습관적으로 야식을 먹는 사람들은 폭식을 하지 않음에도 불구하고 상당한 에너지를 섭취하고 그 과잉 에너지를 소비하지 않으므로 비만과 연관이 있다.

야식 증후군의 두드러진 특징은 시간이다: 1일 에너지 섭취량의 대부분은 오후 8시와 오전 6시 사이에 발생한다. 이 사람들은 또한 불면증과 우울증을 갖는다고 알려져 있다. 다시 말하자면, 습관적으로 야식을 먹는 사람들은 세 가지 장애의 독특한 조합으로 나타난다. 섭식 장애, 수면 장애, 기분 장애.[46] 야식 증후군을 발달시킬 수 있는 비만은 또한 수면 무호흡증(만성적 코골이의 형태)에 대한 위험을 증가시키고, 이로써 이미 이들이 가지고 있는 비정상적 수면 형태를 더 파괴할 수 있다.

여성 운동선수 3대 증후군은 세 가지 장애로 이루어진다

여성 운동선수 3대 증후군(female athlete triad)은 신체적으로 왕성하게 활동하는 일부 여성에서 나타나는 세 가지 임상 증상의 심각한 증후를 설명하는 데 쓰이는 용어로 낮은 에너지 유

여자 운동선수 3대 증후군(female athlete triad) 육체적으로 활동적인 여성에서 다음과 같은 세 가지의 만성적인 상태를 보여주는 심각한 증후군. 섭식 장애가 존재할 수도 아닐 수도 있는 에너지의 낮은 이용도, 월경기능 장애, 낮은 골밀도.

뉴트리-케이스 리즈

"나는 모두가 건강하고 '현실적인' 무용단이라 생각하는 진짜 좋은 현대무용단에서 춤을 추었었다. 비쩍 마른 사람은 없었다! 크리스마스 후 무용단을 접으며 정말 실망했지만, 이번 봄에 시티 발레단의 오디션에 도전하기로 계획하고 있다. 나의 가장 친한 친구는 그 발레단에서 춤을 추고 있고, 그들은 체중이 45kg 이상인 사람은 오디션조차 볼 수 없다고 말했다. 그래서 나는 꽤 엄격한 다이어트에 들어갔다. 며칠은 다이어트를 지키지 않고 통제 불능이라고 느끼지만, 대부분의 날에는 1,200칼로리 이하를 섭취한다. 지난 주, 나의 무용 선생님이 수업 후에 나를 불러, 내 월경 여부에 대해 물었다. 정말 이상한 질문이라고 생각했기 때문에 나는 물론이죠 라고 대답했다. 하지만 생각해보니 내가 매우 집중하고 스트레스를 받고 있는 중이라서 월경을 하고 있는지조차 모르고 있었다는 것을 알게 되었다! 오디션은 불과 일주일이 남았으므로 나는 이번 주말에 주스만 먹는 단식에 들어갈 것이다. 나는 시티 발레단에 들어가야만 한다."

무엇이 리즈의 여성 운동선수 3대 증후군의 위험을 증가시키는가? 당신이 그녀에게 골다공증, 스트레스성 골절, 부상 증가에 대해 설명한다면 그 설명이 그녀의 섭식행동을 변화시킬 것이라고 생각하는가? 왜인가? 왜 아닌가? 그녀의 무용 선생님이 해야 했던 것이 있었다면 무엇일까? 오디션이 일주일밖에 남지 않았음에도 불구하고 중재가 왜 필요한 것일까?

용성(섭식 장애가 있든 없든, 월경을 유지하기에 부족한 에너지 섭취), 월경불순, 그리고 낮은 골밀도를 포함한다(그림 9.21).[47] 날씬함과 마른 체형을 강조하는 운동은 어린 소녀나 여성이 여성 운동선수 3대 증후군의 위험을 갖게 한다. 피겨 스케이팅, 체조, 다이빙 등이 이런 운동에 포함된다. 고전 발레 무용수 또한 이러한 장애의 위험이 높은 경우이다.

운동하는 여성은 여성이 날씬해야 한다는 일반적인 사회적, 문화적인 요구와 그들이 하고 있는 종목의 체중 기준이나 체격을 갖추기 위해 그들의 코치, 팀동료, 심판, 그리고 관중들로부터 압박을 경험한다. 이러한 기준에 맞추지 못하면, 팀에서 퇴출되거나 운동 장학금을 박탈당하거나 그 팀에서 뛰는 기회가 줄어드는 등의 심각한 결과를 맞닥뜨린다.

마른 체형이 되어야 한다는 압력 때문에 운동하는 여성들은 섭식 장애를 갖기도 한다. 많은 신체활동과 함께 낮은 에너지 유용성을 가지면 월경주기에 지장을 주어 무월경증을 낳는다. 월경 불순을 가지고 있는 여성 운동선수는 일반적으로 생식 호르몬인 에스트로겐과 프로게스테론 수치가 감소되어 있다. 체내 에스트로겐 수치가 낮은 경우 뼈의 칼슘을 유지하는 것에 어려움이 있으며, 이로 인해 뼈의 점차적 손실이 발생한다. 따라서 많은 여성 운동선수들은 높은 골절 위험률을 가지고 있다

섭식 장애를 위한 치료는 다학제적 접근이 필요하다

다른 건강문제들처럼, 예방이 섭식 장애의 가장 좋은 치료법이다. 섭식이나 신체 이미지에 대한 문제를 가지고 있는 사람들은 더 심각한 것으로 발전되기 전에 이런 문제들을 다루도록 도움이 필요하다.

섭식 장애를 가진 사람의 치료는 다학제적 접근이 필요하다. 의사와 심리학자, 영양사, 코치(운동 선수라면) 및 가족과 친구뿐만 아니라, 모두가 협력해야 한다. 심각한 저체중이고 영양 실조의 징후를 보이며 의학적으로 불안정하고 자살경향을 보이는 환자들은 즉시 입원이 필요할 수 있다. 반대로 저체중이지만, 그래도 의학적으로 안정되어 있으면 특정 필요를 충족하도록 설계된 외래 환자 프로그램에 들어갈 수 있다. 일부 외래 환자 프로그램은 주마다 정신과 의사나 섭식 장애 전문가의 방문을 필요로 하나, 다른 일부 외래 프로그램은 매우 강도가 높으며, 치료를 위해 환자가 매일 방문해야만 한다.

요점 신경성 거식증은 사람이 최소한의 정상체중을 유지하기를 거부하는 생명을 위협하는 질환이다. 신경성 폭식증은 폭식과 비워내기를 특징으로 한다. 이와는 대조적으로, 폭식 장애에서는 비워내기가 일반적으로 발생하지 않고 상당한 체중증가가 있을 수 있다. 야식 증후군은 섭식 장애, 수면 장애 및 기분 장애의 조합이다. 여성 운동선수 3대 증후군은 낮은 에너지 유용성, 월경 장애, 그리고 낮은 골밀도로 이루어진 증후군이다. 섭식 장애의 치료는 다학제적 접근이 필요하다; 심각한 영양 실조 환자는 구명조치로 입원을 필요로 한다.

나는 어디에 있을까?

이 장을 읽고 난 지금, 체중 감소는 당신에게 중요한 목표라는 생각이 드는가?

예 / 아니오

만약 그렇다면 당신이 사용하고자 하는 전략은 무엇인가? (당신이 원하는 것 모두에 표하세요)

- □ 나는 사람들이 이미 이용하고 있는 다이어트 프로그램을 사용할 것이다.
- □ 나는 다이어트 지원단에 참가할 것이다.
- □ 나는 소량의 식사를 먹을 것이다.
- □ 나는 지금보다 자주 나 스스로 식사와 간식을 준비할 것이다.
- □ 나는 운동을 더 할 것이다.
- □ 나는 내가 무엇을, 언제, 왜 먹었는지 기록할 것이다.
- □ 나는 체중감량을 위한 약이 맞는 것인지 의사와 상의할 것이다.

복습

오늘 내가 해 볼 수 있는 것은?

이 장을 읽고, 다음 세 가지를 실천해 보자.

- 현재 신장과 체중에서 체질량 지수를 계산하고 체중과 체형이 건강 범위 내에 있는지 여부를 확인하기 위해 당신의 허리-엉덩이 비율을 측정한다.
- 당신이 체중감량의 필요가 있다면, 건강 체중을 이루기 위한, 오늘 당장 시작할 수 있는 세 가지의 현실적이며 측정가능한 목표를 세운다.
- 당신이 오늘 외식을 한다면, 학교 식당이나 당신이 좋아하는 패스트푸드 레스토랑에서, 당신이 보통 선택하는 식사 대신 더 건강하고 낮은 열량을 가진 식단을 선택한다.

스스로 평가하기 정답

1. 거짓. 건강은 많은 방법으로 정의될 수 있다. 어떤 사람이 과체중이나 운동을 규칙적으로 하고 다양한 질병에 대한 부가적인 위험인자(건강하지 못한 혈중지방 정도나 흡연 같은)를 가지고 있지 않다면 건강한 사람으로 고려될 수 있다.

2. 거짓. 미국 질병관리통제센터에 의하면 미국의 비만은 33.8%에 이른다

3. 참. 저체중은 질병이나 조기사망의 위험을 높이며, 많은 경우 비만만큼이나 건강에 좋지 못하다.

4. 거짓. 체구성 평가는 우리가 체지방을 어느 정도 가지고 있는지 알게 하는 데 도움을 주나, 대부분의 방법들은 매우 정확하지는 않다.

5. 거짓. 남성들 또한 섭식 장애로 진단을 받으나 그 발생률은 여성에 비해 매우 낮다.

단원 문제

맞는 것에 동그라미 표시하세요.

1. 사람의 체중과 신장의 비율은 그 사람의 __________를(을) 나타낸다.
   a. 체구성
   b. 기초대사량
   c. 생체전기저항
   d. 체질량 지수

2. 신체의 총 하루 에너지 소비량은 ____________________를(을) 포함한다.
   a. 기초대사량, 식품 이용을 위한 열효과, 신체활동 효과
   b. 기초대사량, 움직임, 체온 조절, 수면
   c. 신체활동, 서 있기, 수면 효과
   d. 체질량 지수, 식품 이용을 위한 열효과, 신체활동 효과

3. 모든 사람들은 __________________할 때 체중이 증가한다.
   a. 높은 지방 섭취(지방 35% 이상)
   b. 그들이 소비하는 것보다 많은 에너지를 섭취
   c. 운동에 실패
   d. 그들이 소비하는 것보다 적은 에너지를 섭취

4. 고정점(세트-포인트) 이론은 ______________________ 것을 제안한다.
   a. 비만인 사람들은 체중을 조절하는 날씬한 사람들에게서 발견되는 유전자를 가지고 있지 않다는
   b. 비만인 사람들은 에너지를 절약할 수 있는 유전자를 가지고 있다는
   c. 모든 사람들은 그들의 체중을 위한 유전적 고정점을 가지고 있다는
   d. 모든 사람들은 그들의 체중을 조절하는 호르몬을 가지고 있으며, 항상 주어진 고정점 근처를 맴돈다는

5. 비만은 ____________________의 위험을 증가시킨다.

a. 심장질환

b. 제2형 당뇨병

c. 조기 사망

d. 위의 모든 질병

6. 참 / 거짓 배형 지방조직 분포는 사과형 지방조직 분포보다 건강문제들에 영향을 줄 가능성이 높다.

7. 참 / 거짓 0.5kg의 지방은 약 3500kcal와 같다.

8. 참 / 거짓 폭식을 하는 사람들은 폭식을 보상하기 위해 비워내기하는 습관이 있다.

9. 참 / 거짓 체중 증가를 위한 하나의 지침은 체중증가 프로그램 동안은 유산소 운동이나 근력 운동을 피하는 것이다.

10. 참 / 거짓 비만인 사람들에서 위장수술의 위험은 매우 높다.

단원 문제에 대한 정답은 이 책 뒤쪽에 있습니다.

10

영양과 신체활동: 좋은 건강의 핵심

스스로 평가하기

다음 문장들은 참인가요, 거짓인가요? 답이라고 생각하는 곳에 동그라미를 표시하세요.

1. 참 / 거짓 미국인의 절반 정도가 신체활동량이 부족하다고 보고한다.
2. 참 / 거짓 걷기, 집안일, 정원일과 같은 중등 정도의 신체활동은 건강상의 중요한 이로운 점을 만들지 못한다.
3. 참 / 거짓 단백질을 필요한 양보다 더 먹으면 근육을 만드는 데 도움이 된다.
4. 참 / 거짓 근육을 길러주는 보조제의 대부분은 효과가 없으며 어떤 것들은 위험할 수도 있다.
5. 참 / 거짓 1,500미터 달리기를 하기 전 탄수화물 부하는 경기력을 향상시킨다.

스스로 평가하기의 정답은 이 장 마지막 부분에 있습니다.

2009년 여름, 오하이오주의 밀리 볼튼과 애리조나주의 글렌 도디는 전미 시니어 경기에서 각각 400미터 대시(dash) 트랙과 필드에서 금메달을 받았다. 볼튼은 2분 31초를 기록했고 도디의 시간은 1분 42초였다. 이 기록 자체는 놀랍지 않을지 몰라도 운동선수들의 나이를 고려한다면 놀랄 일이다. 두 사람 모두 85~89세 등급에서 경쟁을 했다!

규칙적 신체활동이 힘, 체력, 건강, 수명을 극적으로 향상시킨다는 것에 대해서는 의심이 없을 것이다. 그러나 무엇에 "규칙적 신체 활동"이라는 자격을 줄 수 있는가? 다른 말로 이득을 얻으려면 얼마나 운동을 하는 것이 필요한가? 그리고 더 활동적이 된다면 식사 역시 바꾸어야 하는가?

영양가 있는 식사와 규칙적인 신체활동은 힘과 체력을 증진시키고 많은 만성질환과 급성질병에 대한 저항력 증가를 위한 다양한 방법에서 상호작용을 하는 팀동료와 같다. 이 장에서는 신체활동을 정의하고 많은 이로운 효과를 확인하며 활동적인 삶을 유지하기 위해 필요한 영양소에 대해 논해보기로 한다.

어디서부터 시작할까?

당신은 현재의 신체활동 수준을 증가시키고 싶은가?

예 / 아니오

만일 예라고 대답했다면 왜인가?

- □ 나는 체중을 줄이고 싶다.
- □ 나는 건강을 증진시키고 싶다.
- □ 나는 더 힘이 세고 체력이 단련됨을 느끼고 싶다.
- □ 나는 스포츠팀에 들어가거나 운동경기에서 경쟁을 하고 싶다.
- □ 나는 잠을 더 잘자고 싶고 스트레스를 덜 받고 싶다.
- □ 기타

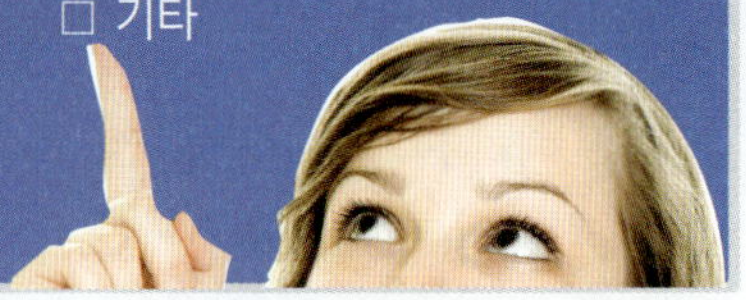

왜 신체활동에 참가해야 하는가?

신체활동(physical activity)이라는 용어는 에너지 소비를 증가시키는 근육으로부터 만들어지는 움직임을 말한다. 여러 가지 신체활동의 분류는 직무, 가사, 여가, 이동을 포함한다. **여가 신체활동(leisure-time physical activity)**은 사람의 직업에 관련되지 않은 활동, 즉 경기 스포츠, 계획된 운동 훈련, 하이킹, 걷기, 자전거 타기와 같은 레크리에이션 활동을 포함한다. 따라서 **운동(exercise)**은 여가 신체활동의 범주에 속하며 목적이 있는 계획되고 구조화되어 있는 활동들을 의미한다.[2]

신체활동은 우리의 건강을 증진시킨다

많은 사람들은 체중감소를 유지하고 질병에 대한 위험도를 감소하며 기분을 더 좋게 하고 수면의 질을 향상시키는 것을 돕는 "마법의 약"을 찾고 있다. 많은 사람들이 알고 있지 못하지만 규칙적인 신체활동이 이 "마법의 약"이다. 왜냐하면 신체활동은 활력과 민첩성을 가지고 피로감 없이 1일 활동을 수행할 수 있고 과외시간에는 여가도 즐기며 예측하지 못한 위기상황에도 대처할 수 있는 충분한 에너지를 가지는 능력인 **신체 적성(physical fitness)**을 향상시킨다.[1]

신체 적성의 네 가지 구성요소는 근육의 활동을 충족해주는 심장, 폐, 혈관의 능력인 심폐지구력, 근육의 신체단련인 근골격 적성, 유연성, 체구성이다(표 10.1).[3] 이러한 구성요소는 세 가지 종류의 운동에 의해 성취할 수 있음을 명심하라.

- **유산소운동(aerobic exercise)**은 신체의 산소사용을 증가시키고 심혈관 건강을 증진하는 대근육군의 반복적인 움직임을 수반한다. 당신의 일상생활에서 학교, 직장 또는 버스정류장에 걸어가거나 3층에 있는 교실에 가기 위해 계단을 이용할 때 유산소운동을 하게 된다.
- **저항력 훈련(resistance training)**은 역기를 드는 것처럼 근육이 저항력에 반하여 운동하는 것으로 구성한다. 식료품 장바구니나 책을 나르고 무거운 물체를 움직이는 것은 우리의 근육이 저항력에 반하여 움직이게 하는 일상적인 활동이다.
- **스트레칭(stretching)** 운동은 천천히 통제된 동작을 사용하여 근육을 늘림으로써 유연성을 증가시키는 운동이다. 심지어 당신은 교실에 앉아서 목, 몸통, 팔다리, 사지를 굽히고, 늘리고, 돌리면서 스트레칭 운동을 할 수 있다.

내일 시험을 위해 너무 오래 앉아서 공부하고 있는가? 스트레칭이 도움될 수 있다! 마요 클리닉(Mayo Clinic)의 웹사이트 www.mayoclinic.com/health/office-stretches/MY00921에서 어떻게 운동하는지에 대한 비디오들을 보면서 단순한 스트레칭을 배워보자.

신체활동(physical activity) 에너지 소비를 증가시키는 근육운동. 직무, 가사, 여가, 이동 등도 포함됨.

여가 신체활동(leisure-time physical activity) 사람의 직업에 관련되지 않은 활동; 경기 스포츠, 레크리에이션 활동 및 계획된 운동 훈련 등이 포함.

운동(exercise) 여가시간을 이용한 육체적 활동의 범주에 속하는 것으로 목적이 있는 계획되고 구조화되어 있는 활동.

신체 적성(physical fitness) 활력과 민첩성을 가지고 피로감 없이 1일 활동을 수행할 수 있고 과외시간에는 여가도 즐기며 예측하지 못한 위기상황에도 대처할 수 있는 충분한 에너지를 가지는 능력.

유산소운동(aerobic exercise) 대근육의 반복된 움직임을 통해 체내 산소소모량을 증가시키고, 심혈관 건강을 증진시킬 수 있도록 하는 운동.

저항력 훈련(resistance training) 근육이 저항력에 반하도록 하는 운동.

스트레칭(stretching) 느리고 통제된 동작을 사용하여 근육을 부드럽게 늘리는 운동.

표 10.1 신체 적성의 요소

적성요소	각 요소의 적성을 성취하기 위해 할 수 있는 운동의 예
심폐	걷기, 뛰기, 수영, 크로스 컨추리 스키와 같은 유산소계열 운동
근골격	저항력 운동, 역기들기, 미용체조, 앉았다 일어서기, 팔굽혀펴기
근력	역기들기나 무거운 역기를 사용하여 몇 번 반복하는 것과 관련된 운동
근저항력	역기들기나 가벼운 역기를 사용하여 몇 번 반복하는 것과 관련된 운동
유연성	스트레칭 운동, 요가
체구성	유산소운동, 저항력 운동

신체활동은 만성질환에 대한 위험을 낮춘다

우리의 신체단련에 대한 기여와 더불어 신체활동은 특정 질환에 대한 위험을 낮출 수 있다. 특히 신체활동의 건강상 이득은 다음과 같다:

- **심장질환, 뇌졸중, 고혈압의 위험과 합병증을 낮춘다.** 규칙적인 신체활동으로 혈중 고밀도지단백 콜레스테롤(좋은 콜레스테롤) 증가와 중성지방 감소, 심장의 강도 향상, 건강한 혈압 유지를 위한 도움, 동맥경화증(동맥이 딱딱해지는 것) 진전의 감소가 일어난다.
- **비만의 위험을 낮춘다.** 규칙적인 운동은 무지방 신체질량을 유지하고 체지방 수준을 더 건강하게 향상시키며 식욕조절에 도움이 되고 에너지 소비 및 지방을 에너지원으로 사용하는 것을 증가시킨다.
- **제2형 당뇨병의 위험을 낮춘다.** 규칙적인 운동은 인슐린의 작용을 강화하여 세포가 혈액으로부터 포도당을 흡수하는 것을 개선하고 당뇨환자에서 혈당조절을 향상시킬 수 있으므로 당뇨병 관련 합병증의 발병을 지연시키거나 위험을 감소시킨다.
- **대장암의 위험을 낮춘다.** 신체활동이 대장암의 위험을 낮추는 데 정확히 어떤 역할을 하는지 여전히 밝혀지지 않았지만 규칙적인 신체활동이 위운동을 강화시켜 잠재적인 발암물질이 소화관을 통과하는 시간을 낮춘다는 것은 알고 있다.
- **골다공증의 위험을 낮춘다.** 규칙적인 운동, 특히 체중부하운동은 골밀도를 높이고 근력과 유연성을 강화시켜 낙상 가능성과 골절 및 낙상 발생시 기타 부상의 발생을 감소시킨다.

규칙적인 신체활동으로 수면패턴 향상, 면역기능 강화로 인한 상기도감염 위험 감소, 불안과 정신스트레스의 감소가 일어나는 것으로 알려져 있다. 또한 경도 및 중등도의 우울증 치료에 효과적일 수 있다.

▲ 영양가 있는 식사의 도움으로 많은 사람들은 성인기 동안 신체활동 심지어 운동경기 활동을 유지할 수 있다.

대부분의 미국인들은 비활동적이며 한국인의 경우 약 절반 정도가 걷기를 포함한 중등도 이상의 신체활동을 한다

아주 최근까지 인류는 신체적으로 매우 활동적이었다. 이는 선택에 의한 것이 아니고 신체활동에 생존이 달렸기 때문이었다. 산업화 시대 이전에 인류는 식량의 수렵채집과 사냥, 식량 재배와 추수, 획득한 식품의 조리, 은신처의 확보 등으로 상당한 양의 에너지를 매일 사용했다. 게다가 그들의 식사는 주로 소량의 무지방 육류와 자연적으로 재배된 채소와 과일로 구성되었다. 생활습관 패턴은 앉아서 하는 일상생활, 넘치는 고열량 식품에 대한 쉬운 접근, 직업이나 여가활동을 통해 에너지를 소비할 기회부족이나 관심부족으로 특징지어진 오늘날의 생활습관과 상당히 대조적이다.

이러한 변화 아래서 대부분의 사람들이 규칙적인 신체활동이라는 "마법의 약"을 삼키기 힘들어한다는 것은 놀라운 일이 아니다. 규칙적인 신

영양학의 이정표

운동의 이득은 역사를 통해 계속 홍보되고 있지만 신체건강과 운동 간의 중요한 관련성은 **1953**년 전에는 확인된 바 없었다. 제2차 세계대전 참전 후 돌아온 제레미아 "제리" 모리스 박사와 영국의 다른 공중보건 연구자들은 현대의 관상심장질환의 유행에 대해 인지하게 되었다. 몇몇 증거들은 개인의 직업이 심장마비의 위험에 중요한 역할을 하는 것 같다고 제안했다. 모리스 박사는 란셋(*The Lancet*)에 실린 런던 교통 고용자들에 대한 철저한 연구를 논의한 이정표적 논문에서 그의 가설을 입증할 수 있었다.

이 연구는 (하루 종일 대부분 앉아 있는) 버스운전기사의 심장마비 비율이 (하루 종일 2층버스의 계단을 뛰어서 올라갔다 내려갔다 하는) 여행안내원보다 두 배 이상 높다는 것을 제시했다. 그는 버스 고용인의 바지의 허리밴드 사이즈를 통해 측정한 허리둘레를 통해 허리사이즈와 상관없이 신체적으로 활동적인 여행안내원이 심장마비에 대한 위험도가 유의하게 더 낮음을 논문에 제시함으로써 이 결과를 증명하였다! 모리스 박사는 신체활동 역학의 대부로 알려져 있으며 99세인 2009년 생애를 마칠 때까지 계속 활동적인 운동가와 공중보건 연구자로 지냈다.

▲ 정원 일과 같은 중등 정도의 신체활동은 전반적인 건강을 유지하는 데 도움을 준다.

체활동에서 얻는 많은 이득에도 불구하고 미국에 있는 대부분의 사람들은 신체적으로 비활동적이다. 미국 질병예방센터는 모든 미국성인의 약 38%는 국가보건권장량을 충족할 만큼 충분한 신체활동을 하지 않으며 미국에 있는 성인 25%는 신체활동적인 여가활동을 전혀 하지 않는다고 보고했다(그림 10.1).[4,5] 산업화된 국가에서의 높은 비만, 심장질환, 제2형 당뇨병의 비율은 이러한 통계를 반영한다.

불충분한 신체활동의 경향은 젊은 사람들에서도 나타난다. 고등학교 여학생의 11.4%, 남학생의 24.8%만이 주당 5회 이상 하루 60분 이상이라는 권장량을 충족시켰다.[6] 대부분의 주에서 체육이 필수 교육과정 중 하나이지만 고등학생 중 33%만이 매일 체육수업을 받고 있으며[6] 중학교의 6.4%만이 학기 중 매일 체육을 하고 있다.[7] 식사와 신체활동과 관련된 습관은 생애주기 초반에 형성되기 때문에 어린이와 청소년이 매일 규칙적이고 즐거운 신체활동에 참여할 기회를 반드시 제공하여야만 한다. 어린시절 활동적인 생활습관은 성인기의 더 건강한 삶에 대한 가능성을 높인다.

요점 신체활동은 에너지 소비를 증가시키는 근육에 의해 생산되는 동작이다. 신체 적성은 활력과 민첩성을 가지고 피로감 없이 일일 활동을 수행할 수 있고 과외시간에는 여가도 즐기며 예측하지 못한 위기상황에도 대처할 수 있는 충분한 에너지를 가지는 능력이다. 신체활동은 비만과 많은 만성질환에 대한 위험도 감소와 불안과 스트레스 완화를 포함하여 많은 건강상의 이득을 제공한다. 신체활동의 건강상의 많은 이익에도 불구하고 미국에 있는 많은 어린이를 포함한 대부분의 사람들은 신체적으로 활동적이지 않다.

건강한 신체단련 프로그램은 무엇인가?

여기서는 여러분이 자신에게 맞는 운동을 계획하는 것을 돕기 위해 널리 알려진 건강한 신체단련 프로그램에 대한 몇 가지 특징과 가이드라인에 대해 알아보고자 한다 심장질환, 고혈압, 당뇨병, 비만, 골다공증, 천식, 또는 관절염을 가진 사람들은 신체단련 프로그램을 시작하기 전에 건강관리 전문가에게 운동을 해도 된다는 동의를 얻어야만 한다. 또한 확실히 건강하지만 현재 비활동적인 40세 이상 남자나 50세 이상 여자의 경우 운동 프로그램을 시작하기 전에 의학평가를 받아야만 한다.

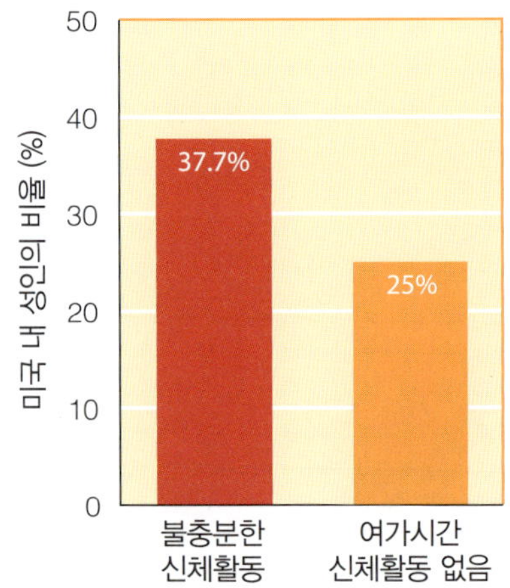

▲ **그림 10.1** 미국의 신체활동을 하지 않는 비율. 미국인구의 약 38%가 국가보건권장량에 충족하는 신체활동을 충분히 하지 않고 25%는 여가시간에 신체활동을 하지 않는다고 보고한다.

Data from Centers for Disease Control and Prevention [CDC]. 2010. U.S. Physical Activity Statistics, 2007. http://apps.nccd.cdc.gov/PASurveillance/StateSumResultV.asp; and CDC. 2010. 1988-2008 No Leisure-Time Physical Activity Trend Chart. www.cdc.gov/nccdphp/dnpa/physical/stats/leisure_time.htm.

건강한 신체단련 프로그램을 당신의 개인적인 목표에 맞춘다

당신에게 이상적인 신체단련 프로그램이 꼭 모든 사람에게 적합할 필요는 없다. 프로그램을 계획하거나 평가하기 전에 개인적인 신체단련 목표를 정의하는 것이 중요하다. 당신은 골다공증, 당뇨병, 또는 가족내력이 있는 다른 만성질환을 예방하기 원하는가? 당신은 단순히 에너지와 체력을 증가하기를 원하는가? 또는 운동경기에서 이기기 위해서인가? 이러한 각각의 시나리오가 특정 체력단련 프로그램에 필요하다. 이러한 개념을 특정한 활동이 특정한 결과를 산출한다고 하는 **특수성 원리(specificity principle)**라고 한다.

훈련(training)은 일반적으로 숙련된 행동을 유도하는 활동으로 정의된다. 훈련은 어떤 활동이나 목표에 따라 매우 특정적이다. 예를 들어 운동경기를 위해 훈련을 원한다고 하면, 트레이너나 코치의 지도하에 계획적이고 의도적인 운동 시간을 포함하는 일반적인 접근이 유리할 것이다. 만일 심폐지구력을 달성하고자 한다면 적어도 일주일에 3회 유산소운동 수업이나 일주일에 3회 최소 20분간 조깅을 하도록 권유할 것이다.

반대로 만약 목표가 단순히 전반적인 건강을 유지하는 것이라면 규칙적인 신체활동을 통한 건강 달성에 대한 미국군 의무감(Surgeon General)[i]의 1996년 보고서를 따르는 것이 좋다.[1] 이 보고서는 특정 만성질환에 대한 위험감소와 같은 유의미한 건강이득은 주당 대부분의 날에 중등량의 신체활동(30분간의 정원일, 가사, 빨리 걷기 또는 자전거 타기 등)에 참여해야 얻을 수 있음을 강조한다. 2010년 미국인의 식사지침은 또한 주당 대부분의 날에 중등 정도의 신체활동에 적어도 30분 참가하라고 권장한다. 2010년 한국인 영양섭취기준은 식품구성자전거를 통해 비만 예방을 위한 적절한 운동을 권장하고 있다. 매번 30분이 벅차 보인다면, 건강이득은 신체활동을 수행하는 데 사용하는 시간을 합친 만큼(예를 들면 하루에 빠르게 걷기 10분씩 3회) 일어난다는 것을 기억하라. 이러한 지침은 건강 이득에 적합하기는 하지만 신체훈련을 향상시키기 위해 충분한 강도나 기간은 아닐 수 있다.

건강한 신체활동 프로그램은 다양하고 지속적이며 재미있어야 한다!

▲ 하이킹은 신체 적성을 도와줄 수 있는 여가시간 운동이다.

모든 사람을 위한 가장 중요한 목표는 재미이다. 운동을 하면서 즐겁지 않다면 신체 운동훈련을 지속하기 힘들다는 것을 알 것이다. 당신은 어떤 운동이 재미있다고 생각하는가? 외부활동을 즐긴다면 아마도 하이킹, 캠핑, 낚시, 암벽 등반이 가능한 활동이다. 수업시간 사이사이에 친구들과 운동을 하려고 한다면 걷기, 계단 오르기, 조깅, 롤러 브레이딩, 또는 자전거 타기가 더 적합할 수 있다. 또는 집 근처 운동훈련 클럽의 프로그램과 장비를 이용하는 것이나 당신 스스로를 위한 러닝머신과 덤벨을 구입하는 것을 선호할 수도 있다.

다양성은 당신의 운동훈련을 유지하는 데 중요하다. 어떤 사람들은 매일매일 유사한 활동을 하는 것을 즐기지만 대부분의 우리는 같은 운동훈련을 지속적으로 하면 지겨워한다. 표 10.1에 제시된 여러 가지 종류의 운동 프로그램을 홍보하면서 운동훈련 프로그램에 다양한 활동을 연계시키면 흥미를 유지하는 데 도움이 되며 즐거움이 증가된다.

다양성은 아래와 같이 얻을 수 있다.

- 유산소운동, 저항력 훈련, 스트레칭을 결합하기
- 한 주에 거쳐 실내와 실외 활동 결합하기
- 각 일마다 걷거나 조깅할 때 다른 길로 가기
- 자전거 운동기구나 러닝머신을 타는 동안 영화보기, 독서, 또는 음악듣기
- 각 주마다 산책, 춤추기, 자전거 타기, 요가, 역도, 수영, 하이킹 및 원예와 같은 각기 다른 활동에 참가하기

활동의 "뷔페"는 단조로움과 지루함을 유발하지 않으면서 당신의 체력단련을 증진시킬 수 있다.

당신의 신체활동 선택의 다양성 증가를 돕기 위한 유용한 도구가 개발되었다(그림 10.2). **신체활동 피라미드(Physical Activity Pyramid)**는 당신의 신체활동수준 증가를 위해 매주 해야만 하는 활동의 종류와 양을 권장하고 있다. 피라미드의 맨 아래칸은 더 많이 걷기, 엘리베이터 대신 계단을 사용하기, 정원일 하기를 포함한 매일 해야만 하는 활동을 묘사한다. 유산소 운동류(자전거 타기와 빨리 걷기 등)와 여가 활동(축구, 테니스, 야구 등)은 매주 적어도 20~30분 동안 3~5회 해야만 한다. 유연성, 근력, 여가 활동은 매주 2~3회 해야만 한다. 피라미드의 맨 꼭대기는 TV 시청, 컴퓨터게임, 한번에 30분 이상 앉기를 포함하여 당신이 가장 덜 해야만 하는 것들을 강조한다.

걷기, 뛰기, 자전거 타는 길을 지도에 표시하고 친구와 함께 공유하거나 이웃에 바로 있는 수십 개의 체력단련 순환을 www.livestrong.com/loops/에서 체크한다.

신체활동 피라미드(Physical Activity Pyramid) 신체활동 증가를 위해 매주 해야 하는 활동의 종류와 양을 권고하기 위해 이전의 미국농무부의 식품피라미드처럼 신체활동에 대해 시각적으로 표현한 것.

---

i) 미국이나 영국 군에서 의료 서비스를 하는 고위장교—번역자주

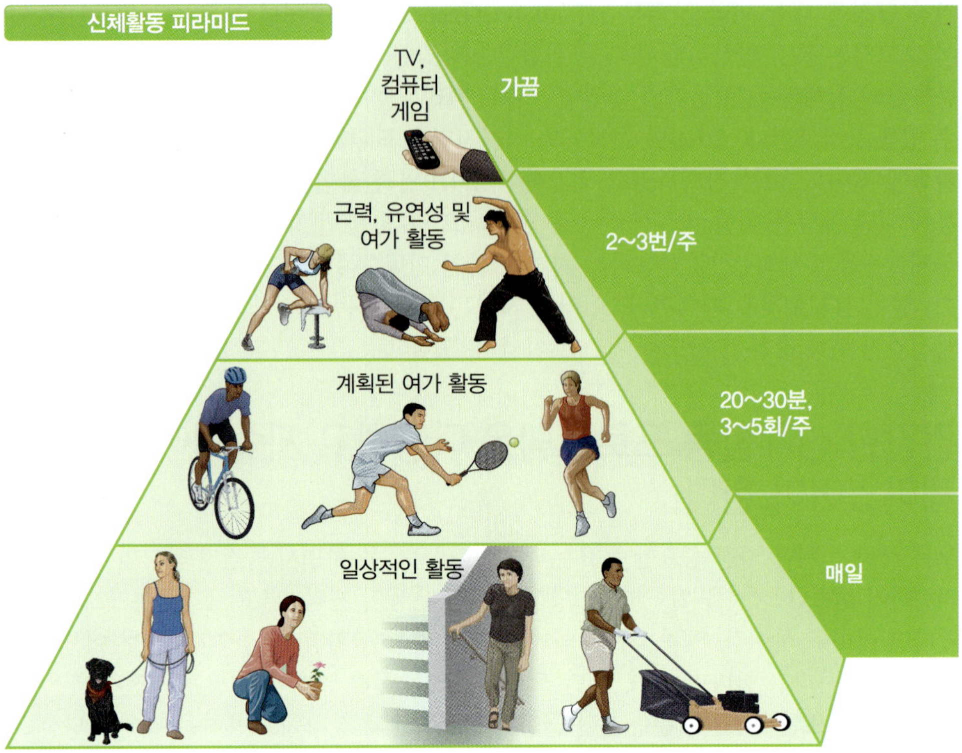

▲ 그림 10.2 당신의 신체활동 수준을 높이기 위한 시각적 가이드로서 당신은 이 신체활동 피라미드를 사용할 수 있다.

Data from Corbin, C. B., and R. D. Pangrazi. 1998. Physical Activity Pyramid rebuffs peak experience. *ACSM Health Fitness* J. 2[1]. Copyright © 1998.

각각의 활동은 특정한 신체훈련 요소와 관련되어 있으므로 전반적인 체력단련을 성취하기 위해 당신은 한가지 활동만을 할 수 없다는 것을 이해하는 것이 중요하다. 표 10.1을 다시 보고 다양한 요소에 대한 예로 제시된 다양한 활동에 주목한다. 예를 들면 유산소활동류에 참가하는 것은 심폐지구력을 증가시킬 수 있지만 근육의 강도를 증진시키는 것을 돕지 못한다. 목표를 달성하기 위해서 어떤 형태의 저항력 훈련에 참가해야만 한다. 유연성은 스트레칭 운동에 참가함으로써 얻을 수 있다. 신체활동 피라미드에서 제시한 권장을 따름으로써 모든 요소에서 신체 체력단련을 달성할 수 있다.

요점 건강한 체력단련 프로그램은 질병에 대한 위험 감소나 운동대회 준비 등 개인의 체력단련 목표에 맞아야만 한다. 재미있어야만 하고 즐거운 운동을 포함해야만 한다. 다양성과 지속성은 흥미 유지를 돕고 모든 요소에서 신체 체력단련을 돕는 데 중요하다.

건강한 체력단련 프로그램은 신체에 적절한 과부화를 준다

체력단련을 향상시키기 위해서는 신체에 추가적인 신체활동을 주어야만 한다. 이것은 **과부하 원칙(overload principle)**이라고 한다. 주의할 점은 과부하 원칙은 몸이 피로와 부상을 유발할 수 있는 부적합하게 높은 스트레스에 노출되는 것을 의미하는 것이 아니다. 반대로 다양한 신체 시스템에 대한 적절한 과부하는 체력단련에서 건강을 향상시킨다.

적절한 신체부하를 성취하기 위해서는 총체적으로 **운동 원칙(FIT principle)**이라고 부르는 세 가지 요소를 고려해야만 한다:

- 빈도
- 강도

과부하 원칙(overload principle) 체력을 증진시키기 위해서 신체활동량을 증가시킴.

운동 원칙(FIT principle) 체력단련을 위하여 적절한 과부하에 도달하기 위해 활용되는 빈도, 강도, 활동 시간에 대한 원칙.

	빈도	강도	활동시간
심폐 단련 	주당 3~5일	최대 심박수의 64~90%	최소 연속된 20분
근육 단련 	주당 2~3일	당신이 들어올릴 수 있는 최대무게의 70~85%	각 세트마다 8~12회 들기* 를 1~3 세트 *팔, 어깨, 가슴, 복부, 등, 엉덩이, 다리와 같은 주요 근육군을 사용하는 운동을 최소 8~10회하는 것을 권장
유연성 	주당 2~4일	동작의 모든 범위를 통한 스트레칭	스트레칭마다 2~4회 반복* *각 스트레칭마다 15~30분 유지

▲ 그림 10.3 신폐와 근골격 적성과 유연성을 달성하기 위한 운동 원칙의 사용

- 활동시간

일반적인 체력단련 프로그램이나 대회참가를 위한 운동프로그램 모두를 계획하기 위해서는 운동 원칙을 사용해야만 한다. 그림 10.3은 운동 원칙을 심폐와 근육 단련 프로그램에 어떻게 적용하는지 보여준다.

운동 원칙의 세 가지 요소 각각을 조금 더 자세히 살펴보자.

빈도

빈도(frequency)는 주당 운동시간의 횟수를 의미한다. 신체단련이나 건강을 위한 당신의 목표에 따라 운동 빈도는 다양하다. 심폐지구력을 유지하고 달성하려면 주당 2일 이상 훈련을 해야만 한다. 주당 3회에서 5회의 훈련이 최적인 것 같다. 반면, 주당 5일 이상의 훈련은 신체단련에서 유의미한 이득을 주지 않지만 부상의 위험을 상당히 증가시킬 수 있다. 대조적으로 주당 2회에서 3회 만이 근력을 달성하는 데 필요하다.

강도

강도(intensity)는 노력을 쏟은 양이나 수행하는 활동이 얼마나 힘든지를 뜻한다. 활동의 강도는 저, 중, 고강도로 묘사할 수 있다.

- **저강도 활동(low-intensity activity)**은 아주 가벼운 호흡, 발한 및 심박수의 증가를 일으키는 낮은 강도의 활동이다.

빈도(frequency) 주당 활동 수.

강도(intensity) 활동하는 동안에 소비되는 노력의 양, 또는 그 활동이 수행하기에 얼마나 어려운지 정도.

저강도 활동(low-intensity activity) 아주 가벼운 호흡, 발한 및 심박수의 증가를 일으키는 낮은 강도의 활동.

중강도 활동(moderate-intensity activity) 현저하게 호흡, 발한 및 심박수를 증가시키는 적당한 강도의 활동.

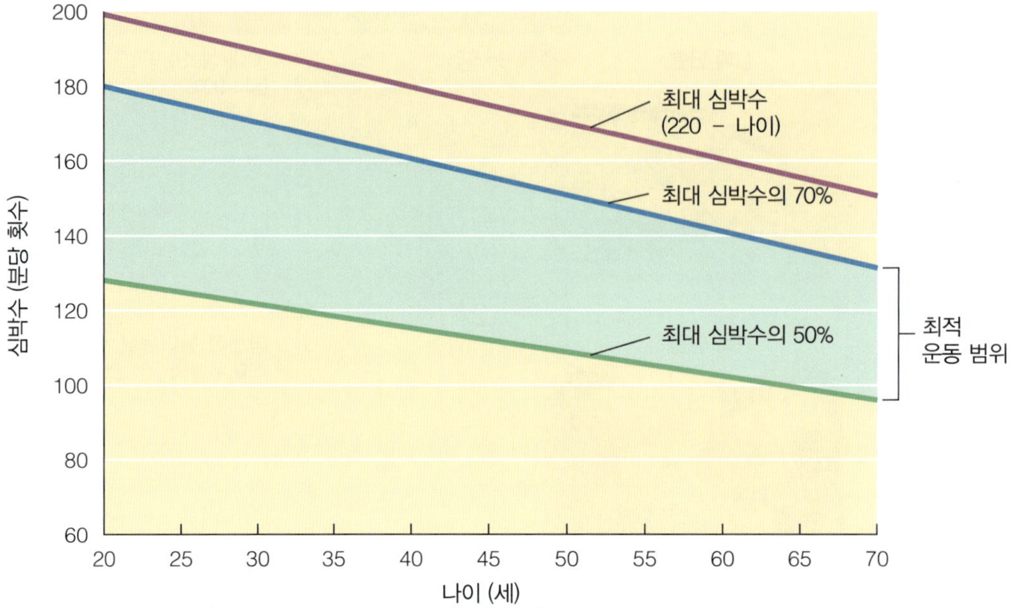

▲ 그림 10.4 이러한 심박수 훈련 차트는 유산소운동 강도를 측정하기 위해 사용될 수 있다. 가장 윗선은 사람의 연령(220 – 연령) 값으로 추정하는 최대 심박수를 의미한다. 어둡게 칠한 면적은 유산소 적성을 달성하기 위해 일반적으로 권장되는 범위인 최대 심박수가 50%에서 70%로 들어오는 심박수를 표현한다.

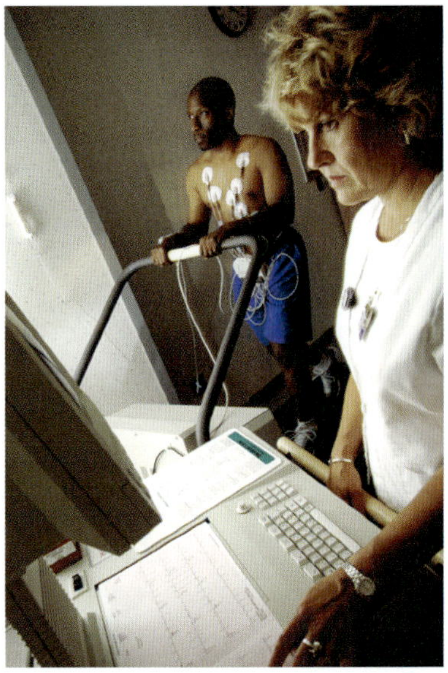

▲ 최대 심박수를 측정하는 가장 정확한 방법은 운동실험실에서 시험하는 것이다.

- **중강도 활동(moderate-intensity activity)**은 현저하게 호흡, 발한 및 심박수를 증가시킨다. 예를 들면 대화를 할 수는 있으나 지속적으로 할 수 없다.
- **고강도 활동(vigorous-intensity activity)**은 호흡, 발한, 심박동이 크게 증가될 정도의 활동으로 고강도 운동 중에는 말하는 것이 어렵다.

전통적으로 심박수는 유산소 활동 중 강도의 수준을 나타내는 데 사용해왔다. 최대 강도의 운동 중 일어나는 심장박동 속도인 **최대 심박수(maximal heart rate)**로 당신에게 적합한 운동강도의 범위를 계산할 수 있다. 최대 심박수는 220에서 당신의 나이를 빼서 계산한다.

그림 10.4는 개인 스스로 운동의 강도를 계산하는 데 이용할 수 있는 심박수 운동 차트의 예이다. 미국질병예방센터는 다음과 같은 권장을 만들었다.[8]

- 중강도 신체활동을 달성하기 위해서는 목표 심박수는 계산한 최대 심박수의 50~70%가 되어야만 한다. 노인과 장기간 비활동적이었던 사람은 아마도 중강도 중 아래쪽 범위에서 운동하기를 원할 것이다.
- 고강도 신체활동을 달성하기 위해서는 목표 심박수는 계산한 최대 심박수의 70~85%가 되어야만 한다. 신체단련이 되어 있거나 신체단련을 더 빨리 달성하고자 노력하고 있는 사람은 고강도 중 위쪽 끝 범위에서 운동하기를 원할 것이다.
- 운동경기 선수는 일반적으로 최대 심박수의 약 80~95%의 더 높은 강도로 훈련을 한다.

220–연령 계산법이 최대 심박수를 예측하기 위해 수년간 광범위하게 사용되기는 했지만 모든 사람들의 실제 최대 심박수를 정확히 대표하거나 유산소운동 강도의 표준으로 사용되기 위해 고안된 것은 아니었다. 당신의 최대 심박수를 결정하기 위해 가장 정확한 방법은 체련단련 실험실에서 최대 운동시험을 수행하는 것이지만 이 시험은 일반 대중에게 일반적으로 사용하지 않고 가격이 매우 높다. 추정 최대 심박수 방법은 유산소운동 범위에 대해 일반적인 개념을 주기 위해 아주 정확하지는 않지만 여전히 사용할 수 있다.

운동심박수 범위의 빠른 계산을 위해서는 www.mayoclinic.com/health/target-heart-rate/SM00083를 방문해본다.

고강도 활동(vigorous-intensity activity) 호흡, 발한, 심박동이 크게 증가될 정도의 활동으로 고강도 운동 시에는 말하기가 어려움.

최대 심박수(maximal heart rate) 최대 강도의 운동 중 일어나는 심장박동 속도.

활동시간(time of activity) 주어진 운동 시간을 지속하는 총시간. 운동 준비기와 정리기를 포함하지 않음.

당신은 어떤가요?

당신의 최대 심박수와 운동범위는 무엇일까요?

당신은 다음의 쉬운 계산으로 당신의 최대 심박수를 추정할 수 있다.

당신의 최대심박수 = 220 – 당신의 나이

만약 당신이 20세라고 한다면

당신의 최대 심박수는 = 220 – 20 = 200회/분(bpm)이다.

이제 당신의 운동범위를 계산해보자. 본문에서 말했듯이 비운동선수의 경우 최대심박수의 50~70%의 숫자가 된다. 만약 당신이 당신의 운동범위의 아래쪽 끝에서 운동을 하기 원한다면 당신의 최대 심박수에 50%를 곱해야만 한다. 만약 당신의 최대 심박수가 200이라면 당신의 공식은

당신의 운동범위의 아래쪽 끝
= 200bpm × 0.50 = 100bpm

만약 당신이 당신의 운동범위의 위쪽 끝에서 운동을 하기 원한다면 당신의 최대 심박수에 70%를 곱해야만 한다.

운동범위의 위쪽 끝 = 200bpm × 0.70 = 140bpm

따라서 당신의 운동범위는 100에서 140bpm이다.

그렇다면 당신의 최대 심박수와 운동범위는 무엇인가?. 이를 알기 위해 위의 **당신은 어떤가요?**에서 쉬운 계산을 시도해보자.

활동시간

활동시간(time of activity)은 각 운동시간이 얼마나 오래 지속되는지를 의미한다. 일반적인 건강을 달성하기 위해서는 매 차례의 짧은 활동을 합하여 매일 30분을 해야만 한다. 그러나 더 높은 수준의 체력단련을 성취하기 위해서는 적어도 연속적으로 20~30분간의 운동을 하는 것이 중요하다.

예를 들면 당신이 철인3종 경기에 나가기를 원한다고 하자. 철인3종 경기의 달리기 부분에서 성공하기 위해서는 적어도 8km는 달릴 수 있어야만 한다. 그러므로 첫 번째 부분에서 8km를 마칠 수 있고도 경기 중 수영과 자전거를 탈수 있는 충분한 에너지가 있도록 훈련을 해야만 하는 것이 바람직하다. 계속적으로 8km의 거리로 훈련을 하는 것이 필요하고 더 긴 거리를 달림으로써 오는 혜택도 갖게 된다.

▲ 스트레칭은 운동 후 준비운동이나 마무리 운동에 포함되어야만 한다.

건강한 신체단련 계획은 준비운동과 정리운동 시간을 포함한다

운동경기를 잘 준비하고 운동경기로부터 잘 회복하기 위해서 정리운동과 정리운동을 수행해야만 한다. **준비운동(warm-up)**은 준비동작(preliminary exercise)이라고도 하며 가벼운 에어로빅, 유연체조 및 조깅이나 골프와 같은 본 운동을 준비하기 위한 특정한 동작들을 포함한 스트레칭과 같은 일반적인 운동을 포함한다. 준비운동은 짧고(5~10분), 단계적이며 근육과 체온을 증가시키기에 충분해야 하지만 피로나 에너지 저장고의 고갈을 일으키지 말아야 한다.

운동 전 준비운동은 혈액순환과 체온을 증가시켜 근육이 열심히 일하도록 바람직하게 준비하므로 중요하다. 준비운동은 인체의 유연성을 증가시키고 운동이나 경기를 위해 심리적으로 준비하는 데 도움이 된다.

준비운동(warm-up) 본 운동을 준비하기 위한 동작들로 스트레칭, 유연체조, 본 운동 실시를 위한 특정 동작들을 포함함. 준비동작(preliminary exercise)이라고도 함.

게임 플랜

당신의 신체활동을 증가시킬 수 있는 조언

하루 중 단지 30분을 신체활동으로 보내면 당신은 건강 향상을 위한 매우 중요한 조치를 취하는 것이다. 여기에 당신의 매일 생활에서 활동을 할 수 있는 몇 가지 조언이 있다.

- □ 가능한 자주 그리고 멀리 걷는다: 기숙사, 강의실, 또는 상점로부터 가장 멀리 차를 주차한다; 학교 또는 직장을 걸어간다; 수업 중간에 빨리 걸어간다; 목적지보다 한 정거장 먼저 버스에서 내리거나 탄다. 그리고 당신의 목표에 도달하기 위해 서두르지 않는다 먼 길을 택하고 조금 더 많은 열량을 태운다.
- □ 엘리베이터 대신 계단을 이용한다.
- □ 텔레비전을 보면서 운동한다. 예를 들면 앉았다 일어서기, 스트레칭 또는 러닝머신이나 고정 자전거를 사용한다.
- □ 무선 전화 통화, 단어외우기, 또는 합창연습을 할 때 가만히 서 있지 말고 걸어라!
- □ 음악을 켜고 춤을 춰라!
- □ 운동 파트너를 만들어라: 친구와 같이 걷기, 하이킹, 자전거 타기, 스케이팅, 테니스 또는 운동수업 듣기를 하라.
- □ 단체 운동을 시작하라.
- □ 체육교육과의 수업에 등록해서 당신이 한번도 시도하지 않았던 요가나 펜싱 같은 운동을 하라.
- □ 재즈, 탭, 볼룸댄스와 같은 무용수업을 등록하라.
- □ 수영장, 암벽등반, 그 외 캠퍼스 내 운동센터를 이용하거나 헬스클럽, 체육관이나 집근처 YMCA/YWCA에 참가하라.
- □ 스케이팅, 테니스, 하이킹 클럽과 같은 운동을 하는 클럽에 참가하라.
- □ 골프카트를 이용하지 않고 대신 걷고 클럽을 나르며 골프를 하라.
- □ 매일 운동을 하며 새로운 환경을 탐색하는 신체활동적인 휴가를 선택하라.

당신이 한동안 신체활동이 없었다면 천천히 시작하는 현실적인 접근을 사용하라. 매일 30분에 도달할 때까지 매 수일간 몇 분을 추가함으로써 운동에 사용하는 시간을 서서히 만들어가라. 매일 30분이라는 최소량이 쉬워지면 단계적으로 운동에 사용하는 시간의 양이나 선택한 운동의 강도 또는 두 가지 모두를 증가시킨다.

정리운동(cool-down)은 운동이 끝난 후 한다. 정리운동은 단계적으로 우리 몸이 천천히 회복되게 한다. 정리운동은 본 운동 중 수행한 동일 동작의 일부를 포함해야 하지만 스트레칭을 위한 충분한 시간을 가져야만 한다. 본 운동 후 정리운동은 부상의 위험을 줄이는 데 도움이 되며 근육통을 줄이는 데 도움이 된다.

이제 당신은 규칙적인 신체활동의 이득과 건강한 신체단련 계획의 특성에 대해 알게 되었는데 그렇다면 어떻게 시작할 수 있는가? 현재까지 활동적이지 않다면 예를 들면 "나는 다음 주에 최소 5일 최소 30분간의 신체활동을 하기를 원한다." 단기간 실현할 수 있는 현실적인 목표를 세우는 것이 중요하다. 일상생활에서 신체활동을 실천할 수 있는 요령에 대해서는 위의 **게임 플랜**을 확인한다.

정리운동, 쿨다운(cool-down) 운동을 완전히 마친 후에 발생하는 활동들. 운동으로부터 점진적으로 몸을 천천히 회복시키도록 함.

요점 신체단련을 증진시키기 위해 신체에 적당한 활동부하를 주어야만 한다. 다음의 빈도, 강도, 활동 시간을 나타내는 운동원칙을 따른다. 빈도는 주당 운동 횟수이다. 강도는 운동 수행의 어려운 정도이다. 활동시간은 각 운동의 지속시간이다. 준비운동은 혈액의 흐름과 체온을 증가시켜 근육이 운동 수행을 도와준다. 저강도 준비운동은 부상 예방을 도와주고 근육통 감소에 도움이 될 것이다.

운동의 연료는 무엇인가?

운동을 수행하거나 근육이 일을 하기 위해서 에너지를 생산해야만 한다. 인체 거의 대부분의 세포를 위한 공통 에너지 단위는 **아데노신 삼인산염(adenosine triphosphate, ATP)**이다. 이름으로부터 추측했겠지만, 아데노신 삼인산염 분자는 유기화합물인 아데노신과 삼인산기를 포함한다(그림 10.5). 아데노신 삼인산염으로부터 하나의 인이 분리되거나 분해되면 에너지가 방출된다. 이 반응 뒤 남은 물질은 아데노신 이인산염(ADP)과 독립적인 무기인산기(Pi)이다. 이 반응의 역반응으로 인체는 아데노신 이인산염에 다시 인산기를 붙임으로써 아데노신 삼인산염을 재생산한다. 이러한 방법으로 우리는 세포에 끊임없이 에너지를 공급한다.

근육세포에 저장할 수 있는 아데노신 삼인산염의 양은 매우 제한적으로 단지 약 1~3초의 근육 활동이 지속될 수 있게 해준다. 더 많은 에너지가 필요하면 **크레아틴 인산염(creatine phosphate, CP)**이라 불리는 고에너지 화합물을 아데노신 삼인산염의 재생산을 도와주기 위해 분해할 수 있다. 이 반응은 산소 없이 이루어질 수 있으므로 **혐기적(anaerobic**, "산소가 없다"는 의미) 반응이라 부른다.

근육세포는 아데노신 삼인삼염의 약 4~6배 만큼의 크레아틴 인산염을 가지고 있지만 여전히 장기간 운동에 에너지를 충분히 공급할 정도는 아니다. 크레아틴 인산은 리프팅, 점핑, 스프린팅과 같은 매우 강하고 짧은 운동 중 가장 많이 사용된다. 더불어 아데노신 삼인삼염과 크레아틴 인산염은 약 3~15초 만의 최대 신체 노력을 도와줄 수 있다. 이러한 결과로 우리는 더 긴 시간 동안의 활동을 유지하기 위해 탄수화물과 지방과 같은 다른 에너지 급원에 의존하고 있다(그림 10.6).

탄수화물의 분해는 단기 및 장기간 운동을 위한 에너지를 공급한다

약 20초에서 3분 정도 지속하는 운동 중 신체는 아데노신 삼인산염을 생산하기 위해 빨리 사용할 수 있는 에너지 급원을 필요로 한다. 탄수화물, 특별히 포도당의 분해는 **해당작용(glycolysis)**이라고 부르는 과정에서 빨리 이러한 에너지를 공급한다. 운동 중 포도당의 가장 흔한 공급원은 근육에 저장된 글리코겐과 혈중 포도당으로부터 나온다 그림 10.7에서 보는 것처럼 해당작용을 겪는 모든 포도당 분자는 두 분자의 아데노신 삼인산염을 생산한다. 해당작용의 주

아데노신 삼인산염(adenosine triphosphate, ATP) 체내 모든 세포에서 공동으로 사용되는 실질적인 에너지의 통화 단위.

크레아틴 인산염(creatine phosphate, CP) 에너지 사용을 위해 분해되고 ATP를 재생산하기 위해 사용되는 고에너지 화합물.

혐기적(anaerobic) 산소가 없는 상태를 의미하며, 산소가 없는 상태에서 일어나는 대사 반응을 나타내기도 함.

해당작용(glycolysis) 포도당의 분해작용; 한 개의 포도당 분자당 두 개의 ATP 분자와 두 개의 피루브산 분자를 생산함.

피루브산(pyruvic acid) 해당작용의 주요 최종산물.

젖산(lactic acid) 피루브산 대사 시 나오는 대사물.

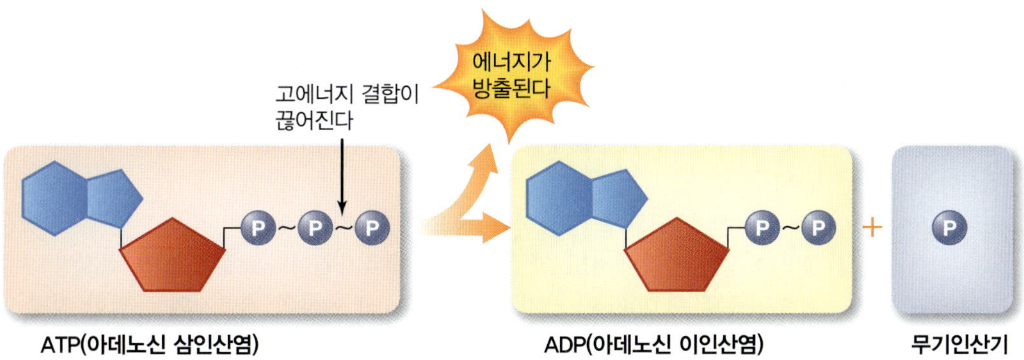

▲ 그림 10.5 아데노신 삼인산염(ATP)의 구조. 에너지는 ATP가 ADP와 P_i로 분리될 때 생산된다.

요 최종산물은 **피루브산(pyruvic acid)**이다.

세포에서 산소 유용량이 제한적일 때 피루브산은 **젖산(lactic acid)**으로 전환된다(그림 10.7의 파란색 부분을 살펴보자). 몇 년간 고강도 운동의 젖산은 쓸모가 없고 잠정적인 독성 부산물로 조차 가정되었다. 우리는 현재 젖산은 포도당 분해의 중요한 중간산물로 근육, 심장, 휴식 중인 조직에 연료를 공급해주는 중요한 역할을 한다고 알려져 있다 그러나 젖산이 근육 피로와 통증을 일으키는지는 **영양, 미신 혹은 진실?** 박스를 통해 살펴보자(308쪽).

해당작용의 주요 이점은 아데노신 삼인산염-크레아티닌 인산염 체계에 비해 운동시 아데노신 삼인산염을 생산할 수 있는 가장 빠른 방법이라는 것이다. 그러나 이러한 아데노신 삼인산염 생산의 고효율은 일반적으로 3분 미만의 짧은 시간 동안만 지속될 수 있다. 계속적으로 운동을 하기 위해 우리는 충분한 아데노신 삼인산염을 충분히 공급하기 위한 유산소 에너지 체계에 의존해야만 한다.

산소가 있을 때 피루브산은 또 다른 대사 경로를 겪을 수 있다. 이러한 경로가 해당작용보다 느릴지라도 유산소 대사를 겪는 포도당 한 분자의 분해는 에너지를 위해 36~38개의 아데노신 삼인산염 분자(해당작용은 두 개만을 생산한다는 것을 기억하자)를 생산한다. 그러므로 이러한 호기적 경로는 18배 이상의 에너지를 공급한다! 호기적 경로의 또 다른 이점은 근육 피로에 기여하는 대사적 부산물을 많이 생산하지 않으며 이는 저강도 활동을 수시간 동안 수행할 수 있다는 것을 의미한다. 포도당의 호기적 대사는 3분에서 4시간 동안 지속하는 활동 동안 근육을 위한 주요한 연료의 공급원이 된다(그림 10.6 참조).

우리는 체내 제한된 양의 글리코겐만을 저장할 수 있다. 평균적으로 약 70kg의 영양이 잘 공급된 남자는 800~2,000kcal의 에너지와 동일한 양인 약 200~500g의 근육 글리코겐을 저장할 수 있다. 훈련된 운동선수가 평균적인 사람보다 더 많은 근육 글리코겐을 저장할 수 있지만 장기간 활동을 위해 무제한적인 에너지 공급을 충당하는데 충분한 글리코겐을 저장하는 것은 아니다. 그러므로 우리는 더 낮은 강도와 더 오랜 기간 동안 활동을 유지할 수 있는 아주 충분하고 호기적인 환경에서 분해될 수 있는 연료 공급원도 필요하다. 이 연료 공급원이 지방이다.

지방의 호기적 분해는 저강도와 장기간의 운동을 유지해준다

중성지방 분자는 체세포 내 지방의 주요 저장물이다. 중성지방의 세 개의 지방산 분자는 장기간 활동을 유지하는 데 우리가 필요한 만큼의 에너지를 공급해준다.

지방산을 연료로 사용하는 중요한 두 가지 이점이 있다. 첫째, 지방은 호리호리한 사람에서도 아주 풍부한 에너지원이다. 예를 들면 체지방 수준 10%인 몸무게 70kg인 남자는 50,000kcal 이상의 에너지와 동일한 지방 약

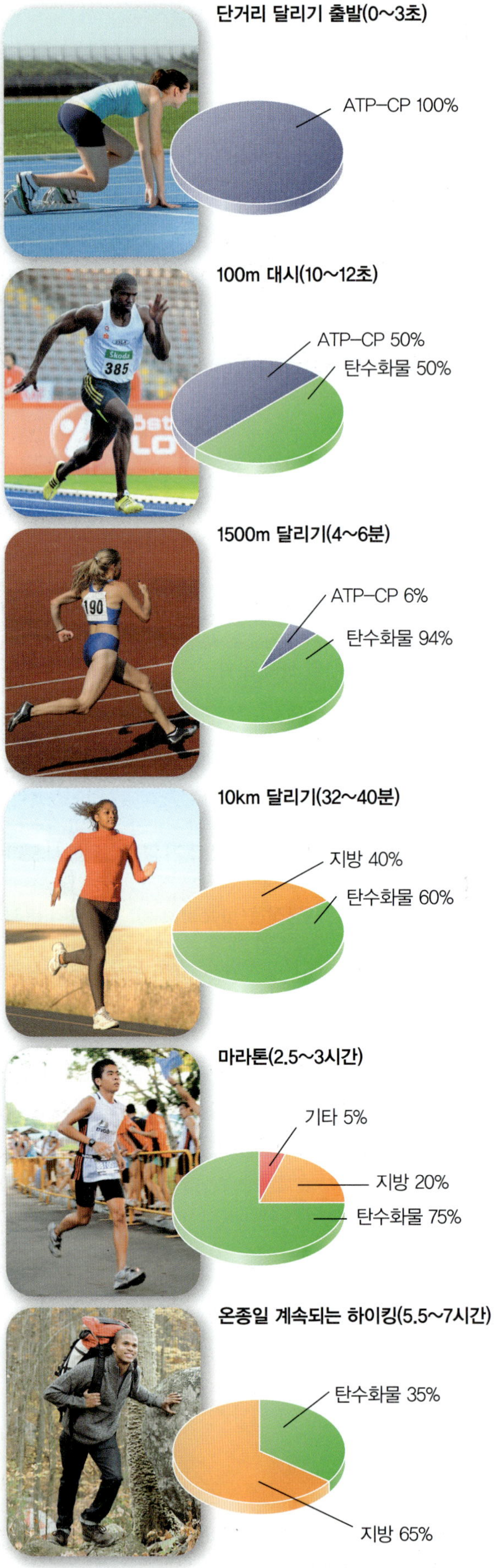

◀ **그림 10.6** 다양한 기간과 강도의 운동에 대한 ATP-CP, 탄수화물, 지방의 상대적인 기여도

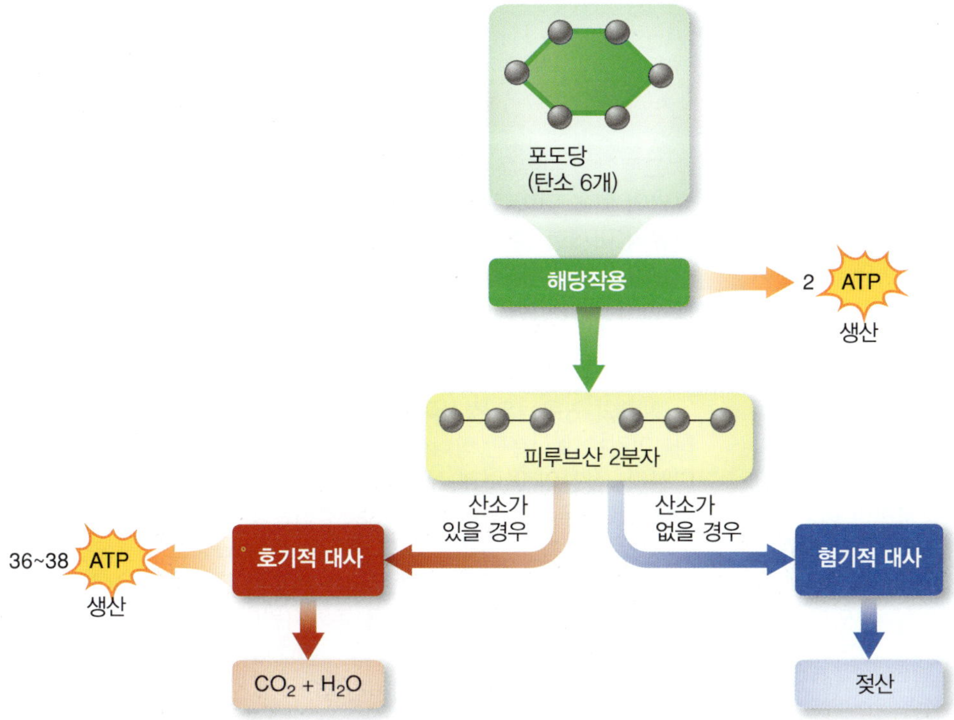

◀ 그림 10.7 포도당 한 분자의 분해인 해당작용 과정은 피루브산 2분자와 ATP 2분자를 생산한다. 산소가 충분하지 않을 때(무산소 과정) 피루브산의 이후 대사는 젖산의 생산을 가져온다. 충분한 산소가 있을 때(호기 과정) 피루브산의 대사는 ATP 36~38분자를 생산한다.

6.8kg을 가지고 있다! 이것은 근육 글리코겐에 의해 공급될 수 있는 에너지(800~2,000kcal)보다 상당히 많다. 둘째, 지방은 탄수화물이 g당 4kcal의 에너지만을 생산하는 것에 비해 g당 9kcal의 에너지를 생산하는데 이는 동일한 g의 탄수화물에 비해 두 배 이상의 에너지를 공급함을 의미한다. 지방을 연료로 사용하는 가장 주요한 약점은 분해과정이 상대적으로 느리다는 것인데 따라서 지방은 강도가 낮고 장기간의 활동과정 동안 에너지원으로 주로 사용된다. 지방은 또한 휴식, 앉아있을 때, 그리고 서 있을 때 주 에너지원이다.

지방은 주로 어떤 운동의 에너지를 공급원이 되는가? 장거리 걷기는 다른 저강도에서 중강도 형태의 운동처럼 저장지방을 사용한다. 지방은 마라톤(4.2km)과 울트라마라톤(80km)과 같이 지구력 운동 동안의 중요한 에너지원이기도 하다. 지구력 운동 훈련은 지구력 운동선수는 운동을 하지 않는 사람에 비해 체지방 수준이 낮은 경향이 있기 때문에 에너지를 위해 지방을 사용하기 위한 능력을 향상시킨다.

신체는 에너지를 위해 탄수화물과 지방의 어떤 조합을 지속적으로 사용하고 있다. 휴식시 탄수화물은 아주 조금 사용하고 대부분 지방에 의존한다. 그러나 이것은 휴식과 거의 활동하지 않음으로 인해 체지방을 줄일 수 있다는 것을 의미하지 않는다! 체중을 줄이고 체지방을 줄이기 위해서 규칙적으로 운동하고 에너지 섭취량을 줄여 음의 에너지 평형을 이루는 것이 필요하다. 최대 운동(90~100% 활동) 동안 우리는 사실상 모든 탄수화물을 사용한다. 그러나 우리가 매일 하는 대부분의 운동은 두 가지 연료를 어느 정도 모두 사용한다.

규칙적인 신체활동이나 운동 훈련을 유지하기 위한 올바른 섭취시 초점을 되는 영양소는 탄수화물이다. 대부분의 사람은 운동을 유지하기 위한 탄수화물 저장량은 한정적인 것에 비해 충분 이상의 지방을 저장하기 때문이다. 중강도와 고강도 운동을 위해 충분한 글리코겐 저장량을 유지하는 것은 특별히 중요하다.

아미노산은 운동 중 주요 연료 공급원이 아니다

단백질 또는 더 특별히 아미노산은 운동 동안 주요한 에너지 공급원이 아니다. 아미노산은 필요시 에너지를 위해 바로 사용될 수 있지만 운동 기간 동안 혈당 수준을 유지하기 위한 포도당을

영양, 미신 혹은 진실?

젖산은 근육 피로와 통증을 유발하는가?

테오와 테오 팀 동료들은 어제밤 야구경기에서 이기긴 했지만 겨우 이겼다. 선수 중 2명이 아파서 테오는 평소보다 경기에 더 많이 참여했으며 기숙사로 돌아왔을 때 계단으로 오르기 위해 다리를 움직이는 것이 매우 힘들었다. 오늘 아침, 테오의 모든 몸에 근육통이 있었고 젖산이 쌓여 그런 것인지 궁금했다.

젖산은 해당작용의 부산물이다. 수년 간 과학자들과 운동선수 모두 젖산이 근육 피로와 통증을 유발한다고 믿어왔다. 최근의 과학적인 증거들은 이러한 믿음을 뒷받침하는가?

근육통의 정확한 원인은 알려지지 않았고 여러 가지 요인들이 기여한 것으로 보인다. 최근의 증거들은 피로는 아마도 여러 산(acid)들과 무기인과 같은 대사상의 부산물의 축적뿐만 아니라[10] 크레아틴 인산염의 고갈과 근육수축에 영향을 주는 세포 내 칼슘의 변화로 인한 것이라고 제안한다.[10] 근육 글리코겐, 간 글리코겐 및 혈당의 고갈과 정신적인 요소는 모두 피로에 기여할 수 있다.[11] 그러므로 젖산은 피로에 기여하나 독립적으로 기여하는 것은 아닌 것으로 보인다.

그렇다면 근육통의 원인은 무엇인가? 피로와 같은 아마도 많은 요인이 있을 것이다. 통증은 일반적으로 격렬한 운동으로 인한 근섬유의 미세한 찢어짐 때문이라고 가설을 세운다. 이러한 손상은 손상된 부위에 체액과 다양한 화학물의 유입을 일으키는 면역반응을 가져온다. 이러한 물질은 손상된 조직을 제거하고 조직 재생을 시작하는데 작용하지만 통증을 유발할 수도 있다. 그러나 젖산이 근육통의 독립적인 원인은 거의 아닌 것으로 보인다.

최근의 연구들은 젖산이 호기적 조건에서도 생산된다고 제시한다! 이것은 휴식뿐만 아니라 어떤 강도의 운동 중에도 생산됨을 의미한다. 젖산이 이렇게 계속적으로 생산되는 이유는 여전히 연구 중에 있다. 우리가 알고 있는 것은 젖산은 휴식 중인 조직, 활동 중인 심장과 골격근, 그리고 휴식과 운동 중인 뇌에조차 중요한 에너지원이라는 것이다.[12,13] 또한 우리는 지구력 운동이 근육이 에너지를 위해 젖산을 이용하는 능력을 증가시킨다는 것을 알고 있다. 따라서 포도당대사의 폐기물인 것과는 반대로 젖산은 사실 휴식과 운동 중 근육세포의 중요한 에너지원이다.

만들기 위해 더 자주 사용된다. 아미노산은 운동 후 조직을 만들고 보수하는 것도 돕는다. 운동의 강도와 기간에 따라 아미노산은 필요한 에너지의 약 1~6%를 공급한다.[9]

이러한 상황에서 왜 그렇게 많은 사람들은 단백질 섭취량에 대해 염려하는가? 추가적인 식이 단백질 섭취는 근육 성장을 자극하지 않는다. 오직 올바른 신체 훈련이 근육이 성장하고 강해지도록 자극할 수 있다. 따라서 운동과 회복을 유지하기 위해 충분한 식이 단백질이 필요하지만 아주 높은 양을 섭취하는 것으로 추가적인 혜택은 없다. 운동선수의 단백질 필요량은 비운동선수의 필요량보다 아주 약간만 높고 대부분의 우리들은 운동선수를 위한 가장 높은 필요량보다 높은 충분한 단백질을 섭취하고 있다! 따라서 일반적으로 여가활동으로 활동적인 사람이나 운동경기 선수 모두 단백질이나 아미노산 보충제를 섭취할 필요가 없다.

요점 아데노신 삼인삼염, 또는 ATP는 인체의 모든 세포의 에너지 공급원이다. 우리 근육세포에 저장된 아데노신 삼인산염과 크레아틴 인산염은 짧은 기간의 운동만을 위한 에너지를 공급할 수 있다. 이 기간 이상 소요되는 운동을 유지하기 위해서는 포도당 분해를 통해 에너지가 생산된다. 지방은 저강도와 장기간 운동을 유지하기 위해 천천히 분해된다. 아미노산은 운동 후 조직을 만들고 재생하는 것을 돕지만 운동 중 필요한 에너지의 1~6%만을 공급해준다. 우리는 일반적으로 규칙적인 운동을 유지하기 위해 충분한 단백질을 식사에서 섭취하고 있으며 단백질이나 아미노산 보충제가 필요하지 않다.

▲ 소량의 건강한 간식은 하루 에너지 필요량을 보충하는 데 도움이 될 수 있다.

어떤 종류의 식사가 신체활동에 도움이 되는가?

많은 사람들이 "신체활동이 더 활발해지면 영양소 필요량이 변하는가?"라고 궁금해한다. 이 질문에 대한 대답은 당신이 참여하고 있는 운동의 종류, 강도, 기간에 따라 다르다. 만약 우리가 신체활동을 늘린다고 했을 때 모든 영양소의 필요량이 반드시 높아지는 것은 아니다.

건강을 위해 중강도의 운동을 매일 하는 사람은 미국 농무부의 식품

표 10.2 격렬한 운동을 유지하기 위해 제안되는 영양소 섭취량

영양소	기능	섭취량 제안
에너지	신체크기와 운동의 종류, 강도, 활동시간에 달려 있다.	운동, 일상생활 활동, 기본 인체기능을 유지한다 대부분의 여성 운동선수: 1,800~3,500kcal 대부분의 남성 운동선수: 2,500~7,500kcal
탄수화물	열량을 공급하고 충분한 근육 글리코겐과 혈당을 유지하며 고 복합탄수화물식품은 비타민과 무기질을 공급한다.	총에너지 섭취량의 45~65% 운동과 성별에 따라 다르며 하루에 체중 1kg당 6~10g의 탄수화물을 섭취해야만 한다.
지방	에너지, 지용성비타민, 필수지방산을 공급하며 호르몬 생성과 영양소 운반을 돕는다.	총에너지 섭취량의 20~35%
단백질	근육을 형성하고 유지하는 것을 돕고 포도당을 위한 구성요소를 공급하며 지구력 운동 중 에너지 공급원이 되며 운동 후 회복을 돕는다.	총에너지 섭취량의 10~35%. 지구력 운동선수: 체중 1kg 당 1.2~1.4g 근력 운동선수: 체중 1kg당 1.2~1.7g
수분	체온조절을 유지(충분한 냉각)하고 혈량과 혈압을 유지하며 모든 세포기능을 유지한다.	운동 전, 중간, 후에는 수분을 섭취한다. 체중을 유지하기 위해 충분히 섭취한다. 건강과 활동을 위해 최소 8컵의 물을 매일 마신다. 운동선수는 최고 10리터의 물이 매일 필요하며 더운 환경에서 운동하면 더 많이 필요할 수 있다.
비타민 B군	탄수화물, 지방, 단백질로부터 에너지를 생산하는 데 필수적이다.	티아민, 리보플라빈, 비타민 B_6는 조금 더 필요할 수 있다(권장섭취량의 1~2배).
칼슘	골중량을 형성하고 유지하며 신경계기능, 근육 수축, 호르몬 기능과 영양소가 세포막을 통과하는 것을 돕는다.	현 권장섭취량을 충족시킨다.[ii] 남자 12~14세: 1,000mg/일; 15~18세: 900mg/일; 19~49세: 750mg/일 50세 이상: 700mg/일; 여자 12~14세: 900mg/일; 15~18세: 800mg/일 19~49세: 650mg/일; 50세 이상: 700mg/일
철	혈액에서 세포로의 산소 운반을 주로 책임지며 에너지 생산을 돕는다.	적어도 권장섭취량을 섭취한다.[iii] 남자 12~14세: 14mg/일; 15~18세: 15mg/일; 19~49세: 10mg/일 50세 이상: 9mg/일; 여자 12~14세: 13mg/일; 15~18세: 17mg/일 19~49세: 14mg/일; 50세 이상: 8mg/일

[ii] 한국인 영양섭취기준으로 대체—번역자주
[iii] 한국인 영양섭취기준으로 대체—번역자주

패턴에 제시된 식사지침이나 한국인 영양섭취기준(번역자주)을 따를 수 있다. 이보다 활동량이 낮은 사람은 각 식품군 권장 범위의 낮은 수준에서 아래쪽 수준이 적합할 것이다. 이보다 활동량이 높은 사람은 각 식품군 권장 범위의 높은 수준에서 위쪽 수준이 적합할 것이다. 특히 운동 경기를 위해 훈련을 받는 운동선수 같이 매일 운동을 격렬하게 하는 사람에게는 조정을 하는 것이 필요할 것이다. 표 10.2는 규칙적으로 격렬한 운동 훈련에 의해 영향을 받을 수 있는 영양소를 제시하고 있다. 이러한 각각의 영양소는 이 장에 더 자세하게 설명되어 있다.[14]

격렬한 운동은 에너지 필요량을 증가시킨다

일반적으로 운동선수는 중등 활동이나 주로 앉아서 일을 하는 사람들보다 더 많은 에너지를 필요로 한다. 규칙적인 운동을 유지하는 데 추가적으로 필요한 에너지 양은 운동의 종류, 강도, 기간에 의해 결정된다. 게다가 남자 운동선수는 체중, 근육 중량이 높고 운동 중 더 많은 에너지를 사용하므로 남자 운동선수의 에너지 필요량은 여자 운동선수보다 높다. 이것은 물론 상대적이므로 매일 3~5시간 훈련을 하는 몸집이 큰 여자는 하루 1시간 훈련을 하는 작은 남자보다 아마도 더 많은 에너지를 필요로 할 것이다. 운동선수의 에너지 필요량은 작은 여자 체조선수를 위한 1,500~1,800kcal/일에서 투르 드 프랑스(Tour de France) 크로스-컨트리 자전거 경기에 참가하

운동선수를 위한 식사: 고에너지 요구량 충족

▲ **그림 10.8** 하루 약 1,800kcal(왼쪽)와 4,000kcal(오른쪽)를 함유한 고탄수화물(총에너지의 약 60%) 식사와 간식. 운동선수, 특히 아주 높은 에너지 필요량을 가진 운동선수는 자신의 에너지 요구량을 충족시키기 위해 식사를 계획해야만 한다.

iv) 시리얼의 한 종류—번역자주

그레이징(grazing) 하루 종일 지속적으로 적은 양의 식사를 지속적으로 섭취하는 훈련; 운동선수들이 높은 에너지 요구량을 충족시키기 위해 하는 방법.

는 남자 사이클 선수를 위한 7,500kcal/일 이상까지의 범위가 될 수 있다.

그림 10.8은 탄수화물 함량이 총에너지 섭취량의 60% 이상을 충족하는 총 1,800~4,000kcal의 하루 식사와 간식의 예를 식품으로 보여준다. 보는 것처럼 하루 4,000kcal가 필요한 운동선수는 아주 많은 양의 식품을 섭취해야만 한다. 그러나 매일 신체 운동, 일, 학교, 가정 내 의무 등의 높은 요구로 이러한 운동선수는 충분히 섭취할 시간이 부족한 경우가 많다. 따라서 많은 운동선수는 규칙적인 식사와 간식 및 **그레이징(grazing**, 하루 동안 지속적으로

음식을 나누어 섭취하는 것)을 지속적으로 계획하여 필요한 에너지를 충족시킨다. 고열량 식품과 격렬한 훈련에 참가하는 운동선수를 위해 특별히 고안한 식사대용식을 이용할 수 있다. 이러한 단계는 운동선수들이 혈당 수준과 에너지 저장고를 유지하는 데 도움을 준다.

운동선수의 체중이 줄어든다면 에너지 섭취량이 충분하지 못한 것이다. 반대로 체중이 늘어나는 것은 아마도 에너지 섭취량이 너무 높다는 것을 의미한다. 체중유지는 운동 수행을 극대화하기 위해 일반적으로 권장된다. 만약 체중 감소가 필요하다면 식품섭취량은 하루 200~500kcal 이하로 줄여야 하고 가능하다면 운동선수는 본 경기 전 체중을 줄이도록 시도해야만 한다. 어떤 운동선수에게는 체중 증가가 필요한데 일반적으로 체중유지를 위해 필요한 양보다 하루 500~700kcal를 더 섭취함으로써 이뤄질 수 있다. 추가적인 에너지는[v] 탄수화물(총에너지 섭취량의 55~70%), 지방(총에너지 섭취량의 15~25%), 단백질(총에너지 섭취량의 7~20%)의 건강한 균형으로부터 공급해야만 한다.

많은 운동선수는 체중에 대해 염려한다. 기수, 권투선수, 레슬링선수, 유도 선수 및 다른 운동선수들은 이미 정의된 체중 분류에 맞추기 위해 "체중 만들기"를 해야만 한다. 장거리 달리기 선수, 체조선수, 피겨스케이팅 선수, 무용수와 같은 다른 선수들은 수행도와 심미적인 이유로 아주 호리호리한 체형을 유지해야만 한다. 이러한 운동선수들은 격렬한 훈련을 유지하기 위해 필요한 에너지보다 적게 섭취하는 경향이 있으며 이 때문에 이들은 모든 영양소 섭취량이 부족할 위험이 있다. 이러한 운동선수는 또한 불량한 에너지와 영양소 섭취량에 의해 식이장애, 골다공증, 생리불순(여자), 탈수, 열상 및 부상, 심지어 사망을 포함한 건강결과로 어려움을 겪을 위험도가 높다. 운동선수가 체중감량을 시도할 때 저탄수화물 식이를 하면 안 된다는 것을 이해하는 것 또한 중요하다. 아래에 논의한 것과 같이 탄수화물은 운동수행을 유지하기 위해 중요한 열량 공급원이다.

대다수의 활동적인 사람에서 탄수화물 필요량은 증가된다

한국인의 탄수화물(포도당 형태)은 운동시 우리 몸의 주요 에너지 공급원 중 하나이다. 지구력과 근력이 필요한 운동선수 모두 글리코겐 저장량을 유지하고 에너지를 빨리 공급하는 데 충분한 탄수화물이 필요하다.

운동선수의 식사 중 어느 정도가 탄수화물이어야 하는가?

한국인의 탄수화물 적정 에너지비는 총에너지의 55~70%[vi]임을 기억할 것이다. 운동선수는 이 권장 수준안에서 탄수화물을 섭취해야만 한다. 고탄수화물 식이(총에너지의 60% 이상)가 과거에는 권장되었지만 모든 운동선수에게 이 비율이 적합한 것은 아닐 수 있다.

왜 탄수화물을 섭취해야만 하는가?

운동선수가 글리코겐 저장량을 유지하기 위해 충분한 탄수화물을 섭취해야 할 뿐 아니라 섭취 적절 시간을 지키는 것도 중요하다. 우리 몸은 운동으로부터 회복하는 첫 몇 시간 동안의 가장 높은 저장률을 포함하여 첫 24시간 동안 글리코겐을 매우 빨리 저장한다.[15] 운동으로부터 회복하는 첫 24시간 동안 증가된 탄수화물 섭취량은 근육 글리코겐의 더 많은 포도당 저장량과 관련되어 있다. 매일 체중 kg당 약 6~10g의 탄수화물이 많은 운동선수에서 근육 글리코겐 저장량을 최적화하기 위해 권장된다. 하지만 훈련과 저장 모두에 필요한 탄수화물을 회복하고 섭취하는데 시간이 부족하므로 매일 극심한 훈련을 하는 운동선수에서 이러한 필요량은 더 증가될 것이다.

▲ 과일과 채소 주스는 탄수화물의 좋은 급원이 될 수 있다.

[v] 2010년 한국인 영양섭취기준의 성인 기준—번역자주
[vi] 2010년 한국인 영양섭취기준—번역자주

운동선수가 8시간 이내에 다시 운동을 수행하거나 참여해야만 하는 일정이 잡혔다면 훈련 직후 수시간 내에 충분한 글리코겐 저장량이 이루어질 수 있도록 충분한 탄수화물을 섭취하도록 시도해야만 한다. 그러나 회복시간이 이보다 긴(일반적으로 12시간 이상) 운동선수는 식사시간을 선택해서 섭취할 수 있고 총탄수화물 섭취량이 충분하다면 글리코겐 수준을 회복할 수 있을 것이다.

몇몇 연구들은 운동선수가 매 15~30분마다 다량의 탄수화물을 섭취했을 때 첫 4~6시간 동안 근육 글리코겐 저장량이 강화된다는 것을 보여주었지만[16,17] 흥미롭게도 식품을 조금씩 여러 번 섭취하거나 한번에 많은 양을 섭취해도 근육 글리코겐은 근육 내 충분한 수준으로 회복될 수 있다.[15] 중등 운동 후 회복 기간 내 당지수가 높은 식품을 섭취하면 당지수가 낮은 식품을 섭취했을 때보다 글리코겐 저장량이 높다는 증거도 있다. 이것은 아마도 당지수가 낮은 식품은 난소화성 탄수화물 형태가 많은 식품을 포함하므로 이러한 식품에서 탄수화물의 흡수불량이 높았기 때문이라고 추측된다.[15]

어떤 탄수화물 식품 급원이 운동선수에게 좋은가?

어떤 탄수화물 급원이 격렬한 운동을 유지하는 데 좋은가? 일반적으로 전곡과 전곡 시리얼, 과일, 채소, 주스와 같이 섬유소가 풍부하고 덜 정제된 탄수화물 식품이 훌륭한 급원이며 이러한 식품은 섬유소, 비타민, 무기질도 공급해준다. 식이지침은 단순당 섭취량이 총에너지 섭취량의 10% 미만이 되어야 한다고 권장하지만 운동을 하기 위해 매우 많은 양의 에너지를 섭취해야 하는 어떤 운동선수는 더 많이 섭취해야만 할 수 있다. 게다가 앞에서 언급한 것처럼 운동 후 글리코겐 저장량을 빨리 회복해야 할 때 당지수가 높은 식품의 섭취는 글리코겐 저장량을 증가시킬 수 있다고

표 10.3 다양한 식품의 탄수화물과 총에너지

식품	양	탄수화물 (g)	에너지 중 탄수화물(%)	총에너지 (kcal)
설탕이 첨가된 사과소스	1컵	50	97	207
사과 큰 것	1개	50	82	248
소금이 뿌려진 크래커와 함께	8개			
통밀빵	28g 1조각	50	71	282
젤리와 함께	4티스푼			
탈지우유와 함께	340ml			
스파게티(조리된 것)	1컵	50	75	268
토마토 소스와 함께	¼컵			
현미밥 현미(조리된 것)	1컵	100	88	450
야채 믹스와 함께	½컵			
사과주스와 함께	340ml			
포도 견과류 시리얼	½컵	100	84	473
건포도와 함께	3/8컵			
탈지우유와 함께	220ml			
클리프 에너지바(초콜릿 칩)	68g	45	72	250
메타-알엑스(헬스보충제) (펏지 브라우니)	100g	48	60	320
파워바(초콜릿)	64g	42	75	225
피알 바 아이언맨	57g	24	42	230

Data from "Carbohydrate and Total Energy in Various Foods and Sports Bars" adapted from *Sport Nutrition for Health and Performance*, by Manore and J. Thompson, Copyright © 2000, Published by Human Kinetics.

표 10.4 지구력 운동선수를 위한 권장 탄수화물 부하 단계

경기 며칠 전	최대 운동량의 70% 경기 중(분)	식이 탄수화물 함량(g/체중kg)
6	90	5
5	40	5
4	40	5
3	20	10
2	20	10
1	휴식	10
경기일	경기	경기전 식품과 음료

From Sports Nutrition: *A Practice Manual for Professionals 4th edition*. Copyright © 2006 by American Dietetic Association. Reprinted with permission.

하였다. 그러므로 다양한 종류의 탄수화물 급원식품을 섭취하면 이로운 점이 있다.

시간 제한의 결과로 많은 운동선수는 탄수화물 요구량을 충족하기에 충분한 식품을 섭취하는 데 어려움이 있다. 스포츠 드링크와 에너지바는 운동선수가 탄수화물 섭취량을 늘릴 수 있게 돕도록 고안되었다. 표 10.3은 50~100g의 탄수화물을 공급해줄 수 있는 에너지바, 단순하고 저렴한 간식, 식사를 보여준다.

▲ 탄수화물 부하는 크로스 컨트리 스키선수처럼 지구력이 필요한 운동선수에게 도움을 줄 수 있다.

언제 탄수화물 부하가 이치에 맞는가?

알려진 바와 같이 탄수화물은 운동, 특히 지구력을 요하는 종류의 운동을 유지하는 중요한 에너지 공급원이지만 우리가 저장하는 데 제한된 양이 있다. 따라서 탄수화물의 저장량을 극대화하는 방법을 연구하는 것은 수년간 스포츠 영양학 연구의 가장 중심에 있었다. 글리코겐 부하(glycogen loading)라고도 부르는 **탄수화물 부하(carbohydrate loading)**는 근육 내 글리코겐 저장량을 최대화하기 위해 운동시간과 탄수화물 섭취 시간 모두를 조절하는 방법이다. 표 10.4는 지구력이 필요한 운동선수를 위한 탄수화물 부하 스케줄을 보여주고 있다.

탄수화물 부하로부터 혜택을 받을 수 있는 운동선수는 마라톤, 울트라 마라톤, 장거리 수영, 크로스 컨트리 스키, 철인3종 경기에 참가하는 운동선수이다. 야구, 아메리칸 풋볼, 10킬로 달리기, 걷기, 하이킹, 역도, 대부분의 수영 경기에 참가하는 운동선수나 신체단련을 유지하기 위해 규칙적으로 중등강도의 운동을 하는 사람은 탄수화물 부하로부터 어떤 이득도 받지 않을 것이다.

지구력 운동에서조차 탄수화물 부하는 언제나 수행도를 증가시키는 것은 아니라는 것을 강조하는 것이 중요하다. 이 방법은 특히 설사 같은 극도의 위장관 고통을 포함한 많은 부작용을 가지고 있다. 근육에 추가적인 글리코겐과 함께 물을 저장하기 때문에 많은 운동선수가 무겁고 느릿느릿 움직이는 듯한 느낌을 가진다. 탄수화물 부하를 하고자 하는 운동선수는 운동 전 수용가능하고 이득이 되는 방법인지 결정하기 위해 경기 전에 시험해 봐야 한다.

요점 참가하는 운동의 종류, 강도, 시간이 영양요구량을 결정한다. 근육량과 체중이 높기 때문에 남자는 일반적으로 여자보다 더 많은 에너지가 필요하다. 일반적으로 운동선수는 적어도 총에너지의 55~60%를 탄수화물로 섭취해야만 한다. 운동 후 회복의 첫 수시간 이내 탄수화물 급원식품 섭취로 탄수화물 저장률을 극대화할 수 있다. 탄수화물 부하는 지구력 운동 수행을 강화하기 위해 근육 내 글리코겐의 저장량을 최대로 하기 위해 운동과 식사를 변형하는 것을 포함한다.

중등 지방 섭취량은 대부분의 운동을 유지하는 데 충분하다

지방은 중등 신체활동과 격렬한 지구력 훈련 모두의 중요한 에너지 급원이다. 운동선수가 신체적으로 훈련된 상태에 이르면 에너지를 위해 더 많은 지방을 사용할 수 있게 되는데 다른 말로 그

탄수화물 부하(carbohydrate loading) 글리코겐 부하라고도 함; 훈련 시 탄수화물 섭취 조절로 근육 내 글리코겐 저장을 최대화시키는 방법.

들은 더 나은 "지방 연소자"가 된다. 이는 운동선수가 아니지만 유산소 계열 운동에 주기적으로 참가하는 사람에서도 일어난다. 이러한 훈련 결과는 지방연소와 관련된 다양한 효소의 수와 활성의 증가, 지방을 저장하기 위한 근육의 능력 증가, 운동 중 혈액으로부터 지방을 뽑아내는 능력 증가를 포함한 몇 가지 이유 때문에 일어난다. 지방을 연료로 사용함으로써 운동선수는 탄수화물을 절약할 수 있게 되어 지속된, 강도 높은 훈련과 경기에서 탄수화물을 사용할 수 있게 된다.

체중과 신체적 외모를 염려하는 많은 운동선수는 지방을 총 에너지 섭취량의 16% 미만으로 섭취해야 한다고 믿고 있지만 이는 격렬한 운동에는 부족하다. 대신 대부분의 운동선수에게 일반적으로 총에너지량 섭취량의 15~25%의 지방섭취량과 총에너지 섭취량의 10% 미만의 포화지방섭취량이 권장된다. 같은 권장량은 운동선수가 아닌 사람에게도 적용된다. 지방은 일반적인 건강을 유지하는 데 필수적인 에너지뿐 아니라 지용성 비타민과 필수 지방산을 공급한다. 지방섭취량이 매우 낮으면 이러한 영양소의 불충분한 수준이 결국 훈련과 경기력에 치명적일 수 있다. 고지혈, 고혈압, 또는 건강하지 못한 혈당 수준과 같은 만성질환 위험 요인을 가진 운동선수는 건강위험에 따라 지방과 탄수화물 섭취량 조절을 의사와 함께 해야 한다.

많은 운동선수에서 단백질 필요량이 증가한다

활동적인 사람의 단백질 권장 섭취량은 체중당 0.8~1.7g 범위이다. 이 범위의 아래쪽 끝은 매회 30분 이하로 주당 4~5회 운동하는 사람들이다. 이 범위의 위쪽 끝은 매회 1시간 이상 주당 5~7회 훈련하는 운동선수들이다. 연구들은 체중 1kg당 2g 이상의 섭취량이 단백질 합성, 근력, 수행도를 향상시킨다는 논쟁을 지지하지 않는다.[13]

미국 내 많은 비활동적인 사람과 운동선수는 필요량을 유지하는 데 충분한 양 이상의 단백질을 섭취한다.[14] 그러나 에너지 섭취량이 아주 낮은 운동선수, 양질의 단백질 급원식품을 섭취하지 않는 채식주의자, 성장 중이면서 높은 단백질 필요량을 알지 못하는 운동선수는 충분한 단백질을 섭취하지 못한다.

1995년 배리시어스 박사(Dr. Barry Sears)는 운동경기 선수를 위한 고단백, 저탄수화물 식사의 다양한 이득을 주장하는 구역: 식사 로드맵(*The Zone: A Dietary Road Map*)이라는 책을 출판하였다.[18] 그 후 시어스 박사는 추가로 12편 이상을 출판하였고 이들은 모두 40–30–30 식사 또는 탄수화물 40%, 지방 30%, 단백질 30%로 구성된 식사를 권장한다. 시어스 박사는 인슐린의 건강하지 못한 효과 때문에 고탄수화물 식사는 운동선수의 경기력을 낮춘

당신이 알게 되면 좋아할 식품

스타푸르트

과일 은하계의 새로운 스타, 스타푸르트가 있다! 카람볼라라고도 알려져 있는 스타푸르트의 원산지는 필리핀, 인도네시아, 인도, 스리랑카이다. 따뜻하고 습기가 많은 환경에서 번성하므로 스타프루트는 미국 내 플로리다와 하와이에서 재배된다. 볼록하게 나온 부분이 양 끝으로 내려와져 있어 교차점을 잘랐을 때 별처럼 보이는 특이한 형태에서 이름이 지어졌다. 스타푸르트는 타르트와 디저트 형태 모두 있으며 레몬, 파인애플, 자두를 조합한 맛이 난다. 스타푸르트는 수분과 비타민 C의 훌륭한 급원이며 자연적으로 지방과 나트륨이 낮다. 스타푸르트를 즐기기 위해 껍질을 벗기지 않는 것이 필요한데 우선 씻고 상처 난 부위를 제거하며 별 모양을 얻기 위해 교차점을 잘라서 즐긴다!

다고 주장한다. 이러한 주장은 연구에 의해서 뒷받침되지는 못했고 사실상 많은 시어스 박사의 주장은 인체생리와 일치하지 않는다. 운동선수를 위한 구역식사 Zone Diet의 주요 문제점은 에너지와 탄수화물 섭취량 모두 매우 낮아 훈련과 운동수행을 유지하기 힘들다는 점이다.

양질의 단백질 급원은 제지방 육류, 가금류, 생선, 달걀, 저지방 유제품, 두류 및 콩제품을 포함한다. 개인 맞춤형 마이플레이트(MyPlate) 식사지침에 따라 모든 신체활동 수준에 있는 사람은 보충제나 특수 제조 식품을 사용하지 않고 충분량 이상의 단백질을 섭취할 수 있다.

요점 운동선수와 신체활동이 활발한 사람은 에너지를 위해 지방을 더 많이 사용한다. 총에너지 섭취량 중 포화지방 섭취량이 10% 미만이면서 15~25%의 식이지방 섭취량이 일반적으로 권장된다. 운동선수를 위한 단백질 필요량은 다소 높을 것이지만 미국 내 대부분의 사람들은 이미 하루 필요량의 두 배 이상을 섭취하고 있고 한국의 경우도 평균적으로 하루 필요량 이상을 섭취하고 있다. 운동선수를 대상으로 저탄수화물, 고단백 식사 시장이 형성되었지만 이러한 식사로 탄수화물과 총에너지가 너무 낮아서 훈련과 운동 경기력을 유지하지 못한다.

규칙적인 운동은 수분의 필요량을 증가시킨다

격렬한 신체활동 중에는 수분 손실량을 보충하고 체온을 유지하기 위해 충분한 수분 섭취량이 필수적이다.

냉각 기전

심한 운동 동안 열 생산은 15~20배 증가할 수 있다! 이러한 열을 소멸시키는 주요 방법은 발한, 다른 말로 **증발 냉각(evaporative cooling)**이다. 체온이 증가하면 더 많은 혈액(수분을 포함한)이 피부 표면으로 흐른다. 이러한 방법으로 열은 체내 중심으로부터 피부 표면으로 운반된다. 발한에 의해 수분(그리고 체내 열)은 몸을 떠나고 우리 주위의 공기는 피부로부터 증발된 수분을 모으며 체온은 원래 수준이 된다.

탈수와 열관련 질환

열질환은 우리가 더위 중 운동할 때, 피부가 계속적으로 혈액의 흐름과 경쟁을 하기 때문에 일어난다. 근육과 피부에 충분한 혈액을 동시에 공급하기 위해 충분한 혈액의 흐름이 더 이상 지속되지 않을 때 근육으로의 혈액의 흐름이 우선순위가 되고 증발 냉각은 줄어들게 된다. 고온은 체온을 상당히 증가시키는 반면, 다습은 환경 공기가 이미 수분에 의해 포화되어 땀에 있는 수분을 흡수할 수 없어 증발 냉각을 막기 때문에 고온 다습한 환경에서 운동하는 것은 특별히 위험

증발 냉각(evaporative cooling) 발한의 다른 용어로 체내 열을 없애는 주요 방법.

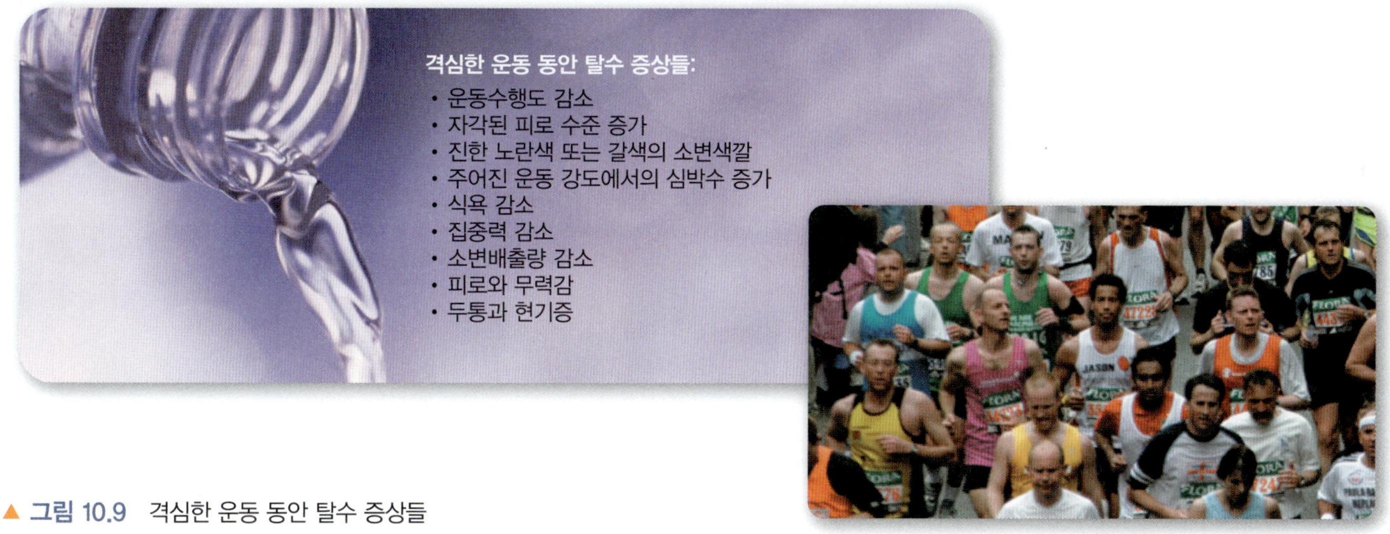

▲ 그림 10.9 격심한 운동 동안 탈수 증상들

▲ 물은 체액 균형을 유지하고 탈수를 방지하기 위해 필수적이다.

하다. 체온은 위험할 정도로 높아지고 열질환에 걸릴 수 있다.

탈수는 열질환에 대한 위험을 상당히 증가시킨다. 그림 10.9는 심한 운동 동안 탈수의 증상을 제시한다.

열질환은 열 실신, 열 경련, 열 피로, 열사병을 포함한다.

- **열 실신(heat syncope)**은 고온에 장시간 서 있어 몸의 말단으로 혈액이 몰려서 생기는 어지럼증이다. 달리기 후 갑자기 멈추거나, 누워 있다가 갑자기 일어설 경우 생기기도 한다.
- **열 경련(heat cramp)**은 운동 중이나 몇 시간의 격렬한 운동이나 노동 후에 나타나는 근육 경련이다. 정리운동 후 대부분 다리, 팔, 복부에서 주로 느껴진다. 땀을 많이 흘리거나 액체를 많이 마시거나, 소변량이 적은 경우, 손실량을 보충하기 위한 나트륨 섭취가 충분하지 못할 때 일어난다.
- **열 탈진, 열 피로(heat exhaustion)**와 **열사병(heat stroke)**은 열 탈진을 발견하지 못하면 열사병이 되는 연속형으로 일어난다. 열탈진의 조기 신호는 과도한 땀 흘림, 차갑고 축축한 피부, 빠르고 약한 맥박, 쇠약, 메스꺼움, 어지럼증, 두통, 그리고 집중력 저하를 포함한다. 이러한 상태가 지속되면 의식이 저하된다. 열사병으로 진행된 사람에서의 신호는 뜨겁

표 10.5 음료 보충 가이드라인

활동 단계	환경	음료 요구량(리터/일)
저활동적	시원함	2~3
활동적	시원함	3~6
저활동적	따뜻함	3~5
활동적	따뜻함	5~10

운동이나 경기 전
- 경기 전 24시간 동안 충분한 음료를 마시고 체중을 유지할 수 있어야만 한다.
- 운동이나 경기 전 적어도 4시간 동안 체중 1kg당 약 4,800~6,800ml의 수분이나 스포츠 음료를 천천히 마셔서 경기 전에 여분의 수분을 배설할 수 있는 시간을 준다.
- 경기 2시간 전에 추가로 체중 1kg당 2,800~4,800ml를 마신다.
- 식사시 소금과 함께 음료를 마시고/마시거나 소금이 조금 함유된 스낵은 갈증 해소에 도움이 되고 섭취한 수분 보유를 도와준다.

운동이나 경기 중
- 경기를 하는 동안 일찍 수분을 마심으로써 그리고 규칙적으로 땀을 통해 손실된 모든 수분을 충분히 보충한다.
- 수분 보충의 양과 속도는 각 사람의 땀을 흘리는 속도와 운동 기간, 날씨, 그리고 수분을 마실 기회에 달려 있다.
- 음료는 주변 환경 온도보다 시원해야만 하고 맛을 강화하고 수분 보충을 촉진하기 위해 향미를 준다.

1시간 이상 지속되는 운동이나 경기 중
- 수분 보충 음료는 혈당 수준을 유지하기 위해 5 ~10%의 탄수화물을 함유해야만 하고 땀으로 인한 염분 손실을 보충하기 위해 소디움과 다른 전해질이 물 1리터당 소디움 0.5~0.7g의 양으로 음료에 포함되어야만 한다.

운동이나 경기 후
- 몸무게가 0.45kg 줄었을 때마다 약 3컵의 수분을 섭취한다.
- 운동 후 음료는 탈수상태에서 회복할 수 있는 수분, 글리코겐 저장량을 재충족시킬 수 있는 탄수화물 및 수분을 다시 빠르게 채울 수 있는 전해질(예를 들면 나트륨과 칼륨)을 포함하여야만 한다.
- 주기적인 소변배출이 가능하고 소변의 색이 아주 연하거나 연한 노란색이 되기에 충분한 음료를 섭취하고 일반적으로 체액 손실량의 120~150%를 마시는 것이 수분 재보충을 확실히 이루기 위해 충분하다.

일반적으로
- 과당이 함유된 제품은 위장관 통증을 유발할 수 있으므로 제한되어야만 한다.
- 카페인과 알코올은 소변배출량을 증가시키고 수분 보유를 감소시키므로 피해야만 한다.
- 탄산음료는 위에 포만감을 주어 수분 섭취 욕구를 감소시키므로 피해야만 한다.

Data from Murray, R. 1997. Drink more! Advice from a world class expert. *ACSM's Health Fitness J*. 1:19–23; American College of Sports Medicine. 2007. Position stand, exercise and fluid replacement. *Med. Sci. Sports Exerc*. 39(2):377–390; and Casa, D. J., L. E. Armstrong, S. K. Hillman, S. J. Montain, R. V. Reiff, B. S. E. Rich, W. O. Roberts, and J. A. Stone. 2000. National Athletic Trainers' Association position statement: fluid replacement for athletes. *J. Athletic Training*. 35:212–224.

열 실신(heat syncope) 고온에 장시간 서 있거나, 달리기 후 갑자기 멈추거나, 누워 있다가 갑자기 일어설 경우 생기는 어지럼증; 몸의 말단으로 혈액이 몰려서 생김.

열 경련(heat cramps) 몇 시간의 격렬한 운동한 후에 나타나는 근육 경련; 땀을 많이 흘리거나 액체를 많이 마시거나, 소변량이 적은 경우, 나트륨 섭취가 적당하지 않을 때 종종 나타남.

열 탈진, 열 피로(heat exhaustion) 과도한 땀 흘림, 쇠약, 메스꺼움, 어지럼증, 두통, 그리고 집중력 저하에 의해 특징 지어지는 열 질병이다. 치료하지 않을 경우 열사병으로 진행할 수 있음.

열사병(heatstroke) 뜨겁고 건조한 피부, 빠른 심박수, 구토, 설사, 40°C(104°F) 이상의 체온, 환각, 혼수 등의 증상을 보이는 잠재적으로 치명적인 열 질병.

고 건조한 피부, 빠르고 강한 맥박, 구토, 설사, 체온이 40℃ 이상, 환각, 코마 등이다. 신속한 의학적 치료가 생명을 구하기 위해 필수적이다.

적절한 수분 보충을 위한 지침

어떻게 우리는 탈수와 열질환을 예방할 수 있을까? 분명히 운동 전, 운동 중, 운동 후 충분한 수분 섭취량이 가장 중요하다. 불행히도 우리의 갈증 기전은 마셔야만 할 때 신호에만 의존하지 못한다. 만약 우리가 갈증을 느꼈을 때만을 의존한다면 운동을 하기 위해 충분한 수분을 마시지 못한다.

일반적인 수분 보충 권장은 체중 유지에 기초한다. 더위 중 훈련하고 경기에 참가하는 운동선수는 훈련 또는 경기 전후 스스로 체중을 측정하고 연속적인 24시간 동안 감소된 체중을 다시 얻어야만 한다. 운동 중 2~3% 이상의 체중이 감소되는 것을 막아야만 하며 체중의 1%만큼 적은 수분 소실로 운동수행도는 떨어질 수 있다.

표 10.5는 적절한 수분 보충의 치침을 리뷰하고 있다. 1시간 미만으로 지속하는 운동은 수분 소실을 보충하기 위해 일반적인 물이면 보통 충분하다. 그러나 어떤 날씨에서는 훈련이나 경기를 1시간 이상하기 위해 탄수화물과 전해질이 포함된 스포츠 음료가 권장된다. 이러한 음료는 물 맛을 좋아하지 않기 때문에 충분이 물을 마시지 않는 사람에게 역시 권장된다. 이러한 음료가 충분한 수분섭취를 돕는다면 사용해도 좋다.

▲ 1시간 이상 지속되는 운동과 경기 중 스포츠 음료를 마시면 체액, 탄수화물, 전해질을 대체할 수 있다.

몇 가지 비타민과 무기질의 충분하지 못한 섭취량은 건강과 운동수행도를 감소시킬 수 있다

운동경기를 위해 고강도로 훈련을 받을 때 특정 비타민과 무기질의 필요량이 변화될 수 있다. 활동량이 높은 많은 사람들은 이러한 영양소를 충분히 섭취할 수 있도록 하는 다양하거나 충분한 식품을 섭취하지 않지만 활동량이 높은 사람은 증가된 필요량을 충족시킬 수 있도록 충분하고 다양한 균형 잡힌 식사를 하는 데 최선을 다해야만 한다.

비타민 B군

비타민 B군은 에너지 대사와 직접적으로 관련되어 있다. 인구집단 수준에서 일부 활동적인 사람에서 증가된 에너지 생산량과 충분하지 못한 식사 섭취량 때문에 현 권장 섭취량보다 다소 높은 티아민, 리보플라빈, 비타민 B_6를 섭취해야만 한다는 신뢰할 수 있는 증거가 있다.[19] 그러나 이러한 증가된 필요량은 충분한 에너지와 섬유소가 풍부한 탄수화물의 충분한 섭취량으로 쉽게 충족될 수 있다. 활동적인 사람 중 비타민 B군 상태가 불량할 위험도를 가진 사람은 에너지 섭취량이 충분하지 않거나 탄산음료와 단순당이 높은 간식과 같은 대부분 정제된 탄수화물 식품만 섭취하는 사람들이다. 채식주의 운동선수와 활동량이 높은 사람은 비타민 B_{12}의 섭취량이 충분하지 못할 위험이 있을 가능성이 있는데 이 영양소가 풍부한 식품 급원에는 대두와 곡류 제품이 포함된다.

칼슘

칼슘은 올바른 근육 수축을 도와주고 뼈 건강을 지켜준다. 미국과 한국(번역자주) 내 주로 앉아서 하는 활동과 활동량이 높은 여성 모두를 포함한 대부분의 여성에서 칼슘 섭취량은 부족하다. 이는 대부분 칼슘이 풍부한 식품 특히 유제품의 섭취량이 부족하기 때문일 것이다. 격렬한 훈련이 칼슘의 필요량을 증가시키지는 않아 보이지만 우리는 뼈 건강을 유지하기 위해 충분한 양의 칼슘을 섭취해야만 한다. 만약 그렇지 않다면 피로골절과 심한 골감소가 일어날 수 있다.

몇몇 여성 운동선수는 여자 운동선수의 3대 증후군(female athlete triad)이라고 알려진 징후로 고생을 한다(9장 참조). 여성 운동선수의 3대 증후군에서 영양학적으로 불충분한 섭취는 불규칙한 생리주기와 골밀도의 심한 감소를 일으킬 수 있는 호르몬 교란의 원인이 된다. 따라서 여성 운동선수를 위해서는 칼슘을 권장섭취량만큼 섭취하는 것이 중요하다. 체구가 작고 에너지 섭취량이 낮은 여성 운동선수를 위해서는 현 권장량을 만족시키기 위해 아마도 칼슘 보충제가 필요할 것이다.

철

헤모글로빈 분자의 일부분인 철은 혈액에서 세포로의 산소 운반과 근육 운동을 위해 중요하다. 철은 에너지 생산에 관여하기도 한다. 활동적인 사람은 비활동적인 사람에 비해 땀, 대변, 소변에서 더 많은 철을 손실하게 되고 지구력이 필요한 육상선수는 뛰는 데서 오는 높은 영향력으로 인해 발에서 적혈구가 파괴될 때 철을 손실하게 된다는 연구가 있다.[20] 여성 운동선수와 비운동선수는 생리로부터의 철 손실 때문에 남성 운동선수보다 더 많은 철을 손실하고 여성은 일반적으로 식사를 통해 철을 더 적게 섭취하는 경향이 있다. 채식주의자 운동선수와 활동적인 사람은 철 섭취량 더 낮을 수도 있다. 그러므로 많은 운동선수와 활동적인 사람은 철 결핍에 대한 높은 위험이 있다. 심한 정도에 따라 불량한 철 상태로 운동선수의 수행도와 규칙적인 신체활동량을 유지할 수 있는 능력이 손상될 수 있다.

스포츠 빈혈(sports anemia)이라고 알려진 현상은 1960년대 밝혀졌다. 스포츠 빈혈은 진짜 빈혈이 아니지만 일부 사람들이 운동 프로그램을 시작할 때 일어나는 철 저장량의 일시적인 감소와 훈련 강도를 증가시킬 때 일부 운동선수에서 발생한다. 운동 훈련은 체내 수분량(소위 **혈장량**)을 증가시키지만 헤모글로빈 양은 훈련 후반기까지 증가하지 않는다. 그러므로 혈중 철 함량은 낮아 보이지만 사실 혈장량 증가로 인해 낮은 것처럼 잘못 해석된 것이다. 실제 빈혈이 아니기 때문에 스포츠 빈혈은 운동수행도에 영향을 미치지 않는다.

일반적으로 신체적으로 활동적인 여성은 철분 저장량이 낮아지는 철분결핍의 첫 번째 단계에 대해 상대적으로 높은 위험에 놓이는 것처럼 보인다.[21,22] 이렇기 때문에 활동량이 높은 여성에서 철분 저장에 대한 혈액검사와 식이철분 섭취량 모니터링을 주기적으로 하는 것이 권장된다.[19] 몇 가지 사례에서 철분 필요량은 식이를 통해 충족될 수 없으므로 보충제가 필요하다. 철분 보충제는 의사의 동의와 적절한 의학적 관리하에 이루어져야 한다.

요점 규칙적인 운동은 수분 필요량을 증가시킨다. 수분은 내부 체온을 낮추고 열질환을 예방하기 위해 중요하다. 탈수는 고온 다습한 환경에서 운동하는 동안 심각한 위협이 된다. 활동적인 사람에서 티아민, 리보플라빈, 비타민 B_6의 필요량이 증가될 수 있다. 운동 자체로 칼슘 필요량이 증가되지 않지만 활동적인 여성을 포함한 대부분의 여성은 칼슘을 충분히 섭취하지 않는다. 일부 여성 운동선수는 낮은 에너지 유용량, 생리불순, 골감소 등의 상호작용을 포함한 상태인 여자 운동선수의 3대 증후군으로 인해 고생을 한다. 많은 활동적인 사람 특히 여성 운동선수와 채식주의자 운동선수는 철이 더 많이 필요하다.

건강 감시

활동적인 사람에게 에르고제닉 보충제는 필수적인가?

미국식품의약국이 사기성 있는 건강표시와 그것을 만드는 회사를 어떻게 엄중히 단속하는지 알고 싶은가? 다음 사이트를 클릭하시오. www.fda.gov/Drugs/EmergencyPreparedness/BioterrorismandDrugPreparedness/ucm137261.htm.

경기에 참가하는 많은 운동선수와 여가활동을 위해 운동하는 일부 사람들조차 운동수행도를 강화시킬 수 있는 어떤 추가적인

영양 하이라이트

에르고제닉 보충제를 판매하는 데 사용되는 9가지의 기만적인 관행

1. *연구의 일반적인 그릇된 설명*
   - 게재된 연구를 전후 관계를 무시하고 인용하거나 증명되지 않은 방식으로 연구결과를 적용한다.
   - 상품이 대학교에서 실험이 되었다는 제품 설명은 사실이겠지만 연구자는 아마도 경험이 부족하거나 생산업자가 연구의 모든 측면을 통제했을 수도 있다.
   - 연구가 이루어지지 않았을 수도 있으나 회사가 거짓으로 했다고 주장할 수도 있다.
2. *연구가 현재 막 종료되었다고 주장하는 회사.* 많은 회사들이 정확히 통제된 연구를 했다고 주장함에도 불구하고 연구에 대한 정확한 정보를 제공하라는 요청 시 많은 회사들이 그렇게 하지 못한다.
3. *연구를 대중적 검토를 하기 위해 이용하지 않는다는 회사*: 소비자는 제품표시가 수행된 증거를 얻을 권리가 있고 연구결과를 숨기려는 것을 지지할만한 어떤 이유도 없다.
4. *추천의 글*: 제품은 보증하는 유명인은 단지 돈 때문에 그렇게 했을 수 있다. 추천의 글은 구매할 수 있고 과장될 수 있으며 사기일 수조차 있다. 만약 제품이 한 유명인사에게 효과가 있었다면 이러한 감지된 효과는 위약 효과 때문이었을 수 있다. **위약 효과(placebo effect)**는 제품이 아무런 생리학적인 효과가 없다고 증명되었음에도 불구하고 사람이 제품이 강한 효과가 있다고 믿어서 기록이 향상되었음을 의미한다. 어떤 종류의 물질이 위약 효과로 인해 정신적 또는 신체적인 수행도를 강화시킬 확률이 약 40%라고 추정된다.
5. *특허*: 특허는 제품간에 구별할 수 있을 만한 차이를 제시한다. 특허는 제품의 효과성이나 안전성을 의미하는 것이 아니고 제품에 대한 연구 없이 받을 수도 있다.
6. *잘못 인용된 연구*:
   - 인용문헌은 잘못 디자인되고 불충분하게 통제된 연구를 포함할 수도 있다.
   - 회사는 다른 나라에서 게재되어 미국에서는 접근할 수 없는 연구를 참고할 수도 또는 입증되지 않은 루머나 확인되지 않은 보고서를 근거로 제품표시를 할 수도 있다.
   - 회사는 제품표시를 뒷받침할 수 있는 타당도가 검증되지 않았거나 인용되는 데 실패한 오래된 연구결과를 인용할 수도 있다.
7. *매체 접근*: 광고 방식은 해설적 광고와 대중매체 광고 비디오를 포함한다. 미국 연방거래위원회가 광고에 있는 허위 제품표시를 통제함에도 불구하고 일반적으로 제품이 대중에게 심한 위험을 가할 경우에만 조사된다.
8. *우편주문 또는 인터넷 기반 신체 적성 평가 및 유전검사*: 회사들은 이러한 방식으로 제품에 소비자의 마음을 끈다. 이러한 평가의 대부분은 소비자가 이용하기에 충분할 만큼 자세하지 않고 정확성은 매우 의문적이다.
9. *동화작용 측정치*: 다수의 회사들은 소비자에게 단백질 평형에 대한 정보를 주기 위하여 내부의 머리카락과 혈액 시험을 수행한다. 이러한 시험들은 정확하지 않게 자주 사용되고 에르고제닉 제품을 판매하기 위해서만 사용된다. 시험결과는 아마 정확하지 않거나 올바른 영양을 처방받아야 하는 영양부족을 의미할 것이다.

Data from Lightsey, D. M., and J. R. Attaway. 1992. Nine deceptive tactics used in marketing purported ergogenic aids. *Natl. Strength Cond. Assoc.* J. 14:26–31.

물질은 계속적으로 찾는다. **에르고제닉 보충제(ergogenic aids)**는 운동과 운동경기수행도 향상을 위해 사용되는 물질이다. 예를 들면 동화작용 스테로이드와 다른 약물처럼 영양보충제는 에르고제닉 보충제로 분류될 수 있다. 흥미롭게도 사람들은 경기력 수행도 향상을 위해서뿐 아니라 신체적 외모 향상, 부상과 질병의 치료 및 예방, 스트레스 대처를 돕기 위해 에르고제닉 보충제를 사용한다고 보고한다. 일부 사람들은 심지어 동료들의 심하게 권하기 때문에 사용한다고도 말한다!

이 장에서 배운 것처럼 충분한 영양은 운동선수의 수행도와 규칙적인 신체활동에 중요하므로 스포츠바와 음료와 같은 제품은 운동선수의 경쟁력을 유지하는 데 도움이 될 수 있다. 그러나 우리가 잠시 살펴보겠지만 많은 에르고제닉 보충제는 효과적이지 않고 일부는 위험하며 대부분 매우 비싸다. 평균적인 소비자가 이러한 제품에 대한 최근의 연구결과를 추적하여 살펴보는 것은 사실상 불가능하다. 더불어 많은 부분은 충분히 연구되지 않았고 제품들을 둘러싼 근거 없는 주장은 만연해 있다.그러면 당신은 더 교육된 소비자가 될 수 있는가?

에르고제닉 보충제와 영양보충제를 팔기 위해 가장 흔히 현혹하는 사례를 살펴보자.[23,24] 이러한 사례는 위의 **영양 하이라이트** 박스에 제시되어 있다. 예를 들면 많은 사례에서 수행된 연구는 잘못 제시된 제품이나 경험이 부족하거나 편견이 들어간 연구자에 의해 이루어진다.

위약 효과(placebo effect) 실제로는 효능이 없는 것인데 효능이 있을 것이라는 믿음 때문에 나타나는 효과.

에르고제닉 보충제(ergogenic aids) 운동 선수들의 기량을 향상시키기 위해 사용되는 보충제.

▲ 동화작용 물질은 근육 크기를 증가시키려는 사람들이 주로 구입하지만 위험한 부작용의 위험을 수반한다.

일부 회사는 연구는 이루어지고 있지만 연구결과는 대중에게 전달할 수 없다고 주장한다. 연구결과를 숨길 필요는 없기 때문에 이것은 위험신호이다. 유명인사의 추천은 제품 판매에 도움이 되므로 유명인사의 대변인의 사용 또한 매우 흔하다. 그러나 많은 유명인사들은 실제 그들이 계약하여 돈을 지불받은 제품을 사용하지 않는다. 마지막으로 제품에 대한 특허는 그 제품의 효능성이나 안전을 보장하지 않는다고 인식하는 것은 중요하다. 특허는 오로지 제품간의 차이를 구별하기 위한 것이며 사실 제품에 대한 효능성이나 안전성을 위한 과학적인 시험이 이루어졌음을 보장할 수 없다.

새로운 에르고제닉 보충제는 거의 매달 소개된다. 따라서 모든 사용가능한 제품을 여기에서 논하는 것은 불가능하다. 하지만 현재 인기 있는 에르고제닉 보충제 몇 개를 짧게 살펴보고자 한다.

동화작용 제품은 근육과 체력 강화제로 홍보된다

많은 에르고제닉 보충제는 근육을 형성하거나 근육의 강도를 증가시키는 의미인 **동화작용(anabolic)**을 한다고 한다. 대부분의 동화작용 물질은 근육 크기와 힘을 증가시키는 것과 연관된 특성을 가진 남성 성호르몬인 테르토스테론 증가를 가져온다. 일부 동화작용 물질은 효과적임에도 불구하고 일반적으로 이러한 제품은 유해한 부작용과 관련되어 있다.

동화작용을 하는 스테로이드

동화작용을 하는 스테로이드는 근육 크기, 근력, 힘, 속도를 증가시키는 데 효과적이라고 알려진 테스토스테론 기반 약물이다. 이러한 약물은 운동선수의 근력과 힘을 위해 광범위하게 사용되지만 미국과 우리나라(번역자주)에서는 불법이고 약물의 사용은 주요 대학 및 전문 스포츠 협회와 더불어 미국과 국제 올림픽 위원회 모두에서 금지되어 있다. 스테로이드 약물 사용은 장기간 되돌릴 수 없는 영향이 있다고 증명되었고 부작용에는 불임, 영구적으로 키가 작게 되는 장골판의 조기 패쇄, 쭈글쭈글한 고환, 거대한 유방조직(수술로만 제거할 수 있는) 및 기타 남성에서의 "여성화" 징후, 거대한 클리토리스, 안면 털 증가 및 기타 여성에서의 "남성화", 특정 형태의 암 위험 증가, 간 손상, 혈중지질의 건강하지 못한 변화, 고혈압, 심한 여드름, 머리카락의 가늘어짐이나 탈모, 그리고 우울, 환각, 수면장애 및 극심한 분노(스테로이드 분노라고 부르는) 등이 포함된다.

안드로스테네디온과 디하이드로에피안드로스테론

안드로스테네디온[androstenedione "안드로(andro)"]과 디하이드로에피안드로스테론(dehydroepiandrosterone, DHEA)은 테스토스테론의 전구체이다. 이러한 제품의 생산자는 제품의 섭취가 테스토스테론 수준과 근력을 증가시킨다고 주장한다. 안드로스테네디온은 야구선수 마크 맥과이어가 집에서 휴식 중 사용하여 최다 홈런기록을 얻었다고 주장한 후에 매우 인기있게 되었다. 2002년 미국 국가조사에서 고등학교 고학년 학생 40명당 약 1명이 과거에 사용한 적이 있다고 했다.[25] 유행하는 주장과 반대로 최근의 연구는 안드로스테네디온과 디하이드로에피안드로스테론 모두 테스토스테론 수준을 증가시키지 않으며 안드로스테네디온은 35~65세 남성에서 심장질환의 위험을 증가시킨다고 제시한다.[26] 이러한 제품이 근력을 향상시키거나 근육량을 증가시킨다는 주장을 증명하는 연구는 없다.

감마-히드록시부티르산

감마-히드록시부티르산(gamma-hydroxybutyric acid, GHB)은 중추신경계 억제제이다. 이것은 한때 근육을 만드는 이화작용 스테로이드의 대체제로 사용되었다. GHB의 생산과 판매는 미국에서 한번도 허용되지 않았지만 식품보충제처럼 암시장에서 불법적으로 생산되고 판매되고 있

동화작용(anabolic) 근육을 형성하거나 근육의 강도를 증가시키는 물질을 의미하는 용어.

다. 수년간 많은 사용자들이 GHB는 현기증, 몸의 떨림, 구토만 유발한다고 했으나 다른 사람들은 발작, 호흡저하, 진정, 혼수를 포함한 심각한 부작용을 경험했다고 하였다. 많은 사람들은 병원에 입원했고 일부는 사망했다.

2001년 미국 주정부는 GHB를 규제약물 리스트에 올렸고 제조, 판매, 소유는 모두 불법으로 하였다. GHB 형태는 발작성 수면과 희귀 수면 장애 치료를 위한 처방전에 의해 사용가능하지만 의사에 의한 처방시 부가적인 서류작업이 필요하며 처방은 면밀히 모니터링된다. 금지 후 유사제품[감마-부티로락톤(gamma-hydroxybutytic acid, GBL)]이 시장에서 자리를 대신했다. 이 제품도 위험하다고 증명되어 미국식품의약국이 시장에서 제외했다. 최근 BD라 부르는 다른 대체물[1,4-부타네디올(1,4-butanediol, BD)]도 적어도 사망 71명과 조사 중인 40명의 원인이 되었기 때문에 미국식품의약국에 의해 금지되었다. BD는 산업 용매이며 테트라메틸렌 글리콜(tetramethylene glycol), 부티렌 글리콜(butylene glycol), 수콜-B(sucol-B)로 리스트에 원료로 표시된다. 부작용은 거칠고 공격적인 행동, 오심, 요실금, 의식의 급작스런 상실 등을 포함한다.

크레아틴

크레아틴은 근력과 운동선수에게 힘을 주기 위해 널리 인기 있는 보충제이다. 크레아틴 또는 크레아틴 인산염은 고기와 생선에 있고 우리의 근육에 저장된다. 앞서 묘사한 것처럼, 우리 몸은 크레아틴 인산염을 사용하여 아데노신 삼인산염을 재생산한다. 크레아틴 보충제는 아데노신 삼인산염을 재보충하기 위해 사용가능한 크레아틴 인산염을 더 많이 만든다는 가설이 있다. 1994년에서 2011년 사이에 17,000개 이상의 논문은 인체에서 크레아틴과 운동의 관련성에 대해 출판되었다. 크레아틴은 유산소 종류의 운동에서 운동수행을 강화하는 것은 아니라고 보여지지만 수영, 달리

뉴트리-케이스 주디

"나는 내 인생에서 체중감소를 시도하지 않았던 때를 기억할 수 없다. 그러나 아무것도 효과가 없었고 내가 다이어트를 그만두었을 때 언제나 시작할 때보다 더 뚱뚱해져 있었다! 이는 몇 년간 계속되었고 나는 거의 포기를 했지만 지난 주 연간 건강검진에서 주치의는 내가 이미 알고 있는 대로 내가 비만이라고 확인했다! 의사는 또한 나의 체중 때문에 혈당이 높고 혈압 역시 높다고 말했다. 간호사가 말한 것처럼 나는 비만으로 인한 건강문제를 매일 발견하고 있다. 이것이 얼마나 나쁜지 아는 것은 여전히 체중감소에 도움이 되지 않고 체중감소는 여전히 미루고 있다. 그래서 우리는 체중감소를 위한 "느리고 꾸준한" 방법에 대해 말하기 시작했는데 나는 식사를 조금 더 잘 관찰하고 처방된 약을 복용하며 이 병원에 있는 휘트니스 센터에서 운동을 시작하기로 약속했다. 나는 휘트니스 센터를 점심시간에 둘러보았고 좋다고 생각했다. 휘트니스 센터에는 커다란 TV 바로 앞에 러닝머신과 고정 자전거가 있어 운동을 하면서 드라마를 볼 수 있다. 여전히 나는 내가 하기로 한 것이나 매주 얼마나 자주 또는 얼마나 오래할지 정말 확실하지는 않다. 내가 말하고자 하는 것은 내가 만일 2kg 빼야 한다면 그것은 쉬울 것 같다. 하지만 나는 20kg를 빼야 한다! 그리고 점심식사를 하는데 오로지 30분만 있다!"

만약 당신이 밸리 병원 근무자 피트니스 센터의 트레이너라고 상상한다면 주디는 당신에게 그녀의 체중감소와 건강 목표에 대해 말하고 있는 것이다.

운동원칙을 적용하여 주디가 그녀의 건강을 향상할 수 있도록 시작할 수 있는 시작단계 신체활동 프로그램을 권장하며 이러한 것들은 올바른 주당 근무일인 5일당 횟수, 강도, 활동시간 및 운동의 다양성을 포함한다.

기, 사이클링에서 단거리 수행도를 강화한다고 알려졌다.[27~30] 다른 연구들은 크레아틴은 저항성 운동 동안 수행된 운동의 양과 생산된 힘의 양을 증가시킨다고 보고한다.[29,31,32]

2001년 1월 뉴욕타임즈는 프랑스정부가 크레아틴 사용이 암을 유발할 수 있다고 주장했다고 보고했다.[33] 뉴스는 국제적인 뉴스 연합과 인터넷을 통해 빨리 퍼졌다. 곧이어 인체에서 크레아틴 사용으로 암에 대한 위험도가 증가된다고 보고한 연구가 없기 때문에 이러한 주장은 거짓으로 나타났다. 사실상 많은 연구들은 항암효과를 보고했다.[34,35] 크레아틴 사용으로 탈수, 근육 뭉침, 위장관 불편과 같은 부작용이 보고되었지만 크레아틴의 장기간 사용이 어떤 영향을 미치는지에 대한 정보는 거의 없다. 후속 연구는 조금 더 장기간 동안 크레아틴 사용에 대한 효과성과 안전성을 결정하기 위해 필요하다.

단백질과 아미노산 보충제

단백질과 아미노산 보충제는 오랜기간 인기가 있었고 건강식품 상점과 인터넷에 널리 퍼져 있다. 이러한 제품의 예로는 다양한 단백질 파우더와 글루타민과 아르기닌 같은 개별 아미노산이 있다. 제조업자는 이러한 제품이 근육량을 늘이고 힘을 강화한다고 하지만 연구논문은 그렇지 않다고 시사한다.[19,36,37]

일부 제품은 운동 중 에너지원 사용을 최적화시킨다고 알려져 있다

특정 에르고제닉 보충제는 지방, 탄수화물, 단백질의 사용을 최적화함으로써 에너지 수준을 증가시키고 경기수행도를 향상시킨다고 알려져 있다. 여기에서 살펴보고자 하는 제품은 카페인, 에페드린, 카르니틴, 크롬, 리보오스가 포함된다.

카페인

카페인은 우리가 더 잘 깨어 있고 활력이 넘치게 해주며 운동 중 피로를 덜 느끼게 해준다. 게다가 카페인은 지구력 운동시 지방이 에너지원으로 사용되는 것을 증가시켜 근육의 글리코겐은 절약하고 경기력을 향상시킨다.[38,39] 레드불(Red Bull)과 같이 고용량의 카페인을 포함하는 에너지 드링크는 운동선수와 대학생에게 인기가 많아졌다. 그러나 운동과 카페인을 함께 섭취하여 생기는 수분 손실에 의한 심한 탈수 때문에 이러한 음료는 운동 중 피해야만 한다. 연구결과 역시 어린이, 청소년, 젊은 성인에서 에너지 드링크는 발작, 당뇨병, 기분과 행동 이상과 같은 심각한 부작용과 관련이 있다고 제시하고 있다.[40] 운동선수 세계에서는 카페인은 통제되거나 제한되는 약물이고 소변의 카페인이 과량이라면 운동선수는 올림픽 경기 출전 금지가 될 수 있다는 것을 알아야만 한다. 그럼에도 불구하고 금지되는 카페인의 양은 매우 높고 이러한 농도가 되기 위해서는 위해서는 운동선수는 알약 형태의 카페인을 섭취해야 한다. 카페인 사용의 부작용은 혈압 상승, 심박수 증가, 현기증, 불면증, 두통, 위장관 통증을 포함한다.

▲ 에페드린은 약초 에페드라 시니카(*Ephedra sinica*, 중국 에페드라)로부터 얻는다.

에페드린

에페드라(ephedra), 중국 에페드라(Chinese ephedra), 또는 마황(ma huang)이라고도 알려진 에페드린(ephedrine)은 체중감소 보충제와 에너지 강화제로 판매되는 강한 흥분제이다. 실제로 중국 에페드라(에페드라 약초)로 판매되는 많은 제품은 실험실에서 나온 에페드린과 카페인과 같은 다른 흥분제를 포함한다. 에페드라의 사용은 운동선수의 경기력을 강화시키는 것 같지 않지만 카페인과 에페드라가 함께 포함된 보충제는 에너지 소진에 이르기까지의 운동량을 증가시키는 것으로 보인다.[41] 에페드라는 주로 앉아서 생활을 하는 여성에서 체중과 체지방을 감소시키는 것으로 알려졌으나 운동선수에서 체중감소와 체지방 수준에 대한 효과는 알려져 있지 않다.

에페드라 사용의 부작용은 두통, 오심, 신경과민, 걱정, 불규칙한 심박수, 고혈압을 포함하며 에페드라의 사용으로 적어도 17명이 사망했다.[42] 에페드라가 포함된 보충제를 파는 것은 현재 미국에서는 불법이다.

카르니틴

카르니틴은 미토콘드리아의 막에서 발견되는 아미노산에 의해 만들어진 화합물이다. 카르니틴은 지방산이 미토콘드리아로 이동되는 것을 도와 에너지로 사용될 수 있도록 한다. 운동 훈련은 세포의 카르니틴을 고갈시키므로 보충제를 통해 카르니틴 수준을 회복시켜 지방을 에너지원으로 사용하는 것을 도울 수 있다고 제안되고 있다. 그러므로 카르니틴은 운동수행도 강화제뿐만이 아니라 지방연소제로 판매되고 있다. 카르니틴 보충제에 대한 연구들은 보충제에 의해 지방산의 수송이나 지방산 산화가 강화되지 않음을 보고함으로써 이러한 기능성을 뒷받침하지 않는다.[43,44] 카르니틴 보충제 사용은 유의미한 부작용과 관련되어 있지는 않다.

크롬

크롬은 아미노산의 세포로의 이동을 증가시키는 인슐린의 작용을 강화하는 미량무기질이다. 크롬은 전곡류, 치즈, 견과류, 버섯류, 아르파라거스에서 발견된다. 많은 사람들은 크롬이 부족하고 보충제는 아미노산의 근육세포로의 흡수를 증가시켜 근육의 성장과 힘을 증가시킬 것이라는 가설을 세우고 있다. 카르니틴처럼 크롬은 크롬의 인슐린에 대한 영향이 뇌가 지방의 섭취를 감소시키도록 자극하는 것이 관찰되어 지방연소제로 판매된다.[42] 크롬 보충제는 크롬 피콜리네이트(chromium picolinate)와 크롬 니코티네이트(chromium nicotinate)의 형태로 있다. 크롬 보충에 대한 초기 연구는 효과가 있음을 보여줬지만 더 최근의 디자인이 잘된 연구들은 크롬 보충제가 근육량, 근력, 체지방이나 운동수행도에 미치는 효과를 뒷받침하지 않는다.[45]

리보오스

리보오스는 5탄당으로 ATP 생산에 매우 중요하다. 리보오스가 심장질환자에서 운동지구력을 향상시킨다고 알려졌지만[46] 다수의 연구는 리보오스 보충제가 운동선수의 경기수행도에 아무런 영향을 미치지 않는다고 보고했다.[47~49]

에르고제닉 보충제에 대한 이러한 고찰로부터 대부분은 경기수행도를 강화시키거나 근력이나 체구성을 최적화시키는 데 효과가 없음을 알 수 있을 것이다. 분별력 있는 소비자가 되어 이러한 제품을 검증할 때 당신이 돈을 낭비하지 않거나 이러한 제품을 사용함으로써 건강이 위험해지지 않음을 확인하는 것이 중요하다.

요점 에르고제닉 보충제는 운동이나 경기력을 향상시키기 위해 사용된다. 동화작용을 하는 스테로이드는 근육의 크기, 힘, 근력 향상에 효과적이지만 사용하는 것을 불법이고 심각한 건강 문제를 야기시킬 수 있다. 안드로스테네디온과 디하이드로에피안드로스테론은 테스토스테론의 전구체이고 둘 다 모두 테르토스테론 수준, 힘, 근육량의 증가시키는 데 효과적이지 않다. GHB와 그 전구체는 불법물질이며 위험한 진정작용과 사망과 관련되어 있다. 크레아틴 보충제는 인기가 있으며 수영, 육상, 사이클에서 단거리 경기수행도를 증가시킬 수 있다. 단백질과 아미노산 보충제는 근육 성장이나 근력을 향상시키지 않는다. 카페인은 운동시 지방의 사용을 증가키시는 흥분제이고 운동선수 세계에서 사용은 통제된다. 에페드린은 잠재적으로 치명적인 부작용을 가진 흥분제이다. 카르니틴, 크롬, 리보오스는 에르고제닉 보충제로 판매되고 있지만 많은 연구들은 효과를 뒷받침하지 않는다.

나는 어디에 있을까?

당신은 이 장을 읽었으므로 당신에 있어서 신체활동을 증가시키는 것은 중요한 목표라고 느끼는가?

예 / 아니오

만약 예라면 여기에 아주 자세하고 측정할 수 있는 자신에 맞고 당신이 오늘 당장 시작하여 달성할 수 있다고 확신하는 목표를 적어보자.

복습

오늘 내가 해 볼 수 있는 것은?

이 장을 읽고, 다음 세 가지를 실천해 보자.

- 하루 동안 집에 차를 세워두고 걷거나 자전거를 타거나 대중교통을 타고 학교나 일터에 가보자.
- 오늘 최소 30분 운동하자. 시작하기 전에 당신의 심박수 범위를 측정하자. 운동하는 동안 심박수를 측정하고 목표하는 훈련범위에 들어가도록 유지하자.
- 매일의 신체활동수준을 증가시키도록 돕도록 신체활동 피라미드를 사용하여 신체활동 목표를 세우자.

스스로 평가하기 정답

1. 참. 미국인의 최대 55%는 충분한 신체활동을 하지 않고 26%는 신체활동을 전혀 하지 않으며 일을 하면서조차 활동을 하지 않는다고 하였다.

2. 거짓. 걷기, 적극적인 가사노동, 심한 농사 및 다른 종류의 중등 정도의 신체활동을 일주일 중 대부분의 날에 매일 약 30분 정도 한다면 의미 있는 건강상 이점을 준다.

3. 거짓. 식품이거나 보충제 형태이거나 여분의 단백질을 섭취했을 때 근육의 성장은 자극받지 않는다. 체중부하 운동은 신체를 적절히 자극해서 근육량과 근력의 증가를 가져온다.

4. 참. 대부분의 에르고제닉 보충제는 효과가 없거나 광고하고 있는 결과를 생산하지 않는다. 동화작용 스테로이드와 에페드라와 같은 일부는 심각한 부작용 때문에 금지되었다.

5. 거짓. 탄수화물 부하는 마라톤과 철인3종 경기와 같이 지구력을 요하는 운동수행도 향상에 도움이 되지만 1,500미터 달리기와 같은 종류의 비지구력 운동수행도는 향상시키지 않는다.

단원 문제

맞는 것에 동그라미 표시하세요.

1. 신체 적성을 이루고 유지하기 위해 운동 중 일반적으로 권장되는 강도 범위는:
- a. 최대 심박수의 25~50%이다.
- b. 최대 심박수의 35~75%이다.
- c. 최대 심박수의 50~70%이다.
- d. 최대 심박수의 75~95%이다.

2. 근육세포에 저장된 ATP의 양은 근육이 약 ____ 계속 움직일 수 있게 할 수 있다.
- a. 1~3초　　b. 10~30초
- c. 1~3분　　d. 1~3시간

3. 하루 종일 도보여행을 하기 위해 신체는 주로 에너지를 위해 어떤 영양소를 사용하는가?
- a. 탄수화물　　b. 지방
- c. 아미노산　　d. 젖산

4. 크레아틴은
- a. 유산소 계열 운동의 경기력을 향상시키는 것 같다.
- b. 방광암에 대한 위험을 증가시키는 것으로 보인다.
- c. 저항력 운동에서 필요한 힘을 증가시키는 것으로 보인다.
- d. 간에 저장된다.

5. 1시간 이상 지속되는 격렬한 운동경기에 참가하는 운동선수는 _____를 마셔야만 한다.
- a. 카페인이 함유된 음료
- b. 탄수화물과 전해질이 함유된 음료
- c. 실온의 생수
- d. 없음

6. 참 / 거짓　건강한 신체단련 프로그램은 신체에 과도한 운동을 부하시키는 것이다.

7. 참 / 거짓　10~15%의 식이지방 섭취량은 일반적으로 활동적인 사람들을 위해 권장한다.

8. 참 / 거짓　탄수화물 부하는 저장지방을 최소화하기 위한 운동 기간과 강도 및 탄수화물 섭취량의 변화를 포함한다.

9. 참 / 거짓　운동 빈혈은 수개월에서 수년간 강도 있는 훈련을 한 일부 운동선수에서 발생하는 철 저장고의 만성적인 부족이다.

10. 참 / 거짓　운동원칙은 빈도, 강도, 활동시간을 의미한다.

단원 문제에 대한 정답은 이 책 뒤쪽에 있습니다.

11
생애주기 영양

스스로 평가하기

다음 문장들은 참인가요, 거짓인가요? 답이라고 생각하는 곳에 동그라미를 표시하세요.

1. 참 / 거짓 대중의 일반적인 믿음에도 불구하고, 입덧, 탐식, 식품혐오를 가지는 임산부는 실제로는 매우 적다.
2. 참 / 거짓 대부분의 영아는 3개월 무렵까지는 고형식을 필요로 하기 시작한다.
3. 참 / 거짓 첫돌 이후에는 비만 위험 감소를 위해 무지방 유제품을 제공한다.
4. 참 / 거짓 식사섭취는 청소년들의 여드름 발생에 실질적인 영향이 없는 것으로 받아들여지고 있다.
5. 참 / 거짓 아동이 있는 미국가정의 10% 넘는 수가 식품미보장을 경험하고 있다.

스스로 평가하기의 정답은 이 장 마지막 부분에 있습니다.

일요일 오후 해리스 가족은 함께 저녁식사를 하기 위해 88세의 렝 할머니가 사시는 롱비치 아파트에 모였다. 키가 150cm에 지나지 않는 렝은 아주 말랐고, 70세인 딸과 67세인 아들도 그렇다. 그러나 음식을 준비하던 손녀가 가족들을 식탁으로 불러 모았을 때 변화된 모습들이 확연히 드러났다. 렝 할머니의 손자소녀들과 그 배우자들은 거의 과체중이었고 증손자소녀들도 거의 그랬다. 렝 할머니가 가장 사랑하는 2세의 고손녀 주얼도 오동통한 아기이다. 렝 할머니는 모두 체중이 많이 나가는 것을 걱정했다. 고향인 캄보디아에서 과체중은 거의 없고 부의 상징이었다. 그러나 미국에서는 병을 일으키는 것으로 생각한다. 손자 중 하나는 작년에 심장마비를 일으켰다. 주얼을 임신 중이었던 증손녀는 임신성 당뇨병을 가졌고, 가족들 중 몇 명은 제2형 당뇨병으로 진단받았다. 체중문제는 렝 가족만의 문제가 아니다. 미국의 아동과 청소년(2~19세) 중 32% 이상,[1] 성인의 68%가 과체중이거나 비만이다.[2] 아시아계 미국 성인의 약 9%, 모든 미국 성인의 약 7%가 제2형 당뇨병을 가지고 있다.

비만과 관련 질환의 발생률이 지난 10년간 급등한 원인이 무엇이고 생애를 걸쳐 체중관리를 증진하기 위해 무엇을 해야 할까? 성장하고 노화를 거치는 과정 중에 영양 필요가 어떻게 달라지고 생애의 단계별로 어떤 영양관련 문제가 나타나는가? 이 장을 공부하면서 이런 질문에 대한 답을 얻을 수 있을 것이다.

어디서부터 시작할까?

식생활지침에서 성인은 하루 1컵 소아 청소년은 하루 2컵의 우유나 유제품을 섭취할 것을 권장하고 있다. 당신은 어떠한가?

예 / 아니오

당신이 만일 가임기 여성이라면 매일 복합 비타민제나 엽산을 복용하고 있는가?

예 / 아니오

노화 과정 중 건강을 증진시키기 위해 노력하는 혹은 삼가하는 것이 있다면 한 가지 이상 기술해 보시오.

올바른 시작: 임신기의 건강을 위한 영양

임신이 되는 순간부터 영아기에 이르기까지 신경발달을 비롯한 조직의 형성과 성장에 적절한 영양은 필수적이다. 성인기 신체적으로나 정신적(지적)으로나 최대 성장을 이루는 능력은 태내 및 영아기에 노출된 영양환경에 의해 결정된다.

임신 전 영양상태는 왜 중요할까?

비록 **임신(conception**, 여성의 난자와 남성의 정자가 수정되는 것)이 이루어지기 전의 영양상태일지라도 임신 결과에 중요한 영향을 미치는 몇 가지 요인이 있다. 여기서는 세 가지 요인에 대해 설명할 것인데, 하나는 자손의 건강에 미치는 요인이고 나머지 두 가지는 모성의 건강에 영향을 미치는 요인이다.

첫째로, 영양결핍과 관련된 문제는 임신 사실을 깨닫지 못하는 임신 초기에 발생한다. 결핍된 영양소의 부족으로 인한 문제는 출생 후 전 생애에 걸쳐 영향을 미친다. 임신 전에 적정한 양의 다양한 섭취는 생애초기 중요한 몇 주간 동안의 "보험"과 같은 역할을 하며 이러한 문제가 발생할 위험을 줄인다. 예를 들어, 임신 첫 28일간 모성의 불충분한 엽산 섭취는 태아의 척추조직의 정상적인 발달을 어렵게 하여 작게는 마비에서 무뇌아 출산에 이르는 다양한 문제를 일으킬 수 있다. 그리고 이 기간은 모성이 임신 사실을 깨닫지 못하는 기간이기도 하다. 이러한 이유로 임신가능성이 있는 모든 여성에게 엽산이 풍부한 식품을 섭취할 수 있는 다양하고 건강한 식사뿐 아니라 곡류 등에 엽산을 강화하거나 보충제를 섭취하도록 하여 하루 400μg의 엽산을 섭취할 수 있도록 장려한다. 충분한 엽산을 섭취하는 것은 임신을 계획하는 여성이 임신 전에 꼭 가져야 할 건강한 식사습관임을 명심한다.

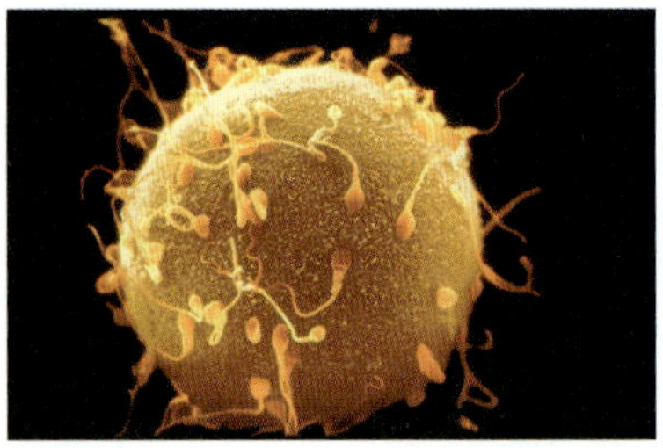

▲ 임신 시, 정자와 난자의 수정이 일어난다.

둘째, 임신 전 건강한 식사 및 생활 습관은 태아에게 최적의 건강과 발달을 가능하게 한다. 알코올, 마약 및 **기형 발생원(teratogen)**을 피해야 한다. 그리고 카페인, 처방약, 약초, 보충제 등의 섭취에 대해 주치의와 상의하는 게 좋다. 흡연은 저체중아 출산의 위험을 높이기 때문에 임신 전에 담배를 끊는 것이 바람직하다.

셋째, 임신 전 모성의 건강은 훗날 자녀의 건강에 지대한 영향을 미친다. 임신 당시 비만한 여성의 자녀는 비만하거나 출생 시 구순구개열, 심장병 등의 결함을 가질 위험이 높다.[3] 당뇨병이 있는 여성의 자녀는 당뇨병이 없던 여성의 자녀보다 제2형 당뇨병, 고혈압, 이상지질혈증을 가질 위험이 높다. 또한 임신 중 영양소 결핍은 자녀의 유전정보를 바꿀 소지가 있다.

임신 전 건강한 식사와 규칙적인 신체활동을 하는 것은 적절한 체중에 도달하고 이를 유지할 수 있도록 도와준다. 임신 전에 건강한 체중을 유지하면 임신과정과 분만 시 발생할 수 있는 합병증의 가능성을 낮추고 분만시간의 연장이나 제왕절개와 같은 부정적인 분만 결과의 위험을 줄인다. 임신 전에 저체중이건 과체중이건 건강한 체중을 유지하지 못하면 임신과 관련된 합병증의 위험이 증가한다.

마지막으로 임신 전 균형있고 영양이 풍부한 식사를 통해 임신 중 발생할 수 있는 건강문제의 가능성을 낮출 수 있다. 비록 어떤 것들은 본인의 노력으로 통제 불가능한 것도 있으나 철 결핍성 빈혈이나 고혈압 같은 것들은 건강한 식사를 통해 발생가능성을 낮출 수 있다.

남성에 있어서도 임신 전 영양과 생활습관이 중요하다. 영양불량은 비정상적인 정자를 만들기 때문이다. 몇 가지 근거가 있는데 다음과 같다.

임신(conception) 난자와 정자가 합체하여 수정란을 형성.

기형 발생원(teratogen) 선천적 결손(birth defect)을 유발하는 물질.

- 포화지방을 많이 섭취하는 남성은 상대적으로 정사의 수가 적다. 반대로 오메가-3와 오메가-6 다가불포화지방산을 많이 섭취하면 정자의 형태와 운동성이 향상된다.[4]
- 엽산을 많이 섭취하는 남성은 상대적으로 정자의 결함이 적다.[5]
- 비타민 C나 E와 같은 항산화 영양소는 정자의 운동성 향상과 연관이 있다.
- 알코올과 담배를 남용하거나 마약을 하는 남성은 상대적으로 결함이 있는 정자를 생성할 가능성이 높다.

임신 중의 영양상태가 중요한 것은 왜일까?

임신기 동안 균형있고 영양가 높은 식사를 해야 태아의 성장발달에 필요한 영양을 공급하면서도 모성 자신의 건강을 유지하는 데 필요한 영양소를 빼앗기지 않을 수 있다. 또한 과다한 체중 증가의 위험을 최소화한다.

임상현장에서 임신 주수를 계산할 때 마지막 생리시작일부터 임신이 시작되는 것으로 계산한다. 정상적인 임신기간은 38~42주 지속되며 **삼분기(trimester)**로 나누는데 각각의 삼분기는 13~14주 정도이다.

첫 삼분기는 대략 임신 첫 주부터 13주까지로 난자와 정자가 하나의 세포로 수정됨과 동시에 시작된다. 이후 몇 주간 세포분열을 통해 발달과정에 있는 **배아(embryo)**의 특징적인 조직이 만들어진다.

8주 무렵까지 배아 조직과 기관은 급속히 분화된다. 원시적인 골격과 근육이 발달되기 시작한다. 심장이 될 조직은 박동을 시작하고 소화기관이 형성과정에 있다. 이후 몇 주간 배아의 성장이 지속되면서 인간의 모습을 갖춘 **태아(fetus)**로 변해간다.

이렇게 급속한 발달과정 중에 있기 때문에 임신 첫 삼분기의 배아가 기형발생물질에 가장 취약하다(그림 11.1). 알코올, 약물, 보충제, 흡연, 미생물, 방사능은 배아의 발달을 간섭하고 출생 시 결함을 유발한다. 또한 엽산 같은 영양소의 결핍도 배아의 성장발달에 해를 끼칠 수 있다. 때로 손상이 너무 심하면 임신상태가 자연적으로 종결되는데 이를 **자연유산(spontaneous abortion,** miscarriage)이라 하고, 대부분 임신 첫 삼분기에 발생한다.

태반(placenta)이 형성되는 시기도 첫 삼분기이다. 태반은 태아에 필요한 영양소를 제공하고 노폐물을 제거하는 기관이다. 태아의 배꼽으로 나온 태아의 혈관이 연장된 **탯줄(umbilical cord)**을 통해 태아에 연결되어 있다(그림 11.1의 위의 사진 참조).

임신 14~27주에 해당하는 두 번째 삼분기 동안 태아는 약 25cm까지 자라고 몸무게는 900g 정도 나가게 된다. 뼈는 더욱 단단해지고 기관계는 계속 발달하고 성숙하게 된다.

세 번째 삼분기는 임신 28주 이후인데, 이 기간 동안 태아의 키는 두 배로, 몸무게는 네 배로 늘어난다. 출생 시 신장은 46~56cm, 체중은 3.4kg 정도이다. 두뇌도 현격한 성장을 하게 되는데, 생후 2년까지 급속한 성장이 지속된다.

일반적으로 출생 체중이 2.5kg 이상이 되어야 성공적인 임신으로 간주한다. 저영양상태의 임신부는 **저출생체중아(low-birth-weight)**를 출산하기 쉽다. 출생체중이 2.5kg 미만인 경우 저출생체중으로 분류하며 출생 후 감염, 학습장애, 신체발달손상, 영아기 사망의 위험이 높다. 영양적 요소만이 태아의 성숙과 출생체중에 영향을 미치는 것은 아니지만 가장 중요한 요소이다.

요점 임신과정과 임신전 모두 영양은 매우 중요하다. 임신기간은 정상적으로 38~42주 지속되며 13~14주씩 3개의 분기로 구분한다. 첫 삼분기에는 세포가 분화하고 빠른 속도로 분열하여 인체의 다양한 조직을 형성한다. 이 시기에 태아는 특히 취약하다. 두 번째와 세 번째 분기의 특징은 성장과 성숙이 활발히 일어난다는 것이다. 출생 시 체중은 적어도 2.5kg이 되어야 한다.

삼분기(trimester) 임신의 세 단계 중 한 단계로 각각 13~14주로 이루어짐.

배아(embryo) 수정 후 3주부터 8주 말기까지 인간이 성장하고 발육하는 시기.

태아(fetus) 임신 후 9주 초기부터 출생까지 인간이 성장하고 발육하는 시기.

자연유산(spontaneous abortion) 유전적, 발달적, 생리적 이상이 심하여 임신을 지속할 수 없기 때문에 자연으로 임신이 종료되어 태아와 임신 조직들이 방출됨. 유산(miscarriage)이라고도 함.

태반(placenta) 임신 중에 모체와 배아조직으로부터 형성되는 기관으로 모체와 태아 사이에 산소, 영양소, 노폐물의 교환을 수행함.

탯줄(umbilical cord) 태반을 통해 태아(의 배꼽)와 모체를 연결하는 정맥과 동맥을 포함한 줄.

저출생체중아(low-birth-weight) 출생시 2.5 kg 미만의 몸무게.

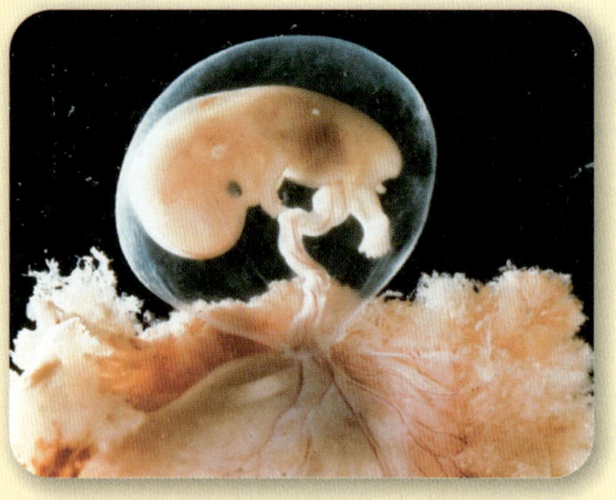
8주 태아

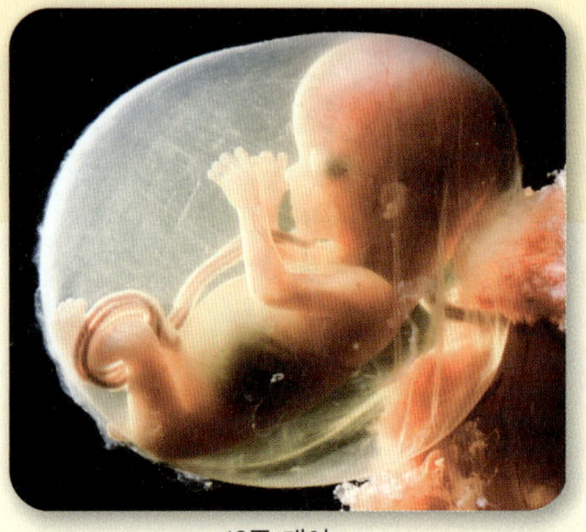
16주 태아

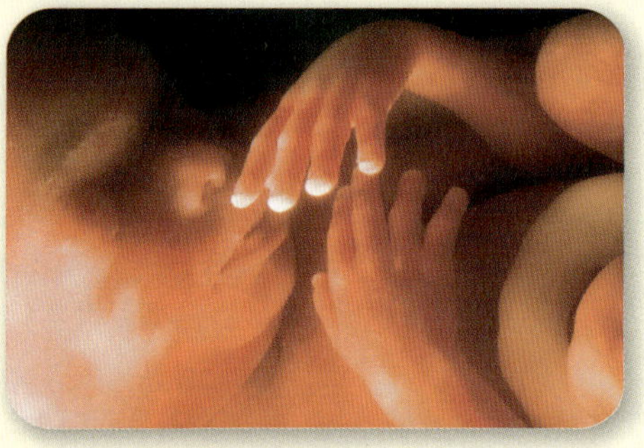
20주 태아

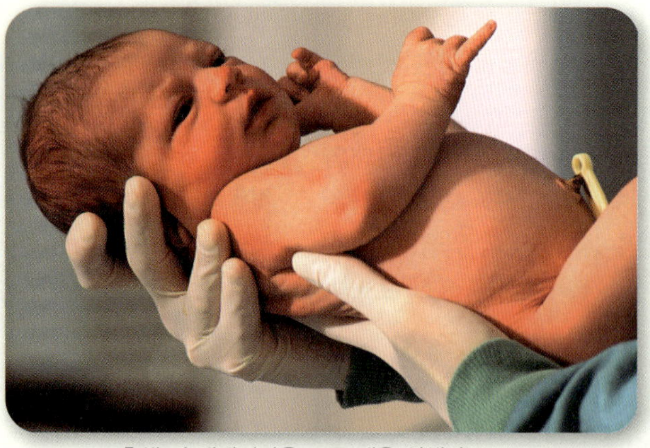
출생 시 재태기간을 모두 채운 신생아

임신 첫 삼분기는 분화가 일어나는 가장 중요한 시기이다 배아기에는 알코올,약물, X선, 영양소 결핍에 가장 많은 영향을 받는다.

개월

수정

1

15일 배아기 발달 시작.

3주 심장형성; 뇌, 척수, 소화관의 발달 시작.

4~5주 팔 다리 "돌기" 형성; 귀, 눈, 척추, 턱 발달 시작.

2

6주 코, 턱, 구개 및 폐 돌기 형성; 손가락과 발가락이 만들어지나 물갈퀴 모양.

7주 눈꺼풀과 혀의 형성 시작; 심장, 간, 신장 등 모든 중요한 기관의 형성이 시작되었음.

8주 태아기 발달 시작; 얼굴 형태를 알아볼 수 있게 됨; 눈꺼풀과 외이가 정교해짐.

3

9~12주 이 돌기 나타남, 생식기가 분화됨.

4

13~16주 안면 근육과 골격 발달; 골격의 석회화 지속.
길이 = 15cm

5

20주 손톱 발톱이 나타남.
길이 = 20cm

6

24주 눈의 구성요소가 모두 발달됨.
길이 = 30cm, 체중 = 730g

7

25~28주 폐의 가스교환 가능.
길이 = 38cm, 체중 = 1.2kg

8

29~32주 태아의 철, 칼슘, 인 저장 시작, 체지방의 급속한 증가.
길이 = 38~43cm, 체중 = 2kg

9

38~42주 출산.
길이 = 48~53cm, 체중 = 3.2~3.4kg

▲ **그림 11.1** 배아 및 태아의 발달

임신 중 얼마만큼의 체중증가가 필요할까?

적절한 체중증가량은 임신 전의 체중수준에 따라 다르다. 표 11.1에서 임신전 정상체중범위인 경우 평균적으로 권장되는 수준은 12~16kg정도이고, 저체중의 경우는 이보다 많이, 과체중이거나 비만인 경우는 이보다 적은 수준의 체중증가를 권고한다.[6] 청소년의 경우는 아직 성장이 끝난 상태가 아니기 때문에 저체중아의 출산이나 조산의 위험이 커서 체중증가로 권고되는 범위의 상한 수준에서의 체중증가가 이루어질 수 있도록 권한다. 키가 155cm 이하인 경우는 권고되는 범위의 하한에서 체중증가가 이루어질 수 있도록 한다. 쌍둥이를 임신한 경우, 임신 전 정상체중은 17~24kg의 범위에서, 과체중이거나 비만인 경우는 이보다 낮은 수준에서 체중증가가 이루어질 수 있도록 한다.

임신 중 충분한 체중증가를 이루지 못한 경우 조산이나 저체중아 출산의 위험이 증가한다. 또한 자신의 영양소 저장을 고갈시키는 위험에 처하게 된다. 체중증가 지나친 경우는 태아가 커질 가능성이 높아지고 아기가 큰 경우 자연분만시 외상의 위험을 높이고 제왕절개를 통한 출산가능성을 증가시킨다. 출생체중이 높은 경우는 소아청소년기 비만 가능성을 높인다.[7] 또한 임신중 체중증가가 클수록 임신 중 증가된 체중이 유지될 가능성이 높아진다.

체중증가량뿐만 아니라 증가의 양상도 중요하다. 일 삼분기에 정상체중인 여성의 체중증가는 1.5~2kg을 넘지 않도록 한다. 이 삼분기와 삼 삼분기 중에는 평균적으로 1주에 450g 정도 증가하는 것이 건강에 바람직한 것으로 생각된다. 과체중과 비만은 1주에 200g정도의 증가가 적당하다.[6]

임신 중에 체중감량을 위한 식사조절을 시도해서는 안 된다. 임신 당시 과체중인 경우에도 그렇다. 임신 중 체중감량을 위해 식사조절을 시도할 경우 모체와 태아 모두에게 영양결핍의 위험을 높이게 된다. 체중조절을 필요로 하는 경우는 산전관리의 경험이 많은 의사나 영양사와의 상담을 요한다.

임신기간 중의 총 체중증가량 중 4.5~6.5kg은 태아, 양수, 태반(그림 11.2)의 무게이다. 나머지 증가량 중 1.5~4kg은 모체에서 임신으로 인해 증가되는 혈액과 세포외액의 무게이다. 따라서 출산직후 4.5~6.5kg 의 체중은 즉시 감소할 것으로 기대되며 체액의 손실로 2주 내에 1.5~4kg의 추가적인 체중감소를 기대할 수 있다.

출산 2주 후에 임신기간 중 증가된 나머지 체중의 감소는 에너지 섭취 및 소비에 따른다. 적절한 신체활동은 추가적인 체중감량에 도움을 준다. 또한 모유의 생성에 상당한 에너지를 필요로 하기 때문에 모유수유도 증가된 나머지 체중의 감소에 도움이 된다.

▲ 의사가 허락한 신체활동 프로그램에 참여하는 것은 임산부의 바람직한 신체 모습을 유지하고 지나친 체중증가를 방지한다.

임신한 여성의 영양 필요량

태아의 성장발달에 필요한 영양소 공급을 하면서 모체 자신의 건강유지에 필요한 영양소의 부족을 방지하기 위해서 임신 중 거의 모든 영양소의 필요량이 증가한다. 연령별 임산부의 영양섭취기준은 이 책의 마지막에 제시되어 있다.

표 11.1 임신 중 권장 체중증가량[6]

임신전 체중상태	체질량지수 (BMI, kg/m^2)	권장 체중증가 (kg)
정상	18.5~25.0	12~16
저체중	18.5 미만	12.5~18
과체중	25.1~29.9	7~11
비만	30.0 이상	5~9

▲ 그림 11.2 임신 중에 증가한 체중은 임신 여성 자신의 조직과 임신으로 생성된 조직의 증가에 따른 것이다.

다량영양소 필요량

임신 첫 삼분기 동안은 임신전 섭취한 에너지 수준 정도를 유지해야 한다. 더 많은 양을 먹기보다는 섭취하는 식사의 영양밀도를 극대화하도록 해야 한다. 예를 들면, 탄산음료수보다는 저지방 우유, 칼슘을 강화한 두유, 주스를 섭취하도록 한다.

나머지 두 삼분기 동안 에너지 필요량은 하루에 340~450kcal 정도 증가한다. 하루 2000kcal정도 섭취하는 여성에게 400kcal의 추가섭취는 단지 20% 증가하는 수준으로 생각보다 어렵지 않게 맞출 수 있다. 이는 저지방 요구르트 한 컵과 땅콩버터를 바른 토스트 두 조각으로 섭취할 수 있는 정도이다. 동시에 비타민 무기질은 종류에 따라 50% 이상 증가가 필요하기 때문에 에너지 섭취가 지나치게 높아지지 않도록 하기 위해서는 영양밀도가 높은 식품을 선택하는 것이 중요하다.

임신기간 중 단백질 필요량은 1.1g/kg 수준으로 증가하여, 약 25g 정도 추가섭취하여야 한다. 많은 여성들은 이미 이런 정도를 일상적으로 섭취하고 있으나 그렇지 못한 경우도 단백질 25g을 추가섭취하기 위해 더 섭취해야 하는 식품의 양이 그렇게 많지는 않다. 에너지 추가섭취를 위해 제안했던 수준의 가벼운 식사만으로도 단백질 25g이 추가적으로 제공된다.

임신 중인 여성은 최소한 하루 175g의 탄수화물은 섭취할 수 있도록 해야 한다.[8] 포도당은 태아의 발달에 있어서 1차적인 대사에너지로 사용된다. 따라서 임신 중인 여성은 필요한 탄수화물의 섭취에 있어서 보다 건강한 급원의 탄수화물을 섭취할 수 있도록 한다. 즉, 도정된 곡물보다는 통곡물을 이용한 밥, 빵, 시리얼 등이 바람직하다. 임신 중 지방으로 섭취하라 권장하는 에너지의 비율에는 변화가 없다. 임신 중 새로운 세포와 조직이 계속 만들어지기 때문에 적절한 지방 섭취가 임신 전보다 더 중요하다는 점을 숙지해야 한다. 포화지방과 트랜스지방은 심혈관계의 건강에 좋지 않아 임신 중인 여성에서도 그 섭취수준을 제한해야 한다.

오메가-3 다가불포화지방산 중 **도코자핵사엔산**(docosahexaenoi acid, DHA)은 신경계와 눈의 발달에 독보적으로 중요한 기능을 수행한다. 임신 삼 삼분기에 태아 두뇌는 빠르게 성장하므로 이 시기 임신 중인 여성의 식사에서 DHA의 섭취가 특히 중요하다. DHA의 좋은 급원으로 생선류가 유일하며, 멸치, 고등어, 연어, 정어리와 같은 생선들이 있다. 참치, 닭고기, 달걀 등에서도 소량 존재한다. DHA를 강화한 사료로 사육하여 달걀의 DHA 함량을 증가시킬 수 있다.

임신 중에 생선을 섭취할 때 수은 오염의 가능성을 인식해야 한다. 적은 양일지라도 수은은 태아의 신경조직 발달을 손상시킬 수 있다. 황새치, 상어, 왕고등어와 같이 크기가 큰 생선 종류는 수은함량이 높기 때문에 섭취를 제한해야 한다. 미국식품의약국은 임신 중이거나 수유를 하는 경우 연어, 정어리, 참치와 같은 그 밖의 다른 생선을 잘 익혀서 일주일에 최소 340g 섭취할 것을 권고한다.[9]

▲ 시금치는 엽산의 좋은 급원이다.

임산부의 미량영양소 필요량

임신기간 중 섭취를 증가시킬 필요가 있는 미량영양소들이 있다. 표 11.2에는 임신 중 필요량 변화에 대해 요약하여 제시하였다.

엽산 앞서 지적한 바와 같이 충분한 엽산 영양상태는 임신후 첫 28일간 매우 중요하다. 이 시기는 배아의 **신경관(neural tube)**의 형성과 폐쇄가 이루어지는 시기이며 신경관은 후에 뇌와 척수로 발달한다. 엽산결핍은 **이분척추(spina bifida)**로 불리는 신경관 손상(그림 11.3)과 태아 뇌의 일부가 없는 **무뇌증(anencephaly)**과 연관이 있다.[10] 신경관 손상의 위험을 낮추기 위해서 모든 가임기 여성에게 하루 400μg의 엽산을 섭취하도록 장려한다. 엽산 섭취를 위해서는 엽산함량이 높은 식품뿐 아니라 보충제, 강화식품의 섭취가 필요하다. 신경관 손상의 정확한 이유는 잘 알려지지 않았으며 유전적 요인도 있어서 충분한 엽산 섭취만으로 정상적인 신경관의 발달을 보장할 수 없다.

물론 신경관 형성 이후에도 엽산은 매우 중요하다. 엽산의 결핍은 적혈구세포가 적절히 성숙되지 못한 거대적아구성 빈혈을 일으킬 수 있고 저체중아 출산, 조산, 태아의 성장부전과 연관이 있는 것으로 보고되었다. 임신부의 엽산 권장섭취량은 1일 600μg으로 임신 전의 1.5배 이상에 해당하는 수준이다.[10]

신경관(neural tube) 최종적으로 뇌와 척수가 될 관을 형성하는 배아조직.

이분척추(spina bifida) 태아 발달기 신경관 결손으로 척추가 완전히 닫히지 못해 척수가 튀어나오게 되어 발생함.

무뇌증(anencephaly) 대개의 경우 신경관이 제대로 닫히지 않아서 발생하는, 뇌조직의 일부가 결여된 태아의 신경관 결함.

비타민 B_{12} 비타민 B_{12}(코발라민)는 엽산 활성형을 재생시키기 때문에 임신기간 중 필수적이다. 임부의 비타민 B_{12} 권장량은 표 11.2에 제시하였다. 비타민 B_{12}는 동물성 식품에서 쉽게 얻을 수

표 11.2 성인여성의 영양권장(19~29세)

미량영양소	임신 전	임신부	수유부	%증가율	
				임신부	수유부
엽산(μgDFE/day)	400	600	550	50	38
비타민 B_{12}(μgRE/day)	2.4	2.6	2.8	8	17
비타민 C(mg/day)	100	110	135	10	35
비타민 A(μgRE/day)	650	720	1,140	11	75
비타민 D*(μgRE/day)	5	10	10	100	100
칼슘(mg/day)	650	930	1,020	43	57
철(mg/day)	14	24	14	71	0
아연(mg/day)	8	10.5	13	31	63
나트륨*(g/day)	1.5	1.5	1.5	0	0
요오드(μg/day)	150	240	330	60	20

* 충분섭취량
자료: 2010 한국인영양섭취기준(한국영양학회)

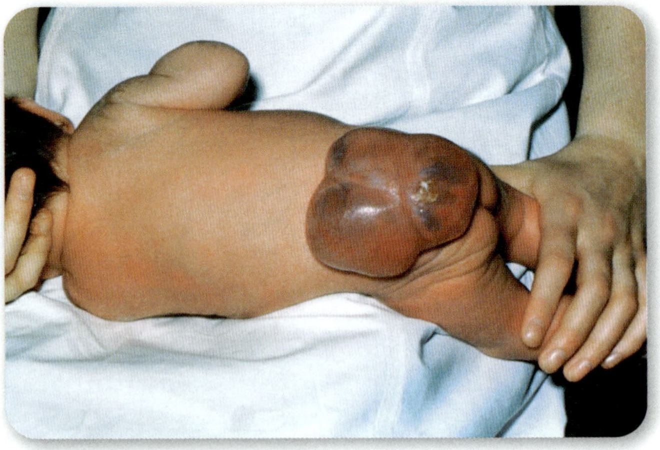

(a)

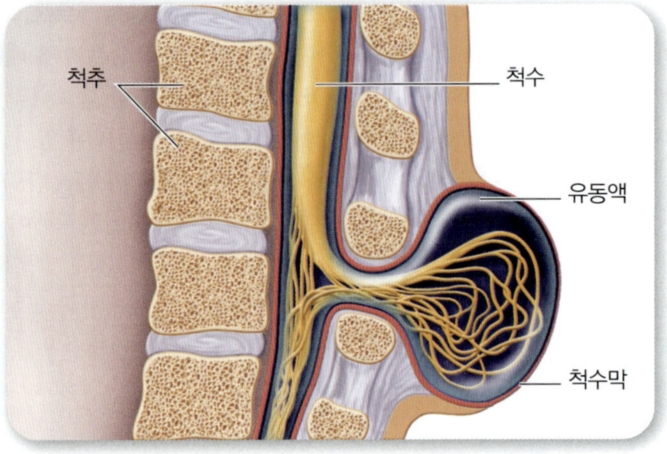

(b)

▲ 그림 11.3 신경관 손상에서 흔히 나타나는 이분척추. (a) 이분척추를 가진 영아의 외형. (b) 돌출된 척수조직과 척수액낭의 내부모습

있다. 그러나 절대적 채식주의를 따르는 경우 결핍이 생기므로 강화식품과 보충제를 이용하여 비타민 B_{12} 필요량을 충족시키도록 한다.

비타민 C 비타민 C는 콜라겐 합성에 필요하다. 콜라겐은 피부, 혈관, 인대, 뼈를 구성한다. 표 11.2에서 보는 바와 같이 임신 중 권장섭취량은 임신 전에 비해 10% 정도 증가한 수준이다. 흡연으로 인해 혈액과 양수의 비타민 C 수준이 감소하기 때문에 흡연을 하는 경우 요구량은 더욱 증가한다.

비타민 A 표 11.2에서 보는 바와 같이 임신 중 비타민 A 필요량이 증가하고 결핍은 저체중아 출산과 조산으로 이어진다. 그러나 과잉섭취, 특히 임신 첫 삼분기의 과잉섭취는 구개열, 심장결함, 중추신경계의 이상을 초래한다. 균형잡힌 식사를 통한 비타민 A의 충분한 섭취가 필요하나 적은 수준이라도 보충제의 복용은 권장되지 않는다.[11] 식물성 식품의 베타카로틴은 체내에서 비타민 A로 전환되는데, 고용량섭취와 출생시 결함간에 연관성을 나타내지 않았다.

비타민 D 비타민 D는 칼슘흡수를 촉진하는 역할을 한다. 영양섭취기준에는 비타민 D의 충분섭취량만 설정되어 있으며, 가임기 여성이 임신, 수유할 경우 임신 전과 비교하여 2배에 해당하는 수준으로 하루 10μg이다. 피부색이 어두운 경우나 일광노출이 제한된 경우는 보충제 복용이 필요할 수도 있다. 비타민 D는 독성이 강하여 과잉 섭취하지 않도록 한다. 강화식품을 따로 섭취하지 않는다면 임신기 보충제의 수준은 일일 10μg 정도이면 안전하다.[12]

▲ 육류는 단백질과 헴철을 제공하는데 이는 임부와 태아 모두의 영양에 중요하다.

칼슘 태아의 골격 성장에 칼슘이 필요하므로 영양섭취기준은 임신기에 280mg의 칼슘을 추가 섭취하도록 권장하고 있다. 그러나 가임기 여성에게 우리나라에 비해 높은 수준의 권장섭취량을 설정하고 있는 미국에서는 임신기간 중 추가 섭취를 권장하지는 않는다. 임신 중에는 임신 전에 비해 칼슘의 흡수효율이 증가하고, 태아 성장을 위한 추가 필요량 때문에 임신 여성의 골격의 칼슘 용출을 높이거나 골절의 위험을 높인다는 근거가 없기 때문이라고 밝히고 있다.[12]

철 철은 산소를 운반하는 기능을 하는 적혈구의 형성에 중요하다. 임신기간 중 임신 여성의 혈액증가, 자궁성장, 태반, 태아의 필요를 맞추기 위해 적혈구가 증가한다.[11] 그래서 철이 더욱 필요하다(표 11.2). 태아의 철 요구량은 마지막 삼분기에 더욱 증가하여 출생 후 몇 개월간 필요한 철을 간에 저장한다. 모유는 철 함량이 낮기 때문에 저장된 철은 영아에게 보호기능을 가진다.

철 섭취가 심각하게 부족한 경우 태아에게 위험을 미칠 수 있다. 철 부족은 저출생체중, 조산, 사산, 신생아 사망을 증가시킨다. 그러나 대부분의 경우 섭취가 부족해도 태아는 모체로부터 필요한 철을 얻어 저장하고 대신 임신 여성이 필요량을 충족시키지 못하여 철 결핍성 빈혈이 나타난다. 임신기 빈혈은 창백함과 극도의 피곤함을 유발하지만 출산 후에 그 위험은 생명을 위협하는 수준으로 높아진다. 임신기 빈혈이 있는 경우 혈액 손실과 감염에 대해 취약하여 출산 중 또는 출산 직후에 사망할 가능성이 상대적으로 높다. 충분한 철의 섭취를 위해 마지막 두 삼분기 동안 단일제제이건 복합제제이건 철 보충제를 처방하는 것이 보통이다.

▲ 임산부는 하루 2.5L 정도의 음료를 마시는 것이 중요하다.

아연 아연은 DNA와 단백질 합성에 중요한 역할을 하기 때문에 임신 여성과 태아조직 모두 적절한 성장발달을 하기 위해 임신기 충분한 아연 영양상태를 유지하는 것이 매우 중요하다.[11] 임신기 아연의 권장섭취량은 성인 10.5mg, 청소년 11.5mg이다(표 11.2, 11.3).

나트륨과 요오드 나트륨의 충분섭취량은 임신 중 증가하지 않는다.[13] 나트륨을 너무 많이 섭취하는 것이 고혈압뿐 아니라 수분의 보유와 부종과 연관되어 있다 하더라도 임신 중 신체 수분량의 증가는 정상적이며 필수적이고 수분평형을 유지하는 데 나트륨이 필요하다.

표 11.2에서 보는 바와 같이 임신 중 요오드 필요량이 증가하지만 권장섭취수준은 일상적인 섭취로 쉽게 충족할 수 있는(조리 시 요오드화 소금을 이용하는 것으로도 쉽게 충족할 수 있는) 수준이다.

임산부에게 보충제의 복용이 필요할까?

산전 복합비타민 및 무기질 보충제가 꼭 필요한 것은 아니지만 대부분의 보건의료인들은 섭취를 권장한다. 모든 영양소의 필요량을 충족시키는 식사를 계획하는 일은 고려해야 할 것이 많은 복잡한 과정이기 쉽다. 산전 보충제 복용은 절대적 채식주의나 청소년, 또는 한두 가지 미량영양소가 부족한 식사를 하는 경우에 결핍을 예방할 수 있다. 그러나 임산부들이 알아야 할 중요한 점은 보충제를 복용하는 것이 영양적으로 충분한 식사를 대신할 수는 없다는 것이다.

임산부의 수분 필요량

임신기간 중 수분은 여러 가지 생체기능을 수행한다. 임신에 따른 모체의 혈액량 증가, 윤활제 역할, 체온을 조절, 여러 가지 대사작용에 필수적이다. 모체가 섭취한 수분은 자궁의 태아를 감싸 외부로부터의 충격을 완충하는 **양수(amniotic fluid)**를 유지하는 데 도움이 된다. 물을 포함한 음료를 통해 섭취하는 수분의 충분섭취량은 2.3L 정도로 설정하고 있다.[13]

양수(amniotic fluid) 태아를 싸고 있는 막을 채우고 있는 액체로, 완충작용을 통해 태아를 보호함.

뉴트리-케이스 구스타보

"난 비타민을 먹어야 한다는 걸 인정할 수 없어. 건강에 좋은 식품을 먹으며 필요한 걸 충분히 얻을 수 있고 그게 자연스러운 거야. 우리 딸은 나와 아내에게 자꾸만 비타민 B를 먹으라고 귀찮게 하네. 먹지 않으면 우리 나이에는 신경이나 혈압에 문제가 생긴다나. 나는 그 말에 끄떡도 하지 않았지만 아내는 딸의 말을 따라 비타민 B를 먹었는데, 주치의는 칼슘과 비타민 D도 먹어야 한다고 했다는군. 부엌 선반은 꼭 약국 진열장처럼 보이게 되었지! 그걸 보면 무슨 생각이 드는지 아나? 저 비타민들은 모두 주머니를 빈털터리로 만드는 사기 같은 생각이 드네."

비타민 B를 먹지 않겠다는 거스타보의 결정을 지지하나요? 앞서 배운 내용으로 볼 때 뉴트리-케이스에 소개된 거스타보의 아내가 비타민 B, 칼슘, 비타민 D 보충제를 섭취하는것에 찬성하는 입장인가요, 반대하는 입장인가요? 자신의 선택에 대해 설명해 보세요.

요점 임신기간 중 두 번째, 세 번째 분기에는 하루에 에너지가 350~450kcal 정도 추가로 필요하다. 임신부는 영양밀도가 높은 식품으로부터 충분히 에너지를 섭취하여 적절한 체중증가가 일어날 수 있도록 하며 12~16kg 정도 증가하는 것이 보통이다. 단백질, 탄수화물, 지방은 태아의 성장을 위한 기초적인 영양성분이다. 엽산의 결핍은 신경관 손상과 관련이 있다. 대부분의 보건의료인들은 철 보충제와 그 밖의 산전 보충제 섭취를 권장한다. 임신부의 혈액증가와 양수에 필요한 수분 공급을 위해 임신기 수분섭취의 증가가 필요하다.

영양학의 이정표

제2차 세계대전 동안 영국의 웨일즈와 다른 유럽국가들은 광범위한 기아를 겪었고 미숙아 및 저체중아 출산이 유발되었다. 그러나 수십 년 후 불우했던 이 시기 출생했던 영아들은 성인이 되어 정상체중으로 출생한 다른 성인에 비해 비만, 제2형 당뇨병, 심장병 등의 발생률이 높았다. 데이비드 바커 박사는 영국의 심장학자인데 **1986**년 이러한 현상에 대한 역학연구를 발표하였고, 이는 "성인 질환의 발생적 기원"이란 이름으로 알려진 이론이다. 이후 바커 박사와 연구진들은 이러한 현상을 증명하는 연구들을 추가 발표하였다. 그 결과 그 가설은 일반적으로 받아들여져 보다 넓게 적용될 수 있는 것으로 생각되고 있다. 즉, 태아기 지나친 혹은 불충분한 영양환경은 유전자 발현에 변화를 유발하여 심장병, 골다공증, 우울증과 같이 다양한 질병 발생의 위험에 영향을 미친다는 것이다. 생애주기라는 말은 태아기 환경이 수십 년에 걸쳐 영향을 미친다는 것을 정확하게 나타내고 있다.

임신기의 영양문제

앞서 설명한 신경관손상이나 철 결핍성 빈혈과 같은 특정 영양소와 관련된 문제 외에도 전반적인 영양상태와 연관된 문제가 있다.

입덧

과반수의 임부들이 **입덧(morning sickness)**을 경험하는데 입덧이 나타나는 데는 임신 관련 호르몬이 뇌간과 위장관에 영향을 미치는 부분이 있는 것으로 보인다. 증상은 간혹 가볍게 메스꺼운 증상이 나타나는 것부터 구토를 동반하는 메스꺼운 증상이 일상적으로 나타나는 것까지 그 정도가 다양하다. 미국에서는 입덧을 "morning sickness"라 부르는데 사실 이것은 정확한 이름은 아니다. 왜냐하면 임산부의 80%는 입덧의 증상을 하루 중 어느 때나 경험하기 때문이다. 심한 경우를 제외하고 태아와 임산부에게 위험을 끼치지는 않는다. 그러나 구토증상이 심해 입원치료를 요하는 경우도 있다.

입덧증상을 치료할 방법은 없으나 증상을 완화하는 데 도움이 되는 것들이 있다. 식사는 세 끼를 조금씩 나누어 자주 섭취하는 것이 좋고, 기름기 많은 고지방 식사나 음식조리 냄새는 피하는 것이 좋다. 더운 음식보다 차갑거나 상온의 음식이 구토를 덜 유발한다는 경우도 있다. 약물치료, 바이오피드백, 지압 등의 대체요법이 증상완화에 도움이 되기도 한다.

탐식

임신한 아내가 먹고 싶다는 피클과 아이스크림을 사러 한밤중에 일어난 남편이 편의점으로 달려가는 모습만큼 임신기의 전형적인 모습은 없는 듯하다. 웃음 지어지는 모습이지만 현실과는 거리가 있다. 어떤 임산부들은 특정한 식품을 먹고 싶어하기도 하지만 대체로 특정 식품보다는 단것, 짠것과 같이 어떤 종류의 식품을 원한다.

또한 대부분은 먹을 수 있는 것들에 대해 탐식하는 모습을 나타내지만, 상당수의 임신한 여성 중에는 세탁풀, 진흙과 같은 비식품을 먹고 싶어하기도 하는데 이러한 것을 **"이식증(pica)"**이라고 한다(335쪽의 **영양 하이라이트**의 주제).

임신성 당뇨병

임신성 당뇨병(gestational diabetes)은 임신기간 중 당불내성이 시작되거나 당뇨병으로 진단되는 경우이다. 미국의 경우 임산부 중 7%는 임신성 당뇨병에 걸린다. 대개는 임신기에 일시적인 인슐린의 부족이나 저항성이 나타나 혈당이 증가하게 된다. 비만은 임신성 당뇨의 가능성을 높이는 요인이다. 일반적으로 인슐린 저항성이 증가되는 임신 24~28주에 발생하였다가 출산 후

입덧(morning sickness) 임신 중 느끼는 다양한 메스커움과 구토증, 가장 일반적으로 임신 초기에 일어남.

이식증(pica) 진흙, 페인트와 같이 먹기에 부적합한 물질을 비정상적으로 갈망하는 증상.

임신성 당뇨병(gestational diabetes) 임신한 여성에서 인슐린 생산부족이나 인슐린 저항성에 의한 결과로 지속적인 높은 혈당을 유지함. 이것은 보통 출산 후에 완화됨.

영양 하이라이트

비식품 탐식의 위험

간호사로부터 임신사실을 확인한 지 몇 주 후에, 달린은 우습다는 생각이 들기 시작했다. 달린은 매일 몇 시간씩 계속되는 메스꺼움을 몇 차례씩 겪고, 식욕도 사라진 것 같았다. 뱃속에서 자라는 아기를 위해 어떤 식품을 선택해야 할지 몰라 상점에서 빈 장바구니를 들고 어슬렁거리며 다녀봐도 사고 싶은 게 없었다. 결국, 냉동된 마카로니 치즈 반조리 식품, 시리얼바, 오렌지, 포도맛 탄산음료 등 몇 가지 식품과 얼음 큰봉지를 사가지고 집에 돌아왔다. 달린은 일하고 있는 조립공장에 있는 탄산음료 자판기에서 여러 컵의 얼음을 뽑아 하루종일 먹었다. 주말에는, 속을 달래기 위해 한 박스도 넘는 팝시클을 먹으며 지냈다. 좋아하던 딸기 아이스크림도 더 이상 먹고 싶지 않았다.

다음 번 정기검사에서 간호사는 달린에게 체중이 줄었다며 걱정을 하였다. 달린은 "내게 준 그림에 있는 것처럼 나도 먹고 싶지만, 별로 먹고 싶은 게 없어요." 라고 말했다. 정말 먹고 싶은 건 얼음뿐이란 걸 그 누구에게도 간호사에게조차 말하기가 난처했다.

혹자는 임신 여성이 평소와 다른 식품에 대한 갈망을 나타내는 것이 본능적으로 부족한 영양소를 얻으려는 행동이라 주장한다. 이 이론에 대한 반대현상이 이식 현상이다. 이식은 식품이 아닌 물질에 대한 갈망으로 임신기간 중에 종종 발생한다. 이식을 나타내는 여성은 얼음, 진흙, 오물, 초크, 커피가루, 베이킹소다, 세탁풀 등에 대한 갈망을 보일 수 있다. 비식품에 대한 갈망을 나타내는 이유는 알려져 있지 않으나 발달 장애를 가진 사람에게서 발생위험이 증가한다.[14] 생화학적인 장애(뇌에서 신경전달물질 활성 감소 등), 낮은 사회경제적 수준, 가족문제, 문화적인 요인도 관여하는 것으로 생각된다. 예를 들면 미국에서는 이식증이 어느 민족집단의 여성보다 흑인 임신부에서 흔히 발생한다. 진흙을 먹는 행동은 중앙 아프리카에에서 기원을 찾을 수 있는데, 연구자들은 중앙 아프리카에서 노예로 미국에 온 사람들이 이런 습관을 함께 가져온 것이라는 이론을 내세우고 있다. 또한 영양소 결핍이 이식증과 연관을 가지는데 영양소 결핍이 이식증을 유발하는지에 대해서는 명확히 밝혀진 바 없다. 사실 진흙이나 다른 물질의 섭취가 영양소의 흡수를 저해하여 영양소 결핍을 유발할 수도 있다. 이유가 무엇이건 이식증은 위험하다. 얼음을 섭취하는 것도 달린처럼 음식 대신 먹는 것이라면 체중증가가 충분히 일어나지 못할 수 있다. 진흙, 전분이나 다른 물질들은 영양소의 흡수를 저해할 뿐 아니라 변비, 장관폐쇄, 지나친 체중증가를 유발할 수도 있다. 이식증을 나타내는 여성은 납에 노출될 위험이 높으며 이는 태아의 신경 발달을 손상시키고 임신관련 합병증의 위험을 증가시킨다.[15] 식기 세척액과 같은 물질의 섭취는 심한 구토와 설사를 유발하여 발작이나 사망에까지도 이를 수 있는 전해질 불균형을 겪게 된다.

이식증을 가지는 여성은 갈망을 나타내는 물질을 대체하는 식품을 찾도록 한다. 예를 들면 진흙 대신 땅콩버터, 전분 대신 탈지분유로 대체할 수 있다. 만일 이식증이 나타나는 경우 즉시 의료진과 상담하여 위험을 초래할 수 있는 물질의 섭취를 피하고 태아의 건강한 성장 발달을 지지할 수 있는 식품을 섭취할 방법을 찾도록 한다.

에는 사라지는 당뇨병의 한 형태이다. 한국의 경우 임신성 당뇨병은 임산부의 2~3%에서 발생한다.[i]

임신성 당뇨병을 가지고 있는 여성 중 10%는 출산직후 제2형 당뇨병으로 이행되며, 35~60%는 이후 10~20년 내에 당뇨병으로 이환된다. 다행히 임신성 당뇨병에서 식이, 운동, 약물 등으로 혈당수준이 잘 관리된다면 단기적으로는 태아에 부정적인 영향을 미치지 않는다. 그러나 장기적으로 볼 때 임신성 당뇨병을 가진 여성의 자녀는 제2형 당뇨병 및 다른 질환의 가능성이 높다. 혈당이 적절히 조절되지 않으면 임신성 당뇨는 혈압의 증가를 초래할 수 있다. 또한 태아에게 많은 양의 포도당이 공급되어 거대아를 출산할 수 있다. 거대아는 조산과 출산 중 외상의 위험이 높고 제왕절개가 필요할 수도 있다.

임신기의 고혈압성 질환

미국의 경우 임신한 여성의 7~8%는 고혈압성 질환을 가지게 되는데 임신과 관련된 사망의 15%를 반영한다. 임신기간 중 다른 합병증 없이 고혈압을 나타내는 경우 **임신성 고혈압(gestational hypertention)**이라고 한다. 이보다 좀 더 복합적이고 중한 고혈압성 질환으로는 **자간전증(pre-eclampsia)**이 있는데, 갑작스런 체중증가와 소변으로의 단백질 손실을 동반한 고혈압이 나타난다. 치료를 하지 않으면 임신기간 중의 고혈압성 질환은 발작과 신부전을 초래하여 산모와 태아 모두의 생명을 위협할 수 있다. 전 세계적으로 매년 약 5만여 명의 여성이 임신과 동반된 고혈압

[i] 국가건강정보포털, http://health.mw.go.kr

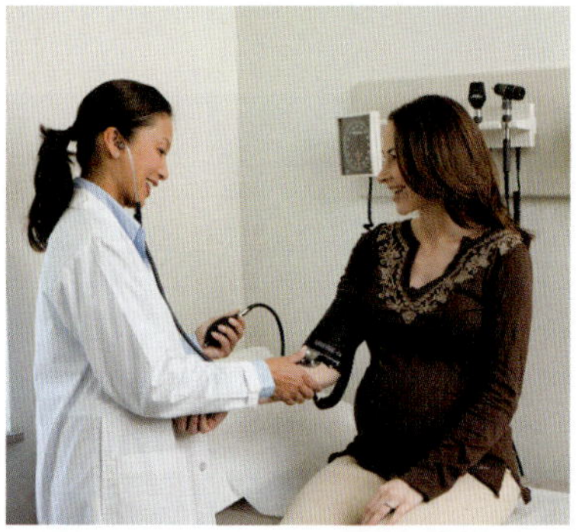

▲ 임신성 고혈압 진단을 위해 임산부의 혈압을 측정한다.

성 질환이 원인이 되어 사망하고 있다.[ii]

임신기간 중 고혈압성 질환이 발생하는 이유에 대해서는 정확히 알려져 있지 않으나, 단백질, 비타민 C, 비타민 E, 칼슘, 마그네슘 결핍이 위험을 증가시키는 것으로 보인다. 청소년, 초산, 흑인, 저소득 계층의 여성에서 발생 위험이 높다. 혈압 관리에 중점을 두고 약물치료와 세밀한 검사를 한다. 이전에 고혈압을 가지지 않았던 여성이라면 출산 후 다음날이면 거의 모두 정상혈압으로 회복된다.

청소년 임신

미국의 청소년 임신율은 1991년 이후 1/3가량 감소하였으나 2008년 15~19세 청소년 377,000여 명이 출산하였다. 한국의 경우 2012년도 청소년유해환경접촉종합실태조사보고서에 따르면 이성과의 성적인 접촉(키스, 애무 등) 경험이 있는 청소년은 13.3%, 성관계를 경험한 청소년은 3.1%로 나타났으며, 성관계를 통해 임신을 하거나 하게 한 경험이 있는 청소년은 전체 성관계 경험자 중 24.1%로서 1/4 수준이었다. 성관계가 임신으로 연결된 비율을 성별에 따라 살펴보면 남자가 25.8%로서 여자(18.5%)보다 많았고, 교급별로는 중학생이 40.5%로서 고교생(19.8%)의 2배 이상이란 점이 주목할 만하였다.[iii]

청소년들은 임신으로 인해 성인 여성보다 더욱 영양적인 문제에 직면하게 되는데 다음과 같은 이유에서이다.

- 청소년의 신체는 아직 변화하며 성장하고 있다. 최대 골밀도나 최종 신장에 이르지 못했다. 청소년기에 이러한 조직의 성장을 위해 영양소 요구량이 높다. 철분결핍성 빈혈은 임신한 청소년에서 흔히 관찰할 수 있는 합병증으로 조산과 다른 합병증의 위험을 증가시킨다. **표 11.3**에 임신여부에 따른 청소년의 영양필요량을 요약하여 제시하였다.
- 많은 청소년들은 아직 건강한 식사습관을 확립하지 못한 상태에 있다. 거기에 임신으로 인한 요구량의 증가가 더해져 영양필요량의 충족이 더욱 어렵다. 임신한 청소년은 성인 여성에 비해 조기에 정기적인 산전관리를 받을 가능성이 낮다. 임신한 청소년은 흡연 가능성이 더 높고, 산전 흡연으로 인한 부정적인 결과에 대한 이해가 낮을 수 있다.
- 임신기간 중 지나친 체중증가가 있었을 경우, 청소년은 성인에 비해 출산 후 증가한 체중이 유지될 가능성이 높아 성인기 비만의 위험이 증가한다.

이러한 이유로 청소년은 성인에 비해 조산, 저체중아 출산 및 기타 합병증의 가능성이 높다. 뿐만 아니라 영아사망률도 청소년 출산에서 더 높다.

채식주의

채식을 하더라도 유제품과 달걀을 섭취하는 채식주의라면 철분과 아연 외에는 영양적으로 특별한 문제는 없다. 반면, 절대적인 채식주의인 경우는 동물성 식품을 통해서만 적정량의 섭취가 가능한 영양소의 섭취에 대해 평소보다 더욱 관심을 가져야 한다. 이러한 영양소 중에 비타민 D, 비타민 B_6, 비타민 B_{12}, 칼슘, 철분, 아연이 있다. 이러한 영양소를 포함하는 보충제와 강화식품의 섭취가 필요하다.

카페인 섭취

카페인은 쉽게 태반을 통과하여 즉시 태아에게 전달되는데, 어느 정도의 양이 얼마나 태아에게 영향을 미치는지에 대해서는 아직도 논란이 있고 연구 중에 있다. 현재로서는 200mg 미만의

---

ii) 국가건강정보포털, http://health.mw.go.kr
iii) 여성가족부 청소년보호과 http://www.korea.kr/archive/expDocView.do?docId=34497

표 11.3 청소년기 임신 및 수유에 따른 영양권장(15~18세)

미량영양소	임신 전	임신부	수유부	%증가율	
				임신부	수유부
엽산(μgDFE/day)	400	600	550	50	38
비타민 B_{12}(μgRE/day)	2.4	2.6	2.8	8.3	17
비타민 C(mg/day)	100	110	135	10	35
비타민 A(μgRE/day)	600	670	1090	12	82
비타민 D*(μgRE/day)	5	10	10	100	100
칼슘(mg/day)	800	1080	1170	35	46
철(mg/day)	17	27	17	59	0
아연(mg/day)	9	11.5	14	28	56
요오드(μg/day)	130	220	310	69	138

* 충분섭취량
자료: 2010 한국인영양섭취기준(한국영양학회)

섭취는 태아에게 영향을 미치지 않는 것으로 생각하고 있다. 여러 연구결과들은 고용량의 카페인 섭취가 유산, 조산, 저체중아 출산의 위험을 증가시킬 수 있다고 보고하고 있다. 임신한 경우 360ml 컵 한 잔 이내로 섭취를 제한한다.

알코올섭취

알코올은 태반을 쉽게 통과하여 태아의 혈중에 축적되는 기형유발물질로 알려져 있다. 태아의 간은 미성숙하여 알코올을 대사하지 못하고 태아의 혈액과 조직 중에 남아 태아알코올증후군(fetal alcohol syndrome) 등 다양한 출생시의 결함과 연관성을 가진다. 미국에서는 매년 40,000명의 아기가 알코올로 인한 손상을 가지고 태어나고 있다.[18]

한국의 경우 질병관리본부의 조사자료에 따르면 일반학교에서는 0.18~0.51%, 시설에서는 14.9%의 태아알코올증후군 유병률을 보이고 있다. 이 조사에서는 일반학교에 재학 중인 7,785명을 대상으로 키, 몸무게 10백분위수 이하를 일차 선별한 후 동의를 얻은 224명에 대해 진단면접을 실시하고, 시설에 대하여는 뇌병변 장애와 다운증후군을 제외한 7개 시설의 87명에 대하여 진단면접을 실시하였다.[iv]

임신 첫 삼분기 동안의 과한 음주는 심장의 결함이나 비정상적인 얼굴 모양을 가지는 태아 기형을 유발하는 특징이 있다. 임신 첫 몇 주간은 임신 사실조차 알지 못하는 경우가 대부분이므로 임신한 경우뿐만 아니라 임신을 계획하거나 임신이 의심되는 경우에도 모든 알코올 음료를 삼가하도록 한다.

흡연

흡연이 미치는 영향이나 임신 중 흡연에 대한 사회의 부정적인 시각에도 불구하고 미국의 임신여성의 15.3%는 흡연을 한다. 미국에서 15~17세 흡연율은 20.6%로 이보다 높다. 한국의 경우 통계청 자료에 의하면 임신여성 1,367,811명 중 0.9%가 흡연을 한 것으로 나타났다.[v]

담배의 구성분이나 대사물 중에는 태아에 독성을 가지는 것들이 있다. 납, 시안, 니코틴, 일산화탄소 같은 것들이다. 태아의 혈액 중 산소 감소와 태반으로의 혈류 감소로 태아의 영양 공급, 성장, 발달이 손상될 수 있다. 임신부의 흡연은 유산, 사산, 태반이상, 태아성장 부진, 조산, 저체중아 출산의 가능성을 증가시킨다. 임부 흡연의 영향은 출생 후에도 지속된다. 흡

▲ 흡연은 영양소 대사를 방해할 수 있다.

iv) 2011년 질병관리 본부, http://www.cdc.go.kr
v) 통계청, http://kostat.go.kr/wnsearch/search.jsp

연을 하지 않는 임부에 비해 흡연을 하는 임부의 출생아 중 영아사망증후군이나 호흡기질환의 발생빈도가 더 높다.

약물

미국식품의약국은 처방약품이나 판매약품에 대해 안전성과 효과를 철저히 검사하지만, 태아의 발달에 이러한 약품이 미치는 효과에 대해서는 알려진 것이 많지 않다. 한국의 경우 임신부 90% 이상에서 여러 이유로 임신 중에 약물을 복용하는 것으로 보고되었다.[vi] 일반적으로 임신 첫 삼분기에는 어떤 약품이던지 사용가능 여부에 대해 의료진과 상의해야 한다.

2009년 미국에서 임산부의 4.5%는 불법 약물을 사용했다. 어떤 종류이건 약물남용은 태아의 발달에 해로울 수 있다. 대부분의 약물이 태반을 통과해 태아의 혈류로 들어가서 혈액과 조직에 축적된다. 많은 수의 약물이 태아로의 산소 전달을 감소시켜 호흡곤란을 일으키고 어떤 경우에는 질식으로 태아사망에 이르기도 한다. 어떤 약물은 태반의 혈류를 손상시켜 태아로의 영양소 공급을 감소시킨다. 많은 신생아들이 금단증상을 겪고 학습이나 주의력 결핍과 같은 발달장애가 일생 지속될 수 있다.[20] 임신 가능한 모든 여성은 부적절한 약물복용을 중지하는 게 좋다. 약물복용 중에 임신 사실을 알게 되면 즉시 의료기관을 찾도록 한다.

약초보충제

많은 수의 임신부가 약초는 "자연적인" 것이라 안전하다고 생각한다. 매우 위험한 가정이다. 약초보충제는 순도, 안전성, 효과가 검증되지 않은 것이다. 임신부는 어떤 약초이건 사용 전에 의료진에게 상담하도록 한다.

식품안전성

식중독의 위험 때문에 임신부가 반드시 피해야 할 음식이 몇 가지 있다. 살균처리가 안 된 우유, 안 익혔거나 덜 익힌 달걀과 육류, 생선, 가금류, 살균처리가 안 된 주스, 익히지 않은 싹채소 등이다. 브리, 페타, 까망베르 등의 연질 치즈류는 살균된 우유로 제조되었다는 표시가 없으면 섭취하지 말아야 한다.

앞서 논의한 바와 같이 생선은 DHA와 같은 오메가-3 지방산의 좋은 급원이므로 균형있는 식사구성으로 적당량을 섭취하면 임신기 건강에 도움이 된다. 그러나 생선의 종류 중에는 수은함량이 높아 피해야 하는 것이 있다. 모든 생선류는 완전히 익혀서 질환을 일으키는 세균과 기생충을 사멸해야 한다. 임산부는 굴, 조개뿐 아니라 스시나 기타 날생선도 피해야 한다.

▲ 임신기 신체활동은 편안하고 충격이 적은 것으로 조정한다.

체력관리

운동은 임신 중 체력 유지에 도움이 된다. 운동의 또 다른 좋은 점은 다음과 같다.

- 운동은 기분을 좋아지게 하는데, 신체의 변화에 대한 통제감을 가지게 하고 산후 우울증을 감소시킨다.
- 운동을 통해 추가적인 에너지를 소비하여 식욕이 좋을 때 과다 섭취하게 된 에너지를 처리할 수 있게 돕는다.
- 규칙적으로 적당한 수준의 운동을 하는 것은 임신성 당뇨병의 위험을 감소시키고, 혈압을 낮추며, 일반적으로 운동을 통해 심혈관계에 생기는 이점을 모두 얻을 수 있다.
- 규칙적인 운동은 출산 전 진통기간을 줄일 수 있다.
- 임신기간 중에 운동을 하면 평소의 체력을 되찾고 출산 전 체중으로 되돌리기 수월하다.

임신기 운동에 관한 슬라이드를 보려면 다음의 링크를 통해 접속하시오. www.mayoclinic.com/health/pregnancy-exercises/MY01424.

vi) 대한산부인과학회, http://www.ksog.org/journal/sub02.php

임신 전 비활동적인 생활을 했다면 임신 후에 운동을 시작할 때 의료진과 상의하여 점진적으로 진행하는 것이 좋다. 활기차게 걷기, 하이킹, 수영, 수중 에어로빅과 같은 것을 선택하면 좋다. 임신 전 달리기를 해왔다면 임신 후에 지속할 수 있지만 달리는 거리나 강도에 대해서는 임신이 진행됨에 따라 의료진과 상의하는 것이 좋다.

요점 임신기간 동안 입덧에서 임신성 당뇨에 이르기까지 여러 영양관련 문제를 겪을 수 있다. 이러한 문제들은 임신부와 태아의 건강에 심각한 영향을 미칠 수도 있다. 청소년들은 아직 성장기에 있기 때문에 임신을 하게 되면 영양소 필요량이 매우 높아져서 자신과 태아 모두 충분한 섭취를 하기가 쉽지 않다. 채식을 하는 여성은 임신시 복합 비타민제와 무기질 보충제를 섭취할 필요가 있다. 카페인 섭취를 제한하기 위해 커피는 360ml 컵으로 하루 한 잔을 넘지 않는 정도만 마시도록 한다. 알코올, 비합법적인 약물, 담배는 태아와 임신부 모두에게 위험할 수 있다. 임신 중 식품을 매개로 하는 식중독을 일으킬 만한 식품은 피하도록 한다. 특별히 금해야 하는 문제가 없다면 운동을 통해 임신부의 건강을 증진시킬 수 있다.

영아기 영양

생후 첫 1년간 영아는 신장은 25cm 더 자라고 체중은 세 배가 된다. 전 생애를 통해 가장 급속한 성장속도를 나타내는 시기이다. 동시에 신체활동 수준은 매우 제한적이기 때문에 에너지 소모량의 대부분은 성장을 위한 것이다.

모유수유의 이점은?

인간 역사 중 대부분의 시기에 영아는 한 가지 음식에 의존하여 영양을 공급받아 성장하였는데, 바로 모유이다. 영아의 영양섭취방법으로 모유수유가 가장 이상적인 방법이라는 인식이 보편적이다. 왜냐하면 모유가 영양적인 질이나 건강의 측면에서 우수하기 때문이다.[23] 그러나 모유수유를 위해서는 인내와 연습이 필요하다. La Leche League International은 모유수유를 지지하는 단체인데, 발간물, 웹사이트, 지역모임 등을 통해 모유수유를 하는 여성이나 그 가족들에게 귀중한 자료를 제공한다. 병원이나 건강유지기구(health maintenance organization, HMO)에서도 모유수유를 위한 강좌를 개설하는 곳이 많다.

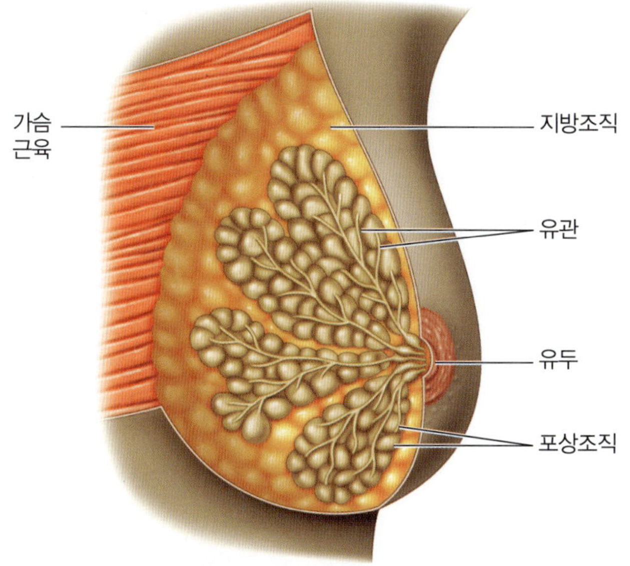

▲ **그림 11.4** 유방의 조직구조. 임신 중 태반에서 분비되는 호르몬에 의해 유방은 수유가 가능한 상태로 변화된다.

모유의 영양

임신기 동안 여성의 신체는 유선조직을 발달시키면서 모유를 생성할 준비를 한다(**그림 11.4**). 출산 후 호르몬 수준의 변화가 젖 생성을 촉진시킨다. 출산 후 처음 며칠은 **콜로스트럼**이라 부르는 **초유(colostrum)**가 생성된다. 노르스름한 빛깔의 액체에 단백질, 비타민 A, 비타민 E, 항체가 풍부하게 들어 있다. 또한 유익한 장내 세균의 성장을 증진시키고 배변 효과가 있어 태변의 배설을 돕는다.

2~4일 안에 초유는 성숙된 모유로 전환된다. 모유에 함유된 단백질의 종류와 양은 인간의 영아에게 이상적인 형태이다. 영아의 미성숙한 소화기에서 쉽게 소화되며, 위장의 불편감이 생길 소지를 감소시키고, 유해세균의 성장을 억제하고, 면역계가 충분히 발달하지 못한 영아의 감염 예방을 위한 항체를 포함하고 있다.

초유(colostrum) 임신 후반기부터 출생 후 약 일주일 정도까지 유방에서 만들어지고 분비되는 유액으로 면역 물질과 단백질이 풍부.

모유의 주된 탄수화물은 유당이다. 유당은 포도당과 갈락토오스로 구성된 이당류이다. 갈

▲ 모유수유는 산모와 영아 모두에게 이롭다.

락토오스는 신경계의 발달에 중요한 요소이다. 유당은 에너지를 제공하고 유익한 세균의 성장을 증진시킨다. 또한 유당은 칼슘의 흡수를 돕는다. 모유는 우유보다 유당의 함량이 높다.

단백질처럼 모유에 함유된 지방의 양과 종류도 인간의 영아에게 가장 이상적인 형태이다. 모유의 지방, 특히 오메가-3 DHA와 오메가-6 아라키돈산은 영아의 신경계와 망막의 성장발달에 필수적인 성분인 것으로 보인다. 모유의 지방함량이 우유에 비해 높은 수준이라는 것에 놀라는 사람들이 많다. 높은 지방함량을 통해 생애 첫 일년간의 급속한 성장에 필요한 에너지를 지원받는다.

모유의 지방함량은 영아의 월령에 따라 변화하여 성장하는 영아의 필요에 맞는 지방비율로 제공된다. 지방함량은 수유하는 중에도 변화한다. 수유 시작 시 분비되는 모유는 수분함량이 많아 영아의 갈증을 해소하는 역할을 하는 것으로 생각된다. 수유가 진행됨에 따라 모유의 지방함량은 점차 많아져서 나중에는 크림과 같은 상태가 되고, 이를 통해 영아에게 포만감을 주는 것으로 생각된다. 모유에는 상대적으로 콜레스테롤 함량도 높은 수준이며, 뇌와 신경계의 급속한 성장발달에 도움이 된다.

미량영양소의 경우, 모유는 칼슘과 마그네슘의 흡수가 용이한 좋은 급원이다. 철의 함량은 낮지만 흡수가 잘 되는 형태이다(출생 후 몇 달 간을 대비하여 태아는 철을 저장해 둔다). 전문가들은 재태기간을 모두 채우고 태어난 건강한 영아의 경우 모유는 첫 6개월간의 철 필요량을 충족시키는 것으로 보고 있으며, 이 시기 이후에는 철 함량이 높은 식품을 섭취하도록 하는 것이 필요하다.

아기가 성장하면서 영양소의 조성이 변화하기 때문에 첫 6개월간은 모유만으로 영아의 필요를 충족시킬 수 있다. 나머지 6개월간의 영아기 동안 고형식을 점진적으로 도입하게 될 때도 영아에게 모유는 여전히 영양적 질이 우수한 주요 영양급원이다. 미국 소아과학회에서는 생애 첫 6개월간 어떤 식품이나 영양급원의 섭취없이 전적인 모유수유만 하고, 최소 1년간 모유수유를 지속하며, 사정이 허락된다면 2년 이상까지도 지속할 것을 장려한다.[23]

모유수유아의 면역학적 혜택

모유를 통해 항체나 면역세포와 같은 면역물질들이 모체로부터 신생아에게 직접 전달된다. 이러한 면역물질들은 면역계가 미성숙한 영아가 질병예방을 하는 데 중요하다. 모유수유아는 세균감염률이 낮은 것으로 알려져 있다. 모유수유아는 소아마비, 파상풍, 디프테리아 면역에 대한 향상된 면역반응을 보인다. 따라서 6개월간 전적인 모유수유를 하는 비율을 향상시킨다면, 이러한 감염성 질환으로 인한 의료비의 손실과 영아사망을 크게 감소시킬 수 있다.[24]

또한 모유는 알레르기를 일으키지 않는다. 모유수유는 태아기, 유아기, 성인기에 아토피성 피부염, 천명(쌕쌕거리는 소리), 천식, 우유 알레르기의 위험 감소와 관련이 있다. 모유수유아는 **유아 돌연사 증후군(sudden infant death syndrome, SIDS)**으로 인한 사망의 빈도가 낮고 당뇨병, 과체중 및 비만, 고콜레스테롤혈증, 만성 소화장애 가능성이 낮다.

모유수유가 모체에 미치는 혜택

모유수유는 자궁의 수축을 유발하여 자궁이 신속하게 임신 전 크기로 회복되도록 하며 출혈을 감소시킨다. 모유수유를 통해 임신기간 중 증가한 체중을 감량하는 데 도움되는 경우도 많은데, 특히 6개월 이상의 모유수유를 한 경우에 그렇다.

모유수유는 **배란(ovulation)**을 억제해서 임신 사이의 기간을 연장시키므로 새로운 임신을 하기 전에 모체가 회복할 수 있는 시간을 준다. 그러나 배란이 완전히 중단되지 않을 수 있어 모유수유 중에도 임신가능성이 남아 있다. 모유수유의 이점은 표 11.4에 제시되어 있다.

유아 돌연사 증후군(sudden infant death syndrome, SIDS) 건강한 유아가 갑작스럽게 사망하는 현상으로 생후 1개월이 넘는 영아 사망의 가장 주요한 원인임.

배란(ovulation) 난소에서 난자가 배출되는 것.

표 11.4 모유수유의 이점

영아에게 이로운 점	산모에게 이로운 점	가족과 사회에 이로운 점
영아의 성장, 건강, 발달에 필요한 영양소를 월등하고 균형있게 제공함.	옥시토신 분비를 증가시켜 출산 후 출혈을 감소시키고 자궁을 임신전 상태로 빠르게 회복시킴.	의료비를 감소시키고 영아 및 아동의 질환으로 인한 고용인의 결근을 줄임.
설사, 세균성 수막염, 호흡기 감염 등 감염성 질환의 발생과 정도를 감소시킴.	월경의 시작을 지연하여 출산후 월경으로 인한 혈액손실을 줄임으로써 모체의 철을 보존함.	가족의 식품비 감소: 수유에 따른 추가 식품구입은 영아용 조제분유 구매 비용의 반도 되지 않음.
제1형 및 2형 당뇨병 위험 감소와 연관 있음.	배란의 재시작시기를 지연시켜 출산간격을 증가시킴.	조제유, 젖병, 노리개 젖꼭지 등 관련 물품의 생산과 운송에 따른 환경부담 감소.
영아 돌연사, 만성 소화기 질환, 백혈병, 림프종, 호지킨병, 편식, 알레르기에 대한 보호효과가 있음.	임신 전 체중으로 회복이 빠름.	모유는 조제가 필요하지 않고, 항상 알맞은 온도로 제공되기 때문에, 양육자가 아이의 식사를 준비하기 의해 자리를 떠나는 시간을 감소시킴.
아동기와 성인기의 과체중 및 비만위험 감소와 연관이 있음.	출산후 골밀도 회복을 증진시킴.	
인지발달 증진과 연관성이 있음.	난소암과 폐경전 유방암의 위험을 감소시킴.	

Data from: American Academy of Pediatrics, Section on Breastfeeding, February 2005, Policy Statement: Breastfeeding and the use of human milk, *Ped*, 115(2):496-506. In addition to these benefits, the La Leche League and other breastfeeding advocacy organizations identify emotional and psychological benefits of skin-to-skin suckling.

약물과 다른 물질이 모유에 미치는 영향

여러 물질들이 모유로 유입될 수 있다. 그 중에는 불법적인 약물이나 처방이 필요한 약물, 상점에서 쉽게 구입할 수 있는 약품뿐 아니라 수유 여성이 섭취한 음식에서 유래한 것들도 있다. 불법적인 약물은 대개 모유로 유입될 것이므로 수유하는 경우 반드시 삼가해야 한다. 처방이 필요한 약물은 모유로 유입되는 정도에 차이가 있다. 수유 중인 여성은 의료진에게 자신이 수유 중임을 반드시 알리도록 한다. 경우에 따라 복약 중 조제유로 수유할 것을 권유받을 수도 있다.

카페인, 알코올, 니코틴은 모유로 빠르게 유입된다. 카페인은 아기를 흥분시키고 예민하게 할 수 있는 반면, 알코올은 아기를 졸립게 하고 중추신경을 억제한다. 알코올에 반복적으로 노출되면 운동능력의 발달이 지연되고 모유 공급을 저해한다. 니코틴은 영아의 수면을 방해하고 모성흡연은 영아의 호흡기 질환의 위험을 높인다.[26]

모유로 전해지는 식품성분은 해로운 것으로 보이지는 않으나 수유 여성이 섭취한 식품에 포함된 물질 중에는 모유의 맛을 나쁘게 해서 수유에 방해가 되기도 한다. 주로 마늘, 양파, 고추, 브로콜리 등에 함유된 화합물들이 그렇다. 일부 감수성이 있는 아기 중에는 수유여성이 섭취한 식품에 알레르기 반응을 보일 수도 있다. 밀가루, 우유, 달걀 등이 가능성이 있는데, 수유 여성에게 수유기간 동안 이러한 식품의 섭취를 제한하더라도 영아의 식품 알레르기를 방지할 수 있을지는 분명치 않다.

환경오염물질이 모유에 유입된다 하더라도 모유수유의 이점은 잠재적인 위험을 상쇄하고도 남는다. 과일과 채소를 생식할 때는 깨끗이 씻고 껍질을 벗겨서 살충제나 비료 잔류물에의 노출을 최소화한다. 수유여성이 용매, 페인트, 매연 등에 노출되는 일도 최소화한다.

AIDS를 유발하는 바이러스인 HIV는 모유를 통해 전달될 수 있다. 따라서 미국이나 캐나다에서는 HIV 양성인 여성은 모유 대신 조제유를 수유하도록 권장한다.[27] 결핵환자인 경우 최소 2주간의 치료를 마치기 전까지는 모유수유를 해서는 안 된다. 암환자의 경우 화학요법을 처치받는 동안은 모유수유를 피해야 한다.

모유수유 여성의 영양 필요량

모유수유 시 임신기보다 더 많은 에너지와 영양소를 필요로 한다는 사실에 놀라는 사람도 있을 것이다. 영아의 성장 발달에 필요한 모든 영양소가 모유를 통해 충분히 공급되어야 하기 때문에 수유여성의 영양 필요량은 임신기에 비해 높은 수준이다. 임신기와 수유기 영양 필요량은 표 11.2와 부록에 제시된 영양섭취기준을 참고한다.

모유수유 여성을 위한 영양 권장량

모유를 생성하는데 하루에 700~800kcal 정도 필요한 것으로 추정된다.[8] 한국인영양섭취기준에서는 19세 이상의 여성이 모유수유를 하는 경우 임신 전에 비해 하루 320kcal를 더 섭취할 것을 권장한다. 추가적으로 섭취하는 에너지를 통해 충분한 젖의 생성을 돕고, 부족한 부분은 임신기간 중 과다하게 축적된 지방을 소비하게 하여 늘어난 체중을 감소시키는 데 도움이 된다. 수유여성이 심한 에너지 제한을 하는 것은 삼가하도록 하는 것이 중요하다. 에너지 제한이 모유의 생성을 감소시킬 수 있기 때문이다.

La Leche League 홈페이지(www.llli.org)를 방문하면 모유수유 질문에 관한 답, podcast, 모유수유 가족의 링크를 찾을 수 있다.

다량 영양소 중 탄수화물과 단백질의 필요가 증가된다. 임신 전에 비해 하루 25g의 단백질과 80g의 탄수화물을 추가 섭취할 것을 권장한다.

몇 가지 비타민과 무기질에 대해서는 임신기에 비해 필요량이 증가하나 철의 경우 미국의 영양섭취기준은 수유여성에 대한 권장섭취량을 1일 9mg으로 제시하고 있다. 이는 성인여성의 권장섭취량보다 낮은 수준이다. 그 이유는 철이 모유의 중요한 성분이 아니고 수유 중 월경이 중단되어 철의 손실이 감소하기 때문이다.[12] 한국의 경우는 수유여성에게 추가 섭취할 것을 권장하지는 않지만 권장섭취량을 감소한 수준으로 제안하지는 않는다. 칼슘의 경우 수유여성은 임신 전에 비해 370mg을 추가 섭취할 것을 권장한다.

수유여성의 보충제 섭취

수유여성이 영양밀도가 높은 식품의 섭취를 통해 필요에 맞는 적절한 수준으로 에너지 섭취를 증가시켰다면, 보충제 섭취 없이도 영양 필요량을 충족할 수 있다. 그러나 보충제가 적절한 영양 섭취를 대신할 것이라는 생각으로 섭취하지만 않는다면 일반적인 복합비타민제를 복용하여 부족한 섭취를 대비하는 것은 나쁠 것이 없다. 수유여성은 오메가-3 지방산을 생선이나 보충제를 통해 충분히 섭취하여 영아의 신경계 발달에 도움이 되도록 하며, 유제품을 섭취하지 않는 경우는 칼슘의 섭취가 부족하지 않은지 살펴야 한다. 완전한 채식주의를 따르는 경우에는 비타민 B_{12} 보충제 복용을 하거나 비타민 B_{12}가 강화된 식품을 섭취할 수 있도록 한다.

수유여성의 수분 권장량

수유로 인해 수분이 소비되기 때문에 수유여성은 하루 1L 정도의 수분을 추가로 섭취할 필요가 있다. 젖 생성을 수월하게 하고 탈수를 방지하기 위해 하루 15컵 정도의 수분을 충분히 섭취한다.[13]

성공적인 모유수유

다음과 같을 때 모유수유가 잘 이루어지고 있다는 자신감을 얻을 수 있다.

- 의료진의 정기검진 시 영아의 체중이 적절하게 증가
- 하루에 6회 정도 젖은 기저귀를 갈고 1~2회 정도 대변 배설
- 수유여성의 유방이 수유 전 단단하게 채워지고 수유 후에는 비워져서 말랑해짐
- 수유 후 영아가 편안해지거나 잠이 듦

수유는 아기가 필요로 할 때에 하며 미리 정한 일정에 맞추지 않는다. 대부분의 신생아는 매 2~3시간마다 수유하다가 자라면서 좀 더 간격을 두고 수유한다. 공공장소에서는 담요, 큰 스카프나 숄, 수유복을 활용하여 편안하게 수유할 수 있도록 한다. 아기와 떨어져 있을 때는 유축기 등을 이용하여 젖을 짜서 살균된 젖병에 담아 이용한다. 모유수유를 원할 때는 이를 지원하는 그룹의 도움을 받도록 한다.

조제유의 영양

감염성 질환이 있는 경우에는 특정약물을 복용하거나 약물중독인 경우와 마찬가지로 모유수유를 하지 말 것을 권장한다.[23] 이 밖에도 여러 가지 이유로 모유수유를 하지 않는 것으로 결정하는 경우가 있다. 모유수유가 어려울 때 여러 종류의 시판용 조제분유를 이용하여 영아에게 영양공급을 한다. 대부분의 조제유는 우유를 기초로 영아에게 적합한 성분으로 성분조정하여 만들어진다. 두유에 기초한 조제유는 유당불내증이나 우유 단백질에 불내증이 있는 영아의 생존을 위해 모유를 대신할 수 있다. 대두 조제유는 엄격하게 완전 채식주의를 따르는 가정에서 사용하기에도 좋다. 그러나 대두 조제유의 사용에 대해 논란이 있다. 대두에 함유된 이소플라보는 식물성 에스트로겐으로 성장하는 영아에게 미치는 영향에 대해 염려스러운 점이 있다. 또한 대두 자체가 흔히 면역반응을 일으키는 항원으로 작용한다.

우유는 만 1세 이전에 도입해서는 안 된다. 우유 단백질은 함량이 너무 높고 소화하기도 어렵다. 소화율이 낮아 위장관 출혈을 일으킬 수도 있다. 또한 우유는 나트륨함량이 너무 높고, 철 함량이 너무 낮으며 영아에게 필요한 다른 비타민 무기질의 함량이 필요수준과 잘 맞지 않는다. 염소 젖, 두유, 아몬드 우유, 쌀 우유 역시 영아에게 적합하지 않다.

조제유를 수유할 때 부모와 보모는 영아가 표현하는 배고픔과 포만감의 표시에 주의를 기울여야 한다. 대체로 부모들은 자녀가 먹고 싶어하는 것을 직감적으로 인지하지만 언제 멈추어야 하는지를 알아채는 것은 좀 더 어려운 일이다. 젖꼭지로부터 고개를 돌리거나 입을 꼭 다물어서 먹고 싶지 않다는 것을 표현하기도 하고, 고개를 떨구거나 잠이 들어 버리기도 한다. 월령이 높은 영아들은 젖병을 밀쳐내거나 장난을 치기 시작할 수도 있다.

이가 나기 시작하면 젖병을 문 채로 잠이 들지 않도록 한다. 젖병을 문 채로 잠이 들면 치아 주변에 조제유가 채워지고, 깨어 있을 때와 같은 정상적인 침 분비가 일어나지 않아 충치를 유발할 수 있으며 이를 **젖병 증후군**(baby bottle syndrome)이라 한다(그림 11.5).

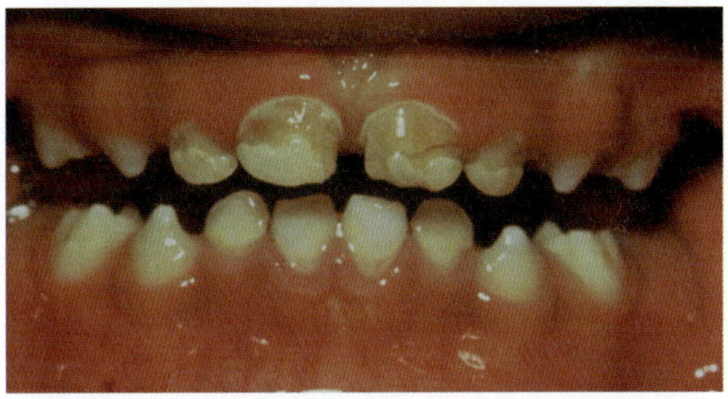

▲ **그림 11.5** 아기에게 혼자 젖병을 물려두면 젖병 증후군이라 부르는 충치를 유발할 수 있다.

영아의 영양 필요량

영아기 영양 필요량을 결정하는 세 가지 특성이 있다. (1) 체중에 비해 에너지 필요량이 높다. (2) 소화기관과 신장이 미성숙된 상태이다. (3) 신체크기가 작다. 영아의 영양섭취기준은 모유의 영양소 함량을 기초로 책정되어 있으며 이 책의 마지막 부분에 제시되어 있다.

영아의 다량 영양소 필요량

영아는 빠르게 성장하고 하루 100kcal/kg 정도의 에너지를 소비한다. 섭취하는 에너지의 35% 정도는 지방으로 섭취해야 한다. 2세 이전에 이보다 낮은 수준의 섭취를 하는 것은 해로울 수 있다. 오메가-6와 오메가-3 지방산은 출생 후 첫 2년간의 급속한 두뇌성장, 망막의 성숙, 신경계의 발달에 필수적이다.

탄수화물과 단백질 역시 영아의 성장발달에 필수적이라 할지라도 단백질 섭취가 하루 에너지 필요량의 20%을 넘지 않도록 한다. 영아의 미성숙한 신장기능은 이보다 높은 수준의 단백질 섭취를 통해 배출되는 질소의 처리를 감당할 수 없다.

영아의 미량영양소 필요량

모유와 시판 조제유는 영아에게 필요한 대부분의 비타민과 무기질을 공급하지만 몇 가지 미량영양소에 대해서는 보충제 복용이 필요할 수 있다. 출생 후 즉시 영아에게 비타민 K를 주사하는 게 좋다. 이를 통해 영아의 장에 비타민 K를 생성하는 장내 세균총이 형성되기 전까지 필요한 비타민 K를 공급하게 된다. 모유는 비타민 D 함량이 낮아 피부색이 어두운 모유수유아와 일광노출이 제한된 모유수유아에서는 비타민 D 결핍이 흔히 발생한다.[23] 해가 많이 비치는 환경에서도 모유수유아에게 비타민 D 보충제를 일상적으로 처방하기도 한다. 모유수유아는 생후 6개월이 지나기 전에 철을 보충해야 한다. 영아의 철 저장량이 고갈되고 모유는 철을 충분히 공급하지 못하기 때문이다. 철은 정신과 신체 발달 및 철 결핍성 빈혈의 예방에 매우 중요하다. 철이 강화된 영아용 쌀 시리얼을 첫 이유 보충식으로 선택하는 것이 좋다. 식수의 불소 함량에 따라 6개월 이후 모유수유 영아에게 보충제가 필요할 수도 있다. 사먹는 생수는 대부분 불소함량이 낮고, 수돗물에 불소가 포함되어 있더라도 가정용 정수기를 이용할 때 대부분 제거된다는 점을 고려한다. 반면 불소치약이나 불소 세정액, 불소함유 식수, 불소 보충제를 동시에 사용할 경우에는 불소 독성의 위험이 있을 수 있다. 모유수유아에게 보충제가 추가적으로 필요한 상황이 있을 수 있다. 예를 들면 완전채식주의를 따르는 여성의 모유에는 비타민 B_{12} 수준이 낮을 수 있고 모유수유아에게 보충제가 필요하다. 다수의 조제유에 철과 비타민 D가 이미 강화되어 있기 때문에 조제유를 수유하는 경우엔 추가적인 철과 비타민 D 보충제가 필요하지 않다.

영아의 수분 권장량

수분은 모두에게 매우 중요하지만 영아에게는 두 가지 이유로 더욱 예민한 부분이다. 첫째, 영아는 상대적으로 체표면적이 넓어서 성인에 비해 피부로 증발하여 손실되는 수분 비율이 높다. 둘째로, 신장이 미성숙하여 소변을 농축하는 능력이 없다. 그래서 탈수 위험이 높다. 영아는 60ml/kg 정도의 수분을 필요로 하고 모유수유이든 조제유수유이든 수분을 공급하는 데는 충분하다. 전문가들은 모유수유시 추가적인 수분 공급의 필요성은 없다고 말다.[13] 저소득 가정에서 흔히 영아용 조제유를 묽게 타서 수유하는 경우가 있는데 이는 몹시 위험하다. 조제유 제조시 수분을 과다하게 넣게 되면 충분한 영양공급을 받지 못하여 체중이 적절하게 증가하지 못하고 성장부전이 나타날 뿐만 아니라 저나트륨혈증과 같은 영양소 불균형이 발생할 수 있다.

요점 모유는 영아에게 우수한 영양과 증강된 면역력을 제공한다. 모유수유를 하는 여성은 출산 후 체중감소와 배란억제 효과를 얻게 된다. 모유수유가 쉽지 않다면 시판 조제유를 통해 영양공급이 가능하다. 비타민 D 보충제는 전적인 모유수유를 하는 경우 필요할 수 있고, 철분과 불소 보충제는 생후 6개월 이후 처방이 필요할 수 있다.

고형식은 언제 시작하는 것이 좋을까?

생후 4~6개월이 되기 전에는 대부분의 영아들이 고형식을 섭취할 만큼 성장발달하지 못한다. 출생시부터 나타나는 빨기 반응은 유방이나 젖병에서 액체를 빠는 혀의 움직임에 의존한다. 어린 영아에게 숫가락으로 고형식을 주게 되면 이 혀의 움직임으로 인해 입에 들어 있는 음식을 입 밖으로 밀어내는 **배출반사**(extrusion reflex)가 나타난다. 4~6개월 무렵 고형식을 시작할 때까지 이 반사작용이 점차 감소되어야 고형식의 도입이 성공적으로 이루어질 수 있다.

또한 섭취한 고형식이 목에 걸리지 않도록 하기 위해 머리와 목의 움직임을 스스로 조절할 수 있어야 한다. 그리고 지지해 주는 장치의 도움을 받아서라도 혼자 앉을 수 있어야 한다. 영아는 또한 소화기관이 성숙해질 때까지는 고형식을 섭취할 준비가 되어 있지 않다. 영아는 출생 시부터 유당을 소화하고 흡수할 수 있는 능력이 있으나, 3~4개월에 이르기 전까지는 전분을 소화시키는 아밀라제 효소가 충분하지 않다. 영아에게 고형식을 너무 일찍 도입하게 되면, 소화되지 않은 전분이 남아 설사와 복부팽만을 일으키고, 단백질이 소화되지 않은 상태로 흡수되어 알레르기를 일으킨다. 그리고 신장이 성숙되어야 전해질과 질소노폐물을 처리하고 소변을 농축시킬 수 있게 된다.

처음 시도할 식품이 정해지면 부모는 먼저 아이의 영양소 필요량과 알레르기의 위험을 고려해야 한다. 6개월 무렵에 영아는 철 저장량이 고갈되어 첫 이유보충식은 철이 강화된 영아용 시리얼을 이용하는 경우가 많다. 쌀 시리얼은 알레르기 반응을 잘 일으키지 않고 소화가 쉽다. 시리얼이나 다른 고형식은 숫가락을 이용하여 먹이도록 하고 이유보충식을 먹이는데 젖병을 이용하지 않는다.

한번 새로운 식품을 먹이고 나서 4~5일간은 다른 새로운 식품을 시도하지 말고 알레르기나 불내성을 보이지 않는지 유심히 관찰해야 한다. 발적, 이유를 알 수 없는 설사, 콧물, 재채기 등의 증상이 나타나지 않는지 살핀다. 쌀 시리얼 섭취 후 아무 문제가 없으면 다른 종류의 곡물을 한 가지 도입해 보는데, 알레르기 위험이 높은 밀은 제외한다. 곡물이 아니더라도 채소나 고기즙을 한 가지 시도해 볼 수 있다. 영양 전문가들 중에는 철과 아연의 좋은 급원인 고기를 권장하기도 하나 비타민 C가 풍부한 채소의 도입을 장려하는 전문가도 있다. 과일 도입이전에 채소즙을 시도하는 것은 매우 현명한 선택이다. 바나나, 복숭아 등 과일의 단맛에 익숙해지고 나면 상대적으로 별 맛이 없는 채소는 입맛을 끄는 힘이 약하기 때문이다.

시판 이유보충식은 편리하고 소금이나 설탕의 첨가 없이 조제되어 좋으나 가정에서 만든 것이 대개 비용부담이 없고 가정의 식품섭취 패턴을 반영한다. 첫 돌이 될 때까지 점진적으로 영아에게 다양한 식품을 도입해야 한다. 생후 첫 해 동안 고형식은 보충식으로 공급되어야 하며 모유나 조제유를 대체하는 식품은 아니다.

▲ 영아의 배출반사로 인해 고형식품 섭취 시 식품이 입 밖으로 내밀어진다.

영아에게 제공하면 안 되는 식품

다음의 식품은 영아에게 제공해서는 안 된다.

- **목에 걸릴 수 있는 식품.** 포도, 핫도그 조각, 견과, 팝콘, 생 당근, 건포도, 단단한 사탕과 같은 식품은 잘 씹히지 않기 때문에 목에 걸리기 쉽다.
- **콘시럽과 꿀.** 이들 식품에는 클로스트리듐 보툴리늄(*Clostridium botulinum*)과 같은 박테리아의 포자가 들어 있을 수 있다. 이들 포자는 치명적인 독소를 만들 수 있다. 만 1세 이상의 어린이는 보툴리늄 포자를 사멸시킬 수 있을 만큼 성숙된 소화기관을 가지고 있어서 안전하게 섭취할 수 있다.
- **염소젖.** 염소젖은 엽산, 비타민 C, 비타민 D, 철과 같이 영아에게 필요한 여러 영양소의 함량이 낮은 것으로 잘 알려져 있다.
- **우유.** 1세 미만인 영아들이 섭취하기에 우유는 무기질과 단백질 함량은 너무 농축되어 있고 탄수화물은 영아의 에너지 필요량을 충족하기에 너무 부족한 수준이다. 어린이들은 만 1세 이후에 보통의 지방함량을 가진 우유를 섭취할 수 있다.
- **다량의 과일주스.** 과일주스는 영아의 소화관 내에서 잘 흡수되지 않아서 지나치게 섭취하면 설사를 유발할 수 있다. 생후 6개월이 지난 영아가 하루 120~240ml 정도의 무가당 주스를 섭취하는 것은 안전한 것으로 보이며, 한번에 60~120ml를 넘지는 않는 것이 좋다.

- 지나친 소금과 설탕. 영아가 섭취하는 음식에는 소금이나 다른 양념을 넣어서는 안 된다. 과자, 케이크, 지나치게 단 음식, 가공식품을 먹이는 일은 삼가야 한다.
- 지나친 모유 및 조제유 섭취. 영아가 6개월이 되면 모유나 조제유만큼 영양이 풍부한 식품을 고형식 형태로 점진적으로 도입해야 한다. 6개월은 매우 중요한 시점이다. 이 무렵 영아의 철 저장량이 고갈되기 시작한다. 모유나 조제유에 지나치게 의존하면 빈혈이 유발될 수 있다.

요점 모유수유를 할 수 없을 때 시판 조제유는 영아에게 필요한 영양을 공급할 수 있다. 고형식은 4~6개월부터 점진적으로 도입하며 곡물로 시작해서 채소나 육류를 한 가지씩 도입하도록 한다. 목에 걸릴 수 있는 식품, 꿀이나 콘시럽을 함유하는 식품, 우유나 염소젖, 염분과 당 함량이 높은 식품과 음료는 피하도록 한다.

영아 영양과 관련된 문제

처음 부모가 되면 아이의 영양섭취가 가장 큰 걱정이 된다. 영아는 말을 하지도 못하고 어떤 경우는 왜 우는지 알 수도 없다. 식사시간도 부모들에게는 애타는 시간이다. 특히 아이가 먹으려 하지 않거나, 잘 자라지 않거나 설사, 구토, 지속적인 발진과 같은 문제를 나타낸다면 더욱 그렇다. 다음에는 영아기 영양과 관련된 문제들을 소개한다.

알레르기

앞서 제시한 것처럼 모유수유는 알레르기 발현을 최소화한다. 이유식의 도입도 4~6개월까지는 미루는 것도 알레르기 발현을 줄인다. 영아에게 나타나는 가장 일상적인 알레르기는 우유를 기본으로 한 조제유에 함유된 단백질에 대한 것이다. 난백, 땅콩, 그 밖의 견과, 밀, 대두, 감귤류도 흔히 알레르기를 일으키는 식품이다.

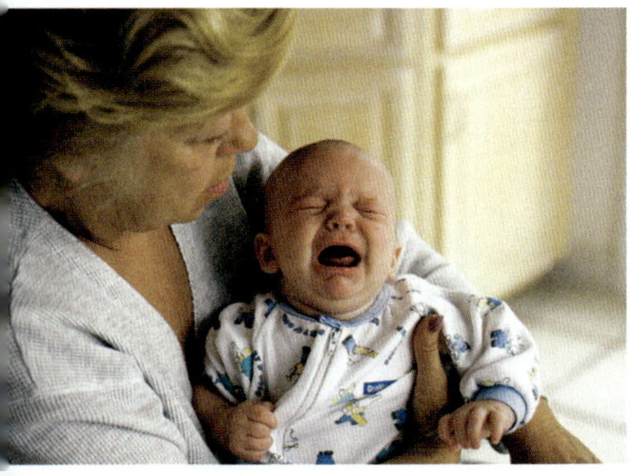

▲ 산통이 있는 영아는 영양섭취도 잘하고 즐겁게 지내다가 외면상 아무 이유가 없는데도 울기 시작할 수 있다.

말했던 것처럼 식품을 도입할 때는 한 가지씩 해야 알레르기를 일으켜서 피해야 할 식품을 규명할 수 있다. 가족들 중에 알레르기를 가진 구성원이 있다면 새로운 식품을 도입할 때 주의해야 하고 식품과 음료의 표시를 확인하여 알레르기를 유발하는 재료가 포함되어 있지 않은지 면밀히 살펴야 한다.

산통

부모로서 아이가 쉼 없이 울어대는 것보다 애타는 것은 없다. **산통(colic)**이 있을 경우 전형적으로 나타나는 상황이다. 이때 아이는 행복하고 건강한 상태로 잘 먹다가 갑자기 울기 시작해서 비명을 지르듯 울기까지 하며 달래려고 무엇을 해도 몇 시간을 그치지 않는다. 이런 발작적인 상황은 하루 중 일정한 시간에 나타나는 경향이 있는데, 전형적으로 늦은 오후나 이른 저녁에 나타나고, 몇 주 동안 매일 나타나는 경우가 종종 있다. 신경계의 과잉자극, 너무 빠른 속도로 섭취, 공기삼킴, 장내 가스로 인한 통증에 의해 나타날 수 있는 것으로 생각하고 있으나 정확한 이유는 알려지지 않았다. 모유수유 시 수유여성이 섭취하는 식사의 조미를 순하게 바꾸면 간혹 산통이 감소된다. 조제유를 먹는 경우에는 조제유의 종류를 바꾸면 증상을 완화하는 데 도움이 된다.

위식도 환류

위식도 환류는 신생아의 3%에게서 나타나는데 미숙아의 경우에 특히 흔하다. 출생 후 1년간 위장관이 성숙해가면서 이러한 증상은 해소된다. 양육자는 영아가 과식하지 않도록 하고, 식사 후에는 몸을 세운 자세를 취하도록 하며 목에 걸리는 것이 없는지 잘 살펴보아야 한다. 젖 성분에서 카제인 단백질을 제외하고 유청을 강화한 조제유가 증상을 호전시키는 경우도 있다.

산통(colic) 이유 없이 수 시간 동안 심하게 우는 영아에게서 나타나는 증상.

철 결핍성 빈혈

재태기간을 모두 채우고 출생한 경우에는 출생 후 6개월 정도 지속되는 철 저장량을 가지고 태어난다. 그러나 이 이후의 영유아에게 철은 결핍되기 쉬운 영양소이다. 철 결핍성 빈혈은 창백함, 무기력, 성장 결함을 유발한다. 철을 강화한 조제유와 시리얼이 보충을 위한 급원으로 좋다. 우유를 과다섭취하는 것도 영유아 빈혈의 주된 원인이 된다.

탈수

설사, 구토, 발열의 지속, 불충분한 수분 섭취 중 어느 것이 원인이든 탈수는 영아에게 매우 위험한 상황이며 치료하지 않은 상태로 두게 되면 곧 사망에 이른다. 치료를 위해서 수분을 공급하는데 구토가 동반된 상황이라면 수분공급이 쉽지 않다. 의료진이 소아용 전해질 용액을 처방하는 경우도 있다. 미국에서는 약품을 판매하는 상점에서 쉽게 구매할 수 있으며 단기간 사용을 원칙으로 이용한다. 증상이 심한 경우 입원치료와 정맥을 통한 수분공급이 필요할 수도 있다.

요점 모유수유와 적어도 생후 4~6개월까지 고형식 도입시기를 늦추는 것으로써 식품알레르기의 위험을 감소시킬 수 있다. 산통이나 위식도 환류가 있는 영아는 어려움은 있겠지만 두 증상 모두 시간이 지나면 호전되는 것이 일반적이다. 철 결핍 빈혈은 철강화 시리얼을 이용하여 쉽게 예방할 수 있다. 탈수는 영아에게 매우 위험한 상태이며, 신속한 수분/전해질 보충이 중요하다.

▲ 걷기 시작할 무렵의 유아는 주변을 활동적으로 탐색하면서 상당한 양의 에너지를 소비한다.

유아기 영양

첫 돌 이후 유아기에 접어들면서 영아기의 급속한 성장속도는 점차 둔화된다. 생후 2~3년 동안 15~19cm, 4~5kg 가량 성장한다. 그러나 활동량이 많아지면서 이를 위해 상당한 양의 에너지를 소비한다. 표 11.5는 유아, 아동, 청소년의 영양권장량을 나타내고 있다.

유아기 영양 필요량

걷기 시작하는 유아는 하루에 1,000kcal 정도의 에너지가 필요하다. 에너지를 구성하는 다량 영양소의 비율 중 지방의 비율이 35%로 성인에 비해 높은 수준이며, 만 2세가 되기 전까지는 저지방이나 무지방 우유 및 유제품을 섭취하지 않도록 한다. 단백질과 탄수화물의 비율을 점차 증가

표 11.5 2010 한국인영양섭취기준(한국영양학회)

영양소	1~2세	3~5세	6~8세		9~11세		12~14세		15~18세	
			남	여	남	여	남	여	남	여
탄수화물**(g/day)	130	130	130		130		130		130	
단백질(g/day)	15	20	25		35		50	45	55	45
비타민 A(μgRE/day)	300	300	400		550	500	700	650	850	600
비타민 C(mg/day)	40	40	60		70	80	100		110	100
비타민 E*(mg α-TE/day)	5	6	8	7	9	8	10	9	12	10
칼슘(mg/day)	500	600	700		800		1000	900	900	800
철(mg/day)	6	7	8		11	10	14	13	15	17
아연(mg/day)	3	4	5		8	7	8	7	10	9
수분(L/day)	1.1	1.4	1.8	1.7	2.0	1.8	2.3	2.0	2.6	2.1

*충분섭취량

** 미국자료

▲ 대부분의 유아들은 재미있게 음식을 만들어 주면 즐거워한다.

시키는 데 대부분 복합 탄수화물로 구성하며 정제된 형태의 탄수화물은 최소로 섭취하도록 한다. 성장하면서 미량영양소의 필요량도 증가하게 된다.

때로 유아들은 놀이에 집중하여 갈증이 나도 참거나 인식하지 못하기 때문에 유아들을 돌볼 때는 음료를 충분히 마실 수 있도록 해야 한다. 2~3세 유아들은 하루 1L(5컵) 정도의 음료를 마시도록 권장한다.[13] 물, 우유, 두유, 희석된 과일주스 등의 음료가 적당하다.

변덕스러운 식사 습관으로 유아들은 영양결핍을 일으킬 수 있다. 이러한 이유로 유아용 복합비타민과 무기질 보충제의 사용을 권하는 소아과 의사들이 많이 있다.

영양가 있는 식품선택 장려

유아들은 까다로운 식성을 나타내는 경향이 있다. 경우에 따라 육류나 채소류와 같은 특정식품군 전체를 기피하기도 하고, 갑자기 자기가 좋아하는 한두 가지 음식만 먹으면서 다른 식품은 섭취를 거부하는 행동을 보이기도 한다. 아이들에 따라서는 식사량이 매우 적어서 한두 숟가락만 먹고 마는 경우도 있다. 이러한 식사행동들은 부모를 매우 걱정스럽게 하지만, 건강한 식품들을 다양하게 선택하여 섭취하기만 한다면 유아들도 필요량에 맞는 수준으로 섭취를 조절하는 능력이 있다. 영양적으로 질이 높은 식사만을 제공하는 부모들은, 자녀들이 어느 하루 식사를 이상하고 변덕스럽게 하더라도 필요한 영양을 섭취하고 있다는 자신감을 가질 수 있다. 아이들에게 섭취를 강요하지는 않는다. 그래야 후에 섭취를 통제하려고 하는 시기를 대비할 수 있다.[28]

만 1~2세 유아의 위장은 크기가 작기 때문에 필요한 에너지를 세 끼로 섭취하는 것은 어렵다. 식사는 적은 양의 끼니와 간식으로 여러 번에 나누어 2~3시간마다 섭취하는 것이 좋다. 유아의 섭취를 돕기 위해 영양가 있는 간식을 적은 양 나누어 담은 간식 그릇을 아이가 노는 주변에 가까이 놓아두면 아이는 노는 동안 틈틈이 섭취할 수 있다. 자동차를 타고 이동하는 중에는 간식과 함께 흘리지 않도록 만들어진 물병을 준비하면 좋다.

익히지 않은 단단한 식품은 만 1~2세 유아가 씹기 어려운데 땅콩, 당근, 포도, 건포도, 방울토마토 같은 식품들이 그렇다. 익혔다 하더라도 조각낸 핫도그 같은 것도 씹기 어려운 건 마찬가지다. 이런 식품들은 목에 걸릴 수 있어 위험하다. 식품은 부드럽게 만들어 주고 잡기 쉽게 길쭉하거나 각지게 잘라 주면 좋다. 이가 많아지고 음식섭취를 더 잘 조절할 수 있게 되면 선택할 수 있는 식품이 좀 더 다양해진다.

유아의 음식은 재미있어야 한다. 쿠키 커터를 이용하여 샌드위치를 재미있는 모양으로 만들 수 있고 채소를 이용하여 웃는 얼굴 모양으로 장식할 수도 있다. 주스와 저지방 요구르트를 얼려서 "팝시클"을 만들거나 "밀크쉐이크"를 만드는 데 넣을 수 있다.

밥을 먹을 때도 한번에 주는 양이 많지 않도록 한다. 매년 한 큰술씩 더 먹는 것은 학령전 기간 전체로 볼 때 1회 섭취량만큼이 된다(그림 11.6). 아이에게 먹을 수 있을 만큼 제공하게 되면 아이들도 다 먹고 나서 성취감을 느낄 수 있고 부모도 아이가 충분히 먹지 않는게 아닐까 하는 걱정을 덜어준다.

새로운 음식을 점차 늘려간다. 대부분의 유아들은 새로운 것, 매운 것, 뜨거운 것, 여러 재료가 섞여 있는 것, 질감이 이상한 것을 쉽게 먹으려 하지 않는다. 골고루 먹을 수 있도록 도움이 되는 방법은 먹어보지 않았던 새로운 음식을 일단 조금이라도 맛보게 하는 것이다. 맛을 보고 나서 나머지를 먹고 싶어하지 않으면 강요하거나 꾸짖어서는 안 된다. 새로운 음식을 먹어 보려 시도했다는 것에 대해 그저 칭찬해 주어야 한다. 그리고 나서 몇 주 후에 다시 섭취해 볼 수 있도록 한다. 처음에 먹기를 거부했던 음식도 반복적으로 접하다 보면 먹게 되는 경우가 자주 있기 때문이다.

▲ **그림 11.6** 학령전 어린이의 1회 섭취분량은 학령기 어린이에 비해 훨씬 작다. 식품마다 1큰술 정도의 분량을 1회 섭취분량으로 한다. 예를 들면 2살 유아에게는 쌀 2큰술, 검은콩 2큰술, 다진 토마토 2큰술이 1회 섭취분량으로 적절하다.

영양, 미신 혹은 진실?

유아들에게 완전채식주의 식사는 부적절한 것인가?

유아에게 완전채식을 제공하는 것은 논란의 대상이다. 완전채식을 지지하는 많은 사람들은 어떤 종류이건 동물성 식품을 섭취하는 것은 비도덕적이고 아이들에게 동물성 식품을 먹이는 것은 비만과 만성질환을 조장하게 되며 동물성 식품을 먹는 것이 천연자원을 낭비하고 기후변화에 기여한다고 생각한다. 반면 그에 반대하는 사람들은 아이들에게 완전채식을 하도록 하는 것은 동물성 식품으로만 섭취할 수 있는 건강에 필요한 영양소들을 섭취할 수 없도록 한다고 생각한다. 일부는 아이들에게 완전채식을 하도록 하는 것은 본질적으로 아동학대에 해당한다고까지 하고 있다.

모든 논란이 그렇듯이 양측의 우려가 모두 타당하다. 예를 들어 극단적인 채식에 따른 아동의 성장장애와 사망이 보고된 사례도 있다.[29] 보고된 사례에 따르면 채식주의 아동은 비타민 B_{12}, 칼슘, 아연, 비타민 D 가 결핍되어 있었다. 이러한 영양소들은 주로 동물성 식품에서만 제한적으로 존재하고 결핍으로 인해 심각하고 일생에 영향을 미치는 결과가 초래된다. 예를 들면 비타민 B_{12} 결핍으로 인해 유발된 신경학적 손상은 모두 회복될 수 없다.

그러나 채식주의 아동의 영양관련 질환의 대부분은 교육의 부족이나 극단적인 행동에 기인하는 것이다. 채식주의를 잘 알고 있는 부모들은 영양문제에 연루되는 일이 거의 없다. 채식주의는 교육없이 안전하게 수행할 수 있는 단순한 생활방식이 아니다. 부모들은 식물성 식품에는 존재하지 않아서 보충제를 섭취해야 하는 영양소가 있다는 것을 알아야 한다. 또한 유아들이 철 영양상태를 헴철 급원의 섭취없이 유지하는 것이 얼마나 어려운지 알아야 하며 헴철은 완전채식 식사에서는 섭취할 수 없는 것이다. 부모들은 또한 채식은 전형적으로 식이섬유가 많고 지방이 적으며, 이로 인해 불충분한 체중증가와 성장부진이 초래될 수 있음을 알아야 할 필요가 있다. 더구나, 완전채식에서 주식으로 섭취하는 밀, 콩, 견과는 아동에서 흔히 알레르기를 유발하는 식품이며 알레르기 발생시 충분한 영양소를 함유하는 식물성 대체 식품을 찾는 일은 매우 어렵다.

미국영양사협회와 소아과학회는 모두 완전채식이 정상적인 성장발달을 촉질할 수 있다고 하고 있다. 단, 적절한 보충제와 강화식품섭취를 전제로 하는 경우이다. 그러나 대부분의 의료기관에서는 유아에게 완전채식을 간단하고 거리낌없이 승인하는 것을 중단하였다. 주의를 해야 하는 이유는 다음과 같다.

- 완전채식을 하는 부모 중에는 식사계획과 모든 영양소를 적절하게 섭취하도록 보충제 섭취가 필요하다는 것에 관해 적절히 교육받지 못한 경우가 있다.
- 대부분의 유아는 까다로운 식습관을 나타내어 먹지 않으려고 하는 식품종류가 있는데, 특히 채소가 그렇다.
- 완전채식에서는 식이섬유 함량이 높아 아주 어린 유아들에게는 적절하지 않을 수 있다.
- 유아들은 위가 작아서 모든 영양소와 에너지 수준을 충족시킬 수 있는 정도로 충분한 양의 식물성 식품을 섭취하지 못하는 경우가 종종 있다.

이러한 염려 때문에 대부분의 영양전문가는 부모들에게 중도적인 접근을 하라 권유한다. 식물성 식품을 주로 섭취하지만 생선, 유제품, 달걀과 같은 동물성 식품도 섭취하도록 하는 것이다. 일단 학령기에 이르면, 저지방, 충분한 식이섬유 함량, 항산화성분이 풍부한 잘 계획된 완전채식 식사가 성인기로 이행하는 동안 건강을 증진시킬 수 있을 것이다.

유아의 영양문제

영아기 동안에 그랬던 것처럼 새로운 식품은 한번에 한 가지씩만 늘려가도록 하고 다른 식품을 새로 도입하기 전에 먼저 시도했던 새로운 식품에 대해 알레르기 반응을 보이지는 않는지 4~5일간 관찰해야 한다. 자라면서 식품알레르기가 사라지지만, 만 1~2세 정도는 여전히 주의가 필요하 시기이다.

유아기에게는 유제품과 달걀을 포함하는 채식도 고기나 생선이 포함된 식사와 마찬가지로 완전한 식사가 될 수 있다. 그렇지만 고기는 아연이나 철 중에서 생체내 가장 활성이 좋은 형태인 헴철의 좋은 급원이다. 따라서 고기를 잘 먹지 않는 가정에서는 아이에게 충분한 아연과 철이 공급될 수 있도록 강화된 시리얼 등 다른 급원식품을 잘 선택하여 제공하도록 한다.

반면 완전채식은 동물성 급원이 전혀 포함되어 있지 않기 때문에 유아가 여러 가지 잠재적 영양문제의 위험에 처하게 한다. 이 때문에 어린이의 완전채식에 대해서는 논란이 있다. 이에 대한 보다 자세한 정보는 위의 **"영양, 미신 혹은 진실?"**을 참고하도록 한다.

▲ 땅콩, 감귤과 같은 알레르기 유발가능 식품을 유아에게 먹이기 시작할 때는 한 번에 한 가지씩 먹이도록 한다.

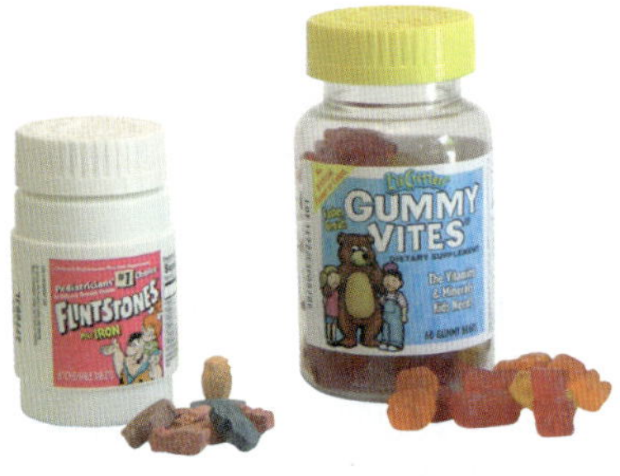

▲ 아동용 복합비타민제는 특이한 모양과 밝은 색상을 가진다.

요점 유아기에는 활동성이 매우 높아 성장과 활동에 필요한 에너지를 충분히 섭취하여야 한다. 총에너지, 지방, 단백질의 필요량은 영아보다 높은 수준이다. 만 2세까지 적절한 체중을 가지는 건강한 유아들은 칼슘 필요량을 충족시키고 적절한 지방 섭취를 위해 전유를 섭취해야 한다. 만 1~2세 정도의 유아들은 영양소가 풍부한 식사와 간식을 소량씩 자주 섭취해야 한다. 섭취하는 식품은 작게 잘라서 잡기 쉽고 씹고 삼키기 좋게 한다. 유아는 점차 독립적으로 성장하여 스스로 식사할 수 있게 되므로 식사 중 목에 걸리지 않는지 부모들이 주의깊게 살펴보아야 하며 알레르기 발생과 체중증가를 살펴보아야 한다. 유아에게 완전채식을 제공하는 것은 몇몇 영양소의 결핍가능성이 있어 논란이 되고 있다.

아동기 영양

아동기에서는 만 3~5세의 학령 전 아동, 만 6~11세의 학령기 아동의 영양에 대해 기술한다. 아동기에는 평균적으로 일년에 5~10cm가량 성장한다. 이 시기에는 자신만의 식품선호가 형성되는 시기이고 선호도에 따른 식품섭취 결과가 건강에 미치는 영향이 지대하기 때문에 연령별 적합한 영양교육의 시행이 매우 중요하다.

아동의 영양 필요량

▲ 수분섭취는 아동에게 중요한데, 놀이에 집중하느라 갈증이 나도 이를 무시할 수 있다.

3세까지 아동은 여러 가지 식품을 접하면서 식사의 다양성을 확보하게 된다. 다양한 식품을 섭취한다고 해도 세 끼의 식사로 필요한 모든 영양소를 섭취할 수 있을 것으로 기대하긴 어렵다. 따라서 이 시기에도 영양밀도가 높은 간식 섭취가 중요하다. 표 11.5에는 만 3~5세의 학령 전 아동, 만 6~11세의 학령기 아동의 영양필요량을 제시하였다.

다량영양소 섭취

아동기에도 다량영양소 중 지방의 섭취가 중요하다. 아동기의 지방섭취 수준은 총에너지의 15~30%로 권장한다. 학령기 아동은 여전히 성장, 발달, 성숙과정에 있기 때문에 저지방식사는 권장하지 않는다.

총단백질 필요량이 증가하나 탄수화물은 유아기와 비슷한 수준이다. 식이섬유가 풍부한 탄수화물을 섭취하도록 하며 단순당은 과일이나 과일주스로 섭취하는 정도로 하고 케이크나 과자와 같이 정제당이 많이 포함된 것은 허용해야 하는 특별한 경우를 대비해서 평소에 일상적으로 섭취하지는 않도록 한다.

미량영양소 섭취

하루에 5회 이상 권장된 과일과 채소를 섭취하지 못하는 아동의 경우에 비타민 A, C, E 가 결핍될 수 있다. 섭취부족이 염려되는 무기질은 칼슘, 철, 아연으로 주로 동물성 식품을 통해 섭취할 수 있는 것들이다(표 11.5). 골격의 성장과 밀도의 증가를 위해 9~11세 아동의 칼슘필요량이 급격하게 증가한다는 사실을 주지해야 한다.

어떤 이유에서든, 예를 들면, 아침을 거른다거나, 점심을 교환한다거나, 경제적인 이유이건 간에 아이의 영양필요가 충족되지 못한다면 비타민/무기질 보충제가 결핍의 해소에 도움이 될 수 있다. 보충제 사용시 미량영양소 함량이 하루 권장량을 넘지 않는 것을 선택하는 것이 좋다.

수분 섭취

아동에게 필요한 정확한 수준의 수분량은 신체활동 수준이나 날씨 상태에 따라 가변적이다. 대부분의 상황에서 수분섭취는 물로 하게 한다. 스포츠 음료, 과일음료, 탄산음료는 과잉에너지를 제공하여 자주 마시게 되면 부적절한 체중증가의 원인이 될 수 있다.

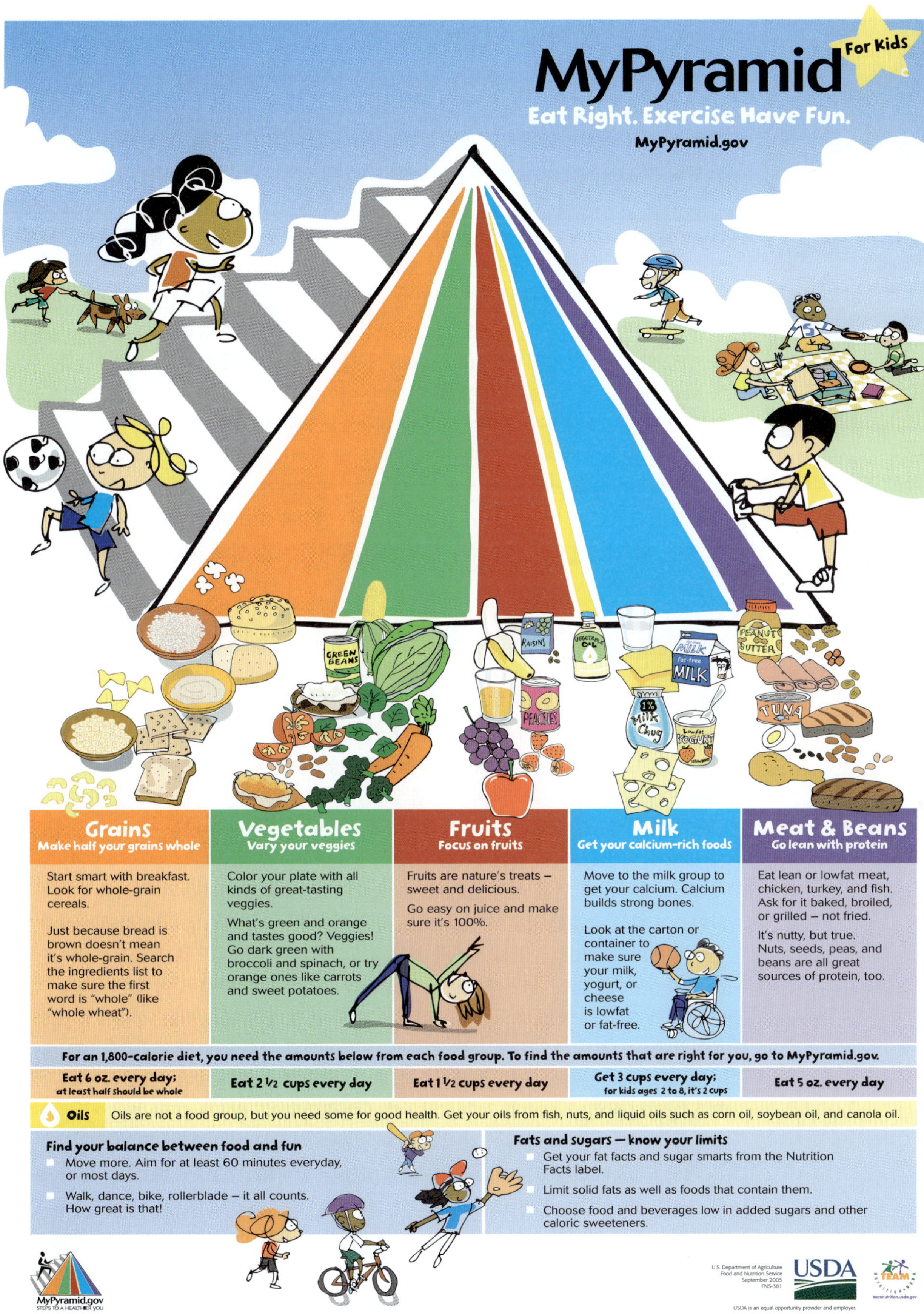

▲ 그림 11.7 성인용 MyPyramid 그림을 6~11세 어린이의 영양필요량에 따라 변형한 그림이다. "바르게 먹고, 운동하고, 즐겁게 지내자"는 지침의 실천을 장려하기 위해 만들어졌다.

▲ 학령기 아동은 학교급식을 받는데 식품 선택의 기회가 주어지면 많은 학생들이 건강하지 못한 음식을 선택한다.

아동의 영양적인 식품선택 장려방법

아동들은 대체로 자신을 건강하게 성장하도록 도와주는 식품도 있고, 그렇지 않은 식품도 있다는 것을 이해할 수 있다. 아동들은 빨리 자라고 싶어하기 때문에 부모들은 이러한 자연스런 욕구를 잘 활용하여 연령대에 알맞은 설명을 통해 식이섬유가 풍부한 탄수화물, 단백질, 미량영양소 함량이 높은 식품을 섭취하도록 격려할 수 있다.

그러나 이 시기에 또래 아이들의 영향에 잘 대처하는 것은 쉽지 않다. 아이들 사이에 인기 많은 아이가 과자나 가당 음료를 마시고 있는데, 자신만 통밀 참치 샌드위치에 사과와 우유를 먹어야 한다면 부끄럽게 생각할 수도 있다.

나이가 들면서도 부모는 아직 중요한 역할 모델이므로 부모 자신의 건강한 식사와 활동 습관을 보여주어야 한다. 온라인상의 식사구성 교육도구들을 활용하여 아이에게 정보를 제공해 줄 수 있다. 미국의 경우 MyPramid.gov에서는 개인의 특성에 맞는 식사구성과 어린이를 위한 MyPyramid 포스터를 출력할 수 있으며, 아이들에게 "바르게 먹고, 활동하면서, 즐거운 생활을 하자"는 교육내용을 연령에 적합한 내용으로 제공한다(그림 11.7).

부모들은 또한 아이들이 식품 선택을 하는데 참여하게 할 수 있다. 예를 들면, 작은 박스를 이용하여 아이에게 작물을 기르게 할 수 있고, 영양가가 높으면서도 아이가 좋아하는 식품을 장보기 목록으로 작성해 보도록 할 수 있으며, 연령을 고려하여 조리활동을 해보도록 도와줄 수 있다. 아이들은 자신들이 먹는 것이 어떤 것이라는 걸 알게 되면 건강을 위해 더욱 적극적으로 나설 것이다.

학교의 영향

아이들의 학교생활은 여러 측면에서 영양상태에 영향을 미친다. 첫째, 아침에 일어나서 정신없이 등교하는 과정에 아침식사를 적게 먹거나 거르는 아이들이 많다. 아침을 먹는 아이들이 거르는 아이들에 비해 학업수행력이 더 좋고, 집중력이 높으며, 행동상의 문제가 적다. 미국의 공립학교에서는 적은 비용으로 학교에서 아침급식을 제공하며 저소득가정의 아이들에게는 무상으로 제공한다. 아침급식을 통해 아이들은 교실에서 굶주림을 경험하지 않을 수 있다. 아침식사의 이점에 대해서는 **"영양, 미신 혹은 진실?"**(357쪽)에서 다루고 있다

학교 통학으로 인한 식생활 영향 중 한 가지는 아무도 아이들의 식사를 감시하지 않으며 아이들이 항상 충분한 양의 식사를 하는 것은 아니라는 것이다. 점심 시간에 식사를 하는 대신 친구와 이야기하거나 놀면서 시간을 보낼 수도 있다. 학교급식으로 제공되는 음식이 좋아하지 않는 것일 수도 있고, 친구가 제공된 식품들에 대해 "이건 정말 맛이 없어!"하며 먹으려 하지 않는 것에 영향을 받을 수도 있다. 집에서 준비해 간 도시락을 먹는 경우에도 영양이 풍부한 음식인데 남기거나 영양적으로 덜 우수한 다른 음식과 교환할 수도 있다.

학교급식은 영양적일까? 형식적으로 보면 이 질문에 대한 답은 "그렇다"이다. 학교급식은 모두 영양기준에 맞추어 제공되나 섭취하는 하루하루의 식사가 모두 그런 건 아니다. 그래서 일주일 전체를 보면 학생들이 실제로 먹는 점심은 지방 함량은 높고 주요 영양소의 함량은 낮은 경향이 있다. 학생들이 먹고 싶지 않은 채소는 덜어내고, 고기, 햄, 소시지 등 좋아하는 육류 음식은 더 섭취하기 때문이다. 게다가 미국에는 학교급식과 병행하여 패스트푸드 음식점을 운영하는 곳도 있다고 한다. 학교급식 전문가들은 학생들이 신체활동과 함께 과일, 채소, 통곡물의 섭취를 증가시킬 수 있도록 활발한 노력을 기울이고 있다.[33] 특히, 부모가 함께 노력하는 것이 아동들의 비만 위험을 줄이고 생애에 걸친 건강을 증진시키는 데 도움이 된다.[32]

미국에서는 산업체가 함께 참여하고 법률적인 기반을 통해 학교에서 판매하던 간식을 제한하는 노력을 기울이고 있음에도 여전히 에너지, 당, 지방 함량이 높은 식품과 음식을 판매하는

자동판매기를 구비하고 있는 학교들이 있다. 점심 대신에 또는 점심과 더불어 이런 식품들을 너무 많이 섭취하면 과체중과 영양소 불균형을 유발할 수 있다. 최근 미국에서는 학교에서 건강한 식사가 될 수 있는 식품과 음식만을 팔도록 촉진하는 영양 기준을 확립하였다.[34]

▲ 활동적이고 건강체중을 지닌 아동은 과체중 성인으로 성장할 가능성이 낮다.

아동기 영양문제

아동기 영양관련 문제는 크게 식품미보장과 과체중에 대한 것이다. 놀랍게도 상반된 것으로 보이는 이 두 가지 문제는 동시에 발생할 수 있다.

아동기 식품미보장

미국의 경우 대부분의 아동들이 풍족하고 건강한 식품공급을 받으며 성장하고 있음에도 불구하고 식품미보장과 굶주림에 처한 아동들이 작은 비율이지만 사라지지 않고 존재한다. 식품미보장은 가정내 안전하고 영양적인 식품을 안정적으로 공급할 수 없거나, 사회적으로 수용가능한 방식으로 획득할 수 없는 상태를 말한다. 음식을 훔치거나 쓰레기를 뒤져서 먹을 것을 찾아야 하거나 구걸을 해서 음식을 구하는 경우가 해당된다. 미국에서는 아동이 있는 가정의 약 11%가 식품미보장 상태에 있으며 1%는 식품 보장수준이 매우 낮은 상태에 있다.[35] 우리나라의 경우 2012년 국민건강영양조사 결과를 분석하여 보고한 자료를 살펴보면 아동이 있는 가구의 식품미보장율은 13.6%에 이르며 전체의 2.3%는 배고픔을 동반한 미보장 상태인 것으로 나타났다.[vii] 어떤 가정이 식품미보장상태에 있다는 것은 아동들에게 제공하는 식품의 다양성이 제한되고 균형있는 식사를 제공하기 위한 식품을 구할 수 없거나 때로는 돈이 없어서 아동들이 충분한 식품을 섭취하지 못하는 경우도 있음을 나타낸다.

식품미보장 상태는 어린 아동들에게 매우 위험할 수 있다. 영양상태가 훼손되어 아동들의 면역반응을 약화시킬 수 있어 아동기에 흔히 발생하는 질병에 취약한 상태로 만든다. 영양공급이 불량한 유아들은 성장잠재력을 충분히 발현하지 못해서 성장곡선의 정상범위 안에 위치하지 못한다. 철 결핍 빈혈이 나타날 수 있고, 비타민 D와 칼슘이 결핍되면 아동들이 적절한 수준의 골밀도를 획득하기 어렵다. 빈곤은 과체중과 비만의 위험요인이 된다. 식품구입에 지출할 비용이 부족한 가정에서는 가격이 싼 식품을 구입하게 되고 이는 대개 영양소는 적고, 에너지 수준은 높은 식품들이다.

식품미보장에 처한 가정들의 대안 중 하나는 정부지원프로그램의 혜택을 받는 것이다. 임신 및 수유 여성, 영아, 아동을 대상으로 하는 영양플러스 사업, 기초생활보장 수급, 결식아동 급식지원 사업과 같은 사업이 그 예이다.

비만 감시: 활동적인 생활방식의 장려

미국에서는 아동들에게도 성인과 마찬가지로 과체중과 비만 문제가 유행병처럼 증가하고 있다. 미국에서는 6~11세 아동 중 36%가, 12~19세의 34%가 과체중 또는 비만 문제를 가지고 있다. 과체중이거나 비만인 아동들은 여러 가지 건강문제의 위험이 높다. 과체중은 천식을 악화시키고, 제2형 당뇨병의 발병에 기여하며, 수면 무호흡 상태를 유발할 수 있고, 운동성을 낮추고, 놀림을 받거나 자존감을 떨어뜨리고 사회적으로 외톨이가 되도록 유발할 수 있다. 국민건강통계 자료에 따르면 2012년 한국의 소아청소년(만 2~18세) 비만 유병률은 전체 9.6%로 남자 10.7%, 여자 8.3%이었다. 연령별로는 12~18세에서 전체 14.1%, 남자 17.4%, 여자 10%로 가장 높았다.[viii]

전문가들은 아동 비만의 주요 원인이 성인비만과 관련된 요인과 비슷하다는 데 동의하고

---

vii) 국민건강영양조사 결과보고, https://knhanes.cdc.go.kr/knhanes/index.do
viii) 국민건강통계, https://knhanes.cdc.go.kr/knhanes/index.do

▶ 그림 11.8 미국 영양사협회의 Fitness Pyramid for Kids는 2~11세 어린이에게 운동 종류별 적절한 운동 지속시간, 강도, 운동횟수에 대한 지침을 제시한다.

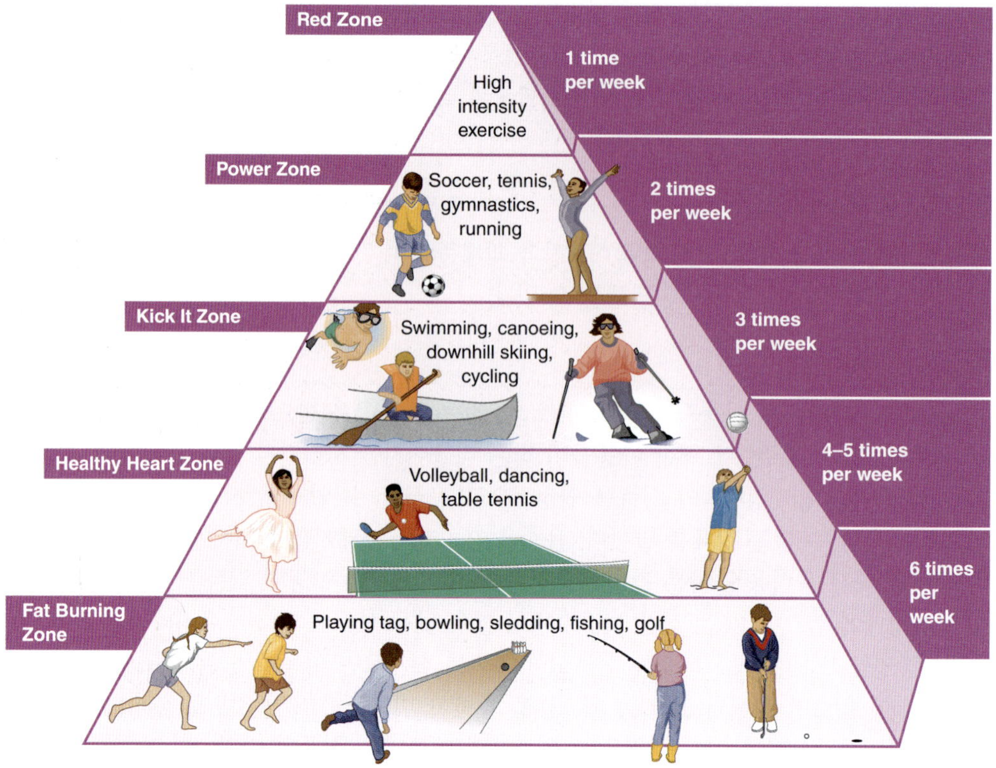

있다. 즉, 너무 많이 먹고 잘 활동하지 않는 것이다. 그래서 전문가들은 두 가지의 장기적인 접근방안을 권고한다. 바로 가족 모두가 함께하는 건강한 식사습관의 확립과 신체활동의 증가이다.

아동들의 영양소 필요량 수준이 높기 때문에 식사에 제한을 두는 것은 권고하지 않는다. 그보다는 부모들이 아이들에게 건강한 식품을 선택할 수 있는 기회를 제공하도록 노력해야 한다. 가족들은 함께 저녁식사를 하도록 하고 천천히 먹으며 음식을 즐길 수 있도록 저녁식사 중 TV를 꺼 두도록 한다.

하루 중 활동을 독려하기 위해 부모들은 자신과 아이들이 앉아만 있는 시간이 2시간을 넘지 않도록 제한해야 한다. TV를 보거나 비디오 게임을 하거나 컴퓨터 작업을 하며 시간을 보내는 것은 신체활동을 하는 데 필요한 시간을 소비하게 될 뿐 아니라 에너지 섭취를 증가시킬 수도 있다. 아동들은 앉아서 하는 활동 중에 고에너지 저영양 간식을 지나치게 섭취하는 경우가 많다. 미국에서는 연방정부와 식품 산업계가 아동들을 대상으로 하는 식품광고의 유형과 갯수에 제한을 두어 왔다. 마케팅에 대한 제한은 의례적으로 행해오던 TV나 잡지 광고뿐 아니라 온라인 게임, 영화, 소셜 미디어, 패스트푸드점에도 적용되는 것일 것이다.[36]

부모들은 아동들이 앉아서 하는 활동을 여럿이 함께 하는 활동으로 바꾸어 가도록 독려해야 한다. 즉 공놀이, 자전거타기, 하이킹이나 최근 개발된 테니스, 댄스와 같은 활동을 할 수 있도록 가상적으로 구현한 게임 등을 이용할 수 있다. 시간이 지나면, 과체중이지만 활동적인 생활을 하는 아동은 섭취를 제한하지 않고도 성장과정 중에 키가 크면서 자신에 맞는 체중을 찾아가게 된다. 활동을 늘리는 것이 좀 더 어린 아동들에게는 운동능력과 근력을 획득하는 데 도움이 되며 자신이 좀 더 빠르고, 강하고, 기술적으로 변모해 감을 느끼면서 자존감을 가지게 된다.

미국의 의학연구원은 아동들이 하루에 적어도 한 시간은 신체활동을 하도록 권고한다. 아동들이 다양한 종류의 활동을 할 수 있도록 해야 이를 통해 각기 다른 근육을 움직이고, 다양한 강도의 활동을 하며, 지루하지 않고, 하기 좋은 것과 싫은 것을 찾을 수 있다(그림 11.8). 보건복지부의 어린이를 위한 식생활 지침은 매일 한 시간 이상 적극적으로 신체활동을 하고, 나이에 맞는 키와 몸무게를 알아서 표준체형을 유지해야 하며, TV시청과 컴퓨터게임을 모두 합해서 하루에 두시간 이내로 제한하고, 식사와 간식은 적당한 양을 규칙적으로 먹도록 권장하고 있다.[ix)]

요점 아동은 매년 5~10cm가 성장한다. 유아에 비해서는 낮지만 성인에 비해서는 다소 높은 수준의 지방 에너지(15~30%)를 필요로 한다. 성장과 성숙을 위해 미량영양소 필요량은 증가한다. 아동은 쉽게 탈수될 수 있으며 특히 더운 날씨에 격한 활동을 하는 경우 그렇다. 영양섭취는 친구들의 영향을 많이 받는다. 식품의 재배, 구매, 조리에 아동들을 참여시키는 것이 바람직한 식행동 형성에 도움이 된다. 학교급식은 영양기준에 맞추어 제공되지만 아동들의 선호도에 따라 선택되어 실제 섭취하는 식품은 포화지방, 당, 에너지 함량이 높고 영양소 함량은 낮은 것이 많다. 식품 미보장과 비만은 중요한 아동 영양문제이다.

청소년기 영양

청소년기는 **사춘기(puberty)**와 함께 시작한다. 사춘기는 2차성징이 나타나는 시기로 생식기능이 발달한다. 청소년기는 독립성과 자기 신뢰가 증가하는 특징이 있다. 10대들은 성적인 발현과 흡연이나 음주와 같이 사회적으로 수용되는 범위를 넘어서는 행동들에 대처해 나가게 된다. 사춘기 동안 식사의 질을 향상시키고자 하는 부모들의 시도를 무시할 수도 있고, 부모보다 더욱 건강한 식사를 채택할 수도 있다.

청소년의 성장과 활동 패턴

청소년의 영양필요는 빠른 키 성장과 체중증가, 체조성의 변화 및 신체활동 수준에 의해 영향을 받는다. 청소년기 남녀 모두 성장속도가 가속되는 성장급등(growth spurts)의 시기를 경험하게 되며 이를 통해 성장의 20~25%가 증가하게 된다. 소녀들의 성장급등은 10~11세경에 시작되며 5~20cm가량 성장한다. 소년들은 12~13세경에 성장급등을 시작하여 10~30cm가량 성장한다.

체중은 평균적으로 남녀 각각 15kg, 20kg가량 증가한다. 소녀들에서 증가된 체중은 그 조성에 있어 소년들과는 극적인 차이를 나타낸다. 소녀들은 소년들에 비해 체지방의 증가가 많고 소년들은 근육이 증가하는 경향을 나타낸다.

신체활동 수준은 개인간 차이가 크다. 많은 청소년들이 스포츠나 집단적으로 하는 신체활동에 참여하지만 신체활동보다는 지적 혹은 예술적 활동을 추구하는 청소년들도 있다. 신체활동의 개인간 차이는 개인적인 에너지 필요량의 차이를 가져온다.

청소년의 영양 필요량

청소년의 영양 필요량은 신체활동에 따른 요구와 함께 급속한 성장과 성적 성숙에 의해 영향을 받는다.

청소년의 에너지 및 다량영양소 권장량

청소년은 건강의 유지와 성장과 성숙 및 신체활동을 위해 상당한 양의 에너지를 필요로 한다. 청소년기에 과체중이 시작되는 경우가 자주 발생한다. 체중감량을 위한 식사조절은 의사나 영양사의 지도하에 이루어져야 하며 유행하는 다이어트를 따르는 것은 엄격히 금해야 한다.

사춘기(puberty) 2차성징이 발현되는 기간으로 생물학적인 생식기능을 완성하게 됨.

ix) 보건복지가족부, http://www.mw.go.kr

청소년은 성인과 마찬가지로 만성질환에 대한 위험을 가지고 있어 미국에서는 아동기에 비해 낮은 수준으로 지방의 에너지 적정 비율을 설정하고 있으며 25~35%를 권장한다.[8] 한국은 3~18세에 대해 동일하게 지방의 에너지 적정 비율을 15~30%로 정하고 있으나 미국보다 낮은 수준이다. 미국에서는 포화지방을 총 에너지의 10% 이상 섭취하지 않도록 권장하고 있으나 한국인 영양섭취기준에서는 18세 이하에 대해서는 근거부족으로 섭취기준을 따로 설정하지는 않았다. 탄수화물의 비율은 55~70%로 정하고 있으며 식이섬유가 풍부한 급원으로부터 섭취할 것을 권장한다. 청소년기 단백질 권장량은 연령과 성별에 따라 체중 1kg당 0.85~0.98g을 권장하며 연령이 높아질수록 0.83g인 성인의 권장수준과 비슷한 수준을 나타낸다. 이 정도의 수준은 청소년기 건강을 지키고 성장과 발달에 추가적으로 필요한 양을 충족하는 것으로 추정한다.

청소년기 미량영양소 권장량

청소년기에 섭취수준이 염려되는 미량영양소로는 칼슘, 철, 비타민 A가 있다. 최대골밀도를 확보하기 위해서는 충분한 칼슘섭취가 매우 중요하다. 청소년기의 칼슘권장량은 매우 높기 때문에 우유나 칼슘강화 음료를 먹지 않는 10대들은 권장수준을 충족시키기 어렵다.[12]

표 11.5에서 보는 바와 같이 청소년기 철 필요량은 상대적으로 높은 수준인데, 소녀들의 경우 생리로 손실되는 혈액을 대체하고 소년들의 경우는 근육조직의 성장을 위해 높은 수준을 필요로 한다.[11] 에너지 섭취가 충분하고 청소년이 매일 동물성 식품을 섭취한다면 철 필요량을 충족시킬 수 있다. 그러나 일부 젊은 사람들은 채식주의 식생활을 따르기도 하고 영양밀도가 낮은 식품을 섭취하기도 한다. 이런 경우에는 청소년들이 권장수준의 철을 섭취하기 어렵다.

비타민 A는 청소년기의 급속한 성장발달을 뒷받침하는 데 필요하다. 하루에 최소한 5회의 과일과 채소를 섭취하는 것이 권장량을 충족시키는데 도움이 된다(표 11.5 참조).[11]

청소년들이 충분한 양의 영양밀도가 높은 식품을 섭취할 수 없거나 섭취하려 하지 않는다면 비타민 무기질 복합제제를 사용하는 것도 좋다. 이들 미량영양소의 함량은 하루 권장수준을 넘지 않는 것으로 선택한다. 나이가 어린 아동이나 성인과 마찬가지로 보충제가 건강한 식사를 대체할 수 있다고 생각해서는 안 된다.

수분권장량

청소년들을 위한 수분의 충분섭취량은 마시는 물을 포함하여 소년 6컵, 소녀 5컵 정도이다. 소년들은 소녀들에 비해 더 활동적이고 제지방 조직이 많아서 더 많은 수분의 섭취가 요구된다. 더위에 운동을 하는 활동성이 높은 청소년들은 충분섭취량보다 더 많은 수분을 필요로 할 수 있으며 탈수를 방지하기 위해 더 자주 수분을 섭취해야 한다.[13]

청소년들에게 영양적인 식품선택 독려

청소년들은 자신만의 선호식품이 있어 그에 따른 식품을 선택하고 자신이 먹을 식품의 상당한 부분을 스스로 구매하고 조리하는 경우가 많다. 부모들이 여전히 영향력이 큰 역할모델이지만 청소년들은 일반적으로 또래집단, 대중매체의 영향을 크게 받으며 어떤 식품이 건강한 식사를 구성하는지에 대한 자신만의 감각에 따른다.

많은 청소년들이 채소, 과일, 저지방 유제품, 통곡류가 부족한 식사를 한다. 다수의 청소년들은 패스트푸드점, 편의점, 자동판매기에서 판매하는 식품을 먹는데, 이런 곳에서는 건강에 좋은 식품들이 판매되지 않을수 있다. 또한 다수의 10대들은 끼니를 거른다. 예를 들면 청소년기 소녀들은 아침을 먹으면 뚱뚱해질 수 있다고 믿고 종종 아침을 거른다. 사실 아침식사로 시

영양, 미신 혹은 진실?

아침식사가 하루 중 가장 중요한 끼니인가?

오늘 아침에 무엇을 먹었는가? 통곡 시리얼과 저지방 우유? 스트로베리 팝타르트? 아무것도? 무엇이든 어때? 그렇다. 당신은 하루 중 아침식사가 가장 중요하다는 말을 많이 들어왔지만 일반적인 통념일 뿐이다. 아닐까? 점심과 저녁에 영양소 풍부한 식사를 섭취한다면 아침을 거르는 것이 무슨 문제인가?

지난 20년간, 발표된 수십 편의 연구들은 건강한 아침식사의 중요성에 관해 지적하고 있다. 이 연구 중 대부분은 2가지 중요한 건강효과에 대해 이야기한다. 첫째는 신체적 정신적 기능을 아침식사가 지원한다는 것이고, 둘째는 건강체중유지에 도움이 된다는 것이다. 이 주장들에 관해 근거를 가지고 검증해보자.

영어로 *아침식사*를 뜻하는 "*breakfast*"는 원래 "to break the fast"라는 "공복을 끝낸다"는 뜻의 동사로 쓰였다. 잠든 밤시간 동안 자연스레 유발된 여러 시간 동안의 공복상태를 끝낸다는 말이다. 공복 중에는 휴식상태의 몸에 에너지를 공급하기 위해 저장된 에너지를 분해한다. 먼저 세포는 근육과 간조직의 글리코겐을 분해하여 에너지 발생을 위해 포도당을 이용한다. 저장량은 12시간 동안 이용될 수 있는 수준이다. 그러나 아침을 거르게 되면 공복시간이 길어진다. 만일 저녁을 7시경에 마치고 다음날 정오까지 먹지 않는다면 17시간이나 에너지 발생에 필요한 영양소 공급을 받지 못하는 것이다. 이보다 한참 전에 이미 저장된 글리코겐은 고갈되고 신체는 지방산과 아미노산을 대사하여 에너지 발생에 이용한다.

▲ 아침식사는 단조로워서는 안 된다. 브리또와 스크램블에그, 저지방 치즈, 채소가 전곡으로 만든 또띠야와 함께 제공되면 하루를 바르게 시작하기 위한 에너지와 영양소를 공급한다.

당신이 만일 대부분의 사람과 다르지 않다면 혈액 내 포도당 수준이 낮을 때 배고픔뿐 아니라 허약감, 어지러움, 불안, 집중력 저하와 같은 증상을 경험하게 될 것이다. 그래서 아침을 거른 소아 청소년들이 아침식사를 한 아이들과 같이 신체적으로나 학업에 있어서나 제대로 기능하지 못하는 것은 놀라운 일이 아니다.[30~31] 최근 발표된 연구는 다음과 같은 결론을 뒷받침한다.[38,39]

- 아침을 거르고 배고픔을 겪는 것은 아이들의 학습 능력을 손상시킨다. 이러한 어린이들은 영양공급을 잘 받고 학교에 오는 어린이들에 비해 기억력이 떨어지고, 인지검사에서 낮은 점수를 받으며, 더 많은 행동정서 문제를 보이며, 유급 가능성이 높다.
- 학교에서 아침을 먹게 되면 정신적인 능력을 요구하는 과제의 수행력이 좋아지고 주의력과 기억력이 향상된다. 갖추어진 아침식사를 섭취하는 어린이는 수학이나 어휘에서 적게 실수하며 빠르게 과업을 수행한다.
- 아침식사의 섭취는 학생들의 행동을 발달시켜서 좌절에 대한 반응 증진, 규율지도 위탁 감소, 지각 감소, 출석률 증가를 나타낸다.
- 식사를 거르는 어린이는 식욕이 증가하여 하루 중 다른 끼니를 과식하게 된다. 아침식사를 하는 10대는 아침을 거르는 아이들에 비해 BMI와 체지방이 건강 범위 내에 존재 할 가능성이 더 높다.[40, 41]

엄밀한 관점에서 볼 때 위와 같은 결론은 아침식사의 섭취가 건강에 미치는 이점은 단지 연관성을 나타낼 뿐 인과 관계를 의미하지는 않는다. 예를 들면 자녀에게 건강에 좋은 아침식사를 강권하는 부모는 자녀가 충분히 수면을 취하도록 하고 숙제를 챙기고, TV시청을 감시하는 부모일 확률이 높다.

어떻게 생각하는가? 아침식사가 하루 중 가장 중요한 식사인가? 조금이라도 그렇다고 생각된다면, 내일 아침식사는 무엇을 먹겠는가?

리얼을 먹는 청소년들은 아침을 거르는 청소년들에 비해 식사 및 체중/체지방 평가 결과가 좋다.[37] 10대들 중에는 등교준비가 바빠서 아침을 거르기도 한다. 영양전문가들은 어떤 이유에서든지 아침을 거르는 청소년들의 학업수행력과 건강 모두가 손상된다고 믿고 있다. 아침식사가 하루 중 가장 중요한 식사일까? 답은 위의 **영양, 미신 혹은 진실?** 박스에 제시되어 있다.

부모들과 학교급식 프로그램에서 건강한 식사를 위해 채소를 주로 한 음식들을 먹도록 노력함과 동시에 피자, 햄버거, 스파게티, 샌드위치에 대한 청소년들의 선호도를 활용하여 이들 식품을 좀 더 건강한 형태로 제공할 수 있다. 이와 함께 냉장고에 생과일과 채소를 바로 먹을 수 있도록 잘 손질해 보관하여 청소년들이 간식으로 더 많이 섭취할 수 있도록 할 수 있다. 또한 10대들이 적정량의 우유와 칼슘이 강화된 음료를 섭취하도록 독려해야 한다.

청소년기 영양관련 문제

비만 예방은 청소년기에도 지속되는 건강영양 문제이다. 이외에도 식이장애, 낮은 골밀도, 여드름, 알코올과 담배 남용의 문제가 있다.

비만 주시: 식품섭취와 신체활동 간의 균형

청소년기의 체중증가는 예상되는 부분이고, 건강한 수준이라 할지라도 체중증가가 지나칠 수 있고 그에 따라 조기에 제2형 당뇨병, 고혈압, 고지혈증이 발생하는 위험을 높일 수 있다. 10대의 에너지 섭취는 충분한 신체활동과 균형을 맞추어야 한다. 청소년기 소년 소녀들은 일주일에 평균 8~11시간의 신체활동을 하며 13세 이후 활동 수준이 낮아진다.[42] 학교에서의 신체활동 교육과 지역사회에서 규칙적인 신체활동에 참여하는 것이 청소년기 과체중과 비만 유병률을 감소시키는 데 도움이 된다.

순조롭지 못한 섭취와 식이장애

처음에는 신체 이미지와 체중에 대해 건전한 관심으로 시작했다가 정서적으로 변화가 많은 청소년기가 되면 위험할 정도로 강박적으로 변화될 수 있다. 임상적인 식이장애는 종종 청소년기에 시작되며 소년 소녀 모두에게서 나타난다. 부모, 선생님, 친구들이 경고 증상을 잘 알고 있어야 한다. 이러한 증상으로는 급속하고 지나친 체중감소, 체중과 신체 이미지에 몰두, 식사후면 늘 화장실 이용, 잦은 구토와 하제 사용의 기미가 보이는 것 등이다(9장 참조).

골밀도 주시

12~14세의 초기 청소년기에는 최대골밀도에 도달하고 골다공증의 위험을 감소하기 위한 충분한 식이칼슘을 확보하는 것이 매우 중요한 시기이다. 청소년기 권장량을 충족시키려면 최소 하루 4컵의 우유 및 유제품, 칼슘을 강화한 식품이나 음료, 보충제 섭취가 필요하다. 식물성 식품만으로 권장량을 맞추는 것은 극히 어려운 일이다. 그러나 청소년들은 하루 1~2컵 정도의 우유를 섭취하는 것으로 보고되고 있다.[43] 유일한 요인은 아닐지라도 유제품의 섭취는 청소년기 골 건강 증진과 연관성이 크다.[44]

▲ 청소년의 영양소 필요량은 자신의 활동수준에 따라 다르다.

청소년기 여드름과 식사

사춘기 호르몬 변화는 급격한 여드름 생성의 주요한 원인이며 80~90%의 청소년들이 여드름으로 인해 괴로움을 겪는다.[45] 정서적인 스트레스, 유전적인 요인, 개인 위생도 영향을 미친다. 식품은 어떨까? 현재 연구들이 여드름과 초콜릿, 소금, 지방의 섭취 간에 연관성이 있다는 것을 뒷받침하지는 않는다. 혈당지수가 높은 식품으로 구성된 식사와 우유 섭취 증가가 여드름의 유병률, 중증정도, 지속기간과 연관이 있을 수도 있다.[45] 반면에 과일, 채소, 통곡류가 풍부한 건강한 식사는 피부건강을 최적화하는 영양소를 공급하고 면역계를 효과적으로 유지한다.

비타민 A 유도체인 아큐탄(Accutane) 등의 처방약은 중증 여드름을 효과적으로 치료한다. 임신 중이거나 임신가능성이 있는 여성은 비타민 A 유도체로 제조된 치료제들은 어느 것이든 사용해서는

당신이 알게 되면 좋아할 식품

우유 대체식품

당신은 매일 칼슘의 저장을 새로 보충해야 할 필요가 있다는 것을 알고 있다. 그러나 이 장에서 우유 단백질이 흔한 알레르기 유발물질이라는 사실도 배웠다. 그리고 우유섭취가 여드름을 악화시킬 수 있다는 것도 배웠다. 그렇다면 이제 어떻게 해야 할까? 우유 대체식품이 답이다! 두유와 같은 우유 대체식품은 식료품점에서 쉽게 구할 수 있으며 칼슘을 강화한 식물성 음료이다. 미국에서는 완전채식주의자를 고려한 비타민 B_{12}를 강화한 제품도 있다. 이들 제품은 포화지방의 함량도 낮고 콜레스테롤이 없으며 다양한 맛을 가지는 제품으로 생산되고 있다.

안 된다. 아큐탄은 기형을 유발하는 것으로 알려졌으며 중증의 태아기형을 유발한다. 또한 우울, 정신병, 자살충동과 시도, 폭력적 행동 및 기타 정서장애와도 관련이 있다.[46] 이러한 이유로 이 약물은 중증의 미관을 크게 손상시키는 여드름일 경우에만 사용여부를 고려해 봐야 하고 사용하게 되면 우울증, 과민성 등 정서적 변화의 증상이 없는지 유심히 살펴야 한다.

알코올과 담배의 이용

많은 청소년들이 알코올과 담배를 시도해 본다. 알코올 섭취의 위험에 대해서는 8장에서 이미 다루었다. 담배는 입맛 저하, 영양소 대사 방해, 체력 감소, 폐 손상, 호흡기 질환 증가, 니코틴 중독을 일으킨다. 청소년기 담배를 시작한 대부분의 사람들은 성인기까지 지속하여 폐암, 심장병, 골다공증, 폐기종의 위험이 높아진다.

요점 청소년들은 키, 체중, 제지방조직, 지방조직이 급격히 증가해서 에너지 필요량이 매우 클 수 있다. 많은 청소년들이 영양밀도가 높은 식품을 다양하게 섭취하지 못하기 때문에 어떤 영양소는 섭취가 부족할 수 있다. 칼슘은 최적의 골격성장과 최대골밀도를 획득하기 위해 필요하고 근육량이 증가하는 소년과 월경을 시작하는 소녀들에게는 철의 필요량이 증가한다. 식욕 및 식품 섭취 증가로 인해 청소년기에 비만이 발생할 수 있다. 순조롭지 못한 식사문제는 청소년기 발생하는 특징이 있다. 그 밖에 알코올 섭취와 흡연의 위험이 있다.

노인기 영양

미국 인구집단은 매년 노령화가 심화되고 있다. 2008년 65세 이상의 노인인구는 3,900만으로 전체인구의 13%였다.[47] 2030년까지 노인인구가 전체인구의 20% 정도까지 증가할 것으로 추산된다. 한국의 경우에 2013년 65세 이상의 노인인구는 613만으로 전체인구의 12.22%였다. 2030년까지 노인인구가 전체인구의 24% 정도까지 증가할 것으로 추산된다.[x)]

2009년 미국의 평균 **기대수명(life expectancy)** (0세의 기대수명으로, 기대수명은 생애 중 남은 평균 생존연수)은 78.2세에 이른다.[48] 한국의 경우 2012년 평균 기대수명은 81.44세이

기대수명(life expectancy) 자신의 인생에 남아 있는 연수를 말하며, 일반적으로 출생시점부터 셈.

x) 통계청, http://kostat.go.kr

▲ 노인은 노인만의 영양소 필요량이 있다.

다.[xi] 비만율 증가과 그에 따른 질환으로 인해 향후 수십 년에 걸쳐 기대수명이 감소할 것이라 주장하는 연구자도 있는가 하면, 보건의료기술이 향상되어 비만에 의한 건강문제의 증가와 균형을 이룰 것이라 반박하는 연구자도 있다.

수명(life span)은 그 종 중에서 가장 오래 살 수 있는 나이를 말한다. Jeanne Calment 부인은 1875년에 태어나 122세까지 생존하여 세계에서 가장 오래 산 인물로 인정받고 있다. 연구자들은 인간의 노화를 이해하는 데 많은 성과를 올렸으나 아직까지도 규명하지 못한 것들이 많다. 과학자들은 언제부터 노화가 시작하는가에 대한 합의도 이루지 못한상태이다. 우리 유전자에 노화가 프로그램되어 있다고 주장하는 사람도 있고, 세포손상이 누적된 결과라고 보는 견해도 있다.[49] 그러나 이러한 논의가 지속되면서 노년학자들은 인간이 개인적인 선택을 통해 노화과정에 긍정적인 영향을 미칠 수 있다는데 합의를 이루었는데, 바로 영양가 높은 식사를 하고 규칙적으로 신체활동을 하며, 담배 및 기타 물질남용을 기피하는 것이다.

노화를 일으키는 생리적 변화

노화는 자연적이고 필수불가결한 것이나, 노화에 동반되는 변화는 최소한 부분적으로는 통제가능하다. 예를 들면 근육강도의 감소는 부분적으로는 신체활동 수준이 낮은 것에 기인한다. 근력을 강화하는 운동이나 유산소 활동을 규칙적으로 수행하는 노인들은 근육위축 및 약화가 덜 일어난다.

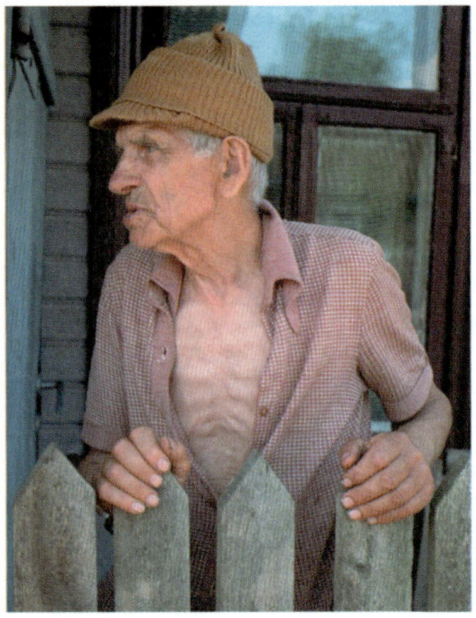

▲ 다양한 위장관 및 기타 생리적 변화는 노인의 체중감소를 초래할 수 있다.

우리는 대부분 먹는 것을 친목을 도모하는 즐거운 일로 여긴다. 식품의 색, 먹는 소리, 냄새, 질감은 입맛을 자극하고 지속시키는데 모두 복합적으로 작용한다. 노화와 함께 미각, 후각, 촉각, 시각이 감소한다. 기능의 손상이 클수록 식품섭취에 미치는 영향도 커진다. 일례로 시력이 감소하면 영양성분 표시나 유통기한 표시와 같은 식품표시를 보기 어려워진다. 시장을 보러 멀리 떨어진 마켓으로 운전을 해야 하는 미국의 경우 노화와 함께 운전능력이 저하되고 건강한 식품을 파는 마켓으로의 접근에 제한을 받게 된다. 좋아하는 음식의 레시피를 읽는 것이나 오븐의 온도를 맞추기 위해 작은 눈금을 읽는 것도 어려울 수 있다. 그래서 노인들의 식사는 준비하기 간편한 식품들로 구성되고 영양소 결핍을 예방하기 위해 필요한 다양한 식품을 섭취하지 못할 수도 있다.

나이가 들면서 침분비가 감소한다. 그래서 치아는 우식되기 쉽고, 씹고 삼키기 어려워지며, 음식이 목에 걸릴 위험이 높아진다. 위산분비가 급격히 감소하여 칼슘, 철, 아연 등의 흡수와 식품의 엽산과 비타민 B_{12} 흡수가 저하될 수 있다. 위에서 분비되는 고유인자는 식품의 형태나 보충제 형태의 비타민 B_{12}의 흡수를 감소시킨다. 노인들은 위배출이 지연되어 배가 부른 느낌이 오래 지속되고 식욕이 감소할 수 있다. 유산분해효소의 활성이 낮기 때문에 우유섭취에 제한이 있고 이에 따라 충분한 칼슘을 섭취하지 못하게 된다.

노화에 따른 체조성 변화

노화의 진행으로 근육량이 감소한다. 35세에서 70세 사이에 남성은 20%, 여성은 25%의 제지방량의 감소가 있는 것으로 추정된다. 불량한 식사나 비활동적인 생활로 인한 것과 마찬가지로 일부 호르몬의 생성 감소와 만성질환으로 인해 근육의 손실이 발생한다. 적절한 식사섭취와 함께 규칙적인 신체활동을 통해 근육량과 근력을 유지 강화할 수 있다.

젊은 성인기에서 중년기까지의 체지방 증가는 55~65세 무렵에 정점에 이른다. 70세까지는 안정적인 상태를 유지하다가 그 이후 감소한다. 노화와 함께 피하에 저장된 체지방은 복강

수명(life span) 종의 구성원이 도달하는 최고의 나이; 현재 인간의 수명은 122년임.

[xi] 통계청, http://kostat.go.kr/wnsearch/search.jsp

내 내장지방으로 저장된다. 적절한 에너지 섭취의 유지와 활동적인 생활로 체지방을 건강한 수준으로 유지할 수 있다.

골 무기질 밀도는 노화와 함께 감소하여 골절의 위험을 증가시킨다. 나이 든 여성에서는 폐경으로 인한 에스트로겐 부재로 급속하고 급격한 골밀도의 감소가 일어난다. 여성만큼 급격한 감소는 아닐지라도 테스토스테론 감소가 부분적으로 영향을 미쳐 노인 남성에서도 골 손실이 발생한다. 단백질, 칼슘, 인, 비타민 D가 충분한 영양가 높는 식사와 규칙적으로 중량을 견디는 활동을 함으로써 골 손실을 감소할 수 있다.

노화에 따른 기관의 기능변화

노화에 따라 노폐물을 농축하는 기능이 손실되어 소변 배설과 탈수의 위험이 증가한다. 요의를 조절하는 기능이 감소하는 경우가 자주 있다. 노화된 간은 약물과 알코올을 분해하는 데 효율적이지 못하고 노화된 심장은 급격한 신체활동의 증가를 뒷받침할 지구력이 부족하다. 대부분의 경우에 생활습관을 조금만 바꿔서 알코올 섭취를 줄이고 신체활동을 점진적으로 증가시키면 노화에 따른 변화에 적응하는 데 도움이 된다.

뇌의 뉴런은 노화에 따라 감소하여 기억, 반사작용, 기능 간의 조화, 학습능력에 손상이 생긴다. 일반적으로 치매는 노화과정 중 피할 수 없는 것으로 생각하고 있으나 사실은 그렇지 않다. 식사, 신체활동, 지적자극, 사회적인 접촉 및 여러 요인들이 신체뿐 아니라 뇌를 건강하게 보존하는 데도 도움이 된다.

▲ 유아기 신체활동이 적은 생활방식은 에너지 필요량이 낮다.

노화를 가속시키는 요인

습관을 바꾸는 것은 언제라도 늦지 않다. 노인들은 식사, 신체활동, 개인적인 건강관련 습관들을 주의깊게 살피면서 남은 삶의 질을 증진시킬 수 있다.

유전적 특성

유전자가 노화과정에 막대한 영향을 미친다는 데는 의심의 여지가 없다. 100세 장수하는 사람들의 형제자매들은 다른 사람들에 비해 90세 이상 생존할 가능성이 4배 높다. 칼멘트 부인의 형제는 97세까지 생존하였다. 현재 진행되고 있는 다수의 연구들은 유전자가 세포의 노화와 수명에 영향을 미친다는 것을 보여주고 있다.

생화학적 특성

세포가 노화됨에 따라 구조와 기능에도 많은 변화가 생긴다.[49] 골격근이나 심장근은 위축되는 반면, 지방세포와 같은 세포는 비대해진다. 노년학자들은 노화과정이 DNA와 여러 세포단백질을 손상시키는 유리기의 점진적인 축적과 연관이 있다고 한다. 다른 연구자들은 DNA 수선의 실패가 누적되어 나타난다고 밝히고 있다. 또 다른 연구자는 포도당이 조직의 단백질에 비정상적으로 결합하는 것이 노화와 관련되어 있음을 지적한다. 세포막의 기능은 노화로 인해 감소하여 노폐물이 세포내 축적되고 정상적으로 영양소와 산소를 받아들이지 못하게 된다.

생활습관과 환경이 노화에 미치는 영향

연령(chronologic age)은 어쩔 수 없으나 **생물학적인 나이(biologic age)**는 개인의 노력에 따라 달라질 수 있다. 가속화된 성공하지 못한 노화는 조기 기능손실, 높은 활동장애비율, 복합적인 질병의 유병으로 특징지어진다. 흡연습관, 일광노출, 가족

당신은 당신의 수명이 얼마나 될지 궁금한가? 다음의 링크에서 기대여명을 예측하는 퀴즈를 풀어보시오. http://preventdisease.com/healthtools/articles/health_age.shtml.

연령(chronologic age) 출생일부터 연도에 의해 정의된 나이.

생물학적 나이(biologic age) 건강상태나 신체 기능으로 평가되는 생리적 연령으로 주로 점수화된 질문지에 의해 측정됨.

력, 체중상태, 알코올 섭취, 식품선택 및 기타 여러 요소들과 관련된 설문에 답하고 이를 점수화하여 수명을 예측할 수도 있다.

요점 노화와 함께 감각의 저하, 근육과 제지방조직의 손실, 지방량 증가, 골밀도 감소, 다양한 영양소의 흡수 및 대사능력 손상과 같은 생리적 변화가 나타난다. 신체기관은 기능적 능력을 손실하고 스트레스에 대한 저항력이 감소한다. 이러한 변화는 노인들의 영양필요량과 건강한 식사를 섭취할 수 있는 능력에 영향을 미친다.

노인기 영양 필요량

노인의 영양소 필요량은 성인기 필요량과 같은 영양소가 많다. 몇 가지 영양소는 필요량이 증가하고 몇 가지는 감소한다. **표 11.6**에는 노인에게 중요한 영양소에 대한 권고사항을 제시하였다.

노인기 에너지와 다량영양소 권장량

노인의 에너지 필요량은 젊은 성인에 비해 낮은 수준이다. 이러한 감소는 주로 근육량과 제지방조직의 손실 및 상대적으로 비활동적인 생활습관에 의한다. 근육량과 제지방 조직의 감소는 기초대사율을 낮추고, 신체활동의 감소는 에너지 필요량을 감소시키기 때문이다. 이러한 에너지 소

표 11.6 노화에 따라 중요성이 높아지는 영양소의 권장

주요 영양소의 권장량	원리
비타민 D 필요량 증가에 따라 5μg에서 50세 이후 10μg으로 충분섭취량 증가	골밀도 감소 피부에서 비타민 D 합성능력 감소 칼슘 흡수 감소
칼슘 여성 노인의 필요량 증가에 따라 성인기 650mg에서 50세 이후 700mg으로 권장섭취량 증가 남성은 750mg에서 700mg으로 권장섭취량 감소	골밀도 감소 식사로 섭취한 칼슘의 흡수 감소
비타민 B군 비타민 B_6와 비타민 B_{12}를 보충제나 강화식품을 통해 섭취할 필요 증가	위산수준 감소 호모시스테인 수준을 감소시키고 면역기능을 최적화하기 위해 필요 증가
식이섬유 감소하나 노인기 만성질환과 만성변비증 유병률이 높음 계산된 필요량보다(12g/1000kcal) 높은 수준으로 충분섭취량 책정	에너지 섭취감소에 따라 섭취필요량도 감소
철 여성은 14mg에서 50세 이후 8mg으로, 남성은 10mg에서 9mg으로 권장섭취량 감소	여성의 월경중지, 남녀 모두 근육과 제지방조직 손실(남성의 근육량 손실은 철 권장수준을 변경할 정도는 아님) 구매비용과 저작의 어려움으로 어육류를 통한 헴철 섭취 제한 가능성이 있음
아연 남성은 권장수준에 변화없음, 여성은 8mg에서 65세 이후 7mg으로 권장섭취량 감소 충분히 섭취하도록 관심을 기울일 필요 있음	면역기능 최적화 상처치료 증진 구매비용과 저작의 어려움으로 어육류를 통한 헴철 섭취 제한 가능성이 있음
비타민 C와 E 권장수준에 변화 없으나 충분히 섭취하도록 관심을 기울일 필요 있음	만성질환과 노화과정에서 증가하는 산화적 스트레스 반감시킴
비타민 A 권장수준에 변화가 없으나 노인은 비타민 A 독성 위험이 높음	비타민 A 보충제를 부적절하게 많이 섭취하는 것은 골절, 간손상, 신경문제를 증가시킬 수 있음

영양 하이라이트

저에너지 식사가 수명을 연장시킬 수 있을까?

당신은 얼마나 오래 살기를 희망하는가? 80세? 90세? 아니면 100세? 만일 현재 섭취하는 에너지의 1/3을 줄여 섭취하면 100세 이상 살 수 있고 나이가 들어도 건강을 유지할 수 있다면 그렇게 하겠는가? 믿지 않을 수도 있지만 이미 그런 사람들이 있다.

동물대상 연구에서 작은 동물에게 저에너지 식사를 주어 *칼로리 제한(caloric restriction)*을 하였더니 수명이 연장되었다는 보고가 있다.[50] 최근까지 사람을 포함하여 더 큰 동물에서도 같은 효과가 나타날지 알 수 없었으나, 칼로리 제한은 대사, 호르몬 작용, 기능적 측면에서 인간의 건강과 관련있는 지표를 향상시키는 것으로 나타난 예비연구 결과를 통해 인간에서도 수명연장을 가져올 수 있음을 나타내었다.[51]

칼로리 제한이 어떻게 수명을 연장시킬 수 있을까? 칼로리 제한시 나타나는 대사율의 감소가 자유기의 생성을 크게 낮추고 이에 따라 산화적 손상이 감소한다. 칼로리 제한은 인슐린 민감성을 증가시키고 심장병이나 당뇨병과 같은 만성질환의 위험을 감소시키는 호르몬의 변화를 유발한다. 장기간의 칼로리 제한이 가져오는 효과는 다음과 같다.[50,51]

- 인슐린 수준의 감소, 인슐린 민감성 증진, 공복혈당 감소;
- 중심부 체온과 혈압 감소;
- 에너지 소비 감소;
- 산화적 스트레스와 DNA손상 감소;
- 지방 및 제지방조직 감소;
- 혈청 LDL 및 총 콜레스테롤 감소와 혈청 HDL 콜레스테롤 증가

▲ 영양가 높은 에너지 제한식을 유지하는 것은 특별한 식사계획과 조리과정이 요구된다.

과학자들은 호르몬이나 대사산물과 같이 소화과정의 표시자를 측정하는 연구를 단기과제로 추진하고 있다. 우리의 궁금증에 대한 완벽한 답을 얻기 위한 장기 과제는 윤리적 문제나 연구지원상의 문제로 수행할 수 없을 것이다. 연구를 심의하는 기관윤리 위원회는 인간을 대상으로 하는 칼로리 제한 연구의 승인을 꺼린다. 칼로리 제한 연구 구성상의 문제뿐 아니라 대상자의 영양불량을 초래할 가능성이 있기 때문이다.

동물 실험의 칼로리 제한 수준에 맞추기 위해서, 건강한 성인은 평소보다 30~40% 낮은 수준의 에너지를 섭취해야 한다. 만일 당신이 정상적으로는 2000kcal를 섭한다면 1200~1400kcal/일로 섭취량을 제한해야 하는 수준이다. 이러한 에너지 감소가 지나치게 보이지 않더라도 일생을 이러한 수준으로 유지하는 것은 매우 어렵다. 또한 반드시 염두에 두어야 하는 점이 이러한 칼로리 제한 식사는 매우 영양밀도가 높은 식사여야 한다는 것이다. 아주 신중하게 식사를 계획해야 하고 가정 밖에서의 식사는 매우 제한적이다. 가족이나 친구들과 식사를 할 때도 당신은 그들과 달리 당신만의 특별한 식사를 해야 한다. 또한 칼로리 제한 식이를 하는 사람들은 배고픔, 추위, 성적 충동의 상실에 대한 불만을 호소한다.[51]

칼로리 제한의 잠재적 위협과 이득을 고려할 때, 할만한 가치가 있다고 생각하는가? 이러한 식사에 기꺼이 희생을 감수하고 생활방식을 변경하겠는가? 당신의 수명을 연장할 수 있을지 아무도 보장할 수 없다 해도 만일 칼로리 제한이 장수를 증가시킨다면 모든 사람들에게 권장해야 할까? 이런 논의는 연구가 축적되면서 앞으로 수세대에 걸쳐 지속될 것이다.

비량 감소의 어떤 부분은 노화에 따른 필수불가결한 것이지만 어떤 부분은 활동적인 생활로 감소를 지연시키거나 최소화할 수 있다. 에너지 필요량이 낮기 때문에 노인들은 영양밀도가 높은 식품을 섭취하고 불필요한 체중증가를 피하기 위해 에너지 함량이 너무 높은 식품을 섭취하지 않도록 특별히 주의를 기울여야 한다. 에너지 제한식이 수명을 연장할 수 있다는 에너지 제한 이론에 대해 위의 **영양 하이라이트** 박스를 참조하기 바란다.

지방, 단백질, 탄수화물에 대한 노인기 영양섭취기준은 모든 연령층의 성인과 동일하다.[8] 50세 이후엔 식이섬유 필요량이 약간 감소한다. 미국의 경우 남성은 하루 30g, 여성은 하루 21g이 변비와 게실증을 감소시키고 혈당 및 혈중지질을 건강한 수준으로 유지하며 고영양 저

에너지 식품을 공급하기 위해 필요한 양으로 추정하고 있다. 한국인 영양섭취기준에서는 식이섬유의 충분섭취량을 12g/1000kcal로 설정하고 있다.

노인기 미량영양소 권장량

▲ 노인은 다른 성인과 수분 필요량이 같다.

노인기 비타민과 무기질 권장량의 변화는 표 11.6에 제시되어 있다. 아연의 권장량은 성인기와 비슷한 수준이나 아연은 노인들에게서 면역기능을 최상으로 유지하고 상처 치유에 중요한 영양소이다. 붉은색을 띠는 육류, 가금류, 어류의 섭취가 적은 노인에게서는 아연과 철의 섭취수준이 충분하지 않을 수 있다.

비타민 A 필요량은 성인기 이후 연령의 증가에 따라 감소한다. 노인의 경우는 성인에 비해 비타민 A의 흡수가 증가하기 때문에 비타민 A 독성의 위험이 높다, 비타민 A의 과잉섭취는 간 손상, 신경계의 문제, 골절 위험 증가를 초래할 수 있다. 그러나 베타 카로틴 함량이 높은 식품은 비타민 A 독성을 유발하지 않는다.

노인들은 비타민 B군, 특히, B_{12}, B_6, 엽산의 섭취에 주의할 필요가 있다. 불충분한 섭취는 혈중 호모시스테인의 농도를 증가시켜 심장병과 치매의 위험을 높일 수 있다. 노인들은 식사를 통해 비타민 B_6를 더 많이 섭취할 수 있도록 하고, 비타민 B_{12}는 필요량의 대부분을 보충제나 강화식품을 통해 얻을 수 있다.[10]

노인을 위한 MyPyramid

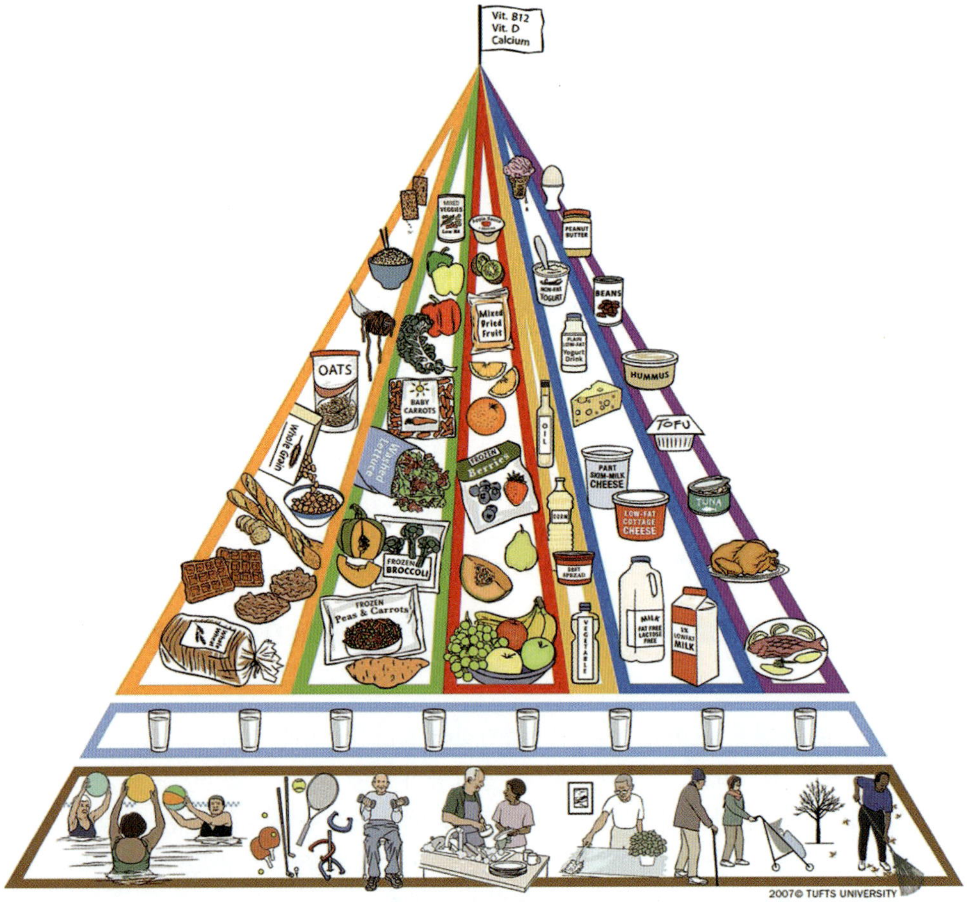

▲ 그림 11.9 미국 터프스대학에서 70세 이상 노인을 위해 기존의 식사구성지침을 수정하여 제공하고 있는데, 수분, 비타민 B_{12}, 비타민 D 보충에 대해 강조하고 있다.

노인기 수분 권장량

미국의 경우 노인기 수분의 충분섭취량은 젊은 성인과 동일한 수준으로 책정하고 있다.[13] 한국인 영양섭취기준에서는 성인에 비해 200~400ml 적은 수준을 충분섭취량으로 책정하였다. 노인 중 많은 수가 젊은 성인들에 비해 갈증을 효과적으로 인식하지 못하여 탈수를 일으킬 수 있다. 노인 중에는 요실금에 대한 우려나 야간에 요의를 느껴 잠을 깨는 것을 원치 않아 의식적으로 음료의 섭취를 제한하기도 한다. 이러한 행동은 건강을 해칠 수 있어서 요실금을 치료하고 충분한 수분을 섭취하도록 하는 것이 중요하다. 미국의 터프스대학에서는 **그림 11.9**에 제시된 바와 같이 노인들을 위해 MyPyramid를 수정하여 제안하고 있으며 수분의 섭취를 기본적인 사항으로 제안하고 있음을 주지하여야 한다. 최소한 하루 2L의 물 또는 기타 유동액을 섭취할 것을 권장하고 있다.

요점 노인은 제지방조직의 손실과 신체활동의 감소로 에너지 필요량이 낮다. 지방, 단백질, 탄수화물의 권장비율은 성인과 같다. 노인기 섭취부족의 우려가 높은 영양소는 칼슘, 비타민 D, 아연, 비타민 B_{12}, 비타민 B_6, 엽산이다. 노인은 탈수의 위험이 높아 충분한 수분을 섭취하도록 장려해야 한다.

▲ 노인은 신체활동을 통해 건강체중을 유지하고 골절의 위험을 감소시키도록 한다.

노인기 건강한 식사법

노인들 중에는 건강한 식사를 한다는 것이 쉽지 않은 경우가 있다. 무엇을 먹을 것인가에 대한 질문에 대해 답을 찾을 때 제한된 자원, 에너지, 지식, 관심, 이 모든 것이 노인들에게 부정적인 상황이다. 본인의 조부모님 혹은 다른 노인분들의 식사를 향상시키기 위한 방법을 몇 가지 제안하고자 한다.

- 포장판매하는 샐러드, 냉동 닭고기 구이, 저지방 냉동 조리식품, 미리 손질하여 포장한 과일과 채소, 염분함량이 낮은 국이나 탕과 같이 건강에 좋은 간편조리식품을 구비해 놓도록 한다.
- 입맛이 가장 좋을 때 충분히 섭취하도록 한다. 대부분 충분한 아침과 점심식사, 좀 적은 양의 저녁이 되는 경우가 많을 것이다.
- 건강한 식사가 어떻게 구성되어야 하는지에 대한 시작적인 자료를 제시하면 좋다. 식품구성자전거를 보여주거나 인터넷으로 제공하는 건강에 좋은 식품구매 목록을 인쇄하여 이용할 수 있다(http://nutrition.about.com/library/ngrocery_list.htm).
- 간단하지만 건강에 좋은 메뉴와 레시피를 소개하는 잡지 등에서 자료를 모은다. 그리고 자료 중에 좋아하시는 식품에 관한 것을 눈에 띄게 표시해 드린다.
- 가능한 자주 조부모님과 함께 식사한다. 노인들은 대부분 화목하게 함께 식사할 사람이 있을 때 더 잘 드신다.

노인기 영양관련 문제

노인기에 나타나는 몇 가지 의학적, 사회적, 영양적 문제들이 있으며 이들은 서로 밀접한 관련이 있다.

과체중과 저체중

놀라울 것도 없이 과체중과 비만은 노인기 건강문제이다. 미국에서는 60세 이상 남성의 78% 여성의 69%가 과체중이거나 비만하다. 이들 중 비만한 비율은 34~37% 정도이다.[2] 한국의 경우 체질량지수를 기준으로 한 비만유병률은 남자 60세 이상에서 28.25%, 여자 60세 이상에서 39.6%

인 것으로 보고되었다.[xii] 노년기 인구는 전체적으로 심장병, 고혈압, 제2형 당뇨병, 암의 위험이 높은 인구집단이며 이러한 질병은 과체중이거나 비만한 사람들에게서 더 많다. 미국에서는 65세를 기준으로 볼 때 정상체중인 경우와 비교하여 과체중이거나 비만인 경우에 지출하는 의료비가 17% 더 높은 것으로 추산되었다.[52]

의료진들 중에는 노인들에게서 비만을 치료하려고 하는 것이 가치있는 시도인가에 대해 의문을 제기하기도 하지만 비만한 노인은 보통수준의 체중감량으로도 생리적 기능이 향상될 수 있다. 중재방법으로 선호되는 것은 젊은 성인과 같다. 영양소 섭취는 충분히 유지하면서 에너지 섭취를 감소하도록 하는 식사수정, 점진적이며 의학적으로 적절한 신체활동, 문화적으로 적절한 행동수정을 시도한다. 노인에게서 체중감량에 이용되는 약물의 효과와 안전성에 대한 정보가 제한적일지라도 65세 이상을 대상으로 한 장기간의 약물치료가 효과적이었고 대상자들에게도 잘 받아들여졌음을 보고하는 연구가 있다.[53] 비만과 노화는 독립적으로 외과적 합병증의 위험을 증가시킨다. 따라서 노인들에게는 위장관 우회술과 같은 체중감량을 위한 수술적 방법은 고려하지 않는 게 보통이다. 그럼에도 불구하고 미국에서 수술적 방법의 체중감량치료를 받는 사람의 5%는 65세 이상의 노인들이다. 보고된 바에 따르면 노인들은 젊은 성인에 비해 수술 후 입원기간이 길지만, 주요 수술 후 합병증은 증가하지 않았다.[54]

노인들에게서 저체중은 과체중보다 위험성이 높다. 저체중 노인에서 사망률이 더 높기 때문이다. 많은 노인들에게 질환, 약물치료, 자신을 돌볼 능력 손실, 치아 손실 및 구내 통증, 알코올 중독, 흡연, 경제적 여려움 등의 이유로 인해 체중 감소가 나타난다. 더불어 가족이나 친구와의 사별 또는 이사로 인해 우울증이 나타나고 사회적인 만남이 줄어들 수 있는데, 이는 노인들이 자신들을 위해 영양가 높은 식사를 준비하고자 하는 의욕을 감소시킨다. 시력의 손상은 식품표시나 음식의 레시피를 읽기 어렵게 하고, 미각이 감소하여 식욕을 잃기도 한다. 치매로 인해 노인들은 식사해야 하는 것을 잊어버리거나 매우 제한적인 식사를 하기도 하고, 식품을 잘못된 방법으로 보관하기도 한다. 예를 들면 고기나 우유를 냉장고가 아닌 식기장에 넣어두는 일도 있다. 이런 이유로 제대로 섭취하지 못하여 저체중 상태가 되거나 허약해져서 중증 질환, 골절과 같은 상해, 사망의 위험을 크게 증가시킨다.

골다공증

골다공증은 오랜 기간에 걸쳐 발생하여 노인의 골반, 손목, 척추에 골절 등의 증상이 나타나는 복합적인 질환이다. 50세 이상 미국인의 50%는 생애 중 골다공증과 관련된 골절을 경험하는 것으로 추산된다. 골반 골절을 당한 노인 남성의 38%는 골절과 관련된 합병증으로 사망한다.[53] 2012 건강행태 및 만성질환 통계에 의하면 50세 이상 한국인의 골다공증 유병률은 여성의 경우 15.4%이며, 연령에 따라 점차 증가하여 70세 이상에서는 65.2%에 이른다. 남성은 그에 비해 낮은 수준으로 70세 이상에서 20%의 유병률을 나타내었다.

시각장애

백내장(cataract)은 각막의 투명도가 떨어져서 시각이 손상되는 질환으로 80대 노인의 70%에게서 나타난다. **원반황반변성**(macular degeneration)은 망막의 기능이 저하되어 시력의 손상이 나타나는 것인데 미국 노인에게서 시력을 잃게 되는 가장 흔한 원인이다. 일광노출과 흡연은 각 상태에 대한 위험을 증가시킨다. 건강보험공단의 통계에 의하면 백내장 수술은 우리나라 사람들이 가장 많이 받는 수술(2006년 1위, 2007년 2위) 중 한 가지인 것으로 나타났다.[xiii]

최근의 연구에서는 아직 증명된 것은 아니나 식사의 선택에 따라 퇴행성 안과질환의 진행

[xii] 2012 국민건강통계

[xiii] 한국건강증진재단-건강길라잡이, http://www.hp.go.kr

을 지연시킬 수 있다고 보고하고 있다. 예를 들면 비타민 C, E, 아연 및 루테인, 제아잔틴과 같은 피토케미칼은 위의 질환에 대한 보호효과가 있을 수 있다. 아직 결론을 내릴 수 있는 단계는 아니나 노인들은 이러한 영양소들이 풍부한 식품을 섭취하는 것이 건강에 이롭다 할 수 있다. 이러한 식품들은 주로 선명한 색을 띠는 과일과 채소, 견과류, 통곡류이다.

약물과 보충제 이용

2009년 미국 노인 한 명에게 처방된 약물의 가짓수는 평균 31개이다.[56] 미국 인구 중 노인인구가 15% 미만임에도, 이들 인구가 경험하는 약물부작용은 40%에 이르며, 한번에 3가지 이상의 약물을 복용하는 **다중투약(polypharmacy)**이 부분적인 원인을 제공한다. 함께 섭취한 약물들은 해로운 결과를 초래하는 상호작용을 일으킬 수 있다. 서울대학교 약학대학 임상약학 연구실에서 조사한 자료에 따르면 입원환자의 경우 처방 받은 약물 수는 평균 18가지로 남녀 간 큰 차이가 없었고 연령이 높아질수록 처방받는 약물의 수가 증가하였다. 전체 외래 노인환자의 약 절반 정도가 소화기계 및 대사관련 약물을 복용하고 있는 것으로 나타났으며 특히 제산제와 위궤양 치료제 등의 사용이 많았다.[xiv] 실제로 10명 중의 3명은 5가지 이상의 약을 드시고 있다고 알려져 있다.[xv]

약물은 영양소와도 부정적인 상호작용을 일으킬 수 있다. 약물 중에는 식욕에 영향을 미쳐서 식품 섭취를 증가시키거나 감소시키기도 하고 영양소의 소화와 흡수를 변경시킨다. 몇몇 약물들은 비타민 D, 엽산, 비타민 B_6와 같은 영양소의 활성화나 대사에 부정적으로 작용하고 어떤 것들은 영양소가 신장을 통해 배설되는 것을 증가시킨다. 반대로 영양소도 약물의 작용에 영향을 미칠 수 있다. 예를 들면, 과량의 비타민 K는 항응고제의 작용을 방해한다. 표 11.7에 노인들을 위험에 처하게 할 수 있는 약물-영양소 상호작용의 흔한 예를 몇 가지 제시하였다.

미국의 경우 노인을 포함한 전 연령층에서 보충제 이용이 지속적으로 증가하고 있다. 미국의 의학연구원에서는 비타민 B_{12}의 영양섭취기준을 설정함에 있어 50세 이상의 연령에서는 비타민 B_{12} 섭취량의 대부분을 B_{12} 강화식품이나 보충제로 섭취해야 한다고 특별히 기술하고 있다.[10] 터프스대학에서 수정 제안한 노인용 피라미드는 칼슘과 비타민 D 보충제도 권고하고

xiv) 서울대학교 약학대학 임상약학 연구실, http://www.snupharm.ac.kr/jmoh/intex.asp
xv) 국가건강정보포털, http://health.mw.go.kr

표 11.7 흔히 나타나는 약물-영양소 상호작용의 예

약종류	흔히 나타나는 영양소 및 식품과 상호작용
제산제	철, 칼슘, 엽산, 비타민 B_{12} 흡수감소
항생제	칼슘, 지용성 비타민의 흡수를 감소시킬 수 있음, 장내 세균에 의한 비타민 K 생성 감소
진경제	비타민 D 활성화 방해
항응고제	비타민 K의 응고작용 방해
항우울제	식욕증가로 인해 체중증가 일으킬 수 있음
항레트로바이러스제 (HIV/AIDS 치료)	대부분의 영양소 흡수 감소
아스피린	혈액내 엽산 수준 감소, 위장관출혈 증가, 철 손실 증가
이뇨제	칼륨, 나트륨, 칼슘, 마그네슘의 소변손실을 증가시킬 수 있는 종류도 있고 칼륨과 다른 전해질의 체내 보유를 증가시킬 수 있는 것도 있음
하제	식이섬유, 지용성비타민, 칼슘 및 다른 무기질의 대변배설을 증가시킴

다중투약(polypharmacy) 동시에 여러 종류의 약을 병용하는 것.

있다(그림 11.9). 노인들은 단일 혹은 비타민/무기질 복합제제 형태의 보충제의 섭취가 필요한지에 대해 의료진과 상담하도록 한다.

빈곤한 노인을 위한 식품지원프로그램

미국의 경우 혼자 사는 노인의 8%가량은 일 년 중 어떤 시기에 식품미보장을 경험한다. 노인에서 식품미보장과 굶주림의 가장 흔한 원인은 소득의 부족과 빈곤이다.[35] 빈곤한 노인은 상점이 거의 없는 지역에 살거나 건강에 좋은 식품을 사러갈 만한 교통수단을 소유할 능력이 안되거나 집을 비우고 과채를 구입하기 위해 상점에 가는 것을 두려워할 수도 있다. 저소득 노인가구에는 냉장고나 음식을 조리할 기구가 없을 수도 있어 구입, 저장, 조리할 수 있는 식품의 종류에 제한이 있다.

미국의 연방정부는 노인을 위한 식품영양 서비스의 광범위한 네트워크를 개발해 왔다. 이러한 서비스 중에는 비영리 및 지역사회 조직뿐 아니라 주정부와 지방정부 간의 협조체계를 통해 운영되는 것들이 있다.

- **보충영양지원 프로그램(SNAP)**: 흔히 푸드스탬프로 알려져 있는 이 프로그램은 미국 농무부가 수혜대상 가구와 개인의 기본적인 영양필요를 충족할 수 있도록 고안한 것이다. 노인들은 전체 수혜대상가구의 17%에 해당된다. 프로그램 참여자들은 매달 선불카드 형태의 지원금을 제공받는다. 구매할 수 있는 식품에는 거의 제한이 없다. 독거 노인에게는 한 달에 약 130달러가 지원된다.
- **어린이 및 성인 보호 프로그램(Child and Adult Care Program)**: 이 프로그램은 자격을 갖춘 주간 돌봄시설의 재원 노인 및 기능적 손상이 있는 성인에게 건강에 좋은 식사와 간식을 제공한다.
- **일용 보충 식품 프로그램(Commodity Supplemented Food Program)**: 푸드스탬프와는 달리 이 프로그램은 완벽한 식품구성을 제공할 목적으로 설계되지는 않았다. 그 대신 특정 일용식품, 즉 시리얼, 땅콩버터, 건조두류, 쌀이나 파스타, 캔 주스, 과일, 채소, 고기, 가금류, 참치와 같은 식품들을 분배한다. 때에 따라 다른 잉여 식품들을 분배하기도 한다.
- **노인 대상 파머스 마켓 영양 프로그램**: 이 프로그램은 미국 농무부의 후원으로 저소득 계층 노인에게 쿠폰을 제공하여 파커스 마켓, 노점, 지역사회를 지원하는 농업프로그램 등에서 구매가능 품목으로 정해진 식품을 구매할 수 있도록 한다. 노인들은 신선제품의 섭취를 통한 영양적 혜택을 얻고 섭취하는 식품의 다양성을 증가시킬 수도 있다.
- **영양서비스 보상 프로그램**: 미국의 보건사회복지부에서는 노화청을 통해 노인들에게 식사를 제공하는 데 필요한 현금과 미국의 일용식품을 각 주 담당국에 제공한다. 소득기준은 없으며 60세 이상이면 누구나 그리고 그 배우자는 60세가 되지 않았더라도 수혜를 받을 수 있다. 주요 영양소 권장량의 1/3을 충족하도록 계획된 식사가 노인센터나 그 지역사회에 위치한 적절한 장소에서 제공된다. 센터 중에는 저녁에 섭취할 수 있도록 도시락을 제공하는 곳도 있고 금요일에 주말 동안 섭취할 수 있도록 배달해 주기도 한다. 이러한 프로그램은 영양 및 건강 교육과 함께 제공되며 식사장소까지 교통수단이 제공되는 것이 보통이다. 참여자격을 갖춘 노인은 식사배달 프로그램을 이용하여 집으로 식사를 배달받을 수 있다.

▲ 집에서만 지내는 장애우와 노인들에게 식사배달 프로그램과 같은 지역사회 프로그램은 중요한 사회접촉 기회 뿐 아니라 영양적이고 균형있는 식사를 제공한다.

우리나라의 경우 노인복지법에 규정된 노인의 보건복지 증진에 대한 책임에 의거하여 노인을 대상으로 한 정부 보조 식품 및 영양 지원 프로그램이 시행되고 있다. 보건복지부에서는 재가노인복지사업의 일환으로 기초수급자 및 차상위계층 노인, 저소득 독거노인, 결식 우려 노인들에게 무료급식 지원사업을 시행하고 있으며 경로식당 무료급식, 식사배달서비스, 밑반찬

배달의 형태로 진행되고 있다. 농림축산식품부에서는 기초수급자, 차상위계층에 양곡 할인 지원사업을 수행하고 있다.

노인 영양프로그램의 참가는 노인 식사의 질과 영양소 섭취를 향상시킨다. 유감스럽게도 이들 프로그램 중에는 대기자가 많고 지역사회의 필요에 맞지 않는 것들도 많다. 어느 때보다 노인인구가 증가하는 때에 입법관들은 이렇게 중요한 서비스에 적절한 예산이 지속적으로 배정될 수 있도록 해야 한다.

요점 과체중과 저체중 모두 노인기 건강에 바람직하지 않다. 노인기 남녀 모두 골다공증이 증가하고 있으며 골절관련 사망도 그렇다. 안질환의 발생위험은 항산화 영양소와 피토케미칼 섭취를 통해 감소될 수 있다. 노인들의 영양상태는 약물치료의 효과에 영향을 끼칠 수 있고 약물 중에는 영양소 수준에 영향을 미치는 것도 있다. 건강한 식사를 확보하지 못하는 노인들을 위한 사회제도들이 많이 있다.

나는 어디에 있을까?

이 장을 모두 읽고 난 후, 뼈를 건강하게 유지하기 위해 매일 섭취할 수 있는 식품 3가지를 기술하시오.

1. ______________________

2. ______________________

3. ______________________

임신의 계획 여부와 상관없이 가임기 여성이 하루 최소 400μg의 엽산을 섭취해야 하는 이유에 대해 기술하시오.

당신은 이제 노화과정 중 건강을 증진시키기 위해 생애주기를 거치며 어떤 선택을 해야 하는지 알고 있을 것이다. 다음 중 어떤 행동을 실천해 보겠는가?

☐ 영양적인 식사 섭취

☐ 건강 체중 유지

☐ 규칙적인 신체활동

☐ 금연

☐ 약물 남용 삼가

☐ 술을 마시는 경우 절제하여 섭취

☐ 그 밖의 계획...

복습

오늘 내가 해 볼 수 있는 것은?

이 장을 읽고, 다음 세 가지를 실천해 보자.

- 만일 당신이 가임기 여성이라면, 임신의 계획과 상관없이 보충제나 강화식품을 통해 하루 400μg의 엽산을 섭취하자.
- 영양적인 아침식사를 하자.
- 담배를 피운다면, 오늘부터 금연한다. 흡연과 관련된 사망의 절반은 중년(35~69세)에 발생하여, 20~25년의 수명감소가 초래된다.

스스로 평가하기 정답

1. 거짓. 임신여성의 과반수는 입덧을 경험하며 탐식이나 식품 혐오도 흔히 나타난다.

2. 거짓. 대부분의 영아들은 6개월 무렵까지는 생리적으로 고형식을 필요로 하지 않는다.

3. 거짓. 유아들은 성인이나 소아에 비해 총에너지 중 지방으로부터의 에너지 필요가 높기 때문에 무지방 유제품은 적절하지 않다.

4. 참. 호르몬 변화, 정서적 스트레스, 유전적 요인, 개인위생이 청소년기 여드름 발생과 가장 관련이 높은 요인이다.

5. 참. 어린이가 있는 미국 가정의 11%는 1년 중 충분한 양의 영양적인 식품을 확보하지 못하는 때가 있다.

단원 문제

맞는 것에 동그라미 표시하세요.

1. 수정 후 첫 주에 엽산이 결핍되면 신생아에게서 다음의 어떤 문제가 나타날 수 있는가?
a. 고혈압
b. 신경관 손상
c. 비정상적으로 높은 출생체중
d. 골 무기질화 불량

2. 모유수유를 하는 영아가 6개월 무렵이 되면 다음 중 어떤 영양소를 이유보충식에 첨가해야 하는가?
a. 식이섬유
b. 지방
c. 철
d. 비타민 C

3. 청소년의 칼슘 권장량은
a. 유아보다 낮다.
b. 성인보다 낮다.
c. 임신 중인 성인보다 낮다.
d. 아동, 성인, 임신 중인 성인보다 높다

4. 다음 영양소 중 노인기 필요량이 증가하는 것은?
a. 식이섬유
b. 비타민 D
c. 탄수화물
d. 비타민 A

5. 노인들이 부적절한 체중감소 위험이 높은 이유는?
a. 정상적인 식욕을 방해하는 약물
b. 우울감과 사회적인 고립감으로 인한 식품섭취 감소
c. 제한된 소득과 건강한 식품을 구매하기 위한 이동 수단의 부재
d. 위의 내용이 모두 해당됨

6. 참 / 거짓 발달상에 나타나는 주요 오류와 출생시 결함은 임신기 중 세 번째 삼분기에 나타날 가능성이 높다.

7. 참 / 거짓 영아에게는 백설탕보다 꿀이 안전한 감미료이다.

8. 참 / 거짓 만 1~2세 유아들은 부모를 역할 모델로 보고 배우기에 너무 어리다.

9. 참 / 거짓 지난 10년간 청소년기 비만율이 증가하였다.

10. 참 / 거짓 시각장애와 같은 감각기능의 결손은 영양소 결핍을 일으킬 수 있다.

단원 문제에 대한 정답은 이 책 뒤쪽에 있습니다.

12

영양학적 이슈: 세계 식품 공급의 안전과 보장

스스로 평가하기

다음 문장들은 참인가요, 거짓인가요? 답이라고 생각하는 곳에 동그라미를 표시하세요.

1. 참 / 거짓 냉동 보관은 식품에 숨어 있을 수 있는 미생물을 파괴한다.
2. 참 / 거짓 곰팡이는 식중독의 가장 흔한 원인이다.
3. 참 / 거짓 유기농 식품이 비유기농 식품보다 항상 영양가가 높다는 것은 현재까지 증명되지 않았다.
4. 참 / 거짓 미국인의 10% 이상은 매일 각자의 신체적 필요량을 충족시키는 충분한 음식을 얻지 못한다.
5. 참 / 거짓 세계에서 가장 흔한 영양소 결핍은 단백질 결핍이다.

스스로 평가하기의 정답은 이 장 마지막 부분에 있습니다.

2011년 겨울은 농산물의 좋은 계절이 아니었다. 2월까지 미국 26개주에서 140명이 살모넬라(*Salmonella*)라고 하는 박테리아에 감염된 알팔파 새싹을 섭취하고 아팠으며 그 중 1/4은 병원에 입원해야만 했다. 3월에는 또 다른 살모넬라와 관련된 질환이 여러 주에서 급증했는데 이는 12명을 앓게 한 생 멜론과 관련이 있었다.[1] 같은 달, 또 다른 식품 매개 박테리아인 대장균으로 7명이 아팠으며 이 중 3명은 병원에 입원해야만 했다. 이번에 감염을 일으킨 원인은 헤이즐넛으로 밝혀졌다.[2] 식품공급에서 농산물만이 오염원은 아니다. 예를 들면 살모넬라 박테리아는 일상적으로 생 돼지고기나 달걀에서 발견되고 2010년에는 살라미와 냉동 치킨라이스 제품에서도 발견된 바 있다. 대장균은 조리되지 않거나 조리가 덜 된 육류에 주로 존재하는데 2009년 여름에는 간 소고기를 섭취한 사람 중 17명이 신부전을 포함한 중증 질환에 걸렸다. 같은 해 후반에는 소고기를 섭취한 뒤 21명이 질병에 걸렸으며 이 중 대다수는 레스토랑에서 섭취한 후였다.[2] 무엇보다 염려되는 것은 살모넬라와 대장균은 수많은 박테리아 중 둘일 뿐이며 다른 오염균 역시 식품 매개 질환의 원인이 된다는 점이다.

질병의 원인이 되는 매개물들이 어떻게 식품과 식수 공급에 유입이 되며 어떤 방법으로 우리는 그러한 매개물로부터 우리를 지킬 수 있을까? 식품을 오염시키는 것은 무엇이며 식품을 장기간 신선하게 유지시키는 기술은 무엇일까? 살충제와 식품첨가물은 도움이 되는가 아니면 유해한가? 그리고 유기농 식품은 더 영양가가 높은가? 세계의 모든 사람이 안전하고 충분하며 건강에 유익한 식품으로의 접근성을 올리기 위해 무엇을 할 수 있을까? 이 장에서 우리는 이러한 질문을 포함한 다른 질문들에 대해 살펴보고자 한다.

어디서부터 시작할까?

당신은 식품 매개 질환에 걸렸다라고 의심해본 적이 있는가?

예 / 아니오

만약 그렇다면 무엇이 원인이었다고 생각하는가? (의심되는 것은 모두 체크하시오.)

- ☐ 식품은 생산, 수확, 분배 과정 중 오염된다.
- ☐ 손이 오염된 사람이 식품을 조리했다.
- ☐ 식품 조리를 위해 사용된 주방이나 식기가 청결하지 않았다.
- ☐ 먹고 남은 식품을 장기간 냉장고에서 보관하지 않았다.
- ☐ 식품을 완전히 조리하지 않았다.
- ☐ 기타

당신은 수천 킬로미터 떨어진 곳에서 굶주리는 사람들을 위해 우리가 할 수 있는 일이 있다고 생각하는가?

예 / 아니오

왜 식품 매개 질환은 중요한 관심사인가?

식품 매개 질환(foodborne illness)을 유발하는 미생물(병원체), 미생물의 독성 분비물, 또는 화학약품(수은이나 살충제)에 의해 오염된 식품이나 식수를 섭취해서 일어나는 모든 증상이나 질병을 포함한다. 식품 매개 질환을 식중독이라고 하기도 한다.

식품 매개 질환은 매년 수백만의 미국인을 병들게 한다

미국 질병통제예방센터(Centers for Disease Control and Prevention, CDC)에 의하면 매년 미국인 약 4,800만 명(6명 중 1명)이 식품 매개 질환에 걸린다. 이 중 128,000명은 병원에 입원했고 3,000명은 사망했다.[3] 중증의 식품 매개 질환에 걸릴 위험이 높은 사람들은 아래와 같다.

- 면역기관이 아직 미성숙한 태아, 영아, 소아
- 면역계에 손상을 입은 노인이나 만성질환 보유자
- 후천성면역결핍증(acquired immunodeficiency syndrome, AIDS) 환자
- 장기이식을 받았거나 암에 걸려 면역계를 억제하는 약물을 복용하는 자

통계적인 수치가 충격적으로 보이지만 다수의 전문가들은 식품공급은 안전하다고 여긴다. 그 이유 중 하나는 사실 모든 식품오염이 모든 사람을 질환에 걸리게 하지는 않으며 치명적인 종이라 할지라도 적은 비율의 사람만 질병에 걸린다는 점이다. 예를 들면 2009년 초 미국 땅콩 조합(Peanut Corporation of America, PCA)이 근원지였던 살모넬라 감염증 발생시 수천 명이 오염된 제품을 섭취했지만 700명 이상 정도가 질병에 걸렸다.[4] 게다가 현대과학과 기술은 식품 보존을 위한 광범위한 기술을 제공한다. 이 부분에 대해서는 이 장 뒷부분에서 다루기로 한다.

마지막으로 미국에서 여러 정부 조직이 식품위생을 추적관찰한다. 앞서 언급된 질병통제예방센터뿐 아니라 미국 농무부(United States Department of Agriculture, USDA), 식품의약국(Food and Drug Administration, FDA), 환경보호국(Environmental Protection Agency, EPA)이 식품의 생산과 보존을 조절하고 추적관찰한다. 기관에 대한 정보와 웹사이트는 **표 12.1**에 나와 있다. (이하 번역자주) 국내에서는 식품의약품안전처에 의해 식품위생이 추적관리된다.

식품 생산은 점점 더 복잡해지고 있다

여러 보호 수단에도 불구하고 최근 몇 년간 식품 매개 질환은 공중보건을 위협하는 주요 인자가 되었다. 한 가지 이유는 전보다 더 많은 식품을 전 세계의 농장, 사료 재배지, 다양한 가공 시설을 포함하여 훨씬 더 많은 수의 원료로부터 얻은 재료를 혼합하여 대규모로 생산하고 있기 때문이다. 소비자뿐 아니라 원료를 사용하는 식품 회사조차도 이러한 원료에 대해 알지 못할 수 있다.

농장에서 식탁으로 오면서 오염은 어디에서나 발생할 수 있기 때문에(**그림 12.1**) 오염이 발생되면 원인을 찾기 힘들다. 예를 들면 땅콩 조합 식중독 사고 때 쿠키나 다른 제품을 리콜한 상당수의 제조사도 땅콩 재료가 어디서 왔는지 규명하지 못했다.

동시에 20세기에 들어와 미국 연방 정부는 최근 수십 년간 식품생산시설에 대한 단속을 감소시켰다. 35년 전 미국식품의약국은 매해 식품가공시설의 약 절반 정도를 검사했다. 2008년까지 검사 비율은 5%로 감소했다. 놀랄 것 없이 2009년 미국 질병통제예방센터는 국가의 식품 공급의 안전은 수십 년간의 지속적인 성장 이후 더 이상 향상되지 않고 있으며 살모넬라의 경우 감염이 증가하는 경향이라고 경고했다.[5] 같은 해, 미국 버락 오바마 대통령(President Barack Obama)은 식품위생법을 개정하기 위해서 식품안전 위원회(Food Safety Working

식품 매개 질환(foodborne illness) 병원성 미생물의 유독성 분비액 또는 유독성 화학물질에 의해 오염된 식품이나 식수에 의해 전염된 질환.

그림 12.1 식품은 농장에서 식탁으로 올 때까지의 5단계 중 어느 시점에서나 오염될 수 있지만 다음의 식품안전 가이드라인으로 그 위험을 줄일 수 있다.

농장

섭취를 목적으로 길러지는 동물들은 유해한 미생물을 옮길 수 있고 곡식은 관개수로부터의 공해물질, 빗물 유입, 토양 내 미생물이나 독성물질, 살충제 등에 의해 오염될 수 있다. 오염은 동물 살육이나 곡식의 추수, 분류, 세척, 포장, 보관 과정 중에서도 발생될 수 있다.

가공

농산물과 같은 식품들은 농장에서 바로 시장으로 갈 수도 있지만 대부분의 식품은 가공된다. 가공식품은 각기 다른 시설에서 여러 단계를 거친다. 각 시설, 사람, 기계, 환경은 식품을 오염시킬 수 있다. 세척 프로토콜, 검수, 훈련과 같은 주정부의 안전수칙이 오염 방지를 돕는다.

수송

식품은 미생물과 미생물 분비 독소의 증식을 방지하기 위해 반드시 청결한 냉장 운송수단과 컨테이너에 의해 운반되어야만 한다.

판매

식료품점과 레스토랑 종사자는 식품의 보관, 전처리 과정, 또는 서비스를 하는 동안 식품을 오염시킬 수 있다. 부적절한 냉장이나 온장 보관과 같은 조건은 미생물이나 미생물 분비 독소의 증식을 촉진시킨다. 영업소는 식품 안전을 위한 식품의약국 가이드라인을 반드시 따라야 하며 해당지역의 보건 검사를 통과해야만 한다.

식탁

소비자는 더러운 손이나 식기로 식품을 오염시킬 수 있다. 이 장에서 논의되는 식품의 저장, 전처리, 조리 및 배식에 대한 식품안전 가이드라인을 준수함으로써 미생물이나 미생물 분비 독소의 증식을 막을 수 있다.

표 12.1 식품안전을 규제하는 미국 정부 기관

기관명	창립연도	식품규제에서의 역할	웹사이트
농무부 (USDA)	1785	각 주의 경계간 육류, 가금류, 달걀의 안전을 관장함; 가축이나 가금류 질병시 어떤 약물로 치료해야 하는지 관장함	www.usda.gov
식품의약국 (FDA)	1862	식품제품(육류, 가금류, 달걀 제외)과 시판 생수의 식품표준을 규제함; 식품표시를 규제하고 환경보호국이 제정한 살충제 사용법을 시행함	www.fda.gov
질병통제예방센터 (CDC)	1946	일반인들의 보건과 안전 교육 및 증진을 위해 공중보건관련 업무 수행; 식품 매개 질환이 발생했을 때 원인규명을 위해 필요한 정보를 추적함	www.cdc.gov
환경보호국 (EPA)	1970	작물에 적용할 수 있는 살충제에 대한 규제; 수질의 표준 제정	www.epa.gov

Group)를 신설했다고 발표했다. 미국 의회는 새로운 식품안전 법안인 식품안전 현대화법(Food Safety Modernization Act)을 제정하기로 했고 해당 법안은 2011년 1월 의회의 승인을 받았다. 규정은 아래의 내용을 포함한다.[6]

- 식품제조자가 오염을 방지하기 위해 수행해야만 하는 새로운 필수 조건
- 식품수입자가 식품공급업자로부터 수입하는 식품에 대한 안전을 증명하기 위한 새로운 필수 조건
- 의무적 리콜 직권을 포함한 미국식품의약국의 새로운 법률 집행 수단
- 강화된 새로운 식품검수 스케줄

요점 매해 미국인 4,800만 명이 식품 매개 질환에 걸린다. 오염은 농장부터 식탁까지 어느 곳에서나 일어날 수 있다. 미국의 질병통제예방센터, 식품의약국, 농무부, 환경보호국은 식품의 생산과 보관을 규제하고 추적관찰한다. 2011년부터 시행된 식품안전 현대화법은 연방 기관이 식품의 생산을 감시하는 역할과 식품의약국이 시장에서 발생한 식품오염에 즉시 리콜(회수조치)하도록 직권을 부여하는 등 역할을 강화시켰다. (이하 번역자주) 국내의 경우 식품의약품안전처에 의해 식품 안전사고가 예방되고 관리되고 있다.

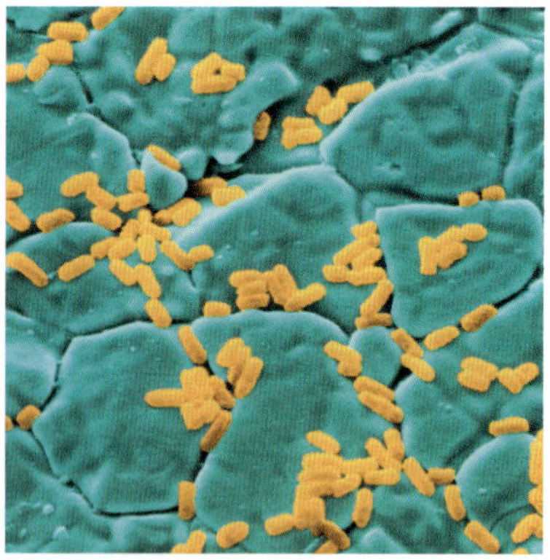

▲ **그림 12.2** 살모넬라는 박테리아의 일종으로 식품 매개 질환의 약 11%, 이 중 병원 입원의 35%, 사망의 28%의 원인이 된다. 발열, 설사, 복통에 의해 발견되며 살모넬라의 몇몇 종의 세포는 대장에 천공을 만들고 혈액으로 퍼진다. 보고 있는 것은 살모넬라 엔테리티디스(*Salmonella enteritidis*)이며 2,000개의 종류 중 하나이다.

식품 매개 질환의 주요 원인은 무엇인가?

식품 감염(food infection)은 질병의 원인이 되는 미생물 병원체를 포함하고 있는 식품을 섭취함으로 발생된다. 식품중독(food intoxication)은 식품 중 독소(toxin)라고 하는 미생물이 분비하는 유해한 물질을 섭취하여 발생한다. 자연적으로 발생되는 식물이나 해양 독소 역시 식품을 오염시킨다. 마지막으로 토양이나 물에 있는 살충제와 오염물질처럼 식품 중 잔류화학물은 질환을 일으킬 수 있다. 잔류화학물에 대해서도 이 장의 뒷부분에서 다루기로 한다.

여러 종류의 미생물이 식품을 오염시킨다

식품감염을 일으키는 가장 흔한 미생물은 박테리아와 바이러스이지만 다른 미세 유기체와 생존해 있지 않은 입자들도 식품을 오염시킬 수 있다.

원핵세포인 **박테리아(bacteria)**는 포자를 형성하거나 분열에 의해 재생산된다. 많은 박테리아는 가금류, 돼지, 소를 포함한 조류와 포유류의 장에서 생존하므로 식품 매개 질환의 감염은 주로 조리가 덜되거나 날로 된 육류의 섭취, 날로 된 육류로부터 나온 육즙에 의한 식품

박테리아(세균, bacteria) 세포핵이 없고, 분열이나 포자를 형성함으로써 번식하는 미생물.

표 12.2 식품 매개 질환의 원인이 되는 주요 박테리아

박테리아	잠복기	기간	증상	가장 흔히 감염되는 식품	주 오염원	예방법
살모넬라 (2,300종 이상)	12~24시간	4~7일	• 설사 • 복통 • 오한 • 발열 • 구토 • 탈수	• 조리되지 않거나 조리가 덜 된 달걀, 가금류 및 육류 • 생우유나 유제품 • 어패류 • 과일과 채소	• 가금류의 분변과 대장관 • 생 달 걀 껍 질 의 살 모 넬 라 엔 테 리 티 디 스 (*Salmonella enteritidis*)	• 식품을 완전하게 조리하기 • 교차감염 방지 • 위생적인 습관
클로스트리디움 펄프린젠스 (*Clostridium perfringens*)	6~24시간	1일	• 복통 • 설사	• 소고기 • 가금류 • 고기국물 • 건조식품 • 대량으로 전처리된 조리식품 • 먹다 남은 음식	• 동물이나 인체의 대장관과 환경에서 광범위하게 발견됨 • 산소가 없거나 적은 환경에서 생존 가능	• 식품을 완전하게 조리하기 • 음식물을 뜨거운 상태에서 제공하기 • 먹다 남은 음식은 바로 냉장보관하기 • 먹다 남은 음식을 제공할 때는 완전히 재가열하기
캠필로박터 제주니 (*Campylobacter jejuni*)	1~7일	7~10일	• 발열 • 설사(종종 피가 섞인) 후 동반되는 두통과 근육통 • 오심 • 복통	• 조리되지 않거나 조리가 덜 된 육류, 가금류, 어패류 • 생달걀 • 케이크의 아이싱 • 처리과정을 거치지 않은 물 • 저온살균을 거치지 않은 우유	• 동물과 조류의 대장관 • 생우유 • 처리과정을 거치지 않은 물과 하수구 진창	• 저온살균을 거친 우유만 마시기 • 식품의 적절한 조리 • 교차감염 방지
에스케르시아 콜라이 (*Escherichia coli*, 인체에 질환을 일으키는 O157:H7 및 다른 종)	2~4일	5~10일	• 설사(아마도 피가 섞인) • 복통 • 오심 • 신장과 혈액의 합병증을 유발할 수 있음	• 오염된 식수 • 생우유 • 조리되지 않았거나 덜 익힌 간소고기, 소시지 • 저온살균 안된 사과주스나 애플사이다 • 조리되지 않은 과일과 채소	• 소의 대장관 • 생우유 • 염소처리되지 않은 물	• 육류를 완전히 조리하기 • 교차감염 방지
스타필로코커스 (*Sataphylococcus*)	1~6시간	2~3일	• 심한 오심과 구토 • 복통 • 설사	• 커스터드나 크림을 채워 구운 제품 • 햄 • 가금류 • 드레싱, 소스, 고기국물 • 달걀 • 마요네즈가 들어간 샐러드	• 인체의 피부 • 감염된 상처 • 뾰루지 • 코나 인후	• 식품의 냉장보관 • 위생적인 습관 사용
리스테리아 모노사이토제네스 (*Listeria monocytogenes*)	2일~3주	보고된 바 없음	• 고열 • 근육통 • 오심 • 설사 • 신경계에 퍼지는 경우 두통, 목이 뻣뻣해짐, 혼란, 통제력 상실, 심한 발작 • 임신 중 감염시 유산이나 사산	• 조리되지 않은 육류나 채소 • 연성 치즈 • 도시락에 사용되는 육류와 핫도그 • 저온살균되지 않은 우유	• 동물의 대장관과 분변 • 비료로 사용되는 토양과 거름 • 생우유	• 모든 고기를 완전히 조리하기 • 식사 전 손씻기 • 교차감염 방지 • 저온살균을 거치지 않은 우유와 저온살균을 거치지 않은 우유로 만든 식품 피하기 – 수증기를 방출할 때까지 재가열되지 않은 핫도그와 도시락용 고기를 먹지 않기 – 핫도그 포장에서 식품으로 액체가 유입되지 않도록 하기 – 핫도그나 도시락용 고기 취급 후 손씻기 – 조리가 안된 냉장 훈제 어패류 섭취 피하기

Data from Iowa State University Extension. Food Safety and Quality Project. 2000. Safe Food: It's Your Job Too! www.extension.iastate.edu/foodsafety/Lesson/L1.html; U.S. Food and Drug Administration (FDA). How Can I Prevent Foodborne Illness? www.cfsan.fda.gov/~dms/qa-fdb1.html; and Centers for Disease Control and Prevention (CDC), Division of Bacterial and Mycotic Diseases. 2005. Disease Information. Foodborne Illness. www.cdc.gov/ncidod/dbmd/diseaseinfo/foodborneinfections_g.htm.

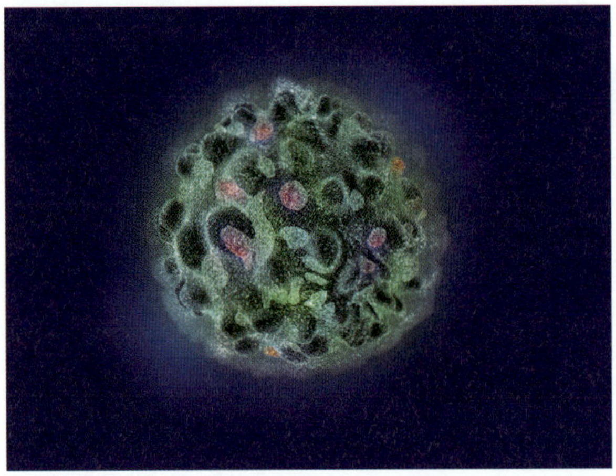

▲ 그림 12.3 노로바이러스성 질병은 미국 내 식품 매개 질환의 주요 원인이며 다른 모든 바이러스, 박테리아, 기생충을 합친 것보다 많은 식품 매개 질환의 원인이다.

▲ 그림 12.4 촌충은 길고 벌레 같은 몸체와 인체 조직에 붙는 것을 도와주는 갈고리, 빨판을 가지고 있다.

의 오염, 또는 오염된 동물의 분변에 의한 농작물, 우유, 식수의 오염에 의해 일어난다. 박테리아는 모든 식품 매개 질환 중 39%를 일으킨다.[3] 그 중 가장 흔한 몇 가지는 표 12.2에 있다. 이 중 질환, 병원 입원, 사망의 가장 큰 원인이 되는 박테리아는 살모넬라이다(그림 12.2).[3]

바이러스(viruse)는 박테리아보다 훨씬 작고, 살아 있는 세포를 떠나서는 생존할 수 없다. 노로바이러스라 불리는 한 종류의 바이러스가 미국 내 거의 모든 식품 매개 바이러스성 질환을 유발하고 원인을 아는 식품 매개 질환 중 58%의 원인이다(그림 12.3).[7] 노로바이러스는 많은 사람들이 단순히 "위장감기(stomach flu)"라고 여길 정도로 흔하고 감염성이 강하다. 노로바이러스성 질환은 전형적으로 위와 소장 내벽의 감염인 위장염(gastroenteritis)처럼 갑자기 오는데 위경련, 구토, 설사의 원인이 된다. 건강한 사람에서 증상은 하루나 이틀이면 자연스럽게 완화된다. 노로바이러스는 생식품에서 번식할 수 있으며 사람에서 사람으로 퍼질 수 있다. 감염된 식품 서비스 종사자의 손에 바이러스가 묻어 있었다면 식품의 조리나 배식 과정에서 식품을 오염시킬 수 있다. 2009년 미시간 대학교에서 같은 대학 구내 식당에서 식사를 한 8명에게 발생했던 노로바이러스 감염증이 이러한 방식으로 전파되었을 것으로 추측하고 있다.[8] A형과 E형 간염바이러스는 추수, 가공, 전처리 과정 동안 흔히 오염된다. 이 바이러스들은 급성 간 손상과 심지어 사망의 원인이 될 수 있다. (이하 번역자주) 국내의 경우 식품의약품안전처의 식중독 통계시스템(http://www.mfds.go.kr/e-stat/index.do)에 식중독 발생에 대한 정보가 공개되고 있는데 주요 원인균은 노로바이러스와 병원성대장균으로 보고되고 있다. 노로바이러스의 식중독 사례를 보면 2012년 노로바이러스에 오염된 김치를 급식에서 섭취한 고등학교 4개교의 학생 144명에게서 식중독이 발생한 사례가 있다.

기생충(parasite)은 숙주로부터 이익을 얻는 동시에 숙주를 손상시키는 미생물이다. 식품 매개 질환의 약 2%만이 기생충에 의해 일어난다. 다음은 가장 흔한 종류들이다:

- **연충(helminth)**은 촌충(그림 12.4), 흡충, 회충과 같은 다세포 기생충이다. 연충은 채소나 물에 알을 낳으면서 번식한다. 어류를 포함한 동물들은 감염된 물질을 섭취한다. 알은 숙주에서 부화하고 유충은 숙주의 조직에서 성장한다. 유충은 숙주가 식용으로 사용되기 위해 도살될 때까지 조직에서 생존할 수 있다. 소고기, 돼지고기, 또는 어류를 완전히 조리하면 유충은 사멸된다. 반대로 사람이 감염된 식품을 날것이나 완전히 조리하지 않은 상태로 섭취하면 살아 있는 유충을 섭취하게 되고 유충은 소장에서 성충으로 성숙하게 된다. 어떤 종류의 기생충은 오심이나 설사와 같은 가벼운 증상을 일으키지만 다른 종류들은 장폐색[i]이나 심지어는 사망을 일으킬 만큼 크게 자랄 수 있다.
- **원충(protozoa)**은 식수 매개 질환의 주요 원인이 되는 단세포 미생물이다. 세계적으로 가장 흔한 종류는 람블 편모충(*Giardia duodenalis*)으로 편모충증(giardiasis)[ii]이라고 불리는 설사성 질환의 원인이다.[9] 편모충은 감염된 동물이나 사람의 소장에서 살며 분변을 통해 환경으로 배출된다. 사람들은 흔히 오염된 물(호수, 개울, 강, 수영장 등에서)을 마시거나 오염된 식품을 섭취함으로써 편모충을 먹게 된다. 설사, 위경련, 배탈 등을 포함한 증상은 일반적으로 감염되고 1~2주 이내에 시작되어 2~6주간 지속된다.

진균류(fungi)는 단세포나 다세포 균락으로 자랄 수 있는 식물 같은 포자형성 유기물이다. 진균류는 원모양의 이스트와 가늘고 긴 형태의 곰팡이, 두 종류가 있다. 진균류에 의한 식품

바이러스(viruse) 박테리아보다 훨씬 작은 감염 매개체군으로 독립적인 대사를 할 수 없고 살아 있는 세포 밖에서는 성장과 번식이 불가능함.

기생충(parasite) 미생물 중 숙주에 기생하는 것으로 숙주의 이로움과 해로움에 모두 영향을 받음.

연충(helminth) 다세포의 미세하게 작은 기생충.

원충(protozoa) 이동성을 가진 단세포 미생물.

진균류(fungi) 단세포나 다세포 균락으로 자랄 수 있는 식물 같은 홀씨형성 유기물.

---
i) 인체 내 장관을 가로막아 막히게 함—번역자주

ii) 편모충이 장에 기생해서 발생하는 장질환—번역자주

매개 질환은 1% 미만이다.[3] 그 이유는 부분적으로는 건강한 면역 체계를 가진 사람에서 진균류의 극소수 종만이 심각한 질병을 일으키고 사람에서 질병을 일으키는 종 역시 일반적으로는 식품 매개로 인한 것이 아니기 때문이다. 게다가 보이지 않고 일반적으로 풍취가 없는 박테리아의 증식과는 다르게 진균류의 증식은 일반적으로 식품을 바로 내버릴 만큼 식품의 외관과 맛을 볼품없게 만든다(그림 12.5).

▲ 그림 12.5 곰팡이는 어느 정도는 겉모습으로 사람들이 식품이 상한 것을 알 수 있기 때문에 인체 질환을 거의 일으키지 않는다.

최근 몇 년 제1면을 장식한 소고기 유래 식품 매개 질환은 광우병 또는 소 해면양뇌증(bovine spongiform encephalopathy, BSE)이다. 자가 증식 복제가 가능한 단백질 감염 입자인 **프리온(prion)**이 이러한 신경계 이상을 일으킨다. 프리온은 동물 조직의 정상 단백질이나[iii] 접힘이 잘못되면 감염성을 지닌다. 감염성을 지니게 될 때 프리온은 궁극적으로 질환을 일으킬 때까지 다른 정상 단백질을 비정상적인 형태의 프리온으로 바꿀 수 있다. 인간 광우병은 감염된 육류나 조직을 섭취함으로써 일어날 수 있다. 소고기를 먹는다면 위험할 수 있을까? **영양, 미신 혹은 진실?**을 체크해보자(378쪽).

어떤 미생물은 독소를 분비한다

방금 논의한 미생물은 직접적으로 감염을 일으키거나 신체 세포를 파괴함으로써 질환을 일으킨다. 반대로 어떤 박테리아와 진균류는 심각하거나 심지어 삶을 위협하는 질환을 일으키는 **독소(toxin)**라고 부르는 화학물질을 분비한다. 이러한 독소는 체세포에 붙어 설사, 구토, 기관 손상, 경련, 마비와 같은 다양한 증상을 일으킨다. 독소가 결합하는 세포의 종류에 따라 독소를 분류할 수 있는데 식품 매개 질환과 관련된 주요 독소는 신경계 손상을 일으키고 마비의 원인이 되는 신경독소와 일반적으로 위장관에서 심한 설사와 구토의 원인이 되는 장독소 등 두 종류가 있다.

박테리아인 클로스트리디움 보툴리눔(*Clostridium botulinum*)은 가장 흔한 종류이며 치명적인 신경독을 생산한다. 보툴리눔 독소는 근육세포로의 신경전달을 막고 호흡에 필요한 근육을 포함한 마비를 일으킨다. 가장 흔한 오염원은 손상된(갈라진, 구멍난, 팽창된) 캔에 담긴 음식, 집에서 부적절하게 처리된 병조림, 생꿀이다. 그러나 부적절하게 가열된 통조림 상품에도 독소가 있을 수 있다. 2011년 3월 한 식품생산업자는 보툴리눔 때문에 수천 건의 비트 통조림을 자발적으로 리콜했다.

어떤 곰팡이는 **진균독**(mycotoxins)이라 불리는 독성이 있는 화학물질을 생산한다. (접두사 *myco*–는 곰팡이를 의미한다.) 흔히 습기가 많은 환경에서 보관된 곡류에서 이러한 독소를 볼 수 있다. 어떤 경우에 경작지의 습기가 많은 조건은 곰팡이가 증식하여 성장하는 작물에 독소를 분비하도록 한다. 진균독을 장기간 섭취하면 기관 손상이나 암을 유발할 수 있다.

▲ 그림 12.6 광대버섯과 같은 어떤 종류의 버섯은 질환이나 심지어 사망까지 일으킬 수 있는 독소를 가지고 있다.

어떤 독소는 미생물과는 관련없이 생성된다

어떤 독소는 미생물과는 관련없이 식품에서 발생한다. 예를 들면 식품중독을 일으키는 가장 분명한 곰팡이는 독버섯이다 대부분의 버섯은 독성이 없지만 독버섯(광대버섯 속 독버섯, *Amanita phalloides*)과 같은 몇 개의 버섯은 치명적일 수 있다. 어떤 독버섯은 아주 다채로운 색을 띠고 있는데(그림 12.6) 이는 왜 버섯중독의 희생자가 주로 어린이인지를 설명해준다.[10]

2010년 2월 과학자들은 심각한 "적조"가 뉴잉글랜드 조개 산업을 위협할 수 있고 홍합이나 조개를 섭취한 사람에서 마비가 유발될 수 있다고 예측했다.[12] 적조는 독성 조류 중 특정 종이

프리온(prion) 비정상적인 3차구조를 가진 단백질로 세포성 생물이나 바이러스가 아니면서도 감염성을 가짐.

독소(toxin) 미생물학에서 미생물이 생산하는 유해한 물질로 조직을 손상시키거나 면역반응을 손상시킴.

---

iii) 단백질의 3차구조 형성시—번역자주

영양, 미신 혹은 진실?

광우병: 소고기를 먹는 것은 안전한가?

광우병(mad cow disease)은 *프리온*(prion)에 의해 소에서 발생하는 치명적인 뇌 장애이다. 프리온은 다른 단백질의 변형을 가져오고 이러한 이상단백질은 뇌 손상을 일으킨다. 광우병은 소 *해면양뇌증*(bovine spongiform encephalopathy, BSE)이라고 불리기도 한다. 이 질환은 소의 뇌를 조금씩 갉아 먹어 결국 스펀지 같은 구멍만을 남긴다. 결국 뇌는 더 이상 생명 유지에 필수적인 기능을 조절하지 못하고 소는 문자 그대로 "미친다". 불행히도 감염된 소고기를 섭취한 사람 역시 감염될 수 있다. 증상이 발생하는데 수년이 걸리지만 결국 사람도 변종 *크로이츠펠트-야콥병*(variant Creutzfeldt-Jakob disease, vCJD)이라고 부르는 인간형 광우병에 걸리게 된다. 이 질환은 적어도 영국에서 168명을 죽였고 프랑스나 다른 나라에서도 사람들의 생명을 앗아갔다.[11] 그러면 소고기를 섭취하는 것은 안전할까?

과학자들은 소에 프리온이 어떻게 들어가는지 확실하지 않다고 한다. 감염된 다른 소의 뇌와 척수의 조직이 들어간 사료를 먹고 소가 감염이 된다고 생각한다. 수십 년 전 영국과 유럽에서는 가축에게 다른 동물로 만든 사료를 먹이는 것이 흔한 관습이었다. 이러한 관습은 없어졌다.

광우병은 어떤 국가에서는 소고기 섭취량이 25~70%까지 감소할 정도로 유럽 소고기 시장이 휘청거릴만한 영향을 줬다. 게다가 목장경영자는 500만 마리의 소를 도축해야만 했다.

수년 동안 북미의 전문가들은 광우병이 유럽에 한정된 문제라고 믿었다. 그러나 2003년에서 2006년 동안 캐나다에서 8건의 광우병을 소에서 발견했다. 그리고 2003년 12월, 미국에서 첫 번째 광우병이 발견되었으며 이것은 미국 식품이 광우병에 안전하다고 믿었던 사람들에게 충격을 주었다. 이러한 발견으로 많은 나라들은 즉시 캐나다와 미국산 소고기 수입을 금지했다. 미국에서는 주정부와 육우산업체가 소고기 공급에 대한 신뢰를 회복하기 위한 빠른 조치를 취하였다. 잠재적으로 감염의 요인이 있는 소고기 폐기뿐 아니라 대두로 만든 사료를 사용하고 동물 부산물로 만든 사료의 사용을 금지하는 것 등 사료를 주는 관습의 변화와 같은 조치가 있었다. 게다가 미국에서는 수년간 소를 어린 연령에서 도축하였다. 광우병은 발병에 수년이 걸리므로 이러한 과정은 감염이 진척될 가능성을 줄인다. (이하 번역자주) 미국의 광우병 발병 이후 국내에서는 검역강화, 정보요청 및 실사단 파견 조치를 채택하였다.

그러면 소고기를 섭취하는 것은 안전한가? 미국 농무부, 식품의약국, 국립보건원, 질병통제예방센터는 동물원료 사료 사용을 없애고 광우병의 징후를 관찰할 수 있고 재발생시 빠르게 대처할 수 있는 기술을 강화하는 데 협동하여 일하고 있다. 소고기 섭취량의 감소는 수백만 달러의 수입 감소를 가져오므로 미국 육우산업은 안전규제 준수에 대한 동기 부여가 높다. 미국 소고기의 안전성을 보장할 수는 없겠지만 안전기준을 엄격히 준수한다면 위험을 최소화할 수 있으며 소고기를 사람이 섭취하기에 안전하게 유지할 수 있다.

과도하게 생겨 그 꽃이 바닷물을 붉게 변화시켜 발생한다. 사람들은 이러한 해양 독소를 직접 섭취하지는 않지만 독소들은 홍합, 조개, 그 외 다른 해산물에 축적될 수 있다. 전형적으로 외관, 냄새, 맛이 정상인 이러한 해산물을 사람이 섭취했을 때 질환을 일으킨다.[13]

▲ 농어는 매력적으로 보이지만 다른 여러 커다란 포획 어류와 같이 고농도의 해양 독소에 오염되어 있을 수 있다.

시가톡신(ciguatoxin)은 가장 흔한 해양 독소이다. 작은 물고기들은 **와편모충**(dinoflagellates)이라고 불리는 미세한 수산 식물이 생산하는 독소를 먹는다. 독소는 더 큰 물고기들이 이러한 작은 물고기들을 섭취함으로써 점점 더 농축되고 참바리, 농어, 도미 및 열대 지역의 다른 다수의 큰 물고기에서 고농도로 존재한다. 시가톡신 중독의 증상은 오심, 구토, 설사, 두통, 가려움, 저린 느낌을 비롯하여 악몽이나 환각 증세까지 나타나나 질환은 대부분 생명을 위협하지 않으며 보통 몇 주 안에 증상이 사라진다.[13]

초록색으로 변한 감자는 초록색이 되는 과정에서 생긴 솔라닌 독소를 포함한다. 초록색은 사실 감자가 빛을 쪼였을 때 생기는 무해한 색소인 클로로필로 인한 것이다. 솔라닌은 클로로필이 생길 때 동시에 생기지만 두 과정은 독립적이고 서로 관련이 없다.[14] 아주 많은 양의 솔라닌을 함유한 감자를 섭취했을 때 잠재적으로 독성이 있을 수 있다. 감자를 어두운 찬장이나 갈색 종이 봉지에 담아 시원한 장소에 짧은 기간 동안 보관했을 때에만 감자가 초록색으로 변하는 것을 막을 수 있다. 감자의 색이 보이도록 세척하고 초록색으로 변한 부분을 잘라서 버리도록 한다.

인체는 오염물질에 반응하여 급성 질환을 일으킨다

입안에서 침에 있는 항균성 효소나 위의 염산이 다수의 오염물질을 파괴한다. 이러한 화학적 공격에서 살아남은 경우 위장관이 오염물질을 배출하려는 시도인 설사나 구토를 유발한다. 동시에 면역계의 백혈구가 활성화되고 전신의 면역반응을 유발하여 오심, 피로, 열, 근육통을 경험하게 된다. 개인의 건강상태, 정확한 미생물이나 관련 독소, 그리고 섭취한 양에 따라 증상은 복시, 근육 조절 상실, 그리고 심한 설사 또는 피가 섞인 설사 등 가벼운 상태에서 심한 상태까지 다양하다. 앞에서도 언급되었지만 어떤 경우에는 치유를 하지 않고 내버려두면 사망할 수도 있다.

식품 매개 질환을 진단하기 위해서는 혈액이나 분변과 같은 시료를 반드시 분석해야 한다. 대부분 식품 매개 질환은 자기제한적인 경향이 있어서, 환자의 설사, 구토는 불편하기는 해도 인체를 공격하는 물질을 제거하기 때문에 일반적인 치료는 환자의 충분한 수분 섭취와 안정상태를 유지하도록 하는 것이다. 더욱 심한 경우 입원이 필요하기도 하다.

미국에서는 확진된 모든 식품 매개 질환은 주정부의 보건과에 보고해야만 하며 이를 다시 조지아주 애틀랜타에 있는 질병통제예방센터에 질병으로 보고한다. 질병통제예방센터는 식품 매개 질환의 유행성 지표에 대한 보고를 모니터링하고 현지 사무소나 주 기관을 도와 질병 발생을 막는다.

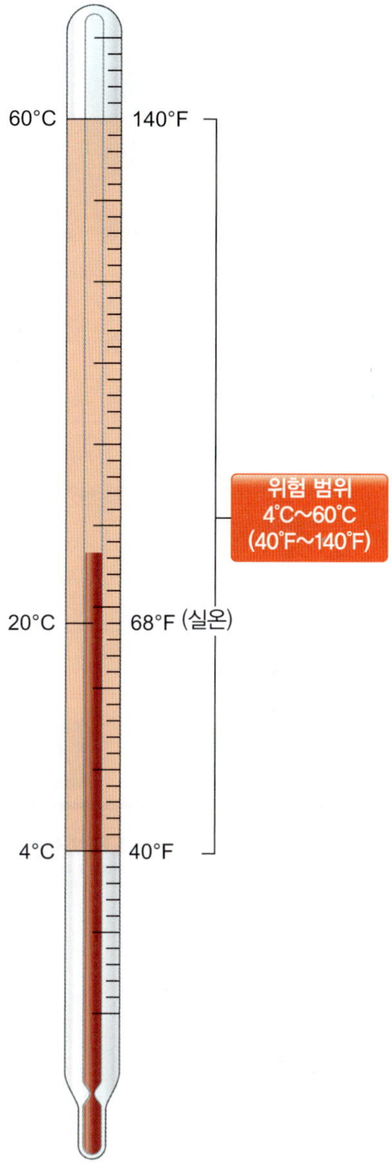

▲ 그림 12.7 위험 범위는 많은 병원성 미생물이 생존할 수 있는 온도의 범위이다. "실온"(약 20˚C, 약 68˚F)은 위험 범위 안에 들어간다는 것을 명심하자!

어떤 조건은 식품에서 미생물이 증식하는 것을 도와준다

적절한 환경 조건에서 미생물은 여러 종류의 식품에서 생존할 수 있다. 식품 미생물의 생식과 생존에는 4가지 조건이 영향을 미친다.

- 온도(temperature). 인체에서 질환을 일으킬 수 있는 많은 미생물이 4˚C~60˚C(40˚F~140˚F)의 따뜻한 온도에서 생존한다. 이러한 온도의 범위를 **위험 범위(danger zone)**라고 한다(그림 12.7). 이러한 미생물은 식품을 완전히 가열하거나 조리하여 사멸시킬 수 있고 번식은 냉장과 냉동으로 늦출 수 있다. 이 장 후반부에서 안전한 조리와 식품저장 온도를 확인하도록 한다.
- 습도(humidity). 많은 미생물이 높은 습도를 필요로 하므로 조리 후 실온에 둔 파스타는 미생물 생존에 적합하지만 박스에 담긴 건조 파스타와 같은 식품은 미생물이 성장하기에 적합하지 않다.
- 산도(acidity). 대부분의 미생물은 생존을 위해서 선호하는 범위의 산도, 즉 pH가 있다. 예를 들면, 클로스트리디움 보툴리늄은 알카리 환경에서 생존한다. 산성 환경에서는 성장하거나 독소를 생산하지 못하므로 감귤류의 과일, 피클, 토마토로 만든 식품은 보툴리늄 식중독의 위험이 낮다. 반대로 생선류나 비트를 포함한 대부분의 채소류와 같은 알카리 식품은 보툴리늄 균에는 매력적인 환경이 된다.
- 산소 함량(oxygen content). 많은 미생물이 기능을 하려면 산소가 필요하므로 상업적인 통조림과 병조림과 같이 산소를 제거하는 식품 보존 기술은 식품을 유지하여 안전하게 섭취할 수 있도록 한다. 보툴리늄은 무산소 환경에서 생존하기 때문에 미생물을 사멸하기 위해 통조림 제조과정에서 식품에 초고온의 가열을 가한다. 앞에서 언급한 비트 통조림의 리콜에서 제조자가 염려한 것은 통조림을 만들기 전 식품을 충분히 가열하지 않았다는 것이었다.

위험 범위(danger zone) 많은 미생물들이 질환 증가를 초래할 수 있는 온도 범위.

▲ 껍질은 식품을 오염에서 보호하고 있지만 과일 껍질을 벗기기 전에 반드시 세척해야 한다.

또한 미생물의 식품 진입경로가 필요하다. 마치 우리의 피부가 우리 몸을 미생물의 침입으로부터 지켜주는 것처럼, 많은 식품의 껍질, 표피, 껍데기를 벗기면 내부의 영양소에 접근할 수 있다. 달걀껍질은 자연적인 식품 장벽의 좋은 예이다. 하지만 그러한 장벽이 제거되면 식품은 오염으로부터의 1차 방어벽을 잃게 된다.

요점 식품 감염은 박테리아와 같은 살아 있는 미생물을 포함한 식품의 섭취에 의해 일어나지만 식중독은 식품에 존재하는 미생물이 분비한 독소를 섭취함으로써 일어난다. 몇몇의 식물과 동물 역시 독소를 만들 수 있다. 인체는 우리를 공격하는 미생물이나 독소를 제거하기 위한 몇 가지 방어적 기전을 가지고 있다. 미생물이 식품 내에서 번식하기 위해서는 적절한 범위의 온도, 습도, 산도, 산소 함량이 필요하다.

어떻게 식품 매개 질환을 예방할 수 있는가?

미국 농림부의 Fight BAC! 로고는 식품위생을 위한 4가지 기본적인 원칙을 제시하는데 각각의 원칙의 세부 사항은 다음과 같이 요약할 수 있다(그림 12.8).

1. 청결. 손과 주방의 표면을 자주 닦는다.
2. 분리. 한 식품에서 다른 식품으로 미생물이 퍼지는 **교차오염(cross-contamination)**을 예방하기 위해 식품을 분리한다. 교차오염은 닭고기, 채소와 같은 생식품을 같은 칼로 자르거나 같은 도마에서 조리하거나 또는 같은 접시에서 보관할 경우 발생한다.
3. 냉장. 미생물의 증식을 막기 위해 식품을 냉장이나 냉동한다.
4. 조리. 적절한 온도까지 식품을 완전히 조리하고 재가열한다.

▲ 그림 12.8 Fight BAC!는 미국 농무부의 식품안전로고이다.

손과 주방의 표면을 자주 닦는다

식품 매개 질환을 예방하는 가장 쉽고 효과적인 방법은 손을 씻는 것이다. 순한 비누로 20초간 손을 문지른 후 따뜻한 흐르는 물에 씻는다. 식기는 뜨거운 물에 세척해야 하지만 일반적인 손세척으로는 힘든 일인데 왜냐하면 피부의 표면을 손상시켜 미생물이 피부를 뚫고 들어갈 수 있는 위험을 증가시키기 때문이다. 항상 다음과 같을 때 손을 씻는다.[15]

- 식품을 다루기 전과 후
- 화장실을 다녀온 후, 기저귀를 갈은 후 또는 아픈 사람을 돌본 후
- 코를 풀거나, 기침을 하거나, 재채기를 한 후
- 동물을 만진 후

장신구에 박테리아가 서식할 수 있으므로 시작 전 반지나 팔찌를 모두 뺀다. 또한 소매는 항상 접는다. 손톱 아랫부분과 손 사이를 세척하도록 명심한다. 손을 완전히 헹구고 같이 맞대어 비비고 깨끗한 수건이나 페이퍼 타월로 건조한다.

청결한 도구와 청결한 작업 영역은 교차오염을 줄이기 위해 필수적이다. 식품 접촉 전과 후 식기, 보관용기, 도마를 식기세척기 또는 뜨거운 비눗물로 세척한다(장갑착용!!). 도마, 접시, 조리대, 또는 다른 표면에서 생육류, 가금류, 해산물을 다루었다면 물 1리터에 염소표백제 3/4 티스푼을 넣은 용액으로 위생처리한다.[15] 표면에 표백제 용액을 붓고 몇 분간 둔 다음에 깨끗한 물로 헹궈낸다. 그 후 페이퍼 타월로 물기를 닦아내거나 공기 중에서 건조시킨다. 수도꼭지, 캐비닛 손잡이, 그리고 만졌던 다른 장소들도 세척하는 것이 중요하다.

교차오염(cross-contamination) 한 식품에서 다른 식품으로 물리적 접촉을 통해 미생물의 의도치 않는 전이를 통한 오염.

주방 표면을 청결하게 하기 위해 페이퍼 타월을 사용하는 것을 고려해보자. 사용한 페이퍼 타월은 바로 버린다. 천으로 만들어진 타월이라면 세탁기를 사용해서 앞치마와 냅킨과 함께 자주 뜨거운 물로 빨아준다. 매번 식기세척기를 돌릴 때마다 안에 있는 스펀지를 빨거나 주기적으로 끓는 물에 3분간 넣어둔다. 스펀지는 자주 교체해준다.[15]

▲ 식품 매개 질환을 예방할 수 있는 가장 효과적인 전략은 단순히 손을 깨끗이 씻는 것이다.

교차오염을 예방하기 위해 식품을 분리한다

미생물 무리는 생육류, 가금류, 해산물에서 살 수 있으며 직접적으로 닿거나 (손을 포함한) 표면에 남긴 즙에 의해 다른 식품을 쉽게 오염시킬 수 있다. 샐러드 재료와 생식품이나 생식품 즙과 같이 이미 조리한 식품이나 조리하지 않을 식품 간의 접촉은 피한다. 이미 전에 생육류, 가금류, 해산물을 담았던 식기나 다른 표면에 조리한 식품 또는 즉석 식품을 올리는 것을 피한다. 식사를 양념장과 함께 준비할 때 신선한 양념장을 청결한 용기에 담아 보관한 후 생재료에 필요한 만큼 추가한다. 이러한 방식으로 오염되지 않은 양념장은 후에 조리에 필요할 때 사용할 수 있도록 한다. 생식품은 언제나 냉장고에서 양념장에 재워두어야 한다.

식품을 냉장고나 냉동고에 보관한다

식품을 박테리아로부터 위생적으로 보관하는 세 번째 원칙은 즉시 냉장이나 냉동을 하는 것이다. 식품 매개 질환을 일으키는 미생물은 섭씨 4°C(화씨 40°F) 이상에서 번식할 수 있다는 위험 구간을 기억하자. 식품에서 미생물의 증식을 막으려면 식품을 차갑게 보관한다. 냉장(섭씨 4°C, 화씨 40°F 이하)과 냉동(섭씨 −18°C, 화씨 0°F 미만)[16]은 모든 미생물을 죽이지는 못하지만 차가운 온도는 질환을 유발할 만큼 충분히 많은 양으로 번식할 수 있는 능력을 낮춘다. 또한 식품 부패를 유발하는 자연적으로 존재하는 많은 효소들은 저온에서 활동능력이 정지된다.

상하기 쉬운 식품의 구매

식품을 구매할 때 냉장식품과 냉동식품을 맨 마지막에 구매한다. 사실 대다수의 식료품점은 이러한 식품을 맨 마지막 통로에 배치하여 나중에 구매하도록 설계했다. 육류, 가금류, 또는 생선류 포장 제품은 카트에 싣기 전에 비닐백에 넣는다. 이렇게 하면 카트에서 이러한 식품에서 액체가 흘러나와 다른 식품들과 접촉하는 것을 막을 수 있다. 또한 천으로 된 장바구니를 사용할 경우 자주 뜨거운 물에 빨아준다.[15]

상하기 쉬운 식품을 선택할 때 상표에 있는 "유통"이나 "최적 사용" 기한을 확인한다. "유통" 기한은 상품을 팔 수 있는 마지막 날과 정상적인 가정 내 보관과 섭취 동안 제품의 질을 계속 유지할 수 있음을 의미한다. "최적 사용" 기한은 섭취 전까지 제품의 최적의 질을 얼마 동안 유지할 수 있는지 알려준다.[17] 만약 찍힌 날짜가 지났다면 제품을 구매하지 말고 상점 매니저에게 알려준다. 이러한 식품을 빨리 진열대에서 치워야 한다.

포장이 망가진 식품은 구매하지 않는다. 움푹 들어가거나 새거나 불룩 튀어나온 캔, 금이 간 병, 뚜껑이 느슨하거나 불룩 튀어나온 병은 치사율이 높은 보툴리늄 독소가 생식할 수 있기 때문에 특별히 위험하다. 포장이 망가진 것을 발견하면 상점 매니저에게 보고하라. 모르고 그러한 용기에 담긴 식품을 샀거나 제품을 열었을 때 용기에서 액체가 뿜어져 나왔다면 당장 버린다.[18]

▲ "유통" 기한은 상점이 얼마나 오랜 기간 동안 식품을 판매할 수 있도록 진열할 수 있는지 알려준다.

상점에서의 비위생적인 업무나 상태를 주의한다. 예를 들면 생 해산물을 진열한 얼음 위에 조리된 새우를 진열하는 것이나 생고기를 다듬은 칼로 냉육을 자르는 것은 위생적이지 않다. 이러한 비위생적인 업무나 상태는 지역 보건 위생당국에 보고하라.

상하기 쉬운 식품을 산 뒤, 1시간 이내에 집에 와 냉장고나 냉동실에 넣는다. 집까지 1시간

▶ **그림 12.9** 재고가 풍부한 냉장고를 유지하는 것이 중요하지만 식품을 얼마나 보관할지를 아는 것도 중요하다.

Data from U.S. Department of Agriculture, Food Safety and Inspection Service. November 2005. Fact Sheets. Safe Food Handling. Refrigeration and Food Safety. www.fsis.usda.gov/Fact_Sheets/Refrigeration_&_Food_Safety/index.asp.

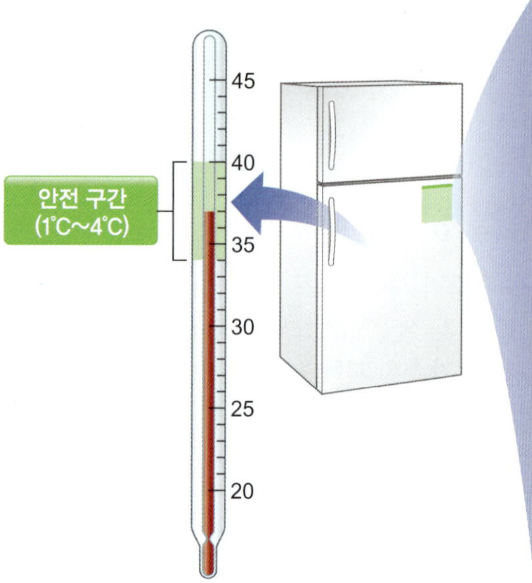

식품	보관 기간
조리하지 않은 햄버거	1~2일
조리하지 않은 구이, 스테이크, 살코기	3~5일
조리하지 않은 가금류	1~2일
조리하지 않은 생선	1~2일
조리한 고기	3~5일
조리한 가금류	3~4일
진열대에 있는 신선한 달걀	3~5일
완숙한 달걀	1주일
달걀, 닭고기, 참치, 햄 및 파스타 샐러드	3~5일
수프 또는 스튜	3~4일
개봉 후 마요네즈	2달
개봉하지 않은 핫도그와 런천 미트	2주
개봉한 핫도그	1주
개봉한 런천 미트	3~5일

이상 걸릴 경우 아이스박스에 넣어서 운송한다.

가정에서의 식품 냉장

장을 본 후 집에 오자마자 육류, 달걀, 치즈, 우유, 그 외 상하기 쉬운 음식은 냉장고에 넣는다. 육류, 가금류, 해산물은 냉장고 문에서 멀리 뒤편에 보관하여 식품이 차가운 상태에 있게 하고 아래쪽 선반에 두어서 다른 식품에 즙이 떨어지지 않도록 한다. 생 돼지고기, 생선, 간소고기를 구매한 지 2일 이내에 사용하지 않을 경우 냉동고에 보관한다. 다른 식품은 조금 더 길게 보관해도 된다. 냉장고에서 식품을 보관하는 요령은 **그림 12.9**에 제시하였다.

냉장고나 냉동고에 과잉의 음식을 보관하는 것을 피한다. 음식을 신속하고 지속적으로 차게 하기 위해 식품 주위를 순환하는 공기가 필요하다. 식사 후 남은 음식은 뜨겁다 할지라도 미생물 성장을 막기 위해 신속하게 냉장한다. 배식 후 2시간 이내에 남은 음식을 냉장하는 것이 표준 규칙이다. 피크닉에서와 같이 온도가 32℃(화씨 90℉)보다 높다면 식품은 1시간 이내에 냉장해야만 한다.[16] 많은 양의 식품일수록 차갑게 하는데 더 긴 시간이 걸리고 더 많은 미생물이 생존할 수 있으므로 많은 양의 남은 음식을 얕은 용기에 나눠서 담아서 빨리 차갑게 함으

표 12.3 가금류를 해동하는 가이드

필요한 방법	가금류의 크기	대략적인 소요 시간
냉장고	작은 닭고기 조각 0.5~1.5kg	1일
	큰 닭고기, 오리고기 덩어리, 작은 칠면조 고기 1.5~3kg	2일
	커다란 칠면조 고기 3~5kg	3일
	통칠면조 5~7kg	3~4일
	통칠면조 7~9kg	4~5일
전자레인지 (설명법 참조)	작은 닭고기 조각 0.5~1.5kg	8~15분*(기다리는 시간 10분)
	큰 닭고기, 오리고기 덩어리, 작은 칠면조 고기 1.5~3kg	15~30분*(기다리는 시간 20분)

*대략적인 소요시간이니 전자레인지의 사용법을 읽어볼 것.

Note: Turkeys purchased stuffed and frozen with the USDA or state mark of inspection on the packaging are safe because they have been processed under controlled conditions. These turkeys should not be thawed before cooking. Follow package directions for safe handling.

Data from R. W. Lacey. 1994. Hard to Swallow: A Brief History of Food. Cambridge: Cambridge University Press, pp. 85–187; U.S. Department of Agriculture, Food Safety and Inspection Service. 2000. Turkey Basics: Safe Thawing. **www.fsis.usda.gov/Fact_Sheets/Poultry_Preparation_Fact_Sheets/index.asp.**

로써 해결한다.[16] 마지막으로 남은 음식을 며칠 이상 보관하는 것은 피한다. 특정 종류에 따른 남은 음식의 저장 시간은 그림 12.9에 나와 있다. 음식을 시간 내에 다 먹지 않을 계획이라면 냉동한다.

식품의 냉동과 해동

냉동고의 온도는 섭씨 −18°C(화씨 0°F)로 설정한다. 온도계를 사용하여 주기적으로 온도를 점검한다. 전기가 나갈 경우 전력이 다시 들어올 때까지 냉동고의 문을 열지 않는다. 전력이 다시 들어왔을 때 가장 윗 선반의 온도를 체크한다. 만약 온도가 섭씨 4°C(화씨 40°F) 이하라면 식품은 아직 섭취해도 될 만큼 안전하므로 다시 냉동한다. 아직 부분적으로 얼어 있거나 얼음 결정이 있는 식품도 안전하다. 섭씨 4°C(화씨 40°F) 초과 온도에서 2시간 이상 있었던 식품은 버린다.[18]

냉장할 때처럼 작게 포장할수록 더 빨리 냉동할 수 있다. 따라서 냄비 전체나 집에서 만든 스파게티 소스 전체를 냉동하려고 하기보다는 냉동하기에 안전한 여러 용기에 작게 나눠 담은 뒤 냉동한다.

충분한 해동은 식품 매개 질환을 예방하기에 충분한 적절한 조리를 보장한다. 가금류는 육즙을 받을 수 있는 커다란 볼에 넣어 냉장고의 맨 마지막 단에서 해동한다. 무게에 따른 가금류의 추천 해동 시간은 표 12.3에 나와 있다. 냉동 육류, 가금류, 또는 해산물을 부엌 조리대나 따뜻한 물이 담긴 용기에서 해동하지 않는다. 식품의 안쪽은 여전히 언 상태이지만 실온에 노출되면 식품의 표면에서는 박테리아가 성장하게 된다. 식품을 바로 조리해야 한다면 전자레인지를 사용하여 해동하는 것이 유용하지만 전자레인지의 사용법을 주의하여 따르는 것이 필요하다.

냉장보관한 식품에서의 곰팡이 처리

치즈를 냉장고에서 꺼내서 치즈에 흐린 파란색 물질이 성장하고 있는 것을 발견한 적이 있는가? 이것이 진균류의 일종인 곰팡이다. 어떤 곰팡이는 차가운 온도를 좋아한다. 예를 들면 사용하고 남은 애플소스나 스파게티 소스와 같은 산성 식품은 냉장 보관할 때 곰팡이의 성장을 도와주게 된다. 그러면 곰팡이는 어떻게 닫혀진 냉장 보관한 유리병에 들어갈 수 있나? 곰팡이 포자는 대기 중에 흔하고 가정에서 열린 용기에 있는 식품에 우연히 들어갈 수 있다. 만일 식품의 온도와 산도가 맞으면 곰팡이는 성장한다.

경성치즈와 같이 단단한 식품의 작은 부분의 표면에 곰팡이가 폈다면 곰팡이가 난 주위로부터 1인치 정도를 잘라 버리고 오염되지 않은 부분을 먹는 것은 일반적으로 안전하다. 하지만 만일 연성치즈, 사워크림, 요거트, 토마토소스, 애플소스, 또는 다른 부드럽거나 액체상의 제품에 곰팡이가 폈다면 제품을 버린다.

식품을 완전히 조리한다

식품을 완전히 조리하는 것이 앞에서 이야기한 기생충과 다른 미생물들을 죽이는 확실한 방법이다. 육류, 가금류, 해산물, 달걀이 완전히 조리되기 위한 적절한 내부 온도는 그림 12.10에 나와 있다.

육류, 가금류, 생선류, 달걀의 조리 팁

조리된 육류의 색깔에 속을 수 있다. 구운 육류와 가금류의 외부는 흔히 매우 빨리 갈색으로 변하지만 내부는 완전히 익지 않았을 수 있다. 육류가 완전히 조리되었는지 확인하는 유일한 방법은 식품 온도계로 확인하는 것이다. 식품이 고르게 조리되었으나 식품의 여러 위치를 확인해 보고 온도계는 매번 사용 후 세척하는 것을 잊지 않는다. 굽기나 바비큐에 대한 더 많은 팁은

Food Safety and Inspection Service, USDA

▲ 그림 12.10 미국 농무부의 "Thermy" iv)는 가정에서 식품을 안전하게 조리하기 위한 온도 규정을 제공한다.

Data from www.fsis.usda.gov/oa/thermy/poster.pdf.

iv) 열, 발열의 의미—번역자주

게임 플랜

다음 번 바비큐를 위한 식품안전 팁

학기말이 되면 당신은 친구들과 축하하기 위해 호수가에서 바비큐를 할 계획을 짤 것이다! 여기 실외모임에서 식품 매개 질환을 예방하기 위해 미국식품의약국 식품안전 및 응용영양센터가 제공하는 몇 가지 팁이 있다.

□ **손, 부엌용품, 식품 준비 장소를 세척한다.** 야외 장소에서도 식품위생은 손을 씻는 것에서 출발한다. 물주전자, 비누, 페이퍼타월이나 물티슈 등을 가지고 한다. 식품을 준비할 때에는 모든 부엌용품과 접시를 깨끗하게 유지한다.

□ **이동 중 식품을 차갑게 보관한다.** 얼음이나 얼음팩을 넣은 냉장 박스를 이용하여 식품을 이용하여 식품을 4°C (40°F) 이하로 보관한다. 작은 냉장박스를 이용하면 차가운 온도를 유지하기가 더 쉽다. 음식을 세 개의 짐으로 꾸리는 것을 고려하라: 냉장박스 하나는 음료와 세척한 과일을, 하나는 채소와 감자샐러드를 넣은 용기를, 마지막 하나는 포장해서 얼린 고기, 가금류, 해산물을 넣는다. 냉장박스는 뜨거운 트렁크가 아니라 에어컨을 켠 승객석에 놓는다.

▲ 바비큐를 할 때 식품을 적정 온도로 가열하는 것이 중요하다.

□ **식품을 완전히 굽는다.** 식품온도계를 사용하여 배식 전에 식품 내부가 적정온도에 도달했는지 확인한다. (그림 12.10을 보자.)

□ **교차 감염을 피한다.** 식품을 석쇠에서 테이블로 가져갈 때 생고기나 생 해산물을 집었던 식기나 접시를 절대 사용하지 않는다!

□ **뜨거운 음식은 뜨겁게 유지한다.** 구운 식품은 석탄으로부터 멀리 석쇠의 가장자리로 옮겨 배식할 때까지 57°C (135°F)이상 뜨겁게 유지하도록 한다. 구운 식품을 바로 섭취하지 않을 경우 잘 포장하여 단열용기에 넣어 보관한다.

□ **찬 음식은 차게 유지한다.** 닭고기 샐러드와 같은 차가운 식품은 바비큐를 할 동안 얼음을 담은 용기에 두어야 한다. 얼음이 녹아 생긴 물은 빼주고 얼음을 자주 교체해준다. 상하기 쉬운 음식을 2시간 이상 밖에 두지 말라. 온도가 32°C (90°F) 이상일 경우 식품을 1시간 이상 밖에 두지 말라.

Data from U.S. Food and Drug Administration, Center for Food Safety and Applied Nutrition, 2007. Food Facts, Eating Outdoors, Handling Food Safely.

위의 **게임 플랜** 박스에 나와 있다.

전자레인지로 조리하는 것은 간편하지만 식품을 완전하고 고르게 조리해서 박테리아가 살 수 있는 차가운 부분이 없는지 확인해야 한다. 최상의 결과를 위해서 식품을 덮고 자주 저어 주고 고르게 조리하기 위해 돌려준다.[18] 일반 오븐에 비해 전자레인지로 조리하면 온도가 상황에 따라 더 많이 달라지므로 육류나 가금류를 전자레인지로 조리한다면 여러 곳을 내부 온도계를 사용하여 확인한다.

초밥과 회를 포함한 날생선과 완전히 익지 않은(양념을 했

집에서 식품 위생에 대한 수십 개의 팟캐스트를 들으려면 다음의 웹사이트를 방문하라. www.fsis.usda.gov/News_&_Events/Food_Safety_at_Home_Podcasts/index.asp?src_location=content&src_page=FSEd.

거나 부분적으로 조리한 것처럼) 생선 요리는 입맛이 당기기는 하지만 식품의 위생은 보장할 수 없다. 생선은 언제나 완전히 조리한다. 완전히 조리하면 생선류는 불투명하고 포크로 쉽게 부서진다. 만약 초밥집이 판매하는 식품의 위생을 어떻게 보장할 수 있는지 궁금해한다면 불가능하다고 짧게 대답할 수 있다. 초밥에 사용하는 모든 생선류는 −35°C(−31°F) 이하에서 15시간 동안 급속냉동 하거나 −20°C(−4°F) 이하에서 7일간 일반 냉동해야만 한다.[19] 이러한 방법이 생선 안에 있는 기생충을 효과적으로 죽이기는 하지만 박테리아나 바이러스는 죽이지 못한다. 따라서 생 해산물을 섭취하는 것은 여전히 위험하며 미국식품의약국은 임신한 여성이나 식품 매개 질환에 걸릴 위험이 높은 사람들은 생 해산물을 피하라고 권고한다.[20]

아마도 어릴 때 숟가락 위의 케이크 반죽을 먹어본 추억이 있을 것이다. 하지만 그러한 습관은 안전하지 못하다. 왜냐하면 대부분의 케이크 반죽에는 살모넬라의 주요 원인 중 하나인 날달걀이 들어 있기 때문이다. 예를 들면 2010년 5월에서 9월 동안 1,600건이 넘는 살모넬라 감염 사례는 달걀 오염과 관련이 있었다.[21] 미국 농무부는 달걀이 단단해질 때까지 조리하는 것을 권장한다. 달걀으로 찜이나 커스타드를 만든다면 내부 온도가 적어도 71°C(160°F)까지 도달했음을 확인해야만 한다.

▲ 그림 12.11 식중독은 미생물 자체를 파괴한 한참 뒤에도 발생할 수 있다.

식품에 있는 독소로부터 자신을 지켜라

가열로 미생물을 죽이는 것은 식품을 안전하게 유지하는 중요한 단계이지만 독소로부터 우리를 보호하지는 못한다. 왜냐하면 많은 독소는 가열에 의해 영향을 받지 못하고 독소를 생산하는 미생물을 파괴했을 때조차 심각한 질환을 일으킬 수 있기 때문이다. 예를 들면 단체 소풍을 위해 찜을 가지고 준비했다고 하자. 동료들에게 음식을 대접하기 전에 손을 씻는 것을 잊어서 촉촉한 피부 사이에서 자주 발견되는 박테리아인 황색 포도상구균으로 음식을 감염시켰다.[10] 당신과 동료들은 자리를 떠나 축구를 했고 음식은 햇빛에 노출되었으며 몇 시간 뒤 당신은 나머지 음식을 집으로 가지고 갔다. 저녁 식사 때 남은 음식을 완전히 재가열했으므로 음식에 남아 증식된 모든 박테리아를 죽였을 것이라 생각했다. 그날 밤 당신은 구역질, 심한 구토, 복통을 겪었다. 어떤 일이 일어났을까? 당신이 음식을 놓고 떠난 동안 당신의 손에 있던 박테리아는 찜에서 증식되어 독소를 생산했다(그림 12.11). 음식을 재가열했을 때 미생물은 죽였지만 미생물의 독소는 가열에 아무런 영향이 없었다. 당신이 음식을 섭취했을 때 독소 때문에 아팠던 것이다. 다행히도 황색 포도상구균의 경우 일반적으로 건강한 사람이라면 약 24시간 안에 저절로 증상이 사라진다.

외식할 때는 까다롭게 고르시오

외식할 장소를 고를 때 청결해 보이지 않는 음식점은 피하라. 더러운 테이블 윗면과 지저분한 화장실은 위생에 대한 무관심을 의미한다. 반면에 공공으로 사용하는 장소가 깨끗하다고 해서 주방이 깨끗하다는 것을 보장하

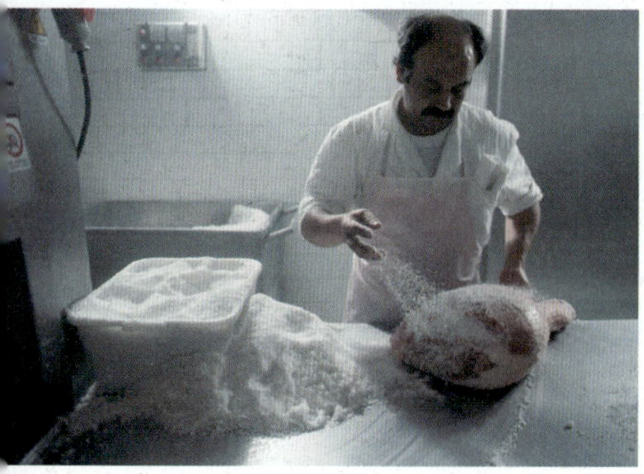

▲ 조리자가 파마 햄에 소금처리를 하고 있다.

지는 않는다. 그렇기 때문에 보건 점검이 중요하다. 공중 보건 점검자는 식사를 제공하는 곳이나 포장 판매를 하는 곳이나 식품을 제공하는 모든 사업장의 식품 처리를 하는 장소를 무작위로 방문하여 점검한다. 일반적으로 지역 보건국에 문의하거나 식당에 붙어 있는 점검 결과를 확인함으로써 점검 결과를 확인할 수 있다.

외식 시 스스로를 보호할 수 있는 또 다른 방법은 완전히 조리된 음식을 주문하는 것이다. 햄버거를 주문했는데 중간 부분이 핑크색이거나 스크램블 에그를 주문했는데 달걀이 흐르는 상태라면 식품을 돌려보내서 완전히 조리해서 가져오도록 한다.

여행을 갈 계획이라면 주치의에게 여행 계획을 말하고 아플 경우를 대비해서 예방주사를 맞거나 약품을 가져가야 하는지 문의한다. 물기 없는 항박테리아 손 세정제를 가지고 가서 자주 사용하도록 한다. 식사를 할 때는 음식과 음료를 주의해서 선택한다. 모든 생식품은 감염되었을 가능성을 가지고 있다.

수돗물은 염소로 처리되었다 해도 염소가 질병을 일으키는 모든 미생물을 죽이지 못하므로 안전한 선택이 아니다. 위생이나 청결상태가 의심스러운 지역에서는 캔이나 병에 들어 있거나 차와 같이 끓인 음료만을 섭취한다. 감염된 물을 얼려도 모든 미생물은 죽지 않으니 음료는 얼음을 빼달라고 주문한다.

여행을 할 때 식품과 물의 위생을 확신하기 위한 추가 정보는 미국 질병통제센터 웹사이트에 있다: wwwnc.cdc.gov/travel/content/safe-food-water.aspx.

요점 가정에서 식품 매개 질환은 다음의 4가지 방법으로 예방할 수 있다. 청결: 손과 주방의 표면을 자주 닦는다. 분리: 교차감염을 막기 위해 식품을 분리한다. 냉각: 식품을 냉장고나 냉동고에 보관한다. 조리: 식품을 올바르게 조리하기 위해 적당한 온도에서 충분한 시간 동안 가열한다. 외식할 때는 깨끗하게 보이지 않는 식당은 피하고 모든 음식은 완전히 조리해달라고 요청한다. 여행할 때 병에 든 물이나 끓인 물로 완전히 세척한 경우를 빼고는 모든 생식품은 피하고 음료는 얼음이 없고 끓였거나 병이나 캔에 든 음료를 선택한다.

어떻게 식품 오염을 예방할 수 있는가?

가공식품(processed foods) 기계적 또는 화학적인 처리과정을 거쳐 제조된 식품.

추수한 식품 중 사람들이 즉시 섭취하지 않을 식품은 어떤 방법으로도 저장해야만 하는데 저장한지 오래되지 않아 식품은 효소적으로 분해되고 다양한 미생물의 서식지가 된다. 기계적으로 또는 화학적으로 처리된 **가공식품(processed food)**조차도 부패될 가능성이 있다.

뉴트리-케이스 테오

나는 어제 교내 식당에서 점심을 먹은 뒤 정말 아팠다. 터키 샌드위치와 감자 샐러드, 콜라를 먹었는데, 몇 시간 뒤 야구 연습 중간에 떨리고 땀이 나기 시작했다. 나는 정말 구역질을 느끼고 토하기 전에 간신히 화장실에 왔다. 그러고 나서 기숙사로 돌아와서 침대에 기어들어 갔다. 오늘 아침 나는 위가 여전히 아팠고 몸에 힘이 없었다. 어제 교내 식당에서 식사를 한 친구들 몇 명에게 혹시 아팠냐고 물어봤는데 아무도 아픈 사람은 없었지만 나는 여전히 식품 때문이라고 생각한다. 나는 앞으로 학교 밖에 나가서 점심을 먹을 것이다!

테오의 질환이 식품에 의한 것이라고 생각하는가? 만약 그렇다면 어떤 식품을 가장 의심하는가? 테오가 앞으로 학교 밖에서 점심식사를 할 것이라는 계획에 대해 어떻게 생각하는가?

식품 저장에서 자연적인 방법은 효과적이다

식품을 저장하는 가장 오래된 방법은 염장, 당장, 건조, 훈제 등이 있는데 이 모든 방법은 식물이나 동물의 세포에서 수분을 제거하는 것이다. 식품에서 수분을 제거함으로써 미생물이 서식하는 것을 막고 식품을 분해하는 효소의 작용을 상당히 늦춰준다.

- 소금은 육류나 생선을 처리하는 데 많이 사용한다. 좋은 예는 해수염으로 처리한 이탈리아의 파마 햄(Parma ham)이 있다.
- 설탕은 과일 같은 식품을 저장하는 데 사용한다. 가정에서 전기 냉장고나 냉동고를 보유하기 전에 여름에 추수한 과일을 젤리나 잼 형태로 저장하여 겨울에 섭취하기 위해 설탕으로 저장하는 방법을 사용했다.
- 건조는 과일, 허브, 향신료에 사용되며 근대 기술인 냉동건조는 커피, 차, 우유가루를 저장하는 데 사용한다.
- 수세기 동안 육류, 가금류, 생선류를 장작불이나 굴뚝 가까이 매달아 놓고 불의 연기가 식품을 통과해서 건조시켰다. 불행하게도 훈제는 식품 섭취의 안전성을 보장해주지는 않는다. 예를 들면 훈제 생선류의 오염은 매우 흔하다.

▲ 현대식 냉장고가 나오기 전에는 "아이스 맨"이 집이나 영업장에 얼음을 배달했다.

다른 식품을 저장하는 자연적인 방법은 냉각(cooling)으로 박테리아의 증식을 느리게 한다. 냉장고가 개발되기 오래 전, 식품을 지하 저장고, 동굴, 흐르는 물, 북향이어서 늘 어둡고 추우며 심지어는 얼음을 쌓아둔 "차가운 식품저장고"에 저장했다. 냉장고가 나오기 전에 사용한 "아이스 박스"는 1800년대 초에 개발되었고 도시나 지역에 집으로 얼음을 배달하는 "아이스맨"이 돌아다녔다.

기술적인 진보가 식품 위생을 향상시켰다

여러 기술로 인해 식품 제조자가 추수 후 섭취까지 수일, 수주, 수개월 동안 제품을 보관할 수 있게 되었다.

- 통조림. 프랑스 발명가 니콜라스 아빼르가 1700년대 후반에 통조림 제조공정을 개발하였다. 식품의 세척과 데치기, 캔 속에 넣기, 공기 제거, 캔 막기, 초고온에서 캔 가열하기 등을 포함한다. 통조림 식품의 평균 보존기간은 구매로부터 최소 2년이다.
- 저온살균. **저온살균(pasteurization)**이라고 부르는 기술은 음료나 다른 식품을 미생물을 죽일 만큼이지만 음식의 맛이나 질에는 영향이 없을 만큼 짧은 시간 동안만 열에 노출하는 것이다. 예를 들면 급속 저온살균에서 우유나 다른 액체는 72°C(162°F)에서 15초간 가열한다.
- **방사능처리(irradiation)**는 방사성 금속으로부터 나온 감마선에 식품을 쪼이는 과정이다. 광선에서 나오는 에너지는 식품이나 식품 포장을 통과하여 미생물을 죽이거나 기능을 저하시킨다. 이러한 과정은 식품이 방사능을 지니게 하지 않는다! 티아민, 비타민 A, E, K를 포함한 몇 가지 영양소는 잃게 되지만 일반적인 가공공정과 처리과정에서도 이러한 손실이 일어나기도 한다. 방사선처리를 한 식품이

영양학의 이정표

1859년 프랑스의 화학자이자 미생물학자인 루이스 파스퇴르는 길고 얇은 곡선모양의 입구를 가져 공기는 통과하나 먼지는 육수에 닿을 수 없는 플라스크에 고기 육수를 끓였다. 플라스크는 미생물에 의해 오염이 되지 않았다. 하지만 플라스트의 입구를 바꿔 먼지가 들어가게 되자 육수는 바로 오염이 되었다. 이 실험은 2,000년 동안 무생물에서 생물이 자발적으로 생긴다는 믿음이 틀렸다고 증명해주었다. 3년 뒤인 1862년, 파스퇴르는 미생물의 성장이 맥주, 와인, 우유처럼 오염된 음료 때문이라는 것을 밝혔다. 파스퇴르는 가열이 존재하는 어떤 미생물을 죽일 것이라는 가설을 가지고 우유를 매우 높은 온도까지 가열하였다. 실험은 성공적이었고 이 기술을 그의 이름을 따서 파스퇴르 살균이라고 부른다.

▲ 식품의 통조림 공정은 식품 내 모든 미생물이 반드시 사멸하도록 여러 가지 단계를 포함한다.

저온살균(pasteurization) 살균법의 종류.

방사능처리(irradiation) 감마선 또는 고에너지 전자빔에 식품을 노출하여 미생물을 죽이는 멸균 공정. 조사공정이 식품에 방사선을 전달하지는 않음.

▲ 그림 12.12 미국식품의약국은 방사선조사를 한 식품에 대한 국제적인 로고인 "Radura"를 미국 내에서 판매하는 모든 방사선 조사 식품에 표시하는 것을 의무로 한다.

안전해 보이지만 미국식품의약국은 모든 방사선 처리를 한 식품은 "라두라(radura)"[v] 기호로 식품표시를 해야만 하고 식품을 다시 방사선 처리하지 않도록 주의하도록 한다(그림 12.12).

- **무균화 포장.** 무균화 포장은 아마도 "주스팩"으로 가장 잘 알려져 있다. 식품과 음료를 우선 가열처리하고 냉각시킨 후 멸균 용기에 담는다. 이러한 과정은 전통적인 통조림에 비해 적은 에너지를 사용하며 팩은 다른 용기에 비해 적은 재료를 사용한다. 냉장이나 보존료가 필요하지 않아 무균화 보장은 상당한 에너지 사용을 줄인다.[22]
- **신선 포장.** 이 공정에서 포장 식품에 있는 산소를 질소나 이산화탄소와 같이 주입된 가스로 교환한다. 이러한 과정은 식품을 오염시키는 연속적인 화학반응을 막고 산소가 필요한 박테리아의 성장을 늦춘다. 이 공정은 육류, 생선류, 채소류, 과일류 등의 다양한 식품에 사용할 수 있다.
- **고압처리.** 보존한 식품을 초고온 처리를 하는 것이다. 이러한 방법은 식품의 질과 신선함은 유지하면서 대부분의 박테리아의 활동력을 없앤다.

몇몇 캔, 플라스틱, 그리고 다른 종류의 포장은 비스페놀 A(bisphenol A, BPA)라고 부르는 화학물질을 포함한다. 2010년 미국식품의약국은 비스페놀 A에 대한 연구를 수행했으며 비스페놀 A를 줄이려고 노력하는 업계를 도와준다고 한다. 동시에 재활용 코드 3이나 7을 가진 용기에 식품이나 음료를 담아 전자레인지에 올리거나 운반하고 저장하는 것을 피해야만 한다.[23]

요점 염장, 당장, 건조, 훈제, 냉각은 식품을 저장하기 위해 수 세기 간 사용한 방법이다. 통조림, 저온살균, 방사능처리, 그리고 몇 가지 포장 기술은 상점에서나 소비자가 보관할 때뿐 아니라 운반 중에도 다양한 식품을 보존하는 데 이용된다.

식품첨가물이란 무엇이며 안전한가?

식빵 한 덩어리를 골라서 첨가물을 읽어본 적이 있는가? 밀가루, 이스트, 물, 설탕이 보일 것은 예상했지만 그 외 다른 물질들은 무엇인가? 이러한 물질은 모두 합쳐 식품첨가물이라고 부르며 대부분의 모든 가공식품에 존재한다. **식품첨가물(food additive)**은 그 자체로는 식품이 아니지만 자연 또는 인공 합성물로 식품에 첨가되어 식품을 어떤 방향으로 강화시키는 기능을 한다. 3,000종류 이상의 서로 다른 식품첨가물이 현재 미국에서 사용되고 있다. 표 12.4는 흔히 사용되는 몇 가지 제품을 제시하고 있다.

▲ 무균포장은 식품을 냉장보관하지 않고도 몇 달간 부패없이 보관할 수 있게 해준다.

식품첨가물은 영양소와 보존료를 포함한다

비타민과 무기질은 식품에 영양소와 보존료로 첨가된다. 비타민 E는 주로 지방으로 된 제품이 산패되는 것을 막기 위해 첨가되며 비타민 C는 많은 식품들에서 항산화제로 사용한다. 요오드는 식염에 첨가되고 갑상선이 증대되는 갑상선 종이 발생하는 것을 줄여준다. 비타민 D는 우유에 첨가되고 칼슘은 분유, 쌀우유, 아몬드 우유, 몇 종류의 주스에 첨가되어 골다공증 예방을 돕는다. 엽산은 시리얼, 빵, 그리도 다른 식품에 첨가되어 선천성 기형을 예방하도록 돕는다.

다음의 두 가지 보존료는 건강에 대한 염려를 증가시킨다.

- **황산염.** 인구집단 중 일부는 맥주, 와인, 그 외 가공식품에 보존료로 사용되는 아황산염에

식품첨가물(food additive) 모양, 안전성, 감칠맛, 질을 향상시키기 위해 식품에 의도적으로 첨가하는 물질들.

[v] 방사선 처리 식품에 대한 국제 표시—번역자주

표 12.4 주요 식품첨가물의 예

식품첨가물	사용되는 식품
착색료	
비트 추출물	음료, 사탕, 아이스크림
베타-카로틴	음료, 소스, 수프, 베이커리 제품, 마카로니와 치즈 믹스
캐러멜	음료, 소스, 수프, 베이커리 제품
타르색소	음료, 케이크와 쿠키, 아이스크림
보존료	
알파-토코페롤(비타민 E)	식물성유지
아스코르브산(비타민 C)	시리얼, 절인고기, 과일음료
BHA	시리얼, 추잉껌, 유지, 포테이토칩
BHT	시리얼, 추잉껌, 유지, 포테이토칩
칼슘 프로프리오네이트/소디움 프로프리오네이트	빵, 케이크, 파이, 롤
EDTA	음료, 조개류 통조림, 마가린, 마요네즈, 가공 과일과 채소, 샌드위치 스프레드
프로필갈레이트	마요네즈, 추잉껌, 치킨수프베이스, 식물성유지, 육류제품, 감자제품, 과일, 아이스크림
소디움벤조에이트	탄산음료, 과일주스, 피클, 보존제품
소디움클로라이드(소금)	대부분의 가공식품
질산나트륨/아질산나트륨	베이컨, 콘비프[vi], 샌드위치 햄, 훈제어류
소르빈산/소르빈산칼륨	케이크, 치즈, 건과류, 젤리, 시럽, 와인
아황산염	건과류, 가공 감자, 와인
품질개량제, 유화제, 안정제	
염화칼슘	과일과 채소 통조림
카라기난/펙틴	아이스크림, 초콜릿 우유, 두유, 프로스팅[vii], 잼, 젤리, 치즈, 샐러드 드레싱, 사워크림, 푸딩, 시럽
셀룰로오스검/구아검/검아라빅/로커스트검/잔틴검	수프 및 소스, 그레이비, 사워크림, 리코타치즈, 아이스크림, 시럽
젤라틴	디저트, 고기 통조림
레시틴	마요네즈, 아이스크림
습윤제	
글리세린	추잉껌, 마시멜로, 간 코코넛
프로필렌글리콜	추잉껌, 젤리

[vi] 소금으로 절인 소고기 통조림—번역자주
[vii] 베이커리 제품 등에 사용되는 설탕 혼합물—번역자주

민감하다. 이러한 사람들은 문제가 되는 보존료를 포함한 식품을 먹은 뒤 천식, 두통, 또는 다른 증상을 경험할 수 있다.

- **아질산염.** 가공 육류를 보존하기 위해 흔히 사용하는 아질산염은 조리 과정 중에 니트로사민으로 전환될 수 있다. 니트로사민은 동물에서 발암물질이라고 밝혀졌기 때문에 미국식품의약국은 니트로사민으로의 전환을 줄이기 위해 아질산염을 포함한 모든 식품에는 추가로 항산화제를 넣는 것을 의무화했다.

식품첨가물은 착향료, 착색료 및 그 외 물질들을 포함한다

착향료는 식품 가공 동안 잃게 되는 천연향을 대신해서 사용한다. 반대로 **향미증진제**(flavor enhancers)는 그 자체로는 향이 거의 없거나 아예 없지만 식품의 천연향을 강조해준다. 가장 많이 사용되는 향미증진제 글루탐산모노소디움(monosodium glutamate, MSG)이다. 어떤 사람들에서는

▲ 아이스크림과 같은 많은 식품들은 착색료를 포함한다.

MSG는 두통, 호흡곤란, 심계 항진[viii]을 유발한다.

자주 사용되는 식품 착색제는 붉은색을 주는 비트 주스, 노란색을 주는 베타-카로틴, 갈색을 더해주는 캐러멜 등이 있다. 타르색소(황색 5호)는 어떤 사람에서는 알레르기 반응을 일으키므로 식품 포장지에 반드시 표시하여야만 한다.

품질개량제는 조직감 향상을 위해 식품에 첨가된다. 유화제는 식품 내에 지방이 지속적으로 고르게 분산되는 것을 돕는다. 안정제는 식품에 풍부함을 주고 원하는 조직감이나 색상을 유지하도록 도와준다. 습윤제는 마시멜로, 추잉껌, 간 코코넛과 같은 식품이 촉촉하면서 신축성 있게 도와준다. 방습제는 공기로부터 수분을 흡수하는 것을 막아주는데, 예를 들면 소금 덩어리가 형성되는 것을 막기 위해 사용한다.[24]

식품첨가물은 안전한가?

미국에서는 1958년 식품첨가물을 규제하기 위해 연방법이 통과되었다. 역시 1958년 제정된 딜레이니 수정조항에서는 "만약 인체나 동물 그 외에 다른 적합한 시험에서 암을 유발한다고 알려진 첨가물은 소량이라도 허가하지 않는다."라고 명시한다. 식품에 새로운 첨가물을 사용하기 전에 첨가물 생산자는 미국식품의약국에 안전 타당성을 증명하는 자료를 제출하여 안전성을 증명해야만 한다. 미국식품의약국은 이러한 자료에 근거하여 첨가물의 안전성을 결정한다.

역시 1958년 미국 의회는 식품에 첨가되는 물질 중 그 안전성이 이미 오랜 기간 동안 증명되었거나 과학적인 연구를 통해 적격한 전문가로부터 안전하다고 인정받았다면 판매와 사용 전에 미국식품의약국에 의해 이러한 형식의 공식적인 심사를 받지 않아도 된다고 승인했다. 이러한 물질들은 새로운 식품첨가물이 받아야 하는 더 엄격한 심사 요건은 면제받고 안전하다고 표시한다[**안전첨가물(Generally Recognized as Safe, GRAS)**]. 리스트는 미국식품의약국이 실험을 거쳐 안전하다고 판정하여 식품산업에서 사용할 수 있게 허가한 것이거나 과학적 교육과 경험에 의해 자격을 갖춘 전문가들 사이에서 안전하다고 합의된 물질들을 말한다.

1985년 미국식품의약국은 이상 반응 감시 체계(Adverse Reaction Monitoring System)를 확립했다. 이러한 체계하에서 미국식품의약국은 소비자, 내과의사, 식품회사로부터 식품첨가물에 대한 민원을 조사한다.

▲ 마요네즈는 지방의 분리를 막기 위해 유화제를 포함한다.

종아하는 식품의 포장에 적힌 친숙하지 않은 원재료를 찾아보고 싶은가요? 미국식품의약국 데이터 베이스를 확인해보자: www.fda.gov/Food/FoodIngredientsPackaging/GenerallyRecognizedasSafe-GRAS/GRASSubstancesS-COGSDatabase/default.htm.

요점 식품첨가물은 식품의 색, 향, 조직, 영양밀도, 수분 정도, 또는 저장 기간을 향상시키기 위해 식품에 의도적으로 첨가하는 화학물질이다. 미국 내에서 식품첨가물에 대한 계속적인 논쟁이 있기는 하지만 미국식품의약국은 식품에 사용되는 첨가물을 규제하고 증명이 된 것은 안전하다고 판단한다.

식품 생산에서 사용되는 유전자 변형은 어떠한가?

유전공학이라고도 부르는 **유전자 변형(genetic modification)**은 생명체의 유전자 물질이나 DNA를 변형하여 종자나 자손 내의 특정한 변화를 가져온다. 선택적 육종은 유전자 변형의 한 예인데, 예를 들면 저품질의 육질이지만 열과 습도에 강한 저항성을 지닌 브라만(Brahman) 소

안전첨가물(Generally Recognized as Safe, GRAS) 의회에서 작성한 목록으로 오랫동안 사용한 역사가 있거나 전문가들의 동의에 의거하여 일반적으로 안전하다고 음식에 사용되는 물질들이 포함됨.

유전자 변형(genetic modification) 유전적 물질을 변형시킴으로써 생물체를 변형시키는 과정.

viii) 심장박동이 불규칙하게 뛰는 현상—번역자주

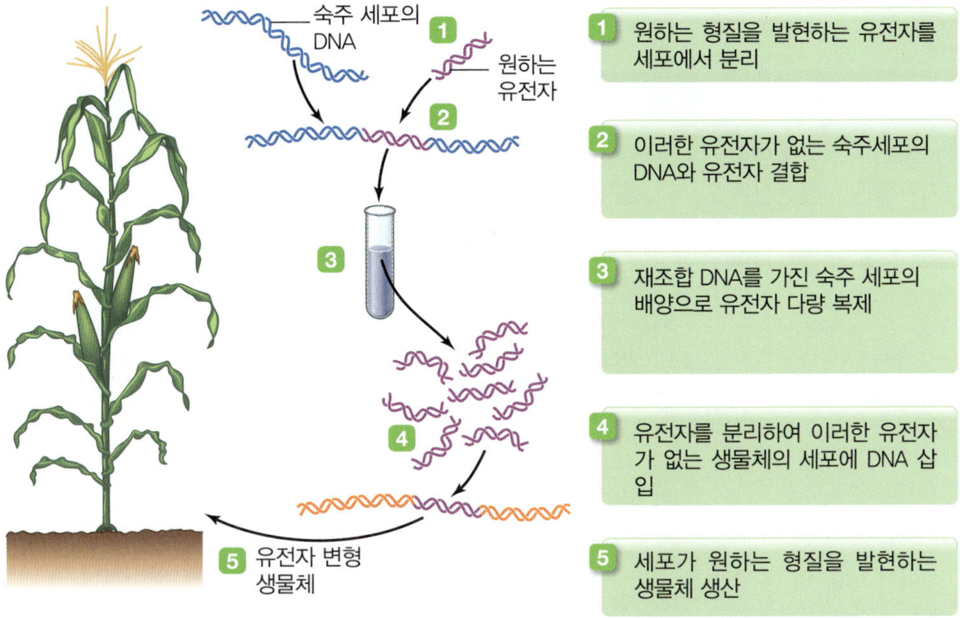

▲ **그림 12.13** 유전자 재조합 기술은 원 생물체에는 존재하지 않는 원하는 형질을 표현할 수 있는 유전자를 변형한 식물 및 다른 생물 생산과 관련이 있다.

는 양질의 육질을 지녔지만 열과 습도에 저항성이 약한 영국산 비육우와 교배된다. 이러한 선택적 육종 과정의 결과는 바람직한 특성인 양질의 육질과 열과 습도에 강한 저항성을 지닌 산타거트루디스 종(Santa Gertrudis)[ix] 육우이다. 선택적 교배는 효과적이고 곡물생산량의 증가와 식품공급의 양과 질은 향상시켰지만 바람직한 특성을 얻을 때까지 일반적으로 많은 시도와 오류가 발생되는 상대적으로 느리고 불확실한 과정이다.

최근 생명공학의 발전은 선택적 교배에서 벗어나 유전자 변형으로 옮겨갔다. 한 생명체에 원하는 특성을 생산하기 위해 다른 생명체의 살아 있는 세포 DNA를 조작하는 진보가 있었다. **유전자 재조합 기술(recombinant DNA technology)**이라고 부르는 이러한 과정은 일반적으로 과학자들이 동물, 식물, 또는 미생물의 세포에서 토마토 작물에 있는 내염성과 같은 원하는 특성을 부여하는 단백질을 지시하는 특정한 한 개 이상의 유전자의 DNA 조각을 분리하면서 시작된다(**그림 12.13**). 그 뒤 과학자들은 일반적으로 미생물인 "숙주 세포"에 DNA를 끼워 넣는다. 숙주 세포는 유익한 유전자를 다량으로 생산하기 위해 배양되며, 복제된 유전자 모음을 유전자 도서관(gene library)라고 한다. 이렇게 해서 많은 과학자들은 예를 들면 전통적인 토마토 작물처럼 원하는 특성이 없는 다른 유기체를 변형할 수 있는 유전자를 얻을 수 있게 된다. 변형된 DNA에 따라 작물 세포는 관심 있는 단백질을 만들게 되고 작물은 원하는 특성을 표현하게 된다. 유전자 변형 생물체(genetically modified organism, GMO)라는 단어는 DNA 재조합 기술을 이용하여 DNA가 변형된 생물체를 뜻한다.

농업에서 유전자 변형 생물체는 제초제와 살충제에 저항성을 갖도록 만드는 데 이용한다. 또한 유전자 변형은 작물에 병을 일으키는 해충이나 바이러스에 대한 저항성을 증가시킬 수 있다. 과학자들은 가뭄이나 척박한 토양과 같은 환경 조건에서 작물이 더 잘 견딜 수 있는 유전자를 삽입하기도 한다. 예를 들면 연구자들은 대두와 카놀라가 단일불포화지방산의 함량을 늘리도록 유전자 변형을 했다.

1994년 이래 수백 종의 식물과 동물이 유전적으로 변형되고 현재 식품시장에 나와 있다.

▲ 옥수수는 가장 널리 재배되는 유전자 변형 농작물이다.

유전자 재조합 기술(recombinant DNA technology) 유전자 변형 중 하나로 과학자들이 원하는 형질(trait)을 갖는 유전자 변형 생물체를 생산하기 위해 각각 다른 종(種)으로부터의 유전자를 조합하는 것.

[ix] 미국 텍사스 주에서 개발된 열대 지방에 적합한 종—번역자주

영양 하이라이트

유전자 변형 생물체: 축복 또는 저주?

유전자 변형은 유전자를 이어맞추기를 하여 한 종에서 다른 종으로 완전히 새로운 생물체를 만드는 과정이다. 지지자들은 식품생산에서 유전자 변형의 무한 확장 역할을 예상한다. 지지자들이 보기에 이러한 기술의 응용으로부터 얻는 잠재적인 혜택을 몇 가지 들자면 다음과 같다:

- 식품의 맛과 영양학적 품질의 향상
- 빨리 자라고 생산량이 높고 척박한 토양에서 자랄 수 있으며 해충, 질병, 제초제, 부패에 저항성이 있는 곡물
- 고품질의 고기, 달걀, 우유의 생산 증대
- 질병에 내성을 증가하고 전반적으로 강한 동물 건강 증진
- 덜 유해한 제초제 사용, 농약, 토양, 식수, 에너지 보존 및 더 효과적인 식품 처리과정과 같은 환경적으로 책임감 있는 결과물
- 식품 미보장과 기아로 고생하고 있는 국가들의 식품 보장 증가

이러한 잠재적인 혜택에도 불구하고 유전공학에 대한 상당한 반대가 있다. 비판자들은 다음과 같은 다양한 범위에 대한 염려를 이야기한다.

- 유전자 변형 식품에서 인체의 세포나 위장기관에 있는 박테리아로 유전자가 도입되면 이러한 도입은 인체 건강에 부정적인 영향을 줄 수 있다는데, 예를 들면 항생제 내성 유전자가 도입되면 감염성 질환에 대한 민감성이 증가할 수 있다.[26]
- 타가 수분[x)]을 통한 목표 외 종으로의 의도하지 않은 유전자의 도입은 일반적인 제초제에 내성을 지닌 슈퍼잡초나 비식품 등급의 원료를 가진 식품과 같은 원치 않는 식품을 만들 수 있다. 미국에서 동물 사료로만 사용이 승인된 옥수수 종자가 인간 식용 옥수수 품종에서 발견된 바와 같이 그러한 도입의 사실상 위험하다.[26]
- 식물과 동물의 생물다양성 상실
- 민감한 사람에서 새로운 알레르기 원인물질이나 알레르기 반응을 일으키는 위험 증가
- 식물, 동물, 인체를 공격할 수 있는 새로운 질병의 발생
- 모든 항생제에 저항성을 가진 박테리아의 생성
- 단지 수개의 식품회사와 국가가 전 세계 식품생산의 대부분을 통제할 가능성. 예를 들면 큰 생명공학 기업이 작은 종자회사를 사들이면서 종자 산업은 점점 더 집중화되었고 옥수수와 대두와 같은 작물의 종자가격이 상승했다.[27]
- 식품영양표시 관련 법률이 불충분하거나 미비하여 소비자가 유전자 변형 식품을 섭취하고 있는지 알기 어렵게 함
- 생물학적 무기의 탄생과 생물테러의 위험 증가

유전공학을 반대하는 사람들은 어떤 생물체의 유전자를 변형시키는 것이 자연의 법칙에 어긋나며 비윤리적이라고 믿는다. 대부분의 반대자들은 잠재적인 장기간 위험도와 위험이 알려지지 않았고 잠재적인 단기간의 이익보다 그 위험이 훨씬 클 것이라고 사실에 기초하여 염려하고 있다.

유전자 변형 생물체는 어떤 나라에서는 환영을 받고 있지만 어떤 나라에서는 법률에 위배된다. 미국(59%), 아르헨티나(20%), 캐나다(6%), 브라질(6%), 중국(5%), 파라과이(2%) 등의 6개국이 전세계 유전자 변형 작물의 거의 100%를 재배한다.[28] 미국과 캐나다가 이중 상위 3위에 들지만 이들 국가의 어떤 지역에서는 유전자 변형 생물 생산을 금지하는 데 성공했다. 이러한 곳들은 멘도시노(Mendocino), 트리니티(Trinity), 마린(Marin)을 포함한 캘리포니아의 몇 개 자치군과 캐나다 지역인 프린스 에드워드 섬(Prince Edward Island)을 포함한다.

유럽연합은 생산에서 분배 과정을 통해 유전자 변형 생물체를 추적하는 체계와 유전자 변형 생물체가 환경에 미치는 영향을 감시하는 것을 포함한 유전자 변형 생물체에 대한 엄격한 규제를 가지고 있다. 유전자 변형 생물체를 포함해 인체 섭취를 위해 생산된 모든 식품과 모든 동물 사료 제품은 분명히 표시를 한다. 더욱이 최종 식품이 원재료인 유전자 변형 생물체의 DNA나 단백질을 포함하지 않을지라도 유전자 변형 생물체 원료로부터 생산된 어떤 식품이라도 분명히 표시를 한다. 최근에는 오로지 두 개의 생물공학 작물인 옥수수와 감자만 EU 내에서 재배하는 것이 승인되었고[29] 15개의 유전자 변형 식품이 EU 내에서 판매된다. 유전자 변형 생물체 판매를 원하는 회사와 EU 내 유전자 변형 식품은 충분한 환경 위험 평가와 안전 평가를 포함한 신청서를 제출해야만 한다. 이러한 보고서는 관련 정부 기관의 리뷰를 거치고 신청서에 대해 평가를 한다.

▲ 많은 사람들은 환경, 보건, 경제적인 이유로 식품의 유전공학을 반대한다.

당신은 미국과 다른 세계에서 유전자 변형 식품이 재배되고 배포되는 것을 지지하는가? 당신은 유전자 재조합 식품을 구매하고 섭취하는 것에 대해 어떤 의구심을 가지고 있는가? 유전자 변형 생물체와 유전자 변형 식품은 단지 수년간 유용되었으므로 세상에 끼칠 영향을 이해하는 데는 더 많은 시간이 걸릴 것이다.

x) 같은 종의 식물에서 한 식물의 꽃가루가 다른 식품의 암술머리에 붙는 현상—번역자주

미국 농무부는 미국에서 재배되는 옥수수 작물의 52%, 대두의 87%가 유전공학으로 만든 품종이라고 보고한다.[25]

유전자 변형의 상대적인 이익과 위험에 대해서는 세계적으로 논의 중이다. 이러한 논쟁에 대해 알고 싶다면 **영양 하이라이트** 박스(392쪽)를 참고하라.

요점 유전자 변형에서 생명체의 유전물질이나 DNA는 특정한 성질을 향상할 수 있도록 변형된다. 농업에서 흔히 유전자 변형은 작물에 대한 보호를 증가하거나 생산된 식품에서 영양소가 증가하는 데 사용한다. 유전자 변형은 동물이나 미생물에서도 사용한다.

▲ 수은을 환경으로 방출하는 원인 중 하나는 화석연료를 태우는 것이다.

잔류물은 식량 공급에 해를 끼치는가?

식품 **잔류물(residues)**은 식품을 세척하고 가공해도 남아 있는 화학약품이다. 잔류성 유기오염물질, 살충제, 동물에 사용하는 호르몬과 항생제가 세계적으로 염려하는 세 가지 잔류물이다. 잔류물은 신경계 손상, 피부 발진 및 다른 보건 문제를 일으킬 수 있지만 잔류물에 대한 가장 공통적인 관심은 암에 대한 위험률 증가이다.

잔류물(residues) 세척과 가공과정에도 불구하고 식품에 남아 있어 섭취하게 되는 화학물질.

잔류성 유기오염물질은 질환을 일으킬 수 있다

산업, 농업, 자동차 배기가스, 바람직하지 못한 쓰레기 처리로 인해 많고 다양한 화학물이 대기 중으로 방출된다. 총괄적으로 **잔류성 유기오염물질(persistent organic pollutants, POPs)**이라고 하는 이러한 화학약품은 결국 토양이나 물을 통해 식품으로 들어간다. 오염물질이 토양으

잔류성 유기오염물질(persistent organic pollutants, POPs) 산업, 농업, 부적절한 쓰레기 처리 등으로 인해 환경을 오염시키는 화합물, 자동차의 배기가스도 이에 해당됨.

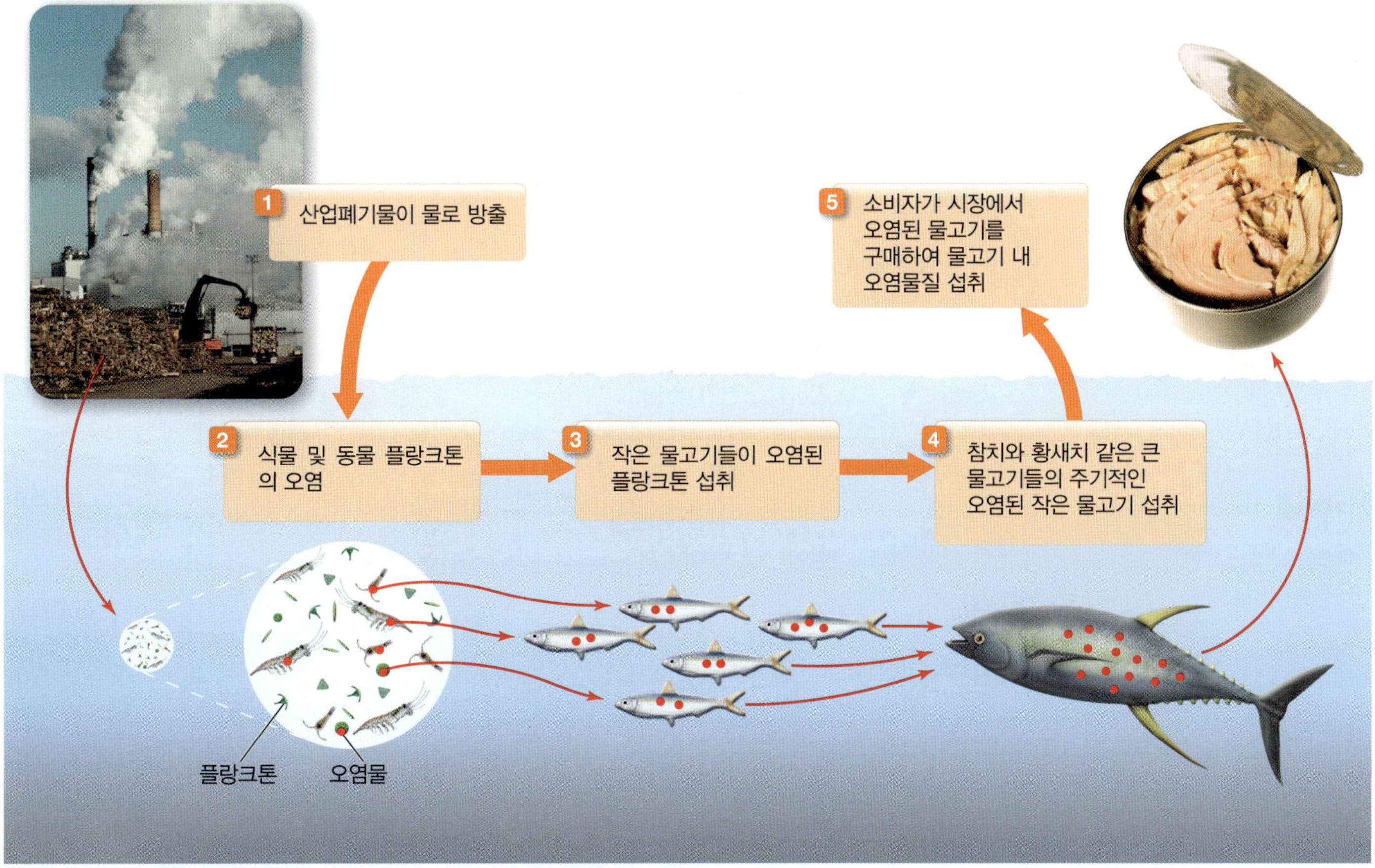

▲ 그림 12.14 식품 공급에서 유기 오염물의 지속적인 생물축적

▲ 골동품 도자기는 주로 납으로 된 유약을 발랐다.

로 들어가면 식물은 조직으로 화학약품을 흡수할 수 있고 식품 사슬의 일부로서 화학약품이 거쳐간다. 동물 역시 조직으로 오염물질을 흡수하거나 오염된 토양에서 자란 식물을 섭취함으로써 오염물질을 섭취하게 된다. 지용성 오염물질은 동물의 체세포에 축적될 수 있고 이러한 동물을 식용으로 사용시 사람에게 흡수되므로 특히 문제가 된다(그림 12.14).

잔류성 유기오염물질은 사실상 제과제빵식품, 과일, 채소, 육류, 가금류, 생선류, 유제품을 포함한 모든 종류의 식품에서 발견된다. 모든 살아 있는 생물체는 조직에서 측정할 수 있는 수준의 잔류성 유기오염물질을 가지고 있다고 생각하고 있다.[30]

수은과 납은 신경 독소이다

자연적으로 존재하는 원소인 수은은 토양, 암석, 물에서 발견된다. 수은 역시 펄프나 종이 제조 공정과 쓰레기와 화석 연료와 태울 때 공기 중으로 방출된다. 수은이 공기 중에서 가라앉아 개천, 강, 호수 및 바다를 따라 가게 된다. 물고기는 수중 생물을 먹음으로 수은을 흡수하고 이러한 수은은 물고기를 섭취할 때 몸속으로 들어온다. 수은이 체내에 축적되면 신경계에 유해한 영향을 준다.

황새치, 상어, 대형 고등어, 옥돔과 같은 커다란 포획 어류는 가장 높은 수준의 수은을 함유하고 있다.[31] 수은은 특히 태아와 성장기 어린이의 신경계 발달에 유해하므로 임신부와 수유부 및 어린아이들은 이와 같은 종류의 생선류를 먹지 말라고 권고한다. 참치캔, 연어, 대구, 명태, 가자미, 새우, 홍합, 관자는 높은 수준의 수은을 함유하고 있지 않으며 먹어도 안전하지만 미국식품의약국은 임신부와 어린아이들은 어떤 종류의 생선이든지 간에 일주일에 2회(약 340g) 이상 먹지 말라고 권고한다.[31]

안전한 해산물 섭취에 대한 가이드로 미국 천연자원 보호 협의회의 카드를 내려받으시오. www.nrdc.org/health/effects/mercury/walletcard.PDF.

납 역시 자연적으로 토양, 물, 공기에서 발견된다. 납이 함유된 휘발유, 납이 들어간 페인트, 납땜이 된 통조림, 지금은 금지되었지만 분해된 쓰레기 매립물 등의 산업 폐기물에서 유래한다. 어떤 도자기 컵과 식기는 납이 함유된 유약을 발라 굽는다. 따라서 잔류물이 식품에 들어간다. 과도한 납 노출은 어린이에서 학습과 행동 장애와 성인에서 심혈관질환과 신장질환을 일으킨다.

다이옥신은 발암물질이다

다이옥신은 일반적으로 폐기물 소각이나 나무, 석탄, 기름을 태우는 것과 같은 소각 과정의 결과로 형성되는 산업 공해물질이다. 다이옥신에 장기간 노출되면 암이나 다른 질환에 걸릴 위험도가 증가할 수 있다는 우려가 있다.[32] 다이옥신은 토양에 들어가서 수년간 환경에 지속적으로 존재할 수 있다. 따라서 규제 강화에 힘입어 지난 30년간 다이옥신의 수준이 계속 감소하고 있다 하더라도 수십 년 전 방출된 다이옥신의 일부는 앞으로 수년간 환경에 계속 존재할 것이다. 다이옥신은 동물의 지방조직에 쉽게 축적되므로 인체에서 다이옥신 노출의 95% 이상이 동물성 지방을 섭취함으로 일어난다.[32] 미국환경보호국(EPA)은 모든 종류의 다이옥신의 수준을 더욱 감소시키기 위한 노력을 계속 진행 중이다.

농약은 작물 손실을 막아준다

농약(pesticides)은 잡초, 동물, 곤충, 곰팡이가 일으키는 작물 소실이나 상실을 줄이기 위해 작물 경작지와 농장 창고 주위에 사용하는 화학약품을 통칭하는 것이다. 농약은 작물에 있는 미생물의 수준을 떨어뜨려 질병이 퍼질 가능성을 줄이는 것을 돕기도 한다. 농약은 전반적인 작물 생산량을 늘리고 더욱 다양한 작물을 생산하도록 한다. 식품 생산에서 가장 많이 사용하는 농약

농약(pesticides) 질병이나 해충에 의한 손실을 감소하기 위해 경작과정이나 저장 중에 사용하는 화합물.

에는 세 종류가 있다.

- 잡초와 다른 원하지 않는 식물의 성장을 억제하는 데 사용하는 **제초제**(herbicides)
- 곡물에 들끓는 곤충을 억제하는데 사용하는 **살충제**(insecticides)
- 식물을 파괴하는 곰팡이의 성장을 억제하는데 사용되는 **살균제**(fungicides)

요즘 사용하는 어떤 농약은 천연 유래이거나 환경에 영향이 적은 것이다. 종 특이적이며 해충의 군집의 수는 억제하지만 완전히 제거하지는 않는 **생물농약(biopesticides)**을 포함한다. 예를 들면 페로몬은 생물농약으로 곤충의 수컷을 덫으로 유인해서 짝짓기를 방해한다. 생물농약은 작물에 잔류물도 남기지 않으며 대부분은 재빨리 분해되고 물로 쉽게 세척할 수 있다.

반면, 석유로부터 만든 제품인 농약은 식품에 잔류물을 남길 수 있다. 간은 이러한 화학약품을 해독하는 역할을 한다. 그러나 태아, 영유아, 어린이와 같이 간이 미성숙한 경우 간은 질병이나 과도한 알코올과 같은 다른 독소에 의해 스트레스를 받고 잔류 농약을 효과적으로 제거할 수 없게 된다. 이러한 잔류물질은 축적되어 신경손상, 암, 선천성 기형, 그 외 다른 문제를 일으킬 가능성이 있다. 그러므로 모든 제품을 세심하게 세척하는 것이 반드시 필요하다.

미국환경보호국은 미국 내의 모든 농약의 제품표시, 판매, 유통, 사용, 폐기를 규제한다. 농약이 사용되기 위해 미국환경보호국의 승인을 받으려면 의도한 기능을 하면서 환경에 최소한의 영향을 준다고 판단되어야만 한다. 환경보호국이 농약의 사용을 허가하면 주정부는 사용에 대한 주 자체의 규제를 수립할 수 있다. 다음은 농약에 노출을 줄이기 위한 미국환경보호국이 제시한 정보이다.[33]

- 모든 신선한 과일과 채소는 흐르는 물에서 완전히 문질러 씻는다.
- 가능하다면 과일과 채소의 껍질을 벗기고 양배추나 양상추처럼 잎이 많은 채소의 바깥쪽 잎은 버린다. 잔류 농약은 지방에 모여 있으므로 육류의 지방은 손질해서 떼어 내고 가금류와 생선의 껍질은 벗긴다.
- 다양한 급원으로부터의 다양한 식품을 섭취함으로써 단일 농약에 노출되는 위험을 줄일 수 있다.
- 유기농으로 재배한 식품을 많이 섭취한다.
- 농사를 짓는다면 비료와 농약 사용을 피해서 이러한 물질이 지하수와 식품에 들어가지 않도록 한다.
- 농약, 비료, 그 외 다른 오염물질에 대한 노출을 줄이기 위해 공공 상수도물이나 우물물이나 수돗물은 정수기를 거친다.

잔류 농약을 높은 수준으로 함유한 12개의 식품인 "12가지 해로운 식품" 리스트는 환경협력단체의 웹사이트에 가서 구매자의 농약에 대한 가이드를 내려받으면 된다. www.foodnews.org/walletguide.php.

성장 호르몬과 항생제를 동물에 사용한다

1994년에 미국에 처음으로 도입한 **재조합형 소 성장호르몬(recombinant bovine growth hormone, rBGH)**은 유전공학으로 만든 성장호르몬이다. 이것은 육우에서 사용되는데 동물의 근육량은 늘이고 지방량은 줄이도록 유도한다. 미국 내 젖소의 1/3에 주입하여 우유 생산량을 늘이는 역할을 하기도 한다.

미국식품의약국이 미국 내 재조합형 소 성장호르몬의 사용을 허가하기는 했지만 캐나다와 유럽연합은 두 가지 이유로 사용을 금지했다.

- 가능한 증거에 의하면 재조합형 소 성장호르몬을 맞은 젖소에서 유선염(유방염)에 걸릴 위험이 증가한다.[34] 농부들은 항생제로 유방암을 처리하는데 이는 항생제에 내성을 가진 병원성 박테리아 종이 발달하는 것을 돕는다.
- 재조합형 소 성장호르몬을 맞은 젖소의 우유에는 인슐린유사 성장인자(insulin-like growth

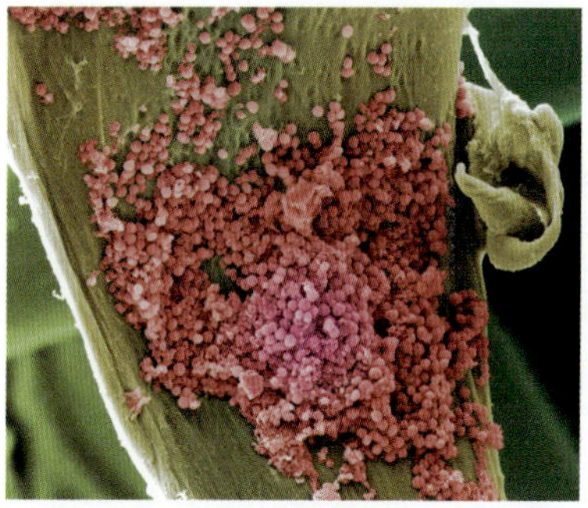

▲ 메티실린 내성 황색포도상구균의 원인이 되는 박테리아의 내성 종.

생물농약(biopesticides) 원시적 살충제로, 농작물에 손상을 줄이기 위해 자연적인 방법을 사용하는 화합물.

재조합형 소 성장호르몬(recombinant bovine growth hormone, rBGH) 우유 생산량을 높이기 위해 젖소에게 주입하는 유전자 변형 호르몬.

factor, IGF-1)라고 부르는 호르몬이 높은 수준으로 있다. 이 호르몬은 재조합형 소 성장호르몬을 맞은 젖소의 우유를 마신 사람의 혈류의 일부가 될 수 있으며 몇몇의 연구는 인슐린유사 성장인자의 수준이 증가된 사람에서 특정 암에 걸릴 위험이 증가할 수 있음을 보여주었다. 그러나 이러한 연구에서 얻은 증거들은 아직 결정적인 것은 아니다.[34]

미국 암학회는 이러한 건강 위험을 더 잘 평가하기 위해 더 많은 연구가 필요하다고 제안한다. 동시에 소비자의 재조합형 소 성장호르몬에 대한 염려로 재조합형 소 성장호르몬을 맞은 젖소로부터 얻은 우유의 판매가 상당히 감소하게 되었다.[34]

항생제는 젖소뿐 아니라 식용으로 사용되는 다른 동물에서도 사용된다. 예를 들면 돼지가 밀집된 돼지 생산 시설에서 질병 발생 개체수를 줄이기 위해 일상적으로 사료에 넣는다. 많은 연구자들은 소, 돼지, 그 외 항생제 처리를 한 다른 동물들이 특히 치명적인 항생제 내성종인 메티실린 내성 황색포도상구균의 주요 병원소가 되는 것을 염려한다.[35] 메티실린 내성 황색포도상구균의 감염은 "살을 파먹는" 피부 발진부터 사망까지의 증상을 일으키는데 미국 질병예방통제센터에 의하면 2005년 기준 메티실린 내성 황색포도상구균은 미국에서 18,000명 이상을 사망하게 했다.[36] 일리노이 주와 아이오와 주에 있는 돼지 농장에서 수행된 연구에서 9~12주의 돼지 100%가 메티실린 내성 황색포도상구균에 양성반응을 보였고 근무자의 경우 유병률이 64%였다.[35]

유기농 우유, 요구르트, 치즈를 선택하고 이러한 화학약품을 사용하지 않고 방목하여 기른 동물을 섭취함으로써 가축 사육장으로부터 나오는 항생제, 성장호르몬, 독성물질에 대한 노출을 줄일 수 있다.

요점 수은, 납, 다이옥신을 포함한 잔류성 유기오염물질에 대한 우려가 있다. 농약은 식품 작물 손실을 줄이거나 막기 위해 사용되지만 독성 가능성이 있다. 따라서 모든 식품을 세심하게 세척하는 것은 반드시 필요하다. 재조합형 소 성장호르몬과 항생제의 사용으로 소와 인체의 건강 문제에 대한 염려가 증가하고 있다.

"푸드 운동"이 늘어나는 이유는 무엇인가?

1993년 미국 워싱턴 주에서 대장균에 오염된 패스트푸드 햄버거를 먹은 어린이 4명이 사망했다. 물론 이 사건이 사람들의 주목을 끄는 첫 번째 식품안전사고는 아니었지만 이 사건 후 미국인들은 우리가 먹는 식품이 언제나 완전하게 섭취하기에 안전하다는 미신에 대해 점점 더 의문을 갖게 되었다. 식품 안전과 식품 정책에 대한 국가수준의 논쟁이 시작되어 추적조사 뉴스기사 연재물, 책, 영화 등을 통해 건강 위험뿐 아니라 현 식품 생산 방법의 환경비용과 사회비용까지 다루고 있다. 공중 보건, 동물 복지, 농경지 보호, 농장 인부들의 권리, 환경의 질 등에 대한 옹호는 모두 같은 이유로 시작되었다. 푸드 운동이 태어났다. 여기에서 푸드 운동에 대한 종합적인 토론은 불가능하지만 최근에 가장 잘 알려진 몇 개의 경우만 짧게 살펴보자.

유기 농법은 농약의 사용을 줄인다

유기농(organic)이라는 말은 독성과 잔류성이 있는 비료, 농약, 유전공학, 방사선을 사용하지 않고 식품을 재배하는 것을 말한다. 최근의 미국 전국 조사에 의하면 미국에서 팔리고 있는 전체 식품 생산량의 약 3.5%가 유기농 제품이다. 미국에서 유기농 제품의 판매량은 1990~2008년 사이에 10억 달러에서 230억 달러로 급성장했다.[37]

당신이 알게 되면 좋아할 식품

두부

당신이 만약 채식주의자라면 일주일에 여러 번 두부를 먹을 것이다. 채식주의자가 아니라면 좋은 소식이 있다. 두부는 두유를 응고시켜 단단한 덩어리로 만든 식품이며 따라서 100% 식물성 식품이지만 110g 정도되는 1회 분량당 9g의 단백질을 제공하여 육류를 대체할 수 있는 영양가를 가지고 있다. 게다가 두부는 동물성 식품에 잔류물로 존재하는 다이옥신, 호르몬, 항생제 등이 없다. 두부는 어떤 식료품점에도 있으며 엄청나게 많은 조리법을 인터넷에서 빨리 찾아볼 수 있다. 두부 버거도 만들 수 있다. 채소, 통밀빵을 추가하여 고단백, 저지방 잔류물 없는 식사를 하자!

표시된 제품은 반드시 미국 연방정부의 표준지침을 따라야 한다

모든 유기농 제품의 일정한 정의를 내리기 위해 2002년 미국 농무부의 국가 유기농 규제 및 인증 프로그램(National Organic Program)이 수립되어 유기농 식품의 표준을 마련했다. 유기농이라고 표시하는 모든 식품은 다음의 정의를 반드시 따라야 한다.

- **100% 유기농**: 물과 소금을 제외하고 유기농으로 생산한 원료만으로 만든 제품
- **유기농**: 물과 소금을 제외하고 무게를 기준으로 유기농으로 생산한 원료를 95% 포함하는 제품
- **유기농 원료로 만든 제품**: 유기농 원료를 70% 이상 포함하는 제품

만일 가공식품이 유기농으로 생산된 원료를 70% 미만으로 포함할 때 주요 표시판에 유기농이라는 말을 사용할 수 없지만 정보표시판의 원료를 제시할 때 유기농으로 생산되었다고 명기할 수 있다. "100% 유기농"이나 "유기농"은 미국 농무부 유기농 도장을 표시할 수 있다(그림 12.15).

▲ 그림 12.15 미국 농무부의 유기농 인증 도장은 적어도 식품이 95% 이상 유기농임을 알려준다.

유기농이라는 인증을 받으려는 농장은 반드시 농부가 미국 농무부 유기농 표준을 모두 따르고 있는지를 증명하기 위해 정부가 승인한 증명자에 의한 점검을 통과해야만 한다.[38] 유기 농법은 엄격하며 잡초와 곤충처럼 흔히 발생하는 여러 문제에 대해 농부가 자연적인 대안을 찾아야만 한다. 일반적인 믿음과 달리 유기농 농부들은 모든 다른 방법들이 실패했거나 알고 있는 방법들이 효과적이지 않을 때 해충박멸을 위한 마지막 선택으로 농약을 사용할 수 있지만 사용이 허가된 제한적인 횟수에 한해서이다. 유기농 농부들은 재생가능한 자원의 사용과 토양과 물의 보존을 강조한다. 작물을 추수하면 비료 사용의 필요성도 줄여주며 토양 내 질소를 고정시키고 침식을 감소시키기 위해 겨울작물(주로 두류)을 심는다.

유기농 육류, 가금류, 달걀, 유제품은 유기농 사료만 먹인 동물로부터 공급되고 만약 동물이 병에 걸리면 치료가 될 때까지 다른 동물로부터 격리시킨다. 이런 동물에게는 크기나 우유 생산능력을 증가시키는 성장호르몬을 주지 않는다.

유기농과 일반적으로 생산된 식품을 비교하는 연구는 제한되어 있다

과거 십 년간 몇몇 연구는 유기농으로 재배된 과일과 채소에 비타민 E와 C, 특정 항산화제인 피토케미컬이 비유기농 제품보다 많다고 보여줬다.[39~41] 그러나 2009년 1958년부터 2008년까지 개제된 162편의 연구에 대한 체계적 고찰은 유기농 생산 식품이 일반 생산 식품보다 영양학적으로 우수하다는 근거가 없다고 했다. 주 저자는 현재 영양학적인 우수성 때문에 유기농 식품을 선택

지속가능함(sustainability) 생명체가 의존하는 자연 자원 기반과 환경의 질을 약화시키지 않고 현재와 미래에 기본적인 경제적, 사회적, 안보적 필요를 충족시키거나 만족시키는 능력.

하는 것을 증명하는 증거가 없다고 결론내렸다.[42] 만약 당신이 여전히 농약에 대한 노출을 줄이는 것에 관심이 있다면 유기농 제품을 선택할 것이다.

지속가능한 농업은 자연 자원을 보존한다

환경보호국에 의하면 **지속가능함(sustainability)**의 정의는 현재와 미래에서 삶을 유지하는 자연 재원의 기반과 환경의 질을 해치지 않으면서 기본적인 경제적, 사회적, 그리고 안전보장적인 요구에 대한 충족을 의미한다.[43] 어떤 사람들은 지속가능함을 고상하지만 비실용적인 이상이라고 보고 다른 관점에서는 인류 생존의 필수적인 조건이라고 지적한다. 유기농법은 전형적으로 지속가능한 농업을 실천함을 명심하라. 다음은 개인, 지역사회, 기업이 지속가능함을 실천하기 위한 여러가지 방법에 대한 예시이다:

- **가족 농장.** 미국 내 농장 수는 수십 년간 처음으로 증가하고 있다. 미국 농무부의 가장 최근 농업 인구조사에 의하면 2002년에서 2007년간 농장의 수가 4% 증가했고 순 증가는 75,000개 이상이다.[44] 그리고 새롭게 농부가 된 사람의 대부분은 토지 제공, 재정 지원, 멘토링 프로그램을 이용하는 젊은 성인들이다.
- **공동체 지원농업.** 공동체 지원농업 프로그램에서 농부는 정해진 양의 "할당"을 일반인에게 팔아야 한다. 할당은 일반적으로 재배 기간 동안 일주일에 1회와 같이 정기적으로 농장 생산물 상자로 구성한다. 농부들은 판매가 보장된 구매자와 현금을 먼저 받는다. 소비자는 지역에서 생산된 신선한 식품을 받는다. 농부와 소비자는 추수가 잘된 해에 풍부한 생산물을, 기후가 나쁘거나 농사를 망쳐 생산량이 감소되었을 때 소실량을 모두 함께 나누면서 지속적인 관계를 발전시킨다. 공동체 지원농업 프로그램에 대한 국가 자료가 없지만 로칼하베스트(LocalHarvest)라는 조직은 리스트가 4,000개 이상이라고 한다.[45]

미국 내 프로그램 위치에 대한 지도를 포함하여 공동체 지원농업 프로그램에 대한 더 많은 정보는 www.localharvest.org/csa/를 방문하면 된다.

- **파머스 마켓.** 현재 미국에는 파머스 마켓이 6,000개 이상이 있으며 이는 10년 전의 두 배가 되는 숫자이다.[46] 공동체 지원농업과 같이 파머스 마켓은 소비자 주위의 수백 킬로미터 내에서 자란 식품을 의미하는 "로컬 푸드"의 섭취가 증가하는 경향임을 보여준다. 지지자들은 로컬 푸드의 섭취는 에너지 사용과 수송으로부터의 온실가스 배출(소위 푸드마일)을 제한하고 로컬 푸드는 더 신선하고 영양학적으로 우수하다고 주장한다. 연구자들은 지역 농장에서 제철에 추수된 식품을 섭취하는 것이 환경적으로 가장 적은 영향을 미친다고 하지만, 세계의 많은 지역에서는 재배기간이 짧아서 제철 경작으로는 일년 내내 재배하는 것이 불가능하다. 그런 경우 온실 재배와 장기간 식품 저장을 위한 자원 비용은 식품 수송을 위한 에너지 비용보다 많을 것이다.[47]

근처 파머스 마켓을 찾아보자! http://apps.ams.usda.gov/FarmersMarkets/Default.aspx. 미국 농무부의 파머스 마켓 검색 페이지를 방문하자.

- **도시 농업.** 도시 농업은 증가하고 있다. 피츠버그에서 샌프란시스코까지 시정부는 버려진 주차장, 옥상의 채소밭, 심지어 지자체 소유대지 일부에서의 경작을 격려하기 위해 우편번호를 바꾸고 있다.[48]
- **기업관여도.** 많은 규모가 작은 자연식품회사가 지속가능한 농업을 오랜 기간 동안 회사 정체성의 일부로 추진해온 반면 미국 기업은 최근에야 푸드 운동에 들어갔다. 2010년에는 세계에서 가장 큰 소매업자인 월마트가 2015년까지 도달하고자 하는 지속가능한 글로벌 농업 목표안을 발표했다. 이 목표에는 중소규모 지역 농장 식품의 10억 달러 이상 판매와 농부 100만 명에게 지속가능한 농업 실천에 대한 훈련 제공이 포함되어 있다.[49] 2011년 초,

맥도널드는 자체의 새로운 지속가능한 농업 공약을 발표했고 다른 도매상들과 레스토랑 체인은 목표를 따를 것이다.

공중보건 전문가는 지속가능함을 향상시키는 이러한 노력이 소위 식품사막이라고 불리는, 알맞은 가격의 영양가 있는 식품에 대한 접근이 부족한 도시 지역과 동떨어진 농촌지역의 숫자도 줄일 수 있다고 지적한다.

요점 미국 농무부는 유기농법 기준을 규제하고 검사하여 모든 미국 농무부 유기농 기준에 따른 농장을 인증한다. 미국 농무부의 유기농 인장은 최소 95% 이상 유기농으로 만들어진 식품을 의미한다. 공동체 지원농업과 파머스 마켓과 같은 지속가능한 농업 계획의 목표는 자연 자원을 고갈시키거나 환경의 질을 파괴하지 않으면서 필요한 식품을 충족시키는 것이다.

영양불량은 전 세계적 문제이다

영양불량(malnutrition)은 영양학적 건강이 불량한 상태이다. 영양불량은 불충분한 에너지 섭취를 뜻하는 **영양부족**(undernutrition)뿐 아니라 단백질과 철과 같은 하나 이상의 영양소 결핍도 해당된다. 세계의 어떤 국가에선 영양부족이 **풍토병**(endemic)처럼 나타나는데(수년간 영양불량이 전 지역에 걸쳐 흔히 발생) 이는 전쟁, 홍수, 가뭄처럼 전반적으로 식량 생산을 실패하게 하는 요인들 때문이다. 만성적으로 저영양상태인 성인과 어린이들은 키에 비해 체중이 적게 나가는 마른 체형을 보인다. 게다가 해당연령의 기대 신장에 비해 키가 작은 저신장 상태이다. 가난한 여러 지역에서는 인구 전체가 마르고 저신장인 상태를 모두 가지고 있다.

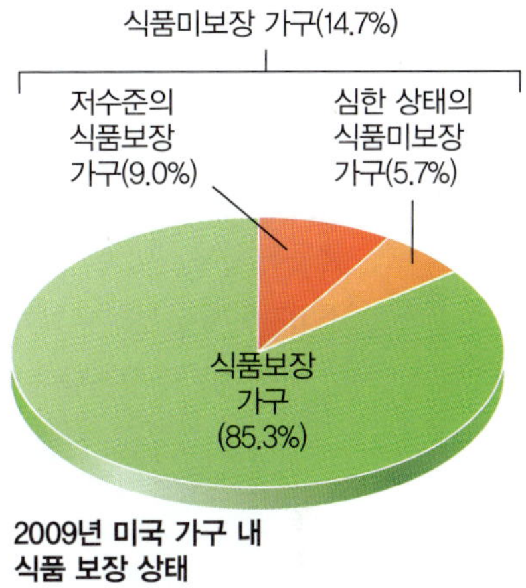

▲ **그림 12.16** 2009년의 미국 가구 내 식품 보장 상태

Data from Economic Research Service (ERS), using data from the 2009 Current Population Survey Food Security Supplement. www.ers.gov/Briefing/FoodSecurity/food_security_2009_ers.jpg.

영양불량은 식품보장이 결핍된 상태에서 이루어진다

영양불량은 **식품 보장(food security)**이 결핍된 사람들에서 일어날 가능성이 높은데 식품 보장이란 건강하고 활동적인 삶을 이루기 위해 충분한 에너지와 질적으로 충분한 영양소를 가진 식품에 매일 접근할 수 있는 상태를 말한다. 식품의 유용성은 그 지역 사람들이 식품을 경작했거나 충분한 비용이 있어서 접근 가능한 지역의 생산자로부터 식량을 구매함으로써 확보된다. 2009년 기준 미국인구의 85.3%가 식품 보장을 확보하고 있었으며 대부분의 선진국에서 살고 있는 사람들은 식품 보장 상태이다.[50]

반대로, 2009년 기준 미국 사람들의 14.7%가 식품 미보장을 경험했다. **그림 12.16**에서 제시하는 것처럼 9%의 사람들은 **저수준의 식품 미보장**(low food security)을 경험했는데, 이는 자신의 필요를 충족하기에 충분한 식품을 얻을 수 있는지 확실하지 않은 상태를 의미한다. 나머지 5.7%는 식품이 부족하여 가구 내 한 명이라도 에너지 필요량을 충족시키지 못하는 사람이 존재하는 **심한 상태의 식품 미보장**(very low food security)을 경험했다.[50] 2009년 1,200만 명의 성인과 500만 명의 어린이가 심한 상태의 식품 미보장 가구에서 살고 있다. 싱글맘과 어린이로 구성된 가구가 가장 위험한 수준으로 2009년 기준 이들 중 36%가 식품 미보장을 경험했다.[50] 미국에서 식품 미보장이 높은 가구는 이 밖에도 노숙자, 실업자, 이민 노동자와 그 외 최저수준의 급여를 받는 직업군 중 전문기술이 없는 노동자들이다. (이하 번역자주) 국내의 통계를 보면 질병관리본부의 국민영양조사결과 2012년 기준 식품 미보장률은 7.8%이며 저소득가구에서 18.8%로 저소득층에서 높은 분율을 나타내었다. 특히 저소득층 가구 중 15%는 경제적으로 어려워서 가끔 먹을 것이 부족했고 3.8%는 자주 먹을 것이 부족했다고 되었다.

이러한 통계는 실망스럽게 하지만 식품 미보장은 세계적으로 더 퍼져 있으며 더 심각하다. UN의 FAO는 2009년 세계 인구 중 10억 명이 식품 미보장을 경험할 뿐만 아니라 저영양 상태이면서 굶주림 상태에 있다고 추정하였다.[51] FAO는 개발도상국에서의 현실은 재앙이라고

영양불량(malnutrition) 불량한 영양 건강 상태.

식품 보장(food security) 건강하고 활동적인 삶을 증진시키기 위하여 충분한 에너지와 양질의 영양소를 가진 안전한 식품에 매일 접근할 수 있는 상태.

당신은 어떤가요?

당신의 행동이 세계의 식품 보장에 기여하는가?

당신이 무심코 행동한 것이 세계 기아에 영향을 주었는지를 궁금해 본 적이 있는가? 또는 당신이 가정이나 지역사회에 한 노력으로 수천킬로 떨어져 있는 사람들을 먹이는 데 도움이 될 수 있다고 생각하는가? 만약 그렇다면 당신이 매일 수행하는 소비자, 학생, 그리고 세계시민으로써의 세 가지 역할에 따른 행동에 대해 깊이 생각해보자.

소비자로써 당신의 역할에 대해 스스로에게 물어보자:

□ **어떤 종류의 식품을 구매하는가?**
당신이 구매는 생산되고 판매되는 식품의 종류에 영향을 끼치며 적은 양의 가공식품을 살수록 에너지를 절약한다.

1. 지역의 지속가능성을 돕기 위해 신선하고 지역에서 생산된 유기농 식품을 더 자주 선택한다.
2. 포장된 식품 구매시 고과당 콘시럽, 착색료 및 다른 첨가물을 사용하여 만든 식품이 아닌 가공이 되지 않았거나 덜 가공된 것(간 땅콩만을 사용하여 만든 땅콩버터나 지역 낙농으로 생산된 플레인 요거트)을 고른다. 이러한 행동으로 덜 가공된 식품의 생산이 증가한다.
3. 저영양식품과 음료의 구매를 이윤을 내지 못하기 위해 제한한다. 또한 고칼로리 패스트푸드 식사를 제한한다.

□ **얼마나 많이 먹는가?**
건강체중을 유지하는 데 필요한 열량만 섭취하는 것은 지구의 식량을 다른 사람에게 공급해줄 수있으며 의료비용의 사용을 줄일 수 있을 것이다.

1. 1일 기아 체험으로 기아에 대한 신체적 경험에 대한 인식을 높인다. 건강이나 다른 이유로 굶는 것이 안전하지 못하다면 1일간 식사를 하는 동안 침묵을 지키면서 먹는 것에 감사하고 식품 보장을 누릴 수 없는 사람들에 대해 생각해본다.
2. 1주간 얼마나 많은 음식을 버리고 왜 버리는지 기록해보자. 당신이 필요한 것보다 더 많은 음식을 접시에 담는 것은 아닌가? 냉장고에 보관한 음식이 상하게 내버려두는 것은 아닌가?

학생으로써 당신의 역할에 대해 스스로에게 물어보자:

□ **내 이웃과 세계를 먹이는 것을 돕기 위해 내가 영양학에 대해 배운 것을 어떻게 사용할 수 있을까?**

1. 각 계절마다 지역에서 생산되는 농산물이 무엇인지 조사하자. 학교 신문에 계절마다 매달 계절 과일과 채소를 이용한 건강하고 저렴한 조리법을 기고하자.
2. 어린이들이 건강한 식품을 먹도록 인형극을 만들어 공연해보자. 주말에 지역 도서관, 어린이집, 지역사회 방과후 교실에서 실행해보자.
3. 식품협동조합, 지역사회텃밭, 또는 공동 농업 프로그램을 시작하거나 참여해보자. 매주 수확한 식품을 지역사회에 기부해보자.

□ **지구의 식품 보장을 증진하기 위해 나는 직업을 고려할 수 있는가?**

1. 가르치는 것에 흥미가 있다면 평화봉사단의 일원이 되어 개발도상국에서 영양학을 가르쳐본다. 미국에서 가르치는 일을 하고 싶다면 Feeding Minds Fighting Hunger 웹사이트(링크가 제시되어 있음)를 방문하여 글로벌 영양학에 대해 청년들을 가르치는 정보를 보자.
2. 과학에 흥미가 있다면 생산량이 높은 작물, 관개법, 또는 식품이나 식수 위생을 향상시키는 프로젝트를 개발하는 것을 도울 수 있다.
3. 사업에 관심이 있다면 식품산업계에 들어가서 건강하고 공급가능한 식품 시장을 도울 수 있다.
4. 보건관리에 대한 직업을 추구한다면 국제 의학 봉사단에 들어가 가난한 사람을 사이에서 일할 수 있다.

세계 시민으로써 당신의 역할에 대해 스스로에게 물어보자.

□ **어떻게 나의 지역사회 사람들의 영양을 증진시킬 수 있을까?**
당신이 구매는 생산되고 판매되는 식품의 종류에 영향을 끼치며 적은 양의 가공식품을 살수록 에너지를 절약한다.

1. 지역사회의 공동부엌, 노숙인 쉼터, 푸드뱅크, 지역사회 텃밭 등에서 자원봉사할 수 있다.
2. 지역사회 내 비만과 싸우기 위해 신체활동에 대한 기회를 늘이는 것을 도울 수 있다. 걷기를 도모하는 사람들 모임을 만들거나 자원봉사자로 어린이에게 당신이 좋아하는 스포츠를 가르쳐보자.

□ **어떻게 개발도상국 사람들의 영양을 증진시킬 수 있을까?**

1. 기근이나 만성기아를 돕는 국제기구 중 하나에 시간 또는 돈을 기부하자. 기부나 자원봉사를 할 수 있는 곳을 찾기 위해 wwww.charitynavigator.org를 참고하자.
2. 미국과 유럽의 보호주의 농업 보조금의 세계적인 영향력을 조사해보고 학교나 지역사회 신문, 정치적 행동 그룹 등에 편지를 써서 당신이 염려하는 것을 알리자.
3. 당신이 사는 식품을 사는 국제적인 식품회사의 인권기록을 조사하자. 만약 발견한 내용이 만족스럽지 못하다면 브랜드를 바꾸고 식품회사에 당신이 바꾼 이유를 글로 써서 알리자.
4. 한국과 세계의 농업의 평등에 대해 지지하는 정책을 가지고 있는 정당에 투표하자.

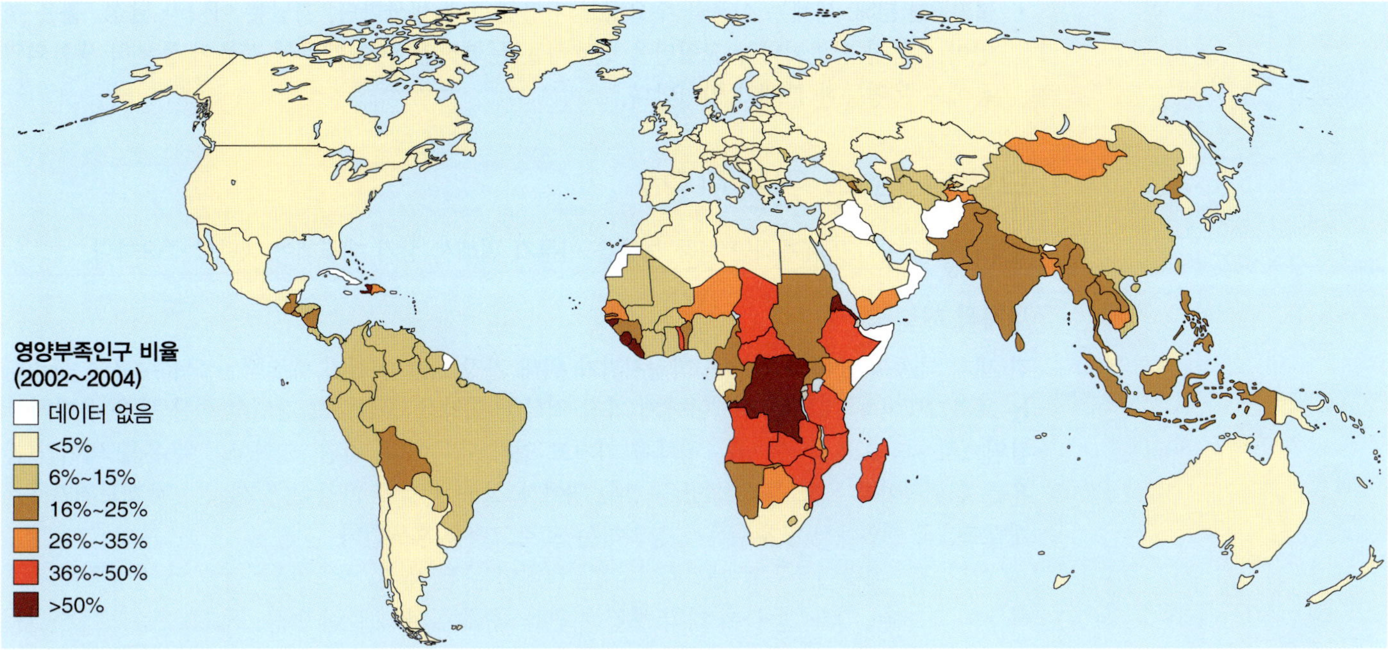

▲ 그림 12.17 영양부족은 사하라 사막 이남의 아프리카와 동남아시아의 일부에서 가장 빈번하다.

From "Undernourished Population (2002 - 2004)" by the Food and Agriculture Organization of the United Nations. Copyright © 2004 by the Food and Agricultural Organiztion of the United Nations. Reprinted by permission.

묘사하였는데(그림 12.17) 만성적으로 배고픔을 경험하고 있는 사람 중 약 1,500만 명을 제외하고는 개발도상국가에서 살고 있다는 것이다.[51]

다양한 요인들이 기여한다

대부분의 사람들에게 세계 기아(world hunger)는 홍수나 가뭄과 같은 자연재해로 인해 식품 부족이 광범위하게 퍼진 **기근(famine)**의 이미지를 떠오르게 한다. 이러한 재해가 짧은 시간 내, 지역 내 곡물생산량에 상당한 해를 입혀 기아상태를 일으키는 것은 사실이다. 하지만 다음을 포함한 여러 요인 역시 기아의 원인이 된다:

- 인구과잉. 지역에 살고 있는 사람들의 수에 비해 경작지나 관개 체계[xi]와 같은 자원이 충분하지 못할 때 식량부족은 흔히 발생된다.
- 전쟁. 기근은 종종 전쟁 때문에 일어나는데 전쟁은 사람들에게서 집을 앗아가고 경작이나 추수를 방해하거나 폭발물에 의해 길, 다리, 선로가 막혔거나 파괴되었을 때 식품의 운송을 방해할 수 있다.
- 빈약한 농업 관습. 동일 작물을 매년 키우는 전통적인 농업 방법은 토양의 영양소를 고갈시키고 작물 생산량을 감소시킬 수 있다. 면화나 담배와 같은 상업 작물을 위해 대지를 사용하면 식품 작물을 위해 사용할 수 있는 대지가 줄어든다.
- 사회기반시설의 부족. 많은 개발도상국은 식품을 도시로 운송할 도로와 선로뿐 아니라 식품을 저장할 냉장고를 위한 전기가 부족하다.
- 질병의 영향. 질병에 걸린 사람은 자신의 대지에서 일하거나 식품을 구매할 수 있는 현금을 벌 수 있는 직업을 지속할 능력이 작다. 예를 들면, 에이즈의 급속한 확산은 많은 개발도상국에서 만성적인 기아에 대한 위험을 증가시키면서 가족과 지역사회를 황폐하게 했다.

▲ 인도의 농부들이 가뭄 동안 농작물이 얼마나 남았는지 살펴보고 있다.

기근(famine) 한 지역에 많은 인구가 굶주리고 사망하는 광범위하면서 심각한 식품 부족 상태.

[xi] 농지에 물을 인공적으로 공급해 주는 체계—번역자주

- **불평등한 분배.** 세계는 식품을 수요량보다 충분하게 생산한다. 가난뿐 아니라 남성, 젊은 성인이나 특정 인종이나 종교집단을 선호하는 문화적인 편견 때문에 식품이 충분히 생산되었음에도 불평등한 분배가 일어난다.

무엇을 할 수 있을까요?

영양불량을 이기고 세계적인 식품 보장을 이루기 위해서 장기 해결책이 대단히 중요하다.

세계적 해결책

전 세계 아동의 생존과 건강을 향상시키기 위해 가장 중요한 장기 해결책은 모유수유를 장려하는 프로그램이다. 모유는 신생아에게 가장 적합한 영양을 공급하고 감염성 설사 등을 유발하는 감염으로부터 보호할 수 있는 항체를 가지고 있기 때문이다. 반면, 영아에게 분유를 먹이면 분유를 위생적이지 못한 물과 섞었을 경우 영아가 설사에 걸릴 확률이 증가한다. 세계보건기구는 개발도상국 전역에서 모유수유를 장려하는 프로그램을 후원한다.

어린이의 예방접종을 증가시키기 위한 캠페인은 전 세계 어린이에서 감염성 질병률을 감소하는 데 도움이 된다. 동시에 지역 보건 기관을 통해 설사에 걸린 어린이에게 수분과 전해질로 구성된 단순한 용액을 주는 경구 수분 보충 요법(oral rehydration therapy)[xii]은 탈수로 인한 사망을 줄이는 데 도움이 된다.

많은 국제기구는 가난한 사람이 자신의 음식을 생산할 수 있게 됨으로 영양상태가 향상될 수 있도록 도움을 준다. 예를 들면 미국 국제개발처(USAID)와 평화봉사단(Peace Corps)은 농업 교육 프로그램을, 세계은행(World Bank)은 자영업자에게 대출을 줄 수 있는 기금을, 비영리 또는 비정부 기관은 지역사회와 가족 농장을 지원한다. 많은 국제 프로그램은 연수를 해주고 지속가능한 농업 방법을 지원한다.

지역적 해결책

미국에서는 여러 정부 프로그램을 통해 저소득층이 장기간에 거쳐 식품을 획득할 수 있도록 돕는다. 이러한 프로그램 중에는 일반적으로 모든 연령의 저소득층 개인을 돕는 푸드스탬프로 잘 알려진 보충적 영양 보조 프로그램(Supplemental Nutrition Assistance Program, SNAP), 임신부와 5세까지의 어린이를 돕는 여성, 영아, 어린이를 위한 특별 보충적 영양 프로그램(Special Supplemental Nutrition Program for Women, Infants, and Children, WIC), 저소득층 학령기 어린이를 돕는 정부 학교 점심 급식 프로그램과 정부 학교 아침 급식 프로그램(National School Lunch and National School Breakfast Program), 여름방학 동안 저소득층 어린이를 돕기 위한 하계 급식 프로그램(Summer Food Service Program) 등이 있다.

미국 농무부는 자격요건이 되는 가정에게 긴급 식품과 잉여 식품을 보급하는 프로그램도 후원하고 있다. 식품은 자선단체나 지역 또는 군 기관을 통해 배급된다. 다른 미국 농무부 프로그램인 기아를 대비한 추수(Harvest for the Hungry)라 불리는 프로그램은 추수 후 과수원과 경작지에 남아 있는 과일과 채소를 모으는 관습인 이삭줍기(gleanin)를 지원한다. 또한 많은 지역 단체는 이삭줍기를 하여 그것을 지역의 무료 급식소(food pantry)에 나누어 준다.

참여하자!

매해 여러 번, 미국 전역의 수백 곳의 캠퍼스의 대학생들은 기아와 싸우기 위해 모인다. 기아를 없애기 위한 기아와 홈리스 방지 전국 학생 캠페인(National Student Campaign Against

---

xii) 설사로 인한 탈수증 완화 치료 방법—번역자주

Hunger and Homelessness)의 구성원은 구제기관에 직원을 제공하고 식품과 돈의 원조를 요청하고, 지역사회 운동을 장려한다. 이 단체는 당신이 참가할 수 있는 10여 개의 단체 중 하나일 뿐이다. 또한 **당신은 어떤가요?** 박스(400쪽)에서 당신의 행동이 세계의 식품 보장에 어떻게 영향을 미치는지 찾아볼 것을 제안한다.

요점 식품 보장은 충분하고 안전하며 영양가 있는 음식에 매일 접근할 수 있는 것이다. 세계는 식품을 충분히 생산하고 있지만 미국 가정의 약 15%는 식품 미보장을 경험하고 전 세계의 약 10억 명은 저영양 상태와 기아를 경험하고 있다. 영양불량을 줄이기 위한 전략은 국제적, 국가적, 개인적인 노력을 포함한다.

건강 감시

영양불량에 의해 일어날 수 있는 일반적인 질병은 무엇인가?

영양불량은 다양한 종류의 장애의 원인이 된다. 이 중 가장 흔한 원인 중 몇 가지는 다음과 같다.

- 감염. 영양불량과 영양부족은 어린이를 치명적인 감염에 더 취약하게 만든다. 가난한 국가에서는 폐렴과 감염성 설사가 5세 미만 어린이의 주요 사망 원인이다.[52] 영양불량은 어린이의 전반적인 건강과 면역 저항성을 줄이고 어린이가 감염에서 생존하지 못할 가능성을 높인다. 반면, 감염은 식욕저하와 구토와 설사에 의해 영양불량을 악화시킨다. 영양불량, 감염, 영양불량 악화, 감염에 대한 취약성 증가에 대한 악순환이 제시되었다. 감염은 또한 가임기 여성뿐 아니라 그 여성이 출산한 신생아의 사망률을 증가시킨다. 영양불량이 만연해 있는 개발도상국에서 2009년 영아사망률은 1,000명당 5명에서 84명까지 다양한 범위였다.[53]
- 마라스무스는 전반적으로 충분하지 못한 식품 섭취량에 의해 어린이에게 일어나는 질병이다(그림 12.18). 근본적으로 마라스무스에 걸린 어린이는 굶어 죽는다. 이러한 어린이는 빈혈, 극미한 체지방 저장량, 극심한 근육 왜소를 가진다. 시간이 흐르면서 어린이들은 저신장뿐 아니라 뇌 발달 손상을 경험한다. 약해진 면역계는 감염성 질병으로 사망하기 쉽게 만든다. 사망의 다른 원인에는 탈수와 심장 근육 약화로 인한 심부전이 포함된다.

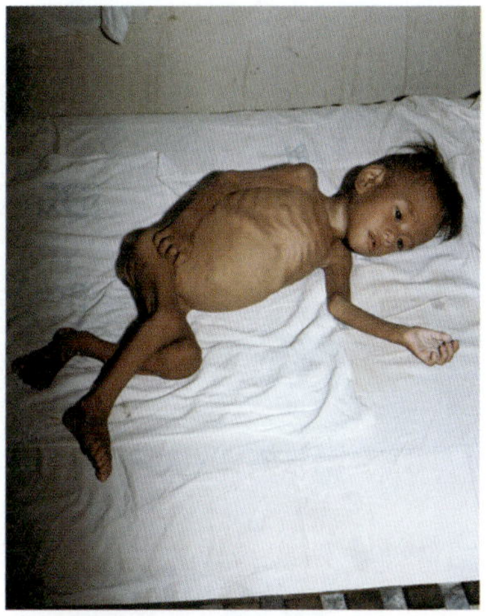

▲ 그림 12.18 마라스무스는 전반적으로 열량과 다른 영양소의 불충분한 섭취에 의해 발생한다.

- 쿼시오커는 동생이 태어나서 수유를 독점함으로써 최근 이유를 시작한 유아의 단백질 결핍 질병이다(그림 12.19). 일반적으로 모유는 충분하지 못한 양의 질이 낮은 단백질과 최소한의 총에너지를 함유한 묽은 곡물죽으로 대체된다. 어린이의 혈중 단백질 수준이 낮아서 체액이 조직 공간으로 스며드는 것을 막지 못하므로 부종이 발생한다. 이러한 이유로 쿼시오커에 걸린 어린이는 충분히 영양을 공급받고 있는 것처럼 보일 수 있다. 또한 장내 기생충 때문에 어린이의 복부는 팽창되어 있을 수 있다. 어린이는 근육의 극심한 소모를 경험하며 움직이지 않고 무신경하게 되며, 식욕이 없고 감염에 쉽게 쓰러지게 된다.
- 야맹증(night blindness)은 식사 중 비타민 A가 충분히 공급되지 못해 발생한다. 결핍증이 계속되면 영구적인 실명이 발생한다. 비

▲ 그림 12.19 쿼시오커는 모유수유를 못하게 된 유아에게 단백질이 불충분한 묽은 곡물죽을 먹임으로써 발생한다.

나는 어디에 있을까?

이 장을 읽은 후 식품 매개 질환을 피하기 위해 할 수 있는 간단한 일을 4가지 적어보자.

1.

2.

3.

4.

이웃이나 다른 나라에서 기아를 줄이기 위해 도울 수 있을 실행하고 싶다면 할 수 있는 일 한 가지를 적어보자.

▲ 값싸고 열량밀도가 높은 식품을 점점 더 사용하기 쉽게 되면서 영양과잉은 전 세계적인 문제가 되었다.

타민 A는 면역기능에도 중요하기 때문에 눈이 멀게 된 지 1년 안에 약 반 정도의 아이들이 감염에 의해 사망한다.

- **철결핍 빈혈.** 철결핍증은 세계에서 가장 흔한 영양 결핍증이다. 세계보건기구는 불충분한 철섭취량으로 인해 전 세계 인구의 30% 이상이 빈혈에 걸려 있다고 추정한다.[54] 말라리아와 해충 감염 역시 철결핍증에 기여한다. 철결핍증은 감염, 조산, 저출산체중에 대한 위험 증가, 학습능력 저하, 성인 시 일할 수 있는 능력 손상, 여성의 출산 시 사망에 대한 가능성 증가 등 많은 사람에게 영향을 미치기 때문에 비교할 수 없이 중요한 전 세계 공중보건 문제이다.
- **요오드 결핍증.** 어린이에서 예방할 수 있는 뇌 손상의 가장 주요한 원인은 임신기간과 생애 초반기 몇 년간의 저요오드 섭취량이다.[55] 1993년 이래 세계보건기구는 소금에 요오드를 넣는 전 세계적인 주요한 공중 보건 운동을 주도하고 있다. 이러한 노력은 풍토병으로 요오드 결핍증을 가진 나라의 수를 반으로 줄였지만 54개국은 여전히 요오드가 부족한 상태이다.[55]

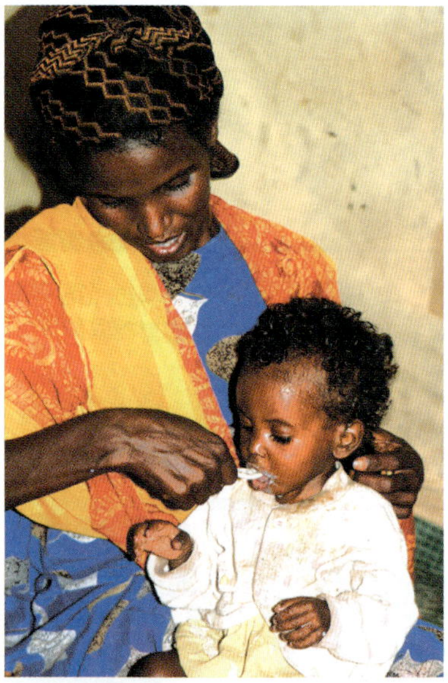

▲ 개발도상국에서 5세 미만 아동에게 비타민 A 보충제를 공급하면 사망률이 현저히 감소한다.

이러한 장애뿐 아니라 심장질환과 제2형 당뇨병과 같은 만성질환 역시 브라질, 인도, 중국과 같은 개발도상국가에서 증가하고 있다. 이 책의 앞부분에서 논의했던 것처럼 과체중과 비만은 이러한 질환의 위험요인이다. 식품 보장을 확보한 인구의 비율이 증가할수록 고지방, 고당, 가공식품을 포함한 고열량 식품의 종류와 양이 증가한다. 동시에 인구집단은 자동차를 이용한 운송수단, 노동을 줄일 수 있는 기구, 좌식생활형 여가활동에 대한 접근성이 증가하였다. 이러한 경향은 비만 및 관련 질환에 대한 유병률이 엄청나게 증가하는 데 기여했다. 세계보건기구는 개발도상국에서 1억 1,500만 명의 사람이 지금 비만 관련 질병으로 고생하고 있다고 추정했다.[56]

요점 영양불량은 영양부족 어린이의 주요 사망원인인 감염에 대한 위험을 증가시킨다. 마라스무스는 모든 영양소가 총체적으로 충분하지 못해서 발생하는 어린이 질병이며, 반면 콰시오커는 충분하지 못한 단백질 섭취량과 관련되어 있다. 비타민 A 부족증은 영구적 실명의 원인이며 감염에 대한 취약성을 증가시킨다. 철결핍증은 감염, 발달 손상, 조기 사망의 위험을 증가시키고 요오드 결핍증은 뇌 손상의 원인이 될 수 있다. 개발도상국에서도 비만이 급속도로 확산하고 있다.

복습

오늘 내가 해 볼 수 있는 것은?

이 장을 읽고, 다음 세 가지를 실천해 보자.

- 매 식사 전, 스스로 식사 준비를 하였든지 또는 외식을 하던지 손을 씻자!
- 그림 12.9를 복사하여 냉장고에 붙이자. 그러고 나서 더 이상 먹기에 안전하지 않은 남은 음식들을 버리자.
- 주변의 푸드 뱅크에 현금이나 통조림을 기부하자.

스스로 평가하기 정답

1. 거짓. 냉동은 일부 미생물을 사멸시키지만 다른 미생물의 경우 단지 번식하는 능력을 막을 뿐이다. 식품을 해동하면 이런 내한성 미생물은 번식을 다시 시작한다.

2. 거짓. 식품 매개 질환의 대부분은 노로바이러스라 부르는 바이러스 한 종만에 의해 일어난다. 박테리아 역시 식품 매개 질환의 주요 원인이다.

3. 참. 어떤 연구들은 유기농 식품에 비타민 C와 E, 특정 항산화성 피토케미컬의 수준이 더 높다고 보고하고 있으나 유기농 식품이 비유기농 식품에 비해 일관되게 영양가가 높다고 확신을 가지고 말하기에는 이 분야에 대해 발표된 연구의 수가 부족하다.

4. 참. 2008년과 2009년, 그리고 최근 2년간 수행된 연구에서 미국인의 약 15%가 식품 미보장을 경험했다.

5. 거짓. 철결핍증은 전 세계 인구의 30% 이상이 걸린 세계에서 가장 흔한 영양소 결핍증이다.

단원 문제

맞는 것에 동그라미 표시하세요.

1. 냉장고 농도는 반드시 ___보다 낮아야 한다.
a. −18℃ (0°F)
b. −7℃ (20°F)
c. 4℃ (40°F)
d. 16℃ (60°F)

2. 유기농이라고 표시된 식품은
a. 물과 소금을 제외하고는 유기농으로 생산된 원료만을 포함하여야 한다.
b. 미국환경보호국의 유기농 도장이 있을 것이다.
c. 농약을 사용하지 않고 재배된 것이다.
d. 식물성 원료만을 포함한 식품이다.

3. 식품 보존에 대한 다음의 보기에서 맛에 가장 영향을 적게 주는 것은?
a. 당저림
b. 훈제
c. 염장
d. 파스퇴르화

4. 어린이 질환에 대한 다음 보기 중 식이 단백질의 불충분한 섭취와 관련된 것은?
a. 크레틴증
b. 말라리아
c. 야맹증
d. 쿼시오커

5. 개발도상국에서 현재 1억 명 이상이 ______와(과) 관련된 만성질환을 겪고 있다.
   a. 감염
   b. 비만
   c. 자연재해
   d. 인구과잉

6. 참 / 거짓 오후 2:00 바비큐를 위해 마요네즈와 감자, 달걀, 적양파로 만든 샐러드를 오전 10:00에 만들었다. 바비큐까지 샐러드를 실온에 두어도 안전하다.

7. 참 / 거짓 야맹증이 있는 어린이에서 조기사망에 대한 위험이 증가한다.

8. 참 / 거짓 미국에서 유기농으로 인증된 농장은 특정 조건에서 농약 사용이 허가된다.

9. 참 / 거짓 방사선조사는 식품이 방사선을 지니게 한다.

10. 참 / 거짓 세계는 충분한 잉여의 식품을 가지고 있다.

단원 문제에 대한 정답은 이 책 뒤쪽에 있습니다.

부록

한국영양학회 · 보건복지부 · 식품의약품안정청 공동발간
2010 한국인 영양섭취기준

> 본 공개 자료는 사)한국영양학회가 발간한 '한국인 영양섭취기준 1차 개정판, 2010'에서 발췌하였습니다. 보다 자세한 내용은 상기 책자를 봐주시기 바라며, 자료 사용시 자료출처를 명기하여 주십시오.
> 〈자료출처 : 사)한국영양학회, 한국인 영양섭취기준 1차 개정판, 2010〉

한국인 영양섭취기준 정의 및 중요 개정사항

한국인 영양섭취기준이란 질병이 없는 대다수의 한국 사람들이 건강을 최적상태로 유지하고 질병을 예방하는 데 도움이 되도록 필요한 영양소 섭취 수준을 제시하는 기준이다. 종전의 영양권장량에서는 각 영양소별로 단일 값으로 제시하였으나 만성질환이나 영양소 과다섭취에 관한 우려와 예방의 필요성을 고려하여 여러 수준으로의 영양섭취기준을 2005년도에 새로이 설정하였고 2010년도에 1차 개정이 이루어지게 되었다.

영양섭취기준(Dietary Reference Intakes: DRIs)은 평균필요량(Estimated Average Requirement: EAR), 권장섭취량(Recommended Nutrient Intake: RNI), 충분섭취량(Adequate Intake: AI) 및 상한섭취량(Tolerable Upper Intake Level: UL)의 4가지로 구성되어 있다. 평균필요량은 대상 집단을 구성하는 건강한 사람들의 절반에 해당하는 사람들의 일일 필요량을 충족시키는 값으로 대상 집단의 필요량 분포치 중앙값으로부터 산출한 수치이다. 권장섭취량은 평균필요량에 표준편차의 2배를 더하여 정하였다. 충분섭취량은 영양소 필요량에 대한 정확한 자료가 부족하거나 필요량의 중앙값과 표준편차를 구하기 어려워 권장섭취량을 산출할 수 없는 경우에 제시하였다. 상한섭취량은 인체 건강에 유해영향이 나타나지 않는 최대 영양소 섭취수준으로서 과량 섭취시 건강에 악영향의 위험이 있다는 자료가 있는 경우에 설정이 가능하다. 탄수화물과 지질의 영양섭취기준은 다른 영양소와 달리 서로간의 균형이 중요하므로 에너지적정비율(Acceptable Macronutrient Distribution Ranges: AMDR)을 설정한다.

2010년 영양섭취기준의 중요한 개정 사항은 다음과 같다. 성인 연령 기준을 20세에서 19세로 조정하였고, 소아·청소년 체위기준은 2007년 질병관리본부에서 발표한 성장발육표준치를 적용하였다. 그 결과 소아·청소년 체위기준이 다소 상향되어 그에 따른 영양소 섭취기준을 조정하였다. 식이섬유, 칼륨, 비타민 D, 비타민 E 등은 국민건강영양조사에서의 에너지 및 해당 영양소 섭취량 추정치를 반영한 결과에 의해 충분섭취량을 수정하였다. 2005년 제정 당시 미설정 영양성분인 당류는 2006년 제정한 내용을 재검토하여 영양소 목록에 추가하였다. 포화지방과 콜레스테롤의 섭취기준 제정을 위한 근거자료의 부족에도 불구하고 최근의 높아진 대사증후군과 만성퇴행성질환 예방을 위해 19세부터 성인에 대해 섭취기준을 적용하였다.

일반인이 식생활에서 영양섭취기준을 직접 적용하기가 어려우므로 그 기준을 쉽게 이해하고 실천할 수 있도록 식품구성으로 기준을 제시하기 위한 방안이 식사구성안이다. 따라서 새로운 근거자료를 반영한 식사 구성안의 개정도 수반되었다. 식생활에서의 활용이 용이하도록 생애주기별 권장 식사패턴을 제안하고, 지향해야 할 식사구성 및 영양목표를 도식으로 나타낸 새로운 식사모형인 식품구성자전거를 제시하였다.

연령별 체위 기준치

[한국인 영양섭취기준 설정을 위한 체위기준]

	연령	신장 (cm)	체중 (kg)
영아(개월)	0~5	60.3	6.2
	6~11	72.2	8.9
유아(세)	1~2	86.1	12.2
	3~5	107.0	17.2
남자(세)	6~8	122.2	25.0
	9~11	139.6	35.7
	12~14	158.8	50.5
	15~18	171.4	62.1
	19~29	173	65.8
	30~49	170	63.6
	50~64	166	60.6
	65~74	164	59.2
	75 이상	164	59.2
여자(세)	6~8	121.0	24.6
	9~11	140.0	34.8
	12~14	155.9	47.5
	15~18	160.0	53.4
	19~29	160	56.3
	30~49	157	54.2
	50~64	154	52.2
	65~74	151	50.2
	75 이상	151	50.2

체위기준은 영아, 유아, 아동 및 청소년의 경우 2007년 질병관리본부가 제시한 소아·청소년 성장발육표준치를 사용함으로써 일부 연령의 체위기준치가 달라졌다. 반면에 성인 및 노인은 산업자원부 기술표준원 자료에 근거한 2005년 제정 시 체위기준치를 그대로 유지하였다.

한국인 영양섭취기준(Dietary Reference Intakes for Koreans: KDRIs) – 에너지적정비율

한국영양학회, 한국인영양섭취기준위원회, 2010

영양소		1~2세	3~18세	19세 이상	비고
탄수화물		55~70%	55~70%	55~70%	
단백질		7~20%	7~20%	7~20%	
지질	총지방	20~35%	15~30%	15~25%	
	n-6계 지방산	4~8%	4~8%	4~8%	
	n-3계 지방산	1% 내외	1% 내외	1% 내외	
	포화지방산[1]	–	–	4.5~7%	
	트랜스지방산[1]	–	–	1% 미만	
	콜레스테롤[1]	–	–	300mg/일 미만	목표섭취량

[1] 1~2세, 3~18세 섭취기준을 설정할 과학적 근거가 부족함

영양소별 영양섭취기준

한국인 영양섭취기준(Dietary Reference Intakes for Koreans: KDRIs) – 다량영양소

한국영양학회, 한국인영양섭취기준위원회, 2010

성별	연령	에너지 (kal/일)				탄수화물 (g/일)				지방 (g/일)				*n*-6계 지방산 (g/일)			
		필요 추정량	권장 섭취량	충분 섭취량	상한 섭취량	필요 추정량	권장 섭취량	충분 섭취량	상한 섭취량	필요 추정량	권장 섭취량	충분 섭취량	상한 섭취량	필요 추정량	권장 섭취량	충분 섭취량	상한 섭취량
영아	0~5(개월)	550						55				25				2.0	
	6~11	700						90				25				4.5	
유아	1~2(세)	1,000															
	3~5	1,400															
남자	6~8(세)	1,600															
	9~11	1,900															
	12~14	2,400															
	15~18	2,700															
	19~29	2,600															
	30~49	2,400															
	50~64	2,200															
	65~74	2,000															
	75 이상	2,000															
여자	6~8(세)	1,500															
	9~11	1,700															
	12~14	2,000															
	15~18	2,000															
	19~29	2,100															
	30~49	1,900															
	50~64	1,800															
	65~74	1,600															
	75 이상	1,600															
임신부[1]		+0															
		+340															
		+450															
수유부		+320															

[1] 에너지, 단백질: 임신 1, 2, 3분기별 부가량

(계속)

영양소별 영양섭취기준

한국인 영양섭취기준(Dietary Reference Intakes for Koreans: KDRIs) – 다량영양소

(계속)

한국영양학회, 한국인영양섭취기준위원회, 2010

성별	연령	*n*-3계 (g/일)				단백질 (g/일)				식이섬유 (g/일)				수분 (mL/일)			
		평균 필요량	권장 섭취량	충분 섭취량	상한 섭취량	평균 필요량	권장 섭취량	충분 섭취량	상한 섭취량	평균 필요량	권장 섭취량	충분 섭취량	상한 섭취량	평균 필요량	권장 섭취량	충분 섭취량	상한 섭취량
영아	0~5(개월)							9.5								700	
	6~11					9.8	13.5									800	
유아	1~2(세)					12	15					10				1,100	
	3~5					15	20					15				1,400	
남자	6~8(세)					20	25					20				1,800	
	9~11					30	35					20				2,000	
	12~14					40	50					25				2,300	
	15~18					45	55					25				2,600	
	19~29					45	55					25				2,600	
	30~49					45	55					25				2,500	
	50~64					40	50					25				2,200	
	65~74					40	50					25				2,100	
	75 이상					40	50					25				2,100	
여자	6~8(세)					20	25					15				1,700	
	9~11					30	35					15				1,800	
	12~14					40	45					20				2,000	
	15~18					40	45					20				2,100	
	19~29					40	50					20				2,100	
	30~49					35	45					20				2,000	
	50~64					35	45					20				1,900	
	65~74					35	45					20				1,800	
	75 이상					35	45					20				1,800	
임신부[1]						+0	+0										
						+12	+15					+5				+200	
						+25	+30										
수유부						+20	+25					+5				+700	

[1] 에너지, 단백질: 임신 1, 2, 3분기별 부가량

한국인 영양섭취기준(Dietary Reference Intakes for Koreans: KDRIs) – 지용성 비타민

한국영양학회, 한국인영양섭취기준위원회, 2010

성별	연령	비타민 A (μg RE/일)				비타민 D (μg/일)				비타민 E (mg α-TE/일)				비타민 K (μg/일)			
		평균 필요량	권장 섭취량	충분 섭취량	상한 섭취량	평균 필요량	권장 섭취량	충분 섭취량	상한 섭취량	평균 필요량	권장 섭취량	충분 섭취량	상한 섭취량	평균 필요량	권장 섭취량	충분 섭취량	상한 섭취량
영아	0~5(개월)			300	600			5	25			3				4	
	6~11			400	600			5	25			4				7	
유아	1~2(세)	200	300		600			5	60			5	100			25	
	3~5	230	300		700			5	60			6	140			30	
남자	6~8(세)	300	400		1,100			5	60			8	200			45	
	9~11	390	550		1,500			5	60			9	280			55	
	12~14	510	700		2,100			5	60			10	380			70	
	15~18	590	850		2,400			5	60			12	430			80	
	19~29	540	750		3,000			5	60			12	540			75	
	30~49	520	750		3,000			5	60			12	540			75	
	50~64	500	700		3,000			10	60			12	540			75	
	65~74	490	700		3,000			10	60			12	540			75	
	75 이상	490	700		3,000			10	60			12	540			75	
여자	6~8(세)	280	400		1,100			5	60			7	200			45	
	9~11	370	500		1,500			5	60			8	280			55	
	12~14	470	650		2,100			5	60			9	380			65	
	15~18	440	600		2,400			5	60			10	430			65	
	19~29	460	650		3,000			5	60			10	540			65	
	30~49	450	650		3,000			5	60			10	540			65	
	50~64	430	600		3,000			10	60			10	540			65	
	65~74	410	600		3,000			10	60			10	540			65	
	75 이상	410	600		3,000			10	60			10	540			65	
임신부		+50	+70		3,000			+5	60			+0	540			+0	
수유부		+350	+490		3,000			+5	60			+3	540			+0	

• RRR-α-tocopherol

한국인 영양섭취기준(Dietary Reference Intakes for Koreans: KDRIs) – 수용성 비타민

한국영양학회, 한국인영양섭취기준위원회, 2010

성별	연령	비타민 C (mg/일)				티아민 (mg/일)				리보플라빈 (mg/일)				니아신 (mg NE/일)				
		평균필요량	권장섭취량	충분섭취량	상한섭취량	평균필요량	권장섭취량	충분섭취량	상한섭취량	평균필요량	권장섭취량	충분섭취량	상한섭취량	평균필요량	권장섭취량	충분섭취량	상한섭취량[1]	상한섭취량[2]
영아	0~5(개월)			35				0.2				0.3				2		
	6~11			45				0.3				0.4				3		
유아	1~2(세)	30	40		350	0.4	0.5			0.5	0.6			5	6		10	180
	3~5	30	40		500	0.4	0.5			0.6	0.7			5	7		10	250
남자	6~8(세)	40	60		700	0.6	0.7			0.7	0.9			7	9		15	350
	9~11	55	70		1,000	0.7	0.9			0.9	1.1			9	11		20	500
	12~14	75	100		1,400	0.9	1.1			1.2	1.5			11	15		25	700
	15~18	85	110		1,600	1.1	1.3			1.4	1.7			13	17		30	800
	19~29	75	100		2,000	1.0	1.2			1.3	1.5			12	16		35	1,000
	30~49	75	100		2,000	1.0	1.2			1.3	1.5			12	16		35	1,000
	50~64	75	100		2,000	1.0	1.2			1.3	1.5			12	16		35	1,000
	65~74	75	100		2,000	1.0	1.2			1.3	1.5			12	16		35	1,000
	75 이상	75	100		2,000	1.0	1.2			1.3	1.5			12	16		35	1,000
여자	6~8(세)	50	60		700	0.6	0.7			0.6	0.7			7	9		15	350
	9~11	60	80		1,000	0.7	0.9			0.8	0.9			9	11		20	500
	12~14	75	100		1,400	0.9	1.1			1.0	1.2			11	14		25	700
	15~18	75	100		1,600	0.9	1.0			1.0	1.2			11	14		30	800
	19~29	75	100		2,000	0.9	1.1			1.0	1.2			11	14		35	1,000
	30~49	75	100		2,000	0.9	1.1			1.0	1.2			11	14		35	1,000
	50~64	75	100		2,000	0.9	1.1			1.0	1.2			11	14		35	1,000
	65~74	75	100		2,000	0.9	1.1			1.0	1.2			11	14		35	1,000
	75 이상	75	100		2,000	0.9	1.1			1.0	1.2			11	14		35	1,000
임신부		+10	+10		2,000	+0.4	+0.4			+0.3	+0.4			+3	+4		35	1,000
수유부		+35	+35		2,000	+0.3	+0.4			+0.4	+0.4			+3	+5		35	1,000

[1] 니코틴산(mg/일), [2] 니코틴아미드(mg/일), [3] Dietary Fotate Equvalents, 가임기 여성의 경우 400μg/일의 엽산보충제 섭취를 권장함, 엽산의 상한섭취량은 보충제 또는 강화식품의 형태로 섭취한 μg/일에 해당됨.

성별 연령	비타민 B_6 (mg/일)				엽산 (μgDFE/일)[3)]				비타민 B_{12} (μg/일)				판토텐산 (mg/일)				비오틴 (μg/일)			
	평균 필요량	권장 섭취량	충분 섭취량	상한 섭취량	평균 필요량	권장 섭취량	충분 섭취량	상한 섭취량	평균 필요량	권장 섭취량	충분 섭취량	상한 섭취량	평균 필요량	권장 섭취량	충분 섭취량	상한 섭취량	평균 필요량	권장 섭취량	충분 섭취량	상한 섭취량
영아 0~5(개월)			0.1				65				0.3				1.7				5	
6~11			0.3				80				0.5				1.8				7	
유아 1~2(세)	0.5	0.6		25	120	150		300	0.8	0.9					2				9	
3~5	0.6	0.7		35	150	180		400	0.9	1.1					3				11	
남자 6~8(세)	0.7	0.9		45	180	220		500	1.1	1.3					3				15	
9~11	0.9	1.1		60	250	300		600	1.5	1.7					4				20	
12~14	1.3	1.5		80	320	400		800	1.9	2.3					5				25	
15~18	1.3	1.5		90	320	400		900	2.2	2.7					6				30	
19~29	1.3	1.5		100	320	400		1,000	2.0	2.4					5				30	
30~49	1.3	1.5		100	320	400		1,000	2.0	2.4					5				30	
50~64	1.3	1.5		100	320	400		1,000	2.0	2.4					5				30	
65~74	1.3	1.5		100	320	400		1,000	2.0	2.4					5				30	
75 이상	1.3	1.5		100	320	400		1,000	2.0	2.4					5				30	
여자 6~8(세)	0.7	0.9		45	180	220		500	1.2	1.5					3				15	
9~11	0.9	1.1		60	250	300		600	1.6	1.9					4				20	
12~14	1.2	1.4		80	320	400		800	2.0	2.4					5				25	
15~18	1.2	1.4		90	320	400		900	2.0	2.4					6				30	
19~29	1.2	1.4		100	320	400		1,000	2.0	2.4					5				30	
30~49	1.2	1.4		100	320	400		1,000	2.0	2.4					5				30	
50~64	1.2	1.4		100	320	400		1,000	2.0	2.4					5				30	
65~74	1.2	1.4		100	320	400		1,000	2.0	2.4					5				30	
75 이상	1.2	1.4		100	320	400		1,000	2.0	2.4					5				30	
임신부	+0.6	+0.8		100	+200	+200		1,000	+0.2	+0.2					+1				+0	
수유부	+0.6	+0.8		100	+130	+150		1,000	+0.3	+0.4					+2				+5	

한국인 영양섭취기준(Dietary Reference Intakes for Koreans: KDRIs) – 다량무기질

한국영양학회, 한국인영양섭취기준위원회, 2010

성별	연령	칼슘 (mg/일)				인 (mg/일)				나트륨 (g/일)				
		평균필요량	권장섭취량	충분섭취량	상한섭취량	평균필요량	권장섭취량	충분섭취량	상한섭취량	평균필요량	권장섭취량	충분섭취량	상한섭취량	목표섭취량
영아	0~5(개월)			200				100				0.12		
	6~11			300				300				0.37		
유아	1~2(세)	390	500		2,500	350	500		3,000			0.7		
	3~5	470	600		2,500	390	500		3,000			0.9		
남자	6~8(세)	580	700		2,500	550	700		3,000			1.2		
	9~11	670	800		2,500	810	1,000		3,500			1.3		2.0
	12~14	800	1,000		2,500	860	1,000		3,500			1.5		2.0
	15~18	750	900		2,500	790	1,000		3,500			1.5		2.0
	19~29	620	750		2,500	580	700		3,500			1.5		2.0
	30~49	600	750		2,500	580	700		3,500			1.5		2.0
	50~64	570	700		2,500	580	700		3,500			1.4		2.0
	65~74	560	700		2,500	580	700		3,500			1.2		2.0
	75 이상	560	700		2,500	580	700		3,000			1.1		2.0
여자	6~8(세)	580	700		2,500	450	600		3,000			1.2		
	9~11	670	800		2,500	700	900		3,500			1.3		2.0
	12~14	740	900		2,500	680	900		3,500			1.5		2.0
	15~18	660	800		2,500	580	800		3,500			1.5		2.0
	19~29	530	650		2,500	580	700		3,500			1.5		2.0
	30~49	510	650		2,500	580	700		3,500			1.5		2.0
	50~64	590	700		2,500	580	700		3,500			1.4		2.0
	65~74	570	700		2,500	580	700		3,500			1.2		2.0
	75 이상	570	700		2,500	580	700		3,000			1.1		2.0
임신부		+230	+280		2,500	+0	+0		3,000			+0		2.0
수유부		+310	+370		2,500	+0	+0		3,500			+0		2.0

[1] 식품 외 급원의 마그네슘만 해당

성별	연령	염소 (g/일)				칼륨 (g/일)				마그네슘 (mg/일)			
		평균 필요량	권장 섭취량	충분 섭취량	상한 섭취량	평균 필요량	권장 섭취량	충분 섭취량	상한 섭취량	평균 필요량	권장 섭취량	충분 섭취량	상한[1] 섭취량
영아	0~5(개월)			0.18				0.4				30	
	6~11			0.56				0.7				55	
유아	1~2(세)			1.1				1.7		60	75		65
	3~5			1.4				2.3		85	100		90
남자	6~8(세)			1.8				2.8		125	150		130
	9~11			2.0				3.2		175	210		180
	12~14			2.3				3.5		250	300		250
	15~18			2.3				3.5		335	400		350
	19~29			2.3				3.5		285	340		350
	30~49			2.3				3.5		295	350		350
	50~64			2.1				3.5		295	350		350
	65~74			1.9				3.5		295	350		350
	75 이상			1.6				3.5		295	350		350
여자	6~8(세)			1.8				2.8		125	150		130
	9~11			2.0				3.2		175	210		180
	12~14			2.3				3.5		240	290		250
	15~18			2.3				3.5		285	340		350
	19~29			2.3				3.5		235	280		350
	30~49			2.3				3.5		235	280		350
	50~64			2.1				3.5		235	280		350
	65~74			1.9				3.5		235	280		350
	75 이상			1.6				3.5		235	280		350
임신부				+0				+0		+33	+40		350
수유부				+0				+0.4		+0	+0		350

한국인 영양섭취기준(Dietary Reference Intakes for Koreans: KDRIs) – 미량무기질

한국영양학회, 한국인영양섭취기준위원회, 2010

성별	연령	철 (mg/일)				아연 (mg/일)				구리 (μg/일)				불소 (mg/일)			
		평균 필요량	권장 섭취량	충분 섭취량	상한 섭취량	평균 필요량	권장 섭취량	충분 섭취량	상한 섭취량	평균 필요량	권장 섭취량	충분 섭취량	상한 섭취량	평균 필요량	권장 섭취량	충분 섭취량	상한 섭취량
영아	0~5(개월)			0.3	40			1.7				230				0.01	0.6
	6~11	5.0	6		40	2.3	2.8					300				0.5	0.9
유아	1~2(세)	4.8	6		40	2.4	3		6	220	290		1,500			0.6	1.2
	3~5	5.4	7		40	3.2	4		9	250	330		2,000			0.8	1.7
남자	6~8(세)	6.3	8		40	4.5	5		13	330	430		3,000			1.0	2.5
	9~11	8.5	11		40	6.4	8		18	440	570		5,000			2.0	10
	12~14	11.0	14		40	6.6	8		25	570	740		7,000			2.5	10
	15~18	11.8	15		45	8.2	10		30	670	870		8,000			3.0	10
	19~29	7.7	10		45	8.1	10		35	600	800		10,000			3.5	10
	30~49	7.4	10		45	7.9	9		35	600	800		10,000			3.0	10
	50~64	7.1	9		45	7.5	9		35	600	800		10,000			3.0	10
	65~74	6.9	9		45	7.2	9		35	600	800		10,000			3.0	10
	75 이상	6.9	9		45	7.1	9		35	600	800		10,000			3.0	10
여자	6~8(세)	6.3	8		40	4.4	5		13	330	430		3,000			1.0	2.5
	9~11	8.0	10		40	6.2	7		18	440	570		5,000			2.0	10
	12~14	10.0	13		40	6.2	7		25	570	740		7,000			2.5	10
	15~18	12.9	17		45	7.2	9		30	670	870		8,000			2.5	10
	19~29	10.8	14		45	7.0	8		35	600	800		10,000			3.0	10
	30~49	10.5	14		45	6.8	8		35	600	800		10,000			2.5	10
	50~64	6.1	8		45	6.3	8		35	600	800		10,000			2.5	10
	65~74	5.8	8		45	6.0	7		35	600	800		10,000			2.5	10
	75 이상	5.8	8		45	6.0	7		35	600	800		10,000			2.5	10
임신부		+7.8	+10		45	+2.0	+2.5		35	+100	+130		10,000			+0	10
수유부		+0	+0		45	+1.0	+5.0		35	+350	+450		10,000			+0	10

성별	연령	망간 (mg/일)				요오드 (μg/일)				셀레늄 (μg/일)				몰리브덴 (μg/일)			
		평균 필요량	권장 섭취량	충분 섭취량	상한 섭취량	평균 필요량	권장 섭취량	충분 섭취량	상한 섭취량	평균 필요량	권장 섭취량	충분 섭취량	상한 섭취량	평균 필요량	권장 섭취량	충분 섭취량	상한 섭취량
영아	0~5(개월)			0.01				130	250			8.5	40				
	6~11			0.8				170	250			11	60				
유아	1~2(세)			1.4	2	55	80		300	17	20		85				100
	3~5			2.0	3	65	90		300	19	25		120				150
남자	6~8(세)			2.5	4	75	100		500	25	30		150				200
	9~11			3.0	5	85	110		700	33	40		200				300
	12~14			4.0	7	90	130		1,700	43	50		300				400
	15~18			4.0	9	95	130		1,900	50	60		300				500
	19~29			4.0	11	95	150		2,400	45	55		400				600
	30~49			4.0	11	95	150		2,400	45	55		400				600
	50~64			4.0	11	95	150		2,400	45	55		400				600
	65~74			4.0	11	95	150		2,400	45	55		400				600
	75 이상			4.0	11	95	150		2,400	45	55		400				600
여자	6~8(세)			2.5	4	75	100		500	25	30		150				200
	9~11			3.0	5	85	110		700	33	40		200				300
	12~14			3.5	7	90	130		1,700	43	50		300				400
	15~18			3.5	9	95	130		1,900	50	60		300				500
	19~29			3.5	11	95	150		2,400	45	55		400				600
	30~49			3.5	11	95	150		2,400	45	55		400				600
	50~64			3.5	11	95	150		2,400	45	55		400				600
	65~74			3.5	11	95	150		2,400	45	55		400				600
	75 이상			3.5	11	95	150		2,400	45	55		400				600
임신부				+0	11	+65	+90			+3	+4		400				600
수유부				+0	11	+130	+180			+8	+10		400				600

식사구성안과 식품구성자전거

⊙ 식사구성안이란?

일반인에게 영양섭취기준에 만족할 만한 식사를 제공할 수 있도록 식품군별 대표 식품과 섭취 횟수를 이용하여 식사의 기본 구성 개념을 설명한 것.

⊙ 식품구성자전거와 식품군별 1인 1회 분량

식품구성자전거는 6개의 식품군에 권장식사패턴의 섭취횟수와 분량에 맞추어 바퀴 면적을 배분한 형태로, 기존의 식품 구성탑보다 다양한 식품 섭취를 통한 균형 잡힌 식사와 수분 섭취의 중요성 그리고 적절한 운동을 통한 비만 예방이라는 기본 개념을 나타냄. 식품군별 대표식품의 1인 1회 분량을 기준으로 섭취횟수를 활용하여 개인별 권장섭취패턴을 계획하거나 평가할 수 있음.

[식품구성자전거]

한국영양학회
The Korean Nutrition Society

[식품군별 대표식품의 1인 1회 분량]

식품군	1인 1회 분량
곡류	밥 1공기(210g), 국수 1대접(건면 100g), 식빵(대) 2쪽(100g), 감자(중) 1개 (130g)*, 씨리얼 1접시(40g)*
고기 · 생선 · 달걀 · 콩류	육류 1접시(생 60g), 닭고기 1조각(생 60g), 생선 1토막(생 60g), 달걀 1개(60g), 두부 2조각(80g), 콩(20g)
채소류	콩나물 1접시(생 70g), 시금치나물 1접시(생 70g), 배추김치 1접시(40g), 오이소박이 1접시(60g), 버섯 1접시(생 30g), 물미역 1접시(생 30g)
과일류	사과(중) 1/2개(100g), 귤(중) 1개(100g), 참외(중) 1/2개(200g), 포도(중) 15알(100g), 오렌지주스 1/2컵(100g)
우유 · 유제품류	우유 1컵(200g), 호상요구르트 1/2컵(100g), 액상요구르트 3/4컵(150g), 아이스크림 1/2컵(100g), 치즈 1장(20g)*
유지 · 당류	식용유 1작은술(5g), 버터 1작은술(5g), 마요네즈 1작은술(5g), 설탕 1큰술(10g), 커피믹스 1봉(12g)

* 다른 식품들 1회 분량의 1/2 에너지를 함유하고 있으므로 식단 작성 시 0.5회로 간주함.

〈자료출처 : 사)한국영양학회, 한국인 영양섭취기준 1차 개정판, 2010〉

참고문헌

1장

1. Institute of Medicine, Food and Nutrition Board. 2003. *Dietary Reference Intakes: Applications in Dietary Planning.* Washington, DC: National Academies Press.
2. U.S. Department of Agriculture and U.S. Department of Health and Human Services. 2010. *Dietary Guidelines for Americans, 2010.* 7th edn. Washington, DC: U.S. Government Printing Office.
3. Young, L. R., and M. Nestle. 1998. Variations in perceptions of a "medium" food portion: implications for dietary guidance. *J. Am. Diet. Assoc.* 98:458–459.
4. Young, L. R., and M. Nestle. 2002. The contribution of expanding portion sizes to the U.S. obesity epidemic. *American Journal of Public Health.* 92(2):246–249.
5. Food and Nutrition Information Center. 2010. Dietary Guidance. Ethnic/Cultural Food Pyramid. www.fnic.nal.usda.gov/nal_display/index.
6. Winterfeldt, E. A., M. L. Bogle, and L. L. Ebro. 2005. *Dietetics. Practice and Future Trends.* 2nd edn. Sudbury, MA: Jones and Bartlett.
7. Agricultural Research Service. June 6, 2008. Founding American Nutrition Science. ARS Timeline. www.ars.usda.gov/is/timeline/nutrition.htm.
8. Rising, K., P. Bacchetti, and L. Bero. 2008. Reporting bias in drug trials submitted to the Food and Drug Administration: review of publication and presentation. *PLoS Medicine.* 5(11):e217. Doi:10.1371/journal.pmed.0050217.
9. Schott, G., H. Pachl, U. Limbach, U. Gundert-Remy, W. Ludwig, and K. Lieb. 2010. The financing of drug trials by pharmaceutical companies and its consequences: Part 1. A qualitative, systematic review of the literature on possible influences on the findings, protocols, and quality of drug trials. *Deutsch Aerzteblatt International.* 107(16):279–285.

2장

1. Paddon-Jones, D., E. Westman, R. D. Mattes, R. R. Wolfe, A. Astrup, and M. Westerterp-Plantenga. 2008. Protein, weight management, and satiety. *Am. J. Clin. Nutr.* 87(5):1558S–1561S.
2. Halton, T. L., and F. B. Hu. 2004. The effects of high-protein diets on thermogenesis, satiety, and weight loss: a critical review. *J. Am. Coll. Nutr.* 23(5):373–385.
3. Watters, E. 2006. DNA is not destiny. *Discover,* 32–75.
4. The NCMHD Center of Excellence for Nutritional Genomics. http://nutrigenomics.ucdavis.edu.
5. Johnson, N., and J. Kaput. 2003. Nutrigenomics: an emerging scientific discipline. *Food Technology.* 57(4):60–67.
6. Grierson, B. 2003. What your genes want you to eat. *New York Times,* May 4.
7. Wallace, K. 2007. Diet, exercise may lower colon cancer risk [television broadcast]. CBS News, March 15.
8. Kaput, J., and R. Rodriguez. 2004. Nutritional genomics: the next frontier in the postgenomic era. *Physiological Genomics.* 16:166–177.
9. Kerr, M. 2003. Probiotics significantly reduce symptoms of IBS, ulcerative colitis. Medscape Medical News. www.medscape.com/viewarticle/455964_print.
10. Kopp-Hoolihan, L. 2001. Prophylactic and therapeutic uses of probiotics: a review. *J. Am. Diet. Assoc.* 101: 229–238, 241.
11. Saier, M. H., Jr., and N. M. Mansour. 2005. Probiotics and prebiotics in human health. *J. Mol. Microbiol. Bio-technol.* 10(1):22–25.
12. Doron, S., and S. L. Gorbach. 2006. Probiotics: their role in the treatment and prevention of diseases. *Expert Rev. Anti-Infect. Ther.* 4(2):261–275.
13. Ezendam, J., and H. van Loveren. 2006. Probiotics: immunomodulation and evaluation of safety and efficacy. *Nutr. Rev.* 64(1):1–14.
14. Sanders, M. E., D. C. Walker, K. M. Walker, K. Aoyama, and T. R. Klaenhammer. 1996. Performance of commercial cultures in fluid milk applications. *J. Dairy Sci.* 79: 943–955.
15. National Digestive Diseases Information Clearinghouse (NDDIC). 2003. Heartburn, hiatal hernia, and gastroesophageal reflux disease (GERD). NIH Publication No. 03-0882. http://digestive.niddk.nih.gov/ddiseases/pubs/gerd/index.htm.
16. Bauman, R. 2011. *Microbiology*, 3rd edn. San Francisco: Pearson Benjamin Cummings.
17. Chan, F. K. L., and W. K. Leung. 2002. Peptic-ulcer disease. *Lancet.* 360:933–941.
18. National Digestive Diseases Information Clearinghouse (NDDIC). 2010. NSAIDs and peptic ulcers. NIH Publication No. 10-4644. http://digestive.niddk.nih.gov/ddiseases/pubs/nsaids/index.htm.
19. U.S. Food and Drug Administration (FDA). January 27, 2011. Food Allergies: What You Need to Know. www.fda.gov/Food/ResourcesForYou/Consumers/ucm079311.htm.
20. National Institute of Allergy and Infectious Diseases: NIAID-Sponsored Expert Panel. 2010. Guidelines for the diagnosis and management of food allergy in the United States. *Journal of Allergy and Clinical Immunology.* 126(6)(suppl.):S1–S58. www.jacionline.org/article/S0091-6749(10)01566-6/fulltext.
21. National Digestive Diseases Information Clearinghouse (NDDIC). September 2008. Celiac Disease. NIH Publication No. 08-4269. http://digestive.niddk.nih.gov.
22. National Digestive Diseases Information Clearinghouse (NDDIC). January 2011. Diarrhea. NIH Publication No. 11-2749. http://digestive.niddk.nih.gov/ddiseases/pubs/diarrhea/index.htm.
23. National Digestive Diseases Information Clearinghouse (NDDIC). September 2007. Irritable bowel syndrome. NIH Publication No. 07-693. http://digestive.niddk.nih.gov/ddiseases/pubs/ibs/index.htm.
24. National Institutes of Health. March 12, 2002. Celiac Disease Meeting Summary. DDICC Meeting Minutes. http://digestive.niddk.nih.gov/federal/ddicc/minutes_3-12-02.pdf.

3장

1. Sears, B. 1995. *The Zone. A Dietary Road Map.* New York: HarperCollins.
2. Steward, H. L., M. C. Bethea, S. S. Andrews, and L. A. Balart. 1995. *Sugar Busters! Cut Sugar to Trim Fat.* New York: Ballantine Books.
3. Atkins, R. C. 1992. *Dr. Atkins' New Diet Revolution.* New York: M. Evans & Company.
4. U.S. Department of Agriculture and U.S. Department of Health and Human Services. 2010. *Dietary Guidelines for Americans, 2010,* 7th edn. Washington, DC: U.S. Government Printing Office.
5. Institute of Medicine, Food and Nutrition Board. 2002. *Dietary Reference Intakes for Energy, Carbohydrates, Fiber, Fat, Protein and Amino Acids (Macronutrients).* Washington, DC: The National Academy of Sciences.
6. International Food Information Council Foundation. 2009. Facts About Low-Calorie Sweeteners. www.foodinsight.org/Content/6/LCS%20Fact%20Sheet_11-09.pdf.
7. Spiers, P. A., L. Sabounjian, A. Reiner, D. K. Myers, J. Wurtman, and D. L. Schomer. 1998. Aspartame: neuropsychologic and neurophysiologic evaluation and chronic effects. *Am. J. Clin. Nutr.* 68:531–537.
8. National Cancer Institute. 2009. Artificial Sweeteners and Cancer. www.cancer.gov/cancertopics/factsheet/Risk/artificial-sweeteners.
9. Howard, B. V., and J. Wylie-Rosett. 2002. Sugar and cardiovascular disease. A statement for healthcare professionals from the Committee on Nutrition of the Council on Nutrition, Physical Activity, and Metabolism of the American Heart Association. *Circulation.* 106:523–527.
10. Meyer, K. A., L. H. Kushi, D. R. Jacobs, J. Slavin, T. A. Sellers, and A. R. Folsom. 2000. Carbohydrates, dietary fiber, and incident of type 2 diabetes in older women. *Am. J. Clin. Nutr.* 71:921–930.
11. Troiano, R. P., R. R. Briefel, M. D. Carroll, and K. Bialostosky. 2000. Energy and fat intakes of children and adolescents in the United States: data from the National Health and Nutrition Examination Surveys. *Am. J. Clin. Nutr.* 72:1343S–1353S.
12. Ludwig, D. S., K. E. Peterson, and S. L. Gortmaker. 2001. Relation between consumption of sugar-sweetened drinks and childhood obesity: a prospective, observational analysis. *Lancet.* 357:505–508.
13. National Diabetes Information Clearinghouse (NDIC). 2011. National Diabetes Statistics 2011. Diagnosed Diabetes. National Institutes of Health Publication No. 11-3892. http://diabetes.niddk.nih.gov/dm/pubs/statistics/index.htm.
14. Huang, T., T.-K., Kempf, A. M., Strother, M. L., Li, C., Lee, R. E., Harris, K. J., and Kaur, H. 2004. Overweight and components of the metabolic syndrome in college students. *Diab. Care.* 27(12):3000–3001.
15. Pan, X.-P., G.-W. Li, Y.-H. Hu, J. X. Wang, W. Y. Yang, Z. X. An, Z. X. Hu, J. Lin, J. Z. Xiao, H. B. Cao, P. A. Liu, X. G. Jiang, Y. Y. Jiang, J. P. Wang, H. Zheng, H. Zhang, P. H. Bennett, and B. V. Howard. 1997. Effects of diet and exercise in preventing NIDDM in people with impaired glucose tolerance. *Diabetes Care.* 20:537–544.
16. American College of Sports Medicine and American Diabetes Association. 2010. Joint position stand. Exercise and type 2 diabetes. *Med. Sci. Sports Exerc.* 42(12):2282–2303.

4장

1. U.S. Department of Agriculture (USDA) and the Department of Health and Human Services (DHHS). 2010. Dietary Guidelines for Americans. www.cnpp.usda.gov/dietaryguidelines.htm.
2. Institute of Medicine, Food and Nutrition Board. *2005. Dietary Reference Intakes for Energy, Carbohydrate, Fiber, Fat, Fatty Acids, Cholesterol, Protein, and Amino Acids (Macronutrients).* Washington, DC: National Academies Press.
3. Angell, S. Y., L. D. Silver, G. P. Goldstein, C. M. Johnson, D. R. Deitcher, T. T. Frieden, and M. T. Bassett. 2009. *Annals of Internal Medicine.*151(2):129–134.
4. Lichtenstein, A. H., et al. 2006. Diet and lifestyle recommendations revision 2006. A scientific statement from the American Heart Association Nutrition Committee. *Circulation.* 114:82–96.
5. Jones, P. J. H., and S. Kubow. 2006. Lipids, sterols, and their metabolites. In: Shils M. E., M. Shike, A. C. Ross, B. Caballero, and R. J. Cousins, eds. *Modern Nutrition in Health and Disease, 10th edn.* Baltimore, MD: Lippincott Williams & Wilkins.
6. Kris-Etherton, P. M., W. S. Harris, and L. J. Appel. 2002. Fish consumption, fish oil, omega-3 fatty acids and cardiovascular disease. *Circulation.* 106:2747–2757.
7. Din, J. N., D. E. Newby, and A. D. Flapan. 2004. Omega 3 fatty acids and cardiovascular disease—fishing for a natural treatment. *British Med. J.* 328(3):30–35.
8. Wijendran, V., and K. C. Hayes. 2004. Dietary n-6 and n-3 fatty acid balance and cardiovascular health. *Annu. Rev. Nutr.* 24:597–615.
9. Jebb, S. A., A. M. Prentice, G. R. Goldberg, P. R. Murgatroyd, A. E. Black, and W. A. Coward. 1996. Changes in macronutrient balance during over- and underfeeding assessed by 12-d continuous whole-body calorimetry. *Am. J. Clin. Nutr.* 64:259–266.
10. Ormrod, D. J., C. C. Holmes, and T. E. Miller. 1998. Dietary chitosan inhibits hypercholesterolaemia and atherogenesis in the apolipoprotein E–deficient mouse model of atherosclerosis. *Atherosclerosis.* 138(2):329–334.
11. Mhurchu, C. N., C. Dunshea-Mooij, D. Bennet, and A. Rodgers. 2005a. Effect of chitosan on weight loss in overweight and obese individuals: a systemic review of randomized control trials. *Obesity Rev.* 6:35–42.
12. Mhurchu, C. N., C. A. Dunshea-Mooij, D. Bennett, and A. Rodgers. 2005b. Chitosan for overweight or obesity. Cochrane database of systematic reviews (Online) (Cochrane Database Syst Rev) 2005(3): CD003892. 2005b.
13. Pittler, M. H., and E. Ernst. 2004 Dietary supplements for body-weight reduction: a systematic review. *Am. J. Clin. Nutr.* 79(4):529–536.
14. Mayo Clinic. 2010. Alli Weight-Loss Pill: Does It Work? MayoClinic.com, www.mayoclinic.com/health/alli/WT00030.
15. Rodriguez, N. R., N. M. DiMarco, and S. Langley S. 2009. Position of the American Dietetic Association, Dietitians of Canada, and the American College of Sports Medicine: nutrition and athletic performance. *J. Am. Diet. Assoc.* 109:509–527.
16. Manore, M. M., S. I. Barr, and G. E. Butterfield. 2000. Position of the American Dietetic Association, Dietitians of Canada, and the American College of Sports

Medicine: nutrition and athletic performance. *J. Am. Diet. Assoc.* 100:1543–1556.

17. Lichtenstein, A. H., and L. Van Horn. 1998. Very low fat diets. *Circulation.* 98:935–939.
18. Expert Panel on Detection, Evaluation, and Treatment of High Blood Cholesterol in Adults, National Institutes of Health. 2001. Executive summary of the Third Report of the National Cholesterol Education Program (NCEP) Expert Panel on Detection, Evaluation, and Treatment of High Blood Cholesterol in Adults (Adult Treatment Panel III). *JAMA.* 285(19):2486–2509.
19. Teegala, S. M., W. C. Willett, and D. Mazaffarian. 2009. Consumption and health effects of trans fatty acids: a review. *JAOAC International.* 92(5):1250–1257.
20. Allison, D. B., S. K. Egan, L. M. Barraj, C. Caughman, M. Infante, and J. T. Heimbach. 1999. Estimated intakes of trans fatty and other fatty acids in the U.S. population. *J. Am. Diet. Assoc.* 99:166–174.
21. Kennedy, E., and D. Bowman. Assessment of the effect of fat-modified foods on dietary quality in adults, 19–50 years, using data from the Continuing Survey of Food Intake by Individuals. *JADA.* 2110:101(4):455–460.
22. Melanson, K., and J. Dwyer. 2002. Popular diets for treatment of overweight and obesity. In: Wadden, T. A., and A. J. Stunkard, eds., *Handbook of Obesity Treatment.* New York: Guilford Press.
23. National Center for Chronic Disease Prevention and Health Promotion (NCCDPHP). 2010. Heart Disease and Stroke Prevention. Addressing the Nation's Leading Killers: At a Glance 2010. www.cdc.gov/chronicdisease/resources/publications/AAG/dhdsp.htm.
24. Oomen, C. M., M. C. Ocké, E. J. Feskens, M. A. van Erp-Baart, F. J. Kok, and D. Kromhout. 2001. Association between trans fatty acid intake and 10-year risk of coronary heart disease in the Zutphen Elderly Study: a prospective population-based study. *Lancet.* 357(9258):746–751.
25. Tailor, A. M., P. H. M. Peeters, T. Norat, P. Vineis, and D. Romaguera. 2010. An update on the prevalence of the metabolic syndrome in children and adolescents. *International Journal of Pediatric Obesity.* 5:202–213.
26. National Institutes of Health, National Heart, Lung, and Blood Institute. 2010. What Is Metabolic Syndrome? www.nhlbi.nih.gov/health/dci/Diseases/ms/ms_whatis.html.
27. Kim, Y. I. 2001. Nutrition and cancer. In: Bowman, B. A., and R. M. Russell, eds., *Present Knowledge in Nutrition*, 8th edn. Washington, DC: International Life Sciences Institute Press.
28. American Institute for Cancer Research (AICR), World Cancer Research Fund, 2007. Food, Nutrition, Physical Activity, and the Prevention of Cancer: A Global Perspective. www.aicr.org.
29. American Cancer Society (ACS). December 2011. What Are the Risk Factors for Prostate Cancer? www.cancer.org/Cancer/ProstateCancer/.
30. Pierce, J. P., et al. 2007. Influence of a diet very high in vegetables, fruit and fiber and low in fat on prognosis following treatment for breast cancer. The Women's Healthy Eating and Living (WHEL) Randomized Trial. *JAMA.* 298(3):289–298.
31. Prentice, R. L., et al. 2006. Low-fat dietary pattern and risk of invasive breast cancer. The Women's Health Initiative randomized controlled dietary modification trial. *JAMA.* 295:629–642.
32. Willette, W. C., and M. J. Stamper. 2006. Foundations of a healthy diet. In: Shils, M. E., M. Shike, A. C. Ross, B. Caballero, and R. J. Cousins, eds., *Modern Nutrition in Health and Disease*, 10th edn. Baltimore, MD: Lippincott Williams & Wilkins.
33. Alexander, D. D., L. M. Morimoto, P. J. Mink, and K. A. Lowe. 2010. Summary and meta-analysis of prospective studies of animal fat intake and breast cancer. *Nutrition Research Reviews.* 23(1):169–179.
34. Meyerhart, J. A., et al. 2007. Association of dietary patterns with cancer recurrence and survival in patients with stage III colon cancer. *JAMA.* 298(7):754–764.
35. Ma, R. W., and K. Chapman. 2009. A systemic review of the effect of diet in prostate cancer prevention and treatment. *Journal of Human Nutrition and Dietetics.* 22(3):187–199.

5장

1. Vegetarian Resource Group. 2009, June 3. How many vegetarians are there? *Vegetarian Journal.* www.vrg.org/press/2009poll.htm.
2. Leitzmann, C. 2005. Vegetarian diets: what are the advantages? *Forum Nutr.* 57:147–156.
3. Szeto, Y. T., T. C. Kwok, and I. F. Benzie. 2004. Effects of a long-term vegetarian diet on biomarkers of antioxidant status and cardiovascular risk. *Nutrition.* 20(10):863–866.
4. Munger, R. G., J. R. Cerhan, and B. C.-H. Chiu. 1999. Prospective study of dietary protein intake and risk of hip fracture in postmenopausal women. *Am. J. Clin. Nutr.* 69:147–152.
5. Alekel, D. L., A. St. Germain, C. T. Peterson, K. B. Hanson, J. W. Stewart, and T. Toda. 2000. Isoflavone-rich soy protein isolate attenuates bone loss in the lumbar spine of perimenopausal women. *Am. J. Clin. Nutr.* 72:844–852.
6. Hunt, J. R., L. K. Johnson, and Z. K. Fariba Roughead. 2009. Dietary protein and calcium interact to influence calcium retention: a controlled feeding study. *Am. J. Clin. Nutr.* 89:1357–1365.
7. Poortmans, J. R., and O. Dellalieux. 2000. Do regular high-protein diets have potential health risks on kidney function in athletes? *Int. J. Sport Nutr.* 10:28–38.
8. Samaha, F. F., N. Iqbal, P. Seshadri, K. L. Chicano, D. A. Daily, J. McGrory, T. Williams, M. Williams, E. J. Gracely, and L. Stern. 2003. A low-carbohydrate as compared with a low-fat diet in severe obesity. *N. Engl. J. Med.* 348:2074–2081.
9. Stern, L., N. Iqbal, P. Seshadri, K. L. Chicano, D. A. Daily, J. McGrory, M. Williams, E. J. Gracely, and F. F. Samaha. 2004. The effects of low-carbohydrate versus conventional weight loss diets in severely obese adults: one-year follow-up of a randomized trial. *Ann. Intern. Med.* 140:778–785.
10. Foster, G. D., H. R. Wyatt, J. O. Hill, B. G. McGuckin, C. Brill, B. S. Mohammed, P. O. Szapary, D. J. Rader, J. S. Edman, and S. Klein. 2003. A randomized trial of a low-carbohydrate diet for obesity. *N. Engl. J. Med.* 348:2082–2090.

11. Bravata, D. M., L. Sanders, J. Huang, H. M. Krumholz, I. Olkin, C. D. Gardner, and D. M. Bravata. 2003. Efficacy and safety of low-carbohydrate diets. A systematic review. *JAMA*. 289:1837–1850.
12. Brehm, B. J., and D. A. D'Alessio. 2008. Benefits of high-protein weight loss diets: enough evidence for practice? *Curr. Opin. Endocrinol. Diabetes Obes.* 15:416–421.
13. Clifton, P. M., K. Bastiaans, and J. B. Keogh. 2009. High protein diets decrease total and abdominal fat and improve CVD risk profile in overweight and obese men and women with elevated triacylglycerol. *Nutr. Metab. Cardiovas. Dis.* 19:548–554.
14. Russell, W. R., S. W. Gratz, S. H. Duncan, G. Holtrop, J. Ince, L. Scobbie, G. Duncan, A. M. Johnstone, G. E. Lobley, R. John Wallace, G. G. Duthie, and H. J. Flint. 2011. High-protein, reduced-carbohydrate weight-loss diets promote metabolite profiles likely to be detrimental to colonic health. *Am. J. Clin. Nutr.* 93(5):1062–1072.
15. Henkel, J. 2000. Soy: health claims for soy protein, questions about other components. *FDA Consumer Magazine*, May–June. www.fda.gov/fdac/features/2000/300_soy.html.
16. American Heart Association. 2005. Choosing a Heart-Healthy Diet. www.americanheart.org/presenter.jhtml?identifier=353.
17. Centers for Disease Control and Prevention. (2010, June 7). Cancer and Men. www.cdc.gov/Features/CancerAndMen/.
18. American Cancer Society. 2007. Can Phytoestrogens Reduce Breast Cancer Risk and Treat Menopause? www.cancer.org/docroot/MED/content/MED_2_1x_Can_Phytoestrogens_Reduce_Cancer_Risk_and_Treat_Menopause.asp.
19. Ma, D.-F., L.-Q. Qin, P.-Y. Wang, and R. Katoh. 2008. Soy isoflavone intake increases bone mineral density in the spine of menopausal women: meta-analysis of randomized-controlled trials. *Clin. Nutr.* 27(1):57–64.
20. Albert, C. M., J. M. Gaziano, W. C. Willett, J. E. Mason, and C. H. Hennekens. 2002. Nut consumption and decreased risk of sudden cardiac death in the Physicians' Health Study. *Arch. Intern. Med.* 162:1382–1387.
21. Manore, M. M., N. L. Meyer, and J. Thompson. 2009. *Sport Nutrition for Health and Performance*, 2nd edn. Champaign, IL: Human Kinetics.
22. Garlick, P. J. 2004. The nature of human hazards associated with excessive intake of amino acids. *J. Nutr.* 134:1633S–1639S.
23. Institute of Medicine, Food and Nutrition Board. 2005. *Dietary Reference Intakes for Energy, Carbohydrate, Fiber, Fat, Fatty Acids, Cholesterol, Protein, and Amino Acids (Macronutrients).* Washington, DC: National Academies Press.
24. Messina, M., and V. Messina. 1996. *The Dietitian's Guide to Vegetarian Diets*. Gaithersburg, MD: Aspen.
25. American Dietetic Association; Dietitians of Canada. 2003. Position of the American Dietetic Association and Dietitians of Canada: vegetarian diets. *J. Am. Diet. Assoc.* 103(6):748–765.
26. Messina, M. J. 1999. Legumes and soybeans: overview of their nutritional profiles and health effects. *Am. J. Clin. Nutr.* 70 (suppl.):439S–450S.
27. Institute of Medicine, Food and Nutrition Board. 2002. *Dietary Reference Intakes for Energy, Carbohydrate, Fiber, Fat, Fatty Acids, Cholesterol, Protein, and Amino Acids (Macronutrients).* Washington, DC: National Academies Press.
28. Messina V., V. Melina, and A. Reed Mangels. 2003. A new food guide for North American vegetarians. *J. Am. Diet. Assoc.* 103(6):771–775.

6장

1. Bernstein, L. 2000. Dementia without a cause: lack of vitamin B_{12} can cause dementia. *Discover*, February 21.
2. Albanes, D., O. P. Heinonen, J. K. Huttunen, P. R. Taylor, J. Virtamo, B. K. Edwards, J. Haapakoski, M. Rautalahti, A. M. Hartman, J. Palmgren, and P. Greenwald. 1995. Effects of alpha-tocopherol and beta-carotene supplements on cancer incidence in the Alpha-Tocopherol Beta-Carotene Cancer Prevention Study. *Am. J. Clin. Nutr*. 62(suppl.):1427S–1430S.
3. Omenn, G. S., G. E. Goodman, M. D. Thornquist, J. Balmes, M. R. Cullen, A. Glass, J. P. Keogh, F. L. Meyskens, B. Valanis, J. H. Williams, S. Barnhart, and S. Hammar. 1996. Effects of a combination of beta carotene and vitamin A on lung cancer and cardiovascular disease. *New Engl. J. Med*. 334:1150–1155.
4. World Health Organization (WHO). 2008. Micronutrient Deficiencies. Vitamin A Deficiency. www.who.int/nutrition/topics/vad/en/.
5. Lim, H. W., B. A. Gilchrest, K. D. Cooper, H. A. Bischoff-Ferrari, D. S. Rigel, W. H. Cyr, S. Miller, et al. 2005. Sunlight, tanning booths, and vitamin D. *J. Am. Acad. Dermatol*. 52:868–876.
6. Heaney, R. P. 2005. The vitamin D requirement in health and disease. *J. Steroid Biochem. Molec. Biol.* 97:13–19.
7. Heaney, R. P. 2007. The case for improving vitamin D status. *J. Steroid Biochem. Molec. Biol*. 103:635–641.
8. Holick, M. F. 2006. Resurrection of vitamin D deficiency and rickets. *J. Clin. Invest.* 116:2062–2072.
9. Institute of Medicine, Food and Nutrition Board. 2010. *Dietary Reference Intakes for Calcium and Vitamin D.* Washington, DC: National Academies Press.
10. Centers for Disease Control and Prevention. 1999. Achievements in public health, 1900–1999: safer and healthier foods. *Morbidity and Mortality Weekly Report (MMWR)*. 48(40):905–913. www.cdc.gov/mmwr/preview/mmwrhtml/mm4840a1.htm.
11. Rajakumar, K. 2003. Vitamin D, cod-liver oil, sunlight, and rickets: a historical perspective. *Pediatrics.* 112(2):e132–e135. http://pediatrics.aappublications.org/cgi/content/full/112/2/e132.
12. Sullivan, S. S., C. J. Rosen, W. A. Halteman, T. C. Chen, and M. F. Holick. 2005. Adolescent girls in Maine are at risk for vitamin D insufficiency. *J. Am. Diet. Assoc.* 105:971–974.
13. National Center for Complementary and Alternative Medicine. 2011. Dietary and Herbal Supplements. http://nccam.nih.gov/health/supplements/.
14. Nutrition Business Journal. 2009. 2009 U.S. Nutrition Industry Overview. Vol XIV, No 6/7, June/July. ©Penton Media, Inc.
15. U.S. Government Accountability Office. 2010. Herbal Dietary Supplements: Examples of Deceptive or

Questionable Marketing Practices and Potentially Dangerous Advice. GAO-10-662T. www.gao.gov/new.items/d10662t.pdf.

16. Hemilä, H., E. Chalker, B. Treacy, and B. Douglas. 2007. Vitamin C for preventing and treating the common cold. *Cochrane Database of Systematic Reviews*. Issue 3. Art. No. CD000980. DOI: 10.1002/14651858.CD000980.pub3.
17. National Institute of Allergy and Infectious Diseases. December 2004. The Common Cold. www.niaid.nih.gov/factsheets/cold.htm.
18. Massey, L. K., M. Liebman, and S. A. Kynast-Gales. 2005. Ascorbate increases human oxaluria and kidney stone risk. *J. Nutr*. 135:1673–1677.
19. Institute of Medicine, Food and Nutrition Board. 2001. *Dietary Reference Intakes for Vitamin A, Vitamin K, Arsenic, Boron, Chromium, Copper, Iodine, Iron, Manganese, Molybdenum, Nickel, Silicon, Vanadium, and Zinc*. Washington, DC: National Academies Press.
20. Office of Dietary Supplements (ODS). 2005. Dietary Supplement Fact Sheet: Vitamin B_6. http://ods.od.nih.gov/factsheets/vitaminb6.assumption.
21. Institute of Medicine, Food and Nutrition Board. 1998. *Dietary Reference Intakes for Thiamin, Riboflavin, Niacin, Vitamin B_6, Folate, Vitamin B_{12}, Pantothenic Acid, Biotin, and Choline*. Washington, DC: National Academies Press.
22. American Cancer Society. 2008. ACS Guidelines on Nutrition and Physical Activity for Cancer Prevention. www.cancer.org.
23. Greenwald, P., C. K. Clifford, and J. A. Milner. 2001. Diet and cancer prevention. *Eur. J. Cancer*. 37:948–965.
24. Joshipura, K. J., F. B. Hu, J. E. Manson, M. J. Stampfer, E. B. Rimm, F. E. Speizer, et al. 2001. The effect of fruit and vegetable intake on risk for coronary heart disease. *Ann. Intern. Med.* 134:1106–1114.
25. Liu, S., I.-M. Lee, U. Ajani, S. R. Cole, J. E. Buring, and J. E. Manson. 2001. Intake of vegetables rich in carotenoids and risk of coronary heart disease in men: The Physicians' Health Study. *Int. J. Epidemiol*. 30:130–135.
26. Agency for Healthcare Research and Quality (AHRQ), U.S. Preventive Services Task Force (USPSTF). 2003. Routine Vitamin Supplementation to Prevent Cancer and Cardiovascular Disease. www.ahrq.gov/clinic/3rduspstf/vitamins/vitaminsrr.htm.
27. National Center for Complementary and Alternative Medicine. 2008. Consumer Advisory: Vitamin E Supplements. http://nccam.nih.gov/news/alerts/vitamine/vitamine.htm.
28. World Cancer Research Fund/American Institute for Cancer Research (AICR). 2007. *Food, Nutrition, Physical Activity, and the Prevention of Cancer: A Global Perspective*. Washington, DC: AICR.
29. Gahche, J., R. Bailey, V. Burt, J. Hughes, E. Yetley, J. Dwyer, M. F. Picciano, M. McDowell, and C. Sempos. 2011. Dietary Supplement Use Among U.S. Adults Has Increased Since NHANES III (1988–1994). NCHS Data Brief. Number 61. www.cdc.gov/nchs/data/databriefs/db61.htm.
30. American Dietetic Association. 2009. Position of the American Dietetic Association: functional foods. *J. Am. Diet. Assoc*. 109(4):735–746.
31. Phytochemical Information Center. 2005. 5 a Day. Eat Your Colors, Get Your Phytochemicals. www.5aday.com/html/phytochem/colors.php.

7장

1. Eckhert, C. D. 2006. Other trace elements. In: Shils, M. E., M. Shike, A. C. Ross, B. Caballero, and R. J. Cousins, eds. *Modern Nutrition in Health and Disease*, 10th edn. Philadelphia: Lippincott Williams & Wilkins, pp. 338–350.
2. Institute of Medicine, Food and Nutrition Board. 2010. *Strategies to Reduce Sodium Intake in the United States*. Washington, DC: National Academies Press.
3. Sacks, F. M., L. P. Svetkey, W. M. Vollmer, L. J. Appel, G. A. Bray, D. Harsha, E. Obarzanek, P. R. Conlin, E. R. Miller III, D. G. Simons-Morton, N. Karanja, and P.-H. Lin. 2001. Effects on blood pressure of reduced dietary sodium and the Dietary Approaches to Stop Hypertension (DASH) diet. *N. Engl. J. Med*. 344:3–10.
4. Evans, G. W. 1989. The effect of chromium picolinate on insulin controlled parameters in humans. *Int. J. Biosoc. Med. Res*. 11:163–180.
5. Hasten, D. L., E. P. Rome, D. B. Franks, and M. Hegsted. 1992. Effects of chromium picolinate on beginning weight training students. *Int. J. Sports Nutr.* 2:343–350.
6. Lukaski, H. C., W. W. Bolonchuk, W. A. Siders, and D. B. Milne. 1996. Chromium supplementation and resistance training: effects on body composition, strength, and trace element status of men. *Am. J. Clin. Nutr.* 63:954–965.
7. Hallmark, M. A., T. H. Reynolds, C. A. DeSouza, C. O. Dotson, R. A. Anderson, and M. A. Rogers. 1996. Effects of chromium and resistive training on muscle strength and body composition. *Med. Sci. Sports Exerc.* 28:139–144.
8. Pasman, W. J., M. S. Westerterp-Plantenga, and W. H. Saris. 1997. The effectiveness of long-term supplementation of carbohydrate, chromium, fibre and caffeine on weight maintenance. *Int. J. Obesity Related Metab. Disorders*. 21:1143–1151.
9. Walker, L. S., M. G. Bemben, D. A. Bemben, and A. W. Knehans. 1998. Chromium picolinate effects on body composition and muscular performance in wrestlers. *Med. Sci. Sports Exerc*. 30:1730–1737.
10. Campbell, W. W., L. J. Joseph, S. L. Davey, D. Cyr-Campbell, R. A. Anderson, and W. J. Evans. 1999. Effects of resistance training and chromium picolinate on body composition and skeletal muscle in older men. *J. Appl. Physiol.* 86:29–39.
11. Volpe, S. L., H. W. Huang, K. Larpadisorn, and I. I. Lesser. 2001. Effect of chromium supplementation and exercise on body composition, resting metabolic rate and selected biochemical parameters in moderately obese women following an exercise program. *J. Am. Coll. Nutr.* 20: 293–306.
12. Campbell, W. W., L. J. O. Joseph, R. A. Anderson, S. L. Davey, J. Hinton, and W. J. Evans. 2002. Effects of resistive training and chromium picolinate on body composition and skeletal muscle size in older women. *Int. J. Sports Nutr. Ex. Metab.* 12:125–135.
13. Vincent, J. B. 2003. The potential value and toxicity of chromium picolinate as a nutritional supplement, weight loss agent and muscle development agent. *Sports Med.* 33:213–230.
14. Office of Dietary Supplements. 2009. Dietary Supplement Fact Sheet: Selenium. http://ods.od.nih.gov/factsheets/selenium/.

15. Institute of Medicine, Food and Nutrition Board. 2001. *Dietary Reference Intakes for Vitamin A, Vitamin K, Arsenic, Boron, Chromium, Copper, Iodine, Iron, Manganese, Molybdenum, Nickel, Silicon, Vanadium, and Zinc*. Washington, DC: National Academies Press.
16. Centers for Disease Control and Prevention (CDC). 2002. Iron Deficiency—United States, 1999–2000. *Morbidity and Mortality Weekly Report*. 51(40):871–920. www.cdc.gov/mmwr/PDF/wk/mm5140.pdf.
17. U.S. Food and Drug Administration. 1997. Preventing iron poisoning in children. *FDA Backgrounder*. www.fda.gov/opacom/backgrounders/ironbg.html.
18. Prasad, A. 1996. Zinc: the biology and therapeutics of an ion. *Ann. Intern. Med*. 125:142–143.
19. Jackson J. L., E. Lesho, and C. Peterson. 2000. Zinc and the common cold: a meta-analysis revisited. *J. Nutr*. 130:1512S–1515S.
20. Sigh, M., and R. R. Das. 2011. Zinc for the common cold. *Cochrane Database of Systematic Reviews*. Issue 2. Art. No.: CD001364. DOI: 10.1002/14651858.CD001364.pub3.
21. Institute of Medicine, Food and Nutrition Board. 2011. *Dietary Reference Intakes for Calcium, Phosphorus, Magnesium, Vitamin D, and Fluoride*. Washington, DC: National Academies Press.
22. Keller, J. L., A. J. Lanou, and N. D. Barnard. 2002. The consumer cost of calcium from food supplements. *J. Am. Diet. Assoc*. 102: 1669–1671.
23. Heaney, R. P., and K. Rafferty. 2001. Carbonated beverages and urinary calcium excretion. *Am. J. Clin. Nutr*. 74: 343–347.
24. Wu, C. H., Y. C. Yang, W. J. Yao, F. H. Lu, J. S. Wu, and C. J. Chang. 2002. Epidemiological evidence of increased bone mineral density in habitual tea drinkers. *Arch. Intern. Med*. 162:1001–1006.
25. National Osteoporosis Foundation (NOF). 2011. Fast Facts. www.nof.org/node/40.
26. International Osteoporosis Foundation. 2004. By 2020, One in Two Americans over Age 50 Will Be at Risk for Fractures from Osteoporosis or Low Bone Mass. Press release issued by the Office of the U.S. Surgeon General, Thursday, October 14, 2004. www.osteofound.org/press_centre/pr_2004_10_14.html.
27. International Osteoporosis Foundation. 2010. The Facts About Osteoporosis and Its Impact. www.iofbonehealth.org/facts-and-statistics.html#factsheet-category-14.
28. National Institutes of Health. 2011. Osteoporosis Handout on Health. www.niams.nih.gov/Health_Info/Bone/Osteoporosis/osteoporosis_hoh.asp#5.
29. Tucker, K. L., M. T. Hannan, H. Chen, L. A. Cupples, P. W. F. Wilson, and D. P. Kiel. 1999. Potassium, magnesium, and fruit and vegetable intakes are associated with greater bone mineral density in elderly men and women. *Am. J. Clin. Nutr*. 69:727–736.
30. Tucker, K. L., H. Chen, M. T. Hannan, L. A. Cupples, P. W. F. Wilson, D. Felson, and D. P. Kiel. 2002. Bone mineral density and dietary patterns in older adults: The Framingham Osteoporosis Study. *Am. J. Clin. Nutr*. 76:245–252.
31. South-Pal, J. E. 2001. Osteoporosis: part II. Nonpharmacologic and pharmacologic treatment. *Am. Fam. Physician*. 63:1121–1128.

8장

1. Almond, C. S. D., et al. 2005. Hyponatremia among runners in the Boston Marathon. *N. Engl. J. Med*. 352:1150–1156.
2. Sawka, M. N., L. M. Burke, E. R. Eichner, R. J. Maughan, S. J. Montain, and N. S. Stachenfeld. 2007. American College of Sports Medicine position stand: exercise and fluid replacement. *Med. Sci. Sports. Exerc*. 39(2):377–390.
3. Institute of Medicine, Food and Nutrition Board. 2004. *Dietary Reference Intakes: Water, Potassium, Sodium, Chloride, and Sulfate*. Washington, DC: National Academies Press.
4. NPR Author Interview. May 10, 2010. War on Tap: Americans Obsession with Bottled Water, by Peter Gleick. www.npr.org/templates/story/story.php?storyId=126833795.
5. International Bottled Water Association. 2008. Consumers Vote for Bottled Water as Their "Number One" Beverage for a Healthy Lifestyle. www.bottledwater.org/public/2007_releases/2007-06-28_survey.htm.
6. Seifert, S. M., J. L. Schaechter, E. R. Hershorin, and S. E. Lipshultz. 2011. Health effects of energy drinks on children, adolescents, and young adults. *Pediatrics*. 127:511–528.
7. Centers for Disease Control and Prevention. 2011. Rethink Your Drink. www.cdc.gov/healthyweight/healthy_eating/drinks.html.
8. Duffey, K. J., and B. M. Poplin. 2007. Shifts in patterns and consumption of beverages between 1965 and 2002. *Obesity*. 15:2739–2747.
9. National Center for Catastrophic Sports Injury at UNC at Chapel Hill. http://ksi.uconn.edu/pdf%20linked/NCCSRecent%20Data%20on%20Heat%20Illness.pdf.
10. Centers for Disease Control and Prevention. 2010. FAQs: Alcohol and Public Health. www.cdc.gov/alcohol/faqs.htm.
11. U.S. Department of Agriculture and U.S. Department of Health and Human Services. 2010. *Dietary Guidelines for Americans, 2010*, 7th edn. Washington, DC: U.S. Government Printing Office.
12. Schoenborn, C. A., and P. F. Adams. 2010. Health behaviors of adults: United States, 2005–2007. *Vital Health Stat*. 10(245).
13. Insurance Institute for Highway Safety, Highway Loss Data Institute. 2011. DUI/DWI Laws. www.iihs.org/laws/dui.aspx.
14. Patra, J., B. Taylor, H. Irving, M. Roerecke, D. Baliunas, S. Mohapatra, and J. Rehm. 2010. Alcohol consumption and the risk of morbidity and mortality for different stroke types—a systemic review and meta-analysis. *BMC Public Health*. 10:258–269.
15. Ronksley, P. E., S. E. Brien, B. J. Turner, K. J. Mukamal, and W. A. Ghali. 2011. Association of alcohol consumption with selected cardiovascular disease outcomes: a systematic review and meta-analysis. *Brit. Med. J.l*. 342:d671doi:10.1136/bmj.d671. www.bmj.com/content/342/bmj.d671.full.
16. Brien, S. E., P. E. Ronksley, B. J. Turner, K. J. Mukamal, and W. A. Ghali. 2011. Effect of alcohol consumption on biological markers associated with risk of coronary heart disease: systematic review and meta-analysis of interventional studies. *Brit. Med.l Jl*.

342:d636doi:10.1136/bmj.d363. www.bmj.com/content/342/bmj.d636.long.

17. García, A. M., N. Ramón-Bou, and M. Porta. 2010. Isolated and joint effects of tobacco and alcohol consumption on risk of Alzheimer's disease. *J. Alzheimers Dis*. 20: 577–586.
18. Li, C. I., R. T. Chlebowski, M. Freiberg, K. C. Johnson, L. Kuller, D. Lane, L. Lessin, M. J. O'Sullivan, J. Wactawski-Wende, S. Yasmeen, and R. Prentice. 2010. Alcohol consumption and risk of postmenopausal breast cancer by subtype: the Women's Health Initiative Observational Study. *J. National Cancer Institute.* doi: 10.1093/jnci/djq316. http://jnci.oxfordjournals.org/content/early/2010/08/23/jnci.djq316.abstract.
19. Sesso, H. D., N. R. Cook, J. E. Buring, J. E. Manson, and J. M. Gaziano. 2008. Alcohol consumption and the risk of hypertension in women and men. *Hypertension*. 51:1080–1087.
20. Caton, S. J., M. Ball, A. Ahern, and M. M. Hetherington. 2004. Dose-dependent effects of alcohol on appetite and food intake. *Physiol. Behav.* 81:51–58.
21. National Institute on Alcohol Abuse and Alcoholism (NIAAA). 2008. Alcohol and other drugs. *Alcohol Alert*. 76:1–6. http://pubs.niaaa.nih.gov/publications/AA76/AA76.pdf.
22. National Institute on Alcohol Abuse and Alcoholism (NIAAA). 2007. Harmful Interactions: Mixing Alcohol with Medicines. NIH Publication No. 03-5329. http://pubs.niaaa.nih.gov/publications/medicine/medicine.htm.
23. U.S. Department of Education. Consequences of High Risk Drinking: Academic Performance. www.higheredcenter.org/high-risk/alcohol/consequences/academic-performance.
24. Centers for Disease Control and Prevention. 2010. Fact Sheets: Binge Drinking. www.cdc.gov/alcohol/fact-sheets/binge-drinking.htm.
25. Clark, D. B., D. L. Thatcher, and S. F. Tapert. 2008. Alcohol, psychological dysregulation, and adolescent brain development. *Alcoholism: Clin. and Exper. Res*. 32:375–385.
26. National Highway Traffic Safety Administration. 2010. U.S. Transportation Secretary LaHood Views Demonstration of New In-Vehicle Technology Targeted Toward Habitual Drunk Drivers. www.nhtsa.gov/PR/DOT-12-11.
27. Centers for Disease Control and Prevention. 2010. Fetal Alcohol Spectrum Disorders. www.cdc.gov/ncbddd/fasd/facts.html.
28. U.S. Department of Health and Human Services, Center for Substance Abuse Prevention. 2007. *Fetal Alcohol Spectrum Disorders by the Numbers*. DHHS Publication No. (SMA) 06-4236.

9장

1. Emme. 2009. Bio profile. http://emmestyle.com/about.
2. Manore, M. M, N. L. Meyer, and J. Thompson. 2009. *Sport Nutrition for Health and Performance,* 2nd edn. Champaign, IL: Human Kinetics.
3. Ravussin, E., S. Lillioja, T. E. Anderson, L. Christin, and C. Bogardus. 1986. Determinants of 24-hour energy expenditure in man: methods and results using a respiratory chamber. *J. Clin. Invest*. 78:1568–1578.
4. Harris, J., and F. Benedict. 1919. *A Biometric Study of Basal Metabolism in Man.* Washington, DC: Carnegie Institute of Washington.
5. Stunkard, A. J., T. I. A. Sørensen, C. Hanis, T. W. Teasdale, R. Chakraborty, W. J. Schull, and F. Schulsinger. 1986. An adoption study of human obesity. *N. Engl. J. Med*. 314:193–198.
6. Virtanen, K. A., M. E. Lidell, J. Orava, M. Heglind, R. Westergren, T. Niemi, M. Taittonen, J. Laine, N-J. Savito, S. Enerbäck, and P. Nuutila. 2009. Functional brown adipose tissue in healthy adults. *N. Engl. J. Med*. 360(15):1518–1525.
7. Cypess, A. M., S. Lehman, G. Williams, I. Tal, D. Rodman, A. B. Goldfine, F. C. Kuo, E. L. Palmer, Y-H. Tseng, A. Doria, G. M. Kolodny, and C. R. Kahn. 2009. Identification and importance of brown adipose tissue in adult humans. *N. Engl. J. Med.* 360(15):1509–1517.
8. Eyler, A. E., D. Matson-Koffman, D. Rohm-Young, S. Wilcox, J. Wilbur, J. L. Thompson, B. Sanderson, and K. R. Evenson. 2003. Quantitative study of correlates of physical activity in women from diverse racial/ethnic groups: the Women's Cardiovascular Health Network Project. *Am. J. Prev. Med.* 25(3Si):93–103.
9. Eyler, A. E., D. Matson-Koffman, J. R. Vest, K. R. Evenson, B. Sanderson, J. L. Thompson, J. Wilbur, S. Wilcox, and D. Rohm-Young. 2002. Environmental, policy, and cultural factors related to physical activity in a diverse sample of women: the Women's Cardiovascular Health Network Project—summary and discussion. *Women and Health.* 36:123–134.
10. Pickett, K. E., S. Kelly, E. Brunner, T. Lobstein, and R. G. Wilkinson. 2005. Wider income gaps, wider waistbands? An ecological study of obesity and income inequality. *J. Epidemiol. Community Health*. 59:670–674.
11. Elliott, S. 2005. Calories? Hah! Munch some mega M&M's. *The New York Times*, August 5, p. C5.
12. National Restaurant Association. 2007. Restaurant Industry to Continue to Be Major Driver in Nation's Economy Through Sales, Employment Growth in 2008. www.restaurant.org/pressroom/pressrelease.cfm?ID=1535.
13. U.S. Food and Drug Administration. April 1, 2011. FDA Proposes Draft Menu and Vending Machine Labeling Requirements, Invites Public to Comment on Proposals. www.fda.gov/NewsEvents/Newsroom/PressAnnouncements/ucm249471.htm.
14. Koh-Banerjee, P., N. F. Chu, D. Spiegelman, B. Rosner, G. Colditz, W. Willett, and E. Rimm. 2003. Prospective study of the association of changes in dietary intake, physical activity, alcohol consumption, and smoking with 9-y gain in waist circumference among 16,587 U.S. men. *Am. J. Clin. Nutr*. 78:719–27.
15. Lumeng, J. C., P. Forrest, D. P. Appugliese, N. Kaciroti, R. F. Corwyn, and R. H. Bradley. 2010. Weight status as a predictor of being bullied in third through sixth grades. *Pediatrics*. 125(6):e1301–e1307.
16. American Dietetic Association. 2002. Position of the American Dietetic Association: food and nutrition misinformation. *J. Am. Diet. Assoc.* 102(2):260–266.
17. Freedman, M. R., J. King, and E. Kennedy. 2001. Popular diets: a scientific review. *Obes. Res.* 9(suppl. 1):1S–40S.
18. National Institutes of Health. National Heart, Lung, and Blood Institute. 1998. Clinical Guidelines on the

Identification, Evaluation, and Treatment of Overweight and Obesity in Adults. Executive Summary. www.nhlbi.nih.gov/guidelines/obesity/ob_exsum.pdf.

19. Ello-Martin, J. A., J. H. Ledikwe, and B. J. Rolls. 2005. The influence of food portion size and energy density on energy intake: implications for weight management. *Am. J. Clin. Nutr.* 82(suppl.):236S–241S.
20. Flood, J. E., L. S. Roe, and B. J. Rolls. 2006. The effect of increased beverage portion size on energy intake at a meal. *J. Am. Diet. Assoc.* 106:1984–1990.
21. National Institute of Diabetes and Digestive and Kidney Diseases. Weight-control Information Network. 2009. Just Enough for You. About Food Portions. www.win.niddk.nih.gov/publications/just_enough.htm.
22. Klem, M. L., R. R. Wing, M. T. McGuire, H. M. Seagle, and J. O. Hill. 1997. A descriptive study of individuals successful at long-term maintenance of substantial weight loss. *Am. J. Clin. Nutr.* 66: 239–246.
23. Flegal, K. M, M. D. Carroll, C. L. Ogden, and L. R. Curtin. 2010. Prevalence and trends in obesity among U.S. adults, 1999–2008. *JAMA*. 303(3):235–241.
24. Grundy, S. M., B. Hansen, S. C. Smith, J. I. Cleeman, and R. A. Kahn. 2004. Clinical management of metabolic syndrome: report of the American Heart Association/National Heart, Lung, and Blood Institute/American Diabetes Association Conference on Scientific Issues Related to Management. *Circulation,* 109:551–556.
25. Department of Health and Human Services. National Institutes of Health. National Heart, Lung and Blood Institute. 2010. Diseases and Conditions Index. Metabolic Syndrome. What Is Metabolic Syndrome? www.nhlbi.nih.gov/health/dci/Diseases/ms/ms_whatis.html.
26. Torgan, C. 2002. Childhood Obesity on the Rise. The NIH Word on Health. www.nih.gov/news/WordonHealth/jun2002/childhoodobesity.htm.
27. Dietz, W. H. 1994. Critical periods in childhood for the development of obesity. *Am. J. Clin. Nutr.* 59:955–959.
28. Christakis, N. A., and J. H. Fowler. 2007. The spread of obesity in a large social network over 32 years. *N. Engl. J. Med.* 357(4):370–379.
29. National Institute of Diabetes and Digestive and Kidney Diseases. Weight-Control Information Network. 2008. Understanding Adult Obesity. NIH Publication No. 06–3680 www.win.niddk.nih.gov/publications/understanding.htm#environmental.
30. Wing, R. R., and S. Phelan. 2005. Long-term weight loss maintenance. *Am. J. Clin. Nutr.* 82(1):222S–225S.
31. Institute of Medicine. Food and Nutrition Board. 2002. *Dietary Reference Intakes for Energy, Carbohydrate, Fiber, Fat, Fatty Acids, Cholesterol, Protein, and Amino Acids (Macronutrients)*. Washington, DC: National Academies Press.
32. Hernandez, T. L., J. M. Kittelson, C. K. Law, L. L. Ketch, N. R. Stob, R. C. Lindstrom, A. Scherzinger, E. R. Stamm, and R. H. Eckel. 2011. Fat redistribution following suction lipectomy: defense of body fat and patterns of restoration. *Obesity.* Epublication ahead of print, doi:10.1038/oby.2011.64.
33. Vandereycken, W. 2002. Families of patients with eating disorders. In: Fairburn, D. G., and K. D. Brownell, eds. *Eating Disorders and Obesity: A Comprehensive Handbook,* 2nd edn. New York Guilford Press, pp. 215–220.
34. Patrick, L. 2002. Eating disorders: a review of the literature with emphasis on medical complication and clinical nutrition. *Altern. Med. Rev.* 7(3):184–202.
35. Striegel-Moore, R. H., and L. Smolak. 2002. Gender, ethnicity, and eating disorders. In: Fairburn, D. G., and K. D. Brownell, eds. *Eating Disorders and Obesity: A Comprehensive Handbook,* 2nd edn. New York: Guilford Press, pp. 251–255.
36. Steinberg, L. 2002. *Adolescence*, 6th edn. New York: McGraw-Hill.
37. Stice, E. 2002. Sociocultural influences on body image and eating disturbances. In: Fairburn, D. G., and K. D. Brownell, eds. *Eating Disorders and Obesity: A Comprehensive Handbook,* 2nd edn. New York: Guilford Press, pp. 103–107.
38. Wonderlich, S. A. 2002. Personality and eating disorders. In: Fairburn, D. G., and K. D. Brownell, eds. *Eating Disorders and Obesity: A Comprehensive Handbook,* 2nd edn. New York: Guilford Press, pp. 204–209.
39. American Psychiatric Association (APA). 1994. *Diagnostic and Statistical Manual of Mental Disorders (DSM-IV,* 4th edn. Washington, DC: APA.
40. Robb, A. S., and M. J. Dadson. 2002. Eating disorders in males. *Child Adolesc. Psychiatric. Clin. N. Am.* 11:399–418.
41. Beals, K. A. 2004. *Disordered Eating in Athletes: A Comprehensive Guide for Health Professionals.* Champaign, IL: Human Kinetics.
42. Andersen, A. E. 1992. Eating disorders in male athletes: a special case? In: Brownell, K. D., J. Rodin, and J. H. Wilmore, eds. *Eating, Body Weight and Performance in Athletes: Disorders of Modern Society*. Philadelphia: Lea and Febiger, pp. 172–188.
43. Rohman, L. 2009. The relationship between anabolic androgenic steroids and muscle dysmorphia: a review. *Eat. Disord.* 17(3):187–199.
44. Pope, H. G., K. A. Phillips, and R. Olivardia. 2000. *The Adonis Complex: The Secret Crisis of Male Body Obsession*. New York: Free Press.
45. Garfinkel, P. E. 2002. Classification and diagnosis of eating disorders. In: Fairburn D. G., and K. D. Brownell, eds. *Eating Disorders and Obesity: A Comprehensive Handbook,* 2nd edn. New York: Guilford Press, pp. 155–161.
46. Stunkard, A. J. 2002. Night eating syndrome. In: Fairburn, D. G., and K. D. Brownell, eds. *Eating Disorders and Obesity: A Comprehensive Handbook,* 2nd edn. New York: Guilford Press, pp. 183–187.
47. Nattiv, A., A. B. Loucks, M. M. Manore, C. F. Sanborn, J. Sundgot-Borgen, and M. P. Warren. 2007. The female athlete triad. *Med. Sci. Sports Exerc.* 39(10):1867–1882.

10장

1. U.S. Department of Health and Human Services. 1996. *Physical Activity and Health: A Report of the Surgeon General.* Atlanta: U.S. Department of Health and Human Services, Centers for Disease Control and Prevention, National Centers for Chronic Disease Prevention and Health Promotion.
2. Caspersen, C. J., K. E. Powell, and G. M. Christensen. 1985. Physical activity, exercise, and physical fitness: definitions and distinctions for heath-related research. *Public Health Rep.* 100:126–131.

3. Heyward, V. H. 2010. *Advanced Fitness Assessment and Exercise Prescription,* 6th edn. Champaign, IL: Human Kinetics.
4. Centers for Disease Control and Prevention. 2010. U.S. Physical Activity Statistics. http://apps.nccd.cdc.gov/PASurveillance/StateSumResultV.asp.
5. Centers for Disease Control and Prevention. 2010. No Leisure-Time Physical Activity Trend Chart. www.cdc.gov/nccdphp/dnpa/physical/stats/leisure_time.htm.
6. Centers for Disease Control and Prevention. 2010. Youth risk behavior surveillance—United States, 2009. *MMWR.* 59(SS-5):1–142.
7. Pate, R. R., M. G. Davis, T. N. Robinson, E. J. Stone, T. L. McKenzie, and J. C. Young. 2006. Promoting physical activity in children and youth. A leadership role for schools: a scientific statement from the American Heart Association Council on Nutrition, Physical Activity and Metabolism (Physical Activity Committee) in collaboration with the Councils on Cardiovascular Disease in the Young and Cardiovascular Nursing. *Circulation.* 114:1214–1224.
8. Centers for Disease Control and Prevention. 2010. Physical Activity for Everyone. Target Heart Rate and Estimated Maximum Heart Rate. www.cdc.gov/physicalactivity/everyone/measuring/heartrate.html.
9. Tarnopolsky, M. 2010. Protein and amino acid needs for training and bulking up. In: Burke, L., and V. Deakin, eds. *Clinical Sports Nutrition,* 3rd edn. New York: McGraw-Hill, pp. 61–95.
10. Westerblad, H., D. G. Allen, and J. Lännergren. 2002. Muscle fatigue: lactic acid or inorganic phosphate the major cause? *News Physiol. Sci.* 17(1):17–21.
11. Brooks, G. A., T. D. Fahey, T. P. White, and K. M. Baldwin. 2000. *Exercise Physiology: Human Bioenergetics and Its Applications.* Mountain View, CA: Mayfield.
12. Brooks, G. A. 2009. Cell–cell and intracellular lactate shuttles. *J. Physiol.* 587(23):5591–5600.
13. Van Hall G., M. Stromstad, P. Rasmussen, O. Jans, M. Zaar, C. Gam, B. Quistorff, N. H. Secher, and H. B. Nielsen. 2009. Blood lactate is an important energy source for the human brain. *J. Cerebral Blood Flow & Metab.* 29(6):1121–1129.
14. American College of Sports Medicine, American Dietetic Association, and Dietitians of Canada. 2009. Nutrition and athletic performance. Joint position statement. *Med. Sci. Sports Exerc.* 41:709–731.
15. Burke, L. 2010. Nutrition for recovery after training and competition. In: Burke, L., and V. Deakin, eds. *Clinical Sports Nutrition,* 4th edn. New York: McGraw-Hill, pp. 358–392.
16. Van Loon, L. J. C., W. H. M. Saris, M. Kruijshoop, and A. J. M. Wagenmakers. 2000. Maximizing postexercise muscle glycogen synthesis: carbohydrate supplementation and the application of amino acid or protein hydrolysate mixtures. *Am. J. Clin. Nutr.* 72:106–111.
17. Jentjens, R. L., L. J. C. van Loon, C. H. Mann, A. J. M. Wagenmakers, and A. E. Jeukendrup. 2001. Addition of protein and amino acids to carbohydrates does not enhance postexercise muscle glycogen synthesis. *J. Appl. Physiol.* 91:839–846.
18. Sears, B. 1995. *The Zone: A Dietary Road Map.* New York: HarperCollins.
19. Manore, M. M., N. L. Meyer, and J. Thompson. 2009. *Sport Nutrition for Health and Performance.* 2nd edn. Champaign, IL: Human Kinetics.
20. Weaver, C. M., and S. Rajaram. 1992. Exercise and iron status. *J. Nutr.* 122:782–787.
21. Haymes, E. M. 1998. Trace minerals and exercise. In: Wolinsky, I., ed. *Nutrition and Exercise and Sport.* Boca Raton, FL: CRC Press, pp. 1997–2218.
22. Haymes, E. M., and P. M. Clarkson. 1998. Minerals and trace minerals. In: Berning J. R., and S. N. Steen, eds. *Nutrition and Sport and Exercise.* Gaithersburg, MD: Aspen, pp. 77–107.
23. Lightsey, D. M., and J. R. Attaway. 1992. Deceptive tactics used in marketing purported ergogenic aids. *Natl. Strength Cond. Assoc. J.* 14:26–31.
24. Federal Trade Commission (FTC). 2009. Facts for Consumers. 'Miracle' Health Claims: Add a Dose of Skepticism. www.ftc.gov/bcp/edu/pubs/consumer/health/hea07.shtm.
25. Food and Drug Administration (FDA). 2004. HHS Launches Crackdown on Products Containing Andro. www.fda.gov/NewsEvents/Newsroom/PressAnnouncements/2004/ucm108262.htm.
26. Broeder, C. E., J. Quindry, K. Brittingham, et al. 2000. The Andro Project: physiological and hormonal influences of androstenedione supplementation in men 35 to 65 years old participating in a high-intensity resistance training program. *Arch. Intern. Med.* 160:3093–3104.
27. Balsom, P. D., K. Söderlund, B. Sjödin, and B. Ekblom. 1995. Skeletal muscle metabolism during short duration high-intensity exercise: influence of creatine supplementation. *Acta Physiol. Scand.* 1154:303–310.
28. Grindstaff, P. D., R. Kreider, R. Bishop, M. Wilson, L. Wood, C. Alexander, and A. Almada. 1997. Effects of creatine supplementation on repetitive sprint performance and body composition in competitive swimmers. *Int. J. Sport Nutr.* 7:330–346.
29. Kreider, R. B., M. Ferreira, M. Wilson, et al. 1998. Effects of creatine supplementation on body composition, strength, and sprint performance. *Med. Sci. Sports Exerc.* 30:73–82.
30. Tarnopolsky, M. A., and D. P. MacLennan. 2000. Creatine monohydrate supplementation enhances high-intensity exercise performance in males and females. *Int. J. Sport Nutr. Exerc. Metab.* 10:452–463.
31. Kreider, R., M. Ferreira, M. Wilson, and A. L. Almada. 1999. Effects of calcium beta-hydroxy-beta-methylbutyrate (HMB) supplementation during resistance-training on markers of catabolism, body composition and strength. *Int. J. Sports Med.* 20(8):503–509.
32. Volek, J. S., N. D. Duncan, S. A. Mazzetti, et al. 1999. Performance and muscle fiber adaptations to creatine supplementation and heavy resistance training. *Med. Sci. Sports Exerc.* 31:1147–1156.
33. Reuters. 2001. Creatine use could lead to cancer, French government reports. *The New York Times,* January 25.
34. Jeong, K. S., S. J. Park, C. S. Lee, et al. 2000. Effects of cyclocreatine in rat hepatocarcinogenesis model. *Anticancer Res.* 20(3A):1627–1633.
35. Ara, G., L. M. Gravelin, R. Kaddurah-Daouk, and B. A. Teicher. 1998. Antitumor activity of creatine analogs produced by alterations in pancreatic hormones and glucose metabolism. *In Vivo.* 12:223–231.

36. Finn, K. J., R. Lund, and M. Rosene-Treadwell. 2003. Glutamine supplementation did not benefit athletes during short-term weight reduction. *J. Sports Sci. Med.* 2:163–168.
37. Campbell, B. I., P. M. La Bounty, and M. Roberts. 2004. The ergogenic potential of arginine. *J. Int. Soc. Sports Nutr.* 1(2):35–38.
38. Anderson, M. E., C. R. Bruce, S. F. Fraser, N. K. Stepto, R. Klein, W. G. Hopkins, and J. A. Hawley. 2000. Improved 2000-meter rowing performance in competitive oarswomen after caffeine ingestion. *Int. J. Sport Nutr. Exerc. Metab.* 10:464–475.
39. Spriet, L. L., and R. A. Howlett. 2000. Caffeine. In: Maughan, R. J., ed. *Nutrition in Sport.* Oxford: Blackwell Science, pp. 379–392.
40. Seifert, S. M., J. L. Schaechter, E. R. Hershorin, and S. E. Lipshultz. 2011. Health effects of energy drinks on children, adolescents, and young adults. *Pediatrics*. 127(3):511–528.
41. Bucci, L. 2000. Selected herbals and human exercise performance. *Am. J. Clin. Nutr.* 72:624S–636S.
42. Williams, M. H. 1998. *The Ergogenics Edge*. Champaign, IL: Human Kinetics.
43. Hawley, J. A. 2002. Effect of increased fat availability on metabolism and exercise capacity. *Med. Sci. Sports Exerc.* 34(9):1485–1491.
44. Heinonen, O. J. 1996. Carnitine and physical exercise. *Sports Med.* 22:109–132.
45. Vincent, J. B. 2003. The potential value and toxicity of chromium picolinate as a nutritional supplement, weight loss agent and muscle development agent. *Sports Med.* 33(3):213–230.
46. Pliml, W., T. von Arnim, A. Stablein, H. Hofmann, H. G. Zimmer, and E. Erdmann. 1992. Effects of ribose on exercise-induced ischaemia in stable coronary artery disease. *Lancet*. 340(8818):507–510.
47. Earnest, C. P., G. M. Morss, F. Wyatt, A. N. Jordan, S. Colson, T. S. Church, Y. Fitzgerald, L. Autrey, R. Jurca, and A. Lucia. 2004. Effects of a commercial herbal-based formula on exercise performance in cyclists. *Med. Sci. Sports Exerc.* 36(3):504–509.
48. Hellsten, Y., L. Skadhauge, and J. Bangsbo. 2004. Effect of ribose supplementation on resynthesis of adenine nucleotides after intense intermittent training in humans. *Am. J. Physiol. Regul. Integr. Comp. Physiol.* 286:R182–R188.
49. Kreider, R. B., C. Melton, M. Greenwood, C. Rasmussen, J. Lundberg, C. Earnest, and A. Almada. 2003. Effects of oral D-ribose supplementation on anaerobic capacity and selected metabolic markers in healthy males. *Int. J. Sport Nutr. Exerc. Metab.* 13(1):76–86.

11장

1. Ogden, C. L., M. D. Carroll, L. R. Curtin, M. M. Lamb, and K. M. Flegal. 2010. Prevalence of high body mass index in U.S. children and adolescents, 2007–2008. *JAMA*. 303:242–249.
2. Flegal, K. M., M. D. Carroll, C. L. Ogden, and L. R. Curtin. 2010 Prevalence and trends in obesity among U.S. adults, 1999–2008. *JAMA*. 303:235–241.
3. Stothard, K. J., P. W. G. Tennant, R. Bell, and J. Rankin. 2009. Maternal overweight and obesity and the risk of congenital anomalies: a systematic review and meta-analysis. *JAMA*. 301:636–650.
4. Attaman, J. A. 2010. Dietary Fats and Semen Quality Among Men Attending a Fertility Clinic. American Society for Reproductive Medicine 66th Annual Meeting, Abstract O-168. October 26, 2010.
5. Young, S. S., B. Eskenazi, F. M. Marchetti, G. Block, and A. J. Wyrobek. 2008. The association of folate, zinc, and antioxidant intake with sperm aneuploidy in healthy non-smoking men. *Human Reproduction*. 23:1014–1022.
6. Rasmussen, K. M., and A. L. Yaktine, eds., Committee to Reexamine IOM Pregnancy Weight Guidelines; Institute of Medicine; National Research Council. 2009. *Weight Gain During Pregnancy: Reexamining the Guidelines*. Washington, DC: National Academies Press.
7. Wrotniak, B. H., J. Shults, S. Butts, and N. Stettler. 2008. Gestational weight gain and risk of overweight in the offspring at age 7 in a multicenter, multiethnic cohort study. *Am. J. Clin. Nutr.* 87:1818–1824.
8. Institute of Medicine, Food and Nutrition Board. 2002. *Dietary Reference Intakes for Energy, Carbohydrate, Fiber, Fat, Fatty Acids, Cholesterol, Protein, and Amino Acids.* Washington, DC: National Academies Press.
9. U.S. Food and Drug Administration. 2009. What You Need to Know About Mercury in Fish and Shellfish. www.fda.gov/food/resourcesforyou/consumers/ucm110591.htm.
10. Institute of Medicine, Food and Nutrition Board. 1998. *Dietary Reference Intakes for Thiamin, Riboflavin, Niacin, Vitamin B_6, Folate, Vitamin B_{12}, Pantothenic Acid, Biotin, and Choline.* Washington, DC: National Academies Press.
11. Institute of Medicine, Food and Nutrition Board. 2001. *Dietary Reference Intakes for Vitamin A, Vitamin K, Arsenic, Boron, Chromium, Copper, Iodine, Iron, Manganese, Molybdenum, Nickel, Silicon, Vanadium, and Zinc*. Washington, DC: National Academies Press.
12. Institute of Medicine, Food and Nutrition Board. 2011. *Dietary Reference Intakes for Calcium and Vitamin D.* Washington, DC: National Academies Press.
13. Institute of Medicine, Food and Nutrition Board. 2004. *Dietary Reference Intakes for Water, Potassium, Sodium, Chloride, and Sulfate*. Washington, DC: National Academies Press.
14. Matson, J. L., B. Belva, M. A. Hattier, and M. L. Matson. 2011. Pica in persons with developmental disabilities: characteristics, diagnosis, and assessment. *Research in Autism Spectrum Disorders.* Doi:10.1016/j.rasd.2011.02.006.
15. Kuehn, B. M. 2011. CDC advises pregnancy lead screening that targets populations at risk. *JAMA*. 305:347. www.nlm.nih.gov/medlineplus/ency/article/001538.htm.
16. Martin, J. A., B. E. Hamilton, P. D. Sutton, S. J. Ventura, T. J. Mathews, and M. J. K. Osterman. 2010. Births: final data for 2008. National Vital Statistics Reports 59(1). Hyattsville, MD: National Center for Health Statistics.
17. March of Dimes. 2010. Caffeine in Pregnancy. www.marchofdimes.com/nutrition_caffeine.html.
18. March of Dimes. 2008. Drinking Alcohol During Pregnancy. www.marchofdimes.com/alcohol_indepth.html.
19. Substance Abuse and Mental Health Services Administration. 2010. *Results from the 2009 National Survey on Drug Use and Health: National Findings, Tobacco Use*. (PDF–1.17 MB) Rockville, MD: Substance Abuse and Mental Health Services Administration, Office of Applied Studies.

20. Davidson, M., M. London, and P. Ladewig, P. (2012). *Olds' Maternal-Newborn Nursing and Women's Health*, 9th edn. Upper Saddle River, NJ: Pearson.
21. American College of Obstetricians and Gynecologists. 2003. Exercise During Pregnancy. www.acog.org/publications/patient_education/bp119.cfm.
22. Gavard, J. A., and R. Arrtal. 2008. Effect of exercise on pregnancy outcome. *Clin. Obst. & Gyn.* 51:467–480.
23. American Academy of Pediatrics. 2005. Policy statement: breastfeeding and the use of human milk. *Pediatrics.* 115(2):496–506.
24. Bartick, M., and A. Reinhold. 2010. The burden of suboptimal breastfeeding in the United States: a pediatric cost analysis. *Pediatrics.* 125:e1048–e1056.
25. Thygarajan, A., and A. W. Burks. 2008. American Academy of Pediatrics recommendations on the effects of early nutritional interventions on the development of atopic disease. *Curr. Opin. Pediatr.* 20:698–702.
26. Mennella, J. A., L. M. Yourshaw, and L. K. Morgan. 2007. Breastfeeding and smoking: short-term effects on infant feeding and sleep. *Pediatrics.* 120:497–502.
27. U.S. Department Health and Human Services. 2011. AIDS Info: HIV Infected Women and Their Babies After Birth. www.aidsinfo.nih.gov/contentfiles/hivpositivewomenandtheirbabies_fs_en.pdf.
28. Satter, E. 2005. *Your Child's Weight: Helping Without Harming, Birth Through Adolescence*. Madison, WI: Kelcy Press.
29. Stern, R. 2007. Diet from hell. *Phoenix New Times*, May 10, 2007. www.phoenixnewtimes.com/2007-05-10/news/diet-from-hell/.
30. Benton, D. 2010. The influence of dietary status on the cognitive performance of children. *Molecular Nutr. Food Res.* 54:457–470.
31. Hoyland, A., L. Dye, and C. L. Lawton. 2009. A systematic review of the effect of breakfast on the cognitive performance of children and adolescents. *Nutr. Res. Rev.* 22:220–243.
32. Story, M. 2009. The Third School Nutrition Dietary Assessment Study: findings and policy implications for improving the health of U.S. children. *J. Am. Diet Assoc.* 109:S7–S13.
33. Miller, C. H. 2009. A practice perspective on the Third School Nutrition Dietary Assessment Study. *J. Am. Diet. Assoc.* 109:S14–S17.
34. Stallings, V. A., and A. L. Yaktine, eds. 2007. *Nutrition Standards for Foods in Schools: Leading the Way Toward Healthier Youth*. Washington, DC: National Academies Press.
35. Nord, M., A. Coleman-Jensen, M. Andrews, and S. Carlson. 2010. *Household Food Security in the United States, 2009.* ERS Report Summary. Economic Research Report No. (ERR-108). Washington, DC: Economic Research Service.
36. Neuman, W. 2011. U.S. seeks new limits on food ads for children. *The New York Times*, April 29. www.nytimes.com/2011/04/29/business/29label.html.
37. Deshmukh-Taskar, P. R., T. A. Nicklas, C. E. O'Neil, D. R. Keast, J. D. Radcliffe, and A. Cho, S. 2010. The relationship of breakfast skipping and type of breakfast consumption with nutrient intake and weight status in children and adolescents: the National Health and Nutrition Examination Survey 1999–2006. *J. Am. Diet. Assoc.* 110:869–878.
38. Food Research & Action Center. 2010. Breakfast in the Classroom Bibliography. http://frac.org/wp-content/uploads/2010/10/bic_bibliography.pdf.
39. Giovannini, M., C. Agonstoni, and R. Shamir. 2010. Symposium overview: do we all eat breakfast and is it important? *Crit. Revs. in Food Sci. and Nut.* 50:97–99.
40. Fiore, H., S. Travis, A. Whalen, P. Auinger, and S. Ryan. 2006. Potentially protective factors associated with healthful body mass index in adolescents with obese and nonobese parents: a secondary data analysis of the Third National Health and Nutrition Examination Survey, 1988–1994. *J. Am. Diet Assoc.* 106:55–64.
41. Alexander, K. E., E. E. Ventura, D. Spruijt-Metz, M. J. Weigensberg, M. I. Goran, and J. N. Davis. 2009. Association of breakfast skipping with visceral fat and insulin indices in overweight Latino youth. *Obesity.* 17:1528–1533.
42. Kahn, J. A., B. Huang, M. W. Gillman, A. E. Field, S. B. Austin, G. A. Colditz, and A. L. Frazier. 2008. Patterns and determinants of physical activity in U.S. adolescents. *J. Adolescent Health.* 42:369–377.
43. Larson, L. I., D. Neumark-Sztainer, L. Harnack, M. Wall, M. Story, and M. E. Eisenberg. 2009. Calcium and dairy intake: longitudinal trends during the transition to young adulthood and correlates of calcium intake. *J. Nutr. Educ. Behav.* 41:254–260.
44. Moore, L. L., M. L. Bradless, A. S. Di Gao, and M. R. Singer. 2008. Effects of average childhood dairy intake on adolescent bone health. *J. Pediatr.* 153:667–673.
45. Spencer, E. H., H. R. Ferdowsian, and N. D. Barnard. 2009. Diet and acne: a review of the evidence. *Int. J. of Derm.* 48:339–347.
46. U.S. Food and Drug Administration. 2010. Isotretinoin (Marketed as Accutane) Capsule Information. www.fda.gov/Drugs/DrugSafety/PostmarketDrugSafetyInformationforPatientsandProviders/ucm094305.htm.
47. Federal Interagency Forum on Aging-Related Statistics. 2010. *Older Americans 2010: Key Indicators of Well-Being*. Washington, DC: U.S. Government Printing Office.
48. www.cdc.gov/nchs/data/nvsr/nvsr59/nvsr59_04.pdf.
49. Jin, K. 2010. Modern biological theories of aging. *Aging Dis.* 1:72–74.
50. Fontana, L., L. Partridge, and V. D. Longo. 2010. Extending healthy life span—from yeast to humans. *Science.* 328:321–326.
51. Speakman, J. 2010. Can calorie restriction increase the human lifespan? *Experimental Biology*.
52. Ogden, C. L., M. D. Carroll, L. R. Curtin, M. A. McDowell, C. J. Tabak, and K. M. Flegal. 2006. Prevalence of overweight and obesity in the United States, 1999–2004. *JAMA.*295:1549–1555.
53. Horie, N. C., C. Cercato, M. C. Mancini, and A. Halpern. 2010. Long-term pharmacotherapy for obesity in elderly patients: a retrospective evaluation of medical records from a specialized obesity outpatient clinic. *Drugs & Aging.* 27:497–506.
54. Dorman, R. B., A. Abraham, W. B. Al-Refaie, H. M. Parsons, S. Ikramuddin, and E. Habermann. 2011. Bariatric surgery outcomes in the elderly population: an ACS NSQUI study. *Gastroenterology.* 140:S24. www.ssat.com/cgi-bin/abstracts/11ddw/O24.cgi.

55. Nelson, H. D., E. M. Haney, T. Dana, C. Bougatsos, and R. Chou. 2010. Screening for osteoporosis: an update for the U.S. Preventive Services Task Force. *Anls. of Int. Med.* 153:99–111.
56. Kaiser Family Foundation. 2009. Retail Prescription Drugs Filled at Pharmacies (Annual per Capita by Age), 2009. www.statehealthfacts.org/comparetable.jsp?ind=268&cat.

12장

1. Centers for Disease Control and Prevention (CDC). 2011. Salmonella. www.cdc.gov/salmonella/.
2. Centers for Disease Control and Prevention. 2011. *E. coli.* www.cdc.gov/ecoli/.
3. Scallan, E., R. M. Hockstra, F. J. Angulo, R. V. Tauxe, M-A. Widdowso, S. L. Roy, et al. 2011. Foodborne illness acquired in the United States—major pathogens. *Emerg. Infect. Dis.* DOI: 10.3201/eid1701.P11101.
4. Centers for Disease Control and Prevention. 2009. Investigation Update: Outbreak of *Salmonella typhimurium* Infections, 2008–2009. www.cdc.gov/salmonella/typhimurium/update.html.
5. Centers for Disease Control and Prevention. 2009. Annual Report Indicates Salmonella Continues to Show Least Improvement. www.cdc.gov/media/pressrel/2009/r090409.htm.
6. Hamburg, M. A. 2011. Food Safety Modernization Act: Putting the Focus on Prevention. www.whitehouse.gov/blog/2011/01/03/food-safety-modernization-act-putting-focus-prevention.
7. Hall, A. J. 2011. Norovirus in the News. www.foodsafety.gov/blog/norovirus.html.
8. Norovirus Blog. January 14, 2009. Michigan Continues to Be a Hotspot for Norovirus. www.noroblog.com/2009/01/articles/norovirus-outbreaks/michigan-continues-to-be-a-hotspot-for-norovirus/.
9. U.S. Department of Agriculture (USDA) Food Safety and Inspection Service. 2001. Parasites and Foodborne Illness. http://origin-www.fsis.usda.gov/Fact_Sheets/Parasites_and_Foodborne_Illness/index.asp.
10. Bauman, R. W. 2009. *Microbiology*. San Francisco: Pearson Benjamin Cummings.
11. International Society for Infectious Diseases. 2010. Prion Disease Update 2010. *March 4, 2010.* http://promedmail.oracle.com/pls/otn/pm?an=20100304.0709.
12. Preidt, R. 2010. Predicted “Red Tide” Could Make Shellfish a Dangerous Dish. National Library of Medicine's MedlinePlus: HealthDay. www.nlm.nih.gov/medlineplus/print/news/fullstory_95794.html.
13. Centers for Disease Control and Prevention, Division of Bacterial and Mycotic Diseases (DFBMD). 2005. Marine Toxins. www.cdc.gov/ncidod/dbmd/diseaseinfo/marinetoxins_g.htm.
14. Pavlista, A. D. 2001. Green potatoes: The problem and solution. NebGuide. The University of Nebraska–Lincoln Cooperative Extension. http://ianrpubs.unl.edu/horticulture/g1437.htm.
15. U.S. Department of Agriculture. 2010. Fight Bac Fact Sheet: Clean. www.fightbac.org/storage/documents/flyers/clean_fightbac_factsheet_2010_bw_pdf.
16. U.S. Department of Agriculture. 2010. Fight Bac Fact Sheet: Chill. www.fightbac.org/storage/documents/flyers/chill_%20fightbac_factsheet_2010_color.pdf.
17. U.S. Department of Agriculture. 2007. Food Product Dating. Fact Sheets: Food Labeling. www.fsis.usda/gov/Factsheets/Food_Product_Dating/index.asp.
18. U.S. Department of Agriculture. 2011. Food Safety and Inspection Service: Common Questions: Food Safety. www.fsis.usda.gov/help/faqs_hotline_preparation/index.asp#10.
19. Food and Drug Administration (FDA). 2003. *Anisakis simplex* and Related Worms. Foodborne Pathogenic Microorganisms and Natural Toxins Handbook. www.cfsan.fda.gov/~mow/chap25.html.
20. Food and Drug Administration. 2009. Food Safety for Moms-to-Be. www.fda.gov/Food/ResourcesForYou/HealthEducators/ucm081785.htm.
21. FoodSafety.gov. 2011. Eggs and Egg Products. www.foodsafety.gov/keep/types/eggs/index.html.
22. Aseptic Packaging Council. 2005. The Award-Winning, Earth Smart Packaging for a Healthy Lifestyle. www.aseptic.org/main.shtml.
23. U.S. Department of Health and Human Services (USDHHS). 2010. Bisphenol A (BPA) Information for Parents. www.hhs.gov/safety/bpa/.
24. Center for Science in the Public Interest (CSPI). 2005. Food Safety. Chemical Cuisine. CSPI's Guide to Food Additives. www.cspinet.org/reports/chemcuisine.htm.
25. U.S. Department of Agriculture. 2005. Economic Research Service. Data: Adoption of Genetically Engineered Crops in the U.S. www.ers.usda.gov/Data/BiotechCrops/.
26. World Health Organization (WHO). 2010. Twenty Questions on Genetically Modified (GM) Foods. www.who.int/foodsafety/publications/biotech/20questions/en/.
27. Neuman, W. 2010. Justice Dept. Tells Farmers It Will Press Agriculture Industry on Antitrust. *The New York Times*, March 12. www.nytimes.com/2010/03/13/business/13seed.html.
28. James, C. 2004. Preview: Global Status of Commercialized Biotech/GM Crops: 2004. ISAAA Briefs No. 32. Ithaca, NY: International Service for the Acquisition of Agri-biotech Applications.
29. Kanter, J. 2010. E.U. Clears Biotech Potato for Cultivation. *The New York Times,* March 3. www.nytimes.com/2010/03/03/business/global/03potato.html.
30. Schafer, K. S., and S. E. Kegley. 2002. Persistent toxic chemicals in the U.S. food supply. *J. Epidemiol. Community Health.* 56:813–817.
31. Food and Drug Administration. 2009. What You Need to Know About Mercury in Fish and Shellfish. www.fda.gov/Food/ResourcesForYou/Consumers/ucm110591.htm.
32. U.S. Food and Drug Administration. 2009. Questions and Answers About Dioxins. www.fda.gov/Food/FoodSafety/FoodContaminantsAdulteration/ChemicalContaminants/DioxinsPCBs/ucm077524.htm.
33. Environmental Protection Agency (EPA). 2005. Pesticides and Food: Healthy, Sensible Food Practices. www.epa.gov/pesticides/food/tips.htm.
34. American Cancer Society.2011. Recombinant Bovine Growth Hormone. www.cancer.org/cancer/cancercauses/

othercarcinogens/athome/recombinant-bovine-growth-hormone.

35. Smith, T. C., M. J. Male, A. L. Harper, J. S. Kroeger, G. P. Tinkler, et al. 2009. Methicillin-resistant *Staphylococcus aureus* (MRSA) strain ST398 is present in midwestern U.S. swine and swine workers. PLoS ONE 4(1):e4258. Doi: 10.1371/journal.pone.0004258.
36. Centers for Disease Control and Prevention. 2007. Invasive MRSA. www.cdc.gov/ncidod/dhqp/ar_mrsa_Invasive_FS.html.
37. Organic Trade Association. 2009. OTA's 2009 Organic Industry Survey. www.ota.com/pics/documents/01a_OTAExecutiveSummary.pdf.
38. U.S. Department of Agriculture. Agricultural Marketing Service. National Organic Program. 2010. Understanding Organic. www.ams.usda.gov/AMSv1.0/ams.fetchTemplateData.do?template=TemplateA&leftNav=NationalOrganicProgram&page=NOPUnderstandingOrganic&description=Understanding%20Organic&acct=nopgeninfo.
39. Asami, D. K., Y. J. Hong, D. M. Barrett, and A. E. Mitchell. 2003. Comparison of the total phenolic and ascorbic acid content of freeze-dried and air-dried marionberry, strawberry, and corn grown using conventional, organic, and sustainable agricultural practices. *J. Agric. Food Chem.* 51(5):1237–1241.
40. Carbonaro, M., M. Mattera, S. Nicoli, P. Bergamo, and M. Cappelloni. 2002. Modulation of antioxidant compounds in organic vs conventional fruit (peach, Prunus persica L., and pear, Pyrus communis L.). *J. Agric. Food Chem.* 50(19):5458–5462.
41. Grinder-Pedersen, L., S. E. Rasmussen, S. Bügel, L. O. Jørgensen, D. Vagn Gundersen, and B. Sandström. 2003. Effect of diets based on foods from conventional versus organic production on intake and excretion of flavonoids and markers of antioxidative defense in humans. *Agric. Food Chem.* 51(19):5671–5676.
42. Dangour, A. D., S. K. Dodhia, A. Hayter, E. Allen, K. Lock, and R. Uauy. 2009. Nutritional quality of organic foods: a systematic review. *Am. J. of Clin. Nut.* Doi:10.3945/ajcn.2009.28041. www.ajcn.org/cgi/content/abstract/ajcn.2009.28041v1.
43. Environmental Protection Agency. 2011. What Is Sustainability? www.epa.gov/sustainability/basicinfo.htm.
44. U.S. Department of Agriculture. 2008. 2007 Census of Agriculture. www.agcensus.usda.gov/Publications/2007/Online_Highlights/Fact_Sheets/farm_numbers.pdf.
45. LocalHarvest. 2011. Community Supported Agriculture. www.localharvest.org/csa/.
46. U.S. Department of Agriculture 2010. Farmers Market Growth: 1994–2010. www.ams.usda.gov/AMSv1.0/ams.fetchTemplateData.do?template=TemplateS&navID=WholesaleandFarmersMarkets&leftNav=WholesaleandFarmersMarkets&page=WFMFarmersMarketGrowth&description=Farmers%20Market%20Growth&acct=frmrdirmkt.
47. Edwards-Jones, G. 2010. Does eating local food reduce the environmental impact of food production and enhance consumer health? *Proceed. of the Nut. Soc.* 69:582–591.
48. Bittman, M. 2011. Food: six things to feel good about. *The New York Times*, http://opinionator.blogs.nytimes.com/2011/03/22/food-six-things-to-feel-good-about/?emc=eta1.
49. Walmart. 2010. Walmart Sustainable Agriculture: Fact Sheet. http://graphics8.nytimes.com/packages/pdf/opinion/Fact_Sheet_Walmart_Sustainable.pdf.
50. U.S. Department of Agriculture Economic Research Service. 2011. Food Security in the United States: Key Statistics and Graphics. www.ers.usda.gov/Briefing/FoodSecurity/stats_graphs.htm.
51. Food and Agriculture Organization (FAO), FAO Media Centre. 2009. The State of Food Insecurity in the World 2009. www.fao.org/news/story/en/item/36207/icode/.
52. World Health Organization (WHO). 2003. *The World Health Report: Shaping the Future*. Geneva, Switzerland: WHO.
53. UNICEF. 2009. The State of the World's Children 2009. www.unicef.org/sowc09/press/fastfacts.php.
54. World Health Organization. 2011. Micronutrient Deficiencies: Iron Deficiency Anaemia. www.who.int/nutrition/topics/ida/en/index.html.
55. World Health Organization. 2011. Micronutrient Deficiencies: Iodine Deficiency Disorders. www.who.int/nutrition/topics/idd/en/.
56. World Health Organization. 2011. Nutrition: Controlling the Global Obesity Epidemic. www.who.int/nutrition/topics/obesity/en/index.html.

정답

1장

1. **d.** 모두 해당.
2. **b.** 인간의 건강을 유지하기 위해 필요한 에너지, 영양소, 식이섬유를 충분하게 제공함.
3. **c.** 매일 아침식사를 하는 것.
4. **거짓.** 비타민은 탄수화물, 지방, 단백질로부터 에너지를 얻는 과정에서 도움을 주기 때문에 대사과정 내에서 중요하지만 어떠한 에너지도 제공하지 않음.
5. **참.**
6. **참.** 적당한 양의 알코올 음료 섭취는 심혈관계 건강 이점과 연관성이 있다는 몇 가지 근거가 있다. 그러나 지나친 알코올 음료 섭취는 신체적, 사회적으로 심각한 문제를 야기할 수 있기 때문에 한국인을 위한 식생활 지침에서는 알코올음료를 섭취한다면 적당한 양을 섭취해야 할 것을 권장함.
7. **거짓.** 비록 다양한 식품 섭취가 건강한 식사의 구성 요인이 되기는 하지만 하나의 요인(다양한 식품을 섭취한다는 것)만으로 건강한 식사를 보장하지는 못한다. 충분성, 적절성, 균형과 같은 다른 요인을 고려해야 함.
8. **참.**

2장

1. **b.** 신체 대사 과정의 속도를 높여주는 화학물질임.
2. **d.** 지방을 유화시킴.
3. **c.** 시상하부.
4. **a.** 식도 안으로 위산이 침투하기 때문임.
5. **c.** 소장.
6. **거짓.** 세포는 생물의 가장 작은 구성단위이다. 원자는 자연계에서 가장 작은 물질 구성단위임.
7. **참.**
8. **참.**
9. **거짓.** 비타민과 무기질은 실제로 다량영양소가 소화되는 방식과 다르게 소화가 된다. 이들들은 소장에서 잘 흡수될 만큼 충분히 작기 때문에 분해될 필요가 없다. 예를 들어 비타민 A, D, E, K와 같은 지용성 비타민은 지질에 녹고 식품 내의 지방과 함께 장 세포로 흡수된다. 비타민 B, C와 같은 수용성 비타민은 소장에서 흡수될 수 있도록 몇 가지 능동수송의 과정을 거친다. 무기질은 광범위한 다양한 방법으로 소장 전반에 걸쳐 흡수가 되고 가끔 대장에서 흡수되는 것도 있음.
10. **거짓.** 과민성 장증후군인 사람들은 변비, 설사 혹은 이 두 증상을 모두 동반할 수 있음.

3장

1. **b.** 식품의 혈당과 인슐린 수준을 증가시키는 정도.
2. **d.** 탄수, 수소, 산소.
3. **d.** 단맛이 나는 탄산음료.
4. **a.** 단당류.
5. **c.** 제2형 당뇨병.
6. **거짓.** 예전에는 어린이나 청소년들의 당뇨병은 대개 제1형 당뇨병이라고 생각했지만, 최근 어린이나 10대 청소년에서도 제2형 당뇨병의 발생률이 증가하고 있음.
7. **참.**
8. **거짓.** 유당불내증이 있는 사람은 우유나 유제품을 먹었을 때 소화시키기 어려울 때가 있다. 이런 사람은 우유에 알레르기가 있는 것은 아니며, 알레르기의 특징인 과도한 면역반응이 나타나는 것도 아니다. 대신, 유당불내증이 있는 사람은 유당을 완전히 분해시키지 못해 장 불편감과 가스, 복부팽만, 설사 오심과 같은 증상들을 야기시킴.
9. **거짓.** 식물은 포도당을 녹말의 형태로 저장함.
10. **거짓.** 타액의 아밀라제는 녹말을 맥아당과 더 짧은 길이의 다당류로 분해시킴.

4장

1. **c.** 간과 소장에서 만들어짐.
2. **b.** 규칙적으로 운동함.
3. **a.** 식이지방이 소장 세포로 이동하는 것을 도움.
4. **d.** 고밀도지단백질(HDL).
5. **a.** 단일불포화지방.
6. **참.**
7. **거짓.** 지방은 휴식 때나 운동할 때 중요한 에너지 급원이며, 지방조직은 지방의 1차적 저장소라 할 수 있다. 휴식 때나 운동할 때 에너지 공급을 지방조직에 저장해 둔 지방에 의존하게 됨.
8. **거짓.** 중성지방은 글리세롤과 세 개의 지방산으로 구성된 지질이다. 즉, 지방산은 중성지방의 구성성분이라고 할 수 있음.
9. **거짓.** 대부분의 트랜스지방산은 식품제조업체에서 식물성 유지류에 수소첨가를 통해 만들어진 것이긴 하지만, 우유에서도 일부 트랜스지방산이 발견됨.
10. **거짓.** 식품표시에 '저지방'이라고 표기된 것은 1회 섭취분량 섭취시 일반식품의 원래 지방함량보다 적어도 25%가 적은 것이지, 칼로리가 더 적은 것은 아님.

5장

1. **d.** 상호 보충.
2. **a.** 미국 초점콩, 도토리 호박, 콩 버터, 아몬드 우유.
3. **b.** DNA.
4. **b.** 아민기.
5. **c.** 탄소, 산소, 수소 및 질소.
6. **참.**
7. **거짓.** 단백질이 변성되면 형태와 기능 모두 변함.
8. **거짓.** 어떤 호르몬은 지질로 만들어짐.
9. **참.**
10. **거짓.** 운동의 종류에 따라 운동선수들은 비활동적인 사람과 같은 양이나 혹은 두 배에 이르는 단백질을 필요로 함.

6장

1. **b.** 티아민, 판토텐산, 비오틴.
2. **d.** 고온에 의해 파괴됨.
3. **d.** 질산염.
4. **a.** 비타민 A.
5. **b.** 비타민 K.

6. **거짓.** 신경관 결손(neural tube defects)은 임신 후 첫 4주차에 발생하며, 이 시기는 종종 임신을 인지하기 전이다. 따라서 신경관 결손을 예방하기 위하여 예비 임산부들은 임신 전부터 엽산을 충분히 섭취하여야 함.
7. **거짓.** 사람 피부에서 콜레스테롤 복합체로부터 체내에서의 기능을 가지는 활성형 비타민 D를 생성. 태양 빛으로 직접 비타민 D를 흡수할 수는 없으나, 자외선이 피부에 닿으면 우리 몸에서 주요한 기능을 하는 비타민 D형태인 칼시트리올을 생성함.
8. **참.**
9. **거짓.** 임산부들은 자주 쇠간을 섭취할 필요는 없음. 이는 비타민 A의 독성을 유도하여 심각한 선천적 결손을 야기할 수 있음.
10. **참.**

7장

1. **c.** 물은 자유롭게 투과가 가능하나 모든 전해질은 그렇지 않음.
2. **b.** 철은 헤모글로빈, 미오글로빈 및 몇몇 효소의 구성성분임.
3. **a.** 나트륨, 염소, 요오드.
4. **d.** 골피질의 형성을 도움.
5. **d.** 뼈를 구성, 신경 전달, 근육 수축.
6. **참.**
7. **참.**
8. **참.**
9. **참.**
10. **거짓.** 골다공증으로 인한 골절은 감염과 그와 관련된 다른 질병의 위험을 증가시켜 조기사망의 위험성을 높일 수 있음.

8장

1. **d.** 평균체중인 건강한 영아.
2. **a.** 세포 밖의 수분이다.
3. **c.** 충분한 수분 상태.
4. **c.** 7kcal 에너지.
5. **d.** 위의 답이 모두 맞다.
6. **참.**
7. **거짓.** 갈증 기전은 혈액의 전해질 농도가 증가하여 시작됨.
8. **거짓.** 권고문은 "아직 음주를 시작하지 않았다면, 하지말라. 만일 음주를 한다면 절제하라."임.
9. **거짓.** 와인 한 잔은 150ml 정도임.
10. **참.**

9장

1. **d.** 체질량지수.
2. **a.** 기초대사량, 식품 이용을 위한 열효과, 신체활동 효과.
3. **b.** 그들이 소비하는 것보다 많은 에너지를 섭취.
4. **c.** 모든 사람들은 그들의 체중을 위한 유전적 고정점을 가지고 있음.
5. **d.** 위의 모든 질병.
6. **거짓.** 과도 지방이 복부에 쌓인 사과형 지방분포가 많은 만성질환의 위험을 높임.
7. **참.**
8. **거짓.** 폭식증을 가진 사람들은 전형적으로 폭식을 보상하기 위해 비워내기를 하지는 않음. 따라서 과체중이나 비만임.
9. **거짓.** 건강한 체중증가란 당신이 소비하는 것보다 많은 에너지를 섭취하고 유산소 운동을 유지하고 근력을 늘리기 위해 운동하는 것을 포함함.
10. **참.**

10장

1. **c.** 당신의 최대심박수의 64%에서 90%.
2. **a.** 1~3초.
3. **b.** 지방.
4. **c.** 저항력 운동에서 얻을 수 있는 근력을 증가하는 것처럼 보임.
5. **b.** 탄수화물과 전해질을 함유한 음료.
6. **참.**
7. **거짓.** 식이지방은 일반적으로 에너지 섭취량의 20~25%로 권장함.
8. **거짓.** 탄수화물 부하하는 운동 기간과 강도의 변화 및 탄수화물 저장량을 최대화할 수 있는 탄수화물 섭취량의 변화를 포함.
9. **거짓.** 운동 빈혈은 진짜 빈혈이 아니라 운동 프로그램 시작 시 발생하는 철 저장고의 일시적인 감소임. 이는 초기의 혈장량(우리 몸속의 물)이 증가하지만 헤모글로빈 증가는 이루어지지 않기 때문에 일어난다.
10. **참.**

11장

1. **b.** 신경관 손상.
2. **c.** 철.
3. **d.** 아동, 성인, 임신 중인 성인보다 높음.
4. **b.** 비타민 D.
5. **d.** 위의 내용이 모두 해당됨.
6. **거짓.** 이 모든 문제는 임신 첫 삼분기에 일어날 가능성이 높음.
7. **거짓.** 꿀에는 클로스트리듐 보툴리눔 세균의 포자를 포함하고 있을 수 있어서 영아에게 치명적인 영향을 미칠 수 있음.
8. **거짓.** 걷기 시작하는 유아는 부모가 식사하는 모습에 크게 영향을 받고, 부모가 먹도록 선택하여 준 식품에 영향을 받음.
9. **참.**
10. **참.**

12장

1. **c.** 4℃ 이하.
2. **a.** 물과 소금을 제외하고 유기농으로 재배된 원재료만을 포함.
3. **d.** 파스퇴르화.
4. **d.** 쿼시오커.
5. **b.** 비만.
6. **거짓.** 식품매개 질환의 원인이 되는 박테리아는 실온에서 급속하게 증식함. 식품은 미생물 군집의 증식을 막기 위해 즉시 냉장보관해야만 함.
7. **참.** 사람들로 하여금 더 감염되기 쉽고(저 비타민 A) 감염과 싸우기 더 힘들게 함.
8. **참.**
9. **거짓.** 방사선조사는 식품 매개 질환의 원인이 될 수 있는 미생물 군집을 죽이거나 번식하지 못하게 함.
10. **참.**

용어해설

ㄱ

가공식품(processed foods) 기계적 또는 화학적인 처리과정을 거쳐 제조된 식품.

가시 지방, 보이는 지방(visible fats) 식품에 들어 있거나 식품에 첨가한 눈에 보이는 지방으로 버터, 마가린, 크림, 쇼트닝, 샐러드드레싱, 닭껍질, 고기에 붙은 손질되지 않은 지방 등이 있음.

각기병(beriberi) 티아민 결핍으로 생긴 질병.

간(liver) 위장관 중 가장 큰 장기로 신체의 가장 중요한 기관 중 하나. 담즙생성과 소장으로부터 영양이 풍부한 혈액의 처리 과정 등을 담당.

간경화(cirrhosis) 간 기관과 기능이 비정상적인 말기 간 질환으로 간부전을 초래.

간염(hepatitis) 바이러스나 알코올 같은 독성물질에 의해 생기는 간의 염증.

갈락토오스(galactose) 글루코오스와 결합하여 가장 흔한 3가지 이당류 중 하나인 유당이 되는 단당류.

갈색 지방조직(brown adipose tissue) 백색 지방조직에 비해 미토콘드리아 함량이 많은 일종의 지방조직으로, 에너지 생성 과정에서 짝풀림의 특정 단계가 존재함으로써 에너지 소비를 증가시킬 수 있는 일종의 지방조직으로 신생아나 동물에 많은 양이 존재함.

갈증 기전(thirst mechanism) 시상하부(hypothalamus)에 있는 신경세포 집합체에서 혈액 속 염분 농도 증가나 혈압이나 혈액량의 감소에 반응하여 수분을 마시려는 의식적 욕구를 자극함.

갑상선종(goiter) 요오드 중독이나 부족에 의해 생기는 갑상선 비대증.

강도(intensity) 활동하는 동안에 소비되는 노력의 양, 또는 그 활동이 수행하기에 얼마나 어려운지 정도.

거식증(anorexia) 식욕이 없는 상태.

건강한 식사(healthful diet) 적절한 에너지와 영양소를 제공하고, 충분하면서 적절하고 균형 잡힌 다양한 식사.

계(system) 고유 기능을 수행하기 위해 함께 작용하는 기관들. 예를 들면, 소화계.

고강도 활동(vigorous-intensity activity) 호흡, 발한, 심박동이 크게 증가될 정도의 활동으로 고강도 운동시에는 말하기가 어려움.

고밀도지단백질(high-density lipo-protein, HDL) 콜레스테롤 함량이 매우 낮고 단백질 함량은 매우 높은 작고, 고비중인 지단백질.

고정점 이론(set-point theory) 인체가 식품섭취량과 신체활동량의 증가와 감소에 반응하여 에너지 소비량을 증가하거나 감소한다고 제시하는 이론으로 이러한 작용으로 개인의 체중이 작은 범위 내에서 유지됨.

골다공증(osteoporosis) 골질량이 감소하고 골 조직이 퇴화되어 골격이 부서지거나 부러지기 쉬워짐.

골모세포(osteoblast) 골 형성을 촉진하는 세포로 콜라겐으로 골격의 기질을 형성한 후 석회화됨.

골밀도(bone density) 뼈 조직의 조밀한 정도로, 뼈의 강도를 의미함. 최대골밀도는 뼈가 가장 강한 시점을 나타냄.

골연화증(osteomalacia) 성인에서 나타나는 비타민 D의 결핍증으로 골격이 약해져서 쉽게 부러짐.

공복감(hunger) 음식을 먹게 만드는 생리적인 감각.

공복혈당장애(impaired fasting glu-cose) 공복혈당이 정상보다는 높으나 제2형 당뇨병으로 진단되기에는 낮은 상태. 당뇨병전증(pre-diabetes)이라고도 불림.

과다섭취(megadosing) 권장되는 양보다 10배 이상의 양을 복용.

과당(fructose) 자연계에서 가장 단맛이 나는 당; 과일과 채소에 함유되어 있는 단당류; 과일 당이라고도 불림.

과대광고(quackery) 일반적으로 면허가 없거나 정식 교육을 받지 않은 사람들에 의해 보충제 또는 기타 제품이나 검증되지 않은 치료법의 홍보 및 광고.

과민성 장증후군(irritable bowel syndrome, IBS) 대장의 정상적인 기능을 방해하는 장질환. 과민성 장증후군은 복부 경련, 팽만감, 변비나 설사를 일으킬 수 있음.

과부하 원칙(overload principle) 체력을 증진시키기 위해서 신체 활동량을 증가시킴.

과체중(overweight) 체지방이 정상보다 많이 축적된 상태로 키에 알맞은 수준보다는 체중이 많이 나가나 비만하지는 않은 상태.

괄약근(sphincter) 위장관의 기관을 분리하는 단단한 원형근육으로 식품이 다음 기관으로 이동할 준비가 되었다는 신경신호에 반응하여 열림.

광합성(photosynthesis) 식물이 탄소와 수분을 이용하여 포도당을 합성하는데 태양광을 이용하는 과정. 합성된 포도당은 세포에 저장됨.

교차오염(cross-contamination) 한 식품에서 다른 식품으로 물리적 접촉을 통해 미생물의 의도치 않는 전이를 통한 오염.

구루병(rickets) 아동의 비타민 D 결핍 질환. 휜 다리나 안짱다리 같은 골격의 변형 증상을 포함함.

권장섭취량(Recommended Nutrient Intake, RNI) 각 성별 · 생애주기에 해당하는 건강한 사람들의 97~98%가 영양소 필요량을 충족하는 평균 일일 영양소 섭취 수준. 평균필요량에 표준편차의 2배를 더하여 정한 값.

균형식(balanced diet) 적절한 비율의 영양소를 섭취할 수 있는 식품들로 구성된 식사.

극미량 무기질(ultra-trace mineral) 몸무게의 하루에 1mg 미만으로 섭취하는 무기질.

글루카곤(glucagon) 낮은 혈당에 반응해 췌장의 알파세포가 분비하는 호르몬으로 간에 저장되어 있는 글리코겐을 포도당으로 분해시킴.

글리세롤(glycerol) 세 개의 탄소 원자로 이루어진 알코올; 이는 중성지방(triglyceride) 분자의 중추적 구조.

글리코겐(glycogen) 동물들에 저장되어 있는 다당류; 동물에서 포도당이 저장되는 형태.

기관(organ) 2개 이상의 조직으로 구성되어 특정 기능을 수행하는 신체의 구조. 예를 들면, 식도.

기근(famine) 한 지역에 많은 인구가 굶주리고 사망하는 광범위하면서 심각한 식품 부족 상태.

기능성 섬유소(functional fiber) 천연 식물에서 추출되거나 인공적으로 제조되며 건강에 유익한 것으로 알려져 있는 비소화성 탄수화물.

기대수명(life expectancy) 자신의 인생에 남아 있는 연수를 말하며, 일반적으로 출생시점부터 셈.

기생충(parasite) 미생물 중 숙주에 기생하는 것으로 숙주의 이로움과 해로움에 모두 영향을 받음.

기초대사율(basal metabolic rate, BMR) 기본적인 신체 기능을 유지하기 위해 소비되는 에너지.

기형 발생원(teratogen) 선천적 결손(birth defect)을 유발하는 물질.

ㄴ

녹말(starch) 식물에 저장된 다당류로 식물에서의 포도당 저장 형태.

농약(pesticides) 질병이나 해충에 의한 손실을 감소하기 위해 경작과정이나 저장 중에 사용하는 화합물.

ㄷ

다(가)불포화지방산(polyunsaturated fatty acid, PUFA) 2개 이상의 이중결합을 포함하는 지방산으로 상온에서 보통 액체상태로 존재함.

다당류(polysaccharide) 포도당의 중합체로 구성된 복합 탄수화물.

다량 무기질(major mineral) 하루 적어도 100mg의 양으로 소비해야 하는 무기질. 체내에 존재하는 총량이 적어도 5g(5,000mg) 정도임.

다량영양소(macronutrient) 정상적인 기능과 건강을 유지하기 위해 우리 몸이 비교적 다량으로 필요로 하는 영양소. 탄수화물, 지방과 단백질이 이에 속함.

다양성(variety) 매일 각기 다른 식품군을 섭취하는 것.

다중투약(polypharmacy) 동시에 여러 종류의 약을 병용하는 것.

단당류(monosaccharide) 탄수화물의 가장 간단한 형태; 한 분자의 당으로 구성됨. 가장 일반적인 형태로 포도당이 있음.

단백질(protein) 아미노산으로 구성된 크고 복잡한 분자로 살아 있는 모든 세포의 필수 구성요소.

단순당(simple carbohydrate) 포도당과 같은 단당류나 이당류를 말하며 흔히 설탕이라고 부름.

단일불포화지방산(monounsaturated fatty acid, MUFA) 탄소사슬 중 두 개의 탄소 사이를 잇는 하나의 이중결합이 존재하는 지방산; 이러한 지방산은 보통 상온에서 액체임.

담낭, 쓸개(gallbladder) 간 아래에 위치하며, 담즙을 저장하고, 소장으로 분비하는 역할을 하는 조직.

담즙(bile) 간에서 합성되고 담낭(쓸개)에 저장되는 액체로 소장에서 지방을 유화시킴 .

당뇨병(diabetes) 신체가 포도당을 조절할 수 없는 심각하고 만성적인 질환.

당부하지수(glycemic load) 일정음식에 들어 있는 탄수화물의 양과 당지수를 곱해서 구함.

당지수(glycemic index) 일정 음식 섭취 시 혈당과 인슐린 양을 높이는 잠재적 비율의 값.

대사수(metabolic water) 우리 몸에서 신진 대사 반응의 부산물로 형성된 수분.

대장(large intestine) 맹장, 결장, 직장, 항문으로 구성된 위장관의 마지막 장기로 여기서 대부분의 물이 흡수되고 대변이 형성됨.

도수(proof) 액체의 알코올 함량 측정기준. 예를 들어 도수가 100도인 액체는 부피비로 50%의 알코올을 함유하며, 80도인 액체는 40%의 알코올을 함유함.

도코사헥사엔산(docosahexaenoic acid, DHA) 알파 리놀렌산으로부터 체내에서 합성되는 오메가-3 지방산의 종류로 해양 식물과 동물의 식이에서 발견. EPA와 함께 심장 마비의 위험을 감소시키는 것을 나타남.

독소(toxin) 미생물학에서 미생물이 생산하는 유해한 물질로 조직을 손상시키거나 면역반응을 손상시킴.

동화작용(anabolic) 근육을 형성하거나 근육의 강도를 증가시키는 물질을 의미하는 용어.

디옥시리보 핵산, 디엔에이(DNA) 아미노산으로부터 체 단백질을 구성하도록 정보를 제공하는 모든 체세포의 핵에 존재하는 물질.

ㄹ

렙틴(leptin) 지방세포에 의해 만들어지는 호르몬으로 음식섭취 감소를 유도하여 체중 및 체지방 감소를 일으킴.

리놀레산(linoleic acid) 채소 및 견과류의 기름에 많은 필수 지방산; 또한 오메가-6 지방산으로 알려짐.

ㅁ

망막(retina) 안구 안쪽에 위치한 막으로 섬세하고 빛에 민감하며 시신경과 연결되어 있고 레티날(retinal)을 포함함.

맥아당(maltose) 포도당 두 분자로 이루어진 이당류의 하나. 일반적으로 식품에 독립적으로 존재하기보다는 소화 부산물로 만들어짐. 말토오스라고도 불림.

무기질(mineral) 탄소를 포함하지 않으며 소화 등의 자연적인 생물과정에 의해 변형되지 않는 고체의 결정성 물질.

무뇌증(anencephaly) 대개의 경우 신경관이 제대로 닫히지 않아서 발생하는, 뇌조직의 일부가 결여된 태아의 신경관 결함.

무월경(amenorrhea) 월경이 없는 상태로, 월경이 있던 여성에서 3개월 이상 월경이 없는 상태.

(물질)대사(metabolism) 신체가 분자를 분해하거나 합성하는 모든 화학적 및 물리적 반응의 전 과정.

미량 무기질(trace minerals) 하루에 100mg 미만으로 섭취해야 하면서 체내에 총 5g(5,000mg) 미만으로 존재하는 무기질.

미량영양소(micronutrient) 정상적인 건강 및 신체 기능을 지원하기 위해 비교적 소량을 필요로 하는 영양소. 비타민과 무기질이 이에 속함.

미오글로빈(myoglobin) 헤모글로빈과 유사한 철함유 단백질로 근육 세포에 존재함.

미즙(chyme) 부분적으로 소화된 식품, 물, 위산으로 구성된 반유동체 덩어리.

ㅂ

바이러스(viruse) 박테리아보다 훨씬 작은 감염 매개체군으로 독립적인 대사를 할 수 없고 살아 있는 세포 밖에서는 성장과 번식이 불가능함.

박테리아, 세균(bacteria) 세포핵이 없고, 분열이나 포자를 형성함으로써 번식하는 미생물.

발암물질(carcinogen) 살충제, 산업화학물질, 오염물질과 같은 암유발물질.

방사능처리(irradiation) 감마선 또는 고에너지 전자빔에 식품을 노출하여 미생물을 죽이는 멸균 공정. 조사공정이 식품에 방사선을 전달하지는 않음.

배란(ovulation) 난소에서 난자가 배출되는 것.

배설(elimination) 식품의 소화되지 않은 부분과 노폐물이 신체로부터 제거되는 과정.

배아(embryo) 수정 후 3주부터 8주 말기까지 인간이 성장하고 발육하는 시기.

변비(constipation) 정상보다 더 긴 시간 동안 장 움직임이 없는 상태로 장 움직임이 발생할 때는 변이 일반적으로 작고 딱딱하고 통과하기가 어려움.

병적 비만(morbid obesity) 사람의 체중이 건강한 상태의 2배를 초과하여 심각한 건강문제를 초래하는 매우 높은 위험 상태.

보완단백질(complementary proteins) 완전단백질에 필수적인 9개의 필수 아미노산 모두를 포함시켜주는 두세 가지의 식품들. 상호보충 단백질을 반드시 한 끼니서 먹을 필요는 없음.

복합 탄수화물(complex carbohydrate) 전분, 글리코겐, 섬유소와 같이 긴 사슬의 포도당 분자로 구성된 영양소.

부종(edema) 수분이 체내 조직 공간에 쌓이는 질환으로 수분 불균형과 외적으로 부푼 모습을 초래함.

불소침착증(fluorosis) 치아가 착색되고 부식되는 현상으로 불소의 비정상적인 과다 섭취에 기인.

불완전단백질(incomplete proteins) 성장과 건강을 위한 충분한 양의 모든 필수 아미노산들을 포함하지 않는 음식.

불용성 섬유소(insoluble fibers) 물에 녹지 않는 섬유소.

비가시 지방, 보이지 않는 지방(invisible fats) 제빵식품, 유제품, 고기의 마블링 부분, 그리고 튀긴 음식들에 있는 보이지 않는 지방들.

비만(obesity) 지나친 체지방을 가지고 있어 건강에 부정적인 영향을 미치며, 신장에 비해 체중이 표준상태보다 매우 많이 나가는 상태.

비영양 감미료, 대체 감미료(non-nutritive sweeteners) 에너지가 거의 없거나 전혀 없는 제조된 감미료. 대체 감미료로도 불림.

비워내기(purging) 토하거나 과도한 운동, 단식, 하제(laxative) 남용과 같은 다른 보충 수단으로 몸에서 원하지 않은 음식물을 제거하려는 시도.

비타민 B_2 결핍증(ariboflavinosis) 리보플라빈 부족으로 인해 유발되는 증상이다.

비타민(vitamin) 탄소를 포함한 미량영양소로 신체기능의 조절을 도우며 수용성과 지용성으로 분류됨.

비필수 아미노산(nonessential amino acids) 아미노산 중 충분한 양이 몸에서 생성될 수 있으므로 식이에 의해 정기적으로 소비할 필요가 없는 아미노산.

비헴철(non-heme iron) 헤모글로빈과 미오글로빈의 일부가 아닌 철분; 동물성 및 식물성 식품 모두에 존재함.

빈도(frequency) 주당 활동 수.

ㅅ

사춘기(puberty) 2차성징이 발현되는 기간으로 생물학적인 생식기능을 완성하게 됨.

산통(colic) 이유 없이 수 시간 동안 심하게 우는 영아에서 나타나는 증상.

삼분기(trimester) 임신의 세 단계 중 한 단계로 각각 13~14주로 이루어짐.

상한섭취량(Tolerable Upper Intake Level, UL) 각 성별 · 생애주기에 해당하는 거의 모든 건강한 개인이 신체 건강에 유해한 영향을 가지지 않는 최대한의 평균 일일 영양소 섭취량 수준. 신체 건강에 유해영향이 나타나지 않는 최대 영양소 섭취 수준.

상호보충(mutual supplemen-tation) 완전단백질을 만들기 위해 두 개 이상의 불완전단백질을 조합하는 방법.

생물농약(biopesticides) 원시적 살충제로, 농작물에 손상을 줄이기 위해 자연적인 방법을 사용하는 화합물.

생물학적 나이(biologic age) 건강상태나 신체 기능으로 평가되는 생리적 연령으로 주로 점수화된 질문지에 의해 측정됨.

생체 이용률(bioavailability) 섭취된 영양소가 흡수되어 사용되는 정도.

서당(sucrose) 포도당 한 분자와 과당 한 분자로 이루어진 이당류. 유당이나 맥아당보다 달음.

설사(diarrhea) 자주 묽은 변을 보이는 증상.

섬유소(fiber) 식물에서 잎, 줄기, 씨의 구조를 지지하는 난소화성 탄수화물 부분.

섬유소가 풍부한 탄수화물(fiber-rich carbohydrate) 식이 섬유소에 풍부한 단순 또는 복합 당질을 포함하고 있는 식품군. 이들 식품은 대부분 과일 채소, 전곡류를 포함하며 전형적으로 생이거나 약간만 가공된 상태임.

섭식 장애(eating disorder) 신체 이미지와 식행동의 심각한 왜곡으로 특징되는 만성적으로 진단된 정신적 질환.

세포(cell) 성장 및 재생산과 같이 유기체의 특성을 띠는 물질의 가장 작은 단위로 영양소 흡수.

세포막(cell membrane) 세포질, 핵, 다른 기관들을 외부환경과 분리시키는 동물 세포의 경계.

세포 분화(cell differentiation) 미성숙하고 분화되지 않은 세포가 각각의 기관과 조직의 고도로 특화된 기능을 가진 세포가 되는 과정.

세포질(cytoplasm) 세포막으로 둘러싸여 있는 동물 세포 내의 유액.

소아지방변증(celiac disease) 글루텐 단백질을 흡수하지 못하는 유전적 질환. 소장벽을 손상시키는 염증성 면역반응을 야기.

소장(small intestine) 대부분의 소화와 흡수가 일어나는 위장관의 가장 큰 부분.

소화(digestion) 식품이 구성된 분자로 물리적과 기계적으로 분해되는 과정.

소화성 궤양(peptic ulcer) 위산에 의해 위장관이 헐게 되는 부위. 소화성 궤양이 발생하는 대표적인 원인은 헬리코박터 파이로리 감염과 비스테로이드성 항염증약(NSAID)의 사용임.

솔 가장자리(brush border) 흡수 용량을 극도로 증가시키는 소장 내벽의 미세융모를 묘사하는 용어.

수명(life span) 종의 구성원이 도달하는 최고의 나이; 현재 인간의 수명은 122년임.

수분중독(water intoxication) 수분 섭취량이나 보유량이 과다하여 체액이 희석되는 현상으로 저나트륨혈증(hyponatremia)을 유발시킬 수 있으며 수분과잉(overhydration)이라고도 함.

수소이온 농도(pH) percentage of hydrogen의 약자. 용액의 산도를 나타냄.

수소화(hydrogenation) 불포화 지방산에 수소를 첨가하여 포화가 더 되게 만들고 상온에서 좀 더 단단하게 만드는 과정.

수송 단백질(transport protein) 인체 모든 곳과 세포막을 통과하여 물질이 이동할 수 있도록 도와주는 단백질 분자.

수용성 비타민(water-soluble vitamin) 물에 녹는 비타민으로 비타민 C와 비타민 B군을 포함함.

수용성 섬유소(soluble fibers) 물에 녹는 섬유소.

술 한 잔(drink) 약 15ml의 순수한 에탄올을 제공하는 알코올성 음료량.

스테롤(sterol) 식품에서 발견되는 지질의 한 종류이며 고리 구조를 가짐. 콜레스테롤은 식이에 존재하는 가장 흔한 스테롤임.

스트레칭(stretching) 느리고 통제된 동작을 사용하여 근육을 부드럽게 늘리는 운동.

시상하부(hypothalamus) 공복과 갈증 같은 감각을 조절하는 뇌 부위.

식도(esophagus) 구강에서 위를 연결시키는 위장관(GI tract)의 근육 관.

식물화합물(phytochemicals) 색소나 다른 성분들과 같이 식물에서 발견되는 화학물질로, 암이나 심질환 같은 질병의 발생 위험을 낮출 수 있음.

식욕(appetite) 특정 음식을 먹고 싶어 하는 심리적 욕구.

식이섬유소(dietary fiber) 식품에 자연적으로 함유되어 있는 섬유소.

식품 매개 질환(foodborne illness) 병원성 미생물의 유독성 분비액 또는 유독성 화학물질에 의해 오염된 식품이나 식수에 의해 전염된 질환.

식품 보장(food security) 건강하고 활동적인 삶을 증진시키기 위하여 충분한 에너지와 양질의 영양소를 가진 안전한 식품에 매일 접근할 수 있는 상태.

식품 불내증(food intolerance) 면역체계 반응과 상관없이 특정 식품의 섭취로 인하여 발생되는 위장관 증상들.

식품 알레르기(food allergy) 식품 속의 단백질 성분에 대한 과민한 면역반응으로 인한 염증반응.

식품이용을 위한 열효과(thermic effect of food) 섭취한 식품의 처리 결과로 사용된 열량.

식품첨가물(food additive) 모양, 안전성, 감칠맛, 질을 향상시키기 위해 식품에 의도적으로 첨가하는 물질들.

신경관(neural tube) 최종적으로 뇌와 척수가 될 관을 형성하는 배아조직.

신경성 거식증(anorexia nervosa) 정상적인 신체 기능에 필요한 에너지와 필수 영양소 결핍으로 인해 생명을 위협할 만큼 심각한 식이장애로 스스로 식사를 거부하는 것이 특징임.

신경성 폭식증(bulimia nervosa) 폭식과 체중증가를 방지하기 위해 반복되는 부적절한 보상행동, 예를 들면 구토를 하거나 굶거나 과도한 운동을 하거나 하제나 이뇨제, 관장제 등을 오남용하는 등의 심각한 섭식 장애.

신체 이미지(body image) 자신의 외모와 기능에 대한 자기 스스로의 인식.

신체 적성(physical fitness) 활력과 민첩성을 가지고 피로감 없이 1일 활동을 수행할 수 있고 과외시간에는 여가도 즐기며 예측하지 못한 위기상황에도 대처할 수 있는 충분한 에너지를 가지는 능력.

신체활동(physical activity) 에너지 소비를 증가시키는 근육운동. 직무, 가사, 여가, 이동 등도 포함됨.

신체활동의 에너지 비용(energy cost of physical activity) 기초 수준보다 더 많이 신체적 이동과 근육 움직임으로 소비되는 에너지.

신체활동 피라미드(Physical Activity Pyramid) 신체활동 증가를 위해 매주 해야 하는 활동의 종류와 양을 권고하기 위해 이전의 USDA 식품피라미드처럼 신체활동에 대해 시각적으로 표현한 것.

심혈관계 질환(cardiovascular dis-ease) 심장과 혈관의 비정상적 상태를 의미하는 일반적인 용어; 심혈관계 질환은 심장마비 또는 뇌졸중 초래 가능.

ㅇ

아데노신 삼인산염(adenosine tri-phosphate, ATP) 체내 모든 세포에서 공동으로 사용되는 실질적인 에너지의 통화 단위.

아미노산(amino acid) 단백질을 구성하고 있는 질소 함유 분자.

아이코사펜타엔산(eicosapentaenoic acid, EPA) 알파 리놀렌산으로부터 체내에서 합성되는 오메가-3 지방산의 종류로 해양 식물과 동물의 식이에서 발견.

안전첨가물(Generally Recognized as Safe, GRAS) 의회에서 작성한 목록으로 오랫동안 사용한 역사가 있거나 전문가들의 동의에 의거하여 일반적으로 안전하다고 음식에 사용되는 물질들이 포함됨.

알코올(alcohol) 과일, 채소 및 곡물을 발효시켜 만든 음료.

알코올 관련 선천적 결함(alcohol-related birth defects, ARBD) 임신 중 모체의 알코올 섭취로 인해 심장, 신장, 뼈 등에 나타나는 여러 가지 결함.

알코올 관련 신경발달 장애(alcohol-related neurodevelopmental disorder, ARND) 임신 중 모체의 알코올 섭취로 인해 학습과 행동에 문제를 가지고 있으며, 나아가 학업 수행에 어려움을 겪거나 집중력과 판단력 부족 및 충동적 행동을 보이는 아동의 상태.

알파 리놀렌산(alpha-linolenic acid) 푸른잎 채소나 아마씨유, 대두유, 생선유, 수산물에 많이 함유된 오메가-3 지방산 형태의 필수 지방산.

암(cancer) 자발적이면서 독립적으로 재생산시키고 다른 조직과 기관에 침입하는 세포에 의해 특성화되는 질환들.

야맹증(night blindness) 비타민 A 결핍증으로, 어두운 빛에서 보는 능력을 잃는 증상임.

야식 증후군(night-eating syndrome) 오후 8시와 다음날 오전 6시 사이에 하루 에너지의 대부분을 섭취하는 장애. 보통 이 장애를 기분장애 및 수면장애를 동반함.

에너지 섭취량(energy intake) 사람이 섭취하는 식품의 양; 다른 말로는 섭취한 칼로리의 양.

에너지 소비량(energy expenditure) 신체의 기본적인 기능을 유지하고 모든 수준의 움직임과 활동에 소비되는 에너지.

에너지적정비율(Acceptable Macronutrient Distribution Range, AMDR) 필수영양소의 적절한 섭취를 제공하면서 만성질환에 대한 위험감소와 관련있는 특정 에너지원에 대한 섭취량의 범위.

에너지필요추정량(Estimated Energy Requirement, EER) 건강한 성인에서 에너지 균형을 유지시키기 위한 평균 식이 에너지 섭취량.

에르고제닉 보충제(ergogenic aids) 운동 선수들의 기량을 향상시키기 위해 사용되는 보충제.

여가 신체활동(leisure-time physical activity) 사람의 직업에 관련되지 않은 활동; 경기 스포츠, 레크리에이션 활동 및 계획된 운동 훈련 등이 포함.

여자 운동선수 3대 증후군(female athlete triad) 육체적으로 활동적인 여성에서 다음과 같은 세 가지의 만성적인 상태를 보여주는 심각한 증후군. 섭식 장애가 존재할 수도 아닐 수도 있는 에너지의 낮은 이용도, 월경기능 장애, 낮은 골밀도.

연동운동(peristalsis) 위장관을 통해한 방향으로 섭취한 음식이 이동할 수 있도록 짜내고 밀어내는 형태의 반복적인 수축운동.

연령(chronologic age) 출생일부터 연도에 의해 정의된 나이.

연충(helminth) 다세포의 미세하게 작은 기생충.

열 경련(heat cramps) 몇 시간의 격렬한 운동한 후에 나타나는 근육 경련; 땀을 많이 흘리거나 액체를 많이 마시거나, 소변량이 적은 경우, 나트륨 섭취가 적당하지 않을 때 종종 나타남.

열사병(heatstroke) 몸의 온도 조절 메커니즘의 실패로 고온에 반응하는 치명적인 반응; 흔히 일사병(sunstroke)라고 함.

열 실신(heat syncope) 고온에 장시간 서 있거나, 달리기 후 갑자기 멈추거나, 누워 있다가 갑자기 일어설 경우 생기는 어지럼증; 몸의 말단으로 혈액이 몰려서 생김.

열 탈진, 열 피로(heat exhaustion) 과도한 땀 흘림, 쇠약, 메스꺼움, 어지럼증, 두통, 그리고 집중력 저하에 의해 특징 지어지는 열 질병. 치료하지 않을 경우 열사병으로 진행할 수 있음.

영양 감미료(nutritive sweeteners) 설탕, 과당, 꿀, 황설탕과 같이 에너지 함량이 있는 감미료.

영양불량(malnutrition) 불량한 영양 건강 상태.

영양섭취기준(Dietary Reference Intakes, DRIs) 건강한 사람들에게 적용되는 영양소 기준치.

영양소(nutrient) 식품에 함유되어 인간의 성장과 체내 기능에 중요한 역할을 하는 화합물.

영양(소)밀도(nutrient density) 에너지량당(또는 열량당) 영양소들의 상대적인 양.

영양표시(Nutrition Facts) 식품의약품안전처에서 요구하는 영양성분에 대해 가공식품의 포장에 표시한 것.

영양(학) (nutrition) 식품 및 식품이 어떻게 신체에 영양을 공급하여 건강에 영향을 미치는지에 대한 과학적 연구.

완전단백질(complete proteins) 9개의 필수 아미노산 모두를 포함하는 식품.

완충제(buffer) 체내에서 수소이온의 농도 변화가 있을 때, 수소이온과 결합하거나 수소이온을 내 놓음으로써 적절한 산-염기 균형을 유지하도록 하는 단백질.

용매(solvent) 다양한 화합물을 분해하거나 섞을 수 있는 물질. 물은 가장 좋은 용매임.

운동(exercise) 여가시간을 이용한 육체적 활동의 범주에 속하는 것으로 목적이 있는 계획되고 구조화되어 있는 활동.

운동 원칙(FIT principle) 체력단련을 위하여 적절한 과부하에 도달하기 위해 활용되는 빈도, 강도, 활동 시간에 대한 원칙.

원충(protozoa) 이동성을 가진 단세포 미생물.

웰니스(wellness) 신체적, 정서적, 정신적 건강을 포함한 다양한 측면의 일생 동안의 과정.

위(stomach) 식품이 부분적으로 소화되고 섞이고 소장으로 방출될 때까지 저장되는 J형 기관.

위-식도 역류 질환(gastroesophageal reflux disease, GERD) 일주일에 두 번 이상 발생하는 통증이 심한 위-식도 역류의 한 종류.

위액(gastric juice) 염산(hydrochlo-ric acid), 펩신, 화학물질들을 포함하는 위에서 분비되는 산성 액체.

위약 효과(placebo effect) 실제로는 효능이 없는 것인데 효능이 있을 것이라는 믿음 때문에 나타나는 효과.

위장관(gastrointestinal(GI) tract) 입, 식도, 위, 소장, 대장 등 여러 기관들을 포함하는 근육으로 되어 있는 긴 관.

위축성 위염(atrophic gastritis) 낮은 위산 분비로 인해 일어나는 조건으로, 50세 이상의 성인 10~30%에서 발생하는 것으로 알려짐.

위험 범위(danger zone) 많은 미생물들이 질환 증가를 초래할 수 있는 온도 범위.

유기체(organism) 필요한 모든 것이 갖추어진 독립적인 생물체.

유당(lactose) 포도당 한 분자와 갈락토오스 한 분자로 이루어진 이당류의 하나. 젖당으로도 불림. 인간의 모유를 포함한 젖에서 발견.

유당 불내증(lactose intolerance) 체내에서 충분한 유당분해효소를 생산하지 않아 우유 등 유당을 포함하는 음식을 소화할 수 없는 장애.

유동액(fluid) 자유롭게 이동하고 모양을 바꿀 수 있는 물질.

유리기(free radical) 가장 바깥쪽 껍질에 짝짓지 않은 전자를 가진 매우 불안정한 상태의 원자.

유산소운동(aerobic exercise) 대근육의 반복된 움직임을 통해 체내 산소 소모량을 증가시키고, 심혈관 건강을 증진시킬 수 있도록 하는 운동.

유아 돌연사 증후군(sudden infant death syndrome, SIDS) 건강한 유아가 갑작스럽게 사망하는 현상으로 생후 1개월이 넘는 영아 사망의 가장 주요한 원인임.

유전자(gene) 이용 가능한 아미노산들로 특정 단백질을 만드는 정보를 포함하고 있는 DNA 절편.

유전자 변형(genetic modification) 유전적 물질을 변형시킴으로써 생물체를 변형시키는 과정.

유전자 재조합 기술(recombinant DNA technology) 유전자 변형 중 하나로 과학자들이 원하는 형질(trait)을 갖는 유전자 변형 생물체를 생산하기 위해 각각 다른 종(種)으로부터의 유전자를 조합하는 것.

이뇨제(diuretic) 요를 통해 수분 손실을 증가시키는 물질. 일반적인 이뇨제로는 알코올이나 고혈압과 어떤 질환들의 처방약을 포함.

이당류(disaccharide) 두 개의 당 분자가 결합하여 구성된 탄수화물.

이분척추(spina bifida) 태아 발달기 신경관 결손으로 척추가 완전히 닫히지 못해 척수가 튀어나오게 되어 발생함.

이상 섭식(disordered eating) 저체중을 유지하기 위해 이루어지는 비정상적이고 특이적인 다양한 식행동을 설명하는 일반적인 용어.

이식증(pica) 진흙, 페인트와 같이 먹기에 부적합한 물질을 비정상적으로 갈망하는 증상.

이온(ion) 전기적으로 전하를 띠는 입자.

인슐린(insulin) 높은 혈당에 반응해서 췌장의 베타세포에서 분비되는 호르몬으로 우리 몸 세포에서 포도당을 흡수하도록 촉진함.

인지질(phospholipid) 지질의 일종으로 인산을 포함하는 화합물과 결합된 지방산임, 다른 종류의 지질과 달리 수용성을 띰.

1일 허용 섭취량(acceptable daily intake, ADI) 비영양 감미료 등을 일생 동안 매일 섭취하더라도 부작용이 나타나지 않는 양으로 미국식품의약국에 의해 재정되는 일종의 추정치.

임신(conception) 난자와 정자가 합체하여 수정란을 형성.

임신성 당뇨병(gestational diabetes) 임신한 여성에서 인슐린 생산부족이나 인슐린 저항성에 의한 결과로 지속적인 높은 혈당을 유지함. 이것은 보통 출산 후에 완화됨.

입덧(morning sickness) 임신 중 느끼는 다양한 메스꺼움과 구토증, 가장 일반적으로 임신 초기에 일어남.

ㅈ

자연유산(spontaneous abortion) 유전적, 발달적, 생리적 이상이 심하여 임신을 지속할 수 없기 때문에 자연으로 임신이 종료되어 태아와 임신 조직들이 방출됨. 유산(miscarriage)이라고도 함.

잔류물(residues) 세척과 가공과정에도 불구하고 식품에 남아 있어 섭취하게 되는 화학물질.

잔류성 유기오염물질(persistent organic pollutants, POPs) 산업, 농업, 부적절한 쓰레기 처리 등으로 인해 환경을 오염시키는 화합물, 자동차의 배기가스도 이에 해당됨.

장 신경(enteric nerve) 위장관의 신경.

재조합형 소 성장호르몬(recombinant bovine growth hormone, rBGH) 우유 생산량을 높이기 위해 젖소에게 주입하는 유전자 변형 호르몬.

재형성(remodeling) 골세포가 재순환되는 두 단계 과정으로, 기존에 사용하는 뼈의 분해와 새 뼈의 생성을 포함함.

저강도 활동(low-intensity activity) 아주 가벼운 호흡, 발한 및 심박수의 증가를 일으키는 낮은 강도의 활동.

저밀도지단백질(low-density lipo-protein, LDL) 초저밀도지단백(VLDL)에서 중성 지방을 감하였을 때 얻어지는 분자. 높은 콜레스테롤과 단백질 함량이 저밀도지단백질(LDL)이 초저밀도지단백질(VLDL) 보다 높은 밀도를 만듦.

저온살균(pasteurization) 살균법의 종류.

저체중(underweight) 건강을 유지할 수 없을 만큼 체지방이 너무 작아서 해당하는 신장대비 체중이 정의된 기준치의 허용 범위 아래인 사람.

저출생체중아(low-birth-weight) 출생시 2.5 kg 미만의 몸무게.

저항력 훈련(resistance training) 근육이 저항력에 반하도록 하는 운동.

저혈당증(hypoglycemia) 정상 상태의 공복혈당 아래로 혈당이 떨어지는 상태.

적절성(moderation) 건강한 체중을 유지하고 우리 몸의 기능을 최적화하기 위해 적당한 양의 음식을 먹도록 조절함.

전해질(electrolyte) 용액에 녹아 양전하와 음전하를 띄는 무기 물질로 전류를 수송할 수 있음.

절약 유전자 이론(thrifty gene theory) 일부 사람들은 휴식기나 신체활동 동안 적은 열량을 사용하도록 열량을 절약하는 유전자를 가지고 있다고 제안하는 이론.

정리운동, 쿨다운(cool-down) 운동을 완전히 마친 후에 발생하는 활동들. 운동으로부터 점진적으로 몸을 천천히 회복시키도록 함.

정상체중(normal weight) 건강을 위해 초과되지 않은 적당한 정도의 체지방을 함유한 체중.

젖산(lactic acid) 피루브산 대사 시 나오는 대사물.

제1형 당뇨병(type 1 diabetes) 인체가 인슐린을 충분히 생산할 수 없기 때문에 발생되는 당뇨병.

제2형 당뇨병(type 2 diabetes) 체세포의 인슐린에 대한 민감도가 점진적으로 감소했거나 인체가 충분한 양의 인슐린을 생산하지 않아서 발생되는 당뇨병.

제한 아미노산(limiting amino acid) 필수 아미노산 중 공급이 전혀 안 되거나 아미노산 풀에 가장 적은 양을 공급하는 아미노산으로, 단백질 합성을 지연시키거나 중단시키는 요인이 됨.

조직(tissue) 근육 조직처럼 유사한 기능을 수행하는 유사한 세포들의 집합체.

조효소(coenzyme) 불활성효소를 활성효소로 전환되도록 불활성 효소와 결합하는 물질.

종양(tumor) 새로 형성된 미분화세포 덩어리의 총칭.

준비운동(warm-up) 본 운동을 준비하기 위한 동작들로 스트레칭, 유연체조, 본 운동 실시를 위한 특정 동작들을 포함함. 준비동작(preliminary exercise)이라고도 함.

중강도 활동(moderate-intensity activity) 현저하게 호흡, 발한 및 심박수를 증가시키는 적당한 강도의 활동.

중성지방(triglyceride) 세 개의 지방산이 세 개의 탄소를 가진 글리세롤에 붙어 있는 분자.

증발 냉각(evaporative cooling) 발한의 다른 용어로 체내 열을 없애는 주요 방법.

지단백질(lipoprotein) 중심부에 지질이 모여 있고 인지질과 단백질이 외부를 형성하는 구형의 화합물.

지방(fat) 신체가 쉬거나 저강도 운동을 하는 동안 사용되는 중요한 에너지원.

지방산(fatty acids) 긴 사슬의 탄소 원자에 각각 수소 원자와 결합되어 있는 물질.

지속가능함(sustainability) 생명체가 의존하는 자연 자원 기반과 환경의 질을 약화시키지 않고 현재와 미래에 기본적인 경제적, 사회적, 안보적 필요를 충족시키거나 만족시키는 능력.

지용성 비타민(fat-soluble vitamin) 물에서는 녹지 않고, 지방에 녹는 비타민으로 A, D, E, K가 있음.

지질(lipids) 물에 불용성인 유기물질의 다양한 군; 중성지방, 인지질 및 스테롤이 포함됨.

진균류(fungi) 단세포나 다세포 균락으로 자랄 수 있는 식물 같은 홀씨형성 유기물.

ㅊ

채식주의(vegetarianism) 식사를 채소류, 과일류, 곡류, 종실류 등을 포함한 식물성 급원 식품으로 제한하는 관습.

철 결핍성 빈혈(iron-deficiency anemia) 정상적이고 건강한 적혈구의 생산이 감소하여, 헤모글로빈의 양이 몸의 세포들과 조직들에 산소를 공급하기에 충분하지 않은 장애.

첨가당(added sugar) 식품의 가공 및 조리 과정 중에 첨가되는 당류와 시럽.

체구성 성분(body composition) 제지방 무게에 대한 체지방 비율.

체질량지수(body mass index, BMI) 자신의 키에 대한 체중의 비율을 나타내는 측정치.

초유(colostrum) 임신 후반기부터 출생 후 약 일주일 정도까지 유방에서 만들어지고 분비되는 유액으로 면역 물질과 단백질이 풍부.

초저밀도지단백질(very-low-density lipoprotein, VLDL) 대부분 중성지방으로 이루어진 커다란 지단백으로 주로 중성지방을 저장세포인 지방세포를 포함한 체세포로 이동시키는 기능을 함.

총 섬유소(total fiber) 식이 섬유소와 (식품에 첨가되는) 기능성 섬유소의 합.

최대 심박수(maximal heart rate) 최대 강도의 운동 중 일어나는 심장박동 속도.

충분섭취량(Adequate Intake, AI) 건강한 인구집단의 영양소 섭취량 추정을 근거로 권장된 평균 일일 영양소 섭취 수준.

충분한 식사(adequate diet) 건강을 유지하기에 충분한 에너지, 영양소, 섬유소를 제공하는 식사.

췌장, 이자(pancreas) 위장 뒤쪽에 위치한 소화효소를 분비하는 샘.

췌장 아밀라아제(pancreatic amy-lase) 췌장에서 소장으로 분비되는 소화효소로 전분을 맥아당으로 분해함.

침, 타액(saliva) 물, 점액, 효소, 기타 화학물질의 복합체로 구강과 식품에 수분 공급, 식품입자와의 결합, 탄수화물의 소화를 시작함.

침샘(salivary gland) 혀 아래와 뒷부분과 턱 밑 부분에 존재하는 분비샘들로 생각하거나, 시각, 후각, 또는 식품의 존재에 반응하여 침을 계속적으로 분비함.

ㅋ

카로티노이드(carotenoid) 신체에서 간이나 지방조직에 저장하는 지용성 식물색소. 체내에서 일부 카로티노이드를 비타민 A로 전환할 수 있음.

콜라겐(collagen) 신체 내 모든 결합조직에서 발견되는 단백질.

크레아틴 인산염(creatine phos-phate, CP) 에너지 사용을 위해 분해되고 ATP를 재생산하기 위해 사용되는 고에너지 화합물.

크레틴증(cretinism) 임신기간 동안 요오드 결핍을 가진 어머니에서 태어나 정신발달 지연을 보이는 질환.

킬로미크론(chylomicron) 장 내 점막세포에서 생산되는 인지질로 식이 지방을 장관 밖으로 수송.

ㅌ

타액 아밀라아제(salivary amylase) 타액 내 효소로 전분을 작은 입자로 잘라 궁극적으로 이당류 맥아당으로 분해함.

탄수화물(carbohydrate) 신체의 주요 연료로 특히 뇌에서와 운동 시 에너지원.

탄수화물 부하(carbohydrate loading) 글리코겐 부하라고도 함; 훈련 시 탄수화물 섭취 조절로 근육 내 글리코겐 저장을 최대화시키는 방법.

탈수(dehydration) 수분 배출이 섭취를 초과할 때 발생되는 체내 수분이 부족한 심각한 상태.

태반(placenta) 임신 중에 모체와 배아조직으로부터 형성되는 기관으로 모체와 태아 사이에 산소, 영양소, 노폐물의 교환을 수행함.

태아(fetus) 임신 후 9주 초기부터 출생까지 인간이 성장하고 발육하는 시기.

태아 알코올 스펙트럼 장애(fetal alco-hol spectrum disorders, FASD) 임신기 동안 음주한 여성의 아이에서 나타날 수 있는 일련의 영향들을 기술하는 포괄적 용어. 태아성 알코올 증후군, 알코올성 뇌발달 장애, 알코올성 선천성 기형이 여기에 해당.

태아 알코올 증후군(fetal alcohol syndrome, FAS) 임신기 동안 알코올 섭취한 여성의 태아에서 나타나는 선천성 기형으로 얼굴기형, 성장장애, 인지적, 감정적, 육체적 문제를 보임.

탯줄(umbilical cord) 태반을 통해 태아(의 배꼽)와 모체를 연결하는 정맥과 동맥을 포함한 줄.

ㅍ

파골세포(osteoclast) 효소와 산을 분비하여 골격의 표면을 분해하는 세포로 골격 말단의 굴곡진 부분을 분해하고 골격의 기질로 흡수하여 골격이 길이 성장할 수 있도록 함.

% 영양소기준치(percent daily values, %DV) 가공식품의 영양표시에 제시된 영양소들의 함량을 표시하는 방법으로 해당식품의 1회 제공분량을 섭취하면 1일 영양소 기준과 비교할 때 몇 %를 섭취하게 되는지 나타냄.

펠라그라(pellagra) 심각한 나이아신 부족으로 인해 발생하는 질병.

펩신(pepsin) 위에서 분비되는 단백질 분해효소.

펩티드 결합(peptide bond) 두 아미노산의 아미노기와 산성기가 축합되어 결합을 형성하여 더 큰 분자량의 물질을 형성함.

평균필요량(Estimated Average Requirement, EAR) 특별한 생애주기와 성별에서 건강한 사람들의 절반이 요구량을 충족시키는 것으로 추정되는 평균 일일 영양소 섭취 수준. 건강한 사람들의 일일 영양필요량의 중간값.

포도당(glucose) 가장 많이 존재하는 당 분자; 보통 다른 당과 함께 결합하여 존재하는 단당류. 뇌와 모든 세포에 있어서 중요한 에너지원으로 쓰임.

포도당신생합성(gluconeogenesis) 단백질들의 분해로 생긴 포도당의 생성.

포화지방산(saturated fatty acid, SFA) 탄소간에 이중결합이 없는 지방산으로 이러한 종류의 지방산은 일반적으로 실온에서 고체임.

폭식(binge eating) 짧은 시간 동안 엄청나게 많은 양의 음식을 먹는 것으로 대개 자제력 상실감이 수반됨.

폭식 장애(binge-eating disorder) 폭식에 대한 보상으로 게워내거나 하지 않고, 1주일에 평균 2회 이상 폭식이 나타나는 장애.

폭음(binge drinking) 한번에 5잔 이상의 알코올을 마시는 것.

프로비타민(provitamin) 체내에서 활성형으로 전환될 수 있는 비타민의 비활성형. 베타카로틴이 그 예임.

프로테아제(protease) 소장에서 폴리펩티드를 분해하는 효소.

프리온(prion) 비정상적인 3차구조를 가진 단백질로 세포성 생물이나 바이러스가 아니면서도 감염성을 가짐.

피루브산(pyruvic acid) 해당작용의 주요 최종산물.

피질골(cortical bone) 체내 대부분의 작은 뼈뿐만 아니라 모든 뼈의 바깥 표면을 구성하는 단단한 체 조직.

필수 아미노산(essential amino acids) 체내에서 생산되지 못하고 식품으로부터 섭취가 필요한 아미노산.

필수 지방산(essential fatty acid, EFA) 식품으로부터 얻어져야만 하고 체내에서 생산되지 못하는 지방산.

ㅎ

항산화제(antioxidant) 산소에 의해 야기된 손상을 방지하거나 복원시키는 능력을 가진 물질.

항체(antibody) 면역체계의 방어 단백질로, 박테리아나 바이러스, 독성물질이나 알레르기 유발 물질에 대한 즉각적인 반응으로 생성됨.

해당작용(glycolysis) 포도당의 분해작용; 한 개의 포도당 분자당 두 개의 ATP 분자와 두 개의 피루브산 분자들을 생산함.

해면질골(trabecular bone) 장골(long bone) 말단, 척추 안 편평골(flat bone, 가슴뼈, 갈비뼈, 두개골의 대부분의 뼈), 골반뼈에 있는 다공성 골조직으로 해면골(spongy bone)이라고도 함.

헤모글로빈(hemoglobin) 우리의 적혈구에서 발견되는 산소-운반 단백질: 우리 몸에서 전체 철의 거의 2/3 정도가 헤모글로빈에서 발견됨.

헴(heme) 철을 포함하는 분자로 헤모글로빈에서 관찰됨.

헴철(heme iron) 헤모글로빈(hemoglobin)과 미오글로빈(myoglobin)에 포함된 철분, 고기, 생선, 가금류 등 동물성 식품에 함유.

혈액량(blood volume) 혈액의 양.

혐기적(anaerobic) 산소가 없는 상태를 의미하며, 산소가 없는 상태에서 일어나는 대사 반응을 나타내기도 함.

호르몬(hormone) 몸의 여러 샘(gland) 들 중 하나에서 혈액으로 분비되는 화학적 전달자.

호모시스테인(homocysteine) 아미노산은 대사를 위해서는 충분한 양의 엽산, 비타민 B_6 그리고 비타민 B_{12}가 필요하다. 호모시스테인의 혈중 수준이 높으면 심혈관계 질환과 같은 혈관 질환의 위험이 증가할 수 있음.

활동시간(time of activity) 주어진 운동 시간을 지속하는 총시간. 운동 준비기와 정리기를 포함하지 않음.

효소(enzyme) 체내 대사 과정을 빠르게 하도록 어떤 화학물질들에 작용하는 화학물질로 주로 단백질.

흡수(absorption) 분자수준으로 분해된 식품이 소화기관을 통해 체내로 이동되는 생리적 과정.

찾아보기

국문찾아보기

ㄱ

가공식품 386
가당음료 232
가시 지방 110
각기병 171
간 49
간경화 242
간문맥 49
간염 242
갈락토오스 65
갈색 지방조직 261
갈증 기전 227
갑상선종 202
강도 301
거식증 34
건강한 식사 8
게실증 71
결핍증 172
경구식품유발검사 57
고강도 활동 302
고밀도지단백질 117
고정점 이론 260
고혈압 116
골다공증 216, 366
골모세포 210
골밀도 210
골연화증 162
공복감 34
공복혈당장애 88
공장 46
과당 65
과대광고 20
과량섭취 155
과민성 장증후군 60
과부하 원칙 300
과잉행동증후군 81
과체중 251, 353, 365
과학적 방법 24
관상동맥질환 115
관찰연구 26
괄약근 42
교차오염 380
구루병 161
권장섭취량 10
권장식사패턴 17
균형식 9
그레이징 310
극미량 무기질 193
글루카곤 75
글루텐 57
글루텐 과민성 장질환 57
글리세롤 96
글리코겐 70
글리코겐축적 74
기관 41
기관계 41
기근 401
기대수명 359
기생충 376
기초대사율 256
기형 발생원 326

ㄴ

나트륨 13
노화 360
농약 394
뇌졸중 115

ㄷ

다가불포화지방산 98
다당류 66
다량 무기질 8, 192
다량영양소 6
다양성 9
다인자 질환 279
다중투약 367
단당류 65
단백질 128
단순당 65
단순 맹검 실험과 이중 맹검 실험 27
단일불포화지방산 98
담낭 46
담즙 46, 107
당 15
당뇨병 81, 87
당부하지수 77
당지수 76
대사수 227
대사증후군 90
대장 50
대체 감미료 79
도수 237
도코사헥사엔산 102
독소 377
동화작용 320

ㄹ

락타아제 효소 56
렙틴 261
리놀레산 101

ㅁ

망막 157
맥아당 66
모노글리세리드 107
모세혈관 48
모유수유 339, 342
무기질 7, 192
무뇌증 331
무월경 287
무작위 시험 연구 27
물 8, 229
물질대사 170
미량 무기질 8, 193
미량영양소 7
미세융모 47
미셸 107
미오글로빈 204
미즙 45
미토콘드리아 41

ㅂ

바이러스 376
박테리아 374

발암물질 147
방사능처리 387
배란 340
배설 42
배아 327, 328
배출반사 344
백내장 366
변비 60, 71
병적 비만 251
보완단백질 132
보이는 지방 110
보이지 않는 지방 110
복막염 54
복부 비만 119
복합 탄수화물 66
부종 133
분비샘 35
분자 39
불소침착증 216
불완전단백질 131
비가시 지방 110
비만 251, 353, 365
비스테로이드성 항염증제 54
비워내기 289
비타민 7, 154
비필수 아미노산 129
비헴철 204
빈도 301

ㅅ

사춘기 355
산통 346
삼분기 327
상부식도괄약근 45
상한섭취량 11
상행결장 50
상호보충 132
생물농약 395
생물학적인 나이 361
생체 이용률 212
서당 66
설사 58
섬유소 67
섭식 장애 284
성분조정수 232
성장급등 355
세로토닌 60
세포 39
세포막 40
세포 분화 157
세포질 40
소아지방변증 57
소장 46
소화 42
소화성 궤양 54
솔 가장자리 48
수명 360
수분중독 237
수분평형 227
수송 단백질 134
수용성 비타민 155
스테롤 103
스트레칭 296
스포츠 음료 234
시상하부 34
식도 45
식도 열공 탈장 53
식물화합물 184
식사 구성안 16
식욕 34
식이장애 358
식품구성자전거 16
식품 매개 질환 372
식품미보장 353, 368
식품 보장 399
식품 불내증 55
식품 알레르기 56
식품이용을 위한 열효과 257
식품지원프로그램 368
식품첨가물 388
신경관 331
신경성 거식증 284
신경성 폭식증 284
신체 이미지 286
신체 적성 296
신체활동 296
신체활동 피라미드 299
신체활동의 에너지 비용 257
실리악 스프루 57
심혈관계 질환 115
십이지장 46

ㅇ

아데노신 삼인산염 305
아미노산 128
아밀라아제 43
아이코사펜타엔산 102
아침식사 357
안전첨가물 390
알레르기 340, 346, 349
알코올 15, 237, 238
알코올 관련 선천적 결함 245
알코올 관련 신경발달 장애 245
알코올 중독 242
알파 리놀렌산 101
암 123, 177
액상과당 65, 82
야맹증 159
야식 증후군 291
양수 333
에너지 드링크 233
에너지 섭취량 254
에너지 소비량 254
에너지적정비율 11, 77
에너지필요추정량 11
에르고제닉 보충제 319
여가 신체활동 296
여드름 358
여행자 설사 59, 60
연동운동 45
연령 361
연충 376
열 경련 316
열사병 236, 316
열 실신 316
열 탈진 316
열 피로 316
영양 2
영양 감미료 78, 79
영양밀도 13
영양불량 399
영양섭취기준 10
영양소 5
영양유전체학 41
영양표시 17

오메가-3 지방산 101
오메가-6 지방산 101
완전단백질 131
완충제 134
용매 224
운동 296
운동 원칙 300
원반황반변성 366
원자 39
원충 376
웰니스 2
위 45
위 리파아제 45
위산 45
위식도괄약근 45
위-식도 역류 53
위-식도 역류 질환 53
위식도 환류 346
위액 45
위약 27
위장관 42
위축성 위염 175
위험 범위 379
유기체 41
유당 65
유당 불내증 73
유동액 224
유리기 165
유문괄약근 46
유미관 48
유산소운동 296
유아 돌연사 증후군 340
유전자 129
유전자 변형 390
유전자 재조합 기술 391
음료 229, 232
이뇨제 228
이당류 65
이분척추 331
이상 섭식 284
이식증 334
이온 195
이중 맹검 무작위 임상 시험 27
이중 맹검 실험 27
인슐린 74
인슐린 저항성 90
인지질 103
임상 시험 26
임신 326
임신성 고혈압 335
임신성 당뇨병 334
입덧 334

ㅈ

자간전증 335
자연유산 327
잔류물 393
잔류성 유기오염물질 393
장 신경 42
재조합형 소 성장호르몬 395
재형성 210
저강도 활동 301
저나트륨혈증 237
저밀도지단백질 116
저온살균 387
저지방 식품 113
저체중 250, 366
저출생체중아 327
저항력 훈련 296
저혈당 76
적절성 9
전해질 195
절약 유전자 이론 259
정리운동 304
정상체중 250
젖당 65
젖병 증후군 343
젖산 306
제한 아미노산 130
조직 41
조효소 162
종양 177
준비운동 303
중강도 활동 302
중성지방 96
증발 냉각 315
지단백질 107
지방 6, 14
지방간 242
지방 대체제 113
지방분해효소 107
지방산 96
지방조직 105
지용성 비타민 154
지중해식 식단 22
지질 96
직장 50

ㅊ

차 231
채식주의 145, 336, 349
철 결핍성 빈혈 206, 347
첨가당 78
청소년 임신 336
체구성 성분 252
체액 224
체질량지수 250
초유 339
초저밀도지단백질 116
총지방에너지적정비율 108
최대골밀도 358
최대 심박수 302
충분섭취량 10
충분한 식사 8
췌장 47
침 43
침샘 43

ㅋ

카로티노이드 158
칼로리 6
커피 230
케톤증 89
콜라겐 167
콜레스테롤 6, 103
콜로스트럼 339
크레아틴 인산염 305
크레틴병 202
킬로미크론 107

ㅌ

탄수화물 6, 64
탄수화물 부하 313
탈수 235, 347
탐식 334
태반 327

태아 327, 328
태아 알코올 스펙트럼 장애 245
태아 알코올 증후군 245, 337
탯줄 327
트랜스지방 99

ㅍ

파골세포 210
펠라그라 173
펩신 45, 136
펩티드 결합 128
평균필요량 10
포도당 65
포도당신생합성 70
포진성피부염 58
포화지방산 97
폭식 289
폭식 장애 290
폭음 240
프로비타민 158
프로테아제 136
프리온 377
플라크 118
피루브산 306
피질골 210
피토케미칼 6
필수 아미노산 129
필수 지방산 99, 100

ㅎ

하부식도괄약근 45
하행결장 50
한국인을 위한 영양섭취기준 108
항문관 50
항산화제 164
항체 134
해당작용 305
해면질골 210
핵 41
헤모글로빈 203
헬리코박터 파이로리 54
헴 204
헴철 204
혈액량 225
혈중 지질 이상 81
혐기적 305
호르몬 35
호모시스테인 174
환자대조군 연구 26
활동시간 303
회결장판 46
횡행결장 50
효소 43
후두개 44
흡수 42